Reihe *Mikrocomputer-Forum*
für Bildung und Wissenschaft

Band 2

Reihenherausgeber:
Gesellschaft für Technologiefolgenforschung e.V. (GTF)

Klaus Dette (Hrsg.)

Computer, Software und Vernetzungen für die Lehre

Das Computer-Investitions-Programm (CIP)
in der Nutzanwendung

Mit 356 Abbildungen

Springer-Verlag
Berlin Heidelberg New York
London Paris Tokyo
Hong Kong Barcelona
Budapest

Klaus Dette
Gesellschaft für Technologiefolgenforschung e. V. (GTF)
Hohenzollerndamm 91, 1000 Berlin 33

Dieser Band dokumentiert die überarbeiteten Beiträge zum 3. CIP-Status-Kongreß, der vom 3. bis 5. Oktober 1989 von der Gesellschaft für Technologiefolgenforschung e.V. (GTF) im Produktionstechnischen Zentrum der Technischen Universität Berlin und der Fraunhofer-Gesellschaft veranstaltet wurde. Tagungsdurchführung und Dokumentation wurden im wesentlichen durch den Bundesminister für Bildung und Wissenschaft (BMBW, Förderungskennzeichen: IV B 4-5203-6-E 0138.00) und den Senat von Berlin (Senatsverwaltung für Wirtschaft, Geschäftszeichen: IIC 2 481-94/89) gefördert. Weitere Förderer sind sechzehn namhafte Unternehmen der Datenverarbeitungsindustrie, die sich an der angegliederten Firmenausstellung „Angebote für Forschung und Lehre" und „Hochschul-Softwaremarkt" beteiligt haben. Die Verantwortung für den Inhalt der einzelnen Beiträge liegt bei den Autoren.

ISBN-13:978-3-540-55026-6

Die Deutsche Bibliothek – CIP-Einheitsaufnahme
Computer, Software und Vernetzungen für die Lehre : das Computer-Investitions-Programm (CIP) in der Nutzanwendung ; [Beiträge zum 3. CIP-Status-Kongress, der vom 3. bis 5. Oktober 1989 von der Gesellschaft für Technologiefolgenforschung e.V. (GTF) im Produktionstechnischen Zentrum der Technischen Universität Berlin und der Fraunhofer-Gesellschaft veranstaltet wurde] / Klaus Dette (Hrsg.). – Berlin ; Heidelberg ; New York ; London ; Paris ; Tokyo ; Hong Kong ; Barcelona ; Budapest : Springer, 1992
(Reihe: Mikrocomputer-Forum für Bildung und Wissenschaft ; Bd. 2)
ISBN-13:978-3-540-55026-6   e-ISBN-13:978-3-642-84703-5
DOI: 10.1007/978-3-642-84703-5
NE: Dette, Klaus [Hrsg.]; CIP-Status-Kongress <03, 1989, Berlin, West>; Gesellschaft für Technologiefolgenforschung; Mikrocomputer-Forum für Bildung und Wissenschaft: Reihe: Mikrocomputer-Forum für

Dieses Werk ist urheberrechtlich geschützt. Die dadurch begründeten Rechte, insbesondere die der Übersetzung, des Nachdrucks, des Vortrags, der Entnahme von Abbildungen und Tabellen, der Funksendung, der Mikroverfilmung oder der Vervielfältigung auf anderen Wegen und der Speicherung in Datenverarbeitungsanlagen, bleiben, auch bei nur auszugsweiser Verwertung, vorbehalten. Eine Vervielfältigung dieses Werkes oder von Teilen dieses Werkes ist auch im Einzelfall nur in den Grenzen der gesetzlichen Bestimmungen des Urheberrechtsgesetzes der Bundesrepublik Deutschland vom 9. September 1965 in der Fassung vom 24. Juni 1985 zulässig. Sie ist grundsätzlich vergütungspflichtig. Zuwiderhandlungen unterliegen den Strafbestimmungen des Urheberrechtsgesetzes.

© Springer-Verlag Berlin Heidelberg 1992

Die Wiedergabe von Gebrauchsnamen, Handelsnamen, Warenbezeichnungen usw. in diesem Werk berechtigt auch ohne besondere Kennzeichnung nicht zu der Annahme, daß solche Namen im Sinne der Warenzeichen- und Markenschutz-Gesetzgebung als frei zu betrachten wären und daher von jedermann benutzt werden dürften.

Satz: Reproduktionsfertige Vorlage vom Herausgeber
2145/3140-5 4 3 2 1 0 – Gedruckt auf säurefreiem Papier

Vorwort des Herausgebers

Mit dem 3. CIP-Status-Kongreß 1989 wurde die Folge der beiden vorangegangenen CIP-Status-Seminare in Berlin von 1987 und 1988 fortgesetzt. Damit hat der Bundesminister für Bildung und Wissenschaft zugleich die CIP-Jahrestagungen bis 1992 auf eine solide finanzielle Basis gestellt. Finanzielle Unterstützung fand der Kongreß in diesem Jahr erstmals auch beim Berliner Senat, wobei die fachliche Befürwortung vom Senator für Wissenschaft und Forschung vorgenommen wurde und die Geldzuweisung aus dem Portefeuille des Berliner Wirtschaftssenators erfolgte. Wie in den Vorjahren wurde diese CIP-Tagung auch von der Datenverarbeitungsindustrie wieder großzügig gefördert: sowohl durch Geld und durch Geräteunterstützung als auch durch Beratung und hochkarätige Personalpräsenz. Allen Förderern sei an dieser Stelle nochmals herzlich gedankt, insbesondere Herrn Staatssekretär Dr. Schaumann und Herrn Ministerialrat Dr. Swatek, die von Bonn aus die Einrichtung des Mikrocomputer-Forums für Bildung und Wissenschaft auf den Weg gebracht haben, und Herrn Senatsrat Schuhe, der dem Projekt von der Landesseite her den nötigen Rückhalt verliehen hat. Namentlich erwähnen möchte ich auch die Unternehmen Apple, IBM und Siemens, die sich in der Gründungsstunde des mc-forum bereiterklärt haben, dem mc-forum-Fördererkreis beizutreten und im Sachverständigenkreis ständig aktiv mitzuwirken.

Der hohen Wertschätzung der CIP-Jahrestagungen auf seiten der Wissenschaftsverwaltungen und der Industrie entspricht die ausgezeichnete Resonanz in der Hochschulwelt: Alle Hauptfachrichtungen waren vertreten, ebenso sämtliche Bundesländer. Besonders positiv bewertet wurde von den Teilnehmern der für den 3. CIP-Status-Kongreß gewählte Tagungsort: das Produktionstechnische Zentrum der Technischen Universität und der Fraunhofer-Gesellschaft. Dem Hausherrn, Herrn Prof. Dr. Dr. Spur, sei an dieser Stelle nochmals sehr herzlich gedankt für die gewährte Gastfreundschaft in diesem architektonisch so bemerkenswerten Gebäude.

Worte des Dankes gehen schließlich auch an den Springer-Verlag und hier insbesondere an Herrn Dr. Wössner, der diese Reihe mit großer verlegerischer Erfahrung betreut.

Die Autoren der Beiträge dieses Bandes, unsere Tagungsteilnehmer und andere geneigte Leser werden hinsichtlich der arg verspäteten Herausgabe dieses Tagungsbandes um Nachsicht gebeten. Die Verantwortung dafür liegt allein beim Herausgeber.

Klaus Dette
August 1991

Der 3. CIP-Status-Kongreß fand im Produktionstechnischen Zentrum Berlin statt. (Foto: Gundula Dette)

Den folgenden Unternehmen sei an dieser Stelle für ihre Mitwirkung und die großzügige Förderung des Kongresses Dank gesagt:

    adcomp Datensysteme GmbH, Unterhaching
    Apple Computer GmbH, München
    CA Computer Associates, Darmstadt/Weiterstadt
    Commodore GmbH, Frankfurt a.M.
    Digital Equipment GmbH, München
    ERGOS GmbH, Siegburg
    Hewlett Packard GmbH, Hamburg
    IBM Deutschland GmbH, München
    Kaiser Datentechnik, Nürnberg
    midas GmbH, Frankfurt a.M.
    Nixdorf Computer GmbH, Paderborn
    PCS Computer Systeme GmbH, München
    Siemens AG, München
    SOFT - TECH GmbH, Neustadt / Weinstraße
    Steckenborn Computer GmbH, Gießen
    Zenith data Systems GmbH, Frankfurt a.M.

Inhalt

Vorveranstaltung

Sind Betriebssysteme standardisierbar? 3
Joachim Kirchmann
Capital-Korrespondent

Eröffnungsveranstaltung

Eröffnung des 3. CIP-Status-Kongresses 14
Fritz Schaumann
Staatssekretär beim Bundesminister für Bildung und Wissenschaft

Grußwort des Senats von Berlin 18
Hans Kremendahl
Staatssekretär der Senatsverwaltung für Wissenschaft und Forschung, Berlin

Die Bedeutung der Datenverarbeitung in der Ingenieurausbildung 21
Günter Spur
Technische Universität Berlin, Institut für Werkzeugmaschinen und Fertigungstechnik

Partnerschaft von Wissenschaft und Wirtschaft –
Ein Schlüssel zur Zukunftsbewältigung 39
Alfred E. Eßlinger
Geschäftsführer IBM Deutschland GmbH, Stuttgart

ASK – Akademische Software-Kooperation 49
Adolf Schreiner
Direktor des Rechenzentrums der Universität Karlsruhe

Brauchen wir ein Software-Investitions-Programm SIP? 54
Peter Holz und Peter Jan Pahl
Universität Hannover, Institut für Strömungsmechanik und
Technische Universität Berlin, Institut für Allgemeine Bauingenieurmethoden

Gesprächskreis 1
Softwarebörsen, Hochschul- und Standardsoftware
Moderation: Adolf Schreiner

Softwarebörse für das Bauingenieurwesen im DFN 61
Norbert Thelemann
Technische Universität Berlin, Institut für Allgemeine Bauingenieurmethoden

Chemie-Softwarebörse 71
Peter Zinn und Christian Rüdel
Ruhr-Universität Bochum, Lehrstuhl für Analytische Chemie

Entwicklung von Teach-Software für die
Physik-Hochschulausbildung 79
H. Jürgen Korsch und Hans-Jörg Jodl
Universität Kaiserslautern, Fachbereich Physik

INTERQUANTA – Ein Computerkurs zur Quantenmechanik 87
Hans-Dieter Dahmen und Siegmund Brandt
Universität Gesamthochschule Siegen, Fachbereich Physik

Computergestützte Darstellung von Kristall- und
Oberflächenstrukturen mit Hilfe von PC-Systemen 106
Klaus Hermann
Hahn-Meitner-Institut Berlin GmbH, Bereich Datenverarbeitung und
Freie Universität Berlin, Fachbereich Physik

Statistik-Lehrprogramme für IBM PCs 114
Lothar Afflerbach
Technische Hochschule Darmstadt, Fachbereich Mathematik

Didaktik der Mikroprozessortechnik mit einem visuellen Simulator 123
Peter Sachs
Fachhochschule Kempten, Lehrgebiet Daten- und Sigalgverarbeitungssysteme

Eine einfache Modellmaschine für den Informatikunterricht 127
Peter Schulthess und Konrad Froitzheim
Universität Ulm, Fakultät für Informatik

MacInScribe – Ein System zur automatischen Tutorienorganisation 134
Hans-Joachim Knobloch
Universität Karlsruhe, Europäisches Institut für Systemsicherheit

Lotus Ausbildungsstrategie 138
Paul Blanken
Lotus Development GmbH, Frankfurt am Main

Berichterstattung über Gesprächskreis 1 145
Dietmar Waudig
Universität Karlsruhe, Rechenzentrum, Akademische Software-Kooperation

Gesprächskreis 2
Methodik, Lern- und Autorensysteme
Moderation: Ludwig Issing

**Erfahrungen in der Erforschung und im Einsatz
von interaktiver Lernsoftware** 149
Eduard Gabele
Otto-Friedrich-Universität Bamberg, Lehrstuhl für Betriebswirtschaftslehre

Learning by doing mit VULCAN 157
Rainer Thomé
Universität Würzburg, Lehrstuhl für Betriebswirtschaftslehre und Wirtschaftsinformatik

GENIUS 3: Ein Lehr- und Autorensystem für Personal Computer 162
Rainer Schnitzler, Walter Ameling, Reinhold Gebhardt und Heinz Meeßen
RWTH Aachen, Rogowski-Institut für Elektrotechnik

Wie nehmen Lernende softwareergonomische Faktoren wahr? 170
Wolfgang J. Weber
J. W. Goethe Universität Frankfurt am Main, Hochschulrechenzentrum

Systemprogrammierung ohne Programmierkenntnisse 178
Werner Degenhardt
Universität München, Institut für Kommunikationswissenschaft

Durchführung der Pilotaktion DELTA 190
Mike W. Rogers
DELTA-Koordinator, Kommission der Europäischen Gemeinschaften, Brüssel

**Analyse von Lernmaterialien auf der Grundlage
rechnergestützter Lehrstoff-Strukturmodelle** 206
Ralf Witt
Universität Hamburg, Institut für Berufs- und Wirtschaftspädagogik

Die Philosophie des "Blätterns" 218
Rolf Schulmeister
Universität Hamburg, Interdisziplinäres Zentrum für Hochschuldidaktik

**Computerunterstützung von Reduktions- und
Konklusionsprozessen bei der Interpretation von Texten** 230
Günter Ludwig Huber
Universität Tübingen, Institut für Erziehungswissenschaft

Berichterstattung über Gesprächskreis 2 238
Ludwig Issing
Freie Universität Berlin, Institut für Psychologie, Arbeitsbereich Medienforschung

Gesprächskreis 3
Vernetzung
Moderation: Dieter Ziessow

Einbindung von LANs in die heterogene EDV-Welt
am Beispiel von Novell NetWare 243
Andreas Zenk
Geschäftsführer adcomp Service GmbH, Unterhaching

Novell Netware 386 – Aufbau und Funktionen 247
Andreas Zenk
Geschäftsführer adcomp Service GmbH, Unterhaching

Nutzung von PCs und PC-Pools im DFN 252
Thomas Baumgarten
Deutsches Forschungsnetz, DFN-Verein, Berlin

CONNECT 257
Klaus Weber
Geschäftsführer Connect GmbH Informations Systeme, München

Vernetzung von CIP-Pools mit dem ISDN-System HICOM 265
Jürgen Umbach
Siemens AG, München

Kommunikationskonzepte für
verteilte Mikrocomputeranwendungen 271
Peter Mayr
Leiter Produkt Marketing Datenkommunikation, Apple Computer GmbH, München

Beiträge zur Datensicherheit: Ein gegen Viren immuner PC
– Eine abhörsichere Datenübertragung 281
Hans-Werner Kisker
Westfälische Wilhelms-Universität Münster, Universitätsrechenzentrum

Das Projekt WOTAN der Technischen Universität Berlin 290
Reinhard Gülker
Technische Universität Berlin, Zentraleinrichtung Rechenzentrum (ZRZ)

Berichterstattung über Gesprächskreis 3 294
Hans-Werner Kisker
Westfälische Wilhelms-Universität Münster, Universitätsrechenzentrum

Gesprächskreis 4
Betriebssysteme
Moderation: Manfred Sommer

MS-DOS, OS/2, UNIX – Welches Betriebssystem soll ich wählen? 299
Manfred Sommer
Universität Marburg, Fachbereich Mathematik

Sicherheit in UNIX-Netzen 305
Rudolf Wildgruber
PCS Computer Systeme GmbH, München

ERGOS-L3: Mehrplatzfähigkeit für MS-DOS 317
Bernd Stehle
Geschäftsführer ERGOS Ergonomic Office Software GmbH, Siegburg

Neues vom IBM Personal System/2 322
Eberhard Fischer
IBM Deutschland GmbH, Köln, Fachbereich Lehre und Forschung

MCA und EISA – Wohin geht die Entwicklung? 327
Udo Mäder
Zenith Data Systems, GmbH, Dreieich

OASIS – Open Architecture System Integration Strategy 334
Ulrich Eckert
Strategische Projektplanung Apple Computer GmbH, München

Gesprächskreis 5
Ingenieurwissenschaften, Architektur und Design
Moderation: Helmut Emde

Einsatz von Computern für die moderne Ingenieurausbildung 357
Eckart Schnack, Ingo Becker und Eberhard Schreck
Universität Karlsruhe, Institut für technische Mechanik/Festigkeitslehre

**Erfahrungen mit dem CIP-Pool
der Fachhochschule für Technik Stuttgart** 367
Henning Natzschka
Regierungsbaumeister und Prorektor der Fachhochschule für Technik, Stuttgart

Klausuren am PC – Beispiel Statik 379
Eckard-R. Richter
Fachhochschule Rheinland-Pfalz, Abteilung Koblenz, Fachbereich Maschinenbau

Das Seminar "Expertensysteme" 384
Sonja Schlegelmilch
Universität Karlsruhe, Institut für Baugestaltung, Baukonstruktion und Entwerfen

Erschließung des Mediums Computer für Lehr- und Lern-
prozesse in der Architekten- und Bauingenieurausbildung 393
Reinhard Rinke
Universität Karlsruhe, Fakultät für Architektur

Interaktive Computeranimation in Grafik-Design und Kunst-
pädagogik − Beispiele aus der Lehre an der ACE HBK Braunschweig 413
Henning Freiberg
Hochschule der Bildenden Künste Braunschweig

Berichterstattung über Gesprächskreis 5 416
Eckart Schnack
Universität Karlsruhe, Institut für Mechanik

Gesprächskreis 6
Rechts- und Wirtschaftswissenschaften
Moderation: *Herbert Fiedler und Bernd Schiemenz*

Hauptergebnisse des Projekts CIP.JUR: Einführungs-
strategien zu CIP an rechtswissenschaftlichen Fachbereichen 423
Herbert Fiedler
Universität Bonn, Forschungsstelle für juristische Informatik und Automation
Gesellschaft für Mathematik und Datenverarbeitung mbH, St. Augustin

Softwareentwicklungen an der Juristischen Fakultät Tübingen 426
Gerhard Ringwald
Universität Tübingen, Juristische Fakultät

Praxisnahe Ausbildung an EDV-Systemen der Justiz
(SIJUS/SOLUM) 431
Franz Göttlinger
Regierungsdirektor Bayerisches Staatsministerium für Justiz, München

Ein Entscheidungslabor auf der Basis von EUSTOPIC 435
Bernd Schiemenz
Universität Marburg, Fachbereich Wirtschaftswissenschaften

TourMaster − Ein Tourenplanungssystem für den PC 439
Heinrich Paessens
Fachhochschule Flensburg, Fachgebiet Wirtschaftsinformatik

Berichterstattung über Gesprächskreis 6
1. Teil: Rechtswissenschaften 443
Herbert Fiedler
Universität Bonn, Forschungsstelle für juristische Informatik und Automation

Berichterstattung über Gesprächskreis 6
2. Teil: Wirtschaftswissenschaften 445
Bernd Schiemenz
Universität Marburg, Fachbereich Wirtschaftswissenschaften

Gesprächskreis 7
Medizin
Moderation: Rudolf Thurmayr

Ausstattung mit CIP-Rechnern und ihre Akzeptanz im Klinikum rechts der Isar der Technischen Universität München 449
Rudolf Thurmayr, S. Weiß, M. Schnabel und O. Paukner
Technische Universität München, Institut für Medizinische Statistik und Epidemiologie

Ausbildung in Medizinischer Informatik, SW- und AI- Labor in integrierter Macintosh-Pool-PC-Pool-Umgebung 454
Franz Josef Leven
Universität Heidelberg/Fachhochschule Heilbronn, Studiengang Medizinische Informatik

Das Arbeiten mit einem selbstlernenden Expertensystem 464
Roland Kalb
Universität Erlangen-Nürnberg, Psychiatrische Klinik

Berichterstattung über Gesprächskreis 7 471
Roland Kalb
Universität Erlangen-Nürnberg, Psychiatrische Klinik

Plenarveranstaltung
CIP – kontrovers?
Moderation: Albrecht Biedl

Vorbemerkung zur Plenarveranstaltung 477
Albrecht Biedl
Technische Universität Berlin, Institut für Angewandte Informatik

CIP – Nicht für Theologen? 479
Ulrich Nembach
Universität Göttingen, Fachbereich Theologie

CIP-Unterstützung durch Hochschulrechenzentren 485
Jochen W. Münch
Rechenzentrumsleiter Universität Gesamthochschule Siegen, Hochschulrechenzentrum
Wilhelm Held
Rechenzentrumsleiter Universität Münster, Hochschulrechenzentrum

Abschlußdiskussion 494
Leitung: Albrecht Biedl
Technische Universität Berlin, Institut für Angewandte Informatik

Abschlußveranstaltung
Multimedia für die Lehre?
Moderation: Klaus Dette

Was ist Multimedia? 503
Rolf Schulmeister
Universität Hamburg, Interdisziplinäres Zentrum für Hochschuldidaktik

**Möglichkeiten und Probleme des Einsatzes multimedialer
PC-Informationssysteme am Beispiel des Faches Physiologie** 512
Wolfgang Wiemer
Universitätsklinikum Essen, Institut für Physiologie

**Vernetzte multimediale Autoren-/Lernerumgebungen:
Das NESTOR-Projekt** 524
Max Mühlhäuser
Universität Kaiserslautern, Arbeitsgruppe für Telematik

Hochschul-Softwaremarkt
Fachübergreifend und Rechenzentrumsservice

ASK-SISY 535
Helmut Filipp, Gerhard Löbell
Universität Karlsruhe, Rechenzentrum

**DocEDIT – Ein Programm zum Editieren und
Präsentieren strukturierter Dokumente und Hypertexte** 537
Alois P. Heinz
Universität Freiburg, Institut für Informatik

BABYLON – Eine Entwicklungsumgebung für Expertensysteme 539
Wolfgang Gräther und Hans Voß
Gesellschaft für Mathematik und Datenverarbeitung mbH (GMD)

PKERMIT Version 5.4 544
Erhard Hilbig
Universität-Gesamthochschule Paderborn, Hochschulrechenzentrum

Hochschul-Softwaremarkt
Chemie

Das Programm "IDEAL" 549
Ulrich Liesenfeld
Universität Bochum, Institut für Analytische Chemie

Inhalt XV

Grafikorientiertes Programm zur pH-Wert-Berechnung
komplexer, Säure und Base enthaltender wäßriger Systeme
sowie zur Simulation von Titrationen 552
Thomas Eckert, Martin Schmidt und Rainer Struckmann
Fachhochschule Münster, Abt. Steinfurt, Fachbereich Chemieingenieurwesen

Simulation von Schwingungsspektren 558
Peter Fischer, Daniel Bougeard und Bernhard Schrader
Universität Gesamthochschule Essen, Institut für Physikalische und Theoretische Chemie

Anwendung elektronischer Konferenzsysteme:
QOM und seine Einsatzmöglichkeiten 565
Jörg Hahn
ISOFT Kommunikationstechnologien GmbH, Berlin

Hochschul-Softwaremarkt
Physik

Erzeugung fraktaler Bilder von Kurven und Pflanzen
nach Lindenmayer bzw. durch Simulation einer
diffusionsbestimmten Aggregation 575
Eberhard Tränkle
Freie Universität Berlin, Fachbereich Physik, Institut für Theoretische Physik

Indirekte Ausgleichsrechnung 584
Hans Frey, Ulrich Radzieowski und Friedrich Rieß
Ludwig-Maximilians-Universität München, Sektion Physik

Vorführung des Programmes INTERQUANTA 588
Siegmund Brandt und Hans-Dieter Dahmen
Universität Gesamthochschule Siegen, Fachbereich Physik

Hochschul-Softwaremarkt
Medizin

Studienmodell Physiologie (MILES/SMP) und
Datenbank Baugeometrie des Mittelalters (MILES/DBM)
– Interdisziplinäre Anwendungen eines Multimedia-Systems 593
*Wolfgang Wiemer, Stefan Dylka, Jürgen Heuser, Dieter Kaack
und Manfred Schmidtmann*
Universitätsklinikum Essen, Institut für Physiologie

MEDITEST: Kommentierte Multiple-Choice-Fragen
zur Prüfungsvorbereitung für Mediziner 597
Harald Langer
Universität Erlangen-Nürnberg, Institut für Medizinische Statistik und Dokumentation

Hochschul-Softwaremarkt
Mathematik und Mechanik

Strukturanalyse von Fachwerken mit der
Methode der Finiten Elemente 605
Eckart Schnack, Ingo Becker, Norbert Lindenberg und Eberhard Schreck
Universität Karlsruhe, Institut für Mechanik

VESAM – Ein menügeführtes System zur Erfassung,
Verwaltung und statistischen Auswertung
landwirtschaftlicher Feldversuche 613
Elvira Hofmann, Nikolaus Meier, Markus Mühlbauer und Manfred Precht
Technische Universität München, Institut für Mathematik und Statistik

Demo-Programme zur Technischen Mechanik
und Getriebelehre 620
Wolfgang Seemann
Universität Karlsruhe, Institut für Technische Mechanik

Statistik-Praktikum mit dem IBM PC 630
Lothar Afflerbach
Technische Hochschule Darmstadt, Fachbereich Mathematik

Hochschul-Softwaremarkt
Bauingenieurwesen

TECHNET – Technische Modelle in Netzen 639
Rudolf Damrath, Peter Jan Pahl, Joachim Häusler, Claus Kaldewey,
Lutz Karras, Andreas Laabs, Hans Marcelis, Frank Molkenthin,
Stephan Sprang und Thiam Tjong Oey
Technische Universität Berlin, Institut für Allgemeine Bauingenieurmethoden

Entwurfsberechnungen im konstruktiven Wasserbau –
Die Programmkette UFER 656
Wolfgang Alm und Klaus Peter Holz
Universität Hannover, Institut für Strömungsmechanik

FEINSET – Finite-Elemente-Programm mit interaktiver
Benutzungsoberfläche, automatischer Fehlerabschätzung
und adaptiver Netzverbesserung 664
Heinrich Werner und Stefan Holzer
Technische Universität München, Institut für Bauingenieurwesen I

Eine Schnittstelle zwischen den Programmen
FEAP (Finite Element Analysis Program) und
INGA (INteraktive Graphische Analyse) 670
Manfred Münch
Universität Stuttgart, Institut für Statik und Dynamik
der Luft- und Raumfahrtkonstruktionen

Inhalt XVII

SOLA-CAD 676
Bernd Kröplin
Universität Stuttgart, Institut für Statik und Dynamik
der Luft- und Raumfahrtkonstruktionen

BEWEHRUNGSHELFER
– Ein Expertensystem für die Bewehrungskonstruktion 677
Bernd Kröplin
Universität Stuttgart, Institut für Statik und Dynamik
der Luft- und Raumfahrtkonstruktionen

Hochschul-Softwaremarkt Wirtschaftswissenschaften

Entscheidungswerkzeuge zur Unterstützung
der Spieler des Unternehmensspiels TOPIC (EUSTOPIC) 681
Bernd Schiemenz
Universität Marburg, Fachbereich Wirtschaftswissenschaften,
Abteilung Allgemeine Betriebswirtschaftslehre und Unternehmensforschung

"BWL Info" – Das betriebswirtschaftliche HyperText
MultiMedia Informationssystem auf Apple Macintosh 689
Eric Schoop und Reinhold Gatzka
Universität Würzburg,
Lehrstuhl für Betriebswirtschaftslehre und Wirtschaftsinformatik

Rechnerunterstützte interaktive Lernprogramme für die
Betriebswirtschaftslehre an der Universität Würzburg 694
Alexandra Seitz
Unversität Würzburg, Fachbereich Wirtschaftsinformatik

Hochschul-Softwaremarkt Rechts- und Geisteswissenschaften

Expertensystemerstellung im juristisch/geistes-
wissenschaftlichen Bereich – Mit der Shell
'1st Card' auch ohne Programmiersprachenkenntnisse 703
Gerhard Oppenhorst
Universität Bonn, Forschungsstelle für juristische Informatik und Automation

DIALTUE – Das Tübinger Dialogverfahren 712
Manfred Gerblinger
Unversität Tübingen, Juristische Fakultät

TS – Der Tübinger Subsumtionstrainer 721
Manfred Gerblinger
Universität Tübingen, Juristische Fakultät

Vorstellung des Elektronischen Kommentars (ELEKOM) 728
Dieter Meurer und Thomas Platena
Philipps-Universität Marburg, Forschungsstelle für Rechtsinformatik

**Fachwortschatztraining am PC: Entwicklungsaspekte,
Einsatzmöglichkeiten und Erprobungsergebnisse** 730
Helmuth Küffner
Fernuniversität Hagen, Zentrum für Fernstudienentwicklung

Produkt-Forum
Angebote der DV-Industrie für Forschung und Lehre

**KAISER-EXAM – System zur Erstellung und Auswertung
von Prüfungen mit integrierter Item-Datenbank und
Noten-Berechnung/-Verwaltung** 747
Werner Manglitz
Kaiser Datentechnik GmbH, Nürnberg

Das PCS Engagement für Forschung und Lehre 749
Wilhelm F. Jambor
PCS Computer Systeme GmbH, München

SPIRIT als Partner in der Ausbildung 755
Dieter J. Heimlich
SOFT-TECH Software Technologie GmbH, Neustadt

Vorveranstaltung

Die Vorveranstaltung zum 3. CIP-Status-Kongreß mit
Softwaremarkt wurde von der Firma Apple ausgerichtet
(Foto: Gundula Dette)

Sind Betriebssysteme standardisierbar?

Joachim Kirchmann
Capital-Korrespondent

Sehr geehrte Damen und Herren,

ich bin von Beruf Wirtschaftsjournalist, erwarten Sie daher keine wissenschaftliche Abhandlung zu der Frage, ob Betriebssysteme standardisierbar sind. Betrachten Sie meine Ausführungen vielmehr als einen langen, vielleicht aber doch etwas kurzweilig formulierten Zeitungskommentar.

Der Terminus "Standards", meine Damen und Herren, ist derzeit wohl *das* Reizwort der Computer-Szene. Ob Hard- oder Softwareanbieter, ob Netzwerker, Mailboxer, Bürokommunikatoren oder CIM-Anbieter – alle leisten einen heiligen Eid auf Standards. Schließlich wollen die Standard-Beschwörer, so sagen sie, nur das eine – das Wohl des Kunden, den Schutz seiner Investitionen, seine Entscheidungs- und Handlungsfreiheit und dergleichen mehr.

In Wirklichkeit aber sind die Standardbeschwörungen, die alle Marktteilnehmer im schlitzohrigen Elektronik-Geschäft fast bedenkenlos von sich geben, mit allergrößter Vorsicht zu genießen. Es handelt sich hier primär um Marketing- und Werbeaussagen, nicht selten sogar um fade Schutzbehauptungen oder lapidare Lippenbekenntnisse. Denn Standards sind zwar gut und schön, für die meisten Anbieter von Hard- und Software aber zunächst einmal ein schlechtes Geschäft. Denn Standards fördern den Wettbewerb, drücken die Preise, erschweren das Verkaufen.

Inzwischen geht die Standard-Euphorie sogar ans Eingemachte. Das sind die Betriebssysteme der Computer-Hersteller. Und wie Sie alle wissen, ist ein Betriebssystem nicht irgendein Treiberprogramm, das einen Rechner munter macht. Es ist das Allerheiligste eines jeden Computers, es ist der Geist, der ihn zum Leben erweckt, dem System Identität und einen gewissen Charakter verleiht. Fragen Sie die Computer-Hersteller, die sich kraft Marktmacht noch ein sogenanntes Propriety-Betriebssystem leisten können – alle sagen, ihre hausgemachte Systemsoftware sei die allerbeste. Die Propriety-Anpreiser verhalten sich so wie Eltern, die Babys großgezogen haben. Sie stehen unerschütterlich zu ihren Sprößlingen, auch wenn sie objektiv mißraten sind.

Bleiben wir einmal bei diesem Vergleich der Eltern-Kind-Beziehung, bei der Tatsache, daß ein Betriebssystem auf kreative Erzeuger zurückgeht, daß es einen Wachstums-, Reifungs- und Erziehungsprozeß durchmachen muß, wenn es als Erwachsener etwas taugen soll. Der umgekehrte Weg, daß etwa die EG-Kommission in Brüssel, übrigens ein eingefleischter UNIX-Fan und -Förderer, auf dem Verordnungsweg ein standardisiertes EG-UNIX ins Leben rufen könnte – dieser Gedanke ist schon absurd. Auch das CCITT oder die ISO würden sich als weltweit respektierte Standardisierungsgremien wohl nie und nimmer an einem Betriebssystem vergreifen.

Ich stelle daher die These auf: Betriebssysteme lassen sich nicht standardisieren. Sie sind Bestandteil der Corporate Identity eines Computerunternehmens. So wie jede Person, jede Familie, so wie Völkerschaften und Nationen eine Identität haben, zu der sie sich bekennen, so versuchen auch Computerunternehmen, ihren Systemen eine Identität, einen übergreifenden Charakterzug aufzuprägen. Das machen sie nicht aus Lust und Laune, sondern aus Selbstbehauptung. Sie wollen überleben, sich im Wettbewerb unterscheiden, sich für den Wettbewerb bewaffnen, um – ganz einfach und natürlich – zu wachsen und Gewinne zu erwirtschaften.

Ich möchte meine etwas häretisch anmutende These über die Standardisierungsunfähigkeit von Betriebssystemen präzisieren: Nicht das Standardbetriebssystem wird sich durchsetzen, sondern das firmenspezifische Unikat. Was allerdings das proprietäre Betriebssystem an Gräben aufwirft, an Animositäten, Abneigungen, womöglich sogar Feindschaften provoziert, wird auf den Gleisen einer standardisierten Kommunikation wieder versöhnt. Sie wissen, meine Damen und Herren, wie emsig derzeit, wenn auch unter heftigen Geburtsschmerzen, von den internationalen Standardisierungsgremien an der Standardisierung der elektronischen Datenkommunikation gearbeitet wird. Ich nenne als erfreuliche und bereits praktizierte Resultate Datex-P oder X.25, das Message-Handling-System X.400, Ethernet sowie als Grundlage aller elektronischen Kommunikationsprozeduren das Sieben-Schichten-Modell OSI – das "O" steht für "Offen" – der ISO – International Standardization Organisation. Bis auf die letzte, siebente Schicht, die eine offene Kommunikation von Programm zu Programm regeln soll, ist das OSI-Modell so gut wie ausformuliert.

Ich versuche, die sich womöglich evolutionär ergebende Harmonisierung der unterschiedlichen Betriebssysteme wiederum an einem ethnologischen Beispiel zu verdeutlichen: Friesen und Bayern sind in ihrem Selbstverständnis, in ihrer Denkart und Lebensweise so verschieden, daß sie sich nur auf der Basis von Schriftdeutsch verstehen, ansonsten aber wohl kaum spontane Zuneigung zueinander verspüren, geschweige denn ein inneres Identitätsgefühl.

Als Deutsche aber geben sie das gleiche Geld aus, haben sie die gleichen Gesetze zu befolgen und drücken der deutschen Nationalelf die Daumen. Die friesischen und bayerischen, die britischen und französischen Schulkinder lernen alle die gleiche Mathematik, aber jeweils nach einem anderen Schulsystem. Analog zur Computerbranche ist das die Bedieneroberfläche. Hier sind die Wettbewerber erfahrungsgemäß genau so eigensinnig wie Kultusminister.

Natürlich ist die Feudalzeit im Computergewerbe vorbei. Oder sagen wir: Sie geht zu Ende. Mit Feudalzeit meine ich die absolutistische Einstellung der Computerfirmen, ihren Kunden ein hausgemachtes Betriebssystems wie einen Frondienst aufzwingen zu können. Daraus folgt bekanntlich: Was der absolute Herrscher seines Computerreiches anordnet, muß befolgt werden. Es gibt ja keine Alternative – und keine Ausbruchsmöglichkeit. Darunter haben die meisten Computer-Anwender zwei Jahrzehnte und länger gelitten. Sie wurden zur Ader gelassen und konnten sich nicht einmal wehren.

Computerfirmen, die diese Feudalzeit so lange wie möglich verlängerten, sind heute besonders arm dran. Ich nenne Wang, Norsk Data, Data General und in gewisser Weise auch die IBM. Sie glaubt, als absolutistische Computermonarchie auch das kommende Jahrtausend zu er- und überleben. Ob die IBM ihre nicht zuletzt aus Marketing-Gründern zersplitterte Betriebssystemwelt unter der angekündigten einheitlichen System-Anwendungs-Architektur SAA zu einigen vermag und die auf königsblau eingefärbte Kundschaft bereit ist, Riesensummen dafür auszugeben, damit die IBM mit sich selber ins Reine kommt, ist derzeit das große, noch längst nicht gelöste Rätsel, selbst für die IBM.

Jedenfalls ist die Feudalzeit abgemeldet. In der Computerwelt hat es, nicht zuletzt durch einen Volksaufstand an der PC-Front, eine Art französische Revolution gegeben. Die Anwender sind, wie man gerne sagt, mündig geworden. Sie fordern Selbstbestimmung statt Fremdbestimmung – und wenn sie selbstbewußt genug sind, bekommen sie die auch.

Doch die große Freiheit, von der alle träumen, wird es auf der Grundlage eines universell einsetzbaren, herstellerneutralen Betriebssystems nicht geben. Denn der große Traum von der uneingeschränkten Portabilität der Software, von der schrankenlosen Kompatibilität der Anwendungen ist längst ausgeträumt.

Blicken wir doch einmal zurück, und zwar im Zorn. Da macht die große IBM mit ihrem Logo am Blechgehäuse den Personal Computer geschäftsfähig. Das war im August 1981. Ganze Heerscharen von Hard- und Softwareanbieter strebten nun danach, IBM-kompatibel zu werden. In Wirklichkeit waren sie Microsoft-kompatibel. Und das siegreiche PC-Betriebssystem MS-DOS hatte der clevere Softwareguru William H. Gates III. gleichsam auf der Straße von einem gewissen Tim Paterson aus Seattle für eine Lizenzgebühr von 50.000 Dollar aufgekauft. Paterson hatte sein Bastelprodukt sehr zutreffend Q-DOS genannt. Das "Q" stand für "Qick and dirty" schnell und schmutzig. Und dieses Zufallsprodukt, das bei heute als lausig empfundenen 640 Kilobyte Speicherbearbeitung Feierabend macht, regiert derzeit die PC-Welt. Dieses Phänomen werden unsere Nachfahren dereinst bestaunen wie wir als Touristen den schiefen Turm von Pisa: Alle glauben, der fällt bald um, aber das tut er wohl noch lange nicht.

Heute, ein knappes Jahrzehnt später, stehen nach dem Organisationsschema von MS-DOS an die 30 Millionen PCs unter Strom. Wenn das kein Standard ist – gewesen ist, muß man sagen. Denn es war kein Aprilscherz, als sich Anfang April

1987 die große IBM von den Cloner-Haien, die ihr den PC-Markt von fetten 50 Prozent auf magere 20 Prozent weggebissen hatten, nicht länger demütigen lassen wollte. Wie der Papst ex cathedra verkündete sie gleich zwei neue PC-Dogmen: den Mikrokanal, der einen tiefen Graben zwischen der herkömmlichen IBM-Kompatibilität zieht und als neues Betriebssystem OS/2.

Sie sehen, meine Damen und Herren: Wenn es ums Geld geht, wird in der Computerbranche die Caritas eines Betriebssystem-Standards kaltblütig exekutiert. Der Computeranwender wird, wenn ein Standard die Gewinne wegfrißt, wieder gnadenlos an die Kette einer proprietären Systemsoftware gelegt und damit gezwungen, einen Obolus zu leisten, mit dem man rechnen kann.

Microsoft wollte sich den Hammer namens OS/2 eigentlich aufsparen für einen Zeitpunkt, zu dem er fertig geschmiedet war. Aber die von den Cloner-Haien bis aufs Blut gereizte, an Umsatz- und Gewinnwachstum ausgezehrte IBM, kannte kein Pardon. Als sich herumgesprochen hatte, daß OS/2 eigentlich die von Microsoft entwickelte logische Fortsetzung von MS-DOS war, grenzte sich IBM noch einmal scharf vom selbst kreierten Industrie-Standard aus: mit OS/2 EE (für Extended Edition). Ich nenne Extended Edition eine freche, schamlose Freiheitsberaubung.

Denn nach dieser Version des Betriebssystems OS/2 bekommt der Anwender einen Datenbank- und Kommunikationsmanager mit aufs Auge gedrückt. Aber, meine Damen und Herren, Sie wissen alle, was das bedeutet: Wer die Datenbank hat und bei der Kommunikation am Steuer sitzt, hat in einem EDV-Reich die Schaltzentrale im Griff. Oder um es in der Fachsprache anzuprangern: Mit Extended Edition wird durch die Hintertür ein Re-Bundling eingeführt, die Abkehr vom Un-Bundling, mit dem sich die IBM einst vor der kartellrechtlich eingeleiteten Zerschlagung gerettet hatte. Ein Probelauf des Re-Bundling inszenierte der Marktführer fast aller Computerklassen mit OS/400, wo ebenfalls eine Datenbank an ein frisch geborenes, proprietäres Betriebssystem gekoppelt wurde.

Jeder, der im PC-Bereich derzeit eine Langfristentscheidung treffen muß, kennt das Dilemma, das mit der rüden Abkanzelung von MS-DOS entstanden ist: Neun respektable Cloner, auch Neunerbande genannt, formierten sich zu einem Anti-IBM-Lager, das sich EISA-Gruppe nennt. EISA heißt in deutsch "erweiterte Industrie-Standard-Architektur". Unter EISA, so das Versprechen, soll die MS-DOS-Welt mit einem Brückenschlag zu einem neutralen, von Microsoft lizensierten OS/2 erhalten bleiben.

Doch inzwischen müßte auch dem naivsten MS-DOS-Anwender klar sein: Standards sind nicht das Retortenbaby eines Beschlußgremiums, sondern eine unkalkulierbare Markt- und Machtfrage. Aus Angst vor der Unkalkulierbarkeit wechselte die Creme der EISA-Verfechter vorsichtshalber auch zum Mikrokanal-Lager über. Zitat: "Wir dienen dem Anwender, indem wir keinen neuen Standard produzieren", so setzte sich kürzlich der deutsche Compaq-Chef Eckhard Pfeiffer von den Standardbeschwörungen seines Präsidenten Rod Canion ab. Was soll man wem noch glauben?

Lachender Dritter im Gerangel um OS/2 EE, EISA und den Mikrokanal ist Apple, ein PC-Pionier, der sein proprietäres Betriebssystem gern verdeckt hält. Er trommelt, nach Art des Hauses, lieber für seine elegante Bedienerführung. Mit dem Zerfall der MS-DOS-Bastion, sei es nun aus inzwischen offenkundiger Leistungsschwäche oder der Kraftloserklärung durch die IBM, war mit einem Male bei den Profi-Anwendern aus der emphatischen Standardbeschwörung die Luft raus. Der Nutzen für und die Sympathie bei den Anwendern rückten in den Vordergrund. Die Offenheit und Kommunikationsfreudigkeit des Systems war bei den stets langfristig denkenden Industrie-Investoren gefragt. Während die IBM für ihre neuen Personal Systeme gleichsam den Laden dicht machte, profitierte Apple plötzlich von der ehedem so schmerzlich vollzogenen Öffnung des Macintosh II.

Während für OS/2 kaum ein Softwareschreiber bislang die Finger krumm machte, wird die gehobene Macintosh-Welt mit neuen Software-Kreationen förmlich überschwemmt. Sogar etwas Undenkbares wurde wahr: Weil die einst verlachte Apple-Vision von einer einfachen bis amüsanten Computerbedienung bis hinauf in die Top-Etagen des Managements jetzt ernst genommen wird, ist die Macintosh-Bedieneroberfläche zu einem Standard geworden. Was die Jungfirma Apple einst vehement abgelehnt hatte, tut nun der Veteran IBM: IBM imitiert Apple. So jedenfalls ist die Computerhandhabung unter SAA angesagt. Ob Apple die Standardisierung seiner Uniqueness, wie es im Marketingjargon heißt, langfristig überleben wird, ist ein anderes noch ungelöstes Rätsel. Apple kämpft derzeit dafür vor Gericht. Zum Trost der Apple-Fangemeinde im grauen Flanell – ich meine damit die vielen frisch bekehrten, enorm motivierten geschäftlichen Macintosh-Anwender: Die Freak-Firma von einst liegt heute in den Händen eines sehr professionellen, selbstbewußten und weitsichtigen Managements. Das kann man nur von den allerwenigsten Computerfirmen sagen, leider. Wer Fallbeispiele für Panik und Kopflosigkeit sucht, wird am ehesten in der DV-Branche fündig.

Doch zurück zum Thema: Für MS-DOS ist der Zukunftstraum von einem unerschütterlichen Standard aus. Die Euphorie einer uneingeschränkten Kompatibilität ist, derzeit zumindest, verflogen. Das signalisiert nicht zuletzt das dürftige Kundenengagement beim MS-DOS-Nachfolger OS/2. Aber immerhin: Die Traumphase, in der Milliarden von Disketten ohne Unterschied in Herkunft und Abstammung im Rahmen einer wirklich freiheitlichen DV-Demokratie in den Laufwerksschlitzen von zig Millionen PCs freudig ihren Dienst verrichteten, dauerte einige Jahre. Aber die Hoffnung, daß sich dieser Wunschtraum unter dem herstellerneutralen Betriebssystem UNIX doch noch fortsetzen oder gar verewigen könnte, ist inzwischen auch so gut wie verflogen.

Wie das geschah, ähnelt einer Aufführung aus dem Kommödienstadl oder dem Ohnsorg-Theater: Eine angejahrte Diva namens AT&T, in ihren besseren Zeiten auch Ma Bell genannt, entläßt ihre erwachsenen Telefon-Töchter in die Freiheit, um auf dem glatten Computer-Parkett noch was zu erleben. Sie bandelt mit einem galanten Italiener namens Olivetti an. Man verlobt sich per Aktienkauf. Doch der smarte Italiener vermag die US-Diva nicht zu befriedigen, vor allem, was ihre

Europa-Gelüste betrifft. Daraufhin bandelt sie mit einem jugendlichen Liebhaber namens Sun Microsystems an. Man schmiedet sogleich Heiratspläne und plant auch schon ein gemeinsames Kind, ein UNIX, das nur den beiden gehört.

Das finden so ehrenwerte Unix-Lizenznehmer wie NCR oder Hewlett Packard unerhört. HP hatte schließlich so sehr auf Unix gebaut, daß zeitweilig das Schicksal des Unternehmens auf dem Spiel stand. Aber: In einem schier ausweglosen Streit um die UNIX-Zukunft steht plötzlich ein Retter vor der Tür: Die IBM, die UNIX bislang wie einen ungeliebten Bastard im Vollsortiment ihrer Betriebssysteme am Rande mitgeführt und nur auf ausdrückliches Verlangen ausgeliefert hatte. Sie sammelt die Aufständischen unter ihre Fittiche und tröstet sie brüderlich. Im vertrauensvollen Urgeist von UNIX versöhnt sie sich sogar mit ihren Erzfeinden und jubelt ihnen, kaum daß sie es merken, ihre Version von UNIX namens AIX unter.

Das Lager der Schismatiker nennt sich OSF, Open Software Foundation. Um AT&T scharten sich UNIX-Altgläubige zur UNIX International zusammen. Doch da merkten die Theaterspieler, daß sie ihre Rechnung ohne die entsetzten Zuschauer, sprich vorhandenen und potentiellen UNIX-Kunden, gemacht hatten. Diese quittierten das Ränkespiel mit Frustration und Käuferstreik. Ihnen war der Traum von einem Happy-End in UNIX, der Vollkompatibilität aller Hard-und Software, geraubt worden. Doch da obsiegte in den verfeindeten Lagern der Marketing-Gedanke: OSF und UNIX-International traten Hand in Hand der X/Open Group Ltd. bei, sofern sie nicht schon als Einzelfirmen drin waren. In der X/Open, ursprünglich als europäische Gegenattacke zur IBM-Übermacht inszeniert, darf nun, auf dem Papier, muß ich betonen, der Neutralitäts- und Standardgedanke von UNIX weiter gepflegt werden.

Somit hat es, auf offener Bühne zumindest, doch noch unter den Fittichen von X/Open ein Happy-End zwischen den Kontrahenten gegeben. Doch wer oder was ist die weitherzige X/Open? Der Diebold Management Report nennt diese kommerziell ausgerichtete Gesellschaft wegen ihres hohen Mitgliedsbeitrags von 500.000 Dollar einen "teuren Golfclub". Ein alter Hase unter den UNIX-Praktikern, Hans W. Strack-Zimmermamm (ehedem der Sinix-Promotor von Siemens und nun selbständig) nennt die X/Open "eine Putzfrau, die hinter den Akteuren hergeht und die Gänge säubert".

Die X/Open betont, daß sie keine Standards macht, sondern nur Empfehlungen erteilt, die in einer dicken Loseblatt-Sammlung mit dem Titel "Portability Guide" niedergeschrieben sind. Die X/Open vergibt auch ein Gütesiegel für Hard- und Softwareprodukte, die sich der Neutralität verpflichtet haben, also wechselseitig portabel sprich austauschbar sind. Den Test der Portabilität führen aber die Anbieter von Hard- und Software selber durch. Damit entspricht das X/Open-Gütesiegel in etwa den Herkunfts- und Gütegarantien auf Weinflaschen. Das heißt in der Praxis: Wer Kopfschmerzen mit UNIX bekommt, hat wohl kaum Chancen herauszufinden, wer wo und womit gepanscht hat und dürfte es vorziehen, zur raschen Schmerzlinderung ein Aspirin nehmen. Das X/Open-Gütesiegel ist nichts anderes als ein Warenzeichen, somit reine Glaubenssache, keine Garantiekarte mit Portabilitäts-Gewähr.

UNIX ist zweifelsohne ein gewaltiger Schritt zur Demokratisierung der DV-Welt. Die öffentlichen Verwaltungen, die meisten Universitäten und fast alle Regierungen der westlichen Welt, allen voran die EG-Kommission in Brüssel, haben sich UNIX aufs Panier geschrieben. Sie haben damit einen Markt kreiert, den sich natürlich auch so eingefleischte UNIX-Widersacher wie IBM oder DEC nicht entgehen lassen wollen. Was die IBM mit OSF inszeniert hat, ist nur eine geschickte Umarmung der Konkurrenz, um sie zu zähmen und sie womöglich sogar mit den Instrumenten aus der Trickkiste ihres Marketing auszuhebeln. Sie sehen also, meine Damen und Herren: Überall im Umfeld der Betriebssysteme, wo es jetzt mehr denn je um Soll und Haben geht, explodieren derzeit die Tellerminen des Wettbewerbs. Oder sie werden heimlich vergraben.

Ein sauberer, verläßlicher, uneigennütziger Standard ist einfach nicht hinzubekommen. Mit dem demokratisch angelegten UNIX ist es ebenso wie mit der praktizierten Demokratie: Alle freien Staaten bekennen sich dazu. Doch alle haben ein eigenes System: Bei den Deutschen gelten ganz andere Spielregeln als etwa in England, Frankreich oder den USA. Aber keiner hat Anlaß, sich darüber aufzuregen. Die Tradition, die nationalen Eigenheiten, der Föderalismus mit seinen Kultur- und Sprachregionen lassen eben kein standardisiertes Welt-Grundgesetz zu.

Damit bin ich zu meiner Ausgangsthese zurückgekehrt, daß standardisierte Betriebssysteme aus ganz natürlichen, urmenschlichen Gründen eigentlich keine Existenzgrundlage haben. Denn wenn es ums Geld geht, bei Wettbewerbern handelt es sich hier um das Existenz-Elixier schlechthin, gibt es kein Pardon, somit auch keine Neutralität oder sonstigen Nettigkeiten.

Wie wird die derzeitige Diskussion um die heiß ersehnten Standard-Betriebssysteme ausgehen? Meine persönliche Spekulation: Das Thema Betriebssystem wird an Brisanz verlieren, es wird in einigen Jahren kein Thema mehr sein. Betriebssysteme werden einen Stellenwert bekommen wie etwa Währungen. Sie werden auch, wie Währungen, Wirtschaftswelten kreieren, in denen eine Konvertierbarkeit der Daten problemlos möglich ist. Apple geht hier beispielhaft voran, indem Macintosh-Systeme klaglos MS-DOS-Disketten lesen. Auch moderne relationale Datenbanken wie Oracle, Ingres oder Informix sind gleichsam klassenlos und nicht mehr auf ein bestimmtes Betriebssystem fixiert. Ähnlich agieren die großen Anbieter systemunabhängiger Software für Netzwerke, die inkompatible Betriebssysteme miteinander versöhnen. Das ist ihre Geschäftsgrundlage, eine neue Marktnische, in der sie sich tummeln können.

Die Kommunikation unter den Rechnern aller Hersteller und Größenklassen wird sich nach Art heutiger Verkehrsgepflogenheiten einrichten. Hier gelten international die gleichen Grundregeln. Vom Moped bis zum Schwerlaster halten alle, wenn es nicht allzu orientalisch zugeht, vor einer roten Ampel. Alle fahren in der Regel rechts und überholen links, und wenn's andersherum vorgeschrieben ist wie etwa bei den nichtkompatiblen Briten und deren Trabanten aus alten

Empire-Tagen, kann man sich schnell an das andere System gewöhnen. Neben der Kommunikation wird sich auch eine einheitliche Computerbedienung herauskristallisieren mit Maus, Menüs und einheitlich verständlichen Symbolen, so wie es die einstige Freak-Firma Apple vorexerziert. Im Jahr 2000 wird die Computerbedienung so selbstverständlich sein wie heute für nahezu jedermann und jedefrau das Autofahren. Die Typen können noch so verschieden sein, in der Motorisierung, der Karosse und dem Komfort. Nach einer kurzen Eingewöhnung kommt auch der Panda-Fahrer auch mit einem Porsche klar.

Meine Damen und Herren, das war die etwas feuilletonistische Abhandlung einer fundamentalen Computer-Materie, die noch viele Gemüter erhitzen wird. Ich rechne nicht grundsätzlich mit Ihrem Einverständnis und bitte, falls gewünscht, um Fragen und Stellungnahmen.

Eröffnungsveranstaltung

Staatssekretär Hans Kremendahl überbringt die Grüße des Berliner Senats (Fotos: Gundula Dette)

Eröffnung
des 3. CIP-Status-Kongresses

Fritz Schaumann

Staatssekretär
beim Bundesminister für Bildung und Wissenschaft

Meine sehr geehrten Damen und Herren,

Herr Swatek hat mich bedrängt, auch in diesem Jahr zur Eröffnung des CIP-Statuskongresses zu Ihnen zu sprechen. Die wiederum gestiegene Zahl der Teilnehmer und der Aussteller im Rahmen des Softwaremarktes belegen das große Interesse aus den Hochschulen und auch der Hard- und Software-Anbieter an der weiteren Entwicklung der Ausstattung der Hochschulen mit Mikrorechnern.

Die Vertreter des Bundes und der Länder im Planungsausschuß für den Hochschulbau werden 1984 kaum eine Vorstellung davon gehabt haben, welche umfangreiche Entwicklung sie mit ihrem Beschluß zum Computerinvestitionsprogramm in Gang gesetzt haben.

Bis zum August 1989 konnte der Wissenschaftsrat auf der Grundlage der Empfehlung der Deutschen Forschungsgemeinschaft über 14.000 Rechner-Arbeitsplätze mit einem Volumen von über 250 Millionen DM zur Beschaffung im Rahmen des HBFG empfehlen.

Zwei Fakten scheinen mir besonders bemerkenswert: Zum einen ist es erfreulich, daß die Fachhochschulen mit einer Empfehlungssumme von über 60 Millionen DM einen erheblichen Anteil dieser Investitionen für sich verbuchen konnten. Hier bestand ganz offenbar ein ganz erheblicher Nachholbedarf. Zum anderen empfinde ich es als bemerkenswert, daß auch außerhalb der Natur- und Ingenieurwissenschaften, auf die naturgemäß ein erheblicher Anteil entfällt, in den Rechts- und Geisteswissenschaften der Rechnereinsatz am Arbeitsplatz zu einer gewissen Selbstverständlichkeit geworden ist. Dort wurden in erfreulich hohem Umfang Arbeitsplatzrechner aus dem CIP beschafft.

Wir wollen – wie sie wissen – CIP auf Dauer fortsetzen. Dies ist, wie der Wissenschaftsrat zu Recht ausgeführt hat, aber nur ein erster Schritt. Die weiter steigenden Möglichkeiten des Rechnereinsatzes und seine zunehmende Verbreitung in allen Bereichen unseres wirtschaftlichen und wissenschaftlichen Lebens erfordern, daß auch die Lehrenden und Wissenschaftler in zunehmendem Maße mit Rechnern an ihren Arbeitsplätzen arbeiten können.

Der Planungsausschuß für den Hochschulbau hat im letzten Jahr Wissenschaftsrat und Deutsche Forschungsgemeinschaft gebeten, Kriterien für die Beschaffung von solchen Arbeitsplatzrechnern, die eine mittlere bis höhere Leistungsfähigkeit haben müssen, zu entwickeln. Dies ist inzwischen erfolgt.

Für den Bund sind die mit der Mitfinanzierung von Arbeitsplatzrechnern verbundenen Mehrbelastungen nur dann zu verkraften, wenn auch die Länder in anderen Bereichen der Gemeinschaftsaufgabe Hochschulbau ein in etwa vergleichbares Entgegenkommen zeigen. Ob es hier zu einer übergreifenden Verständigung zwischen Bund und Ländern kommen kann, werden entsprechende Verhandlungen im Laufe des Jahres noch zeigen.

Da ich aber auf der anderen Seite weiß, wie hoch der Bedarf gerade an diesen Arbeitsplatzrechnern für Wissenschaftler ist, habe ich – um einen Beschaffungsstop zu vermeiden – Anfang August den Präsidenten der Deutschen Forschungsgemeinschaft, Herrn Prof. Markl, und den Vorsitzenden des Wissenschaftsrats, Herrn Prof. Simon, gebeten, Anträge der Länder zu Arbeitsplatzrechnern auf der Basis der von der Deutschen Forschungsgemeinschaft entwickelten Kriterien zu begutachten und entsprechende Empfehlungen abzugeben. Falls es zu einer Beschlußfassung durch den Planungsausschuß über die Kriterien kommen sollte, wird der Bund die so beschafften Arbeitsplatzrechner dann nachträglich mitfinanzieren.

Beide Herren haben mittlerweile diesem Vorschlag zugestimmt. Ich hoffe sehr, daß es gelingt, im Sommer 1990 einen entsprechenden Beschluß im Planungsausschuß zu fassen.

Die positive Entwicklung beim Computerinvestitionsprogramm darf nicht darüberhinwegtäuschen, daß die Hochschulen sich in einer schwierigen Situation befinden. Wir haben erste Schritte zur Problemlösung eingeleitet:

1. Offenhalten der Hochschulen

Die Regierungschefs von Bund und Ländern haben am 10.März d. J. eine Vereinbarung über ein Hochschulsonderprogramm beschlossen, durch das die Situation in besonders nachgefragten und belasteten Fächern verbessert, Zulassungsbeschränkungen verhindert bzw. frühestmöglich abgebaut werden sollen. Bei einer Laufzeit von bis zu sieben Jahren setzen Bund und Länder jährlich 300 Millionen DM zusätzlich zu den bisher vorgesehenen Ausgaben an Universitäten und Fachhochschulen ein.

2. Stärkung der Hochschulforschung

Das Bundeskabinett hat am 5. Juli d. J. eine Steigerung der Mittel für die Deutsche Forschungsgemeinschaft um 5 % für das Haushaltsjahr 1990 beschlossen. Die Regierungschefs der Länder haben am 29. Juni d. J. die gleiche Steigerung beschlossen.

3. Steigerung der Hochschulbauinvestitionen

Das Bundeskabinett hat am 5. Juli d. J. beschlossen, im Finanzplanungszeitraum 1990 bis 1993 einen jährlichen Ansatz für den Hochschulbau von 1,1 Mrd. DM vorzusehen. Der Planungsausschuß für den Hochschulbau hat auf dieser Grundlage am 17. Juli d. J. den 19. Rahmenplan für den Hochschulbau mit einem Finanzvolumen von 2,2 Mrd. DM verabschiedet.

4. Einführung von Graduiertenkollegs

Eine weitere Vereinbarung der Regierungschefs von Bund und Ländern über die Förderung von Graduiertenkollegs ist unterschriftsreif und wird voraussichtlich bei der nächsten Zusammenkunft der Regierungschefs von Bund und Ländern unterzeichnet werden.

5. Qualifizierungsbrücke für den wissenschaftlichen Nachwuchs

Auch im nächsten Jahrzehnt müssen wissenschaftlich besonders ausgebildete Nachwuchskräfte in dem erforderlichen Umfang zur Verfügung stehen. Nur so kann der steigende Bedarf an wissenschaftlich qualifizierten Kräften in allen Bereichen der Gesellschaft befriedigt und unsere Wettbewerbsfähigkeit im Hinblick auf den europäischen Binnenmarkt und den internationalen Wettbewerb gesichert werden. Es muß deshalb für den wissenschaftlichen Nachwuchs jetzt eine Qualifizierungsbrücke gebaut werden. Ein solches Sonderprogramm zur Förderung des wissenschaftlichen Nachwuchses sollte deshalb

- angemessene Qualifizierungsmöglichkeiten für die starken Hochschulabsolventenjahrgänge sichern,
- Vorsorge für den überproportionalen Nachbesetzungsbedarf von hochqualifizierten Wissenschaftlern treffen,
- die Forschungskapazität der Hochschulen auch in Zeiten starker Belastung durch die Lehre erhalten und entsprechend dem sich wandelnden Bedarf entwickeln und
- die Beteiligung von Frauen an Forschung und Lehre nach Umfang und Verantwortung verstärken.

Ich bin zuversichtlich, daß die Regierungschefs von Bund und Ländern im Dezember unsere Absichten nachhaltig unterstützen werden. Wir schaffen damit die personellen und materiellen Voraussetzungen für die Wettbewerbsfähigkeit unserer Hochschulen im kommenden Jahrzehnt.

Ihre Aufgabe, meine Damen und Herren, wird es insbesondere sein, inhaltlich und methodisch dafür zu sorgen, daß optimal gelehrt und gelernt werden kann. Dem Rechner kommt hierbei eine besondere Rolle zu. Hierüber den Gedankenaustausch zu pflegen, Erkenntnisse auszutauschen und überflüssige Doppelarbeit zu vermeiden, scheint mir in diesem Zusammenhang eine wichtige Aufgabe. Ein Instrument hierfür sind die CIP-Statuskongresse. Ich bin froh, daß es uns in Zusammenarbeit mit dem Berliner Wissenschaftssenator und der Gesellschaft für Technologiefolgenforschung gelungen ist, ein langfristiges Konzept zu entwickeln, das die Durchführung dieses Kongresses auch in den kommenden Jahren sicherstellt.

Ein weiteres von uns gefördertes Instrument ist die akademische Softwarekooperation, genannt ASK in Karlsruhe, die die vorhandene Softwareproduktion in der Bundesrepublik erfassen und für alle Interessierten zugänglich machen soll. Hier leistet Herr Prof. Schreiner von der Universität Karlsruhe bereits wertvolle Arbeit. Welches große Interesse an diesem Thema besteht, zeigt auch das Ergebnis der ersten Ausschreibung, die ASK für einen deutschen Softwarepreis durchgeführt hat. Ursprünglich hatten wir vorgesehen, daß die Vergabe dieses Preises im Rahmen dieses Kongresses hier in Berlin stattfinden sollte. Aber die Anmeldungen, die hierfür in der Zwischenzeit eingegangen sind, über 200 an der Zahl, erfordern doch einen längeren Zeitraum für die Arbeit der Jury. Der Preis kann deshalb erst am 7. Februar 1990 vergeben werden. Ich hoffe, daß wir im nächsten Jahr dann zu einer Zusammenlegung der Preisvergabe mit dem CIP-Statuskongreß kommen. Die Vorbereitungen hierfür sind entsprechend eingeleitet.

Meine Damen und Herren, ich danke dem Veranstalter für die Durchführung dieser Tagung, den Rechneranbietern für ihre große Teilnahme an dem Softwaremarkt und Ihnen für Ihr Interesse an diesem 3. CIP-Statuskongreß. Tragen Sie durch Diskussion und Kooperation dazu bei, daß die mit CIP auf den Weg gebrachten Investitionen möglichst effizient genutzt werden. Der 3. CIP-Statuskongreß ist eröffnet.

Grußwort des Senats von Berlin

Hans Kremendahl
Staatssekretär
der Senatsverwaltung für Wissenschaft und Forschung

Ihnen Herr Kollege Schaumann, dem Bundesministerium für Bildung und Wissenschaft, sowie auch der Senatsverwaltung für Wirtschaft und dem Förderkreis des Mikrocomputerforums, gilt mein Dank dafür, daß Sie die Förderung der Durchführung dieses Programms, dieses Kongresses ermöglicht haben. Die rege Teilnahme an diesem Kongreß zeigt die Wichtigkeit des Erfahrungsaustausches unter Ihnen allen. Dabei scheint der Bedarf der traditionell informatikfernen Fächer am größten, was schon beim vorjährigen CIP-Status-Seminar nur allzu deutlich wurde. Gleichwohl zeigen Erfahrungen mit PC-Pool-Betreibern, daß die Akzeptanzproblematik nicht mehr in dem Maße besteht wie früher, wozu sicherlich die gegenwärtige Arbeitsmarktsituation ihren Beitrag geleistet hat, denn das Beherrschen der Computertechnik verbessert oftmals die Berufseinstiegsmöglichkeiten und schließlich ist es auch die Aufgabe der Hochschulen, die Studenten bestmöglich auf die berufliche Praxis vorzubereiten. Daß die Informationstechnik noch an Bedeutung zunehmen wird – in Zukunft wird fast jeder Berufstätige von der Informationstechnischen Durchdringung zumindest tangiert werden – kann eindrucksvoll an dieser Stätte, dem Produktionstechnischen Zentrum, vernommen werden. Hier werden Konzepte für die Fabrik der Zukunft entwickelt und erprobt, die sich unter dem Begriff "Computerintegrierte Fabrikation" subsumieren lassen. Aber auch bei der Realisierung der computerintegrierten Fabrikation, und hier wird mir Professor Spur sicher zustimmen, sind nicht nur technische, sondern vor allem, wie bei der Durchführung des Computerinvestitionsprogramms, organisatorische und personelle Aspekte vorrangig zu berücksichtigen, und man gewinnt den Eindruck, daß durch den Einsatz der neuen Informations- und Kommunikationstechniken der Mensch wieder mehr in den Mittelpunkt rückt und die Zusammenarbeit über Fachgrenzen hinaus verbessert wird. Mit der Einrichtung von PC-Pools werden zwar notwendige aber keineswegs hinreichende Bedingungen für das Erlernen des sachgerechten und des sinnvollen Umgangs mit Computern geschaffen. Hierzu bedarf es weitergehender Anstrengungen und die bisher vorliegenden Erfahrungen zeigen deutlich, daß die Mikrorechner in die Lehre und

Ausbildung einbezogen und von den Studenten auch angenommen wurden. Nach einer gewissen Anlaufphase ist die Nachfrage nach Mikrorechnerkapazitäten deutlich gestiegen, der Bedarf ist bei weitem noch nicht gedeckt. Berlin hat sich am CIP beteiligt, natürlich, und wird sich auch an der Fortführung beteiligen. Während der Laufzeit der ersten Phase des Computerinvestitionsprogramms wurden Geräte und Programme mit einem Gesamtvolumen – für die Berliner Hochschulen – von rund 15,5 Millionen DM beschafft. In der 2. Phase, die in diesem Jahr 1989 angelaufen ist sind zusätzliche Beschaffungen bis zu einem Investitionsvolumen von 15,4 Millionen DM hier in der Stadt vorgesehen. Das Land beabsichtigt langfristig eine besonders günstige Ausstattung der Hochschulen mit Mikrorechnern. In der Grundausbildung streben wir eine Relation von einem Mikrorechner zu 15 Studenten an, was vom Wissenschaftsrat begrüßt und entsprechend zum 19. Rahmenplan empfohlen worden ist. Allerdings zwingt uns die angespannte Finanzlage im nächsten Jahr gewisse Abstriche an der ursprünglich geplanten Beteiligung am CIP und vor allem am Tempo der Realisierung vorzunehmen, wir werden uns aber bemühen, das Programm ab 1991 auch für die Berliner Fachhochschulen anlaufen zu lassen. Lassen Sie mich an dieser Stelle noch einen Blick in die Zukunft werfen. Zum einen müssen weiterhin und noch verstärkt die nicht-technischen Fächer in den informationstechnischen Durchdringungsprozeß integriert werden. Dabei ist die inhaltlich-didaktische Einbeziehung der Mikrorechner in die Lehre von ganz entscheidender Bedeutung. Dieser Prozeß ist sicherlich schwierig und langwierig aber ein Computer als Lehrinstrument beziehungsweise als Problemlösungswerkzeug zur Bearbeitung auch völlig neuer Aufgabenstellungen einzusetzen ist das eigentliche Ziel. Und besonders hier zeigt sich das Verantwortungsbewußtsein der Hochschullehrer und der anderen Beschäftigten der Hochschulen. Für das zusätzliche Engagement, was aufgrund der Personalproblematik notwendig war und bleibt, möchte ich mich an dieser Stelle bei allen die es angeht herzlich bedanken. Zum anderen gewinnt gerade bei der fachspezifischen Einbindung der Computertechnik die Software zunehmend an Bedeutung. Nicht nur, daß ihr Kostenanteil steigt, auch wird aufgrund des steigenden Angebots teilweise sehr anwendungsspezifischer Programme die Übersicht und die zentrale Koordinierung zunehmend schwieriger. Von daher ist es nur zu begrüßen, daß die Softwareproblematik schwerpunktmäßig auf diesem Kongreß behandelt wird. Darüber hinaus wird die Vernetzung immer wichtiger, die PC-Pools sollen in die Informations- und Kommunikationsinfrastruktur der Hochschulen integriert werden. Ziel muß es sein, den Wissenschaftlern und Studenten die Ressourcen zur Verfügung zu stellen, die sie für ihre Arbeit am Arbeitsplatz benötigen. Dabei soll der Anwender größtmögliche Entscheidungsfreiheit bezüglich Auswahl der Datenbanken, Rechenkapazitäten, usw. haben. Durch die Zusammenführung der Informations- und Kommunikationstechnik werden in Zukunft völlig neue Nutzungsformen dieser Infrastrukturtechnik möglich sein. Zur Erreichung dieses Ziels sind in Berlin vielfältige Maßnahmen ergriffen worden. Beispielsweise beginnen die Berliner Hochschulen mit der Umsetzung ihrer

Konzepte zur dezentralen Rechnerversorgung unter Nutzung breitbandiger Vernetzung. Vor kurzem sind schnelle Datenübertragungswege zwischen den Universitäten und dem Konrad Zuse Zentrum für Informationstechnik, das einen Höchstleistungsrechner betreibt, in Betrieb genommen. Die Nutzung des von der Deutschen Bundespost eingerichteten und betriebenen Wissenschaftsnetzes wird vom DFN-Verein, der seinen Sitz hier in Berlin hat, koordiniert. An der Technischen Universität wird in Ergänzung zum Berliner Kommunikationssystem BERKOM ein integriertes multifunktionales Breitbandkommunikationssystem TUBKOM als fachübergreifender Forschungsschwerpunkt vorbereitet. Dort werden Wissenschaftler interdisziplinär Anwendungsmöglichkeiten und Arbeitstechniken für multifunktionale modulare Endgeräte, beziehungsweise Systeme, aus der Sicht des Nutzers erforschen. In Berlin werden somit Voraussetzungen geschaffen, Wissenschaft und Forschung eine hochmoderne I&K-Infrastruktur bereitzustellen. Jedoch darf die Nutzung der perfektesten und modernsten Technik, ist sie doch aus Wettbewerbsgründen notwendig, nicht die menschliche Begegnung behindern. Genausowenig darf die neue Kulturtechnik die die Informationstechnik darstellt die traditionellen Kulturtechniken verdrängen oder in Vergessenheit geraten lassen, sie müssen weiterhin gepflegt werden. Das gilt insbesondere für die Kommunikationsfähigkeit des Menschen. Es ist oft gesagt worden, daß der Computer nur weiß, was der Mensch gewußt hat – Herr Dierks hat einleitend auch davon gesprochen – auch im Bereich der modernsten Technologie gehört der Mensch in den Mittelpunkt des Geschehens. Dieser Kongreß, meine Damen und Herren, bietet neben der Möglichkeit des Erfahrungsaustausches auch die der persönlichen Begegnung, dies tut auch unsere Stadt. Ich wünsche Ihnen einen erfolgreichen Kongreßverlauf, ich wünsche Ihnen aber auch schöne und erlebnisreiche Tage in unserer Stadt Berlin, die Sie herzlich willkommen heißt!

Die Bedeutung der Datenverarbeitung in der Ingenieurausbildung

Günter Spur
Technische Universität Berlin
Institut für Werkzeugmaschinen und Fertigungstechnik

Sehr geehrte Herren Staatssekretäre, Herr Vizepräsident,
meine Damen und Herren!

Ingenieurausbildung in der heutigen Zeit hat die Wurzeln in der Begründung der Technischen Schulen, der Technischen Hochschulen. Man könnte sagen, vor etwa 200 Jahren begann die Industrialisierung und vor 200 Jahren begann auch die systematische Ausbildung von Ingenieuren. Ich zeige Ihnen hier in Abbildung 1 eine etwas komprimierte historische Analyse und stelle fest, daß wir – wenn wir das etwas vereinfachen – an den Schnittstellen so über einen 3 x 75-jährigen Zyklus drei wichtige Perioden in der Entwicklung der Technik erkennen – und zwar jetzt immer bezogen auf die Fabrik.

Da haben wir zunächst einmal die Phase der Mechanisierung, die Muskelkraft des Menschen wird durch die Maschine ersetzt. Denken Sie an James Watt, die Zeit der Dampfmaschine um 1800. England war die Werkstatt der Welt. Man studierte nicht Maschinenbau an einer Universität sondern man ging als Lehrling, als Geselle nach England, wurde Meister und errichtete hier eine kleine Hütte, eine Fabrik – so begann es. Gebaut wurde in der Werkstatt. Aber die Werkstatt konnte nun an beliebiger Stelle errichtet werden und nicht nur an der Stelle, wo Wasserkraft zur Verfügung stand. Es war die Dampfmaschine, die es möglich machte, dezentralisiert zu produzieren. Es ging um die Verfügbarkeit von Energie, es war der Griff des Menschen in die Natur, gegen die Natur, um sich zu stabilisieren. Wir haben dann in der zweiten Hälfte des letzten Jahrhunderts deutlich die Großgründung von Fabriken auf dem europäischen Kontinent wie aber auch in den Vereinigten Staaten, die berühmte Gründerzeit, und man kann das mal etwa so beschreiben (das ganze nahm natürlich schon seinen Anfang in den dreißiger Jahren, vierziger Jahren – ich nenne Borsig und Krupp – aber der große Durchbruch kam eigentlich erst so in der letzten Hälfte des vorigen Jahrhunderts und ging bis Mitte dieses Jahrhunderts): Es ging um Zeit, um Organisation, um die Organisation der Fabrik. Die Arbeitsmaschine, die Werkzeugmaschine wurde als bedienbare Maschine geschaffen.

Die Fabriken brauchten Menschen, die Menschen kamen vom Land, von der Landbevölkerung, der angelernte Maschinenarbeiter wurde typisch, die soziale Bewegung dieser Zeit, der Gegendruck aus der Gewerkschaftsbewegung, man brauchte in der Fabrik viele schnelle Hände, um produktiv zu sein.

Das war also ein wichtiges Moment: Die Maschine arbeitete nur, wenn der Mensch davorstand und sie bediente, und der Arbeitende trieb die Maschine und die Maschine trieb den Menschen. Es war der technologische Rationalismus, während man die erste Phase der technologischen Entwicklung Aktionismus nennen könnte. Und eigentlich nach 1950 – symbolisch deshalb dieses Jahr gewählt, da es am MIT möglich war, nunmehr erstmals in einer Universität übrigens, eine Produktionseinrichtung zu entwickeln, die Zahlen verstehen konnte – mit Rechnern gesteuerte Werkzeugmaschinen, die nicht auf Kurven und Schablonen oder irgendwelchen analogen Informationsinhalte reagierten, sondern auf Zahlen. Und Zahlen in jeder Achse, so daß man räumlich Teile fertigen konnte. Damit hat die Automatisierungsphase begonnen, ein neuer Typ von Maschine entstand als Rechner, als Informationsmaschine, und es geht von nun an um Informationstechnik, um die Verfügbarkeit von Wissen.

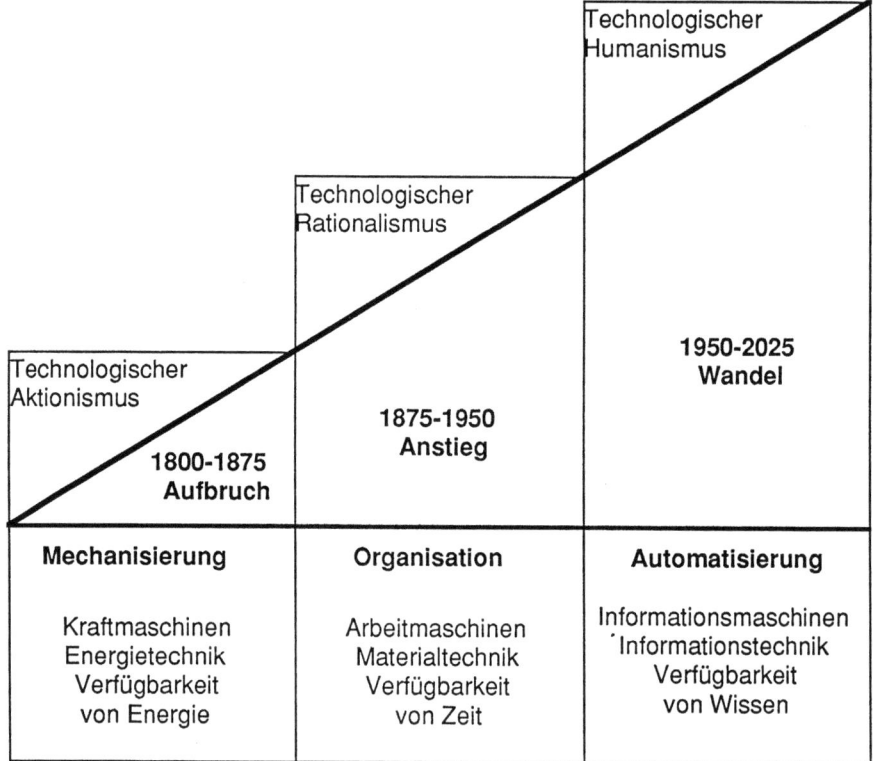

Abb. 1: Entwicklungsphasen der Technik

Das Wissen nimmt unmittelbar auf die Technik Einfluß, nicht nur indirekt, sondern, man könnte sagen: unmittelbar. Es ist also die Zeit eines Wandels, und ich nenne diesen Wandel, dem wir heute ausgesetzt sind, den technologischen Humanismus. Wir beginnen, mit der Natur zu harmonisieren. Wenn wir das auf eine Formel bringen wollen, dann können wir sagen, daß die menschliche Arbeit von früh ab über tausende von Jahren zunächst einmal nur die Phase der Instrumentalisierung kannte: Das Instrument, das Werkzeug in der Hand. Der Mensch allein nutzte über drei-, viertausend Jahre, soweit wir die Kulturgeschichte auf technologischem Gebiet verfolgen können, nicht mehr als seine Geschicklichkeit. Aber er konnte keine Maschine in dem Sinne einsetzen.

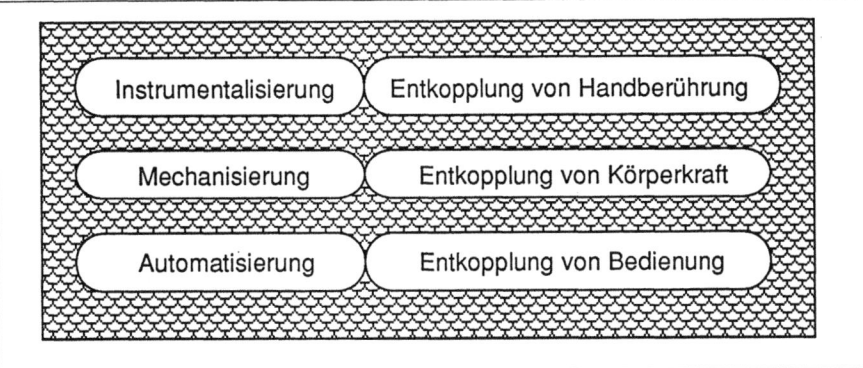

Abb. 2: *Veränderung menschlicher Arbeit*

Es war aber die Entkopplung von der Handberührung: Material und Hand, dazwischen das Instrument (siehe auch Abbildung 2). Die nächste Phase ist charakterisiert durch die Entkopplung von der Körperkraft: Wir drücken auf den Knopf oder gehen an das Bedienrad und lassen die Energie über eine Kraftmaschine in die Arbeitsmaschine strömen.

Und heute erleben wir die Entkopplung von Bedienung! Wir wollen eben nicht nur der Bediener der Maschine sein, sondern ihr Beherrscher, ihr Programmierer – die Maschine entfernt den Menschen vom unmittelbaren Berührungsprozeß zum Material.

Wir befinden uns heute also eigentlich in einer Zeit, in der wir immer mehr Denkarbeit, immer mehr Überlegung und auch natürlich Erfahrung in den Produktionsprozeß vor Ort bringen, jedoch weniger unsere Hände benötigen. Die benötigen wir allerdings zum Bau dieser Maschinen, wir benötigen sie auch zur Instandhaltung und zur Beseitigung von Störungen. Geschicklichkeit, das Vorhalten dieser Fähigkeit des Menschen, bleibt nach wie vor notwendig!

Und wenn wir dies so sehen, dann können wir uns einen kleinen Stammbaum der Datenverarbeitungstechnik hier in Abbildung 3 einmal ansehen: Das kommt ja alles nicht über Nacht. Wenn wir heute von einem Computerinvestitionsprogramm sprechen, so fing dies ja eigentlich, wenn Sie so wollen, vor 40 Jahren an, als die eben schon erwähnte numerisch gesteuerte Maschine entwickelt wurde.

Ich war zu jener Zeit Student, und wir hörten in den Vorlesungen eigentlich nichts über Computer und nichts über numerisch gesteuerte Maschinen, sondern es war immer noch die klassische Technologie. Wir haben ja unser Wirtschaftswunder mit Vorkriegstechnologie aufgebaut, und als wir zu wenig Hände hatten, haben wir die Gastarbeiter ins Land geholt, was übrigens die Japaner nicht getan haben. Die Japaner haben zehn Jahre später ihre große Industrialisierung ohne Gastarbeiter realisiert, dafür aber mit einem höheren Automatisierungsgrad und einer anderen Organisation.

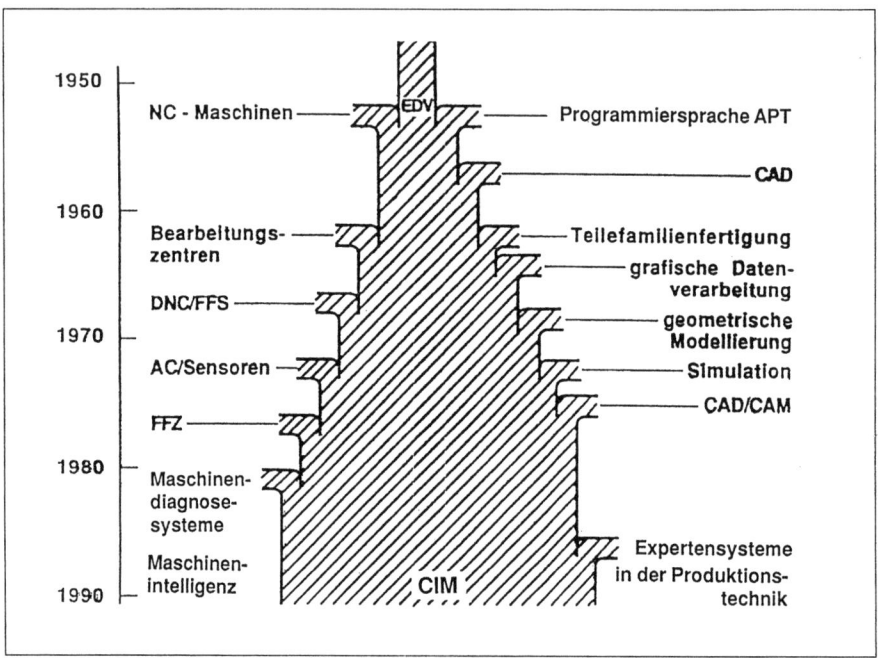

Abb. 3: *Entwicklung zur CIM-Technik*

Sie sehen hier auf dem linken Ast der Abbildung 3 ganz deutlich die konventionelle Hardwareentwicklung bis zu dem, wenn Sie so wollen, was man in Amerika Maschinenintelligenz nennt – was aber im Grunde nicht mehr als ein Gedächtnis ist. Und Sie sehen, aus der NC-Technik werden so Begriffe wie direkte numerische Steuerung, Bearbeitungszelle – also ganz neue Begriffe tauchen auf – die Fabrik wird in Zellen organisiert, die Maschine als Zentrum der Produktivität, computergesteuert vernetzt.

Nun möchte ich Ihre Aufmerksamkeit auf den rechten Ast des Stammbaums lenken. Das ist der Software-Ast. Das ist auch das Neue: Mit der Entwicklung der Zahlen-verstehenden Maschinen war es nötig, eine Programmiersprache zu entwickeln (diese Programmiersprache nannte man damals am MIT "APT" Automatically Programming of Tools), eine Sprache, die problemorientiertes Denken des Menschen umsetzt in Kolonnen-, Zahlen-schiebende und -strukturierende Funktionalitäten in Maschinen. Also ein Übersetzungsprogramm von der Befehls-Denkweise des Menschen in die Befehls-Denkweise der Maschine. Und wenn man eine solche Maschine hat, die da fräst, dann kann man auch eine Maschine konstruieren, die zeichnet. So entstand dann das rechnerunterstützte Zeichnen, das rechnerunterstützte Konstruieren, besonders durch die Weiterentwicklung der graphischen Datenverarbeitungstechnik, und schließlich haben wir gelernt, heute im Rechner geometrisch zu modellieren.

Die Phase also, daß man technische Zusammenhänge nur auf Papier in gelernter Zeichnungsweise darstellt, überholt sich – man kann auch anders modellieren: Man kann im Rechner Körperlichkeit darstellen ohne daß man zeichnet, sogar viel besser. Wir bekommen also ein neues Werkzeug. Software ist ein neues Werkzeug für den schöpferisch tätigen Menschen und rationalisiert ihn keineswegs weg, sondern wir geben ihm ein besseres Werkzeug: Er kann ja viel besser gestalten als auf Papier, zumal der Rechner das, was wir papiermäßig haben müssen, ständig ausdrucken kann. Wir müssen also lernen, daß wir nur eine Phase hatten der zeichnerisch organisierten Konstruktionstätigkeit.

Wir hatten auch früher die Unmittelbarkeit, d.h. bei Beginn der Technik hat man in der Werkstatt gebaut. Construere heißt bauen, nicht zeichnen. Gebaut

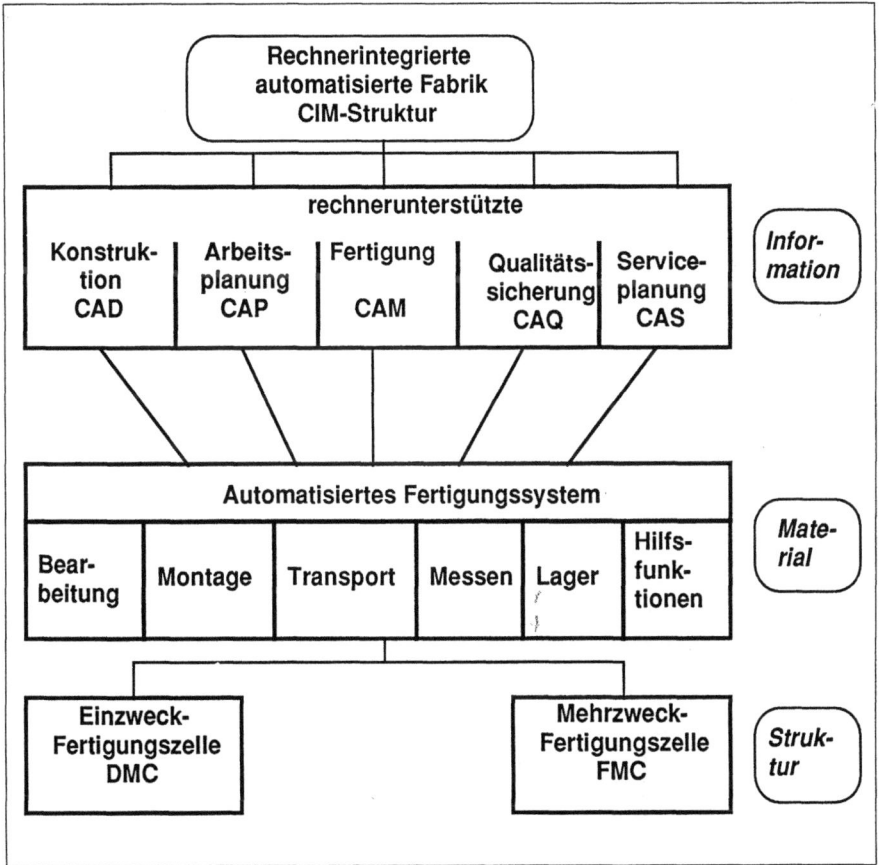

Abb. 4: Struktur der rechnerintegrierten automatisierten Fabrik

wurde am Material, und wir haben also eigentlich zu diesem Punkt wieder zurückgefunden. Und dies führt dazu, daß man auch so etwas wichtiges wie Simulation hier erwähnen muß. Software kann man nicht sehen, kann man nicht durch-schauen, deshalb müssen wir ein Mittel haben, Software zu prüfen. Und deshalb muß also am Bildschirm die Realität simuliert werden, in allen Bewegungsabläufen, Planungsabläufen einer Fabrik brauchen wir Sicherheit, Minderung des Risikos. Und da ist das hervorragendste Instrument, daß Software als Simulation, als Sicherheitsbeweis für die Funktionalität benutzt wird.

Und schließlich kommen wir zu dem, was wir heute CAD/CAM/CIM nennen, daß wir nämlich die einzelnen Inseln der Automatisierung in einer Fabrik miteinander verknüpfen. Ich hab Ihnen das mal hier in Abbildung 4 so dargestellt: Diese Gruppe der Kästchen hier oben und diese Gruppe unten, die unterscheiden sich sehr. Das hier sogenannte "Automatisierte Fertigungssystem" ist die Realität, das ist die Fabrik zum Anfassen, hier finden wir Arbeit und Montage, Transport, Messen und Lagern. In der Ebene darüber ist die virtuelle Fabrik angesiedelt, also die im Rechner abgebildete Fabrik. Hier in der Konstruktion werden die Produktionsteile und Produkte virtuell im Rechner dargestellt, das sind also die Planungsdaten, die Steuerdaten, die Qualitätsdaten – alles dies ist in der "zweiten" Fabrik vorhanden. Wir kommen also dazu, neben der "realen" Fabrik die "virtuelle", die scheinbare, wie Sie das nennen wollen, zu praktizieren und in ihr die Produktion von Morgen zu üben. Und dies ganze kann man dann so organisieren, daß die einzelnen Stellen auch miteinander verbunden sind.

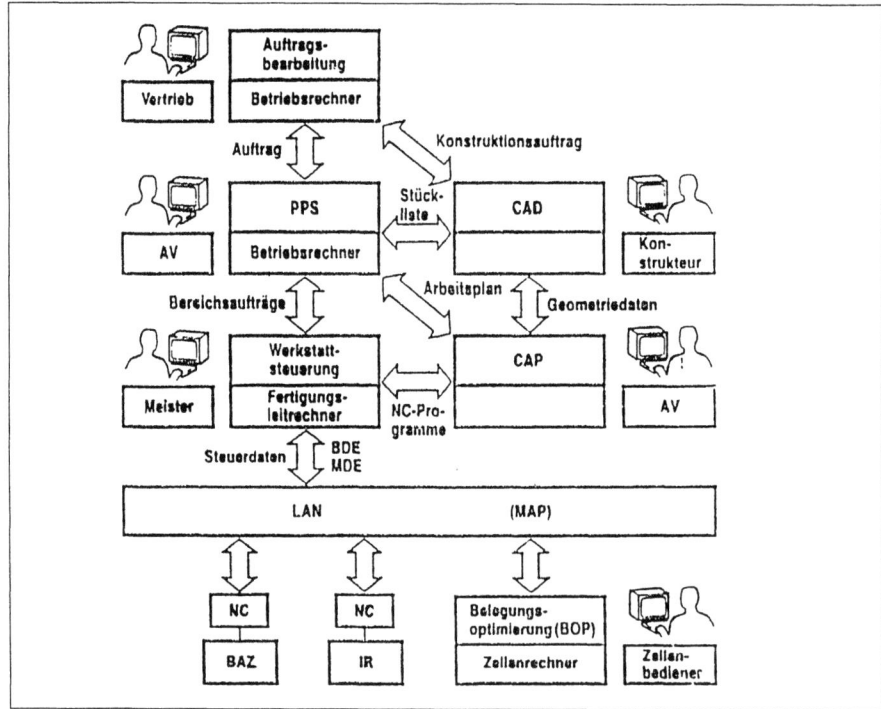

Abb. 5: Beispiel einer CIM-Prozeßkette

Die jetzige Situation ist etwa wie Abbildung 5 zeigt: Unter dem Querbalken sehen Sie die reale Fabrik und oberhalb, das ist die vorbereitende Fabrik: Unten, das ist die Exekutive, die das Material bearbeitet, zu Produkten formt, z.B. das Auto entstehen läßt. Oben, das ist die vorbereitende Phase, die alles dies erst darstellen muß, damit "unten" alles gelingt.

Dazwischen dieser Balken, das ist das eigentlich Neue, um das es heute geht: Daß wir ein Netzwerk schaffen, einen Nachrichten-Bus, der alle Stationen einer Fabrik so verbindet, daß Informationen voneinander abgefordert werden, ohne die Personen zu stören. Das ist ein ganz wichtiger Punkt. Wir können nicht nur dadurch Information erzeugen, daß wir uns gegenseitig anrufen, Konferenzen machen, da stehlen wir uns gegenseitig Zeit. Es gibt ja einen gewissen Wissensvorrat, den man in eine Fabrik eingebracht hat, und den kann der andere abrufen, ohne daß man es weiß. Heute ist das schon so bei Konstruktionen. Der Konstrukteur hat seine Konstruktion in einer Zeichnung dokumentiert, und wenn ein anderer Mitarbeiter einer Fabrik dieses Wissen benötigt, dann fordert er eine Pause dieser Zeichnung an. Damit nutzt er das Wissen des Konstrukteurs, ohne daß dieser gestört wird.

Diesen Vorgang wollen wir nun auch auf andere Gebiete ausdehnen: auf Know-how allgemeiner Art, auf Verhaltensregeln, Entscheidungsregeln, so daß man dadurch dem Menschen wieder Zeit gibt, kreativ zu sein, die man ihm durch Routine Überorganisation und Überinformation genommen hat.

Ein zweites Merkmal dieser Fabrik ist, daß Sie überall Menschen sehen. Da kann ich Herrn Staatssekretär Kremendahl nur zustimmen, wenn er sagt, Software und Computer gehen nicht ohne Menschen. Wenn man das in den sechziger Jahren in einer Übereuphorie vielleicht gedacht gedacht hat, dann hat man von der automatisierten und menschenlosen Fabrik und all dem Unsinn gesprochen: Das wird es nie geben, wir werden immer Menschen benötigen, und Sie sehen, an allen enscheidenden Stellen, wo wir hier Rechner-Schnittstellen haben, ist der Mensch. Er wird dort der Programmierer oder der Überwacher sein, der Frager und der Antworter, der Entscheider. Er wird die Verknüpfung nochmals in einer personellen Schicht herstellen. Denn neben der reinen Informationsschicht, die wir aufbauen, werden wir immer die personelle Schicht haben, man wird immer weiter miteinander sprechen und das alles abfangen, was schiefgelaufen ist. Und da spielt der Meister eine große Rolle, den sehen Sie hier links, das ist der hochentwickelte Maschinenarbeiter oder der Arbeitsvorbereiter, der die letzten Fehler, die letzten operativen Eingriffe macht und die Fabrik in Gang hält, wenn etwas schiefläuft.

Vor etwa zehn Tagen sind durch ein neues kleines Computerprogramm in der Abruflogistik der Volkswagen AG die Wagen nicht rausgekommen. Es wurde also immer weiter lackiert, aber sie kamen nicht weg von der Lackiererei, weil das Programm ausfiel. Und: Eine Stunde keine Autos, zwei Stunden keine Autos, drei Stunden keine Autos, vier Stunden keine Autos – da werden 60.000 Menschen nervös, und daran sieht man, was das bedeutet, wenn da irgendwo ein neues Programm, was nicht ausgetestet war, eingeführt worden ist.

Dies sind also die drohenden Gefahren: Wenn eine Fabrik pro Tag 4.000 Autos produziert, die drängen ja von hinten alle nach! Sie müssen sich mal vorstellen, was das bedeutet, ehe die Fabrik zum Stillstand kommt! Und wenn sie dann steht, ist es auch nicht so schwer, sie wieder in Gang zu setzen. Das bedeutet also Unterricht, das bedeutet Ausbildung, und wir müssen also dieses Werkzeug Software, das nichts anderes als Programmzeug ist (als Maschinenbauer wollen wir das gern so nennen. Wir sprechen ja vom Werkzeug, vom Meßzeug, vom Spannzeug), und Software ist nicht "Denkzeug" (das ist viel zu viel, der Computer kann nicht denken), das ist ein Hilfszeug zum Programmieren, also Programmzeug wäre vielleicht das richtige Wort.

Was wir brauchen, ist Technologie. Wir brauchen das Werkzeug in der Maschine. Wir brauchen die Maschine am Werkstoff, denn ohne das Materielle wird nichts entstehen. Der Rohstoff wird transformiert zum Fertigprodukt. Aber da setzen wir Hardware und Software, also Programmzeug, hier und dort ein – das ist das Zeug in der Maschine. Alle Produktionsmittel haben heute Computer. Das war aber in den 50er, 60er Jahren nicht voraussehbar – das galt eher als Ausnahme.

Erst die Mikrotechnik, der Mikroprozessor, die Verkleinerung und die Umsetzung auf Realzeitrechner haben in den 70er Jahren den Durchbruch gebracht und haben ja dann auch Bewegungsmaschinen, die man dann Roboter nannte, dazugesetzt, so daß wir uns heute Maschinen ohne Elektronik eigentlich überhaupt nicht mehr vorstellen können.

Darüber spannt sich die Organisation der Fabrik. Das ist die früher in Formularen und Zettelwirtschaft dargestellte Fabrikorganisation, die sich eben jetzt über den Draht, im Netzwerk, am Bildschirm vollzieht, und damit durch andere Werkzeuge, anderes Arbeitszeug. Und das sind Rechenzeug, Schreibzeug, Notierzeug, was die Software hier bietet.

Dies Dreieck veranlaßt mich zu einer kleinen Bemerkung: Vor wenigen Wochen haben die japanischen Produktionsingenieure vom MITI, dem Ministerium für Handel und Technologie, den Amerikanern und den Deutschen eine Offerte gemacht, eine Fabrik zu bauen, die es heute schon gibt, aus Komponenten die man kaufen kann – sie sollte in fünf bis zehn Jahren realisiert sein – eine Fabrik, die nun wirklich einmal zeigt, was heute technisch in der Fabrikation möglich ist.

Das ist ja nicht so einfach, und ich komme gleich darauf: Das ist ja das Thema der Ausbildung, all diesen Entwicklungsstand, den man hier als zusätzlich zum Alltag lernen muß, zu vermitteln. Das kann man am besten durch Veranschaulichung. Das eine ist der Unterricht, das andere für den Praktiker ist das Sehen, das Anfassen, das Üben. Bemerkenswert ist, daß die Japaner dieses Projekt, das 1,3 Milliarden DM umfaßt, mit 60% finanzieren wollen und daß die Japaner wünschen, daß ihnen die Deutschen die Maschinen geben: "Da seid ihr immer noch die Besten und unschlagbar, ihr habt die besten Facharbeiter, ihr habt die besten Meister, ihr habt die beste Ausbildung, und solche Institute wie hier (die waren jetzt gerade vor vier Wochen hier), die gibt es in Japan nicht." Also in Fertigungstechnik und Maschinenbau, da sind wir in Deutschland unschlagbar, aber bei der Informationsverarbeitung und im Bereich der Softwareherstellung da sind wir zurück! Das machendie Japaner selbst.

Die Amerikaner haben bitter erfahren müssen, wie der japanische Werkzeugmaschinenbau Amerika überwältigt hat. Wir haben das in Europa halten können, bemerkenswerterweise zusammen mit den Italienern und den Schweizern, die darin eine führende Rolle spielen.

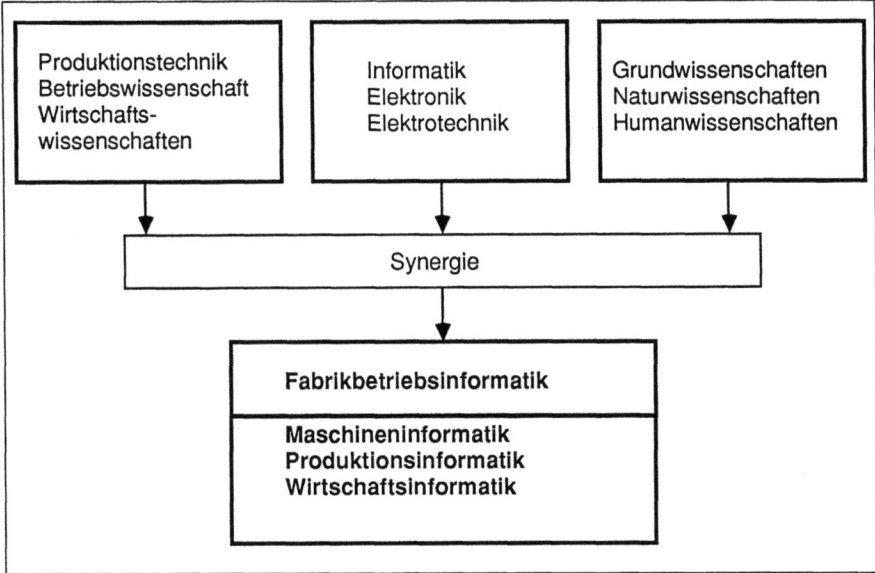

Abb. 6: *Zusammenwachsen von Wissenschaften in der Produktionstechnik*

Nun kommt ein wichtiger Punkt, nämlich die Ausbildung: Wir müssen Produktionstechnik, Betriebswissenschaft und Wirtschaftswissenschaften (das ist der Block links oben) und dann den Block Informatik, Elektronik, Elektrotechnik und dazu auch den Block Grundwissenschaften, Naturwissenschaften, Humanwissenschaften zusammensehen, weil das vor allen Dingen, um die es hier geht, Lernprozesse sind. Was wir hier am Computer üben, sind Lernprozesse, die auch bei bester Didaktik nicht beschleunigt werden können.

Der Mensch kann nicht schneller lernen als früher. Und darum ist die Veränderung der Fabrik abhängig von der Lerngeschwindigkeit des Menschen. Das ist ein Naturgesetz. Nun kann man aber natürlich den Menschen bitten, zu lernen oder ihm helfen oder ihn motivieren. Und dies ist ja sicher eine Voraussetzung damit überhaupt investiert wird: Daß motiviert wird.

So kommen wir durch einen Synergieeffekt zu einem neuen Begriff, den wir Fabrikbetriebsinformatik nennen. Es ist also eine auf die Fabrik angewandte Informatik. Mit Fabrik meine ich jedes Unternehmen. Fabrik ist also nicht nur der Teil, der am Material arbeitet, sondern auch der Einkauf, der Verkauf, die Konstruktion, die Geschäftsführung – das ist eine Fabrik in dieser Terminologie.

Unser Institut mußte sich zwangsläufig darauf einstellen, und so haben wir hier in diesem Doppelinstitut (man könnte es an diesem Beispiel mal deutlich machen) ein Produktionstechnisches Zentrum, das im Ursprung ja eigentlich aus dem Maschinenbau kommt. Es war übrigens das älteste dieser Art in der gesamten Welt, wie wir inzwischen feststellen konnten. Um 1900 war die Fabrik nicht akademisch genug – sie wurde von den Technischen Hochschulen abgelehnt als nicht, sagen wir mal, physikalisch genug, als nicht wissenschaftlich genug, und es war erst hier Jörg Schlesinger (1904 berufen von Ludwig Löwe, dreißigjährig, einer der ersten Dr.-Ingenieure), der dann einen Lehrstuhl bekam (übrigens mit Kaisers Hilfe noch gegen die Fakultät), den Lehrstuhl für Werkzeugmaschinen und Fabrikbetriebe.

Also das heißt, die Fabrik wird ein Objekt akademisch-wissenschaftlicher Forschung. Und von jener Zeit gehen die Impulse aus, die Fabrik zu organisieren. Die Amerikaner hatten Taylor. Taylor war ein Betriebsberater, ein Praktiker, kein Professor, und somit ist also bis heute diese Tradition in Amerika an den Universitäten weniger entwickelt als hier. Die Produktionstechnik ist damit gewissermaßen ein Forschungsgegenstand und zwar ein mächtiger Forschungsgegenstand an den deutschen Maschinenbaufakultäten geworden.

Nun ein zweiter Punkt, der mir sehr wichtig ist: der Maschinenbau darf sich keinesfalls isolieren. Das gilt für Bauingenieure genauso wie für die Architekten, auch die Elektrotechniker dürfen sich nicht von der Informatik isolieren.

Unglückseligerweise hat es in der Universität schreckliche Teilungen in Fachbereiche gegeben, die jede interdisziplinäre Zusammenarbeit vermauert haben. Sie haben heute den Maschinenbau in fünf Fachbereichen und die Elektrotechnik geteilt. Wir haben keine Querverbindungen. Es ist wirklich so, man kennt seine Kollegen der Elektrotechnik überhaupt nicht mehr, man kommt nicht zusammen. Es gibt ja keine irgendwie gearteten Zwangsverbindungen mehr. Früher hätte man sich bei einer Einladung des Präsidenten wenigstens mal kennengelernt, aber man wird ja nicht mal mehr eingeladen. Also das ist die Situation.

Insofern also müssen wir uns nach Innen interdisziplinarisieren. Wir haben also ein Institut, in der ein Drittel der wissenschaftlichen Mitarbeiter aus der Elektrotechnik kommt. Das war schwer für uns Maschinenbauer! Ich bin auch Maschinenbauer, das muß man erstmal verkraften. Das ist ja ein Einbruch fremder Geister. Aber, das hat uns gutgetan. Ein anderes Drittel sind Informatiker, Mathematiker, Physiker, Geisteswissenschaftler, Psychologen, Pädagogen, Wirtschaftswissenschaftler – also ein Block aus dem ganzen Bereich der Universität, der uns eigentlich im Produktionstechnischen Zentrum die Stärke erst vermittelt hat. Das möchte ich ausdrücklich sagen, also ein Institut, das sich interdisziplinär entwickeln konnte. Allerdings mit Hilfe der Fraunhofer-Gesellschaft, also mit Hilfe anderer Strukturen.

Die Universität hätte es allein nicht geschafft. Und so haben wir uns dann auch neue Professoren zulegen können, wenn ich das mal so sagen darf, und da gibt es dann auch jetzt einen Professor für Informationstechnik. Das ist eine Fraunhofer-Professur, Fraunhofer bringt das Geld in den Senat ein, und dann wird die Stelle ausgeschrieben. Auch die Professur für Steuerungstechnik wurde von Fraunhofer in den Senatshaushalt eingebracht. Und eine müßte ich noch dankbar erwähnen, eine ganz neue Geschichte: Qualitätswissenschaft – eine Stiftungsprofessur der Volkswagen AG, die für fünf Jahre hier die Ausrichtung dieses Lehrstuhls gestiftet hat. Das ist ungeheuer wichtig für die deutsche Wirtschaft, alles das, was mit Qualität zusammenhängt, wissenschaftlich zu bearbeiten.

Sie sehen also, 1904 erst die Fabrik ein Objekt der Forschung, nun aber die Informationstechnik in der Fabrik ein Objekt der Forschung. Und darüber hinaus – die Ausbildung in der Fabrik ein Objekt der Forschung. Wir haben eine jüngste Entwicklung, die nennen wir hier Dienstleistungen, Diensttechnik. Das sind Bildungstechnik und Wissenstechnik. Nun könnte man als Pädagoge einen Schlag kriegen: "Jetzt fangen die Ingenieure an und machen Bildungstechnik!". Das ist die Unterstützung von wissensvermittelnden Prozessen in der Fabrik. Wir brauchen mehr Wissen im Unternehmen! Und dies können wir nur dadurch vermitteln, daß wir Beschleuniger zur Wissensvermittlung erfinden, und die Technik, die sich anbietet, dafür ausbilden.

Die Wissensverarbeitung ist ganz entscheidend geworden. Sie war immer schon entscheidend, aber sie ist jetzt gewissermaßen dokumentierbar, sie ist zu beschleunigen, sie ist organisierbar und sie bedeutet, daß wir die Entscheidungen – tausend Entscheidungen werden in einer Fabrik, in großen Unternehmen, täglich gefällt, viele kleine Entscheidungen – mit mehr Wissen anreichern müssen. Je mehr ich in meinem Entscheidungsprozeß weiß, desto besser werde ich auch entscheiden. Mein Gedächtnis bleibt begrenzt, also muß ich Gedächtnishilfen haben. So ist die Aufgabe wissensbasierender Arbeitstechnik (Bildungstechnik ist nichts anderes als Gedächtnisunterstützung) schnell verfügbares Wissen bereitzustellen. Es ist nicht möglich für den Eintagsentscheider in der vorbereitenden Phase, in der Konzeption und Planung, alle Literatur, Patente, alles langsam durchzustudieren. Das kann man noch im Studium vielleicht gerade noch so, aber in der Alltagspraxis muß ein Automatismus geschaffen werden, d.h. daß für eine relevante Frage sofort die nötige Entscheidungsdichte hergestellt wird und der Rechner alles anliefert, vielleicht schon entscheidungsbereit oder er schon selbst enschieden hat – wobei man die Entscheidung aber nicht annehmen muß, sondern sie auch deuten kann.

Dies alles bringt uns dazu, daß wir die Rechnertechnik ganz anders sehen müssen – und insofern ist auch das CIP-Programm eine unbedingte Notwendigkeit. Wenn Sie nämlich dies alles machen wollen, erklären, lernen, lehren, planen, Prognosen erstellen, entscheiden, interpretieren, konfigurieren: Sie brauchen Ihren persönlichen Rechner! Das kann man sich gar nicht mehr anders vorstellen.

In Zukunft wird jeder Techniker seinen Rechner haben. Jeder Maschinenführer hat ja schon seinen Rechner, er korrespondiert mit der Maschine ja schon über einen Bildschirm, simuliert und programmiert.

Jeder Planer hat seine Animation und kann Menge, Zeit und Ort optimieren. Meine Damen und Herren, eine ganz schwierige Aufgabe, die unser Kopf in der

Vorstellung nicht durchführen kann! Wenn Sie, sagen wir mal, in möglichst kurzer Zeit 1000 Teile über 20 Maschinen bringen sollen ohne daß es einen Stau oder Kapazitätsverluste gibt und dies auch mit einer Änderungsdynamik versehen wollen, so ist es uns nicht möglich, eine solche Optimierung allein mit Papier und Bleistift zu bewerkstelligen. Diese Begabung haben wir nicht.

Das müssen wir also in einem Rechner vorlaufen lassen, uns ansehen, ändern und wiederholen. Wir benötigen somit heute Hilfsmittel der Planung, Software in dem Sinne als Planungsmittel, da es uns anders gar nicht mehr möglich wäre. Und das entwickelt sich so weiter, wie ich es vorhin angedeutet habe: Die Fabrik wird ohne Rechner nicht mehr arbeiten können.

Also es ist ganz klar: Die stärkere Abhängigkeit jeder Produktion von der Informationstechnik ist vorgezeichnet. Vorgezeichnet ist diese Abhängigkeit aber noch nicht ganz in der Ausbildung. Die ist schwerfällig und konservativ eben dadurch, daß Curricula nur sehr schwer geändert werden können. Daß natürlich auch jeder Lehrstuhlinhaber, jeder Professor, seine Profession durchsetzen muß, das ist ja seine Aufgabe, und wenn es ihm nicht gelingt, sich selbst mit der Informationstechnik zu kreuzen, bleibt er liegen – so möchte ich dies einmal formulieren.

Wer nicht lernt, als eingefahrener Fachtechniker, Maschinenbauer, Spezialist für Bauingieurwesen oder in der Elektrotechnik, zusätzlich die Rechnertechnik in sein Fach zu integrieren, bleibt zurück. Er wird den Zug nicht mehr besteigen und nur noch das rote Licht sehen. Das ist das Traurige, daß man natürlich das auch nicht so einfach ändern kann. Insofern haben wir eine ungeuer große Zeitkonstante in unseren Universitäten, und das geht nur durch mehr Professoren, indem man also die Älteren rausschiebt und die Jüngeren reindrückt. Ja, wie wollen Sie's anders machen? Aber die Älteren haben auch noch Weisheiten zu verkünden, und deshalb sollte man sie nicht zur Ruhe setzen, das wäre natürlich auch schade. Wir meinen, ein neues Fachgebiet, das hier rein muß für alle, die in der Industrie tätig sind, das ist die industrielle Informationstechnik! Jeder Student muß heute, genauso wie er Mechanik und Mathematik lernt, wie er die Grundlagen des Maschinenbaus oder der Elektrotechnik lernt, auch die Grundlagen der Informationstechnik lernen. Da gibt es überhaupt nichts, was daran vorbeiführt. Das Problem ist nur, daß Fächer rausfliegen müssen.

Oder wir müssen weiter differenzieren, wenn dies nicht geht, dann müssen wir eben verschiedene Typen von Maschinenbauern entwickeln. Ich habe keine Angst davor, daß ich sage, die Rechenmaschine ist eine Maschine, die Rechenmaschine gehört uns, dem Maschinenbau! Wenngleich die Informatik hier natürlich heftig protestiert. Aber das spielt keine Rolle, der Maschinenbauer muß einer sein, der Programme entwickeln kann. Und das hat unser Institut nachgewiesen: Es sind sehr viele Maschinenbauer sozusagen in die Informatik konvertiert und sind heute Steuerungsleute, Softwaretechniker, die das in hervorragender Weise bewältigen. Das ist Logik, die man umsetzen muß und insofern also für jede Fakultät offen. Industrielle Informationstechnik heißt also, daß wir uns entscheiden

– schon früh genug entscheiden – die Grundlagen jedem Ingenieur beizubringen. Mathematik ist das eine Bein, vielleicht Mechanik, physikalische Grundlagen das andere Bein, das dritte Bein wäre die Informationstechnik. Dazu gehört aber auch, das muß man hier sagen, Büroautomatisierung. Dazu gehört eben auch Qualitätssicherung, wenn Sie das so auf die Fabrik beziehen, weil jeder irgendwann mit der Fabrik zu tun hat.

Die Fabrik – noch eine Bemerkung – ist nicht mehr zu Ende an der Fabrikgrenze, gewissermaßen am Tor der Fabrik. Sondern Fabrik strahlt aus in den Markt. Die Fertigungstiefe unserer Betriebe wird immer geringer. Was heißt dies? Immer weniger wird unter dem Dach, im Organisationsverbund eines Unternehmens selbstgemacht. Sondern in zunehmendem Maße wird zugekauft. Das hat viele Vorteile. Das führt aber auch dazu, daß in der Fabrik selbst, in der Unternehmung alter Art, immer weniger Menschen beschäftigt werden, und immer mehr Menschen zuliefern.

Die Fabrik splittert sich auf. Großunternehmen werden kleiner, dafür entstehen viele kleine Unternehmen um eine große Fabrik herum. Und das betrifft vor allen Dingen den Computer und die Software. Aus unserem Institut sind 15 Betriebe durch Assistentengründungen ausgegliedert worden und drei durch Gesamtinitiative des Instituts. Wenn Sie hier nebenan sehen, den schönen, neuen grauen Bau neben uns: Dies Schwesterinstitut ist die Volkswagen-Softwaregesellschaft GEDAS. Die arbeitet für VW. Wir hatten so starken Auftragsdruck von VW, das war viel zuviel, so vieles konnten wir nicht verkraften. Außerdem sind wir kein Softwarehaus. Das hat uns vor fünf Jahren veranlaßt, eine Neugründung zu machen, und die rudert nun allein und hat schon 150 Mitarbeiter im ersten Bauabschnitt. Bald wird sie 300 Mitarbeiter haben – es geht also ganz steil nach oben. Da sehen Sie einen ungeheuren Arbeitsbedarf aller Art von Ingenieuren, wenn sie nur die Schnittstelle zur Computertechnik beherrschen. Wie auch immer, in den Bereichen Hardware und Software, als Anwendungsprogrammierer, als Systemprogrammierer, als FEM-Mann, als CAD-Mann – in allen Schattierungen werden Fachleute benötigt! Der Bedarf ist kaum zu stillen.

Nun haben wir eine besonders merkwürdige Situation, und wir hörten es ja wieder: Die Hochschulen laufen über (es wird davon gesprochen – kein Numerus Clausus). Wir im Maschinenbau dagegen können noch ein paar hundert Studenten aufnehmen. Bei uns ist nichts überfüllt, absolut nicht. Also da läuft immer noch nicht alles richtig, und was die Frauen betrifft, läuft es erst recht nicht richtig. Es ist kaum eine zu erkennen in so einem großen Hörsaal.

Auf jeden Fall rufe ich dazu auf: Es ist völlig falsch zu denken, daß etwa Schülerinnen, die naturwissenschaftlich-mathematisch begabt sind, unbedingt Lehrerin werden müssen. Sie können ganz hervorragende Informatikerinnen oder Maschinenbauerinnen werden. Das zeigt sich dann auch: Die, die das machen, die durchhalten, kommen auch zur Promotion. Immerhin, von 120 Doktoranden hier nach dem Krieg sind jetzt in den letzten zwei Jahren bei uns vier Frauen promoviert worden. Das zeigt also, wenn sie es einmal gepackt haben, dann schlagen sie alles weg! Aber sie kommen leider nicht zu uns rein. Das ist ein ernster Punkt. Es ist ja nicht so in der DDR. Ein paar Kilometer weiter sieht das schon ganz anders aus. Das ist ein Fehlverhalten der Schule, ein falsches Bild der Industrievermittlung. Das ist meines Erachtens der einzige Grund. Die Fabrik wird in der Schule immer noch als eine Fabrik des vorigen Jahrhunderts dargestellt, in Wirklichkeit kennt der Lehrer von heute sie nicht. Das ist ein Mangel, weil sie zu wenig in der Fabrik gearbeitet haben.

Kommen wir noch einmal zurück auf diesen Begriff Produktionsinformatik, den ich hier so einführe als einen neuen Begriff. Das heißt also mit anderen Worten: Die Informatik für die Produktion. Dazu gehören Graphik, Geometrie, Konstruktion und Arbeitsplanung. Es ist doch ganz interessant wie man mit diesen Werkzeugen nun die Fabrikplanung, die Legislative, die vorbereitende Phase der Fabrik organisiert. Ich zähle Ihnen jetzt mal auf, wieviel davon computerorientiert ist: Die Werkzeugmaschine, ganz entscheidend durch die numerische Steuerung; damit fing ja alles an. Die Fertigungstechnik bleibt nach vor im wesentlichen materialorientiert. Dann aber die Produktionstechnik, das ist CIM, das ist CAM, das sind alle diese CAs der Fabrikorganisation – voll computerorientiert. Automatisierungstechnik spricht für sich selbst: Meß- und Regelungstechnik.

Das Qualitätsmanagement ist ein Führungsmanagement. Hier geht es darum, die Manager – die wir gar nicht mehr gern so nennen wollen – diejenigen, die die Verantwortung haben für das Vorleben, das Vorbild, die müssen lernen, wie man Weiterbildung fördert, wie man motiviert. Das ist ein ganz wichtiger Punkt. Qualität kommt also nicht allein durch das Messen, das ist die Erkenntnis heute, und nicht allein dadurch, daß man Normen erläßt, sondern Qualität kommt letztlich durch Bewußtmachung, also eine Art geistiger Bewegung, die wir in der Fabrik erzeugen müssen.

Die Qualitätssicherung, das geht in die Sensortechnik hinein, in die Meßtechnik auf Rechnerbasis. Dann die schon erwähnte Produktionsinformatik. Jetzt wird's ganz deutlich: Rechnerunterstützte Konstruktion und Arbeitsplanung. Es geht darum, den Vorbereitungsprozeß eines neuen Produkts zu verkürzen – extrem im Automobilbau. Ein neues Automodell kostet ungefähr 6 bis 8 Milliarden Mark und kostet sechs Jahre Zeit. Es gibt in den USA, also dem alten Autoland, heute natürlich einen ungeheuren Druck bei Ford, Chrysler und bei General Motors, das zu verkürzen. Wir haben ja ein halbes Jahr mit Chrysler zusammengearbeitet – das war sehr erfreulich für uns, da einmal tief hineinzuschauen – oder in Japan, das auf die Hälfte zu verkürzen. Durchlaufzeit Halbe! Das ist auch hier die große Welle: Wenn wir alle drei Jahre ein neues Modell haben, sind wir schlagkräftiger, können wir besser auf den Markt reagieren. Und das meinen wir mit dieser Rechnerunterstützung. Nichts anderes ist es, es ist eine Qualitätsverbesserung und eine Vorlaufzeitverkürzung usw., ich brauche das jetzt nicht im einzelnen aufzuzählen. Sie werden sehen, das große Feld "wissensbasierte Systeme": Ich habe das vorhin schon erwähnt, ich glaube wir sind die erste Universität, die eine solche Vorlesung hat und auch bereits einen Mitarbeiter auf diesem Gebiet habilitiert hat "wissensbasierte Systeme in der Produktionstechnik".

Spur: Die Bedeutung der Datenverarbeitung in der Ingenieursausbildung

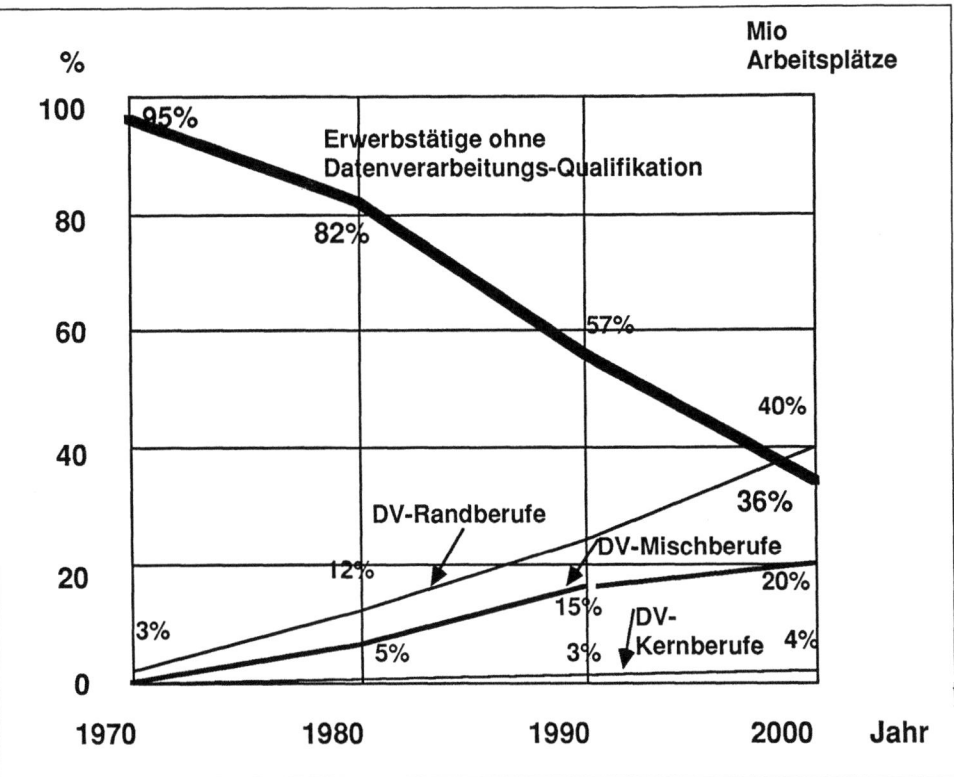

Abb. 7: Arbeitsplätze mit Anforderung an Datenverarbeitungsqualifikation
Basis: 25 Mio Arbeitsplätze (Quelle: IAB, Nürnberg, Stand: 1987)

Mit Abbildung 7 möchte ich Ihnen nun mal zeigen, wie nach einer Analyse des Instituts für Arbeitsmarkt- und Berufsforschung der Bundesanstalt für Arbeit bezogen auf etwa auf 25 Millionen Arbeitsplätze die Entwicklung zukünftig aussehen wir. Sie erkennen deutlich den relativ niedrigen Anteil der Datenverarbeitungs-Kernberufe: das sind nur vier Prozent! Das ist zwar ein wichtiger Sektor, weil von ihm die Abstrahlung erfolgt, aber dann kommen die Mischberufe und die Randberufe, und um die geht es uns hier. Und dann sehen Sie die Kurve "Erwerbstätige ohne Datenverarbeitungsqualifikation", wie die tendenziell nach unten geht. Hier hatten wir noch 1970 95%, das geht im Jahr 2000 aber runter auf 36%.

Das heißt also, zwei Drittel aller Berufe werden ohne Datenverarbeitungstechnik überhaupt keine Existenzchance mehr haben. Das können noch so gute Spezialisten sein, wenn sie das Werkzeug zur Bedienung ihres Spezialwissens nicht kennen, den Schlüssel nicht haben, sind sie wirkungslos. Und darum also mit größter Aufmerksamkeit: Dieser Trend hier, der läuft ja langsam, und die Ausbildung ist ein schwerer Tanker, ein Tanker, den man ja gar nicht mehr steuern kann. Der läuft erst mal die ganze Zeit in eine falsche Richtung, und man sieht, wie alles zusammenbricht und kann nichts machen.

Man kann doch was machen! Das ist die Weiterbildung. Mit Abbildung 8 möchte ich nun wieder Hoffnung wecken. Die TU Berlin – fortschrittlich wie wir nun einmal hier sind, selbst wenn man uns das nicht glaubt – so sind wir also hier in der Lage, ein Weiterbildungsmanagementprogramm sogar schon anzubieten: Ein viersemestriges Aufbaustudium. Angesprochen werden die Trainer, die Lehrer in den Werkstätten, die Ausbilder und die Ausbildungsverantwortlichen bis obenhin. Es sind ja teilweise 10-Millionen-Etats in großen Firmen für Ausbildung vorhanden.

Man könnte sagen, bis 20, bis 30 dauert heute ein Bildungsprozess, dann kann man 10 Jahre vielleicht damit leben, mit 40 muß man wieder Lernen. Mit 50 kann man dann bald aufhören zu arbeiten, wenn es so ist, oder mit 60 – das weiß ich nicht, das ist eine schwierige Frage, die möchte ich auch hier offen lassen.

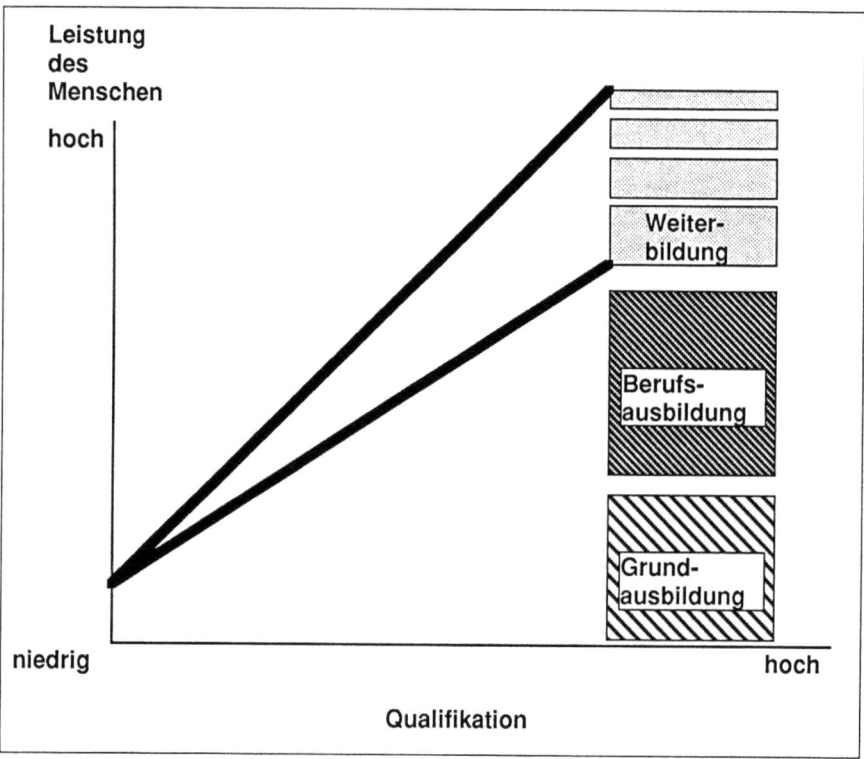

Abb. 8: Leistungsvorteile durch Qualifikation

Alles in allem ist CIP, ist der Rechner ein Hilfsmittel. Der Rechner ist zwar ein unentbehrliches Hilfsmittel, ein notwendiges sogar, wie wir eben sagten, aber er ist nicht hinreichend, weil der Mensch dazu gehört.

Versetzen Sie sich einmal in die Lage einer Generation um 1900. Hätte man um 1900 hätte dieser Generation die Frage gestellt: "Was glauben Sie denn, im

Jahre 1950 oder im Jahre 2000: Wie wird sich die Technik entwickeln?" Da war gerade der Lilienthal abgestürzt und die Gebrüder Wright hatten mit dem Motorflugzeug 1903 ganze zehn, zwölf Meter fliegen können. Niemand hatte die Vorahnung oder hätte einen plausiblen Exkurs in die Zukunft über die Entwicklung der Luftfahrt machen können. Niemand hätte voraussehen können, daß statt mechanischen Rechenmaschinen, die es ja schon gab, elektronische Rechenmaschinen kommen. Niemand hätte gewußt, welche Bedeutung einmal Software erhält und was ein Bildschirm ist und was hinter diesem Bildschirm sich vollzieht. Und niemand hätte gewußt, wie plötzlich Denk-Hilfsmittel (möchte ich einmal sagen) als neue Werkzeuge entstehen. Und genausowenig wissen wir, wie die Welt 2030 oder 2050 aussieht. Daß aber diese Welt sich harmonisert und daß der Mensch lernt, seine Arbeit anders zu organisieren. Davon bin ich überzeugt. Die Arbeit wird leichter. War die Arbeit früher vorwiegend körperlich – körperliche Arbeit macht krank, meine Damen und Herren! Denken macht nicht krank. Wenn man also Denk-Hilfsmittel hat, um so besser ist es, nicht wahr? Denken Sie mal drüber nach. Wenn Sie nämlich wirklich nicht mehr denken können, dann schlafen Sie ein. Das kann schlechte Wirkungen haben, natürlich, aber es kann auch gute Wirkungen haben. Insofern also ist es die richtige Arbeitsweise des Menschen, mit Wissen im Hintergrund nachzudenken und über Denken zu handeln. Handeln muß er allerdings noch können.

So möchte ich mit Abbildung 9 schließen, die folgendes noch einmal deutlich machen soll: Was den industriellen Wettbewerb zukünftig entscheidet, ist die Kreativität einer Volkswirtschaft, die Kreativität einer Branche, einer Fabrik und des einzelnen Menschen, der in einer Gruppe, in einer Gemeinschaft arbeiten wird.

Wenn der Fachmann – und ich spreche ja jetzt alles aus der Sicht des Ingeneurs, aus der Sicht der Produktion – kreativ sein soll, sind drei Voraussetzungen zu erfüllen. Wenn der Fachmann – und ich spreche ja jetzt alles aus der Sicht des Ingenieurs, aus der Sicht der Produktion – kreativ sein soll, sind drei Voraussetzungen zu erfüllen. Er muß genügendes Wissen haben, das er auch ständig erneuern muß. Also wenn man nichts weiß, kann man überhaupt nichts erfinden, das ist doch sicher so. Wenn man aber auch nicht die Zeit hat, sein Wissen anzubringen, dann hat man immer die Vorstellung, "es hätte doch viel besser sein können, mein Produkt, meinen Arbeitsauftrag hätte ich ja viel besser machen können, wenn ich ihn hätte noch einmal wiederholen können".

Also Alternativen durchdenken und daraus etwas besseres machen! Dazu müssen wir aber unseren Mitarbeitern Zeit geben. Und der Rechner wird ihnen die Zeit wiedergeben, die wir ihnen durch Bürokratisierung und Taylorismus und Arbeitsteilung genommen haben. Oder durch, wenn Sie so wollen, ständige Kreuz- und Querinformationsbelästigung in einer Fabrik.

Wir arbeiten immer weniger und müssen also mit dem Rechner die verbleibende Zeit zur bessereren Wissensanwendung nutzen, damit daraus bessere, höherwertigere Entscheidungsprozesse eingeleitet werden können. Und das ganze bedarf noch der Motivation.

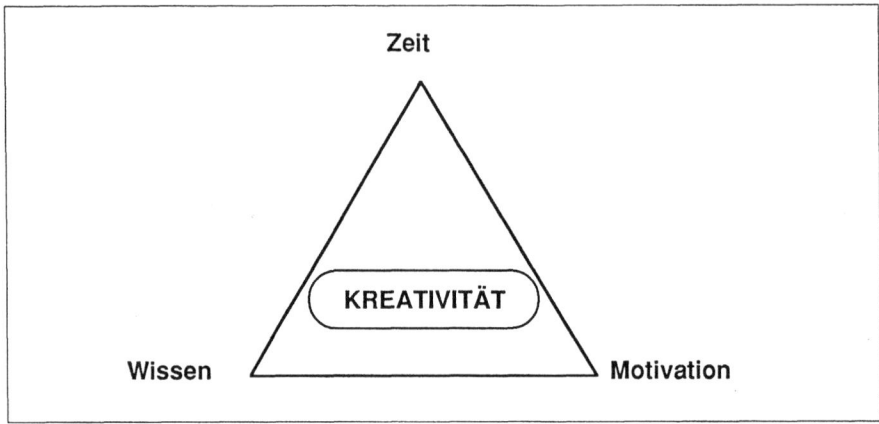

Abb. 9: *Erfolgsquellen der Kreativität*

Wenn Sie also, wie man heute sagt, frustriert sind, verärgert oder was auch immer, irgendwie nicht richtig aufgeklärt worden sind – da gibt es also eine ganze Latte von Gründen, warum man nicht motiviert sein kann: Die Motivation ist eine Führungsaufgabe oder auch eine Aufgabe des Kollegen. Durch die Motivation kommen die Kräfte, kommt der Ansporn, kommt die Leistung. Es ist also ein ganz anderes Führungsverhalten, was vom Computer letztlich abgeleitet wird. Und damit möchte ich den Rundblick schließen.

Es ist also nicht so, daß es eine Strukturierung gibt hin zu einer Anonymität, oder daß der Rechner den Menschen gar entfremdet. Allerdings gibt es da gewisse Übergangsprobleme, typische Eingangsprobleme neuer Technologien – das Auto war nicht gleich so gut wie heute – so muß man das sehen. Der Rechner ist das Mittel, um Arbeit in dem Sinne mit einem ganz anderen Inhalt und auch einer anderen Motivation zu versehen, als es früher möglich war. Und das beginnt in der Ausbildung, im Unterricht. Und darum also ist dieser Tag ein besonderer Anlaß, sich darüber zu freuen, daß die staatliche Seite dies erkannt hat – wenngleich das alles, was hier getan wird, noch viel zu wenig ist, das will ich mit Nachdruck sagen. Jedenfalls ist man aber auf dem richtigen Weg. Vielen Dank.

Partnerschaft von Wissenschaft und Wirtschaft – Ein Schlüssel zur Zukunftsbewältigung

Alfred E. Eßlinger
Geschäftsführer IBM Deutschland GmbH, Stuttgart

Sehr geehrte Damen und Herren,

im Namen der IBM Deutschland bedanke ich mich herzlich für die Einladung, zur Eröffnung des 3. CIP-Status-Kongresses zu Ihnen zu sprechen.

Berlin ist für unser Unternehmen nicht irgendein Ort. Hier nahm die IBM im Jahre 1910 ihren Anfang, und wir halten der Stadt bis heute die Treue. Die IBM ist neben Bosch das Unternehmen, das heute mehr Arbeitnehmer in Berlin beschäftigt als vor dem Krieg. Es sind heute fast 1500. Und wir investieren auch 1989 in Berlin. Erst im Juni haben wir hier unsere neue Ausbildungsstätte, die Akademie für Unternehmensführung eingeweiht. Inzwischen ist sie voll in Betrieb, die Kurse sind gut besucht, das Programm wird laufend erweitert.

Als Berlin-Beauftragter der IBM habe ich natürlich auch eine persönliche Beziehung zu dieser Stadt entwickelt, und die pflege ich mit großer Freude. Ich freue mich aber auch gerade vor diesem Kreis sprechen zu dürfen, denn hier ist wahrlich ein gehöriger Anteil der Deutschen Wissenschaftselite zusammengekommen. Und hier als Repräsentant der Wirtschaft sprechen zu dürfen, ist mir eine besondere Ehre. Meine Ausführungen sind durch die Erfahrung im Hause IBM geprägt, spezielle Erkenntnisse aus wissenschaftlichen Kooperationen stehen Pate, die Perspektive ist beeinflußt von der Zukunft der Informationstechnologie, wie sie heute gesehen und beurteilt wird.

Meine Damen und Herren, längst sind die Zeiten vorbei, in denen "Deputierte" aus der Industrie ihre Redezeit auf Wissenschafts-Kongressen genutzt haben, um mit geschickten Marketing-Aussagen ihren Umsatz zu fördern, denn: Seit Jahren ist auf der Seite der Industrie, glaube ich, die Erkenntnis herangereift, daß Hochschulen weit mehr sind, als "nur" Kunden für informationstechnisches Gerät. In vielen Kooperationen von Wissenschaft und Wirtschaft hat sich auf beiden Seiten die sichere Erkenntnis verfestigt, daß Zusammenarbeit beachtliche Synergie-Effekte zeigen kann.

Mit dieser Veranstaltung sollen nun weitere wichtige Schritte getan werden. Nachdem unter anderem auch durch die HECTOR-Kooperation der Universität Karlsruhe und der IBM klar wurde, wie sehr man in Forschung und Lehre DV-

Kapazität am Arbeitsplatz benötigt, rückt nun auch die Bedeutung der Software in den Mittelpunkt. Diese zu fördern ist das Anliegen von Herrn Prof. Schreiner mit der ASK Software Initiative, wie wir sicher nachher noch hören werden.

Auch hier kann man durch Zusammenarbeit seine Kräfte besser und ökonomischer einsetzen. Jeder Partner bringt seine jeweiligen Stärken ein, was dazu führt, daß man gemeinsam mehr erreicht. Damit bin ich schon mitten in meinem Thema: "Partnerschaft von Wissenschaft und Wirtschaft – ein Schlüssel zur Zukunftsbewältigung". Es sind heute, mehr denn je, die wissenschaftlichen Erkenntnisse und die wirtschaftlichen Erfordernisse, die die Welt verändern. Im Sinne einer Fortentwicklung helfen sie z.B.:

- bei der Lösung von anstehenden großen Aufgaben: beim Umweltschutz, bei der Verkehrsplanung, in der Medizin und in ungezählten anderen Feldern;
- bei der Weiterentwicklung unserer Lebensbedingungen, aber auch unseres Lebensstandards, und nicht zuletzt
- beim Ausbau unserer volkswirtschaftlichen Wettbewerbsfähigkeit.

Bei der Bewältigung der anstehenden Probleme sind Wirtschaft und Wissenschaft in vielfacher Hinsicht aufeinander angewiesen. Zwei wichtige Aspekte möchte ich herausgreifen:

- Aus der Warte der Wirtschaft ist verstanden: Die auf allen Ebenen ständig steigenden Anforderungen des Marktes an die Unternehmen sind nur unter Nutzung der aktuellsten wissenschaftlichen Erkenntnisse zu erfüllen.
- Und aus der Warte der Wissenschaft gilt: In praktisch allen Forschungsgebieten wird immer mehr Wissen zugänglich. Die Wissenschaftler benötigen gerade vor diesem Hintergrund steigenden Wissensvolumens und sinkender Halbwertszeit des Wissens produktivitätsteigernde Werkzeuge. Diese kann die Wirtschaft in die Partnerschaft einbringen.

Am Beispiel der Informationsverarbeitung möchte ich heute ausführen, wo die Wirtschaft solche Hilfsmittel verfügbar machen, und sich mitverantwortlich an den Entwicklungen beteiligen kann. Aber auch, welche Erwartungen die Wirtschaft hegt. Dabei spielen folgende Fragen eine wichtige Rolle:

- Inwieweit nützt die Informationsverarbeitung dem Wissenschaftler?
- Wie können Informationssysteme bei der Lehre helfen und
- wie verbessern wir die Verfügbarkeit und Transparenz unseres Wissens?

Ich möchte die Gelegenheit auch nutzen, um einige Anmerkungen zur Kooperation im allgemeinen und zu neueren Trends in der Informationsverarbeitung zu machen.

Meine Damen und Herren, symbolische Gesten alleine genügen heutzutage genausowenig wie bloße Scheck–Transfers. Zusammenarbeit ist zunehmend mehr gefragt als reines Sponsoring. Kooperationen stellen eine Plattform für Know-how und Transfer dar.

Über die Kooperation zwischen Wissenschaft und Wirtschaft hat die IBM deshalb sehr klare Vorstellungen. Eine Tatsache, die uns zum einen angreifbar macht – ich weiß um die Sensibiltäten der "Scientific Community" – die aber andererseits das Handeln aller Mitarbeiter eines Unternehmens zur kalkulierbaren Größe werden läßt. Unser Wissenschaftliches Zentrum Heidelberg gibt es nicht zuletzt aus diesen Grund bereits seit mehr als 20 Jahren und intensivere IBM Hochschulprogramme seit Anfang der 80er Jahre.

Als ich vor 20 Jahren unser Wissenschaftliches Zentrum in Heidelberg gründete, waren noch beträchtliche Berührungsängste – übrigens auf beiden Seiten – abzubauen. Unsere "Wissenschaftspolitik", wenn Sie mir den Ausdruck erlauben, möchte ich in folgenden 8 Punkten erläutern:

1. Für einen Hersteller komplexer Hochtechnologieprodukte ist die Nähe zum wissenschaftlichen Fortschritt ein vitales Bedürfnis.

Ohne Wissenschaft und Forschung wäre nie ein Computer entstanden, um ein naheliegendes Beispiel herauszugreifen. Elixier des Fortschritts ist die akademische Neugier, die sowohl mathematische Formelsprachen entstehen läßt, als auch den Bedarf nach eleganten Hilfsmitteln weckt.

Die Abstände zwischen wissenschaftlicher Erkenntnis und praktischer Anwendung werden immer kürzer. Vor zwei Generationen noch rechnete man in der Physik mit einer Verzögerung von 10 - 30 Jahren. Heute sind es nur noch ein bis drei Jahre. Hierfür gibt es viele Beispiele.

Über aktuelle Produktentwicklungen erfährt mittlerweile fast jeder automatisch vom wissenschaftlichen Fortschritt. Ob in der Pharmakologie und Humanmedizin, oder der Astronomie und Satellitentechnik, z.B. bei einer neuen Fernsehnorm: Unser modernes Weltbild reflektiert die letzten wissenschaftlichen Erkenntnisse.

Gerade dann, wenn nicht nur Konsumwünsche, sondern ein immenser Bedarf an hochentwickelten Gütern – wie Informationstechnik – vorliegt, wird der enge Kontakt zur Forschungs-Avantgarde eine Notwendigkeit. Für die IBM heißt das: zur Forschung wie sie an den Universitäten stattfindet. In mittlerweile mehr als 200 Kooperationsprojekten in Deutschland haben wir diese Auffassung bisher einbringen können.

Um Mißverstände auszuschließen: Die Ergebnisse solcher Projekte gehören grundsätzlich beiden Teilen, sind also frei publizierbar.

Nicht abgeschlossen zu sein vom akademischen Wissen bedeutet aber für uns auch, beispielsweise in 20 Jahren fast 600 "PostDocs" Forschungsmöglichkeiten in unserem Unternehmen gegeben zu haben. Ein Großteil dieser Wissenschaftler ist irgendwann nach ihrer Industriezeit von den Universitäten als Lehrstuhlinhaber wieder aufgenommen worden. Einerseits hat sich so aus dem Einstieg in eine Industrietätigkeit häufig eine spätere Berufstätigkeit ergeben, und es erfolgte der Anstoß für weitere, selbstständige Arbeiten. Andererseits konnten wir bei diesen Berufungen oft sehr deutlich verfolgen, daß eine Erfahrung mit anwendungsorientierter Forschung auch den Grundlagen- Arbeiten an der Universität zugute kam.

2. *Aus der Kooperation entstehen Vorteile für die akademische Ausbildung, denn die staatlichen Aktivitäten werden sinnvoll ergänzt.*
Natürlich kann man auch hier die Abrundung der wissenschaftlichen Laufbahn als PostDoc einbeziehen. Unsere Aktivitäten aber gehen weiter: Ein Programm zur Betreuung von Diplomarbeiten ermöglicht Studenten von den Betriebswirtschaften bis zur Informatik einen zügigen, praxisorientierten Abschluß. Um die 250 Diplomarbeiten werden pro Jahr aktiv betreut und bearbeitet. Übrigens ist die Popularität des Programms derzeit so groß, daß leider weniger als die Hälfte der Interessenten einbezogen werden kann.

Möglichen kritischen Stimmen darf ich gleich entgegenkommen: Die Themen werden in gemeinsamer Absprache ermittelt. Dabei wird sowohl den Anforderungen der Hochschule, als auch den Wünschen und Vorstellungen der Studenten Rechnung getragen. Einen in beide Richtungen laufenden Austausch gibt es aber nicht nur bei der Förderung junger Doktoren, sondern auch in der Lehre: Zunächst möchte ich unser jährlich rund 2000 Vorträge umfassendes "Autoren- und Vorlesungsprogramm" nennen. Es sind rund 400 bis 500 unserer Mitarbeiter, die extern Vorträge zu Themen halten, in den sie über Expertise verfügen. Rund 20 % dieser Vorträge werden an Hochschulen gehalten.

Sicherlich noch interessanter für Sie ist, daß Wissenschaftler unseres Unternehmens auch regelmäßige Lehrverpflichtungen wahrnehmen, und zu diesem Zweck von uns freigestellt werden. 170 Lehrbeauftragte der IBM halten im Rahmen unseres Dozentenprogrammes Vorlesungen an deutschen Hochschulen. Auch hier an der TU Berlin: Ich darf da Dr. Heinze nennen, der sich mit den betriebswirtschaftlichen Aspekten von CIM beschäftigt, und Herrn Prof. Wiedmann, der über Halbleiter-Technik liest. Besonders bemerkenswert ist sicher der Stiftungslehrstuhl von Herrn Prof. Anacker, der aus unserer Forschungsstätte in Yorktown Heights, USA, kommt, und der hier in den Bereichen Rechnerarchitekturen und Kommunikations-Netzwerke arbeitet. Darüber hinaus ist es immer wieder vorgekommen, daß Wissenschaftler von uns direkt an Universitäten berufen wurden.

3. *Wir fördern die Informatikforschung.*
Das geschieht in Kooperationsprojekten wie auch in wissenschaftlichen Entwicklungsaufträgen. Nicht zu unterschätzen ist aber auch der Tatbestand, daß Informationssysteme durch den wissenschaftlichen Einsatz eine Prüfung erfahren, die letztlich allen Benutzern zugute kommt.

4. *Informationssysteme unterstützen und entlasten die akademische Lehre.*
Ich möchte hier als Beispiel nur die PC-gestützte Studentenausbildung nennen, die an mehr und mehr Lehrstühlen selbstverständlich werden wird. Entsprechende Projekte sind abgeschlossen, und die Bilanz ist überwiegend sehr positiv.

5. *Wir suchen ständig nach neuen Anwendungsfeldern der Informationsverarbeitung.*
Ich gebe gerne zu, daß hier natürlich auch Eigeninteresse mitspielt. Neue Anwendungsfelder heute sind nun einmal neue Märkte von morgen. Aber wenn Sie auf

wissenschaftlichen Kongressen – wie auch hier in Berlin – die vorgestellten Projekte begutachten, stellen Sie auch immer wieder eines fest: Mit Rechner-Hilfe werden mit steigender Häufigkeit hochinteressante neue Erkenntnisse zutage gebracht, an die man ohne die Kreativität der Anwendungsentwickler auf beiden Seiten gar nicht herangekommen wäre. Viele unserer Projekte spiegeln diesen Aspekt mehr oder minder deutlich wieder.

Ich meine: Solange die Neugier, das Interesse und der Nutzen potentieller Anwender so groß ist, ist das eindeutig eine Chance für beide Seiten. Wie sollen wir bessere Anwendungskonzepte entwickeln, wenn wir uns nicht mit den Anwendern an einen Tisch setzen?

6. Informationssysteme helfen den Wissenschaftlern, in einen weltweiten, schnellen Dialog zu treten.

Ich muß an dieser Stelle sicher nicht mehr erklären, welche Rolle das Hochschulnetz EARN spielte und DFN heute spielt. EARN war das erste System seiner Art. Über die Akzeptanz unserer Initiative Anfang der 80er Jahre waren selbst wir überrascht. Heute sind solche Netze ja schon fast zur Selbstverständlichkeit in der täglichen Arbeit geworden. Man kann sich nicht mehr vorstellen, ohne Netzwerkverbund – weltweit – produktiv arbeiten zu können. Dank dieser Idee wird Wissenschaftlern aus aller Welt ein schneller, unproblematischer Austausch von Texten und Dokumenten ermöglicht, rücken Arbeitsgruppen über weite Entfernungen elektronisch zusammen. Das ermöglicht neben dem Austausch von Daten und Nachrichten natürlich auch den Austausch von Programmen, und dieser ist ja für Sie von ganz besonderer Aktualität. Man muß bei der Bewertung der entsprechenden Möglichkeiten natürlich kritisch bleiben. Man wird immer zunächst ein experimentelles Stadium durchwandern müssen. Zumal die Hochschulen natürlich nicht wie professionelle Software-Häuser arbeiten können. Und auch das Stichwort Portabilität hat seine Implikationen. Aber solch eine Software-Kooperation der Hochschulen ist ein Schritt in die richtige Richtung, den wir sehr begrüßen.

Überregionale Netzwerke bieten Möglichkeiten, die zu nutzen wir alle jetzt erst beginnen. Hier schlummern noch erhebliche Potentiale für Kreativität und Effizienz. Im diesem Zusammenhang möchte ich auf jeden Fall auch noch das Berliner Kommunikationssystem BERKOM erwähnen. Nicht nur, weil wir uns in Berlin treffen, sondern, weil es wohl das am weitesten fortgeschrittene Forschungsvorhaben innerhalb Europas auf dem Sektor der Hochgeschwindigkeitsnetze überhaupt ist. Von der Deutschen Bundespost initiiert, will es den Forschungspartnern ermöglichen, Endgeräte und Standards für den Austausch von Sprache, Daten, Fest- und Bewegt-Bildern zu ermöglichen. 50 Partner aus Hochschule und Industrie nehmen teil und mittlerweile sind schon über 30.000 km Glasfaserkabel in Berlin verlegt. Ich bin fest davon überzeugt: Die elektronische Hochgeschwindigkeits-Kommunikation wird über die Grenzen der einzelnen Hochschule hinaus einen ganz besonderen Stellenwert für die Kooperation der internationalen Wissenschaftsgemeinde haben. Entfernungen, die lange Zeit kaum überbrückbare

Hindernisse für eine effektive Zusammenarbeit waren, spielen bald keine Rolle mehr. Das ist ein Paradebeispiel für die wirklich gelungene Kooperation zwischen Wissenschaft und Wirtschaft.

7. Höchste Produktivität in der wissenschaftlichen Arbeit sollte ein grundlegender Maßstab sein.

Wieviel Zeit geht Ihnen zum Beispiel durch immer wiederkehrende Verwaltungstätigkeit verloren. Durch Anträge aller Art, bei der Literaturrecherche, der Prüfungskorrektur oder dem Schreiben von Publikationen besteht ein immenses Potential, Zeit effektiver nach den eigenen Bedürfnissen zu nutzen.

Produktivität und Effizienz – das heißt doch für jeden etwas anderes – aber jeder möchte sich gerne der Arbeiten soweit wie möglich entledigen, die nur Routine und kein kreatives Arbeiten, keinen wissenschaftlichen Gewinn bedeuten. Wir hören die Frage in verschiedenen Formen immer wieder: Wie kann ich mein persönliches Zeitbudget im Konflikt von Lehre, Forschung und Verwaltung effektiver gestalten, so daß weder die Menschen, noch die behandelten Sachen zu kurz kommen? Es gibt ganze Anwendungsfelder, welche für die drei grundlegensten Bereiche wissenschaftlicher Arbeit nutzbar sind:

- der Umgang mit Texten,
- die Analyse von Wissen, Zusammenhängen, und
- die Bewältigung von Zahlen in jeder Form, also klassischen "Daten".

Ich würde mehr als nur eine Stunde benötigen, um auch nur ein paar der mittlerweile schon etablierten Möglichkeiten etwas ausführlicher darzustellen. Deshalb hier nur wenige Schlüsselworte:

- Textverarbeitung mit allen fortgeschrittenen Editier-Möglichkeiten
- Desktop-Publishing-Anwendungen
- Datenbanken, hierarchische und relationale
- Lehr- und Lernprogramme
- Grafik-Software
- Simulations-Programme
- Expertensysteme

Es gibt noch viel, viel mehr. Und ich bin sicher, daß wir auf diesem Kongreß wichtige neue Hinweise dazu bekommen.

8. Es ist für eine Industrienation unverantwortlich, universitäre Forschung und die Belange der Wirtschaft als isolierte Bereiche zu begreifen.

Meine Damen und Herren, ich weiß, daß ich mit dieser Ansicht vielleicht besonders bei Geisteswissenschaftlern und Grundlagenforschern auch auf Kritik stoßen werde. Lassen Sie mich deshalb kurz eine Parallele zwischen der gegenwärtigen Situation der Bundesrepublik und dem früheren Land Württemberg, meiner Heimat, anführen. In einer alten Universitätschronik habe ich dazu unlängst gelesen: "... das mäßig fruchtbare, rohstoffarme Land ... konnte im Grunde nur über den Umweg der Wissenschaft gewinnen".

Was spricht dagegen, sich dieser unterstellten Einsicht, die seinerzeit Graf Eberhard von Württemberg geäußert hatte, auch heute noch zu öffnen? Wenn wir die moderne Bundesrepublik betrachten, so müssen wir uns dem Autor anschließen: Wir sind ein Hochtechnologie-Land. Ohne hochentwickelte Technologien und deren Weiterentwicklung wird Deutschland sicher weder Lebensqualität noch Wohlstand erhalten können.

Wir von unserer Seite sind nicht nur bereit für den intensiven Kontakt, wir wissen auch, daß wir ihn brauchen. Und daß unseren Mitarbeitern der Kontakt zu den Hochschulen geradezu ans Herz gelegt wird, haben die allermeisten von Ihnen sicher schon selbst erfahren. Was spricht dagegen, Mitglieder der Lehrkörper anzuregen, auch Geschäftsideen aus dem eigenen Forschungsumfeld so oft wie möglich auch in der Praxis zu testen, selber Unternehmer zu werden?

Die Rückkehr solcher akademischen Unternehmer- Persönlichkeiten in die Lehre kann umgekehrt auch einen Schub in der Hochschulforschung bewirken. Meines Erachtens hätten wir damit in der Bundesrepublik die seltene Chance, Rollenwechsel einmal schneller als in Japan zu vollziehen. Lebenswege sind hier viel weniger zementiert – Mobilität war doch schon immer eine Tugend deutscher Denker.

Ich möchte meine Bemerkungen zu diesem Kapitel abschließen mit einem Hinweis auf einige Aspekte der Kooperation von Wissenschaft und Wirtschaft im Ausland. In den USA finden wir – im Unterschied zu Deutschland – gravierende Unterschiede im Bildungsangebot zwischen Universitäten an und für sich gleichen Typs. Im Vergleich der Forschungsfinanzierung durch die Wirtschaft ist Deutschland Schlußlicht hinter den USA und Japan. Allerdings: Mehr Professoren, mehr finanzielle Mittel pro Student bedeuten in den USA in der Regel auch mehr Auftragsforschung, engeren Kontakt zur Wirtschaft. Und zeigen nicht auch jüngere Entwicklungen wie beispielsweise die Supraleitung, wie niedrig die Schwelle von der Grundlagenforschung zur Anwendungsentwuicklung geworden ist?

Meine Damen und Herren, ich glaube sicher, daß die universitäre Grundausbildung in Deutschland auch ohne diese engeren Kontakte zur Wirtschaft im Durchschnitt sicher deutlich besser als die amerikanische zu beurteilen ist. Aber es gibt auch interessante Kontraste: Nehmen sie den fast schon marktwirtschaftlich zu nennenden Wettbewerb zwischen einzelnen Universitäten innerhalb der USA – angetrieben nicht zuletzt durch die große Zahl sehr hochentwickelter Privatschulen. Derek Bok von der Harvard-Universität hat unlängst darauf verwiesen, daß der Wettbewerb auch die Schäden falscher Entscheidungen deutlich begrenzt – während gute Ideen sich relativ schnell überall durchsetzen können.

Für mich ist bemerkenswert: Ausbildungsqualität dort wird nicht zuletzt an den Biographien der Absolventen gemessen. Ein zeitgemäßes Verständnis von Dienstleistung für die Wissenschaft und für die lernenden Studenten. Und ich meine, daß der kritische Blick "über den Teich" nicht schadet, um die Zustände hier etwas kühleren Blickes objektiv zu beurteilen.

Ausbildungsqualität ist vor allem geprägt von herausragenden Lehrerpersönlichkeiten, und die haben wir in Deutschland fürwahr. Das haben wir auch in unserer Zusammenarbeit vielfach erfahren können. Einige Beispiele für unsere Kooperationen möchte ich vor diesem Hintergrund stellvertretend kurz darstellen:

- *"Der PC-Saal" in der TU Berlin*
  Das CIP-Programm hatte die einzelnen Fachbereiche mit PC-Pools versorgt, in denen fachbereichsspezifisch gearbeitet wurde. An der Hochschule war es aber noch nicht möglich, allen Studierenden und Hochschulangehörigen die Arbeit am PC zugänglich zu machen. "Der PC-Saal" der Technischen Universität Berlin ermöglichte das nach dem Muster eines Bibliothekslesesaals. Von über 35.000 Studierenden und Mitarbeitern der TU Berlin haben bisher schon mehr als 5.000 die Chance wahrgenommen und im PC-Saal gearbeitet.

- *Das "Ausbildungs- und Beratungs-Zentrum" im Rahmen der ZEDAT" – Zentral-Einrichtung für Datenverarbeitung an der Freien Universität Berlin.*
  Die völlige Freiheit im "PC-Saal" der TU brachte bald die Anforderung nach kompetenter Weiterbildung. So entstand an der Freien Uni Berlin das Gegenstück zum freien PC-Saal: Das Ausbildungs-und Beratungs-Zentrum (ABZ). Ganzjährig werden Kurse in Programmierung, Textverarbeitung, Graphik und Anwendungsprogrammierung angeboten. Sie sind für das kommende Semester schon wieder weitgehend ausgebucht.

- *"Wissenschaftliches Desktop Publishing im Bauingenieurwesen"*
  Für das Bauingenieurwesen soll eine maßgeschneiderte wissenschaftliche Desktop Publishing Anwendung entwickelt und erprobt werden, damit das Studium für Bauingenieure an der TU Berlin ab dem 3. Semester an Workstations stattfinden kann. Dazu wird ein Rechnersaal eingerichtet, in welchem den Studierenden IBM-Geräte für die eigene Ausbildung und für Übungen zur Verfügung gestellt werden.

- *"DV-gestützter Fachbereich Wirtschaftswissenschaften" an der FU Berlin*
  Nach Anlauf des CIP-Programms fehlten weiterhin Computer- Arbeitsplätze für Forschung und Lehre. "CIP für Professoren" war die Idee des Studienprojektes an der Freien Universität. 24 Lehrstühle des Fachbereiches Wirtschaftswissenschaften wurden mit Arbeitsplätzen verschiedener Kategorien ausgerüstet. Ein eigenes Fachbereichs-Rechenzentrum mit zwei IBM-Rechnern gibt Hard- und Software Unterstützung. Glasfaserverbindungen, Token Ring, Stand- und Wählleitungen verbinden insgesamt 8 Lokalitäten des Fachbereichs mit dem Rechenzentrum der FU und der Außenwelt.

- *"Das Software-Produkt CAEDS in Lehre und ästhetischer Praxis"*
  CAEDS ist ein integriertes Programm-System für Konzept- Design und Struktur-Analyse. Das Projekt läuft an der Hochschule der Künste hier in Berlin. Studierende des Fachbereichs Kunstpädagogik und Kunstwissenschaften lernen auf einem IBM-Rechner und üben darauf, hochtechnische Programme aus dem Bereich Design und Modelling für die Entwicklung von Kunstobjekten einzusetzen.

- "Graphischer Thesaurus"
  Das Bildarchiv Foto Marburg im Kunsthistorischen Institut der Universität Marburg besitzt eine 3/4 Million Fotos "Kunst in Deutschland" auf Mikrofiches. Die Umstellung auf "Graphischen Thesaurus" wird dieses Material weltweit über Telekommunikation abrufbar machen.
- *Visualisierung von medizinischen Tomographie-Daten.*
  Beim Deutschen Krebsforschungszentrum in Heidelberg wird die 3-dimensionale-Bildverarbeitung weiterentwickelt. Serien von digitalen Schichtbildern, z.B. von Computer-Tomographie-Daten sollen pseudo-dreidimensional sichtbar gemacht werden, damit der Arzt am Bildschirm die medizinische Szene sehen und drehen, aufschneiden und schichtweise betrachten kann. Diese sehr anspruchsvolle Aufgabe bedarf eines Großrechners IBM 3090 mit zusätzlichem Vektorrechner. Ein wichtiger Schritt hin zur praktischen Anwendbarkeit der Visualisierung bei Diagnose und Operations-Vorbereitungen.

Meine Damen und Herren, wie Sie sehen, setzen viele dieser Kooperationen gerade an der spannendsten Stelle ein: In der Phase, wo das in Texten gespeicherte Wissen auch inhaltlich informationstechnisch erschlossen wird - und nicht nur im hergebrachten Stil "textverarbeitet" wird. Es gibt eben auch weit jenseits der traditionellen Informationsverarbeitung bemerkenswerte Projekte.

Die Reihe erfolgreicher oder vielversprechender Kooperationen ließe sich noch wesentlich verlängern. Wenn wir prüfen, was der übergreifende Gedanke, die gemeinsame Tendenz aller unserer wissenschaftlichen Projekte ist, so wird schnell deutlich: Informationstechnik wandelt sich immer mehr zu einem interdisziplinär wirksamen Werkzeug. Informationstechnik kann das Werkzeug werden, um in allen Bereichen Arbeit leichter und noch befriedigender zu machen.

Bedenken Sie allein die Doppelarbeit, die dank rechtzeitiger, automatischer Literaturrecherche eingespart werden kann – oder muß man sagen: könnte?

Allein für die Bundesrepublik ermittelte der Bundesrechnungshof einmal, daß in diesem Sinne nur rund 40 Prozent der Forschung wirkliches Neuland erschließen. 30 Prozent lassen sich letztendlich als eine Verschwendung von Produktionsmitteln betrachten.

Oder nehmen Sie die erwartete Verdopplung des Wissens innerhalb der nächsten zehn Jahre. Meines Erachtens ein Argument gerade für unsere Projekte im Grenzbereich zwischen Linguistik und Computerwissenschaften. Techniken unter dem Stichwort "Künstliche Intelligenz" werden sicher in der Zukunft entscheidend dazu beitragen, große Wissenskörper schnell und zuverlässig transparent zu machen. Ohne eine durchdachte informationstechnische Infrastruktur wird sich davon an den Universitäten nichts realisieren lassen. Bliebe das aus – mit welchem Argument wollten wir einmal begründen, wieso die Produktivität der wissenschaftlichen Arbeit nicht mehr mit der in der Wirtschaft mithalten könnte? Wieso eine – dann – weitverbreitete Kulturtechnik nicht zur Grundausbildung aller Studenten gehörte? Über die Signale, welche die US-Hochschulen hier aussenden, habe ich ja bereits gesprochen.

Meine Damen und Herren, Textverarbeitung war nur der selbstverständliche Sockel, auf dem andere Informationstechnik aufsetzt. Jetzt geht es darum, *allen* Wissenschaftlern nahezubringen, wie sie mit komplizierterer Informationstechnik umgehen können, also Datenbanken strukturiert abfragen, Expertensysteme einsetzen, kurz: wie sie die Computer-Kapazität ihrer Universität sinnvoll nutzen können.

Erlauben Sie mir eine Bemerkung zum studentischen DV-Nutzer: Wenn auch nur ein Teil der Studenten den potentiellen Nutzen, die Chancen dieser Systeme erkannt hat – die Systeme aber nicht beherrscht, wird ihr Bedarf an Computerleistung leicht auf ein Vielfaches der notwendigen Höhe steigen. Interessierte, Neugierige – aber falsch ausgebildete Studenten induzieren einen immensen Bedarf an Rechnerkapazität. Glauben Sie mir, ich weiß das aus der Anfangszeit vieler Datenbanksysteme.

Es ist übrigens durchaus denkbar, daß die Geisteswissenschaften eines Tages mehr Rechnerkapazität beanspruchen als die Naturwissenschaften. Denn bislang ist erst ein Promille des vorhandenen Wissens maschinell verfügbar. Aber hier sehe ich keinen Grund zu Pessimismus. Technisch wäre denkbar, daß wir in zehn Jahren vielleicht schon 5 Prozent des Wissens als maschinell verfügbar verbuchen können – günstige Umstände vorausgesetzt. Insgesamt geht es jetzt darum, die Nutzung der Datenverarbeitung auf ein qualitativ höheres Niveau zu heben.

Welches sind die Schritte von der "Klassischen Moderne" – hin zu neueren Perspektiven?

– Nach der Textverarbeitung beschäftigen wir uns jetzt mit der computerunterstützten Lehre.

– In wenigen Jahren gehört der Umgang mit Wissensbanken zum Alltag.

– Den natürlichsprachlichen Umgang mit Informationstechnik erwarten wir in rund einer Dekade.

– Und Wissensverarbeitung im Sinne eines "Intelligenz-Verstärkers" in der ersten Hälfte des nächsten Jahrhunderts.

– Große Datenmengen werden durch optische Speicher vielseitig verfügbar: Mehrere Gigabyte-Speicherplatz in PCs erlauben in absehbarer Zeit ganze Bibliotheksbestände dezentral und ortsunabhängig einzusehen: preiswert und schnell, auch über den Bereich einzelner Hochschulen hinaus.

– Bild- und Ton-Dokumente werden nach den gedruckten Texten dazu kommen.

Meine Damen und Herren, es würde mich freuen, wenn Sie unsere Zuversicht teilen, daß auch die kommenden Kooperationen von Wissenschaft und Wirtschaft Lösungen und Wege für die Bewältigung unserer Zukunft geben werden. Allen Teilnehmern und Gästen wünsche ich einen guten Verlauf und arbeitsreiche und fruchtbare Tage. Vielen Dank

ASK - Akademische Software-Kooperation

Adolf Schreiner
Universität Karlsruhe
Direktor des Rechenzentrums

1. Einleitung

Die Akademische Software-Kooperation ASK ist eine bundesweite Initiative, die vom Bundesminister für Bildung und Wissenschaft sowie dem Verein Deutsches Forschungsnetz getragen wird. Ferner wird sie gefördert von fast allen namhaften Unternehmen der Computerbranche, die in der Bundesrepublik tätig sind. Die Motivation zu dieser Initiative geht einmal zurück auf die Computer-Investitionsprogramme des Bundes und der Länder, die alle Fachbereiche der Hochschulen mit Arbeitsplatzrechnern für Lehre und Forschung ausstatten und dem sich daraus ergebenden Bedarf an Software, insbesondere für die Lehre, zum andern auf eine Anregung des Ministeriums für Bildung und Wissenschaft, Erfahrungen und Instrumentarien für die gesamte Bundesrepublik nutzbar zu machen, die im Rahmen des dreijährigen Projekts HECTOR – einer Kooperation zwischen der Universität Karlsruhe und der Firma IBM – für die Erzeugung, Steuerung und Verteilung von Lehrsoftware, gewonnen wurden. Daraus ergaben sich für ASK zwei Hauptziele:

1. Information über die für Hochschulen verfügbare Software jedermann zugänglich zu machen und am Austausch von Software über das DFN-Netz teilzunehmen.
2. Die Produktion qualitativ hochwertiger Software zu fördern durch das Angebot von Kommunikation und entsprechenden Publikationsforen für Software-Autoren.

Mit Beginn dieses Jahres wurde die ASK ins Leben gerufen. Wie sie sich mittlerweile gestaltet, soll im folgenden beschrieben werden. Die vom Lehrstuhl für Organisation von Datensystemen in Karlsruhe betreute Projektkerngruppe hat drei Aufgaben:

1.1 Aufbau eines Softwareinformationssystems

Das im Aufbau befindliche Software-Informationssystem SISY ist ein auf einer UNIX-Workstation unter ORACLE implementierter Katalog, der einen möglichst weitgehenden Überblick über hochschulrelevante Software bieten soll, insbesondere sollen abgespeichert werden: Beschreibungen von Lehrsoftware, wie sie für die CIP-Pools, in Kooperationsprojekten der Hochschulen mit Firmen sowie generell für die Lehre im Hochschulbereich entwickelt wird, ferner Software aus dem Athena-Projekt des MIT und sogenannte Open-Domain-Software von firmenspezifischen Nutzergruppen, soweit diese für die Lehre geeignet ist. Für die Auswahl und Übernahme dieser Software hat die Firma DEC speziell eine Wissenschaftlerstelle bei ASK eingerichtet.

In SISY sollen aber auch Informationen über Hardwarekomponenten, wie an Hochschulen entwickelte Anpassungen, Spezialgeräte etc. aufgenommen werden. Ferner besteht ein wesentlicher Dienst von SISY darin, auf andere weltweit existierende und für Hochschulzwecke interessante Softwarebanken. Es liegen bereits Beschreibungen für 100 derartige Quellen vor. Von SISY existiert bereits seit längerer Zeit ein über EARN erreichbarer Prototyp.

SISY selbst wird ab Januar 1990 den Betrieb aufnehmen, der Zugang wird einmal im Dialog über das Wissenschaftsnetz des DFN, über BELWUE sowie generell über Datex-P möglich sein. Ferner werden Abfragen über Electronic-Mail-Dienste wie von EARN, CSNET usw. getätigt werden können.

1.2 Verteilung von Software-Code

Zu diesem Zweck wird gerade nach dem Konzept von ASK durch die Firma Danec in OSITEL 400 ein File-Server SOBA (Software-Bank) entwickelt. In ihm wird die in SISY beschriebene Software, soweit sie kostenfrei erhältlich ist (Public Domain) abgelegt. Sie kann per Electronic-Mail über die genannten Netze abgerufen werden. Auch hierfür ist bereits ein Prototyp in LIST-SERV auf einer IBM-Anlage implementiert, er enthält 150 Programme und ist über die bekannten Mail-Dienste zugänglich. Das noch in Entwicklung befindliche Hauptsystem SOBA wird ab April 1990 in Betrieb gehen.

Über dieses System wird außer der in der Bundesrepublik produzierten Hochschulsoftware auch die Software aus dem Athena-Projekt und aus der Softwarebank von DECUS abrufbar sein. Ferner werden eine Reihe elektronischer Diskussionsforen eingerichtet, die dem Erfahrungsaustausch der an der Softwareproduktion interessierten Wissenschaftler dienen soll. Wünschenswert wäre, wenn hierunter auch eine Art Kooperationsbörse entstünde, um mit den Möglichkeiten, die das deutsche Wissenschaftsnetz des DFN ab 1990 bieten wird, die Zusammenarbeit von Wissenschaftlern bei der Erstellung von Software über beliebige Entfernungen hinweg zu ermöglichen, um unter anderem beispielsweise statt einer Vielzahl konkurrierender Produkte zu einem Gebiet einige wenige, aber dafür höhere Qualität hervorzubringen.

Softwarebörsen, gerade wenn sie über Netze zugänglich sind, lassen heutzutage natürlich auch das Schreckgespenst von Brutstätten für Computerviren aufkommen. ASK ist in der glücklichen Lage, daß sie Tür an Tür mit einem der wenigen in der Bundesrepublik existierenden Antivirenzentren kooperiert. Das Micro-Bit-Viruszentrum, das bis heute an die 50 Viren identifizieren und bekämpfen kann, sorgt dafür, daß bei ASK die modernsten vorbeugenden Schutzmechanismen installiert werden.

1.3 Koordinierung der bundesweiten Aktivitäten im Rahmen von ASK

Wer Software unter den Hochschulen verbreiten will, muß sich zumindest in einer Anlaufphase auch um die Produktion von Software kümmern, damit rasch ein entsprechendes Angebot entsteht. Aus diesem Grunde koordiniert das Projekt-Team Aktivitäten im Sinne von ASK, die bundesweit an allen Hochschulen entstehen bzw. bereits existieren. Hierzu gehören insbesondere die ASK-Softwaregruppen und ASK-Arbeitskreise. Aber auch internationale Kontakte, beispielsweise zu ähnlichen Software-Initiativen in anderen Ländern, wie zu NISS in England oder EDUCOM in den USA werden wahrgenommen, um Informationen, Erfahrungen und auch Software auszutauschen.

2. Deutscher Hochschul-Software-Preis

Eine weitere bedeutende Aktivität der ASK-Gruppe ist die Einrichtung des "Deutschen Hochschul-Softwarepreises". Er wird erstmals am 7. Februar 1990 durch den Bundesminister für Bildung und Wissenschaft vergeben werden. Zielsetzung dieses Preises ist, über die Einrichtung von Fachgutachtergremien Reputationsforen für Software-Autoren zu schaffen, die ebenso wie Lehrbücher und Veröffentlichungen dem Ausweis erfolgreicher innerhalb der Hochschulwelt qualifizierender Leistungen dienen.

Für den diesjährigen Hochschulpreis haben elf in der Bundesrepublik tätige Computer Firmen dreizehn Preise im Wert von über 200 000,— DM gestiftet, die Resonanz auf die Ausschreibung des Preises an den Hochschulen war geradezu überwältigend: 223 Programme wurden eingereicht, während gemäß einer Abschätzung aufgrund US-amerikanischer Erfahrungen im günstigsten Fall etwa 80 Programme zu erwarten waren. Die ASK-Projektgruppe hatte allerdings an publizistischer Phantasie alles aufgewandt, um die zunächst noch völlig unbekannten Software-Autoren an den Hochschulen zu erreichen: 1000 Plakate, 4000 Informationsblätter, 400 Pressemitteilungen wurden herausgegeben, abgesehen von direkten persönlichen Kontakten, Vorträgen auf wissenschaftlichen Tagungen, Workshops etc.

3. Software-Gruppen

Die akademische Komponente der Initiative, aber auch der Verantwortung von ASK liegt bei den ASK-Softwaregruppen. Diese setzen sich zusammen aus Wissenschaftlern, die sich innerhalb ihres wissenschaftlichen Fachgebiets, besonders auf dem Gebiet der Erstellung von Software für die akademische Ausbildung im weitesten Sinne engagieren und profilieren. Ihre Zielsetzung ist zweifacher Art: Die Förderung der Erstellung hochwertiger fachspezifischer Software für den Einsatz an Hochschulen und die Schaffung und Pflege eines sich fortentwickelnden, internationalen Maßstäben gerecht werdenden Qualitätsniveaus der an deutschen Hochschulen erzeugten Software. In diesem Zusammenhang sind Mitglieder der Softwaregruppen als Gutachter tätig bei der Referierung von Software im Zusammenhang mit ihrer Verbreitung durch die ASK-Medien, für die Vergabe des deutschen Software-Preises sowie für die Begutachtung von Projektanträgen, mit denen Autoren für Software-Projekte ähnlich Drittmittel angeboten werden sollen, wie sich das bei Forschungsprojekten seit langem bewährt hat.

Bereits bei Beginn des Projektes konnte Kontakt mit Wissenschaftlern im Fachgebiet "Chemie" aufgenommen werden, die ähnliche Aktivitäten entwickelt hatten und die nun die erste voll arbeitsfähige ASK-Fachgruppe, "Chemie", bilden. Als weitere Fachgruppe hat sich jene der Rechtswissenschaften konstituiert. Da fast in allen Fachbereichen Aktivitäten zur Bildung solcher Software-Fachgruppen angelaufen sind, ist die enge Verbindung, nach Möglichkeit sogar Einbindung, dieser Fachgruppen in die zuständigen wissenschaftlichen Fachgesellschaften von vornherein anzustreben.

4. Förderung von Software-Projekten

Bei der Bedeutung der Automatisierung in der Informationsverarbeitung für alle – auch geistigen – Betätigungsbereiche des Menschen ist nicht nur das Zutagefördern neuer Erkenntnisse finanziell zu fördern, sondern auch die Implementierung dieser Erkenntnisse in einer für weitere Kreise von Wissenschaft und Wirtschaft zugänglichen Software-Welt.

Gerade die "Vermarktungslücke", die sich in der Bundesrepublik gegenüber USA und Japan auftut, zwischen Entdeckung und Nutzbarmachung der Erkenntnisse für die Allgemeinheit stellt geradezu einen Imperativ für die Schaffung einer Einrichtung nach der Funktionsweise einer "Software-DFG" dar.

5. ASK - Arbeitskreise

Diese können sich sowohl innerhalb der wissenschaftlichen Fachdisziplinen als auch bereichsübergreifend bilden. Ein Arbeitskreis "Softwarequalität" wird sich aus dem Kreis der Juroren für den Softwarekreis formieren, ferner sind in Diskussion Arbeitskreise für verschiedene Software-Produkte (Oracle, SAS, NAG, usw.), die sich innerhalb von Bundesländern für die Beschaffung und Pflege landesweiter Sammellizenzen bemühen oder auch bei ausgefalleneren Programmen bundesweite Verteilungs- und Nutzungsmechanismen organisieren. Sie zählen zu den Arbeits- und Kooperationsformen, die das Vorhandensein von landesweiten Kommunikationsnetzen, wie das DFN, geradezu herausfordern.

6. ASK - Beirat

Die gesamten Aktivitäten der Akademischen Software-Kooperation bedürfen einer Steuerung, die den vielfältigen Gesichtspunkten und Interessen eines derartig weitreichenden Vorhabens gerecht wird. Diese Funktion übernimmt der ASK-Beirat, dem Vertreter des Bundesministeriums für Bildung und Wissenschaft, des DFN, der Softwaregruppen, der Industrie und der Projektleitung angehören. Die Zielsetzungen und Erfolgskontrolle der einzelnen Projekte sowie Maßnahmen jedweder Art, die die Entwicklung qualitativ hochwertiger Software in der Bundesrepublik fördern, sind seine vornehmsten Aufgaben. Hierzu zählen die Beschaffung von Ressourcen zur Ankurbelung dieser Softwareentwicklung ebenso wie die Verbindung zu bestehenden Organisationen der Wissenschaft, Wirtschaft und Gesellschaft.

7. ASK - Zukunft

Es ist selbstverständlich, daß eine derartig weitreichende Aktivitäten tragende Gruppe nicht auf Dauer an den Lehrstuhl einer Hochschule angekoppelt sein kann, daher ist es das Ziel aller Beteiligten, nach einer Laufzeit von drei bis maximal fünf Jahren diesen organisatorischen Kern von ASK als eigenständige Einrichtung oder als angebundene an bestehende Organisationen ähnlicher Art fortzuführen und somit von der Hochschule zu lösen. Für den Start dieser Initiative erweist sich jedoch der Rückgriff auf die innerhalb des Hochschulbereiches im Rahmen eines Großprojekts, HECTOR, gewonnene Erfahrung wisssenschaftlicher und organisatorischer Art als sehr zweckmäßig. So hatte das Projekt von der ersten Stunde an einen fliegenden Start mit sachkundigem Personal, bereits existierenden funktionsfähigen Prototypen und der direkten Verankerung in der Umgebung der späteren Nutzer.

Vorbehalt des Autors:
Die freie Verwendung dieser Publikation, gegebenenfalls unter Hinweis auf den Vortrag im MC-Forum muß ich mir wegen der Grundsätzlichkeit dieser Ausführungen vorbehalten.

Brauchen wir ein Software-Investitionsprogramm SIP ?

Peter Holz

Universität Hannover
Institut für Strömungsmechanik

Peter Jan Pahl

Technische Universität Berlin
Institut für Allgemeine Bauingenieurmethoden

Die Antwort auf diese Frage ist in jedem Falle "Ja". Ich will versuchen, dies im folgenden näher zu begründen.

Das CIP-Programm war primär ein Hardware-Beschaffungsprogramm. Unabdingbar hierzu gehörten Betriebssystem, Editor und Compiler. Mit diesen Komponenten wurden die Studenten im Sinne des CIP-Programms "an die Grundlagen der Informationsverarbeitung" herangeführt. Dabei wurde ein erheblicher Leistungsstand erreicht, der sich jedoch nur, wenn wir ehrlich sind, auf die handwerklichen Fähigkeiten im Umgang mit Microcomputern und einer Programmiersprache bezieht. Wir brauchen für eine qualifizierte Ausbildung jedoch wesentlich mehr.

Auf der durch das CIP-Programm geschaffenen Basis muß ein Software-Investitionsprogramm aufgesetzt werden. Es muß den Bereich der Lehre, in dem anwendungsorientiert Techniken, Methoden und Verfahren vermittelt werden, durch Beschaffung von Anwender-Software unterstützen. Diese ist meist nur auf Geräten lauffähig, die leistungsstärker sind als die im Rahmen des CIP-Programms beschafften Geräte. Entsprechende Ergänzungen sind notwendig.

Die Anwendungssoftware muß so ausgewählt werden, daß sie den unterschiedlichen Studienzielen gerecht wird. Anwender-Software als "black-box" ist erforderlich für diejenigen Studenten, die unmittelbar als Anwender in die Berufspraxis gehen. Für diejenigen Studenten, die eine wissenschaftliche Ausbildung absolvieren und/oder in die anwendungsorientierte Software-Entwicklung gehen wollen, muß die Anwender-Software einsehbar sein.

Die Größenordnung eines aufzulegenden Investitionsprogramms für entsprechende Software-Beschaffungen ergibt sich aus einer Analyse der Studienangebote und Lehrpläne. Die Ausbildung in den Grundkenntnissen der Informationsverarbeitung auf der Grundlage des CIP-Hardware-Programms vollzieht sich in den ersten zwei bis drei Semestern in einem Umfang von vielleicht 4 bis 8 Semesterwochenstunden. In den verbleibenden sieben bis acht Semestern, oder anders ausgedrückt, den verbleibenden 150 bis 180 Semesterwochenstunden bleiben die erworbenen Kenntnisse heute noch weitgehend ungenutzt. In der Folge des CIP-

Programms ist zwar eine zunehmende Durchdringung der Lehrinhalte in diesen höheren Semestern mit datenverarbeitungstechnischen Ansätzen zu erkennen, es fehlen für die qualifizierte Lehre aber die anwendungsbezogenen Softwaresysteme. Diese kann eine Hochschule nicht professionell für die jeweiligen Lehrveranstaltungen entwickeln, wie die Hochschule überhaupt überfordert ist, wenn sie Anwendungssoftware größeren Umfangs schreiben und pflegen müßte. Allein die Maintenance von Software ist bei der hohen Innovationsrate in Hard- und Software mangels Personal und Mittel nicht leistbar. Andererseits wäre es aber auch politisch falsch, diese Aufgabe der Hochschule zuweisen zu wollen. Es müssen also staatliche Programme wie ein Software-Investitionsprogramm aufgelegt werden, um die Lücken im Softwarebedarf zu schließen.

Die Voraussetzungen für die Nutzung eines entsprechenden Investitionsprogrammes sind gegeben. Das CIP-Hardwareprogramm hat eine hohe Motivation bei den Studenten freigesetzt und ein erhebliches Wissen auf breiter Ebene unter den wissenschaftlichen Mitarbeitern geschaffen, die teilweise schon selbst zu den Nutznießern des CIP-Programms gehören.

Lassen Sie uns den Bereich des Studiums, in dem ein Software-Investitionsprogramm anzusiedeln ist, inhaltlich etwas näher umreißen. Im Prinzip läßt sich ein Studiengang in drei Bereiche gliedern. Der erste Bereich bezieht sich auf die Vermittlung der Arbeitstechnik am Computer, im Labor, im Feld. Das CIP-Programm stützt diesen Bereich in bezug auf den Umgang mit Microcomputern. Nicht unterstützt werden die weiteren Stadien des Fach- und Vertiefungsstudiums. Der zweite Bereich eines Studiums umfaßt das Fachstudium, das sich primär auf die Vermittlung von Kenntnissen über Verfahren und Methoden, beispielsweise der Grundlagen numerisch-diskreter Verfahren, der Simulationstechnik, der Datentechnik und ähnliches mehr, einschließlich ihrer theoretischen Hintergründe bezieht. Der dritte Bereich umfaßt das Vertiefungsstudium. Er ist der anwendungsorientierten Umsetzung der Methoden und Verfahren in Konstruktions-, Planungs- und Produktionsprozessen gewidmet.

Die verfahrens- und methodenorientierte Phase des Fachstudiums ist derjenige Bereich, in dem eine Unterstützung durch Lehrsoftware, oder Teachware, wie man gemeinhin sagt, erforderlich wäre. Dieser Bereich ist auch in der Vergangenheit immer durch Teachware unterstützt worden. Wie sieht nun diese Teachware aus und wer macht sie?

Teachware soll zugeschnitten sein auf den jeweiligen mit der Semesterzahl wachsenden Kenntnisstand des Studierenden. Sie soll den Eingriff im Quellcode ermöglichen, damit der Student die Umsetzung von Verfahren an Prinzipbeispielen erlernt. Sie soll einfache Anwendungen erlauben, um dabei Verfahrensschwächen und -stärken zu erkennen. Teachware dieser Art haben die Hochschulen in der Vergangenheit immer entwickelt, teilweise auch mit öffentlicher Förderung. Diese Teachware haben wir unter Kollegen auch zum Tausch angeboten. Allerdings ist es für diese Art der Lehrprogramme und sogar für Applikationsprogramme, die wir in Quellform in ein Projekt "Software-Börse Bauingenieurwesen" eingebracht hatten, nie zu einem echten Austausch gekommen. Jeder Kollege hat gerne hineingeschaut, wie die Software des Kollegen gemacht ist und welchen Lehrstoff der Kollege von der anderen Universität vermittelt. Anschließend hat jeder seine "eigene" Lehrsoftware aufgrund der Anregungen weiterentwickelt, die er bei Durchsicht der Software der Kollegen erhielt. Dieses Verhalten hat zwei Gründe. Zum einen sind die Fachgebiete und Institutsgliederungen an unseren Hochschulen landesweit sehr unterschiedlich, so daß Lehrinhalte an anderen Hochschulen zwischen Instituten und Professoren anders aufgeteilt und mit unterschiedlicher Tiefe und Ausprägung angeboten werden können. Zum anderen ist die Professorenschaft, stärker als irgendeine andere Personengruppe, durch ein hohes Maß an Individualität geprägt. Es erscheint daher unwahrscheinlich, daß Teachware standardisiert werden kann.

Neben diesen sich aus der Hochschulsituation ergebenden Gesichtspunkten darf aber auch der unglaublich rasche Innovationszyklus, den wir im Bereich der Hard- und Software haben, nicht unterschätzt werden. Er würde eine feste quasistaatliche Institution für Teachware-Maintenance erfordern. Dies kann nicht sinnvoll sein. Mit zunehmender Semesterzahl muß nämlich ohnehin der Übergang von exemplarisch orientierter Lehrsoftware zur Produktionssoftware der Praxis vollzogen werden. Dann kann auch gleich von dieser, von der Wirtschaft gepflegten Software ausgegangen werden, die im Rahmen eines SIP den Hochschulen zur Verfügung stehen müßte. Für die Hochschule ist es kein Problem, diese Software ausschnittsweise so zu reduzieren, daß sie didaktisch handhabbar wird für den gerade unterrichteten Themenbereich in der Arbeitsumgebung eines Studenten der mittleren Semester. Der Student würde an praktischen, über die Semester immer komplexer werdenden Problemen die Handhabung dieser Software erlernen bis hin zu der Form, wie sie im industriellen Einsatz angewendet wird. Da der Student in diese als Teachware eingesetzte Software auch bereichsweise Einsicht nehmen kann, liegt ihm bei einem industriellen Produkt eine von erfahrenen Praktikern der Softwareproduktion professionell gemachte Lösung vor. Dies hat sicherlich eine andere Qualität als Software, die an Hochschulen mit Unterstützung von Assistenten erstellt wird, die gerade erst ihr Studium abgeschlossen haben. Sie dürften kaum in der Lage sein, eine gleichwertige software- und applikationstechnische Perfektion zu erreichen.

An den Hochschulen werden zwei Arten von Anwendersoftware benötigt. Abhängig von den Studienzielen brauchen wir auf der einen Seite Software, die von den Studenten als "black-box"-Systeme genutzt wird. Sie sind notwendig, um den Studenten an den Umgang mit z.B. einem CAD-System heranzuführen und ihn in die bei seiner Handhabung typischen Arbeitsprozesse und Fehler einzuführen. Auf der anderen Seite haben wir aber auch diejenigen Bereiche, primär an den wissenschaftlichen Hochschulen, die sich mit der Umsetzung des fachrichtungsspezifischen Wissens in Softwareprodukte befassen. Sie bereiten dabei die in der Fachdisziplin angewandten Methoden für die softwaretechnische Umsetzung auf, untersuchen datenverarbeitungstechnische Unterstützungsmöglichkeiten für die Arbeitsprozesse der jeweiligen Wirtschaftspraxis und erarbeiten Software unter Verwendung modernster Methoden der Informationstechnik. Dieser

Bereich der "Softwareentwickler" ist in den verschiedenen Fachdisziplinen in erheblichem Maße im Zuwachs begriffen und nimmt immer mehr Raum in den Lehrplänen ein.

Die Voraussetzungen für eine erfolgreiche Umsetzung des Wissens und der Forschungsergebnisse dieser auf die fachspezifische Softwareentwicklung ausgerichteten Hochschulinstitute umfassen zwei Aspekte. Zunächst einmal muß die Hochschule in die Lage versetzt werden, mit Werkzeugen und Hilfsmitteln softwaretechnischer Art zu arbeiten, wie sie vergleichbar in der Wirtschaft bei der Softwareproduktion eingesetzt werden. Das bedeutet, daß Hilfsmittel, wie Softwareentwicklungswerkzeuge, Kommunikationssoftware, Expertensystemschalen, Dokumentationssysteme u.ä. zur Verfügung gestellt werden müssen. Gegenwärtig haben die Hochschulen keinen Titel für derartige Beschaffungen und es ergibt keinen Sinn, daß diejenigen Institute, die über eine gute Drittmittelausstattung durch Industrieverträge verfügen, diese Finanzierung dem Staat abnehmen. Dies kann als Ausnahme bei einer einmalige Einzelbeschaffung sinnvoll sein, darf aber nicht zum Regelfall werden. Wegen des kurzen Innovationszyklus der Software müßte es nämlich dann in einem solchen Institut zu einer Akzentverschiebung zugunsten der Drittmittelbeschaffung zur Sicherstellung der Lehre kommen, bei der die Forschung auf der Strecke bliebe. Diese Softwarebeschaffungen gehören in ein SIP.

Der andere Aspekt betrifft die Applikationssoftware selbst. Diese muß verfügbar sein mit teilweise offengelegten Quellen. Dieser Anspruch der teilweisen Offenlegung der Software ist sicherlich ein Anspruch, den jede Firma zunächst zum Schutz ihres Softwareprodukts zurückweisen wird. Ich glaube aber, daß dieses Schutzargument nicht wirklich schwerwiegend ist, wenn auf der anderen Seite die Kooperation mit der Hochschule angeboten werden kann. Diese bietet einen großen Anreiz, da die Hochschulen über ein großes Innovationspotential verfügen, das für die Wirtschaft aufgeschlossen wird.

Die Frage ist nur, ob solche Kooperationen vernünftig organisiert werden können. Dazu gehört zweifellos zunächst Überzeugungsarbeit auf beiden Seiten und die Notwendigkeit, sich gemeinsam an einen runden Tisch zu setzen. Wir sehen erhebliche Möglichkeiten, wenn man mit den richtigen Vorstellungen an ein solches Gespräch herangeht. Applikationssoftware besteht, wie die Hardware, aus den verschiedensten Komponenten, die miteinander funktionsfähig verbunden sind. Diese Komponenten kann man in Analogie auch als Softwareprozessoren auffassen. Als Beispiel möge hier der Gleichungssystemlöser und oder die Datenschnittstelle stehen. An der Offenlegung solcher Einzelheiten wird der kommerzielle Erfolg einer Applikationssoftware nicht scheitern. Im Gegenteil, die durch eine Kooperation mit der Hochschule zur Verbesserung dieser Prozessoren eingebrachten Forschungsergebnisse können nur zu einer Verbesserung der Wettbewerbssituation am Markt führen. Andereseits profitiert die Hochschule, die durch Verfügbarkeit der Applikationssoftware für Lehraufgaben ihre Ausbildungsaufgaben besser erfüllen kann. Auf einer solchen Basis könnte eine Gesprächsrunde zwischen Hochschule und Wirtschaft gebildet werden. Um diesen Schritt zu tun, muß aber auch eine gewisse Sicherheit gegeben sein, daß eventuelle Beschaffungsmaßnahmen auch finanzierbar sind. Daß diese im Softwaregeschäft nicht gerade billig sind, liegt auf der Hand. Hierfür wäre ein öffentliches Programm, ein Softwareinvestitionsprogramm aufzulegen.

Bei dem skizzierten Umfang an Softwarebedarf für die unterschiedlichen Ausbildungsziele, für die verschiedenen an unseren Hochschulen vertretenen Fachgebiete und unter Berücksichtigung des Umfanges der durch das CIP-Programm noch nicht erfaßten Teile der höheren Studiensemester kann das vorgeschlagene Softwareinvestitionsprogramm SIP kein Anhängsel an das Hardwarebeschaffungsprogramm CIP sein. Die finanziellen Größenordnungen dürften in der gleichen Größenordnung wie beim CIP-Programm liegen. Erreicht werden muß, wie beim CIP-Programm, eine flächendeckende Versorgung aller Hochschulen zur Förderung der dort vorhandenen, durch das CIP-Programm angestoßenen Innovationsfreudigkeit mit dem Ziel, nun auch über das Handwerkliche der Informationsverabeitung hinausgehend Informationstechnik und Methoden in bezug auf die Umsetzung von Anwendungsdisziplinen in der Praxis zu unterrichten und den Studenten zu befähigen, mit hochqualifizierten Softwareprodukten umgehen und diese entwickeln zu können. Wir brauchen also dringend ein Softwareinvestitionsprogramm SIP.

Gesprächskreis 1

Softwarebörsen,
Hochschul- und
Standardsoftware

Softwarebörse für das Bauingenieurwesen im DFN

Norbert Thelemann
Technische Universität Berlin
Institut für Allgemeine Bauingenieurmethoden

In dem Vortrag über das DFN-Projekt "Softwarebörse für das Bauingenieurwesen" wird über Erfahrungen berichtet, die bei der Erprobung des Austauschs von Daten in Weitverkehrsnetzen auf dem Gebiet des konstruktiven Ingenieurbaus gesammelt wurden. Das DFN-Projekt "Softwarebörse für das Bauingenieurwesen" umfaßt den Aufbau und die Erprobung einer Softwareausstattung für vernetzte Arbeitsplatzrechner zur dezentralen Bearbeitung von Projekten des Bauingenieurwesens. Das Projekt wird im Rahmen der Nutzergruppe der Bauingenieure im Deutschen Forschungsnetz an 6 Universitäten der Bundesrepublik Deutschland durchgeführt.

Ausgangspunkt für die Arbeit im Projekt ist die Situation im Bauingenieurwesen, die durch einen hohen Kommunikationsbedarf der an der Erstellung eines Bauwerks beteiligten Partner wie Bauherr, Architekt, Prüfamt, Bauunternehmer geprägt ist. Bisher ist jedoch die Kommunikation über Rechnernetze im Bauwesen im Vergleich zu anderen Bereichen vergleichsweise gering entwickelt. Für die Datenkommunikation im Bauwesen sind zahlreiche Anwendungsgebiete denkbar. Beispiele sind die Kommunikation zwischen Zentrale und Niederlassungen einer Baufirma, zwischen Aufsteller und Prüfer von Bauunterlagen sowie die Kommunikation zwischen Büro, Werkstatt und Baustelle.

Heute stehen dem Ingenieur moderne Arbeitsplatzrechner zur Verfügung, die über lokale Netze oder Weitverkehrsnetze durch die Nutzung moderner Kommunikationsdienste miteinander verbunden werden können. Im Deutschen Forschungsnetz werden Dienste für Filetransfer, Remote Dialog, Message Handling und Remote Job Entry angeboten, die die Kommunikation mit Rechnern unterschiedlicher Hersteller ermöglichen.

Aus diesem Grund haben sich 1986 die elf folgenden dem "Arbeitskreis Bauinformatik" angehörenden Hochschullehrer beschlossen, durch den Aufbau und die Erprobung einer Softwarebörse Erfahrungen beim Einsatz von Kommunikationstechniken im Bauingenieurwesen zu sammeln:

Prof. Dr.-Ing. Rudolf Damrath	TU Berlin	KERN
Prof. Dr.-Ing. Dietrich Hartmann	Ruhr-Universität Bochum	GPNOP/OPTEVOL
Prof. Dr.-Ing. Klaus-Peter Holz	Universität Hannover	UFER
Prof. Dr.-Ing. Bernd Kröplin	Universität Dortmund	FEAP
Prof. Dr.-Ing. Udo Meißner	Universität Hannover	WBFEM
Prof. Dr. Peter Jan Pahl	TU Berlin	Aktendienst
Prof. Dr.-Ing. Karl-Heinrich Schrader	Ruhr-Universität Bochum	MESY
Prof. Dr.-Ing. Erwin Stein	Universität Hannover	INASP/TRAGLA, DFG-Bibliothek
Prof. Dr.-Ing. Klaus Wassermann	Universität Kaiserslautern	MICRO_DYNA
Prof. Dr.-Ing. Heinrich Werner	TU München	SET
Prof. Dr.-Ing. Walter Wunderlich	TU München	CAL, DFG-Bibliothek

Dabei interessierten im wesentlichen:

- der Aufbau einer Softwarebörse (Bereitstellung, Austausch und Pflege von Programmsystemen und Bibliotheken im Netz),
- der Aufbau eines Dokumentationssystems für Bereitstellung, Austausch und Pflege von Dokumenten im Netz,
- die Erprobung der Leistungsfähigkeit von Software und von Arbeitsplatzrechnern im Netz,
- die Weiterentwicklung von Programmsystemen und die Entwicklung netzgerechter Software,
- das Sammeln von Erfahrungen mit den Kommunikationsdiensten des Deutschen Forschungsnetzes sowie
- der allgemeine Austausch von Wissen und Erfahrungen

Der DFN-Verein hat das Projekt aus Mitteln des BMFT gefördert. Es wurden sechs Arbeitsplatzrechner des Typs SIEMENS WS30 und 6 Arbeitsplatzrechner des Typs PCS CADMUS beschafft und bei den Trägern des Projekts eingesetzt. Von den Trägern des Projekts wurden folgende Programme zur Verfügung gestellt:

1. Programme

1.1 KERN

KERN (von Prof. Damrath) ist ein dialogfähiges Programmsystem zur statischen Berechnung von Hochhauskernen. Ein Kern setzt sich aus vertikalen Wandscheiben zusammen. Die statische Berechnung eines Kerns wird nach der Methode der finiten Elemente durchgeführt.

1.2 GPNOP / OPTEVOL

Von Prof. Hartmann wurden Programmbibliotheken eingebracht, die Optimierungsroutinen enthalten, mit denen für unterschiedliche Zwecke Programmsysteme für die Optimierung zusammengebaut werden können. In einem Teilprojekt wird zwischen Prof. Hartmann und Prof. Meißner ein Berechnungsprogramm mit den Optimierungsroutinen gekoppelt.

1.3 UFER

Das Programmsystem UFER (von Prof. Holz) ist für Entwurfsberechnungen im konstruktiven Ingenieurbau konzipiert. Mit dieser Programmkette wird ein Teilgebiet des konstruktiven Ingenieurbaus behandelt, das sich mit dem Entwurf und der Berechnung von Ufereinfassungen, von Fluß-, und Kanalbauwerken sowie von Bauwerken des Küstenbereichs befaßt. Die Strömungsvorgänge werden hierbei in ingenieurgerechten mathematischen Modellen simuliert. Interessant für das verteilte Rechnen im Netz ist das Vorhandensein eines Programmbausteins, mit dem grafische Metafiles geräteunabhängig auf der Basis des Tektronix-Kodes erzeugt werden und im Dialogbetrieb über das Netz übertragen und auf Bildschirmen ausgegeben werden können.

1.4 FEAP

Das Programmsystem FEAP dient zur Berechnung von Tragwerken mit der Methode der finiten Elemente. FEAP wurde von Robert L. Taylor entwickelt. Durch den modularen Aufbau des Programmsystems sind Anpassungen jederzeit möglich. Unter Nutzung einer Tektronix-Emulation können Bilder über das Netz auf dem Bildschirm ausgegeben werden.

1.5 WBFEM

WBFEM ist ein interaktives Programmsystem zur Berechnung ebener Stabtragwerke mit statischer Belastung nach der geometrisch und physikalisch linearen Geometrie. Die Berechnung wird mit der Methode der finiten Elemente durchgeführt. Das Programmsystem ist als Lehrprogramm konzipiert und erlaubt dem Anwender, in jeder Phase den Rechenablauf mit Hilfe eines steuerwortorientierten Dialogs zu steuern und zu kontrollieren. Das Weiterbildende Studium Bauingenieurwesen der Universität Hannover benutzt dieses Programmsystem in Fernstudienkursen.

1.6 Aktendienst

Der Aktendienst ist im DFN-Projekt TECHNET am Institut für Allgemeine Bauingenieurmethoden der TU Berlin (Prof. Pahl) entwickelt worden. Dieser Dienst verwaltet eine variable Anzahl von Akten. Jede dieser Akten ist ein linearer Datenraum zur Speicherung von Variablen verschiedenen Datentyps. Geschlossene Akten sind in Dateien des Betriebssystems gespeichert. Geöffnete Akten sind teilweise im Arbeitsspeicher und teilweise in Dateien gespeichert. Der Aktendienst führt die Zuteilung und Freigabe von Speicherplatz sowie den Datentransport automatisch durch. Der Benutzer programmiert die Nutzung des Datenraums unabhängig von der Speicherungsstruktur der Akte. Im Rahmen des Projekts wurde das Programmsystem KERN auf den Aktendienst umgestellt.

1.7 MESY

Das Programmsystem MESY (von Prof. Schrader) ist ein als Berechnungsbaukasten konzipiertes "offenes Programmiersystem". Zu diesem Konzept gehört eine speziell aufbereitete Theorie und eine problemorientierte Sprache, die über FORTRAN-Aufrufe umgesetzt wird. Aufgrund des Baukastenprinzips ist MESY sehr variabel einsetzbar. Interaktive Programme zu spezifischen Problemen können zusammengebaut werden.

1.8 INASP / TRAGLA

Von Prof. Stein wurden 2 Programmsysteme in die Softwarebörse eingebracht. INASP dient zur Berechnung ebener Flächentragwerke. Das Programm TRAGLA berechnet ebene Stabtragwerke nach der BERNOULLI-Balkentheorie. Die Verschiebungen und Schnittgrößen können wahlweise nach der Elastizitätstheorie I. oder II. Ordnung oder nach der Fließgelenktheorie I. oder II. Ordnung berechnet werden. Beide Programmsysteme wurden aus FORTRAN-Unterprogrammen der DFG-Bibliothek entwickelt, die im Rahmen des DFG-Forschungsschwerpunktes "Nichtlineare Berechnungen im konstruktiven Ingenieurbau" entstanden ist.

1.9 MICRO _ DYNA

Das Programmsystem MICRO _ DYNA (von Prof. Wassermann) dient der dynamischen Analyse ebener und räumlicher Tragwerke. Der Einsatz von MICRO _ DYNA setzt voraus, daß ein fehlerfreies Finite-Element-Modell als Datensatz vorliegt und eine Eigenwertanalyse durchgeführt wurde. Die Ergebnisse lassen sich grafisch oder tabellarisch auf unterschiedlichen Ausgabegeräten ausgeben.

1.10 SET

Die Programmkette SET (von Prof. Werner) umfaßt unterschiedliche Module für Entwurfsberechnungen im konstruktiven Ingenieurbau. Die Datenhaltung der Programme erfolgt in einer gemeinsamen Datenbasis (HDS - Hauptdatensatz). Es werden vier Module in der Softwarebörse bereitgestellt:

- GENSET (Erstellung der Datenbasis)
- BOPSET (Optimierung der Bandweiten von Matrizen)
- TOPSET (Berechnung von räumlichen Stahlbeton-, Stahl- und Verbundtragwerken)
- PLOTSET (Grafische Ausgabe der Ergebnisse)

1.11 CAL

CAL (von Prof. Wunderlich) ist ein Programmiersystem, das mit dem Ziel entwickelt wurde, bei der Lehre der modernen Berechnungsmethoden der Statik und Dynamik rechentechnische Unterstützung zu verwirklichen. CAL wurde ursprünglich in Berkeley entwickelt. Im Rahmen der Softwarebörse wurde CAL in einer Version zur Verfügung gestellt, die deutschen Konventionen angepaßt und in ihren Funktionen erweitert wurde.

1.12 DFG-Bibliothek

Die DFG-Bibliothek ist unter der Federführung von Prof. Wunderlich und Prof. Stein im Rahmen des DFG-Schwerpunktes "Nichtlineare Berechnungen des konstruktiven Ingenieurbaus" entstanden. Die Programme der Bibliothek stellen Module für Berechnungen von Baukonstruktionen nach der Methode der finiten Elemente bereit. Die Quellprogramme wurden unter Nutzung der DFN-Kommunikationsdienste aktualisiert und gepflegt. Die Programme TRAGLA und INASP wurden aus Bausteinen der DFG-Bibliothek entwickelt.

2. Deutsches Forschungsnetz

Im Deutschen Forschungsnetz werden Kommunikationsdienste bereitgestellt, die auf der Grundlage internationaler Empfehlungen für heterogene Rechnerarchitekturen entwickelt wurden. Grundlage bilden die Protokollempfehlungen von X.25. Mit den Funktionen wird eine wählbare virtuelle und gesicherte Verbindung zwischen Endsystemen ermöglicht. Netze auf der Grundlage von X.25 sind das DATEX-P-Netz der Deutschen Bundespost und das geplante Wissenschaftsnetz. Weiterhin existieren Verbindungen zu vielen internationalen X.25-Netzen.

Für das DFN-Projekt "Softwarebörse für das Bauingenieurwesen" werden die DFN-Dienste Filetransfer FT/T.70, Dialog X.29 und EAN (Message Handling System) verwendet.

2.1 DFN-Filetransfer

Beim Filetransfer werden Inhalte von Dateien über das Netz übertragen. Man unterscheidet zwei Zugriffsarten:

1. Es wird auf eine Datei des entfernten Rechners zugegriffen und eine Kopie ihres Inhalts auf den lokalen Rechner übertragen. Der lokale Nutzer benötigt die Zugangsberechtigung zum entfernten Rechner.
2. Es wird eine Kopie des Inhalts einer Datei zum entfernten Rechner übertragen. Die Datei erhält auf dem entfernten Rechner die Besitzrechte entsprechend der Zugangsberechtigung zum entfernten System.

Man unterscheidet zwei Arten der Datenübertragung:

1. Transparente bitsequentielle Übertragung ohne Interpretation des Dateninhalts, geeignet für die Übertragung binärer Dateien.
2. Umkodierung in einen Netzkode, geeignet für die Übertragung von Textdateien.

2.2 Dialog X.29

Mit dem Dialog X.29 kann ein asynchron arbeitendes Dialog-Terminal eines lokalen Rechners mit den Ein- und Ausgabeschnittstellen eines entfernten Rechners verbunden werden. Das Terminal des lokalen Rechners wird in seiner Funktion Terminal des entfernten Rechners und hat entsprechend der ihm gestatteten Zugriffsberechtigung die gleichen Zugriffsrechte wie ein beliebiges Terminal des entfernten Rechners.

X.29 wird in der Softwarebörse eingesetzt für den Start von Programmsystemen auf entfernten Rechnern, für das Binden und Compilieren von Programmen, für das Editieren von Dateien oder das Suchen und Wählen von bestimmten Dateiverzeichnissen. Bedingt durch den zeilenorientiert arbeitenden Dialogdienst kann man über das Netz nur mit Programmen arbeiten, die über eine zeilenorientierte Benutzeroberfläche verfügen.

2.3 Message Handling Dienst EAN

Das DFN-Produkt für den Austausch von Nachrichten im Netz basiert auf den Protokollempfehlungen X.400ff, die die Voraussetzung für ein verteiltes und herstellerneutrales Message Handling System bilden. Bisher wird in der Softwarebörse das Produkt EAN verwendet, das für PCS-Rechner verfügbar ist. Für den Nachrichtenaustausch mit den WS30-Rechnern ist man bisher auf die im UNIX-Betriebssystem vorhandenen Mail-Dienste angewiesen.

In der Zeit von Mai bis Oktober 1987 wurden die Rechner der Softwarebörse an das DATEX-P-Netz der Deutschen Bundespost angeschlossen. In Kaiserslautern und Berlin wurden die Rechner an die DATEX-P-Untervermittlungen der Universitäten angeschlossen. An den anderen Standorten mußten DATEX-P-Hauptanschlüsse bei der Deutschen Bundespost beantragt werden. Damit entstanden für das Projekt zusätzliche Kosten, die vorher nicht eingeplant waren.

Im Zeitraum von September bis November 1987 wurden die DFN-Dienste auf den Rechnern installiert. Bei der Installation traten unvorhergesehene Probleme auf, die oft damit zusammenhingen, daß von allen Beteiligten Erfahrungen in der Datenkommunikation gesammelt werden mußten.

Die DFN-Software für die SIEMENS-Rechner wurde in einer Vorabversion ausgeliefert. Mit dieser Software traten beim Aufbau der Verbindung Fehler auf, die zu Netzunterbrechungen führten. Mitte 1988 konnten mit der endgültigen Version die Fehler in der DFN-Software beseitigt werden. Die Netzausfälle hatten in dieser Phase des Projekts dazu geführt, daß Verzögerungen bei der Verteilung der Software im Netz entstanden waren.

Von den Trägern des Projekts wurden auf den Rechnern einheitliche Zugriffskennungen eingerichtet. In den Dateiverzeichnissen der Softwarebörse wurden Unterverzeichnisse mit den Namen der einzelnen Träger angelegt. Diese Verzeichnisse dienten zur Speicherung der Programmsysteme, die im Netz übertragen wurden.

Nachdem alle Dateien über das Netz verteilt waren, begann die Phase der Erprobung der Software über das Netz. Dabei stellte sich bereits zu Beginn heraus, daß die Programmsysteme für verteilte Berechnungen in der vorhandenen Programmstruktur relativ ungeeignet waren. Die Programme waren für Berechnungen auf Arbeitsplatzrechnern entwickelt worden und hatten eigene, im Laufe der Zeit gewachsene Datenstrukturen. Die Graphik war auf die Besonderheiten des Rechners abgestimmt, auf dem sie entwickelt worden war.

Bei der Nutzung im Netz mußten Restriktionen beachtet werden, die sich aus dem Funktionsumfang der DFN-Dienste und der Datenübertragungsgeschwindigkeit ergaben. Programme mit einer grafischen oder bildschirmorientierten Benutzeroberfläche waren über X.29 nur eingeschränkt ablauffähig, da der Dialogdienst X.29 zeilenorientiert arbeitet.

Da im Projekt mit unterschiedlichen Rechnern gearbeitet wurde, waren die Programmsysteme nicht in jedem Fall nach der Übertragung ablauffähig. Aus diesem Grund wurden zwischen Rechnern unterschiedlichen Typs nur die Programmquellen übertragen. Danach wurde mit der Portierung der Programmsysteme begonnen. Dabei waren im wesentlichen Anpassungen an die Schnittstellen des Betriebssystems erforderlich. Für die Programme INASP und TRAGLA konnte die grafische Ausgabe unter Nutzung des standardisierten Grafischen Kernsystems relativ einfach angepaßt werden.

Es erfolgten Weiterentwicklungen an Programmen. Die Benutzeroberfläche des Programmsystems MICRO _ DYNA wurde in Kaiserslautern für verteilte Berechnungen im Netz erweitert. Dabei wurde der DFN-Filetransfer zum Holen von kompletten FEM-Datensätzen in die Benutzeroberfläche des Programmsystems integriert. Auf diese Weise wurde die Berechnung von der Aufbereitung und Ausgabe der Ergebnisse im Netz entkoppelt.

Der TECHNET-Aktendienst wurde auf die WS30-Rechner portiert. Aufgrund der Besonderheiten des Betriebssystems AEGIS mußten Änderungen an den Programmquellen vorgenommen werden. Die Arbeiten erfolgten von Berlin aus über das Netz mit dem X.29-Dialog. Dabei wurden über das Netz die Editoren, Compiler und Binder des entfernten Rechners genutzt. Es wurde der zeilenorientierte Editor ed verwendet.

Ein wesentlicher Schwerpunkt des Projekts war die Untersuchung der Umstellbarkeit der Programmsysteme auf eine gemeinsame Datenverwaltung. Viele Programmsysteme waren nicht für den Einsatz in Rechnernetzen entwickelt worden. Dies betraf im wesentlichen die Sicherheit von Datenbeständen bei ungewollten Netzunterbrechungen und die damit verbundene Restartfähigkeit nach dem Wiederaufbau einer Verbindung. Als Grundlage für das gemeinsame Datenverwaltungssystem war der TECHNET-Aktendienst in die Softwarebörse eingebracht worden. An der TU Berlin wurde das Programmsystem KERN auf den TECHNET-Aktendienst umgestellt. Mit der Umstellung wurde die Sicherheit der Datenbestände erhöht, gleichzeitig konnte das Programmsystem mit einer Restart-Funktion ausgestattet werden. Es zeigte sich, daß der Umstellungsaufwand sehr hoch war. Die mit der Umstellung gesammelten Erfahrungen ergaben, daß für den Einsatz im Netz Programmsysteme über spezifische Eigenschaften verfügen müssen, die sich durch Anpassungen der vorhandenen Programmsysteme nur eingeschränkt verwirklichen lassen. Es muß im einzelnen geprüft werden, ob sich der Umstellungsaufwand bei den vorhandenen Programmsystemen lohnt oder ob es günstiger ist, ein Programmsystem neu zu entwickeln.

Bei allen Teilnehmern des Projekts wurde ein Informationssystem aufgebaut, das über Eigenschaften und die mögliche Nutzung der Programmsysteme informiert. Hierfür wurde ein kommerzielles Desktop Publishing System beschafft und für die Erstellung der erforderlichen Dokumente verwendet. In der Softwarebörse existieren folgende Dokumentarten:

- Programmkenndaten
- Benutzeranleitungen
- Wissenschaftlich-Technische Skripte
- Allgemeiner Schriftverkehr

Die erstellten Dokumente wurden über das Netz zu allen Rechnern verteilt. Bei Änderungen an den Programmen wurden Dokumente aktualisiert und ebenfalls mit den DFN-Filetransfer übertragen. Aufgrund der positiven Erfahrungen wird die verteilte Bearbeitung der Dokumente auch bei der Vorbereitung von Tagungen und im allgemeinen Austausch von Informationen zwischen den Instituten angewendet.

An der TU Berlin wurden im DFN-Projekt "TECHNET" Programmsysteme für den Austausch von Daten Technischer Modelle in Netzen entwickelt. Die Grundlage bildet ein standardisiertes Modellschema und ein in Ebenen gegliederter Satz von Diensten. Unter Nutzung dieser Dienste können inhaltliche Daten in Modellen objektorientiert verwaltet werden. Eine zu lösende Aufgabe wird über den Modelldienst in einem Modell beschrieben, dessen Objekte und Attribute mit anderen Diensten verwaltet, bearbeitet und dargestellt werden. Die TECHNET-Anwendungen sind auf das Bauingenieurwesen bezogen. Die Programme besitzen eine interaktive, grafische Benutzeroberfläche, die auf der Grundlage der TECHNET-Dienste entwickelt wurde. Folgende Anwendungen existieren bisher:

- N_STB (Programm zur Berechnung von Querschnitten aus Stahlbeton)
- N_QUER (Programm zur Berechnung von allgemeinen Querschnittswerten)
- N_PLATTE (Programm zur Berechnung rechteckförmiger Platten)
- N_FUNDAMENT (Programm zur Berechnung und Bemessung von Fundamenten)
- N_KERN (Programm zur Berechnung von Hochhauskernen)
- N_DULA (Programm zur Berechnung von Durchlaufträgern)

In diesen Programmen werden geometrische Daten sowie Material- und Berechnungsdaten inhaltsbezogen in Modellen abgelegt, verwaltet und bearbeitet. In die Programme wurden Funktionen integriert, mit denen Modelle im Netz verschickt werden können. Zur Kommunikation können entweder komplette Modelle oder Teilmodelle übertragen werden. Teilmodelle werden durch die Auswahl bestimmter Objekte (die z.B. Geometriedaten oder Materialkenndaten enthalten) aus anderen Modellen zusammengestellt. Die Modelle werden mit dem Transferdienst im DFN-Netz übertragen und am entfernten Rechner gezielt in ein dort vorhandenes Modell eingebaut. Da nur Änderungsdaten zu transportieren sind, verringert sich auf diese Weise die Belastung eines Netzes.

Im Rahmen der Softwarebörse wurde der Modellaustausch zwischen der TU Berlin und dem Prüfamt für Baustatik des Senats für Bau- und Wohnungswesen in Berlin erprobt. Dazu wurde beim Prüfamt ein Rechner aufgestellt und an das DATEX-P-Netz angeschlossen. Die TECHNET-Anwendungen wurden auf dem Rechner installiert. In mehreren Abläufen wurden Modelldaten selektiert und in Teilmodellen zusammengestellt. Die Teilmodelle wurden im Netz zum entfernten Rechner übertragen und die Modelldaten in ein am entfernten Rechner vorhandenes Modell eingefügt.

Die Erfahrungen in der Softwarebörse liegen im wesentlichen in der ersten Erprobung neuer Kommunikationsmethoden für den Bereich Bauingenieurwesen. In den Instituten wurden beim Einsatz der DFN-Dienste Erfahrungen mit dem Datenaustausch gesammelt. Die Nutzung der eingebrachten Programmsysteme blieb jedoch in vielen Fällen auf die eigenen Institute beschränkt. Arbeiten an den Programmsystemen wurden in den meisten Fällen von den vorhandenen Mitarbeitern neben ihren sonstigen Arbeiten durchgeführt. Es zeigte sich, daß die vorhandenen Programme eine über Jahre gewachsene, sehr unterschiedliche Struktur aufwiesen. Die Nutzung der Programme im Netz war aus diesem Grund schwierig. Die Anpassung eines Programmsystems an das geplante gemeinsame Datenverwaltungssystem erforderte einen hohen Entwicklungsaufwand. Es kann eingeschätzt werden, daß die Arbeiten sich bei den übrigen Programmsystemen aufgrund der individuellen Datenstrukturen sehr schwierig gestalten würden und einen Aufwand erfordern, der durch die Institute in der Softwarebörse nicht zu leisten war. Programmsysteme, die für verteilte Berechnungen im Netz eingesetzt werden können, sollten aufgrund der gewonnenen Erkenntnisse über neue Eigenschaften verfügen. Beispiel hierfür sind die TECHNET-Anwendungsprogramme. Die Verwirklichung der neuen Methoden für das verteilte Arbeiten im Netz ist bei vertretbarem Aufwand nur mit der Neuentwicklung von Programmsystemen möglich.

Chemie - Softwarebörse

Peter Zinn und Christian Rüdel
Ruhr-Universität Bochum
Lehrstuhl für Analytische Chemie

1. Einleitung

Im Rahmen des vom BMFT unterstützten Projektes "Überregionale Kommunikation in der instrumentellen chemischen Analyse" wurde am Lehrstuhl für Analytische Chemie der Ruhr-Universität Bochum innerhalb der "Nutzergruppe Chemie" im "Verein zur Förderung eines Deutschen Forschungsnetzes e.V." (DFN-Verein) der Daten- und Informationsaustausch auf lokalen und überregionalen Netzen für den Bereich der analytischen Chemie untersucht. Über den Entwicklungsstand der Kommunikation in der Chemie berichtet Ziessow [1].

Unter Verwendung von DFN-Diensten – Dialog, Filetransfer und elektronischer Post – wurde für jede Arbeitsgruppe des Lehrstuhls die Möglichkeit geschaffen, auf Methoden zurückzugreifen, die in der eigenen Arbeitsgruppe nicht zur Verfügung stehen, und auch externe Datenbanken zu nutzen. Problematisch erwies sich dabei der Austausch von spektralen Daten. Daher wurde eine Standardisierung von Spektrenformaten durchgeführt. Die angewendete Methode basiert auf einem Vorschlag des "Joint Committee of Atomic and Molecular Physical Data - Data Exchange" (JCAMP-DX), das in den USA als ein Zusammenschluß von Apparateherstellern und Anwendern gebildet wurde. Die nach den Spezifikationen des JCAMP-DX entwickelten Programme führten dazu, daß nun Spektrometerdaten von beliebigen Verfahren und Geräten nach einem Filetransfer in interpretierbarer Form vorliegen und von externen Nutzern ohne spezielle Kenntnisse der Datenorganisation genutzt werden können. Durch die Standardisierung von Spektren wurde der Filetransfer nach Messung an einem externen Spektrometer sinnvoll, um die vor Ort vorhandenen Analysenmethoden zu ergänzen [2].

Ein ähnlich gelagertes Problem wurde beim Austausch von Programmen deutlich. Die im allgemeinen fehlenden Informationen, wo welche Programme zugänglich sind, wie diese Programme benutzt werden, und ob diese Programme ausreichend dokumentiert sind, macht die Notwendgkeit eines, Programminformationssystems bzw. einer Softwarebörse, die dem Austausch von Programmen dient, deutlich [3].

2. Arbeiten zum Aufbau der Chemie-Softwarebörse

Daher wurden im Rahmen des o. g. Projektes die Voraussetzungen zum Aufbau einer Softwarebörse für die Chemie geschaffen. Diese Arbeiten sind weitgehend abgeschlossen. Dabei konnte auf Erfahrungen der Universität Karlsruhe zurückgegriffen werden. Das Rechenzentrum der Universität Karlsruhe stellt die Software und den Massenspeicher für die geplante Softwarebörse in der Chemie zur Verfügung und übernimmt ebenfalls die Pflege und Wartung von Hard- und Software. Die Software besteht aus einem File-Serversystem LISTSERV, das bereits beim Karlsruher HECTOR-Projekt zur Bereitstellung und zur Verteilung von Programmen benutzt wurde. Die Programme, die während dieses von IBM in Millionenhöhe geförderten Projektes entstanden, können auf dem vorgesehenen Weg einem größeren Nutzerkreis zur Verfügung gestellt werden.

Die Organisation der Softwarebörse wird vom Lehrstuhl für Analytische Chemie übernommen. Dazu ist vorgesehen 3 Kategorien von Informationen und Programmen in die Softwarebörse aufzunehmen.

a. Begutachtete Public-Domain Software
   Diese Programme sollen hohen fachlichen und formalen Ansprüchen genügen, und es soll darüber hinaus Dokumentation vorhanden sein. Ein Nebeneffekt einer solchen Kategorie "Qualitätssoftware" könnte es sein, den Autoren ähnlich wie durch Veröffentlichungen in anerkannten Zeitschriften wissenschaftliche Reputation zu verschaffen. Das wäre auch gleichzeitig ein Anreiz, Programmautoren dazu zu bewegen, ihre Programme zu dokumentieren und dem Programminformationssystem zur Verfügung zu stellen.

b. Public-Domain-Software
   Hierzu zählt ein Großteil von kleineren Programmen oder von Programmen, bei denen die Dokumentation bislang nicht vollständig durchgeführt wurde, sowie Programme, die den fachlichen und formalen Anforderungen nicht standhalten.

c. Kommerzielle Software
   Dazu ist an ein Informationssystem gedacht, das über Anbieter und Produkte Auskunft gibt und bei der Marktorientierung hilfreich sein kann.

Zur Akquisition von Programmen wurden gemeinsam mit der Universität Karlsruhe Erhebungsbögen entwickelt. Bei der Entwicklung der Erhebungsbögen waren drei Gesichtspunkte von besonderem Interesse. Zum ersten sollte der Programmautor oder eine Kontaktperson genannt werden, über die jederzeit Informationen zu dem Programm eingeholt werden kann. Zum zweiten sollte eine Beschreibung über das Programm geliefert werden. Und drittens erschien es wichtig, die Hardware- und Softwareumgebung zu benennen unter der das Programm bereits gelaufen ist. Diese Gesichtspunkte wurden in detaillierter Form in den Erhebungsbogen aufgenommen. An verschiedenen Beispielprogrammen wurden die Erhebungsbögen getestet und in die Softwarebörse eingetragen. Zu diesen

Beispielprogrammen zählen derzeit das Programmpaket IDEAL, das das Handling und die Auswertung von Kernresonanzspektren umfaßt, das Programmpaket IRFIT, das Bandenanpassung und Simulation von Infrarotspektren erlaubt, und das Paket JCAMP, das den Datentransfer in einem Standardformat zwischen unterschiedlichen Rechnern gestattet.

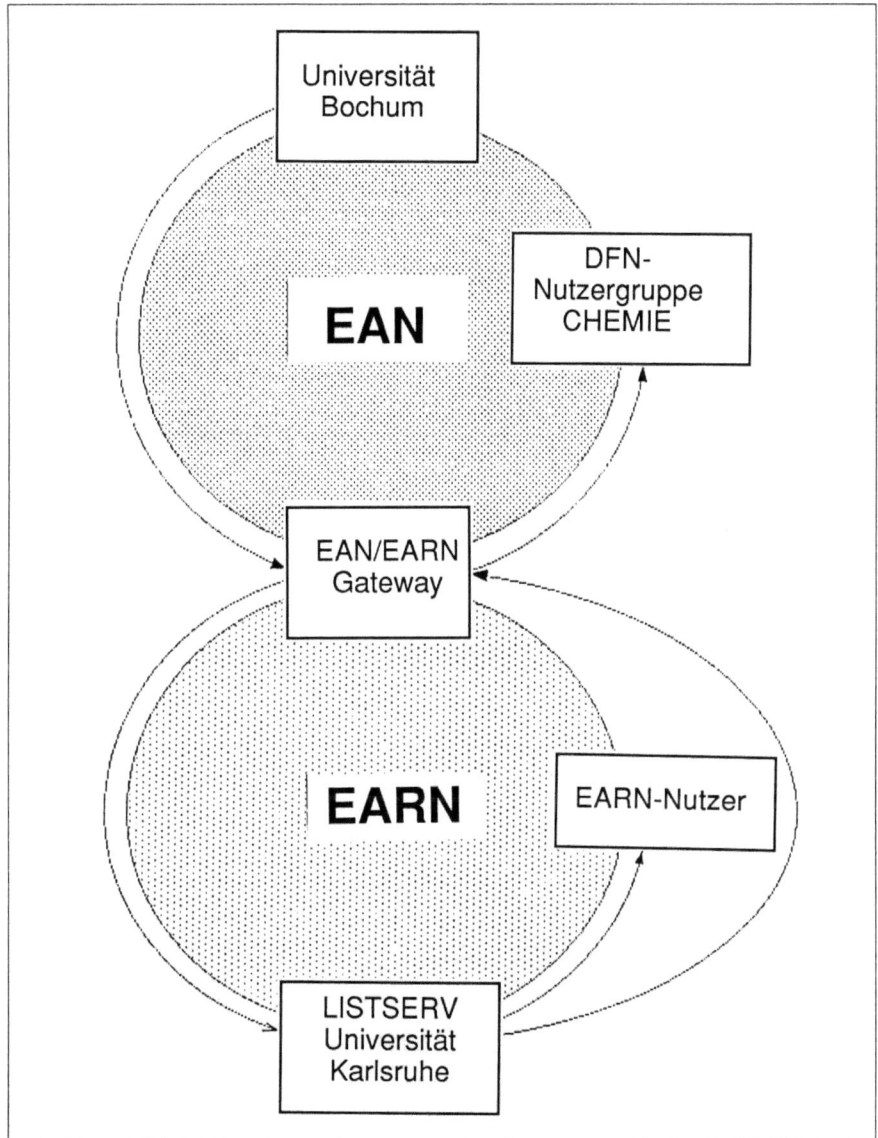

Abb. 1: Derzeitige Zugangsmöglichkeiten für Nutzer bzw. Verwalter der Chemie-Softwarebörse

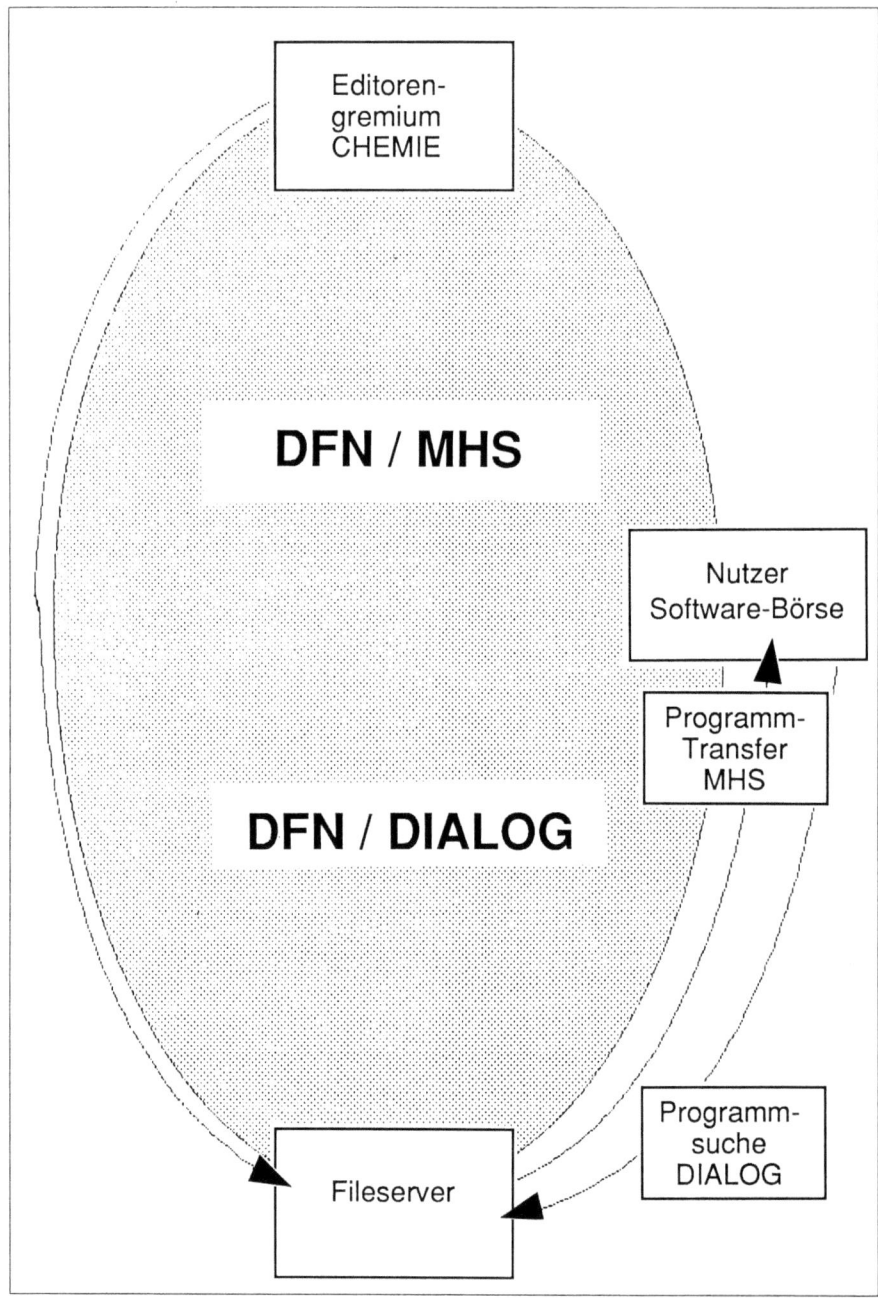

Abb. 2: Zielvorstellung der Zugangsmöglichkeiten zur Chemie-Softwarebörse

Der Zugang zur Softwarebörse erfolgt zur Zeit noch über das von der IBM unterhaltene elektronische Netz EARN. Die Softwarebörse ist aber auch von allen übrigen elektronischen Briefkastensystemen aus erreichbar, die über ein Gateway zu EARN verfügen. Abb. 1 zeigt schematisch diese derzeitigen Zugangsmöglichkeiten zum Fileserver. Einen Engpaß für DFN-MHS-Benutzer stellt noch das EAN/EARN Gateway dar. Insbesondere bei großen Files kommt es hier gelegentlich zu langen Wartezeiten, da kleinere Files vorrangig bearbeitet werden. Dieser Engpaß dürfte ab Anfang 1990 behoben sein, wenn der DFN-Fileserver-Dienst an der Universität Karlsruhe angeboten wird. Die dann vorhandenen Zugriffsmöglichkeiten werden, wie in Abb. 2 dargestellt, den direkten Zugriff über die DFN-Dienste gestatten.

Um Speicherkosten und Übertragungskosten zu sparen, sind die Programme als Archive in der Softwarebörse abgelegt. Eine alleinige Komprimierung und Archivierung mit Hilfe des allgemein verfügbaren Programmes ARC erwies sich allerdings als nicht durchführbar, da das achte Bit eines jeden Datenbytes bei der Übertragung an den Gateways verloren geht. Daher wurden die Programme UUE/UUD zusätzlich zu ARC benutzt, um dieses Problem zu umgehen. Durch diese Programme werden die Archive so gepackt bzw. entpackt, daß an den Gateways keine Daten verloren gehen. Sowohl UUE/UUD als auch ARC sind auf sehr vielen Rechnern vorhanden. Zusätzlich wurde der Quellcode dieser Programme in die Softwarebörse mit aufgenommen.

Da bislang der Zugriff auf die Softwarebörse nur mit eigenen Programmen getestet wurde, werden derzeit Programme fremder Autoren geprüft und in die Softwarebörse eingeschleust, um weitere Erfahrungen für die zukünftige Vorgehensweise zu sammeln. Dabei zeigt sich, daß das Testen und Begutachten der Programme eine sehr aufwendige Arbeit ist, die im wesentlichen den zukünftigen Betrieb der Softwarebörse während der Aufbauphasen bestimmen wird.

3. Geplante Arbeiten zum Ausbau der Chemie-Softwarebörse

Zu Beginn der Arbeiten ist vorgesehen, ein vernetztes System von Referenzrechnern aufzubauen, die über DATEX-P erreichbar sind und die Möglichkeit bieten, in Zusammenarbeit mit den Programmautoren Softwaretests und Implementationen durchzuführen. Das Referenzrechnersystem sollte über die Betriebssysteme UNIX, MS-DOS, OS/2, VMS und TOS verfügen (Abb. 3). Diese Auswahl von Betriebssystemen kann als vorläufiges Ergebnis einer Umfrage an den Fakultäten für Chemie der Bundesrepublik über Rechnerinseln, die im Rahmen des Computerinvestitionsprogramms (CIP) derzeit installiert sind, festgehalten werden. Fast alle Voraussetzungen für ein solches Referenzrechnersystem sind am Lehrstuhl für Analytische Chemie der Ruhr-Universität Bochum bereits vorhanden. Ein DATEX-P-Anschluss ist seit längerer Zeit in Betrieb, und es liegen umfangreiche Erfahrungen über den Daten- und Programmaustausch vor. Diese Erfahrungen wurden im Rahmen der Nutzergruppe Chemie des Deutschen Forschungsnetzes gewonnen.

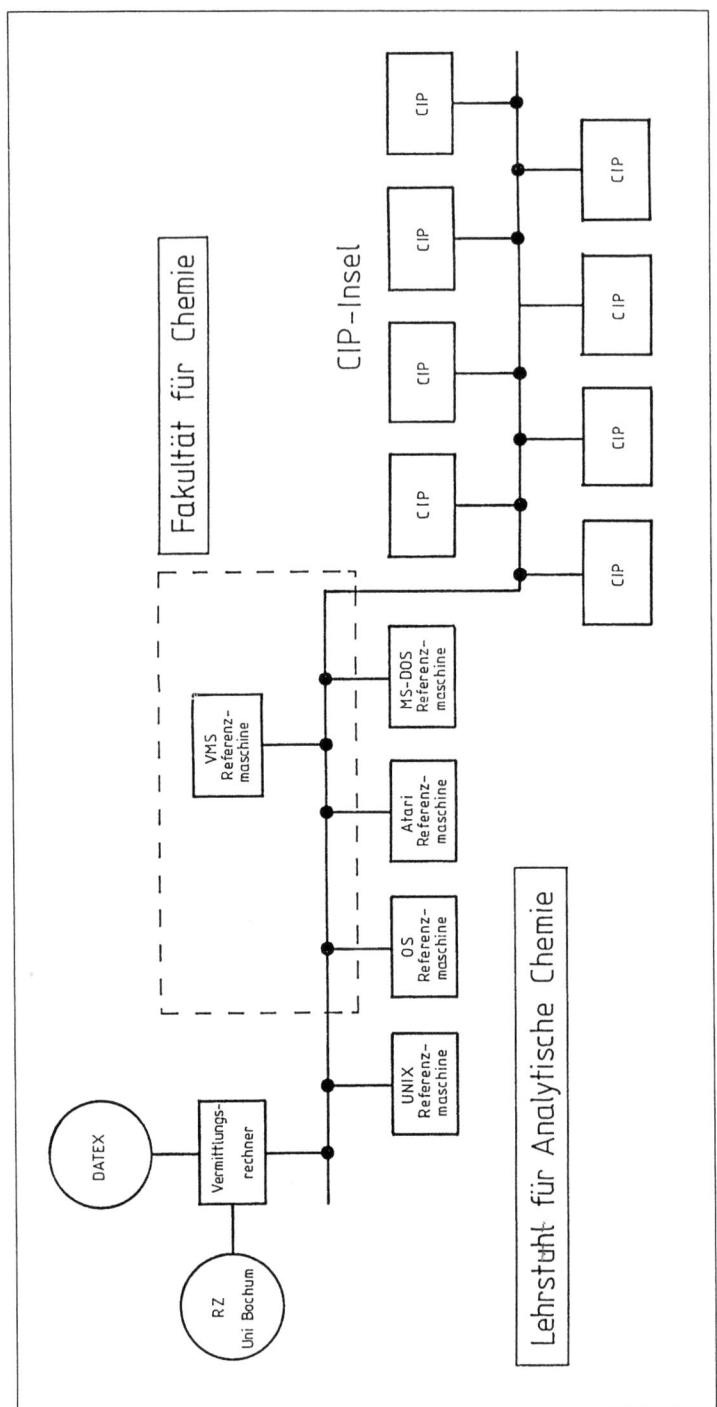

Abb. 3: Geplanter Verbund von Referenzrechnern im Rahmen der Chemie-Softwarebörse

Ein lokales Netz wird ebenfalls seit geraumer Zeit betrieben. Hier wurde bislang ein sternförmiges Netz nach dem Vorschlag von Prof. Ziessow, TU Berlin, bevorzugt. Parallel dazu wird derzeit eine Vernetzung über Ethernet durchgeführt. Ziel dieser Vernetzung soll sein, alle angeführten Betriebssysteme mit den dazugehörigen Rechnern über den DATEX-P-Anschluß erreichbar zu machen.

Als einziges Betriebssystem in diesem Rahmen ist VMS zur Zeit nicht vorhanden. Da wir bei unseren bislang durchgeführten Arbeiten feststellen konnten, daß ein Großteil der in der Chemie angewandten Programme auf VMS-Rechnern entwickelt wurde bzw. für VMS-Rechner vorgesehen ist, wird derzeit eine VAX-Station 3100 aus Mitteln des "Förderprogramms Montanregion" beschafft. Die noch nicht durchgeführten Anbindungen der Referenzrechner an Ethernet sollen im Rahmen des Referenzrechnersystems ebenfalls durchgeführt werden.

Zur Programmakquisition sind eine Reihe von Wegen vorgesehen. Als wichtige Ansprechpartner zum Bezug von Programmen sind die verantwortlichen Betreiber der CIP-Installationen anzusehen. Über diese Schiene kann gezielt an Fakultäten herangetreten werden, die Aktivitäten auf dem Gebiet der Programmentwicklung entfaltet haben. Diese Gruppe ist bereits angeschrieben worden, um auf die Softwarebörse aufmerksam zu machen. Hierbei zeigte sich sehr deutlich, daß Defizite im Softwarebereich der CIP-Installation vorliegen. Es ist damit zu rechnen, daß die Betreiber der CIP-Installationen ein besonderes Interesse an der Nutzung der Softwarebörse auf der einen Seite und der Produktion von geeigneter Software auf der anderen Seite entwickeln.

Um die Aktivitäten in Bezug auf die Softwarebörse dieses Kreises zu verstärken, sind Workshops geplant. Diese Workshops sollen mit dazu beitragen festzustellen, in welchen Bereichen der Chemie die wesentlichen Softwarelücken vorhanden sind, um hier gezielt entgegenwirken zu können. Außerdem wollen wir die Betreiber der CIP-Inseln als Multiplikatoren für das Bekanntmachen der Softwarebörse gewinnen.

Der zweite Weg zur Programmakquisition soll über den Arbeitskreis Computer in der Chemie (CIC) der Gesellschaft Deutscher Chemiker (GDCH) beschritten werden. Dieser Arbeitskreis veranstaltet jährlich eine große Tagung auf der bereits 1988 über die seinerzeit begonnenen Arbeiten zur Chemie-Softwarebörse referiert wurde. In diesem Arbeitskreis ist die Softwarebörse auf große Resonanz gestoßen, sowohl bei Universitätsmitgliedern, als auch Chemikern aus der Industrie. Der Aufbau einer Chemie-Softwarebörse wird von diesem Arbeitskreis als notwendig erachtet, und die Pläne dazu werden von der GDCH unterstützt. Kontakte zu ausländischen Institutionen und Programmentwicklern werden ebenfalls über den Arbeitskreis CIC gepflegt.

Eine weitere Quelle von Programmen für die Chemie-Softwarebörse ist die Nutzergruppe Chemie im DFN. Bei der langjährigen Mitarbeit in dieser Nutzergruppe ist der Austausch von Programmen regelmäßig durchgeführt worden. Alle Arbeitsgruppen haben davon umfangreich profitiert. Viele Programmautoren aus diesem Kreis haben sich bereit erklärt, Programme der Softwarebörse beizusteuern.

Die von Prof. Schreiner, Universität Karlsruhe, ins Leben gerufene Akademische Software-Kooperation (ASK) kann als weitere Bezugsquelle von Programmen genutzt werden. Im Rahmen der ASK wurde die Softwaregruppe Chemie ins Leben gerufen werden. Wir erwarten, daß aus dieser Gruppe ein Editorengremium hervorgeht, daß letztlich für die Begutachtung der Qualität der Programme verantwortlich sein wird.

Neben diesen Hauptwegen zur Akquisition von Programmen sind bereits eine Reihe von interessierten Kollegen an uns herangetreten, um Software zur Verfügung zu stellen. Zusammenfassend kann festgehalten werden, daß mit einer Fülle von Programmen zu rechnen ist, die auf den verschiedenen genannten Akquisitionswegen in die Softwarebörse eingehen können.

Die Prüfung und Begutachtung von akquirierten Programmen ist der arbeitsintensivste Schritt bei dem Aufbau der Softwarebörse. Nach allen bisherigen Erfahrungen ist das Einbringen ungeprüfter Programme in die Softwarebörse wenig zweckmäßig. Besonders in der Anfangsphase kann durch ungeprüfte gegebenenfalls fehlerbehaftete Programme die Akzeptanz der Softwarebörse infrage gestellt werden. Daher muß die Lauffähigkeit, die Dokumentation und das Vorhandensein von Programm- sowie Generierungshilfen usw. geprüft werden.

Wenn die technischen und formalen Voraussetzungen erfüllt sind, um ein Programm in die Softwarebörse aufzunehmen, sollte die Qualität und Originalität eines Programms von dem geplanten Editorengremium begutachtet werden. Ziel einer solchen Begutachtung kann es sein, Qualitätskriterien festzulegen, um langfristig Programme zitierfähig zu machen und dadurch Reputationsanreize für Programmautoren zu schaffen.

Literatur

1. Zur Entwicklung eines integrierten Kommunikationssystems in der Chemie Bericht der Nutzergruppe Chemie Berlin 1988
2. Bericht über das Forschungsprojekt "Überregionale Kommunikation in der instrumentellen Chemischen Analyse" BMFT-Projekt TK 555 N004.1 Bochum 1988
3. Bericht über das Forschungsprojekt "Überregionale Kommunikation in der instrumentellen Chemischen Analyse" BMFT-Projekt TK 555 N004.6 Bochum 1989

Entwicklung von Teach-Software für die Physik-Hochschulausbildung

H. Jürgen Korsch und Hans-Jörg Jodl

Universität Kaiserslautern
FachbereichPhysik

1. Einführung

Die zunehmende Verfügbarkeit von schnellen Micro-Computern (PCs) – teilweise bewirkt durch die CIP-Förderung – macht den Einsatz von solchen Rechnern in der Studentenausbildung möglich und interessant. Dies gilt insbesondere für Fachgebiete, die seit langem einen weitgehenden Computer-Einsatz in der Forschung betreiben, wie es in der Physik der Fall ist.

Neben traditionellen Computer-orientierten Lehrveranstaltungen, in deren Zentrum numerische Methoden der Physik stehen, finden sich auch vermehrt Anwendungen von Computern zur einer verbesserten Vermittlung von Physik. Es besteht jedoch ein Mangel an geeigneter Software.

Seit der Realisierung des CIP-Pools am Fachbereich Physik der Universität Kaiserslautern im Jahre 1985 wurden von den Autoren durchlaufend Seminare zum Thema "Computer-unterstützte Physik" durchgeführt. Im Rahmen dieses Seminars wurden projektorientiert Computer-Simulationen interessanter und geeigneter physikalischer Problemstellungen ausgeführt. Daneben wurde in einem vom BMBW geförderten Projekt modellhafte Teach-Software für die Physikausbildung an der Hochschule entwickelt. Auf diese Weise wurde eine Programmsammlung aufgebaut, über die schon mehrfach berichtet wurde [1]. Die Programme sind konzipiert für IBM kompatible PCs, vorzugsweise mit EGA-Grafik und Coprozessor. Sie sind mit einer Benutzeroberfläche ausgestattet, die auch Computer-Unerfahrenen einen problemlosen Umgang mit dem Programm erlaubt. Der Einsatz der Software im Selbststudium, Seminar- und Vorlesungsbetrieb (Demonstration und Übungen) wird unterstützt durch ausgearbeitete Dokumentationen mit Programmbeschreibung, theoretischen Grundlagen, Anwendungsbeispielen und Anregungen zu Aufgabenstellungen und eigenen "Forschungen". Im folgenden seien die wichtigsten Aspekte unserer Software-Entwicklung stichwortartig zusammengestellt.

2. PPP: Projekt über den Einsatz von Personalcomputern in der Physikhochschulausbildung

2.1 Ziel

Entwicklung von Software zur Vermittlung von Physik für Studenten und Dozenten

2.2 Anforderungen an die Software

1. Lauffähig auf den gängigen PC-Konfigurationen
2. Benutzerfreundliche Oberfläche – auch für Unerfahrene zu bedienen
3. Sinnvolle Vorbelegung aller Größen
4. Schriftliche Dokumentation mit Programmbeschreibung, Beispielen, Aufgaben, Anregungen, Literaturhinweisen, ...
5. Interessante, anregende Thematik, gute Darstellung/Grafik, vielseitige Anwendungsmöglichkeiten

2.3 Entwicklung

1. Seminar: *"Computer-unterstützte Physik"* seit 1985 Projektarbeit in Minigruppen Vermittlung von physikalischen Problemen, numerischen Methoden, PC-Programmierung und Know-how.
2. Projekt: *"Software-Entwicklung'"* (gefördert durch das BMBW) seit 1987 Erstellung benutzerfreundlicher Programme zu physikalisch interessanten Problemkreisen. Entwicklung von Computer-Programmen zum Einsatz in den physikalischen Praktika.

2.4 Einsatz

1. Selbststudium der Studenten
2. Im Seminar "Computer-unterstützte Physik" zu Demonstrationszwecken
3. Demonstration in Physik-Grundvorlesungen
4. Physikalische Praktika:
    Computer-gesteuerte Experimente
    Computer-Auswertung von Meßergebnissen
5. Kursvorlesungen Theoretische Physik:
    Software-orientierte Übungsaufgaben
6. Software-gestützte Spezialvorlesungen z.B.:
    'Nichtlineare Dynamik' mit Vorlesungs-Demonstrationen und freies Üben mit den Programmen
    'Streutheorie' mit Software-orientierten Übungsaufgaben, Übungen mit Betreuung

7. Forschung:
Miniforschung (kleinere Forschungsarbeiten in Studenten-Projekten) Hilfsmittel bei Forschungsarbeiten im Rahmen von Diplomarbeiten und Dissertationen

2.5 Vertrieb/Distribution

Die Programme wurden an alle Interessenten – in der Regel die Fachrichtungen Physik deutscher Universitäten – gegen eine geringe Gebühr abgegeben.

3. Programmsammlung zur Physik

Bisher wurden etwa 40 Programme entwickelt, die sich auf die verschiedenen Gebiete der Physik verteilen, mit klaren Schwerpunkten in Quantentheorie (8 Programme), der Physik der Stoßprozesse (9 Programmme) und der Nichtlinearen Dynamik (11 Programme). Die folgende Tabelle gibt eine Übersicht:

I. MECHANIK
  1. Klassische Potentialstreuung
  2. Membranschwingungen
  3. PIA (Partikel-Interaction-Algrithmus)
  4. Das N-Körperproblem der Himmelsmechanik
  5. Streuung an einem Ellipsoiden / Rotationsanregung
  6. Kollineare Reaktionen A + BC -> AB + C

II. NICHTLINEARE DYNAMIK
  1. Duffing - Oszillator
  2. Fermi - Beschleunigung
  3. Mandelbrot- und Julia-Mengen
  4. Chaos-Generator
  5. Billards
  6. Feigenbaum-Szenario
  7. Der fallende Ball in einem Keil
  8. Fraktale
  9. Streuung an drei Kugeln
  10. Gewöhnliche Differentialgleichungen (ODE)
  11. Nichtlineare Kette

III. OPTIK
  1. Optische Bank

IV. QUANTENMECHANIK
  1. Wellenpaket-Dynamik
  2. WKB-Quantisierung
  3. Quantisierung: Milne-Methode

4. H-Wellenfunktionen
5. Energiebänder in periodischen Potentialen
6. Potentialkette
7. Quantenmechanische Potentialstreuung
5. Energiebänder in periodischen Potentialen
6. Potentialkette
7. Quantenmechanische Potentialstreuung
8. Semiklassische Potentialstreuung

V. STATISTISCHE PHYSIK
1. Ising-Modell und Spingläser
2. Perkolation

VI. ELEKTRODYNAMIK
1. Feldlinienverlauf von Ladungsverteilungen
2. Abstrahlung von Feldern

VII. EXPERIMENT: AUSWERTUNG UND STEUERUNG
1. Radioaktivität (AP)
2. Jod-Spektroskopie (FP)
3. Halbleiter-Kennlinien (AP)
4. Beugung am Spalt (AP)
5. Drehpendel (AP)
6. Elektrische und magnetische Feldverteilung (AP)

VIII. MATHEMATISCHE METHODEN
1. Schnelle Fourier-Transformation (FFT)
2. Nichtlinearer Fit

IX. MATHEMATISCHE FUNKTIONEN
  a) Orthogonale Polynome
    1. Hermite Polynome
    2. Legendre Polynome
    3. Chebyshev Polynome 1.u.2. Art
    4. Generalisierte Laguerre Polynome
    5. Jacobi Polynome
    6. Gegenbauer Polynome
  b) Spezielle Funktionen
    1. Airy-Funktionen
    2. Sphärische Bessel- und Neumann-Funktionen
    3. Gamma Funktion

4. Details zur Programmentwicklung

Die Programme sind unter Anleitung von Studenten als Projektarbeiten entwickelt worden. Als Programmiersprache wurde Turbo-Pascal gewählt, einige zeitkritische Routinen sind in Assembler programmiert.

Ein vertretbarer Zeitaufwand zur Erstellung von Programmen, die den oben dargelegten Kriterien genügen, läßt sich nur erreichen, wenn eine rationelle Entwicklungsumgebung vorhanden ist. Hierzu wurden eine Reihe von Hilfsprogrammen (Tools) erarbeitet, die die Erstellung von Benutzeroberfläche und Benutzerführung wesentlich erleichtern und die interaktiven Möglichkeiten der Benutzer erweitern. Die wichtigsten dieser Tools sind:

- Masken-Editor zum Erstellen von Programmtiteln und Eingabemasken
- Tastatur-Eingabe von Formelfunktionen und arithmetischen Ausdrücken
- Analytische Differentiation
- Schnelle, komfortable Grafik-Routinen
- DEMON: Hilfsprogramm zur Erstellung von Programm-Demos

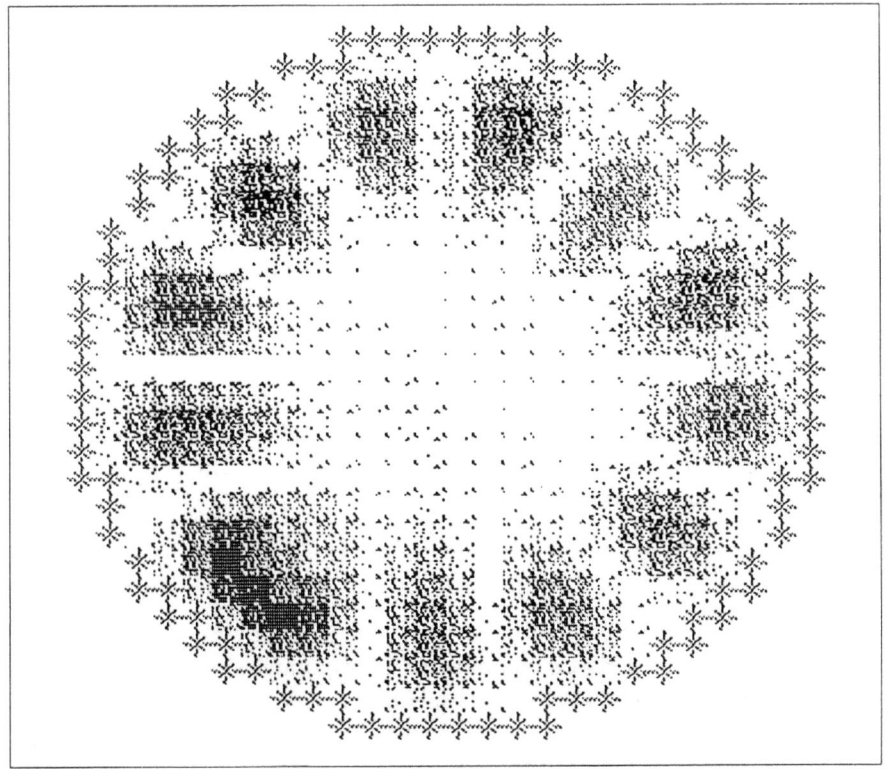

Abb. 1: Graphische Darstellung der Membranschwingung als Punktdichte

5. Zwei Programmbeispiele

5.1 Programm MEMBRAN

Das Programm erlaubt die numerische Simulation der Schwingung einer zweidimensionalen, gedämpften Membran unter verschiedenen Formen harmonischer Erregung. Die Membran wird diskretisiert und die Zeitentwicklung wird numerisch durchgeführt ('Leapfrog'-Algorithmus [8]). Ein spezieller Membran-Editor ermöglicht dem Benutzer die freie Konstruktion einer beliebigen Membran mit einer maximalen Größe von 26x26=676 Gitterpunkten. Jeder Gitterpunkt kann eine von vier möglichen Bewegungsformen einnehmen: freischwingende Masse, feststehender Punkt, Loch oder unbeeinflußt schwingender Erreger. Das Programm integriert dann die maximal 676 Differentialgleichungen 2. Ordnung.

Die grafische Darstellung der Membranschwingung erfolgt während der Rechnung durch Kodierung der Auslenkung als Punktdichte (siehe Abb.1) oder im Anschluß an eine Rechnung als dreidimensionale Filmdarstellung (siehe Abb.2).

Das Programm erlaubt ferner die automatische Aufnahme von Resonanzkurven, die Bestimmung von Eigenfrequenzen usw. Anwendungen sind in der Programmdokumentation dargestellt, sowie in der Arbeit [7].

5.2 Programm H - ATOM

Das Programm berechnet analytisch die Wasserstoffwellenfunktionen und ermöglicht verschiedene grafische Darstellungen und eine vergleichende Gegenüberstellung von beliebigen Quantenzahlsätzen. Der Benutzer hat so z.B. die Möglichkeit zu einer festen Hauptquantenzahl n sämtliche n^2 Kombinationen der Drehimpulsquantenzahl l und der magnetischen Quantenzahl m zu studieren.

Abb.3 gibt ein Beispiel einer zweidimensionalen, farbkodierten Darstellung des Programmms für den Fall n=5, l=3, m=1 (die vielfarbige Bildschirmausgabe kann hier natürlich nur in Graustufen wiedergegeben werden). Abb.4 zeigt eine dreidimensionale Darstellung der gleichen Wellenfunktion. Die Symmetrien der Wellenfunktion bzgl. Spiegelung und Drehung sind sofort ersichtlich und können diskutiert werden. Es besteht weiterhin die Möglichkeit, bis zu vier Wellenfunktionen mit beliebigen Gewichtsfaktoren zu überlagern. Dies erlaubt eine Darstellung der Hybridisierung.

6. Ausblick

Für die Zukunft ist geplant, die Programmentwicklung zum Rechnereinsatz in den physikalischen Hochschulpraktika schwerpunktartig zu betreiben.

Korsch und Jodl: Entwicklung von Teach-Software für die Physik-Hochschulausbildung 85

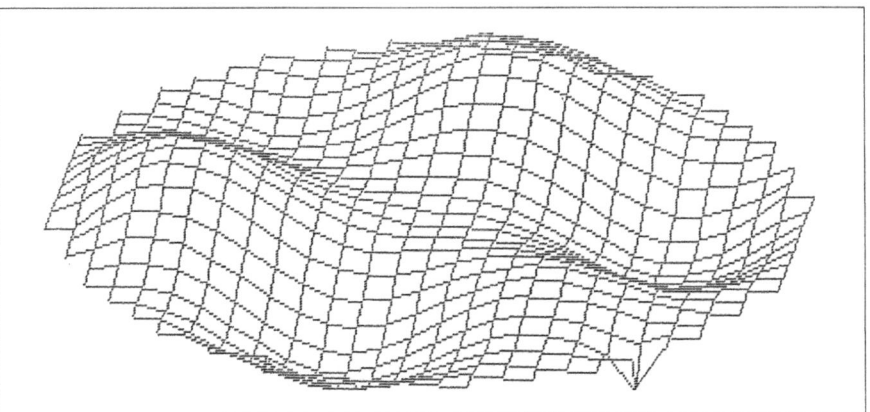

Abb. 2: Graphische Darstellung der Membranschwingung als 3-Dimensionale Filmdarstellung

Abb. 3: Zweidimensionale Darstellung für den Falll n=5, l=3, m=1

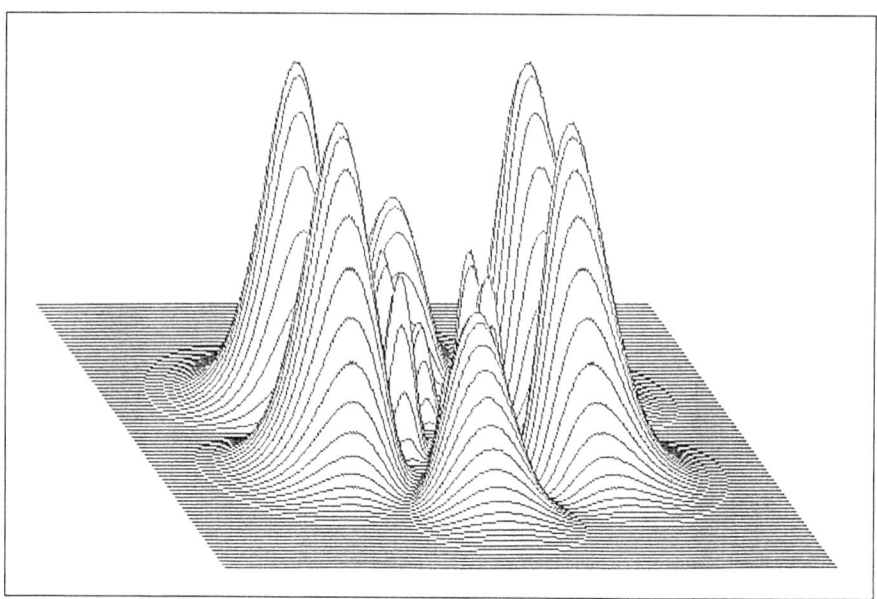

Abb. 4: 3-DimensionaleDarstellung für den Falll n=5, l=3, m=1

Literatur:

1. 'Physik-Pool Kaiserslautern', Phys.Blätter 43 (1987) 383; 44 (1988) 54; 45 (1989) 93
2. H.J. Korsch, B. Mirbach und H.-J. Jodl: 'Chaos und Determinismus in der klassischen Mechanik: Billard-Systeme als Modell' Praxis d. Naturwiss. Physik 36/7 (1987) 2
3. A. Grammel, R. Rubly, H.J. Korsch und H.-J. Jodl: 'Physikalische Simulation auf dem Rechner - Wasserstoffwellenfunktion' Physik u. Didaktik 16 (1988) 35
4. J. Becker, F. Speckert, H.J. Korsch und H.-J. Jodl: 'Simulation der Dynamik von Wellenpaketen' Physik u. Didaktik 16 (1988) 127
5. B. Eckert, H.-J. Jodl, H.J. Korsch und A. Grammel: 'H-Atom - Ein Simulationsprogramm für Wasserstoffwellenfunktionen' Physik u. Didaktik, im Druck
6. H.J. Korsch: 'Chaos auf dem Computer' in: "Nichtlineare Prozesse und naturwissenschaftliche Bildung", J.R. Bloch, Ed., im Druck
7. B. Eckert, H.J. Korsch und H.-J. Jodl: 'Membran - Ein Simulationsprogramm zweidimensionaler Schwingungssysteme', Physik u. Didaktik 3 (1989) 191
8. Siehe z.B. R.W. Stanley: 'Numerical Methods in Mechanics', Am.J.Phys. 52 (1984) 499

INTERQUANTA – Ein Computerkurs zur Quantenmechanik

Hans Dieter Dahmen und Siegmund Brandt
Universität Siegen
Fachbereich Physik

Einleitung

Das Programm INTERQUANTA bietet Computersimulationen quantenmechanischer Situationen und Abläufe in interaktiver Arbeitsweise, deren Parameter von den Studenten über die Computereingabe verändert werden können. Durch viele Aufgaben wird eine methodische Hinführung zu den typischen physikalischen Fragestellungen der behandelten Bereiche der Quantenmechanik erreicht. Das Buch "Quantum Mechanics on the Personal Computer" [1] mit einer Diskette bietet eine knappe Einführung in die physikalische Fragestellung, eine Anleitung zur Benutzung des Programms und die Aufgaben mit Hinweisen zu ihrer Bearbeitung und Lösung.

Der Kurs ist aus Programmen entstanden, die ursprünglich für die graphischen Darstellungen in "The Picture Book of Quantum Mechanics" [2] erstellt wurden, das auch als weiterführende Literatur zum quantenmechanischen Stoff benutzt werden kann. Die Weiterentwicklung der dabei entstandenen Programmteile zu einem interaktiven Kurs wurde von IBM, Fachbereich Lehre und Forschung, großzügig unterstützt und durch Bereitstellung eines IBM Computers vom Typ 6150 RT/PC im Rahmen eines Studienvertrages [3] ermöglicht.

1. Ziele des Computer-Kurses INTERQUANTA (IQ)

Durch Computersimulation des Verhaltens von physikalischen Größen

- in zeitlich verlaufenden Vorgängen (Zeitentwicklung)
- bei Parameteränderungen der Anfangswerte von Vorgängen
- bei Parameteränderungen des physikalischen Systems

soll das anschauliche Vorstellungsvermögen quantenphysikalischer Phänomene weiterentwickelt und geschärft werden.

Die grundlegenden quantenmechanischen Begriffe

- Wahrscheinlichkeitsdichte
- Wahrscheinlichkeitsamplitude
- Wellenpakete
- Gruppengeschwindigkeit
- Unschärfe
- Dispersion
- Erwartungswert
- Varianz

werden in ihrer Interpretation in physikalischen Sachverhalten an Beispielen erlernt und präzisiert. Die Quantisierung der mechanischen Meßgrößen

- Ort
- Impuls
- Energie
- Drehimpuls

und die Bedeutung der zugehörigen diskreten und kontinuierlichen Spektra von Eigenwerten und ihrer Eigenfunktionen wird durch Untersuchung in vielen Beispielen aufgehellt. Die experimentell meßbaren Eigenschaften eines physikalischen Systems

- Bindungsenergie
- Wirkungsquerschnitt
- Resonanzenergien
- Lebensdauer

werden an den graphischen Darstellungen ausgemessen und die Resultate verschiedener physikalischer Situationen miteinander verglichen. Die Gesetzmäßigkeiten

- exponentielles Zerfallsgesetz
- Breit-Wigner Resonanzverteilung

werden so am Sachverhalt nachvollzogen.

Um den Vergleich mit den den Studenten vertrauten physikalischen Phänomenen der klassischen Mechanik zu erleichtern, werden bei Streuungen von Wellenpaketen die Teilchenposition, wie sie nach der klassischen Mechanik erwartet wird, in die Abbildung der Computersimulation miteingezeichnet. Vergleiche zu wellenoptischen Phänomenen werden durch Programmteile "Analogies in Optics" zu den einführenden Kapiteln ermöglicht.

2. Physikalische Systeme

Das Programm INTERQUANTA erlaubt die Simulation von zeitlichen Abläufen, Zuständen und Parameterabhängigkeiten aus folgenden Gebieten der Quantenphysik:

Eindimensionale Einteilchensysteme
- Kräftefreie Bewegung von Teilchen
  - Schrödinger Wellen
  - Wellenpakete
  - Optische Analogien
- Gebundene Zustände
  - Eigenzustände
    - Stufenpotentiale, Bändermodell
    - harmonischer Oszillator
  - Harmonische Schwingungen eines Teilchens (kohärente und "squeezed" Zustände)
  - Teilchenbewegung im unendlich tiefen Kasten
- Streuung
  - Streuzustände im Kastenpotential
  - Resonanzen und metastabile Zustände
  - Streuung eines Wellenpaketes (Tunneleffekt)
  - Transmission und Reflexion; Argand Diagramme
  - Optische Analogien
- Eindimensionale Zweiteilchenzustände
  - Wellenfunktionen des Zweiteilchensystems
  - Gekoppelte harmonische Oszillatoren
  - unterscheidbare Teilchen
  - Bosonen und Fermionen
  - gebundene Zustände
  - Wellenpakete

Dreidimensionale Systeme
- Kräftefreie Bewegung in drei Dimensionen
  - Schrödinger Wellen
  - Gaußsche Wellenpakete
  - Drehimpuls
  - Partialwellenzerlegung der ebenen Welle
  - Partialwellenzerlegung eines Gaußschen Wellenpaketes
- Gebundene Zustände in drei Dimensionen
  - Radiale Wellenfunktionen im
    - Kastenpotential
    - harmonischen Oszillatorpotential
    - Coulombpotential

- Räumliche Wahrscheinlichkeitsdichten
- Bewegung eines Wellenpaketes im dreidimensionalen Oszillator
• Streuung in drei Dimensionen
  - Radialwellenfunktionen
  - Streuzustände
  - Resonanzen
  - Räumliche Wellenfunktionen
  - Streuwellen
  - Partialwellen
  - Differentielle Wirkungsquerschnitte
  - Streuamplitude; Streuphase
  - Argand Diagramme

INTERQUANTA gestattet darüberhinaus die graphische Veranschaulichung vieler spezieller Funktionen in Abhängigkeit von ihren Variablen und Parametern in ein- und zweidimensionalen Darstellungen:

Spezielle Funktionen der mathematischen Physik
- Hermite Polynome
- Hermite-Weber Funktionen
- Legendre Polynome
- Assoziierte Legendre Funktionen
- Kugelflächenfunktionen
- Bessel Funktionen
- Sphärische Bessel Funktionen
- Laguerre Polynome

Wir geben einige Beispiele für die Simulationen physikalischer Systeme:

2.1 Resonanzzustände, exponentieller Zerfall und Argand-Diagramm

Zunächst zeigen wir das Verhalten der untersten beiden Resonanzzustände in einem eindimensionalen Doppelbarrierenmodell. Abb. 1 veranschaulicht die Resonanzstreuung eines auf die Doppelbarriere zulaufenden Gaußschen Wellenpaketes. Sein Impulserwartungswert ist auf die Energie der niedrigsten Resonanz der Barriere eingestellt, seine Breite so eng gewählt, daß seine Spektralfunktion im Bereich der nächsten Resonanz vernachlässigbare Beiträge liefert. Die Position des klassischen Teilchens gleicher Anfangswerte ist durch die kleinen Kreise angegeben. Die Streuung des Wellenpaketes führt zu einem reflektierten auslaufenden Wellenpaket und zur Anregung eines knotenlosen – daher untersten – Resonanzzustandes zwischen den beiden Potentialwällen. Er existiert noch lange, nachdem das anregende Wellenpaket den Potentialbereich verlassen hat. Sein Zerfall verläuft nach der Anregungsphase zeitlich exponentiell abnehmend, was durch Ausmessen der Amplituden in Abb. 2 "experimentell" an der Computersimulation verifiziert wird. Die Abb. 3 und 4 zeigen den analogen Vorgang für die nächst

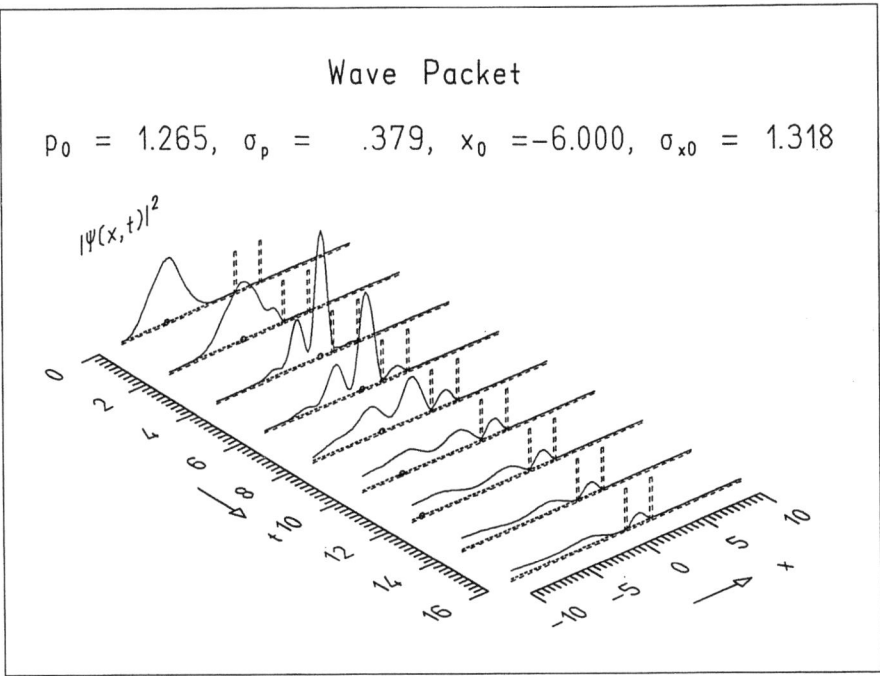

Abb. 1: Streuung eines Wellenpaketes an einem Doppelbarrierenpotential im Bereich der ersten Resonanz

höhere Resonanz, die durch ihre Einknotenstruktur der Wellenfunktion im Bereich zwischen den beiden Barrieren als zweiter metastabiler Zustand ausgewiesen ist. Wie zu erwarten, verläuft der exponentielle Zerfall viel schneller, die Resonanz ist energetisch breiter.

Vom Verhalten der Wellenpakete ausgehend kann dann der Übergang einerseits zu den stationären Streuzuständen scharfer Energie und andererseits zu den Eigenzuständen in bindenden attraktiven Potentialen plausibel gemacht werden.

Über das Studium der Transmissions- und Reflexionskoeffizienten, Abb. 5, und deren Zusammenhang mit S-Matrixelementen wird die Unitaritätsrelation durch das entsprechende Argand-Diagramm und seine Projektionen auf Real- und Imaginärteile veranschaulicht. Die kleinen kreisförmigen Marken auf der Kurve, Abb. 6, im Argand-Diagramm markieren äquidistante Schritte des Parameters Energie der Kurve im Diagramm. Die einzelnen ineinander greifenden, unvollständigen Kreisbögen abnehmender Radien entsprechen den Resonanzen. Ihr schneller Durchlauf in schmalen aber mit zunehmender Energie breiter werdenden Energieintervallen belegt das Wachsen der Resonanzbreite mit wachsender Resonanzenergie. Derselbe Durchlauf der Teilkreise signalisiert ferner ein schnelles Zunehmen der Phase des Streumatrixelements im Energiebereich einer Resonanz. Das Abnehmen der Radien der Teilkreise erweist die abnehmende Reflexionswahrscheinlichkeit zwischen den Resonanzenergien, wie sie auch aus Abb. 5 am Transmissionskoeffizienten ersichtlich ist. Auf diese Weise wird der abstrahierende Weg von der Resonanz-Streuung eines Wellenpaketes zur Interpretation des Argand-Diagramms der Streumatrix, Abb. 6, gegangen.

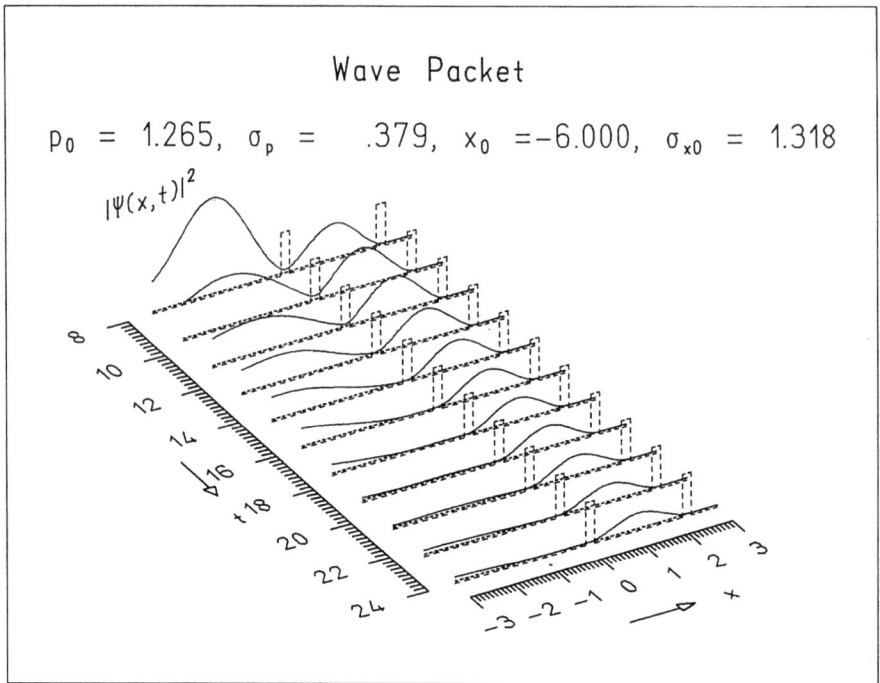

Abb. 2: Exponentieller Zerfall der ersten Resonanz

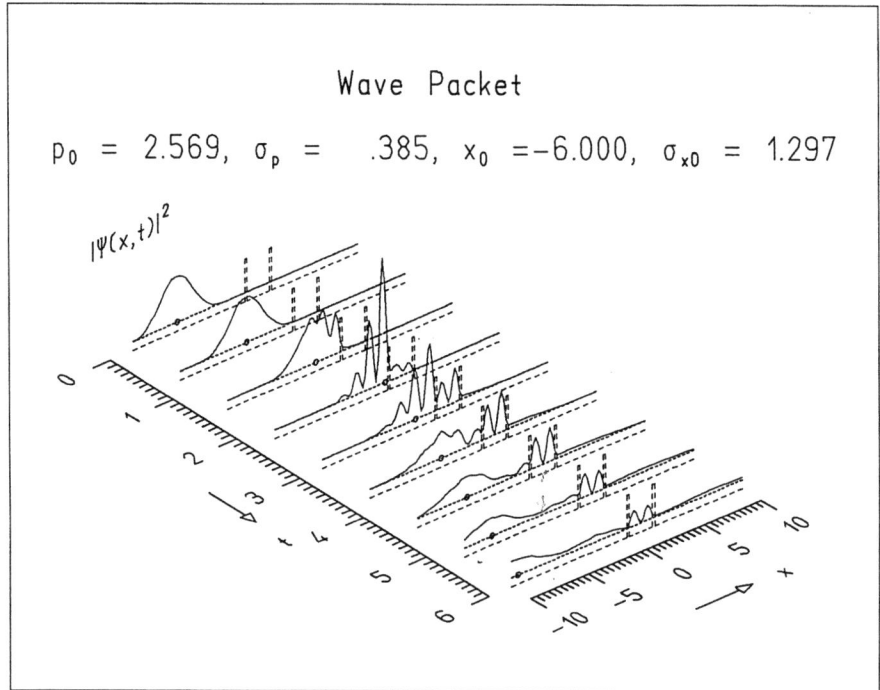

Abb. 3: Streuung eines Wellenpaketes am Doppelbarrierenpotential im Bereich der zweiten Resonanz

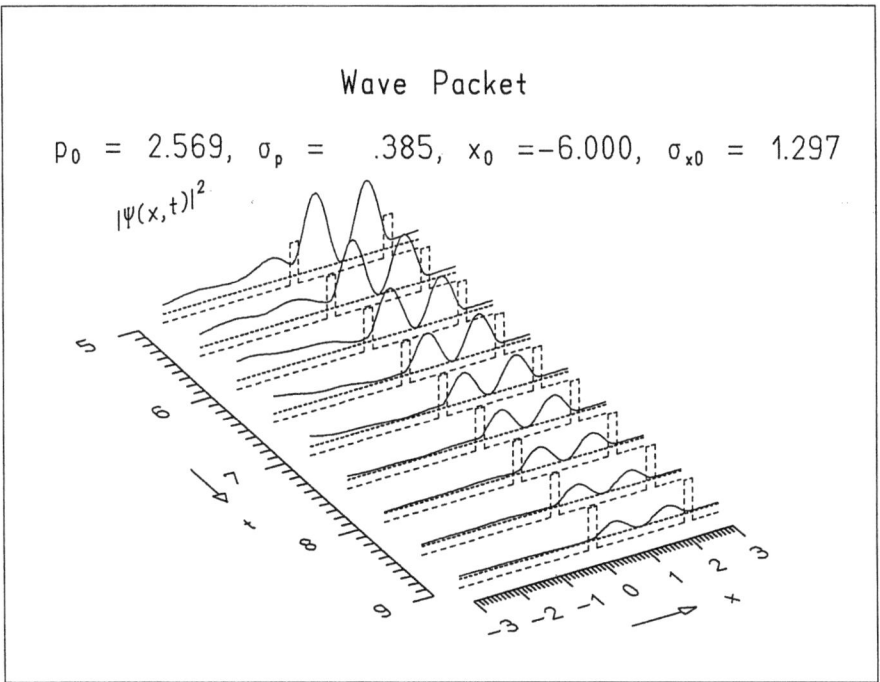

Abb. 4: Exponentieller Zerfall der zweiten Resonanz

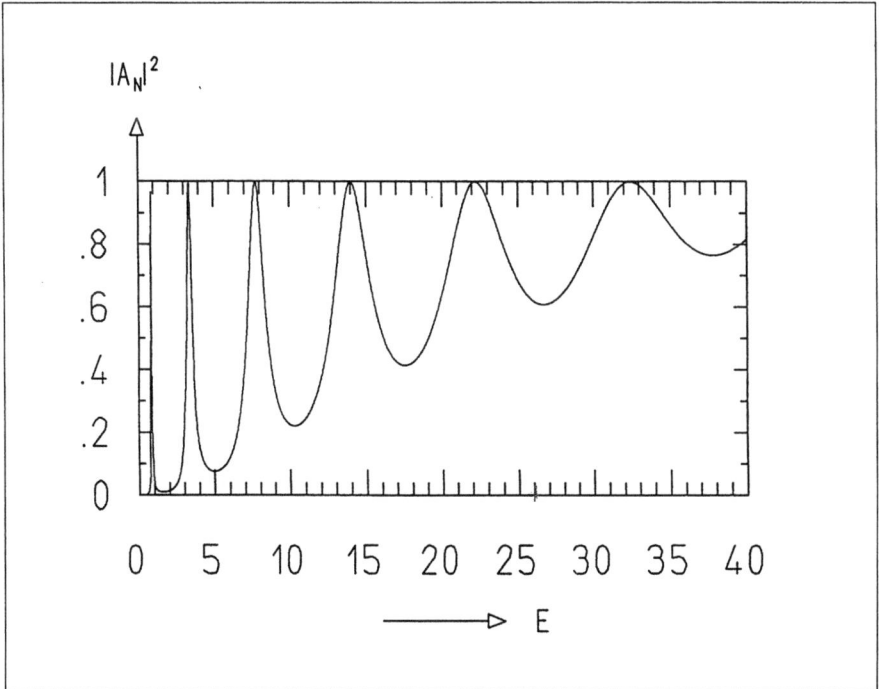

Abb. 5: Energieabhängigkeit des Absolutquadrates des Transmissionskoeffizienten der Streuung am Doppelbarrierenpotential

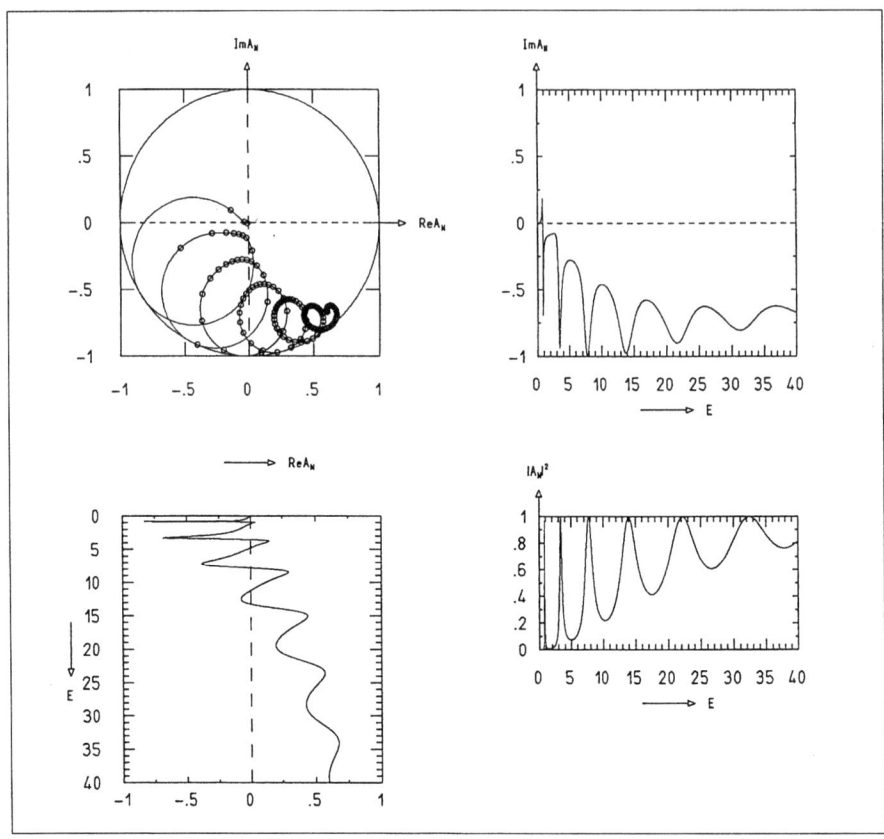

Abb. 6: *Argand-Diagramm, Realteil, Imaginärteil und Absolutquadrat des Transmissionskoeffizienten für das Doppelbarrierenpotential*

Als Anwendung des so an einfachen Potentialstrukturen gelernten kann beispielsweise die Untersuchung eines einfachen Modells eines Quanteneffekttransistors angeschlossen werden, wie sie sich im Übungsteil des Kapitels des Begleitbuches [1] zum Programm INTERQUANTA in verschiedenen Aufgaben findet.

2.2 Gebundene Zustände im Wasserstoff

Die gebundenen Zustände werden an verschiedenen Potentialformen studiert. Als ein Beispiel stehe für alle anderen die in Abb. 7 wiedergegebene Aufenthaltswahrscheinlichkeit für die Zustände zur Hauptquantenzahl n=2 des Wasserstoffatoms. Die Zahl n der Knoten in der Radialkoordinate r ist gleich der radialen Quantenzahl n-l. Sie ist durch das Auftreten eines Knotenkreises für n=2, l=0, m=0 und das Fehlen eines solchen für n=2, l=1 sofort ablesbar. Der Knotenstrahl für den Polarwinkel 90 Grad in der Wahrscheinlichkeitsdichte des links abgebildeten Zustandes n=2, l=1 weist sofort auf den Wert m=1 der magnetischen Quantenzahl.

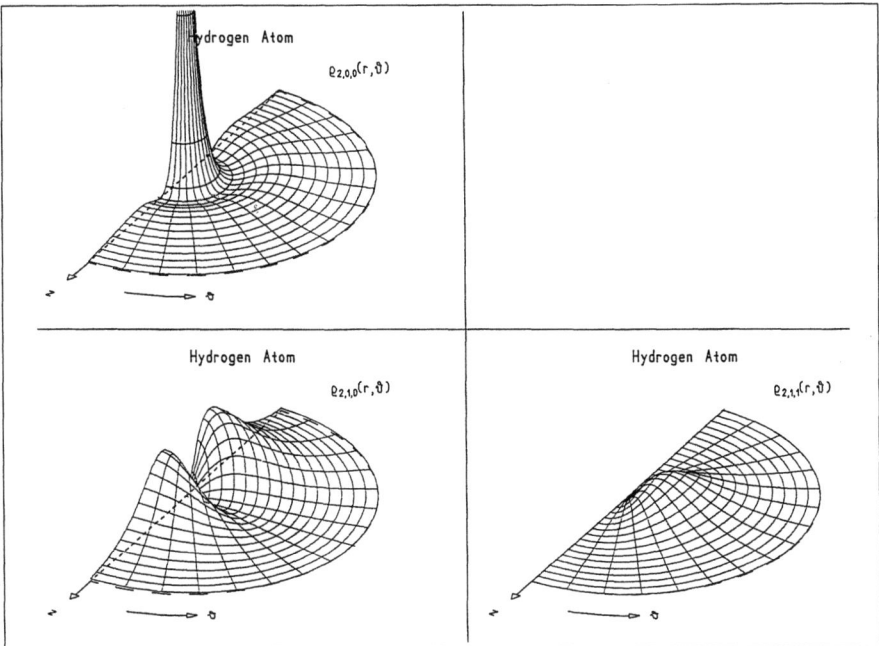

Abb. 7: *Wahrscheinlichkeitsdichten der gebundenen Zustände des Wasserstoffatoms zur Hauptquantenzahl n=2 und den Drehimpulsen l=0, m=0, (links oben) l=1, m=0 (links unten) und l=1, m=1 (rechts unten)*

2.3 Ellipsenbahn im dreidimensionalen harmonischen Oszillator

Der Zusammenhang stationärer Zustände mit den aus der klassischen Physik vertrauten Bahnen im dreidimensionalen Potential wird deutlich am zeitlichen Verhalten einer dreidimensionalen Wellenpaketes im dreidimensionalen harmonischen Oszillator, Abb. 8.

2.4 Resonanzzustände der Streuung in drei Dimensionen

Durch die Beschäftigung mit den eindimensionalen Streuvorgängen sind die Studenten mit der Nutzung der Argand Diagramme als Hilfsmittel zur Auffindung von Resonanzen bereits bestens vertraut. Wir gehen daher von der Darstellung der Streuphase, Abb. 9, der nullten Partialwelle einer Streuung an einer dreidimensionalen Potentialbarriere, wie sie in Abb. 10 dargestellt ist, aus. Die Phasenverschiebung zeigt sehr steile Anstiege bei den Resonanzenergien. Wir untersuchen die Wellenfunktion bei der untersten Resonanzenergie, die aus der Phasendarstellung zu $E=1$ abgelesen wird. Neben der Streuwelle außerhalb der durch zwei gestrichelte Halbkreise angedeuteten Lage der kugelförmigen abstoßenden Potentialschale zeigt eine große Überhöhung der Wellenfunktion, Abb. 11, im Inneren der Kugelschale das Auftreten der Resonanz. Da die Wellenfunktion in diesem Bereich keine Knoten besitzt, gibt es in diesem Potential keine Resonanz bei niedrigerer Energie. Die Untersuchung der Partialwellenfunktionen belegt den

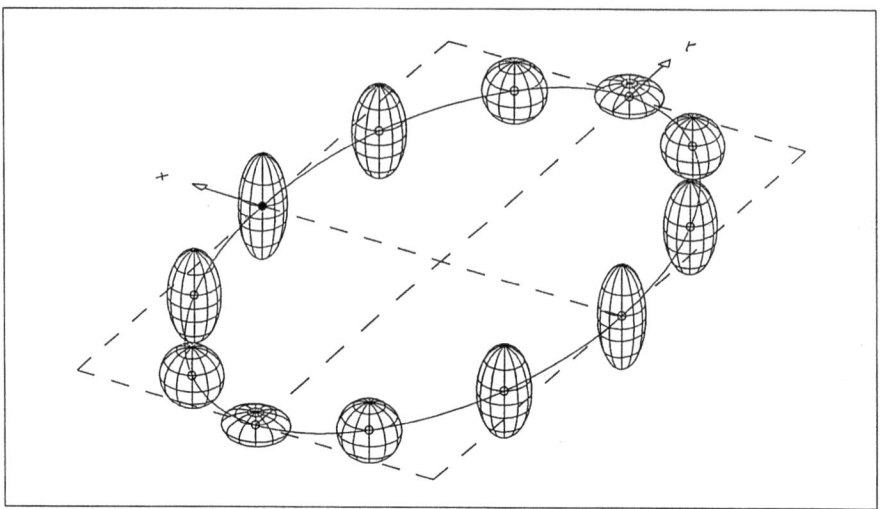

Abb. 8: *Wellenpaket auf einer Ellipsenbahn um das Zentrum eines dreidimensionalen harmonischen Oszillators.*

Drehimpuls Null dieser Resonanz durch das Wiederauffinden der Überhöhung nur in der nullten Partialwelle derselben Energie E=1, Abb. 12. Schließlich gibt Abb. 13 den partiellen Wirkungsquerschnitt der nullten Partialwelle in Abhängigkeit von der Energie wieder. Die scharfen Spitzen belegen die hohen Partialwirkungsquerschnitte in denselben sehr engen Energiebereichen, in denen die steilen Anstiege der nullten Partialwelle, Abb. 9, auftraten, die Resonanzen charakterisieren.

3. Arbeitsmethode

Dem Studenten werden Übungsaufgaben gestellt, die er mit Hilfe der graphischen Veranschaulichung der vom Rechner simulierten physikalischen Vorgänge auf dem Bildschirm lösen kann. Dazu geht er von einem bereitgestellten Deskriptor, Abb. 14, aus, der die Parameter in Matrixform enthält für:

- das physikalische System
    - Potentialform
    - Potentialparameter
- die Fragestellung
    - Zeitabhängigkeit
    - Parameterabhängigkeit
    - Streuzustände
    - Bindungszustände
    - Wellenpakete
    - Wahrscheinlichkeitsdichten

- Wirkungsquerschnitt
- Streuamplituden
- Streuphasen
- die Anfangswerte physikalischer Größen
  - Ort
  - Impuls
  - Energie
  - Drehimpuls
- die Grenzen des Variablenbereichs
  - Ort
  - Zeit
  - Energie
  - Drehimpuls
- den graphischen Hintergrund
  - Überschrift
  - Formeltext
  - Koordinatenachsen
  - Skalenteilung
  - Skalenbeschriftung

Der bereitgestellte Deskriptor, von dem bei der Lösung der Übungsaufgabe ausgegangen wird, bezieht sich im allgemeinen auf eine verwandte Fragestellung und beschreibt einen geeigneten graphischen Hintergrund. Damit ist die Zahl der einzugebenden Parameter auf wenige begrenzt, wenn die Bearbeitung der vorgeschlagenen Übung mit diesem im Arbeitstext angegebenen Deskriptor begonnen wird. Als ein Beispiel wählen wir die im Begleitbuch "Quantum Mechanics on the Personal Computer" zum Programm INTERQUANTA enthaltene Aufgabe 3.3.9 des Kapitels 3, die als erste zur Ausbildung einer Bandstruktur von gebundenen Zuständen im quasiperiodischen Potential gewählt wurde. Beispiel: 3.3.9

Wir betrachten ein quasiperiodisches Potential, das aus r gleichen Potentialkästen der Breite 1 und der Tiefe -15, die durch Wände der Stärke 0.5 voneinander getrennt sind, besteht. Zeichnen Sie die Wellenfunktion in einer steigenden Zahl von gleichen Potentialkästen (a) r=1 (b) r=2 (c) r=3 (d) r=4, ..., (j) r=10. Gehen Sie von Deskriptor 13 aus. (k) Geben Sie eine qualitative Begründung für das Auftreten zweier Bänder von Zuständen im quasiperiodischen Potential.

Den zugehörigen Deskriptor gibt Abb. 14 wieder. Der untere Teil dieses Deskriptors enthält die Spezifikationen des graphischen Hintergrundes wie Koordinatenachsen, Skalen und Beschriftungen. Die physikalischen Eingabedaten befinden sich im oberen Teil des Deskriptors. So gibt V4 in der ersten Position in der Angabe 1.000 die Breite des einzelnen Potentialtopfes, in der zweiten durch die Eingabe 0.500 die Dicke der Wand zwischen zwei benachbarten Töpfen etc. wieder. Die Bedeutung der weiteren Eingaben ist dem Buch, aber auch einem ausführlichen Helpfile zu entnehmen. Die Angabe 4.000 in der ersten Position von V2 gibt die Anzahl der Kästen im quasiperiodischen Potential an. Beginnend mit

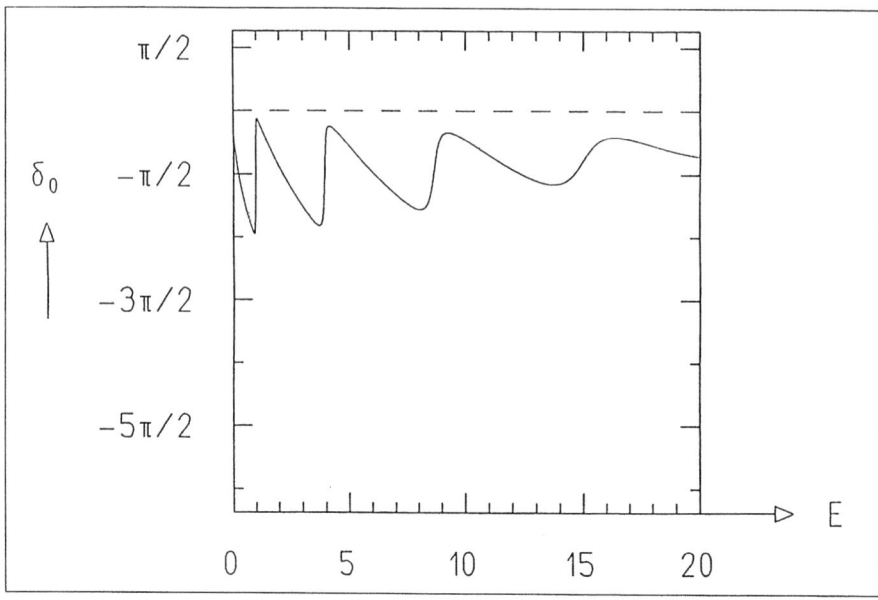

Abb. 9: Energieabhängigkeit der Streuphase der Partialwelle zum Drehimpuls Null für die Streuung an der kugelsymmetrischen Potentialbarriere mit einer Radialabhängigkeit, wie in Abb. 10 dargestellt.

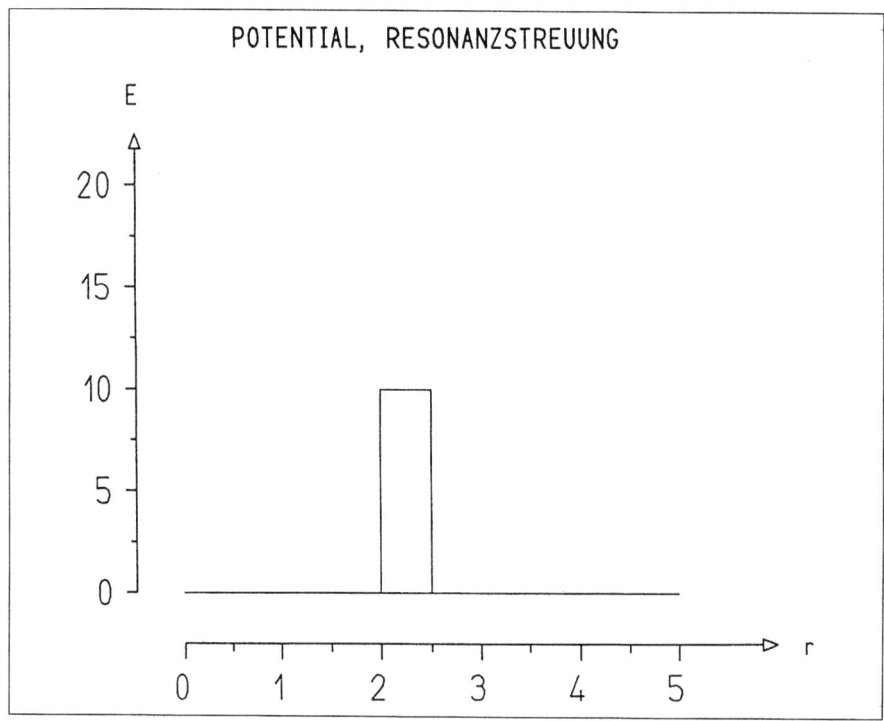

Abb. 10: Radialabhängigkeit der kugelsymmetrischen Potentialbarriere

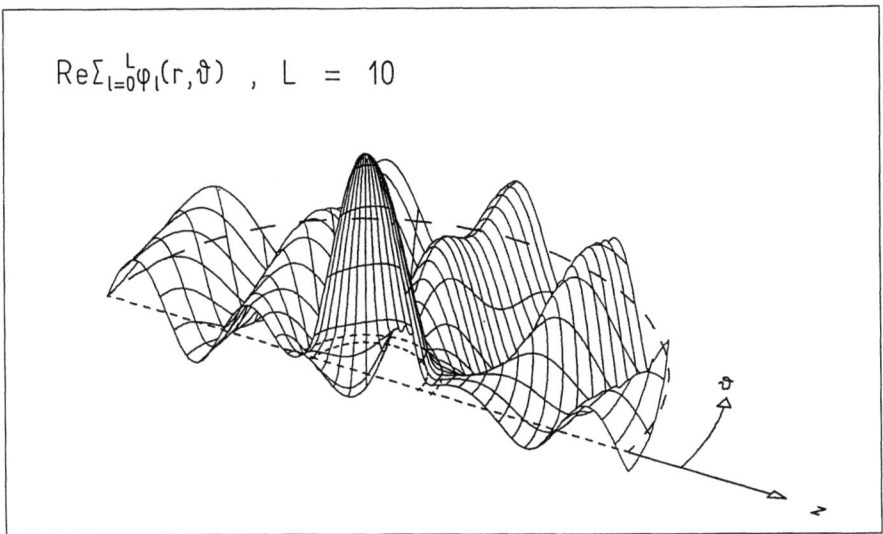

Abb. 11: *Realteil der Wellenfunktion bei der Energie der ersten Resonanz der Streuung an der kugelsymmetrischen Potentialbarriere, wie in Abb. 10 dargestellt.*

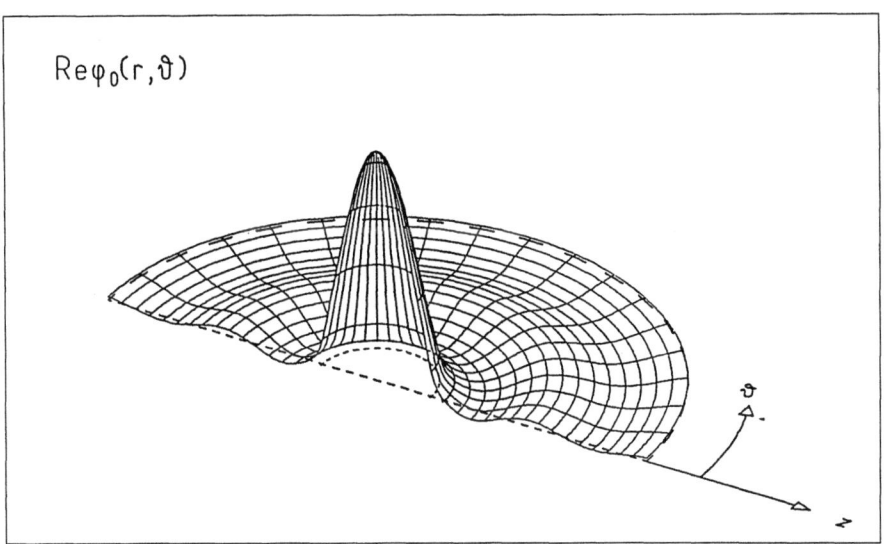

Abb. 12: *Realteil der Partialwelle zum Drehimpuls Null bei der Energie der ersten Resonanz der Streuung an der kugelsymmetrischen Potentialbarriere, wie in Abb. 10 dargestellt.*

einem Kasten, d.h. V2(1) 1.000 erhalten wir Abb. 15. Sie zeigt die Wellenfunktionen der beiden gebundenen Zustände. Die auf Farbschirmen rot erscheinende, von unten nach oben verlaufende Kurve liefert mit ihren Schnittpunkten mit der Ordinate die Energien der gebundenen Zustände. Durch Änderung des Eintrages in V2(1) auf 4.000 erhält man Abb. 16 mit vier Potentialtöpfen und je 4 Zuständen energetisch dicht benachbart in den zwei Bändern um die Werte -12,3 und -5 auf der Energieskala. Durch weiteres Vergrößern der Anzahl der Potentialtöpfe bestätigt sich die Vermutung der Bildung von Bändern. Damit liegt der Grund für das Auftreten von zwei Bändern, der in dieser ersten Aufgabe zum Bändermodell erfragt wird, auf der Hand. Die nachfolgende Aufgabe 3.3.10 geht dann auf die Struktur der Bloch-Wellenfunktionen in diesem endlichen eindimensionalen Kristall ein:

3.3.10 Wiederholen Sie Aufgabe 3.3.9 für ein quasiperiodisches Potential mit 10 Kästen der Breite 0.2, der Tiefe -50 und einer Trennwandstärke von 0.15 für h=4.136 und m=5.685.

(a) Zeichnen Sie das Termschema. Gehen Sie von Deskriptor 13 aus.

(b) Zeichnen Sie die Wellenfunktionen des untersten Bandes.

(c) Zeichnen Sie die Wellenfunktionen des zweiten Bandes.

(d) Zeichnen Sie die Wellenfunktionen des höchsten Bandes.

(e) Erklären Sie die Symmetriestruktur der Wellenfunktionen eines Bandes.

Betrachten Sie dazu die Form der Wellenfunktion des breiten Potentialkastens, der sich ergibt, wenn alle Trennwände entfernt worden sind.

Für Teilaufgabe (b) erhält man das unterste Band in Abb. 17. Zusammen mit den Abbildungen zu den Teilaufgaben (c) und (d) wird die Beantwortung der Frage (e) der Aufgabe möglich. Art und Umfang der in etwa erwarteten Antworten werden in Abschnitt "Hints and Answers to the Exercises" des Kapitels 10 des Begleitbuches [1] deutlich.

4. Einordnung ins Studium

Der Computerkurs INTERQUANTA kann

im Physikstudium

- begleitend zu einer ersten Vorlesung über Quantenphysik (etwa ab 3. Semester)
- begleitend zur Theorie-Vorlesung Quantenmechanik
- als selbständige Veranstaltung nach einer ersten Vorlesung über Quantenphysik angeboten werden,

im Chemiestudium

- begleitend zu einer Vorlesung über Quantenchemie oder einer Einführung in die Theoretische Chemie,

im Ingenieurstudium

- begleitend zu einer Vorlesung über Quantenelektronik oder physikalische Grundlagen der elektronischen Bauelemente.

Einfachere Teile des behandelten Stoffes eignen sich auch als begleitende Veranstaltung zu einem Leistungskurs über Quantenphysik in der gymnasialen Oberstufe.

5. Erfahrungen mit dem Computer-Kurs INTERQUANTA

Der Computerkurs INTERQUANTA wurde beginnend mit dem Wintersemester 1987/88 bisher viermal gehalten. Es wurde mit einer einstündigen Einführung in die Nutzung des Programms begonnen. Bedingt durch die anfängliche Zahl von vier Bildschirmarbeitsplätzen wurde er in den ersten Semestern in zwei Parallelveranstaltungen für je acht Studenten durchgeführt. Durch die Anschaffung eines CIP-Pools mit acht Bildschirmarbeitsplätzen konnten im SS 1989 sechzehn Teilnehmer pro Veranstaltung berücksichtigt werden.

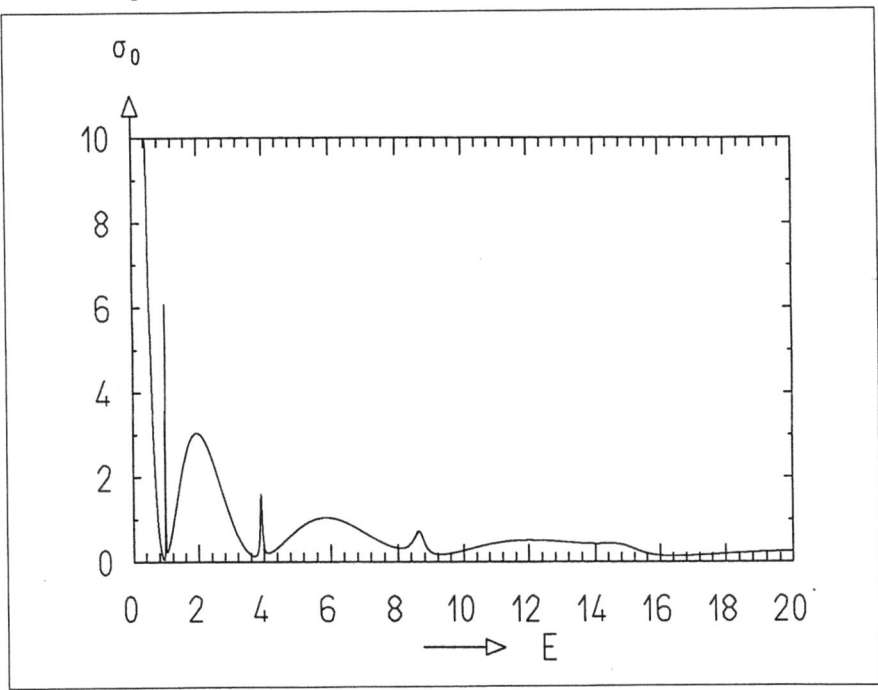

Abb. 13: *Energieabhängigkeit des Partialwirkungsquerschnittes zum Drehimpuls Null für die Streuung an der kugelsymmetrischen Potentialbarriere, wie in Abb. 10 dargestellt.*

Die Zahl von zwei Teilnehmern pro Arbeitsplatz hat sich als sachgerecht erwiesen. Sie ermöglicht sehr bald die Diskussion über physikalische Fragen zu den Simulationen. Sie hilft auch, die Scheu der Studenten ohne Rechnererfahrung zu überwinden. Anfänglich haben wir aus Arbeitsplatzmangel in einzelnen Fällen auch drei Studenten pro Bildschirm zugelassen, allerdings mit deutlich geringerem Erfolg für die einzelnen. Alle Teilnehmer hatten bereits einen Drittsemesterkurs "Quantenphysik" mit dreistündigen Übungen besucht und zum größeren Teil

```
IQ>1p
DESCRIPTOR NB.    30, 30-May-89 16:12:06, DESCRIPTOR FILE = IQS33.DES
TI:Sol. 3.3.9d
CA:Bound States in Quasiperiodic Step Potential
TX:&f@(x)
CH    2.000    10.000       .000     1.000   NG      .000       .000        .000      .000
XX   -2.000    20.000     -2.000    18.000   YY   -15.000       .000     -15.000      .000
ZZ     .000     1.000       .000     1.000   RP      .000       .000        .000      .000
AC     .050      .000       .000      .000   NL    10.000       .000        .000      .000
PJ     .000   -90.000       .000      .000   BO      .000       .000        .000     2.000
FO    5.000      .000       .000      .000   SI    10.000     -8.000        .000    40.000
VO    1.000      .000       .000      .000   V1      .000       .0001000.000        1.000
V2    4.000      .000       .000      .000   V3      .000       .000        .000      .000
V4    1.000      .500       .000      .000   V5      .000       .000        .000      .000
V6  -15.000      .000       .000      .000   V7      .000       .000        .000      .000
V8     .000      .000       .000      .000   V9    1.000      1.000         .000      .000



IQ>1b
A1    7.000      .000      2.000     1.000   A2    7.000      3.000       1.000     2.000
AF     .000   -20.000    120.000    10.000   AP      .000       .000        .000      .000
TS    1.500     1.500       .000      .000   TL      .000     90.000        .000    80.000
X1    1.000     1.000       .000      .000   X2      .000       .000        .000      .000
Y1    1.000     2.000       .000      .000   Y2      .000      5.000       5.000      .000
Z1     .000      .000       .000      .000   Z2      .000       .000        .000      .000
P1     .000      .000       .000      .000   P2      .000       .000        .000      .000
C1     .000      .000       .000      .000   C2      .000       .000        .000      .000
R1     .000      .000       .000      .000   R2      .000       .000        .000      .000
T1:x
T2:E
TF:
TP:
F1:
F2:
F3:
F4:
```

Abb. 14: Deskriptor zur Lösung der Aufgabe 3.3.9d

eine Abschlußklausur bestanden. Sie hörten parallel zum Kurs den ersten oder zweiten Teil einer Theorie-Vorlesung "Quantenmechanik".

Neben der Beurteilung der Antworten auf die Frageteile der Aufgaben wurden intensive Diskussionen mit jeder Teilnehmergruppe geführt. Die kleinen Teilnehmerzahlen erlauben natürlich nur die Wiedergabe von persönlichen Eindrücken.

Zu Beginn des Kurses hatten alle Teilnehmer Schwierigkeiten bereits mit dem Wiedererkennen von physikalischen Eigenschaften, die über klassische Züge des physikalischen Sachverhaltes hinausgingen. Zum Beispiel konnte keiner erkennen, daß ein räumlich konstantes Stück einer Eigenfunktion in einem Bereich eines

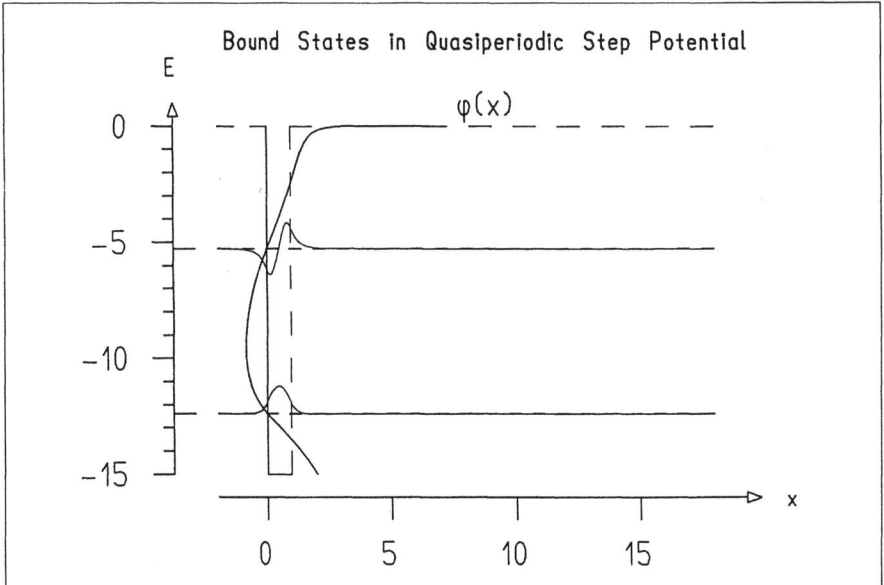

Abb. 15: *Wellenfunktionen der beiden gebundenen Zustände im ersten Kasten des quasiperiodischen Potentials von Aufgabe 3.3.9a. Die zusätzlich eingezeichnete, im wesentlichen von unten nach oben verlaufende Kurve gibt die Bindungsenergien der beiden Zustände durch ihre Schnittpunkte mit der Ordinate bei x=0 an.*

Kastenpotentials verschwindender kinetischer Energie in diesem Bereich entspricht. Die Interpretation von Phänomenen, die den Teilnehmern zum ersten Mal in den Abbildungen gegenübertreten, aber im Rahmen ihrer Kenntnisse für sie verständlich sein können, fällt ihnen zunächst sehr schwer. Im Laufe des Kurses erlernen es doch praktisch alle mehr oder weniger.

Die besonders interessierten Studenten – etwa ein Drittel aller – erreichten tatsächlich eine Methodik der gedanklichen Analyse physikalischer Situationen, so daß sie in vielen Fällen das Resultat von neuen Aufgaben richtig vermuten konnten. Sie betonten den Wert jener Aufgaben, die in typischer Weise zeigen, in welchen Fällen die klassisch-mechanische Intuition bestätigt wird oder im Gegenteil versagt und solcher Probleme, die dann mittels wellenoptischer Analogie die richtige Vorhersage erlauben. Ebenso wichtig ist dabei das Herausarbeiten von Kriterien für die Anwendbarkeit der klassisch-mechanischen oder wellenoptischen Analogien.

Einige Studenten überlegten sich eigene Vorschläge für weiterführende Aufgaben, die oft auf das physikalische Verhalten von elektronischen Bauelementen zielten. Sie setzten sich dann mit den so angesprochenen Fragestellungen gründlich auseinander, insbesondere durch das Erarbeiten weiterführender Literatur. Für uns als Hochschullehrer ergaben sich folgende Hinweise: Ketten von Aufgaben und Fragestellungen, die wie bei einem Baukasten auf ein Zielproblem gerichtet von einfachen zu komplexen Systemen fortschreiten, sind am erfolgreichsten. Neben den hier schon angegebenen steht als ein Beispiel für viele die Trans-

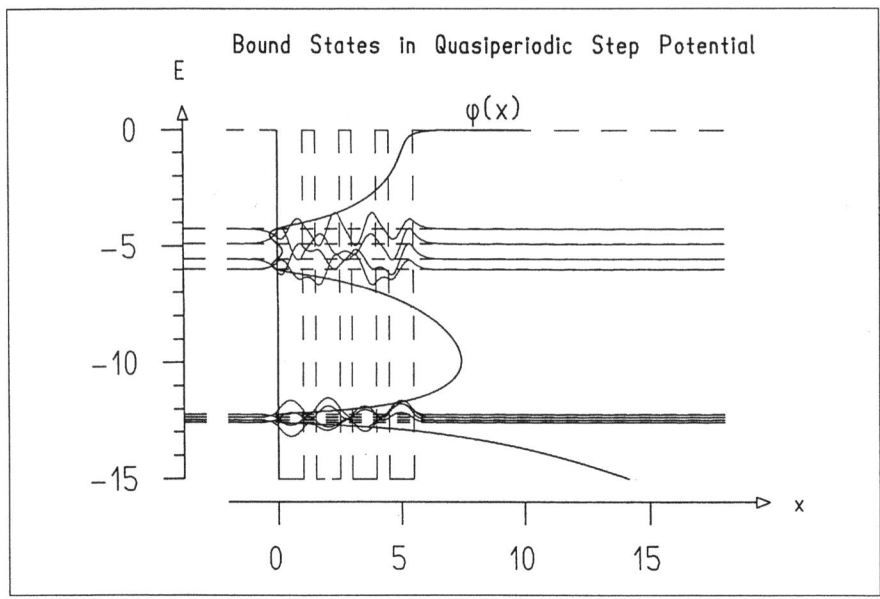

Abb. 16: Streuung eines Wellenpaketes am Doppelbarrierenpotential im Bereich der zweiten Resonanz

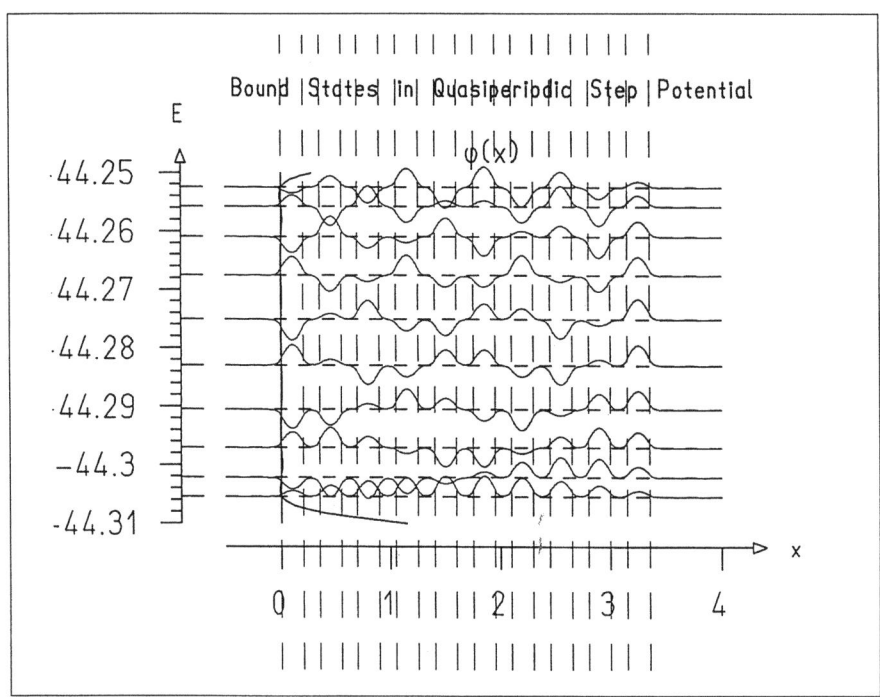

Abb. 17: Wellenfunktionen der gebundenen Zustände des untersten Bandes in 10 Kästen des quasiperiodischen Potentials von Aufgabe 3.3.10.

mission und Reflexion an eindimensionalen attraktiven und repulsiven Potentialen mit nur einer Stufe. Die dort gewonnene Einsicht führt in folgenden Schritten zum Verständnis des Auftretens von Resonanzzuständen beispielsweise oberhalb repulsiver Potentialbarrieren oder zwischen Doppelbarrieren. Im dreidimensionalen Streuproblem trägt das so Erlernte dann bis zum Verständnis der Resonanzen, die durch die Zentrifugalbarriere verursacht sind und damit zur Einsicht in die Natur der Regge-Trajektorien. Last but not least sei noch betont, daß die Teilnahme am Computerkurs die Art der in den Quantenmechanik-Vorlesungen gestellten Fragen deutlich von mehr mathematischen oder formalen zu physikalischen verschob.

Literatur

1. S. Brandt und H.D. Dahmen: Quantum Mechanics on the Personal Computer, Springer Verlag Berlin, Heidelberg, New York, London, Paris, Tokyo, Hong Kong, 1989
2. S. Brandt und H.D. Dahmen: The Picture Book of Quantum Mechanics, John Wiley and Sons New York, Chichester, Brisbane, Toronto, Singapore, 1985

Computergestützte Darstellung von Kristall- und Oberflächenstrukturen mit Hilfe von PC-Systemen

Klaus Hermann

Hahn-Meitner-Institut
und
Freie Universität Berlin
Fachbereich Physik

Zusammenfassung

Es wird über einen Kompaktkurs an der Freien Universität Berlin berichtet, bei dem Studenten der Physik und Kristallographie in Übungen das PC-basierte Softwaresystem LATUSE (Visualisierungs- und Analysesoftware für Kristalle und Oberflächen) zum besseren anschaulichen Verständnis von Kristallgeometrien und Symmetrien eingesetzt haben. Übungsthematiken und Ergebnisse werden anhand von Beispielen besprochen.

Der vorliegende Bericht behandelt einen Kompaktkurs über interaktive Visualisierung und Analyse von Kristall- und Oberflächen-Gitterstrukturen. Der Kurs wurde in der vorliegenden Form im September 1989 zum ersten Mal im Fachbereich Physik der Freien Universität Berlin abgehalten und wird zukünftig zum Lehrangebot des Fachbereichs gehören. Ausgangspunkt des Kurses war das Bedürfnis von Studenten und Doktoranden, ein besseres anschauliches Verständnis von Kristallgeometrien und Symmetrien zu erlangen. Diese Thematik kann nur selten in Vorlesungen vermittelt werden, ist aber für die Praxis des Wissenschaftlers von großer Bedeutung. Bei orientierenden Überlegungen, aber auch komplexeren numerischen Untersuchungen, entsteht häufig das Problem, aus der mathematisch vollständigen Definition eines Kristalls durch Gitter- und Gitterbasisvektoren lokale Geometrien bzw. Symmetrien um Atompositionen zu berechnen oder zu veranschaulichen. Entsprechende Techniken und Beispiele sollten zu Beginn jeder Festkörperphysik-Grundvorlesung bei der Behandlung von Kristallstrukturen besprochen werden, kommen aber meist aus Gründen des Stoffumfangs der Vorlesung zu kurz. Eine systematische Darstellung von Gitterstrukturen erfolgt natürlich wesentlich ausführlicher in Kristallographie-Grundvorlesungen, wobei traditionell Gitterbaumodelle aus Holz, Metall etc. bei der Veranschaulichung helfen. Diese sind allerdings relativ teuer, weshalb häufig an Hochschulen zu wenig Modelle vorhanden sind. Außerdem sind diese aufgrund ihrer Bauweise umständlich zu handhaben und inflexibel. Hier bieten sich interaktive computergraphische Methoden an, die einen direkteren Zugang zur Visualisierung und Analyse von Geometrien erlauben.

Entsprechende Softwarepakete werden im biophysikalischen Bereich bei der Darstellung von Makromolekülen routinemäßig eingesetzt[1], sind aber im Kristall- und Oberflächenphysikbereich, insbesondere bei der Studentenausbildung, noch wenig verbreitet[2].

Um dem Bedarf der Studenten nach verbesserter Anschauung nachzukommen, wurde an der FU Berlin ein Kompaktkurs zum Thema "Computergestützte Darstellung von Kristall- und Oberflächengitterstrukturen" eingerichtet. Die Lehrveranstaltung ist für vier aufeinander folgende Tage während der vorlesungsfreien Zeit, etwa zwischen Sommer und Wintersemester, konzipiert. Dabei beschäftigen sich die Studenten 6 - 8 Stunden täglich mit Problemen aus der Kristallkunde und Oberflächenphysik. Jeder Kurstag beginnt mit einer zweistündigen Vorlesung, in der Themen aus der formalen Kristallgittertheorie behandelt werden. Hieran schließen sich, durch kurze Pausen unterbrochen, 4 - 6 Stunden Übungen zum Stoff der Vorlesung an, die die Studenten am Personal Computer (PC) durchführen. Die Lehrveranstaltung richtet sich hauptsächlich an Studenten der Fächer Physik und Kristallographie nach dem Vordiplom. Sie wurde aber auch von Doktoranden besucht, die einen Bedarf an Kristallgitter-Veranschaulichung hatten. Voraussetzung für die Teilnahme am Kurs waren nur erste Grundlagen aus der Kristallphysik, wie sie Studenten am Anfang der Festkörperphysik-Vorlesung lernen. Insbesondere waren keine Programmierkenntnisse erforderlich, da die PCs nicht zur Programmierung, sondern nur als Werkzeuge zur Wissensvermittlung dienten. Tatsächlich hatten einige der Studenten vor dem Kurs noch nie einen PC benutzt und konnten trotzdem einen beträchtlichen Lernerfolg nachweisen. Aufgrund der Hardwareausstattung (7 DOS-kompatible PCs) war die Veranstaltung auf maximal 15 Teilnehmer beschränkt, wobei die Obergrenze auch durch die Betreuungskapazität des Kursleiters während der Übungen bestimmt war. Als Visualisierungs-Software wurde das Programmsystem LATUSE eingesetzt, das im folgenden kurz beschrieben werden soll.

Das Programmsystem LATUSE ist Bestandteil eines größeren Systems SARCH/LATUSE[3], das von M.A. van Hove (UC Berkeley) und K. Hermann (FU Berlin) entwickelt wurde. Dieses System wurde eigentlich als PC-basiertes Werkzeug zur graphischen Darstellung und Analyse von komplexen Kristall- und Oberflächengeometrien im Forschungsbereich konzipiert. Es läßt sich aber aufgrund seiner Eigenschaften auch gut in Studentenkursen oder Vorlesungen einsetzen. Dies unterscheidet das System von anderen Standardsystemen zur Kristall[2]- und Molekülvisualisierung[1]. Zu den Merkmalen von SARCH/LATUSE gehören unter anderem

– die Ablauffähigkeit auf PCs. Damit ist der Einsatz in PC-basierten CIP-Pools, aber auch in typischen Forschungslabor-Umgebungen möglich.

– die interaktive und schnelle Handhabung. Nur dadurch wird ein effizientes Umgehen mit den Darstellungen möglich. Zum Beispiel beim Vergleich verschiedener Kristallgeometrien will man den visuellen Eindruck nicht durch lange Wartezeiten stören.

- die Flexibilität in der Strukturwahl. Man muß zwischen sehr unterschiedlichen Kristallstrukturen schnell wechseln können. Außerdem sollten die häufigsten Standardkristallstrukturen über interne Definitionen oder externe Dateien einfach zugänglich sein.
- unterschiedliche graphische Darstellungsmöglichkeiten mit Perspektiven und freiem Wechsel zwischen Blickrichtungen. Nur dann ist eine sichere Orientierung in einem komplizierten 3-dimensionalen Kristallausschnitt möglich.
- eine gut auflösende Farbgraphikdarstellung. Dies kann die Orientierung in komplexen Kristallen weiter erleichtern.
- eine einfache Bedienung und "Narrensicherheit". Nur dann wird eine Software von Studenten und Wissenschaftlern routinemäßig eingesetzt.
- eine ausführliche Dokumentation. Diese ist in SARCH/LATUSE neben einem umfangreichen Handbuch auch teilweise über online-Menüs zugänglich.

Der Vorlesungsteil des Kurses überdeckt das gesamte Spektrum der formalen Beschreibung von 2- und 3-dimensional periodischen Gittern, wobei insbesondere die nachfolgend aufgeführten Themen ausführlichere Behandlung erfahren.

a) *allgemeine 3-dimensionale Kristallgitter*
Hier werden Gitterbasisdarstellungen von primitiven und nicht-primitiven Gittern einschließlich der zugehörigen Symmetrieelemente besprochen, wobei auch Konsequenzen der Nicht-Eindeutigkeit der Beschreibung Erwähnung finden. Hieran schließt sich die Diskussion der bekannten Klassifikationsschemata an. Die automatisierte Generierung von "anschaulichen" Gitterbasisdarstellungen macht eine Basisoptimierung notwendig, die mit Hilfe der sog. Minkowski-Reduktion erfolgen kann und in ihren Grundlagen behandelt wird.

b) *Netzebenencharakterisierung*
Netzebenen als 2-dimensionale Untersysteme des 3-dimensionalen Gitters werden ausführlicher behandelt, wobei die Netzebenenstapelung, dichteste Netzebenen, Unternetzebenen in nicht-primitiven Gittern und die Erhaltung von Gittersymmetrieelementen in Netzebenen Teilthemen darstellen. Basierend auf dem Konzept des reziproken Gitters erfolgt die Netzebenencharakterisierung mit Hilfe der bekannten Miller-Indizes, wobei auch Sonderformen, wie die bei hexagonalen Gittern gebräuchliche 4-Indexdarstellung, Erwähnung finden. Für eine anschauliche Beschreibung von Netzebenen ist die Verwendung einer entsprechend adaptierten Gitterbasis von Vorteil. Deren Konstruktion und Eigenschaften werden dargestellt.

c) *Einkristalloberflächen*
Bekannterweise sind ideale Einkristalloberflächen in ihrer Struktur durch Netzebenen beschreibbar und lassen sich daher mit Hilfe von Miller-Indizes charakterisieren. Beispiele für primitive und nicht-primitive Gitter mit unterschiedlichen terminalen Flächen werden angesprochen. Ein weiteres Thema ist die formale Erfassung von Oberflächenterrassen, Stufen und Kinken durch

Netzebenen mit großen Miller-Indizes. Auch gekrümmte Einkristalloberflächen als quasikontinuierliche Übergänge zwischen Flächen zu unterschiedlichen Miller-Indexwerten werden behandelt.

d) *Oberflächen-Restrukturierung*
Bei realen Kristalloberflächen kennt man das Phänomen der lokalen Strukturänderung aufgrund der geänderten Nachbarschaft von Oberflächenatomen. Beispiele für Rekonstruktion, Relaxation, Facettierung und auch Fehlstellenbildung werden diskutiert.

e) *Adsorbatsysteme*
Die Geometrien von periodischen Adsorbatschichten auf Einkristalloberflächen lassen sich mit Hilfe von 2-dimensionalen Kristallgittern einfach beschreiben. Hier werden Beispiele für kommensurable bzw. inkommensurable Strukturen angesprochen, wie sie bei Adatom- und Admolekül-Schichten auftreten.

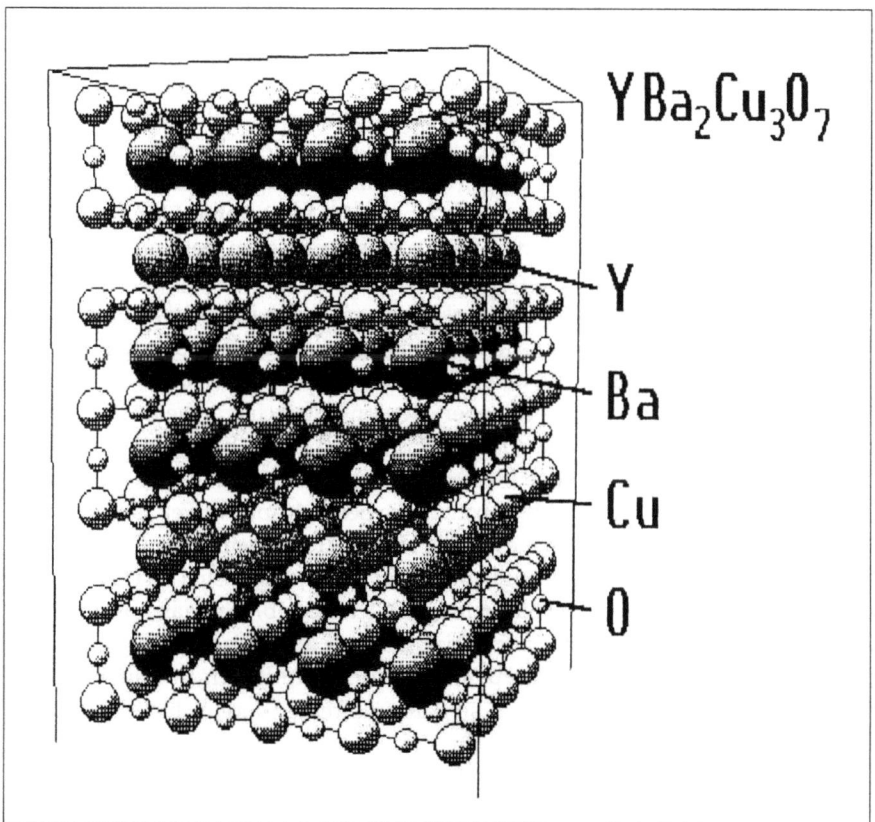

Abb. 1: *Bildschirmdarstellung des tetragonalen Kristallgitters von $YBa_2Cu_3O_7$. Die vier Atomsorten unterscheiden sich durch ihre Kugelradien.*

Wie oben erwähnt, finden im Anschluß an den Vorlesungsteil jeweils längere Übungen zum Vorlesungsstoff statt. Dazu sind für die Kursdauer etwa 40, zum Teil größere Übungsaufgaben vorbereitet, von denen jeder Student die Hälfte selbst bearbeitet, während er die andere Hälfte meist in der Diskussion mit Kommilitonen bespricht. In den Übungen nutzen jeweils zwei Studenten einen PC gemeinsam, in dem das Programmsystem LATUSE installiert ist. Eine Anleitung in die Bedienung der Systeme erfolgt zu Beginn der ersten Übungen. Hier wird anhand eines einfachen Beispiels, einem ZnS-Kristallausschnitt aus (001) Netzebenen, im ABC-Schützen-Stil gemeinsam eine Kristallstruktur mit LATUSE erzeugt und analysiert. Diese Einweisung, die auch schriftlich in Form eines Tutorials vorliegt, ist zusammen mit der vorhandenen Programmdokumentation und den Hilfestellungen des Kursbetreuers für die gesamte Kurszeit aureichend. Im folgenden seien zur Illustration einige wenige Beispiele aus den Übungen angesprochen, die den Studenten besonders lehrreich erschienen.

Nachdem Geometriebeziehungen und nächste Nachbar-Umgebungen in Standard-Bravaisgittern am Bildschirm analysiert sind, stehen komplexere Kristallstrukturen von physikalisch interessanten Materialien im Vordergrund. Abb. 1 zeigt als Beispiel eine LATUSE Bildschirmausgabe des tetragonalen Kristallgitters von $YBa_2Cu_3O_7$, das in letzter Zeit als Hochtemperatur-Supraleitungs-Material bekannt geworden ist. Dabei gibt die Schwarzweiß-Wiedergabe nur ein unvollständiges Bild der farbigen Darstellung mit schattierten Kugeln, in der die Atome Y grün, Ba rot, Cu blau und O grau eingefärbt sind. Man erkennt klar die CuO-Schichten, die als für die Supraleitung verantwortlich angesehen werden. Hier kann man zum Beispiel durch einfache Tastenmanipulationen die Perspektive oder Blickrichtungen am Kristallausschnitt verändern oder auch interaktiv durch Auswahl einzelner Atome mit einem Graphikpointer (Maus) am Bildschirm Informationen über Abstände, Bindungswinkel oder Unternetzebenen erhalten.

Zur Charakterisierung von Netzebenen werden unterschiedliche Definitionen von Miller-Indizes und entsprechende Umrechnungen geübt. Bei nicht-primitiven Gittern werden auch verschiedene Netzebenentypen genauer untersucht. Abb. 2 zeigt ein Beispiel für gemischte Netzebenen, die bei nicht-primitiven Gittern auftreten. So enthält die (001) Netzebene im NaCl beide Atomionensorten, Na^+ und Cl^- (blaue und rote Kugeln im Farboriginal). Dagegen wechseln sich in (111) Richtung polare Netzebenen mit nur Na^+ oder nur Cl^- Ionen ab, wie man aus der Abbildung klar erkennt. Dies wird beim Kristallaufbau am Bildschirm noch besser sichtbar. Beide NaCl-Netzebenentypen können die Studenten in sehr kurzem Zeitabstand am Bildschirm darstellen, so daß ein direkter Vergleich der Netzebenenstrukturen möglich ist.

Einen breiten Raum nimmt in den Übungen die Visualisierung und Analyse von Einkristalloberflächen ein, wobei die Studenten typische Oberflächen zu verschiedenen Kristallgittern untersuchen. Ein besonders illustratives Beispiel für die interaktive Analyse zeigt Abb. 3. Hier ist die hochindizierte (901) Oberfläche des kubisch flächenzentrierten Cu-Gitters abgebildet, die sich aus 9 Atome breiten Terrassen von dichteren (100) Netzebenen zusammensetzt. Die Terrassen-

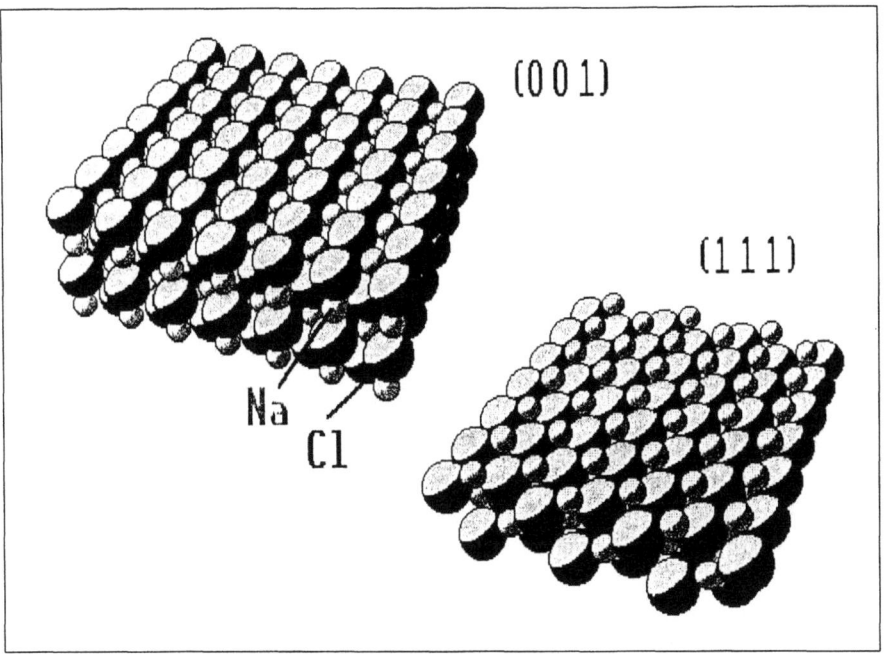

Abb. 2   Bildschirmdarstellungen der (001) und (111) Netzebenenstapelung im NaCl-Gitter.

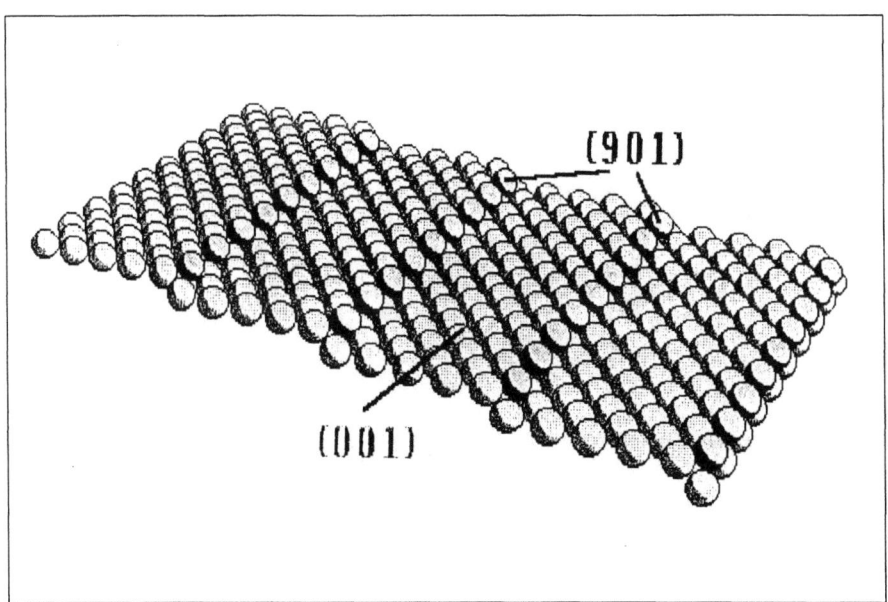

Abb. 3   Bildschirmdarstellung der idealen (901) Oberfläche des kubisch flächenzentrierten Gitters, bestehend aus 9 Atome breiten Terrassen von (100) Netzebenen.

orientierung und auch entsprechende Netzebenen mit weniger breiten Terrassen, z.B. (m01), m= 8,7,6,5 , kann man direkt anhand der Strukturgraphik am Bildschirm bestimmen. Hierzu ist nur die Auswahl von drei Atomen, die die entsprechende Netzebene festlegen, mit einem Graphikpointer notwendig.

Ein relativ kompliziertes Beispiel für die Rekonstruktion einer Einkristalloberfläche zeigt Abb. 4, das eine Darstellung der (7x7) rekonstruierten Si(111)-Oberfläche enthält. Die Koordinaten der 200 Si-Atome in der Elementarzelle entstammen dabei einer Analyse von Tong et al.[4] auf der Basis von Beugungsexperimenten mit langsamen Elektronen (Low Energy Electron Diffraction, LEED). Die in der Farbgraphik grau und grün eingefärbten Kugeln entsprechen Atomen der obersten beiden (111) Lagen, während die blauen Kugeln zu Atomen der tieferen dritten und vierten Lagen gehören. Die hexagonale Grundstruktur der Oberfläche mit den Löchern und Gräben wird aus der Graphik klar erkennbar. In den Gräben reihen sich Paare von Si-Atomen (Si-Dimere) aneinander. Zusätzlich werden durch die lokale laterale Kompression der ersten Oberflächenlage Atome aus der Oberfläche gedrückt (Si-Adatome). Hier können die Studenten lokale Symmetrien und Abstandsbeziehungen auf einfache Weise graphisch analysieren.

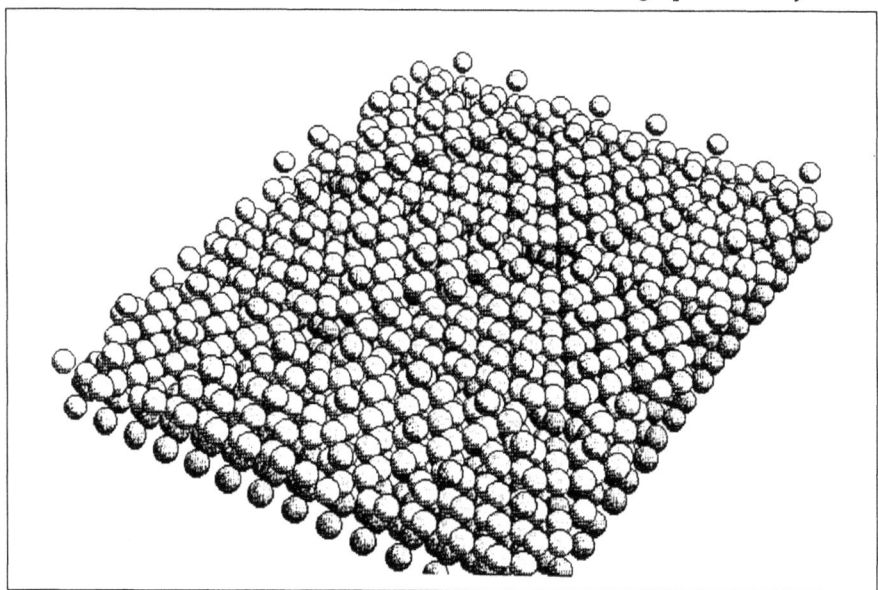

Abb. 4: Bildschirmdarstellung der (7x7) rekonstruierten Si(111)-Oberfläche [4]. Die Atome der beiden Oberflächenlagen sind durch Grauwerte von denen der tieferen Lage unterschieden.

Ein Beispiel für die Facettierung bei gekrümmten Oberflächen zeigt Abb. 5, in der eine Halbkugel des kubisch flächenzentrierten Gitters mit etwa 3.000 Atomen wiedergegeben ist. Die oberste Fläche wird hier durch (111) orientierte Netzebenenbereiche beschrieben, wie die Analyse am Bildschirm zeigt. Weiterhin erkennt man in der Graphik besonders deutlich den quasikontinuierlichen Übergang von der (111) zur (100) Flächenorientierung (Übergang von der Ober- zur Vorderseite). In der Abschlußdiskussion mit den Studenten wurde die Lehrveranstaltung

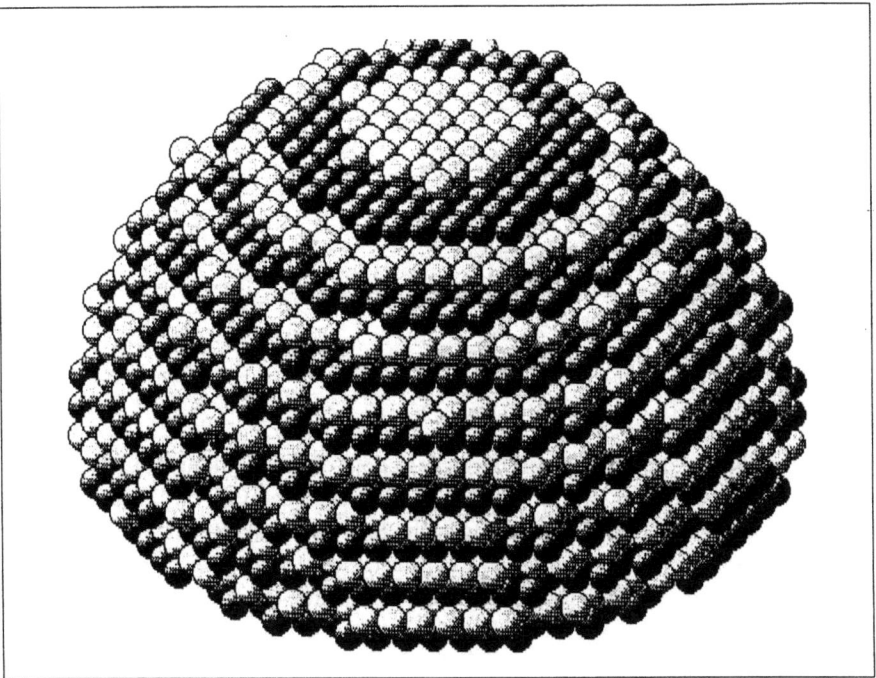

Abb. 5 Facettenbildung an der gekrümmten Oberfläche eines Halbkugelausschnitts aus dem kubisch flächenzentrierten Gitter.

insgesamt sehr positiv bewertet. Die Studenten begrüßten dabei unter anderem die Durchführung in Form eines Kompaktkurses in der vorlesungsfreien Zeit, was ihnen die Konzentration auf den Übungsstoff ohne Ablenkung erlaubte. Diese Einschätzung war auch schon Ergebnis der Diskussion vorhergehender Blockkurse zur Computerphysik[5,6]. Beim vorliegenden Kurs war besonders bemerkenswert, daß die Studenten ausgehend von Kristallgraphiken am Bildschirm zu echten physikalischen Diskussionen kamen, wobei der Computer lediglich als Werkzeug fungierte. Dies stellt wohl den Idealeinsatz von Computern in der Lehre dar.

Anmerkungen

1. Bekanntere Softwarepakete im Forschungsbereich sind hier die auf Graphikworkstations ablauffähigen Systeme CHARMm (der Firma Polygen) bzw. DISCOVER (der Firma BIOSYM).
2. Als Beispiel sei hier das für Kristallsysteme entwickelte und auf vielen Systemen ablauffähige Softwarepaket SCHAKAL genannt.
3. Nähere Informationen zu dem System SARCH/LATUSE sind vom Autor erhältlich. Inzwischen ist eine Portierung des Programms LATUSE von PC-Rechnern auf VAX-Workstations erfolgt und steht im Fachbereich Physik der FU Berlin zur Verfügung.
4. S.Y. Tong, H. Huang, C.M. Wei, W.E. Packard, F.K. Men, G. Glander, M.B. Webb, J. Vac. Sci. Technol. A6, 615 (1988).
5. K. Hermann, Zeitsch. Computer Theoretikum und Praktikum 1, 13 (1985).
6. K. Hermann in "CIP im Hochschulbereich, Sachstand und Perspektiven 1987", Schriftenreihe zu Bildung und Wissenschaft 66, 286 (1988).

Statistik-Lehrprogramme für IBM PCs

Lothar Afflerbach

Technische Hochschule Darmstadt
Fachbereich Mathematik

Es gibt heutzutage wohl kaum einen Bereich, in dem die Statistik nicht in irgendeiner Form von Bedeutung ist. Für die statistische Auswertung von Datensätzen stehen sehr viele, zum Teil recht umfangreiche Software-Pakete zur Verfügung. Um mit den statistischen Verfahren sinnvoll umgehen zu können, ist eine gute Statistik-Ausbildung sehr wichtig. Durch das Computer-Investitions-Programm wurden an den Hochschulen in den letzten Jahren viele leistungsfähige Personal Computer angeschafft. Daher stehen CIP-Pools zur Verfügung, die auch in der Statistik-Ausbildung neue Lehrformen ermöglichen. Es wird hier über die Entwicklung und den Einsatz von zwei verschiedenen Software-Paketen (siehe [2] und [3]) berichtet.

1. Das Statistik-Praktikum mit dem PC

Das Statistik-Praktikum mit Lernprogrammen zur Statistik-Ausbildung stellt eine völlig neue Art von Statistik-Software dar. Beim Einsatz dieses Praktikums wurde deutlich, daß die "Verpackung" des Lerninhaltes durch eine Vielzahl von Computer-Grafiken zur Illustration stochastischer Vorgänge und statistischer Verfahren einen sehr positiven Einfluß auf das Lerninteresse und die Leistungsbereitschaft der Studenten hat. Doch bevor hier auf die Lernprogramme des Statistik-Praktikums näher eingegangen wird, soll zunächst die Entstehung des Statistik-Praktikums angesprochen werden. Dabei wird auch aufgezeigt, wie sich in Zusammenarbeit mit den Studenten die jetzige Form des Statistik-Praktikums herausgestellt hat.

1.1 Die Entstehung des Statistik-Praktikums

An der Technischen Hochschule Darmstadt wird die Statistik-Grundvorlesung für Studenten verschiedener Fachbereiche gemeinsam gehalten. Daher stellt die Stoffauswahl und der zeitliche Umfang von Vorlesung und Übungen gewissermaßen einen Kompromiß dar. Neben der dreistündigen Vorlesung und den einstündigen Rechenübungen sind für die Mathematik-Studenten zusätzlich noch zwei Stunden pro Woche als Tutorium zur Vertiefung des Stoffes vorgesehen. Trotz großer Anstrengungen, dieses Tutorium interessant zu gestalten, blieben die meisten Studenten im Laufe des Semesters dem Tutorium fern. Dies war der Ausgangspunkt für Überlegungen, das Tutorium in Form eines Praktikums abzuhalten. Im Sommersemester 1985 wurde als erster Versuch alternativ zum Tutorium ein Praktikum veranstaltet, das sich stark an dem StatLab-Praktikum [5] orientierte. Dieses von den drei Professoren Hodges, Krech und Crutchfield an der University of California in Berkeley erstellte Praktikum fand bei den Studenten schon mehr Interesse, auch wenn es gewisse Probleme gab, diese Veranstaltung auf die Vorlesung abzustimmen. Die wesentliche Kritik der Studenten an diesem Praktikum war, daß der Arbeitsaufwand mit Taschenrechner, Papier und Bleistift als zu hoch angesehen wurde.

Aufgrund des Computer-Investitions-Programms standen im Jahr 1986 im Hochschulrechenzentrum der Technischen Hochschule Darmstadt 8 IBM PC-AT für die Durchführung von Lehrveranstaltungen zur Verfügung. Dies gab die Anregung, die IBM Personal Computer für Rechnungen und zur Erstellung von Computer-Grafiken (z.B. Histogrammen) zu verwenden. Da der Fachbereich Lehre und Forschung der IBM Deutschland für die Entwicklung des Statistik-Praktikums dankenswerterweise einen Leih-PC zur Verfügung gestellt hatte, war es möglich, eine Vielzahl von Rechen- und Grafik-Programmen zu erstellen, so daß ein völlig neues Praktikum entstand. Es war eine Herausforderung, die Möglichkeiten, die durch die IBM Personal Computer geschaffen wurden, in der Statistik-Ausbildung einzusetzen. Das Statistik-Praktikum mit dem PC wurde dadurch, losgelöst vom StatLab-Praktikum, eine neue Lehrform, die bei den Studenten sehr großes Interesse fand. Auf die sehr interessanten StatLab-Daten wurde dabei jedoch gerne zurückgegriffen, um für die Durchführung der statistischen Untersuchungen reale Daten zur Verfügung zu haben. Da aus zeitlichen Gründen die einzelnen Einheiten erst während des Semesters von Woche zu Woche entstanden, wurden die Lernprogramme stark durch das Interesse und die Leistungsfähigkeit der Studenten geprägt. Die Erprobung des Statistik-Praktikums fand also bereits während seiner Entwicklung statt. Die Studenten nahmen mit so großem Interesse am Praktikum teil, daß von einem Teilnehmerschwund keine Rede mehr sein konnte – ganz im Gegenteil: Auch Studenten anderer Fachrichtungen, in deren Lehrplan eine solche Veranstaltung nicht vorgesehen war, kamen, um an dem Praktikum teilzunehmen.

Bei der ersten Version des Statistik-Praktikums mit dem PC im Sommersemester 1986 mußten von den Praktikumsteilnehmern in den einzelnen Einheiten einfache Programme z.B. für die Berechnung von empirischen Lage- und Streuungsmaßzahlen oder zur Durchführung der einzelnen Tests geschrieben werden. Einige Studenten kamen mit dem Programmieren sehr gut zurecht, andere jedoch hatten dabei so große Schwierigkeiten, daß die statistischen Verfahren in der Hintergrund gedrängt wurden. Auch die Möglichkeiten zum Einlesen und Auswerten von eigenen Datensätzen hat sich nicht bewährt. (Auswertungen von anderen Datensätzen mit Programmpaketen wie SPSS werden erst später nach der Statistik-Grundvorlesung – etwa im Rahmen eines Seminars – durchgeführt.)

Aufgrund der Erfahrungen bei der ersten Durchführung des Statistik-Praktikums wurden die Programme erheblich umgeschrieben und ergänzt, so daß bei der nun vorliegenden zweiten Version keine Programmierkenntnisse benötigt werden. All die Fragen und Bemerkungen, die bei der ersten Durchführung des Statistik-Praktikums bei den verschiedenen Gruppen immer wieder an die Studenten gerichtet werden mußten, wurden bei der zweiten Version des Praktikums als Aufgaben und Bemerkungen in die Programme integriert. Dabei hat sich die Personalunion von Veranstalter, Programmierer und Betreuer als sehr günstig erwiesen, wenn man einmal von der enormen Arbeitsbelastung absieht. Im nächsten Abschnitt wird eine kurze Beschreibung des Programmpakets mit den Lernprogrammen zum Statistik-Praktikum gegeben. Eine ausführlichere Darstellung wird bei der Beschreibung der Software-Präsentation *"Statistik-Praktikum mit dem IBM PC"* gegeben.

1.2 Die Software: *Statistik-Praktikum mit dem PC*

Das Statistik-Praktikum [2] stellt mit 13 Einheiten zur Beschreibenden Statistik, Wahrscheinlichkeitstheorie und Schließenden Statistik eine komplette Lehrveranstaltung dar, die als Ergänzung zu einer Statistik-Grundvorlesung gedacht ist. Für jede Einheit ist eine Bearbeitungszeit von ca. 1 bis 1,5 Stunden anzusetzen (zweistündige Lehrveranstaltung). In zahlreichen Aufgaben wird die sachgemäße Anwendung statistischer Verfahren geübt. Die Einheiten sind so konzipiert, daß sie vorlesungsbegleitend bearbeitet werden können. In jeder Einheit wird jeweils ein recht klar abgegrenzter Themenbereich behandelt:

1. Daten einer Population
2. Darstellung von Meßreihen
3. Empirischer Korrelationskoeffizient
4. Regression
5. Bertrand'sches Paradoxon
6. Verteilungen von Zufallsvariablen
7. Grenzwertsätze
8. Chi-Quadrat-, t-Verteilungen, grafische Methode
9. Konfidenzintervalle
10. Tests bei Normalverteilungsannahmen
11. Chi-Quadrat-Anpassungstest
12. Unabhängigkeitstests
13. Verteilungsunabhängige Tests

Durch die strenge thematische Gliederung ist es möglich, gegebenenfalls auch nur einzelne Einheiten des Statistik-Praktikums herauszugreifen. Damit läßt sich das Statistik-Praktikum in vielfältiger Weise für die Statistik-Ausbildung in nahezu allen natur- und geisteswissenschaftlichen Fachbereichen an Universitäten und Fachhochschulen einsetzen.

Eine wichtige Rolle spielen die Illustrationen der behandelten statistischen Untersuchungen durch rechnererzeugte Grafiken; in der Regel kann eine Vielzahl von Grafiken durch einfache Eingabe von Parameterwerten erstellt werden. Im Anhang zu dieser Vortragsausarbeitung sind einige Bildschirmkopien wiedergegeben, die natürlich nur andeuten können, welche Computer-Grafiken mit den Lernprogrammen des Statistik-Praktikums erstellt werden können. Mindestens ebenso wichtig wie die Computer-Grafiken sind die 131 aufeinander abgestimmten Aufgaben mit den in Bemerkungen diskutierten Lösungen. Die Mischung von einfachen Aufgaben, die spielerisch gelöst werden können, und tiefergehenden Fragestellungen ist sicherlich ein Grund für die relativ große Attraktivität des Statistik-Praktikums bei den Studenten. Ferner ist das gemeinsame Arbeiten von mehreren Studenten an einem PC recht vorteilhaft.

Mit den Lernprogrammen übernimmt der Computer zu einem großen Teil die Betreuung der Praktikumsteilnehmer. Bei schwierigen Aufgaben gestatten die Programme auch ein Fortschreiten ohne auf einer Lösung der entsprechenden Aufgabe zu bestehen. Einfache Aufgaben müssen (als Mindestanforderung) gelöst werden, damit in den Programmen weitergegangen werden kann. Für die Betreuung des Praktikums ist nur noch ein sehr geringer Arbeitsaufwand nötig, da viele Bemerkungen zu den Lösungen der Aufgaben bereits in den Programmen enthalten sind. Ferner ist zu dem Praktikum ein Studienbuch [1] erschienen, in dem zu Beginn jeder Einheit die für die jeweiligen statistischen Untersuchungen benötigten Verfahren, Formeln, Sätze und Bezeichnungen kurz dargestellt sind. Neben den Aufgaben und entsprechenden Lösungsvorschlägen enthält das Buch auch viele Abbildungen von rechnererzeugten Grafiken.

1.3 Der Einsatz des Statistik-Praktikums

Zunächst war das Statistik-Praktikum nur für die Mathematik-Studenten an der Technischen Hochschule Darmstadt gedacht, wie im zweiten Abschnitt bereits ausgeführt wurde. Dann kamen auch Informatik-Studenten und Studenten anderer Fachrichtungen hinzu. Bei der Präsentation des Statistik-Praktikums am IBM Hochschulkongreß '87 im ICC Berlin fand das Statistik-Praktikum erfreulicherweise bei vielen Hochschullehrern ein recht großes Interesse. Dadurch, daß der Preis für die Campus-/Pool-Lizenzen (s. [2]) lediglich als Schutzgebühr gedacht ist und weit unter dem angemessenen Betrag liegt, wurde der Einsatz des Statistik-Praktikums für viele andere Hochschulen ermöglicht. Inzwischen ist das Statistik-Praktikum auch bereits an verschiedenen Fachbereichen von Universitäten und Fachhochschulen in Deutschland und Österreich eingesetzt worden.

In erster Linie dient das Statistik-Praktikum als Ergänzung von Statistik-Grundvorlesungen (vorlesungsbegleitend). Wie bereits oben erwähnt, ist das gemeinsame Arbeiten von mehreren Studenten an einem PC recht vorteilhaft. Mit 2 - 3 Personen pro PC und Gruppen von ca. 20 - 30 Personen wurden gute Erfah-

		ID-Nummer der Familie (1 - 1296)	1	2	3	4	5
K	Geburt	Größe (inch)	20.0	20.0	19.8	19.5	19.5
I		Gewicht (amer. Pfund)	6.6	6.4	6.1	7.0	7.9
N		Monat-Wochentag-Stunde	3-4- 4	5-7-13	6-2- 4	10-2-19	8-7- 2
D	Test	Größe (inch)	55.7	48.9	54.9	53.6	53.4
		Gewicht (amer. Pfund)	85	59	70	88	68
		Peabody-, - Raven-Test	85-34	74-34	64-25	87-43	87-40
M	Geburt	Alter (Jahre)	17	17	18	18	18
U		Gewicht (amer. Pfund)	119	130	134	135	130
T		Beruf (kodiert)	0	0	0	1	0
T		Rauchen (kodiert)	Q	20	10	06	N
E	Test	Größe (inch)	66.0	62.8	66.1	61.8	62.8
R		Gewicht (amer. Pfund)	130	159	138	123	146
		Schule-Beruf (kodiert)	1-1	3-1	2-0	2-0	2-8
		Rauchen (kodiert)	20	10	Q	N	N
V	Geburt	Alter (Jahre)	19	23	21	26	21
A		Beruf (kodiert)	8	6	0	5	6
T		Rauchen (kodiert)	10	11	20	20	N
E	Test	Größe (inch)	70.1	65.0	70.0	71.8	68.0
R		Gewicht (amer. Pfund)	171	130	175	196	163
		Schule-Beruf (kodiert)	3-8	1-6	2-6	3-2	2-6
		Rauchen (kodiert)	10	20	Q	N	N
		Familieneinkommen Geb.-Test (100 $)	33-150	40-175	44-116	42-112	50-129

ID erhöhen mit +, erniedrigen mit -, (k Kodes), Fortsetzung mit Leertaste

Abb. 1:   Daten der StatLab-Population(Stat-Prak)

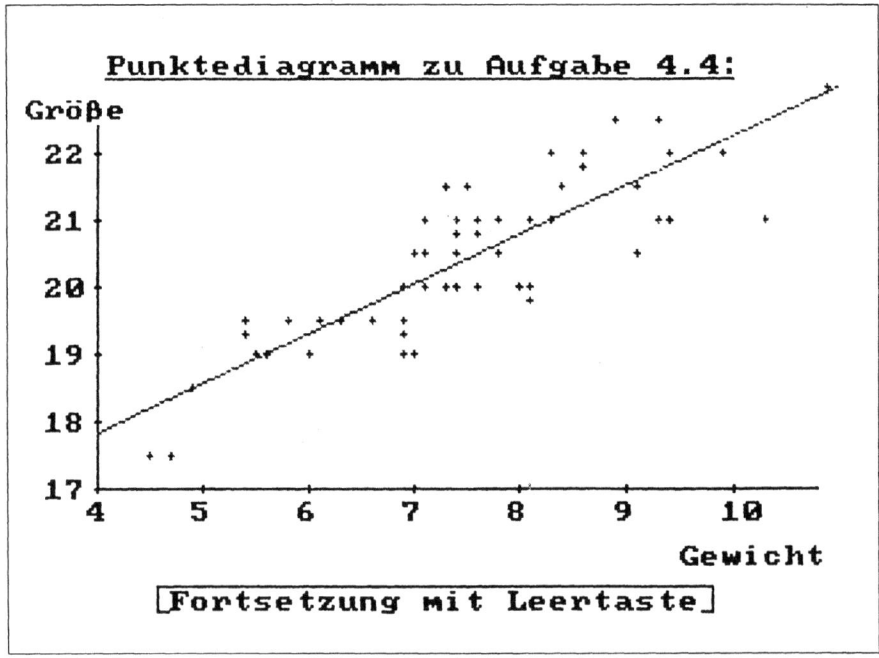

Abb. 2:   Regressionsgerade (Stat-Prak)

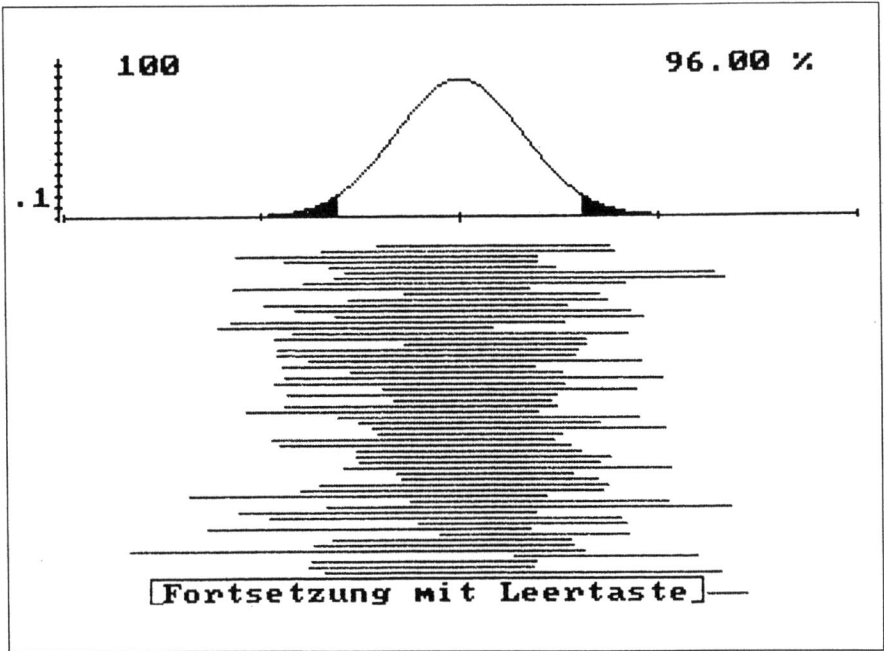

Abb. 3: Simulation konkreter Schätzintervalle (Stat-Prak)

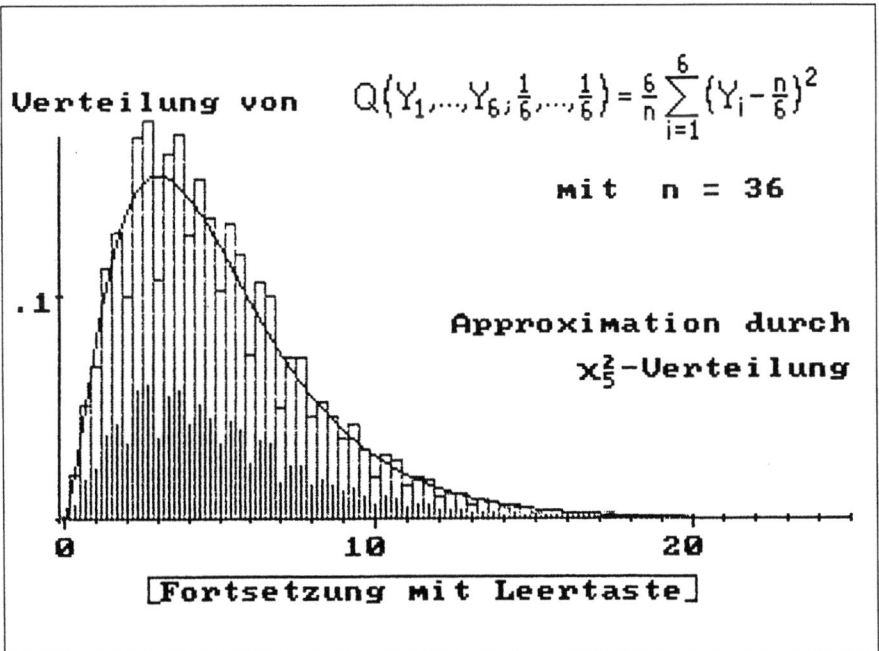

Abb. 4: Chi-Quadrat-Anpassungstest beim Würfelbeispiel (Stat-Prak)

rungen gemacht. Das Statistik-Praktikum hat sich aber auch als Blockveranstaltung (etwa unmittelbar vor einem Anwendungspraktikum oder vor einer weiterführenden Vorlesung) zur Auffrischung von statistischen Grundkenntnissen bewährt. Bei Seminaren des Zentrums für Grafische Datenverarbeitung Darmstadt (ZGDV) wurden die Programme des Statistik-Praktikums auch recht erfolgreich eingesetzt.

Für weitere Informationen, insbesondere bezüglich der Hardware-Anforderungen, sei auch auf die Beschreibung der Software-Präsentation *Statistik-Praktikum mit dem IBM PC* verwiesen.

2. Pseudo-Zufallszahlen

Zufallszahlen werden für Monte-Carlo-Simulationen benötigt, mit denen man bei komplizierten Problemstellungen Näherungslösungen bestimmen kann. Solche Simulationen gewinnen in vielen Bereichen immer mehr an Bedeutung. Heutzutage werden anstelle von echten Zufallszahlen, die aus Zufallsexperimenten (Münzwurf, Würfelwurf, Glücksrad etc.) enstanden sind, nahezu ausschießlich nur Pseudo-Zufallszahlen verwendet, die mit Hilfe einer Rechenvorschrift in Rechnern erzeugt werden. Ein Überblick über die Erzeugung von Pseudo-Zufallszahlen und diverse Anwendungsbeispiele von Simulationen in verschiedenen Bereichen werden in dem Kolloquiumsband [4] gegeben. Eine ausführliche Darstellung zur Erzeugung von Pseudo-Zufallszahlen findet man z.B. in [6]. Die Güte der Näherungslösung hängt oft stark von der Qualität des verwendeten Generators ab, mit dem die Pseudo-Zufallszahlen erzeugt werden. Die Reihenfolge, in der die pseudozufälligen Punkte erzeugt werden, ist sehr wichtig für die Beurteilung, ob die erzeugte Folge als Realisierung von unabhängigen Zufallsvariablen angesehen werden kann.

Computer-Programme sind sehr hilfreich, um zu verdeutlichen, wie theoretische Bewertungskriterien die Pseudo-Zufälligkeit beurteilen können. Dabei können Qualitätsunterschiede verschiedener Pseudo-Zufallszahlen-Generatoren recht gut illustriert werden. Durch die Erzeugung pseudo-zufälliger Punkte im Einheitsquadrat und die Bestimmung der relativen Häufigkeit der Punkte, die innerhalb eines Kreises (oder Viertelkreises) im Einheitsquadrat liegen, lassen sich Näherungswerte für die Zahl Pi bestimmen. Dabei kann man bei verschiedenen Pseudo-Zufallszahlen-Generatoren unterschiedlich gute Konvergenz der Näherungswerte betrachten. Auch lassen sich z.B. Unterschiede in der Sensitivität von verschiedenen Transformationsmethoden recht anschaulich darstellen. Solche Transformationen werden benötigt, um die im Intervall [0,1] gleichverteilten Pseudo-Zufallszahlen in Pseudo-Zufallszahlen zu anderen Verteilungen – etwa Normalverteilungen – zu transformieren. Auf den vorn wiedergegebenen Bildschirmkopien wird deutlich, daß der verwendete Pseudo-Zufallszahlen-Generator offensichtlich gewisse Defekte hat, da die Punkte im Einheitsquadrat (jeweils links in den Abbildungen) sehr strukturiert angeordnet sind, was bei der Betrach-

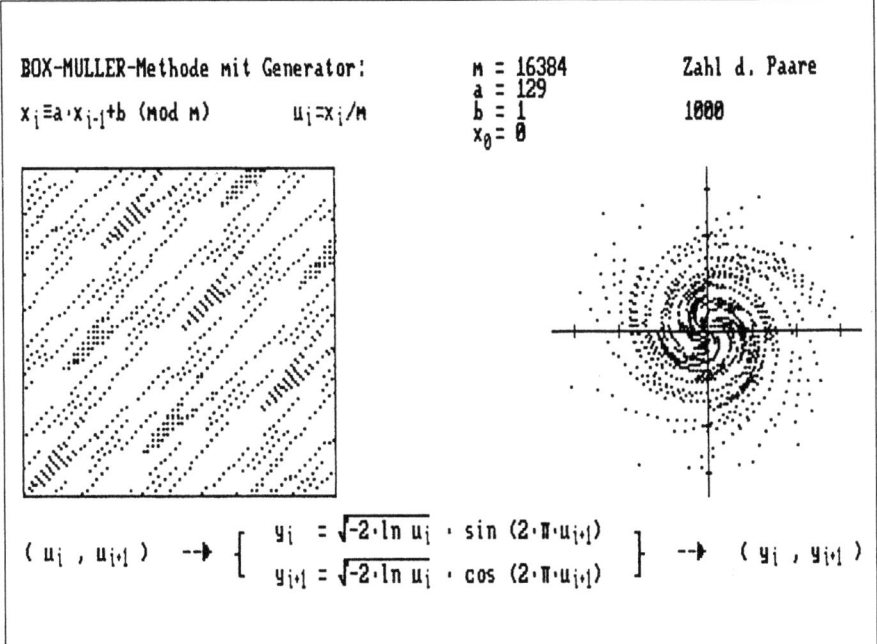

Abb. 5: Box-Muller-Transformationsmethode (PZZ)

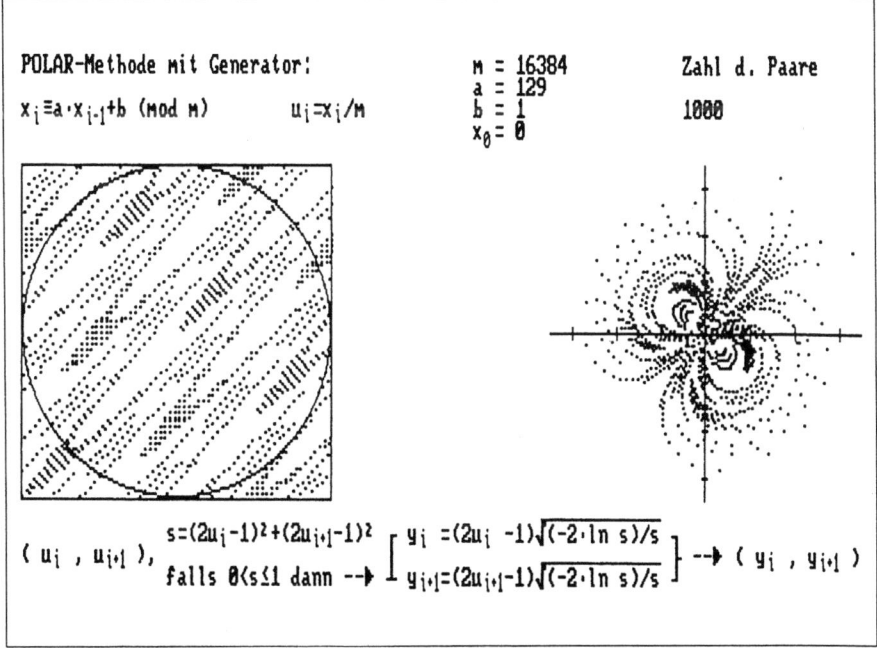

Abb. 6: PZZ-Abbildung: Polar-Transformationsmethode (PZZ)

tung der laufenden Programme noch viel deutlicher wird. Ferner ist auch zu erkennen, wie die betreffenden Transformationsmethoden die vorliegenden Strukturen transformieren (jeweils rechts in den Abbildungen).

Obwohl das Software-Paket [3] in Spezialvorlesungen über Zufallszahlen, Workshops und Tagungen schon oft eingesetzt wurde, ist es zur Zeit noch in der Entstehungsphase. Daher ist das Programmpaket [3] noch nicht erhältlich.

Literatur/Software:

1. Afflerbach, L.: *Statistik-Praktikum mit dem PC*. Teubner Studienbuch, B.G. Teubner Stuttgart 1987.
2. Afflerbach, L.: *Programmdisketten zum Statistik-Praktikum mit dem PC*. Teubner-Software; Programmpaket zur Individualnutzung auf nur einem PC vom Teubner-Verlag über den Buchhandel. - Pool-Lizenzen für 2 und mehr PC von: Dr. Lothar Afflerbach, Auf den Weiherhöfen 23, 5928 Bad Laasphe 2.
3. Afflerbach, L.: *Pseudo-Zufallszahlen*. Software für IBM PCs; Programmpaket in Vorbereitung.
4. Afflerbach, L., Lehn, J. (Hrsg): *Kolloquium über Zufallszahlen und Simulationen*. Teubner Stuttgart 1986.
5. Hodges, J.L., Krech, D., Crutchfield, R.S.: *StatLab, An Empirical Introduction to Statistics*. McGraw-Hill New York 1975.
6. Knuth, D.E.: *The Art of Computer Programming*. Vol. II, 2nd ed. Addison-Wesley: Reading (Mass.) 1981.

Didaktik der Mikroprozessortechnik mit einem visuellen Simulator

Peter Sachs

Fachhochschule Kempten
Lehrgebiet Daten- und Signalverarbeitungssysteme

1. Struktur der Mikroprozessoreinführung

Das Interesse an der Mikrocomputertechnik hat in der Öffentlichkeit, insbesondere aber bei Ingenieuren, zu einem breiten Spektrum an Literatur und Einführungskursen geführt. Die Einführung der Mikroprozessortechnik erfolgt an der Fachhochschule Kempten im Fach Daten- und Signalverarbeitungs-Systeme. Sie ist in das in Abb.1 dargestellte Konzept eingegliedert.

Vorlesung	Lernziel	Semester
Vorbereitung:		
DIGITALTECHNIK	Kombinatorische Logik, Sequentielle Automaten	4
PROGRAMMIEREN	Höhere Programmiersprache	4
Hauptteil:		
DATEN- und SIGNALVER-ARBEITUNGSSYSTEME I	Assemblerprogrammierung, SISC, Anwendung	5
DATEN- und SIGNALVER-ARBEITUNGSSYSTEME II	Peripherie, CISC, BTS, DSP	7
Vertiefung:		
RECHNERARCHITEKTUR	Mikroprogrammierung, RISC, Mehrrechnersysteme	8
EMULATION und LOGIKANALYSE	Reale Mikroprozessorsysteme, Echtzeitanalyse	8

Abb. 1: Struktur der Mikroprozessoreinführung

Deutlich wird die Steigerung des Schwierigkeitsgrades:

8-Bit-Rechner	SISC(simple instruction set computer),
16/32-Bit-Rechner	CISC(complex instruction set computer) und
neue Architekturen	RISC(reduced instruction set computer).

Dieser Beitrag will ein für PC-kompatible Rechner geeignetes Programm vorstellen, das die graphische Simulation des Rechnerkerns eines 8-Bit-Prozessors durchführt. Es wurde für den Lehr- und Übungsbetrieb konzipiert und ist für Studierende auf den Rechnern der Ingenieur-Informatik verfügbar, die mit CIP-Mitteln beschafft wurden. Die Begründung für den Einsatz eines solchen Werkzeuges liegt in der Tatsache, daß ältere Rechner aus diskreten Integrierten Schaltungen mit Oszilloskop und Logikanalysator untersucht werden konnten. Dies war bei Mikroprozessoren von Anfang an nicht der Fall. Umso besser sind die graphischen Möglichkeiten selbst einfacher Arbeitsstationen geeignet, einen Einblick in die Funktion eines Rechnerkerns zu geben.

2. Didaktischer Einsatz eines visuellen Simulators

Die Verwendung von Simulationsmodellen für Prozessoren ist an sich nichts Neues. Schon frühzeitig wurden Simulationsprogramme von Halbleiterherstellern z.B. für den 68000 eingesetzt, um Hard- und Softwareentwicklungsphasen von einander zu trennen. Diese Werkzeuge beinhalten oft nur einen Registerauszug, bei dem man aus den Veränderungen Rückschlüsse auf die Arbeitsweise ziehen kann.

Hier liegt der Ansatz für das Simulationsprogramm SIM85. Es will die Vorgänge im Prozessor veranschaulichen. Dies kann jedoch nur in einer Minimalumgebung bezüglich Speicher und Peripherie geschehen.

2.1 Darstellung des statischen Rechneraufbaus

Das Simulationsmodell stellt die Komponenten

Arithmetikeinheit,
Registersatz,
Steuerwerk und
Interrupteinheit

eines realen Prozessors in einer minimalen Umgebung dar. Besonderer Wert wurde darauf gelegt, nicht ein hypothetisches Modell, sondern einen relativ einfachen realen Prozessor darzustellen.

Ausgangspunkt war die Blockdarstellung des Halbleiterherstellers, die zur Diskussion der internen Vorgänge um die verdeckten Register erweitert wurde.

> - **Grundsätzlicher Aufbau von Mikrorechnern**
>
> - **Zeitliche Abarbeitung von Maschinenbefehlen**
>
>   . Transportoperationen
>   . Arithmetische Befehle
>   . Logische Befehle
>   . Steuerungs-Befehle
>   . Unterprogrammbearbeitung
>   . Stapeloperationen
>   . Interruptbehandlung
>   . Pogrammierungstechniken
>
> - **Multiplex auf dem Adreß-/Datenbus**
>
> - **Austesten kleinerer Maschinenprogramme**

Abb. 2: *Didaktischer Einsatz des visuellen Simulators*

2.2 Darstellung des dynamischen Verhaltens

Ein weiterer wichtiger Gesichtspunkt war die Darstellung der inneren Datenübertragungs- und Verarbeitungsvorgänge. In Abb. 2 sind die unterschiedlichen Befehls- und Unterbrechungsarten im zweiten Unterpunkt angegeben. Jeder Maschinenbefehl läßt sich in der Ausführung in jeder Phase

Befehlsholphase,
Operandenholphase und
Ausführungsphase,

soweit sie vorhanden ist, zu den unterschiedlichen Taktzyklen darstellen. Dies gilt insbesondere auch für die Bearbeitung komplexerer Befehle.

2.3 Didaktischer Einsatz

Es muß nicht betont werden, daß dieses Hilfsmittel zunächst für die Behandlung und Visualisierung ausgewählter Befehle geeignet ist. In der Vorlesung ist die Darstellung (obwohl zur Zeit noch mit eingeschränkter Bildqualität) mit Fernsehprojektoren oder LCD- Schirmen am Overhead-Projektor für einen größeren Betrachterkreis geeignet. Anschaulich darstellbar sind insbesondere die Behandlung von Unterprogrammaufrufen sowie die Reaktion auf Interrupts.

Didaktisch läßt sich die Einführung der relativ vielen Befehle eines realen Prozessors durch eine schrittweise Erweiterung des Befehlsvorrats und durch die Auswahl geeigneter Befehlsgruppen stark vereinfachen. Die Grenze der Verwendung liegt bei Echtzeitanwendungen, da das Programm naturgemäß wesentlich langsamer als beim realen Prozessor abläuft.

Durch die Kompatibilität zu im Labor vorhandenen Einplatinenrechnern wird das Programm von den Studierenden benutzt, um ihre Praktikumsvorbereitung zu erstellen.

3. Ausblick

Das beschriebene Programm befindet sich zur Zeit im Prototypenstadium. Notwendig für einen Einsatz ist ein AT-kompatibler Rechner mit EGA-Graphik. Es bietet vielfältige Ausbaumöglichkeiten, die in der Darstellung anderer Prozessoren, einer Verfeinerung der Darstellung des Steuerungsteils und in der Einbeziehung von Assembler- und Hochsprachenwerkzeugen liegen.

Mein Dank gilt Herrn Clemens, der die Idee in ein funktionsfähiges Programm umsetzte, und den Verantwortlichen des CIP-Programms, die angehenden Ingenieuren die Möglichkeit geben, sich intensiv in neue Techniken einzuarbeiten. Hierdurch soll auch ein Beitrag zur Verbesserung der Didaktik erzielt werden.

4. Literatur

1. Intel: MCS-85 User's Manual, o.A.,1978
2. Th.Clemens: Graphische Funktionssimulation eines Mikroprozessors, Diplomarbeit, Kempten, 1989

Eine einfache Modellmaschine für den Informatikunterricht

Peter Schulthess und Konrad Froitzheim
Universität Ulm
Fachbereich Informatik

Eine einfache Akkumulatormaschine eignet sich zur Veranschaulichung wesentlicher Konzepte der Informatik. Die Maschine steht den Studenten als Simulation auf dem Macintosh zur Verfügung. Der Simulator enthält Programmeditor, Assembler, Interpreter und Debugger. Besondere Aufmerksamkeit wurde der Bedienerführung zuteil.

1. Didaktische Zielsetzung

Für den einführenden Informatikunterricht haben wir eine einfache Modellmaschine entworfen, deren Konzepte und Implementierung wir an dieser Stelle beschreiben wollen. Die MiMa Modellmaschine bildet eine Brücke zwischen der Theorie der Schaltwerke und dem Programmieren und vermittelt dem Studenten einige wichtige Grundkonzepte, die erst später in voller Detailfülle dargestellt werden können. Dazu gehören wesentliche Elemente einer Assemblersprache wie Mnemonisierung der Code- und Datenadressierung, Speicherreservierung, Konstantenvereinbarungen und Organisation der Objektdatei. Makroanweisungen und externe Referenzen sind weggelassen.

Insgesamt wird der unterschiedliche Charakter der maschinennahen Programmierung gegenüber der Programmierung in Pascal verdeutlicht und der Student kann sich schon eine erste Vorstellung davon machen, welche Form sein Pascal-Programm nach der Compilation auf die Maschinenebene annehmen wird. Auf einer unteren Ebene wird auch gezeigt, wie sich eine einfache Maschine aus den in der Schaltkreistheorie besprochenen logischen Funktionen und Registern zusammensetzen läßt. Das Informationsübertragung über den Bus zwischen den inneren Registern der MiMa bildet ein Referenzmodell für den konkreten Ablauf und die Semantik der einzelnen Maschineninstruktionen. Als unmittelbare Folge hiervon ergibt sich die Möglichkeit zusätzliche Instruktionen einzuführen und deren Nützlichkeit zu demonstrieren.

2. Die MIMA Minimalmaschine

Bei der vorgestellten MiMa – ein Kürzel für Minimalmaschine – handelt es sich um eine einfache Von-Neumann Maschine mit einem Hauptspeicher für 24-Bit Wörter, einem Akkumulator und einer ALU. Die Ein- und Ausgabe läuft ausschließlich über den Akkumulator. Die Maschinensprache umfaßt in der Grundversion 22 Instruktionen mit offensichtlichen Funktionen wie "Lade Konstante in den Akkumulator", "Speichere den Akkumulator", "Springe bei negativem Akkumulator" und dergleichen. Das Instruktionsformat enthält einen Opcode von 4 oder 8 Bit und eine Adresse von typischerweise 20 Bit Länge oder einen 16 Bit Operanden.

Aus der Sicht des Programmierers präsentiert sich die Maschine wie auf der Abb. 1. Ein Pfad besteht für den Datenaustausch zwischen Akkumulator und Speicher. Die Arithmetisch-logische Einheit nimmt jeweils einen Operanden aus dem Akkumulator und fakultativ den zweiten aus dem Speicher. Das Resultat einer ALU-Operation wird immer im Akku abgelegt. Die Ein- und Ausgabe besteht in einem Datenaustausch zwischen Akkumulator und peripherem Gerät.

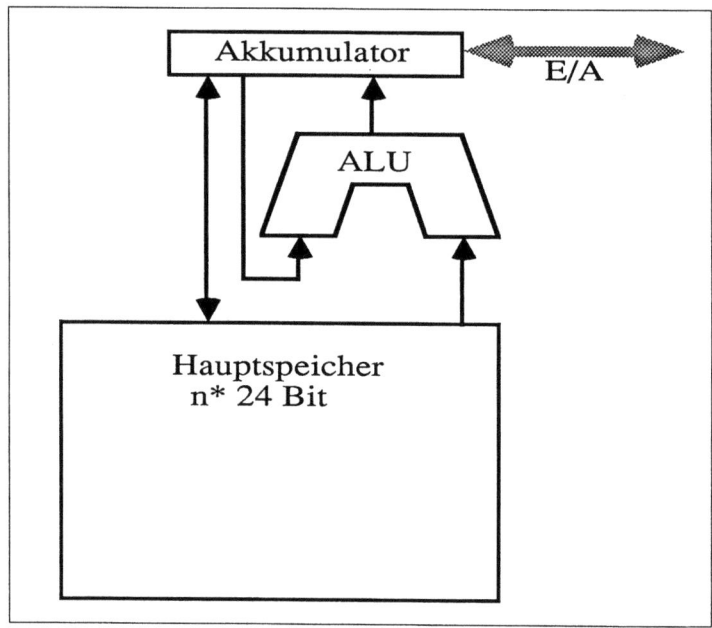

Abb. 1: Die MiMa-Modellmaschine aus der Sicht des Programmierers

Häufig wird gefragt, ob es nicht sinnvoller sei, die Grundkonzepte der maschinennahen Programmierung an einem konkreten Mikroprozessor wie etwa dem Z80, einem Intel Rechner oder einem Prozessor der Serie 68000 zu veranschaulichen. Hier ist zu bedenken, daß die erwähnten Rechner zwar klein, aber keineswegs einfach in der Programmierung sind. Der Student würde unter einem Haufen von Details begraben, bevor er gelernt hat, die wichtigen Konzepte zu sehen. Komplikationen wie mehrfache und unterteilte Registersätze, Condition Codes, Präfixe für nachfolgende Instruktionen, Segmentierung des Hauptspeichers, die Unterscheidung zwischen kurzen und langen Sprüngen und dergleichen entfallen bei der MiMa. Ebenfalls entfällt das Kennenlernen der jeweiligen Systemsoftware für den gewählten realen Rechner. Unabhängig davon, ob nun der Unterricht auf einem realen oder gedachten Rechner aufbaut, wird für Übungszwecke ein Simulator benötigt. Der Simulator für die MiMa und die zugehörige Programmentwicklungsumgebung wird in der Folge besprochen.

3. Entwicklung von MIMA-Programmen

Eine experimentelle Programmiertechnik ist in jedem Falle abzulehnen. Der Student ist gehalten, seine Programme sorgfältig auf einem Blatt Papier aufzuschreiben und erst dann diese am Simulator auszutesten. Um jedoch den Zeitaufwand für das MiMa-Programmieren zu reduzieren ist eine interaktive Programmentwicklungsumgebung auf dem Apple Macintosh vorhanden. Das System folgt konsequent den Bedienungsrichtlinien des Macintosh und kann über Menus, Maus und Fensterelemente bequem bedient werden.

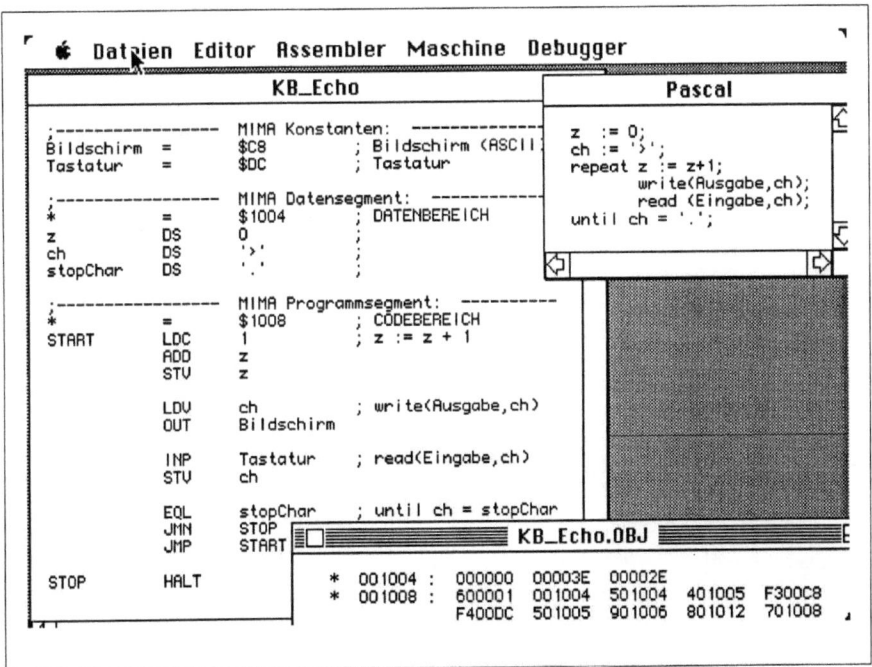

Abb. 2: Pascalmuster, Quelldatei und Objektdatei zu KB_Echo

Die Entwicklungsumgebung enthält Editor, Assembler, Interpreter und Debugger. Dazu kommt ein reiches Angebot von Hilfsfunktionen. Mehrere Dokumente sind gleichzeitig bearbeitbar und werden in verschiedenen Fenstern dargestellt. Dokumente in offenen Fenstern werden nicht erneut von der Platte gelesen, sondern aus dem Hauptspeicher heraus in eine Objektdatei assembliert. Objektdateien sind in einem ASCII-Format auf Platte abgelegt und können so mit dem Editor inspiziert und bearbeitet werden. Abb. 2 zeigt in verschiedenen Fenstern mehrere Dokumente: Zum Ersten ein Bruchstück eines Pascal-Programms, welches ein Echo für eingetippte Zeichen erzeugt; zum Zweiten die dazu äquivalente Funktion programmiert in der MiMa-Assemblersprache und schließlich im dritten Fenster der durch die Assemblierung erzeugte Objektcode. Die Ausführung dieses MiMa-Programmes wird auf der nächsten Folie gezeigt. Aus Zeitgründen möchte ich jedoch nicht näher auf die verwendete Assemblernotation eingehen.

4. Austesten von MiMa-Programmen

Die MiMa Objektdateien liegen als ASCII-Dateien vor und werden erst unmittelbar vor der Ausführung geladen und in binäre Form gebracht. Das Format einer Objektdatei ist in Bild 2 sichtbar und sehr einfach. Eine Zahl mit einem Stern davor bezeichnet die Stelle im Speicher, wohin der nachfolgende Programmcode geladen werden soll. Die letzte mit einem Stern gekennzeichnete Zahl markiert den Start der Programmausführung. Die Ausführung geschieht immer interpre-

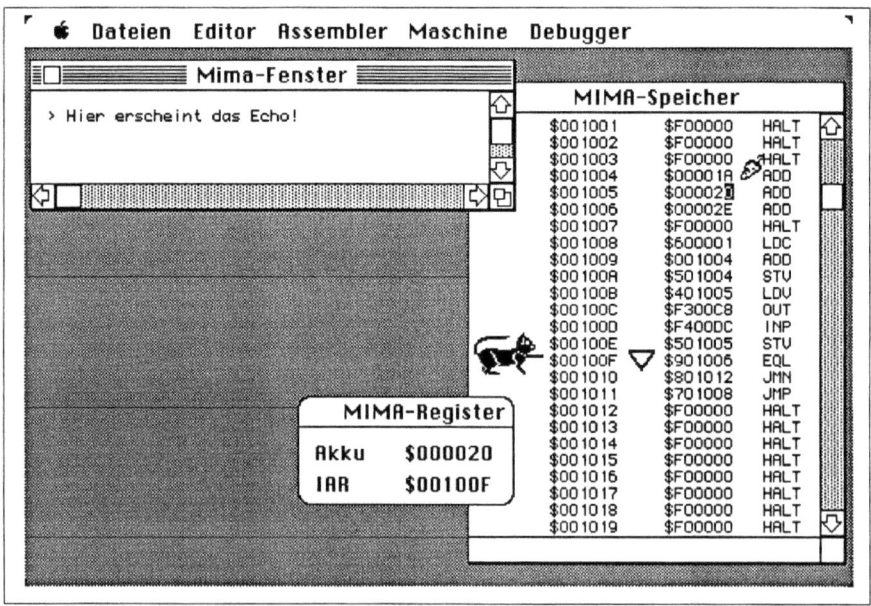

Abb. 3: Beobachten des Programmablaufes mit dem Debugger

tativ. "RUN" startet das Programm und öffnet ein Fenster für die Ausgabe der Resultate auf den Bildschirm. Dies ist als MiMa-Fenster betitelt und in Bild 3 links oben sichtbar. Eingaben werden von der Tastatur entgegengenommen. Der Debugger ist eine Erweiterung des normalen Interpreters und zeigt in zusätzlichen Fenstern einen Teil des Hauptspeichers und den aktuellen Inhalt der Register, das heißt des Akkumulators und des Instruktionsadressregister an. Um den Debugger zu aktivieren, wird anstatt "RUN" der Befehl "DEBUG" angesprochen.

Sowohl Register als auch Hauptspeicherinhalte können im Verlauf der Ausführung verändert werden. Zusätzlich ist es möglich, im Speicher Stops zu setzen und zu entfernen. Im Programm gesetzte Stops sind durch ein auf der Spitze stehendes Dreieck gekennzeichnet. Die Programmausführung kann schrittweise oder im Zeitlupentempo erfolgen. Der Ort, wo die Ausführung sich gerade befindet, ist im Speicherfenster durch die sitzende Katze markiert.

5. Interne Register der Modellmaschine

Für die maschinennahe Programmierung genügt das Maschinenmodell aus Abb. 1, in welchem nur der Akkumulator und allenfalls der Programmzähler als Register sichtbar werden. Die MiMa-Modellmaschine erhebt aber noch einen weiteren Erklärungsanspruch. Es soll erklärt werden, wie die Elemente der Schaltkreistechnik zu einem funktionsfähigen Rechner zusammengefügt werden können. Wich-

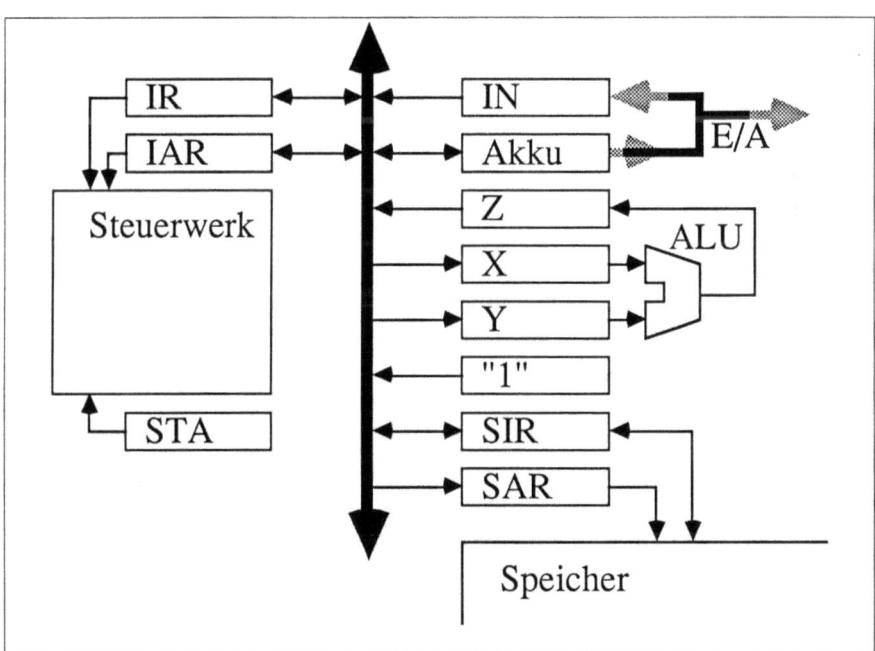

Abb. 4: Interne Register der Modellmaschine

tige Architekturelemente sind dabei Register, Addierer, kombinatorische Schaltnetze, Speicherbausteine und einzelne Gatter.

Die im Abb. 4 gezeigten internen Register der Modellmaschine sind für den Programmierer nicht sichtbar, gehören aber zum Instruktionsmodell der Maschine. Die einzelnen Instruktionen werden in der Vorlesung erklärt als Sequenz von Unterzyklen und in jedem Unterzyklus kann über den zentralen Bus eine Informationsübertragung zwischen den Registern geschehen. Im Sinne einer Rundspruchanordnung können daran immer genau ein Sender und unter Umständen mehrere Empfänger teilnehmen. Auf der linken Seite der Figur findet sich das Steuerwerk der Maschine mit den zugehörigen Registern IR (Instruktionsregister), dem IAR (Instruktionsadressregister) und dem Statusregister. Diese Register beeinflussen das Steuerwerk, welches dann die Steuerimpulse für die Register erzeugt. Das Steuerwerk ist als gedächtnisloses kombinatorisches Schaltnetz gedacht und knüpft so an die in der Vorlesung zur Sprache kommende Thematik der Schaltnetze an.

Das Rechenwerk ist rechts in Abb. 4 erkennbar, mit den Registern IN zur Pufferung der Eingaben, dem Akkumulator, den Ein- und Ausgangsregistern für die ALU und dem Konstantenregister, welches die 1 für das Inkrementieren des Programmzählers enthält. Zum Speicherwerk gehört der Hauptspeicher selbst und ein Speicheradressregister mit einem zugeordneten Speicherinhaltsregister. Mit Hilfe dieses Maschinenmodells werden vorerst die einfachen MiMa-Instruktionen erklärt und dann auch Erweiterungen des Instruktionssatzes durch indirekte Adressierung und durch Zweiadressinstruktionen eingeführt. Die exakte Semantik dieser Instruktionen ergibt sich als die Sequenz der Unterzyklen, die beim Ablauf der Instruktionen stattfinden. Zwanglos folgt hier auch der Hinweis auf die Technik der Mikroprogrammierung.

6. Weiterführende Perspektiven

Die MiMa Modellmaschine wird seit zwei Jahren im Unterricht eingesetzt und hat erheblich zur Motivierung der Studenten beigetragen. Zur Zeit wird daran gearbeitet, die Bedienung noch zu vereinfachen und überflüssige Funktionen zu entfernen. In einem weiteren Schritt ist eine Simulation des Instruktionsablaufes auf der Register-Transfer Ebene geplant. Die Informationsübertragungen zwischen den internen Registern sollen graphisch sichtbar gemacht werden und durch Eingabe von Sequenzen von Unterzyklen können dann neue Instruktionen mikroprogrammiert werden. Der didaktische Nutzen hiervon ist jedoch im Vergleich zu der vorhandenen Simulation der oberen Maschinenebene geringer einzustufen.

Unsere einführenden Veranstaltungen verwenden auch eine Kellerminimalmaschine, deren Instruktionssemantik grundsätzlich von der Semantik der Akkumulatormaschine abweicht. Die Kellerminimalmaschine bringt Vorteile bei der Implementierung von rekursiven Prozeduren und bei der Parameterübergabe und wird dann später bei der Vorlesung "Übersetzerbau" erneut verwendet. Anhand der internen Registerorganisation für die Kellermaschine kann der höhere Aufwand für die Realisierung gezeigt werden und wir planen analog zum vorhandenen MiMa-Simulator auch für die Keller-MiMa einen Simulator.

Wir hoffen einen Simulator für die Akkumulator-MiMa im Sommer 1990 gegen eine nominale Gebühr zur Verfügung stellen zu können. Die Modalitäten hierfür sind jedoch noch nicht ganz geklärt. Interessenten bitten wir, sich an die angegebene Adresse zu wenden: Universität Ulm, Prof. Dr. Peter Schulthess, Fakultät für Informatik, Oberer Eselsberg, D-7900 Ulm.

Literatur:

1. C. C. Foster: "Computer Architecture"; Van Nostrand (New York), 2nd Edition 1970.
2. P. Schulthess: "Blätter zur Vorlesung Informatik I"; Universität Augsburg, 1987.
3. P. Schulthess: "Blätter zur Vorlesung Informatik II"; Universität Augsburg, 1988.

MacInScribe –
Ein System zur automatischen Tutorienorganisation

Hans-Joachim Knobloch

Universität Karlsruhe
Europäisches Institut für Systemsicherheit

1. Einleitung

Das Programmpaket "MacInScribe" ist am Institut für Algorithmen und Kognitive Systeme der Universität Karlsruhe entstanden, um eine einfache und faire Einteilung von Studenten des Grundstudiums in Tutoriengruppen zu ermöglichen.

Aufgrund schlechter Erfahrungen mit Einteilungsverfahren nach dem Prinzip "first come - first served" (oder "wer drängelt bekommt die besten Plätze") wurde ein zweistufiges Verfahren gewählt. In einer Eintragungsphase bekommen die Studenten die Gelegenheit, ihre Wünsche für eine Einteilung zu äußern. Anschließend werden diese Wünsche in einer Einteilungsphase ausgewertet und es wird eine möglichst gerechte Gruppeneinteilung erstellt.

Durch dieses Prinzip ist die Chance, in eine gewünschte Übungsgruppe eingeteilt zu werden, unabhängig vom Zeitpunkt der Eintragung. Daher besteht für die Studenten keinerlei Anlaß zu Drängeleien.

Um ein solches Verfahren auch noch für Hunderte von Studenten durchführen zu können, mußte auf Rechnerhilfe zurückgegriffen werden. Dies bedeutete jedoch gleichzeitig, daß Vorkehrungen für den Schutz der erfaßten personenbezogenen Daten entsprechend dem Datenschutzgesetz getroffen werden mußten. Andererseits mußte auch mit Manipulationsversuchen mit dem Ziel, die Chancen für eine bestimmte Einteilung zu erhöhen, gerechnet und geeignete Gegenmaßnahmen getroffen werden.

2. Konfiguration

Für die Eintragung boten sich die Macintosh II des Rechenzentrums an, mit denen die Studienanfänger, falls sie einen Programmierkurs in Modula 2 absolvieren, ohnehin recht bald in Berührung kommen. Diese Rechner sind vernetzt, was das Sammeln der eingegebenen Daten auf einem zentralen Fileserver ermöglicht.

Als Gerät für die Auswertung der Daten, das Erzeugen und Ausdrucken von Teilnehmerlisten, bot sich ebenfalls der Macintosh an. Wenn diese Rechner z. B. in Institutssekretariaten verwendet werden, sind sie von öffentlich zugänglichen Netzen abgetrennt und zugangsgesichert. Das Speichern und Verarbeiten von personenbezogenen Daten ist daher auf diesen Geräten problemlos möglich.

Das Programmpaket ist vorwiegend in C geschrieben (einzige Ausnahme ist der verwendete Verschlüsselungsalgorithmus, der in Assembler implementiert wurde). Eine einfache Portierung des gesamten Programmpakets auf andere Rechner ist jedoch nur denkbar, wenn der Zielrechner über eine Bedienoberfläche mit einer ähnlichen Programmierschnittstelle wie die des Macintosh verfügt (evtl. GEM, MS-Windows, ...).

MacInScribe ist für Universitätseinrichtungen auf schriftliche Anforderung gegen Erstattung von Disketten- und Versandkosten verfügbar. Auf Wunsch wird auch der Sourcecode zur Verfügung gestellt.

3. Ablauf der Einteilung mit MacInScribe

Die Einteilungsstrategie von MacInScribe besteht darin, alle Studenten Bewertungen für alle vorhandenen Übungsgruppen vergeben zu lassen und anschließend nach einer möglichst gerechten Einteilung zu suchen.

Ein besonderes Problem dabei ist, daß vermieden werden muß, einen Studenten zu einem Termin einzuteilen, der für ihn persönlich bereits blockiert ist. MacInScribe gibt daher den Teilnehmern am Einteilungsverfahren eine Liste von Vorlesungen und Übungen vor, und fragt nach, welche davon besucht werden. Terminkollisionen mit diesen Veranstaltungen können dann automatisch vermieden werden. Zusätzlich bietet MacInScribe die Möglichkeit, die Einteilung für mehrere Tutorien gleichzeitig vorzunehmen. Neben der Vermeidung von Kollisionen zwischen Übungsgruppen der verschiedenen Tutorien ist hierbei ein Vorteil, daß für die Studenten nur eine einzige Eintragung ins System pro Semester anfällt.

Kollisionen mit anderen Terminen müssen durch möglichst schlecht vergebene Bewertungen vermieden werden. Die Zahl der Studenten, die trotzdem zu einem für sie unmöglichen Termin eingeteilt werden, fällt erfahrungsgemäß gegenüber denjenigen, die die Eintragung verpassen und ohnehin nachträglich eingeteilt werden müssen, nicht ins Gewicht.

Nach der Eingabe von Name, Matrikelnummer und besuchten Veranstaltungen können die Teilnehmer diejenigen Übungsgruppen bewerten, die sich nicht mit den genannten Veranstaltungen überschneiden. Dabei sind extreme Bewertungen (wie z. B. alles ganz schlecht, nur einmal ganz gut) nicht zugelassen, da zuviele solcher Bewertungen jedem Einteilungsalgorithmus die Möglichkeit nehmen würden, eine faire Einteilung zu finden.

Wenn die gesamten Daten erfaßt sind (die Angabe der besuchten Veranstaltungen wird nur für die Eintragung verwendet und nicht gespeichert), erfolgt die

Einteilung nach einem Schema, das versucht, möglichst wenig Studenten in Übungsgruppen einzuteilen, die sie eher schlecht bewertet haben.

Es wird zunächst von allen noch zu besetzenden Übungsgruppen diejenige gesucht, die am schlechtesten bewertet wurde. In diese Gruppe werden diejenigen Studenten eingeteilt, die sie von allen noch am besten bewertet haben. Das Verfahren wird solange iteriert, bis alle Übungsgruppen zugeteilt worden sind.

Es ist den Studenten dabei während der Eintragung möglich, sich zu mehreren zusammenzufinden und anzugeben, daß sie als Arbeitsgruppe zusammen in eine Übungsgruppe eingeteilt werden möchten. Das Einteilungsschema behandelt eine solche Arbeitsgruppe dann als Einheit.

4. Datensicherheit und Schutz vor Manipulationen

Die gesamten abzuspeichernden Daten werden noch im Rechner, an dem sie eingegeben wurden mit dem DES-Algorithmus (Data Encryption Standard) verschlüsselt. Es gehen also keine Daten im Klartext über das Rechnernetz und auch im Fileserver sind sie zusätzlich zum Passwortschutz verschlüsselt.

Um sicherzustellen, daß nur der jeweils berechtigte Student eine Eintragung vornimmt, wird nach der Eingabe von Name und Matrikelnummer ein Passwort abgefragt. Dieses Passwort errechnet sich mit Hilfe des DES aus der Matrikelnummer. Es wird nach Vorlage des Studentenausweises an einem besonderen Rechner errechnet, ausgedruckt und dem Studenten ausgehändigt.

Dazu muß während der gesamten Eintragungsphase eine zur Ausweiskontrolle berechtigte Person anwesend sein. Ohnehin erfordert das System die ständige Anwesenheit eines oder mehrerer Tutoren, etwa um Studienanfängern bei Problemen bei der Bedienung des Rechners zu helfen oder um versehentlich (oder absichtlich) ausgeschaltete Rechner wieder einzuschalten und das Eintragungsprogramm zu starten.

Die gesammelten verschlüsselten Daten werden dann zum Auswertungsrechner transportiert. Erst auf diesem anderweitig gegen unbefugten Zugang gesicherten Rechner werden sie dann entschlüsselt.

Die kryptographischen Schlüssel zum Ver- und Entschlüsseln der Daten sowie zum Errechnen des Passworts sind auf einer besonderen Schlüsseldiskette gespeichert, die von den jeweiligen Programmen nach dem Start angefordert wird und die der Systembetreuer in Verwahrung hat.

5. Erfahrungen im praktischen Einsatz

Das Programmpaket MacInScribe wurde im Wintersemester 1989 zur Einteilung in die Übungsgruppen der Tutoren zu den Erstsemestervorlesungen in Informatik, Analysis und Linearer Algebra verwendet.

Die Dateneingabe durch die Studenten war zwei Tage lang möglich. Dazu wurden zwischen 20 und 30 Ausbildungsrechner Macintosh II und ein Fileserver verwendet. Die Studenten hatten die Übungsgruppen mit Werten von 1 = sehr schlecht bis 5 = sehr gut bewertet. Die Ergebnisse des Zuteilungsverfahrens waren:

Bewertung:	insgesamt	1	2	3	4	5
Eingeteilte Studenten						
Informatik:	514	0	47	69	142	256
Analysis:	844	0	3	78	177	586
Lineare Algebra:	814	0	24	94	197	499

D. h. in den drei Fächern wurden zwischen 90 und 99% der Studenten in Tutorien eingeteilt, die sie mit neutral bis sehr gut bewertet hatten.

Lotus Ausbildungsstrategie

Paul Blanken
Lotus Development GmbH, Frankfurt

1. Schulversionen

Seit dem 19. Juni 1989 bietet Lotus allen Schulen, Universitäten und sonstigen gemeinnützigen Bildungseinrichtungen, sowie Schülern, Lehrern und Studenten die Möglichkeit, Lotus Software zu sehr attraktiven Preisen zu beziehen.

1.1 Packungseinheiten

Nichtkommerzielle Bildungseinrichtungen können die Pakete als Ausbildungsversion und Ausbildungspaket beziehen. Bei der Ausbildungsversion handelt es sich um eine Einzellizenz, die als Schulversion gekennzeichnet und registriert ist. Das Ausbildungspaket kann nicht von Einzelpersonen bezogen werden. Es handelt sich dabei um 10 Lizenzen, bestehend aus einem Vollprodukt (inklusive Handbuch) und 9 Diskettensätzen. Der Einsatz des Ausbildungspaketes ist ausschließlich dann gestattet, wenn sichergestellt ist, daß der Inhalt des Paketes in einem einzigen Raum genutzt wird. Das Ausbildungspaket muß also immer zusammenhängend genutzt werden. Als Ausbildungsversion/Ausbildungspaket gibt es derzeit folgende Produkte:

Lotus 1-2-3 Version 2.01 deutsch; Lotus Symphony Version 2.0 deutsch; Lotus Freelance Plus 3.0 deutsch; Lotus Manuscript Version 2.0 deutsch.

Alle anderen (außer Magellan) können weiterhin mit 60% Rabatt als Schulversion bei Lotus direkt bestellt werden.

2. Lotus 1-2-3

Lotus 1-2-3 ist der Industriestandard in der Tabellenkalulation.

2.1 Lotus 1-2-3 Produktfamilie

Die neue 1-2-3 Version 3.0 ist völlig neu in der Programmiersprache "C" entwickelt worden. Dadurch wird eine hohe Portabilität auf andere Hardware- und Betriebssystemumgebungen erreicht. Die neuen Eigenschaften des OS/2 wurden dabei ausgezeichnet berücksichtigt.

2.2 Multiplattform - Strategie

Durch die Multiplattform - Strategie ist es möglich, unabhängig von Hardware- und Betriebssystemumgebung mit der einheitlichen, gewohnten 1-2-3 Oberfläche zu arbeiten. Die 1-2-3-Versionen auf den verschiedenen Plattformen sind untereinander kompatibel. Darüber hinaus werden komfortable Schnittstellen zu anderen Produkten angeboten (siehe Punkt 6 – DataLens).

2.3 Lotus 1-2-3 Version 3.0

Die neuentwickelte, dreidimensionale Tabellenkalkulation wird in einem Paket als DOS und OS/2 Version ausgeliefert. Bei der Installation wird entschieden ob DOS, OS/2 oder beide Betriebssysteme genutzt werden sollen. Bei der Neuentwicklung wurde besonderen Wert darauf gelegt, daß die User ihre gewohnte Oberfläche vorfinden. Die Bedienung und das Menü haben sich nicht verändert – lediglich die neuen Funktionen wurden hinter die gewohnten Menüpunkte gehängt. Der Investitionsschutz in das Know-how der Anwender und besonders in bestehende Applikationen ist damit gewährleistet. Makros, die in 1-2-3 Version 2.01 oder 1-2-3 Version 2.2 erstellt wurden, können übernommen werden. 1-2-3 Version 3.0 ist nicht nur aufwärtskompatibel. Erstellte Arbeitsblätter können in das 1-2-3 Version 2.x Format zurückgeschrieben werden. Die Grafikfeatures wurden ebenfalls stark verbessert. In 1-2-3 Version 3.0 gibt es kein Printgraph mehr – Grafiken werden direkt aus dem Arbeitsblatt ausgedruckt und können auch gleichzeitig in einem Fenster mit der Tabelle betrachtet werden. Die DOS Version beinhaltet eine starke neue Technologie – den DOS Extender. Er ermöglicht das Arbeiten im "protected Mode", der bis zu 16 MB als vollen Arbeitsspeicher zur Verfügung stellt. Vorraussetzung dafür ist der 80286 – oder 80386 Prozessor und minimal 1 MB Hauptspeicher. 1-2-3 Version 3.0 hat mit seiner neuen DataLens-Technologie die Fähigkeit, auf fremde Datenbasen zuzugreifen, diese zu lesen und zu konsolidieren, ohne das Produkt verlassen zu müssen.

2.3.1 Was ist neu i an Lotus 1-2-3 Version 3.0?
Neuerung im Arbeitsblatt

* Dreidimensionale Tabellen und perspektivische Anzeige; 256 Ebenen/Arbeitsblätter mit jeweils 256 Spalten und 8192 Zeilen
* mehrere Dateien zeitgleich im Hauptspeicher
* automatische Zellformatierungen für leichtere Eingaben
* optimale Rekalkulation, auch im Hintergrund
* automatische Verbindung (Link) zu Daten in anderen Dateien; auch auf der Festplatte
* farbliche Kennung negativer Zahlen
* Hilfsmittel zur Fehlersuche (Map-Mode)
* Suchen und Ersetzen in Label- und Formelzellen
* Zell-, Formel- und Bereichskommentare für die Dokumentation
* UNDO
* kompatibel zu Lotus 1-2-3 Version 2.01 und Version 2.2

Neuerungen in der Grafik

* direkter Ausdruck aus 1-2-3, auch im Hintergrund, also kein Printgraph mehr
* neue Grafiktypen
* gleichzeitige Darstellung von Daten und Grafik; auch beim Ausdruck
* automatische Anpassung der Grafik am Bildschirm bei Änderung der Daten
* Quick-Grafik Möglichkeit
* schnellere Definition der Grafik-Bereiche in einem Schritt, auch von verschiedenen Arbeitsblättern
* 2 Y-Achsen in einer Grafik, auch logarithmisch skalierbar
* Kopf- und Fußnoten in der Grafik
* horizontale und vertikale Darstellung, Schriftarten und -größen, Farben und Schattierungen
* Schnittstellen zu anderen Lotus-Programmen

Neuerungen in der Datenbank

* direkte Verbindung zu externen Datenbanken durch die von Lotus entwickelte Treibertechnologie DataLens z.B. für dBase (siehe dazu Punkt 6 – DataLens)
* Kombination von Satzinhalten veschiedener Datenbanktabellen ("Database Joins")
* 255 Sortierschlüssel
* bis ca. 2 Millionen Datensätze möglich durch gleichzeitigen Zugriff auf mehrere 1-2-3-Datenbanken im Hauptspeicher und auf der Festplatte

Verbesserungen im Ausdruck

* Unterstützung von PostScript-Druckern und Proportionalschrift
* Text, Grafik und Tabellen auf einer Seite
* Warteschlangenverwaltung (Hintergrunddruck)
* Orientierung, Layout, Schriftarten, Farben, Rahmen

Makros

* 26 neue Makro-Schlüsselworte und Befehle
* automatische Aufzeichnung und Ablauf von Tastaturanschlägen
* Makro-Bibliotheken, die auch von mehreren Dateien genutzt werden können
* keine Begrenzung bei der Anzahl der Makro-Namen

Formeln und @Funktionen

* bis zu 512 Einträge pro Zelle mit Zeilenumbruch; auch Kommentare
* Menü mit @Funktionen zur Auswahl mit dem Cursor
* neue @Funktionen (Systeminformationen über verfügbaren Speicherplatz, Anzahl offener Dateien und viele andere)

Netzwerkunterstützung

* gleichzeitige Zugriffsmöglichkeit auf 1-2-3-Programm- und Datendateien unter Beachtung von Sperr- und Reservierungsbeschränkungen

* Ausgabe auf Netzwerkdruckern
* Unterstützung des Netzwerkadministrators mit Dokumentation u. Software.

Speicherausnutzung
* nutzt Extended Memory bis 16 MB unter DOS; überschreitet die 640 K Grenze des DOS Dieses geschieht mit einem ins 1-2-3 eingebauten DOS-Extender.
* nutzt unter DOS LIM (Lotus/Intel/Microsoft) Version 3.2 Eweiterungsspeicher (Expanded Memory) bis 8 MB
* nutzt unter DOS LIM (Lotus/Intel/Microsoft) Version 4.0 Eweiterungsspeicher (Expanded Memory) bis 16 MB
* nutzt unter OS/2 bis 16 MB Extended Memory

Systemanforderungen
* IBM PC oder PS/2 und alle 100% Kompatiblen mit 80286 und 80386 Prozessoren und einer Festplatte
* 1 MB RAM unter DOS; 3 MB RAM unter OS/2
* Um festzustellen, ob spezielle Hardware für Lotus 1-2-3 Version 3.0 geeignet ist, gibt es eine Testdiskette.

2.4 Lotus 1-2-3 Version 2.2

1-2-3 Version 2.2 ist eine Weiterentwicklung der weltweit als Industriestandard geltenden Version 2.01. Sie wurde speziell für die große installierte Basis von 8088 und 8086 Rechnern und einer DOS Umgebung von 640 KB entwickelt. Allways wird fester Bestandteil von 1-2-3 Version 2.2 sein.

2.4.1 Was ist neu in Lotus 1-2-3 Version 2.2?

Neuerungen im Arbeitsblatt
* automatische Verbindung (Link) zu Daten in anderen Dateien auf der Festplatte
* Parameterblätter für globale Einstellungen, Drucken, Grafik etc.
* zusätzliche Datensicherheit
* Suchen und Ersetzen von Label- und Formelzellen
* UNDO
* kompatibel zu Lotus 1-2-3 Version 3.0 und 2.01

Verbesserungen in der Grafik
* lange Legenden werden in zwei oder mehr Zeilen umgebrochen
* X-Achsen Beschriftungen werden gedreht, um Überlagerungen zu vermeiden
* Raster hinter Balken und gestaffelten Balken
* Quick-Grafik Möglichkeit
* schnellere Definition der Bereiche in einem Arbeitsschritt
* Liste von benannten Grafiken im Arbeitsblatt mit Name, Typ und erster Titelzeile

Verbesserungen im Ausdruck
* "Spreadsheet Publishing" mit ALLWAYS
* Unterstützung von PostScript-Druckern

* Text, Grafik und Tabellen auf einer Seite
* Orientierung, Layout, Schriftarten, Farben, Rahmen, Graustufen
* Kopf- und Fußzeilen können aus Inhalten von Bereichen im Arbeitsblatt bestehen

Makros

* neue Makro-Schlüsselworte und Befehle
* automatische Aufzeichnung und Ablauf von Tastaturanschlägen
* stufenweiser Ablauf von Makros möglich (für Tests und Fehlerbeseitigung)
* Makro-Bibliotheken, die auch von mehreren Dateien genutzt werden können
* keine Begrenzung bei der Anzahl von Makro-Namen
* Zusatzprogramme (Add-Ins) vom Menü aufrufbar Netzwerkunterstützung
* gleichzeitige Zugriffsmöglichkeit auf 1-2-3 Programm- und Datendateien unter Beachtung von Sperr- und Reservierungsbeschränkungen
* Ausgabe auf Netzwerk-Druckern
* Unterstützung des Netzwerkadministrators mit Dokumentation u. Software.

Systemanforderungen

* IBM PC und alle 100% Kompatiblen
* DOS 2.0 oder größer
* 384 KB Hauptspeicher (512 KB empfohlen)

2.5 Lotus 1-2-3/G

1-2-3/G ist eine reine OS/2 Version unter der grafischen Benutzeroberfläche Presentation Manager.

3. Lotus Symphony

Lotus Symphony Version 2.0 ist die umfassende Business Software, die Tabellenkalkulation, Textverarbeitung, Grafik, Datenbank und Kommunikation integriert. Symphony enthält im Kalkulationsteil den vollen Funktionsumfang von 1-2-3 Version 2.01. Der Textteil bietet zusätzlich die Möglichkeit, parallel Texte zu erstellen und sehr anwenderfreundlich Daten aus der Kalkulation und der Datenbank in die Texte einfließen zu lassen. Durch Masken kann sehr komfortabel auf Datenbanken zugegriffen werden. Wegen der umfangreichen Fenstertechnik und des Makromanagers findet Symphony in der Applikationsentwicklung einen breiten Anwendungsbereich. Die serielle Kommunikation erlaubt den Austausch von Daten zu anderen Systemen. Protokolle können individuell erstellt werden und Standards wie z.B. die VT100 Emulation sind im Lieferumfang enthalten.

4. Lotus Freelance Plus

Freelance Plus Version 3.0 ist ein multifunktionales Präsentationsgrafikpaket. Es beinhaltet sehr umfangreiche Möglichkeiten, Businessgrafik zu erstellen und Freizeichenfunktionen. Im Lieferumfang ist eine Symbolbibliothek von circa 700

Symbolen enthalten. Natürlich lassen sich auch individuelle Symbole wie z.B. Firmenlogos erstellen.

4.1 Features

Der Schwerpunkt in der Entwicklung der Version 3.0 wurde auf drei Bereiche gelegt: den sehr starken Businessgrafik-Teil, das Portfolio und die Bildschirmshow.

4.1.1 Business Grafik

Daten können sehr komfortabel aus 1-2-3 Version 2.x und 3.0, Symphony, ASCII und dBase übernommen werden, um dann in 12 Grafiktypen in einer sehr hohen Präsentationsqualität dargestellt zu werden. Bei der Übernahme müssen Sie nicht die Bereichs- oder Feldnamen kennen – Sie können direkt aus Freelance in die Datei hereinschauen und dort die gewünschten Daten markieren.

4.1.2 Freizeichenfunktionen

Businessgrafiken können mit den zahlreichen Freizeichenfunktionen individuell verändert werden. Dabei können beliebige Symbole und Texte hinzugefügt werden und bestehende Grafikteile verändert werden.

4.1.3 Portfolio

Das Portfolio ist die Oberfläche, in der Präsentationen strukturiert geplant und bearbeitet werden können. Die Liste des Portfolio kann bis zu 100 Dateien enthalten. Der direkte Zugriff auf Grafiken und Zeichnungen erlaubt das Editieren der Grafiken aus dem Portfolio heraus. Weiter können im Portfolio über die Preview Funktion die Ergebnisse am Bildschirm betrachtet und ausgedruckt werden. Beim Drucken können mit einem Tastendruck farbige Flächen in Füllmuster umgesetzt werden, um so z.B. Handouts in schwarz-weiß zu erzeugen.

4.1.4 Screen Show

Freelance Plus 3.0 unterstützt zahlreiche Drucker, Laserdrucker und Plotter. Zusätzlich besteht die Möglichkeit der Bildschirmpräsentation, um PCs, LCD Overheadauflagen und Großbildprojektoren als Vortragsmedien zu nutzen. Die so erzeugten Bildschirm-Shows können – auf einer Diskette gespeichert – selbstablaufend und ohne das Freelance selbst betrieben werden.

5. Lotus Manuscript

Lotus Manuscript Version 2.0 ist das leistungsfähige Programm für den Anwender, der viel Zeit mit dem Schreiben und Bearbeiten von Texten zubringt. Es ist spezialisiert auf große, strukturierte Texte. Manuscript bietet zusätzlich zu den Dingen, die jede Textverarbeitung hat, folgende Eigenschaften:

Mischen	Standardtext wird mit verschiedenen Kriterien gemischt (z.B. Serienbrief)
Makros	Tastenanschläge können gespeichert werden

Spalten	echte Spaltenverarbeitung z.b. zur Gestaltung von Tabellen
Rechtschreibeprüfung	Hauptwörterbücher mit 120.000 Einträgen und zusätzlich zwei benutzerdefinierbare Wörterbücher; fremdsprachige Wörterbücher sind lieferbar
Strukturplaner	strukturorientiertes Arbeiten mit beliebiger Numerierung
Bibliotheken	Text- und Formatbibliotheken zur schnellen Eingabe
Rechnen	rechnet im Text: Grundrechenarten, Potenz- / Prozentrechnung
Formeln	mathematische/wissenschaftliche Formeln im Text
Fonts	druckerabhängig oder zusätzlich ladbare Fonts
Trennung	automatische oder von Anwender definierte Trennung
Preview	Vorschau ermöglicht den Anblick des Drucktextes (WYSIWYG)
Grafiken	Übernahme von Grafiken aus Lotus 1-2-3, Lotus Symphony, Lotus Freelance Plus, Lotus GraphWriter II, CAD-Programmen, PCGrafik Metafiles, PostScript und gescannte Bilder
Arbeitsblätter	Dynamische Verbindung (Link) zu Arbeitsblättern in Lotus 1-2-3 oder Symphony (Ändert sich die Tabelle in 1-2-3 oder Symphony, ändert sie sich automatisch auch in Manuscript)
Bildschirmfotos	Sie können einen beliebigen Bildschirminhalt als Bildschirmfoto auf der Festplatte ablegen und anschließend in Manuscript einbinden (z.B. zur Dokumentation)
Rahmen	zur Darstellung von Tastatursymbolen oder Tabellen lassen sich einzelne Zeichen oder Bereiche in umrahmter Form darstellen
Formatoptionen	Fußnoten, Inhaltsverzeichnis, Abbildungsverzeichnis, Tabellenverzeichnis, Indexverzeichnis werden automatisch erstellt
System-Voraussetzungen	IBM PC oder 100 % kompatibler 512 KB RAM (möglichst 640 KB), Festplatte

6. DataLens

DataLens ist eine neue Generation von Treibern, die Schnittstellen zwischen Lotus-Produkten und Fremdprodukten bilden. Sie bieten die Möglichkeit, aus einem Lotusprodukt – ohne es zu verlassen – auf externe Daten zuzugreifen (z.B. dBase, DB2, Oracle,..). DataLens ist kein Produkt, sondern eine Vereinheitlichung einer Schnittstelle an Lotus-Produkten. DataLens-Treiber können von jedem Fremdhersteller und auch von Spezialisten erstellt werden. Eine Toolbox steht dazu zur Verfügung. DataLens ist so ausgelegt, daß die erstellten Treiber auch plattformübergreifend wirken können (z.B. Support aller gängigen Protokolle und Pipes wie DECNET, LU 6.2, LU2, DDE). Lotus 1-2-3 Version 3.0 ist das erste Produkt, welches mit DataLens-Technologie ausgestattet ist. Das Toolkit zur Erstellung eigener DataLens-Treiber ist für Softwarehäuser verfügbar.

Berichterstattung über Gesprächskreis 1 "Softwarebörsen, Hochschul- und Standardsoftware"

Dietmar Waudig

Universität Karlsruhe
Rechenzentrum
Akademische Software-Kooperation

1. Verteilte Anwendungen von Programmen

Herr Thelemann betont, daß existierende Programme, die nicht speziell für verteilte Anwendungen ausgelegt sind, nur mit größerem Aufwand für verteilte Anwendungen in Netzen lauffähig gemacht werden können. Eine Neuentwicklung solcher Programme sei daher sinnvoller. Insbesondere bei graphischen Anwendungen reicht die Übertragungsgeschwindigkeit der heutigen Netzdienste laut Dr. Zinn und Herrn Thelemann nicht aus. Auch die unterschiedlichen Benutzerschnittstellen stellen ein Problem bei der Anwendung verteilter Programme dar. Prof. Schreiner weist darauf hin, daß der DFN-Verein plant, die Übertragungsgeschwindigkeiten im Rahmen des Wissenschaftsnetzes auf 2 Megabit pro Sekunde zu erhöhen. Die Anwender sollten sich durch die vorhandenen Kinderkrankheiten nicht abschrecken lassen, sondern vielmehr den Bedarf durch Anwendungen zeigen und Pilotprojekte mit hoher Geschwindigkeit anmelden, so daß ein entsprechender Handlungsbedarf sichtbar wird.

2. Copyright

Das Copyright bei der Erstellung von Diplom- und Studienarbeiten wird in den Hochschulen unterschiedlich gehandhabt. Dr. Korsch berichtet, daß an der Universität Kaiserslautern das Copyright normalerweise bei den Studenten liege. Bei mehreren Autoren hingegen, wo die einzelnen Rechte nicht definitiv festgelegt werden können, verbleibe das Copyright beim jeweiligen Fachbereich. Aus dem Auditorium kommt der Hinweis, daß in Bayern das Copyright auf jeden Fall beim jeweiligen Institut liege. Prof. Schreiner sagt, daß an der Universität Karlsruhe die Studenten über das Copyright verfügen, wobei die Software aber innerhalb der Universität frei verfügbar sein muß. Die Softwareautoren betonen, daß sie die Programme weniger aus kommerziellem Interesse entwickeln, sondern hauptsächlich durch das Interesse der Studenten an solcher Software motiviert würden und sie an einer großen Verteilung ihrer Programme im Hochschul-Bereich interessiert seien. Aus Sicht des Auditoriums wäre die Mitnahme von Lehrsoftware durch Studenten nach Hause wünschenswert, da ein Großteil der Studenten schon über eigene Rechner verfügt. In den meisten Fällen ist dies jedoch nicht möglich.

3. Verfügbarkeit der Programme

Prof. Hermann weist darauf hin, daß ein kommerzieller Vertrieb von Programmen durch Verlage erst bei einer Stückzahl > 1000 für die Verlage interessant sei. . Das Programm von Dr. Afflerbach ist im Täubner-Verlag unter dem Titel "Statistik-Programm mit dem PC" erschienen und wird derzeit an 10 - 15 Hochschulen eingesetzt. Das Programm von Herrn Dahmen ist vom Springer-Verlag unter dem Titel "Quantum Mechnanics on the Personal Computer" zu beziehen. Die Programme der Herren Prof. Hermann, Knobloch, Dr. Korsch, Sachs und Schulthess sind gegen eine geringe Gebühr bei den Autoren erhältlich. Alle Autoren betonen, daß zwischen einer Weitergabe an Hochschule und die Industrie unterschieden werden muß. Die Programme sollten unter den Hochschulen gegen Erstattung der Unkosten weitergegeben werden, während bei einer Weitergabe an die Industrie höhere Gebühren verlangt werden sollten. Prof. Schreiner weist auf den PC-Lesesaal der Universität Karlsruhe hin, wo Studenten Programme ausleihen können. Er schlägt vor, die vorgestellten Programme dort ebenfalls verfügbar zu machen.

4. Einsatz von Lehrsoftware

Der Vorteil des Einsatzes von Lehrsoftware liegt laut Prof. Dahmen in der Stärkung des Vorstellungsvermögens von Studenten über abstrakte Sachverhalte. Ein weiterer Vorteil der Software gegenüber herkömmlichen plastischen Modellen liegt in Ihrer Dynamik und Veränderlichkeit. Für Prof. Hermann ist der Einsatz von HYPERCARD und HYPERTEXT in der MS-DOS-Welt nicht sinnvoll, da hierfür zuviel Speicherplatz benötigt wird. Die unterschiedlichen Strategien bei der Darstellung von Lehrinhalten in Software werden am Beispiel der Programme von Prof. Schulthess und Prof. Sachs diskutiert, die Programme für die Darstellung der Funktionsweise einer CPU entwickelt haben. Prof. Schulthess beschränkte sich auf eine einfache Darstellung der Komponenten eines Mikroprozessors während Prof. Sachs die Komplexität einer CPU in seinem Modell dargestellte, wobei allerdings ein eingeschränkter Befehlssatz verwendet wurde. Der Vorteil des ersten Verfahrens liegt in der leichteren Verständlichkeit der Grundverfahren, während die zweite Methode sich als Simulationswerkzeug und zur Vertiefung des Wissens über Detailfunktionen eignet.

5. Kommerzielle Software

Bei der vorgestellten kommerziellen Software ist der Trend zur Portierung von Großrechnerprogrammen auf PCs und Workstations unter UNIX zu erkennen, wobei die Hersteller Programme für verschiedene Systeme, insbesondere UNIX, MS-DOS und APPLE-Macintosh anbieten. Aus dem Auditorium wird das Problem der Campus-Lizenzen angeschnitten und betont, daß die Hersteller für Hochschulen Sammellizenzen zur Verfügung stellen sollten.

Gesprächskreis 2

Methodik, Lern- und
Autorensysteme

Erfahrungen in der Erforschung und im Einsatz von interaktiver Lernsoftware

Eduard Gabele
Universität Bamberg
Lehrstuhl für Betriebswirtschaftslehre

1. Das Projekt BWL Interaktiv

Eine Forschergruppe am Lehrstuhl für Betriebswirtschaftslehre, insbesondere Unternehmensplanung und Managementinformatik, die sich aus zehn bis zwölf ständigen Mitarbeitern (Betriebswirte, Pädagogen, Informatiker) zusammensetzt, beschäftigt sich seit längerem mit dem Thema "Interaktive Lernsoftware". Das erste Projekt, ein interaktives Lernprogramm zur Buchführung für Anfänger, konnte inzwischen abgeschlossen werden.

Wichtigstes Projektziel war die Erprobung der Möglichkeiten und Grenzen des Computers in der Lehre. Um einen neuen Weg des Lernens von Buchführung einzuschlagen, sollte ein interaktives Lernprogramm konzipiert und programmiert werden. Dabei hatte das Programm den üblichen Qualitätsmerkmalen, die von einer Lernsoftware zu fordern sind, zu entsprechen, unter Berücksichtigung einer vertretbaren Entwicklungsdauer und tragbaren Kosten.

Zur Umsetzung der Projektziele wurde im Frühjahr 1988 in einer ersten Phase ein Grobkonzept erstellt. Es definiert Adressaten, beschreibt den Lernplatz und legt die Grobstruktur des Lernprogramms fest. Besondere Bedeutung kommt dabei der Festlegung der Adressaten zu. Diese bestimmen die Richtung für den gesamten weiteren Erstellungsprozeß. Die Adressaten sind ferner maßgebend für die Struktur des Lernprogramms, die Darbietung der Lerninhalte am Bildschirm, die Wortwahl und die Auswahl sowie den Umfang der Übungsbeispiele. Als Adressaten des Lernprogramms wurden festgelegt:

- Studenten der Wirtschaftswissenschaften;
- Schüler in Wirtschaftsgymnasien und Schüler in Gymnasien, die kaufmännische Fächer als Leistungskurs belegt haben;
- Auszubildende und Weiterzubildende sowie Fachkräfte, die Grundwissen in Buchhaltung und Jahresabschlußerstellung erwerben wollen;
- Personen, die sich selbständig in die kaufmännische Buchführung einarbeiten wollen.

In der zweiten Phase beschäftigten sich mehrere Einzelgruppen mit der Entwicklung einer Bedienerführung, die dem Lernenden ein individuelles Arbeiten mit dem Lernprogramm ermöglicht. Danach konnte im April 1988 die Grobstruktur bildschirmgerecht mit Lerninhalten ausgefüllt werden. Dieses Feinkonzept wurde in der Form dreiteiliger Entwürfe, bestehend aus Layoutskizze, Programmablaufplan und einem Textteil in Kleingruppen erstellt.

Während der vorlesungsfreien Zeit im Sommer 1988 konnte die Programmierung in der Autorensprache TenCORE beginnen. Ein Programmiererteam, bestehend aus zwei Programmierern, einem Computergraphiker, Testern und einem Projektsekretär leistete diese Arbeit. Schließlich folgte im Wintersemester 1988/89 an der Universität Bamberg ein breit angelegter Feldtest mit Studienanfängern im Fachgebiet Wirtschaftswissenschaften zur Evaluation und Optimierung des Lernprogramms.

2. Das Interaktive Lernprogramm

In allen Projektphasen galt es, die in den Projektzielen festgelegten Qualitätskriterien zu erfüllen, vor allem hinsichtlich der Programmarchitektur, der Darbietung des Lernstoffes sowie der Effizienz des Lernens.

2.1 Die Programmarchitektur

Umfangreiche Bildungsinhalte lassen sich grundsätzlich schwer mittels Lernprogrammen bewältigen. Eine systematische Gliederung ist dabei unerläßlich.

Insgesamt wurde der Lernstoff zur Buchführung in neun Kapitel eingeteilt, jedes Kapitel seinerseits in Abschnitte und jeder Abschnitt in Lernziele.

Wie kann man einen breiten Stoff programmgerecht darstellen? Kleine Schritte in Form motivierender Dialoge und treffsichere Lernkontrollen sind unerläßlich. Über individuelle Dialoge bewältigt der Student oder Schüler selbst große Stoffmengen.

Wie geht ein Lernender durch ein solches Programm? Zunächst könnte er, ohne Hilfen, die ihm zur Verfügung stehen, einen schnellen Weg durch das Programm wählen: Er arbeitet Bildschirm für Bildschirm ab, löst die Übungsaufgaben und erhält, entsprechend seiner Eingaben, Rückantworten des Computers.

Derselbe Lernende könnte zur Vertiefung einen nächsten Lerndialog beginnen. Er startet die Übung nochmals, will jetzt aber genauer vorgehen, intensiver lernen, jedoch andere Inhalte und Aufgaben bearbeiten. Wir sprechen von "alternativen Lernwegen": Der Lernende, der bereits den ersten Lerndialog durchgegangen ist, wird automatisch vom Programm nicht mehr an dieselbe Stelle geführt, an der er bereits gewesen ist. Er soll nicht mit derselben Materie wieder konfrontiert werden, weil ihn dies vielleicht langweilt. Er bekommt andere Lerninhalte vorgelegt; dies gilt auch für die Übungsbeispiele. Auf diese Weise können weitere Lerndialoge folgen.

Wie beurteilen die Lernenden das Arbeiten mit der Programmarchitektur "alternative Lernwege"? Eine Begleitforschung, die im Wintersemester 1988/89 an der Universität Bamberg parallel beim ersten Einsatz des Programms durchgeführt wurde, belegt, daß die Lernenden "Gliederung" und "roten Faden" sehr positiv beurteilen: Über 50% der Lernenden erscheint die Gliederung als "übersichtlich"; einen "roten Faden" durch das Programm entdecken über 40% der Lernenden fast "immer".

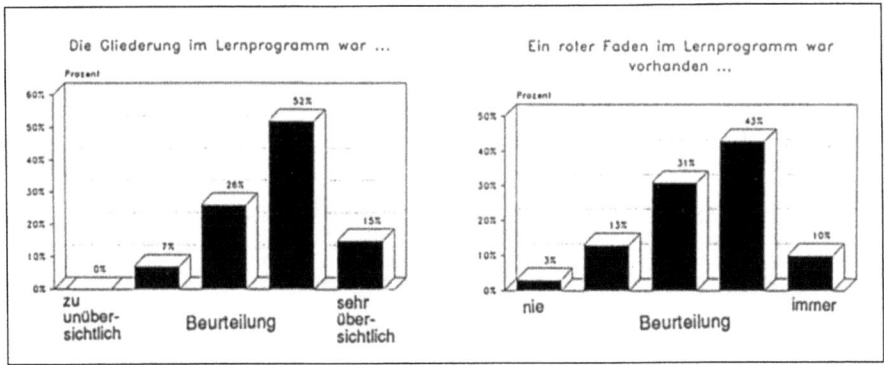

Abb. 1: *Beurteilung der Gleiderung bzw. des "roten Fadens"*

Die Effekte eines Interaktiven Lernprogramms können in der zeitlichen Struktur liegen. Die nächste Abbildung macht deutlich, daß die Bearbeitungszeit des ausgewählten Lernschrittes zwischen einer und dreizehn Minuten lag, am häufigsten vier Minuten dauerte.

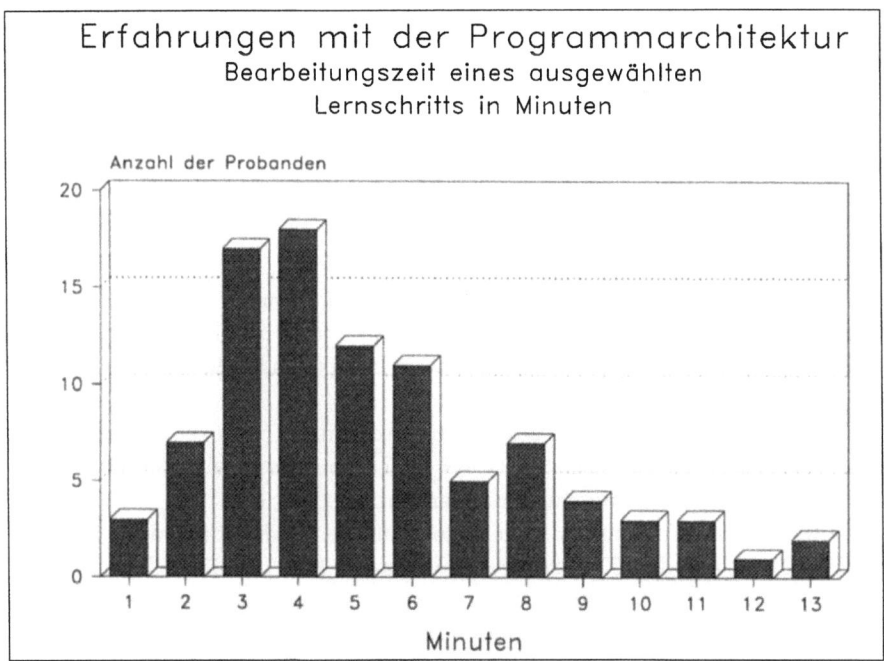

Abb. 2: *Feldtestergebnis BWL-Interaktiv*

Die Lernschritte sollten relativ kurz sein, weil sonst die Motivation verloren geht. Andererseits lernt nicht jeder gleich schnell. Es gibt "Schnelldenker" und etwas langsamere, die jedoch gleichermaßen unterstützt werden müssen. Individuelles Lernen muß möglich sein.

2.2 Die Darstellung des Lernstoffs

Lernstoff am Bildschirm zu präsentieren, verlangt neben einer leicht durchschaubaren Gliederung vor allem knappste Darstellung in Text und Graphik. Wie sind die Bildschirme des Lernprogramms gestaltet? Aus der nachstehenden Schematisierung ergibt sich die Struktur der Bildschirme.

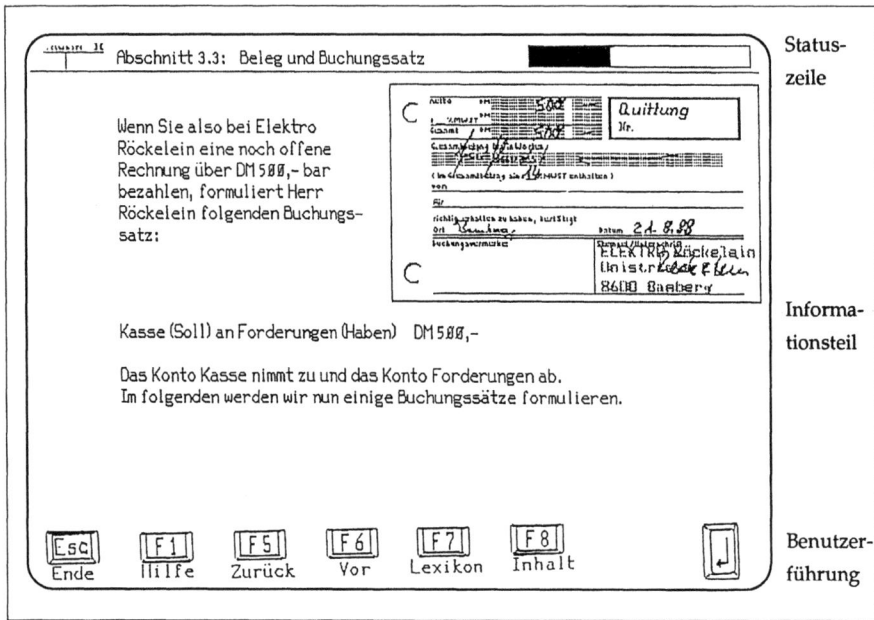

Abb. 3: Bildschirmbereiche

Am Kopf des Bildschirms ist die "Statuszeile" angebracht: links das Kapitelsymbol, in der Mitte der gerade bearbeitete Abschnitt und rechts das "Kapitelmeter", welches angibt, wieviel des insgesamt zu bearbeitenden Stoffes bereits bewältigt wurde.

Der Mittelteil des Bildschirms besteht aus Texten und Graphiken, die sich teilweise ergänzen oder unterstützen. Graphik muß animiert sein, ein wichtiges Thema im Bereich computerunterstützter Unterricht.

Die Bildschirmaufteilung ist so gestaltet, daß die "Bedienerführung" immer gleich bleibt: F1 = Ende; F5 = Lexikon, F6 = Zurück, F8 = Hilfe, F9 = Inhalt bzw. Inhaltsverzeichnis. Der Lernende muß stets wissen, wo er sich gerade befindet. Er darf nicht allein gelassen werden. Er muß Klarheit darüber haben, was er tun kann, ob er vor oder zurück, ins Lexikon oder in den Inhalt gehen möchte. Die Funktionstasten sehen nicht alle gleich aus: F8 ist unterbrochen, das ist kein Fehler im Bild, sondern es soll besagen: Diese Taste ist an der Stelle, an der sich der Lernende befindet, nicht aktiv. Das heißt, es kann auch keine Hilfe aufgerufen werden. Welche Erfahrungen machten die Lernenden mit den Texten, Graphiken und Stoffinhalten? Die folgenden Abbildungen zeigen die empirischen Befunde.

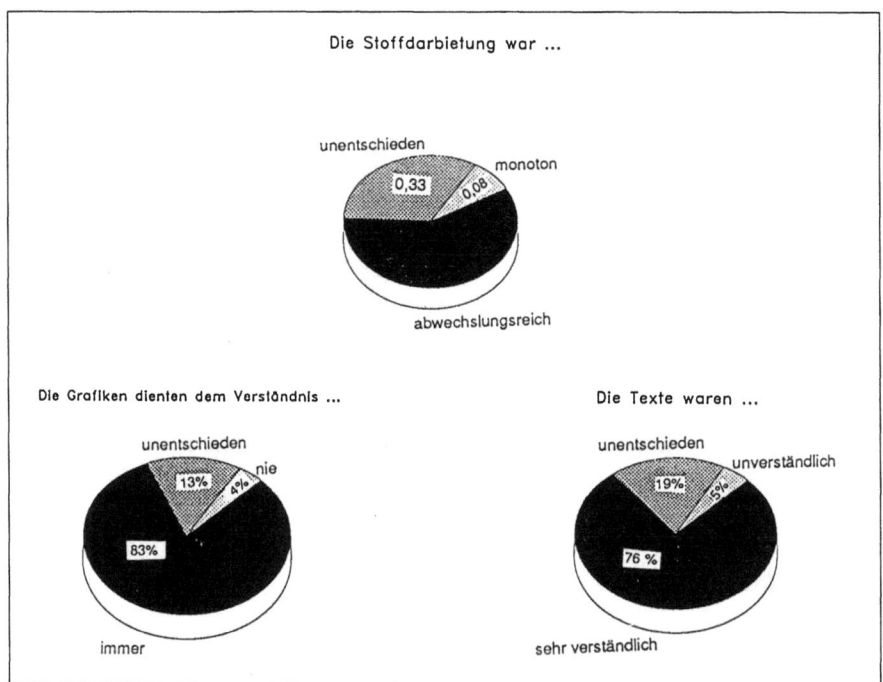

Abb. 4: *Erfahrungen mit den Texten, Graphiken und Stoffinhalten*

Der Stoff wird demnach als überwiegend "sehr abwechslungsreich" bezeichnet; ein erfreuliches Ergebnis, wenn man bedenkt, daß hier der Inhalt eines über 300 Seiten umfassenden Buches zu verarbeiten war. Die didaktische Funktion des Buches als Ausgangsmaterial für ein Lernprogramm muß in Ordnung sein. Daneben gilt: Ohne ein ausgereiftes inhaltliches Konzept kommt man nicht zurecht.

"Wie sehen die Graphiken aus?" Graphiken dienen immer dem Verständnis, Graphiken sind wichtig, bewegte Graphiken sind ein guter Aufhänger, die Entwicklung, um die es geht, zu zeigen. "Wie sind Graphiken und Texte bewertet worden?" Die Graphiken dienten nahezu immer dem Verständnis und die Texte waren meist "sehr verständlich". Hier muß der Konstrukteur eines Lernprogramms ansetzen. Er ist ständig aufgefordert, es besser zu machen. Das gilt auch für jedes Lehrbuch.

3. Beurteilung des Lernprogramms

"Wie beurteilen die Lernenden das Programm insgesamt?" "Haben sie gerne damit gearbeitet?"

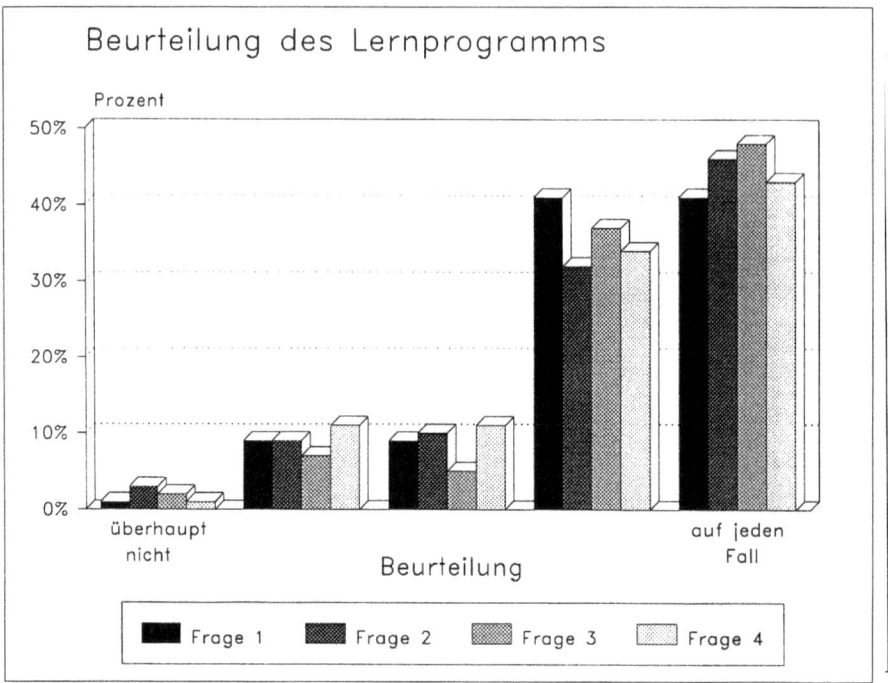

Abb. 5: Beurteilung des Lernprogramms

Die empirischen Ergebnisse belegen eine extrem positive Beurteilung der Arbeit mit dem Lernprogramm (Frage 1); das Buch schneidet im Vergleich zum Lernprogramm schlecht ab: Die Lernenden ziehen mit überwältigender Mehrheit das Lernprogramm dem Buch vor (Frage 4).

"Ich würde gerne weitere Lernprogramme bearbeiten", war dann die Frage 2. Und zum Schluß: "Kann ein Lernprogramm eine Vorlesung ersetzen?" Deutliche Zustimmung zur Aussage: "Ich sehe im Lernprogramm eine sinnvolle Alternative zur Vorlesung" (Frage 3).

Wie fielen nun die Klausurergebnisse aus? Der Stoff mußte am Ende abgeprüft werden, weil die Lernenden einen qualifizierten Schein benötigen.

Die Ergebnisse von zwei Klausuren (WS 87/88) an der Universität Bamberg sind in Abb. 6 und Abb. 7 zusammengestellt, wobei die Skala von Note 1 bis 4, sowie "nicht bestanden", reicht. Leider hatten wir im rechten Bereich eine große Anzahl von Studenten, die nach der traditionellen Methode – Vorlesung mit daran anschließender Übung – die Abschlußklausur nicht bestanden.

Im Gegensatz hierzu bewältigten die Lernenden den erforderlichen qualifizierten Schein mit Hilfe des Lernprogramms sehr gut.

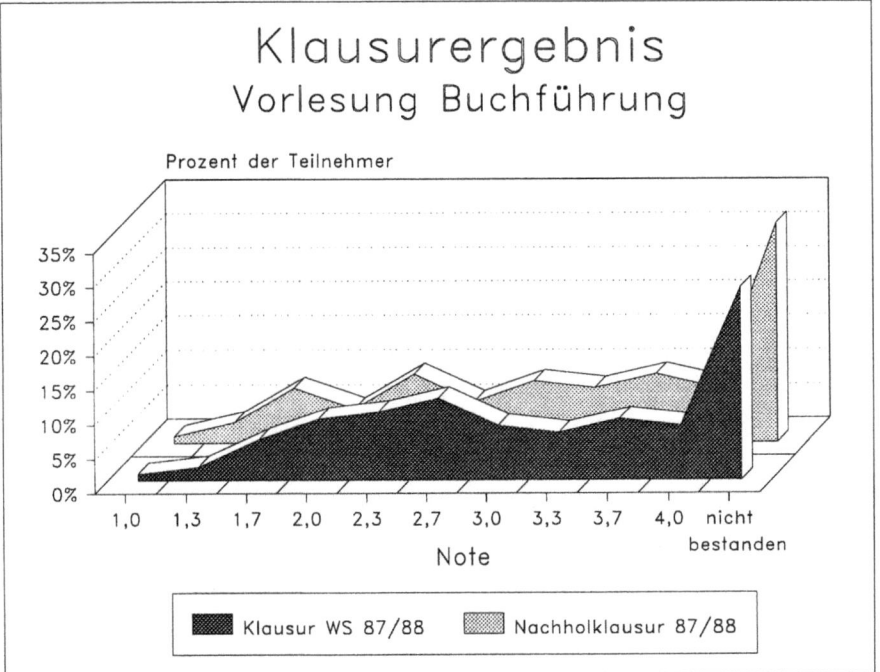

Abb. 6: *Klausurergebnis ohne Lernprogramm*

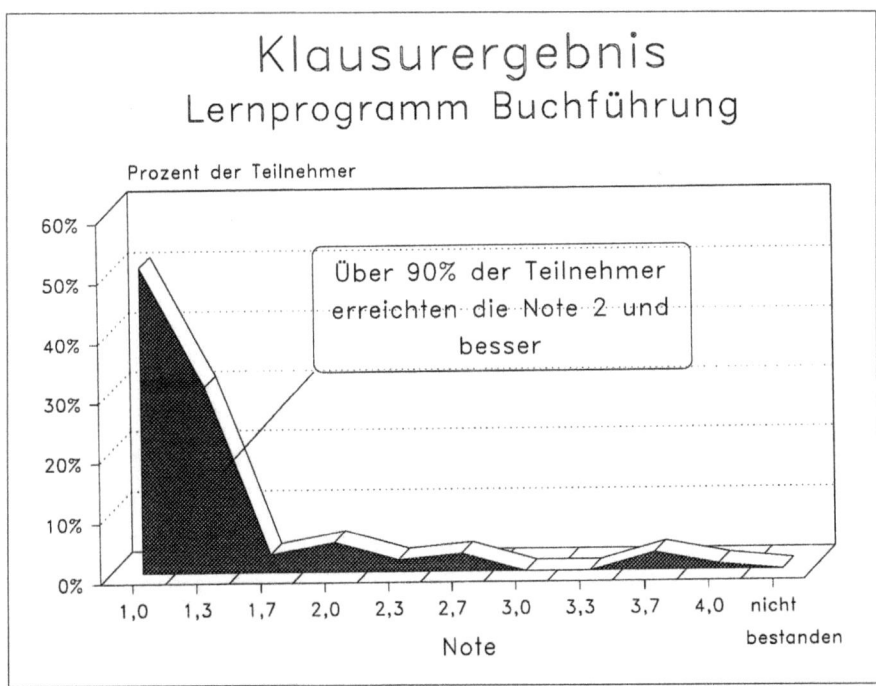

Abb. 7: *Klausurergebnis mit Lernprogramm*

Die Ergebnisse mögen überraschen und man muß sich fragen, ob sie in gleicher Weise wiederholbar sein werden. Selbst eine Verschlechterung des Notendurchschnitts wäre im Vergleich zur früheren Situation immer noch positiv. Die Lernenden zeigten sich überaus interessiert und motiviert. Es wurden auch nicht Lernende mit besonders günstigen Bedingungen für positive Ergebnisse ausgewählt, sondern aus 700 Erstsemestern nach Zufallsprinzip 90 Studenten, darüber hinaus 30 Schüler von Bamberger Gymnasien.

Learning by doing mit VULCAN

Rainer Thomé
Universität Würzburg
Lehrstuhl für Betriebswirtschaftslehre und Wirtschaftsinformatik

1. Grundidee

Das Fach Betriebswirtschaftslehre ist als eine angewandte Wissenschaft in besonderer Weise der Realität verpflichtet. Dies muß bei der Gestaltung des entsprechenden Studienganges besonders berücksichtigt werden. Die Möglichkeit zum Kennenlernen der Realität sollte nicht erst nach Abschluß eines Betriebswirtschaftsstudiums bestehen. Eine praxisorientierte Universitätsausbildung kann die Berufstätigkeit gut vorbereiten.

Ansatzpunkt von VULCAN (Virtuelle Unternehmen als Lehr- Forschungs- und AusbildungsNetz) ist es, den Untersuchungsgegenstand der Betriebswirtschaftslehre den "Betrieb" in die Universitäten zu transferieren, um ihn als Vehikel für Forschung und Lehre zu nutzen. In vielen anderen Disziplinen, besonders in den Naturwissenschaften, ist es eine lange Tradition, den Gegenstand der Forschung konkret im Labor zu untersuchen, wobei häufig weder Kosten noch Mühen gescheut werden. Dies zeigt sich auch in der Mittelverteilung für die verschiedenen Disziplinen. Für die Betriebswirtschaftslehre als eine Geisteswissenschaft, war es erstmals im Rahmen des Projektes VULCAN möglich, ein Labor zu finanzieren.

Obwohl der Forschungsgegenstand der Betriebswirtschaftslehre in der Realität durchaus existiert, arbeitet die betriebswirtschaftliche Forschung und Lehre noch sehr abstrakt. Mit Hilfe der Datenverarbeitung ist es möglich, Unternehmen in realer Größe darzustellen, so daß sie alle Eigenschaften und Probleme aufweisen, die Betrachtungsgegenstand betriebswirtschaftlicher Untersuchungen sind. Computer bilden das Experimentierfeld für eine umfassende Simulation von Betriebsprozessen. Die Aufteilung der Betriebswirtschaftslehre macht es notwendig, daß ein Untersuchungsobjekt – der virtuelle Betrieb – für die Ausbildung in den verschiedenen Fachrichtungen und für die wissenschaftliche Forschung dieser Teildisziplinen zur Verfügung gestellt wird. Auf diesem Weg kann die Zersplitterung der Forschungsansätze überwunden und ein der informationstechnischen Verknüpfung bzw. Intergration verschiedener betrieblicher Abläufe adäquater Rahmen gefunden werden.

Eine geradezu ideale Lösung bietet sich an, indem mehrere BWL-Lehrstühle einer Universität eine Unternehmung bilden, die mit anderen virtuellen Unternehmen in Geschäftsbeziehungen steht, welche wiederum durch die entsprechenden Lehrstühle anderer Universitäten gepflegt werden. Das im folgenden skizzierte Grundprojekt, das für Erweiterungen offen ist, setzt sich aus fünf Gruppen zusammen, die jeweils in Form eines lokalen Netzes mehrere BWL-Lehrstühle so miteinander verbinden, daß von den Wirtschaftsinformatikern die maschinelle Organisation (sozusagen der Rechenzentrumsbetrieb) zur Verfügung gestellt wird, während die anderen Netzteilnehmer das System nutzen, um darauf ihre Daten für Lehre und Forschung zu übermitteln.

Die Geschäfte des Unternehmens werden auf verteilter Basis geführt, die Fortschritte und Auswertungen der Daten obliegen damit den einzelnen Lehrstühlen.

Der Ausbildung dient das System dadurch, daß Studenten die Möglichkeit erhalten, im virtuellen Unternehmen zu arbeiten – im Sinne der Übung von Basistechniken wie Buchhaltung und der Vertiefung der Kenntnisse von betriebswirtschaftlichen Methoden wie z.B. Investitionsrechnungsverfahren, aber auch im Rahmen der forschenden Analyse aller Auswirkungen des eigenen unternehmerischen Handelns.

Das System bleibt offen, so daß auch weitere Universitäten, an denen sich entsprechende Gruppen von Anwendern zusammenfinden und denen die entsprechende Hard- und Software zur Verfügung steht, eingebunden werden können.

Es gibt bereits seit einigen Jahren Unternehmensplanspiele, die computergestützt den Teilnehmern ermöglichen, unternehmenspolitische Entscheidungen in ihren Auswirkungen zu verfolgen. Damit wird angestrebt, den Studierenden ein Training in Entscheidungssituationen zu geben, um sie auf die Bedeutung planerischer Überlegungen hinzuweisen.

Das System VULCAN soll reale Unternehmen in ihrem Verhalten simulieren, indem es Unternehmen betreibt, die aus betriebswirtschaftlicher Sicht vollkommen existent sind und alle Funktionen tatsächlich erfüllen, die jedoch am realen Markt nicht mit einem Leistungsangebot antreten. Damit wird es möglich, entsprechend dem Fahrversuch eines neuen Automodells oder den Erprobungsflügen einer Passagiermaschine alle Systemfunktionen in ihrer Arbeitsweise zu beobachten und Änderungen einzelner Systemteile in ihren Wirkungen auf das Gesamtsystem bzw. andere Systemteile zu verfolgen.

Die insbesondere von der X-OPEN-Gruppe befürwortete Entwicklung zur Office Document Architecture (ODA) und zum Office Document Interchange Format (ODIF) ist ebenfalls noch deutlich von einer praktikablen Anwendungslösung entfernt und bringt durch die totale Freiheit der Strukturgestaltung auch einen enormen Overhead bei der Kommunikationsabwicklung. Die zwischen Unternehmen auszutauschenden Daten haben mit Ausnahme der als reine Briefe und Textinformationen zu versendenden Angaben alle ein strukturiertes Format, das sich auch bei konventioneller Abwicklung in Form von Auftragsformularen, Lieferscheinbögen etc. niederschlägt. Auch wenn diese Formate zwischen verschiedenen Unternehmen unterschiedlich ausgeführt sind, so haben sie doch zwischen jeweils zwei beteiligten Partnern über lange Zeit eine feste Struktur. Daher bot sich an, das Konversionsprogramm DOLMETSCHER zu entwickeln, das nach einmaliger Festlegung der beiden von zwei Kommunikationsteilnehmern genutzten Satzformate, die wechselweise Übersetzung der bei der Anwendungssoftware benötigten Datensatzstrukturen vornimmt.

2. Ausbildung mit VULCAN

Zur Unterstützung der Entwicklung einer informationsverarbeitungsorientierten BWL war eine Infrastruktur in den Universitäten zu schaffen, die es bislang noch überhaupt nicht gab. Die betriebliche Wirklichkeit hat sich von der Ausbildungssituation weit entfernt. Die genannte Infrastruktur besteht jedoch nicht nur aus Computern, die durch rein finanzielle Anstrengungen zu beschaffen wären, sondern insbesondere auch aus einem Softwaresystem, das Unternehmensabläufe vorstellt und untersuchbar macht. Die bisherigen Entwicklungsarbeiten hierzu sind nur splitterhaft.

Besondere Arbeitsplatzanforderungen entstehen bei VULCAN dadurch, daß unter den Mitarbeitern eine hohe Fluktuationsrate herrscht. Studenten arbeiten in der Regel nur ein Semester oder für die Dauer einer Seminar- oder Diplomarbeit im virtuellen Betrieb. Da die Schulung und Einarbeitung in neue Software nicht im Mittelpunkt der Ausbildung steht, sondern statt dessen Betriebswirtschaft praktiziert werden soll, muß die Einarbeitungsphase kurz gehalten werden. Deshalb ist es eine Grundanforderung, daß die Mitarbeiter stark motiviert sind.

Grundsätzlich werden die VULCAN-Lehrveranstaltungen mit verteilten Rollen in Geschäftsleitung und Mitarbeiterstab abgehalten. Von der Geschäftsleitung werden Stellenbeschreibungen erarbeitet und Personalausschreibungen veröffentlicht. Studenten bewerben sich gezielt mit realen Bewerbungsunterlagen auf eine Position im Unternehmen. Die Schulung und Ausbildung in der Rechner- und Programmbedienung erfolgt durch Mitarbeiter der vorherigen Geschäftsperiode. Die ausgeschiedenen Studenten treten dabei als freiberufliche Unternehmensberater auf, die für ihre Tätigkeit ein virtuelles Salär auf ihr Konto bei der VULCAN-Bank erhalten (Besondere Bestätigung im Sinne eines Zeugnisses). Für die Mitarbeiter gilt es im Rahmen ihrer Anstellung, die typischen Aufgaben ihrer Stelle mit Geschick und Ideenreichtum auszuführen. Dabei erstellt zunächst jede Abteilung einen Durchführungsplan, der die konkreten Arbeitsziele terminlich festschreibt. Dieser Durchführungplan wird in der Veranstaltung mit der Unternehmensleitung (Professor mit Assistenten) und anderen Abteilungen besprochen und abgestimmt. Die Arbeitsleistung einer Geschäftsperiode wird am Semesterende in Form eines Berichtes durch jede Abteilung festgehalten. Dabei wird schriftlich und mündlich dokumentiert, welche Ziele erreicht oder warum Ziele verfehlt wurden.

Der Kommunikationsbedarf zwischen den Mitarbeitern wird durch zwei verschiedene Sitzungsformen befriedigt. Die Teilnahme am "Abteilungsleitertreffen" ist für alle Mitarbeiter obligatorisch. Hier findet regelmäßig einmal in der Woche eine Abstimmung über Ziele und Probleme der Geschäftsabwicklung statt. Dabei wird über die Arbeit der letzen Woche berichtet und Vorhaben werden abgestimmt. Auf Wunsch der Mitarbeiter oder der Geschäftsleitung kann einmal wöchentlich eine "Krisensitzung" durchgeführt werden. Dabei werden akute Problemstellungen diskutiert, die die Arbeit in der Unternehmung betreffen.

Selbstverständlich überprüft die Geschäftsleitung die getroffenen Zielvereinbarungen, die am Anfang in Form eines Managementplans (*Was* muß bis *Wann* passiert sein!) gemeinsam festgelegt wurden und bewertet das Engagement und den Ideenreichtum der Mitarbeiter.

3. Teilnehmerstruktur

Die Aufgabe, mehrere Unternehmen verschiedener Branchen zu gründen, kann nicht von einem Lehrstuhl allein ausgefüllt werden. Notwendig ist eine bundesweite Zusammenarbeit mehrerer Fachvertreter der Betriebswirtschaftslehre. In VULCAN haben sich gegenwärtig fünf Professoren der Wirtschaftsinformatik als Kerngruppe zusammengefunden:

Prof. Dr. Fahrion, Universität Heidelberg (beteiligt seit 5/88)
Prof. Dr. Pressmar, Universität Hamburg
Prof. Dr. Schmitz, Universität Köln
Prof. Dr. Seibt, Universität Essen
Prof. Dr. Thomé, Universität Würzburg (Projektleitung)

Um diese Kerngruppe herum arbeiten momentan sieben weitere Lehrstühle am Aufbau der virtuellen Unternehmen, wobei sie jeweils ihre speziellen Fachrichtungen als Arbeitsschwerpunkt einbringen:

Prof. Dr. Hummeltenberg, Universität Hamburg
Prof. Dr. Kloock, Universität Köln
Prof. Dr. Layer, Universität Hamburg
Prof. Dr. Liesegang, Universität Heidelberg
Prof. Dr. Oechsler, Universität Bamberg
Prof. Dr. Sieben, Universität Köln
Prof. Dr. Wimmer, Universität Bamberg

Virtuelle Unternehmen, die der Realität entsprechen sollen, benötigen Rechnerarchitekturen, die in der Praxis in den gleichen Branchen bei Unternehmen ähnlicher Größenordnung anzutreffen sind. Durch den Forschungs- und Entwicklungsvertrag mit dem DFN-Verein wurde es für die an VULCAN beteiligten Lehrstühle möglich, eine Infrastruktur aufzubauen, die typische Aspekte der abzubildenden Unternehmen widerspiegelt.

4. Erfahrungen

Die Erfahrungen aus dem bisherigen Geschäftsbetrieb der virtuellen Unternehmen sind insgesamt sehr positiv und das neue Lehrangebot wird von den Studenten begeistert angenommen. Ein Student faßte dies so zusammen: "Betrachte ich meine Mitarbeit in der AETNA-AG in Kontenform, so hatte ich zwar ein Mehr an Aufwendungen. Diesem steht jedoch ein größerer Ertrag gegenüber, so daß das Konto unbedingt mit Gewinn abzuschließen ist." Die bisherigen Arbeitsergebnisse zeigen, daß die ursprüngliche Projektidee realisierbar ist. Das große Interesse, das nicht nur Universitäten, sondern auch schulische und berufliche Ausbildungsinstitute für VULCAN zeigen, ist ein Indiz für die Praxisrelevanz der Forschungs- und Entwicklungsarbeiten.

Neben der reinen Vermittlung von Fachqualifikationen sind im Rahmen der virtuellen Geschäftsabwicklung für die studentischen Mitarbeiter zusätzliche positive Effekte aufgetreten:

- Durch die Mitarbeit erhalten die Studenten Überblick und Verständnis der Zusammenhänge und Abläufe in einem Unternehmen (learning by doing).

- Durch den Freiraum im kleineren Rahmen eigene Ideen einzubringen und umzusetzen, war die Motivation der Studenten erheblich gesteigert.

- Im Rahmen der Geschäftsabwicklung wurde Teamarbeit eingeübt.

- Alle Studenten wurden mit moderner Informations- und Kommunikationstechnik konfrontiert und bekamen einen Einblick in die Leistungsfähigkeit und Probleme.

- Gegenüber anderen zukünftigen Berufsanfängern besitzen die Mitarbeiter Startvorteile durch Erfahrungen im "Arbeitsleben" der virtuellen Unternehmen.

VULCAN ist ein offener Verbund, der in Zukunft expandieren soll. Zusätzliche virtuelle Unternehmen und Betriebe mit verschiedenster Ausrichtung und mit heterogener Rechnerausstattung können am Gesamtprojekt teilnehmen. Die VULCAN-Partner sind gern bereit, Ihre bisherigen Erfahrungen, Konzepte und Firmendaten weiterzugeben, um an anderen Standorten in kurzer Zeit weitere virtuelle Unternehmen zu gründen. Die Möglichkeit den DATEX-P Dienst zu benutzen, ist erwünscht. Dies dürfte in vielen Universitäten kein Problem darstellen, da die Mehrzahl der Universitätsrechenzentren bereits an das Deutsche Forschungsnetz angeschlossen ist. Untervermittlungen zum jeweiligen Lehrstuhl werden von den örtlichen Rechenzentren installiert. Auf dieser Basis kann kurzfristig eine reibungslose Gruppenkommunikation als Voraussetzung für die Geschäftsabwicklung möglich werden.

GENIUS 3:
Ein Lehr- und Autorensystem für Personal Computer

Rainer Schnitzler, Walter Ameling, Reinhold Gebhardt und Heinz Meeßen

RWTH Aachen
Rogowski-Institut für Elektrotechnik

1. Erfahrungen mit dem Einsatz von CUU

Der Einsatz des Computers zur Vermittlung von Kenntnissen erhält infolge der ständig steigenden Leistungsfähigkeit und Verfügbarkeit preiswerter Computersysteme und Software-Entwicklungswerkzeuge zunehmende Bedeutung. Der computerunterstützte Unterricht (CUU) ist anderen Unterrichtsformen insbesondere dann überlegen, wenn Unterrichtsinhalte textuell/graphisch darstellbar sind und einer großen Menge von Personen mit unterschiedlichen Vorkenntnissen unterschiedlichem Interesse oder unterschiedlichen zeitlichen Möglichkeiten vermittelt werden sollen. Auf dem Gebiet des CUU kann das Rogowski-Institut bereits auf eine mehr als 15-jährige Erfahrung sowohl im technischen Aufbau von Lehrsystemen, als auch bei der Lehrprogrammerstellung aufbauen: Im Jahre 1974 wurde am Rogowski-Institut ein System für computerunterstützten Unterricht (GENIUS) eingerichtet. Praktisch erprobt wurden dabei selbstentwickelte, leistungsfähige Datensichtstationen und ein Lehrprogramm zur Vermittlung von Kenntnissen in einer höheren Programmiersprache, die für eine erfolgreiche Mitarbeit am Lehrstuhl schon damals wichtige Voraussetzung war. Im Jahre 1983 wurde dieses System durch ein neues zentrales System (GENIUS 2.0) mit wesentlich erweiterten Gestaltungsmöglichkeiten abgelöst. Wegen des großen Studentenandrangs wurde dieses System 1985 durch ein auf Personal-Computern (Z80-Rechner unter CP/M) basierendes, dezentrales System ergänzt und 1987 aus Kostengründen ganz von PC-Systemen abgelöst.

2. Zielsetzung der Entwicklung von GENIUS 3

Das System GENIUS 3 basiert auf den bisher beim Einsatz von CUU gewonnenen Erfahrungen. Folgende Zielsetzungen wurden bei der Entwicklung berücksichtigt:

- Einsatz allgemein verfügbarer, preisgünstiger Hardware (IBM-kompatible PC-Systeme, CIP-Pool)
- sichere und komfortable Bedienung für Autoren, Lernende und Organisatoren
- Lehrprogrammerstellung ohne Programmierkenntnisse
- Unterstützung der Organisation bei großen Teilnehmerzahlen
- Erweiterbarkeit des Systems (audio-visuelle Komponenten)

Eingebunden in diese Zielsetzungen wurden die Möglichkeiten der Darstellung und Funktionssteuerungen, die Personal-Computer heute bieten:

- Freie Eingabeformate mit datentypabhängiger Syntaxprüfung
- Menütechnik und Funktionstastensteuerung
- Fenstertechnik
- Farbdarstellung und Graphik
- Kontextabhängige Hilfsfunktionen
- große Speicherkapazität für Lehrprogramme

Bei der Entwicklung des Systems GENIUS 3 konnte auf eine große, ausgetestete Modulbibliothek zurückgegriffen werden. Sie erlaubte es, das System einerseits relativ schnell, andererseits aber auch sicher und robust gegen Bedienfehler zu entwickeln. Darüber hinaus gestattet dieses Konzept eine einfache Portierung und Adaption des Systems auf andere Rechnersysteme oder zukünftige Hardwareentwicklungen.

3. Komponenten des GENIUS-Systems

Das GENIUS-Paket besteht aus mehreren Komponenten, die auch unabhängig voneinander einsetzbar sind:

3.1 Lehrsystem

Ein Lehrsystem zur Steuerung der Bearbeitung eines Lehrprogramms durch den Schüler und Überwachung des Lernfortschritts:

- Präsentation der Lerninhalte
- Steuerung der Verarbeitungsreihenfolge
- Einlesen und Analyse von Schülerantworten
- Ausführung von Bewegungsdarstellungen und Simulationen
- Wiederholung des Lehrstoffs durch Benutzerhistorie und gezielten Informationszugriff über das Stichwortsystem

```
┌─────────────────────────────────────────────────────────────────┐
│  (C) 1989  RS & HM       Lehr- und Autoren- System   AE & DVS,    RWTH Aachen │
│                                                                    Tasten      │
│  Autor      08:28:03      LP: FORTRAN      LE:00001    11.10.89   P:0000       │
│                                                                                 │
│                                                                                 │
│             Lehrstuhl für Allgemeine Elektrotechnik und Datenverarbeitungssysteme│
│                          Prof. Dr.-Ing. W. Ameling                              │
│                                                                                 │
│                        ┌─────────────────────────────┐                          │
│                        │   Strukturiertes Programmieren │                       │
│                        │              in               │                        │
│                        │         FORTRAN 77            │                        │
│                        └─────────────────────────────┘                          │
│                                                                                 │
│                      Computer - Unterstützter - Unterricht                      │
│                                                                                 │
│                              Autor: Rainer Schnitzler                           │
│                                                                                 │
│                                                                                 │
│   1Tasten  2Hilfe  3SprgLE  4NeuReg  5ZgAntw  6SprStw  7  8  9   0EditLe   N   │
└─────────────────────────────────────────────────────────────────┘
```

Abb. 1: Lehrsystem im Autorenmodus mit Testfunktionen

3.2 Autorensystem

Ein Autorensystem zur komfortablen Generierung und Pflege von Lehrprogrammen:

- Eingabe der Lehrprogramme in interaktiver Form, Umsetzung der externen Darstellung von Texten, Bewegungen, Antwortauswertungen, Graphiken auf interne Darstellungen, Überprüfung der Lehrprogramme auf formale Fehler und Abgeschlossenheit, Test- und Debugfunktionen
- Gestaltungsmöglichkeiten für lehrzielorientierte Tests mit vielfältigen Antwortstrukturen (Multiple-Choice, Lückentext, Zahlanalyse, Freitext), logische Verknüpfung von Einzelauswertungen, zufallsgesteuerte Aufgabenauswahl und parametergesteuerter Programmablauf

3.3 Stichwortsystem

Ein Stichwortsystem zur Strukturierung und zum schnellen Informationszugriff:

- Automatische Generierung von Stichwortinformationen aus den Lehrtexten mittels Redundanzinformationstabellen (Stopwortlisten)
- Auswertung und Informationszugriff auf die Stichwortinformation durch Teilwortsuche und logische Verknüpfung, direkte Übernahme der Information in die Ablaufsteuerung des Lehrprogramms
- Nutzung der Stichwortinformation sowohl im Lehr- als auch im Autorenmodus

3.4 Benutzerverwaltung

Eine integrierte Benutzerverwaltung bietet die Möglichkeit, individuelle Daten zu den Benutzern des Systems abzuspeichern. Diese Daten erlauben:

- Benutzerspezifische Freigabe/Sperrung bestimmter Programmleistungen aufgrund eingetragener Berechtigungsschlüssel oder zeitlicher Einschränkungen der Nutzung

```
(C) 1989 RS & HM      Lehr- und Autoren- System      AE & DVS, RWTH Aachen
                                                             Ja/Nein

                          Funktion : Pflegen
Benutzer-Nummer:  1000                    Eintrage-Datum : 25.09.89
   Nachname   :  Schnitzler
   Vorname    :  Rainer

                  01234567 89012345
   Prioritäten :  JNNNNNNN NNNNNNNN      Passwort :
   Kennfelder  :  NNNNNNNN NNNNNNNN


   eingetragene Lehrprogramme :
```

Nr.	Lp-Name	Bearb.-Modus	Nr.	Lp-Name	Bearb.-Modus
1	EINFLP	Autor	6		
2	FORTRAN	Autor	7		
3	TEST	Autor	8		
4	INT	Autor	9		
5			10		

1Tasten 2Hilfe 3Feld-> 4<-Feld 5<=== 6===> 7Lösche 8Fertig 9 0 N

Abb. 2: Eingeben und Ändern der Benutzerdaten

- Überwachung des Lernfortschritts durch Speicherung erreichter Punktzahlen und der individuellen "Lernhistorie" (Folge von Lehreinheiten, die der Schüler bisher bearbeitet hat). Die abgespeicherte Lernhistorie erlaubt den Schülern die jederzeitige Unterbrechung der Bearbeitung des Lehrprogramms und die Fortsetzung im gleichen Zustand zu einem späteren Zeitpunkt.
- Erstellung von Listen und Statistiken zur Kontrolle und Auswertung der Daten (z.B. Möglichkeit zur Definition von Klausurscheinen).

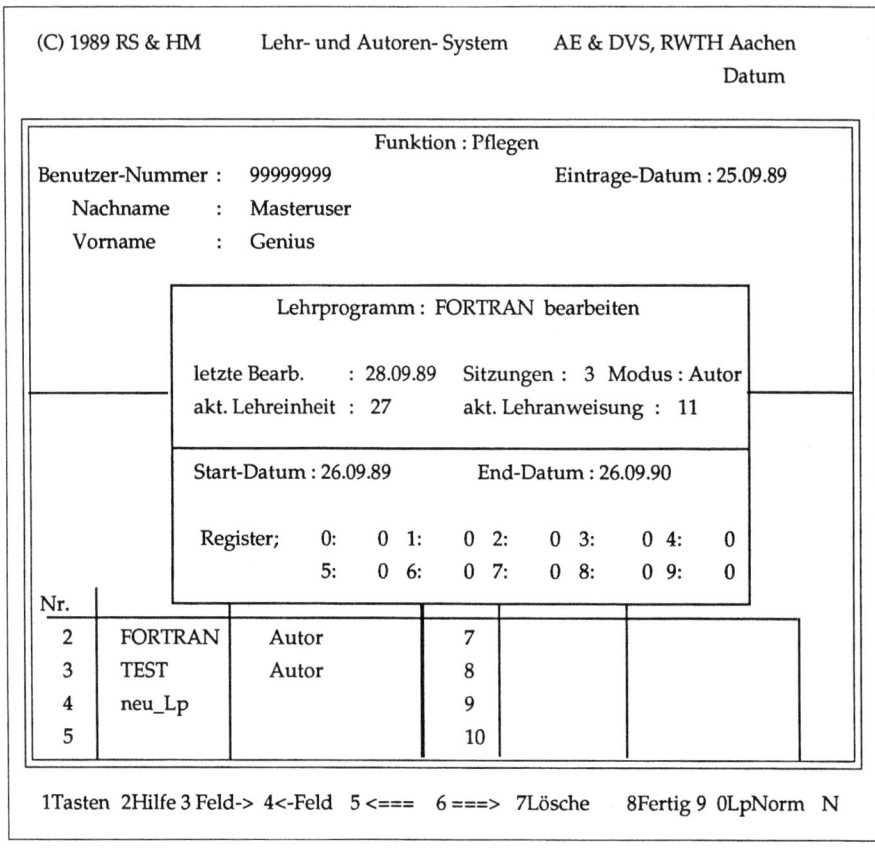

Abb. 3: *Zuordnen von Lehrprogrammen zu Benutzern*

4. Erstellung eines Lehrprogramms

Ein Lehrprogramm im System GENIUS ist eine in sich abgeschlossene Folge von Lehreinheiten, in denen jeweils mehrere Lehranweisungen zusammengefaßt sind. Die Lehranweisungen stehen alle für verschiedene Aufgabenstellungen, den Lehrstoff in computeraufbereiteter Form darzustellen und den Ablauf des Lehrprogramms zu realisieren. Bei der Erstellung des Lehrprogramms wird der Autor durch das Autorensystem unterstützt. Die Lehranweisungen einer Lehreinheit werden in einer Kurzschreibweise angezeigt. Will der Autor eine Lehranweisung editieren, können die Parameter der Anweisung in einem Fenster eingegeben oder verändert werden (Abb. 4). Nach jeder Eingabe erfolgt sofort eine automatische Syntax- und Plausibilitätskontrolle, so daß nur sinnvolle Anweisungen generiert werden können. Die Hilfe-Funktion bietet jeweils eine ausführliche Beschreibung aller dem Autor gerade zur Verfügung stehenden Funktionen.

```
    (C) 1989 RS & HM      Lehr- und Autoren- System    AE & DVS, RWTH Aachen
                                                                      Wahl
    08:29:55    LP: FORTRAN    LE: 01018    11.10.89
    F8 Änderungen speichern, ESC Abbrechen ohne Speichern der LE.
    CLS:-1,-1,-1,-1

    Aufgabe 2:

    Welche der folgenden Konstanten und Variablen würden Sie dem Typ REAL
    zuordnen?

    ┌─────────────────────────────────────────────────────────────────────┐
    │  AAW:                         Auswertung einer Antwort.             │
    │  Ziellehreinheit =  0  =>     Kein Sprung                           │
    │  Ziellehreinheit     :        1019  Punkte      :   10              │
    │  Lob                 :        Lob   Antworttyp  :   Multiple-Choice │
    │  nötige Antworten    :        4                                     │
    │  Antwortvorgaben     :        4     1 :                      J      │
    │  2 :                          N     3 :                      N      │
    │  4 :                          J                                     │
    └─────────────────────────────────────────────────────────────────────┘

    1Tasten  2Hilfe  3Feld ->   4 <-Feld  5<===  6 ===>  7Lösch  8Fertig 9   0 N
```

Abb. 4: *Menügesteuerte Änderung von Lehranweisungen*

Nach Fertigstellung eines Lehrprogramms kann ein Gesamttest durchgeführt werden, der globale Fehlerquellen (nicht aufgelöste Referenzen) ausschließt. Um ohne zusätzlichen Eingabeaufwand einen Grundbestand von Stichworten für das Informationssystem zu erhalten, werden bei diesem Test zusätzlich aus dem eingegebenen Lehrtext Stichworte generiert. Dies kann vollautomatisch oder manuell unterstützt durchgeführt werden. Bei der manuellen Erzeugung der Stichwortliste legt der Autor auf Anfrage fest, welches Wort als Stichwort benutzt werden soll und welche Worte als Stichwort ungeeignet sind. Für die automatische Erzeugung der Stichwortliste wird eine Liste von als Stichworten ungeeigneten Worten (z.B. Artikel, Hilfsverben u.ä) verwendet. Das System trägt dann alle nicht in dieser Liste auftretenden Worte als Stichworte ein.

4.1 Ablaufsteuerung des Lehrprogramms durch Antwortauswertung

Das GENIUS-Lehrsystem hat die Aufgabe, das fertige Lehrprogramm auszuführen, d.h. die Lehranweisungen zu identifizieren und die ihnen zugeordneten Aufgabenstellungen parametergesteuert zur Ausführung zu bringen. Dabei ergibt sich die Reihenfolge der dargestellten Lehreinheiten entweder aus einer vom Autor gegebenen festen Folge oder sie kann als Konsequenz aus bestimmten Eingaben des Schülers von diesem beeinflußt werden. In Abhängigkeit von dem Ergebnis der Antwortauswertung wird das Punktekonto des Schülers erhöht und es kann mit der Bearbeitung verschiedener Lehrkapitel fortgefahren werden.

Um eine Auswertung der Schülerantwort und damit die Ablaufsteuerung des Lehrprogramms möglichst flexibel zu gestalten, stehen dem Lehrprogrammautor mehrere Typen von Antwortauswertungen zur Verfügung:

4.1.1 Textvergleich

- Volltextvergleich
- Teiltextvergleich
- Volltextvergleich mit Reihenfolge

Die Antwort wird zeichenweise mit den Musterantworten verglichen. Auf richtig wird erkannt, wenn in der Antwort genügend viele Schlüsselwörter gefunden werden, keine unzulässigen Angaben gemacht werden und die einzelnen Wörter durch mindestens ein Trennzeichen getrennt sind. Groß- oder Kleinschreibung und die Reihenfolge der eingegebenen Wörter spielt keine Rolle. Beim Teiltextvergleich dürfen die Schlüsselwörter als beliebiger Teil der Antworteingabe auftreten und es dürfen beliebige weitere Zeichen eingegeben werden.

4.1.2 Zahlvergleich

- Festkommazahlvergleich
- Ganzzahlvergleich

Als Eingabe werden nur Zahlen in einem festen, definierbaren Bereich akzeptiert und diese Zahl wird zur Auswertung mit vorgegebenen Zahlen verglichen.

4.1.3 Multiple-Choice-Vergleich

Aus einer vorgegebenen Auswahl von Antworten muß der Schüler eine bestimmte Anzahl auswählen. Bei der Antwortauswertung werden sowohl zusätzlich angegebene (falsche), als auch nicht angegebene (richtige) Teilantworten ausgewertet. Bei der Punktbewertung können in diesem Fall auch negative Werte erreicht werden, da für jedes falsche Element ein entsprechender Punktanteil abgezogen wird, um ein "Raten" zu verhindern.

4.1.4 Ja/Nein-Vergleich

Als Eingaben sind nur die logischen Werte (Ja oder Nein) zugelassen.

4.2 Möglichkeiten der Darstellung des Stoffes

Zur Darstellung des Stoffinhalts stehen dem Lehrprogramm alle Möglichkeiten zur Verfügung, die IBM-PC-kompatible Systeme bieten:

- Hervorhebung durch Farbe, Unterstreichen, Blinken oder Fettdruck
- Darstellung von Diagrammen, Tabellen oder Graphiken durch einfache Strichgraphik oder gefüllte Flächen, deren Erzeugung im Autorensystem durch eine Zeichenfunktion unterstützt wird
- Präsentation von hochauflösenden Graphiken, die z.B. mit dem Programm DrHalo III aus anderen Programmen "eingefangen" wurden

Die Erweiterung der Bildschirmmanipulationen in dieser GENIUS-Version gestattet eine differenziertere Lehrstoffvermittlung, indem auch einfache Animationen in den Lehrtext eingefügt werden können. Diese Möglichkeiten erlauben es, den Text zu untergliedern, zu strukturieren und aufzulockern. Diese Art der Darstellung erleichtert dem Lehrprogrammschüler die Aufnahme des Lehrstoffes und unterstützt eine ideenreichere Lehrstoffvermittlung.

5. Zukünftige Entwicklungsmöglichkeiten

Die aktuelle GENIUS-Version stellt ein Lehr- und Autorensystem dar, das es ermöglicht, als Unterrichtssystem allgemein vorhandene, preisgünstige Hardware zu nutzen und den Lehrinhalt hardwareunabhängig zu beschreiben. Auf die Integration allgemeiner hochauflösender Graphiken und den externen Anschluß anderer Medien (z.B. Dia, Video, Sprache, Musik) wurde bisher in Anbetracht der Vielfalt der unterschiedlichen Formate (Hercules, CGA, EGA, VGA) und des im Verhältnis zum Aufwand nur relativ geringen Bedarfs bei der Programmierausbildung verzichtet. Das modulare Konzept des Systems ermöglicht jedoch in Zukunft eine Integration einer graphischen Oberfläche (Windows, OS/2), die Ansteuerung externer Medien oder die Einbindung simulierender Komponenten. Dies soll jedoch erst dann realisiert werden, wenn standardisierte Schnittstellen zur Verfügung stehen, entsprechende Medien preiswert an jedem Arbeitsplatz installierbar sind und Betriebssysteme entsprechend große Programmsysteme unterstützen.

Literatur

1. R. Gebhardt, R. Schnitzler: Anmerkungen zum computerunterstützten Unterricht, Jahresbericht 1982, Rogowski-Institut TH Aachen
2. W. Ameling, R. Gebhardt, J. Loeschner, H. Meeßen, R. Schnitzler: GENIUS - System für den computerunterstützten Unterricht, Angewandte Informatik 9/83
3. R. Schnitzler, R. Gebhardt, W. Ameling: GENIUS(2.0) - Computerunterstützte Ausbildung an der Hochschule, GI-Fachtagung: Informatikgrundbildung in Schule und Beruf 1986, Kaiserslautern

Wie nehmen Lernende software-ergonomische Faktoren wahr?

Wolfgang J. Weber

J. W. Goethe-Universität, Frankfurt a.M.
Hochschulrechenzentrum

1. Ausgangslage und Fragestellung

Ziel der Software-Ergonomie ist eine benutzergerechte Gestaltung von Computerssystemen [4]. Als Minimum ist von ergonomisch gestalteter Software zu fordern, daß dem Benutzer einfach zu benutzende Befehle (oder allgemeiner: Manipulationsmodi) zur Verfügung stehen, die auf einer transparenten und konsistenten Syntax aufbauen. Für naive Anwender und für Anfänger wird angenommen, daß die Auswahl gegebener Befehle aus einem Menü einer kommandoorientierten Bedienungsweise vorzuziehen ist; einschlägige Untersuchungen stützen diese Annahme [5].

Weiterhin wird häufig die Erwartung geäußert, daß Programme mit einer ausgereifteren Softwareoberfläche eine höhere Akzeptanz durch die Benutzer, einen geringeren Lernaufwand und eine geringere Fehlerhäufigkeit in der Anwendungsphase bedingen.

Diese Prämissen, die auch wir teilen, müssen durch den im folgenden mitzuteilenden Befund eingeschränkt werden: ein nicht unerheblicher Teil von Anfängern kann Unterschiede zwischen besserer und schlechterer Software-Ergonomie nicht spontan beschreiben; darüber hinaus muß angenommen werden, daß viele Anfänger diese Unterschiede gar nicht wahrnehmen.

Ausgangspunkt sind Beobachtungen bei Orientierungskursen für Arbeitnehmer (Dauer 40 Unterrichtsstunden innerhalb einer Woche). Das Ziel dieser Kurse war die Vermittlung von Grundkenntnissen über die benutzten Geräte (Klasse IBM PC-AT), über das Betriebssystem MS-DOS, sowie über drei kommerzielle Anwenderprogramme: Textverarbeitung mit MS Word, Tabellenkalkulation mit Lotus 1-2-3 und Datenbankanwendung mit dBASE III. [1] Damit sollte die Grundlage einer allgemeinen informationstechnischen Bildung gelegt werden. Dieser Kurstyp mit additiver Vorstellung mehrerer Softwarekomponenten wird sowohl an Einrichtungen der öffentlichen Erwachsenenbildung als auch in der betrieblichen Aus- und Weiterbildung als auch im kommerziellen Bereich angeboten.

Aufgrund der Heterogenität der behandelten Produkte liegt die Frage nahe, ob die Teilnehmer neben dem Anwenderwissen zu den behandelten Programmen auch Wissen über ergonomische Eigenschaften verschiedener Bedienungsweisen gewinnen. Letzteres war kein explizites Lernziel; es wird jedoch angenommen daß solches Wissen implizit erworben wird. Unser Anliegen war die Prüfung dieser Annahme.

Als Minimalziel eines Grundkurses sollten die Teilnehmer ein angemessenes und stimmiges internes Modell über die Funktionsweise von Computer- und Softwaresystemen aufbauen – oder negativ: sie sollten nicht völlig inadäquate Vorstellungen beibehalten oder gar bestätigt finden. Natürlich können Lernende über ein differenziertes, adäquates und konsistentes internes Modell über Computerprozesse verfügen, auch wenn sie diese nicht souverän steuern können. Umgekehrt kann aus einer nachgewiesenen Beherrschung von Programmen nicht direkt auf die Güte des internen Modells geschlossen werden. Kurz: zwischen manifestem Verhalten und interner Wissensstruktur besteht kein streng eineindeutiger Zusammenhang. Es wäre daher in Bezug auf unsere Fragestellung wenig sinnvoll, das Wissen der Lernenden über die Anwendung der Programme zu testen.

Wir haben versucht, durch eine explorative Erhebung (Fragebogen mit Ratingskala und Freitextantwort), durch Einzelgespräche und durch Beobachtung heuristische Hinweise auf die impliziten Auswirkungen orientierender Einführungskurse zu erhalten. Dabei spezialisierten wir uns auf die folgenden Fragen:

1) Erfassen die Lernenden überhaupt die bestehenden Unterschiede zwischen den verschiedenen Programmoberflächen?
2) Falls ja, stimmen sie in ihrer Bewertung mit Experten überein?
3) Können sie eine Begründung formulieren?

2. Expertenbeurteilung der Programmoberflächen

Die vier behandelten Softwarepakete gehören auf Geräten der Klasse IBM PC/XT/AT und PS/2 zu den gängigen kommerziellen Anwendungsprogrammen. Zwei von ihnen (das Betriebssystem DOS und das Programm dBASE in den Versionen III und III PLUS) beruhen auf mittlerweile fast 10 Jahre alten Vorläufern. Sie stammen damit aus einer Zeit, in der die Programmentwickler als Zielgruppe neben Fachleuten nur eine kleine Gruppe allgemeiner Anwender erreichen konnten. Fragen der Software-Ergonomie, ja selbst Fragen der Stimmigkeit des Befehlsaufbaus spielten eine nur untergeordnete Rolle; im Vordergrund standen seinerzeit technische Probleme, die zum Beispiel aus Speicherplatzknappheit resultierten. Erst die bekannte Leistungsexplosion bei Kleincomputern, verbunden mit einem im beruflichen Bereich neuerdings fast allgegenwärtigen Einsatz, führte zu den technischen Möglichkeiten und der marktbedingten Notwendigkeit zur Entwicklung solcher Programmoberflächen, die als benutzerfreundlich eingeschätzt werden.

Erstes Kennzeichen derartiger Programme ist ihre Menüführung, die auf Befehlsbäumen basiert. Dabei durchläuft der Bediener zum Auslösen einer Aktion zumeist mehrere Stufen der Auswahl bzw. Befehlseingabe. Natürlich konnte in den Kursen bei keinem Programm die Befehlsstruktur auch nur annähernd umfassend dargelegt werden.

Im Unterschied zu menügeführten Programmen erfordern kommando-orientierte Programme die Auswahl des jeweils richtigen Befehls oder einer passenden Befehlsfolge. Dabei muß auf die strikte Einhaltung der vorgegebenen Syntax geachtet werden. Diese kann meist nicht aus allgemeinen Prinzipien hergeleitet werden sondern ist willkürlich gesetzt. [2]

Zur allgemeinen Charakterisierung der zwei Software-Paare stellen wir wesentliche Merkmale der Benutzerschnittstellen in einer Tabelle einander gegenüber:

MS-DOS, dBASE*	MS Word, Lotus 1-2-3
• Kommandosprache Englisch • Steuerung kommando-orientiert • keine bzw. nur magere Hilfesysteme	• Bedienersprache Deutsch • Steuerung menü-orientiert • integrierte Hilfesysteme und tutorielle Programme • Ansätze zu einer direkten Manipulation
* ohne Gebrauch von ASSIST bei dBASE III / III PLUS	

Abb. 1: *Objektive Merkmale der benutzten Programme*

Es scheint auf der Hand zu liegen, daß menügeführte Programme dem naiven Anwender zunächst deutliche Vorteile bieten. Weitgehend ungeklärt und auch nicht Gegenstand unseres Berichts sind die langfristigen Wirkungen (z.B. im Hinblick auf den Wissenstransfer), die eine Schulung von Anfängern in einer ausschließlich ergonomisch ausgereiften Software-Umgebung hat. [3]

Für einen Experten liegen mit MS Word und Lotus 1-2-3 zwei passable Programmtypen vor, deren Bedienung ähnlich ist, weil Befehle jeweils aus bereitgestellten Menüs ausgewählt werden, was jeweils entweder unmittelbar eine Aktion auslöst oder die Anforderung von Parametern nach sich zieht oder zu Spezialmenüs führt. Die Bedienersprache ist konsistent (deutsch), die kognitive Belastung des Benutzers durch Reproduktion von Fachtermini ist gering. Demgegenüber wird ein Experte die Programmsysteme DOS (bis Version 3.x) und dBASE (bis Version III PLUS) als wenig durchdacht einschätzen, weil der Benutzer zahlreiche (englische) Befehlswörter auswendig kennen muß, weil strukturell ähnliche Befehle vom System unterschiedlich beantwortet werden [4] und weil zu einigen elementaren Aktionen kein Einzelbefehl zur Verfügung steht. Ein Expertenrating der Programme längs einer Skala zur "Durchdachtheit" der Bedienung würde zu einer von vier qualitativen Anordnungen führen, wie sie in Abb. 2 angedeutet werden.

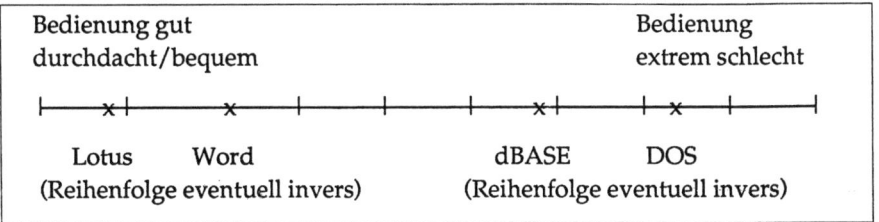

Abb. 2: *Mögliche qualitative Experten-Bewertungen zur Bedienung der eingesetzten Programme*

So klar die Unterschiede zwischen der eingesetzten Software den Experten bewußt sind, so wenig ist es selbstverständlich, daß auch Anfänger denselben Eindruck gewinnen müssen. Wir erheben daher in einem Fragebogens am Ende der Schulung erstens die von den Teilnehmern eingeschätzte Rangfolge der Programme bezüglich der Bequemlichkeit der Bedienung (Anordnung auf einer Ratingskala), wobei wir aus den Antworten zunächst ersehen, ob überhaupt bei den befragten Teilnehmern eine differenzierte Wahrnehmung der Programmoberflächen vorliegt. Zweitens fragen wir in Lückentexten mit Freitextformulierung, inwieweit sie eine Paarung der Programme wie oben angegeben eigenständig vornehmen und wie sie diese begründen.

3. Erhebungstechnik

Es wurden vier Kurse (mit jeweils verschiedenen Kursleiter/inne/n) begleitet, die den Fragebogen erst unmittelbar vor seiner Verteilung einsehen konnten. Damit wollten wir den systematischen Fehler einer direkten inhaltlichen Behandlung der angesprochenen Fragen durch die Kursleiter vermeiden. Die betreffenden Fragen sind in Abb. 3 reproduziert.

Insgesamt wurden N = 54 verwertbare Fragebögen an uns zurückgeleitet, selbstverständlich anonym.

Bei Frage 1 interessierte natürlich nur die Rangfolge der Angaben, nicht die absolute Einstufung der verschiedenen Programme. Zunächst betrachteten wir die jeweils vorgenommenen Bewertungen der vier Programme unter dem Gesichtspunkt der »Differenziertheit« der Anordnung: teilweise fanden sich nämlich völlig undifferenzierte Einschätzungen, wenn z.B. alle Programme unter "gut durchdacht" klassifiziert waren. Als Kriterium wählten wir, ob bei der Eingruppierung der vier Programme mindestens drei verschiedene Rangplätze verwendet wurden; eine sehr milde Forderung bei der Vorgabe einer 8 cm langen Ratingskala, auf der zudem zehn äquidistante Marken zur Orientierung angebracht waren. Markierte Rangplätze galten als verschieden, wenn ihr Lageunterschied bei genauer Betrachtung noch erkennbar war.

1) Wie gut durchdacht/bequem erscheint Ihnen der Umgang mit den
   besprochenen Programmen? Bewerten Sie dies auf je einer Skala:

   gut durch-   extrem
   dacht/bequem   schlecht

   DOS: |---+---+---+---+---+---+---+---+---+---|
   WORD 4.0: |---+---+---+---+---+---+---+---+---+---|
   Lotus 1-2-3: |---+---+---+---+---+---+---+---+---+---|
   dBASE: |---+---+---+---+---+---+---+---+---+---|

2) Sehen Sie Ähnlichkeiten in der Bedienung der Programme?
   Ergänzen Sie bitte:

   Die Bedienung von _____ und von _____ ist ähnlich,
   weil

   _____

   Die Bedienung von _____ und von _____ ist ähnlich,
   weil

   _____

Abb. 3: *Fragebogen: die Teilnehmer sollten die benutzten Programmoberflächen einschätzen und Begründungen abgeben*

Weiterhin fragten wir, ob die gewählte (differenzierte oder undifferenzierte) Anordnung mit einer Bewertung durch Experten konform war. Konkret: befinden sich die Programme Word und Lotus auf vorderen und dBASE und DOS auf hinteren Rangplätzen? Angaben, die von uns als konform eingestuft wurden, sind z.B.:

– Lotus und Word gleichrangig an erster Stelle, DOS auf zweiter Stelle, dBASE an dritter Stelle (differenziert)
– Lotus und Word gleichrangig an erster Stelle, DOS und dBASE gleichrangig an zweiter Stelle (undifferenziert)

Bei Frage 2 sind prinzipiell sechs Paarbildungen möglich: DOS/Word, DOS/Lotus, DOS/dBASE, Word/Lotus, Word/dBASE und Lotus/dBASE. Zunächst wurde ausgezählt, mit welcher Häufigkeit jede Paarung auftrat, unabhängig vom Sinngehalt der angegebenen Begründung. Danach wurden die Begründungen je einer von vier Kategorien zugeordnet:

(a) Zusammenhang hinsichtlich "Menüsteuerung vs. Kommandoorientierung" erkannt,

(b) Ähnlichkeiten in der Funktionalität,
(c) unverständliche Angaben und
(d) keine Angaben.

Eine Angabe wie: "Die Bedienung von LOTUS und von D-BASE ist ähnlich, weil Tabellenform, Strukturen ähnlich", wurde wohlwollend unter Kategorie b verbucht, obwohl man auch Argumente für die Aufnahme in Kategorie c vorbringen könnte. Hingegen fällt eine Angabe wie: "Die Bedienung von DOS und von WORD ist ähnlich, weil es sich um Texte handelt", eindeutig unter Kategorie c.

4. Auswertung

Die Auswertung der Fragebögen zeigte bei Frage 1, daß die Kurse nur bei 60% der Teilnehmer (33 von 54) zu einem differenzierten Bild über die Bedienung der Software geführt hat. Bei einem noch geringeren Anteil (18 von 54, d.h. 33%), kann die Einschätzung, verglichen mit dem Expertenrating, als sinnvoll bezeichnet werden. Wie oben schon erwähnt ist die Differenziertheit einer Einschätzung nicht notwendige Voraussetzung dafür, daß sie hier als expertenkonform gilt. Die folgende Vierfeldertafel (Abb. 4) gibt die genaue Verteilung wieder.

	exp.konform	nicht konform	Zeilensumme
differenziert	16	17	33
nicht differenziert	2	19	21
Spaltensumme	18	36	54

Abb. 4: *Differenziertheit und Expertenkonformität der Einschätzungen*

Bei Frage 2 gaben 16 Teilnehmer zwei Begründungen, 29 Teilnehmer gaben eine Begründung, und 9 Teilnehmer machten keine Angabe, so daß insgesamt 61 Paarbildungen vorlagen.[5]

Im einzelnen traten die verschiedenen Paarungen mit folgenden Häufigkeiten auf: DOS-Word: 8, DOS-Lotus: 1, DOS-dBASE: 6, Word-Lotus: 30, Word-dBASE: 5, Lotus-dBASE: 11.

Die Begründungen wurden in vier Kategorien gegliedert: in Kategorie a (erkannter Zusammenhang hinsichtlich Menüsteuerung und Kommandoorientierung fielen 28 Begründungen, in Kategorie b (angebliche Ähnlichkeit in der Funktionalität) fielen 8 Pseudobegründungen, als unverständliche Angaben (Kategorie c) müssen 20 Antwortsätze gelten, und 5 Antworten enthielten keinen Begründungsversuch (Kategorie d). Der relative Anteil korrekter Antworten (d.h. solcher in Kategorie a) beläuft sich also auf weniger als 50% (genauer: 28/61 ≈ 46%).

Sicherlich muß eingeräumt werden, daß die Auswertung schriftlicher Freitextantworten durch Subjektivität beeinflußt werden kann, doch erfolgte die Zuordnung nach jeweils genauer Prüfung und gegebenenfalls Diskussion mit Projektmitarbeitern.

5. Interpretation

Die hier angeführten Bemerkungen zu orientierenden Schulungskursen sind natürlich nicht als Kritik an ihrer Einrichtung oder ihrer Durchführung gemeint. Die auf den ersten Blick erstaunlichen Ergebnisse könnte man unter Umständen falscher bzw. mangelnder Planung oder methodisch-didaktisch unzureichender Durchführung der Kurse zuschreiben. Dies kann aufgrund der Rahmenbedingungen jedoch verworfen werden. Zudem ergaben die Antworten der verschiedenen Kursgruppen ein durchgängig homogenes Bild.

Die drei eingangs gestellten Fragen müssen nach den vorliegenden Beobachtungen beantwortet werden mit:

1) Keineswegs alle oder auch nur annähernd alle Lernende erfassen solche Unterschiede in der Bedienung von Programmen, die für Experten offensichtlich sind.

2) Die Bewertung durch Lernende (Anfänger) stimmt kaum mit der durch Experten überein.

3) Die Lernenden hatten zu einem großen Teil Schwierigkeiten bei der Formulierung sachgerechter Begründungen.

Allgemein darf aus den vorliegenden Ergebnissen gefolgert werden, daß die Wahrnehmung software-ergonomischer Faktoren zwischen Anfängern und Experten stark divergieren kann. Für den Dozenten eines solchen Kurses, der sicherlich zu den Experten zu zählen ist, heißt dies: wenn er die Vermittlung gewisser Kenntnisse anstrebt, muß er sie explizit herbeiführen, er darf sich nicht auf die Wirksamkeit eines vermuteten »versteckten Curriculums« verlassen. Die Wahrnehmung von Anfängern kann vermutlich durch naheliegende Nützlichkeitsbetrachtung charakterisiert werden: ist ein Programm inhaltlich geeignet, üblicherweise anfallende Aufgaben zu erleichtern, so üben ergonomische Eigenschaften keinen wesentlichen Einfluß auf die Bewertung durch Anfänger aus; die Bedeutung der Programmoberfläche tritt hinter die funktionalen Aspekte zurück.

Zur Vermeidung von Mißverständnissen sei ausdrücklich darauf hingewiesen, daß dieser Bericht nicht den Wert software-ergonomischer Bemühungen schmälern soll, insbesondere mit fortgeschrittenen Konzepten (grafische, objektorientierte Programmoberflächen). Es ist jedoch sicher nicht falsch, bei der Diskussion um die benutzergerechte Gestaltung von Software zwischen verschiedenen Anwendergruppen zu differenzieren (Anfänger, Experten).

Literatur

1. A. Altmann: Direkte Manipulation: Empirische Befunde zum Einfluß der Benutzeroberfläche auf die Erlernbarkeit von Textsystemen. In: Zs. f. Arbeits- u. Organisationspsychologie Bd. 31 (N.F. 5), 3, 1987, S. 108-114.
2. G. Dirlich u.a. (Hrsg.): Kognitive Aspekte der Mensch-Computer-Interaktion. Berlin 1986 (Springer).
3. W. Dzida: Modellierung und Bewertung von Benutzerschnittstellen. In: Software Kurier für Mediziner und Psychologen Bd. 1, Heft 1, 1988, S. 13-28.
4. K.-P. Fähnrich (Hrsg.): Software-Ergonomie. München 1987 (Oldenbourg).
5. F. J. Heeg: Empirische Software-Ergonomie. Zur Gestaltung benutzergerechter Mensch-Maschine-Dialoge. Berlin 1988 (Springer).
6. N. A. Streitz: Psychologische Aspekte der Mensch-Computer-Interaktion. Sankt Augustin, 1988 (GMD) [Reihe: Arbeitspapiere der GMD Nr. 344].
7. W. J. Weber: Hilfesysteme für Anwender von Standardsoftware. In: K. Dette (Hrsg.): Mikrocomputer-Pools in der Lehre. [Dokumentation des 2. CIP-Statusseminars]. Berlin 1989 (Springer).

Anmerkungen

1. Die Programme wurden in den folgenden Versionen eingesetzt: DOS (Version 3.x), MS Word (Version 4.0), Lotus 1-2-3 (Version 2.1), dBASE (Version III bzw. III PLUS). Seit Durchführung der Kurse wurden alle behandelten Programme in neueren Versionen vorgestellt. Besonders das Betriebssystem DOS in der Version 4.0 und das Programm dBASE IV weisen unter software-ergonomischem Aspekt wesentliche Veränderungen gegenüber ihren Vorgängerversionen auf.
2. Beispiel: in dBASE III / III PLUS wird die aktuell bearbeitete Datei mit einem Doppelbefehl "CLOSE   DATABASE" und "USE   <Dateiname>" auf Diskette oder Festplatte gesichert. Ein an sich elementarer Vorgang muß aus zwei Befehlen (Schließen und Speichern; Eröffnen) zusammengesetzt werden. Der eventuell vom Benutzer vielleicht erwartete Befehl "SAVE" ist auch vorhanden, löst aber einen gänzlich anderen Vorgang aus: das Speichern der verwendeten Variablen in einer Datei.
3. Über paradoxe Effekte bezüglich der Wirksamkeit von Bedienerschnittstellen wird in [1] berichtet. In [6] finden sich Charakterisierungen verschiedener Klassen von Bedienerschnittstellen und ihre Bewertung aus psychologischer Sicht.
4. Beispiel: unter DOS führt z.B. ein erfolgreicher COPY-Befehl zu einer Protokollausgabe, ein erfolgreicher ERASE-Befehl bleibt hingegen unkommentiert.
5. Numerische Probe: Anzahl der Probanden N = 16+29+9 = 54; Anzahl der Antworten bei Frage 2: 2*16 + 1*29 + 0*9 = 61

Systemprogrammierung ohne Programmierkenntnisse

Werner Degenhardt
Universität München
Institut für Kommunikationswissenschaft

1. Zusammenfassung

Während die Ausstattung ingenieur- und naturwissenschaftlicher Fakultäten mit Arbeitsplatzrechnern den Nutzern offensichtlich keine Schwierigkeiten macht, rechnet man in wirtschafts-, geistes- und sozialwissenschaftlichen Fakultäten mit Anpassungsproblemen der Nutzer. Im allgemeinen wird für diese Fächer die Anschaffung benutzerfreundlicher PCs, sprich: die Bereitstellung grafischer Benutzeroberflächen empfohlen.

Grafische Benutzeroberflächen sind allerdings kein Synonym für Benutzerfreundlichkeit und ihre durchgängige Installation ist vor allem auch in den wirtschafts-, geistes- und sozialwissenschaftlichen Fakultäten beim aktuellen Stand der Technikentwicklung weder machbar noch wünschenswert. An Universitäten sollte deshalb der Begriff "benutzerfreundlich" durch "erlernbar" ersetzt werden. Was das bedeutet, wird am Beispiel einer 'erlernbaren' Systemkonfiguration beschrieben.

2. Das große CIP-Spiel

Sie sind CIP-Beauftragter an einer Fakultät für Wirtschafts-, Sozial-, oder Geisteswissenschaften. Sie haben die Kisten ausgepackt und Ihre Kollegen haben Ihnen mit guten Ratschlägen dabei geholfen, das Spielfeld aufzubauen. Jetzt sind Sie allein im großen CIP-Spiel. Können Sie gewinnen? Wir wollen das Spiel und seine Regeln untersuchen.

Das Spiel besteht aus etlichen PCs, einigen Druckern, vielen Adapterkarten und noch mehr Programmen. Alles wird durch ein Netzkabel zusammengehalten und heißt CIP-Pool. Das Spiel hat auch ein Ziel: am Ende sollen Hochschulabsolventen in der Lage sein "mit Mikrorechnern sachgerecht umzugehen sowie Fragen ihres jeweiligen Fachgebiets mit Mikrorechnern bearbeiten zu können" (Wissenschaftsrat 1987: 9).

Abb. 1: Das große CIP-Spiel [aus Wilson (1987: 84)]

Die Mitspieler sind: Sie, der CIP-Beauftragte, in der Rolle des Netzwerkverwalters, sowie die Studenten und Mitarbeiter in der Rolle der Nutzer. Der wichtigste und größte Teil der Mitspieler sind natürlich die Studenten. Die Studenten sind hochmotiviert, denn sie haben gehört, daß man für die Abschlußarbeit einen PC braucht und daß ohne 'PC-Erfahrung' auf dem Arbeitsmarkt für Absolventen der Wirtschafts-, Sozial- oder Geisteswissenschaften nicht mehr viel zu holen ist.

Wie PC-Erfahrung aussieht, wissen Studenten schon am Ende des ersten Semesters ganz genau. Ein Student mit PC-Erfahrung gibt Hausarbeiten ab, die wie gedruckt aussehen. Die Schönheit der im Text integrierten Grafiken verschlägt dem Betrachter den Atem. Für die Literaturarbeit hat er selbstverständlich keinen Zettelkasten, sondern ein Datenbanksystem benutzt. Ein Student mit PC-Erfahrung hat schon eine Faktorenanalyse aus seinem Statistikpaket geholt, wenn der andere noch damit beschäftigt ist, mit seinem Taschenrechner den Anteil verwertbarer Fragebögen zu berechnen.

PC-Erfahrung wird gleichgesetzt mit dem Ergebnis der PC-Nutzung durch einen professionellen Anwender. Alle Studenten wollen diese PC-Erfahrung haben. Die wissenschaftlichen Mitarbeiter haben das Potential von PCs erkannt und sich der Einsicht nicht versperrt, daß Wissenschaftler ohne PC-Kenntnisse künftig der methodischen und inhaltlichen Weiterentwicklung ihres Fachgebiets kaum mehr folgen können.

Nahezu die Hälfte der wissenschaftlichen Mitarbeiter hat deshalb schon privat einen PC der AT-Klasse erworben. Akademischer Mittelbau wie Professoren stehen der Computerisierung ihrer Lehrveranstaltungen durchaus positiv gegenüber. Verständlicherweise aber setzen sie sich mit der "Methodik der Rechneranwendung in ihrem Fachgebiet" (Wissenschaftsrat 1987: 41) dort auseinander, wo

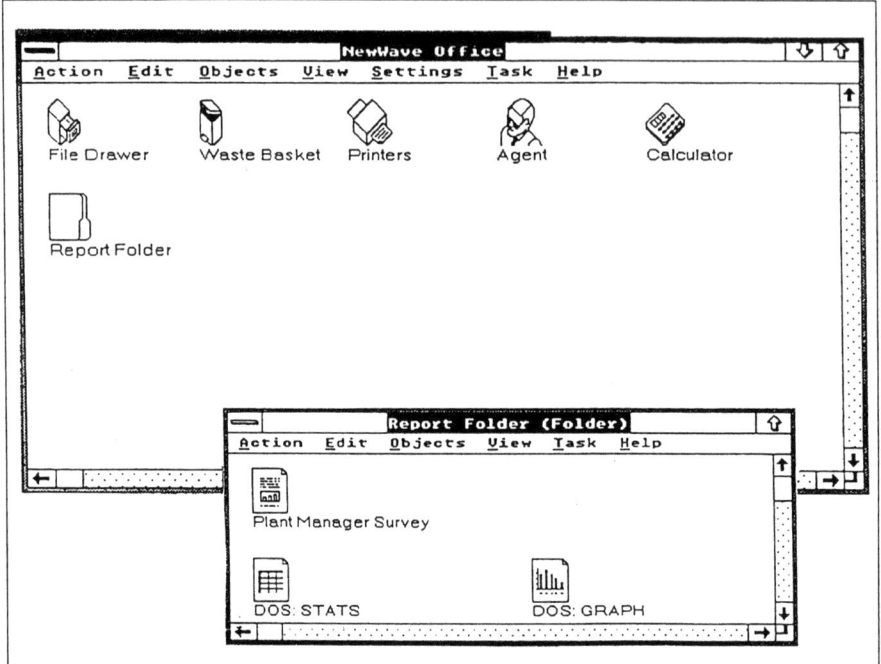

Abb. 2: *HP NewWave Office*

sie Zugang zu einem Rechner haben, und der private PC steht in der Regel zu Hause. Aus Mangel an Gelegenheit fällt es den Mitarbeitern schwer, das private Training für den Ausbau des CIP-Angebots einzusetzen. Sie bleiben für CIP Nutzer und treten – zusammen mit den Studenten – in 4 Gruppen auf:

- Neulinge (50% der Nutzer). Neulinge kennen PCs und Computer nur aus vermittelter Erfahrung oder Zufallsbegegnungen. Sie sind offen für alles, was CIP bietet. Sie können oft nicht 10-Finger Schreibmaschine schreiben und beweisen dem verblüfften Systembetreuer, daß es mehr als acht Möglichkeiten gibt, die Floppy in einen PC zu stecken.
- Naive Nutzer (30% der Nutzer). Naive Nutzer haben den PC als vorkonfigurierte Umgebung für eine spezielle, gut definierte Aufgabenstellung kennengelernt. Sie wissen, welches Symbol oder welchen Namen man anklicken muß und geben dann recht professionell Daten oder Texte ein. Abweichungen vom erlernten Arbeitsablauf werden mit der Bemerkung: "Der Computer ist kaputt" quittiert.
- Aufgeklärte Nutzer (15% der Nutzer). Aufgeklärte Nutzer sind in der Lage Software von Hardware zu unterscheiden. Sie wissen, daß man Programme installieren muß, um damit arbeiten zu können. Einige haben die AUTOEXEC.BAT und die CONFIG.SYS ihres privaten PCs an die eigenen Bedürfnisse angepaßt und neue Anwendungen selbst installiert.

– Hacker (5% der Nutzer). Hacker haben mit 14 oder 15 angefangen mit PCs zu arbeiten. Sie können maschinennah programmieren und schauen aus Neugier im CIP-Pool vorbei, um zu sehen, ob es dort etwas gibt, das sie noch nicht haben, und um zu prüfen, ob die Systemkonfiguration zu einem Hack-Versuch herausfordert.

Der wichtigste Mitspieler für die Nutzer ist der Netzwerkverwalter. Er ist als Autodidakt Bindestrich-Informatiker im Bereich der "Kulturinformatik" (DFG 1988: 27) geworden. Er ist von den Möglichkeiten, die Mikrocomputer für das Fach bieten, begeistert. Er hat davon gehört, daß technische Komponenten des PC-Arbeitsplatzes und – ja, sogar die Software – für den Nutzer vor allem *transparent* sein sollen. Er fühlt sich, wie die PR-Manager der Computerindustrie, einem Begriff der Benutzerfreundlichkeit verpflichtet, der den Anwendern den "reinen Nutzen" verspricht.

3. Die Lösung

Wenn das Ziel des CIP-Spiels der Nutzer ist, der Papier, Bleistift, Zettelkasten und Taschenrechner weglegt und tags darauf seine Probleme effektiv und sachgerecht mit dem Mikrocomputer bearbeitet, dann ist die Lösung einfach.

Der Netzwerkverwalter führt zusammen mit jedem Nutzer eine Aufgabenanalyse durch, besorgt die dafür geeigneten Programme und integriert die benötigten Funktionen mit geeigneten Makros und Schablonen unter einer grafischen Benutzeroberfläche. Sind für den CIP-Pool Rechner des Typs Apple Macintosh beschafft, dann ist ohnehin – wenn wir der Werbung glauben – "wegen der unvergleichlichen grafischen Benutzerführung die spezifische Problemlösung nur noch einen 'Mausklick' entfernt" (Anzeigentext eines Apple Distributors). In der Welt der IBM-Kompatiblen werden für diesen Zweck Benutzeroberflächen wie GEM/3, Windows oder HP NewWave angeboten, das durch seine Objektorientierung eine wirklich interessante Entwicklung im Bereich der grafischen Benutzeroberflächen ist.

Der Netzwerkverwalter sorgt auf diese Weise für die reibungslose Substitution der gewohnten Arbeitsmittel durch elektronische Hilfen. Der Benutzer ist zufrieden, die Ergebnisse perfekt.

4. Das Problem

Wenn die maßgeschneiderte grafische Benutzeroberfläche die Lösung ist, wo ist dann das Problem? Bei näherem Hinsehen finden wir drei Aspekte, die uns an Wünschbarkeit und Praktikabilität dieser Lösung zweifeln lassen:

1. die grafische Benutzeroberfläche selbst,
2. das Lernverhalten der Benutzer,
3. die Möglichkeiten des Netzwerkverwalters.

Die Benutzerfreundlichkeit unserer Arbeitsplatzrechner, in ihrer zeitgemäßen Inkarnation der *grafischen Benutzeroberfläche,* hat ihren Preis. Grafische Benutzeroberflächen sitzen ganz oben auf der Systemhierarchie und haben den Zweck, die Komplexität der Maschine vor ihrem Bediener zu verbergen. Sie scheinen aber, wie alle benutzerfreundlichen Schnittstellen, auch die Tendenz zu haben, die Komplexität eines Sachproblems zu verstecken. Die Lösung eines Problems wird nicht schon deshalb sachgerecht, weil ein PC dazu benutzt wird.

Grafische Benutzeroberflächen sind vor allem deshalb benutzerfreundlich, weil ihre Bedienung leicht zu erlernen ist. Das liegt nicht nur an der Ästhetik der Pull-Down Menüs und Ikonen, der Bequemlichkeit der Maussteuerung, kontextsensitiven Hilfen und anderen Annehmlichkeiten, sondern vor allem auch daran, daß der Bediener hier tatsächlich weitaus weniger lernen muß als bei kommandogesteuerten Systemen. Bei gut vorbereiteten Anwendungen bekommt der Benutzer sein Ergebnis ja wirklich auf Knopfdruck.

Der wahrscheinliche Nebeneffekt ist allerdings, daß der naive Nutzer, nur mit einer grafischen Benutzeroberfläche konfrontiert, auch naiv bleibt. Er wird auf bestimmte Anwendungen dressiert und hat wenig Gelegenheit, transferfähige PC-Erfahrungen zu erwerben. Schon in der Welt der IBM-Kompatiblen gibt es ja wenigstens 15 grafische Benutzeroberflächen, jede ein weitgehend geschlossenes System mit eigenständiger Terminologie. Für welche soll man sich entscheiden? Solange die DOS Befehlszeile der einzige Standard ist, muß man lernen, damit umzugehen. Wir können keine mündigen PC-Nutzer bekommen, wenn wir es ihnen zu leicht machen.

Das zweite Problem ist der *Benutzer* selbst. Benutzer sind Dienstleistungsabhängige. Als Konsumenten von DV-Dienstleistungen sind sie ungeduldig, und ihre Ungeduld wird grenzenlos, wenn die Schnittstelle suggeriert, daß PCs im Grunde kindisch einfach sind. Wenn die PC-Textverarbeitung die Produktion eines Dokuments von einer Woche auf 3 Tage verkürzt, wird der Benutzer bald das Bedürfnis spüren, das Dokument in einem Tag zu produzieren. Wenn das erreicht ist, soll es bald in einer Stunde fertig sein. Es soll aussehen wie gedruckt und das an jedem Drucker in gleicher Weise. Warum macht denn dieser PC nicht sofort alles, was der Benutzer will? Ja – und das ist das Problem des Netzwerkverwalters – warum denn eigentlich nicht?

Es ist wohl so, daß die Forderung nach größtmöglicher Benutzerfreundlichkeit den Blick dafür verstellt hat, daß Universitäten genausowenig wie Industrieunternehmen "mit benutzerfreundlichen PCs ausgestattet" werden können, wie es verschiedentlich gefordert wird. Benutzerfreundlichkeit mit einer grafischen Benutzeroberfläche gleichzusetzen geht am Problem vorbei (Smith 1984) und es ist zumindest unsicher, ob die vor acht Jahren am Xerox PARC entwickelte Ikon/Maus-Schnittstelle die beste aller denkbaren ist. Bis heute jedenfalls wird Benutzerfreundlichkeit noch immer vor Ort erzeugt und bedeutet für jeden Benutzer etwas anderes.

Gerade das aber ist im Budget des CIP-Netzwerkverwalters nicht vorgesehen. Er verfügt auch nicht annähernd über die zeitlichen und personellen Ressourcen, für die fachspezifischen Sachprobleme seiner Nutzer die geeigneten Programme an Oberflächen wie GEM, Windows oder HP NewWave anzupassen. In der Industrie geht man davon aus, daß ein voll beschäftigter Netzadministrator bei homogenen Anwendungen 20-30 PCs betreuen kann. An einer Fakultät für Wirtschafts- Sozial- oder Geisteswissenschaften hat der CIP-Beauftragte vielleicht 20 Wochenstunden Zeit, eine Nutzerschaft zu betreuen, die sehr viel heterogener ist. Er kann sich nicht als "personal application manager" des Benutzers zu jedem PC stellen, und es ist auch gar nicht wünschenswert. PC-Erfahrung kann man nicht haben, man muß sie machen.

5. Die Strategie

Wenn wir das Ziel von CIP richtig interpretieren, heißt es: Studenten zu mündigen PC-Nutzern erziehen. Der Netzwerkverwalter leistet dazu den nützlichsten Beitrag, wenn er das professionelle Streben nach einer einheitlichen Benutzeroberfläche, die nach den zur Zeit geltenden Kriterien der Softwareindustrie benutzerfreundlich ist, von Anfang an unterdrückt.

Er wird statt dessen eine benutzeroffene Schnittstelle anbieten, die die technische Komplexität eines PC-Arbeitsplatzes nur soweit entschärft, daß der Umgang mit dem PC erlernbar bleibt. Erlernbar ist der Weg zu einer Dienstleistung im Netz auch für Anfänger dann, wenn sie diesen Prinzipien gehorcht:

- einfacher Zugang zu Anwendungen
- Benutzerführung durch ein Menüsystem
- konsistente Dateiorganisation
- Transparenz der Hardware und des Betriebssystems

Der Zugang zu Dienstleistungen im Netz wird als einfach empfunden, wenn er – in heute üblicher Weise – als Benennungssystem organisiert ist. Wenn also ein Anwender unserer Installation z.B. Ventura Publisher benutzen will, so weiß er, daß er Mitglied einer Benutzergruppe mit Namen "Ventura" werden muß. Wenn er dann am Arbeitsplatzrechner den Befehl "Ventura" eintippt, kann er die Anwendung benutzen. Zentrales Prinzip ist, daß der Benutzer vor der Zulassung zu einer Nutzergruppe nachweisen muß, daß er die grundlegenden Prinzipien der entsprechenden Anwendung verstanden hat. CIP-Benutzer müssen daher geschult werden.

Jede Anwendung führt den Benutzer durch eine Folge von Menüs, die die nötige moderne Anmutung der Benutzerschnittstelle sicherstellen und ihm erlauben, Optionen anzuwählen. Mögliche Probleme werden mit konfigurationsspezifischen

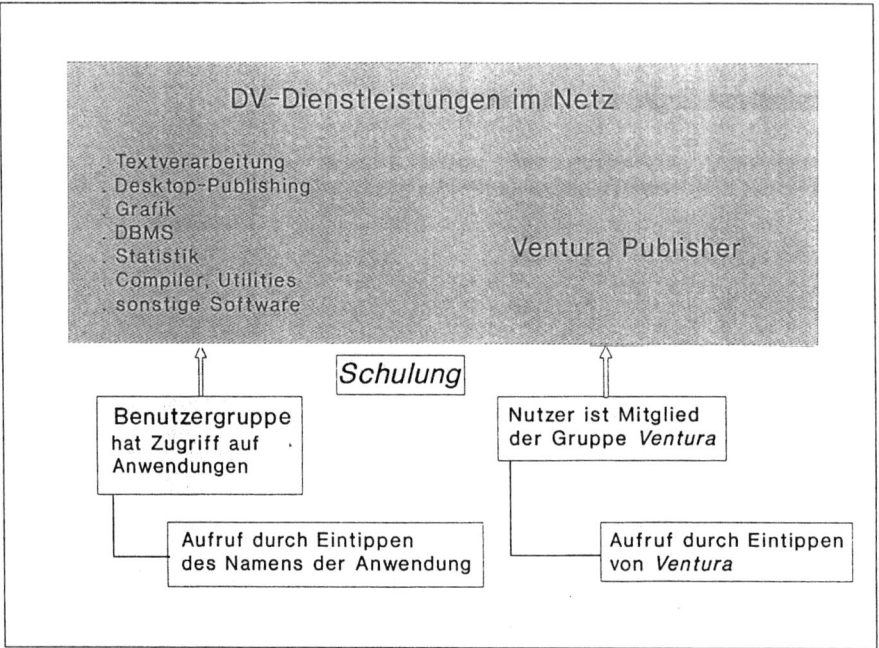

Abb. 3: Zugang zu Dienstleistungen im Netz

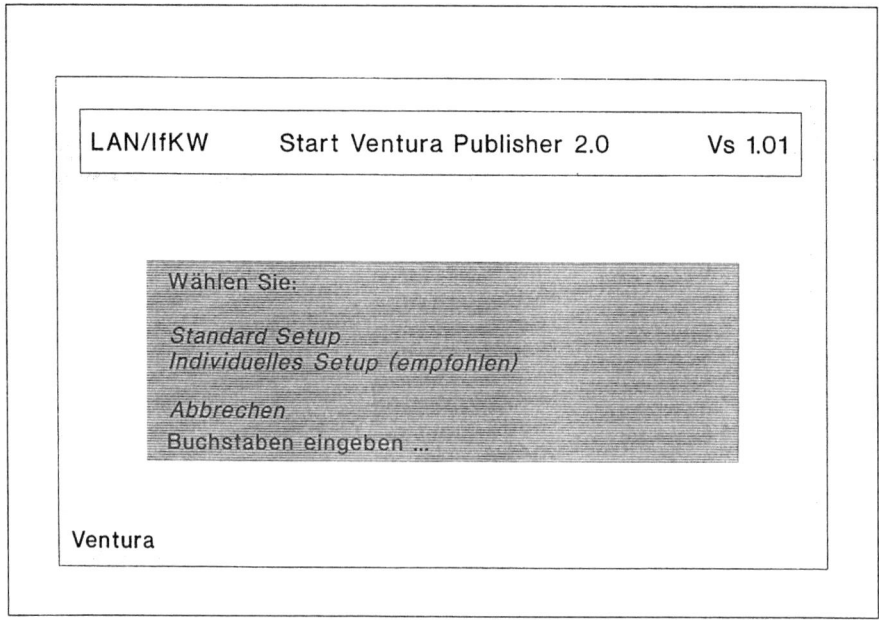

Abb. 4: Start einer Anwendung

Meldungen kommentiert. Ein Standard-Setup erleichtert dem Anfänger die Arbeit. Jeder Benutzer hat jedoch die Möglichkeit individuelle Setups für eine Anwendung zu erstellen und er wird ausdrücklich dazu aufgefordert.

Dem Benutzer erscheint dabei jeder Arbeitsplatzrechner zunächst als PC mit einem Floppy-Laufwerk, einem lokalen und einem zentralen Festplatten-Laufwerk für die Daten des Benutzers. Die logischen Laufwerksbezeichnungen werden beim Systemstart – an jedem Arbeitsplatz gleich – vergeben. Wenn der Benutzer vom Standard-Setup abweicht, ist die Verzeichnisstruktur für die Laufwerke der Nutzerdaten und Nutzerprogramme ihm selbst überlassen. Der Inhalt der anderen logischen Laufwerke wird von der Netzsoftware kontrolliert.

Auch PC-Neulinge verstehen diese Systemorganisation und die Grundlagen der PC-Nutzung im Netz nach einem Basiskurs von zwei Doppelstunden. Die neuen Benutzer werden aber auch darauf hingewiesen, daß das System nur deswegen so bequem zu bedienen ist, weil alle schwierigen Details von ihnen ferngehalten werden.

Im Endeffekt stellt ja jeder Netzwerkverwalter einen Startmechanismus zur Verfügung, der die vom Benutzer gewünschten Programme für die jeweilige technische Konfiguration eines Netz-Arbeitsplatzes zu einer lauffähigen Anwendung integriert.

Wir nennen diesen Mechanismus ABP (Anwendungs-Batch-Programm) und haben versucht, diesen Mechanismus so einfach zu gestalten, daß er auch für Nutzer mit geringen DV-Kenntnissen nachvollziehbar und damit programmier-

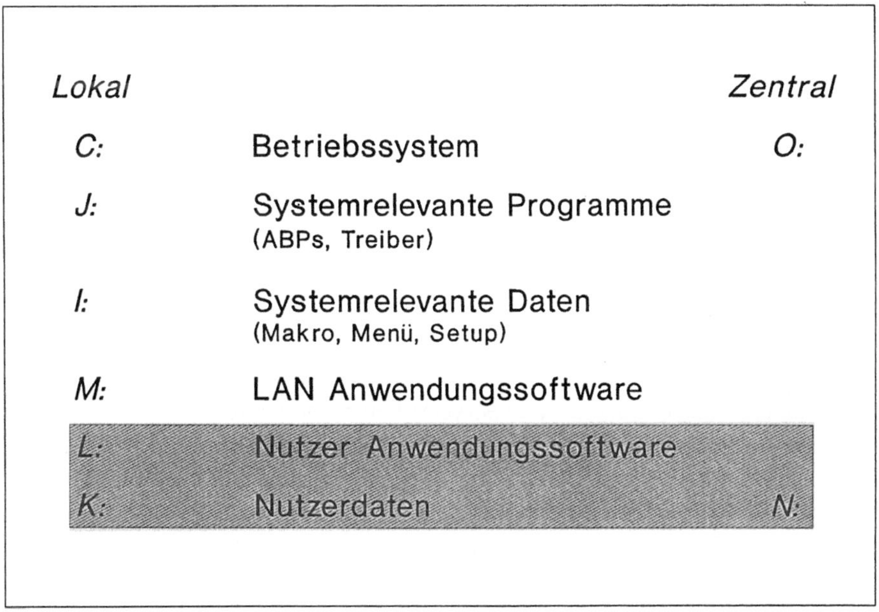

Lokal		*Zentral*
C:	Betriebssystem	*O:*
J:	Systemrelevante Programme (ABPs, Treiber)	
I:	Systemrelevante Daten (Makro, Menü, Setup)	
M:	LAN Anwendungssoftware	
L:	Nutzer Anwendungssoftware	
K:	Nutzerdaten	*N:*

Abb. 5: Logische Laufwerke, Verzeichnisstruktur

bar wird. Es wird damit möglich, die Last der Bereitstellung von Dienstleistungen im Netz mit studentischen Mitarbeitern zu teilen und auf diese Weise die beschränkten Ressourcen der Netzwerkadministration für die Systemprogrammierung zu ergänzen. Außerdem haben interessierte Nutzer dadurch zumindest die Chance, systemnahe PC-Kenntnisse auch an Netzarbeitsplätzen zu erwerben. Voraussetzungen für die einfache Programmierbarkeit von Anwendungs-Batch-Programmen sind

- eine Systemorganisation, die Hardwareprobleme weitgehend von den ABPs fernhält
- Der Einsatz von extrem einfachen Programmierwerkzeugen
- Unabhängigkeit der Module, um Spezialisierung zu ermöglichen

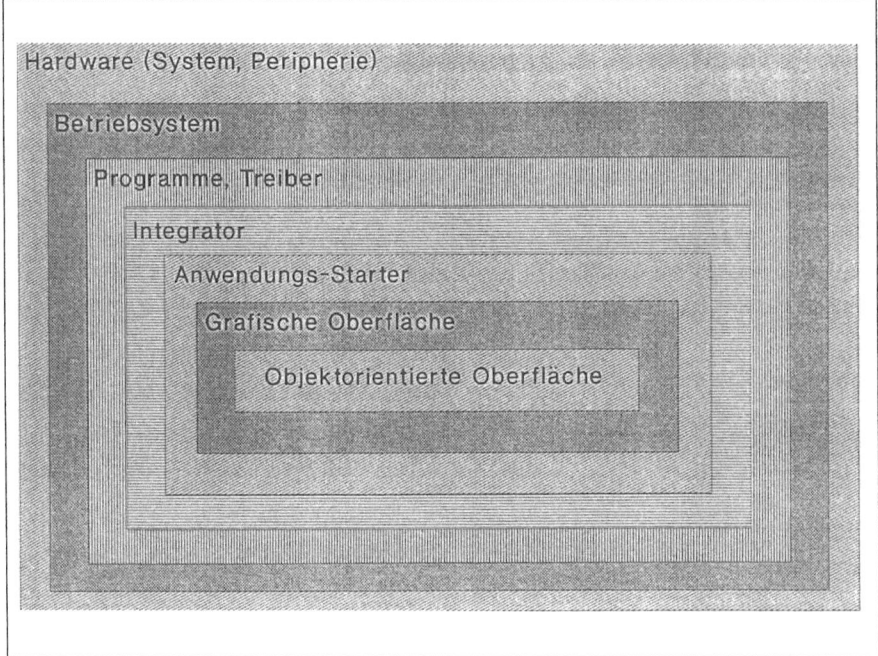

Abb. 6: Systemebenen

Die Systemorganisation besteht bei unserer Installation aus einer lokal (an den Arbeitsplätzen) und zentral (am Netz-Server) identischen Verzeichnisstruktur. Die technischen Besonderheiten einer Arbeitsplatzkonfiguration (Prozessor, installierte Adapterkarten, angeschlossene Drucker etc.) können die ABPs an der ID der Netzwerkkarte bzw. an einer Indikatordatei erkennen.

Beim Booten des Arbeitsplatzrechners werden die Indikatordatei ausgewertet, die lokalen logischen Laufwerke gesetzt und globale DOS Environment-Variablen initialisiert. Außerdem wird eine Prüfung der Funktionsfähigkeit der Systemkonfiguration durchgeführt. Auf der Boot-Konfiguration setzen Batch-Programme auf, die im wesentlichen speicherresidente Programme und Gerätetreiber für Adapterkarten und Peripherie installieren.

Das System ist offen: wenn eine Nutzer-Login-Datei vorhanden ist, wird sie ausgeführt. Wenn keine Nutzer-Login-Datei vorhanden ist, wird die System-Login-Prozedur ausgeführt. Der CIP-Administrator bzw. die Systemgruppe pflegt nur das System-Login. Fortgeschrittene Nutzer haben aber schon auf dieser Ebene Gelegenheit, sich eigene Arbeitsumgebungen zu installieren. Eine Anwendungs-Login-Datei (ALP) wird manchmal von ABPs selbst geschrieben, wenn eine Anwendung einen Neustart des Systems notwendig macht (z.B. Speicherplatzprobleme von Programmen, Laden unverträglicher DOS-Shells oder Treiberkonflikte).

Die Netzumgebung wird zugeschaltet, wenn die Login-Prozedur dies verlangt oder für den Ablauf einer Anwendung benötigte Information am lokalen Arbeitsplatz nicht gefunden wird (das ist meistens der Fall). Das Netz-Login (Novell Netware 2.11) ist ähnlich aufgebaut wie das lokale Login. Zunächst wird das System-Loginscript ausgeführt, das die globalen DOS Environment-Variablen ini-

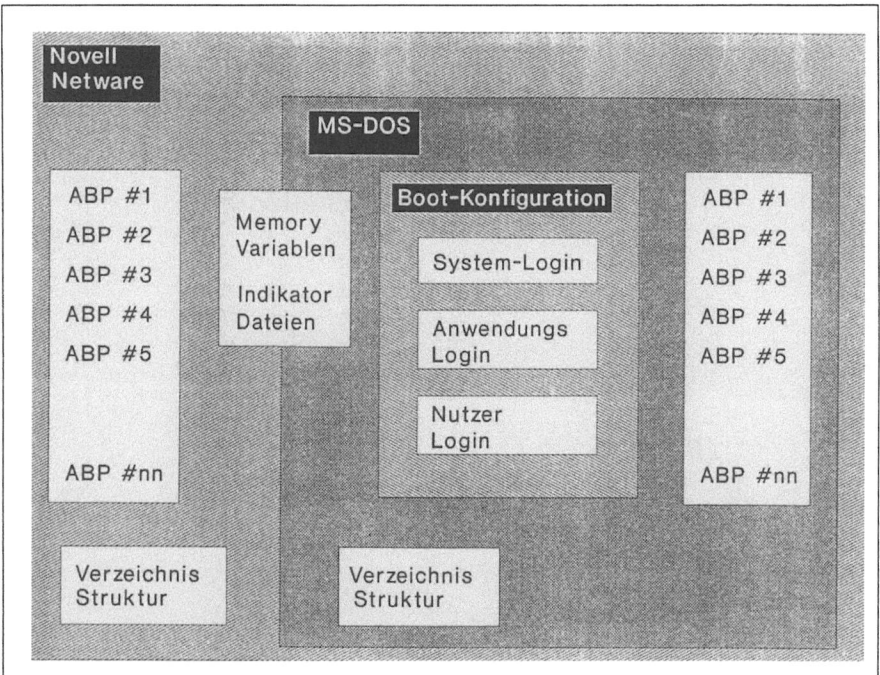

Abb. 7: Systemorganisation

tialisiert und die lokale Konfiguration überprüft. Danach wird das Benutzer-Loginscript ausgeführt, wenn eines vorhanden ist. Auch auf dieser Ebene haben also fortgeschrittenere Nutzer die Möglichkeit, die Arbeitsumgebung an jedem Netzarbeitsplatz ihren Bedürfnissen anzupassen.

Die Login-Prozedur stellt für alle ABPs eine bekannte und stabile Systemumgebung bereit. Die Anwendungs-Batch-Programme selbst bestehen ausschließlich aus DOS-Befehlen und einigen unverzichtbaren DOS-Utilities (z.B. Software-Warmstart, Überprüfen von Parameterstrings, Lesen und Beschreiben von Environment-Variablen). Die Menüs werden mit dem Norton Batch-Enhancer aufgebaut, für die Auswahl von Optionen wird ERRORLEVEL benutzt. Für die Interprozeß-Kommunikation werden ausschließlich Environment-Variablen und Indikatordateien benutzt. Das System ist natürlich vollkommen nicht-resident.

Alle ABPs bestehen aus den gleichen modularen Blöcken. Wird ein neues Anwendungs-Batch-Programm geschrieben, können wenigstens 80% des Codes aus existierenden ABPs übernommen werden. Unsere Erfahrungen mit dieser Strategie der Systemverwaltung sind sehr positiv. Jeder Nutzer kann mit Hilfe einer

Abb. 8: Aufbau von ABPs

einschlägigen DOS-Einführung und der entsprechenden Systemdokumentation nach etwa 40 Stunden Training eigene ABPs schreiben oder existierende verbessern, mit durchweg erfreulichen Ergebnissen. Einige Nutzer haben inzwischen auch ABPs geschrieben, die für Programme, die gut miteinander zusammenarbeiten, eine GEM/3- oder WINDOWS-Sitzung aktivieren. Aber das ist nicht unser höchstes Ziel.

Wir finden, daß auch für Wirtschafts-, Sozial- und Geisteswissenschaftler die Leistungsfähigkeit und Funktionalität von Programmen wichtiger sind als die Benutzeroberfläche, unter der sie laufen. Und gerade für Wirtschafts-, Sozial- und Geisteswissenschaftler ist es wichtig, den Umgang mit PCs an einer Systemkonfiguration zu lernen, die das Prinzip der Hilfe zur Selbsthilfe unterstützt. Ein mündiger PC-Nutzer ist man ja letztendlich nur dann, wenn man sich selbst helfen kann.

Literatur

1. DFG (Hrsg.): Zur Ausstattung der Hochschulen in der Bundesrepublik Deutschland mit Datenverarbeitungskapazität für die Jahre 1988 bis 1991. Empfehlungen der Kommission für Rechenanlagen. Bonn 1988
2. Smith, Jill: Beyond user friendly - towards the assimilation of multifunctional-workstation capabilities. In: Behaviour and Information Technology, 1984, Vol. 3, No. 3, 205-220
3. Wilson, John W.: The nerve-racking job of setting up a network. In: Business Week, April 27, 1987, 84-85
4. Wissenschaftsrat (Hrsg.): Empfehlungen zur Ausstattung der Hochschulen mit Rechenkapazität. Köln 1987

Anmerkungen

1 Prof. E.K. Scheuch hat schon die Auswirkungen von Statistikprogrammpaketen an Großrechnern sehr drastisch mit den Worten kommentiert: "Jeder dressierte Affe kann doch heute eine Faktorenanalyse mit SPSS produzieren".
2 das Programm ist Teil der Norton Utilities, Advanced Edition

Durchführung der Pilotaktion DELTA

Mike W. Rogers
DELTA-Koordinator
Kommission der Europäischen Gemeinschaften, Brüssel

1. Zusammenfassung

DELTA - Developing European Learning through Technological Advance

DELTA vermittelt einen systematischen Überblick über die europäischen Lernstrukturen und deren Unterstützung durch anwendbare Informatik und Netztechnik. DELTA wird im Rahmen einer am 29. Juni 1988 vom Ministerrat verabschiedeten Pilotaktion ("Exploratory Action") durchgeführt.

Lernen als wesentliche "Informationstätigkeit" wirkt sich entscheidend auf die Fähigkeit der Gesellschaft aus, Probleme zu lösen und ihre Zukunft zu gestalten. Jeder dritte Bürger der Gemeinschaft wird sich bis 1992 zu einem beliebigen Zeitpunkt in einer Lern- bzw. Ausbildungsphase befinden. Die Lernsysteme müssen in bezug auf Inhalt und Zugangsmöglichkeiten erheblich flexibler werden, um die Integration des Lernens in anderen Tätigkeiten zu ermöglichen, seien es Arbeit, Freizeit, Ausbildung am Arbeitsplatz oder technologische Forschung. Eine an den Lernbedarf angepaßte Informations-, Telekommunikations-, Rundfunk- und Fernsehtechnologie könnte das Bildungswesen bereichern und fördern.

Der europäische Markt für ITT-Anwendungen im Bildungswesen ist durch landesspezifische Unterschiede hinsichtlich der Benutzeranforderungen, Curricula, Hardware-Umgebungen und Software-Anwendungen gekennzeichnet. Größere Versuche und Bestrebungen zur Einführung von Lerntechnologien beschränken sich überwiegend auf einzelstaatliche Maßnahmen. Darüber hinaus sind die Entwicklungen der ITT für das Bildungswesen aufgesplittet oder werden hauptsächlich von außereuropäischen Herstellern unterstützt. Mit dem Programm DELTA werden die Harmonisierung des europäischen Binnenmarktes für Lerntechnologien und die Optimierung des Zusammenspiels von Angebot und Nachfrage im Bereich der technologiegestützten offenen Lernsysteme und des Fernunterrichts angestrebt.

DELTA ist weiterführende FuE, d.h. das Programm basiert auf anderen, bereits laufenden Entwicklungen, beispielsweise auf den Pilotergebnissen von ESPRIT und RACE und der Entwicklung gemeinsamer Testeinrichtungen und Lernmaterial für COMETT II.

Führende Vertreter der IT-Industrie, des allgemeinen und beruflichen Bildungswesens und des Fernmeldewesens sind bestrebt, einen pragmatischen Ansatz zu entwickeln. Die starke Resonanz bei Organisationen aus Drittstaaten führte zur Beteiligung von EFTA-Organisationen und zu einer DELTA-Initiative, die darauf abzielt, mit dem Programm Schritt zu halten und den skandinavischen Bildungstechnologiemarkt dem EG-Binnenmarkt anzugleichen.

Als wichtigstes Ergebnis wird von der DELTA-Pilotphase die Schaffung eines europäischen Bewußtseins um den Bedarf an und die Voraussetzungen für offene Lernsysteme und Fernunterricht erwartet. Konzertierung und Zusammenarbeit auf nationaler und internationaler Ebene werden verbessert und Möglichkeiten zur Harmonisierung von Angebot und Nachfrage geprüft.

2. Stand der Informatik und Nachrichtentechnik im allgemeinen und beruflichen Bildungswesen

Heute befinden sich 22% der EG-Bevölkerung zu jedem beliebigen Zeitpunkt in einer allgemeinen oder beruflichen Ausbildungsphase. Einsatz des Unterrichtsmaterials durch Senkung der Produktionskosten für qualitativ hochwertige Software und Unterstützungssysteme wird angestrebt.

Der Einsatz der Telekommunikation, des Rundfunks und Fernsehens und der IT für allgemeine und berufliche Bildung wird durch kostengünstiges, fortgeschrittenes "Knowhow" für kommerzielle Benutzer, einschließlich KMU, zur Stärkung der Wettbewerbsfähigkeit Europas beitragen. Er wird ferner ein zusätzliches Instrument zur Korrektur der sozialen und regionalen Ungleichgewichte in Europa liefern und die Integration über die kulturellen Grenzen hinaus erleichtern. Dies kann darüber hinaus kostengünstiger geschehen als mit herkömmlichen Methoden. Interessante Entwicklungen sind derzeit beim Einsatz von Satelliten, Software mit integrierten KI-Merkmalen und integrierten Systemen für Bildungszwecke zu beobachten.

Elektronische Publikationssysteme jeder Art ermöglichen die ständige Fortschreibung und institutionsübergreifende kooperative Erstellung multimedialer Unterrichtstexte. Für elektronische Post und Konferenzen gibt es jedoch noch keine gemeinsamen Normen.

Herkömmliche Technologien können noch immer überaus effizient eingesetzt werden und stehen dank der weiten Verbreitung von Videokassetten breiten Kreisen zur Verfügung. Neuere Erfahrungen zeigen, daß einwandfrei konzipierte Tonkassetten relativ kostengünstig sinnvoll eingesetzt werden können. Videofilme bieten einzigartige Leistungsmerkmale; die Produktionskosten sind jedoch noch sehr hoch.

Überaus interessante Anwendungen wurden bereits beim Einsatz von Videoplatten, hauptsächlich für Großfirmen oder spezielle Institutionen, entwickelt. Hier besteht ein großes Anwendungspotential für Bildungszwecke, entweder als Stand-alone-System oder in Verbindung mit einem Personal Computer (PC). Die technologische Zukunft dieses Bereichs ist jedoch noch ungewiß, wenn man beispielsweise an die neuen Compactdisk-Videosysteme (CD-V) in Japan denkt. Auch der breite Zugang zu Laser-Videosystemen ist, ebenso wie die Produktion dieser Geräte, kostspielig.

Mit der neuen Generation leistungsfähiger PCs und der Kostensenkung für kommerzielle Systeme (MS-DOS) wurden die Möglichkeiten für rechnergestütztes Lernen wesentlich erweitert. Computer werden weitgehend eingesetzt, dienen jedoch hauptsächlich zur Ausbildung auf dem Gebiet der Computer als solcher. Sie dienen als "Werkzeuge", was z.B. Textverarbeitungssysteme, Tabellenkalkulationsprogramme und den Zugriff auf Datenbanken betrifft. Sie werden außerdem zur kostengünstigen Übertragung von Daten und Text über öffentliche und private Netze eingesetzt und ermöglichen damit mehr offene Kommunikation.

Das CBL wurde durch neue Software-Entwicklungen, u.a. Autorenfunktionen mit begrenzten KI-Merkmalen ausgebaut. Hier bestehen wesentliche Einsatzmöglichkeiten, die jedoch komplizierte Systeme für die Entwicklung und Benutzung der Lernmittel erfordern. KI und "intelligente Betreuung" stehen noch nicht zur Verfügung; das CBL hat im allgemeinen im Rahmen des Fernunterrichts einen geringen Stellenwert.

Auch Rundfunk und Fernsehen sind wichtige, allgemein zugängliche Medien der audio-visuellen Informationsverbreitung. Sie gelten als eine der heute teuersten, darin jedoch preiswertesten, Möglichkeiten. Jüngste Entwicklungen in bezug auf die Wettbewerbssituation im Funk- und Fernsehbereich könnte diese Situation positiv verändern.

Die Zahl der Erdkabelverbindungen zwischen Nachbarländern nimmt zu; Kabelprogramme ausschließlich für Bildungszwecke sind jedoch noch immer kostspielig und wenig verbreitet. Preiswerte Nachtübertragungen könnten für Bildungsprogramme benutzt werden.

Satelliten werden heute schon weltweit für Bildungszwecke eingesetzt und finden Anfang der 90er Jahre auch in Europa weitere Verbreitung, mit großem Potential in den neuen demokratischen osteuropäischen Staaten. Zu den Anwendungen gehören technologische Fortbildungskurse für die Industrie, berufliche Weiterbildung für Ärzte u.ä. sowie der Einsatz in Bildungsanstalten.

Satelliten bieten erhebliche Vorteile für das allgemeine und berufliche Bildungswesen; um diese Vorteile zu nutzen, ist jedoch eine grenzüberschreitende Zusammenarbeit erforderlich. Eine europäische Zusammenarbeit entwickelt sich auch in bezug auf zwei neuartige Unterrichtskonzepte mit Einsatz kombinierter Technologien. Dies ist sowohl im Hinblick auf die Kostensenkung als auch zur Vermeidung kultureller Abkapselung erforderlich.

3. Zielsetzungen des Programms DELTA

Gesamtziel der FuE-Tätigkeit der Gemeinschaft ist es,

- die generelle Wettbewerbsfähigkeit der Industrie zu stärken,
- die Lebensqualität der europäischen Bürger anzuheben und
- gleichzeitig regionale, soziale und spezifische Probleme zu überwinden.

DELTA ist anwendungsspezifische FuE in einem Bereich, der die ganze EG-Bevölkerung für 8-15 Lebensjahre betrifft. Lernen ist ein kontinuierlicher Vorgang, der jetzt den meisten Aktivitäten der modernen Gesellschaft zugrunde liegt. Die erfolgreiche DELTA-Pilotaktion umfaßt eine Reihe eng miteinander verknüpfter Projekte mit folgenden Zielen:

- Aufbau auf vorhandenen Entwicklungen
- Bereitschaft der Beteiligten zur Zusammenarbeit
- Streben nach einem künftigen Konsens und detaillierter technischer Arbeit
- Entwicklung einer Basisinfrastruktur auf europäischer Ebene
- Demonstration von Prototypergebnissen

Die DELTA-Pilotphase führte zur Vorbereitung einer strategisch bemessenen Phase, in der demonstriert werden soll, daß die Entwicklungen für folgende Ziele eingesetzt werden können:

- Vorbereitung der Industrie auf den zukunftsorientierten und gemeinsamen Markt für Bildungssoftware und -dienste
- Schaffung der Voraussetzungen für effizientes Lernen
- Anreize für Privatinvestitionen auf diesem Gebiet
- Kosteneffizientere Gestaltung des Lernens
- Überwindung regionaler Probleme und Deckung spezifischer Bedürfnisse auf europäischer Ebene
- Schaffung einer Basis für die externe Förderung der Dienste

Der gegenwärtige Stand der verschiedenen Teilbereiche des DELTA-Arbeitsplans wird nachstehend erläutert. Die folgenden Kapitel befassen sich mit den Hauptaktionen der DELTA-Pilotphase. Dies entspricht dem Konzept des Programms DELTA, das die Schaffung einer zukunftsorientierten Lernumgebung auf der Grundlage bestehender und neuer Technologien vorsieht.

4. Die DELTA Pilotaktion

4.1 Aktionslinien I und V

Die Aktionslinie I des Programms DELTA zielt auf die Schaffung eines Forschungs- und Konzertierungsrahmens ab, um die Formulierung gemeinsamer technischer Anforderungen an die allgemeine und berufliche Bildung in Verbindung mit den wichtigsten Institutionen und industriellen Gruppen zu erleichtern, die im Bereich der Lerntechnologie tätig sind. Ein neuer Verband "ELTA" wurde gegründet, um die Informationsverbreitung auf eine einheitliche, europäische Ebene zu bringen. Die Beteiligung liegt bei z. Zt. ca. 1250 Interessensanmeldungen.

Die Aktionslinie V bemüht sich um "günstige Voraussetzungen", u.a. in bezug auf marktrelevante und wirtschaftliche Faktoren, die die Übernahme und den Einsatz von Lerntechnologien beeinflussen. Informationsprodukte umfassen zur Zeit:

- DLT News, fünfsprachig, 16 Seiten "lesbare" Nachrichten im Bereich DELTA, Auflage ca. 11.000.
- INTERACTIVE – ein Multimedia Journal (Druck, elektronisch) mit vertieften technischen Informationen. Auflage 250.
- Video-news – aktuelle Neuigkeiten im DELTA Gebiet über Video und Satellit. Verteilung: via Olympus Satellite, über 15 Länder Europas.
- DELTA Konferenz, Oktober 1990 im Anschluss an die ETTE Konferenz in Den Haag, erwartete Beteiligung: ca. 350 Personen
- Themenspezifische Arbeitskreise mit an DELTA Beteiligten und externen Experten, bis zu 100 Beteiligte pro Arbeitskreis (in der zweiten Hälfte 1990 finden 4 solche Arbeitskreise statt).
- eine Übersicht über die Produktionsverfahren und Werkzeuge für multimediales Lernen mit Informationen über den Stand der Technik.
- Bedürfnis-/Anforderungs-Katalog der Hersteller.
- Verzeichnis europäischer Produzenten, deren Stärken und Komplementarität
- Electronic Mail und Konferenzen im Nachrichtenverbund mit ESPRIT, RACE, COMETT und KMU Interessenten, ca. 250 Beteiligte.

Der Schwerpunkt der derzeitigen Vorschläge für AL V liegt hauptsächlich auf Fallstudien für Wirtschaftsfragen und -faktoren, die den Einsatz der Technologie im Bildungswesen beeinflussen. Diese stellen eine nützliche "Informationsquelle" für das DELTA-Modell der Aktionslinie I dar und können als Hinweis für die künftigen Marktanforderungen dienen.

Die Vorarbeiten der Aktionslinien I und V zielen insgesamt auf die Förderung der Entwicklung einer auf "menschlichen Netzen" basierenden Informations- und Implementationsstrategie von Infrastrukturen für den allgemeinen technischen und pädagogischen Bereich.

4.2 Aktionslinien II und IV

Die Aktionslinie II betrifft den Bereich "Kooperative Entwicklung moderner Lerntechnologien" des DELTA-Arbeitsplans. Hauptziel dieser Aktionslinie ist es, die derzeitigen Bestrebungen zur Deckung des Lernbedarfs zu ergänzen und das

System- und Anlagenkonzept zur Unterstützung gemeinschaftsweiter offener Lernsysteme stufenweise zu realisieren. Innerhalb der Aktionslinie II wurden folgende Aufgaben festgelegt:

1. Portable Educational Tool Environment (PETE)
2. Lernumgebung
3. Ausbildungs-Server
4. Lernexpertensystem
5. Massenspeicher
6. Autoreneinrichtung
7. Lernmaterial-Produktionsumgebung
8. Betreuungs- und Überwachungseinrichtungen
9. Verwaltung der Informationsquellen

Mit der Aktionslinie II wird die technische Basis für eine portable Bildungssoftware-Umgebung (PETE) geschaffen, der sämtliche Systemkomponenten entsprechen sollten, um eine kosteneffiziente, breit einsetzbare Palette von Werkzeugen für Lernsysteme zu entwickeln.

Die Aktionslinie IV betrifft die "Portabilität" (d.h. Softwareerzeugung, bei der einheitliche Werkzeuge und Autorensysteme Produkte erstellen, die auf verschiedenen Rechnerstrukturen funktionsfähig sind ohne Aufwand für Softwareumschreibung). Da diese Aktionslinie als Entwicklung einer auf mittel- bis langfristigen Normung orientierten Top-Down-Strategie im Hinblick auf eine einheitliche Bildungsarchitektur ("Common Training Architecture" or CTA) gedacht ist, wird sie in enger Verbindung mit der Aktionslinie II untersucht.

Die sechs Aufgabenbereiche der Aktionslinie IV stehen in engem Zusammenhang mit denen der Aktionslinie II. Die Verbindungen wurden durch die Projekte der Aktionslinie IV "Markt-orientierte Strategien" hergestellt. Sie decken jedoch sämtliche Aufgabenbereiche der AL IV in angemessener Weise ab.

Ein Diagramm der Projekte der AL II und IV läßt sich entwerfen, wobei die Horizontalachsen die einzelnen Aufgaben darstellen. Hierarchische vertikale Elemente sind dabei:

- Umgebungen: Zweckerfüllung
- Systeme: hochentwickelte Konstrukte
- Dienste: Systemelemente
- Funktionalitäten: einsatzfähige Dienstelemente
- Anlagen und Werkzeuge: Hardware und Software
- Technologien: Geräte, Peripheriegeräte, Systemsoftware, usw.

In einem solchen Diagramm werden die Einzelprojekte in ein Programm eingeordnet, die Verbindungen zwischen den verschiedenen Projekten aufgezeigt und die "Kernprojekte" der einzelnen Aufgabenbereiche gekennzeichnet. Mit diesem hierarchischen Modell kann auch PETE als zentrales Konzept des Programms DELTA dargestellt und der Stellenwert anderer Aufgabenbereiche der AL II & IV in bezug auf PETE verdeutlicht werden.

Jedes einzelne Kernprojekt kann als horizontales Bindeglied der jeweiligen Aufgabe und als informelle Aufwärtsverbindung zum PETE-Kernprojekt P7072 (ASAP – Animated Specifications of a PETE) der Aufgabe T2.0 betrachtet werden. Als Kernziel des gesamten Programms DELTA erfüllt PETE eine besondere Funktion.

4.3 Ergebnisse der AL II/IV

Die einzelnen Projektergebnisse unterstützen individuelle und gemeinsame Zielsetzungen. Beispiele darunter sind :

- Der in enger Kooperation zwischen EPOS und ASAP erzeugte Prototyp eines Autoren Systems mit Übertragbarkeit zwischen MacIntosh, UNIX, OS/2 und MS-DOS, eine notwendige Basis für eine eventuelle einheitliche Architektur.

- NAT*LAB hat vier verschiedene Systeme gebaut, wobei vom Benutzer Einzelheiten automatisch abgefragt werden, und Fehler-Strategien analysiert werden, um maschinelle Benutzermodelle aufzubauen.

- EPOS bringt die Post- und Telefon-Unternehmen von Italien, Spanien, Deutschland, Schweiz, Schweden, Großbritannien, Frankreich und Holland zum ersten Mal zusammen. Dies dient der zukunftsorientierten Gestaltung einer Dienstleistung für interne Bildung im Nachrichtentechnikbereich (besonders in der Wartungsschulung); und weiterhin für Dienstleistungen an dritte Parteien.

- ACES baut Hilfssysteme auf Fortschritte in der Künstlichen Intelligenz unter dem ESPRIT Programm (und besonders auf Projekt P280 – "Eurohelp").

- AAT führt die Möglichkeiten vor, mehrere pädagogische Strategien in ein Lernsystem zu integrieren, mit entsprechenden Multimedia Editoren.

- OSIRIS und LEAST entwickeln eine mittel- bis langfristige marktorientierte Normungsstrategie.

4.4 Aktionslinie III – Prüfung und Validierung von Kommunikation

Ziel der Aktionslinie III ist es, die Fortschritte im Bereich der Telekommunikation im Interesse des Lernens frühzeitig voll und ganz zu nutzen. Im einzelnen:
Hauptziel nahezu aller empfohlenen Vorschläge ist die Erprobung von Kommunikationsentwicklungen unter Berücksichtigung verschiedener Umfelder oder spezieller Zielgruppen. Zu den behandelten Themen gehören:

- Bereitstellung multimedialer Materialien
- verteilte Autoren- und Produktionseinrichtungen
- Bereitstellung von Fernvorlesungen und -seminaren mit Ferndialog
- mehrsprachige Rundfunk-/Fernsehsendungen
- Zugriff und Verwaltung von großer Datenbanken.

Darunter erzeugen Projekte wichtige Resultate wie z.B.:

- CAPTIVE verbindet Satellitentechnologie und terrestrische Netze, um erzielte Verbreitung von einzelnen Videobildern oder auch Videosequenzen zu günstigen Kosten zu ermöglichen. Im Mittelpunkt steht dabei die Überbrückung der hohen Kosten terrestrischer Netze.
- LAT verwendet Satelliten und Breitbandnetze, um den Informationsaustausch von hochrangigen Managern und Führungspersonal zu erleichtern, um alle auf ein gleiches Niveau zu bringen, und so zur Senkung des Zeitaufwandes und der Reisekosten beizutragen.
- SATDOC entwickelt eine preiswerte Kodierungsmethode für die Übermittlung vertraulicher Bilder über Satellit. Nach Empfang bleibt die Kodierung im Bildfile, und damit wird ungesetzliches Kopieren verhindert. Zugang haben nur ausgewählte Empfänger. Die Anwendung im medizinischen Bereich wird angestrebt.

5. Vorläufige Bewertung der Ergebnisse der DELTA-Pilotphase

Charakteristisch für den europäischen Bildungsmarkt für ITT-Anwendungen ist die Vielfalt an landesspezifischen Benutzeranforderungen, Curricula, Hardware-Umgebungen und Software-Anwendungen.

Strategische Versuche und Bestrebungen zur Einführung von Bildungstechnologien beschränken sich meist auf die Landesebene. Darüber hinaus sind die Entwicklungen der ITT für Bildungszwecke aufgesplittet oder werden hauptsächlich von außereuropäischen Herstellern bestimmt.

Ziel der DELTA-Pilotphase ist die Harmonisierung des europäischen Binnenmarktes für Bildungstechnologie und die Optimierung des Zusammenspiels zwischen Angebot und Nachfrage im Bereich der technologiegestützten Lernsysteme und des Fernunterrichts. Die Resultate der Pilotaktion zeigen deutlich, daß die Problematik bewältigt werden kann:

6. Grenzüberschreitende Zusammenarbeit und Konzertierung

DELTA hat das Bewußtsein für das Potential und die Dringlichkeit eines geschlossenen europäischen Vorgehens geweckt. Ergebnisse in Bezug auf internationale Zusammenarbeit, Konzertierung und Informationsverbreitung werden erzielt durch:

- Schaffung der European Learning Technology Association (ELTA), Veranstaltung von Workshops und Konferenzen.
- gezielte Studien zur Ermittlung gemeinsamer Bedürfnisse und technischer Anforderungen an offene Lernsysteme und Fernunterricht.

- Einrichtung von Publikationssystemen und Datenbanken für zukunftsorientierte Bildungstechnologien, Anwendungen, Normen und Ergebnisse.
- Kooperation verschiedener Akteure, die bislang nicht zusammengearbeitet haben

7. Portabilität der Lernmittel und Softwareumgebungen

Bei den bestehenden und neuentwickelten europäischen Technologien werden in erster Linie die Anforderungen und Möglichkeiten einer portablen Bildungssoftware-Umgebung (PETE) geprüft. Mit PETE soll eine hardwareunabhängige Plattform geschaffen werden, die die Entwicklung, Verbreitung und Anwendung von Werkzeugen und Bildungssoftware für eine Reihe von herstellerspezifischen Geräten ermöglicht. Hier werden verschiedene industrielle Standardtechnologien (z.B. UNIX, X-Windows, Common Lisp) einbezogen und dem Bedarf des Bildungswesens angepaßt. Eine begrenzte Realisierung wird in Mai 1990 vorgeführt. Die Dynamik dieser Entwicklung zeigt sich an dem starken Engagement von acht Post- und Fernmeldeverwaltungen in einem PETE Projekt (P7002 EPOS – European PTT Open Learning Service).

8. Unterstützungssysteme

Schwachstellen der derzeitigen Bildungstechnologien sind der Mangel an Benutzerfreundlichkeit, an Echtzeit-Unterstützungssystemen mit hinreichender Intelligenz und fehlende Überwachungs- und Betreuungsfunktionen. Unter Zugrundelegung verfügbarer KI-Techniken werden verschiedene Konzepte der Benutzermodellierung und computergestützten Betreuung geprüft. Über Fortschritte wurden in folgenden Bereichen berichtet:

- automatische Wissensakquisition im Systemdialog
- intelligente Dialogsteuerungssysteme und anpaßbare Benutzerschnittstellen
- dynamische Entscheidungshilfe und Bewertungssysteme
- Konzepte für verteilte Klassenräume, die den Dialog zwischen Betreuer und Lerngruppen untereinander unterstützen.

9. Autoreneinrichtungen und Produktion von Lernmitteln

Hiesige Autorensysteme und Sprachen sind nicht flexibel genug und nur für bestimmte Gerätetypen konzipiert. Die Erstellung von Lernmitteln ist kostenunwirksam und nicht auf internationale Märkte zugeschnitten. Fortschritte bei der offenen Architektur in unterschiedlichen Bereichen realisieren integrierte jedoch "breite" Fähigkeiten. Neue Konzepte auf der Basis offener Testeinrichtungen, für die weitere Werkzeuge jetzt erstellt werden, ermöglichen die Entwicklung von Mehrzwecksystemen, die den gesamten Autoren- und Produktionsvorgang sowie die Erstellung portabler Lernmittel für offene Lernsysteme und Fernunterricht unterstützen. Weiterentwicklungen sind in folgenden Bereichen erforderlich:

- Autorenumgebungen zur Unterstützung vielfältiger Lernstrategien
- intelligente Werkzeuge zur Unterstützung der Wissensakquisition und Bereichsmodellierung
- leistungsfähige Graphikeditoren und Skriptwerkzeuge
- Methodik und Einrichtungen für rasche Prototypentwicklungen und Tests
- verteilte Autoreneinrichtungen zur Unterstützung des Einsatzes vorhandener Materialien
- allgemein anwendbare Entwurfs- und Spezifikationsmethoden

10. Kommunikation und Verbreitung von Lernmitteln

Die Förderung eines europäischen Marktes für offene Lernsysteme und Fernunterricht erfordert vor allem Systeme zur Verbreitung von Informationen und Lernmitteln und setzt die Verfügbarkeit von Kommunikationsverbindungen voraus. Die Nutzung der Fortschritte im Bereich der Telekommunikation über terrestrische Netze für Bildungszwecke sowie der Einsatz von Satelliten erfordern umfangreiche Erprobungen und die Anpassung der Technologien an Bildungs- und Benutzeranforderungen. Ergebnisse in folgenden Bereichen liegen vor:

- Definition von Infrastrukturen und Einrichtungen zum Einsatz der Telekommunikation für Bildungszwecke, u.a. Versuche mit ISDN und DBS
- Durchführbarkeitsstudien zur Errichtung eines europäischen Bildungssatellitennetzes
- Testeinrichtungen zum Nachweis der Effizienz der Einführung von Audio-/Video-Konferenzen im Unterricht (On-line-Dialog zwischen Lehrer und Schüler und Schülern untereinander, pädagogische Methoden und geeignete Übertragungstechniken)
- Versuche zur Bestimmung der Voraussetzungen für verteilte Autoren- und Produktionseinrichtungen
- Versuche mit Satelliten-, Rundfunk- und Fernsehsendungen zur Bewertung des Einsatzes von mehrsprachigen Fernunterrichtspaketen
- Bildung europäischer Satellitenbenutzergruppen auf der Grundlage bestehender Organisationen und neuer Interessenten

11. Normung

Normung und Kommunikationsfähigkeit sind eine unerläßliche Voraussetzung für einen effizienten und wirtschaftlichen europäischen Markt für offene Lernsysteme. Die jetzigen erfolgreichen Normungsarbeiten werden sowohl technologisch als auch marktpolitisch bestimmt. Auf der Grundlage bestehender und neuer technologischer Normen und Konventionen werden solche spezifisch für die Bildungstechnologie festgelegt und empfohlen:

- Festlegung einer gemeinsamen, genormten Systemarchitektur für Autoren und Lernumgebungen (die sogenannte "Common Training Architecture")
- Schnittstellen und Kommunikationsprotokolle für Telekommunikationsanwendungen zu Bildungszwecken
- Empfehlungen für anpassungsfähige und generell einsetzbare Benutzerschnittstellen und Darstellungsmodelle
- Festlegung von Kriterien zur Qualitätsbewertung von Lernmitteln und Lernumgebungen
- Empfehlung für genormte Entwurfsmethoden und Protokolle zur Unterstützung des Transfers von Lernmitteln

12. Günstige Voraussetzungen

Obwohl die Einführung von Lerntechnologien durch einzelstaatliche Programme gefördert wird, stehen kaum Informationen über Marktmechanismen und kritische Erfolgsfaktoren zur Verfügung. Die Bildungstechnologie muß, zu einem gewissen Grad, marktbestimmt und unabhängig von umfangreichen staatlichen Unterstützungen werden.

Die derzeitigen Forschungsarbeiten dienen der Bestimmung des Benutzerbedarfs und der Möglichkeiten zur Deckung dieses Bedarfs durch die Industrie. Dabei liegt der Schwerpunkt insbesondere auf regionalen und sektoralen Anforderungen (KMU). Zielsetzungen dieser Forschungsarbeiten sind:

- Ermittlung des optimalen Verfahrens und Verbreitung der Ergebnisse von Fallstudien
- Festlegung strukturierter, internationaler Konzepte der Qualitätszertifizierung
- Ermittlung der Hindernisse für die Übernahme von Bildungstechnologien durch KMU und strukturschwache Gebiete
- Anforderungen für Technologie Transfer
- Bestimmung der Rolle der Regierungen (Finanzierung, unterstützende Infrastrukturen) und der Möglichkeiten (Gebühren, Steuern, Zertifizierung) zur Förderung von offenen Lernsystemen und Fernunterricht.

13. Schlußfolgerungen

Wichtigstes Ergebnis wird die Schaffung eines europäischen Bewußtseins für die Bedürfnisse und Anforderungen an offene Lernsysteme und Fernunterricht sein. Konzertierung und Zusammenarbeit werden auf nationaler und internationaler Ebene verbessert und Möglichkeiten zur Harmonisierung von Angebot und Nachfrage aufgezeigt.

Die DELTA-Pilotphase wird außerdem zur Ermittlung der Anforderungen und Optionen einer Portable Educational Tool Environment (PETE) führen. Voll integrierte Systeme auf der Basis von PETE werden jedoch dabei nicht entwickelt, die Strategie dieses zu erreichen, wird in dieser Phase noch verabschiedet.

Entwicklungen im Bereich der Lernexpertensysteme, Autoren- und Produktionsumgebungen, Überwachungs- und Betreuungsumgebungen beschränken sich auf die Erforschung und Prüfung einiger signifikanter fortgeschrittener Techniken. Es wird mit verschiedenen vorläufigen Ergebnissen bei der Implementierung im Rahmen von PETE gerechnet.

Aktionen im Bereich der Telekommunikation beinhalten vor allem Sondierungsmaßnahmen und werden hauptsächlich zu Bedarfs- und Optionsanalysen führen. Die Normungstätigkeit wird sich auf Bedarfsanalysen und die Ermittlung bestehender und neuer Normen und Konventionen konzentrieren und zu Empfehlungen für mögliche Normen im Bereich der Bildungstechnologie führen. Die eigentliche Übernahme dieser Normen und Konventionen erfordert eine größere europäische konzertierte Aktion unter Mitwirkung aller Beteiligten.

Die Pilotaktion hat ihre Ursprungsziele, trotz des Mangels an Ressourcen, weithin übertroffen.

14. Perspektiven der künftigen Zusammenarbeit im Bereich der Lerntechnologie

Die Zukunftsperspektiven der möglichen Zusammenarbeit im Bereich der Anwendung von Informations- und Kommunikationstechnologien (Nachrichten / Netztechnologie insbesondere Telematiksystemen) für das Lernen wurden im Rahmen der "Operation 1992" entwickelt. Dazu trafen sich über 150 Experten aus allen EG Mitgliedstaaten und EFTA Ländern Mitte 1989. Die strategischen Richtlinien dafür wurden durch ein "Strategic Review Board" und ein "Requirements Board" entworfen.

Das Modell für das Hauptprogramm DELTA sieht zunächst eine Fünfjahresphase vor, auf die eine drei- bis fünfjährige vertiefende Phase zur Erweiterung der regionalen Durchdringung, der wirtschaftlichen Tätigkeit und der unteren Bereiche des Bildungswesens folgt. Diese Phase wird auf den Ergebnissen der Pilotphase aufbauen und dient u.a. zur Schaffung einer Infrastruktur mit Vernetzung, um mengenbedingte Rationalisierungseffekte zu erzielen.

Die IT&T kann die Grundlage für den nächsten signifikanten Fortschritt in Bezug auf Bildungsqualität und Kosteneffizienz bilden. Mit der "Technologie" des vergangenen Jahrhunderts wurde die Ökonomie des Lernens lediglich um 50% gesteigert. DELTA kann in einem Jahrzehnt eine Steigerung um das Zweifache herbeiführen, durch die Anwendung von neuen Technologien, und die Erhaltung der umfassenden, aber dennoch unterschiedlichen Kenntnisse in Europa optimieren.

Lehre beinhaltet menschliche Faktoren; daher werden umfassende und auf den Menschen ausgerichtete Netze von entscheidender Bedeutung sein, um diesen Aspekt des Lernvorgangs zu betonen. Die wichtigste Zielsetzung der Hauptphase, "effizientes Lernen zu ermöglichen", muß unbedingt auf dieser Voraussetzung basieren. Dies ist nur innerhalb des FuE-Rahmenprogramms und der politischen Zielsetzungen der europäischen sozialen, regionalen und aussenpolitischen Initiativen sinnvoll. Daher sollte die Hauptphase voraussichtlich folgende Aspekte umfassen:

- Nutzung der Infrastruktur von Testeinrichtungen für COMETT II
- Entwicklung technologischer Impulse für neue Anregungen, z.B. die Idee eines europäischen Bildungskanals oder einer europäischen Universität
- Entwicklung einer letztlich eigenständigen Infrastruktur, die auf der Endstufe einen offenen Betrieb ermöglicht, in dem die Softwaremodule on-line für optimale Unterrichts- und Autorenkonfigurationen zur Verfügung gestellt werden
- Entwicklung kommunikationsfähiger Werkzeuge auf verschiedenen Ebenen
- Förderung von Normen für den Einsatz von Werkzeugen und Schnittstellen
- Entwicklung längerfristiger Strategien zur Nutzung des Angebots durch die Beteiligten
- Erprobung von Technologien für spezielle Bedürfnisse, regionale oder sektorale Probleme in strategischem, signifikantem Maßstab
- Einsatz der Satellitentechnologie zur Überwindung zahlreicher Kommunikationsbarrieren, bis andere Mehrwertnetze (VAN) verfügbar sind

Der Schwerpunkt wird auf der Durchführung von Experimenten in sinnvollem Maßstab mit Pioniertechnologien für Lernen in Anwendungssektoren liegen, wobei sich die ursprüngliche Arbeit auf eine einheitliche Bildungsarchitektur, neue Lernmodelle und die Einbeziehung pädagogischer Paradigmen in eine IT&T-gestützte Implementierungsstrategie beschränkt. Künftige Arbeiten werden sich vor allem auf folgende drei Bereiche konzentrieren:

- Implementierungsstrategien
- Technologie und System Entwicklung
- Validieren und Experimentieren.

14.1 Implementierungsstrategien

Dieser Teil befaßt sich mit der Entwicklung von Strategien für die optimale Einführung und Benutzung von Informations- und Kommunikationstechnologien im Flexiblen und Fernlernen. Daher sollte dieser Teil der Hauptphase voraussichtlich folgende Aspekte umfassen:

1. Analyse der Marktbedürfnisse und Kompetenzen der Anbieter, so daß ein Bedarfs-Angebots-Vergleich unternommen werden kann.
2. Die Beschreibung und Weiterentwicklung, von Richtlinien, Standards und Konventionen in einem einheitlichen Rahmen, für den Fortschritt der europäischen Lerntechnologieindustrie.
3. Die Verknüpfung von Interessentengruppen zur gemeinsamen Entwicklung von Richtlinien und Normen sowie für die Basis einer Informationsverbreitungsaktion.
4. Die Entwicklung eines gemeinsamen Rahmens für Evaluierung und Auswertungsmethodologie, damit technisch basierte Entwicklungen im Rahmen der Experimentierung besser bewertet werden können.
5. Die Beschreibung von Scenarien der Implementierung von fortgeschrittener Lerntechnologie auf Basis der Weiterentwicklung der FuE-Arbeiten, und im Rahmen der gesammelten Erfahrungen und Auswertungskentnisse.

14.2 Technologie und Systementwicklung

Dieser Teil befaßt sich mit der Weiterentwicklung von Informationstechnologien aus Programmen wie ESPRIT (European Strategic Programme for Research and Development in Information and Technology) oder RACE (Research and Development in Advanced Communications for Europe) (Nachrichtentechnik und Dienstleistungsentwicklungen). Ziel ist die Verwertung der Arbeiten aus der DELTA Pilotphase selbst. Diese dienen u.a. der optimalen Anwendung verschiedener Informations- und Kommunikationstechnologien für offenes, flexibles und Fernlernen, unabhängig von deren Vernetzungsgrad.

Die Kosten für die Entwicklung von Lernmaterial, Netzgebühren wie auch für den Lernerplatz selbst und deren Peripherie sind bisher zu hoch. Kostensenkungen können dazu beitragen, die Anwendung der Neuen Technologien für Bildungsinstitutionen, Unternehmer und einzelne Lerner attraktiv zu machen. Daher sollte dieser Teil der Hauptphase voraussichtlich folgende Aspekte umfassen:

1. *Einheitliche Bildungs-Architektur*
   Dieser Aspekt ist das zentrale Thema dieses Teils der Hauptphase. Es wird durch enge Zusammenarbeit mit den anderen Teilen in der Technologie-Entwicklung erstellt. Die einzelnen Teile und Systemaspekte der Untersuchungen hier müssen in einen offenen, einheitlichen Rahmen passen, damit höhere Elemente oder Bausteine sowie ganze Dienstleistungen (zum Beispiel Videokon-

ferenzen) auf physich unterschiedlichen Rechnerarchitekturen benutzbar bleiben ohne unüberwindlichen Umschreibungsaufwand. Dafür müssen die Fähigkeiten der einzelnen Rechner ausgenutzt werden, ohne die Portabilität zu behindern, oder die Echtzeitcharakteristiken zu verlieren. Diese Aktivität verknüpft die anderen Überlegungen in diesem Gebiet und bereitet die Experimentierphase vor.

2. *Entwurf und Erzeugung von Lernmitteln*

   Werkzeuge wie ein Lernmittelentwurfsarbeitsplatz (d.h. ein Autorensystem und zusätzliche Entwurfswerkzeuge) sind nötige Teile des Konzepts. Offene Schnittstellen für Werkzeuge und ein einheitlich technisch kompatibler Rahmen sind Grundbedingungen für den Entwurf von wiederverwendbaren Lernmodulen und deren Zusammenlegung zur Gestaltung von ganzen Kursen.

3. *Bildungs-Informations-System*

   Dieses Untersystem erlaubt den Lernern Zugriff auf Lernmaterialbeschreibungen und Lernmodule. Es enthält Informationen über die Lernmodule, deren pädagogische Ansätze, und ermöglicht die dynamische Gestaltung von lernerspezifischen Kursen.

4. *Bildungsdienstleistungen*

   Diese Gruppe von Werkzeugen und Untersystemen umfaßt Unterstützungsprogramme für Lehrende, Möglichkeiten der Leistungsabfrage und Vereinfachung von Verwaltungsvorgängen im Bildungssektor. Es handelt sich also um alle indirekten Aspekte, die für den Lernenden mit der Benutzung des Systems verbunden sind.

5. *Lerner-Unterstützungssystem*

   Dieses anforderungsreiche Unterstützungsuntersystem dient den Bedürfnissen des Lernenden, in verschiedenen Lernumgebungen (d.h. zu Haus, in Institutionen oder am Arbeitsplatz) und auf unterschiedlichen Ebenen (Anfänger, Fortgeschrittene, Weiterbildung, Umschulung usw.). Um dieses anspruchsvolle Angebot zu optimieren, sind Anwendungen der Künstlichen Intelligenz, die noch nicht Stand-der-Kunst sind, gefragt, und die aus Fortschritten in der DELTA Pilotphase weiter entwickelt werden können.

14.3 Validieren und Experimentieren

Dieser Teil umfasst Versuchsanwendungen zur Erprobung von Informations- und Kommunikationstechnologien (Informatik, Nachrichtentechnik und Dienstleistungsanwendungen) als "ganzes Lernsystem" wie auch als Fernlehrnetz. Die so evaluierten Anforderungen der Endbenutzer dienen dazu, die technologischen Entwicklungen entsprechend anzupassen. In einer zweite Versuchsphase soll die Realisierung der angepaßten System ausgewertet werden. Ein konsistenter Auswertungsrahmen muß in drei Bereichen geschaffen werden:

- für Systeme der Lernmaterialentwicklung, Entwurf und Erzeugung
- für Systeme der Verbreitung, Überwachung und Lernerunterstützung
- für Systeme mit Zugriff auf Lernressourcen.

Auf jedem Gebiet sind in einem oder mehreren verknüpften Netzen Pilotversuche vorgesehen. Die Versuchsentwürfe weisen den Benutzern eine zentrale Rolle zu. So können, und müssen sogar, europäische Lernsystems aktuelle Probleme benutzerfreundlich lösen. Daher sollte dieser Teil der Hauptphase voraussichtlich folgende Aspekte umfassen:

1. Ein einheitlicher Rahmen für die Bewertung und Auswertung der einzelne Pilotversuche. Damit sollen auch Prinzipien der bisherigen guten Praxis weiter entwickelt und verbreitet werden.
2. Pilotversuche mit ursprünglicher Benutzung existierender Netze und technologischen Stand-der-Kunst im Bereich gemeinsame Entwicklung und Autoren/Entwurfs-Systeme für Lernmaterial. Eventuell würde dann eine weitere Phase neue Entwicklungen aufnehmen und Versuche weiterführen so daß die Verwendung von Ergebnissen meßbar ist.
3. Pilotversuche mit einem europäischen Lernmaterial-Lieferungssystem sollen offenes, flexibles und Fernlernen unterstützen. Ein zweiphasiger Vorgang wie oben ist vorgesehen.
4. Pilotsysteme für den ferngesteuerten Zugriff auf Bildungsressourcen, wobei
   - Hersteller von Lernmaterial sich mit Komponenten befassen, damit dann ein "Kurs" durch eine dynamische Zusammenlegung von Standardkomponenten und neu entworfenen Teilen erfolgt;
   - Verwaltungen auf Kursmaterial und Bibliotheken von Lernkomponenten Zugriff haben, so daß der Bedarfs- und Angebotsvergleich maschinell unterstützt wird;
   - einzelne Lerner den Fernzugriff auf verschiedene Multimedia-Informationsquellen haben, und damit praktische Erfahrung sammeln.

Eine 2-Phasen Realisierung wie oben ist vorgesehen. Die laufenden Erfahrungen, die die obigen Aktivitäten darstellen, werden dauernd mit der Technologieentwicklung überprüft auf Konsistenz, Stand-der-Kunst und Relevanz. Die Anwendung des Auswertungs- und Bewertungsrahmen wird besonders kritisch untersucht.

Die Technologie muß der Diener der Benutzer sein, und nicht umgekehrt, wenn Technologie im Sinn von DELTA im großen Maßstab im Aus- und Weiterbildungsbereich verwendet werden soll.

Analyse von Lernmaterialien auf der Grundlage rechnergestützter Lehrstoff-Strukturmodelle

Ralf Witt

Universität Hamburg
Institut für Berufs- und Wirtschaftspädagogik

1. Das Analysekonzept REGEL-BS

In den Analysen von Lernmaterialien für den Wirtschaftslehreunterricht (KRUMM 1973; REETZ/WITT 1974; ACHTENHAGEN 1984) sind vor allem Inhaltsstrukturen untersucht worden. Die Daten wurden dabei auf Basis von Nominalskalen erhoben, so daß curriculare Makrostrukturen erfaßt werden konnten, höhere Auflösung von Mikrostrukturen aber nicht erreichbar war. Verfahren zur Mikrostrukturanalyse haben KLAUER (1974), SCHOTT (1975) und ACHTENHAGEN/ WIENOLD (1975) entwickelt. REGEL-BS (regelbezogenes Beschreibungs-System) soll Konzepte und Software für rechnergestützte Mikrostrukturanalysen von Lernmaterialien aus dem Wirtschaftslehreunterricht bereitstellen. Grundidee ist es dabei, zwischen dem Lehrstoff als Tiefenstruktur bzw. Wissensbasis des Materials und dessen Oberflächenstruktur als Gesamtheit der Gestaltungsmaßnahmen zur Unterstützung von Lernzugriffen auf den Lehrstoff zu unterscheiden. Im einzelnen wird von folgenden Grundannahmen ausgegangen:

1.1 Lerntheoretische Annahmen

Grundlage des Analysekonzepts ist das in Abb. 1 skizzierte lerntheoretische Modell: Der Lehrstoff (LST) liegt dem Lernmaterial (LM) als inhaltliche Tiefenstruktur zugrunde. Die Materialoberfläche wird in Lernobjekte (LO) aufgegliedert. Die Lerntätigkeit (LT) richtet sich auf die Lernobjekte und läßt sich in Lernschritte (LS) untergliedern, bei denen externe Information und subjektives Vorwissen (anfängliche kognitive Struktur, KS_i) nach Maßgabe leitender Problemstellungen zu neuen Wissensstrukturen vereinigt werden. Die KS_i bestimmen das Spektrum der subjektiv vollziehbaren Lerntätigkeiten. Lerneffekte realisieren sich intern als Rückwirkung vollzogener Lerntätigkeit auf die kognitive Struktur. Lerneffekte zeigen sich daran, daß vorher nicht beherrschte Zieltätigkeiten (ZT) künftig ausgeübt werden können.

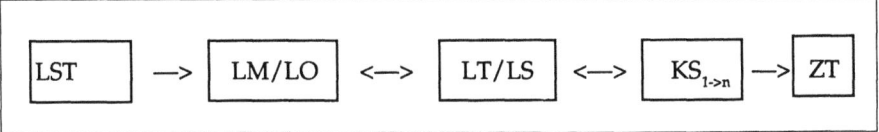

Abb. 1: Lerntheoretisches Grundmodell

Von diesem Lernmodell her werden Lernbarkeit und Anwendbarkeit als Rahmenkriterien der didaktischen Struktur des Lehrstoffs definiert. Ein Lehrstoff L wird definiert als lernbar für ein Subjekt X, wenn es eine endliche Folge <$S_1, S_2, ..., S_n$> gibt, für die gilt: S_1 entspricht einer in KS_1 von X enthaltenen Unterstruktur; S_n entspricht L; jedes S_i mit i<j ist Unterstruktur von S_j; der Übergang von S_i nach S_j kann allein aus L vollzogen werden. Ein Lehrstoff L wird definiert als anwendbar auf eine Aufgabe Y, wenn es eine relevante Teilaufgabe Y_t gibt, deren Lösungsraum vollständig aus L aufgespannt werden kann.

1.2 Semiotische Annahmen

Semiotische Gebilde sind relationale Systeme, die aus einer Verbindung von repräsentierter Struktur (signifié) und repräsentierender Struktur (signifiant) bestehen (DeSAUSSURE 1968). Sie können in der Weise mehrschichtig sein, daß ein aus signifié und signifiant bestehendes System zum signifiant eines überlagernden Systems wird. Bei Lernobjekten als didaktisch intendierten Gebilden ist dies stets der Fall. So kann ein Satz wie "quia ego nominor leo" (BARTHES 1964, S.94f) für den Latein Lernenden über den wörtlichen Sinn hinaus die didaktische Bedeutung haben, Beispiel für eine grammatische Regel zu sein. Der aus Wortfolge (signifiant) und wörtlicher Bedeutung (signifié) als primäres semiotisches System konstituierte Satz wird so in seiner Ganzheit zum signifiant eines sekundären Systems mit der Bedeutung 'ich bin grammatisches Beispiel' als signifié. Diese Form sekundärer Bedeutung wird in REGEL-BS als Erscheinungsform des Lehrstoffs bezeichnet; sie ist neben dem Repräsentationsmedium Hauptmerkmal der Oberflächencharakteristik.

Lehrstoffsegment signifié	Repräsentationsmedium signifiant	
Primäres semiotisches System signifiant		Erscheinungsform signifié
Lernobjekt als sekundäres semiotisches System		

Abb. 2: Semiotische Struktur von Lernobjekten

1.3 Modelltheoretische Annahmen

Lernmaterial, Lernobjekte, Lehrstoff, kognitive Strukturen und die Analyse selbst werden als Modelle im Sinne der Allgemeinen Modelltheorie STACHOWIAKs (1973) betrachtet, d.h. als aus Attributen konstruierte Gebilde, die stellvertretend für andere Gebilde (Originale) stehen. Die Beziehungen zwischen Original und Modell werden als Abbildungen expliziert, die aber nur pragmatisch in bezug auf Subjekt, Zweck, und Zeitpunkt der Modellbildung gelten.

1.4 Wissenstheoretische Annahmen

In bezug auf das Kriterium der Lernbarkeit ist die strukturelle Analyse schrittweise komplexer werdender Blöcke von Sach- und Handlungswissen (deklaratives und prozedurales Wissen) und die Thematisierung von Meta-Wissen von Bedeutung. Zur Repräsentation dieser Wissensarten werden Produktionssysteme (NEWELL/SIMON 1972) und semantische Netze (NORMAN/RUMELHART 1975) verwendet. REGEL-BS kombiniert in Anlehung an ANDERSON (1983) beide Techniken. In bezug auf die Wissensanwendung ist eine Vermeidung defizienter Muster der Modellbildung wie 'Modell-Platonismus' (ALBERT 1972) und 'Als-Ob-Sprachen' (KROEBER-RIEL 1972) von Bedeutung.

1.5 Meßmethodologische Annahmen

REGEL-BS verfolgt das Ziel, Eigenschaften didaktischer Objekte in ihren wissenstheoretischen Merkmalen zu explizieren und zu messen. Messungen sind Abbildungen von empirischen Relativen (Originale) auf numerische Relative (Modelle). Dabei muß berücksichtigt werden, daß nicht die Originale als solche, sondern deren subjektive Rekonstruktion im Bewußtsein des Meßsubjektes auf das numerische Relativ abgebildet werden (GIGERENZER 1981), so daß sich eine dreistellige Meßrelation ergibt: empirisches Relativ als Original (Modell_0), internes Modell des Meßsubjekts (Modell_1) und dessen numerische Rekonstruktion (Modell_2). Bei der Analyse didaktischer Materialien empfiehlt sich ein zusätzlicher Schritt: Zu dem Lernmaterial als Original (Modell_0) bildet sich das Meßsubjekt ein internes Modell (Modell_1), dieses wird eigens als qualitative Struktur expliziert und extern gespeichert (Modell_2), der dann abschließend das numerische Relativ (Modell_3) zugeordnet wird. Die Idee, Speicherformate für qualitative Strukturen und Programme zu deren Handhabung zu entwickeln, ist damit die spezifische Grundlage für mikrostrukturelle Lehrstoffanalysen, wie sie von REGEL-BS angestrebt werden.

2. Explikation deklarativen Wissens

Zur Explikation deklarativen Wissens verwendet REGEL-BS spezielle, an die Kasusgrammatik (FILLMORE 1968) angelehnte propositionale Strukturen, die topologisch durch Bäume oder Netze dargestellt werden. Anhang 1 stellt ein (mit AutoCad erstelltes) Beispiel für ein solches Netz dar. Zur Editierung, Speicherung und formatierten Ausgabe dieser Strukturen wurde der REGEL-BS-Editor geschrieben. Anhang 2 stellt das dabei benutzte Speicherformat dar. Abb. 3 zeigt einen von dem Editor daraus erzeugten Teilbaum (Startknoten = 1100, Schachtelungstiefe = 5, Numerierungstiefe = 2).

```
ODER  (1100)
   v1      WENN DANN  (1200)
           wenn    IST GLEICH
                       =1        Abschluss.j
                       =2        laufendes.j
                   dann    ZAHLUNG
                       zeit      laufendes.j
                       akt       V.nehmer
                       empf      V.gesellsch
                       obj       Betrag.vn
   v2      WENN DANN  (1201)
           wenn    ODER
                   v1      IST GLEICH
                       =1        Abschluss.j
                       =2        laufendes.j
                   v2      UND
                       &1        GROESSER ALS
                           g         laufendes.j
                           k         Abschluss.j
                       &2        GROESSER ALS
                           g         LetztPraem.j
                           k         laufendes.j
                       &3        LEBEN
                           zeit      laufendes.j
                           akt       V.nehmer
                   dann    ZAHLUNG
                       zeit      laufendes.j
                       akt       V.nehmer
                       empf      V.gesellsch
                       obj       Betrag.vn
```

Abb. 3: REGEL-BS-Repräsentation eines Lehrstoffsegments

Zur Vermeidung von Modell-Platonismus oder Als-Ob-Sprachen gestattet REGEL-BS eine Explikation wissenschaftslogischer Merkmale von Lehrstoffsorten wie Definitionen oder Rechtsnormen durch spezielle Meta-Prädikate. So werden etwa Definitionen ausdrücklich als Propositionen mit dem Meta-Prädikat DEFINITION mit den Argumenten definiendum und definiens (HEMPEL 1974) repräsentiert. Das zusätzliche Meta-Prädikat GILT KRAFT (Abb. 4) erlaubt die Thematisierung spezieller Geltungsmodi (kraft Konvention, kraft Gesetzes).

```
GILT KRAFT
    gm      konventionell
    pr      DEFINITION
            df      'Versicherung auf den Erlebensfall'
            ds      <1101>
```

Abb. 4: *REGEL-BS-Makroproposition mit Meta-Prädikaten*

Die Darstellung von Lehrstoff durch semantische Netze gestattet es, die in den Lernmaterialien angelegten Lernsequenzen durch Folgen schrittweise komplexer werdender Teilnetze zu modellieren. Den propositionalen Strukturen können dabei didaktisch interpretierbare graphtheoretische oder informationstheoretische Maße (SCHOTT 1975; STEVER 1988) zugeordnet werden, so daß sich Sequenzierungsmerkmale metrisch erfassen lassen.

3. Explikation prozeduralen Wissens

Zur Explikation prozeduralen Wissens werden in REGEL-BS Produktionssysteme verwendet. Dies sind Systeme von bedingten Handlungsanweisungen ('Produktionen') nach dem Muster "WENN <bedingung>, DANN <handlung>", wobei die Bedingung als Zustand und die Handlung als Transformation von Zuständen expliziert wird. Die entsprechenden Zustandsbeschreibungen erfolgen durch semantische Bäume.

Für das Thema 'Kalkulation von Lebensversicherungsverträgen' ist ein Produktionssystem formuliert worden, das aus 22 Einzelregeln in drei Gruppen besteht. Regelgruppe 1 bezieht sich auf die schrittweise Entwicklung der Struktur der Aufgabe, Regelgruppe 2 auf die Entnahme von Daten aus dem Aufgabentext, Regelgruppe 3 auf die Abarbeitung des Rechenansatzes. Die schrittweise Applikation dieser Regeln generiert eine Folge von zunächst komplexeren und dann (durch Ausführung der Berechnungen) wieder einfacheren Bäumen. Am Anfang der Folge steht die lehrstoffspezifische Grundgleichung, am Ende die Ergebnisgleichung. Diese Folge wird als 'Lösungsraum' bezeichnet. Da die Generierung derartiger Lösungsräume sehr aufwendig ist, wurde ein Interpreter für das Produktionssystem geschrieben, der die formalisierte Darstellung der Aufgabe einliest, die Regeln abarbeitet und die Bearbeitungszustände sequentiell in eine Datei schreibt.

Um den Aufbau und die Funktionsweise der Produktionen zu illustrieren, werden im folgenden zwei Regelwortlaute, ein Aufgabenbeispiel und Auszüge aus dem generierten Lösungsraum gegeben. Dabei werden vier Maße für strukturelle Eigenschaften der Zustände des Lösungsraums verwendet: AL für die 'absolute Länge' des Baums (Zahl der Zeilen), RL für die 'relative Länge' (Zahl der verschiedenen Zeilen), TTQ (Type-Token-Quotient als Verhältnis von RL:AL) und T für die Schachtelungstiefe.

```
Bedingung          Operation         REGEL 1
ABSCHLUSS          START       =>    GLEICHUNG
 a1   v.nehm                         =1    PRODUKT VON
 a2   v.ges                                f1   tabterm.vn
 o    v.vertrag                            f2   betrag.vn
 z    abschl.jahr                    =2    SUMME VON
                                           s1   PRODUKT VON
                                                f1   tabterm.vg1
                                                f2   betrag.vg
                                           s2   PRODUKT VON
                                                f1   tabterm.vg2
                                                f2   betrag.vg

Bedingung          Operation         REGEL 5
ZAHLUNG            tabterm.vn  =>    DIFFERENZ VON
 a    v.nehm                          m    TABWERT VON
 r    v.ges                                tab  N
 o    betrag.vn                            arg  ALTER.VN
 z1   abschl.jahr                               z   abschl.jahr
 zn   letztpräm.jahr                  s    TABWERT VON
                                           tab  N
```

Abb. 5: *Zwei Beispiele für REGEL-BS-Produktionen*

Die Aufgabe lautet: Ein 1955 geborener Mann will 1983 eine Kapitallebensversicherung über DM 50.000,- abschließen. Die Versicherungssumme soll im Erlebensfalle am 1.1.2015 fällig sein. Zur Absicherung der Familie soll die Vertragssumme aber auch dann fällig sein, wenn der Versicherte vor dem 31.12.2000 versterben sollte. Wie hoch ist die versicherungstechnische Nettoprämie, wenn ganzjährlich im voraus gezahlt wird? Es ergibt sich dann folgende REGEL-BS-Kodierung:

ABSCHLUSS(a1:<v.nehm>;a2:<v.ges>;o:<v.vertr.>;z:<1983>)
RECHENZIEL(f:<betrag.vn>)
ZAHLUNG(a:<v.nehm>;rez:<v.ges>;o:<x>;z1:<1983>;zn:<2014>)
ZAHLUNG(a:<v.ges>;rez:<v.nehm>;o:<50.000>;z:<2015>)
ZAHLUNG(a:<v.ges>;rez:<begünst>;o:<50.000>;zf:<1983>;zs:<2000>

Durch Abgleich der Wenn-Komponenten der Produktionsregeln gegen die Aufgabenkodierung werden die Einzelzustände des Lösungsraums generiert. Abb. 6 zeigt als Auszug aus dem Lösungsraum den Grundzustand und den nach voller Entfaltung der Aufgabenstruktur erreichten Maximalzustand vor Einsetzung der Daten.

```
Grundzustand                              AL   RL   TTQ    T
GLEICHUNG                                 11    8   0.73   3
=1    PRODUKT VON
      f1    tabterm.vn
      f2    betrag.vn
=2    SUMME VON
      s1    PRODUKT VON
            f1    tabterm.vg1
            f2    betrag.vg
      s2    PRODUKT VON
            f1    tabterm.vg2
            f2    betrag.vg


Volle Aufgabenstruktur (ohne Daten)       AL   RL   TTQ    T
GLEICHUNG                                 35   15   0.43   6
=1    PRODUKT VON
      f1    DIFFERENZ VON
            m     TABWERT VON
                  tab   N
                  arg   DIFFERENZ VON
                        m     abschluß.jahr
                        s     geburt.jahr
            s     TABWERT VON
                  tab   N
                  arg   DIFFERENZ VON
                        m     letztpräm.jahr
                        s     geburt.jahr
      f2    x
=2    SUMME VON
      s1    PRODUKT VON
            f1    TABWERT VON
                  tab   D
                  arg   DIFFERENZ VON
                        m     fälligkt.jahr
                        s     geburt.jahr
            f2    betrag.vg
```

Abb. 6: (wird auf der nächsten Seite fortgesetzt)

```
s2      PRODUKT VON
        f1      DIFFERENZ VON
                m       TABWERT VON
                        tab     M
                        arg     DIFFERENZ VON
                                m       abschluß.jahr
                                s       geburt.jahr
                s       TABWERT VON
                        tab     M
                        arg     DIFFERENZ VON
                                m       letztvers.jahr
                                s       geburt.jahr
        f2      betrag.vg
```

Abb. 6: *(Fortsetzung): Auszug aus dem REGEL-BS-Lösungsraum. Grundzustand und erreichter Maximalzustand vor Einsetzung der Daten.*

4. Oberflächencharakteristik

Die Kriterien der REGEL-BS-Oberflächencharakteristik können hier nicht dargestellt werden. Exemplarisch wird ein Vergleich zweier Aufgabenbeispiele und eine Übersicht über die Entwicklung von Komplexitätsmaßen für alle Aufgabenbeispiele eines einschlägigen Schulbuchkapitels (FAY 1970) gegeben. Abb. 7 zeigt, wie sich eine einfache und eine komplexe Aufgabe sowohl durch die Zahl der Zeilen je Einzelzustand als auch durch die Zahl der Zustände des Lösungsraums unterscheiden. Abb. 8 zeigt, wie die einzelnen Aufgaben des Kapitels schrittweise komplexer werden, während die relative Länge der Lösungsräume vergleichsweise konstant bleibt, so daß sich eine fallende Tendenz der am maximal langen Zustand berechneten Type-Token-Quotienten ergibt. Es können also mit relativ konstantem Regeleinsatz fortschreitend komplexere Aufgaben bearbeitet werden. Dies ist ein Indikator dafür, daß es sich um einen Lehrstoff mit hohem generativen Potential handelt.

5. Ausblick

Es wurde dargestellt, wie Lernmaterialien mit Hilfe struktureller Explikation und unterstützender Software analysiert werden können. Über diese analytische Funktion hinaus wird daran gearbeitet, die REGEL-BS-Instrumente für die Konstruktion von Lernmaterialien einzusetzen. Leitidee ist auch dabei das Zwei-Ebenen-Konzept der Unterscheidung von Konstruktion des Lehrstoffs als Wissensbasis und anschließender Umsetzung in Materialoberflächen. Dabei sollen insbesondere die neuerdings auch für DOS-Rechner angebotenen Hypertext- und Hypermedia-Systeme herangezogen werden, um die individuelle Steuerung von Lernsequenzen durch wahlfreien Zugriff auf unterschiedliche Stoffsegmente und deren Erscheinungsformen in verschiedenen Repräsentationsmedien mit der Grundidee der expliziten Strukturierung von Lehrstoff zu verbinden.

Eine ausführlichere Fassung dieses Beitrages ist als Arbeitsbericht des Instituts für Berufs- und Wirtschaftspädagogik, Universität Hamburg, erhältlich.

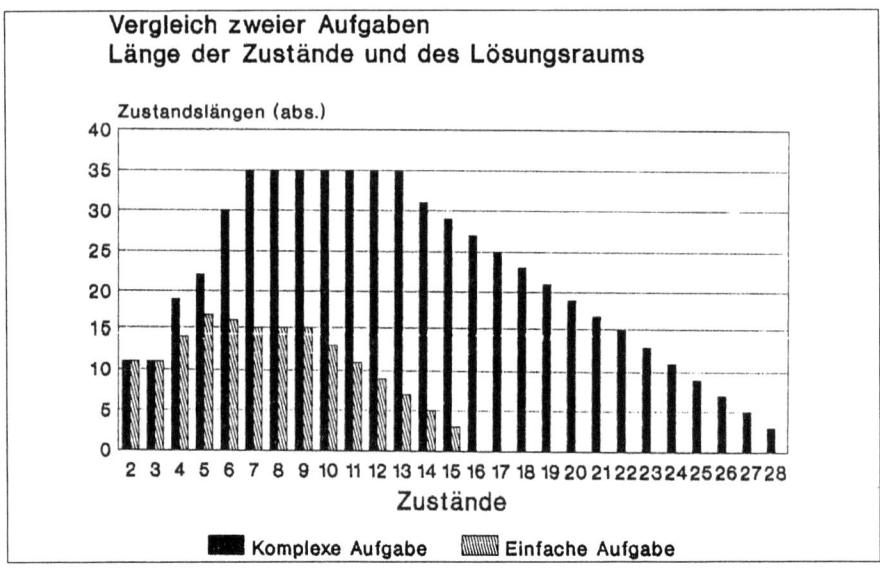

Abb. 7:   Vergleich zweier Aufgaben. Länge der Zustände und des Lösungsraums.

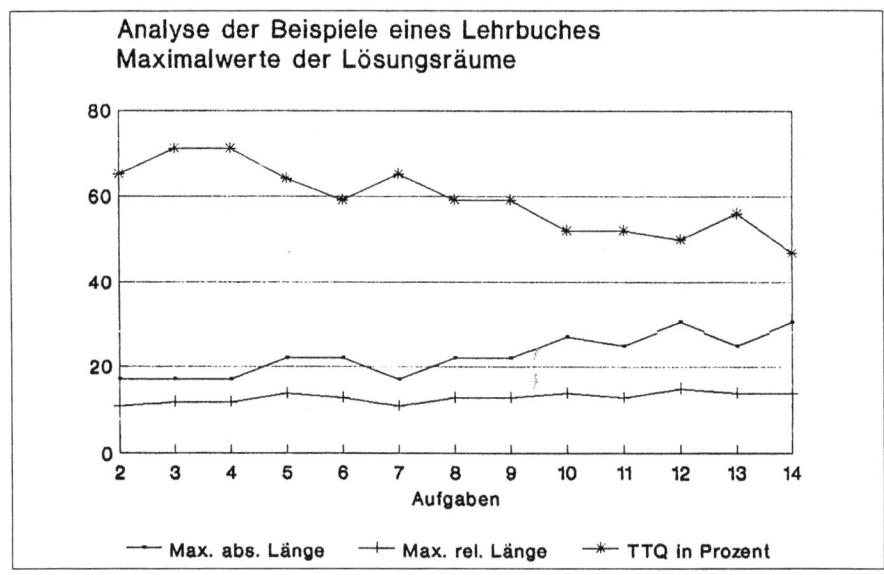

Abb. 8:   Analyse der Beispiele eines Lehrbuchs. Maximalwerte der Lösungsräume.

Anhang 1: Systematik der Lebensversicherungsverträge

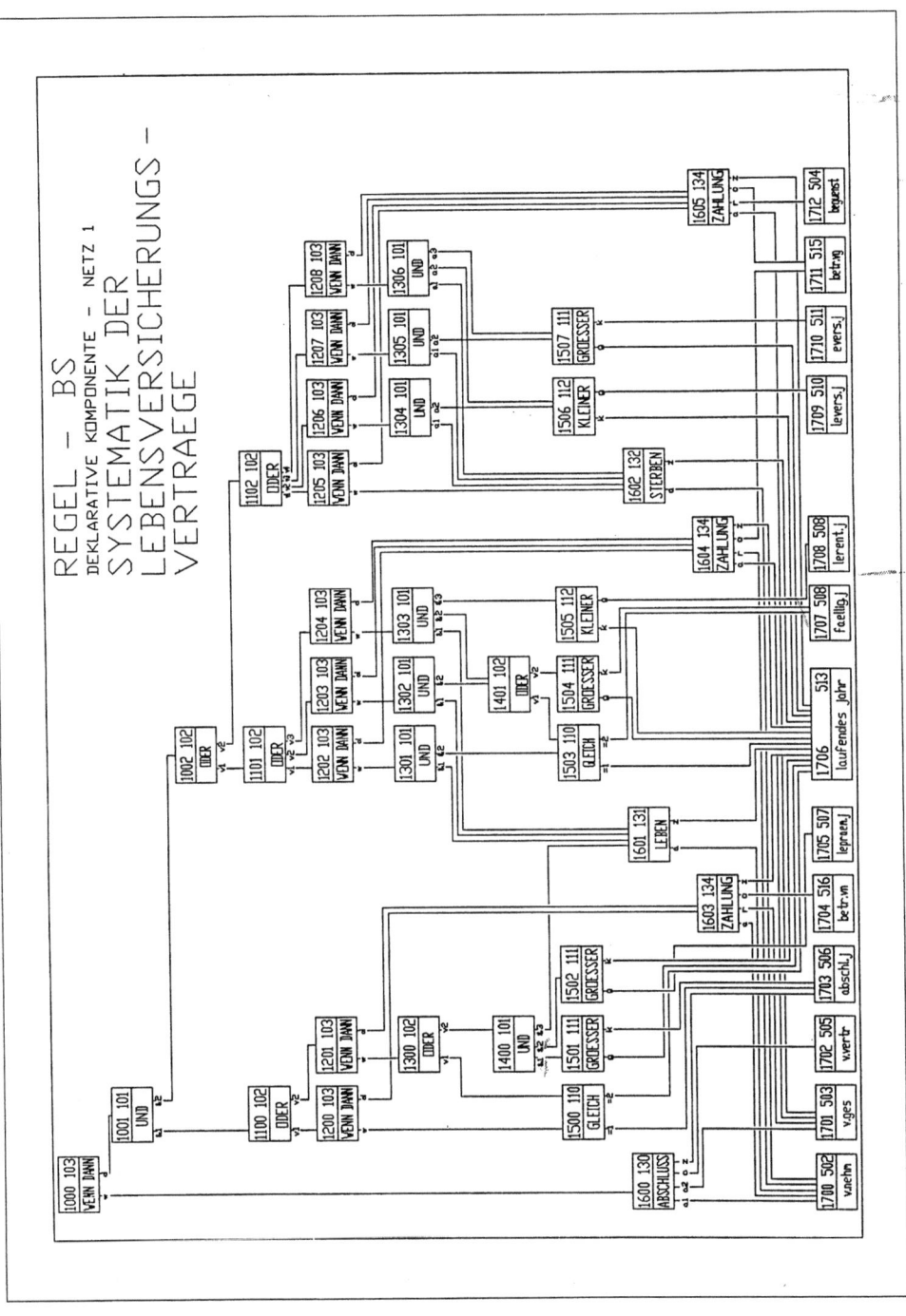

Anhang 2: Speicherformat für das semantische Netz.

```
1000  'WENN DANN'      wenn:1600    dann:1001
1001  'UND'            &1:1100      &2:1002
1002  'ODER'           v1:1101      v2:1102
1100  'ODER'           v1:1200      v2:1201
1101  'ODER'           v1:1202      v2:1203     v3:1204
1102  'ODER'           v1:1205      v2:1206     v3:1207    v4:1208
1200  'WENN DANN'      wenn:1500    dann:1603
1201  'WENN DANN'      wenn:1300    dann:1603
1202  'WENN DANN'      wenn:1301    dann:1604
1203  'WENN DANN'      wenn:1302    dann:1604
1204  'WENN DANN'      wenn:1303    dann:1604
1205  'WENN DANN'      wenn:1602    dann:1605
1206  'WENN DANN'      wenn:1304    dann:1605
1207  'WENN DANN'      wenn:1305    dann:1605
1208  'WENN DANN'      wenn:1306    dann:1605
1300  'ODER'           v1:1500      v2:1400
1301  'UND'            &1:1601      &2:1503
1302  'UND'            &1:1601      &2:1401
1303  'UND'            &1:1601      &2:1401     &3:1505
1304  'UND'            &1:1602      &2:1506
1305  'UND'            &1:1602      &2:1507
1306  'UND'            &1:1602      &2:1506     &3:1507
1400  'UND'            &1:1501      &2:1502     &3:1601
1401  'ODER'           v1:1503      v2:1504
1500  'IST GLEICH'     =1:1703      =2:1706
1501  'GROESSER ALS'   g:1706       k:1703
1502  'GROESSER ALS'   g:1705       k:1706
1503  'IST GLEICH'     =1:1706      =2:1707
1504  'GROESSER ALS'   g:1706       k:1707
1505  'KLEINER ALS'    k:1706       g:1708
1506  'KLEINER ALS'    k:1706       g:1709
1507  'GROESSER ALS'   g:1706       k:1710
1600  'ABSCHLUSS'      zeit:1703    akt:1700    koa:1701   obj:1702
1601  'LEBEN'          zeit:1706    akt:1700
1602  'STERBEN'        zeit:1706    akt:1700
1603  'ZAHLUNG'        zeit:1706    akt:1700    empf:1701  obj:1704
1604  'ZAHLUNG'        zeit:1706    akt:1701    empf:1700  obj:1711
1605  'ZAHLUNG'        zeit:1706    akt:1701    empf:1712  obj:1711
1700  'Versicherungsnehmer'
1701  'Versicherungsgesellschaft'
1702  'Versicherungsvertrag'
```

```
1703 'Abschlussjahr'
1704 'Betrag des Versicherungsnehmers'
1705 'letztes Prämienjahr'
1706 'laufendes Jahr'
1707 'Fälligkeitsjahr'
1708 'letztes Rentenjahr'
1709 'letztes Versicherungsjahr'
1710 'erstes Versicherungsjahr'
1711 'Betrag der Versicherungsgesellschaft'
1712 'Begünstigter'
```

Literatur

1. ACHTENHAGEN, F.: Didaktik des Wirtschaftslehreunterrichts. Opladen 1984.
2. ACHTENHAGEN, F./WIENOLD, G.: Lehren und Lernen im Fremdsprachenunterricht. 2 Bde. München 1975.
3. ALBERT, H.: Modell-Plantonismus. In: TOPITSCH, E.: (Hrsg.): Logik der Sozialwissenschaften. Köln, 8. Aufl. 1972.
4. ANDERSON, J. R.: Language, memory, and thought. Hillsdale, N. J. 1976.
5. ANDERSON, J. R.: The architecture of cognition. Cambridge, Mass. 1983.
6. BARTHES, R.: Mythen des Alltags. Frankfurt 1964.
7. DeSAUSSURE, F.Grundfragen der allgemeinen Sprachwissenschaft. Berlin, 2. Aufl. 1968.
8. FAY, F. J.: Finanzmathematik. Bad Homburg v. d. H. 1970.
9. FILLMORE, C. J.: The case for case. In: BACH, E./HARMS, K. (eds.): Universals in linguistic theory. New York 1968.
10. GIGERENZER, G.: Messung und Modellbildung in der Psychologie. München 1981.
11. HEMPEL, C. G.: Grundzüge der Begriffsbildung in der empirischen Wissenschaft. Düsseldorf 1974.
12. KLAUER, K. J.: Methodik der Lehrzieldefinition und Lehrstoffanalyse. Düsseldorf 1974.
13. KROEBER-RIEL, W.: Theoretische Konstruktion und empirische Basis in mikroökonomischen Darstellungen des Konsumentenverhaltens. In: DLUGOS, G./EBERLEIN, G./STEINMANN, H. (Hrsg.): Wissenschaftstheorie und Betriebswirtschaftslehre. Düsseldorf 1972.
14. KRUMM, V.: Wirtschaftslehreunterricht. Stuttgart 1973.
15. MANDL, H./SPADA, H. (Hrsg.): Wissenspsychologie. München 1988.
16. NEWELL, A./SIMON, H. A.: Human Problem Solving. Englewood Cliffs 1972.
17. NORMAN, D./RUMELHART, D. (eds): Explorations in cognition. Reading 1975.
18. REETZ, L./WITT, R.: Berufsausbildung in der Kritik. Curriculumanalyse Wirtschaftslehre. Hamburg 1974.
19. SCHOTT, F.: Lehrstoffanalyse. Düsseldorf 1975.
10. STACHOWIAK, H.: Allgemeine Modelltheorie. Wien/New York 1973.
21. STEVER, H.: Mathematisierung der subjektiven Bewertung von Daten und deren Information. In: Zentralblatt für Didaktik der Mathematik. Heft 5, 1988.
22. WITT, R.: REGEL-BS. Beschreibung von Lernmaterialien und Lehrstoffen mit Hilfe von semantischen Netzen und Produktionssystemen. In: ACHTENHAGEN, F./JOHN, E. G. (Hrsg.): Lernprozesse und Lernorte in der beruflichen Bildung. Goettingen 1987.

Die Philosophie des "Blätterns"

Rolf Schulmeister
Universität Hamburg
Interdisziplinäres Zentrum für Hochschuldidaktik

Moderne "Autorensysteme", die auf einem Hypertext-Konzept basieren, ermöglichen es dem Benutzer, in riesigen Datenbanken mit Informationen und Daten, Text oder Grafiken zu blättern. Um ihre Funktionalität zu illustrieren, bedienen sich Programme dieser Art bestimmter Metaphern des täglichen Lebens. Der Begriff "Blättern", der für Hypertext-Programme benutzt wird, entstammt der Metapher von Büchern und Magazinen – der "Leser" wendet Seite für Seite mit Multimedia-Informationen. Das Generalzweckprogramm für den Macintosh, Bill Atkinsons HyperCard, verwendet die Metapher von "Karten" und "Kartenstapeln", die mit Informationen vollgepackt werden, und bezeichnet die Aktivität der Benutzer als "Blättern". CD-Rom oder Bildplatten erhöhen die Speicherkapazität für Texte und Bilder derart, daß Blättern durch ganze Bibliotheken oder durch umfangreiche Informationsgebiete nicht länger unmöglich zu sein scheint. Für viele Leute haben Multimedia-Hypertext-Systeme einen Wert an sich. Bei Lernprogrammen sollten wir jedoch daran festhalten, daß die Gestaltung eines Programms, dessen Grundmechanismus das Blättern ist, eine Kunst ist und daß die in Lernprogrammen inhärenten psychologischen Grundlagen beachtet werden.

1. Offene Architektur

Programme, die zum Blättern auffordern, besitzen eine offene Programmarchitektur. Als passende Metapher für diese Systeme könnte das Bild einer "Lernlandschaft" gelten. Die Metapher suggeriert unmittelbar, daß Orientierung, der adäquate Pfad zum Wissen, bei diesen Systemen das Hauptproblem darstellen könnte. Eine offene im Vergleich zu einer geschlossenen Architektur hat zur Folge, daß der Benutzer nicht Schritt für Schritt, also sequentiell, durch ein Programm geführt wird, sondern die Freiheit besitzt, von einem Ort zum anderen zu "springen" und, falls er Teile des Programms überspringt, nicht mit Sanktionen rechnen muß. Programme mit einer offenen Architektur müssen um einen Ereignis-Zyklus herum programmiert sein, der auf Benutzer-Interaktionen wartet und mit jeder

Aktion zu beliebigen anderen Stellen hin verzweigt. Selbstverständlich sind offene Architekturen unvereinbar mit dem grundlegenden Mechanismus von Autoren-Systemen, der die Interaktionen der Benutzer auf richtige und falsche Reaktionen hin überprüft und seine Verzweigungen von diesen Reaktionen abhängig macht.

Der Vorgang des Blätterns entspricht weitaus eher den natürlichen Lerngewohnheiten als die Programmierte Instruktion, die mit vorgegebenen Fragen und Antworten arbeitet. Blättern unterstützt sowohl heuristische Lernstrategien als auch sequentielles Lernen sowie Problemlöseverhalten. Anders gesagt, der Lernende kann seine gewohnten Lernstrategien beibehalten. In dieser Hinsicht könnten Hypertext-Blättersysteme ein ideales Lernkonzept darstellen. Das Konzept des Blätterns enthält allerdings auch Schwächen :

1. Beim Blättern hängt alles von der motivierenden Qualität des Materials, der Faszination von Bildern, der Komposition und dem Layout der Texte usw. ab. Blättern an sich besitzt keinerlei Lerneffekt, kann sogar als langweilig empfunden werden, wenn der Lernende nicht bereits motiviert und die Qualität der präsentierten Lernumgebung nicht besonders anregend wäre.

2. Die Qualität des Blätterns als Form des Lernens oder Denkens hängt stark vom Benutzer selbst ab: man kann sagen "Blättern ist eigenmotiviert". Da Lernende in unterschiedlicher Weise motiviert sind, variiert die erreichte Lernqualität eines Individuums von "keine Wirkung" und "strenge Befolgung einer sequentiellen Anordnung" bis zu einem sehr hohen Niveau formal-logischen Denkens.

3. Blättern an sich repräsentiert lediglich eine niedrige Stufe der Lernzielhierarchie, gewissermaßen die Erkundungsschritte zum Sammeln von Informationen. Dem Lernenden steht es frei, über das Auswendiglernen, Schritt-für-Schritt-Lesen oder willkürliche Springen von einer Information zur anderen hinaus weitere Lernniveaus zu erklimmen.

Viele Benutzer von Hypertext-Systemen haben die Erfahrung gemacht, sich beim Blättern verloren und verirrt zu haben. Reines Blättern führt zur Ermüdung, da der Überblick darüber, wieviel Material gesichtet wurde, wieviel noch vorhanden ist, fehlt. Hinweise für den Lernenden, wieviel Prozent des Stoffes oder wieviele Kapitel oder Konzepte bearbeitet wurden, wären hilfreich. Ein Hinweis, von wo der Lernende kommt, wo er sich zur Zeit befindet, und auf welchem Wege er fortschreiten könnte, würde vermutlich ebenfalls helfen, Abspannung und Motivationsverlust zu vermeiden. Blättern kann äußerst langweilig sein, wenn das Material in mehreren Schichten organisiert ist. Anstatt den Benutzer zu zwingen, mehrere Lagen tief zu graben, sollten ihm Methoden zur Verfügung stehen, mit denen er seinen Standort markieren und mehrere Stellen miteinander verbinden kann, die er dann unmittelbar anspringen kann. Als Methode der Erkenntnis betrachtet, versetzt dies den Benutzer in die Lage, seine eigene Denklandschaft aufzubauen. Einige Forscher vertreten die Ansicht, daß Hypertext-Systeme möglicherweise ein günstiges Milieu für die Entwicklung eines pluralistischen nichtlinearen Denkens (BEEMAN u.a.) sei. Ich glaube nicht, daß dies ein Effekt des Blätterns an sich ist. Gewiß kann es aber hilfreich sein, wenn das Hypertext-System unterschiedliche Betrachtungsweisen des gleichen Objektes aufzeigt und verschiedene Klassifikationssysteme zum gleichen Thema anbietet (systematischer, biographischer und statistischer Überblick, Zeitlinien, Almanach, Themenkatalog, Index, Problemdiskussionen usw.).

Um dem Lernenden zu helfen, den bestmöglichen Nutzen aus der potentiellen Kraft der Hypertext-Systeme zu ziehen, sollten Hypertext-Lernprogramme mehr Strukturelemente als bisher anbieten, z.B. solche Strukturen oder Funktionen, die

- die Komposition oder Struktur des Materials dem Benutzer transparent machen,
- dem Lernenden eine Orientierungshilfe geben, z.B. wo er sich befindet, seinen Ausgangspunkt und wohin er gehen könnte, was bereits gesichtet und was noch nicht eingesehen wurde,
- Hinweise geben, wie das Material genutzt werden kann, welchen Pfaden der Lernende – gemäß seinen eigenen Lernvoraussetzungen – folgen könnte,
- die Schritte des Benutzers evaluieren und ihn über seinen bisherigen Lernfortschritt informieren,
- kognitive Methoden der Informationsverarbeitung anregen, wie das Formulieren von Hypothesen, Material gemäß eigenen Kriterien suchen, Material zu klassifizieren, neue Information mit bereits bekannten Daten vergleichen etc.,
- auf Fragen antworten, die sich während des Blätterns in der Datenbank ergeben haben,
- den Benutzer sowohl hinsichtlich des Inhalts als auch im Hinblick auf seine Lernmethodik beraten und anleiten,
- zusätzliche interaktive Komponenten einführen, um dem Benutzer den Eindruck zu vermitteln, nicht nur mit "totem" Material zu arbeiten, sondern auch Antworten zu erhalten. Hiermit meine ich selbstverständlich nicht, daß das Programm dem Benutzer als ein anderes menschliches Subjekt erscheinen sollte. Natürlich ist es in meinen Augen nicht erstrebenswert, im Programm einen Menschen zu imitieren, jedoch ist die Möglichkeit zur Interaktion mit einem "informierten" Programm durchaus wünschenswert.

Diese Strukturelemente, man kann auch sagen, diese "pädagogischen Funktionen eines guten Lehrers oder Dozenten", stehen gewissermaßen zur Philosophie des Blätterns im Widerspruch, aber sie scheinen zu gewährleisten, daß Hypertext-Systeme für unterschiedliche Lernertypen zum adäquaten Lernmilieu werden und nicht nur Computer-Videos bleiben. Natürlich bedeutet Blättern kein Problem für einen Lernenden, der genügend Leistungsmotivation besitzt und das Material lediglich für seine eigenen Hypothesen und Problemlöseaktivitäten benutzt. Es könnte jedoch ein Problem oder Risiko für einen Lernenden sein, der mehr oder weniger durch Mißerfolgsangst motiviert ist, da er dazu tendiert, sich die von der Anwendung präsentierte Information einfach sequentiell einzuprägen.

2. Beispiele sinnvoller didaktischer Strukturen

Unter den vielen interessanten Hypertext- oder Hypermedia-Anwendungen sind nur wenige, die als Lernprogramme erwähnenswert sind. Die meisten Beispiele folgen der Struktur einer Enzyklopädie ("Typ Wörterbuch"), ähneln Musik- oder Bildersammlungen ("Typ Sammlung") oder imitieren das Paradigma wissenschaftlicher Abhandlungen ("Typ Gutachten"). Andere scheinen erdacht zu sein, Geografie zu erkunden und Reiselustige zu motivieren ("Typ Tourist"). Unter den herausragenden Anwendungen befinden sich einige, die ich im folgenden Abschnitt beschreibe.

Die BBC Interactive Television Unit hat in Zusammenarbeit mit Apple Computer und einer Reihe von Universitätsdozenten einen interaktiven Multimedia-Prototyp entwickelt, "Future World", sowie eine CD-ROM-Lerndiskette mit dem Programmpaket ECODISC. Die HyperCard-Anwendung ECODISC präsentiert ein Landschaftsschutzgebiet mit See und Wald, Pflanzen und Tieren.

Abb. 1:   Hypercard-Anwendung ECODISC

Fünf verschiedene Arbeitsmodi stehen dem Benutzer zur Verfügung:

1. **Gehen:** Spazieren Sie durch den Wald, achten Sie auf Blumen, beobachten Tiere, lauschen Sie den Geräuschen des Waldes oder des Sees.

2. **Analyse:** Beobachten und hören Sie Tiere, Bäume, rufen Sie Informationen aus Büchern über Tiere und Pflanzen ab.
3. **Überblick:** hören Sie sich die Meinungen von Experten über den Zustand des Landschaftsschutzgebietes an.
4. **Zukunft:** Grafische Simulation der Entwicklung von Bäumen und Tieren während der nächsten Jahrzehnte. Die Simulation basiert auf einem relativ einfachen Räuber-Beute-Modell.
5. **Plan:** Dieses Simulationsspiel versetzt den Benutzer in die Rolle der für das Landschaftsschutzgebiet verantwortlichen Person. Er kann Entscheidungen treffen wie z.B. Bäume fällen oder anpflanzen, Segel- oder Jagderlaubnis erteilen, Pestizide streuen usw. Danach kann er einen Experten befragen und dessen Urteil über mögliche Folgen hören sowie Reaktionen der Öffentlichkeit in Zeitungen und Korrespondenz nachlesen.

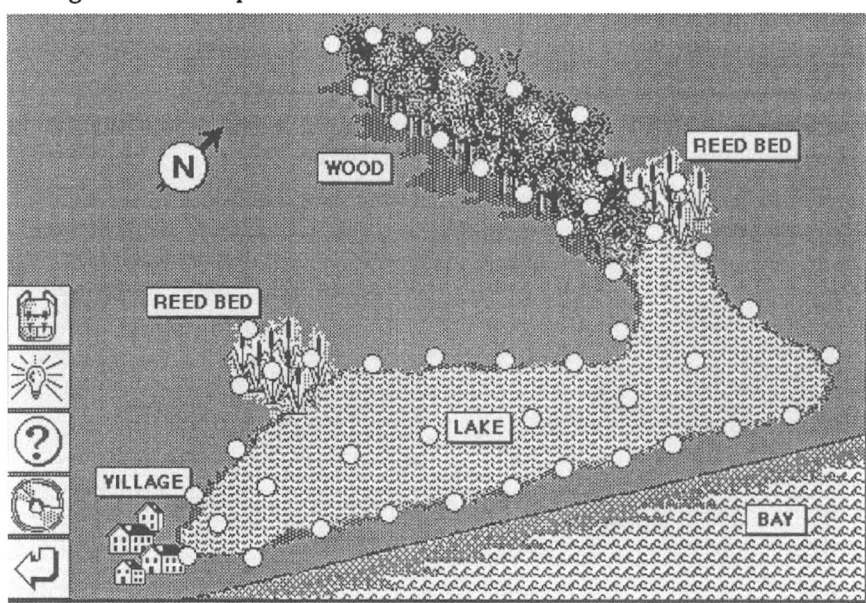

Abb. 2: ECODISC - Übersicht

In allen verschiedenen Arbeitsmodi hat der Lernende Zugang zu Büchern, Zeitschriftenartikeln, Bildern und einem Tutorium, das zusätzliche Anregungen bietet, Fragen stellt und Arbeitsaufträge vorschlägt etc.

Eine äußerst interessante Idee von ECODISC ist eine Art *Rucksack*, in dem der Benutzer gefundene Objekte, Auszüge aus einem interessanten Buch und jede andere Art von Information verstauen kann, um diese zu einem späteren Zeitpunkt zu ordnen und zu analysieren. Diese Methode ermöglicht eine Form der Selbstprotokollierung seiner Handlungen durch Objekte, denen man während des Blätterns durch das vorhandene Panorama begegnet. Dies bietet den Lernenden eine beiläufige und gleichzeitig sinnvolle Methode, das jeweils Gelernte im Auge

Abb. 3: ECODISC "im Wald"

Abb. 4: ECODISC "Informationsmaterial"

zu behalten. Eine andere didaktische Bereicherung ist das eingebaute Simulationsspiel: Die Schüler finden sich vor dem Schreibtisch des für den Naturschutzpark Verantwortlichen wieder. Auf dem Schreibtisch befindet sich ein Fernsehgerät, ein Computer, eine Lokalzeitung sowie ein Postkorb. Es ist jetzt ihnen überlassen, einige Entscheidungen zu treffen, wie z.B. Schilf schneiden, Bäume fällen, Düngemittel streuen, den Park für Segler, Angler, Jäger freigeben.

Die didaktische Idee des Videodisc-Projekts "Future Worlds" von der BBC ist ein *Sequence Editor*, ein Storyboard-Teil des Programms, mit dem der Benutzer einen eigenen Film mit dem Material von der Bildplatte anfertigen kann. Ton und Bilder können aus Pop-Up-Menüs gewählt werden. Der Bildschirm zeigt die Auswahl in Form eines Palettenfensters, das beweglich und rollbar ist und dessen Größe verändert werden kann. Picons (picture icons) repräsentieren Bilder und Ton auf der Videodisc. Sie können in einem visuellen Video-Track, einer Art Filmspur, abgelegt werden.

Ein weiteres Beispiel ist ein Videodisc-Projekt zum Erlernen der französischen Sprache und Konversation. Es wurde als simulierte Reise eines Studenten nach Paris von Lehrenden der Universität Dartmouth entwickelt. Der Lernende muß ein Apartment mieten, einen Job suchen etc. Die motivierende Stärke des Programms liegt in der narrativen *Struktur der Simulation* mit den real wirkenden Videobildern aus Paris. Das von der Simulation vermittelte Feedback (hat der Student Erfolg, weil er das nötige Französisch beherrscht) bestätigt unmittelbar den Lernerfolg.

Ein letztes Beispiel für didaktische Techniken, die den Nutzen des Blätterns erhöhen, bietet eine Serie von HyperCard-Stacks, die unter dem Titel "Culture" vertrieben werden. Es ist eine gelungen angeordnete Datensammlung von historischen Fakten, Musik und Kunst aus 2.000 Jahren westlicher Zivilisation. Man kann während des Blätterns verschiedene Funktionen wählen, die in eine interessante Richtung weisen:

- An jedem Punkt der Datenbank kann der Benutzer zu verschiedenen grafischen Überblicken über das gesamte System zurückkehren, die eine Epochenskala, eine Zeitskala der jeweils gewählten historischen Periode, einen Makroüberblick über Geschichte oder einen Almanach darstellen und dem Benutzer zeigen, wo er sich befindet und wie er fortfahren kann.

- Der Benutzer kann zu jeder Zeit Notizen machen. Das Programm bietet eine elegante Routine an, mit der bestimmte Worte, Abschnitte oder Passagen im Text hervorgehoben und in Notizblöcke eingefügt werden können. Die Notizen lassen sich dann als Report drucken.

- Das Programm bietet eine ausgeklügelte Routine zur Herstellung neuer Verkettungen von Textstellen. Der Benutzer wählt bestimmte Worte oder Sätze auf einer Karte aus und wählt dann andere Karten des Programmstapels aus. Per Knopfdruck kann der Leser dann die so miteinander verketteten Textstellen aufsuchen.

- Der Anwender kann mit diesem Programm auch seine eigenen Pfade durch das Material und sogar quer zur Anlage des Materials durch den Autor schreiben. Der gewählte Pfad wird dann als Datei gesichert und kann zu einem späteren Zeitpunkt wieder geladen werden. Die in den Pfad aufgenommenen Objekte erscheinen dann in einem eigenen Menü als verschiedene Optionen.

Verständlicherweise ist eine gewisse Tendenz vorhanden, die heutzutage verfügbaren großen Speicherkapazitäten für Informations-Datenbanken wie z.B. Enzyklopädien zu benutzen (Shakespeares Gesammelte Werke, Websters' Dictionary, Encyclopedia Britannica etc.). Die Möglichkeit, Bilder mit einer hohen Auflösung, Hifi-Ton und Text miteinander kombinieren zu können, scheint bereits eine hohe Faszination an sich zu besitzen, ist jedoch ein gänzlich unzureichender Grund, dieses Medium als Lernmedium zu präsentieren. Für Lehr- und Lernzwecke vorgesehene Programme müssen mehr bieten als eine riesige Datenbank mit Mixed-Media-Information, um den Bedürfnissen der Lernenden nach kognitiver Anleitung zu entsprechen.

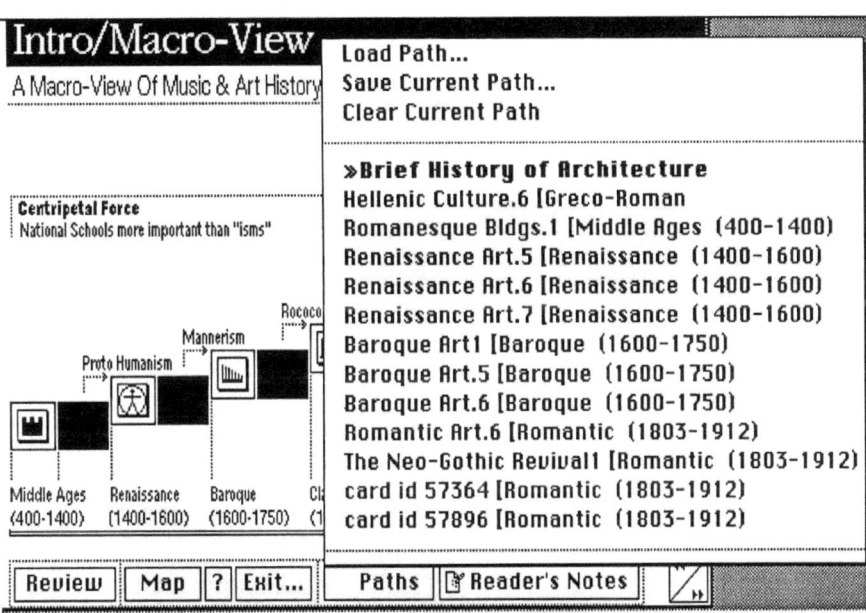

Abb. 5: *Beispiel für ein Pfadmenü: Ein Weg durch die Geschichte der Architektur*

Die wünschenswerten Komponenten eines psychologisch pikto-akustischen Lernmilieus sind neben wunderschönen Grafiken, Ton, Text und Daten u.a.:

- grafische *Orientierungskarten* oder Schemadiagramme, entweder Terminologie- oder Inhaltsorientiert, oder kontextuell kognitive Netzwerke, die die Struktur des Materials sowie den aktuellen Standort des Lernenden repräsentieren.

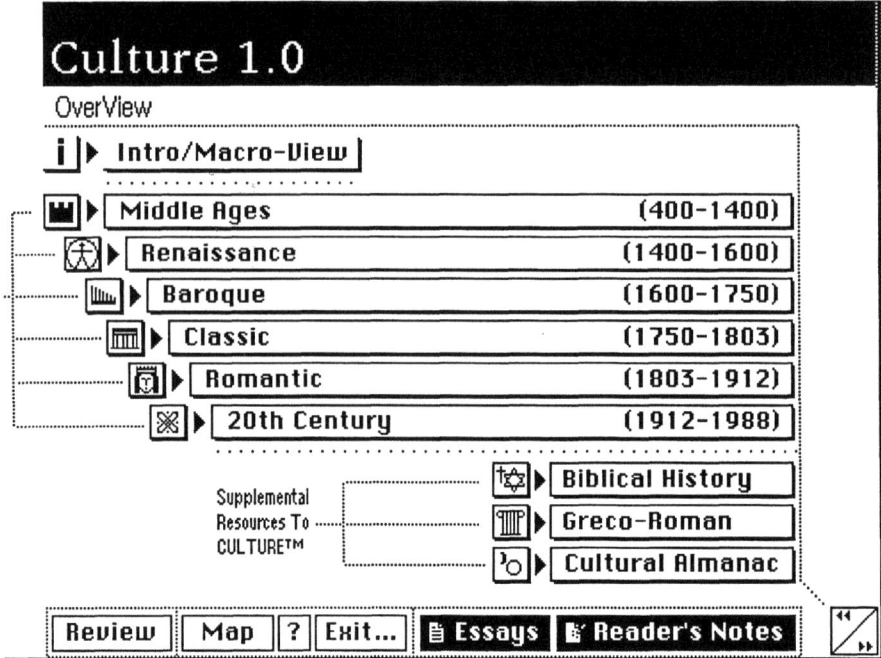

Abb. 6: Inhalt von Culture

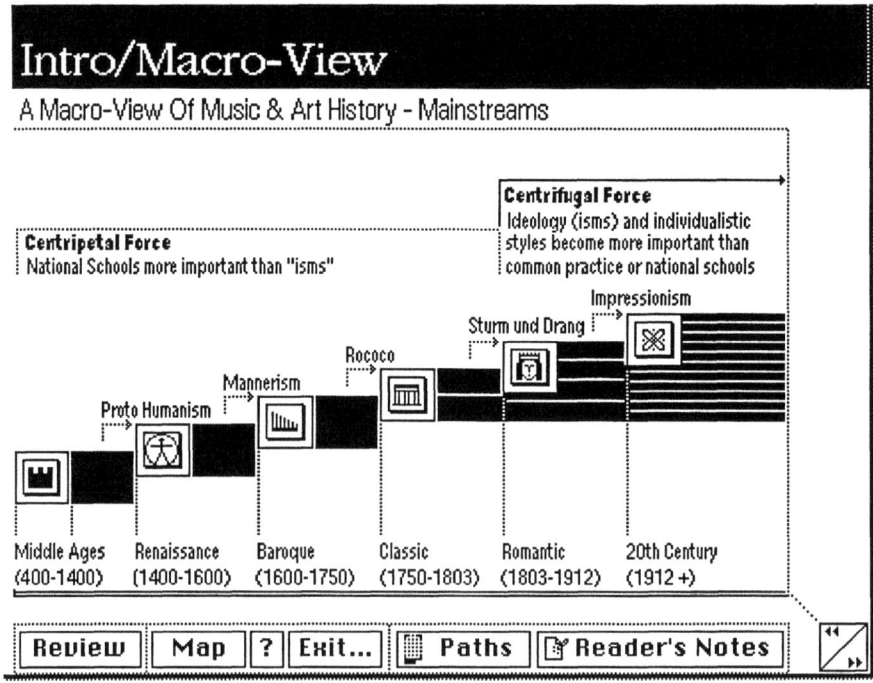

Abb. 7: Ein Makroüberblick über Kunstgeschichte

Schulmeister: Die Philosophie des "Blätterns"

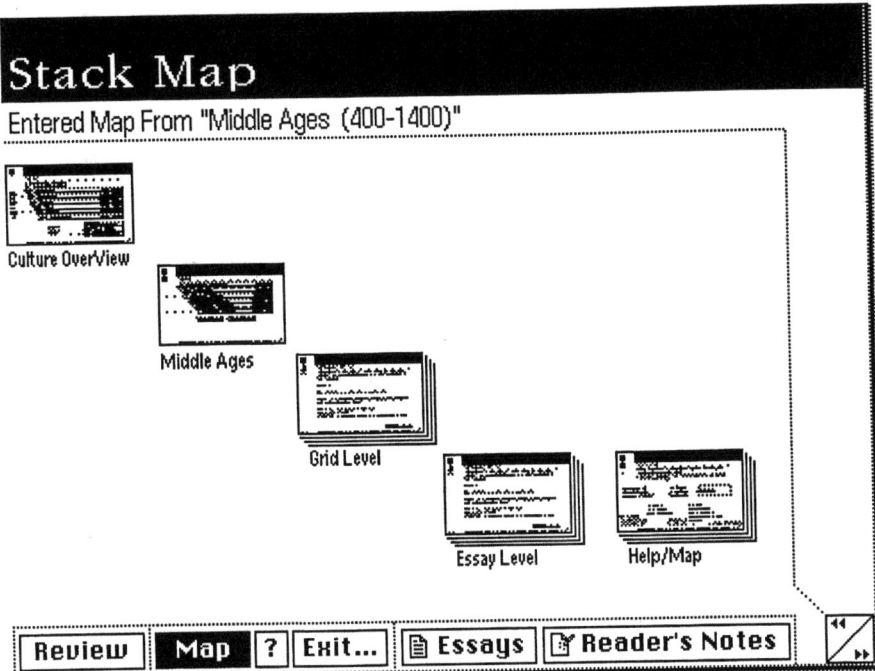

Abb. 8: Die unterschiedlichen Arbeitsmodi

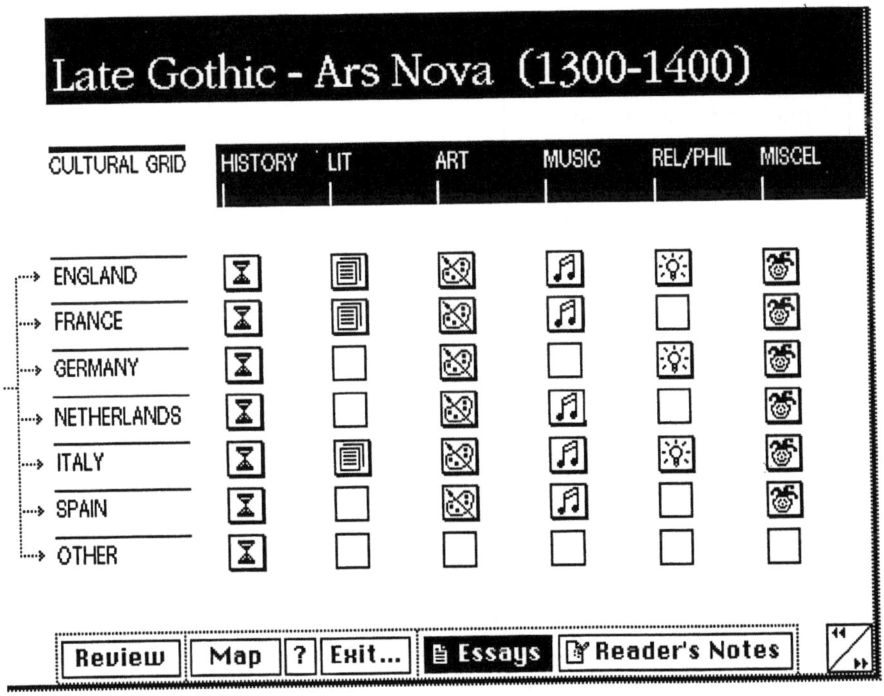

Abb. 9: Länder und deren Kultur, Politik, Kunst, Literatur, Musik, Religion/Philosophie, Diverses

- *Protokollierungsmethoden*, die es ermöglichen, die vom Lernenden unternommenen Schritte zu protokollieren, die Möglichkeit des Programms, eine Funktion wie z.B. "trace backwards" auszuführen, die Strategien des Lernenden während des Blätterns aufzuzeichnen.

- dem Lernenden eine Chance zu geben, seine eigenen *Pfade durch das vorhandene Material* zu "schreiben", sein individuelles Szenario zu gestalten, indem zum Beispiel Wörter oder Absätze katalogisiert werden, oder eine Karte mit Diagrammen von einem Kapitel oder Abschnitt zu einem anderen anzufertigen.

- leistungsfähige *Such- und Sortierroutinen*, mit denen das Lernmaterial entsprechend den sich ergebenden hypothetischen Kriterien und Fragen manipuliert werden kann;

- eine *aktive Arbeitsweise*, d.h. daß der Lernende in der Lage sein sollte, einige Aufgaben durchzuführen, die er in einer nichtcomputerisierten Umgebung ebenfalls vornehmen würde, wie Notizen anfertigen, Beispiele sammeln, Neuordnung von Daten und Information und die vorhandene Information manipulieren (Datendiagramme anfertigen, Datenreihen ausgeben, die Auswahl von Variablen ändern usw.).

- auf Aktionen des Lernenden mit flexiblem und gut fundiertem Wissen reagieren

- Unterrichtsmethoden anzubieten, die den Lernenden stimulieren und anleiten, aus dem Lernmaterial das Äußerste herauszuholen.

Warum nun die Erörterung zusätzlicher Funktionen, die den Lernenden beraten und anleiten? Ist dies nicht als Rückschritt zu den kritisierten, lenkenden Unterrichtsformen anzusehen? Nein.

Erstens: Es gibt noch weitere Faktoren oder Variablen, die als Lernanreiz taugen, als lediglich Motivation. Eine sinnvoll arrangierte und gut gestaltete Software kann als Motivationsquelle angesehen werden, sie könnte sie neugierig machen, führt sie jedoch nicht unbedingt zu einem höheren kognitiven Lernniveau. Außerdem existieren unterschiedliche Typen von Lernenden, die in einem unterschiedlichen Ausmaß von Feedback abhängig sind, z.B. von heuristischen Tips, Vorschlägen bezüglich Lernmethoden und Aufgabenstellungen usw.

Zweitens: Das *Konzept des entdeckenden Lernens*, erfunden von der kognitiven Schule der Psychologie, besagt nicht, daß Entdeckung eine unstrukturierte "chaotische" Art von Erfahrung sei. Entdeckung findet nur unter gewissen Bedingungen statt, die sorgfältig geplant werden müssen. Folglich ist Entdeckendes Lernen um ein bestimmtes kognitives Konzept zentriert, es beginnt an einem Punkt, an dem sich der gesamte vorherige Wissensstand des Lernenden befindet und ihn befähigt, das Konzept zu erkennen und von dort den Ausgangspunkt für weitere Entdeckung zu nehmen. Wir müssen Entdeckendes Lernen im Licht des Modells der Equilibration kognitiver Entwicklung von Jean Piaget betrachten, das besagt, daß Lernen einerseits zur Anpassung bekannter kognitiver Konzepte an neue Bedingungen und andererseits als konzeptuelle Hereinnahme neuer Bedingungen durch Änderung der alten kognitiven Konzepte abläuft. Dementsprechend bedeutet Entdeckendes Lernen eine Einbringung zuvor gemeisterter kognitiver Konzepte in die präsentierte Lernumgebung und Einpassung kognitiver Konzepte, die dem Lernmaterial eigen sind, in das vorhandene begriffliche Denkvermögen des Lernenden. Aus diesem Grund sind pädagogische Experimente, die Lernen durch Blättern gegen Lernen mit Autorensysteme evaluieren, ausgesprochen einseitig ausgerichtet, wenn behauptet wird, daß Entdeckendes mit angeleitetem Lernen verglichen wurde. Entdeckendes Lernen ist oder sollte wenigstens eine höher strukturierte und bewußt angeordnete kognitive Erfahrung sein.

Ich hoffe, daß diese Kritik am reinen Blättern und die wenigen Hinweise, die liberale Methode des Lehrens und Lernens zu verbessern, geeignet sein könnte, eine *Philosophie des Blätterns* – basierend auf einer kognitiven Psychologie des Lernens – zu begründen.

Literatur

1. BBC Interactive Television Unit: ECODISC CD-ROM. Prerelease 1989.
2. Beeman, W.O. a.o.: Hypertext and Pluralism: From Lineal to Non-Lineal Thinking. Brown University (photocopied manuscript).
3. Culture™ 1.0 by Walter Reinhold and Chris Chapman. Cultural Resources: Scotch Plains, NJ 1989.
4. Schulmeister, R.: Computerwissen für den Hochschulunterricht. In: Schulmeister, R. (Hrsg.): Computereinsatz im Hochschulunterricht. Beiträge zu einer Hochschuldidaktik des Computereinsatzes in der Lehre. Verlag an der Lottbek: Ammersbek b. Hamburg 1989, S. 1-140.
5. Schulmeister, R.: Autorensysteme und Alternativen. In: CAK 6 (1989) und CAK 7 (1989). Auch in: Hochschulausbildung. Zeitschrift für Hochschuldidaktik und Hochschulforschung 2 (1989). Auch in: Eberle (Hrsg.): Informationstechnik in der Juristenausbildung. München 1989. English in: Wheels for the Mind Europe 4/1989.

Computerunterstützung von Reduktions- und Konklusionsprozessen bei der Interpretation von Texten

Günter Ludwig Huber

Universität Tübingen
Institut für Erziehungswissenschaft

1. Problemstellung

In den Sozialwissenschaften ist man häufig darauf angewiesen, bestimmte Sachverhalte, Zusammenhänge, Probleme usw. aus der subjektiven Sicht der beteiligten oder betroffenen Personen zu erschließen. Standardisierte Erhebungsinstrumente scheiden für diesen Zugang definitionsgemäß aus. Die wissenschaftliche Analyse von "Alltagstheorien", von "impliziten Theorien", von "oral history", um nur einige der gebräuchlichen Bezeichnungen für den Forschungsgegenstand zu nennen, geht von qualitativen Daten aus. In der Regel liegen sie als verbale Daten vor, d.h. als Texte, die in Interviews, Tagebüchern, Protokollen "Lauten Denkens", "Feldnotizen" teilnehmender Beobachter usw. produziert wurden. Die Datenmengen, die sich so ergeben, sind enorm. Bei einer Interviewstudie mit 100 Gesprächspartnern wären 2.000 Seiten Transkriptionen im DIN A4 Format eher im unteren Bereich des Durchschnitts einzuordnen. Alle diese Seiten enthalten Aussagen, welche die individuellen Perspektiven der Gesprächspartner in farbigen, vielgestaltigen, oft schon innerhalb eines Protokolls mehrdeutigen sprachlichen Wendungen abbilden.

Der Prozeß der Analyse qualitativer Daten beginnt daher mit der Reduktion von Texten auf eine begrenzte Menge überschaubarer und vergleichbarer Bedeutungseinheiten. Solche Kategorien oder Codierungsregeln werden aus gegebenen Theorien abgeleitet, häufiger jedoch in einem explorativen Prozeß aus der Textbasis, d.h. beispielsweise aus den subjektiven Formulierungen in Interviews entwickelt. Mit Hilfe der Codierungen werden dann Bedeutungsstrukturen sichtbar gemacht. Schließlich versucht man, Schlüsse zu ziehen oder komplexe Folgerungen abzuleiten und zu bestätigen. Dabei ist zu berücksichtigen, daß diese Schritte zirkulär zusammenhängen und sich wechselseitig beeinflussen (vgl. Miles & Huberman, 1984). Gerade beim dritten Schritt, für den mehrere Bedeutungseinheiten in spezifischer logischer Verknüpfung im Sinne einer Hypothese kombiniert und dann über alle Texte hinweg überprüft werden müssen, erhöhen sich bei konventionellem Vorgehen der Zeitaufwand und die Fehlerwahrscheinlichkeit beträchtlich. Die Gefahr ist groß, daß man ohne systematisierte und sehr sorgfältig kontrollierte Prozeduren die eine oder andere Komponente oder logische Verknüpfung einer Hypothese übersieht bzw. fälschlich registriert, wenn man hunderte von Textseiten auf diese spezifische Konfiguration hin überprüft – ganz zu schweigen von den Fehlerquellen bei wiederholten Modifikationen des gesamten Interpretationsprozesses. Computer können hier wertvolle Unterstützung bieten, vorausgesetzt man verfügt über geeignete Software. Da hier noch viele Wünsche offen waren, wurde am Arbeitsbereich Pädagogische Psychologie der Universität Tübingen vor zwei Jahren damit begonnen, auf der Basis von Turbo-Prolog ein Programmpaket für Personal Computer zur Analyse qualitativer Daten (AQUAD) zu entwickeln, das inzwischen wichtige Anforderungen der Praxis erfüllt.

2. Computerunterstützung bei der Datenreduktion

Bei der Textinterpretation tauchen regelmäßig bestimmte Probleme auf, deren Beantwortung ohne Computerunterstützung nur schwer zu kontrollieren ist, z.B.: Wurden die Codierungsregeln konsistent verwendet? Wurden die Abgrenzungen der Codes beachtet oder kam es zu Überschneidungen? Sind die in den Codes repräsentierten Bedeutungen wirklich durch den Gehalt der damit codierten Textpassagen gedeckt? Tauchten während des Codierungsprozesses irgendwann neue Aspekte der Interpretation auf?

Auch bei deduktiven Strategien der Datenreduktion, d.h. bei Verwendung von vorgegebenen Kategoriensystemen, sind diese Fragen nur mit großem zusätzlichem Aufwand zu beantworten. Die Schwierigkeiten steigen beträchtlich, wenn man nur eine Rahmenkonzeption benutzt, die im Interpretationsprozeß induktiv differenziert wird. Dies impliziert mehrere Reduktions-Durchgänge. Noch aufwendiger wird die Datenreduktion, wenn die subjektiven Kategorien der Interviewpartner erschlossen und zur Basis der Datenreduktion werden sollen: Stehen gleiche bzw. unterschiedliche Codes für gleiche bzw. unterschiedliche subjektive Bedeutungen? Wurden für gleichartige Bedeutungseinheiten unterschiedliche Codes verwendet – oder umgekehrt? Ohne Computerunterstützung ist allein schon der mechanische Arbeitsaufwand abschreckend, der bei der Klärung solcher Fragen anfällt: Hunderte von Seiten müssen wieder und wieder bewegt werden, Textauszüge auf Karteikarten oder Randlochkarten müssen angelegt, revidiert, ausgesondert, umsortiert werden.

3. Computerunterstützung bei der Darstellung von Bedeutungsstrukturen

Jede Analyse mit Computerunterstützung, z.B. das Suchen oder Auszählen bestimmter Codierungen mit AQUAD bringt die Ergebnisse übersichtlich auf den

Bildschirm, den Drucker oder ein Speichermedium, und läßt so schon Strukturen erkennen. Darüber hinaus wurden in AQUAD drei Funktionen für besondere Darstellungen programmiert: Als Bindeglied zu konventionellen, quantitativen Textanalysen können "Schlüsselwörter im Kontext" gesucht und ausgedruckt werden, wobei der "Kontext" je eine Textzeile umfaßt. Zur Matrixdarstellung relevanter Textpassagen können durch Definition von Spalten- und Zeilenkriterien die Zellen der gewünschten Matrix festgelegt und anschließend gefüllt werden. Als Spaltenkriterien werden dabei nur "singuläre" Codes (z.B. Alter, Geschlecht, Beobachtungszeitpunkt etc.) benutzt. Die Matrixdarstellung kann auch auf die reduzierte Datenmenge, d.h. auf Codes und evtl. zusätzliche Kommentare beschränkt werden.

4. Computerunterstützung bei der Generierung und Prüfung von Hypothesen

Bei Analysen höherer Ordnung interessieren häufig Konklusionen über Sequenzen, Cluster, Hierarchien, dimensionale oder kausale Strukturen von Bedeutungseinheiten. Zur Illustration sind im folgenden Beispiele aus einer Untersuchung von Carmen García Pastor (Universität Sevilla) angeführt. Dabei geht es um die Evaluation eines Programms zur Integration behinderter Kinder in die Regelschulen in Spanien (Näheres zu dieser Studie siehe unten). In der Datenbasis, Feldnotizen von geschulten Unterrichtsbeobachtern, können mit AQUAD sehr rasch z.B. folgende Zusammenhänge exploriert bzw. geprüft werden:

- Sequenzen von Bedeutungseinheiten: Sind typische Codierungsabfolgen der Art "Schwierigkeiten eines Schülers – Handeln des Lehrers" zu lokalisieren?
- Bedeutungscluster: Treten bestimmte Codes in geringerer Distanz zu bestimmten anderen Codes auf als zum Rest der Codierungen? Man könnte nach den Bedeutungseinheiten fragen, die in enger Nachbarschaft (wenige Zeilen Abstand im Protokoll) zu Beobachtungen spezifischer Schulsituationen (z.B. Interaktion, Kooperation, Konflikt etc.) verzeichnet wurden.
- Hierarchische Strukturen: Verschachtelte Bedeutungseinheiten legen oft spezifische Bedeutungen offen; so könnte es etwa interessant sein zu erschließen, ob in Aufzeichnungen über Aktivitäten von Speziallehrern in der Klasse Beobachtungen auffälliger Ereignisse eingebettet sind.
- Dimensionale Strukturen: Korrelierende Bedeutungseinheiten bzw. ihre Codierungen können zu quasi-faktoriellen Strukturen oder "Meta"-Codes kombiniert werden. Lassen sich in den Feldnotizen spezifische Kombinationen von Aussagen der Eltern behinderter Kinder im Sinne von "Alltagstheorien der Behinderung" finden?
- Kausale Relationen: Theorien, falls vorhanden, können die Überprüfung von Kausalverknüpfungen zwischen spezifischen Beobachtungen anregen.

5. Wichtige Merkmale des Software-Pakets AQUAD

Mit dem Ziel, größtmögliche Flexibilität bei der Codierung zu ermöglichen und die deduktiven Mechanismen von Prolog für die Prüfung von Hypothesen zu nutzen, wurden vier Komponenten eines Programmpakets AQUAD zur Analyse QUAlitativer Daten entwickelt.

5.1 AQD-TM (Texte und Memos)

Die Komponente **AQD-TM** ermöglicht es,

- Zeilen in importierten Textfiles (im ASCII-Format) zu numerieren;
- in jeder Zeile am Ende Codes anzuhängen (Mehrfachcodierung, Überlappung der Bedeutungseinheiten, Verschachtelung sind erlaubt);
- aus den codierten Textfiles reine Codefiles zu erzeugen;
- Texte und angehängte Codierungen zu editieren und auszudrucken;
- codierte Textpassagen zu suchen und zu drucken;
- Merktexte (Memos) zu schreiben, zu speichern, zu editieren und wiederzufinden.

5.2 AQD-C (Codes)

Die Komponente **AQD-C** gestattet es,

- Codierungen direkt in ein File einzugeben, d.h. ohne Veränderung von Textfiles;
- zusätzliche Codes in vorhandene Codefiles einzufügen;
- Codefiles mit den wichtigsten Funktionen von Textprogrammen zu editieren und zu drucken;
- Codefiles alphabetisch oder nach Zeilennummern zu sortieren;
- Codes oder bestimmte Codierungsmuster (Überlappung, Hierarchie, multiple Codierung, Codes innerhalb definierter Maximaldistanz) zu suchen;
- Codehäufigkeiten zu zählen.

5.3 AQD-H (Hypothesen)

Die Komponente **AQD-H** hat größte Bedeutung innerhalb des Software-Pakets. Hier wird die deduktive Logik von Prolog zur Prüfung von Hypothesen über spezifische Relationen zwischen Bedeutungseinheiten in den Texten genutzt. Im folgenden wird anhand der eingangs erwähnten Evaluationsstudie die Konstruktion einer solchen Hypothese skizziert. Um die Arbeit für Benutzer zu erleichtern, die nicht sofort eigene Formulierungen an den Quellcode des Programms anhängen möchten, enthält AQD-H neun Strukturen, d.h. vorformulierte Hypothesen mit Variablen anstelle fester Codes oder Distanzangaben. Da diese Strukturen in

Interaktion mit Benutzern in mehreren Doktorandenkursen in Deutschland und Spanien entstanden sind, sollten sie die häufigsten Forschungsfragen in qualitativen Untersuchungen abdecken.

5.4 AQD-A (Appendix)

Die Komponente **AQD-A** bietet einige nützliche Erweiterungen:

- Eingabe, Druck und Editierung zusätzlicher Information für weitere Analysen;
- Zählen von Wörtern oder beliebigen Wortteilen (speziell auch Nachsilben) in den Originaltexten;
- Suche und Druck von spezifischen Wörtern im Kontext einer Textzeile;
- Erstellung von Matrizen, die Bedeutungseinheiten (Textpassagen) oder Codes in den Zellen ordnen;
- Zusammenstellung von und Suche nach Meta-Codes.

6. Anwendungsbeispiel von AQUAD: Beobachtungen bei der schulischen Integration behinderter Kinder (Carmen García Pastor, Universität Sevilla)

In einer breit angelegten Studie werden an der Universität Sevilla die vom spanischen Blindenverband ONCE unterstützten Bemühungen evaluiert, sehbehinderte Kinder in normalen Schulklassen zu integrieren. Rund 280 Lehrer beantworteten einen umfangreichen Fragebogen, der nach sonderpädagogischen und didaktischen Kategorien strukturiert war. Eines der bemerkenswertesten Ergebnisse der quantitativen Auswertung zeigt, daß mehr als drei Viertel der Lehrer den Integrationsgedanken und seine theoretischen Grundlagen sehr positiv einschätzen, gleichzeitig aber die überwiegende Mehrheit der Lehrer große Probleme bei der praktischen Bewältigung der Aufgabe sieht. Zur Einschätzung der gegenwärtigen Integrationspraxis wurden deshalb auch Unterrichtungsbeobachtungen in acht Schulzentren durchgeführt, in denen normal ausgebildete Lehrer (PAO: profesor del aula ordinario) unter zeitweiliger Mithilfe eines speziell für diese Aufgabe ausgebildeten Lehrers (PIT: profesor itinerante) sehbehinderte Kinder (ALU: alumno integrado) in Normalklassen unterrichteten.

Die Feldnotizen der Beobachter wurden mit einem Textprogramm transkribiert, mit AQUAD weiter erfaßt und dann codiert. Das Codierungssystem ist zu komplex, als daß es hier hinreichend beschrieben werden könnte. Wir beschränken uns darauf, den Bereich problematischer Aspekte des Unterrichts sowie insbesondere die Rolle der beiden in den Klassen zusammenarbeitenden Lehrer genauer anzusehen. Für die Datenreduktion wurden sechsstellige Codes verwendet. Die ersten drei Positionen, jeweils in Großbuchstaben eingegeben, symbolisieren die Protagonisten im Handlungsfeld (z.B. PAO, PIT, ALU), die letzten drei Positionen (in Kleinbuchstaben geschrieben) beschreiben Aktionen, Situationen, Erwartungen (oder Meinungen, Urteile) sowie Resourcen. Beispielsweise werden mit "ALUden" Situationen codiert, in denen ein Integrationsschüler innerhalb des Klassenverbands arbeitet, mit "ALUdif" spezifische Schwierigkeiten, die der Schüler bei der Bewältigung einer konkreten Aufgabe hat.

Wegen des Gegensatzes zwischen theoretischer und praktischer Wertschätzung der Integration, der sich in der quantitativen Erhebung zeigte (s.o), interessiert nun als erstes eine Exploration konflikthafter Ereignisse, die beobachtet werden konnten. Dazu bauen wir in die Programmkomponente AQD-H eine Verknüpfung von Behauptungen ein, die uns beim PROLOG-spezifischen Beweisverfahren alle mit "...con" (für Konflikt) codierten Textpassagen angibt sowie zusätzlich damit eng verknüpfte (Beginn höchstens zwei Zeilen vor, Ende höchstens zwei Zeilen nach der Konfliktpassage im Transkript) andere Beobachtungen. Aus den Befunden lassen sich dann evtl. spezifischere Hypothesen über Ereignissequenzen ableiten. Wir formulieren als Explorationshypothese: "Es gibt in den Protokollen Beobachtungen spezifischer Konflikte, in deren Zusammenhang höchstens zwei Zeilen vorher bzw. zwei Zeilen nachher bestimmte andere Ereignisse protokolliert wurden". Eine (hier etwas vereinfachte, aber funktionierende) Übersetzung in Prolog kann so aussehen:

```
hy(1,1):-
    k(N,A,E,C), frontstr(3,C,_,R), R="con", str_int(A,IA), str_int(E,IE),         (1)
    k(N,A1,E1,C1), C<>C1, E>=E1, str_int(A1,IA1), IA-IA1<3,                       (2)
    k(N,A2,E2,C2), C<>C2, C1<>C2, A2>=A, str_int(E2,IE2), IE2-IE<3,               (3)
    write(N,": ",A1,E1,C1," - ",A,E,C," - ",A2,E2,C2), nl, fail.                  (4)
```

In AQD-H ist bereits eine Anweisungssequenz eingebaut, die alle Codefiles automatisch nacheinander überprüft und die Kennziffer dieser Files mit ausdruckt. Die Zeile (1) der Hypothesenformulierung veranlaßt die Suche nach dem ersten Code-Eintrag mit der Endung "cod" im Codefile zum Text N. Zur Prüfung der Abstandsbedingung werden die Nummern der Anfangs- und Endzeile der Bedeutungseinheit vom internen String-Format in das Format ganzzahliger Werte transformiert. In Zeile (2) wird nach einer anderen, vorlaufenden Codierung gesucht, welche innerhalb der gesetzten Distanz auftritt. Zeile (3) veranlaßt zur Suche nach einer entsprechenden nachfolgenden Beobachtung. Wenn die Datenbasis für alle bisher geprüften Behauptungen ("Es gibt eine Codierung ...") Beweise enthält, wird das positive Ergebnis dieses Beweises aufgrund von Zeile (4) gedruckt; andernfalls sucht das Programm nach dem nächsten "...con"-Eintrag im Code-File, wobei die Prozedur wieder in Zeile (1) beginnt. Außerdem wird hier ein Zeilenvorschub bewirkt und, aufgrund des Systemprädikats "fail", die Suche nach weiteren Lösungen. Tabelle 1 zeigt die Ergebnisse der Hypothesenprüfung für zwei aus der Ergebnisliste ausgewählte Beobachtungen.

Als Ergebnis erhalten wir beispielsweise im Schulzentrum 2 bei der zehnten, im Zentrum Nr. 4 bei der sechsten Beobachtung sehr unterschiedliche Hinweise: Während im ersten Fall situative Bedingungen die Integration behindern dürften, scheinen sich im zweiten Fall die Probleme um den Spezial lehrer und das zu integrierende Kind zu konzentrieren.

```
******************************* onceo210.cod

210 : 50 51    PAOord  -  52 59    SITcon  -  52 59    PITtra
210 : 50 51    PAOord  -  52 59    SITcon  -  56 60    ALUden
210 : 52 53    CLAtra  -  52 59    SITcon  -  52 59    PITtra
210 : 52 53    CLAtra  -  52 59    SITcon  -  56 60    ALUden
210 : 52 53    ALUden  -  52 59    SITcon  -  52 59    PITtra
210 : 52 59    PITtra  -  52 59    SITcon  -  56 60    ALUden
210 : 77 78    PAOexp  -  78 82    SITcon  -  78 82    PAOpre
210 : 77 78    PAOexp  -  78 82    SITcon  -  78 82    CLAres
210 : 77 78    PAOexp  -  78 82    SITcon  -  78 82    ALUres
210 : 78 82    PAOpre  -  78 82    SITcon  -  78 82    CLAres
210 : 78 82    PAOpre  -  78 82    SITcon  -  78 82    ALUres
210 : 78 82    CLAres  -  78 82    SITcon  -  78 82    PAOpre
210 : 78 82    CLAres  -  78 82    SITcon  -  78 82    ALUres
210 : 78 82    ALUres  -  78 82    SITcon  -  78 82    PAOpre
210 : 78 82    ALUres  -  78 82    SITcon  -  78 82    CLAres

******************************* onceo406.cod

406 : 90 95    PITtra  -  90 95    PITcon  -  90 95    ALUtra
406 : 90 95    PITtra  -  90 95    PITcon  -  90 95    ALUcon
406 : 90 95    ALUtra  -  90 95    PITcon  -  90 95    ALUcon
406 : 90 95    ALUtra  -  90 95    PITcon  -  90 95    PITtra
406 : 90 95    ALUcon  -  90 95    PITcon  -  90 95    PITtra
406 : 90 95    ALUcon  -  90 95    PITcon  -  90 95    ALUtra
406 : 90 95    PITtra  -  90 95    ALUcon  -  90 95    ALUtra
406 : 90 95    PITtra  -  90 95    ALUcon  -  90 95    PITcon
406 : 90 95    ALUtra  -  90 95    ALUcon  -  90 95    PITcon
406 : 90 95    ALUtra  -  90 95    ALUcon  -  90 95    PITtra
406 : 90 95    PITcon  -  90 95    ALUcon  -  90 95    PITtra
406 : 90 95    PITcon  -  90 95    ALUcon  -  90 95    ALUtra
```

Tabelle 1: *Ergebnis einer Datenexploration mit der Programmkomponente AQD-H*

Zur genaueren Analyse könnten nun mit der Komponente AQD-TM rasch die kritischen Textpassagen (z.B. zu "SITcon") gesucht und ausgedruckt werden. Im übrigen müßten bei der Hypothesenformulierung noch Zwischenergebnisse in einen Speicherbereich gerettet werden und mit späteren Funden verglichen werden, damit nicht redundante Ereigniskombinationen ausgedruckt werden. Wenn man diese Beobachtungen herausgreift, wie wir es getan haben, dann wird an allen drei Stellen deutlich, daß für die Kinder nicht geklärt zu sein scheint, welcher Lehrer wann wofür zuständig ist. Möglicherweise gilt dies auch für die Lehrer, die ja auch in Deutschland nicht für kollegiale Kooperation ausgebildet werden. Es erscheint daher naheliegend, eine Analyse aller Beobachtungen vorzunehmen, die sich auf die beiden Lehrer beziehen, d.h. wir könnten als nächstes zwei mit der vorherigen Hypothese strukturell identische Suchbedingungen formulieren, die nur das systematische Auftreten anderer Codes behaupten. Die Ergebnisse wären zu umfangreich für eine kommentierte Wiedergabe in diesem Rahmen. Wie an diesem Beispiel jedoch ersichtlich wurde, ergeben sich auch aus jeder Prüfung von hypothetischen Zusammenhängen wichtige Informationen, die durch spezifischer formulierte Hypothesen weiter analysiert werden können.

7. Schlußbemerkung

In vielen Fällen dürfte die Verfügbarkeit eines analytischen Instruments wie AQUAD die Voraussetzung dafür sein, daß komplexe Zusammenhänge hinreichend zuverlässig überprüft werden können, oder daß die theoretisch so hoch eingeschätzten und praktisch dringend erforderlichen wiederholten Interpretationen von Texten mit modifizierten Interpretationskriterien überhaupt durchgeführt werden. AQUAD erleichtert viele mechanische und zeitintensive Arbeiten bei der Analyse qualitativer Daten und gestattet dem Anwender dennoch, eigene methodologische Vorstellungen zu realisieren. Die Forscher interpretieren die Texte, nicht der Computer. Das Programmpaket AQUAD hilft aber, qualitative Methoden zu systematisieren und ihre Ergebnisse besser kontrollierbar sowie kommunizierbar zu machen.

Literatur

1. Miles, M. B., ; Huberman, A. M. (1984). Qualitative data analysis. Beverly Hills: Sage.

Berichterstattung über Gesprächskreis 2 "Methodik, Lern- und Autorensysteme"

Ludwig Issing

Freie Universität Berlin
Institut für Psychologie
Arbeitsbereich Medienforschung

Der zweite Sitzungstag des Gesprächskreises 2 bot ein buntes und interessantes Programm; der Zuhörerandrang war beträchtlich höher als von der Kongreß-Leitung erwartet.

Aus technischen Gründen wurde das Referat von Prof.Dr. Rolf Schulmeister, Interdisziplinäres Zentrum für Hochschuldidaktik der Universität Hamburg, vorgezogen. Prof. Schulmeister sprach "Zur Philosophie des "Blätterns" – lerntheoretische Grundlagen für multimediale Hypertext-Systeme" und demonstrierte seine Ausführungen am Macintosh Computer. Grundlegend für das Hypertext-Konzept ist eine offenen Struktur des Informationsangebots ("landscapes of learning"), die es dem Benutzer gestattet, die angebotenen Informationskarten frei zu durchwandern. Am Beispiel der von der BBC/ITU in Kooperation mit Apple und Wissenschaftlern entwickelten ECODISC (CD-ROM) demonstrierte Herr Schulmeister faszinierende Interaktions-Modi (einschließlich Simulation), die aus dem offenen Multimedia-Informationsangebot mit Hilfe von Hypertext eine strukturierte Lernumwelt gestalten lassen. Dabei sollen künftig Konzepte der Kongnitionspsychologie noch stärker berücksichtigt werden, um entdeckendes Lernen für unterschiedliche Lernertypen in individuell angemessener Form zu ermöglichen.

Im zweiten Referat mit dem für die Instruktionsforschung relevanten Thema "Informatik in Bildung und Weiterbildung – Anwendung der Computer Science im Lernbereich" erläuterte Mike W. Rogers, DELTA-Koordinator bei der Kommission der Europäischen Gemeinschaft in Brüssel, schwerpunktmäßig die Ziele gesellschaftlicher und wissenschaftlicher Rahmenbedingungen, Strukturen und Förderungskonditionen für das DELTA-Programm. DELTA (Developing European Learning through Technical Advance) soll als Forschungsförderungsprogramm der EG die Entwicklung und Anwendung der neuen Informations- und Kommunikationstechnologien, speziell neuer Lerntechnologien, durch europaweite Kooperation fördern, um den veränderten Qualifizierungsanforderungen in der Gesellschaft zu entsprechen. Nach Abschluß der bis 1991 laufenden Pilotphase ist von 1992 bis 1994 die DELTA-Hauptphase mit einem Förderungsvolumen von ca. 200

Millionen ECU vorgesehen. An der Fernuniversität Hagen und bei der Deutschen Forschungsanstalt für Luft- und Raumfahrt wurden Kontaktstellen für DELTA eingerichtet, um eine angemessene Berücksichtigung deutscher Bewerber an der DELTA-Hauptphase sicherzustellen.

Prof. Dr. Witt, Institut für Berufs- und Wirtschaftspädagogik der Universität Hamburg, stellte ein "Regelbezogenes Lehrstoff- und Beschreibungs-System (REGEL-BS)" vor, das es gestattet, Lehrstoffe und Lernmaterialien auf der Grundlage rechnergestützter Lehrstoff-Strukturmodelle zu analysieren. Das REGEL-BS versucht, die qualitative Analyse eines Lehrstoffs mit der quantitativen Analyse mittels Explikation in einer Wissensrepräsentationssprache zu verbinden, die auf dem Konzept der kasusgrammatischen Proposition basiert. Prof. Witt konnte an Beispielen demonstrieren, daß sich Lernmaterialien durch die zwischengeschaltete qualitative Explikation mit Wissensmodellen besser analysieren lassen als bei sofortiger Quantifizierung auf kategorialanalytischer Ebene.

Die Referate von Prof. Dr. Huber, Institut für Erziehungswissenschaft der Universität Tübingen, und von Dr. Boy, Fachbereich Soziologie der Universität Bremen, fügten sich gut aneinander, da sie sehr ähnliche Fragestellungen behandelten. Prof. Hubers Referat mit dem Thema "Computerunterstützung von Reduktions- und Konklusionsprozessen bei der Interpretation von Texten" ging von der Zielsetzung aus, durch den Einsatz geeigneter Computer-Software die qualitative Analyse bei der Text-Interpretation methodologisch entscheidend zu verbessern. Dabei geht es vor allem um eine Verbesserung der Validität bei der Daten-Reduktion und bei der Konklusion zu höherstufigen Codierungen. Herr Huber zeigte an Beispielen, welche Vorteile eine geeignete Software für die Analyse qualitativer Daten auch zur Verbesserung der methodischen Ausbildung in der Universität bieten kann. Dr. Boys Referat mit dem Thema "Textorientierte Datenbanksysteme für Textanalysen in sozialwissenschaftlicher und sozialhistorischer Forschung" betonte die methodologische Stabilisierung bei der Entnahme von Sinn- und Handlungsstrukturen aus Texten, die durch EDV-Unterstützung erreicht werden kann. Die Entwicklung geeigneter Software ist dringend erforderlich, um die bisherigen manuellen Auswertungstechniken zu verbessern.

Im abschließenden Referat von Mark Line, Anglistisches Institut der Universität des Saarlandes, zum Thema "Werkzeuge für Computer-Based-Trainings auf SINIX-Rechnern" wurde die Brücke zum ersten Referat hergestellt. Herr Line stellte das an der Universität Saarbrücken in Kooperation mit SIEMENS entwickelte System LARS (Linguistic Authoring and Retrieval System) vor – ein für den Einsatz als Lehr-Lernumgebung konzipiertes Hypermedia-System. Die Komponenten von LARS beruhen auf einer quasi-natürlichen, objektbasierten fourth generation language (4GL)-Entwicklungsshell, die aufgrund der offenen Architektur auch die flexible Konfiguration beliebiger Hardware-Server gestatten. Für den Lernprogramm-Autor bietet LARS aufgrund Fenster-4GL, Hypermedia-4GL, Datenbank-4GL eine Methodenbank mit flexiblen Gestaltungsmöglichkeiten; diese konnten ansatzweise demonstriert werden. Die Leistungsfähigkeit von LARS kann jedoch nur durch verstärkten Einsatz im Lernbetrieb getestet werden; hierzu lud Herr Line die Zuhörer ein.

Die Referate im Gesprächskreis 2 waren fast ausnahmslos durch Präsentationen, zumindest in Form von Programmauszügen auf Folien, vielfach aber direkt durch projizierte Computer-Displays unterstützt; dies hat die Information und Kommunikation zwischen Referenten und Zuhörern sehr gefördert. Die Praxis in diesem Gesprächskreis hat gezeigt, daß die Diskussion zu den Referaten wesentlich lebhafter war, wenn sie sofort an das jeweilige Referat angeschlossen und nicht en bloc, wie im Programm vorgesehen, erst nachträglich geführt wurde.

Gesprächskreis 3

Vernetzung

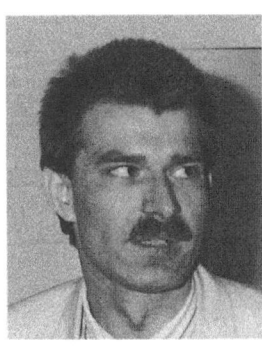

Einbindung von LANs in die heterogene EDV-Welt am Beispiel von Novell NetWare

Andreas Zenk
Geschäftsführer adcomp Service GmbH, Unterhaching

Die Integration von LANs (PC-LANs) ist ein Themenkomplex, der seit Jahren seine Zuhörer findet und immer wieder zu heißen Diskussionen führt. Zum Tragen kommen hier vor allem die Einbindung in die IBM-Welt (/370, /3x, AS400), Siemens-Welt, DEC- Welt und UNIX-Welt.

Die technische Realisierung der Einbindung in die IBM-Host Umgebung geschieht seit Jahren über die legendäre 3270-Schnittstelle. Es werden hierbei sowohl Lösungen für einen Einplatz-PC als auch für LANs geboten. Novell bietet diesbezüglich ein Produkt unter der Bezeichnung SNA Gateway an, das es gestattet, LANs mit Hilfe von 5 verschiedenen Möglichkeiten in diese Welt zu integrieren. Es bestehen hierbei sowohl Optionen für den DFT-, Remote-, High-Speed-Remote- und direkten Token-Ring Anschluß.

Über den Token-Ring Anschluß besteht auch die Möglichkeit, LANs über den Token-Ring-Adapter an der IBM-Steuereinheit anzuschließen, die nicht mit der Token-Ring-Topologie betrieben werden. Hierbei muß nur ein Gateway installiert werden, das zum einen mit einer Token-Ring-Karte und zum anderen mit der entsprechenden Karte des LANs ausgestattet ist. Die Token-Ring-Karte und der Anschluß der Steuereinheit erfolgen über einen Ringleitungsverteiler für Token-Ring LANs.

Über die Workstation Software ist es sodann möglich, 3270-Emulation, File-Transfer oder Workstation-Drucker als IBM-Host Drucker zu verwenden. Novell bietet inzwischen auch die Möglichkeit, die LU 6.2 (APPC) zu unterstützen. Das strategische Ziel von IBM ist hierbei, die Vielfalt der eigenen IBM-Betriebssysteme mit Hilfe von LU 6.2 integrieren zu können. Langfristig wird das Ziel angepeilt, auch mit Hilfe des SAA-Konzepts, eine einheitliche Oberfläche für alle IBM-Systeme zu entwickeln. Mit anderen Worten ist APPC die tragende Säule für das SAA- Konzept. Während LU 6.2 nur die Definition des Protokolls darstellt, wird die implementationstechnische Realisierung APPC (Advanced Program to Program Communication) genannt. APPC wird unter anderem für die Betriebssysteme MVS, VM, PC-DOS und OS/2 zur Verfügung gestellt werden. Für die NetWare Umgebung bietet Novell bereits jetzt diese Schnittstelle.

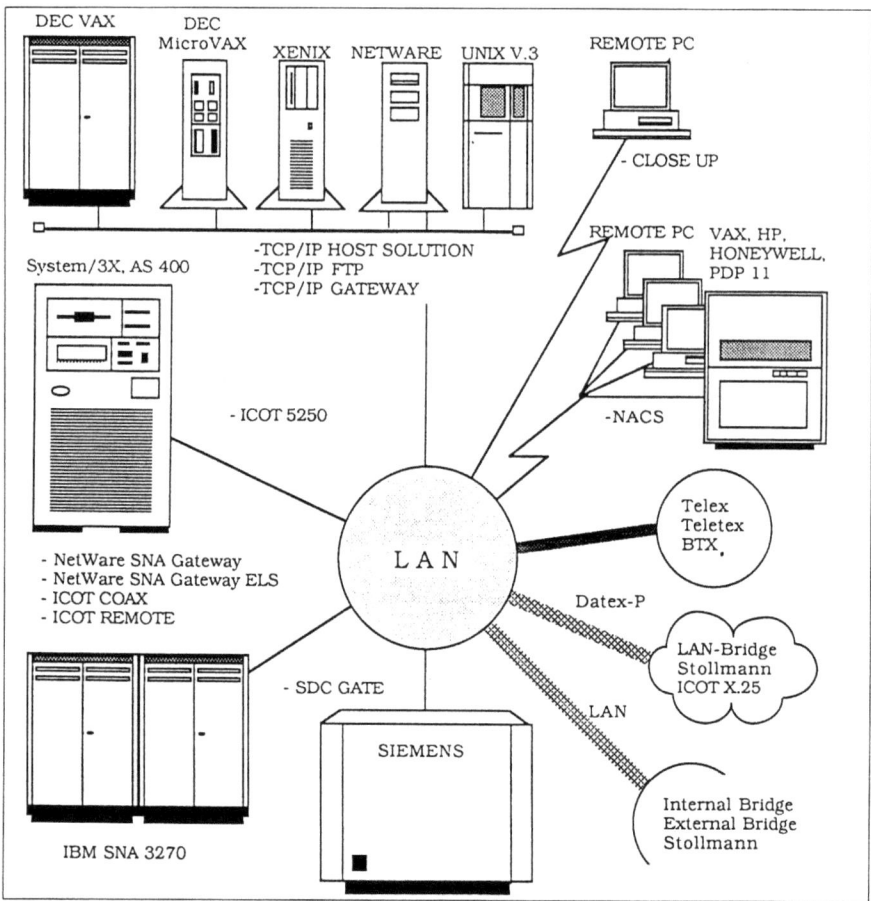

Abb.1: *Übersicht über mögliche Gateway-Lösungen für Novell-Netze*

Es wird seit jeher versucht, offene Protokollsysteme zu definieren und zu realisieren. Dabei ist es notwendig, bestehende ältere "Standards" mit unterstützen zu können. Die Bemühungen der ISO gehen mit der Definition der OSI-Protokolle schon lange in diese Richtung. Die Entwicklungen der entsprechenden OSI-Produkte, wie X.400, FTAM, VTP, RJE etc., bedürfen wegen ihrer Mächtigkeit jedoch einiges an Zeit.

In die bestehende Lücke haben sich schon seit langer Zeit die TCP/IP Protokolle mit den dazugehörigen ARPA-Diensten als vorteilhaft erwiesen. Ursprünglich wurde TCP/IP für das amerikanische Verteidigungsministerium entwickelt. Zu diesem Zeitpunkt wurden die Protokollsysteme vornehmlich in Ethernet Netzen auf nahezu allen wichtigen Rechnersystemen implementiert. An dieser Stelle sei erwähnt, daß dieses Protokoll nach einigem Zögern auch von der IBM, für MVS und VM, und Siemens (BS2000) angeboten werden. Mit dieser Lösung ist es möglich, beliebige PCs, und LANs mit fast jedem UNIX- oder VMS-System (auch IBM und Siemens) zu integrieren. Die Standardanwendungen FTP, TELNET und SMTP erlauben somit die Übertragung von Text- und Binärdaten, den Zugriff auf beliebige andere Systeme über eine Terminalschnittstelle sowie den Austausch von Nachrichten (Electronic Mail).

Für NetWare LANs werden entsprechende Produkte angeboten, die es erlauben, sowohl Einplatz-PCs als auch LANs über TCP/IP zu koppeln. Es besteht aber auch die Möglichkeit, eine spezielle Gateway-Karte in den File-Server einzubauen, der dann über den Ethernet-Strang mit den anderen Welten über TCP/IP kommunizieren kann und von allen Benutzern zugänglich ist.

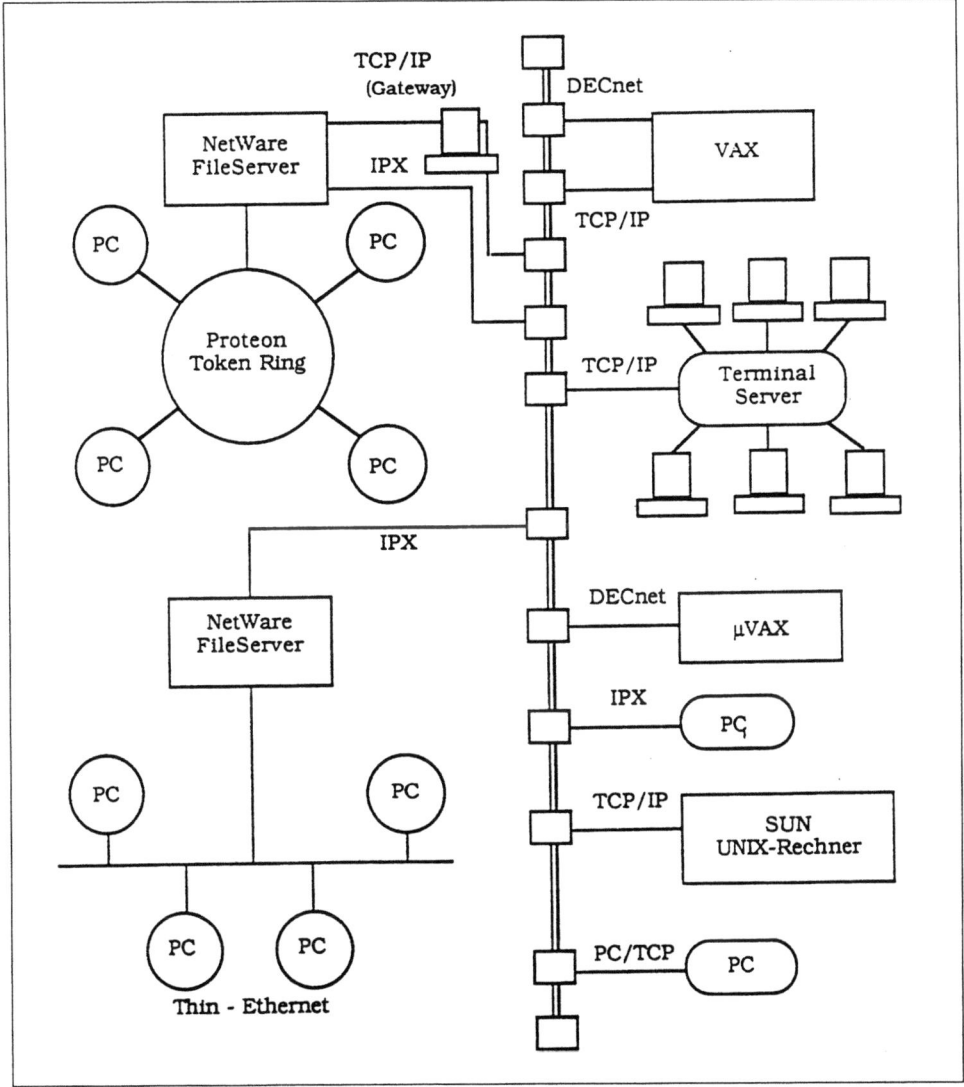

Abb. 2: Beispiel für die Integration verschiedener Netz-Topologien

Eine andere leistungsstarke Alternative für Netzwerkanwendungen stellt das Network File System (NFS) von Sun Microsystems zur Verfügung. Dieses Protokoll bietet die Möglichkeit MS-DOS, Dutzende von UNIX-Systemen, VMS und andere Betriebssysteme in einen gemeinsamen Dateiverbund zu integrieren. Für NetWare Netze werden entsprechende Produkte angeboten, die eine solche Integration erlauben.

Für die Integration der unterschiedlichsten Systeme besteht inzwischen eine solche Vielzahl von Möglichkeiten, daß sich diese ausführlich nicht auf zwei Seiten Text zusammenfassen lassen.

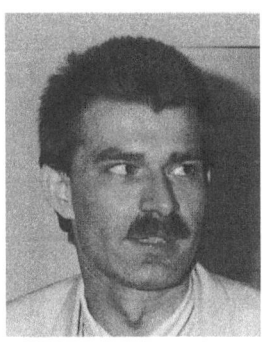

Novell NetWare 386 – Aufbau und Funktion

Andreas Zenk
Geschäftsführer adcomp Service GmbH, Unterhaching

Im Jahre 1980/81 begann die Einführung der ersten PCs. Daraufhin erfolgten bereits die ersten Versuche, PC-LANs zu installieren. Zu Beginn waren dies noch Disk-Server Konzepte, einige Zeit später jedoch wurden daraus File-Server Betriebssysteme entwickelt. Die Firma Novell brachte bereits 1983 das erste File-Server Betriebssystem auf den Markt: Novell NetWare 86. Im Jahre 1985 wurde NetWare 286 mit den SFT Level I und II Stufen eingeführt. Im Mai 1989 erfolgte die Ankündigung der NetWare 386, ein LAN-Betriebssystem, das voll auf die 80386 bzw. 80486 Architektur aufsetzt. Bei der NetWare 386 handelt es sich um ein komplett neu geschriebenes Betriebssystem. Es handelt sich also um keine modifizierte NetWare 286. Dieses Betriebssystem könnte als Basis der Server-Plattform der 90er Jahre bezeichnet werden. Der Server kann dabei die Funktion eines File-, Print-, Communication-, und Datenbank-Servers übernehmen. Server-Funktionen, die bisher von separaten Rechnern übernommen wurden, können jetzt in einer Maschine integriert werden. Als weitere Funktionen stehen "Expandable Network Services" zur Verfügung, die es erlauben, Network-Driver, Server Utilities, Applications und Protocol-Stacks zu integrieren.

Die Einbindung geschieht dabei mit NetWare Loadable Modules, d.h. die einzelnen Funktionen können bei Bedarf nachgeladen werden, ohne daß das Netz neu generiert werden muß. Der Server selbst muß bei der Einbindung dieser Loadable Modules nicht "shut-down" gefahren werden, dies erfolgt im sogenannten "On-Flight" Status des Servers.

NetWare 386 nutzt die gesamten Vorteile der 80386-Architektur. Die Einteilung des Hauptspeichers in 64 kByte Segmente, wie dies bei der 80286 Architektur der Fall war, entfällt. Ein weiterer Aspekt, der erhöhte Geschwindigkeit zuläßt. Außerdem arbeitet der Prozessor mit einer vollständigen 32-Bit Register Architektur. NetWare 386 berücksichtigt bereits die neuen Möglichkeiten des 80486-Prozessors von Intel. Für die NetWare 386 v3.0 wird sich die Anzahl der Benutzer auf 250, für NetWare 386 v3.1 auf 1000 erhöhen. Ab der NetWare 386 wird es auch eine SFT III geben, die es erlaubt, Server im Netzwerk zu spiegeln.

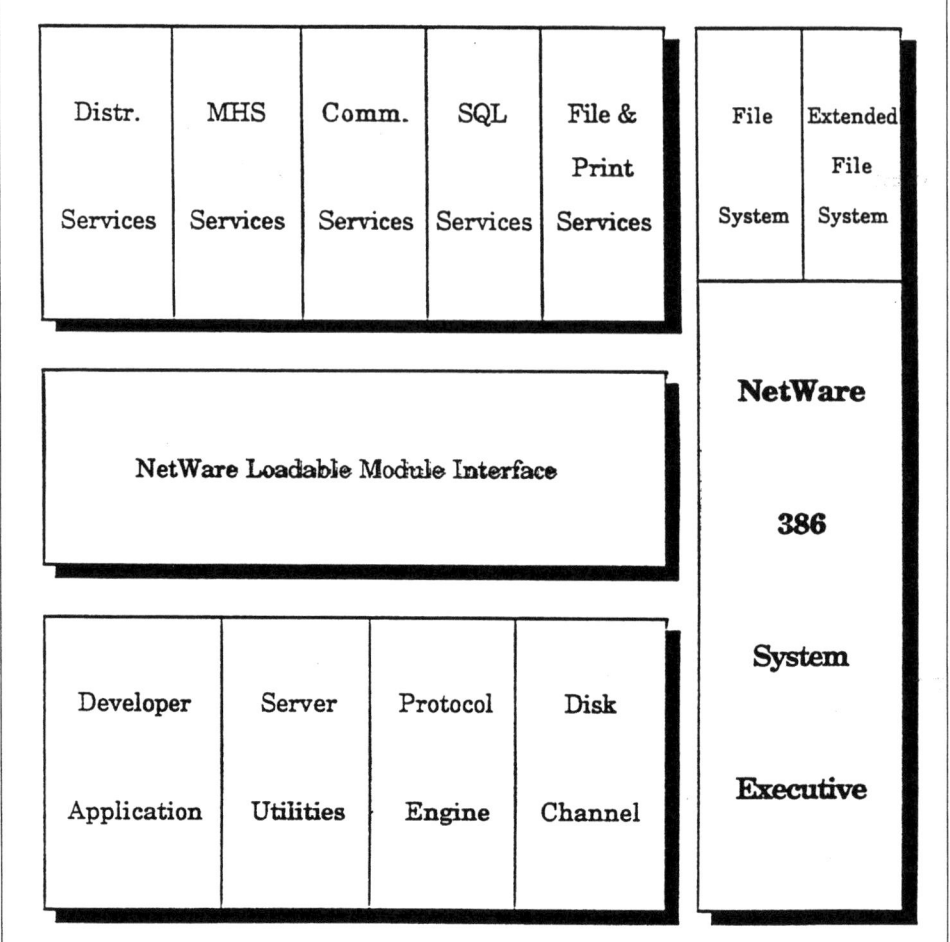

Abb. 1: *NetWare 386 Modular Design*

Das Sicherheitssystem wurde im Vergleich zur NetWare 286 weiter verbessert und ausgebaut. Das Paßwort eines Benutzers ist nicht nur am Server verschlüsselt abgespeichert, sondern wird auch verschlüsselt über die Leitung übertragen. Nur der Supervisor kann Loadable Modules am Server laden oder entfernen. Hierfür wurde eine sogenannte Secure Console eingerichtet. Optional kann zudem eine Funktion verwendet werden, die es erlaubt, auch bei der Datensicherung verschlüsselt zu übertragen und diese Datensicherung komprimiert abzuspeichern.

Erweitert wurde zudem auch das gesamte File-System der NetWare 386. Die kapazitative Unterstützung der Platteneinheiten ist vergleichbar mit den Möglichkeiten einer Minicomputer-Anlage.

Maximal adressierbarer Hauptspeicher (RAM):	4 GB
Maximal adressierbare periphere Speicher:	32 TB
Maximale Anzahl Platten pro Server:	1024
Maximale Volume Größe:	32 TB
Maximale Anzahl Volumes pro Server:	32
Maximale Anzahl Platten pro Volume:	32
Maximale Anzahl Directory-Einträge pro Volume:	2097152
Maximale Dateigröße:	4 GB
Maximale Anzahl offener Files pro Server:	100 000
Maximale Anzahl gleichzeitiger Transaktionen:	25 000

Abb. 2: *NetWare File System Kapazitäten*

NetWare 386 unterstützt die Verwendung von "multiple file name support", das heißt bei Verwendung der unterschiedlichsten File-Services müssen keine Konvertierungen der Dateinamen mehr erfolgen, wie dies zum Beispiel für NetWare für VMS der Fall ist. Somit ist es möglich, daß im gleichen Directory Dateinamen in DOS-, OS/2- oder Macintosh-Konvention abgespeichert werden können. NetWare 386 erlaubt auch die Verwaltung mehrerer Dateinamen unterschiedlicher Systeme für ein und dieselbe Datei.

Als Extended File System wird die Möglichkeit verstanden, daß NetWare 386 zum Beispiel auch CD-ROMs oder WORM-Laufwerke ansprechen kann. NetWare 386 ist für LANs ausgelegt, die mit den noch kommenden Leistungsanforderungen wachsen werden. Dies spiegelt sich unter anderem in den Möglichkeiten wider, die es gestatten, unterschiedliche Plattenlaufwerke zu verwalten. NetWare 386 kann Dateien von bis zu 4 GB verwalten. Die maximale periphere Speicherkapazität beträgt 32 TB. Ein Volume kann bis zu 32 TB groß werden und kann sich über maximal 32 Festplatten erstrecken.

Die Kapazität des Hauptspeichers wurde auf maximal 4 GB vergrößert. Auch die Print-Services wurden für NetWare 386 verbessert und erweitert. Die NetWare 386 wurde mit einem vollkommen neuen Print-Server ausgestattet. Es handelt sich dabei um ein NetWare Loadable Module. Dieser Print-Server erlaubt es, Print-Jobs an Drucker zu schicken, die nicht am Server sondern an einer Workstation angeschlossen sind. Die Anzahl der Drucker, die vom Print-Server insgesamt unterstützt werden, liegt bei 16 Stück.

Die Drucker können von jeder Workstation aus überwacht und kontrolliert werden. Ebenso werden sogenannte "Alert Notifications" zur Workstation übertragen, d.h. auftretende Fehlermeldungen werden an die Workstation übertragen. NetWare 386 zeichnet sich auch durch exzellente Möglichkeiten bezüglich der verwendeten Protokolle aus. Der Schritt in Richtung "Integration der heterogenen DV-Strukturen in ein Gesamtnetzwerk" wird somit einfacher, komfortabler und leistungsfähiger.

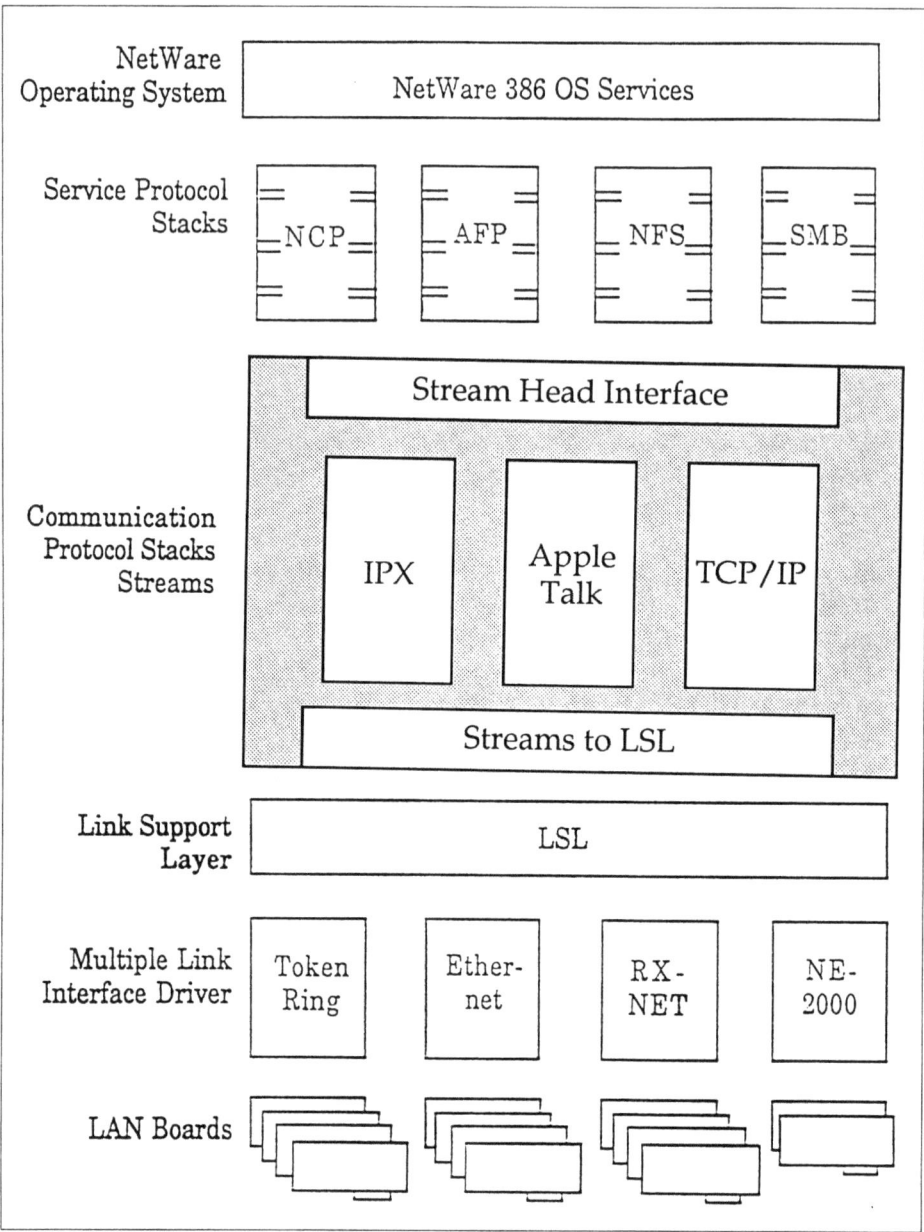

Abb. 3: NetWare Streams – NetWare 386 v 3.1

Dieses Konzept wird durch einen sogenannten Protocol Stack ermöglichet, der es erlaubt, daß am Server parallel mehrere Transportprotokolle und Client-Server Protokolle ablaufen können. Somit ist des denkbar, daß am Server neben dem IPX-Protokoll zusätzlich AFP, OSI oder TCP/IP unterstützt werden. Auf Seiten der

Workstation muß keine zusätzliche Software geladen werden, damit diese mit dem dazugehörigen Client-Server Protokoll kommunizieren kann.

Die Verwaltung des Systems wird für den Supervisor noch einfacher und komfortabler als bisher. Neben der Möglichkeit, sich die gesamte Server Console auf die eigene Workstation heranzuholen, werden dem Supervisor zum Beispiel folgende weitere Dienste zur Verfügung gestellt: *Netzwerk-Management Funktionen, Leistungsstatistiken, Konfigurationsstatistiken, Logbuch aller aufgetretenen Fehler, Logbuch aller aufgetretenen Alerts, Security-History, Accounting,* etc..

Leider ist es nicht möglich auf diesen paar Seiten alle neuen Features der NetWare 386 ausführlich zu beschreiben. Abschließend soll jedoch noch mit Nachdruck darauf hingewiesen werden, daß es Novell mit der NetWare 386 gelungen ist, in punkto Sicherheit, Leistung und Funktion für Netzwerkbetriebssysteme eine neue Ära einzuleiten. Wenn man sich die einzelnen Funktionen genau betrachtet, stellt man fest, daß Novell mit der NetWare 386 alles bisher dagewesene in den Schatten stellt. Da der Leistungsumfang der NetWare 386 für spezielle Anwendungen jedoch zu hoch ist, wird es deshalb nach wie vor die NetWare 286 v2.15 auf dem Markt geben.

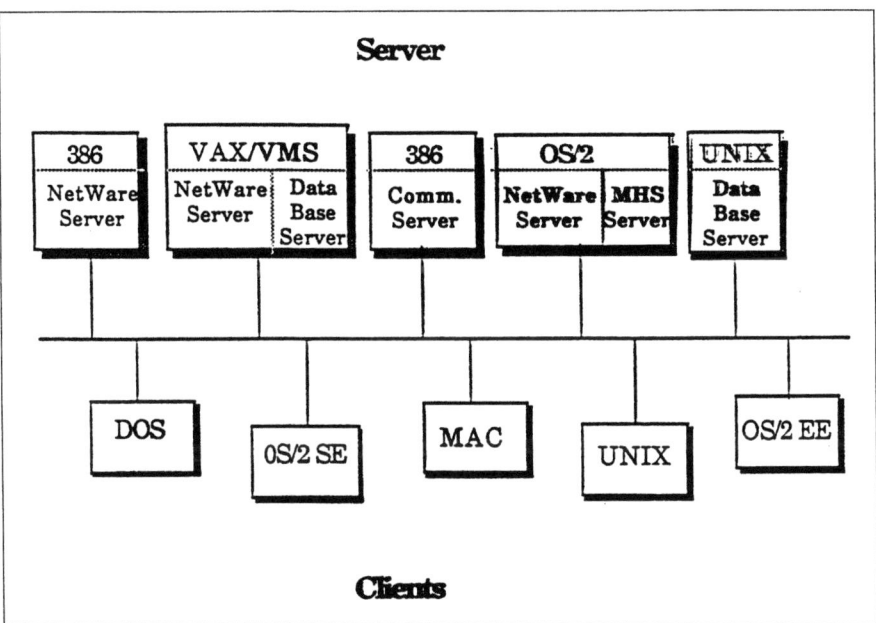

Abb. 4: NOVELL Server Strategie

Nutzung von PCs und PC-Pools im DFN

Thomas Baumgarten
DFN-Verein, Berlin

1. Bedarf

Im Wissenschaftsbereich sind Personal Computer (PCs) in den letzten Jahren an vielen Arbeitsplätzen von Wissenschaftlern und Studenten zu unentbehrlichen Werkzeugen geworden. Damit ist ein großer Bedarf an Rechnerkommunikation von PCs untereinander oder von PCs zu Großrechnern entstanden, der wegen der Vielfalt der unterschiedlichen Systeme langfristig nur mit standardisierten Mitteln der Kommunikation befriedigt werden kann. Die Heterogenität der Rechner zeigt sich schon in den unterschiedlichen, wesentlichen PC-Gruppierungen:

- IBM-kompatible PCs mit Betriebssystem MS-DOS (PC-DOS)
- IBM-kompatible PCs mit Betriebssystem OS/2 (PS/2)
- Macintosh-PCs
- PCs mit Betriebssystem UNIX oder vergleichbarem

Personalcomputer oder Workstations mit UNIX-ähnlichem Betriebssystem wie z.B. UNIX System V oder Xenix werden in diesem Vortrag nicht berücksichtigt, da für fast alle verbreiteten Systeme Implementierungen von OSI- bzw. DFN-Diensten existieren oder derzeit entwickelt werden. Bedarf läßt sich auch anhand der benötigten Dienste ermitteln. Dieser erstreckt sich über alle Basisdienste des DFN:

- Dialog (PAD, remote login) nach CCITT X.3/X.28/X.29
- Filetransfer, entweder DFN-FT oder OSI-FTAM
- Remote Job Entry (DFN-RJE)
- Electronic Mail nach CCITT X.400 ff

2. Zielsetzung

Bei allen DFN-Entwicklungen bzw. Vorhaben wird die Ausnutzung bestehender Vernetzungsinfrastrukturen nach Möglichkeit unterstützt. Die Dienste werden nicht nur für Stand-alone-PCs einsetzbar sein – und damit eine neue Vernetzung erforderlich machen – sondern auch LAN-integrierten PCs ohne zusätzliche Vernetzung zur Verfügung stehen. Ebenso wird die Nutzung einer Telefonvernetzung durch die Unterstützung von ISDN-angeschlossenen PCs möglich sein.

Neben allen anderen Zugangsarten wird eine Anschlußart unterstützt werden, die einen universitären Übungsbetrieb mit Heimarbeitsplätzen von Studenten sowohl aus finanzieller wie auch betrieblicher Hinsicht sehr gut ermöglicht. Diese Anschlußart ist Btx und wird im weiteren Vortrag genauer beschrieben werden.

3. Unterstützte Konfigurationen

Die DFN- bzw. OSI-Dienste sollen auf unter MS/DOS verfügbaren X.25-Schnittstellen verschiedener Hersteller aufsetzen. Es existieren diverse Anbieter auf dem deutschen Markt, die außer Softwareprodukten wie einem PAD auch eine X.25-Programmierschnittstelle auf dem PC zur Verfügung stellen. Zumeist besteht ein solches X.25-Produkt aus einer Steckkarte für den PC- oder AT-Bus (ISA) und Software. Mit einer solchen Steckkarte ausgerüstet kann ein Stand-alone-PC an ein X.25-Netz wie dem Datex-P oder einer lokal vorhandenen X.25-Untervermittlung angeschlossen werden.

Einige der X.25-Produkte sind für den Einsatz in einem LAN konzipiert. In diesem Szenarium wird ein PC im LAN mit der Steckkarte ausgerüstet und die X.25-Schnittstelle allen weiteren PCs im LAN ohne weitere Hardwareausrüstung verfügbar gemacht. Notwendig hierfür ist bei den meisten Anbietern, daß das verwendete LAN den NetBIOS-Dienst unterstützt.

Für die Integration von Btx- und ISDN-vernetzten PCs werden im DFN derzeit Vorhaben durchgeführt. Entwicklungen für OS/2 werden zunächst nicht durchgeführt werden, da OS/2 noch keine Verbreitung im Wissenschaftsbereich hat, die dies rechtfertigen würde. Allerdings sind MS/DOS-Programme unter OS/2 ablauffähig, daher ist auch die Kommunikationssoftware nutzbar. Die Multitasking-Fähigkeit von OS/2 kann damit jedoch nicht genutzt werden. Mit diesem Ansatz werden fast alle im Wissenschaftsbereich vorhandenen und zum Teil bereits vernetzten PCs erschlossen. Die nicht erfaßte Gruppe ist die der Macintosh-PCs. Hierfür wird Apple die erforderlichen Produkte anbieten, ein Kooperationsvertrag zwischen dem DFN-Verein und Apple wird zur Zeit diskutiert.

4. Dienste

4.1 Dialog

Der aktive Dialogdienst – also die Nutzung eines PCs als Terminal an einem entfernten Rechner – wird von allen Herstellern von X.25-Steckkarten angeboten. Zusätzlich sind verschiedene Terminalemulationen wie VT100, IBM 3270 etc. erhältlich. Aus diesem Grunde wird der DFN hier keine eigene Entwicklung durchführen, sondern die Verwendung von Herstellerprodukten empfehlen. Für den passiven Dialog auf dem PC besteht ein zu geringer Bedarf im DFN, daher wird auch hier keine DFN-Entwicklung einsetzen. Ein Hersteller auf dem deutschen Markt hat bisher ein solches Produkt in Aussicht gestellt.

4.2 FTAM

Den DFN-Filetransfer wird es für PCs nicht geben. Mittlerweile ist der OSI-FTAM-Standard nicht nur vorhanden, es sind auch schon einige Implementierungen auf dem Markt, sehr viele namhafte Computerhersteller haben FTAM zumindest angekündigt. Daher ist die Verwendung des DFN-FT auf einem PC zum jetzigen Zeitpunkt nicht mehr empfehlenswert, es wird gleich der FTAM-Dienst empfohlen und auch vom DFN angeboten werden.

Der aktive FTAM-Dienste (Initiator) des DFN nach ISO IS 8571, ENV 41 204 (A/111) unter MS/DOS wird die Dokumententypen FTAM-1 (unstructured text file) und FTAM-3 (unstructured binary file) unterstützen. Verfügbar ist die Implementierung ca. ab dem ersten Quartal 1990. Der Transportdienst ist bei der vom DFN zur Verfügung gestellten Software enthalten. Die Schnittstelle zwischen Transport- und Sessiondienst ist der von X-Open spezifizierte funktionale Standard XTI. Als Schnittstelle zwischen Transport- und Netzwerkdienst werden im ersten Entwicklungsschritt drei verschiedene herstellerspezifische Schnittstellen unterstützt werden.

Die passive Seite des FTAM-Dienstes (Responder) könnte bei Bedarf im nächsten Entwicklungsschritt zur Verfügung gestellt werden. Allerdings kann wegen der Speicherplatzbegrenzung unter MS/DOS und der nicht vorhandenen Multitasking-Fähigkeit nur immer ein Filetransfer zu einem Zeitpunkt bearbeitet werden. Wenn möglich, ist der Einsatz eines z.B. Unix-basierten Fileservers sinnvoller als der eines MS/DOS-basierten.

4.3 RJE

Die aktive Seite des Remote Job Entry-Dienstes wird wie der FTAM im ersten Quartal 1990 zur Verfügung stehen. Die aktive Seite umfaßt das Versenden eines Auftrages und den Empfang des Ergebnisses. Es wird derselbe Transportdienst wie beim FTAM verwendet, also auch die oben genannten Schnittstellen unterstützt. Beim Warten auf das Ergebnis des Jobs ist der PC blockiert für andere Anwendungen (fehlende Multitasking-Eigenschaft).

Die passive Seite, also das Empfangen und Abarbeiten des Auftrages sowie das Verschicken des Ergebnisses wird wegen des geringen Bedarfes im DFN nicht entwickelt werden. Die Idee des passiven RJE auf einem PC mutet zunächst seltsam an, aber nur, wenn man als Sinn des RJE die Nutzung entfernter Rechenkapazität versteht. Es ist jedoch z.B. auch denkbar, Informationen in entfernten Datenbanken mit Hilfe des RJE zugänglich zu machen, und dies kann auch auf einem PC sinnvoll sein.

4.4 MHS

Message Handling Systeme nach CCITT X.400 ff sind für PCs bereits verfügbar. Alle Systeme setzen jedoch ein lokales Netzwerk voraus, in dem ein PC ausschließlich als Mail-Server eingesetzt wird. Für einen einzelnen PC ist MHS auch in absehbarer Zeit nicht zu erwarten, da die Komplexität und der Umfang der Systeme den Einsatz auf einem (MS/DOS) PC unmöglich machen. Der DFN-Verein wird jedoch die Möglichkeiten des Einsatzes eines sogenannten "Remote User Agents" weiterverfolgen, diesen aber nicht in dem ersten Enwicklungsschritt anbieten können. Ein solcher Remote UA beinhaltet nur einen Teil des gesamten X.400-Systems, nämlich die Datenhaltung und -erstellung der Nachrichten lokal auf dem PC, das Versenden mit allen notwendigen Routinginformationen u.ä. geschieht durch einen entfernten Message Transfer Agent.

5. Zugangsmöglichkeiten

5.1 Direkter X.25-Zugang

Ein Stand-alone-PC kann mit einer X.25-Karte und X.25-Software ausgerüstet werden, welche von mehreren Anbietern bezogen werden können. Auf diesem PC können alle oben genannten Dienste ablaufen, da eine X.25-Programmierschnittstelle lokal verfügbar ist.

5.2 Indirekter X.25-Zugang vom LAN

Verschiedene der verfügbaren X.25-Produkte sind für einen LAN-Einsatz konzipiert. Nur ein PC wird mit einer Steckkarte ausgestattet, alle anderen PCs im LAN können diese Karte für den Anwender transparent mitnutzen. Fast alle dieser Produkte nutzen im LAN den NetBIOS-Dienst, der also vom LAN-Betriebssystem zur Verfügung gestellt werden muß. Dies tun alle gängigen LAN-Betriebssysteme. Damit können auch in dieser Konfiguration alle aktiven Dienste eingesetzt werden, passive Dienste können erst dann verwendet werden, wenn das X.25-Produkt die Version 1984 unterstützt. Die jetzt auf dem Markt verfügbaren Produkte verwenden die Version von 1980, und hier kann ein PC im LAN nicht mit einem ankommenden Ruf adressiert werden. Damit muß also die Aktion, das Initiieren einer Verbindung, von dem LAN-integrierten PC ausgehen.

5.3 Indirekter X.25-Zugang über ISDN

Ein laufendes DFN-Vorhaben beschäftigt sich mit der Implementierung von X.25 über ISDN. Damit kann ISDN als Zubringer zu einem X.25-Netz genutzt werden, wie es in der "Minimalintegration" nach X.31 beschrieben ist. Der Weg über ein X.25-Netz ist nicht zwingend, es kann auch nur ISDN verwendet werden, sofern der Kommunikationspartner über ISDN erreichbar ist und den entsprechenden passiven Dienst bietet.

5.4 Dialogzugang über Btx

Ein anderes DFN-Vorhaben dient der Piloterprobung des Dialogzuganges (PAD nach X.3/X.28/X.29) über Btx. In diesem Szenarium kann jedes Btx-Teilnehmergerät genutzt werden. Der Btx-Teilnehmer wählt im Btx-Dialog eine Btx-Seite aus, hinter der als Informationsanbieter ein externer Rechner im Btx-Rechnerverbund steht, der als Anwendung einen PAD zur Verfügung stellt. In dem Btx-Dialog können auf der Btx-Seite PAD-Kommandos eingegeben werden, so zum Beispiel ein Call-Befehl. Kommt die Verbindung zustande, ist der Externe Rechner im weiteren Dialog völlig transparent für den Btx-Teilnehmer, er kann also den PAD-Dialog führen. Der Externe Rechner wird in diesem Modell zum Beispiel vom Rechenzentrum einer Universität betrieben, der Zielrechner kann über ein lokales X.25-Netz (Untervermittlung) angeschlossen werden.

Dieses Modell ist besonders gut für die Abwicklung eines universitären Übungsbetriebes von Heimarbeitsplätzen geeignet. Die Einrichtung eines Btx-Anschlusses und die monatliche Grundgebühr sind sehr preiswert, die Übertragung ist bis zum Btx-Endgerät protokollgesichert und laufende Kosten (Datenvolumen) können vom Betreiber des Externen Rechners übernommen werden. Weiterhin ist die Identifizierung des Teilnehmers schon durch die Btx-Kennung möglich.

An dieser Stelle drängt sich die Frage auf, warum der Datex P20-Dienst der Deutschen Bundespost nicht genutzt wird. Gegen dessen Nutzung spricht in diesem speziellen Szenarium im wesentlichen das Problem der Kostenübernahme. Die Kostenübernahme durch den Übungsrechner bei ankommenden Rufen ist im Datex-P möglich, jedoch müssen alle Rufe entgegengenommen werden, also werden Hacker-Angriffe auch noch von der Universität bezahlt. Ist keine Kostenübernahme bei ankommenden Rufen vorgesehen, müssen folglich die Kosten für die genutzten P20-NUIs (Network User Identification) übernommen werden. Dies ist wegen eines möglichen Mißbrauches praktisch unmöglich. Werden NUIs der Universität verwendet, kann niemand einen Mißbrauch verhindern, da die volle X.25-Konnektivität zur Verfügung steht und eine Kontrolle nicht möglich ist. Das gleiche gilt, wenn die NUI eines Studenten verwendet wird, hier dürfte es schwerfallen, einem Studenten seine Postrechnung zu zahlen, da wiederum keine Nachweise über die Nutzung möglich sind.

Insgesamt entstehen bei dem Btx-Zugang in der Größenordnung dem P20 gleiche Kosten, aber die Subventionierung des Übungsbetriebes wird hier erst möglich. Als Alternative bliebe nur ein Datex-P-Hauptanschluß, der aber aus Kostengründen für einen studentischen Heimarbeitsplatz nicht in Betracht kommt.

CONNECT

Klaus Weber
CONNECT GmbH Informations Systeme, München

1. Zusammenfassung

CONNECT *GmbH Informations Systeme* in München bietet professionelle private und öffentliche Personal Computer Netzwerke in deutscher sowie englischer und französischer Sprache an. Diese arbeiten über das älteste und weitverzweigteste Kabelnetz der Welt, das Telefon. In USA ist CONNECT bereits weit verbreitet.

2. Kommunikation für IBM und Macintosh

Sowohl für IBM- und kompatible PCs als auch für Apple Macintoshs wird über die Telefonleitung ein Netzwerk zur Verfügung gestellt, mit dem man **haus-intern, national und international** Text, Grafik, Tabellen und Programme versenden, empfangen, bearbeiten und weiterleiten kann.

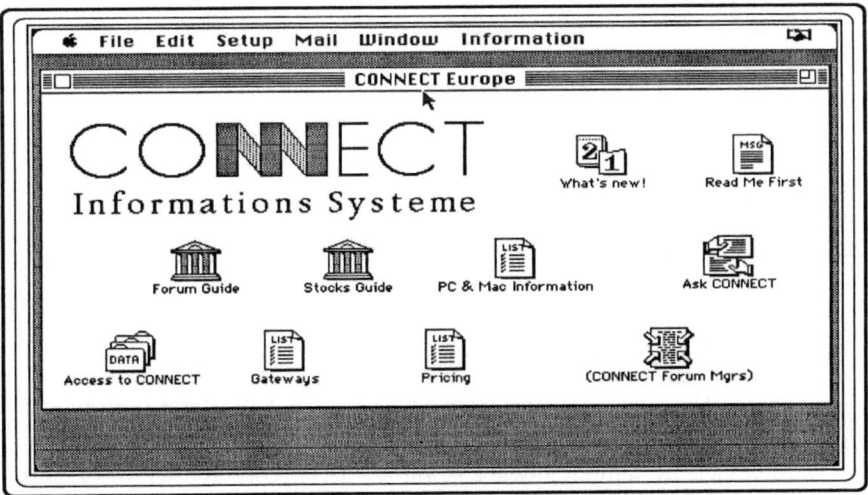

2.1 Private Foren (Private Netzwerke)

CONNECT eignet sich ganz besonders dazu, Kommunikation von Gruppen, Firmen und Organisationen intern und extern mit anderen Institutionen zu realisieren. Dies kann im Dialog-Modus in Form einer Konferenz geschehen oder als öffentliches Netz, wobei der Zugang in jeder Form zu begrenzen ist. Gruppen können Informationen, Programme, Grafik, Terminkalender, Zeichnungsübermittlung und vieles andere anbieten, suchen und übertragen.

2.2 Öffentliche Foren (Vertriebsmedium)

Über Foren kann auch Distribution und Verkauf von Produkten und Diensten durchgeführt werden. Unter dem eigenen Logo können Produkt-, Preis-, Schulungs- und Supportfunktionen angeboten werden. Interaktiv kann auch der Verkauf über das Forum abgewickelt werden. CONNECT übernimmt dabei das Inkasso.

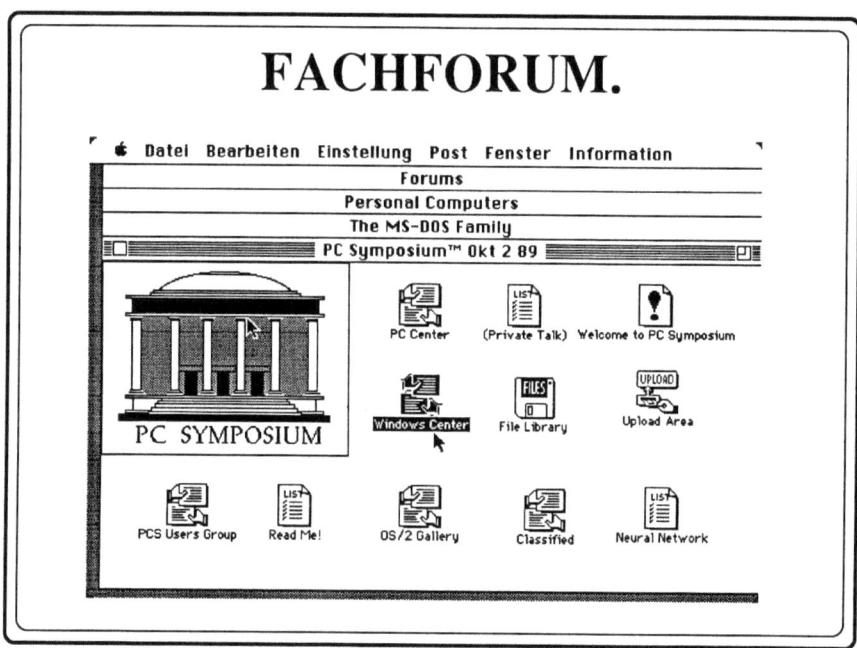

2.3 Persönliches Elektronisches Nachrichten System

Als persönliches Nachrichtensystem kann CONNECT mit absoluter Vertraulichkeit die Kommunikation von Person zu Person oder zu Gruppen übernehmen. Dabei werden viele Systemhilfen wie z.B. automatische Vorbereitung eines Antwortdokumentes, automatische Einholung zu vorbestimmten Zeiten, Speicherung, Druck und Weiterverarbeitung von Nachrichten, "wer hat wann meine Nachricht empfangen", Adressbuch etc. angeboten.

2.4 Ohne Training einsetzbar

Das CONNECT System zeichnet sich durch extreme Anwenderfreundlichkeit aus, die auch von einer graphischen Oberfläche unterstützt wird. Damit wird nicht nur umfangreicher Trainingsaufwand erspart, sondern auch Akzeptanz im beruflichen Gebrauch vom Sachbearbeiter bis zum Vorstand bewirkt.

2.5 Formatfreie Übermittlung

Mit CONNECT ist man völlig frei, jegliches Datenformat wie Text, Grafik, Tabellen, Programme und Verschlüsselungen zu übertragen.

2.6 Suchhilfen bei höchster Suchgeschwindigkeit

Das CONNECT System enthält allereinfachste Suchmechanismen. Mit Hilfe von einzelnen oder multiplen Suchworten, nach Gliederungsstruktur des Datenangebots und mit Zeitbegrenzung kann auch ein Laie bei einem sehr großen Informationsangebot (derzeit ca. 10 Gigabyte) in einer Sekunde die richtige Information finden.

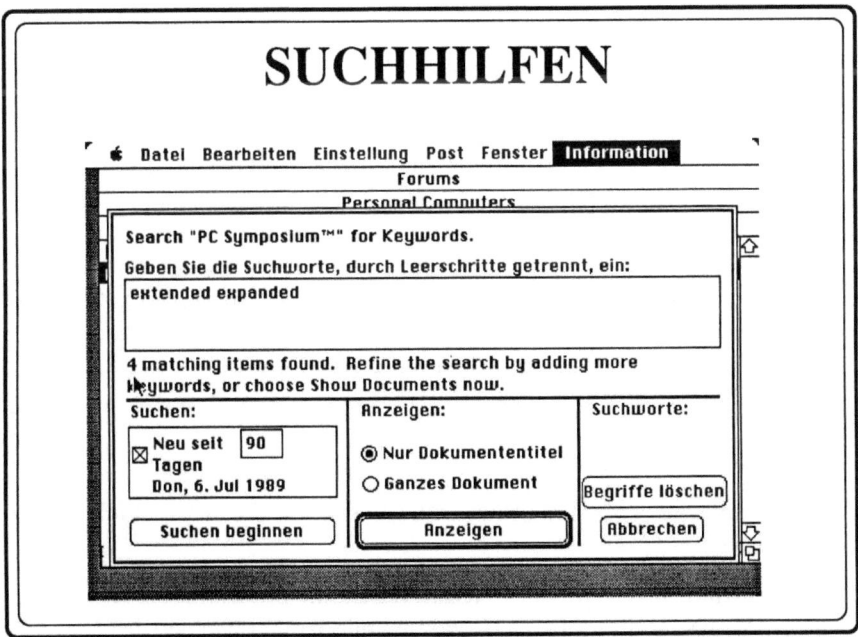

2.7 Netzwerkzugang in ganz Europa ohne NUI (Network User Identity)

Entscheidend ist, daß für den Anwender – auch für die Benutzung im Ausland! – CONNECT immer zuständig ist. Er braucht nirgend sonst Anträge zu stellen. Es gibt nur eine CONNECT-ID, ein CONNECT-Passwort und nur eine CONNECT-Rechnung. Die erstmalige Teilnahme am CONNECT System wird durch die CONNECT Software mit einem Modem innerhalb von Minuten möglich.

2.8 Datensicherheit

Einen hohen Stellenwert hat die Sicherheit bei CONNECT. Mit einem Passwort, das der Anwender jederzeit selbst online ändern kann, ist der Mißbrauch einer Zugangsberechtigung völlig auszuschließen. Besonders interessant ist es für Großanwender, Datenbereiche, die zur Einwahl von außen gedacht sind, vom Großrechner eines Anwenders auf das CONNECT System auszulagern. Es besteht dann von außen keine technische Verbindung zur eigenen Haus-EDV mehr, so daß ein durch Nachlässigkeit denkbarer Durchgriff auf unautorisierte Daten in der Haus-EDV ausgeschlossen ist.

2.9 Entlastung des eigenen Großrechners

Mit der Auslagerung der allgemeinen Zugriffsprozedur wird auch eine Entlastung des eigenen Großrechners bewirkt, so daß zu Zeiten hoher Einwahlfrequenz das Antwortzeitverhalten der eigenen Haus-EDV nicht belastet wird.

2.10 Keine Verbindungsprobleme

Da CONNECT nach dem Prinzip des "Sendens" und "Abholens" arbeitet, müssen die Netzpartner nicht gleichzeitig betriebsbereit oder sogar in derselben Anwendung sein. Sie können jederzeit eigene Arbeiten erledigen und schalten sich erst zum Netz auf, wenn sie es selbst entscheiden. Damit entfällt der nutzlose Zeitverbrauch, der bei Punkt zu Punkt Verbindungen und Telefon-Sprachkommunikation benötigt wird, um sowohl die technische als auch die inhaltliche Verbindung herzustellen. Durch überlappende und voneinander unabhängige Zeitnutzung erfolgt die Kommunikation der Partner schneller und ohne Reibungsverlust. Dieser Vorteil wird ganz besonders deutlich, wenn man unterschiedliche Zeitzonen hat. Die Kommunikation geht ununterbrochen weiter, ohne daß die Partner vielleicht wissen, wo sich der andere aufhält.

2.11 Kommunikation preisgünstig

Die außerordentliche Wirtschaftlichkeit von CONNECT läßt sich aus folgenden Faktoren ablesen:

- Die **Investition** für ein privates Netzwerk mit 20 Teilnehmern beträgt DM 11.800,-. Darin sind die grafische Gestaltung mit dem Firmenlogo des Anwenders, Eintrittsgebühren zur Netzteilnahme, Beratung bei der Gestaltung und

bestimmte Speicherungskosten auf Dauer enthalten. Weitere IDs kosten DM 590,- pro Stück.
- **Laufende Kosten** sind gebrauchsabhängig. Diese betragen DM 1,- pro Minute einschließlich der Übertragung von ca.2.000 Zeichen. Durchschnittlich kostet eine Nachricht also für Versand DM 0,23 Telefon + ca. DM -,50 = DM 0,73 und für Empfang DM 0,23 Telefon + ca. DM 0,50 zusammen also DM 1,46. Dieser Preis ist derselbe, ob man die Nachricht ins Nachbarbüro oder nach Tokio schickt. Auch sind die Kosten von Kopien an andere CONNECT Teilnehmer darin bereits enthalten.

3. Kommunikationskosten im Vergleich

Ein Verteiler von 20 Kopien, der bei **CONNECT** mit einem Knopfdruck abgeschickt wird, kostet demnach DM 0,73. Auf der Empfangsseite kommen 20 x DM 0,50 + 0,23, zusammen DM 14,60 hinzu. Die gesamte Aktion kostet also 0,73+14,60= DM 15,33. **Per Brief** wären es allein an Porto DM 20,-. Wenn man aber die Kosten des Anfertigens von Fotokopien, Anstreichen des Namens, Adressieren, Kuvertieren und den damit verbundenen Zeitverbrauch mit einer Stunde zu DM 100,- hinzurechnet, kostet die Briefaktion DM 120,-.

CONNECT ist also nicht nur viel billiger, sondern auch einfacher, weniger zeitaufwendig, effizienter und schneller. In den Preisen von CONNECT sind alle denkbaren Kosten wie Teilnahmegebühr, Speichergebühren, Telekommunikationsgebühren etc. enthalten. Gleichzeitig hat man auch das Management eines eigenen Netzes gespart. Die MWSt wird zusätzlich berechnet.

4. Einige typische Anwendungen für CONNECT

4.1 Verbindung der Entwickler und der Industrie

- Entwickler können wegen der völligen Transparenz der Übertragung, Softwareprodukte untereinander austauschen, so daß örtlich unabhängig voneinander in Teams gearbeitet werden kann.

- Auch mit dem Anwender kann dieselbe Verbindung gepflegt werden: Es können Programme geliefert, unterstützt, aktualisiert und ausgetauscht werden. Dies kann kostenlos, aber auch gegen Gebühr vorgenommen werden.

4.2 Außendienst Steuerung

- Verkaufsaußendienste sind mit Produkt- und Preisinformation immer up to date und können Berichte und Aufträge einsenden und Marktinformationen firmenintern publizieren.

- Technische Kundendienste erhalten Einsatzaufträge online und schicken die Arbeitsberichte online zurück.

4.3 Desktop Publishing (DTP)

- Werbeagenturen tauschen mit dem Kunden und der Druckerei Text und Grafik aus.

- Druckereien tauschen mit ihren Kunden Korrekturen aus, die nach der Übertragung in reprofähiger Qualität zur Verfügung stehen.

- Technische Abteilungen, verteilen Installations- und Bedienungsanleitungen.

4.4 Electronic Publishing (EP)

- Bauunternehmen bieten bei zentraler Bearbeitung der Baupläne diese selektiert zum Abruf auf der Baustelle an.

- Serviceunternehmen pflegen technische Dokumentation nur in einer Kopie und geben ihren Technikern alle Unterstützung, ohne ihnen alle Dokumente mitzugeben.

- Schulungskurse werden ständig auf individuellen Bedarf angepaßt angeboten.

- Erfahrungsdatenbanken entstehen durch die elektronische Einsendung von Serviceberichten und bleiben beim Anwender als eigenes Know-how zur Unterstützung neuer Mitarbeiter erhalten: Diese finden nach Gerätetyp und Fehlercode z.B. die erforderliche Aktion und das benötigte Ersatzteil bei einem Störfall.

4.5 Produktunterstützung

- <u>Softwareanbieter</u> unterstützen ihre Produkte technisch, verschicken Updates, führen Hotline Service durch.
- <u>Hardwareanbieter</u> tauschen mit ihren Händlern Produktkataloge und Preislisten aus.
- <u>Systemanbieter,</u> ob Möbelsysteme, Garagenbauten, Holzsysteme geben ihren Vertriebspartnern Konfigurationsunterstützung.

4.6 Konzernsteuerung

- <u>Berichtswesen</u> von Niederlassungen, Töchtern nach Produktbereichen oder Hierarchieebenen
- <u>Konsolidierung</u> erfolgt weltweit, da jegliche Art von Tabellen versandt werden.
- <u>Vertrauliche Kommunikation</u> von Person zu Person ist weltweit gesichert.

4.7 Medien-Kommunikation

- <u>Zeitschriften</u> bieten neue Nachrichten und einen Index über vergangene Nachrichten an.
- <u>Berichte</u> werden schriftlich von jedem Ort zu jeder Zeit an die Redaktion versandt.
- <u>Grafik</u> jeder Art wird der Redaktion eingesandt.
- <u>Autoren</u> von Text, Business-Grafik, Cartoons, Zeichnungen und Karikaturen bieten in einem Forum Ihre Beiträge und Produkte der gesamten Medienindustrie an.
- <u>Radio- und Fernsehanstalten</u> kontaktieren ihre Landesstudios, Mitarbeiter im Haus und außer Haus ständig und erhalten von diesen Beiträge in Sendequalität.

4.8 Makler

- <u>Immobilienobjekte</u> werden für Kunden und Kollegen mit selektierten Merkmalen angeboten und abgefragt, auch durch Pläne, Zeichnungen und Ansichten bildlich ergänzt.
- <u>Firmenvermittler</u> behandeln in absolut vertraulicher Direktverbindung Anfragen und Angebote.

4.9 Dienstleistungsindustrie

- Wirtschaftsprüfer arbeiten regelmässig beim Klienten und sind über ein Forum und E-Mail dennoch mit dem eigenen Haus verbunden.
- Versicherungsagenten sind über ein Forum mit ihrer Versicherungsgesellschaft für die Vertriebsarbeit und für die Bestände immer verbunden.
- Banken richten Kooperationsbörsen ein und unterstützen ihre Kunden national und international.

4.10 Regierungen und Parteien

- Botschaften verkehren (auf Wunsch verschlüsselt) miteinander sowie mit ihrem Minister. Aufgrund des einfachen Systems kann die Kommunikation auch vom Botschafter und Minister im Notfall selbst benutzt werden.
- Parteien lassen ihre Mitglieder, Gruppen, Ausschüsse unabhängig von Ort und Zeit gemeinsam arbeiten, informieren ständig und steuern.

4.11 Verbände

- Interessenten finden Kontakte mit Verbandsmitgliedern, Lieferanten, Kunden und deren Produkten.

4.12 Behörden

- Börsen werden für Gewerbegrundstücke und Entwicklungspläne, Ausschreibungen, Arbeitsplätze bei geringstem Aufwand unterhalten.

4.13 Universitäten

- Institute und Fakultäten können Projekte in der gleichen Weise miteinander konzipieren, initiieren und umsetzen, als ob sie alle an einem Ort wären. Die Oberfläche des Systems ergibt eine verbindende Sicherheit, die zur Zusammenarbeit motiviert.

Vernetzung von CIP-Pools mit dem ISDN-System Hicom

Hans Jürgen Umbach
SIEMENS AG, München

1. Warum Vernetzung über ISDN?

Zunächst gilt auch hier der wirtschaftliche Ansatz, daß die Vernetzung über ISDN häufig eine preislich attraktive Alternative bietet.

Außer beim kleinen Stapelverkehr im Ortsbereich, bringt das ISDN-Netz deutliche Gebührenvorteile. Ähnliche Vergleiche lassen sich für den Datendialog und insbesondere die Telematikdienste Telefax und Teletex anstellen, doch erlaubt mir die Redezeit nicht, näher darauf einzugehen. Ich biete Ihnen dazu an, eine ausführliche Dokumentation bei mir anzufordern.

Neben der wirtschaftlichen Seite möchte ich 4 Gründe nennen, Datenkommunikation über das digitale ISDN-Netz zu betreiben, auf die ich im folgenden näher eingehe:

2. Schnittstellen im ISDN

Was liegt näher, als die bereits in jedem Raum existierende Telefonleitung auch für die Datenübertragung zu nutzen, bietet ISDN doch 2 logische Nutzkanäle mit je 64kbit/s parallel auf einer Leitung.

Allerdings benötigen wir dazu – solange es entsprechende ISDN-Endgeräte noch nicht gibt – Adaptoren, die das Telefon für den einen Nutzkanal und die Umsetzung auf die V24- oder X.21-Schnittstelle für den Anschluß des Terminals/PC am anderen Nutzkanal verfügbar machen. Solche Adaptoren gibt es heute sowohl für die Endgeräteseite, wie für die Anschaltung von Rechnern.

Im Verlauf des nächsten Jahres werden Endgeräte auf den Markt kommen, die mit der ISDN-Schnittstelle S_0 integriert ausgerüstet sind. Diese erlauben die direkte Anschaltung an die entsprechenden Schnittstellen der ISDN-Telefonanlage, oder den PNT (Privat network terminator) der Post im privaten Bereich.

3. ISDN und LAN

3.1 Leitungsintegration

Auf der Rechnerseite werden Entwicklungen betrieben, die einen Übergang von der ISDN-Multiplex-Schnittstelle S_2 (30x64kbit/s) auf LANs, z.B. CSMA/CD ermöglichen. Da derartige Übergänge von leitungs- auf paketvermittelte Netze auch die höheren Transportprotokolle tangieren, müssen sie in Kooperation zwischen PABX (Telefonanlage)- und DV-Herstellern entwickelt werden.

SIEMENS kooperiert deshalb im Hicom-Bereich, außer mit der SIEMENS-DV, auch mit den Firmen IBM, DEC, HP, Mannesmann/Kienzle und Unisys.

Eine immer wiederkehrende Nutzerfrage betrifft die unterschiedlichen Kabeltypen im Campusbereich.

SIEMENS hat auf der letzten Cebit sein Kabelkonzept ICCS vorgestellt. Dies geht davon aus, daß in Zukunft nur noch zwei Kabeltypen benötigt werden, das LWL für den Backbone-Bereich und die 4-adrige Kupferleitung im Frontend-Bereich, die alle Geschwindigkeitsbereiche bis 10Mb/s abdecken kann. Das Koax-Kabel wird mehr und mehr aus diesem Bereich verdrängt werden.

Sprach-Datenintegration

- **Leitungsintegration**
  "alles über einen Draht"

- **Geräteintegration**
  "Ein Gerät pro Arbeitsplatz"

- **Anwendungsverbund**
  "in einem Arbeitsgang"

- **Netzmanagement-Verbund**
  "mit einer Netzverwaltung"

Abb. 1: 4 Gründe für ISDN-Datenkopmmunikation

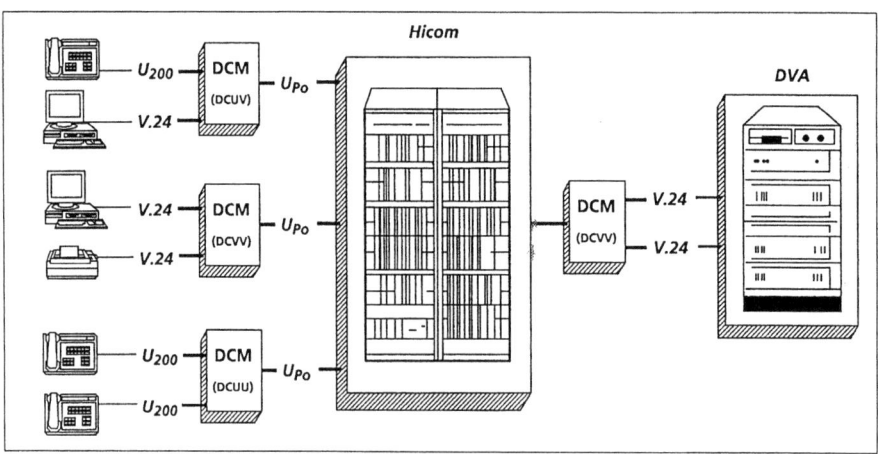

Abb. 2: DCM Double Channel Multiplexer

Um auch verteilte Telefonanlagen in Backbone-Netzen zu ermöglichen, werden kombinierte LWL-Ringe entwickelt, die sowohl leitungsvermittelte (circuit), wie paketvermittelte Daten übertragen können (sog. CP-Ringe). Für diesen zukünftigen Standard (FDDI 2) hat SIEMENS einen Vorläufer-Ring mit 2x16Mbit/s entwickelt. Dieser Ring überträgt 8x30 ISDN-Kanäle, z.B. zwischen mehreren PABX' und gleichzeitig max. 16Mbit/s Paketdaten, z.B. zur Kopplung von LANs.

3.2 Geräteintegration

Neben der Leitungsintegration ist die Geräteintegration (z.B.Telefon und Terminal oder PC) möglich. SIEMENS hat seit mehreren Jahren ein derartiges Gerät auf dem Markt. Die notwendige Gerätevielfalt auf der Telefon-, wie der Terminal- und PC-Seite schränkt die Möglichkeiten eines solchen Kombigerätes jedoch erheblich ein. Der Trend geht meines Erachtens hier zu steckerkompatiblen Lösungen, die z.B. das Terminal direkt am Telefon anschließen lässt oder umgekehrt.

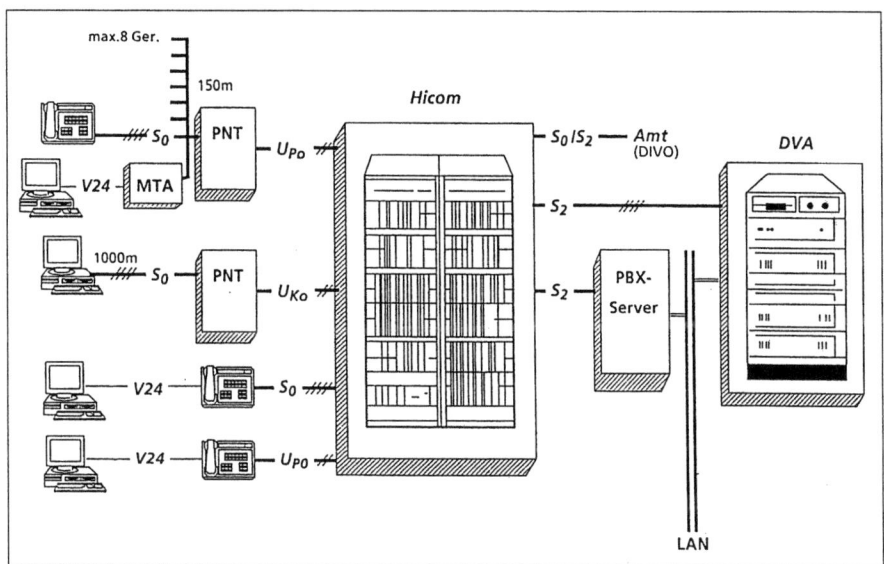

Abb. 3: S_0/S_2-Anschlüsse

4. Anwendungsverbund

Auch für diesen Punkt gilt die oben genannte notwendige Zusammenarbeit zwischen PABX- und DV-Herstellern.

Über die im Punkt 2 angesprochene Geräteverbindbarkeit hinaus, bezweckt der Anwendungsverbund die Kopplung der Datenverarbeitung mit dem Administrationsrechner der Telefonanlage.

Verkabelungsbereiche	Logische Netzbereiche	Kabeltypen	Einsatzschwerpunkte
① Standort	Backbone	Lichtwellenleiter	PCM Multiplexer Optische LAN CP-Ring FDDI DQDB •
② Gebäude			
③ Etage	Subnetze	Telefonkabel (Symmetrische Kupferkabel)	Teilnehmeranschlüsse für • Telefon • Multiterminal / IVDT • Terminal • PC • LAN •
Einheitliche Kommunikationssteckdose			
Sprach- und Datenendgeräte			

Abb. 4: ICCS Verkabelungsstruktur

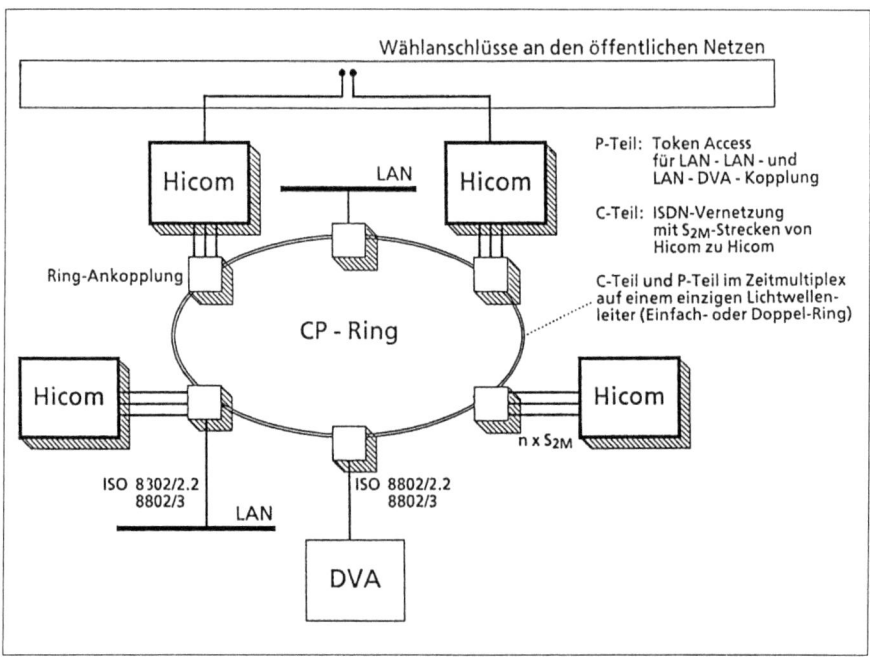

Abb. 5: CP-Ring für ISDN-Vernetzung und LAN-LAN/LAN-DVA-Kopplung

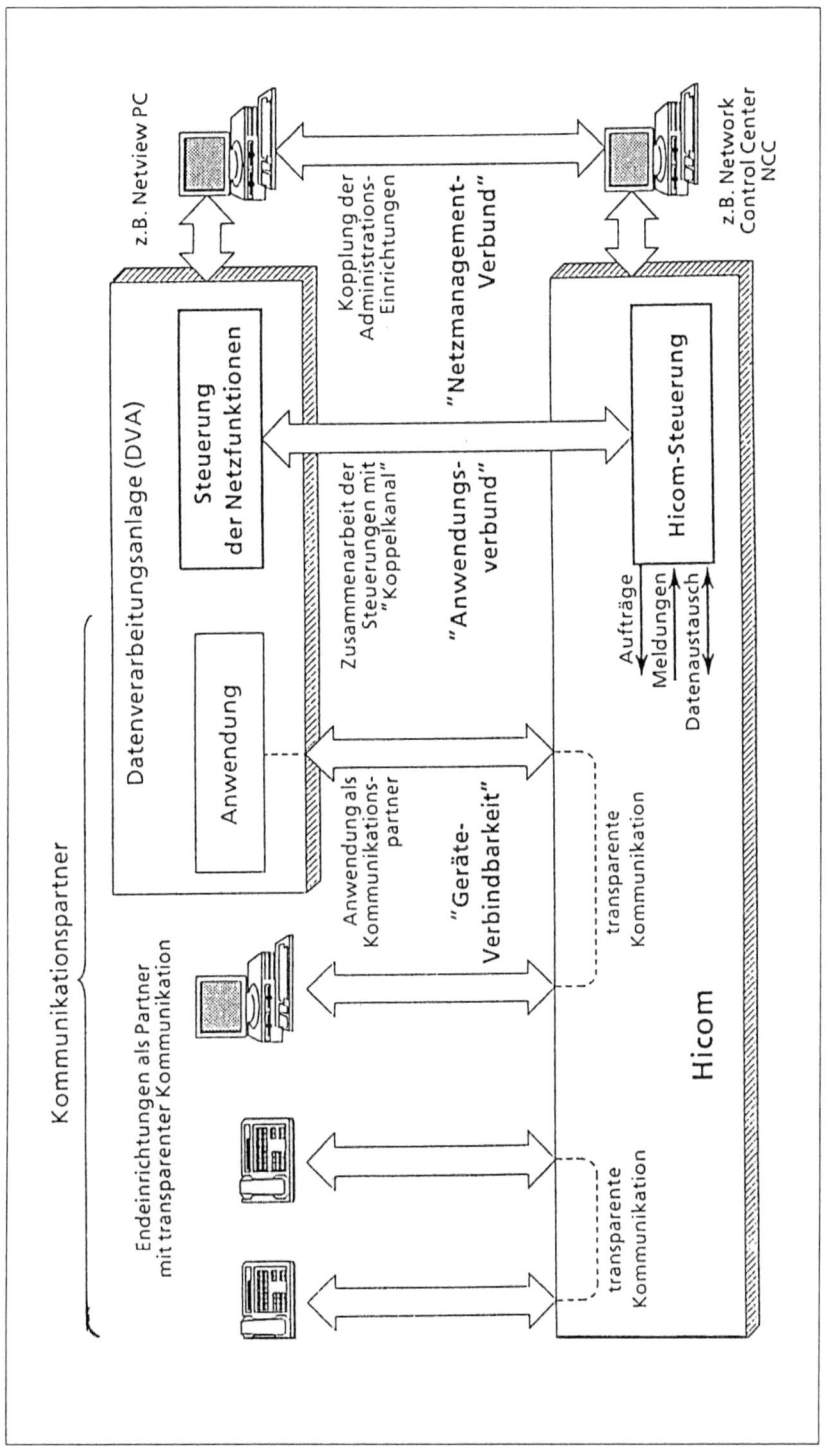

Abb. 6: PAXB and Computer Teaming PaCT: Schnittstellen und Funktionen

Damit ist es beispielsweise möglich:

- Telefongebühren an die DV zu übertragen und Berechtigungen von der DV zu steuern (Hotel-, Krankenhausanwendungen),
- vom Telefon initiierte Datenübertragung aufs Terminal zu veranlassen (z.B. für Kundendienstaufgaben) oder
- per Datenverarbeitung Telefonverbindungen auf- und abzubauen (z.B. für "Computerselling")

Verteilte Datenverarbeitung ist seit Jahren üblich, verteilte Telefonanlagen werden durch die ISDN-Technik jetzt ebenfalls möglich. Solche komplexe Netzstrukturen bedingen Kontrollinstrumente, die möglichst gemeinsam administriert werden können. Da Datenverarbeitungsanlagen und jetzt auch Telefonanlagen nichts anderes als vernetzte, digitale Rechner sind, werden auch die Netzüberwachungen schrittweise zusammenwachsen.

5. Auswirkung auf die CIP-Pool-Vernetzung

Die bisher genutzten PC-Vernetzungen sind nur in Ausnahmefällen WAN-Verbindungen (in der Regel Datex-P, z.B. DFN). Campus-Vernetzungen stellen schnelle Backbone-Verbindungen zwischen Rechnern, aber nur eine lückenhafte Netzversorgung im Frontend-Bereich sicher, da sie dafür meist zu teuer sind.

Hier kann die Netzanbindung über bestehende Telefonleitungen mit neuen ISDN-Telefonanlagen eine sinnvolle und preisgünstige Ergänzung bieten. SIEMENS erprobt zur Zeit in Kooperation mit der TH Darmstadt die PC-Vernetzung über ISDN und mit der UNI Mannheim den Einsatz des CP-Ringes.

Kommunikationskonzepte für verteilte Mikrocomputeranwendungen

Peter Mayr

Apple Computer GmbH, München

1. Hintergrund

Mikrocomputer sind inzwischen anerkannte Werkzeuge, die dem einzelnen die tägliche Arbeit erleichtern und ihm oft auch gänzlich neue Möglichkeiten erschließen. Der allgemeine Trend des downsizing führt dazu, daß heute an Schreibtischen mehr Rechnerleistung zur Verfügung steht als vor zehn Jahren in Großrechenzentren. Waren Mikrocomputer anfangs isoliert im Einsatz, so ist heute das Zusammenwirken von Arbeitsgruppen in lokalen Netzwerken weit verbreitet.

Die großen Herausforderungen der kommerziellen Datenverarbeitung sind die effiziente Eingliederung einer Vielzahl intelligenter Geräte in den unternehmensweiten Informationsfluß und eine möglichst gute Ressourcennutzung mittels kooperierender Anwendungen. Beide Aufgabenstellungen lassen sich unter verteilte Anwendungen zusammenfassen. Dabei ist es ohne Bedeutung, auf welchen Rechnern die verteilten Anwendungen beheimatet sind. In der Praxis werden aus Wirtschaftlichkeitsgründen aber die meisten beteiligten Rechner Mikrocomputer sein. Abhängig vom DV-Konzept kommen auf den Ebenen der Abteilungen, der Unternehmensbereiche und des Gesamtkonzerns weitere Kommunikationspartner hinzu.

Im folgenden soll dargestellt werden, wodurch sich verteilte Anwendungen auszeichnen und welche Voraussetzungen Mikrocomputer erfüllen müssen, um diese sinnvoll zu unterstützen. An den Systemmerkmalen des Apple Macintosh werden beispielhaft einige Möglichkeiten aufgezeigt.

2. Verteilte Anwendungen

Es lassen sich grundsätzlich drei verschiedene Funktionen einer Anwendung verteilen: die Schnittstelle zum Anwender, der Zugriff auf gespeicherte Daten und die eigentliche Programmlogik mit den dadurch angebotenen Diensten.

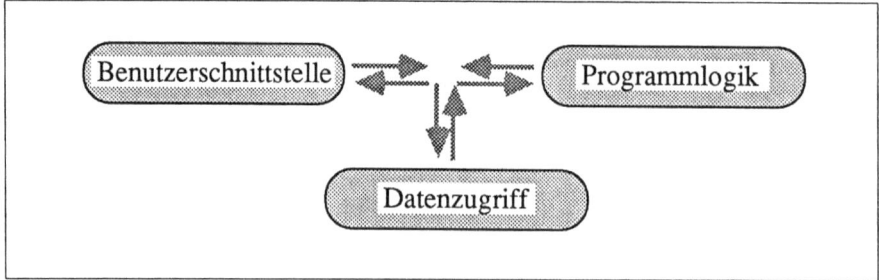

Abb. 1: *Verteilbare Funktionen einer Anwendung*

Bereits herkömmliche Großrechneranwendungen erfüllen somit einen Aspekt von verteilten Anwendungen, denn sie lagern die Benutzerschnittstelle auf Bildschirmendgeräte aus. Welche Konsequenzen sich ergeben, wenn das Endgerät ein Mikrocomputer ist, wird noch näher beleuchtet. Die Nutzung verteilter Speichermedien ist vor allem in UNIX-Umgebungen mit Suns NFS weit verbreitet; für andere Systeme gibt es Filing-Protokolle wie AFP, Netware oder SMB. Das Verteilen der Programmlogik gestattet das Bereitstellen von Diensten auf dafür besonders geeigneten Rechnern und ermöglicht leistungsfähige, wirtschaftliche Lösungen nach dem Client-Server Prinzip.

3. Voraussetzungen für verteilte Anwendungen

Für den sinnvollen Einsatz von verteilten Anwendungen auf Mikrocomputern müssen im wesentlichen zwei Voraussetzungen erfüllt sein. Zum einen wird eine Kommunikationsmöglichkeit benötigt, damit der Rechner mit der Außenwelt Verbindung halten kann; im kommerziellen Einsatz wird es sich um eine Netzwerkanbindung handeln. Zum anderen muß für einigermaßen interessante Lösungen das Betriebssystem den gleichzeitigen Ablauf mehrerer Programme und deren Kommunikation untereinander sowie mit Programmen auf entfernten Rechnern steuern können.

4. Anforderungen an die Netzwerkarchitektur

Die Netzanbindung sollte integraler Systembestandteil sein. Der Rechner hat standardmäßig alle nötigen Gerätekomponenten mitzubringen und das Betriebssystem muß diese unterstützen. Um die Einsatzmöglichkeiten nicht unnötig einzuschränken, sollten unterschiedliche Netzwerke wie Ethernet oder Token-Ring verfügbar sein und über eine einheitliche Programmier- und Benutzerschnittstelle angesprochen werden. Die Netzwerkarchitektur muß den Möglichkeiten und Einsatzvoraussetzungen eines Mikrocomputers angepaßt sein, damit nicht Ressourcen für Kommunikation eingesetzt werden müssen, die besser für den Anwender und seine Problemstellungen bereitstehen sollten. Nur mit einer geeigneten Netzwerkarchitektur gibt es Sinn, Client-Server Anwendungen zu entwerfen.

Das Diagramm gibt einen Überblick zu Apples Netzwerkarchitektur AppleTalk, in der obige Gesichtspunkte berücksichtigt sind. Mit allen Macintosh wird AppleTalk über LocalTalk-Schnittstelle ausgeliefert; der Wechsel auf andere Verfahren ist problemlos.

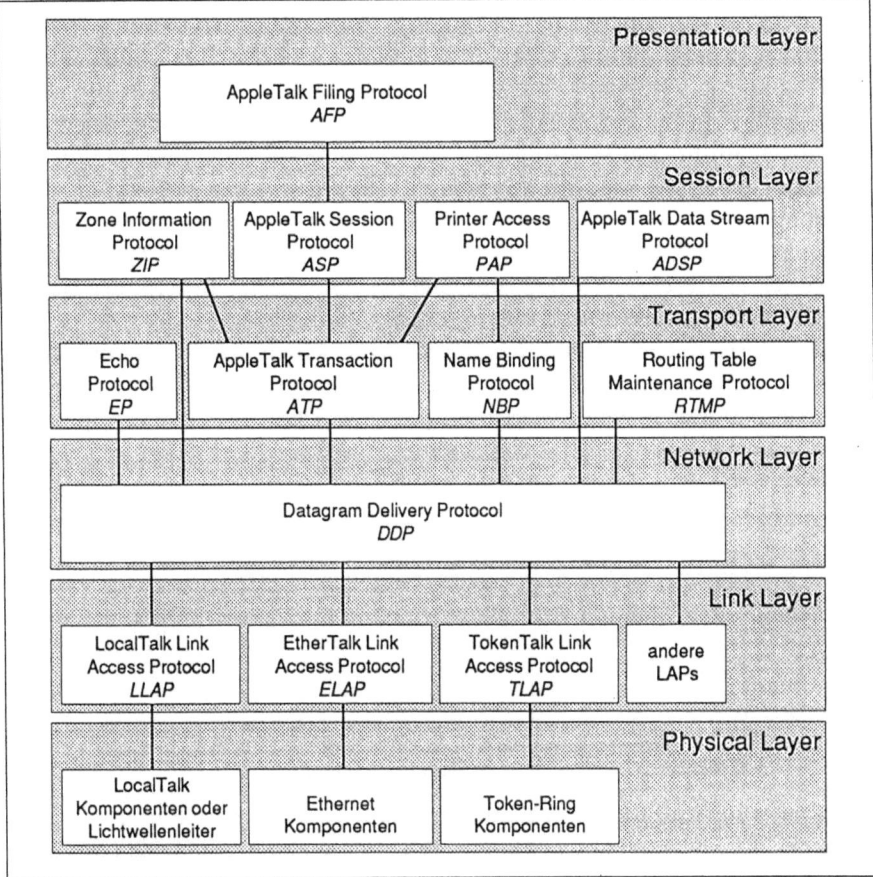

Abb. 2: AppleTalk Netzwerkarchitektur

5. Anforderung an das Betriebssystem:

Das Betriebssystem kann die Kommunikation zwischen Anwendungen auf mehrere Arten unterstützen. Eine sehr einfache, in vielen Einsatzfällen trotzdem äußerst hilfreiche Methode ist Copy-and-Paste, die Übernahme von Daten aus einer Anwendung in die andere über eine Zwischenablage der Bildschirmanzeige. Es kann sich um Text, Tabellen, Bilder oder Grafiken handeln. In Verbindung mit einer Terminalemulation kann man beispielsweise alphanumerische Daten ohne spezielle Auswertungsprogramme aus vorhandenen Bildschirmmasken in der vom Benutzer gewünschten Form kopieren oder Grafiken aus einer CAD-Anwendung ohne Formatumsetzungen in Dokumente einspielen.

In wiederkehrenden Arbeitsabläufen ist es häufig wünschenswert, Copy-and-Paste zwischen Anwendungen zu erweitern: Änderungen, die nach dem Einfügevorgang im Ursprungsdokument vorgenommen werden, sollen im Zieldokument unmittelbar wirksam werden. In Microsoft Windows wird dies durch DDE, im Macintosh System 7.0 durch Live Copy-and-Paste bewerkstelligt; einige integrierte Programmpakete nennen diese Methode Hot Links.

Für verteilte Anwendungen ist das Benachrichtigen anderer Anwendungen und das Reagieren auf Ereignisse wesentlich; der von Unix bekannte Remote Procedure Call ist ein Beispiel. Macintosh System 7.0 sieht dafür Apple Events vor: Jede Anwendung kann für sich Botschaften festlegen, die sie mit anderen Anwendungen austauschen will, um gegenseitig Aktionen zu veranlassen. Das Betriebssystem stellt seinerseits einen Katalog vordefinierter Botschaften, etwa für das Starten von Anwendungen oder für das Drucken, zur Verfügung.

Im Macintosh System 7.0 sind diese drei Möglichkeiten der Kommunikation zwischen Anwendungen in der InterApplications Communications Architektur zusammengefaßt. Das folgende Diagramm gibt einen Überblick zu InterApplications Communications.

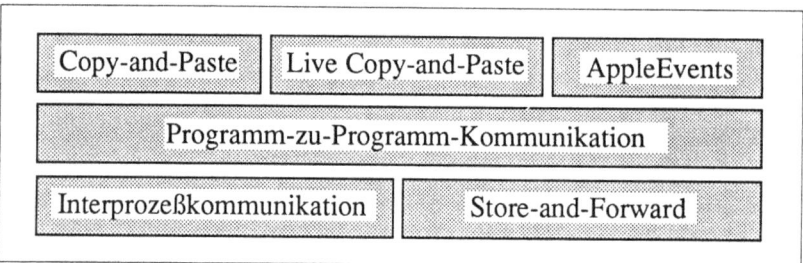

Abb. 3: *InterApplications Communications im Macintosh System 7.0*

Die Programm-zu-Programm-Kommunikation von InterApplications Communications arbeitet sowohl als Interprozeßkommunikation zeitgleich oder im Store-and-Forward Verfahren zeitlich entkoppelt. Es spielt keine Rolle, ob die miteinander kommunizierenden Anwendungen auf einem Macintosh, auf mehreren im Netzwerkverbund erreichbaren Macintosh oder auf Rechnern unterschiedlicher Typen ablaufen. Das Übertragungsverfahren der zugrundeliegenden AppleTalk-Verbindung ist unwesentlich. Mit InterApplications Communications wird unter anderem auch Remote Procedure Call zwischen Macintosh und VMS-Rechnern realisiert werden.

6. Verteilte Benutzerschnittstelle

Wie bereits dargestellt, bringt die Nutzung von Mikrocomputern als Bildschirmendgeräte nicht unbeträchtliche Vorteile, wenn Copy-and-Paste konsequent unterstützt wird. Verteilte Benutzerschnittstellen bieten aber weitere Möglichkeiten.

X-Windows hat bereits größere Verbreitung gefunden. Ein Rechner stellt seinen Bildschirm und seine Eingabegeräte einer Gastanwendung, die über Ethernet erreichbar ist, zur Verfügung. Die Gastanwendung erzeugt auf dem X-Terminal Gerät eine benutzerfreundliche Oberfläche mit grafischen Symbolen, Menüs, Fenstern und Maussteuerung. Eine Beschränkung von X-Windows liegt in der hohen Bandbreite, die für die Übertragung benötigt wird und beispielsweise den Anschluß von X-Terminals über Modemstrecken ausschließt. Eine weitere Einschränkung liegt darin, daß zwar die Ein- und Ausgabemöglichkeiten des X-Terminals genutzt werden, nicht aber die volle Rechnerleistung, um etwa Teilverarbeitung lokal ablaufen zu lassen. Nicht zuletzt stellt X-Windows einige Hardware-Anforderungen.

Mit MacWorkStation MWS hat Apple ein Protokoll definiert, das die Vorteile von X-Windows mit den lokal vorhandenen Möglichkeiten eines Mikrocomputers, hier des Macintosh, koppelt. Die Ansteuerung des MWS-Terminals erfolgt mit kurzen Befehlen: Die Zeichenkette „W:::;;" mit leerer Parameterliste erzeugt zum Beispiel auf dem Macintosh Bildschirm ein neues Fenster in vorgegebener Position. MacWorkStation stellt daher keine großen Anforderungen an das Übertragungsverfahren und kann über Modemstrecke, Ethernet, Token-Ring oder auch Typ-A-Koax Kabel genutzt werden. Es lassen sich auch einzelne Arbeitsschritte, etwa Plausibilitätskontrollen, oder ganze Programmabfolgen am MWS-Terminal anstoßen. MacWorkStation bietet eine gute Möglichkeit, zentrale Anwendungen mit dem Bedienkomfort moderner Benutzeroberflächen auszustatten und nebenbei noch die Rechen- und Kommunikationslast abzubauen.

Apple stellt die MWS-Implementierung auf Macintosh zur Verfügung; Implementierungen des MWS-Client für unterschiedliche Rechner sind auch von Drittfirmen verfügbar. Das Diagramm zeigt schematisch die Module des MWS-Servers.

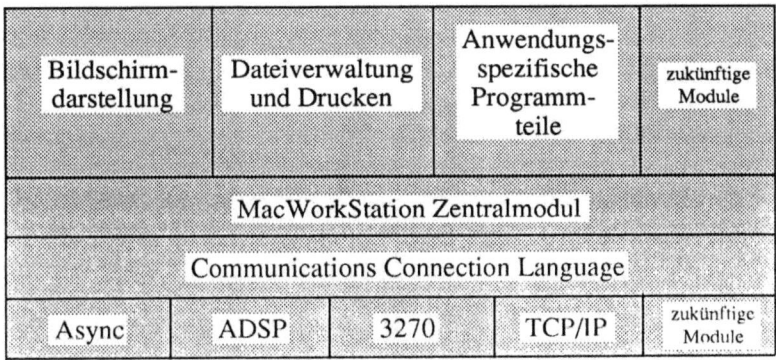

Abb. 4: *MacWorkStation Implementierung auf Macintosh Seite*

7. Verteilter Datenzugriff

Der verteilte Zugriff auf Massenspeicher umfaßt im wesentlichen zwei Verfahren: die Nutzung von Fileservern und die Bearbeitung entfernter Datenbestände.

7.1 Fileserver

Es gibt inzwischen mehrere ausgereifte Filing Protokolle, die meist für unterschiedliche Rechnertypen vom Mikrocomputer bis zum Großrechner verfügbar sind. Anwender können von verschiedenen Arbeitsstationen aus gemeinsame Dateien nutzen. Auf welcher Art Fileserver die Dateien liegen, spielt keine Rolle.

Unterschiede der verschiedenen Filing Protokolle sind auch in der Art der Arbeitsstationen begründet. So zeigt etwa der Macintosh die Information zum Dateisystem auf Wunsch in einem Fenster nach verschiedenen Kriterien an. Änderungen bezüglich Zugriffsrechten, Namen, Unterverzeichnissen und dergleichen mehr müssen sofort weitergereicht werden, denn der Anwender geht davon aus, daß das, was er im Fenster als Information zum Dateisystem angezeigt sieht, ohne weitere Interaktion seinerseits Gültigkeit hat. Bei Arbeitsstationen, die kommandoorientiert arbeiten und Informationen nur nach Benutzeranforderung wie *ls* oder *dir* geben, stellt sich dieses Problem nicht.

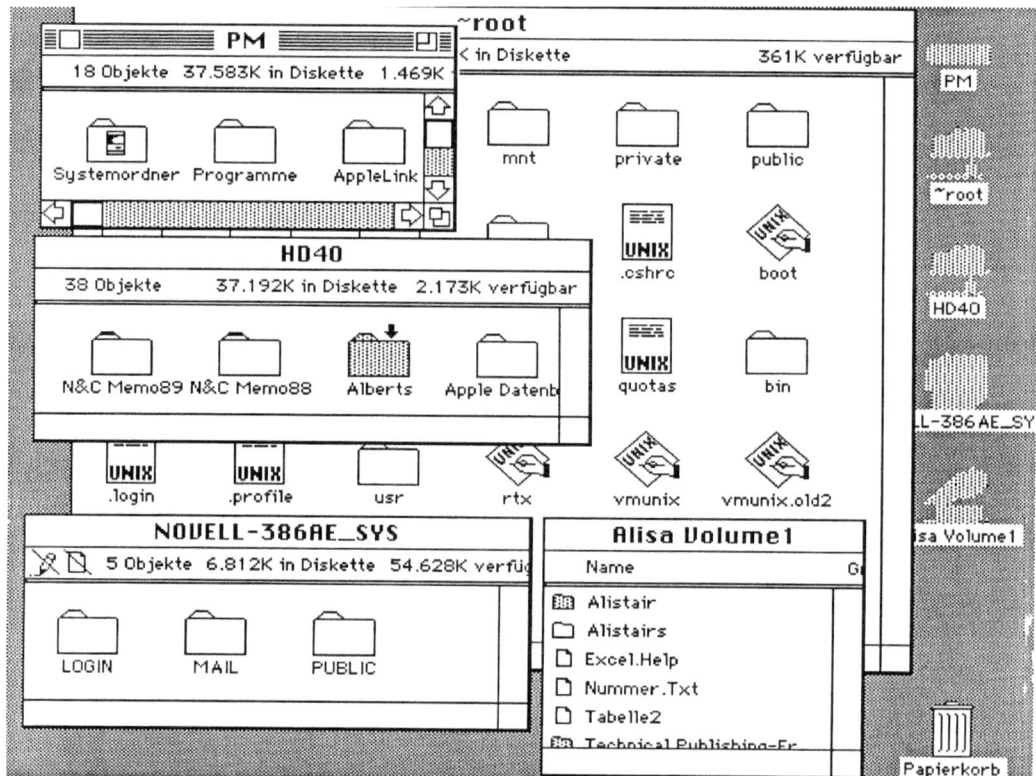

Abb. 5: *Einige Fileserver nach Apple Talk Filing Protocol AFP auf einem Macintosh*

Fileserver finden im praktischen Einsatz Akzeptanz bei den Anwendern, wenn kein Bruch im Vergleich zum Arbeiten mit lokalen Speichermedien erkennbar ist, der Fileserver leicht zu handhaben ist und Verfügbarkeit sowie Zeitverhalten stimmen. Das obige Bild zeigt einige Fileserver nach AppleTalk Filing Protocol AFP auf einem Macintosh. Am rechten Bildschirmrand erscheinen die verfügbaren Massenspeicher: lokale Festplatte, EtherShare Fileserver auf Sony News Rechner, AppleShare Fileserver auf Macintosh, Novell Netware Fileserver und AlisaShare Fileserver auf VMS-Rechner. Die geöffneten Fenster zeigen das oberste Verzeichnis der jeweiligen Server; dem Anwender stellen sich diese Informationen aus grundverschiedenen Systemen gleich dar.

7.2 Abfrage entfernter Datenbestände

Alle großen DV-Hersteller haben sich zum Ziel gesetzt, den Gesichtspunkt des Zugriffs auf Datenbestände mit Systemschnittstellen in ihrer jeweiligen Architektur abzudecken. Die Abfrage entfernter Datenbestände kann synchron oder asynchron zwischen der lokalen Anwendung und dem Datenhaltungssystem erfolgen. Es bietet sich eine Client-Server Lösung an, bei der die lokale Anwendung einem lokalen Abfrage-Client die gewünschte Aufgabe übergibt; das Client-Programm nimmt mit dem Server-Programm der betreffenden Datenbank in einer geeigneten Abfragesprache Kontakt auf und meldet sich erst nach Erledigung der

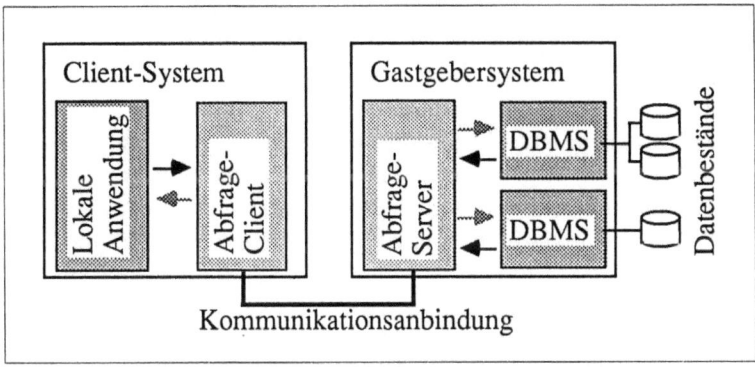

Abb. 6: *Kommunikationsanbindung für die Abfrage relationaler Datenbanken*

Aufgabe wieder bei der lokalen Anwendung mit den Ergebnissen. Die Standardsprache für die Abfrage relationaler Datenbanken ist SQL in seinen herstellerspezifischen Varianten. Apple beabsichtigt mit der CL/1 Connectivity Language den Ansatz einer Client-Server Lösung zu verallgemeinern. CL/1 ist eine Obermenge von SQL und erlaubt auch die Abfrage nicht relationaler Datenbestände, etwa einem Datenhaltungssystem mit Data-Dictionary. Der Anwender gewinnt damit zusätzliche Flexibilität und Herstellerunabhängigkeit. Voraussetzung für den Einsatz von CL/1 sind eine Client-Implementierung auf der Arbeitsstation und eine Server-Implentierung für das Datenhaltungssystem. Der lokalen Anwendung bleiben Details, wie das verwendete Übertragungsverfahren oder der Typ des Datenbankrechners, verborgen.

8. Nutzung verteilter Programmlogik

Im Abschnitt zu den Voraussetzungen für verteilte Anwendungen wurden bereits die wesentlichen Konzepte für die Nutzung verteilter Programmlogik angesprochen. Die bekanntesten, in kommerzieller Nutzung noch nicht sehr verbreiteten Methoden verteilter Programmlogik sind wohl Remote Procedure Call, Advanced-Program-to-Program-Communication APPC nach IBMs LU6.2/NT2.1 oder Kommunikation von DCAM- und UTM-Anwendungen nach Siemens Standard. Auch MacWorkStation ist gut für verteilte Programmlogik geeignet. Damit lassen sich Anwendungen entwerfen, bei denen ohne Interaktion des Benutzers verschiedene Applikationen miteinander Kontakt halten und ihre Aufgaben kooperativ lösen.

Je nach Einsatzfall wird es sich um eine Client-Server oder eine Peer-to-Peer Lösung handeln. Ein Beispiel für erstere wäre etwa eine verteilte Anwendung, bei der lokal an einem Mikrocomputer Meßdaten erfaßt werden, diese Daten an einen oder mehrere Rechner zur Aufarbeitung weitergereicht werden und später die zurückgemeldeten Ergebnisse auf dem lokalen Gerät als animierte Simulation veranschaulicht werden. Der Vorteil besteht darin, daß zwar fremde Rechenleistung zur schnellen Aufarbeitung der Daten benutzt wird, das Ergebnis aber in anschaulicher Form und unter voller Kontrolle des Anwenders lokal weiterbearbeitet und beispielsweise in Dokumentationen übernommen werden kann. Ein Beispiel für eine verteilte Applikation zwischen gleichrangigen Partnern wäre eine Lagerhaltung mit mehreren geographisch verteilten Lagerstätten. Diese werden dezentral vor Ort von Anwendungen auf eigenen Rechenanlagen gesteuert. Sobald der Minimalbestand eines Lagergutes unterschritten wird, nimmt die Anwendung nach gewissen Regeln wegen einer Nachbelieferung Kontakt mit benachbarten Lagerstätten auf und veranlaßt bei Bedarf eine Neubestellung bei externen Zulieferern. Vorteile einer solchen Lösung sind Flexibilität und Ausfallsicherheit.

Für Mikrocomputer, die standardmäßig eine Netzwerkarchitektur mitbringen, kommt eine weitere Art der Nutzung verteilter Programmlogik in Frage, nämlich das Weiterreichen von Diensten über das Netz. Meist bedeuten Möglichkeiten, die man am Mikrocomputer gerne nutzen möchte, auch zusätzlichen geräteseitigen Aufwand, etwa in Form von Hauptspeicherausbau, Einsteckkarten mit speziellen Schnittstellen oder höherer Rechenleistung, um die eigentliche Interaktion mit dem Anwender nicht völlig ins Hintertreffen geraten zu lassen. Es ist nicht immer wirtschaftlich, alle Arbeitsplätze entsprechend auszustatten. Ein typisches Beispiel sind etwa die Implementierungsanforderungen von LU6.2/NT2.1 oder OSI X.400.

Für Macintosh gibt es einige Lösungen, bei denen Dienste im AppleTalk Netzwerkverbund weitergereicht werden. Apple Computer hat mit der Macintosh Coprozessor Plattform MCP dafür eine einheitliche Grundlage gelegt: Intelligente NuBus-Einsteckkarten für den Macintosh mit eigenem Prozessor und Echtzeit-Betriebssystem kreieren Dienste, die dann über die am Macintosh verfügbaren Netzwerkanbindungen weitergereicht werden – LocalTalk ist auf jeden Fall vorhanden, es können aber auch Ethernet, Token-Ring oder ein anderes Verfahren verwendet werden. Der Anwender hat die Vorteile, daß er eine sehr leistungsfähige Lösung erwirbt, wenn er sein eigenes Gerät entsprechend ausstattet, und daß er zum anderen mit genau denselben Komponenten eine wirtschaftliche Lösung für den verteilten Einsatz aufbauen kann. Apple Computer hat nach diesem Konzept auf MCP-Basis bereits MacAPPC, eine LU6.2/NT2.1-Lösung über Token-Ring oder SDLC sowie MacX25, eine X.25-Lösung verwirklicht. Auch X.400 soll auf diese Weise realisiert werden.

Das Diagramm veranschaulicht, wie einzelne Programmteile auf zwei MCP-Karten und der Macintosh-Hauptplatine zusammenarbeiten.

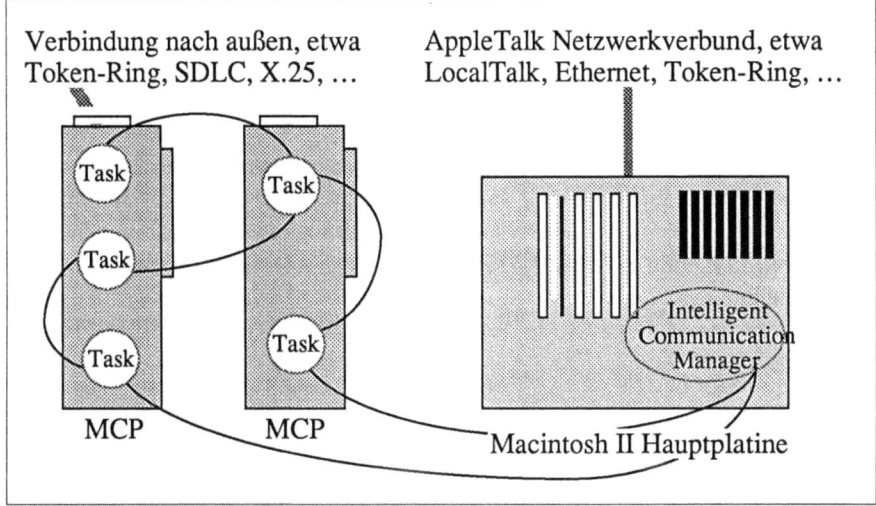

Abb. 7: *Macintosh Coprozessor Plattform*

9. Ausblick

Auf den vorangegangenen Seiten wurden einige technische Konzepte zu verteilten Anwendungen vorgestellt. Wie eingangs schon erwähnt, sind diese Ansätze nicht auf Mikrocomputer alleine zugeschnitten; es soll daher noch dargestellt werden, warum diese für Rechner am Arbeitsplatz besondere Bedeutung haben und welche organisatorischen Bedingungen man berücksichtigen muß.

Mit vergleichsweise geringem Aufwand pro Station kommen in Unternehmen hunderte bis tausende Mikrocomputer zum Einsatz. Der installierte Wert dieser Arbeitsplatzrechner in den Büros, Labors und Fertigungsstätten erreicht schnell die Größenordnung des Bestandes in herkömmlichen Rechenzentren. Nicht nur, daß hohe Investitionen in diese Mikrocomputer getätigt wurden, immer mehr Anwender wollen die Möglichkeiten ihrer Arbeitsgeräte, die sie bereits aus lokalen Anwendungen kennen, auch für die Arbeit mit den herkömmlichen DV-Anwendungen ausschöpfen. Man kommt daher kaum umhin, in künftigen Konzepten für kommerzielle Datenverarbeitung das Potential an den vielen, räumlich verteilten Schreibtischen der Anwender zu berücksichtigen.

Im Unterschied zu den für Großrechnerumgebung üblichen Planungen muß bei den verteilten Konzepten besonders auf die Gegebenheiten am Schreibtisch des einzelnen Anwenders eingegangen werden. Nicht mehr speziell dafür qualifiziertes Personal in einigen wenigen Rechenzentren bestimmt den Ablauf, sondern unzählige Anwender, deren Arbeitsgebiet gewiß nicht die Datenverarbeitung ist. Verteilte Lösungen müssen daher geräte- und programmseitig leicht zu installieren und zu warten sowie intuitiv und konsistent zu handhaben sein. Ohne die Akzeptanz der Anwender lassen sich diese neuen Konzepte nicht umsetzen; nur wenn sie organisatorisch einfach zu bewältigen sind, lassen sie sich auf Dauer finanzieren.

Trotz einiger offener Fragen, wie Sicherheits- oder Steuerungsgesichtspunkte, und trotz mancher, eher psychologisch zu deutender Zurückhaltung bei den Verantwortlichen bieten verteilte Anwendungen mit Mikrocomputern wichtige neue Möglichkeiten, den Informationsfluß und die Zusammenarbeit in Unternehmen flexibel und effizient zu gestalten.

Am Beispiel des Apple Macintosh wurden einige Möglichkeiten erläutert. Wenn auch nicht alle Systeme gleiche Funktionalität bieten, so ist damit doch ein Orientierungsrahmen gegeben.

Literatur

1. International Business Machine Corporation: System Network Architecture, Transaction Programmer's Manual for LU Type 6.2, Research Triangle Park, North-Carolina, November 1985
2. Sun Microsystems Inc.: SunOS Manuals, Networking on the Sun Workstation, Mountainview, Februar 1988
3. Apple Computer Inc.: A Technical Guide to Host Connectivity Products, Cupertino, Januar 1988
4. Digital Equipment Corporation: Introduction to the Apple-Digital Network Environment, Maynard, August 1988
5. Gursharan S. Sidhu, Richard F. Andrews, Alan B. Oppenheimer: Inside AppleTalk, Addison-Wesley, März 1989
6. Apple Computer Inc.: A Guide to Apple Networking and Communications Products, Cupertino, Juni 1989

Beiträge zur Datensicherheit: Ein gegen Viren immuner PC – Eine abhörsichere Datenübertragung

Hans-Werner Kisker

Westfälische Wilhelms-Universität Münster
Universitätsrechenzentrum

1. Universitäten und Datensicherheit

Mit der breit gestreuten Verbreitung der Datenendgeräte – insbesondere der Personal Computer – ist auch innerhalb der Universitäten die Problematik der Datensicherheit immer mehr ins Blickfeld geraten. In mancherlei Hinsicht sind die Universitäten in besonderer Weise mit diesem Thema konfrontiert. Zum einen ist ihr Gefährdungspotential besonders hoch: die allgemeine Verfügbarkeit von Spitzentechnik, der hohe lokale Vernetzungsgrad, die Einbindung in ein weltumspannendes Informationssystem und das hohe Potential an qualifizierten und experimentierfreudigen Angehörigen akkumulieren zu einer Umgebung, die geradezu selbstverständlich Angriffsflächen bietet. Zum anderen werden in den Universitäten äußerst hochwertige und schützenswerte Informationen gesammelt und ausgewertet: außer den aus Konkurrenzgründen geheim zu haltenden Forschungsergebnissen im technischen Bereich sind hier besonders die Datensammlungen in der Medizin hervorzuheben. Auf drei Gesichtspunkte aus dem Umfeld der Datensicherheit, die auch bei den folgenden Vorschlägen eine Rolle spielen, soll besonders hingewiesen werden.

– Typischerweise müssen mit EDV verwaltete Datenbestände gegen zweierlei Arten von Angriffen geschützt werden. Unautorisierte Manipulationen – d.h. Veränderungen oder Zerstörungen – müssen abgewehrt werden; unberechtigter Zugriff auf nicht jedem zugängliche Informationen muß verhindert werden.

– Gegen die Einführung von Sicherheitmaßnahmen wird häufig eingewendet, sie böten entweder nur einen zweifelhaften Schutz oder aber sie setzten den Durchsatz in einem nicht tolerierbarem Maße herab. Dieses Argument läßt außer acht, daß es in einem größeren DV-System selbstverständlich Abstufungen im Schutzbedürfnis gibt. Dementsprechend abgestuft müssen auch die Sicherheitsmaßnahmen sein, um in den verschiedenen Bereichen Akzeptanz zu finden.

- Ein wirkungsvoller Schutz war bisher die Geheimhaltung der installierten Sicherheitsmaßnahmen an sich. Die Unkenntnis der Angreifer hat größeren Schaden häufig verhindert. Es ist jedoch davon auszugehen, daß der Schutz durch Verbergen der Schutzmaßnahmen auf Dauer nicht tragfähig bleibt. Es müssen deshalb Mechanismen entwickelt werden, die auch dann ihre Effektivität nicht verlieren, wenn sie offengelegt sind.

Die vorgestellten Maßnahmen sind leicht und praktisch ohne Kostenaufwand zu realisieren. Sie sollen als Beispiel für Sicherungsmöglichkeiten verstanden werden, die einerseits einen zuverlässigen Schutz bieten und zum anderen jedem sofort zur Verfügung stehen. Im wesentlichen handelt es sich hierbei um die Festlegung organisatorischer Abläufe, die nur diszipliniert eingehalten werden müssen, um Schutz zu gewährleisten. Empfehlenswert ist die Einführung solcher oder ähnlicher Maßnahmen sicherlich nur für Bereiche mit erhöhtem Sicherungsbedarf. Denn wenn auch nicht mit direkten Investitionskosten, so sind die Maßnahmen doch mit einer Erschwerung der Handhabung von Bedienungsabläufen verbunden. Solche Erschwernisse werden aber erfahrungsgemäß nur von motivierten Benutzern mit Bedarf an erhöhter Sicherheit akzeptiert.

2. Ein Vorschlag für einen gegen Viren immunen PC

Der Jargon, der sich um den Themenbereich Viren herum gebildet hat, ist äußerst unglücklich gewählt. Die Assoziationen zur Medizin verleiten dazu, für die Beschäftigung mit Viren Bewertungsmaßstäbe und methodische Vorgehensweisen zu akzeptieren, die an sich völlig unangemessen sind. Als eine Ausprägung dieser Überbewertung ist wohl auch der Aufbau eines Gebäudes von Definitionen und Begriffsbestimmungen zu sehen. Für die meisten Erörterungen zu diesem Thema reicht es völlig, nur kurz die wesentliche Eigenschaft eines Virus-Programms herauszustellen.

Die *Virus-Eigenschaft* eines Programm zeigt sich darin, daß es bei seiner Ausführung neben der normalen und vom Anwender beabsichtigten Wirkung noch weitere unvorhergesehene und unerwünschte Aktivitäten entwickelt. Insbesondere werden andere auf dem Rechner abgelegte Programme so modifiziert, daß sie sich genau so wie das Ausgangsprogramm verhalten. Sie werden also um Code-Teile ergänzt, die diese Manipulation vornehmen, und wandeln sich damit von *harmlosen* zu Virus-Programmen. Daneben können noch weitere Schäden angerichtet werden: vom Ausgeben einer unnötigen Meldung auf den Bildschirm bis zum vollständigen Löschen von Platten reicht die Palette. Zwei Gesichtspunkte sind für das Folgende von besonderer Bedeutung.

- Das Virus-Verhalten eines Programms ist stets mit der *Veränderung* von Daten verbunden. Damit haben wir aber ein sicheres Mittel für die Entdeckung eines Virus-Programms an der Hand. Während des Ablaufs eines Programms überwachen wir alle nicht zu dem Programm gehörenden Datenbestände auf Veränderungen hin. Treten diese nicht auf, so ist das überwachte Programm kein Virus-Programm, bzw. es hat seine Virus-Eigenschaft noch nicht gezeigt. In beiden Fällen ist keinerlei Schaden entstanden. Stellen wir jedoch Veränderungen fest, so ist das Programm unverzüglich von der weiteren Nutzung auszuschließen. Der Nachteil dieses Verfahrens liegt darin, daß wir zumindest eine Änderung in Kauf nehmen müssen, um die Fehlfunktion des Programms zu erkennen. Diese eine Änderung kann aber leider bereits verheerende Folgen haben. Wir müssen deshalb zusätzlich noch darauf vorbereitet sein, jederzeit einen unmanipulierten Zustand der Daten wiederherzustellen.

- Weiterhin treten die befürchteten Veränderungen ausschließlich als Folge der *Ausführung* eines Programms mit Virus-Eigenschaft auf. Die Ausführung eines Programms ohne Virus-Eigenschaft ist dagegen völlig harmlos, selbst wenn mit diesem Programm manipulierte Daten und Programme bearbeitet (z.B. kopiert) werden. Damit bietet sich uns eine Möglichkeit, gefahrlos auch mit Virus-Programmen zu hantieren. Wenn wir mit einer nicht manipulierten Umgebung starten und nur Programme ohne Virus-Eigenschaft – im Folgenden auch *sichere* Programme genannt – verwenden, so kann sich kein sicheres Programm zu einem Virus-Programm wandeln.

2.1 Technischer Aufbau und Struktur des Rechners

Auch wenn es – aus welchen Gründen auch immer – manchmal anders dargestellt wird, kann es einen wirklich sicheren Schutz und eine sichere Erkennungsmöglichkeit auf Software-Basis nicht geben. Es kann nur die Schwelle für den Aufwand, der zur Manipulation erforderlich ist, erhöht werden. Der folgende Vorschlag kommt deshalb auch nicht ganz ohne eine kleine Hardware-Änderung aus. Der vorgestellte Rechner verfügt über zwei Plattenlaufwerke: die *Systemplatte* und die *Arbeitsplatte*. Die Hardware der *Systemplatte* ist so modifiziert, daß ein Beschreiben der Platte nicht möglich ist. Allerdings ist der Schreibschutz durch einen von Hand zu bedienenden Schalter – aber keinesfalls durch Software – abschaltbar.

Die *Systemplatte* enthält in einem ersten Teil Software, die als zuverlässig eingestuft wird – insbesondere sind hier das Betriebssystem und selbstgeschriebene Hilfsprogramme abgelegt. Wir setzen voraus, daß alle diese Programme und auch alle weiteren Stücke der *Systemplatte*, die ausführbaren Code enthalten (wie Partition-Loader und Boot-Sektor), im obigen Sinne als *sicher* gelten können. Diese Voraussetzung ist für das folgende Verfahren substantiell, eine Fehleinschätzung hier macht alle folgenden Überlegungen hinfällig.

Ein zweiter Teil enthält die Anwendungssoftware und die zugehörigen Datenbestände. Über die Zuverlässigkeit dieser Komponenten kann im allgemeinen keine zuverlässige Aussage gemacht werden. Es kann durchaus sein, daß einige dieser Programme Virus-Eigenschaft besitzen. Wir können also nicht garantieren, daß der Rechner frei von Viren ist; wir können aber garantieren, daß ein Virus-Programm sofort entdeckt wird, wenn es seine Auswirkungen zeigt und daß der dann angerichtete Schaden äußerst beschränkt wird. In diesem Sinne ist der Rechner gegen Viren *immun*.

2.2 Ausführen eines Programms

Die Ausführung eines Programms läuft in drei Stufen ab. Zuerst wird eine nicht manipulierte, stets gleiche und damit kontrollierbare Ablaufumgebung für das Programm geschaffen, danach erfolgt die eigentliche Abarbeitung des Programms, und zum Schluß wird auf unzulässige Manipulationen hin untersucht.

Nachdem das Betriebssystem von der schreibgeschützten *Systemplatte* geladen wurde, wird die *Arbeitsplatte* mit einem der sicheren Hilfsprogramme vollständig gelöscht. Danach wird der zu dem betroffenen Programm gehörende Teil der *Systemplatte* mit einem sicheren Hilfsprogramm auf die *Arbeitsplatte* kopiert.

Das Anwendungsprogramm wird jetzt von der beschreibbaren *Arbeitsplatte* aus gestartet. Es führt seine Arbeiten durch. Während der Ausführung ist die *Systemplatte* selbstverständlich schreibgeschützt. Manipulationen können also nur an den Datenbeständen und Kontrollbereichen der *Arbeitsplatte* vorgenommen werden. Da wir nicht ausschließen können, daß Virus-Programme ausgeführt wurden und somit damit rechnen müssen, daß Manipulationen bis in den geladenen Betriebssystemkern hinein vorgenommen wurden, muß der Rechner nach Beendigung des Anwendungsprogramms von der *Systemplatte* gestartet werden. Danach werden alle potentiell manipulierbaren Bereiche der *Arbeitsplatte* von einem sicheren Programm auf Veränderungen hin untersucht. Weiter unten sind einige Punkte aufgezählt, die bei dieser Untersuchung beachtet werden müssen. Sind keine unerwünschten Änderungen aufgetreten, so können Ergebnisdaten in der unten beschriebenen Weise auf die *Systemplatte* zurück übertragen werden.

Werden jedoch Manipulationen beobachtet, so muß sofort reagiert werden. Das gerade ausgeführte Programm wird sofort für den weiteren Gebrauch gesperrt. Es sollte auch von der Systemplatte entfernt werden. Benutzer des Programms auf anderen Rechnern sind unverzüglich zu warnen. Ebenso wichtig ist es, die Bezugsquelle (Händler, Kollege, MailBox usw.) zu unterrichten.

Der bis zu diesem Zeitpunkt entstandene Schaden ist glücklicherweise sehr begrenzt. Da sich ja alle Programme und Daten in unmanipulierter Form auf der *Systemplatte* befinden, sind nur die Ergebnisse des aktuellen Programmlaufs verloren gegangen.

2.3 Verwaltung der Systemplatte

Die Systemplatte wird während der normalen Tagesarbeit dauernd im schreibgeschützten Zustand gehalten. Für besondere Arbeiten muß jedoch kurzzeitig auch Schreibberechtigung eingeräumt werden. Hierzu gehört das Installieren neuer Programme, das Löschen von nicht weiter benötigten Datenbeständen und das

Rückschreiben von Ergebnissen der Anwendungsprogramme. Es ist offensichtlich, daß in diesen Situationen mit besonderer Sorgfalt vorgegangen werden muß. Basierend auf einer unmanipulierten Arbeitsumgebung dürfen nur Programme eingesetzt werden, die als sicher eingestuft werden. Ein Fehler bei der Einschätzung birgt die größte Gefahr für das hier beschriebene Verfahren. Beschrieben wird die Installation eines neuen Programmsystems. Für andere Aufgaben sind entsprechende Vorgehensweisen vorzusehen.

Wie oben wird der Rechner neu gestartet und das Betriebssystems von der schreibgeschützten *Systemplatte* geladen. Die *Arbeitsplatte* wird mit einem sicheren Hilfsprogramm total gelöscht und neu eingerichtet. Anschließend wird das neue Programmsystem auf der *Arbeitsplatte* in der üblichen Art und Weise installiert. Aus den gleichen Gründen wie oben muß der Rechner vor der Überprüfung auf Manipulationen erneut von der immer noch schreibgeschützten *Systemplatte* gestartet werden. Danach wird die Überprüfung mit einem sicheren Hilfsprogramm vorgenommen. Nur wenn keine unerwarteten Änderungen zu entdecken sind, wird weiter fortgefahren. Erst jetzt wird der Schreibschutz der Festplatte über den per Hand zu betätigenden Schalter ausgeschaltet. Die zu dem neuen Programmsystem gehörenden Programme und Datenbestände werden mit einem sicheren Hilfsprogramm von der Arbeitsplatte auf die jetzt beschreibbare *Systemplatte* kopiert. Danach wird der Schreibschutz sofort wieder eingeschaltet und der Rechner neu gestartet.

Zu beachten ist, daß nach dem Neustart des Rechners mit dem sicheren Betriebssystem bis zum Zeitpunkt des Aufhebens des Schreibschutzes nur sichere Programme ausgeführt wurden. Ebenso wurde bis zum Wiedereinschalten des Schreibschutzes ausschließlich mit sicheren Programmen gearbeitet.

2.4 Überprüfen des Verhaltens von Programmen

Jedes Auftreten der Virus-Eigenschaft ist mit der Veränderung von Programmen oder Daten im Rechner verbunden. Diese Veränderungen dienen uns als Indikator für die Virus-Eigenschaft von Programmen. Dabei muß man sich klar machen, welche Komponenten wirklich von Manipulationen betroffen sein können und welche nicht. Hier grassieren teilweise wilde Gerüchte – so kann eine schreibgeschützte Diskette, das BIOS-ROM oder ein anderer Festwertspeicher auf keinen Fall abgeändert werden. (Wird bei einem 386- oder NEAT-Rechner der Inhalt eines ROM-Bausteins in den Schreib/Lesespeicher an gleicher Adresse [Shadow-RAM] kopiert, so kann diese Kopie zwar temporär manipuliert werden, die Änderung geht jedoch beim Ausschalten des Rechners verloren.) Manipulierbar und damit zu überprüfen ist dagegen:

- jedes ausführbare Programm (.exe, .com), jeder Gerätetreiber (.sys) und jeder Overlay (.ovl),
- ein File des Betriebssystems (z.B. ibmbio.com und ibmdos.com),
- der Boot-Record,

- der Partition-Loader,
- die FAT,
- jede Directory,
- jeder Daten-File,
- der Zustand der Interrupt-Vektoren,
- der unbelegte Teil des letzten Sektors eines Files,
- ein als defekt markierter Sektor und
- das CMOS-RAM.

Zu beachten ist, daß auf jeden Fall eine der ersten vier Komponenten manipuliert werden muß, um eine bleibende Wirkung zu erzielen. Denn nur diese Teile enthalten Code-Stücke, die beim normalen Arbeiten ausgeführt werden. Die anderen Komponenten enthalten keine direkt startbaren Programmteile. Sie können allerdings sehr wohl weitere Daten und auch Programmstücke enthalten, die dann von einer der ersten Komponenten geladen oder ausgewertet werden.

Das Prüfprogramm wird Veränderungen entweder über auf der *Systemplatte* gespeicherte Prüfsummen oder sogar über direkten Vergleich von Teilen der *Systemplatte* und *Arbeitsplatte* überwachen.

2.5 Zusammenfassung

Viren sind ein Ärgernis. Die Beschäftigung mit ihnen hat keine produktiven Gesichtspunkte, sie ist nur lästig. Es ist deshalb zu überlegen, wie dieses Thema möglichst schnell aus der Welt geschafft werden kann. Zu diesem Zweck erscheint es mir aufschlußreich, die Motive zu betrachten, die jemanden dazu veranlassen, ein Virus-Programm in Umlauf zu setzen. Die meisten Virus-Programme werden von Personen geschrieben, die ihre Tätigkeit als Spiel, Schabernack oder auch Sport bezeichnen würden. Von diesem Personenkreis sind auch die ersten Aktivitäten ausgegangen. Man geht wohl nicht ganz fehl in der Annahme, daß die Wurzeln für ihr Verhalten in einem gestörten Selbstwertgefühl zu finden sind. Sie suchen die Anonymität, da sie sich offenbar nicht trauen, die Ergebnisse ihrer Arbeit offen vorzulegen. Andererseits möchten sie aber Aufmerksamkeit erregen – und durch nichts erweckt man mehr die Aufmerksamkeit eines anderen, als daß man ihm Schaden zufügt. Daß diese Vermutung über den Personenkreis richtig ist, wird auch dadurch gestützt, daß viele Virus-Programme recht primitiv aufgebaut sind. Offenbar und glücklicherweise sind sie nicht von Fachleuten konzipiert worden, die über vertiefte Kenntnisse der Materie verfügen. Die Aufmerksamkeit, die den Programmierern der Virus-Programme entgegengebracht wird, ist die Quelle für ihre Motivation. Entziehen wir ihnen diese Aufmerksamkeit, so wird auch ihr Interesse abnehmen, uns Schaden zuzufügen.

Die oben beschriebenen Verfahren werden dem Einzelnen für die tägliche Handhabung in vielen Fällen sicher zu aufwendig sein. Für den *normalen Alltagsbetrieb* bietet sich eine abgeschwächte Variante mit Prüfsummen auf einer schreibgeschützten Diskette an, die jeweils beim Starten des Rechners abgeglichen werden. Damit überprüft man zumindest einmal täglich auf unerwünschte Veränderungen. Für den Sicherheitsbedarf der meisten Anwender wird dies ausreichend sein. Zusammenfassend folgende als Aufforderung formulierte Ratschläge:

- Überprüfen wir zumindest täglich einmal, ob unerwünschte Manipulation aufgetreten sind.
- Seien wir außerdem stets bereit, eine Platte völlig zu löschen, unsere Daten von einer Sicherungskopie zurückzuholen und Programme von den Originaldisketten neu zu installieren.

Mit diesen durchaus realisierbaren Maßnahmen können wir die in der Tat vorhandene Gefahr durch Virus-Programme weitgehend ignorieren. Damit vermeiden wir es, den Programmierern von Viren eine Bühne zu bieten. Vielleicht ist dies der beste Weg, Programme mit Virus-Eigenschaft bald als Übergangserscheinung abhaken zu können.

3. Eine abhörsichere Datenübertragung

Mit der in die Breite gehenden Vernetzung der Arbeitsplätze ist ein anders geartetes Problem aktuell geworden: das Abhören der Daten auf der Leitung. Jeder in ein Netz eingebundene Mikrorechner ist ein Werkzeug für einen potentiellen Lauschangriff. Die Standardmethode, sich dagegen zu wehren, ist die Verschlüsselung des Datenverkehrs. Die Verschlüsselungsmethoden an sich sind vielfach erprobt und bieten einen weitgehend zuverlässigen Schutz. Das Problem liegt in der Auswahl der mit den Schutzmechanismen verbundenen Schlüsselwörtern. Sichere Paßwörter sollten drei Kriterien genügen:

- sie müssen lang sein (z.B. 50 Zeichen),
- die einzelnen Zeichen müssen gewürfelt – also zufällig gewählt – werden und
- sie müssen nach einmaligem Gebrauch sofort wieder verworfen werden.

Solange Nutzung und Auswahl der Schlüsselwörter in die Hand des Benutzers gegeben sind, solange sind solche Kriterien nicht realistisch zu fordern. Das im folgenden vorgeschlagene Verfahren arbeitet automatisch mit Paßwörtern gemäß den obigen Forderungen.

3.1 Aufbau des Systems

Basis für das hier beschriebene Verfahren ist eine Liste von Paßwort-Einträgen. Jeder Eintrag der Liste enthält zwei Paßworteinträge: das *login-Paßwort* und das *Verschlüsselungspaßwort*. Die Elemente der Liste sind durchnumeriert. Jeder der beiden Partner, die miteinander über einen unsicheren Kanal kommunizieren wollen, verfügt über eine identische Kopie dieser Liste. Die Liste muß zwischen den beiden Partnern über einen sicheren Kanal ausgetauscht werden.

3.2 Ablauf der Übertragung

Der Rechner, der die Kommunikationssitzung eröffnen möchte, wählt aus seiner Paßwort-Liste zufällig einen Eintrag aus. Das in dem ausgewählten Eintrag enthaltene *login-Paßwort* wird zusammen mit seiner Nummer in der Liste an den Kommunikationspartner übertragen. Der angewählte Rechner überprüft, ob in seiner Liste unter der übermittelten Nummer das übertragene *login-Paßwort* eingetragen ist. Bei Übereinstimmung gilt die Sitzung als eröffnet. Da das *login-Paßwort* über einen unsicheren Kanal übertragen wurde, muß damit gerechnet werden, daß es abgehört wurde.

Deshalb kommunizieren beide Rechner nach Sitzungseröffnung ausschließlich mit verschlüsselten Meldungen. Zur Verschlüsselung wird auf beiden Seiten das in dem ausgewählten Eintrag enthaltene *Verschlüsselungs-Paßwort* benutzt. Dieses Paßwort ist nie auf dem unsicheren Kanal gewesen, kann also auch nicht abgehört worden sein.

Um Manipulationen vorzubeugen, ist es wichtig, den ausgewählten Eintrag unabhängig vom Erfolg oder Mißerfolg des Sitzungsaufbaus aus der Liste zu entfernen.

3.3 Schwachstellen des Verfahrens

Wesentlich für einen wirksamen Schutz ist die Übermittlung der Listen auf einem sicheren Kanal. Ein Kanal, der zu Recht dieses Attribut trägt, ist im allgemeinen nur mit erheblichem Aufwand zu benutzen. Man kann hier etwa an einen zuverlässigen Boten denken, der die Liste auf einer Diskette von Partner zu Partner trägt. Manche Banken verwenden zur Absicherung ihres von außen kommenden Datenverkehrs sogenannte Transaktionslisten. Diese bestehen aus einer vorgegebenen Folge von mehrstelligen Zahlen. Jeder Transaktion in der Datenbank ist die jeweils nächste Nummer aus der Liste anzufügen. Zur Übermittlung dieser Transaktionen werden die Mechanismen der Post benutzt.

Die Sicherheit der Übertragung steht und fällt mit der Geheimhaltung der Liste selbst. Hier ist es gefährlich, die Verwaltung, Handhabung und Abarbeitung der Liste dem Benutzer zu überlassen. Herumliegende und für jeden einsehbare Listen sind die typische und bekannte Sicherungslücke. Eine wesentlich höhere Sicherungsstufe erreicht man, wenn die Liste ausschließlich auf dem jeweiligen Rechner gespeichert ist, und von diesem auch automatisch abgearbeitet wird. Der Benutzer hat dann nur dafür Sorge zu tragen, daß der physische Zugang zum Rechner für Unbefugte unmöglich gemacht wird. Das Abschließen des Rechners und das Sichern der Räume sind hierfür bewährte Maßnahmen. Man hat damit sozusagen das Problem der Leitungsunsicherheit auf den Objektschutz zurückgeführt.

Als letztes Problem sei noch die Möglichkeit zur Sabotage erwähnt. Nach den oben geforderten Verhaltensweisen wird ein Paßwort, auch wenn es gestört übertragen wurde, nicht zum zweiten Mal verwendet. Damit nimmt man aber in Kauf, daß durch eine systematische Störung des Datenverkehrs ein unnützer Verbrauch von Listeneinträgen erzwungen wird. Damit ist zwar keinerlei Informationsgewinn für den Angreifer gegeben, die Kommunikation kann dadurch allerdings vollkommen zum Erliegen kommen.

3.4 Sicherheit der Datenübertragung

Alle aufgeführten Schwachpunkte gefährden die Geheimhaltung der Übertragung in keiner Weise. Dabei sind drei Gesichtspunkte zu nennen, die die Qualität der Sicherheit ausmachen.

- Das *login-Paßwort* kann abgehört werden. Da jedoch der folgende Datenverkehr mit einem anderen Paßwort verschlüsselt wird, ist die Sicherheit der Kommunikation hierdurch nicht beeinträchtigt.
- Das Verschlüsselungspaßwort wird niemals übertragen; kann also auch nicht abgehört werden.
- Jeder Eintrag wird konsequent nur einmal genutzt. Ein zufälliges Erraten eines Paßworts ist ohne Bedeutung für folgende Datenübertragungen.

Zusammenfassend ist festzuhalten, daß allein durch das Einhalten gewisser Verhaltensweisen eine äußerst weitgehende Abhörsicherheit gewährleistet werden kann.

Das Projekt WOTAN der Technischen Universität Berlin

Reinhard Gülker

Technische Universität Berlin
Zentraleinrichtung Rechenzentrum

1. Zusammenfassung

WOTAN steht für **Wo**rkstations der **T**U **a**m **N**etz. Angestrebt wird eine "verteilte" DV-Versorgungsstruktur für die TUB auf der Basis vernetzter "Workstations" und "Server". Dabei werden der Einfachheit halber und um ständigen Begriffsverschiebungen zu entgehen unter "Workstations" alle Arbeitsplatzrechner (also auch "PC") und unter "Server" die zentralen, im Maschinenraum der ZRZ (= Zentraleinrichtung Rechenzentrum) stationierten, wichtigsten, bestimmte Dienste erbringenden Rechner verstanden.

Hauptziel des WOTAN-Projekts ist es, zu einer bedarfsgerechten zeitgemäßen Versorgung der TUB mit internen und externen DV-Leistungen unter Minimierung der Kosten beizutragen.

2. Workstations

Die technische Entwicklung und der rapide Preisverfall haben dazu geführt, daß nun ein breites Spektrum von Arbeitsplatzrechnern sehr unterschiedlicher Leistung zu günstigen Preisen verfügbar ist. Das Leistungspreisverhältnis verbessert sich zudem laufend.

Auch der auf Workstations (WS) gebotene Komfort legt eine Verlagerung von Aktivitäten von zentralen (Dialog-) Systemen auf dezentrale WS nahe. Deshalb möchte WOTAN dazu beitragen, das Verhältnis von dezentraler zu zentraler Ausstattung zu verbessern, die Kosten (inkl. der Personalaufwandes) zu minimieren, die für die jeweilige Aufgabenstellung günstigste Geräteauswahl bereitzustellen und "Intelligenz" soweit möglich zu dezentralisieren, aber soweit nötig auch weiterhin zentral vorzuhalten.

3. Server

Für DV-Aufgaben, die ökonomisch nicht auf dezentrale WS übertragen werden können, z.B.:

- eine sichere Verwaltung großer Datenmengen,
- das Betreiben von Datenbank- und Informationsdiensten,
- der Betrieb teurer Peripheriegeräte,
- die zentrale Bereitstellung von Standardsoftware,
- die Bereitstellung von Verbindungen zu nationalen und internationalen Netzzen und
- das Bereitstellen von Rechnern mit hinreichend großer – auch spezialisierter – Rechenleistung

sollen zentrale, von der ZRZ betriebene Rechner ("Server") bereitgestellt werden.

4. Netz

Die notwendige Arbeitsteilung zwischen dezentralen WS und zentralen Servern erfordert eine wechselseitige mühelose Erreichbarkeit. Ein entsprechend leistungsfähiges Netz muß das sicherstellen; als gemeinsame Basis der Kommunikation müssen einheitliche "Protokolle" verwendet werden.

5. Herstellerunabhängigkeit – Normorientierung

Aus dem großen Marktangebot ergeben sich viele Varianten der hardware- und softwareseitigen Realisierung dieses arbeitsteiligen Systems. Unter einem ungebremsten "Wildwuchs" leidet aber die Funktionalität und die Übersichtlichkeit des Gesamtsystems; der Personalaufwand für Beschaffung, Implementierung und Betreuung der Komponenten des Gesamtsystems wächst erheblich.

Andererseits darf sich die TUB nicht in die Abhängigkeit von nur einem Hersteller begeben, zumal sie regelmäßig ihren Gerätebestand mittelfristig kostengünstig modernisieren muß. Bei der Auswahl der System- und Anwendersoftware und der Hard- und Software für das Netz müssen herstellerunabhängige, allgemein verfügbare, möglichst der internationalen Normung folgende "herstelleroffene" Lösungen angestrebt werden. Aus diesen Grundsätzen und der Personalsituation der ZRZ, die eine "Konzentration der Kräfte" verlangt, folgen für WOTAN zwingend und unter Zurückstellung vieler Bedenken hinsichtlich des Entwicklungsstands einzelner Komponenten Vorentscheidungen bzw. Festlegungen wie:

- UNIX als Betriebssystem auf Workstations und Servern
- Ethernet (bzw. FDDI, sobald es produktiv einsetzbar ist)
- Einsatz der DFN (OSI) Dienste wo immer möglich, Einsatz von Übergangslösungen (TCP/IP) soweit nötig

6. Betreuung

Auch das arbeitsteilige System von Workstations und Servern erfordert eine zentrale Koordination und Betreuung. Das TUB-weite Netz ist zu planen, zu realisieren, in Betrieb zu halten und dem Bedarf entsprechend zu erweitern. Der Betrieb der zentralen Server ist zu gewährleisten. Es ist ein Kompetenzzentrum für WS-Musterlösungen, die System-, Anwendungs- und Kommunikationssoftware erforderlich. Diese Aufgaben sind von der ZRZ wahrzunehmen.

Angesichts der in den nächsten Jahren voraussichtlich auf tausende wachsenden Anzahl von Workstations ist eine *vor Ort*-Betreuung durch Fachbereichspersonal, wie sie sich in vielen Fachbereichen seit Jahren eingespielt hat, in wachsendem Umfang erforderlich. Die Unterstützungs-Möglichkeiten der ZRZ sind hier sehr eng begrenzt, wenngleich in der Bündelung von Beschaffungen, dem Erwerb von Rahmenlizenzen, dem Abschluß von Rabattverträgen, der zentralen Verteilung von Software etc. große ökonomische Vorteile gesehen werden.

7. Parallelbetrieb

Da der Aufbau der neuen Infrastruktur voraussichtlich einige Zeit beanspruchen wird, wird ein modernisiertes CD-Universalrechner-System für eine angemessene Übergangszeit weiter zur Verfügung stehen und damit wenigstens der bisherige Versorgungsgrad erhalten bleiben.

8. Realisierung

Um die oben genannten allgemeinen Vorstellungen zu realisieren, sieht das WOTAN-Konzept folgende Maßnahmen vor:

a) Es wird ein TU-weites Backbone-Netz eingerichtet, welches alle wesentliche Gebäude miteinander verbindet. In diesen Gebäuden werden Anschlußpunkte für ein oder mehrere lokale Gebäudenetze vorgesehen. Technisch wird das Backbone-Netz über Glasfasern realisiert. Über dieses Netz sollen alle vorhandenen und zu beschaffenden Workstations und Server untereinander erreichbar sein.

b) Es werden folgende zentral betriebene Server bereitgestellt:
   - Compute Server für sehr rechenintensive Anwendungen.
   - File Server zur zentralen Datenhaltung, Datenverteilung und Datensicherung mit einer Gesamtkapazität von 20 GByte.
   - Mail Server für den Message Dienst nach der X.400 Norm (elektronische Post)
   - Peripherie Server zum Betrieb seltener und teurer peripherer Geräte
   - Verschiedene Communication Server:
     - Gateway zwischen TC/IP/TELNET und dem X.3/X.28/X.29-Dialogdienst.
     - TC/IP-Internet Router zur Verbindung verschiedener TC/IP-Netze.
     - Gateway zwischen TC/IP/FTP (File Transfer Protokoll) und dem Filetransfer nach der ISO-FTAM Norm.

- Anbindung von CDC NOS/VE-Anlagen über die TC/IP-Protokolle FTP (Filetransfer) und TELNET (Dialog).
- Anbindung von Siemens BS2000-Anlagen über die TC/IP-Protokolle FTP (Filetransfer) und TELNET (Dialog).

c) Es werden ca. 15 Workstations zentral bei der ZRZ als Musterlösungen für verschiedene Anwendungsfälle sowie ca. 30 weitere an den bisherigen Nutzungsschwerpunkten der ZRZ – z.B. in den Räumen mit den bisher am stärksten genutzten Terminalpools – installiert. Offenkundig kann es sich hier nur um eine Initialzündung handeln. Die Fachbereiche werden aus eigenen Mitteln zahlreiche weitere Workstations beschaffen müssen, wie das auch bisher in zahllosen Fällen geschah. Es sind den Anforderungen entsprechend mehrere Klassen von Workstations vorgesehen, die einen großen Preis- und Leistungsbereich abdecken:

- Minimal Workstations
- Einfach Workstations
- CAD-Workstations
- Numerik-Workstations
- Super-Workstations

d) Die bisher vorhandenen Rechnersysteme werden nur noch für eine Übergangszeit von etwa 3 Jahren betrieben. Ausgenommen ist ein hauptsächlich für die Zwecke der ZUV betriebenes BS2000-System.

e) Mittelfristig wird auf Workstations und Servern ausschließlich UNIX als Betriebssystem eingesetzt; bei den Kommunikationsprotokollen sollen die ISO-Normen zugrunde gelegt werden, sobald die entsprechenden Produkte ökonomisch einsetzbar sind. Übergangsweise wird auch TC/IP verwendet werden müssen.

Berichterstattung über Gesprächskreis 3 "Vernetzung"

Hans-Werner Kisker
Westfälische Wilhelms-Universität Münster
Universitätsrechenzentrum

Der Gesprächskreis Vernetzung im Rahmen der das CIP begleitenden Tagungen kann auf ständig steigende Teilnehmerzahlen verweisen. Dies ist wohl vor allem darauf zurückzuführen, daß zur Zeit alle Universitäten dabei sind, eine Infrastruktur für die flächendeckende Versorgung mit DV-Kapazität zu schaffen. Nicht zuletzt die Rahmenbedingungen des CIP haben uns dabei geholfen, daß das Bewußtsein für einen entsprechenden Bedarf mit Erfolg in die Gremien der Fachhochschulen und Universitäten hineingetragen werden konnte. Die Mitarbeiter in den Instituten und Rechenzentren, denen die Planung und Durchführung der mit dem Aufbau eines Netzes verbundenen Maßnahmen übertragen wurde, stehen in dem Maße, in dem sich die Netze ausbreiten, wachsenden Problemen gegenüber. Insbesondere das Gebiet der Netzwerkverwaltung ist ein typisches Beispiel dafür, daß sich Quantität sozusagen direkt in Qualität umwandeln kann. Probleme, die in einem kleinen, überschaubaren Netz noch leicht anzugehen sind, gewinnen in einem Netz, das eine gesamte Universität – oder auch mehrere Universitäten – umspannt, eine Dimension, die von Einzelkämpfern oder kleinen Gruppen selbständig nur schwer zu bewältigen ist. So scheint mir die Suche nach fertigen Lösungen eine der Quellen zu sein, aus denen sich die zunehmende "Beliebtheit" des Gesprächskreises speist.

Die im Gesprächskreis angebotenen Vorträge trugen dem Bedürfnis, umfassende Lösungen für größere Vernetzungsbereiche zu finden, nur teilweise Rechnung. Dies ist sicher in keiner Weise den Vortragenden anzulasten, sondern spiegelt eher die allgemeine Situation zum Zeitpunkt Oktober 1989 wider. Weitreichende Lösungen werden zwar gesucht und nachgefragt, eingeführt und allgemein anerkannt ist aber bisher kein Konzept. Im wesentlichen wurden in den Vorträgen die folgenden Themenbereiche behandelt:

- Vorstellung von Firmenlösungen für ein lokales Netz
- Einbindung der Netze in ein übergeordnetes Konzept
- Bericht über konkret realisierte Vernetzungsmaßnahmen und
- Nutzung der Infrastruktur eines Netzes

Die einzelnen Punkte sind dabei, was ihren Umfang angeht, äußerst ungleich vertreten. Das Schwergewicht lag auf Vorträgen, die der ersten Kategorie Firmenkonzepte zuzuordnen sind. Insbesondere die Firmen Novell, Microsoft und Apple nutzten das Plenum, das ein CIP-Kongreß bietet, um ihre Produkte zum Aufbau und Betrieb eines Netzes vorzustellen. Dabei wurde aktuellen Neuigkeiten besonderes Gewicht beigemessen. Die Lösungen sind durchdacht gestaltet, leistungsfähig und bieten dem Endbenutzer, dem dieser Rahmen reicht, ein ausreichendes Werkzeug für seine Infrastruktur. Wie die jeweils anschließende Diskussion jedoch zeigte, ist allen diesen Konzepten ein Problem gemeinsam. Sie bieten primär Lösungen für den Zusammenschluß von Rechnern ähnlicher Leistungsklasse an, in erster Linie natürlich zur Vernetzung von Mikrorechnern. Typisch für die Rechnerlandschaft in den Universitäten ist es jedoch, daß in sie Rechner der unterschiedlichsten Leistungsklasse eingebunden sind. Von besonderer Bedeutung sind dabei die Dialogsysteme auf Basis von Betriebssystemen wie Unix, VMS oder VM/CMS. Die Einbindung solcher Rechner erfolgt von allen vorgestellten Systemen nur sehr einseitig. Zwar wird einem Nutzer, der einen Mikrorechner als Arbeitsgerät benutzt, der Zugang zu den Dialogsystemen ermöglicht, derjenige, der jedoch ein "echtes" Dialogterminal benutzt, ist im allgemeinen vom Zugang zu vielen Netzleistungen, die typischerweise durch PC-Server realisiert werden, ausgeschlossen. Diese Einseitigkeit kann auf Dauer nicht hingenommen werden. Hier sind die Firmen in Zukunft deutlich in die Pflicht zu nehmen, umfassendere Konzepte vorzulegen.

Die weiteren Punkte waren nur durch jeweils einen oder zwei Vorträge vertreten. Bei mehreren spielte die Nutzung der öffentlichen Netze als ein Hilfsmittel beim Aufbau der Infrastruktur eine Rolle. Zum einen bieten sie, z.B. über BTX, einen Zugang zu den Dienstleistungen der Hochschulen. Hierüber kann auch der durchaus vorhandene Heimbedarf von Studenten und Mitarbeitern abgedeckt werden. Zum anderen können sie genutzt werden, um entfernte lokale Netze miteinander z.B. über ISDN zu koppeln. Ein Vorschlag lief darauf hinaus, für die Universitäten Informationssysteme aufzubauen, die über normale Postleitungen über Akustikkoppler zugänglich sind. Die Diskussion zeigte, daß ein solcher Ansatz allgemein als in seiner Leistungsfähigkeit zu niedrig angesehen wird. Die Vorträge, die konkrete Realisierungen von Vernetzungsmaßnahmen darstellten, stießen bei denen auf ein reges Interesse, die noch nach Mustern für eigene Vorhaben suchen.

Leider etwas dünn vertreten waren Vorträge, die die Nutzung eines Netzes durch den normalen Anwender beschrieben. Die Einbindung in den normalen Lehr-, Übungs- und Prüfungsbetrieb wurde nur in einem Vortrag dargestellt. Vielleicht waren wir alle bisher viel zu sehr damit beschäftigt, die Grundlagen für die Infrastruktur zu schaffen. Es ist aber wohl dringend an der Zeit, auch darüber nachzudenken, wie man fachspezifisch die neuen durch das Netz eröffneten Möglichkeiten nutzen kann. Vorträge in diesem Rahmen werden hoffentlich auf künftigen CIP-Kongressen einen größeren Bereich beanspruchen.

Gesprächskreis 4

Betriebssysteme

MS-DOS, OS/2, UNIX – Welches Betriebssystem soll ich wählen?

Manfred Sommer
Universität Marburg
Fachbereich Mathematik

Der Umgang mit Computern hat seit jeher zu großen "Religionskriegen" geführt. Seit nunmehr dreißig Jahren wird um die beste Programmiersprache gestritten: Ist es BASIC, FORTRAN, COBOL, ALGOL, Pascal, MODULA, Ada, LISP, PROLOG, SMALLTALK, C, Assembler oder womöglich noch eine andere Sprache? Ebenso wird über die "beste Programmiermethode" und über das "beste Datenbanksystem" diskutiert.

Es ist also kein Wunder, daß auch über die Frage, welches Betriebssystem auf Personal Computern eingesetzt werden soll, heftig gestritten wird. Derzeit bewerben sich MS-DOS, OS/2 und UNIX um die Gunst des geneigten Anwenders. Ein klarer Favorit ist nicht zu erkennen. In dieser Situation ist im Bereich der Lehre *keine* Entscheidung für oder gegen eines der Systeme möglich. Die Ausbildung muß in *allen* drei Systemen erfolgen.

1. MS-DOS

Seit es Personal Computer von IBM und dazu kompatible Rechner gibt, wird das Betriebssystem MS-DOS eingesetzt. Die allererste Version 1.0 kennen die wenigsten heutigen PC-Benutzer. Häufig benutzt wurde die Version 2.11 – heute gibt es die Version 4.01. Trotz aller Nachteile von MS-DOS ist es mittlerweile das Standardbetriebssystem für PCs. Viele Dienstprogramme wie XTREE, MAGELAN oder Norton Commander helfen die Unzulänglichkeiten von MS-DOS zu umgehen. Der große Erfolg von MS-DOS liegt vor allem daran, daß es so einfach ist. Es ist ein "Ein-Benutzer-Betriebssystem". Durch MS-DOS wird das Dateiverwaltungssystem als kleinster gemeinsamer Nenner aller Anwenderprogramme definiert.

MS-DOS ist ein völlig offenes System. Anwendungen können in das System eingreifen. Sie können den Unterbrechungs-Vektor ändern und in den Bildschirmpuffer schreiben. Dies führt zu den typischen schnellen MS-DOS Anwenderprogrammen wie WordStar, Word, WordPerfect, Pagemaker, Ventura, Lotus 1-2-3, Quattro, Multiplan, dBase, den Turbo- und Quickcompilern etc. Diese Programme haben zur Verbreitung von MS-DOS wesentlich beigetragen. Umgekehrt wird jedes Betriebssystem, das diese Anwendungen nicht unterstützt, Probleme haben. Dennoch wird MS-DOS langfristig abgelöst werden, da MS-DOS das Adressierungsmodell des 8086 Prozessor benutzt und die Prozessoren 80286, 80386 und 80486 nicht ausnutzt. Es kann also nur ein Megabyte adressiert werden. Von diesem Bereich sind nur 640 Kilobyte für Programme nutzbar und davon wiederum ist ein Teil für das Betriebssystem reserviert.

Der Benutzer würde sich ein Betriebssystem als MS-DOS Nachfolger wünschen, das auf dem Adressierungsmodell des 80386 Prozessor aufbaut, also einen großen "flachen" Arbeitsspeicher von vielen Millionen Bytes bietet und im übrigen alle Vorteile von MS-DOS beibehält. Dies wäre vor allem die Möglichkeit, die genannten Anwenderprogramme ohne Änderung betreiben zu können. Bei einer Änderung des Adressierungsmodells ist das allerdings ein völlig unrealistischer Wunsch. Mindestens müssen die Anwenderprogramme neu compiliert werden. Weitergehende Anpassungen sind zu befürchten. Beispielsweise muß möglicherweise der Zugriff auf den Bildspeicher angepaßt werden. Praktisch alle genannten Anwenderprogramme sind so schnell, weil sie direkt auf den Bildspeicher zugreifen. Der direkte Zugriff auf den Bildspeicher muß bei einem anderen Adressierungsmodell aber zwangsläufig anders erfolgen.

2. MS-OS/2

Ist OS/2 das gesuchte Nachfolgebetriebssystem von MS-DOS? Leider haben sich die Entwickler etwas zu viel Mühe gegeben, dieses Ziel zu erreichen. OS/2 ist sehr umfangreich geworden und nicht mehr das schöne kleine Minibetriebssystem wie einstmals MS-DOS. Sind die Vorteile von OS/2 nun so groß, daß es trotzdem ein Erfolg wird?

Der wesentliche Vorteil von OS/2 ist die saubere Schnittstelle zwischen Anwenderprogrammen und dem Betriebssystem. Dies trifft für alle Systemfunktionen zu. Insbesondere aber auch für den schnellen Zugriff auf den Bildschirminhalt. OS/2 verwaltet logische und physikalische Bildschirme so, das ein Zugriff ebenso effizient möglich ist, wie beim direkten Zugriff auf den Bildspeicher unter MS-DOS. Allerdings muß die entsprechende OS/2 Schnittstelle benutzt werden. Anwenderprogramme müssen also angepaßt werden.

OS/2 ist eine "flexible Erweiterung" von MS-DOS. Dies ist ein weiterer Vorteil für den Anwender, da er kein gänzlich neues Betriebssystem lernen muß. Viele Betriebssystemkommandos funktionieren bei OS/2 ebenso wie bei MS-DOS. Das Dateisystem beider Betriebssysteme hat die gleiche Struktur. Die Dateien einer Festplattenpartition können von beiden Systemen gelesen und geschrieben werden, wenn sie mit einem der Systeme erstellt wurden. Insbesondere lassen sich beide Betriebssyteme umschaltbar auf einer Festplattenpartition betreiben.

OS/2 ist zwar immer noch ein "Ein-Benutzer-Betriebssystem", unterstützt aber im Gegensatz zu MS-DOS mehrere kooperierende aber unabhängige Prozesse.

Dieses Konzept ist offensichtlich auch für den einen Anwender eines Computers sinnvoll und notwendig, wie die unzähligen TSR-Programme unter MS-DOS beweisen, die praktisch auf allen Rechnern verwendet werden. Diese Programme (TSR = Terminate and Stay Resident) verhalten sich sehr ähnlich wie kooperierende Prozesse, werden aber nicht durch das Betriebssystem bei Bedarf aktiviert, sondern steuern sich selbst mit Hilfe des Unterbrechungsvektors. Dies verlangsamt das Systemverhalten und kann zu Konflikten zwischen rivalisierenden TSR Programmen führen. Darüber hinaus wird der vorhandene spärliche Speicher durch jedes dieser Programme weiter eingeschränkt.

Zusammenfassend kann man sagen: OS/2 hat die modernste Betriebssystemarchitektur und die beste Progammschnittstelle der drei genannten Systeme. Mit dem "Presentation Manager" steht darüber hinaus eine hervorragende Benutzerschnittstelle zur Verfügung.

Ein Nachteil von OS/2 ist das langsame Verfügbarwerden dieses Systems. Es kam später auf den Markt als dies geplant war. Die gegenwärtige Version ist noch immer nicht die, die eigentlich notwendig wäre. OS/2 unterstützt zwar in der gegenwärtigen Form das Adressierungsmodell des 80286 und damit 16 MB aber noch keineswegs das 80386 Modell – also weder den 4 GB Adressraum, noch Segmente mit mehr als 64 KB. Auch die virtuelle Adressierung, die 32 Bit Architektur und die neuen Befehle des 80386 werden noch nicht genutzt. Darüber hinaus ist OS/2 sehr umfangreich geworden, benötigt viel Hauptspeicher und große Platten.

Das größte Problem ist zum gegenwärtigen Zeitpunkt aber der Mangel an ablauffähiger Anwendersoftware. Nur wenige der MS-DOS Anwenderprogramme sind bisher unter OS/2 einsetzbar.

3. UNIX

OS/2 ist zwar offensichtlich dabei, ein sehr interessantes Betriebssystem zu werden. Die gegenwärtige Version bietet aber noch nicht den erwarteten Durchbruch zur Anwendung vieler populärer Anwenderprogramme in einer 80386 Umgebung. Von diesen Schwierigkeiten könnte UNIX als lachender Dritter profitieren, denn UNIX ist ohne Einschränkungen verfügbar und unterstützt voll den 80386 Prozessor.

UNIX wurde in den 60er Jahren in den Bell Laboratorien von AT & T entwickelt und ist damit ein vergleichsweise uraltes Betriebssystem. Es wurde von einigen Forschern für einige Spezialanwendungen entwickelt. Es baut auf der Tradition der klassischen "Timesharing-Betriebssysteme" auf. In den 70er Jahren wurde es sehr populär als Alternative zu den klassischen Großrechnerbetriebssystemen. Es entstanden zahllose Weiterentwicklungen und Varianten von UNIX. Gegenwärtig bemühen sich (mehrere) Firmen bzw. Organisationen um eine Vereinheitlichung von UNIX. Gegenwärtig ist die Basis für eine solche Vereinheitlichung das UNIX System V in den Versionen 2, 3 und 4.

Ein Hauptvorteil von UNIX ist seine Verfügbarkeit auf vielen verschiedenen Rechnertypen – vom Personal Computer bis zum Supercomputer. Allerdings hat das nicht nur Vorteile: UNIX ist offensichtlich kein typisches "Ein-Benutzer-Betriebssystem". Man benötigt einen Systemadministrator – auch wenn nur ein Benutzer berechtigt ist, mit dem System umzugehen. Die Struktur des Dateisystems ist auf eine Mehrbenutzersituation zugeschnitten und kann nicht ohne weiteres an die Situation eines einzigen Benutzers angepaßt werden. Der Umgang mit Disketten ist gewöhnungsbedürftig.

UNIX Anwender loben die zahlreichen Dienstprogramme, die unter UNIX zur Verfügung stehen und die in dieser Welt populären Editoren wie ed, vi und emacs. MS-DOS Anwender finden unter diesen Dienstprogrammen jedoch nicht die, die sie gewohnt sind und empfinden die Benutzeroberfläche der Editoren als Rückschritt in die Welt der "dummen Terminals".

Ein wesentlicher Nachteil von UNIX ist das Fehlen der typischen MS-DOS Anwenderprogramme wie z. B. LOTUS 1-2-3, WORD, WORDPERFECT, dBASE, Laplink, Norton Utilities, etc. Einige dieser Programme gibt es zwar in UNIX Versionen. Erstaunlicherweise erfreuen diese sich aber bei UNIX Anwendern keiner besonderen Aufmerksamkeit.

Viele Konzepte von UNIX sind de facto Standard aller neueren Betriebssysteme geworden. Trotzdem hat UNIX einige Besonderheiten, die nur historisch zu erklären sind: Basis aller UNIX Systeme ist z.B. der einfache ASCII-Zeichensatz. Der erweiterte IBM-ASCII Zeichensatz wird nur auf besonderen Wunsch behandelt. Ebenso können moderne Benutzeroberflächen, Grafiksysteme, Mausbenutzung und ähnliches meist nur mit komplizierten Zusatzprogrammen implementiert werden. Einige Eigenschaften von UNIX sind heute eigentlich weitgehend überholt. Dazu gehört das Prinzip, nur minimale Meldungen zu produzieren ("No news is good news"). Ebenso die Abkürzungssucht ("grep" u.ä.) und der bewußte Verzicht auf Sicherheit zugunsten gesteigerter Performanz. Gerade dieses Prinzip war ursprünglich sehr populär – vor allem bei Softwareentwicklern. Heute ist die Weiterentwicklung von UNIX zu einem "sicheren System" eines der größten Probleme.

Heute ist UNIX bei Softwareentwicklern, vor allem bei Anwendern der Programmiersprache C, sehr beliebt. Es ist in Mehrplatzkonfigurationen und als Netzwerkserver sehr attraktiv. Daher ist UNIX in jedem Fall auch aus heutiger Sicht ein wichtiges und nicht wegzudiskutierendes Betriebssystem. Ein wesentlicher Vorteil heute üblicher Personal Computer ist es, daß sie für einen einzigen Benutzer da sind und diesem alle verfügbare Leistung anbieten. In diesem Kontext wird offensichtlich ein "Ein-Benutzer-Betriebssystem" benötigt. Ein solches System benötigt keinen Systemadministrator und schon gar keine Verwaltung mehrerer Benutzer. Es läßt sich an die Gewohnheiten des einzigen Benutzers ideal anpassen. Ein solches Betriebssystem ist UNIX offensichtlich nicht.

4. Konsequenzen für die Lehre

MS-DOS ist zur Zeit das populärste und meist verwendete Betriebssytem im Bereich von Personal Computern. OS/2 bietet sich an, um die Einschränkungen von MS-DOS zu überwinden. Die Entwicklung dieses Betriebssystemes bis zur allgemeinen Zufriedenheit dauert jedoch länger als es den Anwendern lieb sein kann. UNIX ist zwar kein ideales "Ein-Benutzer-Betriebssystem" ist aber derzeit das einzige Betriebssystem, das den 80386 Prozessor effektiv ausnutzt und daher sehr erfolgreich. In dieser Situation ist im Bereich der Lehre *keine* Entscheidung für oder gegen eines der Systeme möglich. Die Ausbildung muß in *allen* drei Systemen erfolgen. Dies bedeutet für CIP-Pools, daß die Geräte so dimensioniert werden müssen, daß alle drei Betriebssysteme umschaltbar eingesetzt werden können. Ohne Netzbetrieb würde das bedeuten, daß jedes Gerät ca. 100 MB Plattenspeicher, 4 - 6 MB Hauptspeicher und einen Prozessor mit mindestens 20 MHz benötigt. Im Netzbetrieb kann Plattenspeicher bei den einzelnen Arbeitsplätzen eingespart werden. Leider entwickeln sich die Netzwerkprotokolle in der UNIX Welt einerseits und in der MS-DOS bzw. in der OS/2 Welt andererseits auseinander.

Neben den erhöhten Kosten für Geräte mit der oben beschriebenen Ausrüstung ergeben sich beim Betrieb von CIP-Pools mit gemischten MS-DOS, OS/2, UNIX Systemen zusätzliche Probleme mit der Verwaltung der Netze.

Darüber hinaus müssen auf jedem Arbeitsplatzgerät drei Betriebssysteme unterhalten werden. Dabei ist das typische Problem das Installieren der Software auf einem absichtlich oder zufällig gestörten Gerät. Bei MS-DOS und OS/2 ist das einfach – insbesondere, wenn die Masse der Dateien auf einem Server vorgehalten wird. Bei UNIX ergeben sich hier zusätzliche Probleme, da ziemlich viele Dateien lokal gehalten werden müssen und teilweise nur durch Neugenerierung erzeugt werden können. Darüber hinaus müssen auf UNIX Systemen auch lokale Paßwörter eingerichtet und verwaltet werden. Wenn Administrator-Paßwörter verloren gehen oder absichtlich geändert werden, muß das System in jedem Fall neu generiert werden. Der Paßwortschutz ist in einer Mehrbenutzerumgebung sowieso eher hinderlich als nützlich, da beispielsweise im MS-DOS Betrieb sowieso die ganze Festplatte, also auch der Inhalt der UNIX-Partition, gelesen bzw. manipuliert werden kann.

Das Einrichten einer Festplatte als Mehrbetriebssystem erfolgt derzeit am besten durch Einteilen der Platte in drei Partitionen. Eine Partition sollte das Laufwerk C: für MS-DOS und OS/2 beinhalten. Die zweite Partition sollte die erweiterte Partition für weitere MS-DOS und OS/2 Laufwerke sein. Beide Partitionen sollten zusammen mindestens 20 MB bei Netzbetrieb und mindestens 40 MB sonst haben. Eine dritte Partition mit mindestens 40 MB sollte als UNIX Partition eingerichtet werden.

Die Auswahl eines der drei Betriebssysteme als das aktive beim Systemstart ist zur Zeit noch nicht in der gewünschten Einfachheit möglich. Wünschenswert wäre ein Menü aus dem das gewünschte Betriebssystem gewählt werden kann. Tatsächlich muß man die Auswahl derzeit durch Aktivierung einer Partition vornehmen. Dazu kann man ein einfaches von Diskette bootendes Hilfsprogramm verwenden. Ist die UNIX Partition aktiv gekennzeichnet, hat man beim Systemstart noch die Möglichkeit temporär die MS-DOS Partition zu booten, andernfalls wird UNIX gebootet. Wird die MS-DOS Partition gebootet, kann man durch ein weiteres Hilfsprogramm eine Weiche einrichten mit deren Hilfe man wahlweise nach MS-DOS oder OS/2 bootet.

Sicherheit in UNIX-Netzen

Rudolf Wildgruber
PCS GmbH, München

UNIX-Rechner sind häufig in Netzwerke eingebunden. Unter den zahlreichen Kommunikationssystemen werden UUCP, TCP/IP, MUNIX/NET und NFS herausgegriffen und deren Sicherheitsmechanismen analysiert. Der Beitrag beginnt mit einem Überblick über mögliche Bedrohungen der Datenkommunikation. Die Sicherheitsfunktionen der OSI Sicherheitsarchitektur werden vorgestellt und Beispiele für deren Realisierung genannt. Die in den Kommunikationssystemen eingebauten Sicherheitsmechanismen werden zur OSI Sicherheitsarchitektur in Beziehung gesetzt und bewertet.

1. Bedrohungen

Ausgangspunkt für Sicherheitsüberlegungen in Netzwerken sind die Bedrohungen denen die Kommunikation ausgesetzt ist [ZSI 89].

1.1 Unbefugter Informationsgewinn

Ein unbefugter Informationsgewinn bedeutet den Verlust von Vertraulichkeit. Dies kann z.B. erfolgen durch Abhören von Informationen. Mögliche Angriffspunkte sind dabei die Kommunikationsmedien (Anzapfen von Leitungen, Mithören bei lokalen Netzen) oder die Kommunikationsendpunkte, indem einer der Partner eine falsche Identität vorspiegelt (Maskerade). In eine falsche Identität kann sowohl ein Rechner durch die Maskierung mit einer falschen Netzwerkadresse schlüpfen als auch ein Benutzer durch die unrechtmäßige Verwendung eines Passwortes. Selbst wenn die übertragenen Nutzinformationen gegen das Abhören geschützt sind, kann durch eine Analyse der Verkehrsbeziehungen ein Informationsgewinn erzielt werden.

1.2 Unbefugte Modifikation von Informationen

Die unbefugte Modifikation von Informationen zerstört die Integrität der Informationen. Dies kann z.B. erfolgen durch Verfälschen oder Löschen von Daten. Durch die Vortäuschung einer falschen Identität können Zugriffsrechte erlangt werden, die eine Manipulation von Daten erlauben. Das Aufzeichnen einer Kommunikationsbeziehung und das spätere Wiederholen kann zur Modifikation von Informationen benutzt werden. Vermittlungsknoten in großen Netzwerken bergen Risiken für die Integrität der Daten, da der Kreis derer, die berechtigter- oder unberechtigterweise Zugang zu den Daten haben, vergrößert wird.

1.3 Unbefugte Beeinträchtigung der Funktionalität

Die unbefugte Beeinträchtigung der Funktionalität setzt die Verfügbarkeit von Kommunikationsbeziehungen herab. Möglich ist dies z.B. durch Belegen von Ressourcen oder durch Stören bzw. Zerstören von Kommunikationskomponenten. So können z.B. durch verstopfte Kanäle zeitkritische Vorgänge verzögert werden.

1.4 Verleugnen von Kommunikationsbeziehungen

Bei den bisher erwähnten Punkten wurde hauptsächlich unterstellt, daß die Bedrohungen von dritter Seite ausgehen. Die Kommunikationspartner selbst sind jedoch auch eine potentielle Gefahrenquelle. Ein Partner kann abstreiten, an einer Kommunikation teilgenommen zu haben, d.h. das Absenden bzw. der Empfang von Daten kann verleugnet werden. Er kann Daten erzeugen oder fälschen und behaupten, der Kommunikationspartner hätte sie ihm geschickt. Möglich ist auch die Verletzung von Sicherheitsstufen, indem geheime Daten an nicht autorisierte Personen weitergegeben werden.

2. Sicherheitsfunktionen und Mechanismen

Sicherheitsfunktionen wirken den Bedrohungen entgegen. Sie werden durch Sicherheitsmechanismen oder Algorithmen realisiert. In einem Zusatz zum ISO-Referenzmodell für offene Systeme [2] sind die Sicherheitsfunktionen für die Datenübertragung klassifiziert.

2.1 Authentifizierung

Eine Authentifizierung stellt sicher, daß an einer Kommunikationsbeziehung tatsächlich die gewünschten Partner beteiligt sind. Dieser Identitätsnachweis kann sich auf die Benutzer, auf Kommunikationskomponenten und auf den Ursprung von Daten beziehen.

Eine Authentifizierung kann erfolgen durch [1]:

- Kennworte (Passwort, PIN: Personal Identification Number);
- Gegenstände (Magnetstreifenkarte);
- Biometrische Eigenschaften (Fingerabdruck, Retinamuster, Stimme);
- Kryptographische Techniken (elektronische Unterschrift).

2.2 Zugriffskontrolle

Nur autorisierte Subjekte (Personen, Programme) dürfen auf Objekte (Rechner, Daten, Anwendungen) zugreifen und zwar nur auf festgelegte Art und Weise. Z.B. kann bei den Zugriffsarten unterschieden werden zwischen Ausführen, Lesen, Schreiben und Löschen. Die Zugriffskontrolle ist entweder benutzerbestimmbar oder festgelegt. Bei der benutzerbestimmbaren Kontrolle sind für ein Objekt die autorisierten Benutzer mit den erlaubten Zugriffsarten angegeben. Bei der festgelegten Kontrolle werden die Objekte bezüglich ihrer Schutzbedürfnisse klassifiziert. Ein Benutzer wird einer Sicherheitsstufe zugeteilt und hat Zugriff auf alle mit dieser Stufe assoziierten Objekte. Unter Zugriffskontrollmechanismen fallen die Verwaltung und die Überprüfung von Zugriffsrechten.

2.3 Vertraulichkeit

Übertragene Daten sollen nicht von Unbefugten gelesen bzw. interpretiert werden. Die Vertraulichkeit bei der Kommunikation kann erforderlich sein für die gesamte Übertragung, nur für einen Teil der Daten oder für die Kommunikationsbeziehung an sich. Letzteres dient dazu, eine Verkehrsflußanalyse zu verhindern.

Als geeignete Mechanismen sind hier neben den technischen Maßnahmen zum Abhörschutz die kryptologischen Verfahren zu nennen. Als Verschlüsselungsverfahren kommen in Betracht:

- Symmetrische Verfahren
- Asymmetrische Verfahren
- Einbahnfunktionen.

Bei der symmetrischen Verschlüsselung vereinbaren die beiden Kommunikationspartner einen gemeinsamen Schlüssel, der sowohl zum Ver- als auch zum Entschlüsseln benutzt wird. Der DES-Algorithmus (Data Encryption Standard) ist ein Beispiel für ein symmetrisches Verfahren. Der bekannteste Algorithmus für ein asymmetrisches Verfahren ist der RSA-Algorithmus (Rivest, Shamir, Adleman). Asymmetrische Verfahren verwenden einen öffentlichen und einen privaten Schlüssel. Mit dem öffentlichen Schlüssel chiffrierte Daten können nur mit dem geheimen Schlüssel dechiffriert werden und umgekehrt. Bei den Einbahnfunktionen ist es praktisch unmöglich, verschlüsselte Daten zu entschlüsseln. Praktische Verwendung finden sie bei der Speicherung von Paßworten und PINs.

2.4 Datenintegrität

Maßnahmen zur Datenintegrität bieten Schutz gegen die Modifikation von übertragenen Daten bzw. erlauben das Erkennen von modifizierten Daten. Als Mechanismen zur Datenintegrität kommen z.B. in Frage:

- Kryptographische Prüfsumme: Aus den Daten wird eine Prüfsumme gebildet. Die Prüfsumme wird mit einer Einbahnfunktion verschlüsselt und zusammen mit den Daten versendet. Bei Kenntnis des Schlüssels ist der Empfänger in der Lage, die Integrität der Daten festzustellen. Normale Prüfsummen können eine Verfälschung der Daten nicht verhindern, solange sie nicht selbst gegen Änderungen gesichert sind.
- Elektronische Unterschrift: Aus den Daten wird mittels eines asymmetrischen Verfahrens eine Signatur erzeugt und zusammen mit den Daten übertragen. Die Signatur wird mit dem privaten Schlüssel generiert, den nur der Absender kennt. Der Empfänger kann über den öffentlichen Schlüssel die Signatur entschlüsseln und mit den Daten vergleichen. Neben der Datenintegrität erbringt die elektronische Unterschrift auch einen Sendenachweis.

2.5 Kommunikationsnachweis

Der Nachweis einer Kommunikationsbeziehung bezieht sich auf das Senden, die Übermittlung und den Empfang von Daten. Beim Sendenachweis kann der Empfänger nachweisen, daß der Sender die Daten mit unverändertem Inhalt abgeschickt hat. Beim Einschreiben kann der Sender nachweisen, daß er die Daten gesendet hat. Beim Einschreiben mit Rückschein kann der Sender nachweisen, daß der Empfänger die Daten mit unverändertem Inhalt erhalten hat.

Zum Kommunikationsnachweis können Mechanismen zur Datenintegrität, die elektronische Unterschrift oder ein Notariat herangezogen werden. Beim Notariat handelt es sich um eine vertrauenswürdige dritte Partei, die über die notwendigen Informationen verfügt, um die Integrität der Daten und die Kommunikationsbeziehung zu bestätigen.

3. Analyse der Kommunikationssoftware

Im folgenden werden die Kommunikationssysteme vorgestellt und ihre Sicherheitsmechanismen zu den Sicherheitsfunktionen der OSI-Sicherheitsarchitektur in Beziehung gesetzt.

3.1 UUCP

3.1.1 Überblick

Das UUCP-System [5] ist im Standardumfang von UNIX enthalten und hat dadurch eine sehr weite Verbreitung erlangt. Auf der Basis von UUCP sind Tausende von

UNIX-Rechnern weltweit im USENET zusammengeschlossen. Die Rechner können physikalisch über asynchrone serielle Leitungen (Telefonnetz), X.25 oder LANs verbunden sein.

UUCP ermöglicht den Dateiaustausch zwischen Systemen (Kommando uucp) und die Ausführung von Kommandos auf einem entfernten Rechner (Kommando uux). Mit diesen Möglichkeiten wird als hauptsächliche Anwendung der Austausch von Mail und die Verbreitung von News bewerkstelligt. Ähnlich dem UNIX-Betriebssystem existiert UUCP in verschiedenen Varianten, die sich hinsichtlich der Administrations- und Benutzerschnittstelle unterscheiden. Im weiteren wird auf HDB UUCP Bezug genommen, das Bestandteil von System V.3 ist. Andere UUCP-Versionen sind z.B. V7-UUCP, Tahoe UUCP (BSD), EUNET UUCP.

Die Kommunikation zwischen zwei Systemen wird von dem Dämon-Programm uucico abgewickelt. Die Kommunikation ist Master-Slave orientiert, wobei die Rollen während einer Verbindung getauscht werden können. Die Protokollarchitektur ist zweigeteilt und entzieht sich ansonsten der OSI-Klassifizierung. Die Identifizierung der Partner und die Absprache von Optionen erfolgt über ein Handshake-Protokoll. Für die eigentliche Übertragung der Daten kommt ein Transfer-Protokoll zum Einsatz. Das sogenannte g-Protokoll ist das Standard-Transfer-Protokoll. Es ist paketorientiert und für den Einsatz bei störungsbehafteten Verbindungen (Telefonnetz) gedacht. Das f-Protokoll wurde für störungsfreie Verbindungen entworfen und wird in der Regel bei X.25-Verbindungen eingesetzt. Weitere Transfer-Protokolle sind z.B. das e-Protokoll (Einsatz im LAN) und das x-Protokoll (Einsatz bei X.25-Verbindungen).

Das UUCP-System bietet eine vielfältige und komfortable Administrationsschnittstelle. Zugriffe auf und von fremden Rechnern werden über die Dateien Systems und Permissions im Directory /usr/lib/uucp kontrolliert. Das Programm uucheck setzt den Inhalt dieser Dateien in eine lesbare Form um. Das Verbindungsmanagement erfolgt über die Dateien Devices, Dialcodes, Dialers und Poll im Directory /usr/lib/uucp im Zusammenhang mit dem Programm uusched. Der Status von Verbindungen kann mit dem Programm uustat abgefragt werden. Weitere Programme unterstützen Logging, Auditing, Cleanup, Test und Debugging.

3.1.2 Sicherheitsmechanismen

Authentifizierung und Zugriffskontrolle sind die zwei Sicherheitsfunktionen, für die Mechanismen im UUCP-System realisiert sind. Die anderen Funktionen der OSI Sicherheitsarchitektur werden durch das UUCP-System nicht abgedeckt (siehe Tabelle 1).

Die Authentifizierung basiert auf dem Passwort-Mechanismus von UNIX beim Login. Nach dem Aufbau der physikalischen Verbindung meldet sich ein entferntes System mit Loginname und Paßwort an. Der anrufende Rechner identifiziert sich anschließend mit seinem Systemnamen. Als Sicherheit gegen Rechner, die eine falsche Identität vorspiegeln, dient ein optionaler Callback-Mechanismus. Der angerufene Rechner baut dann die Verbindung ab und ruft zurück. Der Callback-Mechanismus bietet in öffentlichen Netzen einen ausreichenden Schutz gegen einen möglichen Angreifer. In lokalen Netzen wirkt dieser Schutzmechanismus dagegen nicht, da die Netzwerkadresse eines Rechners maskiert werden kann.

Sicherheitsfunktion	Mechanismen
Authentifizierung	Über den Passwort-Mechanismus von UNIX; Callback-Mechanismus
Zugriffskontrolle	Durch das Programm uucico und Zugriffstabellen
Vertraulichkeit	–
Datenintegrität	–
Kommunikationsnachweis	–

Tabelle 1: *Sicherheitsmechanismen von UUCP*

Die Zugriffskontrolle nach dem Verbindungsaufbau erfolgt zum einen dadurch, daß nach dem Login keine Shell gestartet wird, sondern das Programm uucico und zum anderen über die Dateien Systems und Permissions, die uucico auswertet. In Systems werden die Rechner eingetragen, mit denen eine Verbindung aufgebaut werden darf. In Permissions können rechnerspezifisch Zugriffsrechte bezogen auf den aktiven (Anruf) oder passiven Verbindungsaufbau (Entgegennahme eines Anrufes) vergeben werden. Unter anderem kann festgelegt werden, welche Directories lesbar bzw. schreibbar sind, ob ein passiver Dateitransfer erlaubt ist, welche Kommandos ausgeführt werden dürfen und ob eine zusätzliche Prüfung des Loginnamens erfolgen soll.

3.2 TCP / IP

3.2.1 *Überblick*

TCP/IP [2] ist eine Familie von Kommunikationsprotokollen der OSI-Ebenen 3 und 4. Die erste Implementierung für UNIX erfolgte durch die University of Berkeley, California. Aus den in den UNIX-Versionen 4.1 BSD, 4.2 BSD und 4.3 BSD enthaltenen Implementierungen leiten sich im wesentlichen alle anderen UNIX-Implementierungen ab. Üblicherweise werden zum TCP/IP-System auch die darauf aufbauenden Anwendungen dazugerechnet. Die Anwendungen für heterogene Netze werden als Arpa-Dienste bezeichnet. Es sind dies File Transfer (ftp) und Remote Login (telnet). Die Berkeley-Dienste rlogin (Remote Login), remsh (Remote Shell), rcp (Remote Copy) und rwho (Remote Who) sind Anwendungen für reine UNIX-Netze.

Für die erwähnten Dienste existieren spezielle Anwendungsprotokolle (z.B. FTP, TELNET, SMTP, Protokoll für r-Utilities). Auf Transportebene basieren sie entweder auf dem verbindungsorientierten Protokoll TCP oder auf dem verbindungslosen Protokoll UDP. Auf Netzwerkebene wird das verbindungslose Protokoll IP verwendet. Für IP gibt es Implementierungen für Ethernet, asynchrone serielle Leitungen und X.25.

Die Prozeß-Prozeß-Kommunikation ist Client-Server orientiert. Bei 4.3 BSD beispielsweise erfolgt das Servermanagement durch den Superserver inetd, der beim Verbindungsaufbau den spezifischen Anwendungsserver erzeugt. Weitere Administrationsprogramme gibt es für Adreß- und Konfigurationsmanagement, Statusabfragen, Statistik und Test. Die Zugriffskontrolle erfolgt anwendungsspezifisch.

3.2.2 Sicherheitsmechanismen

Wie beim UUCP-System existieren neben den Mechanismen für die Authentifizierung und Zugriffskontrolle keine weiteren Sicherheitsmechanismen (siehe Tabelle 2). Diese Mechanismen sind überdies anwendungsbezogen. Beim Aufbau von Verbindungen auf Transportebene gibt es keinerlei Sicherheitsmechanismen. Das bedeutet, daß eigene Anwendungen oder Anwendungen von dritter Seite, die auf das TCP/IP-Transportsystem aufbauen, speziell auf Sicherheitsmechanismen geprüft werden müssen.

Sicherheitsfunktion	Mechanismen
Authentifizierung	Über den Passwort-Mechanismus von UNIX
	(kann bei den Berkeley-Diensten umgangen werden)
Zugriffskontrolle	ARPA-Dienste: über Zugriffskontrolle von UNIX
	Berkeley-Dienste: über Zugriffstabellen und Benutzernamen
Vertraulichkeit	–
Datenintegrität	–

Tabelle 2: *Sicherheitsmechanismen von TCP/IP-Diensten*

Bei den Arpa-Diensten erfolgt die Authentifizierung über den Passwort-Mechanismus von UNIX. Nach dem Verbindungsaufbau muß sich ein Benutzer vor weiteren Zugriffen mit Loginname und Passwort identifizieren. Damit ist für diesen Benutzer eine gültige Benutzer- und Gruppennummer (uid/gid) festgelegt, anhand der die Zugriffe über den UNIX-Zugriffsschutzmechanismus kontrolliert werden. Optional wird bei manchen Implementierungen geprüft, ob der Client-Rechner in der Datei /etc/hosts eingetragen ist. Das Programm ftp verfügt noch über einen weiteren Mechanismus zur Zugriffskontrolle. In die Datei /usr/lib/inet/ftpusers können alle Loginnamen eingetragenen werden, für die der Zugriff generell gesperrt wird.

Bei den Berkeley-Diensten kann die Authentifizierung und Zugriffskontrolle wie bei den Arpa-Diensten erfolgen. Allerdings kann die Authentifizierung für vertrauenswürdige Rechner über die Datei /etc/hosts.equiv und benutzerspezifische .rhosts -Dateien umgangen werden. Dies stellt ein potentielles Sicherheitsrisiko dar, da ein Rechner über seine Netzwerkadresse identifiziert wird. In lokalen Netzen kann jedoch diese Adresse leicht maskiert werden.

3.3 MUNIX / NET

3.3.1 Übersicht

MUNIX/NET [4] wurde von PCS Computer Systeme entwickelt und in MUNIX, der PCS-Version von UNIX integriert. MUNIX basiert auf der AT&T-Linie von UNIX und enthält darüber hinaus Elemente der BSD-Linie. MUNIX existiert derzeit in zwei Versionen, basierend auf System V.2 für 16/32-Bit Rechner bzw. System V.3 für 32-Bit/RISC Rechner.

MUNIX/NET [4] verknüpft ein Netzwerk von homogenen CADMUS-Rechnern zu einem transparenten verteilten UNIX-System. Die lokalen Dateisysteme werden über eine – so genannte – Superroot zu einem verteilten Dateisystem integriert. Ein global eindeutiger Namensraum im verteilten System und damit Namenstransparenz kann mit MUNIX/NET aufgebaut werden. MUNIX/NET erlaubt den lokalen und entfernten Zugriff auf alle Dateien mit denselben Kommandos und Systemaufrufen. Dies schließt Special Files (Geräte) und Named Pipes mit ein. Der entfernte Zugriff auf Dateien erfolgt semantisch konsistent, d.h. Systemaufrufe und Programme liefern dieselben Ergebnisse unabhängig davon, wo sie ausgeführt werden. Damit können Programme und Dateien innerhalb des verteilten Systems verlagert werden, ohne daß dies Auswirkungen auf Programmergebnisse hat. Eine beliebige Verlagerung von Dateien im Netz ohne Änderung des Dateinamens wird mit symbolischen Links ermöglicht (Ortstransparenz).

Mit den Kommandos urun und ulogin erlaubt MUNIX/NET das Ausführen von Kommandos (Remote Execution) bzw. das Eröffnen einer Sitzung (Remote Login) an einem entfernten Rechner. Daneben ist MUNIX/NET in der Lage, Systeme zu unterstützen, die selbst keine eigene Platte besitzen (Diskless Nodes). MUNIX/NET stützt sich auf ein privates RPC (Remote Procedure Call) Protokoll, das auf einem verbindungslosen Transportdienst aufbaut. Das Datagramm-Protokoll auf OSI-Ebene 4 ist ebenfalls privat, während auf Ebene 3 IP verwendet wird. Basis für die Vernetzung der Systeme ist Ethernet. MUNIX/NET behandelt die notwendigen Umsetzungen bei Daten- und Strukturrepräsentationen für die Vernetzung heterogener CADMUS-Rechner.

Administrationskommandos unterstützen das Verbindungsmanagement und die Verwaltung von Diskless Nodes. Das Programm uunite erlaubt die Kontrolle der Zugriffe zwischen einzelnen Rechnern. Weitere Programme gibt es für Netzstatistik und Test.

3.3.2 Sicherheitsmechanismen

Außer Zugriffskontrolle bietet MUNIX/NET keine weiteren Sicherheitsmechanismen (siehe Tabelle 3)

Die Zugriffskontrolle im Netz erfolgt in MUNIX/NET sowohl auf Rechner- als auch auf Benutzerebene. Auf Rechnerebene kann zwischen zwei Rechnern eine symmetrische oder eine asymmetrische Zugriffsmöglichkeit vereinbart werden. Die Abbildung von entfernten Benutzer- und Gruppennummern auf lokal gültige ist Basis für die Zugriffskontrolle auf Benutzerebene. Eine implizite Abbildung und explizite Abbildungen sind möglich. Beim Fehlen einer impliziten Abbildung dürfen nur Benutzer zugreifen, für die eine explizite Abbildung existiert. Der Zugriffskontroll-Mechanismus basiert auf der effektiven Benutzer- und Gruppennummer, so daß durch ihn auch suid/sgid-Programme erfaßt werden. Sollten die Benutzer- und Gruppennummern im verteilten System eindeutig sein, kann auf die Abbildung verzichtet werden. Ein Zugriff im entfernten Rechner erfolgt dann mit der lokalen Benutzer- und Gruppennummer. Diese Situation tritt vor allem in File Server/Workstation Netzen auf. Die Datenbasis für Benutzer- und Gruppennummern kann dort zentral am File Server verwaltet werden. Die Workstations besitzen keine eigenen Datenbasen, sondern greifen über symbolische Links auf den File Server zu.

Sicherheitsfunktion	Mechanismen
Authentifizierung	–
Zugriffskontrolle	Auf Benutzerebene: Abbildung von Benutzer-/Gruppennummern über Zugriffstabellen; Auf Rechnerebene: über den Mount-Mechanismus von UNIX
Vertraulichkeit	–
Datenintegrität	–
Kommunikationsnachweis	–

Tabelle 3: *Sicherheitsmechanismen von MUNIX/NET*

3.4 NFS

3.4.1 Überblick

NFS [3] wurde von SUN entwickelt und in SunOS, einer auf der BSD-Linie basierenden UNIX-Variante integriert. Um NFS zu einer weiten Verbreitung zu verhelfen, wurden die Protokoll-Spezifikationen veröffentlicht und die NFS-Quellen in Lizenz angeboten.

Das Ziel von NFS ist, innerhalb eines Netzwerkes von Rechnern, den Zugriff auf entfernte Dateien in transparenter Weise zu ermöglichen. Der Aufbau eines Netzwerk-Dateisystems erfolgt über das Mount-Konzept. Server-Rechner erlauben den Zugriff auf ihre lokalen Dateisysteme, indem sie Teile davon exportieren. Client-Rechner hängen exportierte Teil-Dateisysteme in ihre lokalen Dateisysteme mit dem Mount-Kommando ein. Um eine einheitliche Sicht des Netzwerk-Dateisystems zu erhalten, müssen die Rechner Unterbäume wechselseitig exportieren und importieren.

Der Grund, warum von einem Netzwerk-Dateisystem und nicht von einem verteilten Dateisystem gesprochen wird, liegt darin, daß NFS nicht für alle UNIX-Dateiarten den entfernten Zugriff zuläßt. Auf Special Files und Named Pipes kann nur lokal zugegriffen werden. Auf der Server-Seite wird beim Dateizugriff keine Zustandsinformation mitgeführt. Die Folge davon ist, daß semantische Konsistenz nicht bei allen Operationen auf entfernte Dateien gewährleistet ist. Dies gilt z.B. beim Löschen von offenen Dateien, bei unteilbaren Lese-/Schreibvorgängen und beim File/Record Locking. Die ortstransparente Verlagerung von Dateien im Netz wird mit symbolischen Links vorgenommen.

Für die Verwaltung netzweit eindeutiger Daten beinhaltet NFS den sogenannten Yellow Pages Dienst (YP). Dabei handelt es sich um eine Menge von Utilities, Kommandos und Bibliotheksfunktionen für den Aufbau und den Zugriff auf verteilte Datenbanken. Das Kommando *on* erlaubt die entfernte Ausführung von Programmen (Remote Execution). Der Betrieb von Diskless Nodes wird ab Release 4.0 unterstützt.

NFS wurde betriebssystem-unabhängig im Hinblick auf die Vernetzung heterogener Rechner entworfen. Das NFS-Protokoll stellt Zugriffsdienste auf entfernte Dateien zur Verfügung. Es orientiert sich nicht an den UNIX-Systemaufrufen, sondern bietet allgemeine Dateizugriffsdienste. Das NFS-Protokoll setzt auf einem allgemeinen RPC-Mechanismus auf, der auch auf Benutzerebene in Form von Bibliotheksfunktionen zur Realisierung von verteilten Applikationen herangezogen werden kann. Mit XDR erfolgt die Darstellung von Datentypen und Strukturen in einer rechnerunabhängigen Form. Als Transportsystem wird TCP/IP verwendet. An Administrationsfunktionen bietet NFS Zugriffskontrolle, Test, Netzstatistik, Statusabfragen, Yellow Pages Management und RPC Management.

3.4.2 Sicherheitsmechanismen

In den ersten Versionen von NFS existierte als Sicherheitsmechanismus nur die Zugriffskontrolle. Mit Release 4.0 wurde zusätzlich ein Authentifizierungsmechanismus implementiert (siehe Tabelle 4).

Sicherheitsfunktion	Mechanismen
Authentifizierung	DES-Verschlüsselung von Zeitstempeln,
	Austausch des DES-Schlüssels über asymmetrisches
	Verschlüsselungsverfahren (kann abgeschaltet werden)
Zugriffskontrolle	Auf Benutzerebene: über Zugriffskontrolle von UNIX;
	Auf Rechnerebene: über Mount-Mechanismus von UNIX
Vertraulichkeit	–
Datenintegrität	–
Kommunikationsnachweis	–

Tabelle 4: Sicherheitsmechanismen von NFS

Die Authentifizierung erfolgt auf RPC-Ebene über Zeitstempel. Ein Client-Prozeß initiiert einen RPC, den ein Server-Prozeß bearbeitet. Der Client-Prozeß verschlüsselt mit dem DES-Algorithmus die aktuelle Zeit und sendet diese zusammen mit dem RPC an den Server-Prozeß. Dieser DES-Schlüssel (Session-Schlüssel) wird vom Client-Prozeß zufällig generiert und beim ersten RPC mitgesendet. Für die Übertragung wird der Session-Schlüssel mit dem asymmetrischen Diffie-Hellman-Algorithmus verschlüsselt. Dazu gibt es für jeden Benutzer einen öffentlichen und einen privaten Schlüssel. Die Verwaltung dieser Schlüssel erfolgt über Yellow Pages. Dabei werden die privaten Schlüssel mit dem DES-Algorithmus verschlüsselt. Als DES-Schlüssel wird das Login-Passwort des Benutzers herangezogen. Die Implementierung dieses Mechansimus erfolgte so, daß das Login-Passwort eines Benutzers nicht über das Netz übertragen werden muß. Unabdingbare Voraussetzung für das Funktionieren dieses Mechanismus ist der Zeitabgleich zwischen den Systemen. Ein Nebeneffekt dieses Mechanismus durch die Verwendung eines aktuellen Zeitstempels ist der Schutz gegen einen wiederholten Ablauf einer Session.

Die Zugriffskontrolle im Netz ist wie bei MUNIX/NET zweistufig. Beim Export eines Unterbaumes kann der Zugriff vom Server-Rechner für beliebige Client-Rechner erlaubt oder auf einen bestimmten bzw. auf eine Gruppe von Client-Rechnern eingeschränkt werden. Auf Dateien, die nicht in einem exportierten Unterbaum liegen, kann von entfernten Rechnern nicht zugegriffen werden. Auf Benutzerebene geht NFS von netzweit eindeutigen Benutzer- und Gruppennummern aus. Der Zugriff auf eine entfernte Datei erfolgt demnach mit der lokalen Benutzer-/Gruppennummer. Der Systemverwalter hat die netzweite Eindeutigkeit der Benutzer- und Gruppennummern sicherzustellen. Eine Sonderbehandlung ist für den Superuser vorgesehen. Ein Server-Rechner kann den Zugriff auf lokale Dateien durch den Superuser eines entfernten Rechners verbieten. Dabei entsteht die kuriose Situation, daß ein lokaler Superuser beim entfernten Zugriff weniger Rechte als ein lokaler normaler Benutzer haben kann.

4. Zusammenfassung

Der Vergleich ergibt, daß keines der Kommunikationssysteme die Sicherheitsfunktionen Vertraulichkeit, Datenintegrität und Kommunikationsnachweis unterstützt. Dies korreliert sicherlich damit, daß UNIX-Systeme nicht oder nur sehr zögernd in sensitiven Bereichen (Banken, Militär) eingesetzt werden. Die bei den Systemen integrierten Mechanismen für Authentifizierung und Zugriffskontrolle erklären sich hauptsächlich aus dem Vorhandensein dieser Mechanismen im UNIX-Betriebssystem und deren Integration in die Kommunikationssysteme. Einzig SUN geht mit NFS den Weg, zumindest die Authentifizierung auf moderne kryptographische Verfahren aufzusetzen.

Literatur

1. Beutelspacher, A., Gundlach, M.: Datenschutz und Datensicherheit in Kommunikationsnetzen. Datenschutz und Datensicherung 4/88.
2. Comer, D. E.: Internetworking with TCP/IP . Prentice-Hall, London 1988. ISO 7498/2: Open Systems Interconnection Reference Model - Part 2: Security Architecture.
3. Sandberg, R.: The Sun Network Filesystem: Design, Implementation and Experience. Proceedings of the 1986 EUUG Spring Conference, Florence, Italy, 1986.
4. Wildgruber, R.: Design and Implementation of MUNIX/NET. Proceedings of the 1986 EUUG Workshop on Distributed UNIX Systems, Manchester, England, September 1986.
5. Wood, P.H., Kochan, S. G.: UNIX System Security. Hayden Books, Indianapolis, Indiana USA, 1985. Zentralstelle für Sicherheit in der Informationstechnik:
6. IT-Sicherheitskriterien. Bundesanzeiger Nr. 99a, Jahrgang 41 (1989), Bundesanzeiger Verlagsges. mbH, Köln.

ERGOS-L3:
Mehrplatzfähigkeit für MS-DOS

Bernd Stehle

ERGOS Ergonomic Office Software GmbH, Siegburg

Steckte der Personal Computer vor 10 Jahren noch in den Kinderschuhen, ist er heute aus dem Geschäftsleben nicht mehr wegzudenken. Mit dem Siegeszug des PC wurden viele Tätigkeiten automatisiert, wiederkehrende, zeitaufwendige und rechenintensive Arbeiten von ihm abgenommen. Erst durch den Einsatz des PC wurde der Mitarbeiter in die Lage versetzt, die ständig steigende Informationsflut zu bewältigen.

Waren zu Beginn der PC-Welle Textverarbeitung und Tabellenkalkulation die maßgeblichen Anwendungen, so ist heute Software für alle Bereiche und Branchen, bis hin zu Unternehmensanwendungen, im Einsatz. Die fast explosionsartige Verbreitung des PC hat jedoch auch seine wesentliche Schwäche aufgedeckt. Mit ihm hat der Anwender gelernt, mit dem Computer vertraut zu werden, hat erstmals selbständig Programme erstellt und Aufgaben gelöst. Dies führte zu einer Flut von Insellösungen mit unterschiedlichsten Datenbeständen und Programmen und damit zur Inkompatibilität. Speziell im kommerziellen Bereich wird heute nach Lösungen gesucht, diese individuelle Vielfalt in eine organisatorische Einheit einzubinden. Dabei werden zukünftig komplexe Lösungen im Vordergrund stehen, bei denen der Zugriff mehrerer Benutzer auf die gleichen Daten verlangt wird. Aus Insellösungen müssen Abteilungslösungen, Institutslösungen und Unternehmenslösungen werden.

Darüber hinaus ist die tägliche Arbeit geprägt von Unterbrechungen, die schnellen Zugriff auf verschiedene Programme erfordern. Dies verlangt eine Lösung, die auf Betriebssystemebene mit den Begriffen "multi-user und multi-tasking" umrissen werden kann.

1. EUMEL

Die GMD, Gesellschaft für Mathematik und Datenverarbeitung, eine Großforschungseinrichtung des Bundes mit über 1.500 Mitarbeitern, entwickelte Anfang der achtziger Jahre den ERGOS-L3 Vorgänger EUMEL als das erste multi-user/

multi-tasking Betriebssystem für Mikrocomputer. Wesentliche Kennzeichen von EUMEL sind Hardwareunabhängigkeit, virtuelle Speicherverwaltung und besondere Berücksichtigung von Datensicherheit und Datenschutz. Der überwiegende Teil von EUMEL ist in ELAN, einer Programmiersprache aus der Algol-Familie, implementiert. Da der ELAN-Compiler integrierter Bestandteil des Systems ist, dient ELAN als Implementations-, Programmier- und Kommandosprache. EUMEL ist für PCs mit Intel 8086/186/286/386 oder Motorola 68000/68010 Prozessor erhältlich. Es gab sogar Versionen für Zilog Z80 und Z8000.

Die Methode, ein multi-tasking Betriebssystem auf so verschiedene Prozessoren aufzusetzen, besteht in der Verwendung einer virtuellen Maschine, die den Funktionsvorrat eines geeigneten Prozessors nachbildet. Diese virtuelle Maschine liefert die Voraussetzung für das multi-tasking:

- Schutz vor gegenseitiger Störung von Tasks
- hinreichend großer Adreßraum für jede Task.

Programme werden in den Befehlsvorrat der virtuellen Maschine übersetzt. Diese Maschinenbefehle werden dann, ähnlich wie der P-Code des UCSD Pascal interpretiert. Zwar sorgt dieses Vorgehen für die notwendigen Schutzmechanismen, mit zunehmender Komplexität der Anwendungssoftware aber wurde der Ruf nach deutlich höherer Geschwindigkeit des Systems laut.

Als eine Lösung dieser Performanceprobleme wurden Pläne für eine sogenannte "native code Version" von EUMEL entwickelt: Alle Leistungen der virtuellen Maschine könnten dann in der Maschinensprache eines leistungsstarken Prozessors realisiert werden, falls dieser Prozessor einige, in die Hardware integrierte Fähigkeiten anbieten kann, die für das multi-tasking gebraucht werden.

2. Intel 80386/80486

Die 32 Bit Microprozessoren 80386 und 80486 sind die jüngsten Mitglieder der Intel iAPX Familie. Der Befehlsvorrat des Prozessors ist eine Obermenge der 8086 bzw. der 80286 Befehle. Daraus folgt, daß für diese beiden Prozessoren erzeugte Programme unverändert auf dem 80386 ausgeführt werden können.

Wie sein Vorgänger 80286 bietet der 80386 die Speichersegmentierung als Hardwareunterstützung für multi-tasking Anwendungen. Anders als das konventionelle, flache Speichermodell, in dem die maximale Speichergröße schlicht durch die Adreßlänge (16 Bit können 2^{16} Speicherplätze = 64 KB adressieren, 32 Bit ergeben eine Reichweite von 4 GB) bestimmt wird, liefert die Aufteilung des Adreßraums in Segmente einen logischen Adreßraum (virtueller Speicher), der um ein vielfaches größer ist als der physikalische Speicher. Jedem einer Vielzahl von Prozessen kann dadurch ein eigener logischer Adreßraum zugeordnet werden, der aus einer Anzahl von Segmenten besteht, die dem Prozeß gehören. Da Segmente mit Schutzattributen versehen sind, die die Zugriffsregelung auf die Segmente unterstützen, kann ein Betriebssystem garantieren, daß kein Prozeß auf den Adreßraum eines anderen Prozesses zugreifen kann, wenn er nicht das Recht dazu hat. Diese Betriebsart des iAPX Prozessors heißt Proteced Mode. Die Beschreibung der Segmente liegt in sogenannten Segment Descriptor Tabellen. Jeder Segment Descriptor enthält die Basisadresse und Schutzattribute eines Segmentes, das bis zu 4 GB groß sein kann. Der 80386 kann zwei Tabellen mit je 8192 Einträgen führen, der logische Adreßraum beträgt somit $2 \times 2^{13} \times 2^{32} = 64$ TB. Dieser gewaltige logische Adreßraum kann von ERGOS-L3 verwaltet werden.

Zwei weitere Eigenheiten des 80386 sind auf dem 80286 noch nicht zu finden. Zum einen wird von der MMU (Memory Management Unit) des Prozessors Paging unterstützt. Mit diesem Verfahren wird die ökonomische, physische Nutzung des Speichers ebenso unterstützt wie die logische Speicherverwaltung durch die Segmentierung. Das Paging, mit dem Seiten von 4 KB Größe bewegt werden, wird direkt von ERGOS-L3 genutzt. Die zweite nützliche Eigenheit dieses Prozessors ist das V86-Flag im Flag-Registersatz. Wenn dieses Flag gesetzt ist, wirkt und reagiert der Prozessor wie ein 8086 auf ein Programm. Da dieses Flag individuell pro Prozeß gesetzt werden kann, wird somit multi-tasking von 8086, d. h. MS-DOS Software, möglich.

Basis für das multi-tasking und für den gleichzeitigen Betrieb mehrerer Arbeitsplätze ist die Fähigkeit des 80386, virtuellen Speicher (Paging) zu unterstützen. In ERGOS-L3 erhält dadurch jeder unabhängige Prozeß, auch Task genannt, einen eigenen 4 GB großen Adreßraum. Unter Verwendung der Memory Management Unit wird nun der Adreßraum in 4 KB große Seiten aufgeteilt und das Betriebssystem stellt automatisch sicher, daß sich nur die Seiten im RAM befinden, die gerade benötigt werden. Die anderen sind auf der Platte gespeichert, sofern sie wirklich Daten enthalten. Leere Teile der 4 GB werden einfach wegoptimiert, sind also in Wirklichkeit gar nicht vorhanden.

Wichtig ist, daß die ganze oben beschriebene Verwaltung ohne Eingriff des Benutzers von ERGOS-L3 selbständig durchgeführt wird. Greift der Benutzer auf einen Teil seines Adreßraumes zu, der gerade nicht im RAM steht, holt das Betriebssystem die entsprechende Seite automatisch in den Hauptspeicher (Paging). Dafür muß natürlich im allgemeinen eine andere Seite verdrängt werden. ERGOS-L3 wählt die am längsten nicht benutzte Seite im RAM aus und schreibt sie auf die Platte zurück. Dies natürlich nur, falls sie verändert wurde. Das Verfahren funktioniert genauso mit verschiedenen Adreßräumen, die quasi gleichzeitig benutzt werden. Man kann sich dann jede Task als einen unabhängigen logischen PC vorstellen.

3. Datenräume

ERGOS-L3 kombiniert das oben beschriebene Prinzip mit dem konventionellen Dateikonzept. Das Resultat sind Datenräume. Ein solcher Datenraum kann bis zu 1 GB groß sein und besteht ebenfalls aus 4 KB großen Seiten. Der Zugriff erfolgt aber viel effizienter als über konventionelle Lese/Schreiboperationen per Betriebssystemaufruf, nämlich durch Abbilden (Mapping) des Datenraums in den Adreßraum der Task. Damit kann ein Programm jetzt direkt auf den Datenraum zugreifen, genauso wie auf die eigenen Variablen. Die MS-DOS kompatiblen Funktionsaufrufe für Lesen und Schreiben von Dateien werden damit in ERGOS-L3 durch simples MOVS realisiert. Damit gewinnen auch DOS-Programme automatisch Performance.

Ein weiterer Vorteil der Datenräume ist das faule Kopieren. Wenn man eine Datei, d. h. einen Datenraum kopiert, wird nämlich nur ein 32 Byte großer Zeiger kopiert. Alle Datenseiten gehören nun zu Original und Kopie. Sie sind damit logisch doppelt, physisch aber nur einfach vorhanden. Wird jetzt Original oder Kopie verändert, kopiert ERGOS-L3 automatisch die betreffende Seite und nur diese vor der Veränderung. Da das ganze für den Benutzer völlig transparent abläuft, bleibt die übliche Funktionalität der Copy-Operation vollständig erhalten. Nur ist Kopieren von Dateien in ERGOS-L3 äußerst billig, was sowohl Zeit als auch Speicherplatz angeht. Das ist z. B. bei Versionsverwaltungen oder zum Schutz gegen Viren sehr wichtig.

Damit ist die interne Struktur der Datenverwaltung von ERGOS-L3 ganz anders als das alte Dateisystem von MS-DOS. Es entfallen dadurch auch alle Größenprobleme: Jede Task kann bis zu 16.383 Datenräume haben, Platten können bis zu 65 GB groß sein (die letzte Grenze kann bei Bedarf sogar bis auf 1024 GB erhöht werden). Tasks sind autonome Objekte. Jede hat einen eigenen Adreßraum und einen eigenen Satz von Datenräumen. Damit bilden Tasks sowohl die Grundlage für den parallelen Betrieb mehrerer unabhängiger Arbeitsplätze als auch für den Datenschutz, ein Bereich, der immer bedeutsamer wird.

4. Task, Datenschutz und Viren

ERGOS-L3 garantiert die Autonomie der Task. Eine Task hat keinen direkten und damit unkontrollierten Zugriff auf die Daten und Dateien einer anderen Task. Sie kann fremde Dateien immer nur mit Einverständnis der Eigentümertask manipulieren. Auf dieser Basis können sogar benutzerspezifische Schutzstrategien implementiert werden. Das Betriebssystem ERGOS-L3 bietet als Standard dafür Passwortverfahren an.

Nun will man sich nicht nur gegen Zugriff Unbefugter auf die eigenen Daten, sondern auch gegen Viren schützen. Die Ausbreitung eines Virus kann man in ERGOS-L3 relativ einfach verhindern: man hält alle Programme in einer eigenen Task, die keine Veränderung der Programmdateien erlaubt. Für jede Ausführung eines Programms wird es als Kopie von dieser Task in die Arbeitstask geholt und dort gestartet. Danach wird die Programmdatei in der Arbeitstask wieder gelöscht. Falls man dann einmal ein Programm mit Virus erhält, kann dieses kein anderes Programm infizieren. Dieses Verfahren ist natürlich nur praktikabel, weil die Dateikopie in ERGOS-L3 durch das faule Kopieren so billig ist.

5. Automatische Zustandssicherung

Alle Seiten, auf die Schreibzugriffe erfolgten, werden auf die Festplatte geschrieben und der dann aktuelle Zustand bis zur nächsten Zustandssicherung eingefroren. Somit ist ständig ein konsistenter Systemzustand einschließlich Beschreibung auf der Festplatte vorhanden. Da diese billige Aktion (es werden nur einige Seiten bewegt) in kurzen, regelmäßigen, frei wählbaren Abständen (z.B. 15 Minuten) durchgeführt wird, ist der Schutz gegen große Datenverluste außergewöhnlich gut. Natürlich wird die laufende Arbeit durch diese Sicherung nicht behindert.

6. MS-DOS Integration

Wie wird nun die MS-DOS Welt integriert? Im wesentlichen durch drei Emulationspakete, die als Bestandteil von ERGOS-L3 integriert sind:

1. Der V86 Monitor ermöglicht in Zusammenarbeit mit der Hardware die Benutzung des V86 Modus von 80386 und 80486. Damit kann 8086 Code ablaufen, wenn gewünscht sogar im selben Programm, gemischt mit dem 32 Bit Code des 80386/80486.

2. Das VBIOS ist ein virtuelles ROM BIOS. Es emuliert nicht nur für jede Task ein eigenes BIOS, sondern auch einen virtuellen PC. Dazu gehört der Bildwiederholspeicher und eine Reihe von IO-Ports, die jetzt virtuell für jede Task gesondert vorhanden sind.

3. L3-DOS stellt die von MS-DOS bekannten Funktionsaufrufe (function calls) zur Verfügung. Dabei baut es natürlich auf dem Dateisystem und den sonstigen ERGOS-L3 Leistungen auf.

Mit diesen drei Komponenten sieht eine ERGOS-L3 Task für jedes DOS-Programm wie ein Standard PC mit Original MS-DOS aus. Es können damit an jedem Arbeitsplatz mehrere MS-DOS Tasks gleichzeitig ablaufen, bzw. der Anwender kann mit einer sogenannten "hot key" Funktion zwischen den einzelnen Programmen ohne die leidigen Sicherungs- und Ladevorgänge wechseln. Über die NETBIOS Schnittstelle werden dabei auch netzwerkfähige MS-DOS Programme mit den entsprechenden Schutzmechanismen (record locking) unterstützt.

Neues vom IBM Personal System /2

Eberhard Fischer
IBM Deutschland GmbH, Köln
Fachbereich Lehre und Forschung

Die Systemfamilie IBM Personal System /2 besteht zur Zeit aus folgenden Mitgliedern:

Modelle 30 und 30286
Modelle 50Z und 55SX
Modelle 70386 und P70386
Modell 80

Diese Geräte gibt es in jeweils mehreren Typen, die sich in ihren Ausbaustufen unterscheiden. Allen gemeinsam ist der modulare Aufbau, so daß sie sich beliebig erweitern lassen. Folgende Tabelle gibt einen Überblick über die wichtigsten Unterschiede:

		PERSONAL SYSTEM/2					
Modell		30286	50Z	55SX	70386	70486	80
Prozessor		80286	80286	386SX	80386	80486	80386
Taktfrequenz	MHz	10	10	16	25	25	20
Hauptspeicher	MByte	1	1	2	4	4	2
erweiterbar auf	MByte	16	16	16	16	16	16
davon auf Systemplatine	MByte	(4)1	2	4	8	8	4
relative Geschwindigkeit	PC=1	4,5	5,5	8	15	25	12,5
Floppydisk-Laufwerke 3.5"	1.44MB	1	1(+1)	1	1(+1)	1(+1)	1(+1)
Festplatten-Laufwerke		1	1	1	1	1	1(+1)
Kapazität	MByte	20	60	60	120	120	314
Zugriffszeit	msec	27	27	27	23	23	40
Erweiterungssteckplätze		3	3	3	3	3	7
AT Bus: Daten 16	bit	3					
Mikrokanal: Daten 32/16	bit		0+3	0+3	2+1	2+1	3+4
Netzteil 220/110V	Watt	85	94	90	132	132	255

Tabelle 1: IBM-Personal System/2 Modelle (eine Auswahl, Optionen in Klammern)

Alle PS/2 Modelle haben auf der Systemplatine eine serielle und eine parallele Schnittstelle, einen Mausanschluß sowie einen Sockel für einen Koprozessor. Beim Modell 70 mit der Leistungsplattform 80486 ist kein Koprozessor vorgesehen, da der 80486 Chip Prozessor und Koprozessor beinhaltet. Ferner ist bei allen Modellen des Personal System/2 der Bildschirmanschluß auf der Systemplatine integriert und belegt damit keinen der Erweiterungssteckplätze. Die Auflösung (VGA) beträgt in Grafik 640 * 480 Bildpunkte mit 16 Farben aus einer Palette von 64, für Text 720 * 400 Bildpunkte. In den Modellen 50 bis 80 ist einer der Steckplätze für ein hochauflösende Grafikkarte (8514A) vorgesehen (1024 Bildpunkte * 768 Bildzeilen mit 256 gleichzeitigen Farben aus einer Palette von 262144). Das mobile Personal System/2 P70386 ist ein kompaktes Koffergerät von knapp 10 Kg Gewicht mit 20 MHz 80386 Prozessor, 4 MByte Hauptspeicher, 60MB oder 120MB Platte, 1,44 MB Diskettenlaufwerk 3,5 Zoll, Plasmabildschirm mit VGA Auflösung (640*480), serieller und paralleler Schnittstelle. Der Hauptspeicher kann auf der Systemplatine auf 8 MByte erweitert werden. Ein Sockel für den mathematischen Koprozessor 80387 sowie zwei Mikrokanal-Erweiterungssteckplätze sind vorhanden, ferner Anschlüsse für eine Maus, einen Farbbildschirm und ein zusätzliches externes Diskettenlaufwerk.

Der Mikrokanal ist das hervorragende Merkmal der PS/2 Geräte. Die Mikrokanalerweiterungskarten unterscheiden sich von den alten PC/AT-Buskarten äußerlich durch geringere Abmessungen und eine andere Steckverbindung. Der technische Vorteil besteht zunächst in höherer Geschwindigkeit und deutlich geringerer Störstrahlung. Das Busmaster-Konzept ist die wesentliche Verbesserung des Mikrokanals neben der automatischen Installation aller Erweiterungen. Es erlaubt, bis zu 16 unabhängige Prozessoren als intelligente Subsysteme in einem Gerät zusammen parallel arbeiten zu lassen. Dabei hat jedes dieser Subsysteme Zugriff auf alle Systemkomponenten durch Kontrolle über den Mikrokanal. Beispiele für mögliche Busmaster sind:

- Hochleistungsgrafik (CAD, Bildverarbeitung, FAX)
- Kommunikationssysteme (Tokenring, Ethernet, FDDI)
- Datenverschlüsselung/Entschlüsselung
- Meßdatenerfassung
- Prozeßsteuerung
- Numerisch intensives Rechnen (i80860, RISC, Transputer)
- Sprach Ein-/Ausgabe

Der alte PC/AT-Bus läßt als Synchronbus nicht zu, daß ein anderer als der Hauptprozessor die Kontrolle über den Bus übernimmt. Dadurch ist ein Zusammenarbeiten von vielen Prozessoren nicht so effizient wie beim Mikrokanal. Da der Trend auch bei den Arbeitsplatzrechnern zu immer höherer Leistung geht, die nur durch Aufgabenteilung auf mehrere (Spezial-) Prozessoren zu erreichen ist, stellt der Mikrokanal eine zukunftsweisende Basis dar für eine hohe Kommunikationsgeschwindigkeit zwischen den einzelnen Subsystemen wie auch zur Außenwelt.

Das Mikrokanalkonzept ist technisch so überzeugend, daß es wiederum Nachahmer gefunden hat. Der EISA-Entwurf übernimmt mehr oder weniger das Konzept des Mikrokanals, benutzt aber die alte Steckverbindung. Dadurch kann EISA nur einen Teil des technischen Fortschritts nutzen, die hohe Störstrahlung und die geringere Geschwindigkeit bleiben. Da auch EISA neue Steckkarten voraussetzt, um EISA nutzen zu können, halten wir den Mikrokanal für die bessere Lösung. Offensichtlich haben das einige führende Mitglieder der EISA-Gruppe auch erkannt, da sie von IBM Mikrokanallizenzen erwarben.

1. Betriebssysteme

Aus dem Angebot an Betriebssystemen für den IBM-PC hat PC-DOS die größte Bedeutung erlangt. Es ist ein Einbenutzer-Betriebssystem und ist in seiner originären Form beschränkt multiprogrammingfähig, d.h. ein Benutzer kann neben seiner Arbeit, die im Vordergrund läuft, im Hintergrund eine zweite Aufgabe dem PC übertragen. Als zweite Aufgabe sind aber nur zugelassen: Drucken oder Kommunikation im lokalen Netz. Für echte Multiprogramming-Aufgaben werden Software-Monitore angeboten, die unter der Kontrolle von PC-DOS laufen. Ein solcher Monitor ist z.B. Windows von Microsoft. Es erlaubt, mehrere Programme nebeneinander ausführen zu lassen. Eine Begrenzung der Menge ist durch die verfügbare Hauptspeichergröße gegeben. PC-DOS bietet ein hierachisches, UNIX-ähnliches Filesystem, unterstützt lokale Netze, erlaubt das Integrieren von Einheitentreibern für spezielle Hardware auf einfache Weise und ist benutzerfreundlich. In der neuen Version 4.0 unterstützt PC-DOS auch Platten mit einer Kapazität von bis zu 2 GByte ohne Partitionierung und kann Datensätze mit einer maximalen Länge von bis zu 2 GByte speichern. Eine grafische Benutzeroberfläche, ähnlich dem Presentation-Manager des OS/2, erleichtert die Bedienung unter spezieller Berücksichtigung der System-Anwendungs-Architektur (SAA). DOS-Befehle müssen nicht mehr eingetippt, sondern können per Maus oder Tastatur aus Menüs aktiviert werden. Ein interaktives Installationsprogramm wählt Geräte und die dazugehörigen Treiber aus und legt die entsprechenden Dateien wie "CONFIG.SYS" und "AUTOEXEC.BAT" auf Festplatte oder Diskette an.

1.1 Betriebssystem/2 (OS/2)

OS/2 ist ein Einbenutzer-Multiprogramming-Betriebssystem für die Prozessoren 80286 bis 80486. Es kennt keine Speicherbegrenzung auf 640KB. Jedes der maximal 12 Programme kann einen Adressraum von bis zu 512 MByte benutzen (bei entsprechender Plattenkapazität), der über virtuelle Speicherverwaltung im Hauptspeicher und auf der Festplatte abgebildet wird. Ein PC-DOS-Programm kann im Vordergrund mit OS/2 Programmen im Multiprogramming laufen, wenn es sich an die PC-DOS-Konventionen hält.

es sich an die PC-DOS-Konventionen hält.

Der Presentation-Manager des OS/2 stellt eine grafische Benutzeroberfläche mit Fenstertechnik dar. Auf dem Bildschirm kann die Ausgabe von mehreren parallel laufenden Programmen gleichzeitig angezeigt werden. Dazu wird der Bildschirm in Fenster unterteilt, deren Größe jederzeit variiert werden kann. Die erweiterte Version des Betriebssystems/2 (OS/2 Extended Edition) beinhaltet zusätzlich ein relationales Datenbankprogramm (Database Manager) und ein Programmpaket zur Kommunikation (Communication Manager). Der Communication Manager unterstützt asynchrone und synchrone Kommunikationsprotokolle sowie 3270 Terminal Emulation und den Betrieb von Benutzerstationen in lokalen Netzen. Dabei wird sowohl der Tokenring wie auch Ethernet mit TCP/IP unterstützt. Lediglich für die Serverfunktionen muß das Network-Server-Programm installiert werden. Im lokalen Netz können PCs und PS/2s miteinander kommunizieren, auch wenn sie mit unterschiedlichen Betriebssystemen arbeiten.

1.2 Mehrbenutzerbetriebssystem AIX/2

AIX/2 ist das jüngste Betriebssystem für die PS/2 Modelle mit 80386 und 80486 Prozessor (55-80). Es basiert auf dem UNIX System V und ist ein Mehrbenutzerbetriebssystem für bis zu 16 gleichzeitige Benutzer, die über ASCII-Terminals oder über LAN (Tokenring und Ethernet) mit dem Rechner verbunden sein können. XWINDOWS dient als grafische Benutzeroberfläche. AIX/2 ermöglicht auch, mehrere PC-DOS-Programme parallel auszuführen. AIX wurde ursprünglich für den RISC-Arbeitsplatzrechner 6150 entwickelt. Inzwischen gibt es AIX aber auch

Beurteilungskriterium:	Betriebssysteme						
Betriebssystem:	PC DOS	Win- dows	Win- dows	3270 WSP	OS/2 SE	OS/2 EE	AIX/2
Version:	4.0	2.0	386		1.1	1.1	1.1
Prozessor mindestens:	8088	8088	80386	8088	80286	80286	80386
Multiuser	1	1	1	1	1	1	16
Multitasking	1	16	16?	6	12	12	64
Programmgröße max:[MB]	.64	.64	.64	.64	512	512	256
Dateigröße max:[MByte]	Platte	32	32	32	Platte	Platte	Platte
realer Hauptspeicher max:	32	32	32	2.6	16	16	16
erfordert:	EMS	EMS	EMS	XMA	-	-	-
APA Oberfläche	ja	ja	ja	-	ja	ja	XWIN
3270 Kommunikation	1	?	?	4	-	ja	ja
Tokenring 802.2	1	?	?	ja	-	ja	ja
Ethernet	ja	?	?	?	-	ab 1.2	ja
SAA	ja	-	-	-	ja	ja	(ja)

Tabelle 2: *Vergleich der Betriebssysteme/Funktionen Stand 8/89*

anbieten. Die unterschiedlichen Rechner können im Systemverbund über Architekturgrenzen hinweg miteinander arbeiten (Transparent Computing Facility). In nachfolgender Tabelle wird ein Überblick gegeben über die wichtigsten Funktionen der verschiedenen Betriebssysteme.

Erklärungen zu Tabelle 2

APA	Alle Punkte adressierbar (Grafik)
Dateigröße max:	maximale Dateigröße=Plattenkapazität ab OS/2 1.1 bis zu 2 GByte, aber kein Multi-Volume-Support !
EE Betriebssystem/2	Extended Edition = OS/2 EE
EMS	Lotus/Intel/Microsoft Adresserweiterung (LIM) unter DOS durch Bankswitching mit spezieller Speichererweiterungskarte (z.B:INTEL Above Board)
Hauptspeicher:	maximal adressierbarer realer Hauptspeicher in MB
PM	Presentation Manager ab OS/2 Version 1.1
Programmgröße:	maximale Anwendungsprogrammgröße in MByte theoretische Grenze, limitiert durch Plattenkapazität
SE	Betriebssystem/2 Standard Edition = OS/2 SE
Windows 2.0	Microsoft Windows Version 2.0
Windows 386	Microsoft Windows 386
XMA	IBM Adresserweiterung unter DOS (mit XMA Karte) durch Bankswitching (wie INTEL Above Board)PS/2 - Modelle 55-80 können XMA ohne extra Karte
XT 286	OS/2 läuft auch auf AT, XT 286 und PS/2 30286
XWIN	XWindows: APA-Fenster-Benutzeroberfläche für AIX
3270 WSP	IBM 3270 Workstationprogramm (für XMA-Karte)

MCA und EISA – Wohin geht die Entwicklung?

Udo Mäder

Zenith Data Systems, Dreieich

1. Einleitung

Die explosionsartige Entwicklung des PC-Marktes ist ein Phänomen für sich. Noch nie in der Geschichte der Menschheit hat sich ein hochtechnisiertes Produkt mit komplexen Funktionen nicht nur so rasch verbreitet, sondern so rasch zum Gegenstand heißer Diskussionen unter "ganz normalen Menschen" entwickelt. An Einzelheiten der komplizierten Technik dieser Geräte entzünden sich Meinungen, an der Bedienung unterscheiden sich Weltanschauungen. Aufgrund des inzwischen riesigen wirtschaftlichen Potentials der PC-Industrie und ihrer Kunden erreichen diese Meinungen und Anschauungen volkswirtschaftlich bedeutende Dimensionen.

Die weitreichende Aufklärung über PC-Nutzung und die vielfach emotionale Einstellung seiner Anwender haben einige PC-Hersteller verständlicherweise immer wieder genutzt, um potentielle Käufer für sich zu gewinnen. Erklärlich, weil intuitiv erfahrbar und mit der persönlichen Denk- und Arbeitsweise jedes Einzelnen verbunden, ist die Trennung zwischen Apple und der DOS-Welt aufgrund der Bedienungsphilosophie. Noch faszinierender aber – weil ohne erkenntlichen Nutzen oder Nachteil für den Anwender – ist die vom größten Mitspieler in der PC-Szene, nämlich von IBM, entfachte Diskussion (und versuchte Spaltung der Nutzergemeinde) auf der Basis des PC-Bus-Systems. Hier zeigt sich, wie tief verwurzelt der PC inzwischen in den Herzen vieler Anwender ist, und was demagogische Methoden zu leisten vermögen.

2. Worum es geht

Das Thema PC-Bus kann man ganz nüchtern auf der technischen Ebene, ganz clever als marktpolitischen Aspekt oder leidenschaftslos aus Anwendersicht betrachten. Wir wollen alle drei Blickwinkel einnehmen und versuchen, uns daraus eine wissensbasierte Meinung zu bilden.

Technisch gesehen ist der Bus die Kommunikationsleitung in einem PC. Über ihn laufen Daten von und zur CPU, von und zum Arbeitsspeicher und von und zur Peripherie, als da sind Bildschirm, Massenspeicher, Ausgabegeräte und DÜ-Schnittstellen, inklusive Netzanschlüsse. Als Leitung ist der Bus ein passives Bauelement. Ist er langsamer als eines der ihn nutzenden aktiven Elemente, stellt er einen Engpaß dar. Ist er schneller, nützt dies nichts. Oft wird ein Bus – und hier gestatten Sie mir einen Rückgriff auf viel strapazierte Marketing-Argumente – mit einer Straße verglichen. Je mehr parallele Drähte die Bus-Leitung aufweist (ein Draht dient der Übertragung eines Bits), umso breiter die Straße – vom schmalen 8-Bit-Weg bis zur breiten 32-Bit-Autobahn. Nichts hinkt mehr als dieser Vergleich: auf einer mehrspurigen Straße kann man überholen, zumindest können voneinander unabhängige Transporter nebeneinanderfahren, auf einem Bus nicht. Ein Bus gleicht viel eher einem U-Bahn-Tunnel: Züge können nur hintereinander fahren. Je breiter allerdings die Waggons, umso mehr Sitzplätze gibt es nebeneinander. Wenn 32 Bit nebeneinander Platz nehmen können, ist die Transportleistung bei gleicher Zuggeschwindigkeit viermal so hoch wie bei Waggons mit nur 8 Sitzen pro Reihe. Und je schneller die Weichen und Signale am Ein- und Ausgang des Tunnels gestellt werden können, umso weniger ungenutzte Wartezeit entsteht für Züge mit verschiedenen Fahrtzielen. Und noch etwas: je mehr Weichen es gibt, umso mehr verschiedene Fahrtziele können angesteuert werden.

2.1 Bus-Architekturen

Mit diesen fundamentalen Kenntnissen gewappnet, wenden wir uns der Problematik und den Vor- und Nachteilen von PC-Bus-Architekturen zu. Der Urahn des Personal Computers, der ehrwürdige IBM PC, lief mit einer 8-Bit-CPU (Intel 8088), ursprünglich sehr langsam, später mit 8 MHz. Die Welt war in Ordnung, mehr brauchten weder Prozessor noch Speicher - von den trägen Peripheriegeräten ganz abgesehen. Dann kam die vielgerühmte 80286 CPU mit 16 Datenleitungen und 24 Adreßleitungen - sie konnte also 16 Bit = 2 Byte gleichzeitig transportieren und 2 hoch 24 = 16 MByte Speicher adressieren. Da mußte was passieren mit dem öffentlichen Verkehrsmittel: der Bus wurde so verbreitert, daß jedem Daten- und Adreßbeinchen der neuen CPU ein Busdraht zugeordnet wurde. Rein physikalisch fügte man an den 8-Bit-Stecker eine weitere Steckleiste an. 8-Bit-Karten paßten also weiterhin in den Bus und merkten von der Erweiterung gar nichts. Den neuen 16-Bit-Karten bot der erweiterte Bus alles, was sie sich wünschen konnten.

Den neuen 16-Bit-Kunden auch: Karten aus älteren Systemen konnten in neu beschafften Geräten weiter verwendet werden und man konnte immer noch preiswerte 8-Bit-Karten kaufen, wenn für bestimmte Funktionen 16 Bit gar nicht benötigt wurden. Kein Bruch mit dem Hergebrachten, keine Alternativentscheidung, die Möglichkeit wirtschaftlicher Ausbauoptionen – all dies war anwenderfreundlich und marktgerecht. Diese Standardisierung war das Hauptgeheimnis hinter der Dynamik des PC-Markts schlechthin. Die Bauprinzipien der

Intel/DOS-PCs und insbesondere deren 16-Bit-Busarchitektur wurden weithin als ISA-Struktur (Industry Standard Architecture) bekannt.

Mit der Einführung der 32-Bit-CPU – des Wunderchips 80386 – endet die klare und überschaubare Situation. Da wir momentan nur über Technik sprechen, können wir hier anmerken: völlig grundlos. Klar, wenn man schon 32 Datenbeinchen am CPU-Chip hat, wäre es konsequent, jedem davon sein Bus-Drähtchen zu gönnen. Dann gingen noch mehr Daten pro Sekunde über den Bus. Bloß, wozu? Der einzige, der was davon hätte, wäre der Arbeitsspeicher. Diesem hat man in 386-Rechnern jedoch ohnedies einen eigenen Bus gebaut, da er den Bus fast ununterbrochen benötigt, um die CPU mit Daten zu bedienen, die diese extrem schnell verarbeitet. Alle anderen Busbenutzer jedoch sind nicht im selben Verhältnis schneller geworden wie die CPU. Die Festplatten laufen nicht schneller, sie haben bloß mehr Sektoren bekommen. Aber selbst mit 64 Sektoren liefert eine PC-Platte maximal einen Datenstrom von nicht viel mehr als 1 MB/s. Der Datenstrom zu Netzkarten und zum Bildwiederholspeicher liegt in vergleichbaren Regionen – und dies ist um den Faktor 3 bis 5 unter der Datenrate des 16-Bit-Bussystems.

Wozu also ein schnellerer Bus? Nun, mit Blick auf die Zukunft. Irgendwann einmal wird es Peripherie geben, der ein ISA-Bus zu langsam sein wird. Irgendwann wird es intelligente Peripherie geben, die selbst den Bus steuern kann. Dann wird auch der Wechsel der Busbenutzer bei minimalem Zeitverlust wichtig. Auch die Anzahl der vom Bus zu bedienenden Nutzer wird steigen.

2.2 Das PS/2-System

All diese technischen Argumente hat IBM ins Feld geführt, als man am 2. April 1987 eine neue Systemfamilie ankündigte: das PS/2-System. Seine größte Neuerung: eine neue Busarchitektur, die MCA (Micro-Channel Architecture). Mit all den eben angeführten Vorzügen, und noch einigen mehr. Aber eben auch wie ich vorhin sagte - mit Blick auf die Zukunft. Auf gut Deutsch: ohne zu diesem Zeitpunkt nützlichen oder auch nur nutzbaren Eigenschaften. Der Bus ist ein passives Element. Ist er schneller als der schnellste Nutzer, nützt dies nichts ... Sie erinnern sich an meine Bemerkung von vorhin.

2.3 Der Markt

Womit wir bei der marktpolitischen Situation angelangt wären. Die Standardisierung und der offene Standard haben der PC-Industrie ihre Lebenskraft gespendet. Dies war gut für die Anwender, dies war auch gut für die Hersteller. Innerhalb des Standards waren der Innovation keine Grenzen gesetzt und der Kunde konnte zukunftssicher investieren. Nur für IBM war dies nicht so gut: die Konkurrenz wuchs täglich und die Marktanteile schwanden.

Von 50,7% in 1985 auf 38,9% 1986 und 34,5% 1987. Man mußte handeln und zwar strategisch. Ein System nach eigenem Standard, besser als das bisherige, und anderen Herstellern gar nicht oder nur über Lizenzen zugänglich – dies erschien als plausibler Weg aus dem Dilemma. Die Systemfamilie PS/2 war geboren und mit ihr der Mikrokanal. Schwierig war es für den Anwender, nach dem Blitz und Donner der Ankündigung durch die Nebel- und Rauchschwaden zu blicken, um festzustellen, was denn nun Sache war mit den "Neuen". Geschickt wurden die technischen Neuerungen am Bus mit anderen Systemeigenschaften argumentativ verknüpft. Könnte man in Zukunft nur mit MCA-Karten auf IBM-Großrechner zugreifen? Würde man den Anschluß an SAA verpassen – die neue Applikationsarchitektur von IBM? Würde es neu entwickelte Software geben, die nur auf diesem neuen Bus läuft? Würde insbesondere das ebenfalls neu angekündigte Betriebssystem OS/2 nur – oder zumindest wesentlich effizienter – auf PS/2-Maschinen laufen, wegen des Mikrokanals? (Der deutsche Name für OS/2 von IBM, nämlich BS/2, deutete doch wohl darauf hin.)

Lauter Unklarheiten. Eines jedoch war sonnenklar – herkömmliche Steckkarten paßten nicht in den Mikrokanal. Ade, ihr alten XTs und ATs, die Zukunft hat euch eingeholt. Aufpassen, Anwender: kauf dir kein herkömmliches System mehr, du manövrierst dich ins Abseits.

Die Diskussionen und Argumentationen rissen nicht ab, bei Kunden, bei Peripherieherstellern und bei der Presse. Jeder, der Rang und Namen in der Industrie zu haben glaubte, veröffentlichte seinen Kommentar. Der Tenor: Vorsicht! Nichts genaues weiß man nicht, aber Vorsicht!

Viele wurden nachdenklich, waren verunsichert, hielten sich zurück mit geplanten Investitionen. Wenige hinterfragten die Strategie, wenige analysierten die Technik. Der Coup schien aufzugehen. Nun waren die anderen PC-Hersteller gefordert. Man mußte handeln und zwar strategisch. Die Stärksten und Innovativsten der Branche taten sich zusammen, mit Compaq, HP, Zenith und Olivetti, in der Führungsrolle und dachten nach.

notwendig für künftige IBM-Host-Anbindung	?
notwendig für SAA	?
Applikationen künftig exklusiv für MCA	?
OS/2 nur gut auf MCA	?

Abb. 1: *Die Fragezeichen hinter PS/2*

3. EISA

So schlug am 13. September 1988 die Geburtsstunde einer alternativen Busverbesserung: des EISA-Bussystems (Extended Industry Standard Architecture). In den technischen Eigenschaften ähnlich dem Mikrokanal – unter Vermeidung einiger Engpässe und Konzeptschwächen – war das Hauptargument klar und deutlich: kein Bruch mit dem Herkömmlichen, volle Kompatibilität mit dem bisherigen ISA-Standard. 8- und 16-Bit ISA-Karten passen nach wie vor. 32 Bit braucht man nur dort einzusetzen, wo es funktional etwas bringt. Im Gegensatz zum

Mikrokanal ist EISA offen. Jeder Hersteller von PCs oder Peripherie kann sich an den Standard halten, ohne Lizenzgebühr. Der Wettbewerb bleibt erhalten, die daraus resultierende Wahlfreiheit unter vielen Angeboten, die Preisfindung nach Angebot und Nachfrage ebenso. Ein PC-Kauf erfordert keine Alternativentscheidung zwischen zwei verschiedenen Richtungen, Ausbaufähigkeit und Flexibilität der Systeme bleiben auch für die Zukunft erhalten.

Das EISA-Angebot klingt überzeugend. Es enthält Versprechungen ähnlich denen des Mikrokanals. Mehr Durchsatz, mehr Anwenderfreundlichkeit durch automatische Systemkonfiguration, mehr bedienbare Module, Eignung für Multiprozessor-Systeme. Im Gegensatz zum Mikrokanal jedoch enthält EISA keine Drohung. Wirtschaftlich macht EISA Sinn, für Anwender wie Hersteller.

Und technisch? Diesmal wollten sich die vielen Experten nicht wieder überrumpeln lassen und dachten gründlicher nach, ehe sie ihre Kommentare veröffentlichten. Und siehe da, dies führte nicht nur zu Kenntnissen über EISA, sondern auch zu neuen Erkenntnissen über den Mikrokanal. Keine positiven. Allerdings betreffen sie hauptsächlich dessen – ohnedies hypothetische – Zukunft. Der Mikrokanal ist kein Bus, um schnell und effizient auf Arbeitsspeicher zuzugreifen. Speichercache wird nicht unterstützt. Da eine CPU über 80% der Zeit mit Speicherverkehr beschäftigt ist, wäre der Kanal im Falle einer zweiten CPU, die über ihn auf gemeinsamen Speicher zugreifen müßte, bereits ein ausgeprägter Engpaß – ade Multiprozessorsysteme auf MCA-Basis! Der Mikrokanal ist auch kein echter 32-Bit-Kanal: er hat zwar 32 Bit Datenbreite, aber nur 24 Adreßleitungen. Diese Kastration limitiert seinen Adreßbereich auf 16 MB, wogegen der voll potente EISA-Bus die ganzen 4 Gigabyte adressieren kann, die der 80386 selbst kennt. Auch in punkto Geschwindigkeit kann EISA MCA überbieten: 33 MHz DMA gegen überholte 20 MHz. Nicht zuletzt bieten EISA-Karten potentiell fast die doppelte Fläche wie MCA-Karten und sind für höhere elektrische Leistung ausgelegt – also könnte man in Zukunft auch mehr draufpacken, falls dies mal nötig würde.

3.1 Der EISA-Chipset

Daß EISA seinen Standard einhält, dafür bürgt nicht zuletzt Intel durch den neuen EISA-Chipsatz. Hersteller haben damit die einfache Möglichkeit, EISA-konforme Schaltungen rasch und platzsparend zu realisieren. Dabei bleibt jedem Hersteller dennoch Spielraum für Innovation: je nach Aufwand sind verschiedene Leistungsbereiche realisierbar. Zenith z.B. investiert viel in neue Entwicklungen, um auch innerhalb des EISA-Standards die jeweils leistungsstärksten Maschinen anbieten zu können.

3.2 Reaktionen am Markt

Was spricht der Markt? Lauwarme Begeisterung für MCA. 1987 am 386-Desktopsektor 23,9% MCA, bei den 286ern 30,4%. (Letzteres beruht wohl hauptsächlich auf Unkenntnis der Käufer. In den 16-Bit-Maschinen der PS/2-Serie steckt eine 16-Bit-Version des MCA. Diese unterstützt kein schnelles Bus-Mastering und ist auch nicht auf 32 Bit aufrüstbar). 1988: 386-Desktops 18%, 286er 26%, also fallende Tendenz. Daß MCA bei Portablen und deren limitiertem Ausbaupotential keine Vorteile birgt, wurde allgemein akzeptiert. Alles in allem – MCA war bei seiner Einführung die Lösung eines Problems, das keines war.

EISA-Mitglieder der ersten Stunde	EISA - Highlights
AST	• Voll kompatibel zu 8-bit und 16-bit ISA
Compaq Computer	• Voll 32-bit-fähig:
Epson	• 32 bit I/O
Hewlett-Packard	• 32 bit Adressen, d.h. 4 Gigabyte Adreßraum
NEC	• 33 MHz DMA
Olivetti	• Schnelle Bus-Zugangsregelung
Tandy	• Automatische Konfiguration von Steckmodulen
Wyse Technology	• 15 Steckplätze unterstützt
Zenith Data Systems	

Abb. 2: *EISA-Mitglieder und EISA-Bus-Eigenschaften*

3.3 Die EISA-Zukunft

Noch gibt es keine EISA-Maschinen zu kaufen. Wie groß die Begeisterung dafür sein wird, hängt von den Lösungen ab, die für sie geboten werden. Anfänglich macht eine EISA-Maschine sicherlich nur bei Konfigurationen Sinn, die intelligentes I/O zu mehreren Zielen erfordern. Typische Beispiele sind Fileserver mit mehreren schnellen Laufwerken, LAN-Server und Mehrplatzsysteme. In allen Fällen muß den Konstrukteuren mehr einfallen als bloß EISA-fähige Maschinen zu bieten – der Kunde will den realen Nutzeffekt, nicht die potentielle Möglichkeit. Die Zukunft vorauszusagen, ist jedoch genauso gefährlich wie bei der Einführung der 386-Generation. Leistungshungrige wie kostenbewußte Anwender sind oft innovativer als die einfallsreichsten Entwickler. EISA und der 80486 katapultieren den PC weit in die Leistungsklasse der mittleren Datentechnik, mit dem Vorteil der PC-Kompatibilität und Flexibilität. Hier ist die Software gefordert: ein modernes, leistungsfähiges Multitasking-Betriebssystem, das die 386- und 486-Prozessoren wirklich ausnützt, könnte hier Wunder wirken. OS/2 müßte seine 286-Herkunft überwinden, UNIX seinen Bruderzwist beenden oder – ich wage es kaum zu denken – ein Netzwerkbetriebssystem vereint die diversen Konkurrenten friedlich unter einem Hut. Dann wäre der Anwender nicht nur bei der Hardware, sondern auch bei der Software frei und ungebunden – ein paradiesischer Zustand.

Was ich dem heutigen Käufer empfehlen würde? Bauen Sie ruhig Ihren ISA-Bestand weiter aus! Haben Sie Leistungsprobleme an neuralgischen Stellen, bringt EISA Anfang 1990 Abhilfe. Da können Sie Schwachstellen problemlos umrüsten. Und Sie vergeben sich nichts. Die neuen Maschinen sind kompatibel zu den alten. Funktionen, die den EISA-Bus nicht brauchen, realisieren Sie in EISA-Maschinen so kostengünstig wie bisher. Kommt was Neues auf dem Kartensektor und Sie brauchen es, rüsten Sie einfach auf – so wie bisher. MCA war der Versuch einer Revolution, Bruch mit der Vergangenheit. EISA ist Evolution: Fortschritt auf dem Nährboden der Tradition. Es lebe die Kompatibilität!

Für Hauptplatine:	
82358	EISA Bus Controller
82352	EISA Bus-Puffer
82357	Integrierte System-Peripherie
Für Steckplatinen:	
82355	Bus Master Interface Controller

Abb. 3: Intels EISA-Chipsatz

OASIS –
Open Architecture
System Integration Strategy

Ulrich Eckert
Apple Computer GmbH, München

1. Hintergrund

Die wichtigste Ressource in jeder Organisation ist der Mensch. Erst seine Flexibilität und Anpassungsfähigkeit ermöglicht die Erfüllung der komplexen Aufgaben, die in einer Organisation zu leisten sind. Zwei wesentliche Faktoren, die über die Effizienz einer Arbeitsgruppe oder eines Unternehmens entscheiden, sind Produktivität und Kommunikation. Dabei dient die Kommunikation nicht nur der Übermittlung von Informationen, sondern auch der Kooperation. Die Produktivität des einzelnen ist abhängig von der Arbeitsumgebung, den Arbeitsmitteln und dem Informationsfluß innerhalb der Organisation.

Apple Computer sieht seine Produkte als die Bereitstellung von Arbeitsmitteln, die speziell auf die Verbesserung der persönlichen Produktivität ausgerichtet sind. Hinter diesem Grundsatz stehen fünf "Design-Prinzipien", die seit jeher in den Apple Produkten verwirklicht sind: Intuition, Konsistenz, Konfigurierbarkeit, Erweiterungsfähigkeit und Integration. Durch die Umsetzung der Design-Prinzipien unterscheiden sich Macintosh Arbeitsplatzsysteme von anderen Personal Computern erheblich. Die Implementierung dieser Prinzipien machte eine eigene Architektur mit eigenen Komponenten und Standards erforderlich.

Der erste Teil des Artikels beschäftigt sich mit den Design-Prinzipien, die für die gesamte Produktentwicklung bei Apple Gültigkeit besitzen. Diese Prinzipien beschreiben Anforderungen, Zielsetzungen und Einschränkungen bei der Entwicklung einer jeden Komponente des Gesamtsystems, seien es Software- oder Hardwarebausteine. Im zweiten Teil wird das OASIS-Modell vorgestellt. OASIS steht für Open Architecture System Integration Strategy. Dieses Modell besteht aus fünf Schichten und ist die praktische Implementierung der Design-Prinzipien. Die Komponenten aller Schichten wurden und werden nach diesen Anforderungen konzipiert. Das Ergebnis ist eine hochintegrierte und flexible Systembasis, die sich durch Standards, Offenheit und Kommunikationsfähigkeit für den Einsatz in Multivendor Umgebungen besonders eignet. Im letzten Teil werden andere PC-Konzepte an den Apple Design-Prinzipien gemessen und ihre Eigenschaften entsprechend der OASIS-Ebenen klassifiziert.

2. Apple Computer – ein anderer Ansatz

Im Februar 1984 wurde der Apple Macintosh der Öffentlichkeit vorgestellt und ist heute auf mehr als drei Millionen Schreibtischen präsent. Dieses System wurde von "Anfängern" begeistert angenommen. Bei "fortgeschrittenen" Benutzern war anfangs eine gewisse Zurückhaltung erkennbar.

Die Entwicklung dieses Rechners begann mit der Vorstellung von einem Computer, dessen Benutzung Spaß machen sollte, so daß sich die Motivation zur Nutzung dieses Werkzeugs erhöht. Es war die Vision, mit einem einfach anzuwendenden Computersystem dem Menschen ein höchst leistungsfähiges Werkzeug zur Steigerung seiner persönlichen Produktivität zu verschaffen. Diese Ziele ließen sich nur mit einem völlig neuartigen Ansatz, einer eigenen Architektur und vor allem einer völlig neu gestalteten Benutzeroberfläche erreichen, und auch nur dann, wenn alle Bestandteile in eine übergeordnete Produktphilosophie eingebettet sind und konsequent die vorgeschriebene Richtung unterstützen.

Die Produktphilosophie baut auf die Erkenntnis, daß die Innovation und Kreativität eines Menschen direkt von der Qualität seiner Erfahrung abhängt. Das gilt auch für die Nutzung von Arbeitsplatzsystemen. Dabei spielt die Geschwindigkeit eines Mikroprozessors eine untergeordnete Rolle.

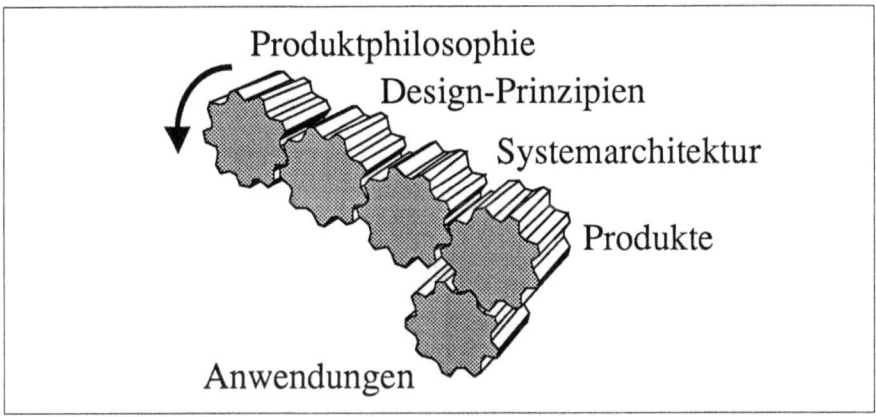

Abb. 1: Die Apple-Produktphilosophie als treibende Kraft

Je leichter und einfacher es wird, einen Computer zu benutzen, um so mehr wird der Mensch die Leistungsfähigkeit des Systems zu seinem eigenen Nutzen umsetzen können. Der Idealfall ist der, daß ein System durch die Möglichkeiten einfacher und intuitiver Benutzung zum Erkunden weiterer Möglichkeiten und Einsatzgebiete motiviert. Die Basis des Produktdesigns bei Apple besteht in der Optimierung der Interaktion zwischen Anwender und System. Diese Interaktion verläuft reibungslos, intuitiv und vor allem nützlich für den Menschen.

3. Grundsatz der Produktentwicklung – Die Design-Prinzipien

Die fünf Design-Prinzipien von Apple sind die gelungene Umsetzung eines Ansatzes, den persönlichen Computer den Bedürfnissen des Menschen anzupassen. Diese Prinzipien liefern jedoch nicht nur klare Richtlinien für das Design neuer Produkte, sondern bieten vor allem Vorteile für den Anwender. Im folgenden werden die fünf Design-Prinzipien Konsistenz, Intuition, Konfigurierbarkeit, Erweiterbarkeit und Integration dargestellt:

3.1 Konsistente Arbeitsumgebung

Konsistenz im Umgang mit einem Computersystem ist eine Notwendigkeit: Denn nur wenn ein Rechner die Arbeit erleichtert, ist er produktiv. Dabei erwartet der Anwender gemeinsame Charakteristika auch in verschiedenen Einsatzbereichen. Die Vielseitigkeit der Computer hat dieser Erwartung oft entgegengewirkt. Doch nur mit einer konsistenten Arbeitsweise über alle Anwendungen hinweg kann sich der Mensch besser auf die eigentliche Arbeit konzentrieren, werden Kosten für Training und Pflege reduziert und erhöht sich die Produktivität. Wo mit weniger Aufwand ein größerer Nutzen erzielt wird, machen sich auch die Investitionen in Hard- und Software schneller bezahlt.

Mit Macintosh Systemen wird die Hemmschwelle vor der Nutzung neuer Anwendungen erheblich reduziert. Damit werden mehr Anwendungen genutzt und diese Vielseitigkeit führt zu Computerunterstützung in bisher nicht erschlossenen Anwendungsbereichen.

3.2 Intuitives Arbeiten

Intuition ist der Schlüssel zur einfachen, schnell erlernbaren und transparenten Handhabung eines Computers. Hierbei spielt die Sprache, in der sich Computer und Anwender miteinander verständigen, eine entscheidende Rolle. Damit die Interaktion schnell und mühelos ablaufen kann, muß sich diese Sprache an die reale Welt anlehnen, in der mit Objekten hantiert und durch Gesten und Bewegungen agiert wird. Ein Computer, der diese Verständigung beherrscht, ist wesentlich einfacher zu handhaben als ein System mit abstrakten und strukturierten Befehlseingaben. Diese Erkenntnisse hat sich Apple für seine Macintosh Systeme zunutze gemacht. So agieren Apple Rechner durchweg mit grafischen Darstellungen: Diskettenverzeichnisse etwa heißen Ordner und sind auch als solche zu erkennen. Und Dokumente werden per Maussteuerung im verständlichen Bewegungsablauf in solch einen Ordner abgelegt. Es versteht sich von selbst, daß solche Funktionen den komplizierten Befehlsketten herkömmlicher Systeme überlegen sind. Denn statt "COPY C:QUELLE.TXT C:\SUBDIR\ZIEL.TXT" heißt es beim Macintosh: "Kopieren" und "Einsetzen". Solch anschauliche Funktionen bietet der Macintosh in allen Programmen und lädt damit zum Ausprobieren und Erforschen ein. Dies ist eine wesentliche Voraussetzung, mit dem Computer vertraut zu werden und damit Produktivität und Effizienz der Anwendung zu steigern.

In der menschlichen Welt wird mit Sprache, Objekten, Gesten und Bewegungen agiert. Ein Computer, der diese Art der Kommunikation versteht, der dem Menschen Abbilder (Metaphern) aus seiner Welt präsentiert, ist wesentlich einfacher zu handhaben als ein System, das abstrakte Anweisungen voraussetzt. Die Voraussetzungen für die Abbildung von Metaphern brachte bereits der erste Macintosh mit sich: Grafikfähigkeit, das WYSIWYG-Prinzip (What You See Is What You Get) sowie die Fähigkeit, Sprache und Musik zu speichern und wiederzugeben.

3.3 Konfigurierbarkeit des Arbeitsumfeldes

Konfigurierbarkeit eines Computersystems ist die Voraussetzung für Anpassungsfähigkeit an die unterschiedlichen Aufgaben. Hier kommt es darauf an, daß die einzelnen Komponenten eines Systems – zentrale Hardware, Peripheriegeräte und Software – variabel, austauschbar und erweiterbar sind. Das Gesamtsystem muß so ausgelegt sein, daß die Schnittstellen eindeutig definiert werden können. Im Bereich der Hardware sind dies die Anschlüsse und entsprechend genormte Signale und Protokolle, welche die einzelnen Komponenten miteinander verbinden. Bei der Software sind die Schnittstellen je nach Funktionalität der einzelnen Routinen und Programme sorgfältig zu definieren. Erst durch die Konfigurierbarkeit kann sich der Anwender das richtige System für seine Aufgabe zusammenstellen, statt die Aufgabe ändern zu müssen, damit sie auf das System paßt.

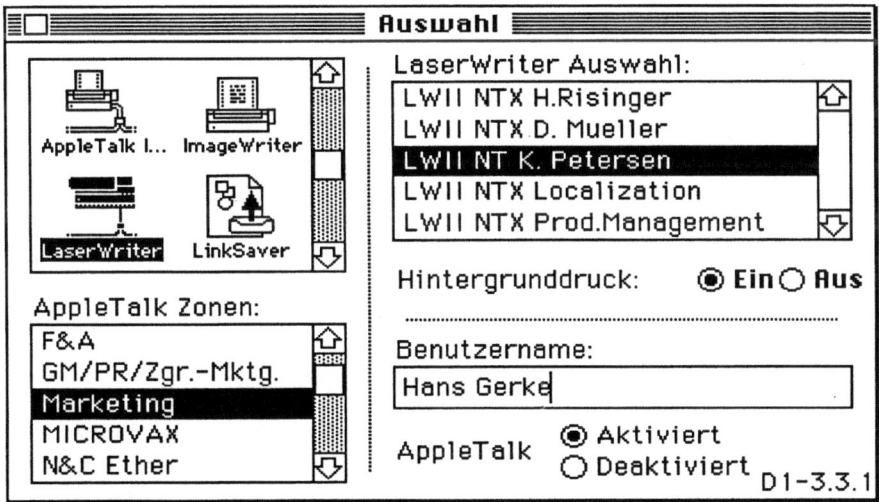

Abb. 2: *Einfache Selbstkonfiguration der Hardware*

Für Unternehmen ist auch der problemlose Standortwechsel von Computern ein wichtiger Gesichtspunkt. Macintosh Systeme können problemlos von einer Stelle im Netzwerk an eine andere gebracht werden, ohne Verlust der gewohnten Umgebung oder des Zugriffs auf die Ressourcen und Dienste. Die Konfigurierbarkeit bezieht sich somit auch auf die Einbindung in Team- oder unternehmensweite Netzwerke.

Neben diesen Anforderungen muß ein Rechnersystem ohne großen Aufwand oder Spezialkenntnisse aus seinen Bausteinen wie Zentraleinheit, Bildschirme, Drucker und Platten leicht installierbar sein. Damit erhebt sich die Forderung nach Selbstkonfiguration, die das komplizierte Setzen von Schaltern oder das Ändern von Konfigurationsdateien überflüssig machen.

Bei der Macintosh Systemfamilie ist die Konfigurierbarkeit durch Standards auf der Hardware-Ebene sichergestellt. Optionen sind definiert, dokumentiert und für Entwickler und andere Lieferanten transparent. Das Betriebssystem und die Benutzeroberfläche machen Veränderungen der Konfiguration für den Anwender automatisch transparent.

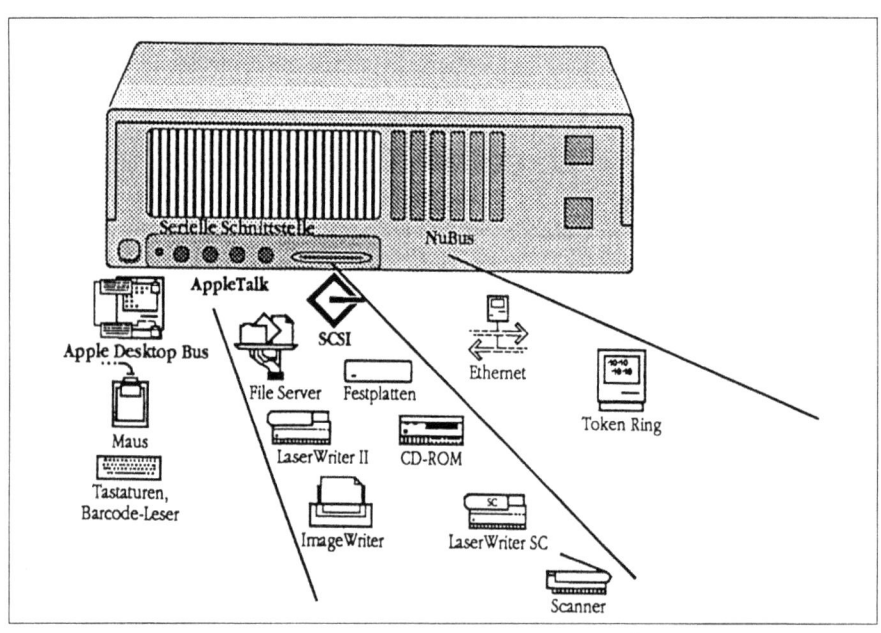

Abb. 3: Der Macintosh im Zentrum einer Multivendor Hardware-Umgebnung

Die klare Systemarchitektur und die implementierten Standards ermöglichen die Einbindung von Optionen (beispielsweise Kommunikationskarten) und den Anschluß von Peripherie auch von anderen Lieferanten. Diese Tatsache hat zunehmende Bedeutung, da in großen Unternehmen bereits jetzt und verstärkt in der Zukunft eine Multivendor Umgebung zu einem integrierten Informationssystem zusammengefaßt werden muß.

Diese Eigenschaften der Macintosh Systeme erlauben ihren Einsatz als dedizierte Systeme mit der Möglichkeit individueller Anpassung auf der Basis des standardmäßigen Systems. Damit reduziert sich der Bedarf an Zusatzinvestitionen, da auch an Arbeitsplätzen mit sehr speziellen Anforderungen nur ein Rechner benötigt wird. Spätere Veränderungen sind durch nachträgliches Umkonfigurieren problemlos möglich.

3.4 Stufenlose Erweiterbarkeit

Die Erweiterungsfähigkeit des Computers entscheidet über den langfristigen Nutzeffekt der getätigten Investition. Vor allem wenn sich die Anforderungen an einen Rechner erhöhen, müssen Hardware, Betriebssystem und Anwendungssoftware gleichbleibend in einem ausgewogenen Verhältnis zueinander stehen. Deshalb sind Aufrüstungen nur dann sinnvoll, wenn sie gleichmäßig und ohne Störungen der gegebenen Funktionalität erfolgen. Macintosh Rechner können stufenlos den individuellen Anforderungen angepaßt werden, ohne daß sich die Leistungsfähigkeit einzelner Komponenten reduziert.

Die Macintosh Systemfamilie ist auf Wachstum ausgelegt und in allen Komponenten konsistent erweiterungsfähig. Durch eine Reihe von logischen Schnittstellen auf der Betriebssystem- und Hardwareseite können neue Module mit bestehenden kombiniert werden. Beispielsweise präsentiert sich der CD-ROM Plattenspeicher dem Anwender wie seine übrige Plattenperipherie, mit der Ausnahme des nur lesenden Zugriffs.

Die Erweiterbarkeit der Macintosh Systeme ist durch klare Schnittstellen und eine zukunftsträchtige Architektur sichergestellt. Ein Beispiel dafür ist das Programm Multiplan von Microsoft, Version 1.02 vom März 1984. Dieses Programm ist noch heute auf allen Macintosh Systemen ablauffähig und nutzt Peripherie und Netzwerkdienste, die es zum Zeitpunkt seiner Freigabe noch nicht gab (Großbildschirme, Zugriff auf Fileserver, Drucken auf Laserdruckern etc.).

Wo immer technisch möglich, bietet Apple Computer seinen Kunden die Umrüstung auf einen neueren technologischen Stand durch "Upgrade"-Möglichkeiten an. Macintosh Systeme bieten Aufwärtskompatibilität und gegenseitige Verträglichkeit für alle Komponenten und damit die nachträgliche Anpassung von Arbeitsplätzen an sich ändernde Bedingungen.

3.5 Integration und Kompatibilität

Integration ist der Prüfstein für Konfigurierbarkeit und Erweiterungsfähigkeit von Computersystemen. Denn wenn die einzelnen Komponenten eines Systems interaktiv zusammenarbeiten, bleibt die Konfiguration konsistent und transparent. Erst die Integration sorgt für eine gleichmäßige Verteilung der Aufgaben an die einzelnen Komponenten und liefert dem Anwender gleichzeitig auch die Freiheit in der Auswahl dieser Komponenten. So werden etwa alle peripheren Speichermedien beim Macintosh System gleich behandelt: Disketten, Wechselplatten, Magnetbänder oder Optische Platten sind als eindeutige Symbole sichtbar und können (herstellerunabhängig) immer auf die gleiche Weise bearbeitet werden. Integration bezieht sich jedoch nicht nur auf den Computer am Arbeitsplatz, sondern auf die Systemeinbindung in lokale und überregionale Netzwerke. Im Idealfall müssen alle dezentralen Geräte so eingebunden sein, als wären sie direkt an das Arbeitsplatzsystem angeschlossen.

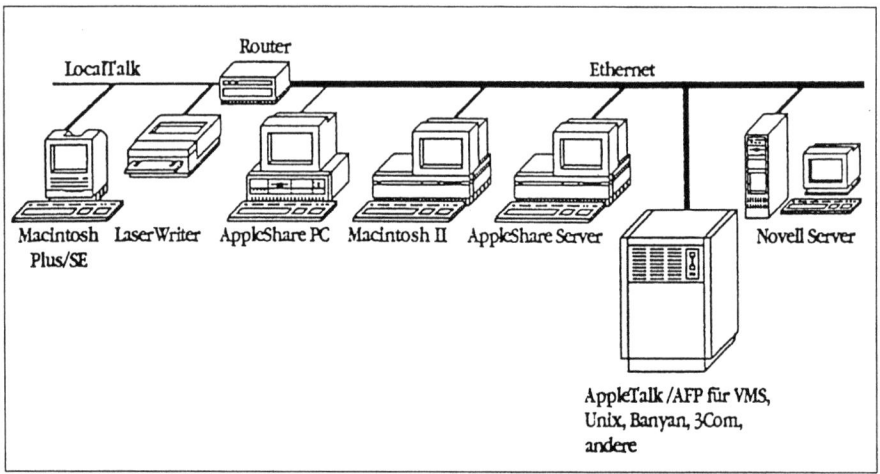

Abb. 4: *Integration von Komponenten für eine ausgewogene Funktions- und Aufgabenverteilung*

Erst die nahtlose und transparente Integration ermöglicht wirkliche Kontinuität und Konsistenz. Komponenten bilden eine integrierte Architektur und arbeiten interaktiv miteinander. Basisfunktionen müssen daher nur einmal bereitstehen. Beispiele für Integration sind die Macintosh Grafik-, Zeichensatz- und Textbearbeitungsmanager. Ihre Integration ermöglicht die Bearbeitung von Texten und Grafiken konsistent über das gesamte System und alle Anwendungsbereiche.

Computersysteme müssen für eine maximale Leistungsfähigkeit besonders optimiert werden. Durch die Integration wird für eine gleichmäßige und ausgewogene Funktions- und Aufgabenverteilung im gesamten System gesorgt und der übergreifende Informationsfluß sichergestellt. Da es bei den Macintosh Systemen hinsichtlich der Funktionen keine Optionen gibt, können Anwendungen auf diese vollständige Ausstattung aufgebaut werden. Damit wird der Informationsaustausch zwischen Anwendungen problemlos, wie zum Beispiel die Übernahme von Grafiken in Texte und umgekehrt. Anwendungen können ohne Verlust dieser Integration gegen andere ausgetauscht werden. Neue Anwendungen kommen hinzu und fügen sich nahtlos in das integrierte System ein.

Mittels Macintosh Software können Großrechneranwendungen (auch nachträglich) mit einer Macintosh Benutzeroberfläche versehen werden. Sie liefern in dieser Hinsicht einen weiteren Beitrag zur Konsistenz des gesamten Systems. Macintosh Systeme bedeuten damit auch eine Aufwertung von Anwendungen auf Großrechnern, die mit neuer Benutzeroberfläche eine verlängerte Lebensdauer oder größere Akzeptanz haben.

Der größte Nutzen der Integration liegt in der Möglichkeit der Einbindung von Macintosh Systemen in unternehmensweite Netzwerke, unabhängig vom Lieferanten, der benutzten Protokolle oder der Übertragungsmedien. Netzwerkdienste, Großrechneranwendungen, Drucker, Plattenspeicher, Kommunikations- und Datenbankdienste etc. präsentieren sich dem Anwender so, als wären sie integraler Bestandteil des Arbeitsplatzsystems. Der hohe Integrationsgrad der Macintosh Systeme nach außen ist im wesentlichen die Folge der strikten Einhaltung von internationalen Industriestandards. Die Integration bietet die Vorteile:

- Schutz der Investitionen in Großrechneranwendungen,
- leichter und kontrollierter Zugang zu unternehmensweiten Informationen und damit einer
- erweiterten und konsistenten Informationsbasis,
- konsistente Schnittstelle zum Anwender über alle Anwendungen und Rechner sowie die
- Unabhängigkeit von Komponenten und Lieferanten.

Die Apple Produktphilosophie und Design-Prinzipien haben zu der heutigen benutzerfreundlichen und technologisch führenden Macintosh Systemfamilie geführt. Sie sind Bestandteil eines übergreifenden Architekturmodells, das den Anforderungen auch der nächsten Rechnergenerationen gerecht wird.

4. Die OASIS-Architektur

Zur Implementierung der einzelnen Technologiekomponenten und der Design-Prinzipien hat Apple die OASIS-Systemarchitektur (Open Architecture Systems Integration Strategy) entwickelt. OASIS teilt das Macintosh System in fünf Schichten auf: Anwendung, Benutzeroberfläche, Toolbox, Betriebssystem und Hardware: Jede dieser Ebenen ist in sich geschlossen und verfügt über definierte Schnittstellen zu den anderen Ebenen. Die Ebenen Desktop und Toolbox sind die Besonderheit der Macintosh Architektur.

Apple hat damit als einziger PC-Hersteller eine eigene Systemarchitektur entwickelt, die ständig gepflegt und weiterentwickelt wird. Ihre Struktur erlaubt die logische und nahtlose Integration in eine Multivendor-Umgebung und damit die Anbindung an andere Betriebssysteme, insbesondere im Großrechnerbereich. Für den Anwender stellt sich bei dem Einsatz von Macintosh Systemen nicht mehr die Frage nach dem für ihn geeigneten Betriebssystem. OASIS bringt in einer Multivendor-Umgebung die Ressourcen der jeweiligen Betriebssysteme (MacOS, OS/2, MS-DOS, UNIX...) konsistent und mit einheitlicher Benutzeroberfläche zum Macintosh Anwender.

Während die Design-Prinzipien eine übergeordnete Bedeutung beim Systemdesign haben, stellen die fünf Ebenen des OASIS-Modells mit allen Komponenten die Implementierung dieser Grundsätze dar.

Anwendungen
Der Nutzen eines Systems hängt nicht nur von der Menge der verfügbaren Anwendungen ab, sondern entscheidend von deren Qualität.
Diese Ebene - in der sich der Benutzer am meisten bewegt - wird durch Tausende von Entwicklern geprägt, die innovative Anwendungen für viele Bereiche und neue Märkte schaffen.

Benutzeroberfläche
Diese Ebene verleiht dem Macintosh und seinen Anwendungen das besondere Erscheinungsbild und ist eine der Besonderheiten der Architektur. Die Benutzeroberfläche ermöglicht einen umfassenden Systemüberblick - über Leistungen und Ressourcen. Sie ist eine konsistente und intuitive Umgebung zur Steuerung des gesamten Systems. Sie bietet eine erweiterbare und individuellen Anforderungen anpaßbare Basis.

Toolbox
Auch die Toolbox unterscheidet die Macintosh Systeme von anderen. Die Toolbox entkoppelt die Anwendungen vollkommen vom Betriebssystem und der Hardware. Mit Funktionen der Toolbox geben die Entwickler ihren Anwendungen den typischen "look and feel" Charakter. Es stehen hochqualitative Softwarebausteine für die Entwicklung von Anwendungen zur Verfügung, für die Erstellung der Benutzeroberfläche, numerische Operationen, Textbearbeitung, Audio, Graphik, Drucken, Datenmanagement, Kommunikation und Vernetzung.

Betriebssystem
Diese Ebene gewährleistet die Unabhängigkeit der oberen Ebenen von der jeweils verwendeten Hardwarebasis. Macintosh Anwendungen laufen auf allen Macintosh Systemen - unabhängig vom Prozessor, und ob es sich um vernetzte Systeme mit Servern oder portable Systeme handelt. Die Betriebssystemebene kontrolliert und verwaltet die Prozessoren, den Speicher und alle physikalischen Ressourcen. Auch diese Ebene ist erweiterbar - wie alle anderen auch - ohne Eingriffe in die Arbeitsweise des Systems oder der Benutzeroberfläche.

Hardware
Auf dieser Ebene stehen die physikalischen Ressourcen bereit: z. B. die 68xxx Prozessorfamilie, schnelle dynamische RAMs, hochqualitative grafische Bildschirme, die Standardschnittstellen für die Peripherie (SCSI, LocalTalk, NuBus, Apple Desktop Bus). Die Hardware ist modular und erweiterbar: neue Prozessoren werden verwendet, der Speicher erweitert. Zusätzliche SCSI-Geräte wie Scanner, Festplatten und CD-ROM angeschlossen. Neue Kommunikationsbausteine wie Modems, Faxgeräte, Ethernet und TokenRing fügen sich nahtlos und integriert in das Gesamtsystem.

Abb. 5: Die 5 OASIS-Schichten

Die Aufgaben einiger Module als Bestandteil dieser Ebenen sind elementarer Natur (Behandlung von Text, Grafik etc.), die Anzahl ihrer Schnittstellen ist entsprechend groß. Andere dagegen sind sehr spezialisiert. Jede der Schichten ist erweiterbar um individuelle Komponenten, Änderungen oder der Austausch sind möglich ohne Nachteile für den Anwender.

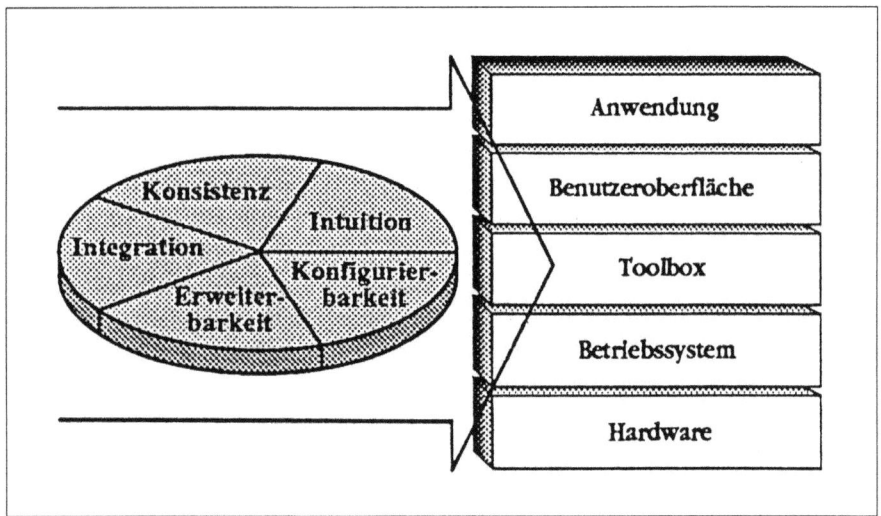

Abb. 6: *Implementation der Apple-Design-Prinzipien*

4.1 OASIS Schicht 1: Die Anwendungsebene

Die Vielseitigkeit eines Rechners und sein Nutzen für den Anwender wird entscheidend von Quantität und konsistenter Qualität verfügbarer Anwendungen bestimmt. Die Ausgestaltung dieser Schicht überläßt Apple im wesentlichen anderen, den Systemhäusern, Software-Firmen und Entwicklern und weiteren Partnern. Daher steht heute eine Vielzahl von allgemeinen und dedizierten Anwendungen für nahezu jeden Anwendungsbereich zur Verfügung. Sie haben jedoch alle das typische Macintosh "look and feel" gemeinsam. Dafür sind zwei Gründe maßgeblich: die Basis der Macintosh Systemfamilie, die von Apple allen Entwicklern zur Verfügung gestellten Human Interface Guidelines und Programming Guidelines, die Richtlinien zur Anwendung der Standards.

Darüber hinaus haben bestimmte Alleinstellungsmerkmale des Macintosh zu einer neuen Art von Anwendungen geführt, die qualitativ hochwertige Grafiken, typografisch sauber dargestellte Schriftsätze und sogar Sprache unterstützen. Mittlerweile entwickeln sich zahlreiche Anwendungen durch die Fähigkeit zur Integration von Text, Grafik, Ton und Bild zu Multimedia-Anwendungen. Anwendungen können Informationen austauschen ohne explizites "Wissen voneinander". Diese Integration wertet Anwendungen auf, da von der Funktionalität anderer Programme profitiert werden kann.

Seit der Einführung von VisiCalc waren Tabellenkalkulationsprogramme wichtige Basisapplikationen. Heute haben sich diese Anwendungen zu mächtigen Finanz- und Geschäftsgrafik-Werkzeugen entwickelt, die außerdem Datenbank-Funktionalität aufweisen. Die Macintosh Systemfamilie bietet aufgrund der Integration von Grafik, Text und der Benutzeroberfläche eine ideale Basis für solche Anwendungen. Tabellenkalkulationen sind mittlerweile auch um Simulationen (Was ist, wenn...) erweitert worden. Solche Systeme zur Unterstützung von Entscheidungsfindungen erlauben die dynamische Analyse unternehmerischer Problemstellungen.

Struktur- und Ideenprozessoren unterstützen die zunächst unstrukturierte Sammlung von Ideen, Gedanken und Stichworten zu Themenstellungen. Diese Sammlung kann durch Grafiken ergänzt werden. Die anschließende Sortierung und Strukturierung ist sehr einfach und erlaubt die mühelose Handhabung auch komplexer Gliederungen. Auch umfangreichere Texte können ergänzt werden.

Die Erstellung von Präsentationsunterlagen, Dias, Overhead-Folien und weiterer Ausdrucke ist integriert und kann weitgehend automatisiert werden, so daß Ausarbeitungen professionell präsentiert werden können. Texte und Präsentationen sind die in den Unternehmen benutzten Mittel zur non-verbalen Kommunikation zwischen Menschen. Mit dem Macintosh ist die Aufbereitung hochqualitativer Unterlagen, die Verbreitung über elektronische Postsysteme wirtschaftlich geworden.

Präsentationen mit dem Macintosh eröffnen den Einstieg in die Multimedia-Welt. Der Anwender kann zwischen traditionellen Medien wie Overhead-Folie und Dia oder neuen Medien wie Bildschirmpräsentationen, bewegten Bildern und Audio-Untermalung auswählen. Die Macintosh Systemfamilie bietet eine ausgezeichnete und anerkannte Basis für Grafikprogramme jeglicher Art. Anwendungen für Industriedesign, CAD, CAE, Messen, Steuern und Regeln und technische Illustrationen und Dokumentationen stehen auf dem Macintosh in High-End Qualität und Funktionalität zur Verfügung.

Heutige Datenbanken haben sich von einfachen Dateisystemen zu mächtigen Werkzeugen entwickelt, die eine leichte Erstellung von Anwendungen, ad-hoc Abfragen und Berichten durch den Anwender zulassen und die neben Texten auch Grafiken integrieren und verwalten. Die transparente Zugriffsmöglichkeit auf Datenbanken im Netz unterstützt den Prozeß der unternehmensweiten Informationsintegration. HyperCard ist eine Basisanwendung, die einen neuartigen Zugriff auf Informationen ermöglicht. HyperCard speichert Text, Grafik, Sprache und Musik oder auch Videobilder. Es ermöglicht den Aufbau beliebiger, auch assoziativer Zugriffspfade auf diese Informationen. Informationen können in bewegten Bildern einschließlich Tonunterlegung wiedergegeben werden.

Die Fähigkeit der Macintosh Systeme, Daten im Netzwerk und auf Speichermedien mit anderen Computersystemen, Betriebssystemen und Anwendungen auszutauschen, bedeutet einen erheblichen Fortschritt, inhomogene Systemumgebungen anwenderfreundlich zu gestalten. Die Macintosh Systeme bieten eine solide und funktional ausgereifte Entwicklungsumgebung sowohl für kommerzielle Anwendungen als auch für technische und systemnahe Programme. Für diese Aufgaben liefert Apple umfangreiche Anwendungen und Werkzeuge (Macintosh Programmer's Workshop,C++, A/UX, MacWorkStation etc.), die auch das Unternehmen Apple selbst verwendet.

4.2 OASIS Schicht 2: Die Ebene der Benutzeroberfläche

Diese Ebene ist die Präsentationsschicht des Macintosh, sie erzeugt den "look and feel" Charakter. Dem Anwender wird durch eine hochqualitative und intuitive Oberfläche das System konsistent über alle Applikationen, Netzwerke, Ressourcen und sonstiger Dienste nutzbar gemacht.

Die Benutzeroberfläche ist sehr flexibel und vor allem leicht erweiterbar, z.B. um Passwort-Abfragen für den Zugang zu Netzwerken und Plattenspeichern. Sie ist auf Erweiterung und Wachstum ausgelegt. Installationen neuer Versionen, Ressourcen und Dienste werden von automatischen Installationsprogrammen durchgeführt.

4.3 OASIS Schicht 3: Die Toolboxebene

Die Entwicklung konsistenter, kompatibler und qualitativ hochwertiger Anwendungen und Dienste wird mit den Werkzeugen dieser Ebene möglich.

Umfassende Funktionalität erleichtert das Management, die Zuordnung und Handhabung der Ressourcen der Anwendung. Darunter fallen Routinen für die Gestaltung der Benutzeroberfläche, numerische Operationen, Audio, Grafik, Drucken, Kommunikation und Netzwerke etc. QuickDraw stellt z.B. dutzende von Standard-Routinen für die Manipulation von grafischen Objekten zur Verfügung. Die Toolbox wird mit jedem Macintosh System ausgeliefert. Daraus ergeben sich wesentliche Vorteile: die Applikation kann darauf ausgelegt werden (keine Optionen) und diese Werkzeuge in vollem Umfang nutzen. Weil alle Anwendungen dieselben Werkzeuge verwenden, wird die Konsistenz gewährleistet und der Datenaustausch erleichtert. Stellvertretend für viele andere Fälle ein Beispiel: Datum, Zeit und Währungskürzel lassen sich individuell an regionale oder sonstige Anforderungen anpassen. Einmal definiert präsentiert sich diese Einstellung nun in allen Anwendungen gleichartig.

Für UNIX-Anwendungen unter A/UX stehen drei Möglichkeiten zur Gestaltung der Benutzeroberfläche zur Verfügung. Konventionelle Anwendungen bedienen sich der Fenstertechnik mit Terminal-Emulation für ihre zeichenorientierte Darstellung, währenddessen solche mit spezieller Anpassung an A/UX über die Macintosh Oberfläche sowie die Toolbox verfügen. Die Anwendung kann auf die komplette Toolbox, aber auch auf die Standard-Elemente von UNIX sowie auf die SVID system calls zugreifen. Macintosh OS system calls können auf UNIX-Equivalente konvertiert werden, so daß jede Macintosh Anwendung, sofern sie auf der bereitgestellten Basis aufsetzt, unter A/UX betrieben werden kann. Anwendungen, die speziell für die SVID und X/Windows Umgebung konzipiert sind, können bei unveränderter Oberfläche auf die X/Windows Toolbox zugreifen und sind somit ohne Modifikationen unter A/UX ablauffähig.

4.4 OASIS Schicht 4: Die Betriebssystemebene

Das Betriebssystem stellt die Unabhängigkeit von der jeweiligen Hardwarebasis sicher. Es kann auf allen Macintosh Systemen unverändert betrieben werden, so daß auch die Anwendungen auf allen Systemen ablaufen können. Diese Ebene regelt die Kommunikation mit der CPU, dem Speicher und den physikalischen Schnittstellen des Systems mit Basisaufgaben wie Ein- und Ausgaben, Speicher-Management, die Behandlung von Interrupts, des File Systems, der Schnittstellen etc.

Als Multitasking Betriebssystem besteht es aus verschiedenen Managern und Treibern. Ressourcen werden Anwendungen zugeordnet, und damit wird eine konsistente Rechnerbasis für die Anwendung sichergestellt. Ein modulares Konzept für die Treiberarchitektur sichert Flexibilität und Unabhängigkeit. Gerätetreiber können andere Treiber anstoßen, z.B. kann der Druckertreiber den Kommunikationstreiber für das Netzwerk aktivieren, so daß auf allen Druckern im Netz gedruckt werden kann. Das Macintosh Dateiensystem kann auch Dateien aus anderen Rechnerumgebungen wie MS-DOS, A/UX und ISO 8660 (High Sierra) CD-ROM Standard lesen, schreiben und verwalten.

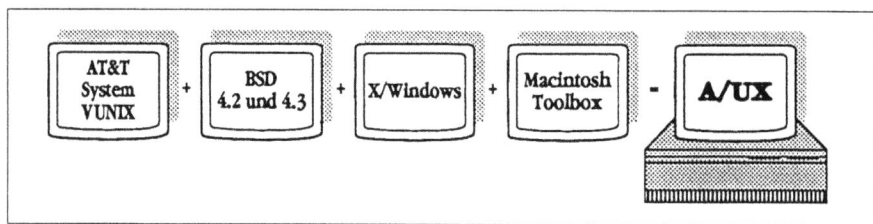

Abb. 7: Das alternative Betriebssystem A/UX für den Macintosh

A/UX ist ein alternatives Betriebssystem für die Macintosh Systemfamilie. Bei der Inbetriebnahme übernimmt es die Kontrolle über alle Hardware Ressourcen. Dabei sind die Macintosh Anwendungen unverändert auch unter A/UX verfügbar, sofern sie gemäß den vorgegeben Standards implementiert wurden. Derzeit wird System V, Version 2, Release 2 von AT&T ausgeliefert mit System V Interface Definition (SVID) für portable Anwendungen, das ein virtuelles Memory System mit Multi-Tasking und Prozeßkommunikation bietet. X/Windows (Version 11, Release 3) wird unterstützt. Weiterhin sind implementiert die Berkeley 4.2 und 4.3 Erweiterungen sowie spezielle Erweiterungen durch Apple wie:

- Automatische Rekonfiguration nach Hinzufügen von Interface-Karten oder Treibern,
- Automatisches Recovery nach Stromausfall oder System-Crash,

- Zugriff auf User Interface Toolbox,
- Integration in vorhandene Netzwerke über TCP/IP, NFS und UUCP,
- Implementierung POSIX Draft 12 (IEEE P1003),
- Nutzung von PostScript Druckern über TranScript von Adobe Systems.

4.5 OASIS Schicht 5: Die Hardwareebene

Diese Ebene von OASIS stellt die physikalische Rechnerbasis bereit. Die Isolation der Hardware von der Software durch das OASIS Schichtenmodell läßt die problemlose und kompatible Erweiterung dieser Basis zu, ohne dabei störende Einflüsse auf die Softwareebenen zu projizieren.

Macintosh Systeme basieren auf der 68000er Prozessorfamilie von Motorola, die 1979 eingeführt wurde und seitdem unter Beibehaltung der Architektur bei vollständiger Software-Kompatiblität durch neue, immer leistungsfähigere Mitglieder ergänzt wurde. Auf dem Wachstumspfad dieser Prozessorfamilie bis zum heute verfügbaren 68030 ist die interne Geschwindigkeit um das zehnfache gestiegen, die Busbreite ist auf 32 Bit erweitert worden, Cache Speicher für Befehlssätze und micro-codierte Befehle sind hinzugekommen.

Der 68881 bzw. 68882 mathematische Koprozessor beschleunigen Fließkommaoperationen, die 68851 Memory Management Einheit ermöglicht die z.B. von A/UX benötigte virtuelle, seitenorientierte Speicherverwaltung sowie den erforderlichen Speicherschutz. Die Verwendung von SIMM Industriestandard Speichererweiterungen bietet schnelle, dynamische Speicher, einfache Installation und zuverlässigen Betrieb sowie extreme Erweiterbarkeit, die von der Speicherkapazität der Chips abhängt. Derzeit können 32 MB Hauptspeicher direkt auf dem Board installiert werden.

Die Industriestandard NuBus Architektur bietet als wesentliche Vorteile die einfache Konfigurierbarkeit und ein ebenso einfaches Kommunikationsprotokoll auf der Basis eines Handshakes, das die Kooperation auch unterschiedlich schneller Karten ermöglicht. Diese Architektur ist system- und prozessorunabhängig. Die NuBus Architektur unterstützt bis zu 16 Schnittstellenkarten und wird in der Macintosh Umgebung für den Anschluß von Kommunikationseinrichtungen, Bildschirmen, seriellen und parallelen Geräten, Video-Ein- und Ausgängen und anderen Prozessoren und Coprozessoren benutzt wie z.B. auch zur Aufnahme eines MS-DOS Rechners, der als NuBus-Karte damit integriert zur Verfügung steht.

Das Small Computer System Interface SCSI ist weit verbreitet und als Industriestandard anerkannt. Die Verwendung von Standard VLSI Schnittstellen Chips macht SCSI zu einer schnellen und dennoch preiswerten Lösung, die schnelle Plattenstationen mit Kapazitäten in Gigabytegröße ebenso betreibt wie Floppy Laufwerke, Scanner, optische Platten oder Bandlaufwerke.

Über einen einfachen seriellen Bus (Apple Desktop Bus) werden diverse Eingabegeräte wie Tastatur, Maus oder Barcode-Leser nach dem Daisy-Chaining-Prinzip an Macintosh Systeme angeschlossen. Macintosh Rechner verfügen weiterhin über serielle Schnittstellen (RS-232-C, kompatibel zu RS-422), die zuverlässige Verbindungen auch über größere Entfernungen gestatten.

Für den Anschluß an die Macintosh Rechnerfamilie ist eine Familie von Matrix-Druckern vorhanden, die hochwertige Ausdrucke von Text und Grafik erlauben. Die LaserWriter II Druckerfamilie besteht aus mehreren Modellen unterschiedlicher Leistungsmerkmale(PostScript, Netzwerkfähigkeit) und Druckgeschwindigkeiten. Hochauflösende (generell 72 Punkte pro Zoll), flimmerfreie Schirme mit hoher Bildwiederholfrequenz (75 Hz) bieten hochqualitative Bilder. Es stehen Schwarz-Weiß und Farb- bzw. Graustufenschirme in verschiedenen Ausführungen und Größen zur Verfügung. Bei Verwendung einer 24 Bit Videokarte können 16,7 Millionen Farben gleichzeitig bei unveränderter Auflösung und Geschwindigkeit des Bildschirmaufbaus dargestellt werden. An die Macintosh Rechner können gleichzeitig mehrere Bildschirme angeschlossen werden. Dabei verhalten sich diese so, als würden sie eine große Bildschirmfläche repräsentieren, die dann mit Fenstern für Anwendungen belegt werden kann.

Neben der Standard 3,5 Zoll 800 KB Floppy wird auch das 1,44 MB Laufwerk angeboten, das alle Apple Formate, aber auch die von CP/M, MS-DOS und OS/2 lesen und schreiben kann.

In allen Macintosh Systemen ist die LocalTalk Hardware als Voraussetzung für den Aufbau eines AppleTalk LAN integraler Bestandteil. Die Geschwindigkeit dieses Netzwerks ist mit 230,4 kbit/s ausreichend für die Anbindung von Gruppen an File Server und für den Anschluß von Abteilungs- und Teamdruckern. Es läßt sich problemlos über Router an andere, schnellere Netzwerke anbinden. Das Schichtenmodell der AppleTalk Architektur erlaubt den Austausch des Übertragungsmediums in der Bitübertragungsschicht des ISO/OSI Referenzmodells, solange die Funktionen erhalten bleiben und die Schnittstelle zur Sicherungsschicht gegeben ist.

Als weit verbreitetes Übertragungsmedium wird Ethernet auch an die Macintosh Rechnerfamilie angeschlossen. Dafür gibt es eine Vielzahl von Produkten, die alle die EtherTalk Software von Apple verwenden. Diese ermöglicht den Einsatz der AppleTalk Netzwerkprotokolle auf 10 Mbit/s Hochgeschwindigkeitskoaxialkabeln. Diese Lösung ist vor allem dann vorteilhaft, wenn große Datenströme zwischen Arbeitsplätzen und Servern ausgetauscht werden. Auch der Anschluß an Token Ring wird über eine NuBus Karte realisiert. Auch weitere, derzeit noch nicht definierte oder etablierte Standards (X.400, ISDN, FDDI) werden mit der OASIS Architektur ohne Eingriff in das Gesamtsystem konsistent implementiert werden.

5. Andere Betriebssysteme – aus Sicht von OASIS

UNIX als alternatives Betriebssystem für den Macintosh wurde bereits im OASIS-Modell dargestellt. Wesentlich war dabei die Aussage, daß Anwendungen auf Macintosh sowohl unter MacOS als auch unter A/UX unverändert ablaufen können. Auf Macintosh hat UNIX unter OASIS folglich den Stellenwert eines alternativen Betriebssystems. Im folgenden wird nun der Versuch unternommen, das weit verbreitete Betriebssystem MS/DOS bzw. das angekündigte OS/2 unter OASIS-Gesichtspunkten zu untersuchen. Dazu werden die Merkmale der Betriebssysteme gemäß ihrer Bestimmung auf die Ebenen des OASIS-Modells verteilt: Bei der Verteilung der Merkmale von MS/DOS bzw. OS/2 auf die OASIS-Ebenen zeigt sich sofort, daß die OASIS-Forderungen nicht erfüllt sind:

- *Hardware:*
  Eine Vielzahl prinzipieller Entscheidungen für das Bussystem und den Prozessortyp sind zu fällen. Die Entscheidung für eine bestimmte Prozessor/Bus-Kombination führt zu einer endgültigen Festlegung betreffs später einsetzbarer Betriebssysteme und Anwendungsprogramme. Bestimmte Kombinationen von Steckkarten schließen bestimmte Anwendungen aus.

- *Betriebssystem:*
  Je nach Wahl der Prozessorbasis sind nur bestimmte Betriebssysteme nutzbar. OS/2 läuft zwar auch auf 80386 Prozessoren, es nutzt aber nur die Funktionalität des 80286 aus. Ein Betriebssystem für 80386/80486 Prozessoren existiert zunächst noch nicht. Die 80286 bedingte Adressgrenze von 16 MB gilt daher zunächst für alle Prozessoren und Anwendungen unter OS/2.

- *Toolbox:*
  Es existiert keine vergleichbare Toolbox. Anwendungen greifen im allgemeinen direkt auf das Betriebssystem zu und sind entsprechend von diesem abhängig. Ebenso gibt es keine herstellereigenen Entwicklungssysteme, die konsequent auf eine Toolbox bezug nehmen. Entwicklertools in der MS-DOS bzw. OS/2-Umgebung nehmen generell auf das Betriebssystem bezug. Die betriebssystemunabhängige Entwicklung von Anwendungen, wie sie OASIS fordert, ist nicht möglich.

- *Desktop:*
  Es existieren zahlreiche verschiedene Benutzeroberflächen für das gleiche Betriebssystem. Eine Analogie zu Apples *Human Interface Guidelines* existiert nicht. Es gibt derzeit keinen expliziten Benutzungsstandard. Entscheidender Nachteil der grafischen Benutzeroberflächen bei MS/DOS und OS/2 ist, daß alle Oberflächen auf die Betriebssysteme aufgesetzt sind und keineswegs mittels Toolbox einen integrierten Bestandteil des Gesamtsystems darstellen. Wegen der dadurch entstehenden Überfrachtung ist selbst bei Verwendung einer wesentlich größeren Prozessorleistung das Antwortzeitverhalten der grafischen Oberflächen langsamer als auf kleinen Macintosh Modellen. Microsoft Excel läuft beispielsweise auf einem Macintosh Cx (16 MHz) schneller als auf einem Compaq 386 (33 MHz) unter Windows.

- *Anwendungsebene:*
  Je nach Wahl der Komponenten auf den anderen Ebenen müssen spezifische Versionen eines Anwendungsprogramms verwendet werden. Üblicherweise

gibt es heute von manchen Programmen jeweils eine Version für MS-DOS, GEM, Windows 286 und zukünftig für Presentation Manager. Direkter Datenaustausch zwischen verschiedenen Anwendungen ist nur innerhalb eines Fenstersystems möglich. Keine der grafischen Benutzeroberflächen kommt auch nur annähernd an die Zahl von drei Millionen installierten Macintosh Rechnern mit einheitlicher Benutzeroberfläche heran.

Macintosh	MS-DOS bzw. OS/2			
Anwendung	Anwendungen (Verschiedene Versionen für jede Fensterumgebung !!!)			
Desktop	DOS Shells	New Wave oder Presentation Mgr.		
		Windows	W/386	OfficeVision
Toolbox	Keine Toolbox (einige SW-Werkzeuge und Kommunikationstools)			
Betriebs-system	MS DOS	OS/2 SE		OS/386
		OS/2 EE		
Hardware	86/88	286	386	486
	PC Bus	Micro Channel		
	AT Bus		EISA	

Abb. 8: Vergleich von MS-DOS bzw. OS/2 mit den Macintosh-OASIS-Ebenen

Bei der Migration von MS/DOS zu OS/2 werden mehrere Design-Prinzipien von OASIS verletzt: Erweiterbarkeit (keine Aufwärtskompatibilität, Investitionsschutz), Konsistenz (neue Benutzerschnittstelle). Um OS/2 implementieren zu können, muß die Konfiguration wachsen und die Leistung des Systems erhöht werden. Anschließend kann zwar OS/2 laufen, aber es stehen nur ganz wenige Anwendungen zur Verfügung, die genutzt werden können. Bei der OS/2 Extended Edition wird außerdem der sogenannte "Industriestandard" verlassen und die Abhängigkeit von einem einzelnen Hersteller festgeschrieben.

Auf der COMDEX 89 haben IBM und Microsoft gemeinsam verkündet, daß Windows auf dem Zustand der Version 3.0 eingefroren wird, um nach oben das Feld für OS/2 offen zu lassen. Diese Erklärung zeigt, daß nicht der Benutzer im Mittelpunkt steht (er will ja das beste aus seiner 80286-Maschine herausholen), sondern eine Rettungsaktion für OS/2 (erfordert die Anschaffung eines 80386-Rechners mit mindestens 5 MB Hauptspeicher) hier offenbar die Produktphilosophie dominiert.

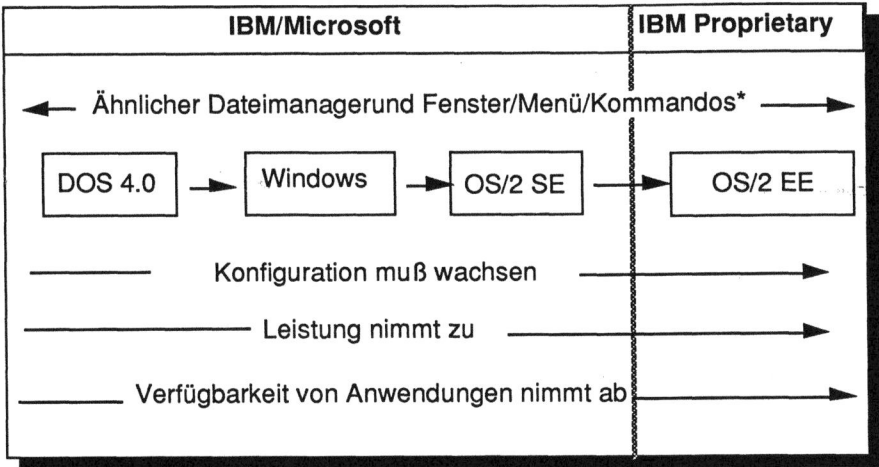

Abb. 9: Einschränkungen bei der Migration von MS/DOS zu OS/2

Das Thema "Industriestandard" wird heute in der gesamten PC-Branche auf der falschen Ebene diskutiert. Wäre die Automobilbranche noch heute bei einer vergleichbaren Standarddiskussion, dann würden sich alle Hersteller noch immer streiten, wie der einheitliche Motor für alle Autotypen aussehen müßte und wieviele Schrauben zur Befestigung eines Rades zu verwenden sind. Was wäre, wenn in der Automobilbranche nichts herstellerspezifisch wäre? Man stelle sich vor, alle Autos würden dieselben Teile verwenden. Im Gegensatz dazu hat die Einigung auf eine ähnliche Art und Anordnung der Bedienelemente und eine einheitliche Straßeninfrastruktur jedem Hersteller die Möglichkeit gegeben, durch eigene Innovationskraft die Modelle wesentlich zu verbessern und anwendungsgerecht zu optimieren.

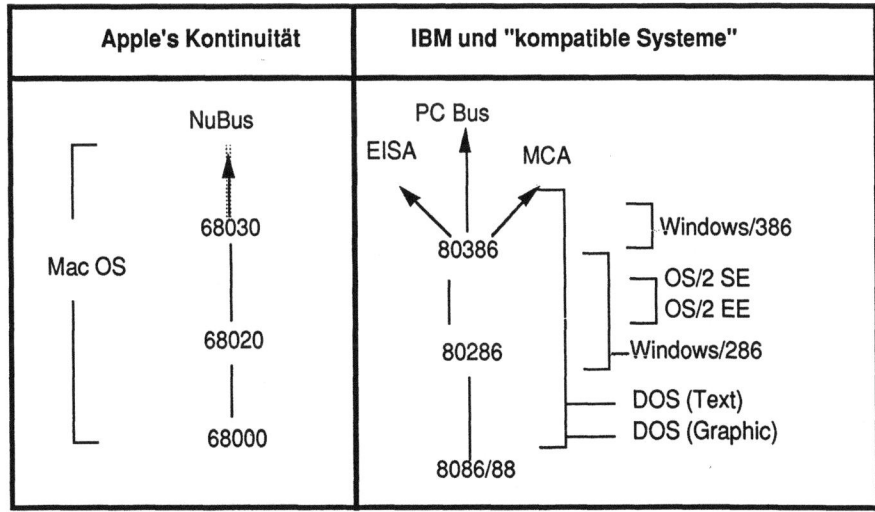

Abb. 10: Betriebssystemvergleich

Bei einer genaueren Betrachtung des "Industriestandards" und seiner zukünftigen Optionen muß bezweifelt werden, ob es überhaupt noch einen Standard gibt: Apple ist der einzige Systemhersteller im Bereich der Arbeitsplatzsysteme. Kein anderer Hersteller beherrscht heute seine Technologieplattform wie Apple. Für kein anderes Arbeitsplatzsystem wird sowohl die Hardware als auch die gesamte Systemsoftware von einem einzigen Hersteller hergestellt. Entsprechend komplex sind die Abhängigkeiten und die daraus folgenden Unsicherheiten für die Anwender. Betrachtet man die PC-Entwicklung der letzten 8 Jahre unter dem Aspekt der Kontinuität, so fällt auf, daß innerhalb dieser Zeitspanne drei unterschiedliche Prozessoren, drei inkompatible Bussysteme und mindestens vier unterschiedliche Betriebssysteme unter dem Namen "Industriestandard" vermarktet wurden. In der gleichen Zeit hat Apple für seine Arbeitsplatzsystemfamilie nur ein Bussystem und ein aufwärtskompatibles Betriebssystem auf Basis von drei kompatiblen Prozessoren zur Verfügung gestellt.

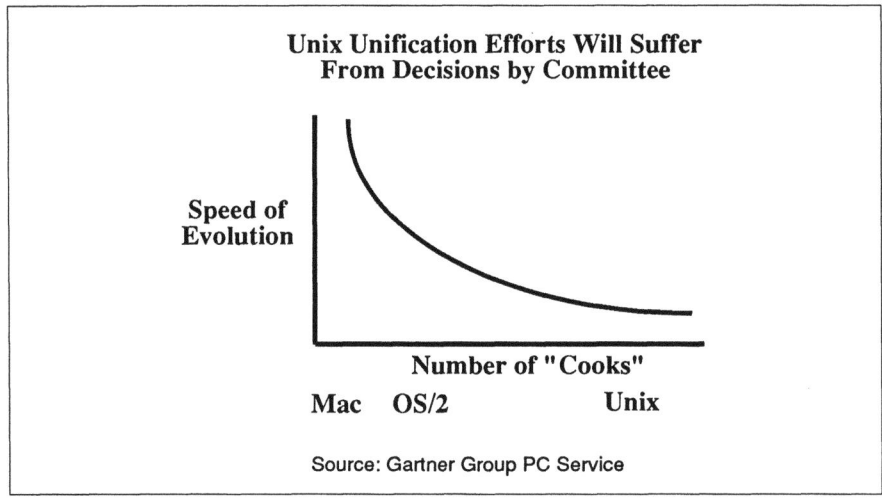

Abb. 11: *Zusammenhang zwischen Entwicklungsgeschwindigkeit und Anzahl der Entwickler*

Wenn man die Evolutionsgeschwindigkeit der Entwicklung auf dem PC-Sektor betrachtet, so stellt sich für Apple und seine Anwender zunehmend ein Vorteil deutlich heraus: Apple als Systemhersteller im Bereich Arbeitsplatzsysteme kann aufgrund der günstigen Rahmenbedingungen seiner eigenen Systemarchitektur OASIS diesem Evolutionstempo am schnellsten folgen. Besonders günstig wirkt sich dabei auch die Tatsache aus, daß Apple als der einzige Systemhersteller im Bereich der Arbeitsplatzsysteme im Gegensatz zur OS/2- oder UNIX-Entwicklung nicht von Dritten abhängig ist. Eine Studie der Gartner Group hat im Oktober 1989 diesen strategischen Vorteil von Apple treffend skizziert:

"Wem wird bei PC-DOS schon warm um´s Herz? Es ist ein intellektuell so flaches System, daß es nicht geschützt werden muß. ... Sobald ein System zum

Durchschnitt wird, kann es nicht weiter herstellerspezifisch überleben. Wenn zum Beispiel der Macintosh ins Mittelmaß absinkt, werden die Kunden fordern, daß er zum offenen System wird, oder sie werden ihn nicht länger kaufen. ... Spitzencomputer hingegen verdienen herstellerspezifische Protektion. ... Denken wir also an diese Theorie, wenn wir über herstellerspezifische Systeme sprechen. Solange Sie gut sind, können sie auch herstellerspezifisch sein." (Computerwoche 49/89: Douglas Barney: Nur gute Rechner dürfen herstellerspezifisch sein)

Apple hat mit OASIS alle Mittel an der Hand, um weiterhin evolutionär die besten Rechner zu bauen, ohne die vorhandenen Macintosh Systeme von der Weiterentwicklung abzukoppeln.

Gesprächskreis 5

Ingenieurwissenschaften, Achitektur und Design

Einsatz von Computern für die moderne Ingenieurausbildung

Eckart Schnack, Ingo Becker und Eberhard Schreck
Universität Karlsruhe
Institut für Technische Mechanik/Festigkeitslehre

1. Einführung

Der Computer eignet sich sehr gut zur Schulung des Abstraktionsvermögens, d.h. zur Reduktion des Problems, damit eine leichtere Identifikation vorhandener Lösungen möglich ist. Das Lernvermögen der Studenten wird gesteigert, so daß eine Zeitverkürzung des Studiums denkbar ist. Das Strukturierungsvermögen der Studenten kann durch den Einsatz von Computern ebenfalls gefördert werden, da der Rechner dazu anhält, in Wissensrastern zu arbeiten. Problemlösungen erfolgen in der Industrie und in der Forschung im Ingenieurbereich ohnehin zumeist auf dem Computer, so daß es naheliegend ist, den Computer auch zur Weiterbildung in der Industrie und für die Lehre an der Universität einzusetzen.

Rechner werden im Ingenieurwesen traditionell in der Prozeßdatenverarbeitung als Meß- und Steuergerät, als grafischer Arbeitsplatz im Bereich CAD und als "Number Cruncher" für Simulation und Anwendungen in der Numerischen Mechanik eingesetzt. Entsprechend wurden sie bisher in der Ausbildung als Praktikumswerkzeug verwendet. Dies erfordert allerdings u.a. einen hohen Betreuungsaufwand.

Eine Weiterentwicklung des Rechnereinsatzes in der Ausbildung ist durch die Verwendung von Lehr/Lernprogrammen gegeben. Ziel ist dabei eine Qualitätsverbesserung der Ausbildung durch:

- strukturierte Vermittlung komplizierter Lehrinhalte,
- Förderung des Abstraktionsvermögens durch den vereinfachten und verbesserten Einsatz von Modellen,
- motivationssteigernde Animationen und Simulationen (der Spieltrieb der Studenten wird pädagogisch ausgenutzt)
- individuell abstimmbares Lerntempo,
- direkter Umgang mit Anwendungen des Gelernten,
- für den Dozenten: verbesserte Auseinandersetzung mit dem Lehrstoff durch das Erfordernis, das Wissen strukturiert in ein Programm umzusetzen.

2. Stand der Forschung

Für die Modellierung physikalisch-technischer Sachverhalte, insbesondere von dynamischen Systemen hat sich der Computer ausgezeichnet bewährt. Für Kalkulationen und Grafik ist er ein unentbehrliches Hilfsmittel geworden. Der Rechner als Werkzeug hat sich etabliert; der Rechner als Medium wird in der Forschung verstärkt eingeführt.

R. SCHULMEISTER [1] führt aus, daß der Student Verstärkung braucht, um schwierige Stoffpassagen besser verstehen zu können, d. h. daß eine entsprechende Aufbereitung des Lehrstoffes notwendig ist. Dazu muß der Lehrstoff in kleine Schritte zergliedert werden ("Taylorisierung"). Nach SCHULMEISTER [2] ist der Computer als neues Medium zunächst ein Anreiz, aber nach kurzer Zeit stellt sich Langeweile ein. Deshalb bedarf es noch intensiver Arbeit, um den Computer als Medium für die Lehre einsetzen zu können. In diesem Zusammenhang ist die Arbeit von J.R. ANDERSON [3] außerordentlich wichtig. Er führt aus, daß viele Studenten bereits in größeren Zusammenhängen denken können und auch komplexere Probleme durchschauen; wer über diese Fähigkeit zur ganzheitlichen Betrachtung verfügt, wird in der starken Segmentierung einen Rückschritt sehen. Darauf muß bei der Erstellung von Lehrsoftware Rücksicht genommen werden. Wichtig ist auch, und dies führt auf den Einsatz von Expertensystemen, daß eine natürliche Sprachumgebung vorhanden sein muß. TH. OTTMANN führt aus, daß Simulationen die Langeweile verhindern helfen [4] und daß es vor allem wichtig ist, den Studenten mit Problemlösungssituationen zu fördern. K. FANKÄNEL, G. SCHLAGETER und W. STERN [5] beschäftigen sich ausführlich mit den Frage-Antwort-Typen, den entsprechenden Auswertungstypen für die verschiedenen Antwortmöglichkeiten und zum Problem der Verzweigung im Lehrstoff. Diese Fragestellungen sind entscheidend für die Qualität der Lehrsoftware.

3. Werkzeuge und Konzepte für die Courseware-Entwicklung

Hierfür stehen als hauptsächliche Werkzeuge Autoren- und Hypertextsysteme zur Verfügung. Ein Autorensystem ist ein Programmgenerator, der ein Lernprogramm erzeugen kann. Die Eingabe besteht aus Fachwissen in Form von Fragen und den zugehörigen Antworten. Das Vorgehen orientiert sich am behavioristischen Lernmodell (Belohnung erwünschter Reaktionen). Die Konditionierung des Benutzers erfolgt über eingebaute Rückmeldungen, die seinen Lernerfolg widerspiegeln. Die Lücken oder Sprünge in der Lehrsoftware dürfen nicht zu groß sein, da sonst der Student den Anschluß an den Lehrstoff verliert. Ein Nichtinformatiker benötigt für die Erstellung einer Kontaktstunde mit einem Autorensystem in der Regel 80 bis 120 Stunden, s. TH. OTTMANN und P. WITTMAYER [6].

Die Anforderungen an die Autorensoftware sind vor allem die Möglichkeit der Definition von Aufgaben, basierend auf Aussagen und Fragen. Schwierig wird die Definition der Reaktionen – wir haben richtige und falsche Antworten. Bei der richtigen Antwort wird eine Belohnung für den Studenten eingebaut; im einfachsten Falle wird der darauffolgende Lernabschnitt aktiviert. Bei falschen Antworten müssen zunächst Konditionen definiert werden in Abhängigkeit vom Versagen des Studenten. Dies führt auf die Konstruktion eines kleinen Expertensystems. Als Qualitätsmerkmal für Autorensoftware dienen die Fragenauswahl, die Frage- und Antworttypen, die Evaluationstypen zur Antwortanalyse und die entsprechenden Verzweigungsformen.

Der nächste Punkt ist die Erstellung von Übungsprogrammen. Der Input besteht aus Antworten, darauf aufbauend sind Systemreaktionen definiert, die bei Richtigkeit der Frage die nächste Frage präsentieren oder eine Wiederholung mit Konditionierung vornehmen durch Beratung, durch Kommentare bzw. durch entsprechende Grafikuntermauerung.

Die Mängel von Autorensystemen (ca. 20 Systeme wurden analysiert) lassen sich wie folgt zusammenfassen: Die Benutzeroberfläche ist nur vordergründig elegant und anwenderfreundlich. Die Fenstertechnik steht nur eingeschränkt zur Verfügung. Grafik, insbesondere die Definition von Bewegungsstrukturen durch den Autor, ist nicht immer möglich. Die Interaktion weist große Mängel auf. So sind nur einfache Fragetypen möglich; die Forderungen des Learning-by-doing Effekts sind überhaupt nicht berücksichtigt. Die sequentielle Anordnung des Lehrstoffes behindert die subjektive Assoziation vorauseilender Gedanken und die Ideenfindung zum Ganzen.

Im Unterschied dazu erlauben Hypertextsysteme eine nichtlineare Anordnung des Lehrstoffes. Das Konzept von Hypertext ermöglicht eine komplexe Netz-Struktur und Interaktionsmöglichkeit. Es sind assoziative Sprünge möglich. Man kann weitschweifende Hypothesen verfolgen und hat sein Lernmaterial wie in einer natürlichen Umgebung (Schreibtisch, Bibliothek) zur Verfügung. Der Nachteil ist, daß die Rückmeldung über den Lernprozeß fehlt, die Evaluation der Lernprozesse wird durch die komplexere Struktur erschwert. Der Ausweg, und das war Gegenstand der Forschungsarbeit, ist eine Kombination von Hypertext und Autorensystemen.

Statt der indizierten Volltextdatenbanken wird hier die Verknüpfung von Textstücken durch Verweise vorgenommen. Die Textstücke sind auf Windows einer Workstation aktiv. Die Verweise werden durch eine direkte Manipulation aktiviert (Maus-Klick). Man hat eine nichtlineare Dokumentstruktur vorliegen anstelle der traditionell sequentiellen Anordnung. Ausbaufähig ist Hypercard durch Hinzuziehen von Hypermedia d.h. durch Grafik, Bilder und Videosequenzen.

4. Forschungskonzept und dessen Verwirklichung

Statt des Memorierens durch Drill, bei dem der Computer als reine Lernmaschine eingesetzt wird, kann man sich vorstellen, daß mit dem Computer in einer Art Gedankenlabor Fachinhalte vermittelt werden. Man braucht Programmteile, die

Simulationen ermöglichen und Problemlösungssituationen für den Studierenden stellen. Die Basis dafür bilden Expertensysteme mit einer natürlichsprachigen Schale; zur Identifikation der Antworten benötigt man eine eigene Verknüpfungsmaschine.

Im Rahmen dieses Konzepts wären freiere Antworten möglich, die mit feineren Evaluationsinstrumenten analysiert werden. Man hätte die Möglichkeit komplexerer Verzweigungsstrategien, um bessere Konditionierungsmodelle zuzulassen. Es werden die Studenten berücksichtigt, die bereits über ein heuristisch fundiertes kognitives Problemslösungsverständnis verfügen.

In Praxis und Forschung hat man damit die Möglichkeit, einen Informationsumsatz zu höherwertigen Lernzielebenen zu verwirklichen. Moderne Lerntheorien besagen, daß eine Selbststeuerung durch den Studenten möglich sein muß. Dem Studierenden muß die Möglichkeit gegeben werden, eine freie Wahl von Gegenstand, Thema und Ziel zu verwirklichen. Er muß das Risiko für Fehler und Irrtümer in seinem Lernprozess selbst übernehmen. Dadurch werden das persönliche Engagement und die Motivation gefordert (Konzept des Forschenden Lernens). Um dies zu erreichen, wurde die Kombination von Autoren- und Hypertextsystem konzipiert.

Der Kurs mit festem Ablauf und Übung, was einer Vorlesung oder einem Lehrbuch entspricht, kann mit einem Autorensystem implementiert werden. In diesem Rahmen können auch die Simulationen mit Interaktionsmöglichkeit der Studenten ('Learning by doing') eingebaut werden. Ein Bestandteil des Kurses ist ein Nachschlagewerk, in dem die für den Kurs benötigten Vorkenntnisse nachgeschlagen werden können. Dieses elektronische Lexikon ist am besten mit einem Hypertextsystem zu realisieren.

Verwirklicht wurde schließlich ein Computerkurs mit dem Thema "Strukturanalyse von Fachwerken mit FEM". Als Grundlage wurde ein Vorlesungsabschnitt der am Lehrstuhl angebotenen Vorlesung 'Rechnerunterstützte Mechanik' verwendet. Entwickelt wurde der Kurs mit dem Autorensystem "The Best Course of Action" und dem Hypertextsystem "Hypercard" auf einem Apple Macintosh II.

Einsatzbereiche des vorliegenden Kurses sind das Selbststudium mit zusätzlichen Übungen sowie die konventionell durchgeführte Vorlesung (Verwendung der Schirmbilder als Folien). Für die Vorlesung wird die Darstellung von Formeln und Text besser strukturell und eine Einbindung von Simulationen zu Demonstrationszwecken geboten.

Im Selbststudium ist ein leichter Zugriff auf älteren Stoff oder Definitionen möglich; das Verständnis von Algorithmen wird erleichtert, und man kann eigene Erfahrungen mit einfachen Numerik Programmen sammeln.

Einen Überblick über die Daten- und Kontrollflüsse im entstandenen Lernprogramm gibt Abb. 1. Den Kern bildet dabei der mit "Course of Action" implementierte ablauforientierte Teil. In ihm wird in Text und Formeln die Theorie des Lehrstoffs präsentiert. Zusätzlich gibt es einige Animationen und für das Selbststudium die Übungsaufgaben. Weitergehende Simulationen, in denen die erarbeitete Theorie verwendet wird, lassen sich nur mühsam mit dem Autorensystem verwirklichen, da in derartigen Systemen meist nicht die Kontroll- und Datenstrukturen vorhanden sind, die für numerische Datenverarbeitung benötigt werden. Diese Schwierigkeit wurde umgangen, indem an entsprechender Stelle im Kurs eine in Pascal geschriebene Prozedur aufgerufen wird, die die vom Studenten in der Kursumgebung eingegebenen Daten aufbereitet und einer Fortranprozedur übergibt. In dieser werden die Berechnungen durchgeführt und die Ergebnisse an die aufrufende Pascalroutine zurückgegeben, die die Resultate dann auf dem Kursfenster grafisch darstellt.

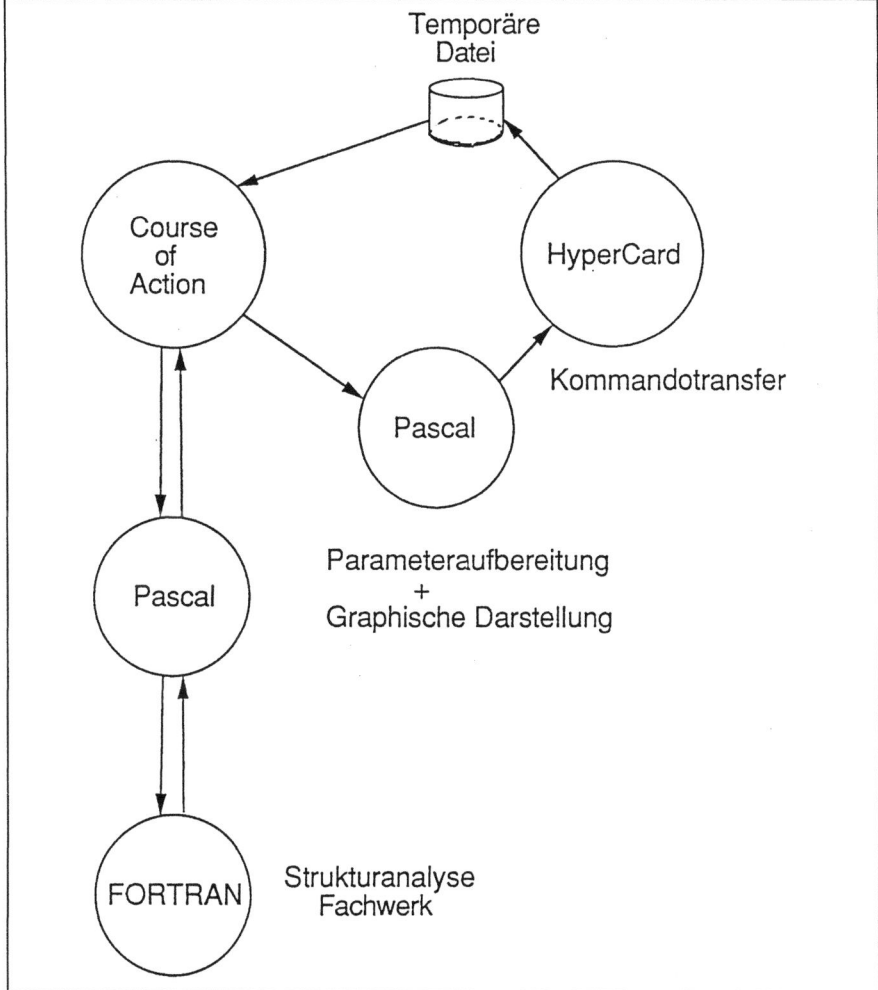

Abb. 1: Kontroll- und Datenflußplan des Lernprogrammes

Diese Vorgehensweise ist für den Studenten völlig transparent. Der zweite wesentliche Teil des Lernprogrammes ist der mit Hypercard realisierte Lexikonteil. Die hier mittels eines Pascalprogramms übergebenen Parameter und Kommandos dienen dazu, das Lexikon in einer Art kontextsensitiven Hilfe an der Stelle "aufzuschlagen", an der die gesuchte Erklärung zu finden ist. Aber Hypercard dient auch, unabhängig vom Lexikon, zur bequemen Eingabe von Steuerparametern für die Simulation, in unserem Fall der Definition eines Fachwerkes für die Strukturanalyse. Dieses Eingabeprogramm wurde in der objektorientierten Programmiersprache von Hypercard implementiert. Die Parameter werden über eine temporäre Datei via Autorensystem an das Rechenprogramm transferiert. Nach der Eingabe von Parameterkombinationen, die zu einem Abbruch des Rechenprogrammes führen, erfolgt eine entsprechende Fehlermeldung durch das Autorensystem, so daß eine Korrektur der Eingabe möglich ist.

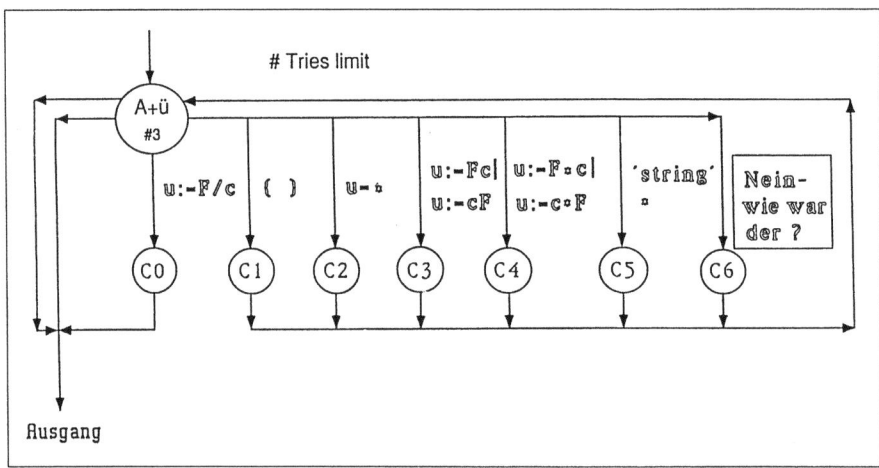

Abb. 2: *Ablaufplan der Antwortanalyse einer einfachen Übungsaufgabe*

Bei der Implementierung des ablauforientierten Teiles traten zwei wesentliche Mängel ans Licht, die die Erstellung einsetzbarer Selbststudiumkurse erschweren. Der erste Mangel, der sicherlich auch bei anderen Autorensystemen auftritt, ist die Antwortanalyse bei freier Texteingabe. In unserem Fall sollte eine sehr einfache Beziehung umgeformt und in einer Zeile angegeben werden. Die Analyse und Beurteilung dieser Antwort stellte sich als sehr schwierig heraus, insbesondere, wenn bei falscher Antwort eine Hilfe gegeben werden sollte, die zur richtigen Lösung weiterhilft.

Die Struktur unserer Antwortanalyse ist in Abb. 2 dargestellt. Die Eingabe des Studenten findet im Feld A + Ü statt. Sie wird durch einen in 'Course of Action' implementierten pattern-matching-Algorithmus einer der vordefinierten Antwortklassen zugeordnet. Diese Antwortklassen werden in einer Art erweiterter Backus-Naur Form (EBNF) definiert. Zu jeder dieser Klassen ist eine Reaktion des Kurses angegeben (hier von C0 bis C6), die nach getroffener Zuordnung ausgelöst wird. Bei einer falschen Antwort, also in den Fällen C1 bis C6, kann so eine leicht erkennen, daß schon diese einfache Übungsaufgabe, die kaum Studentenniveau entsprechen dürfte, die Grenze für diese Art der Antwortanalyse darstellt. Vermutlich wäre hier mit Methoden aus dem Bereich künstliche Intelligenz/Expertensysteme einiger Fortschritt zu erzielen.

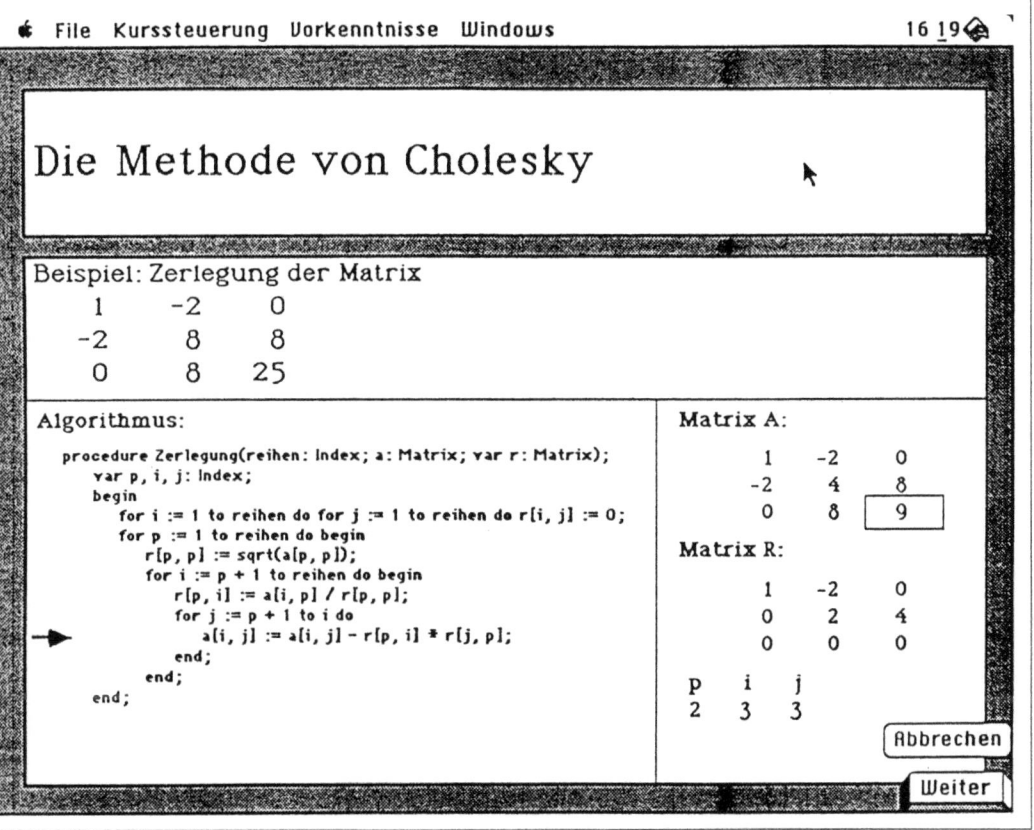

Abb. 3: Darstellung des Cholesky-Algorithmus mit Eingabedaten und aktuellen Variablenwerten

Der zweite Mangel des Autorensystem, der schon weiter oben erwähnt wurde, ist hauptsächlich beim Einsatz in den Bereichen Ingenieur- und Naturwissenschaften spürbar, denn die numerischen Fähigkeiten derartiger Systeme sind beschränkt. Dieser Umstand kann teilweise dadurch gemildert werden, daß externe Numerik-Programme eingebunden werden können. Diese Art der Abhilfe ist jedoch nicht immer einsetzbar. Als Beispiel aus unserem Programm läßt sich ein Algorithmus anführen, der zur Erklärung schrittweise abgearbeitet werden sollte. Ein Pfeil markiert den momentanen Bearbeitungsschritt und die Änderungen in den Daten werden auf dem Bildschirm aufgelistet, wie dies in Abb. 3 zu sehen ist. Die Studenten können nicht nur mit dem vorgegebenen Datensa arbeiten, sondern auch eigene Daten eingeben und die eintretenden Änderungen untersuchen.

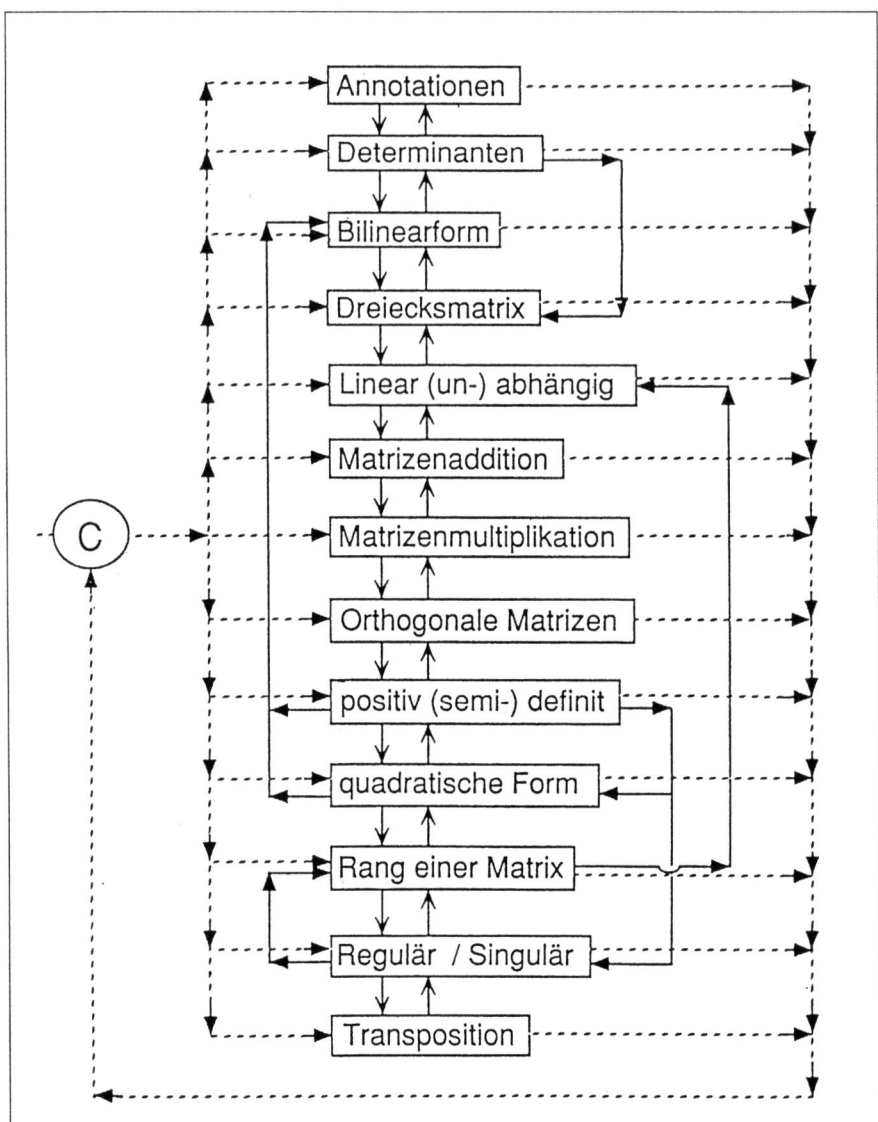

Abb. 4: Netzstruktur des mit Hypercard implementierten Lexikons

Da dies eine vielversprechende Methode, zur Erklärung von Algorithmen sein dürfte, wäre es sinnvoll, derartige Debugger-ähnliche Umgebungen standardmäßig in Autorensystemen zur Verfügung zu stellen. Ohne diese Hilfe durch das Autorensystem war die Veranschaulichung dieses Algorithmus in unserem Programm nur mit hohem Aufwand realisierbar.

Die Struktur des Lexikonteiles ist in Abb. 4 zu sehen. Es besteht aus einer Anzahl von Karten, mit den Erläuterungen zu den jeweiligen Stichworten. Gemäß dem fachlichen Zusammenhang sind die Textkarten verknüpft, was in Abb. 4 mit den durchgezogenen Pfeilen dargestellt ist. Die gestrichelten Pfeile sollen nur andeuten, daß es von jeder Karte einen Weg zurück zum Kurs gibt. Eine derartige Karte ist in Abb. 5 dargestellt. Zu den mit Stern gekennzeichneten Stichworten existieren ebenfalls Karten im Lexikon, die man sich durch Mausklick auf das entsprechende Wort auf dem Bildschirm zeigen lassen kann. Diese Operation entspricht dem Weg entlang eines Pfeiles in Abb. 4. Je nach Wissensstand kann sich nun der Student mit dem Lesen einer Karte begnügen und danach sofort zum Kurs zurückkehren oder weitere Informationen anfordern.

5. Ausblick

Hier wurde ein Versuch vorgestellt, Computer mittels Lernprogrammen in der Ingenieurausbildung einzusetzen. Dazu wurde ein etwa sechs Vorlesungsstunden umfassender Ausschnitt einer bestehenden Veranstaltung in ein Lernprogramm umgewandelt. Die Ausführung der Arbeiten auf dem Rechner wurden innerhalb von 200 Stunden von einem qualifizierten Informatik-Studenten durchgeführt. Die nächsten geplanten Schritte sind Tests des Programms mit Maschinenbau-Studenten und eine Erweiterung des Lernprogrammes.

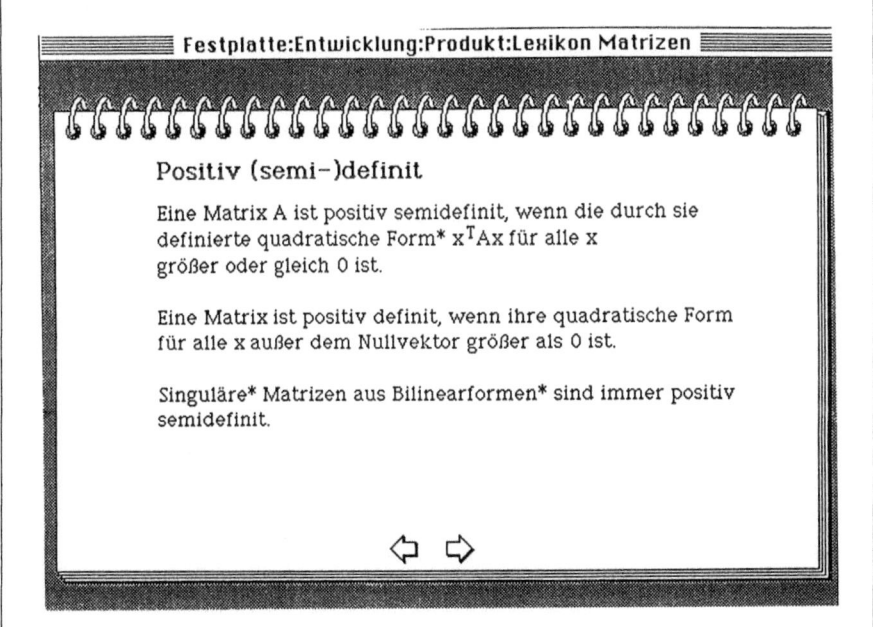

Abb. 5: *Eine Lexikonkarte*

Nach dieser ersten Vorstudie wird auf dem Gebiet der Lehrsoftware allgemein weiter gearbeitet, insbesondere sind Forschungsarbeiten an Konzepten des Computereinsatzes in der Lehre ebenso wie Behebung der Mängel bestehender Autorensysteme notwendig.

Literatur

1. Schulmeister,R: Autorensysteme und Alternativen. I CAK 6/1988; II CAK 7/1989
2. Schulmeister, R.: Lerntheorien – Lernprozesse. IZHD 1981.
3. Anderson, J.R.: Cognitive Principles in the Design of Computer Tutors. Pittsburgh 1984, Carnegie-Mellon-University Report ONR-84-1.
4. Ottmann, Th.: Entwicklung und Einsatz computergestützter Unterrichtslektionen für den Informatikunterricht an der Hochschule. CAK 4 (1987).
5. Fankänel, K., G. Schlageter und W. Stern: Lehrsysteme für PC. Report Fernuniversität Hagen 1988.
6. Ottmann, Th., P. Wittmayer: Modellversuch computergestützter Informatikunterricht. Algorithmen und Datenstrukturen. Springer Verlag, Informatikfachberichte 129, 1986.

Erfahrungen mit dem CIP-Pool der Fachhochschule für Technik Stuttgart

Henning Natzschka

Regierungsbaumeister und Prorektor
der Fachhochschule für Technik Stuttgart

Die Fachhochschule für Technik Stuttgart ist aus einer Königlich Württembergischen Baugewerk-Schule hervorgegangen. Deshalb sind dort fast nur Studiengänge des Bauwesens vorhanden, nämlich

- Architektur,
- Bauingenieurwesen,
- Bauphysik,
- Innenarchitektur,
- Mathematik,
- Vermessungswesen und der
- Aufbaustudiengang Umwelttechnik.

Es handelt sich um Fachgebiete, deren Einsatz praktisch dem Dienstleistungssektor zugerechnet werden muß. Spektakuläre Produktionsentwicklungen oder gar Export von solchen Produkten sind kaum möglich. Deshalb hat es unsere Hochschule besonders schwer, sich bei der Aufstellung der Investitionshaushalte im Ministerium einen angemessenen Anteil an Haushaltmitteln zu sichern.

Im Jahre 1986 war es endlich so weit, daß unsere Hochschule mit Hilfe des CIP-Programms 1 beginnen konnte, entsprechend den Veränderungen im Bereich der Entwurfsplanung, Mengenermittlung, Ausschreibung, Vergabe und Abrechnung bei Ingenieurbüros und Firmen auch in der Lehre Rechnung zu tragen. Schon früher hatten zwar einige Professoren in Eigeninitiative bereits einzelne DV-Anlagen beschafft, aber von einer ausreichenden Ausrüstung für die rd. 500 Studenten, die je Semester in Informatik und deren Anwendungen ausgebildet werden sollen, konnte keine Rede sein.

Es ergab sich der für die Einrichtung des CIP-Pools glückliche Umstand, daß für unsere Hochschule die gesamten Komplementärmittel des Landes für den ersten CIP-Plan bereitgestellt wurden, während die anderen Hochschulen diese Mittel über mehrere Jahre hin in Teilbeträgen erhielten.

Die Verantwortung für sämtliche EDV-Aktivitäten – soweit es sich nicht um Rechner für Labore handelt – liegt bei uns im Rektorat, um von dort gezielt den

Mitteleinsatz und die Verwendbarkeit der DV-Geräte für viele Studiengänge steuern zu können. Die Mittel wurden also nicht auf die einzelnen Fachbereiche und Studiengänge verteilt, sondern ein zentraler Pool für die gesamte Hochschule eingerichtet, der als fast selbständige Einheit neben dem Hochschulrechenzentrum steht. Dabei muß aber ein interner Austausch von Daten und Software möglich sein, um trotz notorischer Raumnot sowohl alle Vorlesungen und Übungen als auch die Bearbeitung von Diplom- und Forschungsarbeiten zu gewährleisten. Schließlich mußten nach den Studien- und Prüfungsordnungen für rd. 500 Hörer je Semesterwoche nicht nur Vorlesungszeiten, sondern auch Zeiten für freie Übungen untergebracht werden.

Organisatorisch steht dem Rektorat als beratendes Gremium entsprechend der Betriebsordnung des Rechenzentrums der EDV-Beirat zur Seite, in dem ein Professor jedes Studienganges, der wissenschaftliche Leiter des Rechenzentrums und der technische Betriebsleiter desselben vertreten sind. Vorsitzender ist der für die EDV-Aktivitäten verantwortliche Prorektor. Durch diese Einrichtung ist gewährleistet, daß die Beschaffung von DV-Geräten aus Investitionsmitteln der einzelnen Fachbereiche und Laboratorien so abgestimmt wird, daß eine Kompatibilität untereinander vorhanden und ein eventuell notwendiger Austausch der Geräte möglich ist. Die Auswahl neuer DV-Anlagen erfolgt nicht allein unter Gesichtspunkten ökonomischer Systeme, sondern auch nach pädagogischen Erfordernissen.

Der Fachhochschule für Technik Stuttgart standen bis zum Beginn des ersten CIP-Programms nur eine SIEMENS 7536 mit 12 Terminals für den Studentenbetrieb in einem Terminalraum zur Verfügung. Dies führte dazu, daß noch 1986 ein Teil der Studenten ihre Studienarbeiten in Lochkartenpaketen beim Rechenzentrum abgeben mußten, wo sie im Batch-Betrieb verarbeitet wurden. Da man auf den Ausdruck meist einige Zeit, manchmal sogar bis zum anderen Tag warten mußte, verloren die Studenten bald die Freude an der Arbeit mit dem Computer. Außerdem wurde einige Vorlesungszeit darauf verwendet, die Studenten in das Betriebssystem BS 2000 einzuweisen.

In einem Schwerpunktprogramm für die Fachhochschulen waren im Jahre 1985 CAD-Arbeitsplätze durch das Ministerium zentral beschafft worden. Unsere Hochschule erhielt davon eine MICRO VAX II mit vier Arbeitsplätzen, die mit Sigmex- und VT 200- Bildschirmen ausgerüstet waren. Die CAD-Software für Architektur und Bauingenieurwesen wurde vom Recheninstitut für das Bauwesen – RIB – in Stuttgart beschafft, weil hier ein von der Planung bis zur Bauabrechnung durchgehendes System angeboten wurde. Diese Programme waren außerdem für den Rechenteil und die Plotterausgabe auch auf der SIEMENS-Anlage lauffähig. Eine Vernetzung zwischen der Großrechenanlage und der Micro VAX II fand bisher nicht statt, da Mittel für das notwendige Netzwerk noch nicht bereitgestellt werden konnten. Weil aber ca. 150 Studenten je Semester in die Arbeit mit CAD eingeführt werden müssen – es handelt sich hierbei um Pflichtvorlesungen – wurde die Forderung der Lehrpersonen nach CAD-fähigen PCs immer stärker.

Um die große Anzahl der Einführungsvorlesungen in Programmiersprachen und DV-Anwendungen zu ermöglichen, wurden trotz Raumnot im CIP-Programm 1 drei Vorlesungsräume mit PCs bestückt. Dabei mußten wir in Kauf nehmen, daß die vorgesehene Lösung mit dem UNIX-Betriebssystem im Jahre 1986 noch vom Ministerium abgelehnt wurde, so daß wir MS-DOS-Systeme beschafften. Dabei ergab sich aber zum Glück, daß die vom RIB beschaffte Anwendersoftware auch auf IBM- bzw. IBM- kompatiblen Rechnern lief. Schließlich fiel die Entscheidung für die Beschaffung von 45 ITT XTRA, die damals noch mit dem Prozessor 8088 und dem Coprozessor 8087 ausgerüstet waren. Die Bildschirme sind mit der EGA-Karte auch für eine beschränkte Grafik einsetzbar. Durch die Verteilung auf drei Hörsäle verschiedener Größe entstanden Einheiten von 12, 18 und 11 PC-Pools. Sämtliche Pools sind in sich und mit einem Server vernetzt, auf dem die Bereiche für die Studentenarbeit und die Anwendersoftware sowie das Textverarbeitungssystem und die Compiler für die Programmiersprachen FORTRAN, COBOL, PASCAL, APL, C und für ASSEMBLER abgespeichert sind. Der Server ist wiederum mit der SIEMENS-Anlage verbunden, so daß die dort vorhandene Speicher- und Rechenkapazität ebenfalls ausgenutzt werden kann. Nachdem unsere Hochschule die SIEMENS-Anlage auch hochrüsten konnte, ergibt sich heute folgender Bestand (Abb. 1):

Zentrale:
SIEMENS 7550 D
12	MB	Hauptspeicher
1,4	GB	Plattenspeicher
2		Drucker
1		Plotter DIN A1
13		Terminals 9747
BS 2000		Betriebssystem

CAD - Labor:
MICRO VAX II
9	MB	Hauptspeicher
210	MB	Plattenspeicher
4		Sigmex 6161
4		VT 220
3		Digitalis.Tabl.
1		Digitalis.Tisch
1		Drucker
1		PC Tandon XT
VMS		Betriebssystem

Abb. 1: *Ausstattung des Rechenzentrums der Fachhochschule für Technik Stuttgart (wird auf den folgenden Seiten fortgesetzt)*

CIP - Bereich:
SEL
42		ITT XTRA S
1		Coprozess. 8087
640	KB	Hauptspeicher
20	MB	Festplatte
1		EGA-Graph.Adapt.
30		Digitalis.Tabl.
30		Mäuse
3		Drucker
MS-DOS		Betriebssystem
1		Server ITT XTRA
2	MB	Hauptspeicher
320	MB	Plattenspeicher
Netz		ARCNET NOVELL Version 2.15
SDC 97		Emulation für die SIEMENS 7550 D

Professoren-Vorbereitung:
SEL
2		ITT XTRA S
MS-DOS		Betriebssystem

SIEMENS
1		Graphikterminal
2		Alphanum.Termin.
BS 2000		Betriebssystem

Labor für Informatik im Bauwesen:
SEL
3		ITT XTRA
640	KB	Hauptspeicher
20	MB	Festplatte
3		Viking Bildsch.
1		ITT XTRA ATW
640	KB	Hauptspeicher
30	MB	Festplatte
1		ITT XTRA
640	KB	Hauptspeicher
1		EGA Bildschirm
2		Drucker
1		Plotter DIN A0
MS-DOS		Betriebssystem
Netz		ARCNET NOVELL Version 2.15
SDC 97		Emulation für die SIEMENS 7550 D

SIEMENS		
1		MX 2
2	MB	Hauptspeicher
40	MB	Festplatte
4		Terminals
SINIX		Betriebssystem
EMDS 97		Emulation für die SIEMENS 7550 D

Abb. 1: *Ausstattung des Rechenzentrums der Fachhochschule für Technik Stuttgart*

Im Augenblick sind nur die CIP-Maschinen und das Labor für Informatik im Bauwesen mit der SIEMENS-Anlage vernetzt. Der endgültige Ausbau und die geplante Vernetzung sind in Abb. 2 dargestellt.

Der Nachteil, daß sämtliche Maschinen des CIP-Pools mit dem wenig leistungsfähigen Prozessor 8088 ausgerüstet sind, wiegt allerdings nicht besonders schwer, wenn man beobachtet, mit welchen Mühen Studenten, z.T. im "Einfinger-Such-System" auf der Tastatur die Eingaben vollziehen. Die Arbeit in den letzten sechs Semestern hat gelehrt, daß die Antwortzeiten für den Lehrbetrieb durchaus annehmbar sind. Dennoch sollen die vorhandenen Maschinen im Rahmen des laufenden CIP- Programmes 2 auf den 80386-Prozessor umgestellt werden.

Von großem Vorteil erweist sich, daß in allen PC-Räumen der gleiche Typ mit dem gleichen Betriebssystem und der gleichen Software vorhanden ist. Dadurch kann je nach Semesterstärke die Raumbelegung flexibel gehandhabt werden. In den Räumen, die von den Professoren für die Vorlesung nicht benötigt werden, können die Studenten ihre Studien- und Diplomarbeiten durchführen. Damit muß der Student nur einmal eingewiesen werden und kann dann an jedem Terminal in jedem Raum am PC arbeiten. Auch der Dozent muß nicht bei jeder Vorlesung sich auf ein anderes Betriebssystem einstellen, wie dies bei dem früheren Betrieb mit BS 2000 und VMS (auf der MICRO VAX II) erforderlich wurde. Bemerkt werden soll außerdem, daß auch im Labor für Informatik im Bauwesen Studenten aller Studiengänge arbeiten dürfen.

Nachdem die drei PC-Räume zur Verfügung standen, ließ sich beobachten, daß auch vom Studiengang Mathematik Dozenten und Studenten plötzlich auf die PC übergingen und dort die Einführung in die Programmiersprachen und die Datenbank- Systeme durchführten. In Gesprächen ließ sich erkennen, daß für einfache Aufgabenstellungen sich eine bessere Akzeptanz des MS-DOS-Systems ergab, da hier auch ein hervorragendes Textverarbeitungssystem zur Verfügung steht. Außerdem stellen die Studenten in den praktischen Studiensemestern in der Industrie, den Verwaltungen und Ingenieurbüros fest, daß dort keine Großrechenanlagen eingesetzt werden. Wir mußten nun für die Mathematikstudenten bereits festsetzen, daß die Vorlesungen für bestimmte Fächer, z.B. für relationale Datenbanken und andere Informatikanwendungen nur auf der SIEMENS-Anlage durchgeführt werden dürfen.

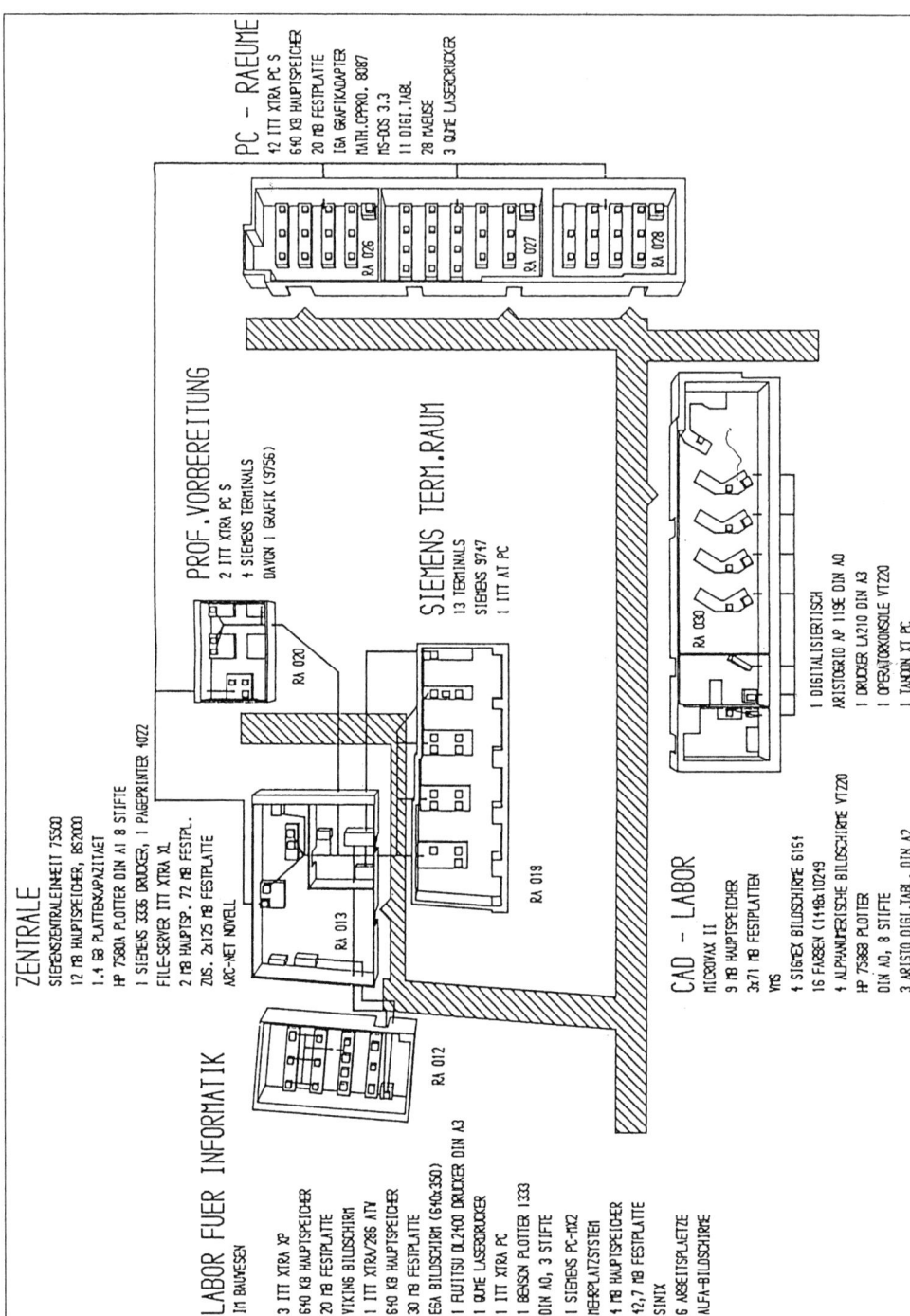

Abb. 2: Übersicht über die Gesamtvernetzung der DV-Anlagen der Fachhochschule für Technik Stuttgart

Die Architektur-Studenten konnten mit vier CAD-Arbeitsplätzen an der MICRO VAX II nicht ausreichend bedient werden. Deshalb wurden Digitalisiertabletts, Mäuse und entsprechende CAD- Software auf der Basis CADdy beschafft und die CAD-Ausbildung auf den CIP-Pool verlagert. Eine Vermessungssoftware unter CADdy ermöglicht diesem Studiengang ebenfalls die Auswertung der Hauptvermessungsübungen und die Einführung in den Bereich des Kanalkatasters. Natürlich ist die Auflösung der Bildschirme mit 720 x 380 nicht besonders gut, doch lassen sich für den Vorlesungsbetrieb die grundlegenden Dinge auch dort mit der zur Verfügung stehenden Genauigkeit erklären. Ein Beispiel aus dem Gebiet der Straßenplanung mag dafür stehen.

Die Studenten geben zunächst eine geplante Achse unter Verwendung der Landeskoordinaten ein. Die Ergebnisliste (Abb. 3) zeigt zunächst die Achshauptpunkte, sie zeigt aber durch negative Stationsentfernung, daß zwischen zwei Entwurfselementen eine fehlerhafte Eingabe liegen muß. Der Student untersucht nun mit Hilfe der Kontrollgrafik, was die Maschine gerechnet hat (Abb. 4). Den fraglichen Bereich kann er sich dann herausvergrößern (Abb. 5). Nach Änderung der Eingabe prüft er die stetige Trasse ebenfalls mit der Kontrollgrafik (Abb. 6) und läßt sich nun diese Achse für die weitere Bearbeitung ausdrucken (Abb. 7) und abspeichern. Der Professor kann durch erklärende Anmerkungen dem Studenten die Veränderung der eingegebenen Kurve leicht verdeutlichen. Dies wird durch die Zuschaltung eines Overhead- Projektors mit LCD-Anzeige erleichtert.

Da bei der Arbeit mit relativ kleinen Bereichen für den einzelnen Studenten die Festplatten doch schnell überlaufen, sind alle PC mit Diskettenlaufwerken ausgestattet. Jeder Student muß nach der Sitzung seine Dateien auf Diskette sichern und kopiert sie in der nächsten Vorlesung auf die Festplatte zurück. Der öffentliche Benutzerbereich muß etwa alle drei Wochen vollständig gelöscht werden, was zentral vom Server aus geschieht. Ein Sicherungslauf findet nicht statt. Die ITT-Rechner sind untereinander und mit der SIEMENS-Anlage mit ARCNET der Fa. Novell vernetzt. Anfänglich hatten wir damit einige Schwierigkeiten, da das Netz unvermutet zusammenbrach und vom Server aus neu hochgefahren werden mußte. Dies führte während der Vorlesungen manchmal zu unerwünschten Störungen und verlangte vom Lehrkörper teilweise improvisatorisches Reagieren. Nachdem aber in der Hardware die Festplatte ausgetauscht wurde und jetzt eine neue Version der Netz-Betriebssoftware zur Verfügung steht, läuft das Netz einwandfrei.

Nicht problemlos ist sicher die Frage des Kopierschutzes der Anwender-Software. Diese ist in der Regel als Campuslizenz erworben. Die Softwarehäuser schützen sich heute meist durch Hardblocks, die von der Hochschule mit dem Programm erworben und gegen Quittung an die Benutzer ausgeliehen werden. Die Programmbibliothek ist auf der Festplatte des Servers angelegt. Sie kann nur unter Verwendung des Hardblocks benutzt werden. Außerdem muß jeder Student bei der Einschreibung bereits eine schriftliche Belehrung über Datenschutz und Urheberrechtsschutz unterschreiben. Uns ist allerdings klar, daß damit längst nicht alle Probleme gelöst sind. Aber eine gewisse Sicherung ist schon vorhanden.

Zusammengefaßt ergeben sich folgende Vorteile :

- Auf der größten Anzahl der vernetzten Rechner ist der Befehlsvorrat gleich. Für Professoren und Studenten ist bei Verlegung in einen anderen Rechnersaal keine Umstellung auf ein anderes System nötig.

- Die Einteilung der Hörsäle kann nach der Anzahl der Studenten in den einzelnen Semesterverbänden und Studiengängen vorgenommen werden. Dadurch können Hohlstunden für Professoren und Studenten weitgehend vermieden werden.

- Der Professor findet in jedem zugeteilten Raum das gleiche Betriebssystem, die gleichen Editoren oder Compiler vor. Die Raumeinteilung wird so vom Vorlesungsinhalt weitgehend unabhängig.

- Der Student findet in jedem CIP-Raum die gleiche Rechnerumgebung vor und kann ohne weiteren Zeitverlust für die Einarbeitung in ein anderes System mit seinen Studienarbeiten beginnen.

- Die Ergebnisse von Diplomarbeiten (Quellenprogramme oder Datenbanken) können ohne weitere Anpassung sofort in allen Räumen für den Lehrbetrieb weiterverwendet werden.

- Der Einsatz der Textverarbeitung ist auf allen PC im Hochschulbereich mit dem gleichen Textsystem (Komforttext der Fa. Rettenbacher) bei gleichem Befehlsvorrat möglich. Damit verteilen sich die Studenten auf die freien Arbeitsplätze von selbst. Das früher übliche lange "Anstehen" oder die Zeitverwaltung ist praktisch fast unnötig.

- Da fast immer freie Arbeitsplätze zur Verfügung stehen, ist die Motivation der Studenten, am PC zu arbeiten, erheblich gestiegen.

- Die Betreuung der Studenten ist durch einen einzigen Assistenten möglich, der dadurch sehr effektiv eingesetzt werden kann.

- Die Erstellung von Hilfen durch Menüsteuerung kann durch den gleichen Assistenten wahrgenommen werden und wird so optimal ausgenutzt.

Einige Bedingungen sollen aber nicht verschwiegen werden, die noch verbesserungsbedürftig sind:

- Um die Ausnutzung der DV-Kapazitäten noch zu verbessern, muß der Personalbestand im Landeshaushalt aufgestockt werden. Bisher lassen sich nur an fünf Werktagen die Öffnungszeiten durch Schichtbetrieb von 8.00 Uhr bis 19.00 Uhr gewährleisten, da Überstunden nicht vergütet werden dürfen. Dies führt dazu, daß manchmal nur noch ein Operator oder der Betriebsleiter anwesend sind, die sich zwar im System, nicht aber in der fachlichen Problematik auskennen. Die Öffnung an Samstagen ist nicht möglich, da dann kein Hausmeister im Gebäude vorhanden ist.

- Das Gewinnen von Tutoren aus dem Kreise der Studenten ist wegen der hohen Belastung mit etwa 30 bis 34 Stunden Vorlesung in der Woche in geringem Umfang möglich. Manchmal erklärt sich ein Diplomand bereit, an ein oder zwei Nachmittagen in der Woche für kurze Fragen der Studenten bereit zu stehen, während er an der Diplomarbeit arbeitet.

- Ein besonderes Problem bildet natürlich noch die Ausbildung der Lehrpersonen der Architekten- und Bauingenieurfächer im Bereich der DV-Anwendungen. Aber hier kommt uns der Verjüngungsprozeß der Dozentenschaft in den nächsten Jahren entgegen. Neu zu berufende Professoren sollen Kenntnisse in EDV nachweisen und besitzen sie in der Regel auch, weil sie sich schon während ihres Studiums damit befassen mußten.

- Die direkte Einwirkung des Ministeriums auf die Beschaffung von DV-Anlagen durch Einflußnahme auf den HBFG-Antrag führt zu didaktischen Schwierigkeiten und sollte auf die Bereitstellung der Komplementärmittel beschränkt bleiben. Im Fachhochschulbetrieb steht die Lehre stark im Vordergrund. Die Lehrpersonen legen daher zunächst einmal Wert auf die Verwendung im Lehr- und Übungsbetrieb. Einzelne Rechner für die Labore werden erfahrungsgemäß aus Drittmitteln und damit außerhalb des CIP-Programms beschafft.

FACHHOCHSCHULE FUER TECHNIK STUTTGART   01.10.1989
LABOR FUER INFORMATIK IM BAUWESEN, PROF.H.NATZSCHKA, REG.BAUMEISTER
ACHSBERECHNUNG, EINGABELISTE DER ACHSELEMENTE   BLATT 1

ACHSNAME A143   ANFANGSSTATION = 100050.000

ELEM.	D1	D2	DL	R	A1	A2	Y1	X1	Y2	X2
ASTA	.00	.00	.00	.000	.000	.000	498775.600	398800.000	498700.000	398836.200
ELEM P	.00	.00	.00	-90.000	.000	.000	498731.200	398800.000	498700.000	398810.700
ELEM F	.00	.00	.00	.000	.000	.000	498750.000	398819.000	498650.000	398811.500
ELEM P	.00	.00	.00	50.000	.000	.000	498661.500	398812.250	498613.600	398850.000
ELEM S	.00	.00	.00	-40.000	.000	.000	498664.400	398800.000	498629.700	398815.900
ELEM F	.00	.00	.00	.000	.000	.000	498629.700	398815.900	498600.000	398814.200
ELEM P	.00	.00	.00	237.500	.000	.000	498650.000	398818.600	498550.000	398822.250
ELEM F	.00	.00	.00	.000	.000	.000	498650.000	398813.700	498550.000	398816.600
ELEM P	.00	.00	.00	262.500	.000	.000	498600.000	398817.400	498550.000	398817.250
ELEM F	.00	.00	.00	.000	.000	.000	498600.000	398813.100	498515.900	398820.000

Abb. 3a: Eingabeliste

Auch für die Zukunft wird die Fachhochschule für Technik Stuttgart den eingeschlagenen Weg konsequent fortsetzen. Im Rahmen des CIP-Programms 2 werden wir zunächst einen weiteren Hörsaal mit PS/2- Maschinen ausstatten, die mit hochauflösenden Bildschirmen das Angebot in CAD erweitern werden. Danach sollen die vorhandenen Maschinen mit dem Prozessor 8088 durch solche mit dem Prozessor 80386 ersetzt werden. Das fortgeführte CIP-Programm ist uns dafür eine ganz große Hilfe.

FACHHOCHSCHULE FUER TECHNIK STUTTGART				01.10.1989	
LABOR FUER INFORMATIK IM BAUWESEN, PROF.H.NATZSCHKA, REG.BAUMEISTER					
ACHSBERECHNUNG, ERGEBNISLISTE ACHSHAUPTPUNKTE				BLATT 2	
ACHSE A143					
STATION	R̄	A	PHI-T	YH	XH
STAT-DIFF	T1	T2	D-PHI	YT	XT
	S	PHI-S	YM	XM	
100050.000	.000	.000	328.4298	498775.600	398800.000
-54.307	.000	.000	.0000	.000	.000
		54.307	128.4298	.000	.000
99995.693	-.000	140.000	328.4298	498824.581	398776.546
217.778	158.146	84.507	-77.0231	498681.944	398844.846
		203.937	303.0852	.000	.000
100213.471	-90.000	.000	251.4066	498620.884	398786.425
!!! -97.515	-54.163	-54.163	68.9781	498660.020	398823.869
		92.815	85.8957	498683.102	398721.395
100115.955	-90.000	-80.000	320.3847	498711.430	398806.821
71.111	24.062	47.801	-25.1504	498688.591	398814.394
		70.619	303.6066	498683.102	398721.395
100187.066	000	.000	295.2343	498640.924	398810.819
!!! -24.580	.000	.000	.0000	.000	.000
		24.580	95.2343	.000	.000
100162.487	50.000	.000	295.2343	498665.435	398812.658
6.262	3.135	3.135	7.9732	498662.309	398812.423
		6.258	299.2209	498661.695	398862.518
100168.749	50.000	-25.000	303.2075	498659.177	398812.581
12.500	4.173	8.340	7.9577	498655.010	398812.791
		12.491	308.5130	498661.695	398862.518

Abb. 3b: Ergebnisliste mit Eingabefehler (negativer Stationsabstand)

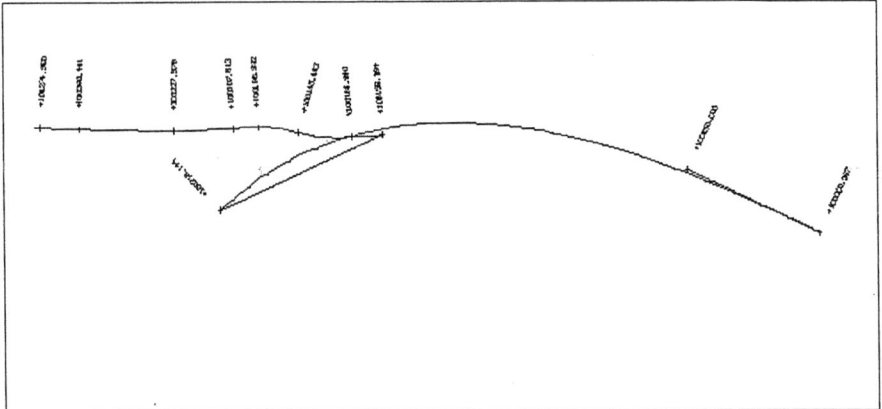

Abb. 4: Bildschirmdarstellung einer fehlerhaften Achsberechnung

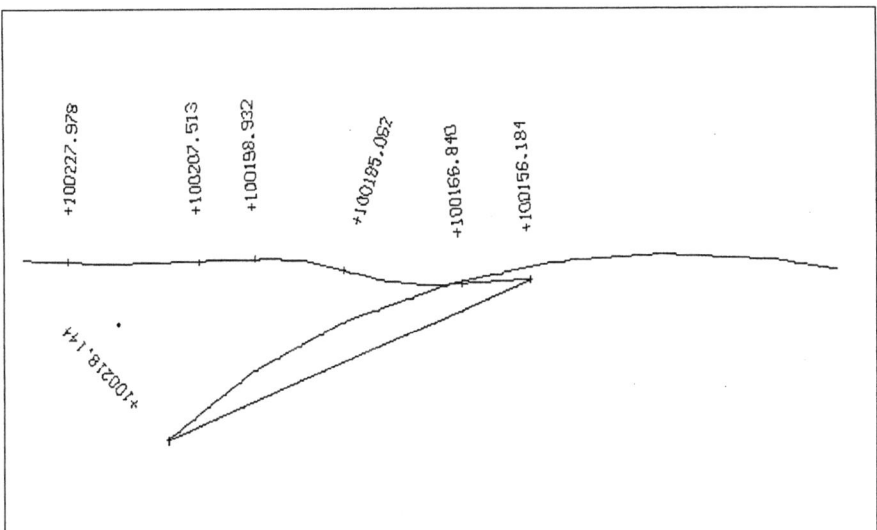

Abb. 5: Vergrößerung des Fehlerbereichs am Bildschirm

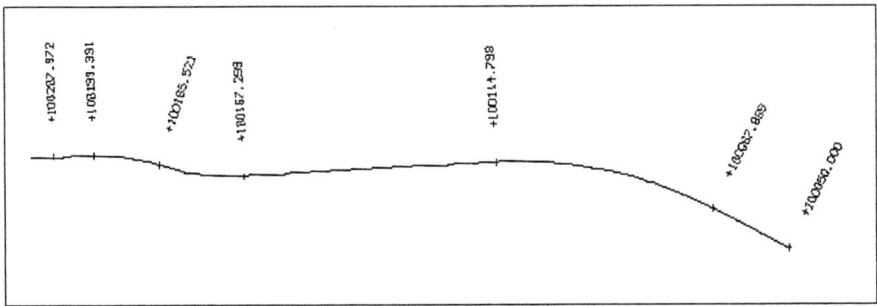

Abb. 6: Bildschirmausdruck nach Fehlerbereinigung der Achsberechnung

FACHHOCHSCHULE FUER TECHNIK STUTTGART				02.10.1989		
LABOR FUER INFORMATIK IM BAUWESEN, PROF.H.NATZSCHKA, REG.BAUMEISTER						
ACHSBERECHNUNG, ERGEBNISLISTE ACHSHAUPTPUNKTE					BLATT 2	
ACHSE A043						
STATION	Ṙ	A	PHI-T	YH	XH	
STAT-DIFF	T1	T2	D-PHI	YT	XT	
	S	PHI-S	YM	XM		
100050.000	.000	.000	328.4298	498775.600	398800.000	
17.869	.000	.000	.0000	.000	.000	
	17.869	328.4298	.000	.000		
100067.869	-90.000	.000	328.4298	498759.483	398807.717	
46.929	24.011	24.011	-33.1955	498737.827	398818.087	
	46.399	311.8320	498720.614	398726.543		
100114.798	.000	.000	295.2343	498713.883	398816.291	
52.501	.000	.000	.0000	.000	.000	
	52.501	295.2343	.000	.000		
100167.299	50.000	.000	295.2343	498661.529	398812.365	
18.221	9.213	9.213	23.2003	498652.342	398811.676	
	18.121	306.8344	498657.790	398862.225		
100185.521	-40.000	.000	318.4346	498643.513	398814.306	
13.870	7.005	7.006	-22.0745	498636.800	398816.306	
	13.801	307.3962	498632.091	398775.972		

Abb. 7: Ergebnisliste nach der Korrektur

Klausuren am PC – Beispiel Statistik

Eckard-R. Richter

Fachhochschule Rheinland-Pfalz, Abteilung Koblenz
Fachbereich Maschinenbau

1. Einleitung

Um das Lernen effektiver zu gestalten, muß eine Überprüfung des Erlernten erfolgen. In der ersten Phase einer Studie, die von der IBM Deutschland wesentlich unterstützt wurde, untersuchten wir, ob ein PC das Prüfen des Erlernten übernehmen kann. Die Überprüfung erfolgte im technischen Bereich in erster Linie in Form von Klausuren. Unsere Überlegungen ergaben, daß diese Klausuren im Bereich der Statistik nicht nur in der Paper-Pencil-Form, sondern auch am PC geschrieben werden können. Für die Ausbildung ergeben sich neue Aspekte:

- Früher Umgang mit dem PC als Hilfsmittel
- Freie Wahl des Klausurtermins nach Lernfortschritt
- Fehlerhinweise bei der Bearbeitung (Lerneffekt)
- Entlastung von Routinearbeiten bei der Bearbeitung und Prüfen des fachspezifischen Denkvermögens
- Nachvollzug des zeitlichen Verlaufes der Bearbeitung und gezielte Lernhilfen

Auch für den Lehrstuhl ergeben sich Vorteile:

- Rationalisierte Aufgabenerstellung für Übung und Klausur
- Erstellung und Verwaltung einer Aufgabenbibliothek
- Wesentlich vereinfachte Korrektur
- Überprüfung der eigenen Lehr- und Übungsveranstaltungen

2. Allgemeine Bedingungen an eine PC-gestützte Klausur

- Die PC-Klausur muß mit den Prüfungsordnungen, dem Datenrecht und allen anderen Rechtsvorschriften im Einklang stehen.
- Allgemeine Anforderungen an Teachware müssen erfüllt werden.
- Aufgabenstellung, -bearbeitung und -korrektur müssen mit voneinander unabhängigen Programmen erfolgen.

- Die Bearbeitung aller Bereiche muß in freier Gestaltung wie auf dem Papier erfolgen.
- Der Student muß im Rahmen von Übungen den Umgang mit dem neuen Medium lernen.
- Es muß eine Organisationsstruktur für die Klausur in einem PC-Saal gefunden werden.

3. Ablauf einer PC-gestützten Klausur

Mit dem selbständigen Aufgabenerstellungsprogramm werden im Institut Aufgaben erstellt und bearbeitet. Außerdem wird die Aufgabenbibliothek verwaltet. Daneben können die Klausurdisketten mit den Aufgaben für die Studenten zusammengestellt werden.

Mit dem Aufgabenbearbeitungsprogramm bearbeitet der Student in freier Gestaltung ohne Einschränkung seiner schöpferischen Fähigkeiten am Studenten-PC die auf der Klausur-Diskette befindlichen Aufgaben. Seine persönlichen Daten, die Bearbeitung und eventuell gegebene Fehlerhinweise werden auf dieser Diskette gespeichert.

Das Klausurkorrekturprogramm macht die Bearbeitung des Studenten wieder sichtbar. Gleichzeitig werden die Fehler, die durch Überprüfungsroutinen erkannt

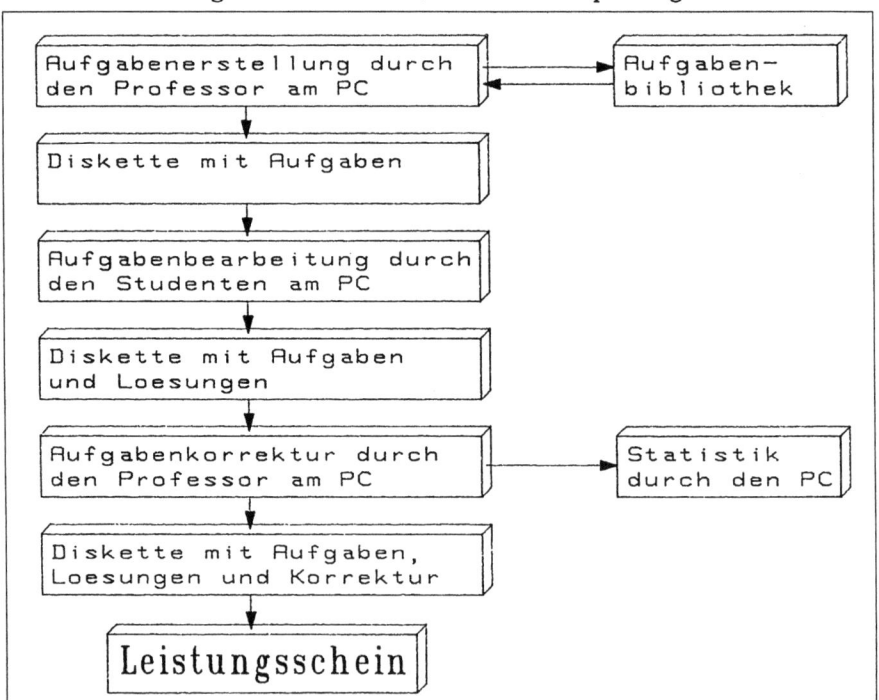

Abb. 1: Ablauf einer PC-gestützten Klausur

werden, angezeigt. Bei der Korrektur müssen jetzt nur noch die Fehler gekennzeichnet werden, die vom Programm nicht erkannt werden können. Eine automatisierte Korrektur würde die Kreativität der Studenten zu sehr einschränken.

Die korrigierte Klausur wird wieder auf der Studentendiskette gespeichert. Daneben wird die Fehler- und Klausurstatistik verwaltet. Ein Leistungsschein wird ausgedruckt.

4. Anforderungen an die Software

Die Software für Übungen und Klausuren muß folgenden Ansprüchen genügen:

- Der Rechner bzw. das Programm darf das schematische Denken nicht in den Vordergrund stellen. Das logische Denkvermögen darf nicht in den Hintergrund geraten.
- Das Programm muß preiswert verfügbar sein und muß auf einem preiswerten Rechner laufen.
- Die freie Bearbeitung muß wie auf dem Papier möglich sein.
- Das Programm muß sich selbst erklären.
- Interaktives Arbeiten mit Grafik, Text und Rechnung muß problemlos erfolgen.
- Für den Autor muß der Zeitaufwand für die Erstellung und Korrektur der Klausur kleiner werden.

Für das computerunterstützte Lehren, Lernen und Prüfen gibt es eine Vielzahl von Programmen. Diese liegen in der Qualität zwischen einfachen Drill- und hochwertigen Expertensystemen. Auf dem Software-Markt fanden wir keine allen obigen Anforderungen genügende Software. Wir entwickelten unsere Programme selbst. Sehr großen Wert legten wir dabei auf die Gestaltung der Benutzeroberflächen. Grundsätze waren, daß sich die Programme selbst erklären müssen und daß die Arbeit am Bildschirm mit der Maus erfolgen muß. Nur Daten und Text dürfen mit der Tastatur eingegeben werden.

Die Auswahl der erforderlichen Programmiersprachen und Hilfsmittel war sehr schwierig, da wir Grafik, Rechnung und Text miteinander verbinden mußten. Wir entschieden uns für MS-Fortran in Zusammenhang mit dem genormten grafischen Kernsystem (GKS) von GTSGral.

Die eigentliche Programmentwicklung wurde im Rahmen von Studien- und Diplomarbeiten durchgeführt. Nach ca. 5 bis 6 Personenjahren Arbeit sind im Augenblick (10/89) das Aufgabenerstellungsprogramm und das Bearbeitungsprogramm für Gleichgewichtsaufgaben in der dritten Version – wir begannen die Programmentwicklung mit dem Aufgabenerstellungsprogramm und den Gleichgewichtsaufgaben – fertiggestellt. Schnittlasten- und Schwerpunktsaufgaben sind am PC bearbeitbar. Das Programm für die Ermittlung von Resultierenden steht vor der Fertigstellung. Das Korrekturprogramm ist für die Gleichgewichtsaufgaben in der zweiten Version in der Erprobungsphase.

5. Programmbeschreibung am Beispiel der Gleichgewichtsaufgaben

5.1 Aufgabenerstellungsprogramm

Die Frage, ob eine Aufgabe aus der Bibliothek entnommen oder eine neue Aufgabe kreiert werden soll, führt direkt zum Erstellungsmenü. Dieses Menü besteht aus den Bereichen :

Konstruktionselemente	: Lager, Einspannung, Stab, Wand , Seil, Seilrolle, Gelenk, biegesteifes Gelenk
Bemaßung	: waagerechte oder schiefe Maßlinien, Winkelmaße
Beschriftung	: Aufgabentext, Bezeichnungen
Bearbeitung	: Drehen und Löschen von Konstruktionselementen, Neuaufbau der Zeichnung, Hilfsraster

Abb. 2: Das Erstellungsmenü

Am unteren Bildrand werden Hinweis- und Warnzeilen eingeblendet. Ist die Aufgabe erstellt, so erfolgen die Abfragen,

- welche Punktzahl die Aufgabe erhalten soll
- ob die Ergebnisse vom Studenten eingegeben werden sollen und wo die Aufgabe abgespeichert werden soll (Klausur/Bibliothek).

Mit einem gesonderten Plotprogramm werden die erstellten Aufgabenstellungen geplottet. Diese Plots stehen dem Studenten während der Klausur zur Verfügung.

5.2 Aufgabenbearbeitungsprogramm

Die erstellte Klausurdiskette erhält der Student zu Beginn der Klausur an seinem Rechner. Bei Beginn der Bearbeitung muß er zuerst seine Kennung eingeben. Diese Kennung bleibt während der Bearbeitungszeit als Identifizierungsmerkmal auf dem Bildschirm sichtbar. Nach der Auswahl einer der gespeicherten Aufgaben, die in der Klausur als Plotterausdruck vorliegen, muß der Student den möglichen Lösungsweg wählen. Mit einer internen Routine wird die richtige Wahl geprüft. Anschließend muß das System an den richtigen Punkten von den Bindungen gelöst werden. Nach diesem Schritt kann der Bearbeiter das System in freier Gestaltung skizzieren, bezeichnen und bemaßen. Die einzige Einschränkung erfolgt bei der Bemaßung. Maße müssen bezogen auf den Drehpunkt für das Momentengleichgewicht eingegeben werden.

Anschließend werden ebenfalls in freier Gestaltung die Gleichgewichtsbedingungen in Form einer Matrix aufgestellt. Der Rechner kontrolliert selbständig die Übereinstimmung von Grafik und Matrix und kann eventuelle Fehler melden.

Jetzt fehlen nur noch Kraftbedingungen, z.B. das Reibungsgesetz und der Wert der bekannten Kräfte. Das vorliegende komplizierte Gleichungssystem wird vom Rechner ausgewertet. Die Ergebnisse werden angezeigt und sind vom Studenten auf Plausibilität zu prüfen. Damit können Aufgabenstellungen, die wegen des hohen mathematischen Aufwandes bisher in Klausuren nicht abgeprüft werden konnten, behandelt werden. Bei diesen Aufgabenstellungen steht das technische Denkvermögen und das „penible" Arbeiten im Vordergrund. Bei einfachen Aufgabenstellungen soll der Bearbeiter zur Überprüfung der mathematischen Fähigkeiten die selbsterrechneten Ergebnisse eingeben.

5.3 Aufgabenkorrekturprogramm

Die Bearbeitung durch den Studenten wird mit der Studentendiskette Aufgabe für Aufgabe rekonstruiert. Dabei werden automatisch Fehler bei der falschen Wahl des Lösungsweges und beim Schneiden in Form eines Punktabzuges berücksichtigt. Die noch nötige Korrekturarbeit erfolgt in der Skizze des freigemachten Systems. Hier werden fehlende und falsche Angaben gekennzeichnet und vom Professor in Form eines Punktabzuges berücksichtigt. Anschließend werden Fehler in der Matrix angegeben und bewertet. Am Ende der Korrektur wird die Plausibilitätsabfrage bewertet.

Ist die Aufgabe korrigiert, wird die Korrektur auf der Studentendiskette abgespeichert. Auf der Professorendiskette werden neben der richtigen Lösung die Studentenkenndaten mit den erreichten Punkten und die anonyme Fehlerstatistik gespeichert. Eine Fehlerstatistik erlaubt eine gezielte Auswertung nach der Fehlerart für spezielle Lernhinweise. Der für die Benotung wichtige Punkteschlüssel kann vorgegeben und geändert werden. Mit diesem Punkteschlüssel wird die Note festgelegt. Abschließend werden die Leistungsscheine ausgedruckt.

6. Schlußbemerkung

In absehbarer Zukunft wird der studenteneigene PC zum Standard jeder Ingenieurausbildung gehören. Unter diesen Voraussetzungen kann der Student seine Übungen zu Hause durchführen. In einem weiteren Schritt wird der Studenten-PC über eine Datenleitung mit dem Hochschulrechner verbunden sein. Damit ist direkt nach der häuslichen Übung eine Erfolgskontrolle möglich.

Das Seminar "Expertensysteme"

Sonja Schlegelmilch
Universität Karlsruhe
Institut für Baugestaltung, Baukonstruktion und Entwerfen

1. Zusammenfassung

Dieser Bericht beschreibt Konzeption und Ergebnisse eines Seminars EXPERTENSYSTEME, das im Sommersemester 88 von Herrn Dr.-Ing. Peter Raetz[1] und mir am Institut für Baugestaltung, für Studentinnen und Studenten des Fachbereichs Architektur veranstaltet wurde. Das Seminar ist als "Pilot-Projekt" zu verstehen, da sich zum erstenmal Studierende der Architektur mit Methoden des Knowledge Engineering auseinandersetzten. Es wurde durchgeführt, um der wachsenden Bedeutung wissensbasierter Systeme zur Unterstützung komplexer Aufgabenstellungen gerecht zu werden. Die im Rahmen des Seminars gewonnenen Erfahrungen verdeutlichen, daß Knowledge Engineering, losgelöst von Kenntnissen der konventionellen Programmiertechnik, als eigenständige Disziplin gesehen werden kann.

2. Einleitung

Das zunehmende Interesse an Forschungsergebnissen und Entwicklungen auf dem Gebiet der Künstlichen Intelligenz basiert auf der Möglichkeit, rechnergestützte Lösungen für Problemstellungen einzusetzen, deren Komplexitätsgrad bisher keine Realisierung mit Hilfe konventioneller Programmsysteme zulassen.

Der Teilbereich der Expertensysteme gehört innerhalb des Gesamtgebietes der Künstlichen Intelligenz zu den am weitesten fortgeschrittenen. Unter Expertensystemen sind Computerprogramme zu verstehen, die das Expertenwissen und die Schlußfolgerungsfähigkeit qualifizierter Fachkräfte auf meist eng begrenztem Aufgabengebiet nachbilden sollen.

Verglichen mit diesem Anspruch sind die bislang erreichten Erfolge jedoch sehr bescheiden. Trotzdem kann das Teilgebiet "Expertensysteme" im Rahmen der KI-Bestrebungen als einziges Gebiet gesehen werden, das über Forschungseinrichtungen hinaus zu industriellen Anwendungen gekommen ist.

3. Einsatz wissensbasierter Systeme im beruflichen Umfeld eines Architekten

Seit 1984 arbeitet die Forschungsgruppe des Instituts für Baugestaltung, Prof. F. Haller, an der Realisierung intelligenter CAD-Systeme, die die Organisation technischer Leitungssysteme in den Deckenhohlräumen hochinstallierter Gebäude unterstützen. Das repräsentierte Wissen basiert auf einem Regelwerk, das bereits in den ersten Phasen des Gebäudelayouts Konfliktfreiheit und Flexibilität der Leitungssysteme gewährleistet und ermöglicht, den Entwurf eines Gebäudes ganzheitlich zu verstehen.

In ihrem beruflichen Umfeld werden Architekten mit komplexen Planungs- und Konstruktionstätigkeiten konfrontiert, die zur kontinuierlichen Diskussion optimierter Lösungswege führen. Dabei eignen sie sich Erfahrungswerte an, die sie befähigen, Problemstellungen zu beurteilen und bestmögliche Entscheidungen zu treffen. Expertensysteme, die solches erfahrungsbedingtes Wissen repräsentieren, könnten Planungs- und Entscheidungsprozesse wesentlich unterstützen.

Einige der Gebiete, die den Einsatz von Expertensystemen im Bereich der Architektur nahelegen, seien beispielhaft erwähnt :

Gebiet	Beispiele
Gebäudeplanung	Nutzungsorientierte Raumplanung (z. B. Krankenhäuser, Bürogebäude)
	Wahl des geeignetsten Tragwerksystems
Raumausstattung	Optimierte Ausstattung von bspw. OP - Sälen, Labors, Arztpraxen ...
	Möblierungsberatung als Unterstützung in der Wahl der Elemente und Anordnung
Haustechnik	Entwurf & Wartung technischer Leitungssysteme in hochinstallierten Gebäuden
	Planungsintegrierte Gebäudevernetzung (z. B. in Rechenzentren)
Projektmanagement	Erstellen des Projektfinanzierungsplans
	Beratung im Baurecht

Abb. 1: Einsatzmöglichkeiten von Expertensystemen im Bereich Architektur

4. Motivation für ein Pilot-Projekt

Unsere Erfahrungen, die wir im Rahmen des Forschungsprojektes gewonnen haben, zeigen, daß Problemstellungen, zu deren Lösung heuristische Vorgehensweisen eines Experten eingesetzt werden, nicht mit Methoden des Software-Engineering erfaßt und umgesetzt werden können. Solche Probleme sind individuell. Es kann somit nicht von einer Methodik sondern höchstens von Methoden des Knowledge Engineering gesprochen werden.

Hierbei liegt die Hauptschwierigkeit der Wissensverarbeitung in der möglichst adäquaten Abbildung der "Expertenwelt" durch ein wissensbasiertes System. Meist wird hierzu ein sogenannter "Wissensingenieur" eingesetzt, der als EDV-Spezialist kompetent genug ist, das Expertenwissen in ein lauffähiges Programmsystem zu transformieren.

Dies kann zu erheblichen Schwierigkeiten führen, da der Knowledge-Engineer in erster Linie fähig sein muß, sich in die Welt des Experten hinein zu versetzen. Das heißt, die zugrundeliegende spezifische Syntax und insbesondere Semantik muß so verstanden sein, daß er ähnlich der Fachkraft Entscheidungsschritte nachvollziehen kann.

Dieser Aspekt spricht gegen das Zwischenschalten eines Wissensingenieurs und für die Ausbildung von Experten in der "Disziplin" des Knowledge Engineering. Unseren Erfahrungen nach ist es insbesondere bei komplexen Aufgaben schwieriger, Begriffe und Abläufe des Problembereichs zu erlernen, als mit Techniken der Wissensverarbeitung und der zur Verfügung stehenden KI-Software vertraut zu werden.

Zudem unterstützen spezielle KI-Werkzeuge dieses Vorhaben, da sie ob ihrer Komplexität anwenderfreundlich, flexibel sowie leicht handhabbar sein müssen. Aus diesen Überlegungen heraus ergaben sich für uns die Thesen:

a) Ein Experte erlernt leichter Methoden des Knowledge Engineering als ein Software Engineer das Spezialwissen verinnerlicht.

b) Knowledge Engineering und Software Engineering sind getrennte unabhängige Disziplinen.

c) Der Experte ist der beste Knowledge Engineer.

Diese Annahmen waren Anlaß, Studierende der Architektur als künftige Experten oder auch als Anwender von Expertenwissen, mit Problembereichen, die den Einsatz von Expertensystemen nahelegen, vertraut und mit Methoden der Wissensverarbeitung bekannt zu machen.

Eine betreffende Lehrveranstaltung schien außerdem recht erfolgversprechend, da seit Jahren EDV- bzw. CAD-Kurse durchgeführt werden, die die Studenten mit großem Engagement frequentieren.

5. Konzeption eines Seminars "Expertensysteme"

5.1 Die Lehrinhalte als Konsequenz des Lehrziels

Gemäß der aufgezeigten Motivation sollte der Schwerpunkt der Lehrveranstaltung auf der Vermittlung von Methoden des Knowledge Engineering liegen. Die Teilnehmer sollten am Ende der Lehrveranstaltung in der Lage sein, ein einfaches Expertensystem zu konzipieren und mit Hilfe eines Software-Tools zu realisieren.

Dazu definierten wir Teilziele, die eine systematische Vermittlung des Lehrinhaltes beschreiben: Zunächst war der Bereich "Expertensysteme" als Teilgebiet der Künstlichen Intelligenz abzugrenzen. Charakteristiken und Architekturen von Expertensystemen sowie Einsatzmöglichkeiten sollten erkannt und ein Verständnis für ihre Komponenten und deren Interaktion erhalten werden.

Ein Einblick in die Komplexität von Problemstellungen sollte vermittelt werden, um den Unterschied zwischen Algorithmus und Heuristik zu verstehen. Daraufhin waren entsprechende Problemstellungen auf ihre mögliche Realisierung durch ein Expertensystem zu untersuchen.

Anschließend sollten verschiedene Wissensrepräsentationsparadigmen und mögliche Problemlösungsstrategien verstanden und in Hinblick auf einen problemgerechten Einsatz erörtert werden. Dabei sollten die Studenten auch mit Phasenmodellen des Knowledge Engineering vertraut werden, um die erworbenen Kenntnisse der Wissensverarbeitung bei praktischen Aufgabenstellungen angemessen einsetzen zu können. Dies sollte abschließend durch einen Überblick über derzeit zur Verfügung stehende KI-Entwicklungs-Software gestützt werden. Im Anschluß waren die erlernten Inhalte in der Realisierung eines kleinen einfachen Expertensystems umzusetzen.

5.2 Die Seminarform: ein Workshop

Die aufgeführten Ziele der Lehrveranstaltung stellten hohe Anforderungen an die Teilnehmenden.

Da aktive Mitarbeit am ehesten verspricht, behandelte Inhalte zu verstehen, zu erlernen und präsent zu erhalten, wurde von den Studenten erwartet, daß sie nicht die Haltung interessierter Konsumenten zeigten, sondern zu eigenständiger Arbeit und Engagement motiviert waren. Dies ist für Themen, die aufeinander aufbauen ein entscheidendes Kriterium, um den erfolgreichen Verlauf einer Lehrveranstaltung zu ermöglichen.

Die Schwierigkeit bestand in erster Linie darin, den meist sehr formaltheoretischen und mit Fachausdrücken gespickten Lehrstoff in eine didaktisch angemessene Form aufzubereiten, so daß aufkommende Fragen in einer allgemeinverständlichen Weise geklärt werden konnten und zu einer Diskussion ermuntert wurde. Dazu mußte der Ablauf der Lehrveranstaltung flexibel gestaltet sein, um auf akute Schwierigkeiten im Verständnis eines Themas reagieren und auf möglichst alle Erläuterungsbedürfnisse eingehen zu können.

Um diesen Ansprüchen gerecht werden zu können, kam nur ein Seminar in Form eines Workshops in Frage. Das bedeutete, daß die Anzahl der Teilnehmer auf maximal 15 Studenten beschränkt war, um auf einzelne Teilnehmer näher und auch auf einzelne Aspekte der Thematik eingehen zu können. Jeder Teilnehmer sollte ein Thema aus einem vorgegebenen Angebot wählen und dieses anhand zuvor erstellter Literaturhinweise bearbeiten, um darüber zu referieren. Dabei war es freigestellt, die vorgeschlagene Literatur zu erweitern und andere Quellen hinzuzuziehen. Die jeweils einem Referat folgende Diskussion sollte von den Studenten ausgehen und den Charakter eines Gesprächskreises besitzen.

Entsprechend unseren Thesen wurden von den Teilnehmern *keine* Erfahrungen in der EDV erwartet. Es wurde einzig an das Abstraktionsvermögen der Einzelnen appelliert und gefordert, daß das Grundstudium abgeschlossen war. Für eine Anerkennung als Studienleistung, in unserem Falle als "Entwurf" in der Oberstufe, mußte zum einen das Referat ausgearbeitet werden und außerdem die praktische Arbeit abgeschlossen sein. Für die Realisierung eines kleinen Expertensystem-Prototypen wurden keine zeitlichen Limits gesetzt, jedoch wollten wir darauf achten, daß die gewählte Aufgabenstellung angemessen begrenzt wurde, um den Rahmen der erforderlichen Studienleistung nicht zu sprengen.

6. Der Verlauf des Seminars

6.1 Der Workshop

Das Interesse der Studenten an einem Seminar "Expertensysteme" war weit größer als wir angenommen hatten. Mit den 14 Teilnehmenden vereinbarten wir 12 variabel gehaltene Termine zu mindestens 2 Semesterwochenstunden, wobei pro Termin ein bzw. zwei Referate behandelt wurden.

Nachdem eine eher *allgemeine Phase* in das Gebiet der Künstliche Intelligenz einführte und seine historische Entwicklung behandelte, folgte eine Etappe, die sich mit der *Komplexität von Problemen und dem Nutzen von Expertensystemen* beschäftigte. Hier wurden zunächst Expertensysteme in ihrer Eigenschaft als beratende Systeme erkannt und als Teilgebiet der Künstlichen Intelligenz ausgegrenzt. Beispielhaft wurde das klassische Expertensystem MYCIN in seiner Systemarchitektur und seinem Entscheidungsvorgehen erläutert. Das folgende Referat betrachtete die Unterschiede von Algorithmen und Heuristiken. Grenzen exakter Lösungsvorgehen, die durch eine kombinatorische Explosion der Verfahrensweise charakterisiert sind, wurden hier am Beispiel des Handlungsreisenden diskutiert. Ein nächster Vortrag griff diese Problematik auf und stellte den Einsatz verschiedener Strategien zur Reduktion des Suchaufwandes vor.

An dieser Stelle folgte eine längere Diskussion über Problemstellungen des Bereichs Architektur, die diese Merkmale aufweisen. Dabei wurde besprochen, inwieweit Lösungsmöglichkeiten auf der Basis von Heuristiken bestehen und der Einsatz eines Expertensystems denkbar wäre.

> I. **Allgemeine einleitende Phase**
>
> *Überblick in das Gebiet Künstliche Intelligenz*
>
> *Die Geschichte der Künstlichen Intelligenz*
>
> II. **Problemkomplexität - Nutzen von XPS**
>
> *Expertensysteme als Teilgebiet der KI*
>
> *Ein klassisches Expertensystem: MYCIN*
>
> *Algorithmus - Heuristik : Grenzen exakter Lösungsverfahren*
>
> *Suchraumgrösse und Einsatz von Suchstrategien*
>
> **Diskussion von Problemstellungen im Bereich Architektur**
>
> III. **Knowledge - Engineering**
>
> *XPS - Architektur : Komponenten & Schnittstellen*
>
> *Semantische Netzwerke ; Objektorientierter Programmierstil*
>
> *Problemlösungsparadigmen*
>
> *Inferenzmechanismen: Produktionssysteme & zielorientierte Systeme*
>
> *XPS - Entwicklungssoftware - Sprachen, Shells, hybride Tools*
>
> *Wissensverarbeitung durch "schrittweisen Ausbau"*

Abb. 2: *Titel der referierten Themen*

Mit diesen Kenntnissen konnte in der Hauptphase des Seminars auf *Knowledge Engineering* eingegangen werden. Zunächst wurde über die Komponenten eines Expertensystems, ihre Aufgaben sowie deren Schnittstellen referiert. Anschließend wurden verschiedene Möglichkeiten der Darstellung von Wissen durch semantische Netzwerke erörtert. In diesem Rahmen wurde auf objekt-orientierte Repräsentationsmöglichkeiten durch Frames, Vererbungsmechanismen, Relationen und Methoden eingegangen. Ein weiteres Referat beschrieb verschiedene Problemlösungsstrategien wie beispielsweise Generate-and-Test, Suchstrategien und Means-Ends-Analyses und diskutierte ihre adäquaten Anwendungsmöglichkeiten.

Ein Vortrag über regelbasierte Systeme zeigte die Inferenzmechanismen des "backward-chaining" zielorientierter Systeme sowie vorwärtsverkettender Produktionssysteme auf. Im Anschluß stellte ein Bericht Unterschiede, Charakteristika und Einsatz derzeit verfügbarer KI-Sprachen, XPS-Shells und hybrider Entwicklungswerkzeuge vor. Den Abschluß der Referatsreihe stellte ein Papier zu "Phasen der Wissensverarbeitung", das sich mit der Entwicklung von Expertensystemen, als einer nicht den wohldefinierten Gesetzmäßigkeiten des Software Engineering folgenden Evolution, auseinandersetzte.

Die hier aufgeführten Themen wurden meist in ausgezeichneten Vorträgen umgearbeitet. Dabei zogen die Studenten zur Ausarbeitung ihrer Referate zusätzliche Literatur hinzu. Fachbegriffe und Formalismen, die eher dem "Reich der Informatik" zuzuordnen sind, wurden didaktisch so aufbereitet, daß sie von den Zuhörern verstanden wurden. Dies schuf ideale Voraussetzungen für die dem jeweiligen Thema folgende Diskussion, die sich fast automatisch ergab, da die Teilnehmer durchweg neugierig waren und Sachverhalte, die vorerst nicht verstanden wurden, hinterfragten. Häufig wurden nicht nur zu dem Einsatz von Expertensystemen, sondern auch zu philosophischen Aspekten kritische Gedanken geäußert. Auch Einschränkungen der Leistungsfähigkeit durch die Systemarchitektur der zur Zeit meist eingesetzten Von-Neumann-Rechner wurden bemerkt.

6.2 Anwendung des Erlernten

Die Studenten waren immer daran interessiert, einen Bezug zwischen dem theoretisch dargestellten Inhalt und einer Einsatzmöglichkeit in der Praxis herzustellen, sowie nach Alternativen zu suchen. Dabei konzentrierten sich die Fragen vor allem darauf, wie die einzelnen Methoden, Wissen zu repräsentieren, zu vereinbaren sind und als lauffähiges Programm realisiert werden könnten. Hier wurden Ansätze anhand von Beispielen vorgeschlagen und auf ihre mögliche Brauchbarkeit hin erörtert.

Die Treffen gegen Ende des Seminars wurden genutzt, um Problemstellungen zu besprechen, die sich die Studenten als eigene Arbeit vorstellen konnten. Die Diskussion war in diesem Stadium mehr der Abgrenzung und der Reduktion der Komplexität zugewandt, um ein Gespür dafür zu entwickeln, wo die Schwierigkeiten in der Abstraktion in Hinblick auf ein klares realisierbares Konzept liegen. Ein letzter Termin wurde genutzt, um in das XPS-Shell ACQUAINT[2] einzuführen, das auf den PC/ATs des CIP-Pool der Fakultät zur Verfügung gestellt wurde. Dieses schien zur Realisierung kleiner einfacher Expertensysteme das geeignetste Software-Werkzeug zu sein. Das bereitgestellte XPS-Shell zeigte jedoch bald die Grenzen seiner Tauglichkeit, da das Handbuch mehr versprach, als die Realität zeigte. Die Konsequenz war, daß sehr gute Systementwürfe revidiert und bis zu Algorithmen-ähnlichen Konstrukten verzerrt werden mußten. An diesem Punkt wurde den Studenten von einer weiteren Implementierung abgeraten.

Die praktische Arbeit wurde individuell betreut. Dabei achteten wir darauf, daß die Erwartungen nicht zu hoch gesetzt wurden und die Applikationen in einem vertretbaren Zeitrahmen verwirklicht werden konnten. Schließlich sollten keine praxisreifen Expertensysteme entwickelt, sondern die im theoretischen Teil des Seminars erworbenen Kenntnisse reflektiert und erprobt werden. Die bereits fertiggestellten Beratungssysteme sind fähig, die Auswahl eines geeigneten Heizungssystems für ein Gebäude vorzunehmen, basierend auf der Beschreibung einer Libelle unter 80 verschiedenen Varianten den korrekten lateinischen Namen zu liefern oder unter Berücksichtigung von Standort und Bodenbeschaffenheit eine bestmögliche Bepflanzung vorzuschlagen.

Schließlich wurde eine Arbeit erstellt, die sich kritisch mit dem XPS-Shell auseinandersetzt und detailliert seine Leistungsgrenzen beschreibt.

7. Erfahrung und Ausblick

Als wir das Seminar "Expertensysteme" vorbereiteten, war bis dato kaum der Versuch unternommen worden, Studenten, die nicht dem Fachbereich Informatik angehörten, mit Methoden des Knowledge Engineering vertraut zu machen. Die hohen Anforderungen wurden von allen Teilnehmenden durchweg erfüllt. Dabei besaß die Mehrzahl der Studenten höchstens anwendungsorientierte EDV-Kenntnisse. Der erfolgreiche Verlauf des Seminars war durch das sehr große Auffassungs- und Abstraktionsvermögen aller Beteiligten gekennzeichnet. So konnten die Teilnehmer

1. die behandelten Themen in der anschliessenden Diskussion zu einem tiefergehenden Verständnis der Konzeption wissensbasierter Systeme erweitern,
2. den Bezug zu Problemstellungen in der Architektur herstellen,
3. gemeinsam Ansätze zur Realisierung von Expertensystemen entwickeln,
4. Schwierigkeiten bei der Umsetzung von Expertenwissen in einen Programmsystem erkennen.

Auch Studenten ohne Programmiererfahrung arbeiteten gut mit und hatten keinerlei Verständnisprobleme. Unsere Erfahrung stützt die eingangs erstellten Thesen. Sie bestätigt, daß Knowledge Engineering und Software Engineering voneinander unabhängige Disziplinen sind, insbesondere, daß der beste Wissensingenieur der Experte selbst ist. Das Wesen der erfolgreichen Aufarbeitung von Wissen für ein kompetentes Expertensystem liegt in erster Linie in der Fähigkeit, implizit gewählte Entscheidungsprozesse eines Spezialisten zu erkennen und zu verstehen. Der Umgang mit existierenden Methoden, Techniken und Software-Werkzeugen scheint offensichtlich weniger problematisch.

Diese Erfahrung soll dazu auffordern, auch in weiteren Ingenieursbereichen eine entsprechende Lehrveranstaltung durchzuführen, um so der Forderung nach Programmsystemen zur Unterstützung in Aufgabengebieten zunehmender Komplexität gerecht zu werden. Die Referate des Seminars EXPERTENSYSTEME wurden dokumentiert. Die hierfür meistverwendeten Quellen waren:

Literatur

1. McCorduck, P.: Machines Who Think; W.H. Freeman and Company, San Francisco 1979
2. Harmon, P., King, D.: Expertensysteme in der Praxis; R.Oldenburg-Verlag GmbH, München 1986
3. Puppe, F.: Einführung in Expertensysteme; Springer-Verlag, Berlin Heidelberg 1988
4. Winston, P.H.: Künstliche Intelligenz; Addison-Wesley Verlag GmbH, Bonn 1987

Anmerkungen

1. Derzeit : Digital Equipment GmbH, Postfach 810 247, 8000 München 80
2. ACQUAINT ist ein Produkt der Lithp Systems BV, Niederlande.

Erschließung des Mediums Computer für Lehr- und Lernprozesse in der Architekten- und Bauingenieurausbildung

Reinhard Rinke
Universität Karlsruhe
Fakultät für Architektur

Um die zumindest für Architekten und Bauingenieure "brandneuen" Einsatzmöglichkeiten des Mediums Computer, z.B. hinsichtlich 3D-Erfassungs-, Visualisierungs- und Simulationstechniken verfügbar machen, aufbereiten und vermitteln zu können, reichen in vielfacher Hinsicht – trotz CIP – die immer noch spartanischen Voraussetzungen an den Hochschulen bei weitem nicht aus, um Anschluß an das gewinnen zu können, was derzeit auf dem Mark passiert. Solange das so ist, könnten möglicherweise auch bei uns, ähnlich wie im Ausland und in anderen Disziplinen üblich, gezielte Kooperationen zwischen Hochschulen und Wirtschaftsunternehmen unter Umständen einen Teil der Problematik auffangen. Wir haben dazu erste, bescheidene Versuche unternommen, über die hier berichtet werden soll.

1. Zum institutionellen und inhaltlichen Kontext der vorzustellenden Pilotlehrveranstaltungen

Aufbauend auf den beim 1. und 2. CIP-Status-Seminar vorgetragenen Überlegungen zur Einbeziehung der neuen EDV/CAD-Werkzeuge in die Lehr- und Lernprozesse der Architektenausbildung an der Universität Karlsruhe[1] hatte ich zwischenzeitlich Gelegenheit, wesentliche Konzeptsegmente innerhalb eines von der Deutschen Forschungsgemeinschaft geförderten Forschungsprojektes "EDV/CAD-Einsatz in der Architektur: Einflüsse der neuen Werkzeuge auf die Berufspraxis und Ausbildung" praktisch erproben und inhaltlich weiterentwickeln zu können. Die dabei gewonnenen Erfahrungen finden Eingang in den von der Bund-Länder-Kommission für Bildungsplanung geförderten, dreijährigen Modellversuch "CAD-Ausbildung im Bauwesen: Entwicklung und Erprobung eines CAD-Lehr- und Teachware-Konzeptes für die Ausbildung von Architekten und Bauingenieuren an Universitäten und Fachhochschulen", der seit dem 01.10.1988 an der Technischen Hochschule Darmstadt angesiedelt ist, und den der Autor gemeinsam mit Herrn Prof. Dr. Helmut Emde leitet. Entsprechend dem Modellversuchsprogramm arbeiten wir dort in zwei Schwerpunkten:

- zum einen an der Erstellung eines CAD-Grundlagen-Lehrbuchs und -Programms,
- zum anderen an der Aufbereitung und Evaluierung vorhandener, sowie der Konzeptionierung weiterer anwendungsorientierter CAD-Ausbildungsmodule.

Zusammenfassend versuchen wir einerseits ein CAAD-Rahmenlehrkonzept für die Architekten-/Bauingenieurausbildung zu skizzieren und andererseits das verstreut vorhandene Wissen und die vorhandenen Erfahrungen in diesem Bereich zusammenzutragen, zu bündeln und den interessierten Hochschulen zugänglich zu machen.

Für die am Modellversuch direkt beteiligten Hessischen Hochschulen: die TH und FH Darmstadt, die FH Frankfurt und die Gh Kassel leisten wir darüber hinaus ganz konkrete inhaltliche und organisatorische Hilfestellungen bei der Durchführung der ersten CAD-Lehrveranstaltungen, damit dort die neuen Werkzeuge "energiesparender" und "situationsangepaßter" eingeführt werden können, so wie wir es im Verlauf des SS 89 in Zusammenarbeit mit dem Fachgebiet Bauinformatik der GhK praktiziert haben.

Soviel zur Skizzierung der Rahmenbedingungen. Wenden wir uns nun den im WS 88/89 und SS 1989 durchgeführten Pilotlehrveranstaltungen zu, die versuchten CAD anwendungsbezogen, breiter und spezieller als bisher in die etablierte Architektenausbildung einzubeziehen.

2. Fallbeispiel 1: Fakultät für Architektur der Universität Karlsruhe

2.1 Die EDV / CAD-Einführungsveranstaltung "Computereinsatz im Arbeitsfeld des Architekten"

Der Einstieg in die EDV/CAD-Welt für Architekten erfolgt seit 1986 "soft" über eine von der Fakultät getragene, vom Autor konzipierte und gemeinsam mit Kollegen und Gastreferenten durchgeführte Lehrveranstaltung, die in ähnlicher Form zwischenzeitlich auch an anderen Hochschulen, z.B. der RWTH Aachen, eingeführt wurde.

2.2 Der CAD-Grundkurs: "Einführung in das zeichnungsorientierte Arbeiten mit CAD für Architekten"

CAD-Grundkurse werden in Karlsruhe parallel mit verschiedenen Programmen durchgeführt. Neben dem vom Autor veranstalteten Kurs am Beispiel der bauspezifischen Programme SPIRIT und SPEEDIKON, über den hier berichtet wird, u.a. auch für die anwendungsneutralen Systeme GDS und AutoCAD.

Die CAD-Grundkurse bestehen aus zwei aufeinander aufbauenden Veranstaltungsteilen:

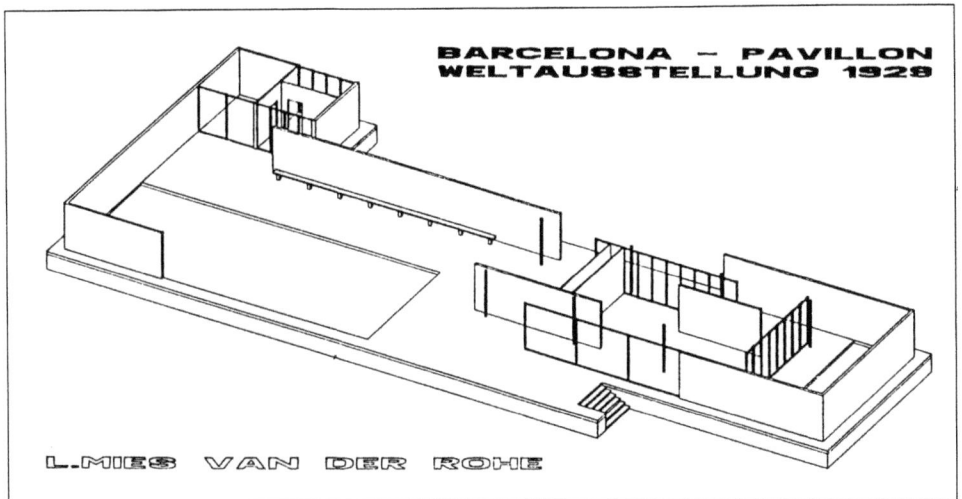

Abb. 1: CAD-Einführungs-Übung: Barcelona-Pavillon von Ludwig Mies van der Rohe

Teil 1: Eine 40-Stunden Kompaktphase, in der die Studenten, in unserem Fall in zwei Gruppen, entsprechend den Hard- und Softwareressourcen, in den Aufbau, die Arbeitsweise und Leistungsfähigkeit der Systeme SPIRIT (mit 12 Teilnehmern) und SPEEDIKON (mit 8 Teilnehmern) schrittweise über kleine Übungen eingeführt wurden. Parallel dazu versuchten wir in gemeinsamen Plenumsdiskussionen eine kritische Reflexion der neuen Werkzeuge, deren Handhabung, der sich

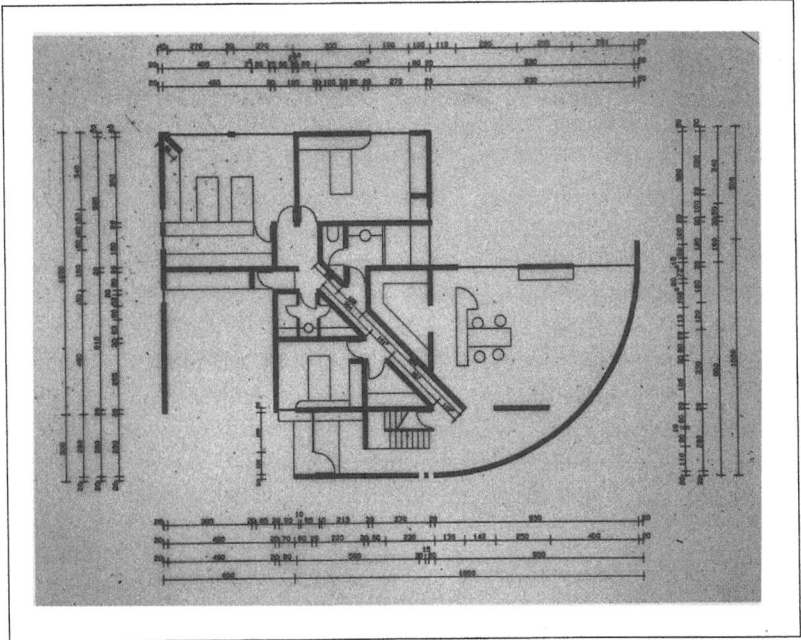

Abb. 2: CAD-Grundkurs-Übung: Wohnhaus von Tada Ando

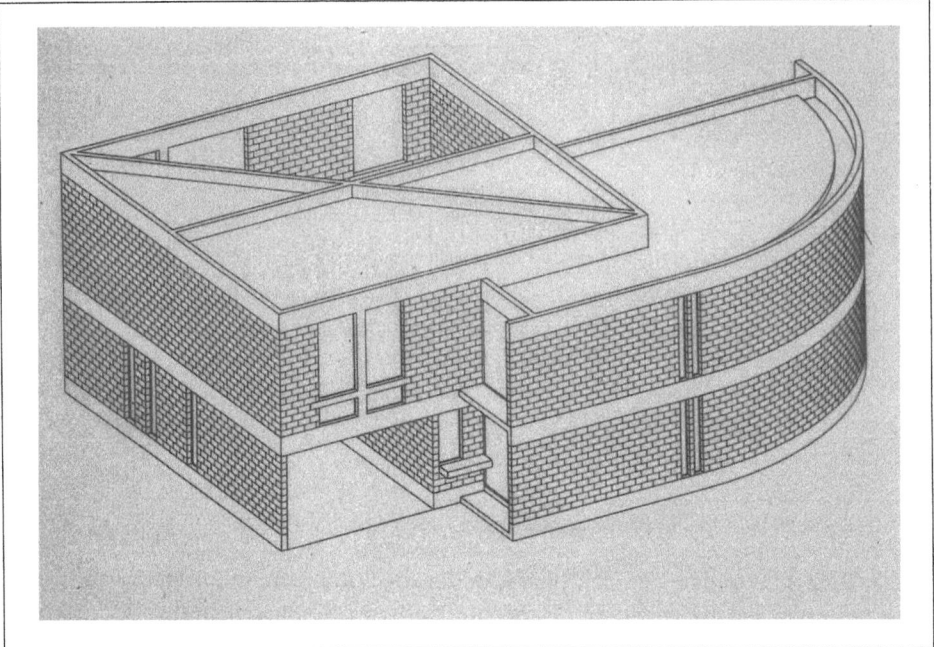

Abb. 3: CAD-Grundkurs-Übung: Wohnhaus von Tada Ando

abzeichnenden neuen Arbeitsweise und der möglicherweise daraus resultierenden Folgen für die Architektentätigkeit. Nach der Bearbeitung einer Reihe kleinerer Übungen und der Eingabe eines einfachen Wohnhausgrundrisses bildete das Nachvollziehen eines Projektes des japanischen Architekten Tadao Ando den Kursabschluß.

Teil 2: Anwendung der erworbenen Grundkenntnisse und Fertigkeiten bei der CAD-unterstützten Bearbeitung eines Stegreifentwurfs. Im SS 89 lautete das Thema: "Entwicklung einer Baukonzeption für eine Reihenhausbebauung unter den Aspekten: Generationen-Wohnen, Veränderbarkeit von Raumkonstellationen, Verwendung von Gebäudeteilen mit der Möglichkeit des Wachsens/Schrumpfens etc.", das vom Lehrstuhl für Bauplanung und Entwerfen, Prof. Ottokar Uhl, herausgegeben wurde und für dessen Bearbeitung sich drei Teilnehmerinnen der SPIRIT-Gruppe entschieden.

Die Arbeitsergebnisse belegen, daß es möglich ist, CAD-Interessierten in drei bis sechs Wochen einen deutlich über das Grundlagenhandling hinausgehenden Zugang zum selbständigen Arbeiten mit diesem neuen Werkzeug zu eröffnen. Deutlich wurde jedoch auch, daß dies nicht mit jedem CAD-Programm gleichermaßen möglich ist und daß die organisatorischen, gerätetechnischen, räumlichen und personellen Voraussetzungen deutlich besser sein müssen, als sie in unserem Fall waren, da sonst der Aufwand für alle Beteiligten eigentlich unzumutbar ist.

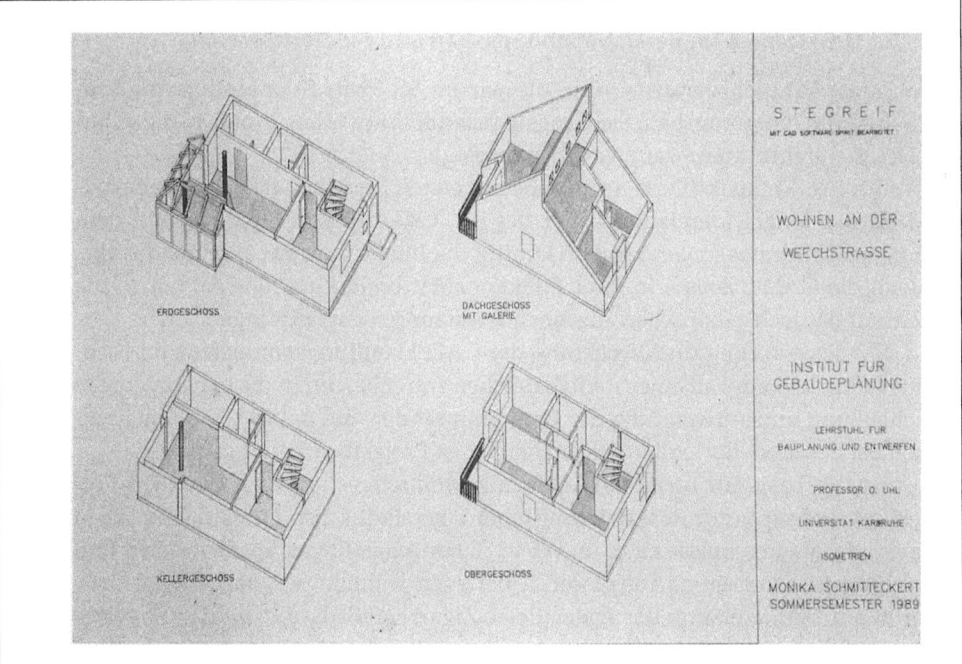

Abb. 4: CAD-Stegreifentwurf SS 89: Generationen-Wohnen
Bearbeitung: M. Schmitteckert, Universität Karlsruhe

Abb. 5: CAD-Stegreifentwurf SS 89: Generationen-Wohnen
Bearbeitung: M. Schmitteckert, Universität Karlsruhe

2.3 Das CAAD-Seminar: "Modellorientiertes Arbeiten mit bauspezifischen CAD-Systemen im Bereich Wohnungsbau und Siedlungswesen"

Auch diese Pilotlehrveranstaltung, die wir im SS 89 in Kooperation mit dem Lehrstuhl für Wohnungsbau, Siedlungswesen und Entwerfen, Prof. Dr.-Ing. Günter Uhlig, durchführten, war zweiteilig angelegt:

Teil 1: Die Kompaktphase, war in diesem ersten Erprobungsfall aus Personal- und Gerätemangel identisch mit der des o.a. CAD-Kurses. Entsprechend dem Rahmenausbildungskonzept sollten künftig die Intensivphasen aufeinander aufbauend die CAD-Systeme in ihrer Funktionalität breiter erschließen, um so die Intensität der fachspezifischen Auseinandersetzung weiterzubringen.

Teil 2: Erweiterung und Vertiefung der CAD-Handlungskompetenz im Fachkontext, in unserem Fall einer städtebaulichen Aufgabe, durch die experimentelle Erschließung und Anwendung der Programmränder und neuer Verfahrenstechniken bei der modellorientierten ganzheitlichen Projektbearbeitung.

Ausgangsbasis für unser CAAD-Seminar bildeten die städtebaulichen Entwicklungskonzepte zur Reaktivierung einer innerstädtischen Industriebranche in Speyer, die als Ergebnisse eines im WS 88/89 durchgeführten studentischen Entwurfsprojektes vorlagen. Aus diesen Unterlagen wählten wir, nach einem Ortstermin auf dem Gelände der ehemaligen Zigarrenfabrik, unweit des Speyerer Doms, exemplarisch einige Komponenten aus, die digital erfaßt und aufbereitet werden sollten:

1. die Lagepläne des Quartiers
2. einen Altbau, das "Tabaklagerhaus", und
3. zwei Neubauten, das "Torhaus" und die "Reihenhäuser an der Stadtmauer",

die entsprechend den programmspezifischen Möglichkeiten parallel mit SPIRIT und SPEEDIKON bearbeitet wurden.

Entsprechend dem Seminaransatz, neue CAD-Anwendungstechniken auf kurzem Weg in die Lehre einzubeziehen, führten wir bei den unseren Seminaransatz unterstützenden Softwarefirmen zwei mehrtägige Workshops durch und hatten Referenten der Firmen zu drei Vorträgen an der Fakultät zu Gast.

Beim ersten Workshop Anfang Juni 1989 (bei der Firma SOFT-TECH in Neustadt a.d.W.) wurden die SPIRIT-Seminarteilnehmer in den Umgang mit dem Einbildauswertungssystem FOTOMASS eingeführt, um dann auf der Basis einer vorher durchgeführten groben Bauaufnahme, in Form von Fotos und Messungen, durch die Verknüpfung von Bild- und Meßpunkten einschließlich deren Entzerrung anschließend maßstabsgerechte Zeichnungen und 3D-Bauteile zu generieren.

Dieser erste Versuch mündete, angesichts der unzureichenden Informationen, mit denen wir als Vermessungslaien an die Paßpunktbestimmung herangegangen waren, nicht, wie erhofft, in wirklichkeitsgetreuen Fassaden, sondern in eher "Zipfelmützen" ähnelnden Gebilden. Trotz zeitweiliger Irritation über die Tragfähigkeit dieses Verfahrens, konnte der kurzfristig hinzugezogene Programmutor die Leistungsfähigkeit und vielseitige Verwendbarkeit dieses, für geodätische

Rinke: Computer in der Architekten- und Bauingenieurausbildung 399

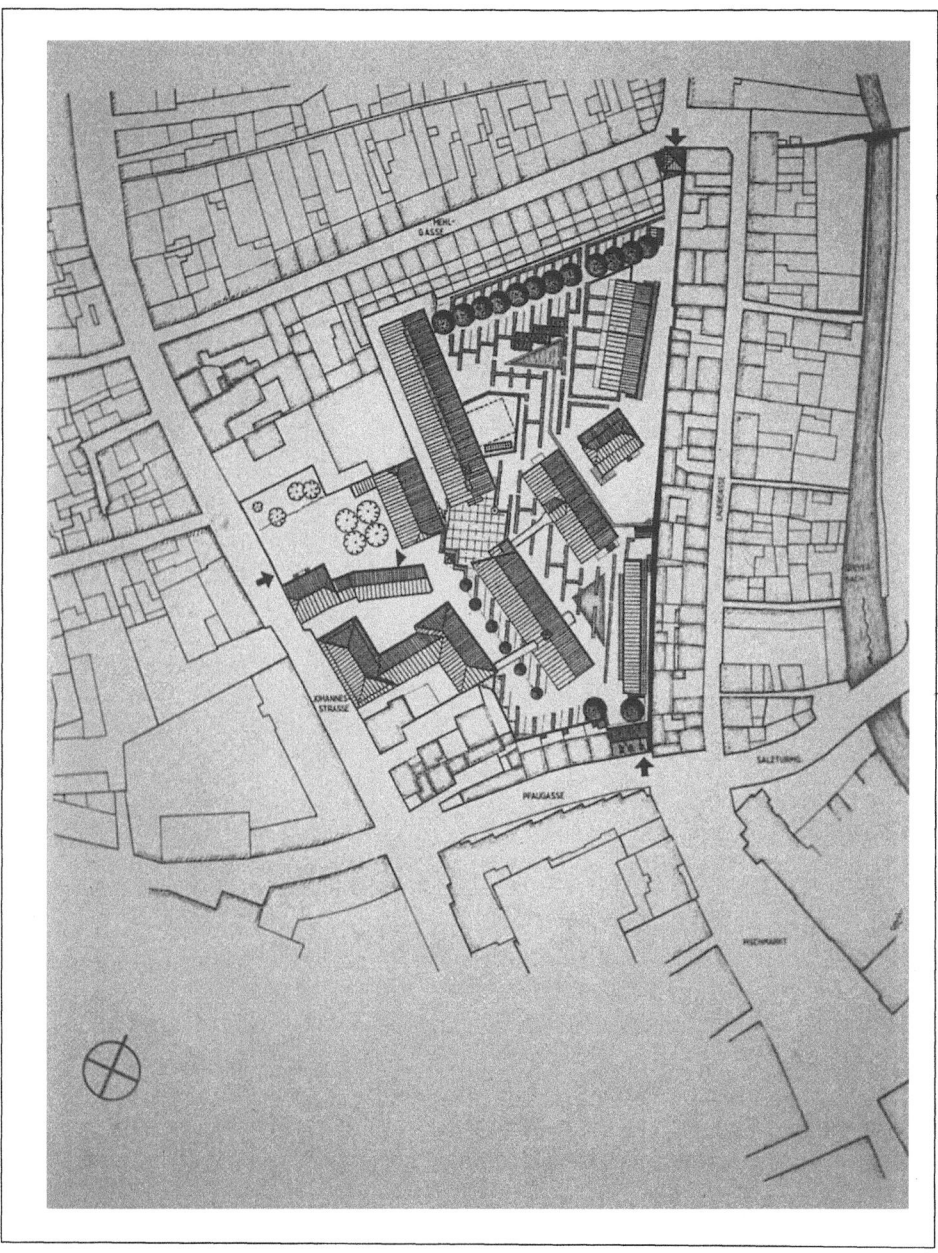

Abb. 6: Städtebauliches Entwicklungskonzept für Speyer
Bearbeitung: Gottschalt/Rüdisile, Universität Karlsruhe

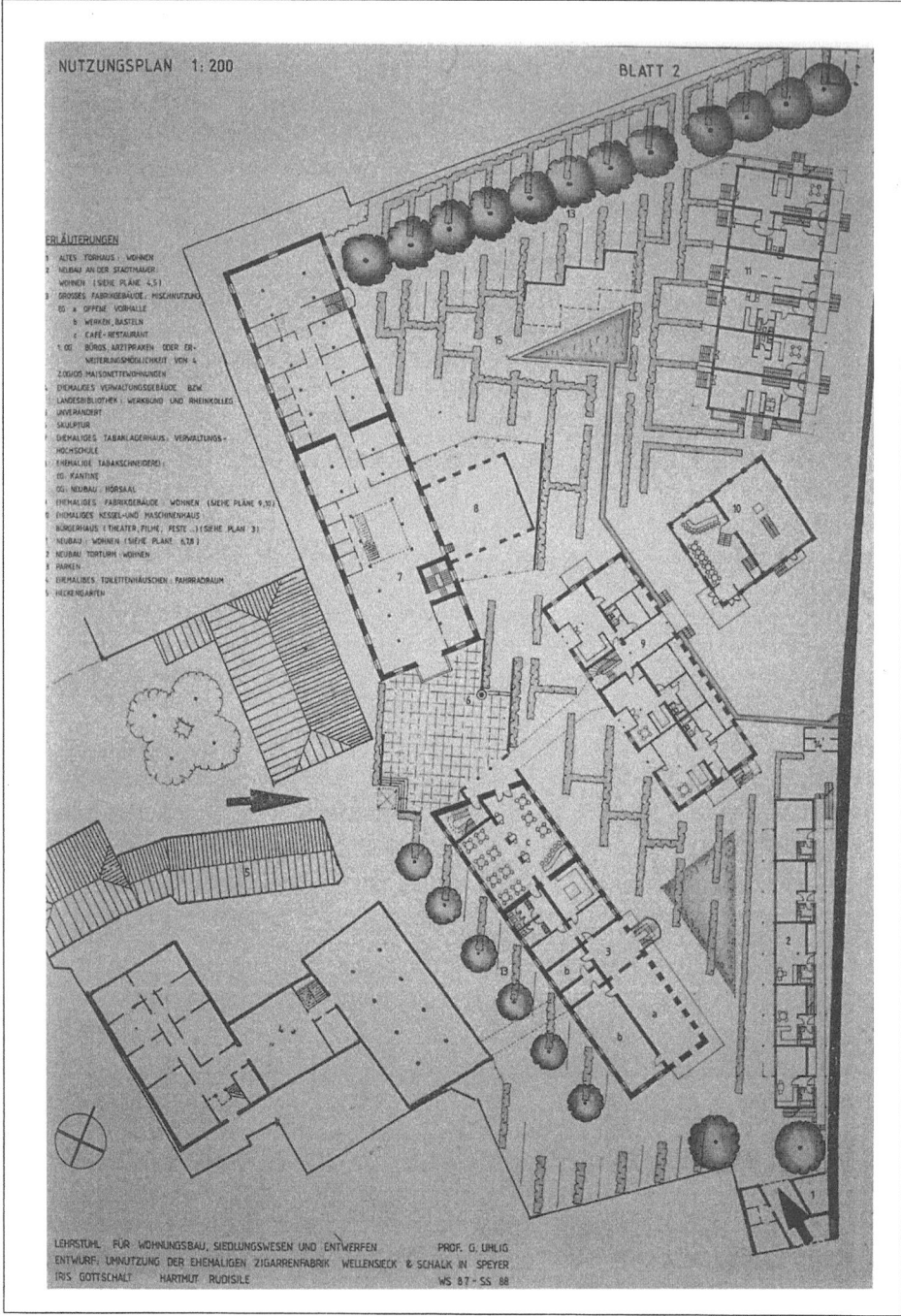

Abb. 7: Städtebauliches Entwicklungskonzept für Speyer
Bearbeitung: Gottschalt/Rüdisile, Universität Karlsruhe

Verhältnisse extrem preiswerten Verfahrens (30.000,-DM für den Komplettarbeitsplatz incl. CAD) anschaulich vermitteln. In Abweichung zum ursprünglichen Programm entstanden an diesem Wochenende zwar keine verformungsgerechten Fassaden und 3D-Bauteile, dafür aber durch Abdigitalisieren der vorhandenen Bestandspläne 2D/3D-Fassadenenlemente, die zusammengesetzt – wenn auch bei weitem nicht so genau – ebenfalls zu einem räumlichen Modell des Tabakhauses führten, das in vielen Fällen, so auch für unseren Anwendungszweck, völlig ausreichte. Außerdem nutzten die Studenten die Digitalisierungsmöglichkeit, über die wir bisher in Karlsruhe nicht verfügen, um den Lageplan mit all seinen Informationsschichten zu erfassen.

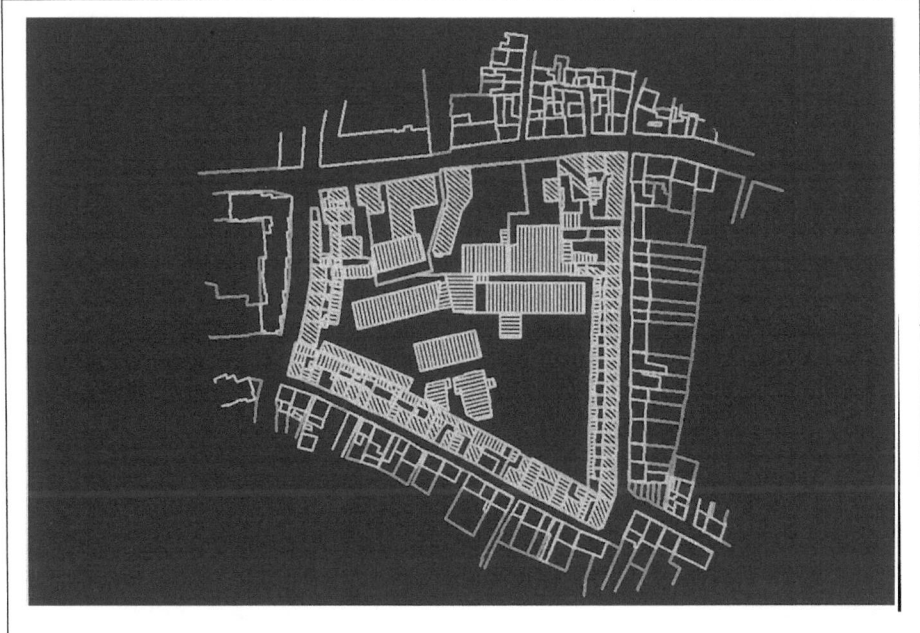

Abb. 8: CAAD-Seminar '89: Digitale Erfassung und Aufbereitung des Entwicklungskonzeptes Speyer

Die Arbeitsergebnisse ergeben zusammengefügt, soweit sie bisher vorliegen, zwar erst ein relativ grobes Quartiersmodell, mit dessen dreidimensionalen Auswertungen bisher nur sehr zaghaft begonnen wurde. Dennoch dürften die Möglichkeiten, die prinzipiell in diesem Ansatz stecken, erkennbar werden.

Der zweite Workshop fand Anfang Juni 1989 (bei der Firma asbbaudat in Bensheim) zum Thema Visualisierung und Simulation von Gebäuden statt. Hier wurden die SPEEDIKON-Seminarteilnehmer in den Umgang mit dem Visualisierungsmodul VISION eingeführt, um auf der Basis des "Torhaus" Gebäudemodells die Anwendung des Programms zu erproben. Auch hier scheiterte der erste Versuch an der unzureichenden Konsistenz unseres Materials. Alternativ wurde dann das "Tadao Ando" Beispiel der Kompaktphase verwendet. Die theoretisch einfach erscheinende Datenübertragung von VAX auf HP und die Erzeugung der

402 CIP-Gesprächskreis 5: Ingenieurwissenschaften, Architektur und Design

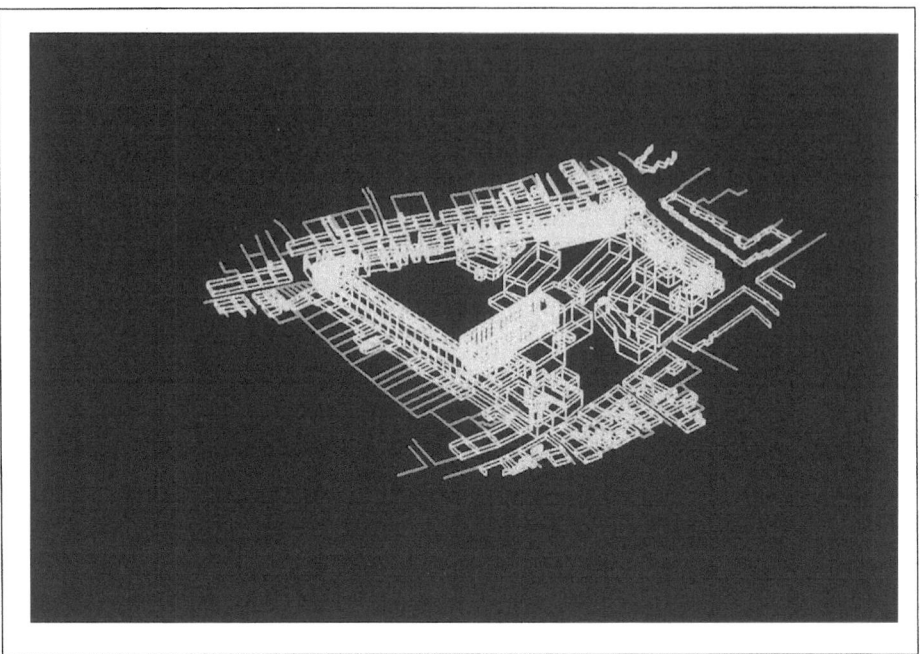

Abb. 9: CAAD-Seminar 89: Digitale Erfassung und Aufbereitung des Entwicklungskonzeptes Speyer

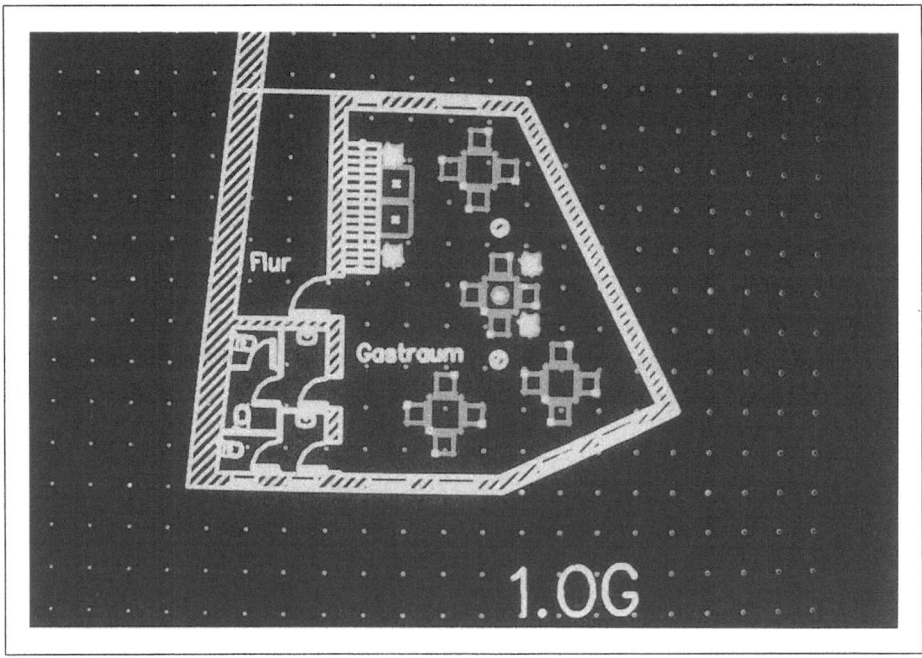

Abb. 10: CAAD-Seminar 89: Digitale Erfassung und Aufbereitung : Grundriß Wohnhaus

Abb. 11: CAAD-Seminar 89: Digitale Erfassung und Aufbereitung : Reihenhäuser

Abb. 12: Visualisierung und Simulation des Wohnhauses von Tadao Ando mit dem Programm VISION von asbbaudat

404   CIP-Gesprächskreis 5: Ingenieurwissenschaften, Architektur und Design

Abb. 13: Visualisierung und Simulation des Wohnhauses von Tadao Ando mit dem Programm VISION von asbbaudat

Abb. 14: Visualisierung und Simulation des Wohnhauses von Tadao Ando mit dem Programm VISION von asbbaudat

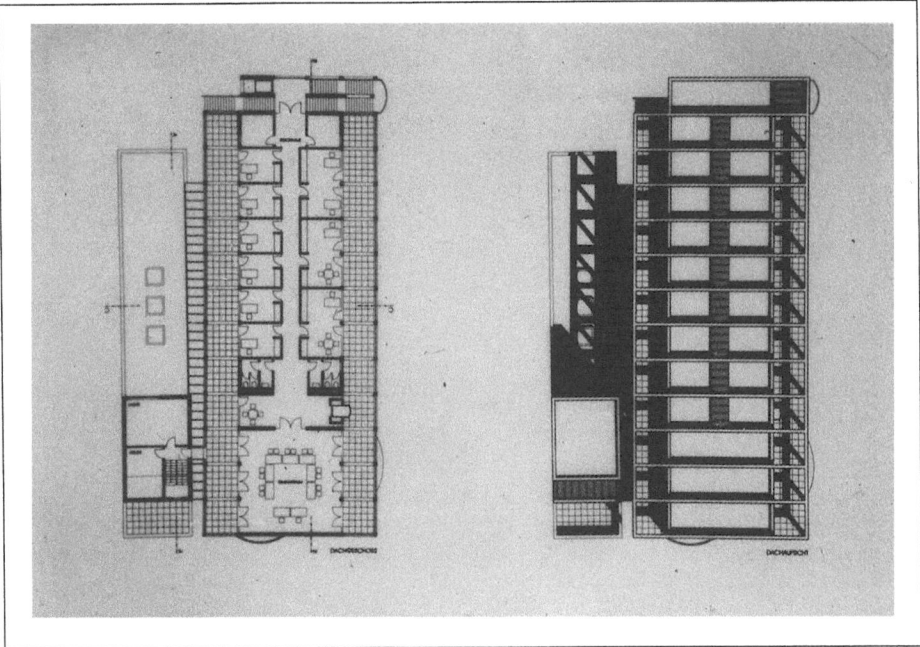

Abb. 15: Diplomarbeit – Peter Steiger, Universität Karlsruhe

für die Simulation notwendigen Dateien, d.h. die Reduktion des Volumenmodells auf ein Kantenmodell nahm einen weitaus größeren Zeitraum in Anspruch, als alle Beteiligten vermutet hatten. Dann jedoch standen zur Visualisierung des Gebäudemodells vielschichtige Möglichkeiten zur Verfügung hinsichtlich Materialeigenschaften, Farbe, Oberfläche, Reflexion, Transparenz, Lichtsimulation und dynamischer Bewegungen des Gebäudes insgesamt, oder von einzelnen Bauteilen, etc. Es war schon faszinierend, was da innerhalb weniger Minuten, oft Sekunden, auf dem Bildschirm entstand. Doch die Erreichung genau vordefinierter Effekte scheint angesichts der Komplexität der zu beeinflussenden Parameter ein Terrain zu sein, das es erst noch richtig zu erschließen gilt, was mit Blick auf die Kosten von ca. DM 200.000,- für einen Arbeitsplatz sich nur wenige werden leisten können, und was damit in der Lehre wohl nur am Rande zum Einsatz kommen dürfte.

2.4 Die CAAD-Anwendung

In diesen Bereich sind bisher nur wenige Studenten vorgestoßen. Zur Verdeutlichung dessen, was erreichbar ist, wenn CAD-anwendungsinteressierte und -erfahrene Studenten, auf der Basis eines tragfähigen Entwurfskonzeptes, mit Engagement und unter günstigen Rahmenbedingungen arbeiten können, zeigen die folgenden Abbildungen einer im WS 88/89 erstellten Diplomarbeit sehr anschaulich.

Abb. 16: Diplomarbeit – Peter Steiger, Universität Karlsruhe

Abb. 17: Diplomarbeit – Peter Steiger, Universität Karlsruhe

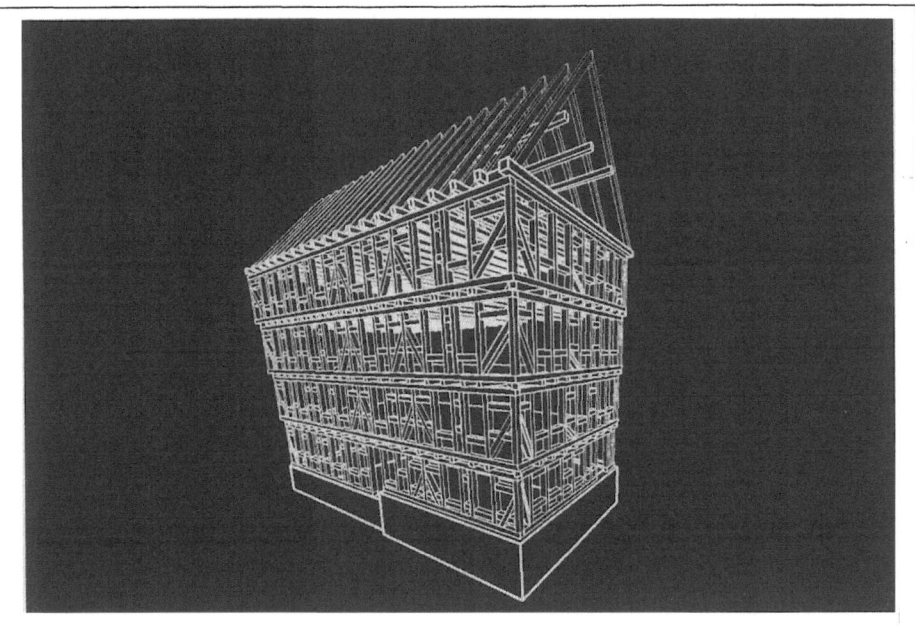

Abb. 18: Fachwerkhaus in Melsungen. Bearbeitung: Dietrich, GhKassel

Abb. 19: Fachwerkhaus in Melsungen. Bearbeitung: Dietrich, GhKassel

3. Fallbeispiel 2: Fachbereich Bauingenieurwesen der Gesamthochschule Kassel

Im Nachgang zu einer Veranstaltung des Modellversuchs "CAD-Ausbildung im Bauwesen" im Frühjahr 1989 wurde der Autor vom Fachgebiet Bauinformatik, Prof. Bernd Stolzenberg, der GhK um Unterstützung beim Aufbau einer anwendungsorientierten CAD-Lehre für Bauingenieurstudenten gebeten. Gemeinsam mit Fachgebietsvertretern entwickelten wir, aufbauend auf dem vom Autor entwikkelten Ausbildungsmodell, einen den Bauingenieuranforderungen angepaßten CAD-Grundlagenkurs für die Kasseler Situation.

Die ersten Pilotveranstaltungen im Juni und September 1989 führte das Fachgebiet Bauinformatik gemeinsam mit der Arbeitsgruppe CAD-Anwendungen des Modellversuches für 18 bzw. 12 Teilnehmer durch, jeweils mit organisatorischer und inhaltlicher Unterstützung der Firma CAAD consult in Kassel. Auch bei diesem Kurs sind die Ergebnisse nach wenigen Wochen des Arbeitens mit CAD sehr erfreulich, wie insbesondere das Fachwerkhausbeispiel anschaulich belegt.

Abb. 20: 3D-Bestandsaufnahme mit dem Programm FOTOMASS
Bearbeitung: Ingenieurbüro Marcus, Herdecke

Abb. 21: *3D-Bestandsaufnahme mit dem Programm FOTOMASS*
Bearbeitung: *Ingenieurbüro Marcus, Herdecke*

4. Zusammenfassung

Selbst wenn wir selbstkritisch feststellen müssen, daß unsere Ziele wohl etwas weit gesteckt waren und vieles wünschenswerte noch aussteht, so bleibt jedoch das eindeutige Votum aller an den Pilotveranstaltungen in irgendeiner Form Beteiligten, daß die dabei gewonnenen Erkenntnisse und Erfahrungen sehr aufschlußreich waren. So erhielten Studenten Einblicke in die Arbeits- und Lebenssituationen sonst für sie nicht greifbarer Menschen, die CAD-Software für Architekten entwickeln, vertreiben und anwenden. Andererseits waren die uns unterstützenden und betreuenden Firmenvertreter überrascht von der Offenheit und dem Engagement der Studenten, allerdings auch von der sehr niedrigen Frustrationsgrenze beim Ausbleiben kurzfristiger Erfolgserlebnisse, die man hätte "händisch" schneller oder ansprechender erreichen können, als mit der oft noch spröden CAD-Technik.

Das derzeit in der Hochschule Erreichbare ist eine Sache, das in der Planungspraxis Machbare eine andere. Was mit relativ geringem finanziellen Aufwand heute auf PC-Basis alles realisierbar, und damit für die Breitenausbildung auch greifbar ist, sollen einige Dias von Testanwendungen aus der Praxis verdeutlichen:

1. Die 2D/3D-Erfassung von Bauwerken mittels des bereits angesprochenen Einbildauswertungsverfahren FOTOMASS.

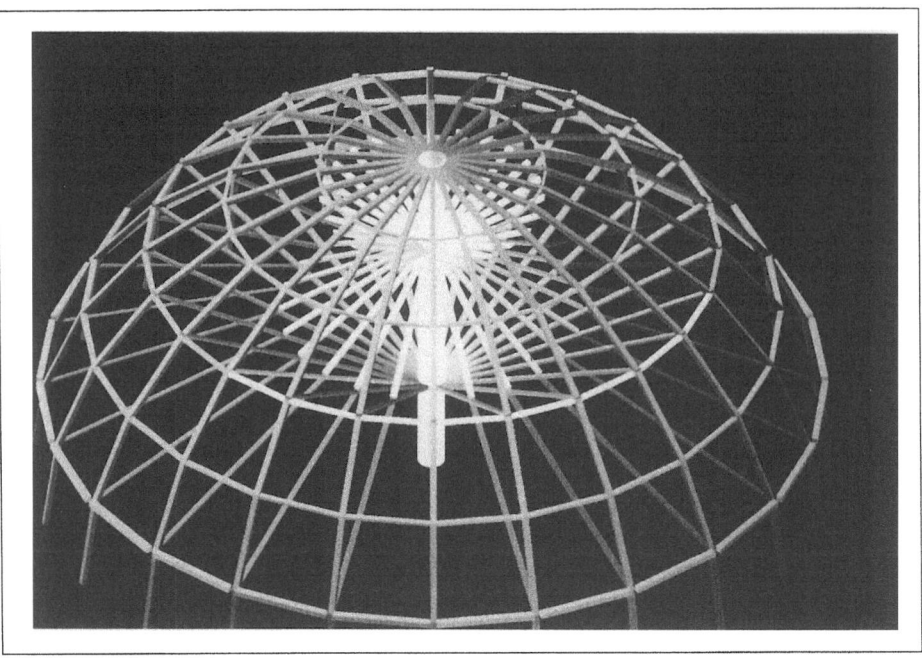

Abb. 22: Visualisierungen von 3D-Konstruktionen mit dem Programm VELOCITY von SOFT-TECH, Neustadt

Abb. 23: Visualisierungen von 3D-Konstruktionen mit dem Programm VELOCITY von SOFT-TECH, Neustadt

Abb. 24: Visualisierungen von 3D-Konstruktionen mit dem Programm VELOCITY von SOFT-TECH, Neustadt

2. Visualisierungen von 3D-Konstruktionen mittels des 3D-Solid Rendering Programms VELOCITY, ähnlich dem Programm VISION, nur das die Kosten für den Arbeitsplatz, auf dem die Objekte gerendert wurden "nur" ca. DM 35.000 betragen, also im CIP-Programm durchaus finanzierbar sind.

3. VELOCITY berechnet auf PC-Basis, wenn auch oft mehrere Stunden, direkt aus SPIRIT-Drahtmodellen annähernd "fotorealistische" Bilder unter Einbeziehung der Materialeigenschaften, Textur, Oberfläche, Farbe, Transparenz, Lichtquellenverwaltung, etc. Die so erzeugten Bilder sind dann auch noch mit Video-Bildmaterial kombinier- und weiterverarbeitbar.

Betrachtet man diese und andere erst am Horizont heraufziehenden CAD-Anwendungsmöglichkeiten und die realen Voraussetzungen an den Architekturfakultäten unserer Hochschulen, müssen wir einfach nach Wegen suchen, die neuen Möglichkeiten schneller für die Ausbildung zu erschließen, um die fachspezifische Auseinandersetzung mit diesen Werkzeugen und deren Einsatz in der Architektur führen zu können. Denn in der Hochschulerstausbildung besteht ebenso wie in der Aus- und Fortbildung der im Beruf stehenden Architekten und Bauingenieure, im ureigenen Interesse aller Beteiligten, dringender Handlungsbedarf in diese Richtung.

Gewissermaßen in Bestätigung dieser Einschätzung wurde – auf Initiative des Autors hin – ein Forschungs- und Entwicklungsvorhaben zur "Rechnerunterstützten Informationsbearbeitung im Hochbau", mit Unterstützung der Wirtschaft und öffentlicher Förderung seitens des Bundes und des Landes NRW, an der Fachhochschule Dortmund eingerichtet[2]. Ziel dieses zweijährigen Projektes ist es u.a., die hier angerissene Zusammenarbeit von Wirtschaft und Hochschulen in der Ausbildung zu erproben. Derartige Kooperationsbeziehungen scheinen, in Anbetracht der sich vollziehenden technologischen Entwicklungsschübe, nicht nur in Forschung und Entwicklung, sondern, wie hier exemplarisch versucht wurde zu zeigen, ebenso im Ausbildungsbereich dringend notwendig, soll eine weitere Entkoppelung der Ausbildungsinhalte von der sich drastisch wandelnden Berufsrealität vermieden werden.

Anmerkungen

1. Rinke, R.: CAD in der Architektur-Ausbildung: Curriculare, organisatorisch-technische, didaktische und personelle Auswirkungen; in: Dette,K. (Hrsg.): Mikrocomputer-Pools in der Lehre; Berlin 1989; S. 297-306
2. Rinke,R.; Witte,W.: Rechnerunterstützte Informationsverarbeitung im Hochbau – Einrichtung einer Koordinations- und Arbeitsgruppe zur Förderung der Zusammenarbeit zwischen Wirtschaft, Hochschulen und Planungspraxis im Bereich der anwendungsorientierten Erschließung, Aufbereitung, Nutzung und Weiterentwicklung rechnerunterstützter Informationsverarbeitungs- und Kommunikations- (IuK-) Technologien für den Hochbau. Antrag auf Förderung eines F+E-Vorhabens im Rahmen des Programms Montanregionen; Kassel/Dortmund 1988/89

Interaktive Computeranimation in Grafik-Design und Kunstpädagogik – Beispiele aus der Lehre an der ACE[1] HBK Braunschweig

Henning Freiberg
Hochschule der Bildenden Künste Braunschweig

Liebe Kolleginnen und Kollegen, meine Damen und Herren,

da ich Ihnen einige Beispiele aus der Praxis der Computeranimation (hier aus einem Einführungskurs für Grafikdesigner) zeigen möchte, kann ich mich wegen der zur Verfügung stehenden Zeit nur ganz kurz äußern und bitte um Verständnis für die holzschnitthafte Darstellung.

Brian Raffin Smith schreibt in seinem im Kunstforum 103 erschienenen Aufsatz "Post-Computer-Kunst: vorwärts zur Revolution!" (...) Trennt die künstlerischen Kriterien von den technischen. Ideen, nicht Pixels!" Ich teile diese Auffassung, zu lange haben wir Bilder, die mit dem Computer gemacht wurden, nach außerkünstlerischen Kriterien beurteilt – so als wäre es schon eine besondere Qualität, einen Eifelturm aus Streichhölzern zu bauen oder ein Bild mit dem Munde zu malen. Computerkunst, die sich allein vom Medium her rechtfertigt, ist keine Kunst. dies gilt auch für ein künstlerisches Design. Auch unter dem Aspekt des intermedialen Charakters des digitalen Bildes hat der Satz von Marshall McLuhan, daß des Medium allein schon die Botschaft sei, seine Gültigkeit verloren.

Für meine Arbeit in der Arbeitsstelle für Computergrafik und Ästhetische Erziehung an der Kunsthochschule sind mir u.a. folgende Punkte wichtig:

1. Technische Probleme müssen minimiert werden, damit sich die Studierenden auf den Gestaltungsprozeß konzentrieren können. An der Kunsthochschule kann nicht die Technik im Zentrum der Auseinandersetzung stehen, sondern das künstlerische Konzept und dessen Realisation.

2. Die Arbeit mit dem Computer muß exemplarischen Charakter haben, die Erfahrungen mit dem Computer zur Unterstützung künstlerischer Prozesse sollen unabhängig vom einem bestimmten System auch auf andere und zukünftige Systeme übertragbar sein.

3. Die Spezifik des Mediums soll in der Praxis an exemplarischen künstlerischen Prozessen erfaßt werden. Auch für die Computerpraxis gilt, daß ein Maler die Welt nicht nur mit anderen Augen sieht als ein Fotograf oder Bildhauer oder

Filmer, er gestaltet auch andere Ausschnitte von Wirklichkeit. Wichtig ist die Einsicht, daß in der Computergrafik das Ausgangsmedium in allen Phasen der Gestaltung entscheidend ist. Das digitale Bild für den Ink-Jet-Plotter ist beispielsweise anders als das für eine Videoanimation, schon wegen der Differenz zwischen additiver- und subtraktiver Farbmischung.

4. Die Techniken der grafischen Datenverarbeitung werden nicht als solche, sondern im Zusammenhang der künstlerischen Praxis vermittelt. Nach dem ersten Grundkurs haben die Studenten an zwei Computeranimationen gelernt, Bilder mit Hilfe interaktiver Software zu generieren und zu animieren, sowie Prozesse der digitalen Bildverarbeitung – wie Scannen und Verarbeiten von Bildern mit verschiedenen Software-tools – im Rahmen der künstlerischen Produktion gezielt anzuwenden. Digitale Bilder wurden mit Hilfe eines Genlock-Interfaces gemischt und mit Hilfe der Videotechnik zu einer vertonten Computeranimation verarbeitet. Im Laufe des Prozesses werden auch typografische Aspekte berührt. Dreidimensionale objektorientierte Grafik wird bei uns nicht am Anfang verwendet. Das liegt nicht nur an den langen Rechenzeiten, die die einzelnen Bilder einer Animation benötigen und die den Betrieb unserer Arbeitsstelle blockieren würden, sondern auch daran, daß spontanes interaktives Arbeiten in der 3-D-Animation, mit den uns zur Verfügung stehenden Mitteln nicht möglich ist.

Damit eine kreative und spontane künstlerisch orientierte Praxis möglich ist, die zugleich in die wesentlichen Prozesse der grafischen Datenverarbeitung einführt, arbeiten wir mit einer interaktiven Animations-Software, die es erlaubt, an jeder Stelle in den Animationsprozeß einzugreifen, neue Bilder zu generieren und umzugestalten, Phasenbilder einzufügen, Übergangsbilder neu herzustellen, die Geschwindigkeit der Animation beliebig zu regeln und auf Knopfdruck innerhalb der Animation hin- und herzufahren. Hier öffnen sich gegenüber den traditionellen Methoden der Trickfilmherstellung ganz neue Perspektiven. Unabhängig vom Materialproblem und langen Entwicklungszeiten können sofort und interaktiv Trickfilmsequenzen hergestellt, betrachtet und korrigiert werden. Die Arbeit macht Spaß, ist faszinierend und erlaubt einen spielerischen Zugang zu den grundlegenden Methoden und Verfahren der digitalen Bildproduktion.

Anmerkung

1. ACE ist die Arbeitsstelle für Computergrafik und Ästhetische Erziehung an der Hochschule für bildende Künste in Braunschweig, in Kooperation mit dem Niedersächsischen Landesinstitut für Lehrerfortbildung. Lehrerweiterbildung und Unterrichtsforschung (NLI).
Die Arbeitsstelle dient der Untersuchung und Erprobung der Neuen Technologien für Lernprozesse in der ästhetischen Erziehung und künstlerischen Ausbildung in Schule und Hochschule.

Dazu gehören:

- Curriculare Entwicklungen für die informations- und kommunikationstechnische Bildung im Kunstunterricht in Kooperation mit dem Niedersächsischen Kultusminister
- Entwicklung von hochschul- und schuldidaktischen Konzepten
- Entwicklung von Lern- und Unterrichtsmaterial
- Untersuchung und Entwicklung geeigneter Soft- und Hardware
- Durchführung von Lehrerfortbildungen in Kooperation mit dem NLI für alle Kunstpädagogen in Niedersachsen
- Grundausbildung für Studenten des Grafik-Designs und Lehramts in der Computergrafik
- experimentelle Erprobung der Entwicklungen in der Schulpraxis

Berichterstattung über Gesprächskreis 5 "Ingenieurwissenschaften, Architektur und Design"

Eckart Schnack
Universität Karlsruhe
Institut für Mechanik

In seinem Beitrag "Einsatz von Computern für die moderne Ingenieurausbildung" stellt Professor Schnack fest, daß eine ausgezeichnete Forschungskooperation zwischen der Firma Apple Computer GmbH (München) und der Universität Karlsruhe aufgebaut wurde. Der wissenschaftliche Wert des Beitrags aus der Sicht der Informatik liegt in der Werkzeugentwicklung für die Erstellung eines praxisorientierten Autorensoftwaresystems. Das Werkzeug setzt sich aus den Programmsystem 'The best course of action' (Authorware Inc.) und 'Hypercard' zusammen. Als Steuersprache wurde Pascal gewählt, wobei Fortran-Unterprogramme als Anwendersoftware integrierbar sind. Wesentliche Stichpunkte sind das Eingehen auf Animation und Simulation, wobei zur Vertiefung des 'Learning by doing' Effekts das Debugger-Prinzip zusammen mit der Windowtechnik benutzt wurde.

Professor Helmut Emde weist in seinem Beitrag "Rechnerunterstütztes Konstruieren und Darstellen räumlicher Objekte – Lehr- und Anwendungsprogramm für die geometrischen Grundlagen" zunächst darauf hin, daß für die Informations- und Datenverarbeitung der Computer ein wesentliches Hilfsmittel darstellt. Raum und Zeit werden als Ordnungsmittel des menschlichen Denkens für die Darstellung von Objekten und Prozessen angeführt. In einem weiteren Punkt geht es um das geometrische Gestalten und die Veranschaulichung räumlicher Objekte und zeitlicher Prozesse. Zunächst bedarf es dazu der Verständnisentwicklung und der Zuhilfenahme von Methoden aus der Mathematik und der Informatik. Es geht um die Schulung des Verstandes und die Entwicklung der Vernunft, um CAD im Bereich der Architektur sinnvoll einsetzen zu können. Man kann festhalten, daß CAD die Planung nicht nur erleichtert, sondern darüber hinaus die Planungsfähigkeit der Mitarbeiter entwickelt. Die 3-dimensionale Darstellung erfolgt über geeignete Projektionen. Es wird über die Beziehung zwischen der 2-dimensionalen Darstellung und den 3-dimensionalen Objekten referiert. Die Verwirklichung erfolgt mit dem KONDAR-Lehrprogramm. Es dient der räumlichen Informationsverarbeitung. Die Grundelemente zur Raumgeometrie werden definiert und an der CAD-Ausbildung im Bauingenieurwesen orientiert. Interessante Anwendungsbeispiele wie die Kugeldiskretisierung und die Darstellung des Olympiadaches in Berlin sowie die graphische Simulation der Regierungsallee in Bonn veranschaulichen die erfolgreiche Forschungsarbeit der Darmstädter Gruppe.

Professor Natzschka schildert in seinem Beitrag "Erfahrungen mit dem CIP-Pool der Fachhochschule für Technik" zunächst die Hardware-Ausstattung für die computerisierten Hörsäle der Fachhochschule für Technik in Stuttgart. Er führt aus, daß die Courseware, d.h. die Software zur Vorlesungs- und Übungserstellung, für alle Fachrichtungen der Fachhochschule geeignet sein muß. Dies läßt sich in der Tat verwirklichen, möglicherweise im Zusammenhang mit dem Beitrag von Professor Schnack. Es geht nur darum, die entsprechenden Werkzeuge der Informatik geschickt zu kombinieren. Bei der Hardware-Ausstattung des computerisierten Hörsaals sind Schwierigkeiten mit der Vernetzung aufgetreten. Insbesondere wurde darauf hingewiesen, daß nur ein Assistent für die Betreuung des gesamten Computernetzes zur Verfügung steht. Professor Natzschka führt aus, daß als Betriebssystem für die Fachhochschule in Stuttgart MS DOS völlig ausreichend ist. Er verweist jedoch darauf, daß von seiner vorgesetzten Stelle die Einführung des Betriebssystems Unix abgelehnt wurde. Die Zusammenfassung des Beitrages von Professor Natzschka läßt erkennen, daß die Einrichtung eines computerisierten Hörsaals mit Benutzung entsprechender Basislehrsoftware bereits erste Erfolge zeigt und ein geeignetes Mittel ist, um die Qualität der Ausbildung zu steigern und gegebenenfalls den Dozenten zu entlasten.

Im Beitrag "Klausuren am PC-Beispiel Statik" führt Professor Richter aus: "'Teaching without Testing is Nothing". Er weist darauf hin, daß die vorhandenen Lehr- und Übungsprogramme nur als Drill-Programme bezeichnet werden können. Man muß vom bisherigen Konzept des Computerunterstützten Unterrichts (Startphase vor 10 Jahren) wegkommen zur Entwicklung von Expertensystemen. Der Autor erhofft sich durch CIP einen neuen Schub zur Verbesserung des Computerunterstützten Unterrichts. Er weist darauf hin, daß vor allem Prüfungsprogramme fehlen, in folgendem mit CAL (Computer Aided Learning) bezeichnet. Die Voraussetzung zum Einsatz vom Lehrsoftware ist ein realistischer Anschaffungspreis, eine gesicherte Wartung und die Möglichkeit des interaktiven Arbeitens mit dieser Software. Dem Studenten muß größtmögliche Freiheit im Umgang mit der Lehrsoftware gewährt werden. Richtig ist, daß anstelle der Drill-Aufgaben in CAL Denkanregungen integriert werden. Weiterhin ist wichtig, daß der Aufwand für den Autor gering gehalten wird. Die Erfahrungen des Autors zeigen, daß fachspezifisches Denkvermögen des Studenten besser abprüfbar ist als Stoffwissen. Dies hängt damit zusammen, daß die Notationen fachspezifisch begrenzten Symbolvorrat aufweisen. Der Autor hat ein eigenes Aufgabenerstellungsprogramm geschrieben und verweist darauf, daß jetzt die Korrektur der Prüfungsaufgaben wesentlich einfacher ist. Er ergänzt, daß ihn seine Studenten im Zusammenhang mit dem Aufgabenerstellungsprogramm verstärkt auf Schwachstellen der Vorlesung hinweisen.

Diplom-Informatikerin Schlegelmilch berichtet über ein am Lehrstuhl von Professor Fritz Haller stattfindendes Seminar zum Thema "Expertensysteme". Die

Forschungsaktivität des Lehrstuhls führte zu einem intelligenten CAD-System für das Planen haustechnischer Leitungsnetze in den Deckenhohlräumen hochinstallierter Gebäude. Es wird festgestellt, daß Expertensysteme den Architekten und den Bauingenieuren bei ihren zunächst vagen Entwurfskonzepten wesentlich unterstützen können. Das Seminar wurde veranstaltet, um Erfahrungen im Umgang mit Expertensystemen zu gewinnen. Hierbei sollte als Nebenprodukt festgestellt werden, inwieweit Experten und Software-Ingenieure zusammenarbeiten können oder in wieweit darüber hinaus der Knowledge-Ingenieur (Experte für spezifisches Fachwissen) als neue Berufskategorie eingeführt werden sollte.

Die freiwillig mitarbeitenden Studenten konnten zum Schluß des Seminars ein kleines Expertensystem mit der XPS-Shell ACQUAINT auf IBM-ATs erstellen. Der Verlauf des Seminars wurde als zufriedenstellend bezeichnet und führte zu folgenden Resultaten:

- Die Studenten zeigten Motivation.
- Die Fachliteratur wurde zu durchweg guten Vorträgen aufgearbeitet.
- Der Bezug zur Architektur wurde von allen Teilnehmern leicht hergestellt.
- Es wurden neue Ideen für den Entwurf von Expertensystemen gefunden. Um das Konzept Knowledge-Engineering verwirklichen zu können, waren keinerlei Softwarekenntnisse erforderlich.
- Die Teilnehmer konnten ohne Kenntnisse konventioneller Programmiertechniken ein kleines Expertensystem aufbauen.

Dr.-Ing. Reinhard Rinke führt in seinem Beitrag "Erschließung des Mediums Computer für Lehr- und Lernprozesse in der Architekten- und Bauingenieurausbildung" die Notwendigkeit der Integration von CAD-Lehrveranstaltungen in die Architektur und Bauingenieurausbildung an. Er erläutert dies an der Linie Forschung, Entwicklung bis hin zur Büropraxis. Die CAD-Ausbildung in Bauwesen hat zwei Schwerpunkte. Den ersten Schwerpunkt bildet das CAD-Lehrbuch mit der Konzeption zukunftsorientierter flexibler Software und der zweite Punkt umfaßt die CAD-Lehrsoftware selbst. Sie wurde seit 1986 in der Zusammenarbeit der Hochschulen Darmstadt, Kassel, Frankfurt und Karlsruhe entwickelt. Die CAD-Ausbildung besteht aus einer Vorlesung mit einem Paket Übungsaufgaben. Der Grundkurs ist eine 40-stündige Kompaktveranstaltung. Sie umfaßt eine Einführung in das entsprechende Fachgebiet, einen Stegreifentwurf (Beispiel Reihenhausprojekt) und weitere Anwendungen. In einer Fortführung gibt es das CAD-Seminar, in dem die Problematik von der Kontaktphase bis zur Projektbearbeitung am Beispiel der Industrieansiedlung in Speyer erläutert wird. Mit FOTOMASS werden 3D-Bauteile generiert. Es wird auf die Notwendigkeit von Digitalisierungsverfahren hingewiesen, die bereits in der Praxis erprobt wurden. Die nächste Stufe umfaßt einen Workshop, der sich mit der Visualisierung von Gebäuden beschäftigt. Wichtig sind hierbei die Beachtung von Farbe, Oberfläche und Lichtquellenposition. Man muß beachten, daß ein CAD-Arbeitsplatz für die vorher beschriebenen Aufgaben Kosten von ca. 200.000,- DM verursacht. In der letzten Stufe wird die CAD-Anwendung mit Studien- und Diplomarbeiten erprobt. Die räumlichen Voraussetzungen müssen dafür geschaffen werden, der Lehrende hat die Motivation und das Engagement der Studenten zu unterstützen. Wird die CAD-Lehrsoftware entsprechend ausgelegt, kann in diesem Punkt der Dozent entlastet werden. Ein neuer Gesichtspunkt ist die Erzeugung "fotorealistischer Bilder" aus 3D-Konstruktionen mit CAD. Der Autor schließt mit der Bemerkung, daß CAD-Software eine "schnellere Erschließung" des Fachgebietes für die Ausbildung garantiert.

Dipl.-Ing. Manfred Sitte führt aus, daß die EDV-Ausbildung für Architekten an der TU Berlin in zwei Teilen praktiziert wird:
1. Einführung in die EDV
2. Mathematisches Verfahren

Darauf aufbauend wird die graphische Datenverarbeitung und die CAD-Anwendung gelehrt. Weiterführend werden Projekte mit CAD für Studenten bereitgestellt. An Hardware existieren am Institut 11 IBM-PCs zusammen mit einem Server. Als Software steht Quick-Basic zur Verfügung, die Graphik wird mit Autocad verwirklicht.

Im Detail werden die Lehrveranstaltungen wie folgt aufgezogen: Die Veranstaltung 'Einführung in die EDV' besteht aus einer Einführung in das Programmieren und aus einer Einführung in Anwenderprogramme. Daneben gibt es eine Einführung in graphische Datenverarbeitung und CAD-Anwendungen. Zusätzlich wird eine Einführung in die Textverarbeitung angeboten. Es besteht hier bereits eine enge Zusammenarbeit mit Hochschulen in Weimar und Moskau. Gearbeitet wird hier auf der alphanumerischen Schiene und der graphischen Schiene; pro Schiene können 22 Personen gleichzeitig arbeiten. Der Autor bemerkt zum Schluß, daß in der Architekturausbildung die Einbeziehung von Lehrsoftware völlig am Anfang steht.

Im Beitrag "Interaktive Computeranimation in Graphikdesign und Kunstpädagogik" führt Professor Freiberg aus, daß die Computeranimation einen wesentlichen Beitrag in der Kunstwelt liefern kann. Daß das Medium schon Vermittlung sei, hält er für übertrieben. Es wird ausgeführt, daß die Arbeit mit dem Computer exemplarisch stattzufinden hat. Man braucht zur Verwirklichung von Kunst auf dem Computer Computergraphik. Ein Grundkurs zur EDV für Kunststudenten ist wenig sinnvoll; wichtig ist hingegen spontanes interaktives Arbeiten. Dieser Arbeitsstil kann mit der derzeit zur Verfügung stehenden Hard- und Software nicht verwirklicht werden. Wichtig ist, daß sich der Künstler bei der Benutzung von EDV im Kunstbereich nicht in der EDV verliert. Ausgangspunkt sind interessante Illustrationen, wobei die Ideenfindung in Vordergrund steht. Als Werkzeuge braucht man ein Videogerät und einen Rechner. Wichtig ist, daß der Kunststudent vom ersten Tag an mit einer benutzerfreundlichen Hard/Software Kombination produzieren kann, um seine Ideen direkt in Graphik umzusetzen.

Gesprächskreis 6

Rechts- und
Wirtschaftswissenschaften

Hauptergebnisse des Projekts CIP.JUR: Einführungsstrategien zu CIP an rechtswissenschaftlichen Fachbereichen

Herbert Fiedler

Universität Bonn
Forschungsstelle für juristische Informatik und Automation
GMD – Gesellschaft für Mathematik und Datenverarbeitung mbH
St. Augustin

1. Ausgangslage

Die Mehrzahl heutiger juristischer Studienanfänger wird es in ihrer späteren Berufspraxis mit Informationstechnik zu tun haben[1] – als Hilfsmittel, Problemhintergrund oder Gestaltungsgegenstand. Die Juristenausbildung trägt dem bisher nicht Rechnung. Zwar hat sich die Rechtsinformatik[2] seit zwei Jahrzehnten bemüht, Lehrinhalte der Informatik, ihrer juristischen Anwendungen und Probleme in die juristischen Studiengänge einzubringen. Angesichts traditioneller juristischer Studien- und Prüfungsordnungen ist dies nur sehr begrenzt gelungen[3]. Die Lehrinhalte waren dabei eher an theoretischem Verständnis und Grundlagenwissen orientiert; für eine Einführung in die DV-Praxis wurde eher auf die Rechenzentren verwiesen.

Mit der Verbreitung der Mikrocomputer und PCs in den achtziger Jahren hat sich auch die Szenerie der Informatiklehre gewandelt. Hier gebührt dem CIP das Verdienst, den Hochschulen Unterstützung für eine Geräteausstattung zu bieten, welche auch zum Handhabungswissen für die spätere Berufspraxis hinführt.

2. Projektansatz

Insbesondere für die Rechtswissenschaft ist gemäß einer spezifischen geisteswissenschaftlichen Tradition die Distanz sowohl zur Theorie der Informatik wie auch zur Gerätehandhabung besonders groß. Aufgrund dessen entstand die Idee eines speziellen Projekts zur Einführungsstrategie des CIP an rechtswissenschaftlichen Fachbereichen, welches dann vom BMBW gefördert und von der Forschungsstelle für juristische Informatik und Automation der Universität Bonn durchgeführt wurde. Parallel zu diesem Projekt wurde vom BMBW auch eine Fachtagung gefördert, welche von der Universität Hamburg (Seminar für Verwaltungslehre) gemeinsam mit dem Arbeitskreis Aus- und Fortbildung des Fachbereichs 6 (Informatik in Recht und öffentlicher Verwaltung) der Gesellschaft für

Informatik/GI durchgeführt wurde. Die Ergebnisse sind in einem Tagungsband dokumentiert[4].

Der Förderungsumfang von CIP.JUR war nicht groß (wenige Mitarbeiter und eine geringe Geräteausstattung für etwa ein halbes Jahr, Februar bis August 1988). Das Projekt konnte nur aufgrund des besonderen Einsatzes insbesondere auch studentischer Hilfskräfte durchgeführt werden.

3. Hauptergebnisse

Das Projekt erbrachte einerseits eine Reihe von Hinweisen zu Einführungsproblemen von CIP-Pools an Rechtsfachbereichen, welche u. a. das große Gewicht rein äußerlicher Faktoren (etwa Verfügbarkeit geeigneter Räume) zeigten.

Über die Pragmatik der Einführungsstrategien hinaus haben sich die Hauptergebnisse des Projekts in Richtung auf Einführungshilfen entwickelt, welche (gewissermaßen als Komplement zur Theorie der Rechtsinformatik) dem Spektrum einer Praxis zur Rechtsinformatik entsprechen. Hierzu gehören Zusammenstellungen von Problemen und Lösungsmöglichkeiten beim Einsatz vernetzter PCs im Kontext rechtswissenschaftlicher Lehre, stichwortartig auf den Gebieten:

- Lokale Netzwerke von PCs mit deren Hardware und Software-Problemen, insbesondere der Gewährleistung von Schutzrechten und Datensicherung
- Textverarbeitung als im juristischen Bereich besonders wichtige "Einstiegsdroge", auch mit gebietsspezifischen Überlegungen zu Funktionalität, Leistung und Auswahlkriterien bei Textprogrammen
- Datenbankkonzepte und Standarddatenbanksysteme vor dem Hintergrund juristischer Einsatzaufgaben
- Informations- und Kommunikationssysteme und -dienste, mit Diskussion spezieller Systeme im juristischen Bereich
- Methodische und kritische Würdigung von Entwicklungen im Gebiet von Autorensystemen und Expertensystemshells.

Zielsetzung war es dabei, jeweils in der Betrachtung von Beispielen generelle Probleme und Lösungsmöglichkeiten sichtbar zu machen. Auf einer allgemeinen Ebene hat sich das Projekt besonders um zwei Aufgaben bemüht:

- einerseits um die Verknüpfungsmöglichkeiten handhabungsorientierter Einführungen in Hardware und Software mit den bisherigen, eher theoretisch orientierten Lehrinhalten der Rechtsinformatik
- andererseits um die Einbringung perspektivisch gesehener Anforderungen künftiger juristischer Praxis in den Kontext juristischer Universitätslehre. Hier konnten insbesondere langjährige Erfahrungen von Mitgliedern der Projektgruppe in Forschung und Entwicklung für den IT-Einsatz in der Justiz genutzt werden.

Die Projektergebnisse sind inzwischen in Buchform dokumentiert[5]; hierauf kann heute verwiesen werden.

Anmerkungen

1. Fiedler, Herbert: Juristenausbildung und Informatik – Warnungen vor einem Mißstand und Vorschläge der Rechtsinformatik, in "Computer und Recht" (CR) 1986, S. 756 ff.
2. Hierzu übersichtsartig aus neuester Zeit Fiedler, Herbert: Rechtsinformatik, in "Ergänzbares Lexikon des Rechts" (Luchterhand-Verlag) 1988, S. 225 ff; Fiedler, Herbert/Lenk, Klaus/Reinermann, Heinrich: Rechts- und Verwaltungsinformatik, in "Studien- und Forschungsführer Informatik", 2. Aufl. (hrsg. v. Brauer/Haacke/Münch), Berlin usw. 1989, S. 285 ff.
3. Es gab hierzu eine ganze Reihe von Empfehlungen fachkompetenter Gremien, z.B. des Juristischen Fakultätentags der Bundesrepublik Deutschland, des Fachbereichs 6 der Gesellschaft für Informatik/GI, des Ministerrats des Europarats (vgl. zu den Ausbildungskonzepten aus neuester Zeit: Heinz, Wolfgang: Informationstechnik in der Juristenausbildung – Ausbildung und Ausbildungskonzepte, in "Informationstechnik in der Juristen-Ausbildung", hrsg. v. C.-E. Eberle, München 1989, S. 122 ff). Gegenwärtig wird beim Europarat eine überarbeitete Version der einschlägigen Ministerratsempfehlung von 1981 vorbereitet.
4. Eberle, Carl-Eugen (Hrsg.): Informationstechnik in der Juristenausbildung, München 1989 (C. H. Beck-Verlag).
5. Fiedler, Herbert und Oppenhorst, Gerhard (Hrsg.): Computer in der Juristenausbildung – Elemente praktischer Rechtsinformatik, unter Mitarbeit von P. Czerwinski, H. Fiedler, Chr. Gradel, P. Klein, G. Oppenhorst, Dagmar Rothenburg, M. Schneider, M. Weihermüller, München 1989 (C. H. Beck-Verlag).

Softwareentwicklungen an der Juristischen Fakultät Tübingen

Gerhard Ringwald
Universität Tübingen
Juristische Fakultät

1. Einleitung

An der Juristischen Fakultät der Universität Tübingen hat die Rechtsinformatik mittlerweilen eine gewisse Tradition. Seit 1971 werden dort Vorlesungen, Kolloquien, Seminare und Praktika angeboten. Seit 1974 werden die Jurastudenten in der Programmierung einer DV-Anlage ausgebildet. Im Mittelpunkt stand dabei immer die praxisnahe Ausbildung. Die Rechtsinformatik in Tübingen versteht sich nämlich nicht allein auf die Vermittlung von sog. Handhabungswissen, vielmehr – und höchst ausdrücklich – auf die Vermittlung von sog. Gestaltungswissen im Recht mittels eines Computers.

So konnte nicht ausbleiben, daß an der Juristenfakultät auch eigenständige Software entwickelt wurde. Zwei Softwareprodukte aus neuerer Zeit sollen hier vorgestellt sein. Dies ist zum einen das Tübinger Dialogverfahren (DIALTUE) in 2. Version, zum anderen ist es der Tübinger Subsumtionstrainer (TS) in seiner Grundversion.

2. Das Tübinger Dialogverfahren in seiner 2. Version DIALTUE(2)

DIALTUE(2) ist im Zusammenhang mit dem LEX-Projekt (Gemeinschaftsprojekt der IBM-Deutschland mit der Universität Tübingen zur Entwicklung eines Expertensystems auf natürlichsprachlicher Grundlage) entstanden. Bei der Aufbereitung von Expertenwissen in überschaubare Einheiten und der Verknüpfung dieser Einheiten zu einem größeren Ganzen sollte ein Werkzeug geschaffen werden, mit welchem Juristen Gesetzesnormen strukturieren können. Es wurden sogar Programme geschrieben, die aus der Verknüpfung der Textteile untereinander Regeln in Form von einfachen PROLOG-Regeln erzeugt haben. Von den Linguisten haben wir uns die Auflösung und algorithmische Abbildung der Textteile selbst erhofft. Diese Hoffnung hat sich nicht erfüllt. So ist DIALTUE(2) nicht zu dem erhofften Editor für die Wissenserfassung für Expertensysteme auf natürlich sprachlicher Grundlage geworden. Trotzdem ist DIALTUE(2) ein brauchbares Werkzeug, Wissen zu verwalten.

In seiner Version 2 verwaltet DIALTUE die mit ihm abgelegte Wissensstruktur weitestgehend selbständig. Anders als bei herkömmlichen Autorensystemen oder bei Hypertext bzw. Hypercard unterstützt der Computer die Wissensablage. Die An- und Verbindung von und zu Textteilen, von sog. windows oder von frames, von Bildschirmen (oder wie man eine irgendwie adressierbare Dateneinheit auch nennen mag), letztlich die Verkettung des Wissens des Autors, unterstützt DIALTUE(2) vollautomatisch – sofern die Bindungen linearer Natur, also entsprechend einer Baumstruktur organisiert sind. Quersprünge, also "Maschungen" innerhalb des verwalteten Baumes, können (mangels fehlender Algorithmen zur Aufdeckung der Semantik von Sprache) natürlich nicht automatisiert angelegt werden. Doch nur solche Verbindungen sind bei DIALTUE(2) von Hand anzulegen. Dies ist ein bedeutsamer Unterschied zu den heutigen Autorensystemen, zu Hypertext bzw. -card oder auch 1Card (Oppenhorst). Dort nämlich müssen sämtliche Anbindungen von Hand erledigt werden. Gleiches gilt für "JULE", das Computerprogramm zum juristischen Lernen (Möller).

Wer sein Wissen in einem DV-Verfahren ablegen will, muß bei anderen Systemen die Struktur seines Wissens im Kopf verwalten. Er behilft sich damit, daß er die Zusammenhänge seiner Textteile zu anderen Textteilen (seine Wissensstruktur) auf einem Blatt Papier vermerkt. Irgendwann reicht aber das Blatt Papier nicht mehr aus. Ein neues (leeres) Blatt wird angeklebt. Schließlich wandert seine Struktur auf den Flip-Chart – und irgendwann reicht auch dies nicht mehr aus. Die Rettung scheint die leere Wand. Doch auch eine Wand ist nicht unendlich groß. Irgendwann reicht auch der Platz einer Wand nicht mehr – und viel schlimmer – man "verliert sich im Gestrüpp seiner eigenen Struktur". Hier schafft DIALTUE(2) Abhilfe.

Jeder Textteil ist bei DIALTUE(2) maximal 720 Zeichen groß. Zwei Arten von Textteilen werden verarbeitet: Frage- und Informationstexte. Auf einen Fragetext zwingt das System den Autor einen Antworttext für die mögliche Antwort JA und einen für die mögliche Antwort NEIN zu formulieren. In diesem Modus kann auch ein sog. INFO-Text eingegeben werden. Damit lassen sich an einen Fragetext drei andere Textteile knüpfen. Bei Informationstexten können vier Bindungen zu anderen Textteilen angelegt werden, einen über die Bindung A, einen über die Bindung B, bzw. C oder D. Die angebundenen Textteile selbst werden wiederum zu Ausgangstexten, auf die wiederum andere Textteile formuliert werden können. Das System arbeitet dabei von oben nach unten und auf jeder Ebene von links nach rechts. An jeder Stelle des so entstehenden Baumes kann eine Weiterverzweigung unterbunden werden.

Wissen ist allerdings nicht derart linear organisiert. Deshalb kann von jeder Stelle aus auch der bereits erstellte Baum der Textteile in einem Frage-/Antwortdialog durchlaufen werden. Bei den einzelnen Textteilen kann sich der Autor entsprechend entscheiden, bis er schließlich zu jenem Textteil gelangt, der anstelle eines zu formulierenden Textteiles stehen soll. Dann genügt der sprichwörtliche "Druck auf den Knopf". Damit ist der Textteil an anderer Stelle des Baumes als Textteil an dieser Stelle logisch eingebunden. Und gleichzeitig sind alle an dem eingebundenen Textteil hängenden anderen Textteile logisch eingebunden. Im Prinzip ist dies nichts anderes als ein Sprung zu einem bereits bestehenden Textteil an anderer Stelle des Baumes. Es entstehen "vermaschte Bäume".

In der Lehre kann das System auf zweierlei Art eingesetzt werden. Zunächst lassen sich damit sog. Dialogprogramme oder auch Konsultationsprogramme schreiben, die von anderen durchlaufen werden können. In Tübingen wurden mit DIALTUE(2) ca. 10 solcher Konsultationsprogramme vor allem im Strafrecht geschrieben und den Studenten zur Verfügung gestellt. Wir hatten gehofft, den Studenten damit brauchbare Lernprogramme in die Hand gegeben zu haben. Es hat sich aber bald gezeigt, daß der Lernerfolg damit nur mäßig ist. Anhand des Dialogs kann sich der Student zwar zum richtigen (besser: zum vorgesehenen) Ergebnis durchhangeln – und bekommt die Lösung auf seine Frage. Die Struktur, die dahinter steht, bleibt ihm aber verborgen.

Deshalb wird DIALTUE(2) in Tübingen (aber auch an anderen juristischen Fakultäten) nunmehr in anderer Weise eingesetzt. Die Studenten werden gebeten, selbst Konsultationsprogramme zu irgendeinem juristischen Problem zu schreiben. Nunmehr ist der Student gezwungen, den Problembereich selbst in eine Struktur zu bringen und in seiner Verästelung zu durchdenken. Der Lernerfolg ist beachtlich. Wer ein Problem selbst strukturiert hat, hat die Zusammenhänge begriffen. In eine ähnliche Richtung zielt die andere Software, die im nächsten Abschnitt vorgestellt werden soll.

3. Tübinger Subsumtionstrainer (TS) in seiner Grundversion

Die Idee zu diesem Verfahren stammt von Prof. Dr. Haft. Es wurde von mir Ende 1988 Anfang 1989 entwickelt und programmiert. Es ist netzwerkfähige Software im sog. Multiuser-Betrieb. Dies sei deshalb ausdrücklich angemerkt, weil es programmseitig nicht ganz einfach ist, Programme zu schreiben, die unter dem Betriebssystem DOS zeitgleich die gleichen Datensätze lesen und zurückschreiben.

Das Verfahren basiert auf folgender Überlegung: Man lernt am besten, wenn man selbst aktiv an einem Problem arbeitet. Die Studenten sollen den Wissensstoff nicht passiv konsumieren, sondern aktiv erarbeiten. Zwar brauchen sie eine gewisse Führung, im übrigen aber viel Freiraum. Hilfreich ist vor allem, die Meinung anderer an gewissen Problempunkten kennenzulernen.

Hier eröffnet nun der Computer eine völlig neue Art, die Lerneffizenz zu steigern, eine Möglichkeit, die mit herkömmlichen Methoden nicht zu erreichen ist: Man setzt die Studenten an PCs, die untereinander über einen sog. Server vernetzt sind. Von ihren PCs aus können die Studenten juristische Sachverhalte und Fragen zu diesen Sachverhalten abrufen. Wenn ich Fragen sage, ist das etwas schief ausgedrückt. Ebenso könnte man Anweisungen sagen, etwa die Aufforderung, infrage kommende Straftatbestände zu nennen, oder die Gliederung einzugeben, oder das Problem an bestimmter Stelle des Falls zu nennen, bzw., welche Lösungsmöglichkeiten vorschweben, usw. Jeder Student kann nun über seinen PC seine individuelle Antwort formulieren. Dabei kann jeder Student die Antworten seiner Mitkommilitonen abrufen und einsehen. Und er kann noch mehr: Er kann sich für die Antwort (für seine oder die eines Mitkommilitonen) entscheiden, die er an diesem Punkt für die treffendste hält. Der Computer merkt sich, für welche Antwort am häufigsten votiert wurde und erzeugt ein Protokoll jener Antworten, welches die Studenten wiederum über ihren PC einsehen können. Dabei ist das Verfahren so konstruiert, daß die Studenten zwar gleichzeitig am gleichen Fall und an den gleichen Fragen arbeiten können, aber nicht müssen. Sie können auch zeitversetzt arbeiten. Man kann über längere Zeit hinweg die Antworten zu den Fragen sammeln, auswerten, etc.

Die Arbeit mit dem Subsumtionstrainer (TS) in Tübingen hat Aspekte aufgezeigt, die bei herkömmlicher Fallösung in der Gruppe meist etwas negativ ins Gewicht fallen – bei diesem Verfahren jedoch aufgehoben sind. In Arbeitsgemeinschaften werden Fälle zwar auch gemeinsam erarbeitet, in aller Regel jedoch mündlich. Bei dem Subsumtionstrainer müssen die Studenten ihre Überlegungen schriftlich fixieren. Dies kommt der Fallösung in einer schriftlichen Arbeit wesentlich näher. Auch setzen sich, anders als bei einer mündlichen Fallbearbeitung, nicht die Persönlichkeiten (die es in jeder Gruppe gibt) durch, vielmehr die Argumente (man kann auch sagen, die Gruppendynamik ist aufgehoben). Beim Subsumtionstrainer weiß nämlich kein Student von welchem Kommilitonen die Antwort stammt.

Der Subsumtionstrainer ist in seiner Grundversion bislang noch bewußt offengehalten. Entwickelt ist im Prinzip nur der sog. nucleus, nämlich ein System von bis zu 99.999 frei formulierbaren Fällen oder Problembeschreibungen mit je 99.999 frei formulierbaren Fragen und die Eingabe von Antworten, die zur Abstimmung gestellt und für die votiert werden kann – und die Übernahme der Antworten, für die am häufigsten votiert wurde, ins Protokoll. Dabei können maximal 100 PCs an einem Fall "arbeiten". Trotzdem ist ein Programm entstanden, das von der Bedienung und Texteingabe her großen Komfort bietet (Window-Technik, Window-Scroll vor und zurück, Funktionstastenbedienung, Hilfebildschirme etc.).

Diese Grundversion ist bislang deshalb noch nicht weiterentwickelt worden, weil ich vermeiden wollte, mit dieser Software wiederum Entwicklungsvorarbeit zu leisten, von der ich nicht weiß, ob sie sich auch irgendwann – in welcher Form auch immer – auszahlen kann. Lassen Sie mich hier am Rande etwas anmerken: In der Wissenschaft, jedenfalls in der Rechtswissenschaft – und nur für die kann ich sprechen – scheint noch immer die Meinung vorzuherrschen, daß die Entwicklung von Software, daß die Beschäftigung mit dem Einsatz des Computers im Recht, nur wenig mit Wissenschaftlichkeit zu tun habe. Gerade aber im Bereich der Rechtswissenschaften fordert die Entwicklung von fachspezifischer Software eine tiefe Beschäftigung mit der Methodenlehre. Und ich glaube, dies gilt über die Rechtswissenschaft hinaus, auch für andere Wissenschaftsbereiche.

Man kann natürlich die Entwicklung von Software auch irgendwelchen Herstellerfirmen überlassen und sich an einem Textverarbeitungsprogramm der Marke 08/15 erfreuen. Oder man kann sich auf den Standpunkt stellen, was die Beschäftigung mit der Datenverarbeitung im jeweiligen Wissenschaftsgebiet denn eigentlich solle, schließlich schreibe ja die Sekretärin schon bereits perfekt auf einem Computer. Gleichfalls ist es natürlich ein Unding, im Rahmen des CIP an allen möglichen Fakultäten der Bundesrepublik Computer aufzustellen, ohne daß an eine Folgeregelung gedacht wird.

4. Schluß

Doch zurück zu der Software aus Tübingen. Beide Verfahren können – und sollten meines Erachtens – ausgebaut werden. Universitäten können ja keine Software entwickeln und programmieren, für die kommerzielle Softwarehäuser mit einem Team von 100 Mitarbeitern und mit 100 Personenjahren herangehen können. Die Universitäten können nur Impulse geben (und das ist bei der angespannten Personallage schon schwierig genug). Deshalb müssen Partner aus Wirtschaft und Verwaltung gefunden werden, die eine solche Weiterentwicklung tragen.

Derzeit konzipiert ist der Ausbau von DIALTUE(2) zu DIALTUE(3), eine Weiterentwicklung die der Arbeit im geisteswissenschafftlichen Bereich noch näherkommt. Die Anbindung von Textteilen zu anderen Textteilen soll nicht mehr stur über JA bzw. NEIN oder INFO, bzw. A, B, C, D möglich sein, sondern über Begriffe, die in den jeweiligen Textteilen selbst vorkommen bzw. zusätzlich eingegeben werden können. Mit dieser Methode ließe sich in relativ kurzer Zeit ein sog. elektronischer Kommentar schreiben. Über Begriffe wird, wie in einem herkömmlichen Kommentar, auf Unterbegriffe verwiesen, von dort aus auf andere Unterbegriffe usw. In der untersten Ebene, dort wo Kommentare auf andere Literatur (z.B. auf höchstrichterliche Entscheidungen) verweisen, könnte eine Suchanfrage für eine Datenbank (z.B. JURIS) stehen, die dann gegebenenfalls durchlaufen werden könnte – und dem Rechtssuchenden die jeweils aktuellen Entscheidungen auf Knopfdruck liefert. Und dem Autor soll die entstehende Baumstruktur zugänglich sein. Er soll sie auf dem Bildschirm einsehen und (etwa via Maus) verändern können. Gerade die verdeckte Baumstruktur von DIALTUE(2) ist ja ein gewisser Mangel. KONDIAL (das Konstanzer Dialogverfahren) – der Nachbau von DIALTUE(2) durch Spieß von der Rechtsfakultät Konstanz – zeigt hier bereits Ansätze (leider ohne die automatische Baumverwaltung).

Beide Computerverfahren werden vertrieben von der USEWARE Datenverarbeitungssysteme GmbH, Goethestr. 3, 7049 Steinenbronn, Tel. (07157) 72895.

Praxisnahe Ausbildung an EDV-Systemen der Justiz (SIJUS/SOLUM)

Franz Göttlinger

Regierungsdirektor
Bayerisches Staatsministerium der Justiz, München

Im nachstehenden Beitrag wird versucht darzustellen, wie in einer Landesjustizverwaltung die Frage der EDV-Ausbildung behandelt wird.

1. Ausstattung

In der bayerischen Justiz wird die Ausstattung mit EDV derzeit mit Nachdruck betrieben. Bei einer Beschäftigungszahl von rund 13.000 Richtern, Beamten und Angestellten in der ordentlichen Gerichtsbarkeit bewegt sich die Ausstattung derzeit auf 2.000 Bildschirmarbeitsplätze zu, der Sättigungsgrad dürfte bei 6.000 bis 8.000 Bildschirmarbeitsplätzen liegen. Die Ausbildungsprobleme wurden dadurch sehr drängend. Für die Ausstattung der bayerischen Justiz wurde dem Gesichtspunkt der Einheitlichkeit der technischen Ausstattung großer Stellenwert eingeräumt, und zwar aus Gründen der Logistik, der Betreuung und Ausbildung.

Die Entscheidung fiel auf Systeme mit dem Betriebssystem UNIX, konkret auf Systeme der MX-Reihe von Siemens mit SINIX. Diese Systemfamilie bietet eine breite Palette von Gerätetypen mit Softwarekompatibilität.

Für die einzelnen Aufgabenbereiche der Gerichte und Staatsanwaltschaften muß jeweils spezielle Software entwickelt werden. Die Verfahren umfassen hauptsächlich den Bereich der Geschäftsstellen- und Kanzleitätigkeit, also der administrativen Hilfstätigkeiten für die Rechtspflegeorgane. Zum Teil sind aber auch diese selbst schon in die Verfahren integriert (z.B. die Familienrichter; die Staatsanwälte in Wirtschaftsstrafsachen; die Rechtspfleger in Grundbuch- und Nachlaßsachen).

Die Software-Entwicklung erfolgt in gemeinsamen Projektgruppen von Siemens und der Justiz; die Verfahren heißen SIJUS (SIJUS-Zivil, -Familie, -Vollstreckung, -Strafsachen). Für die Grundbuchführung heißt das Verfahren SOLUM (lat. Grund, Boden).

Die Einführung der Datenverarbeitung in größerem Umfang in einem Behördenbereich, der bisher damit praktisch nicht befaßt war, macht erhebliche Anstrengungen für die Aus-und Fortbildung des Personals notwendig, und zwar für alle Laufbahnen. Die Entscheidung fiel dahin, die Aus- und Fortbildung im Justizbereich selbst zu organisieren. Ungünstig wirkte sich aus, daß Dienstanfänger in allen Laufbahnen keinerlei Vorkenntnisse auf dem Gebiet der EDV mitbringen.

Jetzt möchte ich schildern, wie wir die EDV-Ausbildung für die einzelnen Laufbahnen organisiert haben; dabei möchte ich auch darauf eingehen, was wir für die Rechtsreferendare tun. Grundlage ist, daß die Ausbildung praxisorientiert ist, d.h.

- es werden dafür die gleichen Systeme verwendet, die in der Justiz eingesetzt werden;
- und: es wird in die DV-Verfahren eingewiesen, die bei Gerichten und Staatsanwaltschaften eingesetzt werden.

2. Ausbildung der Studierenden an der bayerischen Beamtenfachhochschule – Fachbereich Rechtspflege

Die Beamtenanwärter für den gehobenen Justizdienst (= Rechtspfleger) erhalten ihre fachtheoretische Ausbildung als Studierende an der Beamtenfachhochschule. Seit einigen Jahren werden für die Studierenden geschlossene EDV-Seminare (Dauer: 1 Woche) durchgeführt, in denen die Grundlagen der Datenverarbeitung vermittelt und Anwendungsverfahren demonstriert werden. Diese Seminare stellen aber nur den Beginn der Informatikausbildung dar.

Für die Zukunft (ab 1990) ist geplant, die allgemeine Einführung in die Informatik und die anwendungsbezogene Einführung in die Studiengänge bei der Beamtenfachhochschule zu integrieren. Das bedeutet, wenn Grundbuchrecht gegeben wird, dann erfolgt auch die Einführung in das automationsunterstützte Eintragungsverfahren; wenn Erbrecht, dann wird auch das EDV-Nachlaßverfahren unterrichtet. Wir versuchen also, die Verbindung zwischen dem Fachstudium und der Berufspraxis bereits an der Fachhochschule herzustellen.

3. Ausbildung der übrigen Beamtenanwärter an der bayerischen Justizschule

Auch für die Beamten des mittleren Justizdienstes werden bisher einwöchige EDV-Seminare veranstaltet. Hier ist ebenfalls geplant, die allgemeine EDV-Einführung und die praktische Unterweisung für die Anwendungsverfahren in den fachtheoretischen Unterricht zu integrieren. Der EDV-Unterricht betrifft dabei immer mehr die administrativen Hilfsverfahren bei den Geschäftsstellen der Gerichte und Staatsanwaltschaften; auch hier wurden Übungsräume für Anwärter eingerichtet.

4. Einführung der Rechtsreferendare in die EDV

Ein besonderes Problem waren die Rechtsreferendare, die nach Ablegen der 1. juristischen Staatsprüfung den Vorbereitungsdienst für die 2. Staatsprüfung ableisten. Für die Rechtsreferendare werden neben den praktischen Stationen von der Justizverwaltung Arbeitsgemeinschaften organisiert. Dabei wurde deutlich, daß bei den Referendaren sehr starkes Interesse an einer Einführung in die EDV besteht. Ursächlich war dabei wohl der Gedanke, daß die künftigen Juristen sowohl bei den Gerichten aller Gerichtsbarkeiten, bei den Staatsanwaltschaften, bei den Verwaltungsbehörden und ebenso als Anwalt und Notar in ihrer Berufspraxis mit der EDV in Berührung kommen werden.

Das Interesse bestand dabei weniger an wissenschaftlichen Entwicklungen, etwa an juristischen Expertensystemen, sondern am konkreten, sozusagen handwerklichen Umgang mit der EDV. Wir sind diesem Interesse nachgekommen und haben deshalb freiwillige Arbeitsgemeinschaften im ganzen Land (= 5 x je 5 Unterrichtsstunden) organisiert und hierfür – mit Unterstützung des Herstellers – die gleichen Systeme beschafft, die in der Justiz auch sonst eingesetzt werden. Der Schwerpunkt liegt hier auf der allgemeinen Einweisung und umfaßt

- Betriebssystem
- Textbe- und Verarbeitung
- Tabellenkalkulation
- Dateisystem

Geleitet werden die Arbeitsgemeinschaften von Richtern mit EDV-Erfahrung.

5. Aus- und Fortbildungskurse für die Richter und alle Beamtenlaufbahnen in der bayerischen Justiz

Neben der Einführung der Berufsanfänger ist es notwendig, die große Zahl der vorhandenen Richter, Beamten und Angestellten, die bei der Einführung an ihrer Behörde mit der EDV in Berührung kommen, entsprechend auszubilden. Hierfür wurde ein System von Lehrgängen, kombiniert mit Schulung am Arbeitsplatz, entwickelt und ein EDV-Schulungszentrum auf Landesebene eingerichtet.

Daneben werden auch Informationsseminare zum Kennenlernen der EDV für alle Laufbahnen vom Richter bis zur Schreibkraft durchgeführt.

6. Zusammenfassung

Die bayerische Justiz versucht, sowohl für die neu in den Beruf eintretenden Personen (Rechtsreferendare, Beamtenanwärter) als auch für den schon vorhandenen Personalbestand stark praxisbezogene Lehrgänge durchzuführen. Die Unterrichtung erfolgt dabei stets auf den gleichen Systemen, die auch bei den Gerichten und Staatsanwaltschaften als dezentrale EDV-Systeme eingesetzt werden. Die Vorgehensweise hat sich bisher bewährt. Es gelang uns, einen großen Stamm an EDV-interessierten Beamten aufzubauen, die etwa als Systemverwalter bei den Behörden eingesetzt werden können. Auffallend ist, daß immer mehr Richter und Staatsanwälte die EDV als Hilfsmittel für ihre Tätigkeit entdecken. Für die Zukunft wird erwartet, daß die Ausweitung des Informatikunterrichts an den Gymnasien und die stärkere Berücksichtigung der Rechtsinformatik im juristischen Studium noch bessere Voraussetzungen für die Anwendung der EDV in der Berufspraxis schaffen.

Ein Entscheidungslabor auf der Basis von EUSTOPIC

Bernd Schiemenz

Universität Marburg
Fachbereich Wirtschaftswissenschaften
Abteilung Allgemeine Betriebswirtschaftslehre und Unternehmensforschung

1. Das Unternehmensspiel TOPIC und die Entscheidungswerkzeuge EUSTOPIC zur Unterstützung von dessen Spielern

Aus entscheidungsorientierter Sicht läßt sich der Managementprozeß als Vorgang der Einflußnahme auf ein System durch Beschaffung von Informationen aus diesem System und dessen Umsystem sehen. Soweit man die Beziehungen zwischen den Eingriffen in das System, beispielsweise eine Unternehmung, und den Wirkungen dieser Eingriffe quantifizieren kann, läßt sich das System durch ein Modell abbilden. Durch Interaktion mit einem solchen Simulationsmodell können wirkliche Entscheidungsträger die Konsequenzen alternativer Entscheidungen abschätzen.

In Unternehmensspielen abstrahiert man noch weiter von der Realität. Man hat es nicht nur nicht mit einer wirklichen Unternehmung zu tun. Auch denjenigen, die mit dem Modell arbeiten, geht es nicht um wirkliche Entscheidungen. Sie wollen aber möglichst realitätsnah erfahren, vor welchen Problemen Unternehmensleitungen stehen, die miteinander konkurrieren. Insofern läßt sich das gesamte Spiel, also das System aus Simulationsmodell und Spielgruppen einschließlich seiner Spielregeln, als Simulation eines spezifischen Ausschnittes wirtschaftlichen Geschehens auffassen. [1]

TOPIC ist eines zahlreicher Unternehmensspiele, das seit langem eingesetzt wird, ursprünglich auf Großrechnern, heute auf PCs. Damit die Spieler dieses Spiels gleichzeitig die heute aufgrund des hohen Standes der Informationstechnik möglichen Entscheidungswerkzeuge kennenlernen und einsetzen können, wurde das Programmpaket EUSTOPIC entwickelt. Es handelt sich dabei um Entscheidungswerkzeuge zur Unterstützung der Spieler des Unternehmensspiels TOPIC und soll zugleich als Prototyp eines fortschrittlichen Entscheidungs-Unterstützungs-Systems dienen. TOPIC und EUSTOPIC sind vom Verfasser auf dem CIP-Status-Kongreß präsentiert worden und im vorliegenden Tagungsband an anderer Stelle beschrieben. Darauf braucht deshalb hier nicht weiter eingegangen zu werden.

2. Ein Entscheidungslabor für (angehende) Manager

Zu Beginn jeder Periode n erhält jede der drei bis vier Unternehmungen von der Spielleitung ihre Unternehmensdiskette mit den Ergebnissen der Periode n-1. Die Unternehmensleitung kann die wesentlichen Ergebnisse am Bildschirm anschauen und alle Ergebnisse in Form eines Unternehmensberichtes ausdrucken lassen. Sie kann aber auch in beliebiger Reihenfolge und beliebig oft die Module Planung, Prognose, Optimierung und Information, einschließlich des dahinterstehenden Hilfesystems und der Endbenutzerwerkzeuge, nutzen. So kann sie sich beispielsweise am Informationsrechner das Informationsangebot bezüglich der auf diesem gespeicherten Parameter, Entscheidungen und Berichtsdaten für die vergangenen Perioden anschauen und die gewünschten Informationen gegen Kostenbelastung auf ihre Unternehmensdiskette ausgeben lassen. Unter Verwendung dieser gekauften Informationen und der Ergebnisse kann sie eine kurz-, mittel- und langfristige Planung durchführen. Mit den so gewonnenen vorläufigen Entscheidungen kann sie den sich ergebenden Absatz prognostizieren oder die "Optimierung" in Anspruch nehmen. Die Nutzung dieser Module bedeutet jeweils, daß die Spielgruppen Schätzwerte und alternative Entscheidungen eingeben und sie sich die resultierenden Berechnungsergebnisse am Bildschirm anschauen können. Die aus der Optimierung hervorgehenden Entscheidungen können dann beispielsweise abgespeichert und erneut in das Planungssystem übertragen werden, wo die Auswirkungen auf den Gesamtplan berechnet werden können und eine graphische Präsentation der Werte möglich ist.

Hat sich die Unternehmung schließlich endgültig entschieden, gibt sie ihre Diskette an die Spielleitung zurück, die die Entscheidungen der Unternehmungen in den Spielleiterrechner und damit das Simulationsmodell des Planspiels TOPIC einliest und daraus die Ergebnisse für die n-te Periode berechnet.

Die Spieler können in einem so konzipierten Entscheidungslabor viele Aspekte der Management-Wirklichkeit kennenlernen:

- Da das Spielmodell zahlreiche Aspekte der Realität abdeckt, können sie Erfahrungen damit sammeln, beispielsweise mit Zeitverzögerungen in der Reaktion des Marktes auf Änderungen der Preise oder in der Produktforschung. Sie erfahren unmittelbar, daß ein Mangel an einem Produktionsfaktor (z.B. Personal) dazu führt, daß die anderen nicht voll genutzt werden können. Sie spüren es, wenn mangels Rentabilität die Kredite gekürzt werden o.ä.

- Die Spieler lernen weiterhin organisatorische Aspekte der Entscheidungsprozesse kennen. Sie müssen sich beispielsweise Gedanken machen, ob sie sich auf einzelne betriebliche Funktionen, wie Produktion, Absatz und Finanzierung sowie Gesamtkoordination, spezialisieren sollen oder ob jeder für jede Frage kompetent sein soll. Ähnliche Überlegungen sind im Hinblick auf eine Spezialisierung bezüglich der verschiedenen Entscheidungs-Unterstützungs-Elemente, wie Optimierungssystem, Planungssystem, Informationssystem, anzustellen.

- Die Spieler lernen aber auch gewisse psychologisch-soziologische Aspekte von Gruppenentscheidungen kennen: Oft sind beispielsweise redegewandte und selbstbewußte Gruppenmitglieder eher in der Lage, ihre Vorschläge als Gruppenentscheidung durchzusetzen als stille, mehr introvertierte Mitglieder. Und man merkt erst im späteren Verlauf, daß eigentlich deren zaghaft vorgebrachte Vorschläge die wirklich guten gewesen wären.
- Viele zusätzliche Spezifika des Entscheidungslabors für die Spieler ergeben sich aus den Unterstützungselementen EUSTOPIC. Zum einen lernen die Spieler, wie gesagt, die Möglichkeiten kennen, die die heutige Informationstechnik den Entscheidungsträgern bietet.
- Sie erfahren aber auch, daß diese nicht nur eine Erleichterung im Entscheidungsprozeß bieten, sondern daß durch sie eine zusätzliche Entscheidungsebene hinzukommt, nämlich inwiefern von diesen Instrumenten Gebrauch gemacht werden soll. Sollen die Spieler die knappe Zeit verwenden, um sich auf den Kauf von Informationen und deren Nutzung zu konzentrieren oder auf die verschiedenen Aspekte der Planung (kurz-, mittel- und langfristig), sollen sie den Prognose- oder den Optimierungsmodul verwenden oder sollen sie sich mehr auf ihr Fingerspitzengefühl verlassen.
- Beim Optimierungsmodul erfahren sie, daß ein "Optimierungssystem" stets nur eine Annäherung an die Realität sein kann und daß die Genauigkeit seiner Ergebnisse sehr stark von der Genauigkeit der einzugebenden Parameter abhängt.
- Und auch die Ansichten der einzelnen Gruppenmitglieder über diese Fragen können wiederum durchaus divergieren und gruppeninterne Abstimmungsprozesse erforderlich machen.

3. Ein Entscheidungslabor für den Wissenschaftler

Auf einer Metaebene sind solche entscheidungsunterstützte Unternehmensspiele, insbesondere wenn sie häufig vorgenommen werden, ein komplexes Labor, in dem die verschiedensten Tatbestände von Entscheidungsprozessen durch den Spielleiter gestaltet und untersucht werden können. Hier können nur einige genannt werden:

- Auf welche Weise kommen Entscheidungen in Gruppen zustande? Welche Bedeutung haben dabei einerseits qualifizierte Fachkräfte, andererseits durchsetzungsfähige Gruppenmitglieder? Aufgrund solcher Fragen gewonnene Erkenntnisse können beispielsweise im Rahmen von Assessment-Zentren zur Bewertung und Auswahl zukünftiger Manager in Einstellungsverfahren herangezogen werden.
- Wie organisieren sich Gremien, die unter Zeitdruck Entscheidungen fällen müssen? Welche Auswirkungen haben alternative Organisationsformen?

- Welche Elemente eines Unterstützungssystems werden besonders gerne, welche weniger herangezogen? Was sind die Gründe dafür?
- Inwiefern fördern die verschiedenen Bestandteile eines Entscheidungsunterstützungssystems die Qualität von Entscheidungen?
- Konkret kann man beispielsweise ermitteln, wie sich Entscheidungen, beispielsweise solche, die mittels des Optimierungsmoduls gefällt wurden, ändern, wenn man zuvor bestimmte Informationen, beispielsweise über Qualitätsstandards, gekauft hat. Zugleich kann im Unternehmensspiel durchgerechnet werden, wie sich die Unternehmensergebnisse aufgrund dieser geänderten Entscheidungen ändern. Das liefert Erfahrungen hinsichtlich Kosten-Nutzen-Verhältnissen von Informationen, ein bisher kaum gelöstes Problem.
- Das ganze Spiel kann, wenn man nicht zusätzliche begrenzende Bedingungen in die Spielregeln einbezieht, eine interessante eigene Dynamik entwickeln. Beispielsweise können einzelne Unternehmungen miteinander in Informations- und Entscheidungsaustausch treten, ähnlich einem Kartell in der Realität. Man kann zulassen, daß die einzelnen Spielgruppen laufend über die (vorläufigen) Entscheidungen der Konkurrenten, also über ihren laufenden Planungsprozeß, informiert werden und diese bereits in den eigenen Entscheidungen mit berücksichtigen. So wird beispielsweise im Rahmen einer Halbjahresarbeit gegenwärtig untersucht, was geschieht, wenn die (vier) Optimierungssysteme der vier Unternehmungen miteinander derart gekoppelt werden, daß sie den jeweiligen Entscheidungsoutput der anderen zugleich als Parameterinput verwenden. Führen solche Prozesse zu Konvergenz oder Divergenz oder möglicherweise zu einer Ablösung von der Realität?
- Man hat es also insgesamt mit einem großen Simulationsmodell zu tun, das reale und informationale Prozesse auf oligopolistischen Märkten abbildet und zu studieren erlaubt. Es besteht deshalb die Hoffnung, daß man hier unter definierten Bedingungen ein Gefühl für die Konsequenzen erhält, die sich daraus ergeben, daß die Realprozesse aufgrund der Informationstechnik zunehmend stärker in einer informationalen Ebene gespiegelt werden, die mit den Realprozessen auf ganz eigentümliche Weise interagiert. Die Beantwortung sich daraus ergebender Fragen erscheint auf dem Weg ins Informationszeitalter von größter Bedeutung.

Literatur

1. B. Schiemenz, Simulation rechnergestützter Entscheidungsprozesse auf oligopolistischen Märkten mit EUSTOPIC, in: J. Biethahn (Hrsg.), Simulation, Sonderband des Heftes "OR-Spektrum", Berlin u. Heidelberg (im Druck)

TourMaster –
Ein Tourenplanungssystem für den PC

Heinrich Paessens

Fachhochschule Flensburg
Fachgebiet Wirtschaftsinformatik

1. Einleitung

TourMaster ist ein Programmsystem zur Lösung von Tourenplanungsproblemen im Ver- und Entsorgungsbereich. Aufgabenstellungen insbesondere auf dem Gebiet der Abfallwirtschaft prägten die Entwicklung von TourMaster. Das Programmsystem entstand während meiner Tätigkeit am Institut für Siedlungswasserwirtschaft der Universität Karlsruhe mit Unterstützung des Kooperationsprojektes HECTOR (Universität Karlsruhe - IBM). Die Grundlagen der verwendeten Verfahren, die Beschreibung der Programmfunktionen, zahlreiche Anwendungsbeispiele sowie das Programm und drei Straßennetze sind in Buchform mit beigefügter Programm- und Datendiskette herausgegeben [1].

2. Ziele von TourMaster

TourMaster soll dem an der Tourenplanung interessierten Praktiker eine Übersicht über die Leistungsfähigkeit und die Einsatzmöglichkeiten von Tourenplanungsverfahren vermitteln und bei Lehrveranstaltungen an Universitäten, Fachhochschulen und Akademien einzusetzen sein. Die Aufnahme von Straßennetzen, die Bestimmung kürzester Wege, die Optimierung einer vorgegebenen Anfahrreihenfolge, die Ermittlung eines Tourenplanes sowie die computergestützte, manuelle Überarbeitung von ermittelten Tourenplänen sollen ohne größeren Aufwand vom Benutzer durchgeführt werden können.

3. Aufbau von TourMaster

Aus diesem Grunde wurde bei der Entwicklung auf eine einfache Handhabung und auf die Möglichkeit einer schnellen Einarbeitung in die Benutzung von TourMaster großer Wert gelegt. Die Dokumentation ist dabei von besonderer Bedeutung. Sie gliedert sich in folgende Abschnitte:

- Grundlagen der Tourenplanung
  - Einsatzmöglichkeiten von Tourenplanungsverfahren
  - Problemtypen und Verfahren bei der Tourenplanung
  - modifiziertes Savingverfahren
  - Rechenbeispiel Savingverfahren
  - Vergleich Straßennetzentfernungen
  - Luftlinienentfernungen
- Vergleichswettbewerb 'eigene', manuelle Tourenplanung
  - Tourenplanung mit TourMaster
  - Bedienung von TourMaster
  - Installationsvoraussetzungen
  - Laden und Starten von TourMaster
  - Beschreibung der Programmfunktionen
- Durchführung von Anwendungsbeispielen mit detaillierter Angabe der einzelnen Schritte
- Aufbau der Datensätze
- Netzdarstellung der beigefügten Straßennetze

Gerade durch die sehr detaillierte Darstellung der Durchführung der aufgeführten Anwendungsbeispiele ist es auch dem eiligen Erstbenutzer möglich, sofort erfolgreich mit TourMaster zu arbeiten. Zu einem vorgegebenen Tourenplanungsproblem (69 Aufträge, Straßennetz Region Bad Dürkheim) wird der Benutzer aufgefordert eine eigene, manuelle Lösung anzugeben und diese mit der Lösung von TourMaster zu vergleichen. Sehr schnell wird der Benutzer feststellen, wie aufwendig die manuelle Erstellung eines Tourenplanes ist.

4. Programmfunktionen von TourMaster

Mit der aktuellen Version von TourMaster können Straßennetze mit bis zu 750 Verkehrsknoten menügesteuert aufgenommen werden. Jedem Straßenabschnitt werden eine Länge und ein Straßentyp zugeordnet. Den 6 möglichen Straßentypen können unterschiedliche Durchschnittsfahrgeschwindigkeiten zugewiesen werden (Straßentyp 0: Sperrung des Straßenabschnittes).

TourMaster ermöglicht es, kürzeste Wege zwischen jeweils zwei Knoten eines Straßennetzes entfernungs- oder zeitmäßig in kaum wahrnehmbarer Rechenzeit zu bestimmen. Es werden Länge und Verlauf des kürzesten Weges berechnet. Als Beispiel ist der zeitlich kürzeste Weg von Karlsruhe nach Flensburg in Abbildung 1 angegeben. TourMaster führt eine knotenorientierte Tourenplanung durch. Knotenorientierte Tourenplanung heißt, daß alle auszuführenden Aufträge entsprechenden Knoten (Verkehrsknoten) in dem zugrunde liegenden Verkehrsnetz zugeordnet werden. Die Aufgabe von TourMaster besteht nun darin, die Aufträge den vorhandenen Fahrzeugen zuzuordnen und für jedes Fahrzeug die optimale Reihenfolge festzulegen, in der die Aufträge durchzuführen sind. Mit der beige-

```
T O U R M A S T E R   I I     Kürzeste Wege                    29.06.1987
---------------------------------------------------------------------
Datensatz: C:brd, Straßentypgeschwindigkeiten [km/h]: 120 100 80 60 30

277 Karlsruhe-Durlach_AA              0.0 min (   0.0 km)
260 Bruchsal_AA                       8.7 min (  17.4 km)
259 Bruchsal_RS                       9.8 min (  19.6 km)
242 Kronau_AA                        13.9 min (  27.8 km)
241 Walldorf_AK                      17.1 min (  34.1 km)
236 Hockenheim_AD                    20.7 min (  41.2 km)
224 Mannheim_AK                      28.6 min (  57.0 km)
214 Viernheim_AD                     34.0 min (  67.7 km)
199 Darmstadt_AK                     51.3 min ( 102.3 km)
187 Frankfurt_AK                     62.3 min ( 124.3 km)
178 Bad_Homburg_AK                   72.8 min ( 145.3 km)
169 Gambach_AK                       88.8 min ( 177.3 km)
162 Reiskirchen_AD                   97.3 min ( 194.3 km)
159 Alsfeld-Ost_AA                  117.3 min ( 234.3 km)
155 Hattenbach_AD                   126.6 min ( 252.8 km)
154 Kirchheim_AD                    129.6 min ( 258.8 km)
136 Kassel_AK                       157.6 min ( 314.8 km)
121 Göttingen-Nord_AA               182.1 min ( 363.8 km)
114 Seesen_AA                       205.1 min ( 409.8 km)
105 Salzgitter_AD                   217.1 min ( 433.8 km)
103 Hildesheim_AA                   225.1 min ( 449.8 km)
 87 Hannover-Ost_AK                 239.6 min ( 478.8 km)
 81 Hannover-Kirchhorst_AK          242.1 min ( 483.8 km)
 78 Hannover-Nord_AD                249.6 min ( 498.8 km)
 73 Schwarmstedt_AA                 257.6 min ( 514.8 km)
 67 Walsrode_AD                     264.1 min ( 527.8 km)
 63 Soltau-Süd_AA                   275.6 min ( 550.8 km)
 59 Soltau-Ost_AA                   279.1 min ( 557.8 km)
 47 Horst_AD                        302.1 min ( 603.8 km)
 42 Hamburg-Südwest_AD              307.6 min ( 614.8 km)
 41 Hamburg-Heimfeld_AA             309.4 min ( 618.3 km)
 30 Hamburg-Nordwest_AD             320.8 min ( 637.3 km)
 20 Bad_Bramstedt_AA                338.3 min ( 672.3 km)
 16 Neumünster_AA                   347.8 min ( 691.3 km)
 13 Bordesholm_AD                   352.8 min ( 701.3 km)
  9 Rendsburg_AK                    363.3 min ( 722.3 km)
  5 Schleswig-Schuby_AA             377.8 min ( 751.3 km)
  3 Flensburg_AA                    389.8 min ( 775.3 km)
  1 Flensburg-Zentrum               395.1 min ( 782.3 km)
---------------------------------------------------------------------
```

Abb. 1: *Kürzester Weg (zeitlich) Karlsruhe - Flensburg*

fügten Version von TourMaster können bis zu 75 Knoten des Straßennetzes mit Aufträgen versehen werden. Die Auftragsdaten werden menügesteuert eingegeben. Sie beinhalten die Auftragsmenge und die Aufenthaltszeit für jeden anzufahrenden Knoten des Straßennetzes. TourMaster ermittelt dann mit einem modifizierten Savingverfahren einen Tourenplan, der alle auszuführenden Aufträge enthält. In Abbildung 2 ist ein Beispiel für einen Tourenplan dargestellt. Start- und Endpunkt einer Tour ist jeweils der Standort Limburg/Lahn.

Darüber hinaus bietet TourMaster die Möglichkeit, eigene Tourenvorschläge zu machen oder von TourMaster berechnete Touren besonderen Randbedingungen anzupassen. Die entsprechenden mengenmäßigen und zeitlichen Veränderungen werden sofort angegeben.

TourMaster berechnet die optimale Reihenfolge für eine Tour mit vorgegebenen Aufträgen. In Bild 4 ist die ermittelte Tour mit Startpunkt in Hamburg und Endpunkt in München aufgezeigt (Auftragsorte: Bremen, Braunschweig, Osnabrück, Paderborn, Göttingen, Kassel, Köln, Siegen, Wiesbaden, Würzburg, Nürnberg, Karlsruhe, Ulm, Freiburg). Die dem Buch beigefügte Diskette enthält ebenfalls neben zwei kleineren Straßennetzen ein umfangreiches, flächendeckendes Fernstraßennetz der Bundesrepublik Deutschland, das vom Benutzer entsprechend der Aufgabenstellung verfeinert werden kann.

Literatur und Systemanforderungen

1. Paessens,H.: Tourenplanung mit TourMaster. Anwendungsprogramme für den IBM-PC. Oldenbourg Verlag, München (1987)

TourMaster benötigt einen IBM-PC/AT (oder kompatibel) mit einem, besser zwei Laufwerken, unter DOS 2.0 oder höher. Der Programmcode wurde erstellt mit Quickbasic (2.01) und Turbo Pascal (3.01)

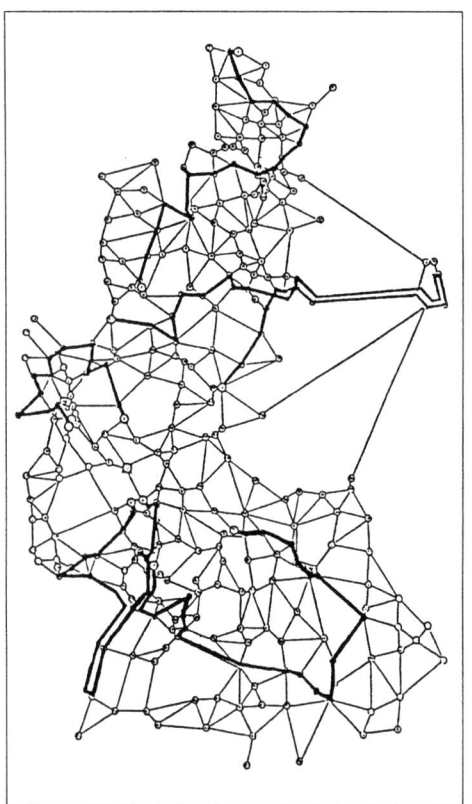

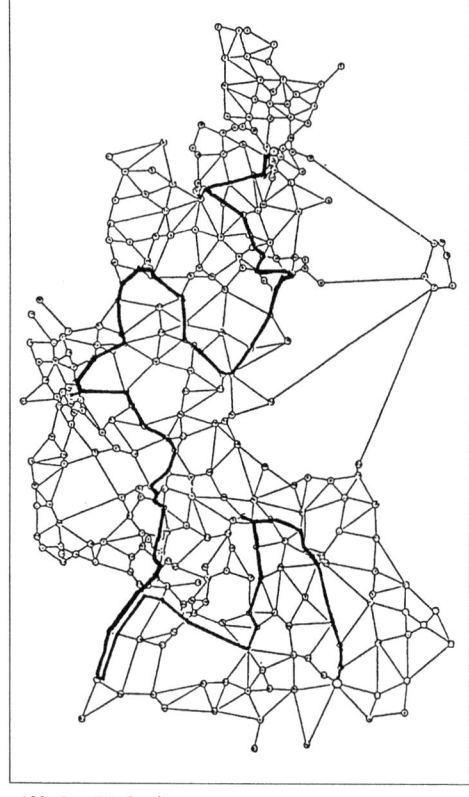

Abb. 2: Tourenplan mit Start- und Endort Limburg/Lahn

Abb. 3: Verlauf einer ermittelten Tour von Hamburg nach München

Berichterstattung über Gesprächskreis 6 "Rechts- und Wirtschaftswissenschaften"
1. Teil: Rechtswissenschaften

Herbert Fiedler

Universität Bonn
Forschungsstelle für juristische Informatik und Automation

Im 1. Teil des Gesprächskreises 6, Rechts- und Wirtschaftswissenschaften, wurden vier Vorträge aus der Rechtswissenschaft gehalten, in denen es um die Konzeption und Nutzung von CIP-Pools in der universitären Ausbildung ging (Fiedler), um die EDV-orientierte Aus- und Fortbildung der Rechtsreferendare und Beamtenanwärter in der bayerischen Justiz (Göttlinger) sowie um Erfahrungsberichte und Beschreibungen von drei Programmen, die speziell für die universitäre Juristenausbildung entwickelt und eingesetzt wurden (Tübingen: Ringwald, Bonn: Oppenhorst). Diese breite Fächerung versprach einen umfassenden Überblick über den Stand des Einsatzes von IT in der Juristenausbildung.

Fiedler (Hauptergebnisse des an der Universität Bonn durchgeführten Projektes 'CIP.JUR' - Einführungsstrategien zum CIP an Rechtsfakultäten) ging kurz auf Bestrebungen ein, die Rechtsinformatik in Prüfungsregelungen zu berücksichtigen, was bislang trotz des stetig anwachsenden Erfordernisses in der Praxis und zahlreicher Empfehlungen noch nicht geschehen sei. Anschließend setzte er sich mit Rahmenbedingungen des Einsatzes von Computern in der universitären Ausbildung auseinander. Er gab theoretische und praktische Hinweise zur Konzeption eines Pools, machte Ausführungen zur Rechner-Vernetzung, der Nutzung von Textverarbeitung, On- und Offline Datenbanken, Autoren- und Expertensystemshells und wendete sich schließlich auch Fragen der allgemeinen Akzeptanz zu. Für viele Aspekte, die bei diesem weit gespannten Themenkomplex nur tangiert werden konnten, verwies Fiedler auf zwei Publikationen: Ein aus dem Projekt hervorgegangenes praxisbezogenes Buch (Fiedler/Oppenhorst (Hrsg.): Computer in der Juristenausbildung, C.H. Beck) und einen Tagungsband (Eberle (Hrsg.): Informationstechnik in der Juristenausbildung).

Ringwald (DIALTUE - Das Tübinger Dialogverfahren zur strukturierten Wissensverwaltung; Tübinger Subsumtionstrainer) machte Ausführungen zu der Entwicklung der Rechtsinformatik an der juristischen Fakultät der Universität Tübingen, die seit 1984 eigene PCs und seit 1988 auch einen eigenen PC-Pool habe. Sein Schwerpunkt lag auf der Beschreibung von Software, die dort für die Juristenausbildung entwickelt wurde. Bezüglich des bereits Anfang der 80er Jahre entwickelten Programms DIALTUE verwies er auf vorangegangene Veröffentlichungen. Er beschrieb die Funktionalität des Systems, das Hypertext- und intellektuelle Verbindungen zulasse, die zuvor manuell eingegeben werden müssen. Verknüpft würden die Haupt-Textteile in einem Baum. Mit diesen würden Frage- und Info-Texte und mindestens zwei Antworttexte (ja|nein bzw. a|b|c|d) verknüpft. Der Einsatz erfolge für Lern- und Konsultationsprobleme. Der *Subsumtionstrainer* ist eine jüngere Entwicklung, die den Studenten die Lösung eines vorgegebenen Falles durch Antworten auf Fragen erlaube. Diese Antworten werden statistisch ausgewertet und sollen Aufschluß über das Entscheidungsverhalten der Studenten geben und Grundlage für weitere Diskussionen sein.

Göttlinger (Praxisnahe Ausbildung an EDV-Systemen der Justiz) behandelte Aspekte der Referendarausbildung mit Seitenblicken auf die Ausbildung von Beamtenanwärtern in der bayerischen Justiz. In seinem Erfahrungsbericht hob er hervor, daß sich die Ausbildung durch die Verwendung einheitlicher Systeme in Bayern (UNIX/SINIX) sehr vereinfache. Die Grundausbildung finde eben auf diesen Systemen bereits in den Arbeitsgemeinschaften statt. Die Ausbildung könne dann direkt durch PC-erfahrene Richter und Staatsanwälte am Arbeitsplatz fortgesetzt werden. Da die meisten Referendare/Dienstanfänger keinerlei Erfahrung mit PCs hätten, würde die PC-Nutzung praktisch erst durch die Einführung in die Geschäftsstellen- und Kanzleitätigkeiten, die Register- und Aktenführung erlernt, was die Ausbildung bisweilen sehr erschwere. Parallel zu dieser begleitenden Ausbildung werden Seminare für den mittleren Dienst veranstaltet, in die die allgemeinen Kenntnisse der PC-Nutzung aber ebenso noch eingebunden werden müßten.

Oppenhorst (Expertensystemerstellung im geisteswissenschaftlichen Bereich mit der Shell '1st Card' auch ohne Programmiersprachenkenntnis) beendete den ersten Teil mit Erläuterungen und einer Demonstration seiner Expertensystemshell '1st Card'. Aufbauend auf den Formalismus juristischer Gutachten, wie er in der Juristenausbildung gelehrt wird und den Anspruch der Juristen, 'logisch' bei der Fallösung vorzugehen, stellte er eine auf der Aussagenlogik aufbauende Entwicklungsumgebung für geisteswissenschaftliche Expertensysteme vor, deren Benutzung sowohl bei der Entwicklung als auch beim späteren Einsatz lediglich mit der Maus geschieht. Neben der logischen Verknüpfung von z.B. Tatbestandsmerkmalen mit "und" und "oder" demonstrierte er auch die Einbindung von Textverarbeitung und juristischen Datenbanken in ein solches System. Den Abschluß fand dieser Vortrag in der Vorführung eines mit '1st Card' erstellten Expertensystems zur "Wirksamkeit von Haustürgeschäften".

Die Diskussion beschränkte sich auf Nachfragen und Anregungen im Anschluß an die Vorträge.

Berichterstattung über Gesprächskreis 6 "Rechts- und Wirtschaftswissenschaften"
2.Teil: Wirtschaftswissenschaft

Bernd Schiemenz

Universität Marburg
Fachbereich Wirtschaftswissenschaften, Abteilung Allgemeine
Betriebswirtschaftslehre und Unternehmensforschung

Der Teil Wirtschaftswissenschaften war in dem Gesprächskreis mit zwei Beiträgen zahlenmäßig sowohl absolut als auch relativ nur gering vertreten. Zwar fand man wirtschaftswissenschaftliche Themen auch noch in anderen organisatorischen Einheiten des Kongresses, beispielsweise im Gesprächskreis 2, doch bleibt obige Aussage auch für die Gesamtveranstaltung gültig.

Da die beiden wirtschaftswissenschaftlichen Beiträge (von Paessens und Schiemenz) im vorliegenden Band veröffentlicht werden, kann sich der vorliegende Bericht auf die anschließende, vom Verfasser geleitete Diskussion beschränken.

Die Diskussion zu dem ersten Beitrag über "Ein Entscheidungslabor auf der Basis von EUSTOPIC" von Schiemenz bezog sich auf zwei Themen. Erstens ging es um den durch das Unternehmensspiel und das Entscheidungsunterstützungssystem abgedeckten Problembereich, ob beispielsweise auch steuerliche Aspekte mit erfaßt sind. Die Antwort darauf lautet, daß Ertragssteuern im Rahmen des Jahresabschlusses ausgewiesen werden und zu Beginn der Folgeperiode abgeführt werden müssen, so daß entsprechende Liquiditätsreserven erforderlich sind. Steuerliche Feinheiten sind im Rahmen von EUSTOPIC jedoch nicht berücksichtigt und können dort deshalb auch nicht geübt werden. EUSTOPIC konzentriert sich auf Beschaffung, Finanzierung, Produktion und in besonderem Maße den Absatz.

Ein weiteres Diskussionsthema war die im Optimierungsmodul von EUSTOPIC verwendete Optimierungsstrategie, insbesondere die Möglichkeit, mittels dieser bei Sub-Optima stehen zu bleiben. Der Vortragende erläuterte den Grundgedanken des Optimierungsmoduls und die darin verwendete modifizierte Gauss-Seidel-Strategie. In der Tat sei das zugrundeliegende Modell nicht unimodal, weise also mehrere (Sub-)Optima auf. Das Problem sei aber relativ gering im Vergleich zu den Ungenauigkeiten der "Optimierung", die sich daraus ergeben, daß, wegen der zugrundeliegenden oligopolistischen Marktstruktur, die Entscheidungen der Konkurrenten und weitere Modellparameter von der "optimierenden" Spielgruppe geschätzt und in das "Optimierungsmodell" eingegeben werden müssen.

Auch bezüglich des zweiten Vortrages über "Tourenplanung mit Tourmaster" von Paessens wurde einerseits der durch das Modell berücksichtigte Realitätsausschnitt, andererseits das verwendete Optimierungsverfahren thematisiert. Leicht läßt sich beispielsweise berücksichtigen, wenn aufgrund einer Baustelle die Geschwindigkeit auf einer Verbindungsstrecke niedriger wird. Es ist dann nur notwendig, letztere in eine andere Geschwindigkeitskategorie einzuordnen. Die Geschwindigkeitskategorien selbst lassen sich sehr flexibel gestalten. An Grenzen stößt das Modell dagegen, wenn auf einer Rundreise Besuchstermine an den Orten fixiert werden müssen oder wenn sich die Verkehrsbedingungen im Tages- bzw. Wochenverlauf stark ändern. Dazu wären umfangreichere, wesentlich rechenaufwendigere Optimierungsverfahren erforderlich. Immerhin können solche Aspekte im Rahmen der manuellen Tourenplanung weitgehend mit berücksichtigt werden.

Bezüglich der Qualität des verwendeten Verfahrens, des Savings-Verfahrens, führt der Referent aus, daß dieses besonders leicht zu programmieren sei und zu niedrigen Rechenzeiten führe. Es habe sich deshalb als Standardverfahren für Tourenplanung, auch auf dem Markt, durchgesetzt. Eine exakte Optimierung sei wesentlich rechenaufwendiger und nur bis etwa 15 in eine Tour einzubeziehende Orte möglich.

Die von Manfred Sommer in seinem Bericht zum Gesprächskreis "Software-Tools im Vergleich" des 2. Mikrocomputer-Forums 1988 monierte Tatsache, daß für die Präsentation das Medium Personal Computer nicht verwendet wurde, brauchte für die hier diskutierten Vorträge nicht beklagt zu werden. Paessens hatte seine Gesamtausrüstung mitgebracht und präsentierte sein Programm mittels eines Schwarzweiß-Overhead-LCD-Displays. Schiemenz hatte wesentliche Bildschirminhalte unter Verwendung des Programms Show Partner auf Diskette eingefangen und ließ diese mittels des zur Verfügung gestellten PC sowie eines Beamers farbig an die Wand projizieren.

Gesprächskreis 7

Medizin

Ausstattung mit CIP-Rechnern und ihre Akzeptanz im Klinikum rechts der Isar der TU München

Rudolf Thurmayr, S. Weiß, M. Schnabel und O. Paukner

Technische Universität München
Institut für Medizinische Statistik und Epidemiologie
Klinikum rechts der Isar

1. Zusammenfassung

Der CIP-Pool des Klinikums r. d. Isar wurde entsprechend der Planung für das Krankenhaus-Kommunikationssystem mit MX 2 bzw. MX 300-Geräten ausgestattet. Auf diese Weise werden die Studenten mit dem UNIX-Betriebssystem und seinen Tools (INFORMIX-Datenbanksystem, HIT-Textverarbeitung, SIPLAN-Tabellenkalkulator) vertraut gemacht. Auf den CIP-Geräten werden Funktionen der Klinischen Datenverarbeitung, die bisher auf dem Zentralrechner des Klinikums mit dem Betriebssystem BS 2000 liefen, übertragen. Es sind drei Systeme mit Datenspeicherung und automatischer Briefschreibung. Um den Aufbau einer Datenbank mit Parametrierung des Masken- und Listengenerators zu erleichtern, wurde ein Programm geschrieben, das ein Prototyping ohne großen Schreibaufwand ermöglicht. Für wissensbasierte Anwendungen wurden zwei Shells programmiert und für die Lehre eingesetzt.

2. Einleitung

Im Klinikum rechts der Isar der Technischen Universität München wird seit 1971 Datenverarbeitung im klinischen Bereich routinemäßig eingesetzt. Im Vordergrund standen die Basisdokumentation und die automatische Erstellung medizinischer Berichte aus gespeicherten Daten. Seit 1983 sind im Klinikum auch Programme für die Patientenverwaltung und die kaufmännische Buchführung im Routineeinsatz.

3. Ausstattung der CIP-Rechner am Klinikum rechts der Isar

Für die Auswahl der CIP-Rechner spielten die bisherige Ausstattung des Klinikums mit EDV-Geräten und die geplante weitere Konfiguration eine entscheidende Rolle.

Hier ist zur Zeit eine SIEMENS 7536-20 mit 65 Endgeräten installiert. Dieser Rechner steht mit einer SIEMENS 7570 P des Klinikums Großhadern im Rechnerverbund, wo die Hintergrundprozesse des Klinikums r.d.I. ablaufen. Seit etwa drei Jahren statten sich die Kliniken für wissenschaftliche Zwecke mit PCs aus, auf denen vorwiegend Textverarbeitung und Grafik betrieben wird. Zur Auswahl sind IBM-kompatible und Macintosh-Geräte zugelassen.

Die Planung für das zukünftige Kommunikationssystem im Klinikum sieht Arbeitsplatzrechner mit dem Betriebssystem UNIX vor. Das Kommunikationssystem wird zunächst die Verbindung zwischen leistungsanfordernden und leistungserbringenden Stellen übernehmen (z.B. zwischen Stationen und Klinisch-Chemischem Labor oder Röntgenabteilung). Außerdem werden die Arbeitsplatzrechner im Laufe der Zeit auch den eigentlichen Stationsbetrieb immer stärker unterstützen.

Da für das Krankenhaus-Kommunikationssystem eine einheitliche Hardware einschließlich des Hostrechners der Firma SIEMENS ausgewählt wurde, lag es nahe, auch die CIP-Rechner mit SIEMENS-Arbeitsplatzrechnern der MX-Serie auszustatten. So hat der CIP-Pool des Klinikums r.d.I. jetzt 9 Arbeitsplatzrechner (6 MX2 und 3 MX300) mit 26 Bildschirmen.

4. Akzeptanz der CIP-Rechner im Klinikums rechts der Isar

Die CIP-Rechner werden im Rahmen von Lehrveranstaltungen für Übungen und zur Demonstration von EDV-Anwendungen benutzt.

Insbesondere lernen die Studenten die Komponenten von wissensbasierten Systemen zu verstehen und sie anzuwenden. Dazu steht einmal ein Identifizierungsprogramm (z. B. für Schweregrade chronischer Krankheiten) zur Verfügung, das über eine Menüsteuerung die Arbeit mit verschiedenen Wissensbasen (z. B. chronische Bronchitis, Diabetes mellitus) ermöglicht [5]. Diejenigen Fakten, die der Benutzer von dem Patienten bereits kennt, kann er direkt eingeben, wobei auch Widersprüche erkannt werden.

Für Diagnoseprobleme wurde eine von Studenten erarbeitete Shell auf einen MX 300 Rechner übertragen. Sie ist zur Zeit mit einer Wissensbasis für die Krankheit Anämie benutzbar. Besonderes Gewicht wurde auf die Entwicklung der Wissensrepräsentationsformen (Krankheitsmodell) und die Erweiterbarkeit der Shell gelegt [2]. Dieses Programmsystem kann gegenüber dem Identifizierungsprogramm eine weit differenziertere Wissensbasis verwalten, so daß insgesamt die Mächtigkeit verschiedener Wissensrepräsentationen dargestellt werden kann.

Das Institut für Med. Statistik und Epidemiologie (IMSE) hält zusätzlich jedes Semester einen einwöchigen Einführungskurs von 35 Stunden ab. Die Teilnehmer werden mit den Softwaretools des UNIX-Betriebssystems bekannt gemacht. Es sind dies die Grundfunktionen von UNIX einschließlich CED, das Textverarbeitungssystem HIT, das Datenbanksystem INFORMIX, der Tabellenkalkulator SIPLAN, das Graphiksystem IFEGRAPH und das Statistikprogrammpaket STAT-H. Dieser Kurs ist jedesmal gegenüber den vorhandenen Bildschirmgeräten überbelegt.

An ihm nehmen nicht nur Studenten, sondern auch Klinikangehörige teil, die sich in die Tätigkeit an ihrem Arbeitsplatzrechner einarbeiten wollen. Studenten benutzen die CIP-Geräte sehr gerne für die Textverarbeitung. Sie erstellen dort schriftliche Arbeiten für ihr Studium – vor allem die Dissertationsschrift.

Weiterhin wurden für die CIP-Rechner Funktionen des Krankenhaus-Kommunikationssystems (KKS) umgestellt, die bereits am Zentralrechner des Klinikums installiert waren [1,3]. Dies wurde notwendig, da Kliniken eigene MX 300 bekamen und die bisherige EDV-Tätigkeit an ihren neuen Rechnern weiterbetreiben wollen. Bei der Portierung zeigte sich, daß die Systeme mit Hilfe der modernen Softwaretools fast vollständig realisiert werden konnten. Nur an wenigen Punkten mußte ein kleines C-Programm zwischengeschaltet werden. Folgende Gebiete wurden auf die UNIX-Welt übertragen:

- Die Frauenklinik nimmt wie die meisten Kliniken in Bayern an der Perinatologischen Basis-Erhebung (PBE) der Bayerischen Landesärztekammer und der Kassenärztlichen Vereinigung Bayerns teil [4]. Die Ärztekammer wertet diese Daten zentral aus und beliefert die teilnehmenden Krankenhäuser mit einer jährlichen Statistik, an der jede Klinik seine Qualität im Verhältnis zu den anderen ablesen kann. Da die Frauenklinik des Klinikums r.d.Isar eine monatliche Auswertung einiger ausgewählter Merkmale zur Qualitätskontrolle im eigenen Hause haben wollte, wurden die Daten aus dem Erhebungsbogen, den die Ärzte wie bisher ausfüllten, im Institut für Medizinische Statistik und Epidemiologie am Bildschirm eingegeben, auf Fehler einschließlich Vollzähligkeit und Vollständigkeit überprüft, monatlich ausgewertet und das Ergebnis im Vergleich zu den Vormonaten und Vorjahren tabellarisch und grafisch präsentiert. Gleichzeitig entsteht aus den gespeicherten Daten ein automatischer Arztbrief. Dazu mußte der Erhebungsbogen, der Angaben zur früheren und jetzigen Schwangerschaft, zur Geburt, zum Wochenbett und zum Neugeborenen, jedoch keine Angaben zu Patientenstammdaten, Arztbriefkopf und Behandlungsabschluß enthält, um eben diese fehlenden Daten ergänzt werden.Die gesammelten Daten werden vierteljährlich auf Datenträgern an die Bayerische Ärztekammer anonymisiert weitergegeben.
Nach Übertragung dieses Anwendungsgebietes auf den MX 300 unter Einsatz von INFORMIX und HIT werden die Daten von den behandelnden Ärzten selbst am Bildschirm eingegeben. Dazu steht ein Bildschirm im Kreißsaal, wo die Daten bis zum Abschluß der Geburt, und ein zweiter auf der Geburtshilfestation, wo die Daten bis zur Entlassung eingetragen werden. Dem IMSE bleibt dann nur noch die Kontrolle und die Auswertung der Daten.

- In der II. Med. Klinik werden die ERCP-Daten nach Durchführung der Untersuchung von den Ärzten am Terminal eingegeben, gespeichert und daraus der Bericht automatisch erstellt [6]. Auch diese Berichterstellung wurde auf den MX 300 portiert.

- Ähnlich verfuhren wir mit der Operationsplan- und Operationsstatistikerstellung der Chirurgie. Bei diesem Verfahren werden die geplanten Operationen mit einem Erhebungsbogen angemeldet, in die EDV eingegeben und der Operationsplan in vier unterschiedlichen Formen ausgegeben. Die Daten werden nach der Operation um die endgültige Diagnose und die tatsächlich durchgeführte Operation ergänzt und um die Notfalloperationen vervollständigt. Daraufhin wird ein automatisch erstellter Kurzarztbrief über die Operation an den Einweisenden und den Hausarzt gesandt. Die gespeicherten Daten stehen dann der statistischen Auswertung zur Qualitätskontrolle, zum Ausbildungsnachweis der Ärzte und zur wissenschaftlichen Weiterverarbeitung zur Verfügung.

Bei den drei beschriebenen Systemen müßte eine INFORMIX Datenbank mit Eingabemasken und Fehlerkontrollen eingerichtet und der Listengenerator zur Berichterstellung aufbereitet werden. Da zur Beschreibung der Datenbank und bei der Dateierstellung für ihre Teilfunktionen die Merkmale wiederholt angesprochen werden müssen, wurde ein Programm entwickelt, das aus einer erweiterten Datenbeschreibung die übrigen Tabellen automatisch generiert. So können aus den zusätzlichen Angaben über den Datentyp und über das obligatorische Vorhandensein eines Merkmals die übrigen Angaben abgeleitet werden, wenn man einige wenige Einschränkungen zuläßt. Einstellige Codes für die Merkmalsausprägungen werden im Kommentar zu jedem Eingabefeld an der Kleinschreibung erkannt, da der Rest der Ausprägung in Majuskeln geschrieben wird. Ähnlicherweise wurden die Grenzwerte quantitativer Merkmale als Zahlen unmittelbar vor und nach dem Schlüsselwort "bis" im Kommentar erkannt. Schließlich werden Sprünge über nicht zutreffende Folgefragen in der erweiterten Datenbeschreibung graphisch angezeigt. In einer Spalte der Tabelle wird in der Zeile des sprungauslösenden Merkmals der auslösende Code eingetragen (meist $ für Blank oder n für Nein) und in den Zeilen der zu überspringenden Merkmale ein Punkt eingetragen. Ist der Sprung zu Ende, ist die Spalte für die Anzeige eines weiteren frei. Ist die sprungauslösende Zeile von den zu überspringenden durch nicht betroffene Zeilen getrennt, wird die sprungauslösende Wirkung durch Minuszeichen in den nicht betroffenen bis zum Sprungbeginn fortgeführt. Da mehrere Spalten zur Sprunganzeige vorhanden sind, ist eine Schachtelung von Sprüngen möglich. Die graphische Darstellung, die für den Benutzer sehr rasch und leicht erfaßt werden kann, wird durch das Programm in entsprechende if - then Anweisungen zur Cursorsteuerung und Formulierung von Fehlerkontrollen übersetzt.

Das Programm erzeugt auf diese Weise eine ablauffähige Datenbank mit Eingabemasken, Fehlerkontrollen und Sprüngen bei der Eingabe. Es kann zumindest zum rapid prototyping eingesetzt werden. In diese 1. Version können dann Sonderwünsche, die nicht berücksichtigt wurden, oder Erweiterungen per Hand eingetragen werden. Ein weiteres Programm wandelt die erweiterte Tabelle so um, daß bereits ein Vorentwurf für die Berichterstellung durch den Listengenerator entsteht, in der der Benutzer in einfacher Weise die Klartexte zu Sätzen ergänzen kann.

Solange wir uns ausschließlich auf den Anwendungsbereich Lehre beschränkten, wie es das CIP-Programm ursprünglich vorsah, fanden wir wenig Resonanz mit den CIP-Rechnern. Als wir jedoch die CIP-Programme auch für die Innovation des Krankenhaus-Kommunikationssystems nutzten, war die Akzeptanz gut. Wir öffneten den CIP-Pool für Entwicklungsprogramme des KKS und für die potentiellen Teilnehmer am KKS. Gleichzeitig wuchs im IMSE die Erfahrung mit der Vernetzung und der Pflege von Arbeitsplatzrechnern. Nachteilig wirkte sich anfänglich das Fehlen eines Statistikprogrammpakets in der MX2-Welt aus.

Literatur

1. Lange, H.-J.; Thurmayr, R.: 12 Jahre Klinische Datenverarbeitung im Klinikum rechts der Isar der Technischen Universität München, In: Köhler, C.O., Böhm, K., Thome, R.: Aktuelle Methoden der Information in der Medizin, In: Köhler, C.O., Maurer, P.: Informationsverarbeitung im Gesundheitswesen, Landsberg: Ecomed-Verlag, 2, 207 - 219 (1983)

2. Schnabel, M.; Ruch, U.; Eckardt, M.; Thurmayr, R.: Computer-Aided Diagnosis: Experience With Knowledge Bases Methods, In: Expert Systems and Decision Support in Medicine. Proc. 33rd Annual Meeting of the GMDS, EFMI Special Topic Meeting, Hannover, Sept. 1988. Eds.: O. Rienhoff et al. Berlin: Springer 1988, S. 283 - 287. (Lecture Notes in Medical Informatics; 36)

3. Thurmayr, R.; Thurmayr, G. R.; Schnabel, M.; Schöffel, J.; Laux, S.: A Medical Documentation System for Hospital In-Patients, In: Velthoven, J.J.: 8th International Congress on Health Records, Vol. 1, 133 - 145 (1980)

4 Thurmayr, R.; Schöffel, J.; v. Hugo, R.; Graeff, H.: A monitor for quality control in the routine of a department for obstetrics and gynecology In: Roger, F.H., Grönross, P., Tervo-Pellika, R., O'Moore, R.: Medical informatics Europe 85, In: Lecture Notes in Medical Informatics Berlin - Heidelberg - New-York, Springer, 25, 680 - 685 (1985)

5. Thurmayr, R.; Potthoff, P.; Diehl, R.: Algorithmic Classification of the Severity of Chronic Diseases, In: Expert Medical Systems. 1. Medicine-Data processing, 2. Expert systems (computer science) 1. Titel Hrsg.: M. Chytil, Sigma Press, Wilmslov, England (1987)

6. Thurmayr, G.R.; Thurmayr, R.; Hagenmüller, F.; Knyrim, K.; Classen, N.; Dancygier, H.; Siegerstetter, J.: Computer aided formulation of physicians reports and storage of ERCP data Scand. J. Gastroenterology 22 (1987), (Suppl.139), 70 - 75

Ausbildung in Medizinischer Informatik: SW- und AI-Labor in integrierter Macintosh Pool – PC-Pool - Umgebung

Franz Josef Leven

Universität Heidelberg/Fachhochschule Heilbronn
Studiengang Medizinische Informatik

1. Einführung

Seit 1972 wird der Studiengang Medizinische Informatik von der Fachhochschule Heilbronn und der Universität Heidelberg, Fakultät für Theoretische Medizin, gemeinsam durchgeführt mit Lehrveranstaltungen in Heilbronn und Heidelberg. Dieses Ausbildungsprogramm führt in einem 9-semestrigen Studium zur Graduierung "Diplominformatiker der Medizin" durch die Universität Heidelberg. Absolventen des Studienganges können an der Medizinischen Fakultät der Universität zum Dr. sc. hum. (scientiarum humanarum) promovieren. 350 Studenten sind eingeschrieben. Die Zahl der bisherigen Absolventen beträgt ca 500; über ihre Erfahrungen wird in [1] berichtet.

Seit 1987 wird in diesem Studiengang für die praktische Ausbildung in SW-Engineering und in Künstlicher Intelligenz eine integrierte Macintosh Pool - PC-Pool-Umgebung eingesetzt. Im folgenden werden das Konzept dieser beiden CIP-Pools und die bisherigen Erfahrungen vor dem Hintergrund der Merkmale der Medizinischen Informatik und des Heidelberg/Heilbronner Curriculums beschrieben.

2. Daten-, Informations- und Wissensverarbeitung in der Medizin

Medizinische Informatik, aufgefaßt als Wissenschaft von der systematischen Beschreibung medizinischer Sachverhalte, Vorgänge und Probleme mit Methoden der Informatik und anderer Disziplinen wie der Biometrie, oder als Wissenschaft von der Informationsverarbeitung und der Gestaltung computergestützter Informationssysteme im Gesundheitswesen, läßt sich durch das folgende Aufgabenmodell (Abb. 1) [2] charakterisieren:

Basierend auf der "Beobachtung-Diagnose-Therapie-Schleife" in der Medizin werden 6 Aufgaben-Ebenen unterschieden entsprechend der Anwendbarkeit von Computern und dem Grad der notwendigen menschlichen Interaktion. Dabei befassen sich datenorientierte Applikationen wie Erfassen, Speichern und Transformation von Daten mit syntaktischen Aspekten, informationsorientierte Applikationen wie die online Verfügbarkeit eines computergeführten Krankenblattes mit semantischen Aspekten und wissensorientierte Applikationen z.B. in medizinischen Expertensytemen mit pragmatischen Aspekten.

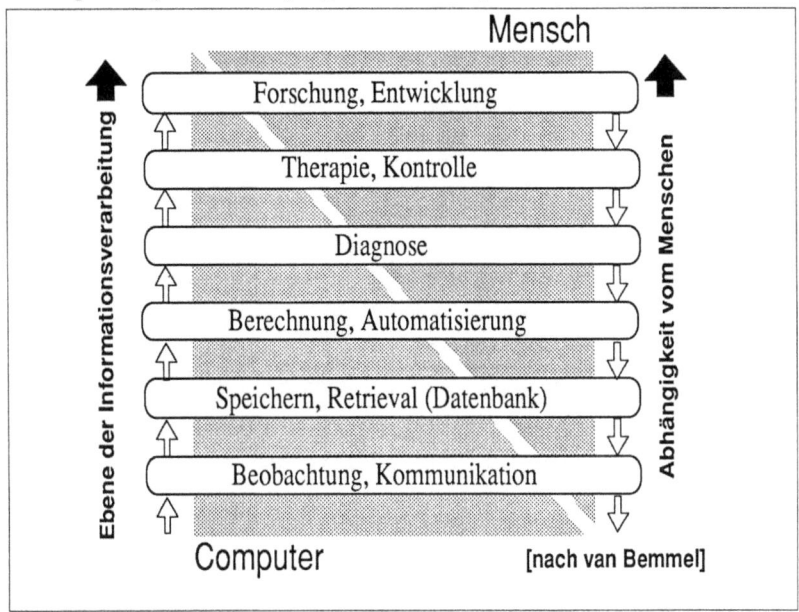

Abb. 1: *Modell der Medizinischen Informatik*

Ein Curriculum in Medizinischer Informatik hat dieses Applikationsspektrum abzudecken und Absolventen auszubilden, die als Partner des Arztes in der Lage sind, medizinische Probleme zu verstehen und präzise zu formulieren, eine Problemlösung möglichst auf der Basis verfügbarer HW-/SW-Systeme und mit Hilfe von adäquaten Methoden und Werkzeugen zu realisieren und das so realisierte System in der medizinischen Praxis anzuwenden und zu evaluieren.

3. Curriculum Medizinische Informatik Heidelberg/Heilbronn

3.1 Curriculum-Struktur

In der Struktur des Heidelberg/Heilbronner Curriculums Medizinische Informatik werden die genannten Forderungen folgendermaßen berücksichtigt (Abbildung 2): Die Medizin bzw. Medizinische Informatik ist integraler Bestandteil der Ausbildung vom ersten Semester an mit Schwerpunkt auf medizinischer Methodologie. In der ersten Studienhälfte ist außerdem neben den Grundlagen in Informatik das Praktikum Systems Engineering im Gesundheitswesen besonders zu erwähnen, in dem in klinischer Umgebung systemanalytische Methoden und Techniken praktiziert werden. Diese praktische Ausbildung in Systems Engineering wird in der zweiten Studienhälfte in einer SW-Labor-Umgebung fortgesetzt, in der Methoden und Techniken der Systementwicklung in den verschiedenen Applikationsbereichen der Medizinischen Informatik angewandt werden.

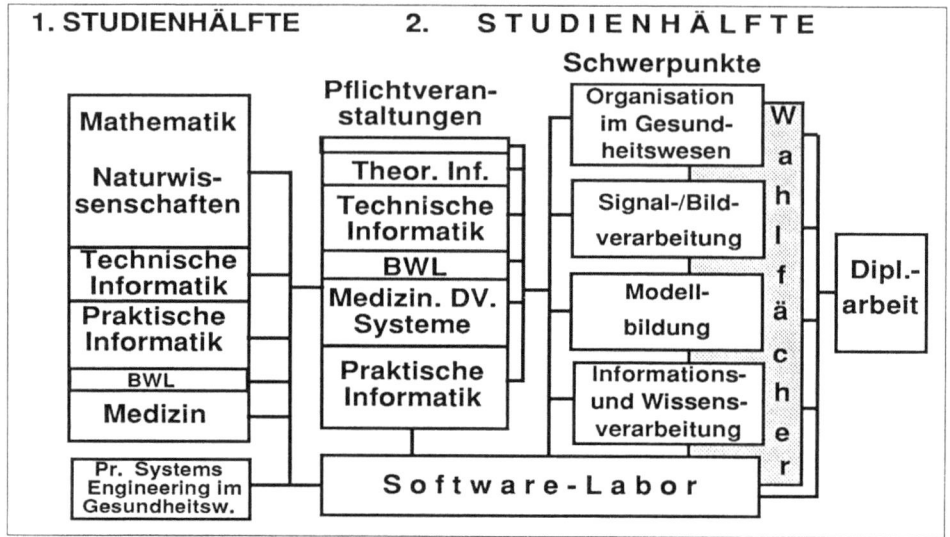

Abb. 2: *Curriculum MI Heidelberg/Heilbronn*

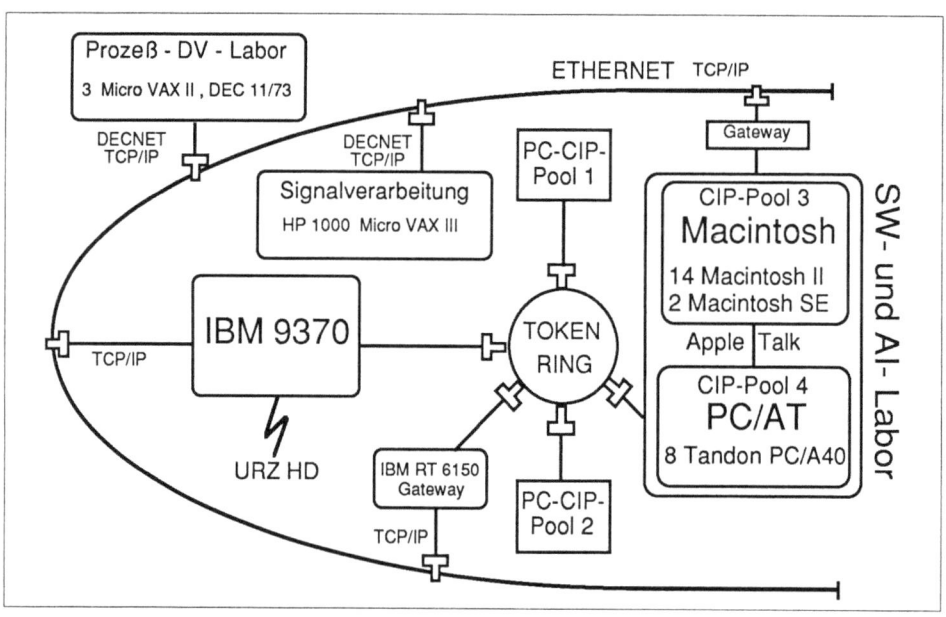

Abb. 3: *MI-Labors im Hochschulnetz der FH Heilbronn*

Neben Pflichtveranstaltungen in den Kernfächern und freiwilligen Vorlesungen werden vier wählbare Schwerpunkte angeboten: (1) Organisation von Gesundheitsversorgungssystemen: Analyse, Planung und Optimierung von Abläufen im Gesundheitwesen sowie rechtliche und soziale Aspekte; (2) Signal- und Bildverarbeitung: Biosignalverabeitung, Biokybernetik, Mustererkennung; (3) Modellbildung: Biomathematische und statistische Modelle, Simulation kontinuierlicher Systeme, Anwendungen der Warteschlangentheorie; und (4) Informations- und Wissensverabeitung: Medizinische Informationssysteme, statistische Auswertungssyteme, Epidemiologie, Künstliche Intelligenz und Expertensysteme, medizinische Entscheidungsfindung.

3.2 Rechnerausstattung und Laboratorien

Neben den Einrichtungen der Universität Heidelberg, insbesondere dem Universitätsrechenzentrum, stehen an der Fachhochschule Heilbronn für die praktische und projektorientierte Ausbildung in Medizinischer Informatik außer dem IBM 9370 - Mainframe mit 60 Terminals das Labor für Biosignalverarbeitung und Bildverarbeitung (HP1000, mVAX3) sowie das Labor für Prozeßdatenverarbeitung (PDP 11/70, 3 mVAX2) mit 16 Arbeitsplätzen zur Verfügung. In diese Umgebung (Abb. 3) wurden die beiden CIP-Pools für die SW- und AI-Ausbildung integriert, über die im folgenden berichtet wird: ein Macintosh II -Pool mit 15 Arbeitsplätzen, verbunden mit einem Tandon PCA40-Pool mit 8 Arbeitsplätzen.

Hochschulglobal sind diese Pools bzw. Labors über ein Backbone-Ethernet vernetzt [3]. So sind z.B. von den Macintosh- Stationen über TCP/IP-Protokolle Remote-Login und File Transfer zum Mainframe und den mVAX-Systemen im Labor Prozeß-Datenverarbeitung möglich.

4. SW- und AI-Labor im Macintosh-Pool-/PC-Pool

4.1 Konzept und Philosophie

Die Anforderungen an die Pools für die praktische Ausbildung in SW-Engineering und Künstlicher Intelligenz waren geprägt durch die Überlegungen, daß

- autonome Arbeitsplatzrechner (workstations) mit hoher lokaler Verfügbarkeit bzw. Leistungsfähigkeit, lokalem Massenspeicher und adäquater Kommunikationsfähigkeit im Rahmen von Rechnernetzen in Zukunft für eine wissenschaftliche Ausbildung unverzichtbar sind;
- im medizinischen Applikationsbereich grafikorientierte, in Richtung multimedialer Anwendungen ausbaufähige Systeme zunehmend wichtig werden;
- leichte Erlernbarkeit und leichte Bedienbarkeit von Systemen sowohl für die didaktische Effizienz als auch für die Benutzerakzeptanz von medizinischen DV-Systemen entscheidend sind;

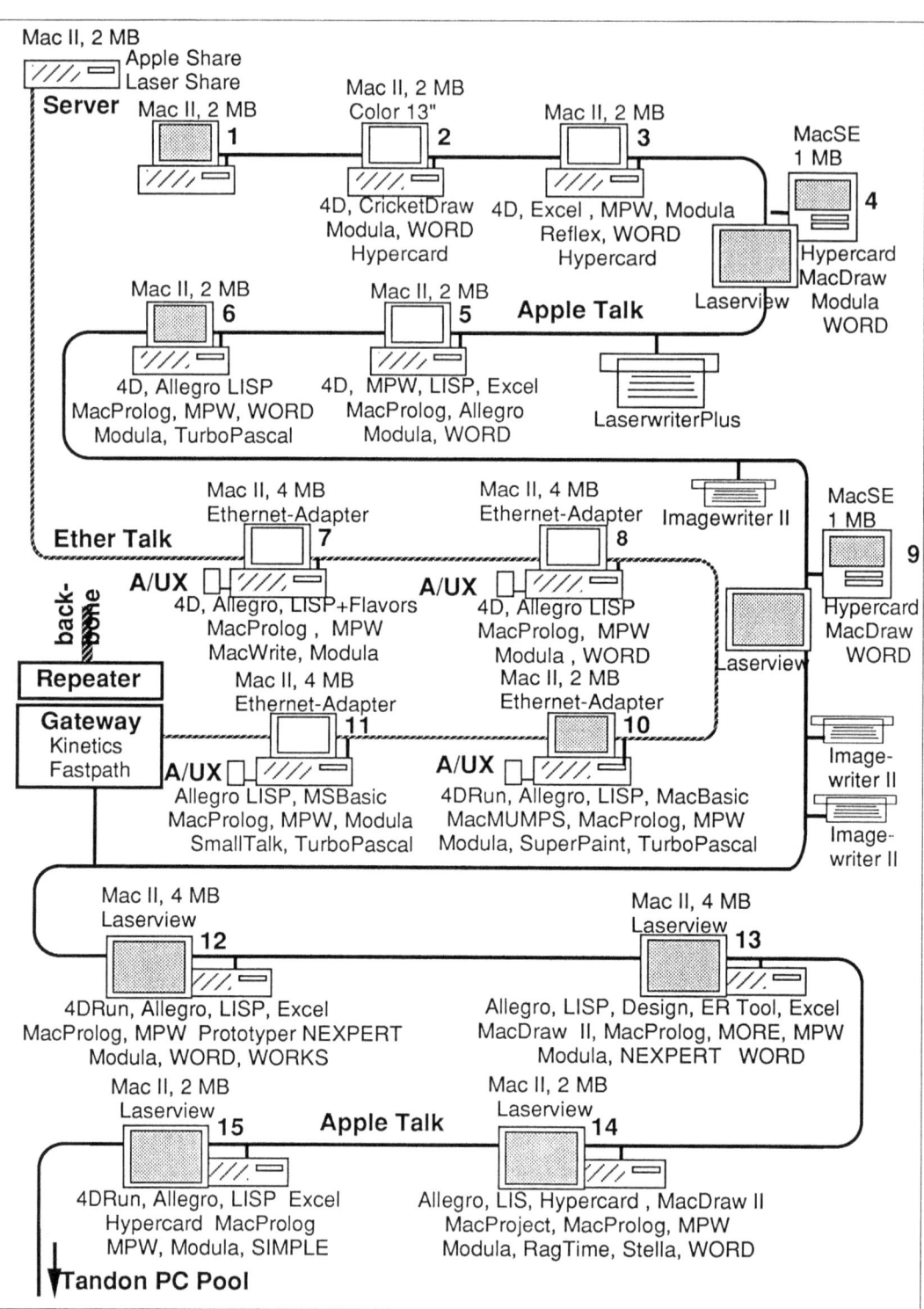

Abb. 4: Macintosh-Pool im Studiengang MI Heidelberg/Heilbronn

- inhomogene Systeme für die Praxis typisch sind und die Konnektivität zwischen verschiedenen Systemwelten in der Ausbildung praktiziert werden sollte;
- möglichst UNIX verfügbar sein sollte und
- die "Halbwertzeit", d.h. die Zeit, nach der die Systeme nicht mehr dem Stand der Technik entsprechen, möglichst groß sein sollte.

4.2 Realisierung und Konfiguration

Im Hinblick auf diese Anforderungen und das Ziel, möglichst viele Arbeitsplätze zu realisieren, fiel die Wahl auf Macintosh (14 Macintosh II, 2 Macintosh SE) - Systeme, deren workstation-orientiertes Leistungsspektrum den Ausschlag gab, und einen Tandon PC-Pool (8 PC/A40) (Abb. 4). Das Schwergewicht wurde hierbei auf den Macintosh-Pool gelegt, da zwei in 1986 beschaffte CIP-IBM-PC-Pools auch Studenten der Medizinischen Informatik offen stehen.

Sechs Arbeitsplätze im Macintosh-Pool (Abb. 4) wurden mit einem 19"-Monitor ausgestattet; vier Stationen verfügen im Hinblick auf A/UX, das Apple UNIX-System, über 4MB Hauptspeicher. Im Hinblick auf A/UX, aber auch auf die spätere Verfügbarkeit eines virtuellen Speichermanagements sind die Macintosh II-Systeme mit einer PMMU (Page Memory Management Unit) ausgestattet. Die über Apple Talk/Ethertalk vernetzten Rechner im Macintosh-Pool arbeiten mit einem zentralen Apple Share-Fileserver, der u.a. die Einrichtung von Benutzergruppen und netzweites Druckerspooling gestattet. Der Server sowie die mit A/UX arbeitenden Stationen haben einen Ethernet-Adapter; der Übergang zwischen der Ethernet-Zone und der Apple-Talk-Zone erfolgt durch ein Gateway (Fastpath).

Die PCs im Tandon-Pool sind über Token Ring (mit Novell-Net) vernetzt, wobei ein Server alle drei PC-CIP-Pools der Fachhochschule versorgt. Neben der Kommunikationsmöglichkeit über TCP/IP (Remote Login, File Transfer und Electronic Mail) besteht eine Verbindung zwischen dem Tandon-Pool und dem Macintosh-Pool über einen Apple Share PC-Adapter, über den es möglich ist, vom PC auf die Server-Platte im Macintosh-Pool zuzugreifen und den Apple-Laserwriter über Apple-Talk zu benutzen. Die Integration der beiden Pools geschieht außerdem durch SW, die auf beiden Systemen verfügbar, bzw. datenkompatibel ist, wie z.B. Word, Common Lisp, Edinburgh Prolog, Turbo Pascal, etc. Weiterhin sind verschiedene Datenkonvertierungsmöglichkeiten verfügbar, so daß Arbeitsergebnisse zwischen den Pools ausgetauscht werden können.

4.3 SW- und AI-Labor

Entsprechend dem breiten Spektrum der Medizinischen Informatik dient dieser Pool-Verbund der praktischen Ausbildung in SW-Engineering und Systementwicklung, insbesondere am Beispiel von Datenbank- und Informationssystem-Anwendungen. Der zweite Schwerpunkt liegt im Bereich der Ausbildung in AI, insbesondere im Hinblick auf die Entwicklung und Anwendung von medizinischen Expertensystemen. Schließlich werden Übungen zu Simulationsverfahren und zur mathematischen Modellierung von Systemen wie auch zu Methoden der Betriebswirtschaft und des Operations Research durchgeführt.

4.3.1 *Praktikum Systems Engineering im Gesundheitswesen*
In dem schon erwähnten Praktikum Systems Engineering im Gesundheitswesen werden die Studenten in Teamarbeit, Projektmanagement und der Anwendung von systemanalytischen Methoden praktisch ausgebildet. Beispiele sind die Analyse und Simulation der Patienten-Einbestellung und die Untersuchung von Textverarbeitungssystemen für die Arztbriefschreibung. Dabei finden die erforderlichen Beobachtungen, Interviews, usw. in den Kliniken statt, während für die Vorbereitung, Dokumentation, Auswertung und Präsentation der Ergebnisse insbesondere der Macintosh-CIP-Pool frequentiert wird.

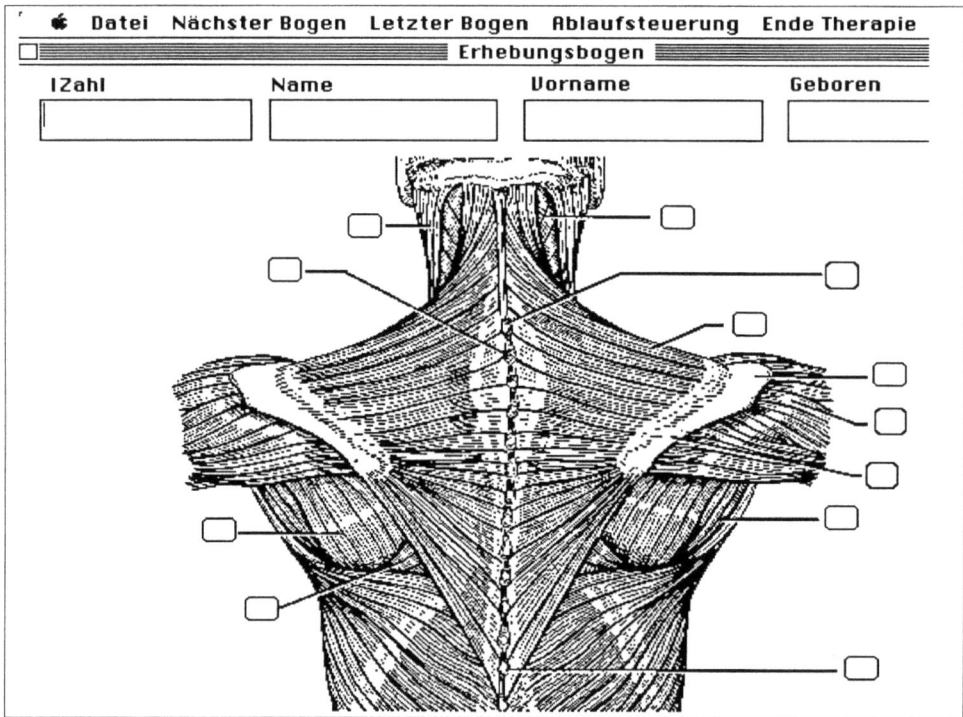

Abb. 5: Erhebungsbogen-Entwurf mit Prototyper

4.3.2 *Systementwicklung*
In praktischen Übungen zur Systementwicklung und kleinen Informationssystem-Projekten werden Methoden und Techniken des SW-Engineering praktiziert: Team-Organisation und Kommunikation über Projekt-Bibliothek, SW-Management, SW-Kostenmodelle, Dokumentation, Präsentation und Kontrolle der Ergebnisse, SW-

Entwicklungsmethoden und Tools, SW-Entwicklungsumgebungssysteme, Rapid Prototyping und nicht-prozedurale Problemlösungen mit Hilfe objektorientierter, funktionaler und logischer Programmiersprachen.

Team-Organisation wird dabei durch die Möglichkeit der Einrichtung von Benutzergruppen auf dem Macintosh File Server unterstützt. Für Projektmanagement werden Tools wie Mac Project (Macintosh) und Timeline (PC) sowie das Spreadsheetsystem Excel eingesetzt. Damit wird z.B. das SW-Kostenmodell Function Point praktiziert, während für die Anwendung der Planungsmethode Cocomo ein vorhandenes Pascal- Programm eingesetzt wird.

Konzeptueller Datenbank-Entwurf wird u.a. mit einem Entity Relationship-Tool auf dem Macintosh geübt, mit dem ER-Diagramme grafisch editiert werden können. Außerdem wird die DB-Entwurfsunterstützung durch die installierten DB-Systeme wie 4D (Macintosh) und Oracle (PC) genutzt.

Da ein gravierendes Problem bei der Realisierung medizinischer Informationssysteme das hohe Applikationsrisiko darstellt, d.h. die Gefahr, daß das realisierte System nicht den Benutzeranforderungen entspricht, wird Rapid Prototyping praktiziert. Z.B. ermöglicht das System Prototyper (Macintosh) die interaktive grafische Konstruktion von Benutzerwindows und Menüleisten wie in Abb. 5 für ein medizinisches Erhebungsbogensystem gezeigt. Ein Generator erzeugt anschließend ein entsprechendes Pascal-Programm, welches dann in Richtung der gewünschten Applikation weiterentwickelt werden kann.

In bezug auf CASE-Systeme (Computer Aided SW Engineering Systems) arbeiten die Studenten auf den PCs mit promod, einer SW-Entwicklungsumgebung, die mit einer Kette von aufeinander abgestimmten Methoden wie "Structured Analysis" und "Modular Design" die Phasen "Requirements Analysis", "System Design" und "Program Design" abdeckt. Die Stärken von promod liegen somit in den frühen Phasen des SW-Life Cycle. Promod beinhaltet insbesondere einen leistungsfähigen grafischen Editor zur interaktiven Erstellung von Datenflußdiagrammen. Somit lernen die Studenten die Möglichkeiten, aber auch die Grenzen derzeitiger CASE-Systemen kennen, denen außer mangelnder Tool-Kompetenz auch eine Art SW-Bürokratie angelastet wird, d.h. die Gefahr, daß der Entwickler die Kontrolle über den gesamten Entwicklungsprozeß verliert, indem er sich nur auf die jeweilige spezifische Aufgabe konzentriert.

Auf dem Macintosh wird das System MPW (Macintosh Programmer Workshop) zur Unterstützung von Implementierung, Test und Maintenance sowie Projektmanagement, Versionskontrolle und Performancemessung eingesetzt. Schließlich wurde damit begonnen, die Möglichkeiten von A/UX, das bisher auf vier Mac II-Stationen installiert ist, als SW-Entwicklungsumgebung zu nutzen .

Als ein wesentlicher Ansatz zur Verbesserung der Situation in der SW-Produktion, die heute immer noch durch Stichworte wie "SW-Misere" u.ä. charakterisiert wird, wird das Paradigma der objektorientierten Programmierung betrachtet. Insbesondere auf dem Macintosh, dessen SW überwiegend objektorientiert realisiert ist, sind mit Smalltalk, Object Pascal in Verbindung mit der Objektbibliothek Mac App und demnächst mit C++ vielfältige Möglichkeiten zur objektorientierten Programmierung gegeben. Die Studenten lernen so insbesondere die Möglichkeit der Wiederverwendung von Software aus einer Hierarchie von Klassen von Objekten (= Daten + zugehörige Operationen oder Methoden) kennen, indem Eigenschaften einer hierarchisch höheren Klasse auf Knoten einer niedrigeren Stufe vererbt werden können.

4.3.3 Künstliche Intelligenz, Expertensysteme

Die praktische Ausbildung in Künstlicher Intelligenz, die sich noch im Aufbau befindet, beinhaltet Methoden der Wissensrepräsentation und Inferenz im Hinblick auf medizinische Expertensyteme mit Hilfe von LISP und Prolog (im Macintosh- und PC-Pool), dem Shellsystem Nexpert-Object und demnächst der Lispbasierten "Werkbank" Babylon (im Macintosh-Pool). Nach einer einführenden Vorlesung in Künstlicher Intelligenz und Übungen in den genannten Systemen werden komplexere Aufgaben behandelt, indem die Studenten selber ein kleines Expertensystem mit Dialog- und Erklärungskomponente entwickeln. Außerdem werden vorgegebene komplexere Expertensysteme untersucht bzw. modifiziert und getestet. Dabei werden u.a. Regel- und Frame-basierte Wissensrepräsentation, Vorwärts-und Rückwärtsverkettung, nicht-monotones Schließen, Probleme des unsicheren Wissens und Blackboardtechnik behandelt.

In bezug auf didaktische Effizienz haben sich die mit scrollbaren Windows und Pulldown-Menues arbeitenden Systeme wie LPA Prolog, Allegro Common Lisp und Nexpert-Object als sehr vorteilhaft erwiesen, z.B. im Hinblick auf einfaches Tracen und Debuggen. Insbesondere erscheint der Zeitgewinn, den eine derartige Benutzeroberfläche mit sich bringt, erwähnenswert, da aufgrund der großen Bandbreite der Medizinischen Informatik die hohe Zahl an Semesterwochenstunden ein großes Problem in unserem Curriculum darstellt.

4.3.4 Multimedia - Systeme

Im letzten Semester wurde ein Hypercard-Seminar durchgeführt, in dem die Studenten u.a. ein Informationssystem für neue Macintosh-Pool-Anwender und einen Stack über das Heidelberg/Heilbronner Curriculum MI entwickelten. Außerdem wurden multimediale Entwicklungen auf Hypercard-und Hypertext- Basis für die medizinische Dokumentation untersucht und ein fortgeschrittenes multimediales Ausbildungssystem für Medizinstudenten von der Partnerhochschule in Ancona, Italien, analysiert.

5. Erfahrungen und Ausblick

Die Erfahrungen mit dem so beschriebenen CIP- SW-/AI-Labor sind in bezug auf die in 4.1 aufgeführten Anforderungen sehr positiv, insbesondere was den Macintosh-Pool betrifft, der mittlerweile eine der am stärksten frequentierten Einrichtungen der Hochschule ist. Ein Problem besteht allerdings darin, daß die vom RZ zusätzlich eingerichtete DTP-Ecke – mit einem Macintosh und einem PC – den

Bedarf von Diplomanden bzgl. Textverarbeitung und Dokumentation nicht decken kann und der Macintosh-Pool auch aus diesem Grunde überlaufen ist. Die Idee der Integration des Macintosh-Pools und des PC-Pools hat sich aufgrund der Präferenz der Macintosh-Systeme durch die Studenten nicht wie erwartet ausgewirkt. Mit einer stärkeren Verbindung der Pools z.B. über einen Token-Ring-Adapter auf dem Macintosh-Server bzw. einen Apple Talk- Adapter auf dem Token Ring-Server läßt sich die Integration noch verbessern.

Nachteilig hat sich erwiesen, daß sich aus Kostengründen nur wenige Studenten privat einen Macintosh leisten können, mit der Folge, daß die Geräte im Macintosh-Pool häufig mit Konvertierungen "PC –> Macintosh" frequentiert werden. Befürchtete Probleme bezüglich der geringen Übertragungsleistung von Apple Talk (230 kb/s) im Macintosh-Pool haben sich – insbesondere nachdem einige Geräte mit einem Ethernet-Adapter ausgestattet sind – nicht ergeben.

Die Administration und Betreuung in den Pools wurde mangels verfügbarem Personal anderthalb Jahre lang überwiegend mit studentischen Hilfskräften abgewickelt; mittlerweile steht hierfür ein RZ-Mitarbeiter zu 50% zur Verfügung.

Für die weitere Arbeit mit den Pools gibt es folgende Pläne: Verstärkung der UNIX-Ausbildung, Einsatz umfassender SW-Entwicklungsumgebungssysteme, stärkere Anbindung des Macintosh-Pools an den PC-Pool, komplexere Anwendungen im Bereich Expertensysteme, objektorientierte mehrplatzfähige Datenbankanwendungen und die Entwicklung und Einsatz von Multimedia-Systemen sowohl im tutoriellen Bereich als auch im Bereich von medizinischen Informationssystemen.

Literatur

1. Van Bemmel, JH.: Curricula in medical informatics. In Pagès, JC.; Levy, AH.; Grémy, F.; Anderson, J. (Hrsg.): *Informatics and Medical Education* . Amsterdam: North Holland 1983: 55-65.
2. Leven, F.J.; Klauck, U.: A specialized curriculum for education in Medical Informatics. In: Salamon, R.; Moehr, J.; Protti, D. (Hrsg.) *Medical Informatics & Education*. University of Victoria, Canada, 1989: 552-7.
3. Peter, G.: Vernetzungskonzepte für Fachhochschulen. In: *IBM Hochschulkongress '87* : V 825

Das Arbeiten mit einem selbstlernenden Expertensystem

Roland Kalb
Universität Erlangen-Nürnberg
Psychiatrische Klinik

1. Einleitung

1.1 Grundlagen

Die Grundlage dieser Arbeit bildet ein regelbasiertes Expertensystem, welches psychiatrische Diagnosen zu stellen vermag. Es wurde als "Erlanger Expertensystem" auf dem 2. CIP-Status-Seminar ausführlich vorgestellt und wird mittlerweile in der Ambulanz der Psychiatrischen Universitätsklinik Erlangen zur routinemäßigen Überprüfung der Diagnose eingesetzt. Außerdem wird es in einem Seminar über computergestützte Diagnostik im Rahmen des Computer-Investitionsprogrammes (CIP) als Lehr- und Übungsinstrument verwendet. D.h., es ist im CIP-Raum des Kopfklinikums Erlangen installiert und wird von interessierten Studenten und Doktoranden benutzt. Zu jedem Patienten, dessen Diagnose mit dem System überprüft wird, wird ein Bogen ausgefüllt, der im wesentlichen aus drei Teilen besteht: Der Klinikdiagnose, falls durchgeführt, von verschiedenen Ärzten erhoben, der computergestützten Diagnose (CAD) sowie einer Validierung der Klinikdiagnose durch diverse Zusatzuntersuchungen (siehe Abb.1).

1.2 Wissenserwerb

Als Maß für die Güte der Diagnosen wird die Übereinstimmung mit der Klinikdiagnose verwendet. In letzterer vereinigen sich die Befunde verschiedener Zusatzuntersuchungen mit dem diagnostischen Wissen verschiedener Ärzte. Diese Übereinstimmung liegt z.Z. bei 77%. Das heißt aber, daß bei 23 von 100 Patienten das Wissen des Programmes noch insuffizient ist. Die herkömmliche Methode besteht nun darin, das Wissen des Systems durch Eingabe von neuen oder Korrektur vorhandener Regeln nachzubessern (passives Lernen). Dies ist sehr mühsam und zeitraubend, so daß man von der Wissensakquisition als dem "Flaschenhals" solcher Systeme spricht. Es wurden daher die Korrekturen, die der Experte am Wissen vornahm, untersucht, klassifiziert und in Form von Prozedu-

Psychiatrische Klinik mit Poliklinik der Universität Erlangen-Nürnberg
Direktor: Prof. Dr. E. Lungershausen

COMPUTERGESTÜTZTE DIAGNOSTIK

Datum:
Code:

---

einweisender Arzt:
ICD-9:
Therapie:

---

erstuntersuchender Klinikarzt:
ICD-9:
Therapie:

CAD:
CATH:

---

schluβuntersuchender Klinikarzt:
CAD bekannt: JA   NEIN   CATH bekannt: JA   NEIN
ICD-9:
Therapie:

VALIDIERUNG (falls durchgeführt, bitte unterstreichen)
Test: Normalbefunde, neurot.Trias, IQ<80, 80<IQ<85,
      Handlungsteil << Verbalteil ,........................
      Zusammenfassung:..................................
EEG : Normalbefund, Herd, Dysrhythmie, Allgemeinver-
      änderung, Krampfpotentiale,.........................
CT : Normalbefund, Tumor, Dichteminderung, Atrophie,
      Ödem, Druckerhöhung, Blutung,......................
NMR : ....
Röntgen : ....
Internist: Normalbefund, Hypertonie, Diabetes mell., Gefäβ-
           sklerosen, Leberschaden, Intoxikation, ...
           ....
Neurolog : Normalbefund, Schädeltrauma, Infarkt, ...
           ....
Labor   : ....

Abb. 1:   Protokollbogen, der zu jedem Patienten ausgefüllt wird, dessen Diagnose mit dem Expertensystem überprüft wird

ren dem System mitgegeben. Mit Hilfe dieser Verfahren sollte es nun in der Lage sein, bei Eingabe der korrekten Diagnose sein Wissen möglichst eigenständig zu korrigieren und nur wenn es unbedingt notwendig ist, sich an den Experten um weiteres Wissen wenden. Dieser Prozeß, den man auch als aktives Lernen bezeichnen kann, setzt ein genügend differenziertes, passiv erworbenes Wissen voraus. Durch Umbau, Neukombination und Erweiterung dieses Wissens sollte das System seine Regeln neu fassen, so daß es bei einem konkreten Patienten ebenfalls die Klinikdiagnose erreicht.

2. Methode

2.1 Die Implementierung

Die Implementierung gestaltete sich schwierig und wäre ohne das menschliche Vorbild wohl nicht vorangekommen. Die vom Menschen benutzten Prozeduren wurden in Elementaraktionen zerlegt und als solche dem System mitgegeben. Dabei stellte sich heraus, daß diese Elementaraktionen als einfache Mengenoperationen beschrieben werden können:

a) Hereinholen einer Regel aus der Wissensbasis in die Datenbasis
b) Durchschnittsbildung einer Menge von Prämissen mit einer zweiten Menge
c) "Addition" zweier Mengen, d.h. Hereinnahme des Komplementes einer Menge in diese Menge
d) "Subtraktion" zweier Mengen, d.h. Herausnehmen des Durchschnitts mit einer zweiten Menge aus einer Menge
e) Zählen der Elemente einer Menge
f) Herausnahme einer Menge aus der Datenbasis
g) Übernahme einer Menge von der Datenbasis in die Wissensbasis
h) Umbenennen einer Menge

Mit Hilfe einer Anzahl solcher Aktionen kann man nun die Prozeduren gestalten, die notwendig sind, um die eigenen Wissensbasis aktiv zu überarbeiten – anhand des Vergleichs der computergestützten Diagnostik mit der Klinikdiagnose.

2.2 Prozeduren

Die bisher verwendeten Prozeduren bilden eine Hierarchie und werden je nach Aussehen der besonderen diagnostischen Situation selektiert (siehe Abb.2). Startpunkt ist das Gegenüberstellen der computergestützten Diagnose (CAD) und der Klinikdiagnose (CLID).

Wenn das System seine Regeln verändert hat, muß es zur Überprüfung dieser Regeln einen erneuten Dialog über diesen Patienten führen. Dies geschieht am elegantesten anhand der gespeicherten Symptome aus dem letzten Dialog. Nur wenn neue Symptome abgefragt werden, wendet sich das System an den außen-

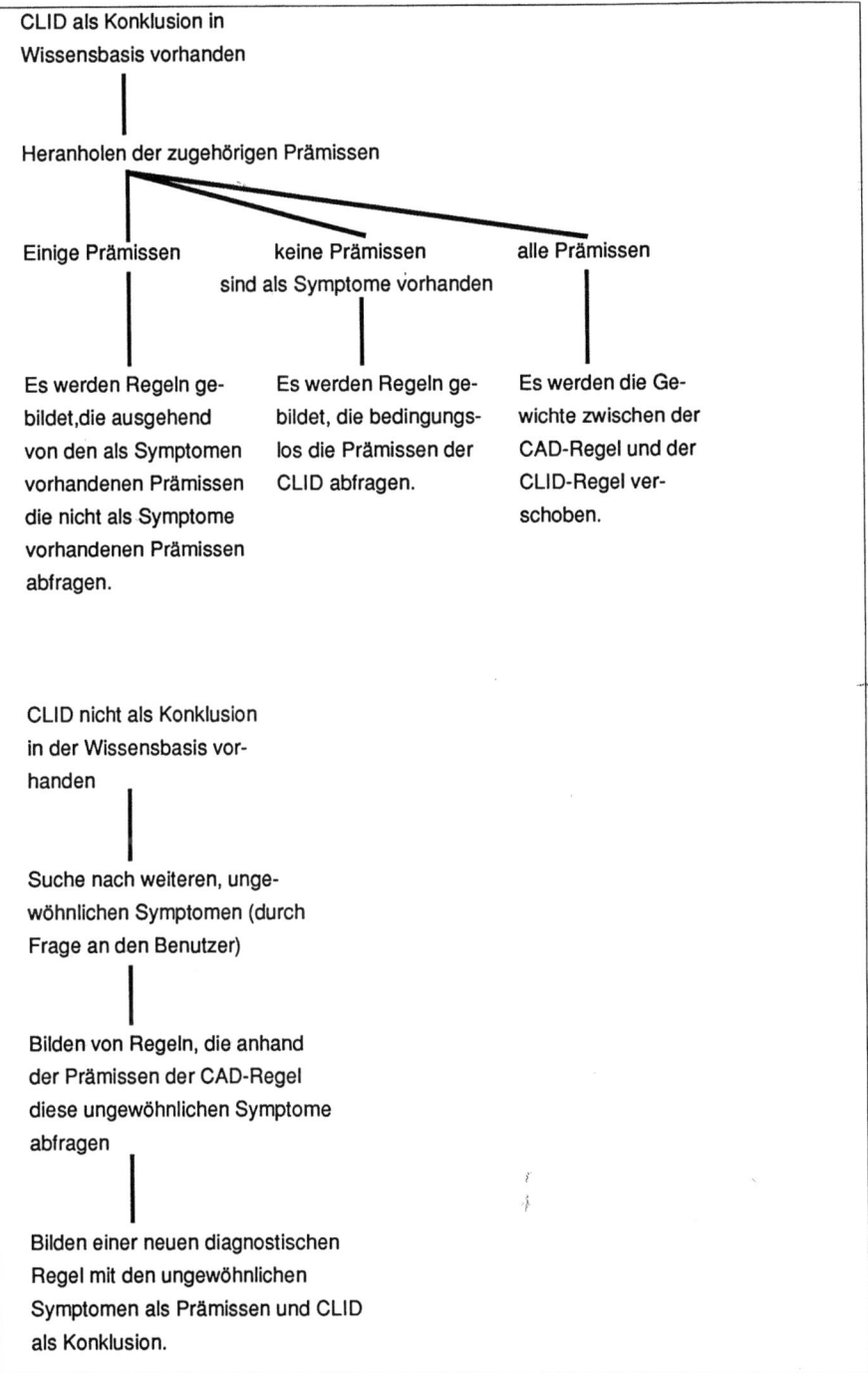

Abb. 2: Ausschnitt aus der Hierarchie der Prozeduren, deren Zusammenwirken zum eigenständigen Bilden neuer Regeln führt

stehenden Benutzer. Gleichbedeutend dazu kann ein erneuter "externer" Dialog mit dem Benutzer über den gleichen Patienten durchgeführt werden. Erst wenn bei dieser Überprüfung das System die Klinikdiagnose stellen kann, werden die hypothetischen Regeln endgültig der Wissensbasis einverleibt. Wenn beim Kontrolldialog die Klinikdiagnose nicht erreicht werden kann, wird die Regelbildung erweitert oder korrigiert bis das gewünschte Ergebnis erreicht wird. Oft sind dazu mehrere Versuche der Regelbildung notwendig. Auch ist es möglich, daß die Prozeduren nicht ausreichen, Regeln zu bilden, die die Klinikdiagnose erreichen lassen. Dann wird das System abbrechen und auf die Notwendigkeit neuer Lernprozeduren verweisen.

Nach dem Lernen der neuen Regel sollte die Wissensbasis daraufhin untersucht werden, ob in ihr eine Regel vorliegt, die in der neuen Regel vollkommen enthalten ist, d.h. die gleiche Prämissen enthält nur von geringerem Gewicht. Diese Regel muß dann aus der Wissensbasis entfernt werden.

Dies ist nur ein grober Überblick. Die eigentlichen Verhältnisse können komplexer sein, etwa dadurch, daß außer Symptomen noch interne Hypothesen in den Regeln verwendet werden, die anders als Symptome zu behandeln sind und ggf. erst in diese umgewandelt werden müssen.

3. Ergebnisse

3.1. Fallbeispiel

Das Arbeiten des selbstlernenden Expertensystems soll nun an einem Beispiel erläutert werden. Aufgrund eines Dialoges mit Erfragen der Symptome eines bestimmten Patienten stellte das System die Diagnose (CAD): ICD 300.4. Die Prämissen, die von der Diagnoseregel am Schluß verwendet wurden, lauteten: NEUROSE, DEPRESSION, KEIN MORGENTIEF.

Der Arzt gab nun seine Klinikdiagnose ein, diese lautete ICD 300.0. Auf der Suche in der Wissensbasis nach einer Regel mit dieser Konklusion findet das System die folgende Regel:
ANGST, KEINE DEPRESSION, ANFALLSWEISES AUFTRETEN, JAHRELANGE DAUER, ZUNAHME DER BESCHWERDEN —> ICD 300.0

Von diesen Prämissen waren genau zwei bei diesem Patienten als Symptom in der Datenbasis vermerkt: ANGST und JAHRELANGE DAUER.

Andererseits war die Prämisse ANFALLSWEISES AUFTRETEN bei diesem Patienten nicht in der Datenbasis vorhanden. Das System, welches den Durchschnitt der Symptome und der Prämissen der Klinikdiagnose als Prämissen seiner neuzubildenden Frageregel und die Teilmenge der Prämissen der Klinikdiagnose, die nicht als Symptome vorkommen, als Konklusion verwendet, kann nur die folgende Frageregel bilden:
ANGST, JAHRELANGE DAUER —> ANFALLSWEISES AUFTRETEN ?

Der Arzt, der aufgefordert war, die Wissensbasis zu verändern, damit das System bei diesem Patienten ebenfalls zur Klinikdiagnose gelangt hat nach Kenntnis der Wissensbasis und der benutzten Regelsequenzen dem System die Regel: ANGST, JAHRELANGE DAUER, NEUROSE ——> FRAGE NACH ANFALLSWEISEM AUFTRETEN eingegeben.

Beide Frageregeln reichen aber aus, um das System in die gewünschte Richtung hin zu ICD 300.0 zu führen. Die Verhältnisse werden in Abb.3 nochmals zusammengefaßt.

SYMPTOME EINES PATIENTEN

ANGST, JAHRELANGE DAUER, NEUROSE, KEIN MEDIKAMENT, DEPRESSION, KEIN MORGENTIEF,...

COMPUTERGESTÜTZTE DIAGNOSE (CAD)

NEUROSE, DEPRESSION, KEIN MORGENTIEF —> ICD 300.4

KLINIKDIAGNOSE (CLID):

ANGST, KEINE DEPRESSION, ANFALLSWEISES AUFTRETEN, JAHRELANGE DAUER, ZUNAHME DER BESCHWERDEN —> ICD 300.7

SYMPTOM und PRÄMISSEN (CLID):

ANGST, JAHRELANGE DAUER

nicht SYMPTOM und PRÄMISSEN (CLID):

ANFALLSWEISES AUFTRETEN,...

NEUE REGEL DES SYSTEMS:

ANGST, JAHRELANGE DAUER —> FRAGE NACH ANFALLSWEISEM AUFTRETEN

NEUE REGEL DES ARZTES:

ANGST, JAHRELANGE DAUER, NEUROSE —> FRAGE NACH ANFALLSWEISEM AUFTRETEN

Abb.3: *Bilden einer neuen Regel anhand eines Fallbeispieles*

3.2 Eingabe von weiteren Fällen

Die Entwicklung des selbstlernenden Systems geschieht nun so, daß sukzessive Fälle eingegeben werden, bei denen sich die Computerdiagnose von der Klinikdiagnose unterschied. Ein Experte korrigierte das Wissen des Systems derart, daß es bei einem erneuten Durchlauf die Klinikdiagnose bei jedem dieser Patienten erzeugte. Parallel dazu wurde das selbstlernende Expertensystem eingesetzt, um nach Eingabe der Klinikdiagnose selbständig sein Wissen zu korrigieren, so daß auch hier bei einem erneuten Durchgang die Klinikdiagnose gestellt wurde.

In den Fällen, in denen das System keine Prozeduren zur Selbstkorrektur zur Verfügung hatte, wurden ihm diese nach dem Vorbild des Menschen eingegeben. Schließlich wurden die erreichten Prozeduren angewandt.

In jedem Fall wurden die Korrekturen des Menschen und die des Systems genau vermerkt und schließlich miteinander verglichen. Dabei stellte sich heraus, daß im Detail deutliche Unterschiede beim Aufbau der neuen Regeln sich ergeben obwohl beide Wissensbasen (die vom Experten korrigierte und die vom System selbst korrigierte) bei erneuter Eingabe des Falles die gleichen Diagnosen produzierten.

4. Diskussion

Welche Vorteile hat nun der Student oder Arzt vom Arbeiten mit einem selbstlernenden Expertensystem zu erwarten? Die bisherigen Erfahrungen sprechen dafür, daß es äquivalente Möglichkeiten gibt, Wissen in diagnostischen Regeln anzuordnen und die Vielfalt der Diagnosesysteme, die es in unserem Fachgebiet gibt (DSM-III, ICD9, etc.) keinen Rückstand bedeutet sondern eine tiefere Gesetzmäßigkeit widerspiegelt. Der Student oder Arzt kann dadurch lernen, alternative Wissensrepräsentationen nicht als Ärgernis sondern als Bereicherung anzusehen. Indem er sich die vom System produzierten neuen Regeln zeigen läßt, wird er angeregt, über das zugrundeliegende Wissen nachzudenken, es mit seinem Wissen zu vergleichen und es gegebenenenfalls auch in sein eigenes Wissen zu integrieren. Damit würden selbstlernende Expertensysteme neuartige Möglichkeiten des Zusammenwirkens anbieten, zumal die dabei eingesetzten Techniken auch auf anderen Gebieten (Erklärungskomponente, Diskussion der Diagnose) zu einer reicheren, lebendigeren Kommunikation zwischen Benutzer und Computer führen würde. Diese neuen Möglichkeiten werden von studentischen Benutzern begrüßt und positiv bewertet. Man muß sich allerdings darüber im Klaren sein, daß mit dem jetzigen Zustand des Systems nur ein Anfang erreicht werden konnte: Das passiv erworbene Wissen wird umgestaltet, so daß die Wahrscheinlichkeit richtiger Diagnosen ansteigt. Das System kann jedoch nicht eigenständig neue Erfahrungen machen.

Berichterstattung über Gesprächskreis 7 "Medizin"

Roland Kalb
Universität Erlangen-Nürnberg
Psychiatrische Klinik

Aus dem Fachbereich Medizin lagen für den 3. CIP-Status-Kongreß 4 Beiträge vor, so daß ein eigener Gesprächskreis "Medizin" gebildet werden konnte. Leider konnte wegen Verzögerung im Reiseverkehr der Vortrag von Dr. Reimann und Dipl.Volksw. Faltis nicht präsentiert werden.

Die Hardware, die bei den 4 vorgestellten Projekten vorausgesetzt wird, repräsentiert die 3 Typen, die heute vorwiegend in der Medizin im PC-Bereich zum Einsatz kommen: Macintosh II, PCs mit MS-DOS als Betriebssystem und Arbeitsplätze mit dem UNIX Betriebssystem. Die eingesetzte Software zeigt den Trend, der auch die Medizin ergriffen hat, von selbstentwickelter Software abzurücken und mehr auf anpassungsfähige Fremdsoftware zurückzugreifen und diese für den Eigenbedarf zu erweitern. Um so wichtiger erscheint die Informationsmöglichkeit über Hochschulsoftware, die der 3. CIP-Status-Kongreß reichlich bot. Hierbei erscheint der interdisziplinäre Austausch erschwert, da noch nicht einmal die gegenseitigen Probleme bekannt sind. In dieser Richtung wäre eine Verbesserung des Informationsaustausches noch wünschenswert.

Da die Vorträge in Langfassung vorliegen, soll in der Berichterstattung nur auf die Diskussion eingegangen werden.

Prof. Thurmayr hat in seinem Vortrag vermerkt, daß ein Auswahlkriterium von Arbeitsplatzrechnern im CIP-Pool die Tatsache war, daß Studenten entweder einen PC selbst besitzen oder einen erleichterten Zugang dazu haben. Das Betriebssystem MS-DOS ist daher den Studenten bekannt und sie sollten im CIP-Pool das Betriebssystem UNIX kennenlernen. Diese Erfahrung wurde von einem Gesprächsteilnehmer nicht geteilt. In München steht auch ein EDV-Labor mit IBM-kompatiblen PCs des Leibniz-Rechenzentrums (Akademie der Wissenschaften) unter sehr guter Beratung allen Studenten zur Verfügung.

Prof. Leven teilte auf eine Anfrage mit, daß der Macintosh-Pool bei Studenten sehr beliebt sei. Da die Kosten des Macintosh über der Kostengrenze für Studenten liegen, ist der CIP-Raum ständig überbelegt. Die Informatiker der Fachhochschule Heilbronn werden in Medizin so weit als nötig und so wenig wie möglich ausgebildet; d.h. sie erhalten eine Ausbildung in den Grundfächern der Medizin damit sie mit der medizinischen Fachsprache vertraut sind. Über die Verständigungsmöglichkeit hinaus werden sie nicht unterrichtet, da sie keine selbständigen Probleme in der Medizin angehen sollen. Eine wichtige Frage wurde mit der Transferierbarkeit der Daten aus dem Macintosh-Pool in den Tandem-Pool angesprochen. Man kann zwar den Datentransfer zwischen beiden Systemen käuflich erwerben, doch mußten eigene Umwandlungsprogramme entwickelt werden, welche die Dateien konvertieren, so daß sie im anderen Betriebssystem verarbeitet werden können. Der Betrieb der Macintosh-Geräte wurde als sehr stabil geschildert; erst nach 2 Jahren traten erwartbare Probleme wie ein Plattendefekt auf.

Das von Dr. Kalb entwickelte Expertensystem regte zu einer umfangreichen Diskussion an. Zum Anfang wurde der Begriff des "Selbstlernens" diskutiert. Hierbei handelt es sich nicht um die Eingabe von neuen Regeln in das System durch den Benutzer, wie er in den meisten Expertensystemen möglich ist. Vielmehr bildet das System eigenständig neue Regeln – anhand von Dialogen, mit Hilfe spezieller Prozeduren sowie unter der Kontrolle von weiteren Dialogen. Es wurde angeregt, die korrigierte Wissensbasis nicht nur auf den Differenzfall anzuwenden, sondern alle bisher gespeicherten Fälle mit der neuen Wissensbasis nachzutesten, um Seiteneffekte der Korrektur auf die übrige Diagnostik sofort zu erkennen. Von einem Diskussionsteilnehmer wurde darauf hingewiesen, daß medizinische Expertensysteme wie etwa MYCIN nur zu wissenschaftlichen Zwecken und nicht in der Routine eingesetzt werden. Im Unterschied dazu arbeitet das vorgestellte "ERLANGER EXPERTENSYSTEM" an der "Front": jeder Erstpatient der Ambulanz wird mit diesem System getestet. Ein Diskussionsteilnehmer interessierte sich besonders für das Verhältnis von Computer- und Arztdiagnose. Dazu war zu sagen, daß wenn sich beide unterscheiden, dies vom Arzt zum Anlaß genommen werden sollte, seine Diagnose zu überprüfen etwa durch Einholen weiterer Zusatzuntersuchungen; wenn beide übereinstimmen, kann sich hingegen der Arzt bestätigt fühlen. Ein solches Verständnis der Computerdiagnose wird durch den Begriff des "criticizing systems" ausgedrückt. Reges Interesse bestand auch bezüglich eines Einsatzes dieses Expertensystems in anderen Kliniken und Institutionen. Bisher ist das System bei seinem Einsatz im CIP-Raum im Kopfklinikum Erlangen dadurch vor Raubkopien geschützt, daß es sich selbst löscht, wenn es beendet wird. Einer Weitergabe außerhalb des Kopfklinikums Erlangen stand bisher das Fehlen eines ausreichenden Softwareschutzes entgegen. In der Diskussion wurde auch über die Akzeptanz des Expertensystems bei in der Medizin beschäftigen Personen Auskunft erbeten. Wie im Kongreßband zum CIP-Status-Seminar 1 dargestellt, stehen insbesondere Medizinstudenten dieser Möglichkeit, Diagnosen zu überprüfen, sehr positiv gegenüber. Weitere Fragen betrafen den Einsatz nicht-deterministischer Möglichkeiten bei der Regelgewinnung, die Zukunft der Expertensysteme allgemein sowie die Situation eines CIP-Pools in einer Klinik. Bedingt durch den Klinikbetrieb, der auch nachts und am Wochenende nicht ruht, ist es möglich, den CIP-Pool im Kopfklinikum Erlangen ganztägig zu nutzen.

Zusammenfassend muß gesagt werden, daß der Gesprächskreis "Medizin" durch seine rege Teilnahme und seine ausgedehnte Diskussion das breite und intensive Interesse an den vorgestellten Themen aufzeigte und mit Dankbarkeit auf den abgelaufenen Kongreß sowie mit Erwartung auf den nächstjährigen Kongreß blicken läßt.

Plenarveranstaltung

CIP – kontrovers?

Plenarveranstaltung
CIP – kontrovers?

Vorbemerkung

Albrecht Biedl

Technische Universität Berlin
Institut für Angewandte Informatik

Ein paar Worte vorab – was ist denn kontrovers an CIP? Ich meine, man muß doch als erstes mal feststellen: CIP hat Erfolg! Die Studenten nehmen die Arbeitsmöglichkeiten begierig an, es werden in der Lehre komplexere Aufgabenstellungen möglich, es stehen moderne Rechner zur Verfügung und Regierung, Universitäten und Industrie warten erfreut auf die günstigen Auswirkungen. Es gibt auf dem eingeschlagenen Weg genug zu tun, also packen wir's an! So denke ich, kann man zusammenfassen, was CIP-Tagungen – die früheren und die heutige – bringen, und ich selbst als Betreiber von einem noch mal weiter ausgebauten Pool sehe das recht ähnlich.

Ist hier denn gar nichts kontrovers, außer vielleicht aus dem Blickwinkel prinzipieller Kritiker, der zu kurz gekommenen, oder der an der üblichen Kompetenzrangelei Beteiligten an der Universität? So einfach sollten wir allerdings kritische Anfrager nicht abstempeln; denn eine Maßnahme, die wirklich wirksam ist, bringt auch ihre Gefahren mit sich. Sie verdient daher prinzipiell kritische Aufmerksamkeit. Das zunächst zum Prinzipiellen. Und weiter: Wer bei der Verteilung zu kurz gekommen ist, blickt schärfer hin und fragt nach den Defiziten in der Konzeption. Und schließlich geht es bei solchen Verteilungskämpfen ja – hoffentlich wenigstens – um gute Gründe. Insofern ist es schon wichtig, hier genauer nachzufragen.

Lassen Sie mich zu den prinzipiellen Dingen hier noch eine Frage aufwerfen – ich will sie nicht weiter ausarbeiten, weil ich hier nur einführen will: Man hat den Computer als Intelligenzverstärker bezeichnet. Ich bin nicht sicher wie das zu verstehen ist. Sicher bin ich hingegen, daß der Computer als Unsinnsverstärker wirken kann. Es heißt, ein gutes Textsystem erlaubte es, die Struktur einer Argumentation besser zum Ausdruck zu bringen. Aus meiner Erfahrung kann ich das bestätigen, und setze hinzu: Ein gutes Textsystem hilft auch, Schwächen und Dürftigkeiten der Argumentation bloßzustellen. Wird diese Möglichkeit genutzt? Oder schauen wir uns den mir besonders wichtig erscheinenden Bereich "Programmieren" an. Führt das Erfolgserlebnis "Das Programm läuft" zu einem besseren Verständnis des Problems? Also ganz technisch gefragt, sind eigentlich die

Beschränkungen des Algorithmus überprüft worden? Ist die Problemadäquatheit der notwendigen Abstraktionen bedacht worden? Führt das Programmieren eines Problems dazu, daß das Problem klarer dargelegt werden kann? – Diesbezüglich habe ich allerdings meine Zweifel!

Die prinzipielle Frage: "Trägt die Arbeit mit dem Computer in der wissenschaftlichen Ausbildung zum klaren Denken und zum Verstehen der Dinge bei?" – diese prinzipielle Frage, denke ich, steckt auch hinter spezielleren Kontroversen, Fragen, die hier aufgeworfen werden.

Ich möchte gemäß dem Programm zuerst Herrn Professor Nembach aus Göttingen bitten, vorzutragen zum Thema "CIP – nicht für Theologen? Defizite in Konzeption und Durchführung des Programms."

CIP – Nicht für Theologen?

Ulrich Nembach
Universität Göttingen
Fachbereich Theologie

1. Der Ist-Zustand – Kenntnis und Unkenntnis

Der Computer hat längst seinen Einzug in Kirche und Theologie gehalten. Die kirchliche Verwaltung bedient sich der EDV im Finanz- und Meldewesen und darüber hinaus. Pfarrer benützen ihre PCs längst zur Textverarbeitung, zum Desktop Publishing usw. Die theologische Forschung greift in der Exegese – Altes und Neues Testament sind seit Jahren auf Disketten übertragen und zwar nicht nur in Deutsch, sondern auch in Hebräisch und Griechisch – in der Auswertung von Umfragen, der Erstellung von Indices, usw. auf EDV zurück. Das geschieht z.T. in Rechenzentren und z.T. auf privaten PCs. Letztere umfassen preiswerte Hardware, die sich Studenten leisten können, wie Apple Macintosh DTP-Geräte oder anderen, bis hin zu leistungsfähigen und komfortablen Systemen etwa auf der Basis des 80386 von Intel.

Das alles hat längst die Ebene von Einzelpersonen bzw. Freaks verlassen. Es gibt bereits Datenbanken für exegetische Literatur, z.B. in Lausanne. In Melbourne wurde ein Lehr- und Lernprogramm für Alt-Syrisch entwickelt. In Alt-Syrisch sind die Schriften der einst blühenden christlichen Kirchen Syriens abgefaßt. Erst der Araber-Sturm brachte eine Wende für das Leben dieser Gemeinden. In der Bundesrepublik tagte bereits ein Kongreß zum Thema "Computer und wissenschaftliche Theologie" in Bethel. Im zweiten Jahrgang erscheint eine Zeitschrift mit dem Titel "Pfarrer und PC". In dieser Zeitschrift werden u.a. Software-Fragen diskutiert und das Preis-Leistungs-Verhältnis deutscher und US-amerikanischer Programme einschließlich der verschiedenen Utilities verglichen, was naturgemäß alles zugunsten der US-amerikanischen Angebote ausgeht.

Diesem Kenntnisstand steht gegenüber die Empfehlung des seinerzeitigen Dekans meines Fachbereichs, nachdem CIP für uns gescheitert war, den Kollegen der Betriebswirtschaft zu fragen, ob er freie Lernkapazität habe. Unser damaliger Dekan sah etwaige Hard- und Software-Probleme nicht. Der Fachberater des Präsidenten unserer Universität war höchst erstaunt, daß Theologie mehr als Textverarbeitung mit Hilfe von EDV betreibe. Präsident und Dekan waren natürlich bei ihren Entscheidungen den "Fachexperten" gefolgt. Ein Theologe versteht ohnehin nichts davon. Der Leiter des Rechenzentrums hatte 1986 in einem langen Schreiben den damaligen Dekan unseres Fachbereichs über die Probleme informiert, die sich aufgrund eines von mehreren Kollegen und mir gestellten Antrags auf Teilnahme an CIP aus seiner Sicht ergeben. Er belehrte unseren Dekan über Schriftprobleme des Syrischen, der Schwierigkeit der Erstellung von Zeichen und dgl. mehr. Daß dies bereits damals als Problem in Australien gelöst war, war ihm unbekannt. Daß die Druckerei des Verlages von Vandenhoeck & Ruprecht schon damals seit längerem an der Erstellung von Alphabeten orientalischer Sprachen erfolgreich arbeitete, war ihm unbekannt. Daß Buchstaben mit Hilfe von Mac-Paint vergleichsweise leicht zu erstellen waren, war ihm unbekannt. Ich breche hier ab. Der Unkenntnisstand ist deutlich geworden.

2. Einige grundsätzliche Bemerkungen zur Forschungssituation in der Bundesrepublik

Ich habe mich als Betroffener, aber auch als praktischer Theologe, d.h. als einer, dessen Spezialgebiet das Verhältnis von Kirche und Theologie auf der einen Seite und auf der anderen Seite zur Welt ist, natürlich gefragt, wie ein solcher Hiatus zwischen Kenntnis und Unkenntnis entstehen konnte und fortzudauern vermag.

Ich beginne mit meiner eigenen Zunft, der der Theologen. Es gibt Kollegen, denen das alles unvertraut, neu, kurz unangenehm ist. Sie haben eine andere Arbeitsweise kennengelernt und möchten nun nicht auf eine neue umgeschult werden. Auch sind die Lehrprogramme für EDV so abgestimmt, daß sie über eine längere Zeit laufen. Letztere fehlt den Kollegen einfach. Wir fahren noch immer im Überlastbereich angesichts der hohen Studentenzahlen. Die dadurch ohnehin knappe Zeit soll dann nicht noch durch andere Dinge knapper werden. Studenten sind an jeder Stofferweiterung nicht interessiert. Theologie-Studenten sind Studenten wie andere auch. CIP könnte zu einer Prüfungsstoff-Erweiterung führen und ist deshalb als Lernfach abzulehnen.

Sind diese Gründe, die sich gegen CIP wenden, psychologisch nachvollziehbar und damit auch verstehbar, wenn auch nicht akzeptierbar, so gilt das meines Erachtens nicht für die Unkenntnis der Experten. Sie ist unentschuldbar, oder nicht?

Es gibt die Gesellschaft für Technologiefolgenforschung. Sie veranstaltet heute bereits den dritten CIP-Status-Kongreß. Ich rede erst heute. Dieser Kongreß wird gefördert u.a. vom "Bundesminister für Bildung und Wissenschaft". Beide Begriffe meinten früher "Bild", "Kunst". Klopstock, Goethe und Schiller gebrauchten Bildung im Sinne von "Bild" (vgl. Deutsches Wörterbuch von Jacob und Wilhelm Grimm, Bd.2, Sp.22f). Wissenschaft meinte zunächst "Nachricht", "Kunde", notitia, cognitio und dgl. mehr, bis weit ins 18. Jh. hinein. Das Grimmsche Wörterbuch faßt zusammen (a.a.O.Bd.30, Sp.789): "Kunst ist ein altes Wort des Wissens, und Wissenschaft umfaßt jede geistige Tätigkeit, unter anderem auch Dichtung und Musik und selbst nicht-geistiges Können. Darum handelt es sich in Kunst und

Wissenschaft ursprünglich durchaus nicht um zwei Seiten des geistigen Lebens, sondern um einen Gesamtbegriff von großer Spannweite. Nach und nach erst schränken sich beide Worte auf das geistige Gebiet ein, differenzieren sich aber gleichzeitig so sehr, daß wir heute für die theoretische Seite der Kunst feste terminologische Bezeichnungen, wie Kunstwissenschaft, Musikwissenschaft bilden können."

Der heutige Gebrauch beider Begriffe durch den zuständigen Minister zeigt sich z.B. in ihrer Verwendung in Statistiken, etwa der der Studenten an Hochschulen in der Bundesrepublik von 1975 bis 1988. Danach werden 26,5% aller Studenten des Jahres 1988 pauschal erfaßt und 12,4% oder gar 0,6% extra genannt. Das eine Mal wird als künstliches Wort der Sammelbegriff "Sprach- und Kulturwissenschaften, Sport" erfunden. Das andere Mal werden die Ingenieurwissenschaften oder gar die Veterinärmediziner mit 0,6% extra ausgewiesen. Rechnen wir den zweiten erfundenen Sammelbegriff "Rechts-, Wirtschafts- und Sozialwissenschaften" mit ausgewiesenen 25,6% hinzu, so werden 52,1% mit zwei Sammelbegriffen aufgeführt und die restlichen 47,9% in sechs Kategorien aufgeschlüsselt. Daß die 52,1% nicht nur die numerische Mehrheit der Studierenden, sondern auch wesentliche Inhalte meint, zeigt eine Aufschlüsselung der Sammelbegriffe. "Sprach- und Kulturwissenschaften, Sport" beinhalten Theologie, Philosophie, Philologie, kurzum, es handelt sich um einen breiten Teil des Gesamtbegriffs von Wissenschaft, wie er dem Grimmschen Wörterbuch bis weit ins 18. Jh. hin als üblich erscheint.

Was die Betonung einer Einzeldisziplin bedeutet, wurde im Vorfeld der Gründung der Berliner Universität deutlich. Damals legte Schleiermacher in einer Studie dar, wie wir heute sagen würden, daß die Philosophie grundlegenden Charakter für die Universität haben muß. Nur so seien die praktischen Disziplinen Theologie und Recht wie auch die Universität als Ganzes vor Einseitigkeiten zu bewahren. "Nicht anders aber sollten auch alle Universitätslehrer in der philosophischen Fakultät eingewurzelt sein. Besonders kann man bei der juridischen und theologischen Fakultät nie sicher sein, daß nicht das Studium allmählich immer mehr einer handwerksmäßigen Tradition sich nähere oder in ganz unwissenschaftlicher Oberflächlichkeit verderbe, wenn nicht alle Lehrer zugleich auf dem Felde der reinen Wissenschaft eignen Wert und Namen haben und eine Stelle als Lehrer verdienen." (Gelegentliche Gedanken über Universitäten im deutschen Sinn aus F. Schleiermachers Werke, Bd. 4, 1967, S.584). Der Theologe Schleiermacher tritt seiner eigenen Disziplin kritisch gegenüber. Heute kann von einem derartigen wissenschaftskritischen Verhalten der Medizin, der Naturwissenschaften und anderer Disziplinen nicht die Rede sein.

Selbst die Praxis des Bundesministeriums, das unter zwei Begriffen firmiert, die aufgrund ihrer Geschichte in die Richtung Schleiermachers weisen, zeigt das Gegenteil. Bildung und Wissenschaft sind von ihrer Gewichtung her primär medizinisch-naturwissenschaftlich-technisch ausgerichtet. Die Folgen dieses Verständnisses von Bildung und Wissenschaft liegen auf der Hand.

Das Jahr 1989 wurde zum Katastrophenjahr für dies Verständnis. Die Wiederaufbereitungsanlage in Wackersdorf wird nach verbauten 2,5 Milliarden DM nicht weitergebaut. Der Reaktor in Hamm-Uentrop wird stillgelegt und der in Kalkar erst gar nicht angefahren. Der Schaden reicht wesentlich weiter, als selbst die nunmehr vertanen 10 Milliarden DM zeigen. Die Schadensbewältigung erstreckt sich bislang nur auf die der wirtschaftlichen Folgen. Politiker, Wirtschaftler und Wissenschaftler sind sich darin einig. Ich frage mich, wofür es "eine Gesellschaft für Technologie-Forschung" gibt. Wenn hier wirklich Forschung im Sinne Schleiermachers u.a. älterer kritischer Wissenschaftler betrieben würde, müßte längst das Jahr 1989 zum Tschernobyl für sie geworden sein.

Ein Vergleich der CIP-Zahlen nährt den Verdacht, obwohl andererseits die Zahlen freundlicherweise von Herrn Dr. Dette zur Verfügung gestellt wurden.

Ich halte die bisherige Entwicklung nicht nur für bedenklich, sondern katastrophal und stelle deshalb die Entwicklung vor den Hintergrund europäisch-kritischer Wissenschaft.

Die EDV-Entwicklung brachte einen kaum überschätzbaren Innovationsschub. Diese Entwicklung muß wie jede andere Technik genutzt werden. CIP hat sich das Erlernen dieser Entwicklung zum Ziel gesetzt. Wenn das jedoch nur partiell oder gar nicht geschieht, ist die Wissenschaft als *solche* in Gefahr. BMW war die Entwicklung der "Siebener und Fünfer Reihe" nur aufgrund konsequenter Anwendung von CAD möglich und dies in neuer Qualität in einer bislang unbekannten kurzen Zeitspanne. Mercedes hat das Nachsehen. – Oft ist von dem Standort Bundesrepublik die Rede und den Gefahren, die sich für ihn ergeben. Hierbei ist bereits ein gewisser Kulturbetrieb eingeschlossen, weil er von den Menschen nachgefragt wird. Leider wird dieser Kulturbetrieb nur eingeschränkt verstanden etwa im Sinne von Produktionen Everdings und Karajans. Es geht um mehr, wesentlich mehr.

Ich darf für meine Disziplin ein konkretes Beispiel anfügen. Die Bibel verdankt ihre Entstehung einem langen Prozeß. Das gilt für sie insgesamt wie oft für ihre einzelnen Bücher. Anspielungen und direkte Verweise sind deshalb nicht selten, zumal das Neue Testament sich als Fortsetzung des Alten Testamentes und Teile von diesem sich als Fortsetzungen älterer Partien verstehen. Ähnliches gilt auch für das Neue Testament. Deshalb ist es für die Auslegung eines Bibeltextes notwendig, etwaige Anspielungen und Verweise zu erkennen und die bezogenen Stellen zur Interpretation heranzuziehen. Zusammenstellungen ähnlicher Aussagen in Konkordanzen dienen bisher diesem Ziel. Das Problem dabei ist die Abgrenzung. Was gilt noch als Anspielung oder Verweis? Jeder Verfasser einer Konkordanz muß Grenzen ziehen. Diese Grenzen sind heute wesentlich zu erweitern. Ein PC mit einer 20MB-Festplatte genügt bereits, um den Bibeltext ganz aufzunehmen – dafür sind 10MB erforderlich – und um noch komfortabel mit weiteren Hilfen arbeiten zu können. Gegenwärtig wird in Fachkreisen diskutiert, wie die zwischenzeitlich längst erweiterten Grenzen noch darüber hinaus zu erweitern sind. Andere Arbeiten, d.h. solche, die über diese grundlegende Arbeit hinausgehen, erfordern naturgemäß mehr Speicher- und Rechnerkapazität.

Um die genannte exegetische und andere theologische Arbeit sinnvoll zu leisten, d.h. auf breiter Basis arbeiten zu können, sind entsprechende EDV-Kenntnisse erforderlich. Sie zu vermitteln, hat CIP sich dankenswerterweise zur Aufgabe gesetzt. Nur die Aufgabe wird bei uns nicht geleistet, zu unserem Schaden, aber auch zu dem der ganzen Wissenschaft. Vielleicht wäre eine nicht nur mit sich selbst beschäftigte Technik-Wirtschaft-Wissenschaft vor Kalkar bewahrt worden. Vielleicht wäre eine Industrie-Forschung vor ihrem eigenen Tun erschrocken, wenn sie bedacht hätte, daß Matth.6, der Predigttext des letzten Sonntags, des Erntedankfestes, vor Schätzen warnt, die Motten und Würmer fressen. Die Industrie-Forschung produziert Schätze, die Meer, Boden, Grundwasser, Luft nicht mehr abbauen, "fressen" können. Technologie-Folgenforschung? Konsequenzen für CIP und nicht nur im Hinblick auf die Technologie liegen auf der Hand.

Folgenforschung, die immanent betrieben wird, also in den vorgedachten Bahnen eines einseitigen Projekts gedacht und dementsprechend arbeitet, kann allenfalls Reparaturbetrieb sein.

Folgenforschung muß kritisch, d.h. im Sinne des Bildungs- und Wissenschaftsbegriffes bis zum 18. Jh. und darüber hinaus, nämlich wissenschaftskritisch, betrieben werden. Dann wird ein Rechenzentrum nicht einfach seine bisherige, naturwissenschaftlich orientierte Praxis auf die Theologie übertragen.

Positiv gesagt meine ich, daß ein Bündel von unterschiedlichen Maßnahmen ergriffen werden muß, um hier weiterzukommen. Ich beschränke mich auf die Theologie, wenn ich im folgenden konkret werde. Es fehlen oft die Räume, um Geräte unterzubringen. Es fehlen oft Mittel, um evtl. Folgekosten zu tragen. Es gibt bei Professoren und Studenten psychologische Sperren, die sich bis zu Aggressionen steigern können. Diese Sperren verhindern die aufgrund der Gruppenuniversitäten notwendigen Zustimmungen in den verschiedenen Gremien. Es gibt Unkenntnis bei Rechenzentren und EDV-Experten, so daß Hard- und Software oft nicht den an sie zu stellenden Anforderungen genügen. Schließlich – und nicht zuletzt – bilden Hard- und Software einen Markt, um den Firmen kämpfen. Studenten an das Produkt dieses oder jenes Herstellers heranzuführen, um sie damit vertraut zu machen, bedeutet, Marktchancen für die postuniversitäre Zeit aufzubauen.

Ich wünsche mir darum konkret aus meiner Göttinger Sicht für meinen Fachbereich und mich: 20 PCs, die im Pool in einem schönen Raum stehen. Es sollen Macintosh-Geräte sein oder solche, die mit dem Intel 80386 als Prozessor und dem 30387 als Co-Prozessor bestückt sind. Wir brauchen in meinem Fach, aber auch in dem der Systematik z.T. beachtliche Rechenleistung. Einige AT kompatible Macintosh-Geräte sollten wegen ihrer Möglichkeiten auf alle Fälle unter den PCs sein. Ferner brauchen wir für den externen Einsatz einige Laptops. Ich denke hier an die IBM-Geräte. In der Theologie läßt sich nicht alles intern im Hörsaal vermitteln. Was Knut Barthel auf dem 2. CIP-Status-Seminar 1988 für Design-Hochschulen forderte, gilt wegen Desktop-Publishing im kirchlich-theologischen Bereich auch für uns (Knut Barthel, Micro-Computer-Pools in der Lehre, 1989, S. 366).

Ferner sollte jeder Kollege einen PC in seinem Raum haben, um mit ihm arbeiten, probieren und in den Pool direkt gehen zu können. So könnten Ängste abgebaut und neue Lernprogramme weiterentwickelt werden. Ferner brauchen wir leistungsfähige Scanner, um alte und neuere Texte sowie Bilder zur analytischen Bearbeitung einlesen zu können. Entsprechende Programme, Drucker und Plotter dürfen nicht fehlen. Dasselbe gilt für On-Line-Verbindungen zu Großrechnern, zu Bibliotheken und anderen Datenbanken.

Ich würde mich freuen, wenn Rechenzentren uns dabei helfen, d.h. unterstützen, mit uns zusammenarbeiten, um uns zu helfen, aber nicht um uns aus vermeintlichem Besser-Wissen unkritisch ihr Wissen mitteilen wollen.

Ferner wünsche ich mir, wenn es aufgrund des bisher Gesagten utopisch klingt, daß Rechenzentren die Fachbereiche überschreitende Arbeit fördern. Daß das technisch möglich ist, beweist die Autoindustrie, die die hochkomplexen Systeme der modernen Autos so baut, daß sie von jeder Frau und jedem Mann mit Führerschein gefahren werden können. Es wäre auch von Nutzen für die Experten selbst, weil Schätzungen besagen, daß selbst Experten 20% der Leistungen von Hard- und Software nicht nutzen können, weil sie dazu nicht in der Lage sind. 20% ist eine beachtliche Zahl, selbst wenn sie stimmen sollte und nicht geschönt ist.

Daß Vergleichbares im EDV-Bereich möglich ist, zeigt dBASE IV, das mehrere Schriften nebeneinander auf den Bildschirm darstellen läßt und eine Anknüpfung an Großrechner ermöglicht. Der dafür erforderliche menschliche Beitrag ist kein Wunschbild einer insulae utopiae, sondern ebenfalls zu leisten. Schon vor Jahren entwickelte ein Theologiestudent in Göttingen für den betriebswirtschaftlichen Bereich Programme.

Daß meine Wünsche den heute üblichen finanziellen Rahmen – vorsichtig formuliert – tangieren, ist mir bewußt. Mein Anliegen heißt aber auch hier, daß Technologiefolgenforschung eigentlich bereits vor Einsatz von Technologie zu beginnen hat.

CIP-Unterstützung durch Hochschulrechenzentren

Jochen W. Münch

Universität Siegen
Hochschulrechenzentrum

Wilhelm Held

Universität Münster
Hochschulrechenzentrum

1. Einleitung und Rückblick

Die Überschrift für diesen Vortrag ist bewußt ohne Fragezeichen formuliert. Im folgenden werden die Gründe hierfür angegeben.

Während der Einführung der Informationstechnik zu Beginn der 60er Jahre waren es zunächst nur einige Institute, die an den Universitäten Rechner einsetzten. Nachdem sich die Technik stabilisiert hatte, wurden Rechenzentren eingerichtet, die als zentrale Betriebseinheit im Rahmen ihrer Dienstleistungen die Rechner betreuten und Lehrveranstaltungen zur Datenverarbeitung (DV) durchführten. Zentrale Rechenleistung wurde deshalb in Hochschulrechenzentren eingebracht, weil die Beschaffung der Rechner und ihr Betrieb in Hinsicht auf finanzielle wie personelle Mittel sehr kostenintensiv waren. Mit dem Aufkommen kleinerer Rechner und Personalcomputer wurde es für die Fachbereiche, Institute und Lehrstühle möglich, aus eigenen Mitteln Rechner selbständig zu betreiben. Damit entstand das Schlagwort von der Dezentralisierung, das auch ein Reizwort wurde und an manchen Hochschulorten zu Spannungen zwischen Fachbereichen und Hochschulrechenzentrum führte. Unbeeinflußt von Spannungen hielt die Informationstechnik verstärkt Einzug in die Universitäten. Immer mehr Studenten wollten DV-Kenntnisse erwerben, um besser auf das spätere Berufsleben vorbereitet zu sein. Auf diesen Andrang von Lernwilligen waren weder die Hochschulrechenzentren technisch vorbereitet noch verfügten sie über die ausreichende Zahl von Personalstellen. Daher wurde von Bund und Ländern das Computer-Investitions-Programm (CIP) aufgelegt. Mit ihm sollte dezentral DV-Kapazität in die Fachbereiche gebracht werden und gleichzeitig das Angebot von Veranstaltungen mit Informatik-Lehrinhalten vergrößert und verbessert werden. Es sei hier daran erinnert, daß der Leiter eines Rechenzentrums, Herr Professor Haupt aus Aachen, der Initiator dieses Programms war.

Die Arbeitsplatzrechner wurden bisher in einem durchaus nennenswerten Umfang bereitgestellt. In Münster und Siegen stehen derzeit etwas über 400 bzw. 100 CIP-Geräte zur Verfügung. Das entspricht der anfangs angestrebten Relation zwischen Studenten und Geräten von 100 : 1, die in den nächsten Jahren aber noch verbessert werden müßte. Schaut man einen Augenblick über den CIP-Rand hinaus, so gibt es daneben in den Universitäten natürlich erheblich mehr Arbeitsplatzrechner und Workstations.

In Münster und Siegen beliefen sich die Gesamtzahlen solcher Geräte Ende 1988 auf ca. 1.700 bzw. 570. In Münster wurden davon allein 1988 über 500 Stück im Wert von ca. 6 Mio. DM gekauft, in Siegen 50 für 600.000 DM

2. Die derzeitige Situation in NRW

Viele Hochschulrechenzentren betreiben weiterhin Großrechner und daneben eine kleinere Anzahl von Rechnern, die zum Teil mit Mitteln des Computer-Investitions-Programms beschafft wurden. Gleichzeitig bieten die Fachbereiche in verstärktem Maße DV-orientierte Lehrveranstaltungen und auch fachbereichsspezifische Anwendungen auf den ihnen zur Verfügung stehenden PCs an, die mit CIP-Mitteln beschafft wurden. Das ist so noch nicht befriedigend. Es wird in diesem Zusammenhang manchmal von den Fachbereichen und Lehrstühlen nicht zur Kenntnis genommen, daß die Hochschulrechenzentren CIP-Mittel nicht zur Verfügung stellen können. Dies ist allein Aufgabe der Universitätsleitung und des Ministeriums. Lehrstühle haben oft Schwierigkeiten, sich im Fachbereich mit ihren Anforderungen durchzusetzen. Hier können die Hochschulrechenzentren nur durch fachliche Beratung unterstützen, Entscheidungskompetenz haben sie nicht.

Trotz der Verbreitung der DV-Geräte kann man nicht leugnen, daß DV nach wie vor – obwohl es benutzerfreundliche Oberflächen gibt – in hohem Maße erklärungsbedürftig ist und ihr Einsatz auch ein Stück Professionalität erfordert. Dies ist nicht eine Folge der sich schnell ändernden High-Tech-DV, die natürlich Überblick und Fachwissen bei Auswahl und Konfiguration von Hard- und Software erforderlich macht. Dies ist vielmehr die Folge davon, daß DV-Einsatz mehr ist und mehr sein muß als die Nutzung von WordPerfect oder Word, mehr sein muß als das Einüben in die Handhabung dieser oder ähnlicher Produkte.

Es erhebt sich daher die Frage, inwieweit Hochschulrechenzentrum und Fachbereiche beim Betrieb der DV-Anlagen kooperieren bzw. was zur Verbesserung der Zusammenarbeit getan werden kann. Kooperation bedeutet dabei natürlich Austausch zwischen Fachbereichen und Hochschulrechenzentrum in beiden Richtungen. Obwohl im folgenden nur über CIP berichtet wird, sollte man dabei die gesamte DV bis hin zum bevorstehenden Wissenschaftler-Arbeitsplatz-Programm (WAP) im Auge behalten.

Die Unterstützung bei der Einrichtung und dem Betrieb von CIP-Pools durch Hochschulrechenzentren wird einmal im WissHG von Nordrhein-Westfalen[1] und zum anderen durch die Empfehlung der Deutschen Forschungsgemeinschaft (DFG) und des Wissenschaftsrates geregelt.

Die fachliche und damit wichtigere Begründung für eine solche Beteiligung liegt aber darin, daß sich die Mitarbeiter der Hochschulrechenzentren ständig mit der Entwicklung der Informationstechnologie beschäftigen. Ein Teil dieses Personals beobachtet kontinuierlich die Entwicklung der Personalcomputer, ihre Vernetzungsmöglichkeiten und die zugehörige Software. Diesen Mitarbeitern ist es möglich, langfristig große Linien innerhalb der DV-Szene zu lokalisieren und entsprechend zu bewerten. Diese Bewertung wird im allgemeinen nicht nur fachspezifisch, sondern fächerübergreifend durchgeführt.

Darüber hinaus sehen Mitarbeiter einer zentralen Betriebseinheit die Belange der Universität als Ganzes, während Mitarbeiter in den Fachbereichen naturgemäß eher die Probleme innerhalb ihres Fachbereiches sehen. Aus diesem Grund werden auch Entwicklungstendenzen der Informationstechnologie von den Mitarbeitern einer zentralen Betriebseinheit sicherlich für die Universität als Ganzes angemessener bewertet. Mitarbeitern der Fachbereiche, die für Lehre und Forschung in ihrem Fach verantwortlich sind, ist dieser Arbeitsaufwand oft nicht möglich. Diese Arbeit kann nämlich nicht nebenher erledigt werden. Damit soll nicht unterschlagen werden, daß es in einigen Fachbereichen auch Mitarbeiter mit soliden DV-Kenntnissen gibt. Diese Mitarbeiter haben es aber schwer, die schnelle Entwicklung zu verfolgen, wenn sie Einzelkämpfer bleiben. Man muß alles unternehmen, damit es zwischen diesen und den Mitarbeitern des Rechenzentrums zu einer fruchtbaren Zusammenarbeit kommt. So ist es oft für die Mitglieder der Fachbereiche schwer zu verstehen, wenn ihnen zunächst vom Rechenzentrum gesagt wird, eine bestimmte Software existiere noch nicht; und diese dann nur ein Jahr später erhältlich ist. Aus fachlicher Unkenntnis wird dann behauptet, die Mitarbeiter des Rechenzentrums hätten zu wenig Kenntnisse. Hier zeigt sich gerade die Gefahr der unvergleichlich schnellen Innovationszyklen der Informationstechnik.

Für die Zusammenarbeit zwischen Hochschulrechenzentrum und Fachbereichen gibt es noch einen weiteren gewichtigen Grund. Man beobachtet, daß sich viele Hochschullehrer in der Lehre auf die unmittelbaren fachspezifischen DV-Anwendungen zurückziehen. Das mag für die überwiegende Zahl der Auszubildenden zunächst genügen. Aber auch dem Nicht-Informatiker müßten gewisse DV-Grundlagen vermittelt werden. Denn die Grundlagen sind von Dauer und nicht die Handhabung eines speziellen Anwenderprogramms. Da Informatiker diese Lücke meistens nicht schließen (sie sind zur Genüge mit der Ausbildung ihrer Studenten beschäftigt), könnte sie durch Kooperationen zwischen Rechenzentrum und Fachbereichen geschlossen werden.

Der hier gegebene Situationsbericht läßt sich übrigens gut am Programm dieses Kongresses spiegeln: Ca. 90 % der Vorträge und Programme von Hochschulangehörigen beschäftigen sich mit speziellen Anwendungen. Nur wenige behandeln allgemeine, systemnähere DV-Themen. Die Informatik ist insgesamt massiv unterrepräsentiert (worden) oder zeigt keine Flagge. Allgemeine DV-Themen werden vor allem von Rechenzentren und Firmen besprochen.

3. Dienstleistungen der Hochschulrechenzentren

Um die Bereitschaft der Hochschulrechenzentren für die Zusammenarbeit zu beschreiben, werden im folgenden einige ihrer Dienstleistungen anhand von Arbeiten aus Münster und Siegen herausgestellt. Beide Universitäten bilden da sicher keine Ausnahme. Viele andere Hochschulrechenzentren leisten ähnliches und mehr.

3.1 Beschaffung und Inbetriebnahme der CIP-Pools

Bei der Beschaffung eines CIP-Pools wird die Konfiguration zusammen mit Vertretern des beantragenden Fachbereichs diskutiert, zusammengestellt und vom Hochschulrechenzentrum als HBFG-Antrag formuliert. Die endgültige Konfiguration wird später zusammen mit dem Fachbereich besprochen und danach vom Hochschulrechenzentrum beschafft, installiert, getestet und dem Fachbereich inklusive Diebstahlsicherung übergeben.

3.2 Betrieb Lokaler Netze

Eine bedeutende Voraussetzung für CIP-Pools ist ihre Vernetzung. Dies kann zu kleinen lokalen Netzen führen, die jeweils 8 bis 16 PCs umfassen. In Münster und Siegen wurden schon ab 1984 Konzepte für ein hochschulweites lokales Rechnernetz (LAN) erarbeitet. In Münster wurde ein einheitliches Ethernet-Konzept, basierend auf dem gelben Koaxialkabel und Glasfasertechnik, gewählt. In Siegen wurde die Breitbandtechnik eingeführt, die Koaxialkabel und Glasfasertechniken nutzt.

Die Technik selbst ist nicht maßgebend, wenn sie nur genügend offen ist, Leistungssteigerungen sowie möglichst vielfältige Geräteanschlüsse und Anwendungen zuläßt. Entscheidend ist vielmehr, daß in einer Universität ein einheitliches Konzept verfolgt wird, damit das Ganze zu handhaben und zu pflegen bleibt. Dies ist eine zentrale Aufgabe des Hochschulrechenzentrums. Durch das früh eingeführte LAN-Konzept an unseren Hochschulen wurden auch die CIP-Pools von Anfang an einheitlich eingebunden. Damit stehen den Studenten nicht nur die Personalcomputer zur Verfügung, sie lernen auch gleichzeitig die DV-Infrastruktur insgesamt kennen. Sie erfahren, welche Aufgaben vorteilhaft auf Personalcomputern und welche vorteilhaft auf Großrechnern erledigt werden. Sie lernen die Vielfalt der DV-Welt und die damit verbundenen Möglichkeiten kennen. Sie können die Vorteile von Personal- und Großcomputern nutzen, ohne ihre jeweiligen Nachteile in Kauf nehmen zu müssen. Von Anfang an werden die Studenten mit DV-gestützter Kommunikation vertraut gemacht. Denn die Infrastruktur LAN ist selbstverständlich mit der Struktur der Wide-Area-Netze (der Bundespost, EARN[2], DFN[3]) verbunden. Die Studenten können vom CIP-Gerät aus üben, wie man weltweit kommunizieren und welchen Nutzen man daraus ziehen kann. Sie

können auch lernen, daß andere Kommunikationsdienste (Telex, Telefax, in Zukunft ISDN) von jedem Arbeitsplatz aus erreichbar sein können.
Universitäten, in denen die CIP-Vernetzung uneinheitlich erfolgte, weil keine koordinierende Stelle eingeschaltet war, haben mehrfachen Betreuungsaufwand, der Nutzen der Netze ist deutlich geringer. Eine nachträgliche Homogenisierung wird zusätzliche Haushaltsmittel erfordern. LAN-Verwaltung und damit verbundene Aufgaben verursachen bei verteilter Arbeit Zusatzaufwand.

3.3 Bereitstellung von Serverfunktionen

In CIP-Pools, die im wesentlichen aus Personalcomputern bestehen, müssen für bestimmte Funktionen Server bereitgestellt werden. Diese Server können lokal innerhalb des CIP-Pools aufgestellt werden oder, wie z.B. in Münster und Siegen, teilweise auch zentral, wobei die Server dann von den einzelnen CIP-Pools aus über das Kommunikationsnetz jederzeit erreichbar sind. Diese Server werden vom Hochschulrechenzentrum gewartet, und es wird für die Server eine regelmäßige Datensicherung vorgenommen, so daß die Fachbereiche sich hiermit nicht befassen müssen. Neu einzurichtende Server werden vom Hochschulrechenzentrum nach Maßgabe der Wünsche der Fachbereiche unter Berücksichtigung der Zugriffsrechte für die einzelnen Mitglieder der Fachbereiche initialisiert. Auf welchen Server der Student zugreift, merkt er nicht (er kann es erfahren, wenn er dies in Form von Kommandos ausdrücklich wünscht). Daher kann man Server beliebig umkonfigurieren, die Zugriffshäufigkeiten durch Umlagerung von Software ausbalancieren, Ausfallserver einführen usw., also für einen stabilen Betrieb sorgen.

3.4 Software

Die Software der CIP-Pools wird in Siegen vom Hochschulrechenzentrum verwaltet, d.h. an die Mitarbeiter der Fachbereiche semesterweise ausgeliehen, wobei die Mitarbeiter desjenigen Fachbereichs ein Nutzungsvorrecht haben, für den diese Software beschafft wurde. Dieses Verfahren hat den Vorteil, daß Software, die in einem Semester von einem Fachbereich nicht benötigt wird, anderen Fachbereichen zur Verfügung steht und damit effektiv genutzt wird.

In Münster ist die Automatisierung der Software-Ausleihe verfolgt worden. Software wird vom Server entsprechend der Zahl der gekauften Lizenzen an anfragende Nutzer ausgegeben. Sind alle Lizenzen im Einsatz, so muß der nächste Student warten, bis eine frei und zurückgegeben wird. Da man prinzipiell auch auf Server anderer Pools zugreifen kann, wenn entsprechende Rechte eingeräumt werden (und was sollte dem entgegenstehen!), so kann man sich Software auch an anderer Stelle ausleihen. In Münster soll auch dieser Übergang auf andere Server noch automatisiert werden.

Es gibt aber auch weitere einzelne, CIP-Pool übergreifende Funktionen, in denen das Hochschulrechenzentrum als Dienstleistender tätig wird. So werden z.B.

von den Hochschulrechenzentren Münster und Siegen Campuslizenzen beschafft, die den CIP-Pools dann zur Verfügung gestellt werden. Oder es werden Lizenzverträge so abgeschlossen, daß gleich mehrere CIP-Pools davon profitieren. Es werden Updates für bestimmte, häufig genutzte Softwarepakete automatisch bereitgestellt. Es wird eine Beratung gegen Softwareviren gegeben und für die Datensicherung entsprechend dem Stand der Technik gesorgt.

Die fachübergreifende Einführung von Sicherungsmechanismen ist eine wichtige Aufgabe der Hochschulrechenzentren, sie wird von den Fachbereichen im allgemeinen nicht geleistet werden.

3.5 PC-Beratung und -Reparatur, Ausbildung und Dokumentation

Nicht nur bei der Software, sondern auch bei der Hardware bietet das Hochschulrechenzentrum Unterstützung. Vor der Beschaffung werden Geräte getestet. Der Test erstreckt sich auf LAN-Fähigkeit, Kompatibilität bezüglich Soft- und Hardware, damit die Vielfalt handhabbar bleibt. Es werden aber auch neue Software-Versionen, neue Betriebssysteme ausprobiert. Es wird untersucht, ob die gängigen Betriebssysteme (z.B. DOS, OS/2 und UNIX) auf dem zu beschaffenden Rechner ablauffähig sind, obwohl der derzeitige Nutzer sich z.B. nur für DOS interessiert. Denn es muß Vorsorge getroffen werden für die nächsten Nutzer dieser Geräte, die andere Umgebungen benötigen. Zweifelsohne könnten solche Untersuchungen auch von einigen, allerdings wenigen Fachbereichen erledigt werden. Da die Mitarbeiter eines Fachbereichs sich mit diesen Arbeiten aber nicht qualifizieren können, unterbleiben sie in der Regel.

Beim PC-Reparaturservice der Hochschulrechenzentren versucht zunächst ein qualifizierter Mitarbeiter Fehler zu beheben. Wenn ihm dies nicht gelingt, wird er sich mit dem Hersteller oder Lieferanten in Verbindung setzen. Die hochschuleigenen Reparaturen können oftmals schneller als die externen erfolgen. Wenn eine externe Reparatur unumgänglich ist, bleibt die Prüfbarkeit der durchgeführten Maßnahme durch die entsprechenden Mitarbeiter der Universität. Wir unterstellen den Händlern zwar keine bösen Absichten, aber ein Fehler kann durchaus mit unterschiedlichem Aufwand behoben werden. Möglichst genaue Reparaturanweisungen engen den Spielraum ein. Selbst wenn sich der Reparaturdienst allein nicht rechnen sollte: er rechnet sich spätestens dadurch, daß mit seiner Einführung Know-how angesammelt wird für Beratung, Ausbildung und Entwicklung.

Bei der Geräteauswahl versuchen die Hochschulrechenzentren, so wie die DFG dies auch empfohlen hat, die Gerätevielfalt zu begrenzen. Dies hat zwei Vorteile: Zum einen kann der Reparaturservice effektiver gestaltet werden, zum anderen können sich auch die Mitglieder innerhalb eines Fachbereichs oder die Mitglieder unterschiedlicher Fachbereiche gegenseitig in der Handhabung dieser Geräte beraten. Das gilt natürlich auch für periphere Geräte, wie etwa Drucker oder Scanner. Ohne die Beratung der Hochschulrechenzentren würden zumindest in Münster und Siegen zum Teil abenteuerliche Rechnerkonfigurationen ausgewählt und beschafft werden. Diese Standardisierung innerhalb der Hochschule bedeutet eine

Bereicherung für die Fachbereiche, denn die Vereinheitlichung bezieht sich nur auf Standard-Hardware und -Software. Sie engt die Vielfalt in Bezug auf fachspezifische Belange keineswegs ein. In Münster wurde z.B. strikt auf die LAN-Fähigkeit der Rechner geachtet, so daß die Einbindung in das LAN heute leicht möglich ist. Vielfalt in der Textverarbeitung ist z.B. sinnlos und hinderlich, wenn einmal ein leistungsfähiges Produkt ausgewählt worden ist. Gleiches gilt auch für Datenbanken und Compiler oder für Drucker und Scanner, um nur einige Beispiele zu nennen.

3.6 Ausbildung und Dokumentation

In Münster werden nach wie vor viele Studenten durch das Universitätsrechenzentrum ausgebildet. In bis zu 25 Veranstaltungen pro Semester werden Grundlagen der DV, Programmierkurse und Standard-Anwendungen angeboten. Gleiches gilt für Siegen. Durch den Zuspruch der Studenten sehen wir uns ermuntert, hier nicht nachzulassen. Für Studenten, die CIP-Geräte bei Examens- und Diplomarbeiten einsetzen möchten, wird, wie für Wissenschaftler, Beratung angeboten. Dabei werden systemnahe Fragen genauso behandelt wie nichtnumerische (Grafik, Datenbanken, Textbearbeitung, Schrifterkennung, usw.) und numerische (Statistik, Numerik, usw.) Probleme. Die Beratung erstreckt sich nicht nur auf den Einsatz bestimmter Programmsysteme. Sie beginnt vielmehr bei der Problemanalyse und der Auswahl geeigneter Verfahren.

Es ist heute kaum erwähnenswert, aber dennoch wichtig: Im Rahmen der Bereitstellung von Dokumentation für viele Aspekte der Informationstechnik sind die Rechenzentren durch eigene Arbeiten und durch Koordinierung der Aktivitäten der Fachbereiche gefordert.

3.7 Entwicklungsarbeiten

Die Komplexität der hochschulweiten DV-Landschaft, zusammengehalten durch LAN und Wide-Area-Netze, in der CIP ein Baustein ist, geht über die Komplexität des Betriebes eines klassischen Großrechners hinaus. Dies wird sich in den nächsten Jahren auch nicht ändern. Die Rechenzentren sind also weiterhin gefordert. Da sich nicht alle Komponenten als Komplett-Lösung kaufen lassen, sind eigene Neuentwicklungen oder Anpassungen an bereitgestellte Entwicklungen durch die Hochschulrechenzentren notwendig. Je enger diese Entwicklungen an Bedürfnisse der Anwender angepaßt sind, desto besser wird das für die DV-Entwicklung und den damit verbundenen Nutzen für die Studenten und die Fachbereiche sein.

3.8 Zukünftige Arbeiten

Die vorstehend beschriebenen Aufgaben ließen sich auch in Münster und Siegen ausweiten. Die Ausbildung der Ausbilder in den Fachbereichen (in vielen Fällen wissenschaftliche Mitarbeiter) könnte beispielsweise noch verbessert werden. Neue Dinge müssen rechtzeitig und fachübergreifend angegangen werden. In vielen Universitäten steht z.b. die Automatisierung der Universitäts- und Fachbereichs-Bibliotheken an. Für die Studenten wäre es von Nutzen, wenn sie von ihrem CIP-Gerät aus in den verschiedenen Bibliotheken nach Literatur suchen könnten. Wer soll sich denn um die Lösung dieser Aufgaben kümmern, wenn es nicht die Hochschulrechenzentren in Verbindung mit den Bibliotheken tun?

Die Probleme, die sich aus einer zentralen Datensicherung und Datenarchivierung ergeben, sind dringend zu lösen. Die Daten, die gesichert werden müssen, können über das LAN der Universität nachts von den Arbeitsplatzrechnern abgerufen werden und auf Datenträgern gespeichert werden. Wird hier keine zentrale Lösung erreicht, so wird in den nächsten Jahren eine Flut von Streamer-Beschaffungen erfolgen oder der Nutzer zum "Disk-Jockey" werden, ganz abgesehen davon, daß dieses Thema zu wichtig, zu ernst und eine laienhafte Behandlung unangemessen ist.

4. Zusammenarbeit zwischen Fachbereichen und Hochschulrechenzentrum

Beim Aufbau und der Verwaltung der DV-Kapazität in Form von CIP-Pools kann die Zusammenarbeit zwischen Fachbereichen und Hochschulrechenzentren durchaus fruchtbar sein. Wenn die Hochschulrechenzentren die Beschaffung spezieller Geräte bei bestimmten Herstellern vorschlagen, so resultieren die Vorschläge aus Analysen und langen Beobachtungen der Trends in der Informationstechnologie. Die Fachbereiche sollten hier den Hochschulrechenzentren mehr Vertrauen entgegenbringen und bei den Beschaffungen nicht Eingriffe in ihre Freiheit von Forschung und Lehre befürchten. Dies sei an zwei Beispielen erläutert. Schon 1984 begannen die Hochschulrechenzentren über Vernetzung nachzudenken, als die Institute hierfür noch keine Notwendigkeit sahen. Ein Jahr später befürworteten Hochschulrechenzentren Workstations, als die Fachbereiche überwiegend noch Bereichsrechner mit Bildschirmarbeitsplätzen als das für sie Gegebene ansahen.

Oft kann eine zentral geführte Dienstleistung effektiver sein als dezentrale Dienstleistungen in einzelnen Fachbereichen. Die Zusammenarbeit könnte auch in Münster und Siegen noch fruchtbarer sein, wenn den Rechenzentren einige Personalstellen zusätzlich zur Verfügung gestellt würden. Beide Rechenzentren haben sich bisher durch zentrums-interne Umsetzungen bemüht, die Löcher zu stopfen. Dies hat aber Grenzen, denn mit CIP ist auch die Verbreitung der Personalcomputer in den Verwaltungen und die Verbreitung der Wissenschaftler-Arbeitsplätze fortgeschritten, die Rechnernetze werden aufgebaut. Alte Aufgaben in Verbindung mit dem Großrechnerbetrieb konnten zwar ein gutes Stück rationalisiert werden, entfallen sind sie aber keineswegs. Dieser Personalbedarf wird nicht nur von den Rechenzentren gesehen. Die DFG hat wiederholt darauf aufmerksam gemacht. Eine Unterstützung der Fachbereiche und der Hochschule wäre daher dringend von Nöten.

Wenn anfangs mit dem Schlagwort Dezentralisierung von möglichen Konfliktsituationen zwischen Hochschulrechenzentrum und Fachbereichen gesprochen wurde, so gilt dies sicher nicht für die Universitäten der Autoren. Wenn dies an anderen Universitäten heute noch der Fall sein sollte, müßten Rechenzentrum und Fachbereiche auf einander zugehen. Universitäten tun sich keinen Gefallen damit, wenn sie auf das Know-how der Rechenzentren verzichten. Die CIP-Pools einer Universität lassen sich nicht allein unter Aufsicht eines Hochschullehrers durch einige Studenten betreuen, wie das von einigen Universitäten bekannt ist. Informationstechnik erfordert Professionalität, Kontinuität und wirtschaftliches Handeln. Sie ist – wie schon gesagt – auch heute noch in hohem Maße erklärungsbedürftig. Fordern Sie deshalb ihre Rechenzentren. Aber sorgen Sie auch dafür, daß die Ausstattung ausreichend ist, denn einige Rechenzentren stehen auch deshalb ein wenig abseits, weil weder die Personal- noch die Sachmittel-Ausstattungen angemessen sind.

Anmerkungen

1. WissHG = Gesetz über die wissenschaftlichen Hochschulen des Landes Nordrhein-Westfalen
2. EARN: European Academic and Research Network, eine Initiative und Förderung der Firma IBM.
3. DFN: Deutsches Forschungsnetz. Der Aufbau des Wissenschaftsnetzes ist in Vorbereitung.

Plenarveranstaltung
CIP – kontrovers?
Abschlußdiskussion

Leitung: Albrecht Biedl

Technische Universität Berlin
Institut für Angewandte Informatik

Prof. Dr. Biedl

Ich danke für beide Vorträge und erlaube mir die Feststellung.daß ich schon während der Vorträge eine Wortmeldung aufgenommen habe, so daß wir gleich in die Diskussion eintreten können....

Ministerialrat Dr. Dieter Swatek

Vielen Dank, mein Name ist Swatek. Ich komme aus dem Bundesministerium für Bildung und Wissenschaft. Ich wollte eigentlich nur vier Bemerkungen zu dem Referat von Herrn Nembach machen, aber das Hohelied der Rechenzentren, das anschließend gesungen worden ist, veranlaßt mich dann doch zu zusätzlichen Bemerkungen.

Herr Nembach, alles das, was Sie sich als Rechnerausstattung wünschen – das ist meine erste Bemerkung – kann hardwaremäßig über CIP abgedeckt werden. Ein CIP-Pool, der die Anforderungen, die Sie hier deklariert haben, erfüllen soll kann geschaffen werden, ist auch in speziellen Fällen schon geschaffen worden. Das ist dann nicht eine Frage des CIP-Programms, sondern vielmehr eine Frage der örtlichen Regelung.Es ist auch eine Frage der Regelung im einzelnen Land.

Prof. Dr. Dr. Nembach:

Direkt dazu: So einfach, wie Sie das darstellen, ist die Situation nicht. Es gibt auch Akzeptanzprobleme und dergleichen mehr, so daß Sie nicht einfach sagen können, da unten an der Basis stimmt's nicht. Das ist, glaube ich, wenn man in ein Programm hineingeht, mit zu bedenken.

Abgesehen davon, so heil, wie die DV-Welt von Herrn Münch dargestellt worden ist, ist sie,was die Theologen betrifft, auch nicht.

Ministerialrat Dr. Dieter Swatek

Dazu sag ich gleich noch was. Herr Nembach, wir sollten uns dann vielleicht darüber verständigen, daß wir über die Länder diese Dinge unter Umständen auch direkt in die entsprechenden Gremien hineintragen und dann können wir die nicht heile Welt vielleicht etwas heiler machen. Ganz heil bekommen wir sie natürlich nicht.

Die zweite Bemerkung, die ich machen wollte, ist folgende: Gerade dieser CIP-Kongreß und andere Veranstaltungen haben bewußt die Zielsetzung für CIP, d.h. für den DV-Einsatz überhaupt – CIP steht ja für viel mehr – für den DV-Einsatz auch außerhalb der Wissenschaftrichtungen zu werben, die traditionell bisher die DV einsetzen, aus den Gründen, die Sie zum Teil hier dargestellt haben. Und wir schauen sehr bewußt darauf hin, was passiert, denn in den einzelnen nichttechnischen Fächern, in denen noch wenig DV eingesetzt wird, subventionieren und unterstützen wir Konferenzen, Kongresse und dergleichen Dinge, um die DV-Einführung voranzutreiben. Denn es ist in der Tat so, lassen Sie es mich andersherum sagen: CIP ist ja nicht so, daß sich der Himmel auftut, und Rechner regnen auf die Hochschulen herab. Sondern der einzelne Pool muß jeweils von der Hochschule, vom Fachbereich beantragt werden und es muß eine Vorstellung entwickelt werden, was mit dem CIP-Pool geschehen soll, und dann erst geht der Antrag in das Genehmigungsverfahren hinein. Das setzt aber voraus, daß vor Ort bekannt ist, was tatsächlich mit CIP gemacht wird.

Dritte Bemerkung: Lassen Sie mich bitte nur ein wenig das Renommee unseres Hauses zurechtstellen. Diese Statistik, Herr Nembach, die Sie genommen haben mit der Aufteilung der einzelnen Fachrichtungen, das war eine Statistik aus dem Rahmenplan für den Hochschulbau. Dort wird nach Flächen-Richtwerten sortiert, d.h. dort sind Fächer gleicher Flächenrichtwerte zusammengefaßt und diese Aggregation hat nichts mit wissenschaftspolitischen oder sonstigen Funktionen zu tun. Schauen Sie bitte in unsere anderen wirklich blendenden Statistiken hinein, dort finden Sie eine sehr feine und sehr ausdiffenrenzierte Darstellung. Was Sie bemängelten, ist nur für Planungszwecke da und stellt mehr eine flächenbezogene aber keine wissenschaftspolitische Aussage dar.

Vierte Bemerkung: Im Hinblick auf die CIP-Realisierung haben wir natürlich ausführlich vorgedacht. Das heißt, wir haben darüber nachgedacht, wie es möglich ist, in der föderalen Struktur der Bundesrepublik Deutschland ein Programm aufzulegen, in dem alle die Punkte, die Ihre Kritik berühr, zumindest bis zu einem mittleren Grad vorgedacht sind, und vor allen Dingen – was viel wichtiger ist – entschieden sind. Das heißt, daß wir also die Problematik der "Investitionskosten-Finanzierung" Bund/Länder halbe/halbe, die Problematik "Personale Kosten" ausschließliche Finanzierung bei den Ländern, die Problematik "Folgekosten" ausschließliche Finanzierung bei den Ländern und "Ersatzbeschaffung" wieder 50/50 – wenn wir dies alles bis in die letzten Details mit elf Ländern und dem Bundesfinanzminister ausdiskutiert hätten, garantiere ich Ihnen, daß Sie heute noch keinen einzigen CIP-Pool in den Hochschulen hätten. Deswegen haben wir gesagt, wir machen's einfach. Irgendwie mußte wirklich der Schub kommen! Ich denke, wir haben die Schwierigkeiten vorausgesehen. Wir haben auch gesagt, die Länder müssen auch in den Anfängen mit unterschreiben und sagen: "Ja, das entsprechende Personal wird zur Verfügung gestellt, wie auch immer!" Schauen Sie in die Anträge rein, da gibt es ja entsprechende Formulierungen. Das ist schon mitbedacht worden.

Meine fünfte Bemerkung bezieht sich jetzt noch mal auf den Vortrag von Herrn Münch. Herr Münch – ich meine es nicht persönlich – aber so wie Sie gesprochen haben, finden bei uns die Diskussionen mit dem Rechenzentrum und der Bundesregierung statt. Vom Rechenzentrum hört man etwa: "Dies ist alles unheimlich kompliziert, und im Grunde glaubt mir bitte, ihr versteht eigentlich nichts davon, wir machen das für euch schon richtig!" Und diese Haltung führt dazu – bei den Theologen ist das da noch mal deutlich geworden – daß sie sämtliche Kreativität, sämtliche Eigeninitiative vor Ort (na ich sag mal ganz vorsichtig) reduzieren, und die Fachbereichsseite sagt dann: "Na ja gut, das Rechenzentrum hat 'ne andere Auffassung, also müssen wir das machen obwohl wir das gar nicht machen wollten." Ich kenne eine ganze Reihe von solchen Fällen. Wir hätten nicht diese Kreativität, diese Möglichkeiten, wenn wir eine solche, wie Sie es dargestellt haben – verzeihen Sie wenn ich das jetzt sage – militärisch straffe Organisation hätten: "Wir sagen was gemacht wird und sonst passiert nichts in diesem Bereich." Wenn wir dies über die Hochschulen hinweg in Ihrem Sinne so machen würden, dann hätten wir nicht die EDV-Versorgung in den Hochschulen, wie wir sie heute haben, dann hätten wir nicht die Eigeninitiative von den Fachbereichen, dann hätten wir nicht die Eigenentwicklungen, die dort alle gewesen sind!

Ich unterschätze keineswegs die wichtige Funktion der Hochschulrechenzentren! Nur, es ist ganz eindeutig, und das gilt nicht nur für Nordrhein-Westfalen, das gilt für andere Länder auch, daß die Hochschulrechenzentren Verlust an Prestige, Verlust an Einfluß, Verlust an Mitteln befürchten, wenn die Fachbereiche ihre EDV-Kompetenz vergrößern!

Meiner Meinung nach beruhen die ganzen Schwierigkeiten, die wir im Bereich des MS-DOS haben, darauf, daß die Vertreter der großen EDV gemeint haben, sie müßten ihre Prinzipien, die in der großen EDV richtig sein mögen, auf die Personal Computer übertragen haben. Und ich denke, es wäre Aufgabe der Rechenzentren, ein wenig mehr an Zurückhaltung zu üben und den anderen ein wenig mehr Raum für Kreativität zu lassen. Das wäre sehr hilfreich für die gesamte DV-Entwicklung an unseren Hochschulen.

Prof. Dr. Dr. Nembach:
Nun muß ich mich wohl verteidigen. Vielleicht habe ich mich auch nur schlecht ausgedrückt – ich hab' doch gerade gesagt, wir wollen eine Kooperation!

Sie fühlen sich Rechenzentrums-geschädigt! Ich auch, wenn wir jetzt hier von Geldmitteln reden. An die CIP-Geldmittel kommt ein Rechenzentrum sowieso nicht ran. Es interessiert das Rechenzentrum nicht, weil es ja gar nicht da dran kommt. Wenn es um andere Mittel innerhalb der Hochschule geht, mag man darüber streiten. Also ist das kein Argument.

Und ich frage ja auch das Rechenzentrum. Von dort höre ich dann: "Wir können euch keine Mittel geben, wir sind aber gerne bereit, euch bei der Antragstellung zu unterstützen, kommt doch her, nur müßt ihr die fachliche Begründung liefern, das können wir nicht. Wir sagen euch gerne, diese und jene Geräte gibt es."

Daß ich gewisse einschränkende Empfehlungen bei der Geräteauswahl habe, hat doch ganz praktische Gründe. Ich will auch nicht, wenn ein Theologe einen Assistenten hat, der bei einer kleinen Softwarefirma mitbastelt und sich dort nebenbei Geld verdient und dann sagt: "Die Firma, die hat 'nen besseren PC, den kauf mal." Der fällt doch auf die Nase, wenn nach zwei Jahren die Firma dicht macht! Das ist doch ganz klar. Da muß man ein bißchen drauf achten, daß man Firmen nimmt, die einen Bestand haben von fünf, sechs Jahren, damit man überhaupt die Klamotten noch nachkriegt, wenn sie kaputt sind. Und diesen Einfluß will ich den Rechenzentren schon zugestehen. Den finde ich auch wirtschaftlich und sinnvoll.

Zuruf aus dem Auditorium:
Nur daß diese Empfehlungen immer nur drei Buchstaben haben, das ärgert mich!

Diskussionsbeitrag
Ich bin Physiker. Seit Jahren arbeiten die Physiker mit kleinen Rechnern und zwar mit Arbeitsplatzrechnern im heutigen Sinne und kennen sich in diesem Bereich der Rechner eigentlich sehr gut aus.

Aber meine Erfahrung ist die, daß es falsch ist, wenn Sie, Herr Münch, beanspruchen – wenn auch sein mag, daß Sie für Siegen recht haben – sich ebenso mit kleinen Rechnern auszukennen und diese Feststellung pauschal auf alle Großrechenzentren ausdehnen.

Ich kenne persönlich genügend viele Großrechenzentren, wo die Leute keinerlei Ahnung von kleinen Arbeitsplatzrechnern haben – zumindest war das vor vier Jahren so. Das mag sich heute, weil einfach der Druck da ist, geändert haben. Aber als Physiker habe ich die Arroganz zu sagen, daß ich immer noch besser entscheiden kann als jemand vom Großrechenzentrum, was für ein Arbeitsplatzrechner für Physiker gut ist.

Prof. Dr. Biedl
Darf ich vielleicht doch ganz schnell eine kleine Erfolgsgeschichte einschieben. Nach meiner – nicht nur persönlicher –Erfahrung mit Hochschulrechenzentren hätte ich in den siebziger Jahren bestimmt nicht empfohlen, in Sachen CIP-Pool mit den Rechenzentren zusammenzuarbeiten – und zwar aus strukturellen Gründen. Meine Erfahrung in den vergangenen Jahren ist jedoch, daß sich die Zusammenarbeit mit dem Rechenzentrum hier an der Technischen Universität Berlin ganz ausgezeichnet entwickelt und bewährt hat. Und insofern hoffe ich – wir sind ja in einer kontroversen Diskussion –, daß es diese andere Erfahrung auch woanders geben wird. Die Kooperation zwischen Fachbereichen und Rechenzentren kann sich zukünftig durchaus auch dann positiv entwickeln, wenn man vorher nicht so gute Aspekte gesehen hat.

Dr. Dette
Ich möchte gerne auf das Statement von Herrn Münch eingehen. Sie sagten vorhin, daß die Rechenzentren keine Pools beantragt hätten oder beantragen könnten. Ich darf Sie dazu hier mit einer Statistik vertraut machen, die derartige

Aussagen eindeutig widerlegt. Das hier ist unsere grafische Auswertung der authentischen CIP-Datei des Wissenschaftsrats. Sie sehen dort links die hohen Säulen die Rechenzentren betreffend. Die Rechenzentren waren danach diejenigen, die 1985 die meisten Anträge gestellt haben und auch die meisten Anträge bewilligt bekommen haben. Es ist allerdings eine Tendenz festzustellen, und zwar nehmen die Antragstellungen der Rechenzentren bis heute ab, weil allmählich wohl der Platz erschöpft ist, der ihnen zur Verfügung steht.

Dann eine weitere Bemerkung: Es gibt nicht nur IBM-Pools an den Hochschulen. Dieses Diagramm hier weist nur einen Anteil von 41,7% aus. Der ist überdies noch etwas zu reduzieren, weil es einen Unterschied gibt zwischen der Antragstellung und der späteren tatsächlichen Realisierung. Es werden danach tatsächlich 41,7% der CIP-Mittel für IBM-Pools empfohlen, diese werden aber von den Antragstellern nicht so realisiert. Davon sind etwa 10% zugunsten der anderen Hersteller abzuziehen.Sie sehen auch, daß eine Vielzahl anderer renommierter Marken im CIP-Bereich vertreten ist.

Dr. Münch, Rechenzentrumsleiter

Eine Bemerkung zu dieser Tendenz von '85 bis heute fallender Anteil von CIP-Pool-Anträgen: Das ist ganz natürlich, denn die Rechenzentrumsleiter wußten damals als erste, daß CIP-Pools eingerichtet werden, die Fachbereiche wußten das nicht. Als ich damals zu den Fachbereichen sagte, hier gibt's vielleicht Geld, da haben die überhaupt nicht reagiert. Ich darf das hier gar nicht sagen angesichts dessen, daß jemand vom Wissenschaftsministerium hier im Auditorium sitzt – ich hab' für die meisten CIP-Pool-Anträge am Anfang die Begründungen selbst geschrieben, ob das Bautechnik war oder sonst was. Herr Swatek, jetzt kommt das alles in die Fachbereiche.

Zuruf

Es wird auch langsam Zeit!

Prof. Dr. Dr. Nembach

Ich stimme Ihnen voll zu, trotz der 41%, die nur zu verzeichnen sind. Uns wurden die auch empfohlen und das Rechenzentrum hat dabei geholfen! Diesbezüglich möchte ich übrigens gern auf den Tagungsbeitrag von Herrn Leven verweisen, den ich vorhin gehört habe. Herr Leven hat seinen Pool teils auf Macintosh-Basis und teils auf MS-DOS-Basis eingerichtet, d.h. die Studenten können bei der Benutzung wählen. Im Ergebnis ist die Wahl eindeutig nicht zugunsten der drei Buchstaben ausgefallen. Das andere System ist einfach komfortabler!

Natürlich haben Sie recht, Herr Swatek, wenn Sie sagen: "Hätten wir gewartet, bis wir uns mit allen Ländern und dem Bundesfinanzminister geeinigt hätten, wär nichts passiert."

Ich komme aus Niedersachsen, ich kann Ihnen da voll zustimmen. Bei uns wird die UB gebaut und zwar im Vierjahrestakt, nämlich immer vor der Landtagswahl. Im Moment haben wir eine bevorstehen, da wird wieder gebaut. Ich kann also voll zustimmen. Aber sehen Sie, da taucht noch unser Problem auf. Nämlich die Folgekosten, wer übernimmt denn die?

Ein Dekan hat freundlicherweise unseren Antrag so unterschrieben, wie Sie das beschrieben haben, der nächste hat das aber nicht gemacht. Der hat das ganze noch im Eilverfahren während der Semesterferien zurückgezogen, und als das ganze vor den Fachbereichsrat kam, stand man vor der Frage, muß der dann noch den Rücktritt selbst bezahlen? Das ist das Problem, und da glaube ich, müßte es ein Ergänzungsprogramm oder dergleichen geben. Wir werden da in Niedersachsen nicht groß weiterkommen, und dieser Punkt scheint mit ganz wesentlich zu sein. Sie können natürlich sagen, wenn die Niedersachsen nicht zu Rande kommen, dann mögen die als Entwicklungsland weiter absinken. Aber ich glaube, das wäre nicht Bundes- beziehungsweise Länder-freundliches Verhalten wie es das Grundgesetz vorschreibt. Sie nicken – vielen Dank!

Prof. Dr. Dr. Fiedler

Da die Diskussion kontrovers ist, und die Zeit doch schon überschritten ist, möchte ich einen Aspekt gerne noch weiter komplizieren, indem ich eine Gleichung in Frage stelle, nämlich: "Rechenzentrum gleich Rechenzentrum".

Ich glaube, der wichtige Punkt ist doch heute, daß erklärt worden ist, daß die Rechenzentren sich zum Teil in einem Funktionswandel befinden, und gerade um die Thematisierung dieses Funktionswandels geht es! Es gibt natürlich nicht nur das Rechenzentrum, das typischerweise superb einrichtet ist und seine Großrechnernutzer exzellent betreut, sondern auch eines, das sich der Betreuung der individuellen Datenverarbeitung – wie man das heute nennt – widmet oder Unterstützung durch eine spezielle Infrastruktur, Vernetzung etc. anbietet.

Es ist also nur eine allgemeine Redensart, die ich hier zitiere, die von der öffentlichen Verwaltung und deren Rechenzentren bis in die Rechenzentren der Hochschulen reicht und natürlich auch mit dem Verhältnis der Rechenzentren zum CIP zu tun hat. Also die Problematisierung dieser Gleichung "Rechenzentrum gleich Rechenzentrum" – Kernproblem ist heute der Funktionswandel der Rechenzentren!

Diskussionsbeitrag

Ich komme aus einem Hochschulrechenzentrum in Hessen, in Marburg. Die ersten CIP-Pools in Hessen wurden großenteils von den Hochschulrechenzentren geschaffen und wurden für alle Fachbereiche bereitgestellt. Im Laufe der zweiten CIP-Runde haben die Fachbereiche sich eigene CIP-Pools beschafft. Es wurden dann auch in der zweiten Phase von den Rechenzentren noch weitere CIP-Pools geschaffen, aber überwiegend für die Fachbereiche, die alleine nicht die Mittel für einen eigenen Pool aufbringen konnten."

Prof. Dr.Biedl

Dann danke ich noch einmal allen, die sich an dieser kontroversen Diskussion beteiligt haben und die zugehört haben und schließe hiermit die Sitzung.

Abschlußveranstaltung

Multimedia für die Lehre?

Was ist Multimedia?

Rolf Schulmeister
Universität Hamburg
Interdisziplinäres Zentrum für Hochschuldidaktik

Ein kurzer Überblick über die lieferbaren CD-ROM- oder Bildplattentitel zeigt sehr deutlich, auf welchen Markt die Hersteller dieser Informationsträger zielen: Bei den CD-ROMs überwiegen Lexika, Literatur, Bibliographien, ClipArt- und Photosammlungen sowie Tonträger, bei den Bildplatten hingegen Filme, Malerei und sonstige Bildsammlungen sowie einfache Lehrfilme für Schulen.

Es scheinen also vorwiegend Sammlungen, Datenbanken, Verzeichnisse, Informationsdienste, also kurz "Datengräber" zu sein, die multi-medial angelegt werden. Schon gibt es CDs über CDs. Ansonsten dient Multimedia überwiegend der Werbung und dem Marketing: Comics, Werbespots, Designer-Sammlungen von Photos und ClipArt. Produzenten von CDs und Bildplatten sind überwiegend große Buchverlage und Regierungsstellen. Industrieunternehmen werden nachziehen. Darauf zielt wohl auch die "Definition", die eine der bekanntesten Firmen auf dem Gebiet der Animationssoftware, MacroMind, versucht hat: "Ausgesprochen wirksam, wenn Sie Ihre Zuhörer 'wachhalten' wollen. Aber: Gefährlich in der Hand Ihrer Konkurrenten."

Kein Wunder, denn die Kosten sind noch recht hoch, wenn man ein Videostudio plus Computer zum Multimedia Studio ausrüsten will. Man kann mit einem Aufwand zwischen 500.000.- und 1.000.000.- DM rechnen, wenn eine professionelle RGB- und UMATIC-Ausrüstung angestrebt wird. Allein die Software, die auf dem Computer den Video-Schnittplatz ersetzen soll, ein digitaler nicht-linearer Editor, kostet nach einem Angebot der Firma AVID je nach Ausstattung zwischen 49.900 $ und 79.900 $!

Und auch dann ist noch ein gutes Stück Pionierarbeit zu leisten. Denn nichts läuft ohne selbstgeschriebene Software. Kein Wunder, daß sich das nur Fernseh- und Rundfunkanstalten und Großverlage leisten können. Die zukünftige Rolle der Hochschulen als Produzenten von Multimedia Unterrichtssoftware wird hier fraglich ohne industrielle Kooperation und ohne mehr staatliche Unterstützung als bisher. Es ist absehbar, daß in den nächsten Jahren von Verlagen und der Industrie Millionen für multimediale Weiterbildungssysteme investiert werden, die weder von den Hochschulen entwickelt noch in den Hochschulen eingesetzt werden können. Die Hochschulen werden aber – ohne eine eigene Produktion – darauf angewiesen sein, teure kommerzielle Softwareprodukte zu kaufen.

Multimedia begann vermutlich, als das erste Klavier ins Stummfilmkino geschoben wurde. Seither wurde Multimedia, wie der Begriff ja auch sagt, vielfach ausschließlich über die Kombination verschiedener Medien definiert:

- als Kombination von Text und Bild (Einzelbild, Animation, Film)
- als Kombination von Text und Ton (Sprache, Musik)
- als Kombination von Text, Bild und Ton.

Danach ist der Film bislang das technisch beste Multimedia-Medium. Das, womit wir uns aber befassen, ist die Kombination des Computers mit ihm bislang fremden Medien, die vor allem folgenden Effekt hat: Sie soll die anderen Medien interaktiv zugänglich machen. Deshalb ist für uns der Begriff Multimedia eigentlich nicht angemessen. Wir sollten immer von "interaktiven Medien" sprechen.

Was heißt aber nun interaktiv? Sieht das so aus, wie uns eine Untersuchung zum Thema "Rechnerunterstütztes Lehr- und Hilfe-System mit multimodaler Benutzerschnittstelle" uns vormachen will?

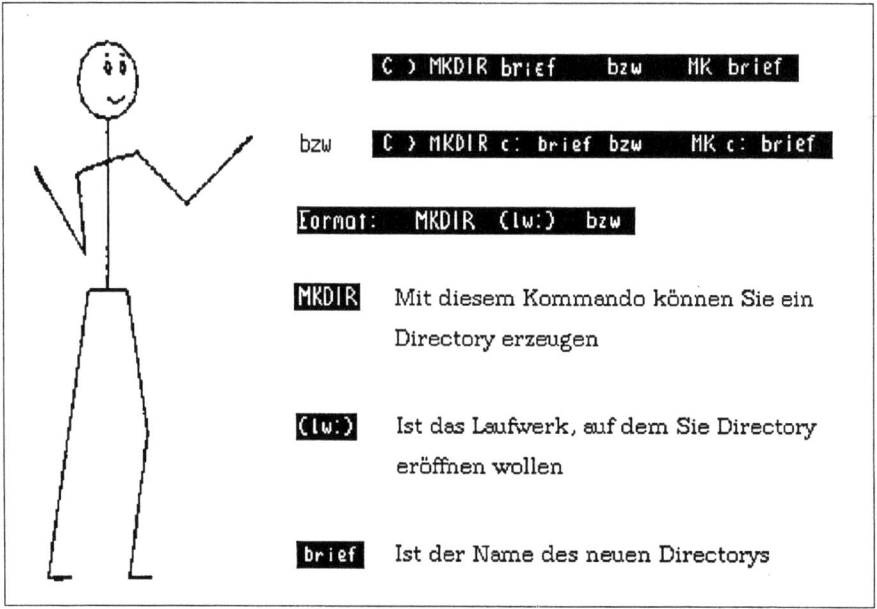

Abb. 1: *"Rechnerunterstütztes Lehr- und Hilfe-System mit multimodaler Benutzerschnittstelle"*

Zu diesem Bild (der Lesbarkeit halber wurde das gescannte Bild in der Schrift korrigiert, R.S.) spricht der Computer mit einer synthetischen Stimme. Ich zitiere aus den Ergebnissen der Untersuchung:

"Die wesentlichen Lehrinhalte werden schriftlich dargeboten. Die Strichfigur wird zur Steuerung der Aufmerksamkeit und zum Transport von nichtverbalem Lehrverhalten eingesetzt. Über den auditiven Kanal werden nur Zusatz- und

Hintergrundinformationen vermittelt, um den geschriebenen Text zu erläutern..."
Wohlgemerkt: Es handelt sich um ein Beispiel aus dem Jahr1988, nicht aus aus dem Jahr 1968.

Die Kombinierbarkeit der Medien um jeden Preis kann wohl kaum das Ziel von Multimedia-Produktionen sein. Es kommt auf einen sachgerechten, vom Inhalt her legitimierten Einsatz des jeweiligen Mediums an. Im Fremdsprachenunterricht oder für eine Artikulationsübung dürfte es angemessen sein, Sprachausund -eingabe mit dem Lehrbeispiel zu verknüpfen.

Untersucht man einige der auf dem Markt erhältlichen Bildplatten im Hinblick auf die Nutzung dieses Mediums für didaktische Funktionen, ergeben sich folgende Gesichtspunkte: Es gibt noch nicht viele Bildplatten und den meisten merkt man an, daß sie nicht für eine Nutzung per Computer komponiert wurden. In der Regel enthalten Bildplatten abgeschlossene Filme, die für eine Videovorführung geeignet sind. Es wird deutlich, daß es noch an einer Didaktik der Bildplattennutzung fehlt. Versucht man, um die Bildplatte herum ein Programm zu stricken, um den Zugang zur Platte zu demonstrieren, dann erhält man in der Regel nicht mehr als ein komfortables Inhaltsverzeichnis.

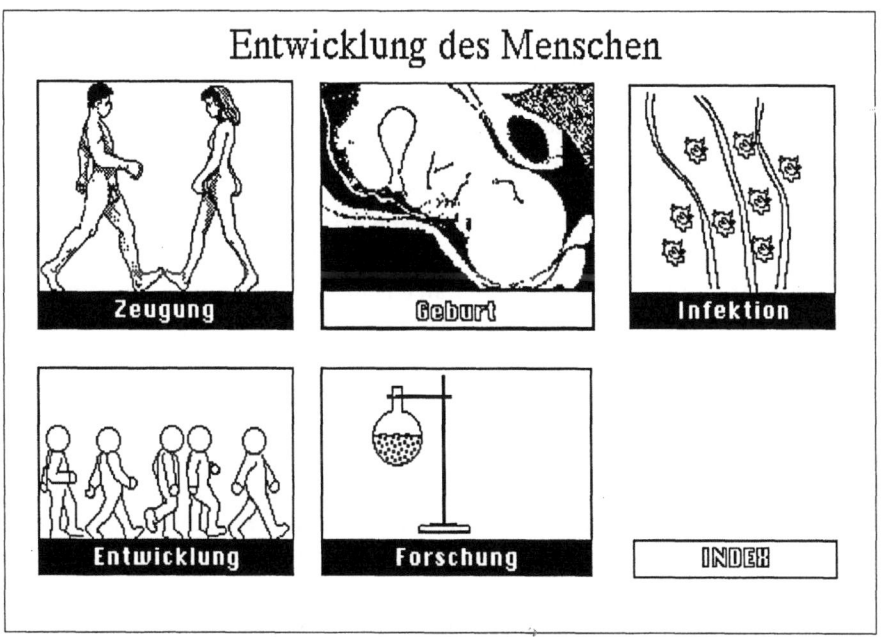

Abb. 2: *Oberste Ebene eines Inhaltsverzeichnisses für den Zugriff auf die Bildplatte "Der Mensch" (Klett Verlag)*

Mehr ist mit den meisten Bildplatten nicht anzufangen. Die Gründe dafür liegen in der Konzeption der Inhalte: Die meisten Bildplatten enthalten Videofilme, die auch fürs reguläre Fernsehen hätten gedreht werden können. Es fehlt bereits an der Phantasie, was denn auf Bildplatten oder CD-ROM gespeichert werden sollte, es fehlt ein deutlich erkennbares Konzept für die Speicherung der Inhalte für ein Medium, das beliebigen Zugriff auf interaktive Weise zuläßt, es fehlt an einer Didaktik multimedialer Lernprogramme, es fehlt an Untersuchungen über Interaktionen und Lernprozessen im Umgang mit multimedialen Programmen. Und es fehlt in den Hochschulen in der Regel an Zeit und Mitteln, wirklich professionelle Produktionen in Angriff zu nehmen und am Beispiel dieser Prototypen realistische Evaluationsstudien durchzuführen.

Wenn großartige Systeme nicht in schöner Langeweile sterben sollen, dann brauchen wir allerdings mehr Know-how didaktisch-psychologischer Art darüber

- welche Inhalte wie ausgewählt werden
- welche Inhalte wie gespeichert werden
- wie die Interaktion zwischen Lernenden und Programm geregelt werden kann.

HyperCard-Stack und CD zu Beethovens Neunter

Was dem vorgestellten Beispiel an Interaktivität noch fehlt, wird von einem anderen geliefert, das nun bereits explizit in didaktischer Absicht entstanden ist und mit guter pädagogischer Qualität abgeschlossen wurde. Das ist für mich eine mit HyperCard aufbereitete CD über Beethovens Neunte Symphonie von Robert Winter (es folgt eine kurze Vorführung des Programms: die Biographie mit Zitaten aus der Musik, die Analyse der Symphonie und deren musikalischer Komponenten wie z.B. Satz, Thema, Variation, Kontrast, Wiederholung, Sonatenform, Marsch, Türkischer Marsch etc.). Schließlich kann man sich die Symphonie anhören, während die zuvor gelesenen Erklärungen parallel zur Musik am Bildschirm vorbeilaufen. Am Ende kann der Zuhörer an einem Test teilnehmen, um sein erlangtes Verständnis zu überprüfen. Auch der Test arbeitet mit Hörproben.

Was Interaktivität in computergesteuerter, multimedialer Lernumgebung sein kann, wird in diesem Beispiel in schöner Weise demonstriert: Wahlweiser Zugriff auf beliebige Musiksequenzen, unmittelbarer Vergleich dieser Sequenzen, Parallelisierung von Musik und Interpretation, analytische Erklärung musikalischer Strukturen. Auf diese Weise werden nicht nur kognitive Komponenten angesprochen: Es baut sich allmählich neben dem analytischen Verständnis sogar eine Sensibilität für die einzelnen musikalischen Elemente und deren Zusammenwirken auf.

Der Begriff Interaktivität bezeichnet den wesentlichen Unterschied zwischen einem computerunterstützten Lernprogramm und dem Video. Was aber meint Interaktivität?

1. Unabhängigkeit und Kombinierbarkeit der Medien: Im Grunde sind die Medien unabhängig voneinander. Sie werden erst im Programmverlauf kombiniert. Um den Vorteil der Unabhängigkeit wirklich ausnutzen zu können, sollten multimediale Lernprogramme nicht in kompakter Form, z.B. alles auf einer CD-ROM-Disk, produziert werden. Die freie Kombinierbarkeit verweist

deutlich auf das Problem der Adäquatheit: In einigen Fällen ist z.B. eine Sprachausgabe absolut überflüssig. Ich muß nicht unter dem Zwang stehen, sachunangemessen alles mit allem kombinieren zu wollen.

2. Aktives Suchen und Selektieren, willkürlicher Zugriff bezogen auf Text, Daten und Bilder. Hier ist eine hierarchische Struktur nach wohlgeordneten kognitiven Konzepten einer sequentiellen Reihung von Wissenselementen effektiv überlegen, nicht nur, was die Suche angeht, sondern auch die heuristische Orientierung des Lernenden, die aktive Konzeptualisierung der Struktur selbst, also die höheren Lernvorgänge.

3. Modifizieren und Variieren, z.B. durch Ändern vorhandener Daten, durch Variieren von Parametern für Vorgaben bei Visualisierungen und Simulationen, durch Ergänzung des Datenbestandes. Üben und Tun, Probieren und Experimentieren sind wichtigere Lernkategorien als Memorieren oder Testen. Das Prinzip "Modifizieren" sichert in einfacher Form bereits eine Art minimaler "Lernfähigkeit" des Programms, dadurch daß dieses in die Lage versetzt wird, sich selbst empirisch beispielsweise um Daten über den Lernenden zu ergänzen und Daten des Lernenden fortzuschreiben.

4. Die Wirklichkeit, die das Lernprogramm behandelt, kann abgebildet sein, sie kann aber auch ad hoc konstruiert werden: durch Selektionen, durch Kalkulationen, durch dynamische Visualisierung, durch Animation und durch Simulation. Dynamische "Konstruktion" scheint mir ein weitgehend vernachlässigtes Prinzip in bestehenden Lernprogrammen zu sein.

5. Die vier Punkte lassen sich zusammenfassen im Prinzip: Steuerbarkeit der Interaktion durch ein Programm. Das klingt nun wieder trivial, aber so trivial scheint es denn doch nicht zu sein, wenn man die Masse der multimedialen Lernprogramme betrachtet, die anscheinend nur eine einzige Programmierfigur kennen: "if his or her Answer is true then do next Question else return".

Nun gibt es ja auch immer noch die Forderung nach tutoriellen Anteilen, nach Beratung durch sog. "Expertensysteme". In diesem Punkt möchte ich Sie deutlich entlasten. Wer die referierten fünf Prinzipien ausgereizt hat, der hat bereits viel für die Interaktivität getan. Pädagogik und Psychologie wissen viel zu wenig, um "Beratung" in Lernprogrammen wirklich praktikabel zu machen. Das was gemeinhin als "intelligente tutorielle Systeme" bezeichnet wird, ist aus pädagogisch-psychologischer Sicht so unterentwickelt, viel zu weit weg von humaner Realität, um von Lernenden als sozial-interaktive Komponente wirklich akzeptiert werden zu können.

Ich möchte zum Abschluß eine These wagen. Nicht die eines englischen Kollegen (R. N. Tucker) "that we are privileged to be standing on the threshold of a potentially dramatic period of learning" (Vortrag während einer Tagung, die 1989 vom Deutschen Institut für Fernstudien veranstaltet wurde). Für so wichtig halte ich das nicht, was wir machen.

Abb. 3: HyperCard-Stack und CD zu Beethovens Neunter

Abb. 4: HyperCard-Stack und CD zu Beethovens Neunter

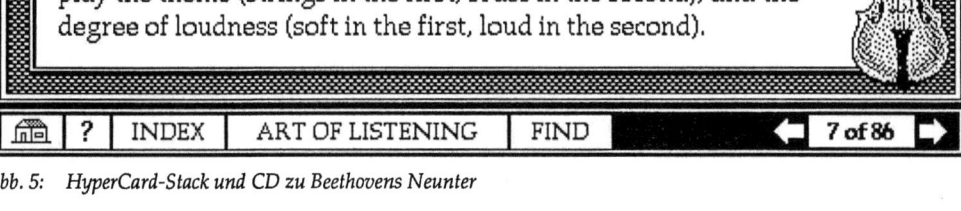

Abb. 5: HyperCard-Stack und CD zu Beethovens Neunter

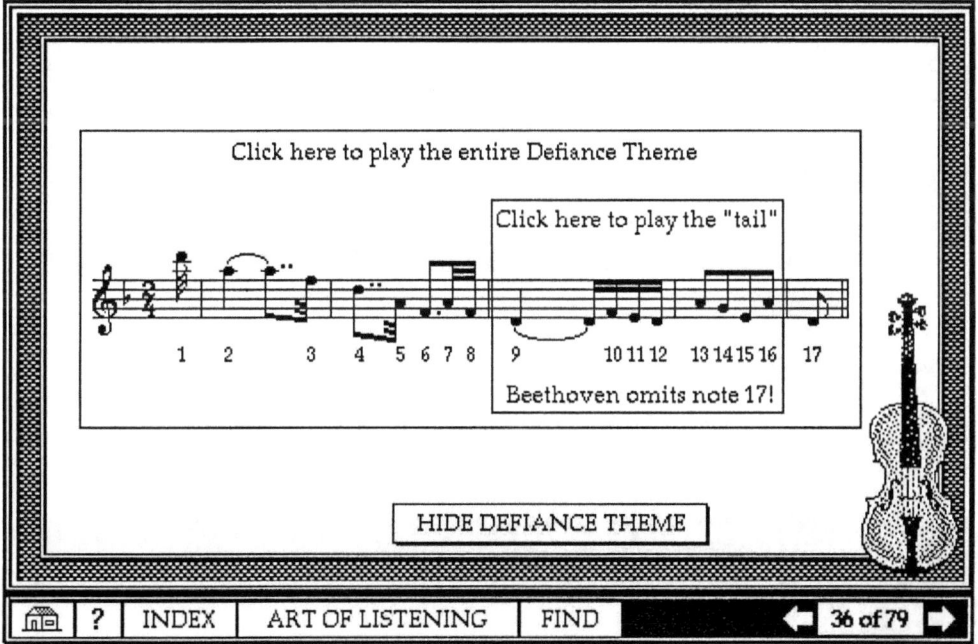

Abb. 6: HyperCard-Stack und CD zu Beethovens Neunter

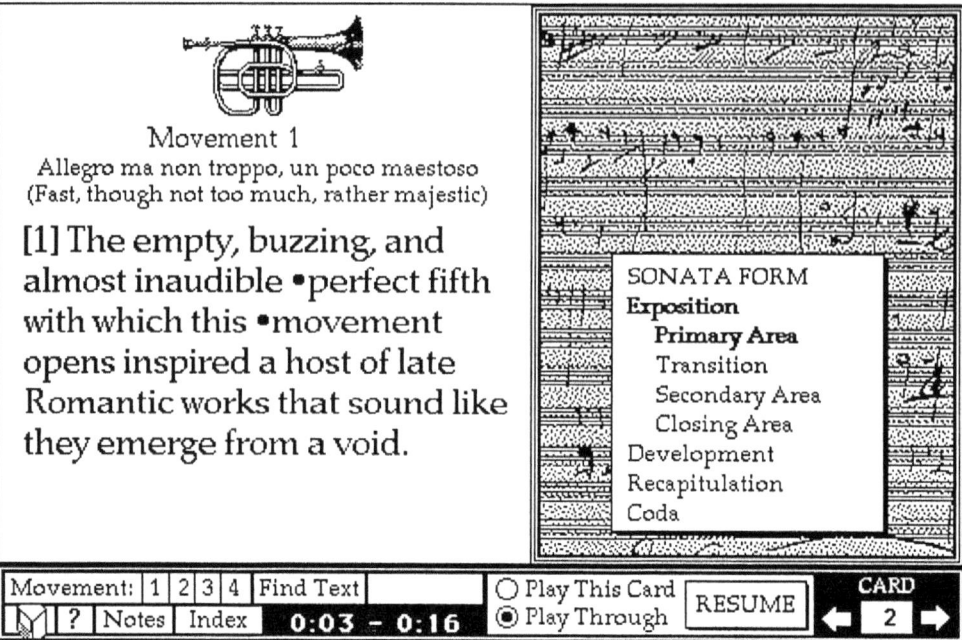

Abb. 7:   HyperCard-Stack und CD zu Beethovens Neunter

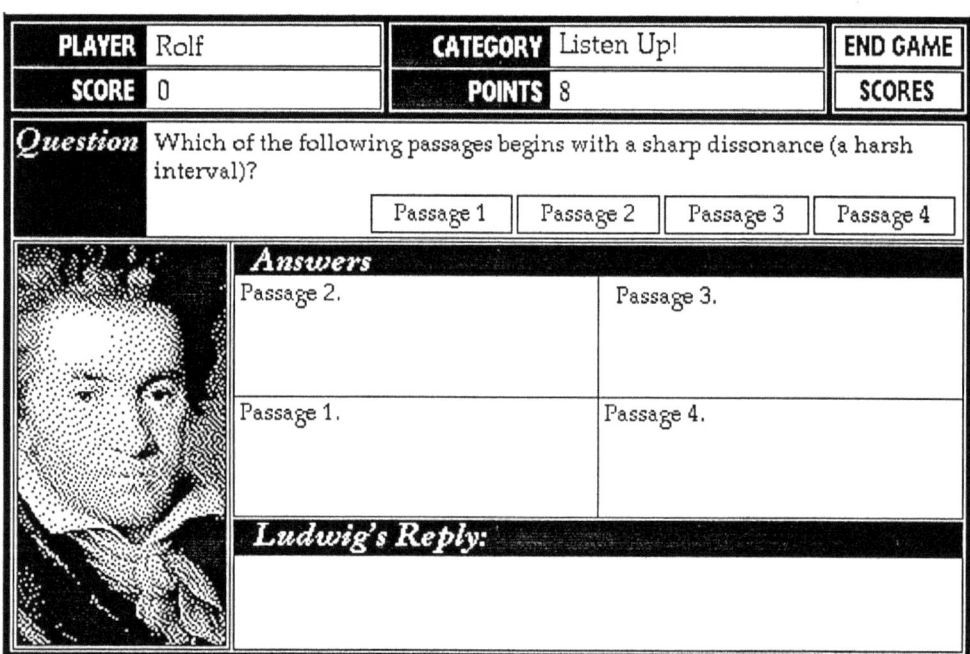

Abb. 8:   HyperCard-Stack und CD zu Beethovens Neunter

Aber ich möchte die These wagen, daß Multimedia Lehrenden und Lernenden möglicherweise und hoffentlich erfolgreich die Chance bietet, endlich von jenem Muster sequentiell angeordneter kleinster Lernschritte wegzukommen, das der Programmierte Unterricht geprägt hat und das die ersten Autorensysteme auf dem Computer imitiert haben. Multimedia wird sehr schnell langweilig, wenn die Inhalte in strikter Reihenfolge oder als schlichte Sammlung arrangiert werden. Multimedia fordert geradezu offene, aber wohlgeordnete Lern-Landschaften, in denen der Lernende sich nicht nur rezipierend, sondern auch aktiv gestaltend betätigen kann.

Quellen

1. Winter, Robert: Ludwig van Beethoven, Symphony No. 9 (CD Companion Series). The Voyager Company. 1989.
2. Der Mensch. Bildplatte. Klett-Verlag: Stuttgart.

Möglichkeiten und Probleme des Einsatzes multimedialer PC-Informationssysteme am Beispiel des Faches Physiologie

Wolfgang Wiemer
Universität GHS Essen
Institut für Physiologie

1. Defizite der bisherigen audiovisuellen und Computer-Medien

In der Physiologie wie auch in anderen Fächern der theoretischen und klinischen Medizin – das Medizinstudium umfaßt 25, zum Teil bereits aus Einzelfächern zusammengesetzte Prüfungsfächer – ist nicht nur die Rolle des traditionellen audiovisuellen Mediums Film (AV), sondern auch des computerunterstützten Unterrichts (CUU) sehr bescheiden geblieben. Dies hat verschiedene Gründe:

1.1 Geringer Umfang der EDV-Ausbildung im Studium

Die berufsbezogene EDV-Ausbildung der Medizinstudenten ist noch nicht obligater Bestandteil des Curriculums und dementsprechend meist gering; sie obliegt speziell dem Fach Biomathematik, das zudem gemäß der (bundeseinheitlichen) Approbationsordnung erst im klinischen Studienabschnitt vorgesehen ist. Im Vergleich zu Fachbereichen wie Physik oder Ingenieurwissenschaften sind daher in der Medizin CUU-Programme als "Hilfswerkzeuge" noch kaum vertreten.

1.2 Begrenzte Anwendungsgebiete in der Lehre

In den medizinischen Fächern ist der Einsatz in der Lehre auf spezielle Anwendungen begrenzt geblieben. Die generelle Übertragung der Lehrinhalte auf AV- und CUU-Medien nach dem extremen (bereits in den USA als gescheitert zu betrachtenden) Konzept des kompletten Medien-Studienangebots ("abgefilmte Vorlesung" bzw. Wissenserwerb durch "page turning" mit Computer) wird wohl von der großen Mehrheit der deutschen Hochschullehrer abgelehnt. AV- wie CUU-Materialien werden dementsprechend vorwiegend im Rahmen von Lehrveranstaltungen und deren Begleitung eingesetzt zur

- Visualisierung von sonst nicht oder nur schwer darstellbaren Vorgängen, zum Beispiel in Form der klassischen Dokumentarfilme oder computergetragenen Simulationsprogramme physiologischer Funktionen ("enrichment");

– aufgabenbezogenen Einübung von Wissen und Fertigkeiten, ebenfalls in Form von Filmen oder Computerprogrammen (Tutorials), z.B. zur patientenschonenden Erlernung von Untersuchungstechniken oder diagnostischen Verfahren ("drill and practice").Solche Materialien sind auch zunehmend von Bedeutung als Ersatz für Tierversuche zu Ausbildungszwecken, z.B. im Praktikum.

1.3 Geringe Nutzung der vorhandenen Materialien

Die verfügbaren Materialien werden im allgemeinen nur wenig genutzt. Dies hat hauptsächlich folgende Gründe:

– Die vermittelbaren Informationen sind erheblich durch die jeweiligen Trägermedien beschränkt: Wichtige Datenarten auch aktueller Art (z.B. Abbildungen aus der wissenschaftlichen Literatur, Meßwertregistrierungen), die in Fächern wie der Physiologie den Hauptteil des nicht-textgebundenen Lehrstoffs ausmachen, lassen sich in die traditionellen Systeme Film und (textorientierter) Computer nicht ausreichend einbringen. Universal einsetzbar sind in den meisten medizinischen Fächern nur echte multimediale Systeme

– Auch als "intelligent" deklarierte CUU-Programme, selbst Simulationen, weisen allzu häufig eine Diskrepanz zwischen Aufwand an Präsentation (typischerweise bunter Animation) und Trivialität des Inhalts auf. Die meisten physiologischen Funktionen sind besonders im Systemzusammenhang sehr kompliziert, z.B. als vermaschte Regelkreise mit nichtlinearen Übergangsfunktionen, aufgebaut; ihre adäquate Abbildung erfordert daher mathematisch anspruchsvolle Programme, die mit der Software herkömmlicher Autorensysteme gar nicht, mit eigener Software nur bei entsprechenden professionellen Voraussetzungen zu realisieren ist. Hinderlich ist ferner die mangelnde Adaptierbarkeit: Gemeinsames Merkmal eines Großteils der bisherigen Medienmaterialien ist ihre geschlossene inhaltliche und formale, durch den Stil des jeweiligen Autors geprägte Struktur. Diese Struktur, aber auch die fehlenden technischen Möglichkeiten gestatten in der Regel nicht, AV- und CUU-Materialien am Ort durch Schnitt und Ergänzung zu modifizieren; sie sind daher in die individuelle Lehre anderer Hochschullehrer nur begrenzt integrationsfähig ("take it or leave it").

– Dazu kommt, daß es sich bei diesen Materialien in der Regel um einmalige Produktionen handelt, die nicht durch Neuauflagen fortgeschrieben werden. Besonders in den medizinischen Fächern, in denen sich der Wissensstand rasch ändert, ist daher ein beträchtlicher Teil der jeweils verfügbaren Materialien, auch wenn ehemals wegweisend (klassische Dokumentarfilme, Simulationsprogramme der 60er Jahre), inhaltlich, wenn nicht formal, veraltet.

1.4 Geringe Produktion

Die (Gesamt-)Kataloge der in der Medizin angebotenen AV- und CUU-Materialien sind nur auf den ersten Blick beeindruckend; tatsächlich ist, aufgeschlüsselt auf die einzelnen Fächer, die Produktion gering geblieben: So gibt es z.B. in der Physiologie für die Mehrzahl der durch den Gegenstandskatalog definierten curricularen Hauptthemen überhaupt keine adäquaten Angebote. Diese mangelnde Produktion hat mehrere Gründe:

- Nicht nur die Herstellung guter Filme, sondern auch anspruchsvoller CUU-Programme erfordert beträchtliche technische (Programmierer) wie fachwissenschaftliche (Hochschullehrer) Ressourcen, so daß sie – insbesondere in den nicht EDV-orientierten Fächern – von einzelnen Hochschullehrern und ihren Arbeitsgruppen nur begrenzt zu leisten ist: Nach amerikanischen Erfahrungen sind bei echten intelligenten Programmen je nach Komplexitätsgrad mindestens 300 - 800 Expertenstunden für eine Programmstunde anzusetzen.

- Ein denkbarer Weg zu größerer hochschulinterner Produktivität, die Materialerstellung im überregionalen Institutsverbund, wurde – mit Ausnahme eines Modellversuches in den Universitäten Göttingen/Hannover zur Herstellung von Lehrfilmen – in Deutschland noch kaum beschritten.

- Vor allem fehlt jedoch die kommerzielle Produktion: Eine dem wissenschaftlichen Buchmarkt auch nur entfernt vergleichbare, leistungsfähige Medienproduktion gibt es nicht.

Medienmaterialien entstehen daher typischerweise noch als subventionierte Unikate aus der Initiative einzelner engagierter Hochschullehrer ("Medien- bzw. Computerfreaks"). Infolgedessen fehlen bisher auch weitgehend die Mechanismen, die bei einem funktionierenden Markt Information (durch Referateorgane, regelmäßige Einbeziehung in fachwissenschaftliche Kongresse), Aktualität (durch Neuauflagen) sowie Qualität (durch Rezensionen und Konkurrenzangebote) bewirken.

1.5 Ungenügender studentischer Zugang zu Materialien

Zur obigen Problematik vorwiegend aus der Sicht des Hochschullehrers kommt noch die der eigenständigen studentischen Arbeit mit AV- und CUU-Materialien: In einem Fach wie der Physiologie haben die Studenten zu den wichtigsten visuellen Informationsquellen der Vorlesung, den Bilddatenbanken der Hochschullehrer in Gestalt ihrer Diasammlungen, in der Regel überhaupt keinen eigenen Zugang. In Hochschulen oder (selten) Instituten, die über Mediotheken oder Computerlernzentren verfügen, können die Studenten zwar selbst mit Filmen und Programmen arbeiten; diese Medienarbeit läuft jedoch in der Regel beziehungslos neben den Lehrveranstaltungen her und ist auch insofern problematisch, als die Studenten die fachwissenschaftliche Relevanz und Aktualität der Materialien kaum beurteilen können und darüber auch keine Information erhalten.

2. Technologische Fortschritte durch die "Neuen Medien"

Die Fortschritte der Informationstechnologie der letzten Jahrzehnte haben den computergestützten Unterricht in wesentlichen Aspekten erweitert:

2.1 Mikrocomputer

Diese ermöglichen den allgemeinen, dezentralisierten Rechnereinsatz bei mehr Kapazität und Intelligenz zu niedrigeren Preisen; so sind jetzt Simulationen von biologischen Funktionen oder von Krankheitsdiagnosen hoher Komplexität auf Kleinrechnern möglich, die früher Großrechnern vorbehalten waren.

2.2 Multimediale Massenspeicher

Sie gestatten erstmals Massenspeicherung von analogen wie digitalen Daten aller Art, vor allem auch von Bildern (Video-Bildplatte, digitale Bildbanken auf CD-ROM, WORM).

2.3 Systemintegration

Fachinformation erreicht eine neue Qualität der Integration: Alle Funktionen der Eingabe, Speicherung, Verarbeitung und Kommunikation multimedialer Daten (durch mobile Platten, Netzwerke, die zukünftigen Breitbandleitungen) sind wiederum durch Computer steuerbar und in interaktiven, dialoggeführten Systemen auch für den allgemeinen Nutzer anwendbar geworden.

Diese Fortschritte sind dabei, das traditionelle Konzept der audiovisuellen Medien grundlegend zu verändern: Die klassischen eigenständigen Unterrichtstechnologien Videofilm, Tonband und Dia einerseits, lehrtextorientierter Computer andererseits verschmelzen zum rechnergetragenen Bild/Text-Breitband-Kommunikationssystem. Gleichzeitig werden diese Systeme (in der Medizin als Praxis- und Klinikinformationssysteme, überregionale Fachinformationssysteme) zunehmend Bestandteil der normalen (hier ärztlichen) Berufstätigkeit und damit auch der universitären Ausbildung. Dies bedingt eine Akzentverschiebung des Medieneinsatzes in Lehre und Studium: Neben die Vermittlungsformen des traditionellen Lehrfilms und EDV-Lehrprogramms treten nun die Lehranwendungen der neuen Expertensysteme, der multimedialen Datenbanken und intelligenten Systeme. Der Einsatz audiovisueller und Computermedien in der universitären Lehre beinhaltet zunehmend nicht mehr Etablierung einer separaten "Lehrtechnologie", sondern Lehranwendung eines Berufsinstrumentariums.

3. Das Studienmodell Physiologie und seine Weiterentwicklung, das multimediale Informations- und Lehrsystem MILES

Um die obigen Fortschritte für Lehre und Lernen in der Universität zu nutzen, wurde im Institut für Physiologie der Universität Essen unter der Leitung des Autors das STUDIENMODELL PHYSIOLOGIE (SMP) entwickelt, primär für Anwendungen im medizinischen Grundlagenfach Physiologie, aber auch bereits im Hinblick auf Übertragbarkeit in andere Fächer: Von 1980 - 1985 wurde zunächst im Rahmen eines von der Bund-Länder-Kommission für Bildungsplanung und Forschungsförderung finanzierten Modellversuchs auf der Basis der damals verfügbaren Technik die zentrale Version des Systems entwickelt. Grundlage war dabei ein Großrechner (IBM 4341), ein zentrales Datenbanksystem (IBM STAIRS/ MIKE) und das Bildschirmtext-System (Btx) als Kommunikationsbasis zwischen Nutzer (bzw. Autor) und Host. Dieses zentrale System erwies sich jedoch wegen der hohen Betriebskosten, der geringen Übertragbarkeit solcher Großrechnersysteme auf andere Nutzergruppen sowie der ungenügenden Akzeptanz von Bildschirmtext als Kommunikationssystem für fachwissenschaftliche Anwendungen als nicht praktikabel. Gefördert durch einen Studienvertrag mit IBM sowie Mittel der Alfried Krupp von Bohlen und Halbach-Stiftung wurde daher das Konzept 1986–1989 in allen wesentlichen Funktionen in eine dezentrale Version auf Personal-Computer übertragen. 1989 wurde das Projekt in eine Zusammenarbeit mit dem Fachbereich Wirtschaft der Fachhochschule Dortmund (Prof. Dr. Uwe Großmann) und dem Department of Electronics and Computer Science, University of Southampton, UK (Univ. Lect. Dr. Wendy Hall) erweitert, um das System – jetzt unter dem Namen MILES = MULTIMEDIALES INFORMATIONS- UND LEHRSYSTEM – in ein allgemeines fachübergreifendes Instrument zur Integration von Computer und audiovisuellen Technologien in Lehre und Studium weiterzuentwickeln.

3.1 Zielvorgaben

Ziel war nicht die Erstellung spezieller Lehrprogramme, sondern eines "offenen" Autorensystems, das die möglichst breite Erfassung von Daten und Programmen jeglicher Art – auch fremder Herkunft – und ihre lokale Zusammenstellung zu EDV-verwalteten Materialsammlungen wie individuell strukturierten Lehreinheiten ermöglicht.

3.2 Systemkonfiguration und -leistungen

Die Hardwaregrundlage sind Personal-Computer vom Typ IBM PS/2 (oder AT-kompatibel) unter PC-DOS; die Software basiert auf einem Dokumenten-Retrieval-System und unterstützt eine Reihe von multimedialen Eingabe-/Ausgabegeräten, audiovisuellen und digitalen Speichern, und zwar grundsätzlich Standardgeräte (bezüglich der Details vgl. den Beitrag zur Demonstration des Systems, S. 401). Die wesentlichen Leistungen sind

- Funktionen für die Eingabe und Speicherung multimedialer Daten und Programme, und zwar in Form direkter Dateneingabe (Text, Bildvorlagen über Scanner), indirekter Dateneingabe durch Formatierung von Materialien auf angeschlossenen Speichern (Videoband, -bildplatte), Anbindung von selbständigen EDV-Programmen (sofern mit dem Systembetrieb unter MS-DOS kompatibel);

- Autorenfunktionen für die Organisation der Datenbank, für die Strukturierung der Bildschirmoberfläche, Dialog- und Zugriffsfunktionen, für die Zusammenstellung beliebiger Daten- und Programmkomponenten zu Lehreinheiten in (auch komplex verzweigter) Menüform unter Einbeziehung des freien Zugriffs zu definierten Teilen der Datenbank;

- Nutzer-Zugangsfunktionen zu diesen Materialien auf zwei Ebenen: freie Stichwortrecherche und/oder (vorgegebene) Menüwahl, dazu die Möglichkeit zur Zusammenstellung eigener Daten- und Programmsammlungen aus Systemmaterialen;

- Betrieb ohne Kenntnis von Programmier- oder Betriebssprachen sowohl für den studentischen Nutzer als auch den Hochschullehrer/Autor (mit Ausnahme der Erstellung oder Einbindung von EDV-Programmen).

- Dagegen wurde auf den Versuch der Entwicklung einer eigenen mathematisch-graphischen Software verzichtet – sowohl wegen der dazu nicht ausreichenden Kapazität unserer Arbeitsgruppe als auch aus dem Gesichtspunkt, daß anspruchsvolle Komponenten dieser Art in der Regel ohnehin spezielle Programmierung erfordern und die vom System gebotene Möglichkeit, solche Komponenten als Fremdprogramme zu integrieren, dieses Defizit weitgehend kompensiert.

3.3 Anwendungskonzept im Fach Physiologie in Essen

Im laufenden Wintersemester 1989/90 beginnt im Klinikum der Universität Essen der Feldversuch in der Lehre im Fach Physiologie für Medizin- wie Biologiestudenten. Grundlage ist ein stufenweise auszubauender, in der Endversion vernetzter PC-Pool aus Mitteln des CIP.

Das System wird in diesem Feldversuch einerseits Materialien für Lehrveranstaltungen bereitstellen, und zwar nur zum kleineren Teil aus eigener Produktion (Text, Meßwertregistrierungen, Programme zur Datenauswertung), zum größten Teil aus Fremdmaterialien (Abbildungen aus der Literatur, Filme, Prüfungsfragen und Glossare, CUU-Programme aller Art wie Tutorials und Simulationen). Sie sollen eingesetzt werden als

- Demonstrations- und Kolloquiumsmaterialien für Vorlesung und Seminar. Hier wird, entsprechend der Mediensituation im Fach Physiologie, der Schwerpunkt bei Abbildungen aus der wissenschaftlichen Literatur (digitale Bilddatenbank) und Meßdaten (digitale Datenbank von Originalregistrierungen) liegen;
- Arbeitsmaterialien für das Praktikum, darunter sowohl Meßdaten als auch Programme zu ihrer Erfassung bzw. Verarbeitung;
- veranstaltungsbegleitende Materialien, die an den "freien" Arbeitsplätzen angeboten werden: Hier soll – ein besonderer Aspekt des Feldversuchs – dem Studenten erstmals die Möglichkeit geboten werden, die in den Lehrveranstaltungen behandelten Inhalte vorzubereiten (z.B. Praktikumsaufgaben), nachzuarbeiten (z.B. anhand der hier nochmals angebotenen Demonstrationsmaterialien der Vorlesung) und durch zusätzliche Materialien zu vertiefen.

Gleichzeitig werden auf diesen "freien" Arbeitsplätzen Materialien unabhängig von den Lehrveranstaltungen angeboten als

- vorstrukturierte Arbeitsprogramme zu definierten Themen (in Form von kompletten Lehrfilmen, CUU-Programmen, kommentierten Zusammenstellungen von ausgewählten Einzeldaten wie Bildern, Filmschnitten, Meßdaten),
- frei im System recherchierbare Materialien, und zwar sowohl Sammlungen von Einzeldaten (Abbildungen, Filmsequenzen, Meßwertregistrierungen, Tabellen, Glossare, Testfragen) als auch Programmen. Aus beiden Kategorien können sich die Studenten in ihren persönlichen Dateien eigene Studienmaterialien zur weiteren Arbeit zusammenstellen.

4. Leistungsmöglichkeiten multimedialer Informationssysteme in Lehre und Studium

Multimediale Systeme auf Personal-Computer-Basis eröffnen Anwendungsmöglichkeiten in der universitären Ausbildung, aber auch Fort- und Weiterbildung, die über die des traditionellen Einsatzes audiovisueller und CUU-Medien hinausgehen:

4.1 Einbeziehung aller Arten von Daten

Lehrmaterialien müssen nicht mehr länger bestimmten Trägermedien angepaßt sein, sondern können praktisch alle Datenformate umfassen. Ein wichtiger Aspekt ist dabei die lokale Einbeziehung von Materialien auch aktueller Art wie Labordaten, Patientenbefunden und – auf dem Wege digitaler Bildbanken, den zukünftigen "elektronischen Diasammlungen" des Hochschullehrers – Abbildungen aus der wissenschaftlichen Literatur.

4.2 Integration von Lehr-, Forschungs- und Berufstechnologie

Zur mediengestützten Vernetzung von Lehre mit Forschung und Dienstleistung trägt bei, daß die gleichen Systeme als Träger für Lehrmaterialien wie für die berufliche EDV-Ausbildung und wissenschaftliche Aufgaben verwendet werden können; so wird z.B. das STUDIENMODELL PHYSIOLOGIE im Essener Institut auch als Trägersystem einer fachwissenschaftlichen (Bild/Text-)Bibliographie sowie für Forschungsprojekte (s.u.) eingesetzt.

4.3 Lokale und individuelle Erstellung von Lehrmaterialien

Systeme wie das STUDIENMODELL PHYSIOLOGIE gestatten dem Hochschullehrer, audiovisuelle und CUU-Materialien am Ort für die jeweiligen Zielgruppen und Vermittlungssituationen zusammenzustellen, zumindest teilweise zu bearbeiten (z.B. Filme durch Schnitt), durch eigene Daten zu ergänzen und damit erstmals voll in seine persönliche Lehre zu integrieren.

4.4 Studentischer Zugang zu Daten- und Programmbanken

Dem eigenständigen studentischen Lernen eröffnet sich eine neue Qualität durch die Möglichkeit des Zugangs zu Originaldaten, der Strukturierung eigener Lernprogramme und des aktiven Arbeitens mit Informationssystemen; dies erscheint um so wichtiger, als solche Systeme ohnehin in naher Zukunft zu den Erfordernissen vieler Berufe, auch des Arztes, gehören werden.

4.5 Übertragbarkeit des Systemkonzeptes

Sie hat sich schon jetzt dadurch bestätigt, daß neben dem Ausgangsprojekt STUDIEN-MODELL PHYSIOLOGIE (MILES/SMP) bereits weitere Systemversionen entstanden sind:

- STUDIENINFORMATIONSSYSTEM BETRIEBLICHE DATEN-VERARBEITUNG (= MILES/SIB) zur Anwendung im Studiengang Wirtschaft der Fachhochschule Dortmund (Prof. Dr. Uwe Großmann); Beginn des Feldversuchs WS 1989/90;
- TEXT AND PICTURE INFORMATION SYSTEM (= TAPIS), eine Version in englischer Sprache im Department of Electronics and Computer Science, University of Southampton, UK (Univ. Lect. Dr. Wendy Hall); Beginn eines Pilotversuchs zur vergleichenden Evaluierung Anfang 1990;
- DATENBANK BAUGEOMETRIE DES MITTELALTERS (= MILES/DBM), eine Bild/Text-Datenbank für digitale Bildverarbeitung in der Kunstwissenschaft im Rahmen eines Forschungsprojekts zur Proportionsanalyse mittelalterlicher Kirchen, ebenfalls an der Universität Essen (Prof. Dr. W. Wiemer); Einsatzbeginn etwa Mitte 1990.

5. Weiterbestehende Probleme

Es wäre verfehlt anzunehmen, daß mit der Einführung multimedialer Technologien in den computerunterstützten Unterricht schon alle Probleme gelöst wären; manche erscheinen zunächst eher verschärft.

5.1 Hardware

Hindernisse sind hier vor allem

- die Begrenzung der Leistung durch die Unterentwicklung einzelner Komponenten, z.B. durch die zu geringe Auflösungsfähigkeit der üblichen DV-Monitoren (diese liegt selbst bei dem im Projekt verwendeten "hochauflösenden" Bildschirm-Adapter 8514 weit unter der Leistungsgrenze eines Kamerascanners), oder die zu geringe Auflösungsfähigkeit und mangelnde Wiederbeschreibbarkeit des Trägermediums Videoplatte;
- die noch zu hohen Kosten multimedialer Arbeitsplätze, die gegenwärtig eine Ausrüstung großer Studentenzahlen illusorisch erscheinen lassen;
- die rasche Weiterentwicklung der Technologie (z.B. der Scanner und digitalen Massenspeicher), so daß teure Ausrüstungen praktisch bereits bei ihrer Inbetriebnahme veraltet sein können.

5.2 Software

Hier haben sich noch keine Standards, weder der Formate noch der Verwaltung der Daten, entwickelt:

- Auch die neuen multimedialen CUU-Materialien (meist Tutorials) sind in der Regel als geschlossene Programme für spezielle Anwendungen konzipiert und daher nur begrenzt adaptierbar und übertragbar.
- Die auf dem Markt erschienenen "multimedialen" Autorensysteme beinhalten (selbst wenn sie Zugriff zu Videomaterialien auf Band oder Bildplatte bieten) keine volle Integration multimedialer (insbesondere digitaler Bild-)Daten; ihre Übertragbarkeit auf andere Hardware-Konfigurationen ist unzureichend.
- Bei kommerziellen Produkten ist das zugrunde liegende Konzept meist weniger an den Bedürfnissen der Hochschule als an industriellen oder allgemein schulischen Ausbildungsformen orientiert.
- Hochschuleigene Entwicklungen sind andererseits als Laborsysteme EDV-technisch meist so wenig professionell, daß sie selten das Stadium der problemlosen Übertragbarkeit erreichen; eine auch nur bescheidene Software-Unterstützung wird in der Regel nicht geboten.

5.3 Anwendungskonzepte

Die multimedialen Systeme sind noch neu und ausnahmslos in der Pilotphase, so daß sich noch keine allgemein anerkannten Anwendungskonzepte herausgebildet haben. Es ist vorauszusagen, daß ihre zukünftige Entwicklung in der Medizin entscheidend von der der wissensbasierten Systeme in Forschung und Krankenversorgung, aber auch im beruflichen Umfeld der Universität beeinflußt werden wird. Neue Formen des computerunterstützten Unterrichts sind dabei sowohl in der Sparte der Hilfswerkzeuge (Datenerfassung und -analyse) als auch der Tutorials (interaktive Lernprogramme mit offenem Zugriff zu multimedialer Fachinformation) und Simulationen (Diagnose, Therapie unter Einbeziehung von neuen Sparten von Fachdaten) zu erwarten.

5.4 Materialproduktion

Zum bestehenden Mangel an formal wie inhaltlich zureichenden CUU-Materialien bisheriger Art (deren Herstellungsaufwand sich durch Multimedialität nicht verringert) kommt noch das mangelhafte Angebot an Datenkomponenten für die Erstellung von Lehrmaterialien neuen Typs mit offenen Autorensystemen und Datenbanken:

- Der Hochschullehrer kann zwar nun am Ort selbst Daten einbringen, die Kapazität einzelner Personen oder kleiner Gruppen ist jedoch auch hierbei begrenzt und reicht zum Aufbau fachdeckender Materialbestände nicht aus. Die Eigenproduktion umfassender Bildbanken (z.B. von histologischen Präparaten, Röntgenbildern) ist auf diese Weise nicht praktikabel.

- Produktionskonzepte im instituts- und hochschulübergreifenden Verbund existieren nach wie vor kaum.

- Das Angebot kommerzieller Hersteller (z.B. von Bild- und Filmbanken auf Video-Bildplatten, Bild/Text-Literaturdatenbanken auf CD-ROM) auf diesem noch nicht tragfähig eingeschätzten Markt ist minimal und steht in krassem Mißverhältnis zu den ständig gepriesenen technischen Möglichkeiten der Neuen Medien: Die neuen computerbasierten Autorensysteme, die die Bildplatte oder CD-ROM als Träger audiovisueller Information voraussetzen, sind daher wegen Materialmangels vorläufig buchstäblich gegenstandslos.

5.5 Projektfinanzierung

Hier liegt der Engpaß nicht nur bei der Hardware (die im Rahmen des CIP zumindest für Pilotprojekte verfügbar ist), sondern auch bei den laufenden Kosten der Anwendung im vollen Lehr- und Studienbetrieb. Insbesondere fehlen in der Regel die erforderlichen zusätzlichen Personalmittel für
- den allgemeinen Systembetrieb, z.B. die Betreuung ganztägig zugänglicher ("freier") studentischer Arbeitsplätze,

- die Softwarepflege und -weiterentwicklung,
- die laufende Materialerstellung, die auch auf bescheidenster Ebene (Eingabe von Text- und Bildmaterialien, Schnitt vorhandener Filme, Ankopplung von Programmen fremder Produktion) zusätzliche Kapazität erfordert.

Hier gibt es weder genügend Drittmittelförderung (da die Drittmittelgeber den institutionalisierten Medienbetrieb als Service-Aufgabe der Hochschule ansehen) noch Zusatzmittel aus den (reservelosen) Universitätshaushalten. Die Einführung solcher Technologien in die Lehre beinhaltet daher gegenwärtig die auf Dauer für Hochschullehrer wie wissenschaftliches Personal unzumutbare Notwendigkeit, dafür Forschungsprojekte oder andere Lehraktivitäten stillzulegen. Dadurch ist das Erlahmen solcher Initiativen allzuoft bereits vorprogrammiert: Die durchschnittliche "Halbwertszeit" des Überlebens von CUU-Projekten beträgt gegenwärtig (auch nach den weit größeren Erfahrungen in den USA) bezeichnenderweise nur wenige Jahre.

6. Schlußfolgerungen

Bei dieser Komplexität der Probleme wäre es unrealistisch, den breiten Einsatz der Neuen Medien in der gesamten Medizin kurzfristig forcieren zu wollen, zumal die dafür erforderlichen finanziellen Mittel aus dem öffentlichen Haushalt nicht zur Verfügung stehen. In dieser Situation erscheint besonders notwendig

- die Förderung von Modellversuchen: Durch eine ausreichende Zahl finanziell gesicherter Pilotprojekte sollen gezielt Anwendungskonzepte dieser Neuen Medien in den verschiedenen Fächern und Vermittlungssituationen entwickelt und im Feldversuch erprobt werden; solche Modellversuche müßten auch die Erstellung exemplarischer Materialbestände einbeziehen (z.B. von Bild- und Filmbanken auf der Basis von Video-Bildplatte bzw. CD-ROM, von Simulationen in Verbindung mit Expertensystemen, z.B. zur Diagnosehilfe). Hier wäre es besonders wichtig, Kooperationsprojekte – auch mit kommerziellen Produzenten, z.B. Verlagen – zu fördern.

- Förderung von Information und Kooperation: Eine Voraussetzung für die Wirksamkeit der Projektgruppen, aber auch den rationellen Einsatz der Förderungsmittel wäre eine – analog den entsprechenden Institutionen der wissenschaftlichen Forschung – organisierte Information über Produkte und Projekte; die kürzlich gegründete Akademische Software-Kooperation (ASK), die CIP-Status-Kongresse, fachbezogene Kongresse wie das 1989 veranstaltete erste deutsche Symposion "Computer in der Ärzteausbildung" sind wichtige Anfänge. Dringend wäre ferner die bessere Integration dieser Aktivitäten in die Fachgesellschaften (durch Arbeitsgruppen, Referate im Rahmen der Fachtagungen) und Fachliteratur (z.B. durch regelmäßige Rezensionen von Systemen und Materialien).

Literatur

1. Wiemer, W. et al.: Studienmodell Physiologie (SMP) – Multimedia Database Information and Communication System For The Teaching of Medicine. In: International Symposium of Medical Informatics and Education, R. Salamon, D. Protti, J. Moehrs (eds.), University of Victoria, B. C. Canada: 1989, 477–480
2. Wiemer, W. et al.: Multimediale Datenbanksysteme als Lehr- und Lernhilfen in der Medizin: Das Pilotprojekt – Studienmodell Physiologie. In: Computer in der Ärzteausbildung (Baur, M. P.; Michaelis, J., Hrsg.), München: Oldenbourg 1990 (im Druck)
3. Wiemer, W.: Digitale Bildverarbeitung in der Kunstwissenschaft: Eine Datenbank zur Proportionsanalyse mittelalterlicher Kirchen. Kunstchronik, 1989 (im Druck)

Vernetzte multimediale Autoren-/Lernerumgebungen: das NESTOR-Projekt

Max Mühlhäuser
Universität Kaiserslautern
Arbeitsgruppe Telematik

1. Einleitung

1.1 Vorbemerkung

Die Multimedia-Präsentation zum NESTOR-Projekt macht den fast aussichtslosen Versuch, zukünftige Entwicklungen und Zielsetzungen des jungen Projektes NESTOR anhand der Vorführung einiger technischer Machbarkeitsstudien zu demonstrieren.

Die Gefahr dabei ist die, daß der Zuschauer durch den "breitbandigen" Eindruck der multimedialen Darstellungsmittel zu stark auf technische Aspekte und zu wenig auf die – noch wenig vorzeigbaren – pädagogisch/didaktischen Zielsetzungen gelenkt wird.

Mein besonderer Dank gilt an dieser Stelle Herrn Paul Tallett vom Forschungszentrum CEC der Firma Digital Equipment, der mit viel Mühe und Aufwand die Präsentation vorbereitete und technisch assistierte.

1.2 Überblick

Zunächst werden kurz Hintergrund und Zielsetzungen des NESTOR-Projekts vorgestellt (Kapitel 2). Dann folgt eine Einführung in die Grobarchitektur der Autoren- und Lernumgebung NESTOR (Kapitel 3), in Kapitel 4 wird beispielhaft eine Courseware-Produktion und eine Lernsitzung besprochen, an einigen Stellen unterstützt durch die Demonstration prototypischer (Studien-) Werkzeuge von NESTOR.

2. Hintergrund und Zielsetzung

Die vorgestellten Arbeiten entstanden im Rahmen des Projektes NESTOR. NESTOR wird vom Forschungszentrum CEC der Firma Digital Equipment in Karlsruhe, von der Universität Karlsruhe und weiteren Universitäten (Kaiserslautern, Freiburg) durchgeführt. Forschungsgegenstand ist der Einsatz vernetzter Arbeitsstationen in der computergestützten Ausbildung. Das Hauptziel ist die Implementierung einer prototypischen Autoren-/Lernerumgebung auf einem Netz multimedialer Arbeitsstationen mit folgenden Schwerpunkten:

- Schaffung einer offenen Umgebung zur Integration und Anpassung von Werkzeugen für Autoren und Lerner
- fortgeschrittene Computerunterstützung für didaktische und pädagogische Aspekte, z.B. zur generischen Beschreibung von Lehrstrategien und -methoden, deren Auswahl, Verknüpfung mit dem Lehrmaterial und Ausführung
- Nahtlose Integration und Synchronisation unterschiedlicher Medien
- Einbeziehung von Vernetzungsaspekten (Kooperation unter und zwischen Autoren und Lernern, Fernunterricht, Multimedia-Kommunikation, Aspekte verteilter Datenverarbeitung etc.)

Das Projektteam umfaßt mehr als zehn wissenschaftliche Mitarbeiter sowie eine große Zahl von Studenten.

3. NESTOR Grobarchitektur

3.1 Gesamtsicht

Abb. 1 zeigt die Grobarchitektur des NESTOR-Systems. Es besteht aus zwei Hauptblöcken:

- dem Basis-System, das eine technische Infrastrukur schafft und über die einheitliche semantische Schnittstelle "NICE" für die darüberliegenden, die Anwendungsfunktionen realisierenden Komponenten von NESTOR als extrem leistungsfähige, den Anforderungen von NESTOR angepaßte "virtuelle Maschine" erscheint;
- der Plattform aus generischen Werkzeugen und flexiblen Konstruktionshilfsmitteln (den Anforderungen von NESTOR angepaßte "Scripts" und "Policies", s.u.), welche es erlauben, individuelle NESTOR-Stationen (Autoren-, Tutoren-, Lerner-Stationen verschiedener Ausprägungen) aus den generischen Werkzeugen zusammenzustellen und zu einem Netzwerk zu integrieren.NICE-Funktionalität, Basis-System und Plattform werden in der Folge kurz vorgestellt.

3.2 NICE

NICE integriert wie erwähnt die Basis-System-Komponenten zu einer einheitlichen "virtuellen Maschine", die auf die Anforderungen multimedialer vernetzter Autoren-/Lernumgebungen zugeschnitten ist. Dazu bietet NICE für Datenmanipulation, Programmierung und Kooperation eine einheitliche semantische

Grundlage. In dieser sind Konzepte von Hypertext/Hypermedia-Systemen und von objekt-orientierten Programmiersprachen integriert und wesentlich erweitert. Trotz der gegenüber bekannten Hypermedia-Systemen wesentlich erweiterten Funktionalität (vor allem, was Programmierbarkeit, Mensch-Maschine-Kommunikation, Kooperation und nicht-prozedurale Programmierung betrifft) bleibt NICE einfach und leicht erlernbar.

NICE unterscheidet drei Arten von Komponenten:

- **Networks:** Vereinfacht kann man sich ein NICE-Network als Graph mit Kanten und Knoten vorstellen ("links and nodes" ähnlich Hypertext) wobei ein Knoten wiederum drei (optionale) Teile enthält: Multimedia-Information ("status"), Programmstücke ("behaviour") und Vorschriften zur graphischen Repräsentation ("appearance"). Kategorienbildung, Abstraktionen, Subnetzbildung, nicht-prozedurale Programmierung, assoziativer Zugriff und kooperative Bearbeitung werden speziell unterstützt.

- **Scripts:** Scripts erlauben es – einfach gesagt – den Weg durch einen NICE-Graphen (deterministisch u./o. durch Angabe von Randbedingungen und Regeln) zu beschreiben. Sie erlauben es, Ausführungsreihenfolgen, Parameterisierungen, Spezialisierungen etc. zu beschreiben.

- **Policies:** Policies regeln die Abfolge mehrerer "Scripts" auf demselben NICE-Netzwerk. Sie kennen "Rollen", welche aus "Aktionen" und "Synchronisationen zwischen Rollen" bestehen. Rollen werden zur Ausführungszeit von Menschen oder Prozessen ausgefüllt.

3.3 Basis-System

Das Basis-System setzt sich aus folgenden Komponenten zusammen:

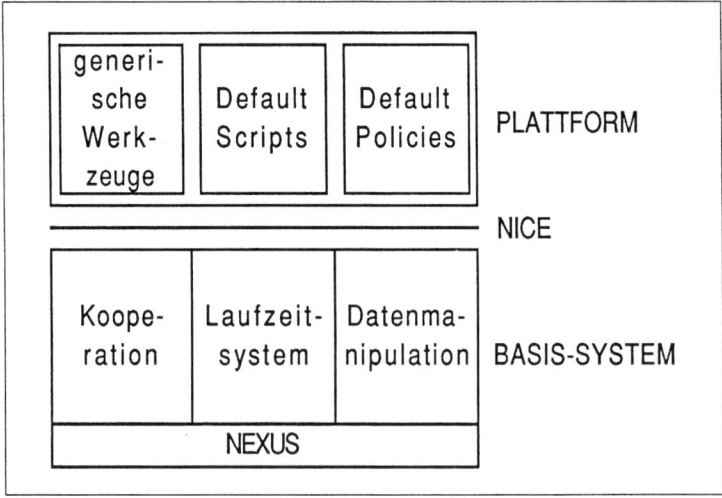

Abb. 1: NESTOR Gesamtarchitektur

- NEXUS: NEXUS ist die Portabilitätsschicht, welche alle darüberliegenden Schichten von den Spezifika der aktuell verwendeten Hard- und Software und vom Stand der Technologie weitgehend unabhängig macht. NEXUS besteht aus einigen Schnittstellenmodulen und einem Verteilungsmodul. Die Schnittstellenmodule gewähren Zugriff zu jeweils einem Aspekt des unterliegenden Systems (Datenbank, externe Medien, Betriebs-, Fenstersystem); das Verteilungsmodul liefert verschiedene Arten verteilter Dienste (Server-Zugriff, verteilte Verarbeitung, Multimedia-Kommunikation, Grund-Infrastruktur für Fernunterricht und Kooperation).

- KOOPERATION: Dieser Teil des Basis-Systems liefert die Mechanismen für verschiedene Formen der Kooperation in der computergestützten Ausbildung. Dabei realisiert es u.a. die Funktionalität der sog. "NICE-policies" (Siehe 3.2.), die die Beschreibung kooperierender Rollen erlauben. KOOPERATION nutzt und erweitert Funktionen des Laufzeitsystems (zur Verfolgung und Synchronisation von Aktionen, Auswertung von Regeln und Bedingungen der Gruppeninteraktion etc.), der Datenverwaltung (durch Erweiterung der Mechanismen zur Zugriffssynchronisation) und des NEXUS - Verteilungsmoduls.

- LAUFZEITSYSTEM: Die zahlreichen Komponenten des Laufzeitsystems erfüllen zwei Hauptaufgaben: *Interpretation von NICE - Code* und *dynamische Objektspeicherverwaltung*. Aus Benutzersicht treten zwei der Komponenten deutlich hervor: "der dependency tracer", der die Hauptaufgabe der Interpretation von NICE-Scripts übernimmt, und der "logger", der der Beobachtung und Protokollierung von Benutzeraktionen und -Ereignissen dient.

- DATENMANIPULATION: Dieser Teil liefert die Persistenz von NICE. Da NICE Objekt-Orientierung, strenge Typisierung, Multimedia, kooperierenden Zugriff, assoziativen und nicht-prozeduralen Zugriff integriert, kann kein existierendes Datenverwaltungssystem alle Anforderungen von NESTOR erfüllen. Eine völlige Neuentwicklung scheidet aus Aufwandsgründen aus. Es wurden daher als Basis ein objektorientiertes und und ein relationales Datenbanksystem sowie eine rudimentäre Multimedia-Datenverwaltung ausgewählt, die geeignet integriert und erweitert werden müssen.

3.4 Plattform

NESTOR stellt folgende sieben generische Werkzeuge zur Verfügung:
- **Media-Editoren** für Text, Grafik, Festbild, Video und Audio. Jeder Editor besitzt Aufzeichnungs-, Manipulations- und Präsentationsfunktionalität. Export-/Importschnittstellen erlauben auch die Verwendung anderer (externer) Editoren.
- **Librarian**, die generische Manipulations- und Zugriffsschnittstelle für inhaltsbasierten Zugriff: direkter "Browsing"-Zugriff und assoziative Navigation

werden unterstützt. Vereinfacht gesagt "versteht" der Librarian den Inhalt von Hyperinformation und benutzt die Media-Editoren zur Präsentation.
- **Struktureditor** zur Manipulation von Beziehungen zwischen NICE-"nodes", d.h. zur Handhabung von NICE-"Links". Der Struktur-Editor erlaubt die Erzeugung und Veränderung beliebiger NICE-"networks"
- **Layout-Editor** zur räumlichen Anordnung graphischer Information. Dieser Editor erlaubt die Handhabung der "Erscheinung" von Information auf dem Bildschirm, insbesondere in der Beziehung zwischen verschiedenen graphischen Objekten. Er bietet optional automatische Layout-Operationen; unmittelbares Feedback wird über das eigene Graphik-Interface des Layout-Editors gewährleistet. Integration und Synchronisation kombinierter Multimedia-Objekte erfolgt ebenfalls über den Layout-Editor.
- **Script-Editor** zur Erzeugung von "Scripts". Sowohl prozedural definierte "guided tours" als auch nicht-prozedural beschriebene Regeln und Bedingungen für die Navigation durch NICE-networks können erzeugt werden. Vordefinierte Scripts werden mitgeliefert, z.B. für Standard-"Authoring"-Prozesse oder generische Beschreibungen von Lehrstrategien.
- **Konfigurations- und Versions-Editor**, das "Buchführungs"-Werkzeug zur Versionenverwaltung für Werkzeuge, Kurse etc. Auch zur Beschreibung standardmäßiger Stations- oder Netzkonfigurationen wird dieses Werkzeug verwendet.
- **"Collaboration Policy Editor"**, der Editor für "Policies" zur Kooperation. Die Zusammenarbeit unter und zwischen Autoren, Tutoren und Lernern kann mit diesem Werkzeug generisch und statisch beschrieben werden. Eine tatsächliche Kooperation wird dann zur Laufzeit – unter Zuhilfenahme einer so erstellten "Policy" – durch das Kooperationsmodul des Basis-Systems unterstützt.

Diese kurze Beschreibung der allgemeinen Werkzeuge macht deutlich, daß deren Anpassung an bestimmte Aufgaben in einer Autoren-/Lernerumgebung und ihr Zuschnitt auf individuelle Benutzerwünsche beträchtlichen Umfang annehmen kann. Aus diesem Grund wird in NESTOR große Mühe aufgewandt, durch vorgefertigte "Default-Scripts" und "Default-Policies" den ungeübten Benutzer von dieser Arbeit fernzuhalten.

4. Kursbeispiel

Das in der Multimedia-Präsentation gezeigte Kursbeispiel soll folgenden Ablauf verdeutlichen:
- Frühe Phasen im "Authoring" Prozeß (nicht demonstriert): zunächst führt das System den Autor/die Autoren durch die Schritte, die in einer spezifischen Autorenstation als "Authoring"-Prozeß konfiguriert sind. Dabei kann es sich um einen sehr rigiden Prozeß handeln, wie es vielleicht von einem großen

Courseware-Hersteller vorgeschrieben wird, bestehend z.B. aus Zieldefinition, Lehrzielspezifikation, Strategieauswahl, Inhaltsauswahl, Medienzuordnung, "storyboarding", "formative Evaluation", etc. Es kann sich aber auch um einen mehr informell festgelegten Prozeß handeln. Auch bei der Frage, ob und wie stark formalisiert Autoren-Kooperation unterstützt wird, hängt von der Konfiguration des speziellen "Authoring"-Prozesses ab.

- Media-Produktion: Gegen Ende des "Authoring" -Prozesses erfolgt die Produktion. Hier werden im Demonstrationsbeispiel verschiedene Media-Editoren vorgeführt (Video, Festbild). Besonderer Wert wird auf die Demonstration des Integrationsgrades von Editoren und Medien gelegt. Für Video-Editing wird gezeigt, wie eine sog. "Software-Video"-Fassung aus einem digitalisierten, bildplattengestützten Video erstellt werden kann, welche die Darstellung hochwertiger Videos dann auch auf solchen Lerner-Stationen gestattet, die nicht mit Bildplattenspieler und Video-Hardware ausgerüstet sind.

- Strategie-Entwicklung: Anhand eines stark vereinfachten graphischen Script-Editors wird demonstriert, wie Kurs-Inhalt und Lernstrategie verknüpft werden. Mittels einer höherwertigen Strategie, z.B."Umgang mit beschränkten Ressourcen im situativen Kontext" werden die Möglichkeiten angedeutet, die sich gegenüber Standardstrategien (wie "Tutorium") bieten und daran einige der Vorzüge von NESTOR gegenüber bekannten Autorensystemen erläutert.

- Lernprozeß: am Beispiel eines Kurses "Mission und Ziele der UN (Vereinten Nationen)" wird der Einfluß höherwertiger Lehrstrategien auf die Motivation des Lernenden (Herausforderung durch situativen Kontext und "Spiel"-Strategie, große Entscheidungsfreiheit) verdeutlicht, sowie Aspekte der schnellen Wissensakquisition (Breitbandigkeit gut integrierter Medien, schneller Zugriff auf lernspezifisch notwendiges Wissen) .

5. Zusammenfassung

Die technische Faszination multimedialer Anwendungen darf nicht über die Notwendigkeit qualifizierter Softwaresysteme hinwegtäuschen, die sowohl die Herstellung als auch den Einsatz der Multimedia-Technologie ökonomisch und sozial verträglich machen müssen. Das NESTOR-Projekt reflektiert diese Notwendigkeit durch sein Schwergewicht auf der Kooperation zwischen Anwendern, auf der Computerunterstützung des Autorenprozesses und auf der computerunterstützten Handhabung von didaktischen und pädagogischen Aspekten. Während das Demonstrationsbeispiel technische Machbarkeiten vorführt, verfolgt NESTOR langfristig viel stärker diese anwendungsorientierten Zielsetzungen der Computerunterstützung der Ausbildung mit vernetzten multimedialen Arbeitsstationen.

Abb. 2 gibt eine Momentaufnahme im Umgang mit einer multimedialen Arbeitsstation mit Kamera und Bildplatte wieder, wie sie im momentanen Stadium in NESTOR eingesetzt wird.

Abb. 2: NESTOR Multimedia-Arbeitsstation, heutiger Stand

Literatur

1. The NESTOR Team: NESTOR Requirements and Architecture, Interner Bericht Nr. 13/1989 der Universität Karlsruhe, Informatik, Juli 1989
2. Mühlhäuser, M.: Requirements and Concepts for Networked Multimedia Courseware Engineering
3. Maurer, H.: Computer Assisted Learning, LNCS 360, Springer 1989, pp. 400–419

Interdisziplinärer Erfahrungsaustausch in ungezwungenen Atmosphäre (Fotos: Gundula Dette)

Das gemeinsame Mittagessen bot Teilnehmern aus Hochschule und Industrie Gelegenheit, neue Kontakte zu knüpfen und bestehende zu pflegen. (Fotos: Gundula Dette)

Hochschul - Softwaremarkt

Fachübergreifend und Rechenzentrumsservice

ASK-SISY

Helmut Filipp und Gerhard Löbell

Universität Karlsruhe
Rechenzentrum

1. Einleitung

ASK steht für Akademische Software Kooperation. Zielsetzung der ASK ist es, die Softwaresituation an den Hochschulen durch umfassende Information über die für die Hochschulen verfügbare Software einerseits, sowie durch gezielte Förderung der Erstellung qualitativ hochwertiger Lehrsoftware andererseits entscheidend zu verbessern.

ASK-SISY ist ein Informationssystem, mit dem sich die Benutzer über hochschulrelevante Software informieren können. Die in der Datenbank enthaltenen Softwarebeschreibungen beziehen sich auf

- kommerzielle Software
- Software, die von Hochschulangehörigen vertrieben wird
- Software, die kostenlos über Electronic Mail von Fileservereinrichtungen bezogen werden kann.

Die Benutzerführung wird durch Menüs unterstützt, so daß auch der unerfahrene Benutzer mühelos komplexe Datenbankabfragen durchführen kann. Der erfahrene Nutzer kann mit eigenen SQL-Abfragen auch komplexe Suchalgorithmen definieren. Als Grundlage der Implementierung dient das SQL-orientierte Datenbanksystem "Oracle". Das Informationssystem enthält folgende Daten:

2. Programmidentifikatoren

Darunter fallen der Programmname mit Versionsnummer, das Erstellungsdatum, eine Kurzbeschreibung des Programmes sowie die Zielgruppe, für die die Software bestimmt ist.

3. Autoren und Bezugsquellen

Anhand dieser Adressen kann der Benutzer sofort die Beschaffung eines Programmes einleiten, wenn er einen geeigneten Datenbankeintrag gefunden hat.

4. Technische Informationen

Hier erhält der Benutzer Auskunft über die technischen Voraussetzungen die notwendig sind, um das Programm sinnvoll zu betreiben: Betriebssystem, notwendige Hardware- bzw. Softwarekonfiguration, Programmiersprache, Übersetzer, Formate, Umfang des Programmes und Hinweise zum Speichermedium und zur Dokumentation. Daneben werden in dieser Rubrik die Programme nach vorgegebenen Stichworten klassifiziert.

5. Konditionen

Falls das Programm käuflich zu erwerben ist, wird in diesem Punkt der Verkaufspreis sowie die Bezugsbedingungen angezeigt. Wird für die Software eine Wartung angeboten, so sind diese Daten hier aufgeführt. Sollte eine ISBN-Nummer vorhanden sein, so kann diese ebenfalls hier abgefragt werden.

6. Detaillierte Informationen

Diese Felder enthalten eine ausführliche Langbeschreibung des Programms sowie zusätzliche Bemerkungen, etwa zu bestehenden Veröffentlichungen. Ab November 1989 wird es zwei Möglichkeiten geben, die Vorteile von ASK-SISY zu nutzen:

6.1 Electronic Mail

Über die internationalen Hochschulnetze, wie DFN, EARN/BITNET, CSNET, UUCP, u.a. ist ASK-SISY über Electronic Mail erreichbar. Der Benutzer sendet seine Abfrage per elektronischer Post an das Informationssystem und erhält nach kurzer Zeit das Ergebnis seiner Abfrage ebenfalls als Mail zugesandt.

6.2 Datex-P

Über Datex-P kann sich der Benutzer direkt auf dem ASK-Rechner anmelden. Die Bedienerführung erfolgt menügesteuert, so daß sich auch der ungeübte EDV-Nutzer problemlos in dem System zurechtfindet. Für den Zugang über Datex-P ist im Gegensatz zur Nutzung über Electronic Mail eine Registrierung bei ASK notwendig.

DocEdit – Ein Programm zum Editieren und Präsentieren strukturierter Dokumente und Hypertexte

Alois P. Heinz

Universität Freiburg
Institut für Informatik

1. Der Name DocEdit

DocEdit ist der Name eines Document Editing Systems, das an den Universitäten Freiburg und Karlsruhe entwickelt wurde.

2. Die Hardware und das Betriebssystem

Das Programm ist ablauffähig auf IBM-PCs oder kompatiblen Geräten mit mindestens 384 kByte Hauptspeicher und zwei Diskettenlaufwerken oder einer Festplatte. Es werden die Bildschirmkarten Monochrom, Herkules, CGA, EGA etc. unterstützt. Als Betriebssystem wird MS-DOS 3.x oder ein kompatibles IBM PC-DOS erwartet. Das Programm ist in Pascal, die besonders zeitkritischen Prozeduren sind in Assembler implementiert.

3. Der Programmzweck

DocEdit ermöglicht das Erstellen und Durchwandern von weitgehend normierten inhaltslogisch strukturierten Textdokumenten und wird dabei von Syntaxbeschreibungen der Dokumente gesteuert. Diese Dokumenttypbeschreibungen, so wie alle anderen verwendeten Strukturen, sind selbst DocEdit-Dokumente. In einem Konzeptmodus ist die Dokumentenstruktur, im Textmodus sind die Textknoten editierbar.

4. Die Dokumentstrukturen

Die Dokumenttypbeschreibungen sind in einer Art erweiterten BNF sehr frei definierbar, was Rekursionen und Alternativen mit einschließt. In Kommandodateien werden sogenannte freie Objekte definiert, die über eine Referenz in den Dokumenttypbeschreibungen angesprochen werden. Dort können auch Tabellen mit String-Ersetzungsregeln angelegt werden.

5. Die Einsatzbereiche

Mit geeigneten Dokumenttypbeschreibungen kann DocEdit dazu verwendet werden, korrekte Computerprogramme (z.B. in Pascal) oder formatierbare Texte (z.B. für LaTeX) zu erstellen. Ebensogut können Hypertextstrukturen, in die sich bekanntlich stark vernetztes Lehrwissen besonders gut einbetten läßt, bearbeitet werden.

6. Die Benutzeroberfläche

Die Benutzeroberfläche unterstützt Funktionstasten, deren aktuelle Belegung angezeigt wird, Fenster mit Hilfetext, Popup-Menüs und eine optional vorhandene Maus ebenso wie interne, Wordstarähnliche Kontrollsequenzen. Es können Benutzerprofile erstellt und wiederverwendet werden, die Tastatur- und Maustasten mit beliebigen Kommandos belegen und Abkürzungsmakros definieren.

7. Die Hilfesysteme

DocEdit verwendet drei Hilfesysteme, einen hierarchisch strukturierten DocEdit-Tutor, eine situationsbezogene Hilfe für die Funktionstastenbelegungen und eine dokumenttypbezogene Hilfe, die anwendungsspezifisches Wissen auch für neue Dokumente extrahierbar anbietet. Diese Hilfesysteme sind selbst sehr gute Beispiele für mit DocEdit erstellte Hypertexte. Sie vermitteln dem Programmbenutzer zum Teil kontextabhängiges Wissen über das Programm und den Hintergrund eines neu zu erstellenden Dokumentes.

8. Die Entwicklung von DocEdit

Das Programm wurde ursprünglich implementiert, um Wissen über korrekte Dokumentstrukturen für den Dokumentenersteller verfügbar und handhabbar zu machen. In seiner Weiterentwicklung ist es aber in der Lage, vernetztes Wissen über beliebige Fachgebiete bereitzuhalten und zu präsentieren.

9. Die Entwickler von DocEdit

DocEdit wurde in einer Reihe von Studien- und Diplomarbeiten implementiert. Die aktuelle Version beruht fast vollständig auf den Arbeiten von Karsten Meyer. Neben ihm und dem Autor hat sich besonders Peter Dolland um die Konzeption verdient gemacht.

10. Die Installationen

Seit der Erstinstallation im Jahre 1987 ist DocEdit stetig weiterentwickelt worden. Viele Anwenderwünsche haben dazu beigetragen, daß DocEdit den aktuellen Leistungsumfang und die Professionalität erhalten hat. Die Anwender sind bisher in der Mehrzahl LaTeX-Benutzer.

11. Der Vertrieb

Das ablauffähige Programm samt Dokumentation (ca. 75 Seiten) ist public domain. Es kann gegen Selbstkostenpreis vom Autor bezogen werden.

BABYLON – Eine Entwicklungsumgebung für Expertensysteme

Wolfgang Gräther und Hans Voß

GMD, Gesellschaft für Mathematik und Datenverarbeitung, St. Augustin

1. Kurzbeschreibung

BABYLON ist ein hybrides Werkzeugsystem für die Implementierung und den Betrieb von Expertensystemen. Es sind mehrere Wissensrepräsentationsformen verfügbar, die miteinander kombiniert werden können. Interpreter und Benutzeroberflächen stehen in unterschiedlichen Ausprägungen zur Verfügung und können somit zu einem problemspezifischen Werkzeug konfiguriert werden. Die Architektur ist offen, so daß Interpreter für selbstentwickelte bzw. veränderte Wissensrepräsentationsformalismen auf einfache Weise integriert werden können. Die Implementierungssprache von BABYLON ist Common Lisp, das um ein eigenes, portables Objektsystem erweitert wurde.

2. Wissensrepräsentationsformalismen

Als Wissensrepräsentationsformalismen sind standardmäßig Objekte, Regeln, Prolog und Constraints verfügbar. Aus allen Formalismen sind Durchgriffe nach Common Lisp möglich. Die Spezifikation des globalen Kontrollflusses ist in einem eigenen Bereich ausgelagert, dem Instruktionsbereich.

2.1 Objekte

Die objektorientierte Form der Wissensrepräsentation wird durch den Frame-Interpreter realisiert. Objekte sind Instanzen oder Ausprägungen von Objekttypen, die in BABYLON Frames genannt werden. Ein Frame legt die Attribute seiner Instanzen fest. Mit den Attributen lassen sich Metainformationen verknüpfen, die in Form von Annotationen angegeben werden. Diese systemseitig vorgegebenen oder benutzerdefinierten Annotationen dienen der Wertebeschreibung oder Fragegestaltung. Weiter sind in BABYLON aktive Werte als Attribute zugelassen, wodurch bei lesendem oder schreibendem Zugriff dessen get-/put-Behavior ausgeführt werden. Zu Frames können Behaviors (Methoden) definiert werden. Sie beschreiben das Verhalten von Instanzen, die die entsprechenden Nachrichten empfangen. Ererbte Behaviors können durch :after- bzw. :before-Verkapselungen modifiziert werden. Frames können in einem Vererbungsgraphen (multiple Vererbung) organisiert werden. Die Vererbung von Attributen und Behaviors erfolgt im wesentlichen nach der Strategie Tiefe-zuerst und von links-nach-rechts.

2.2 Regeln

Die regelorientierte Darstellung von Wissen ist eine weitere Repräsentationsform. Zusammengehörige Regeln können in benannten Regelpaketen zusammengefaßt werden. Die Auswertungsstrategie (Vorwärts- oder Rückwärtsauswertung) eines Regelpaketes wird erst beim Aufruf der Auswertung zugeordnet. Für die Vorwärtsstrategie sind do-one, do-all, while-one und while-all als Kontrollstrategien realisiert.

Eine einzelne Regel besteht aus Namen, Bedingungs- und Aktionsteil. Im Bedingungsteil sind Bedingungen durch Junktoren verknüpft; die Verknüpfung von Aktionen erfolgt durch einen Aktionstyp. In BABYLON stehen unterschiedliche Junktoren und Aktionstypen zur Verfügung. In den Bedingungen und Aktionen können beliebige Wissensrepräsentationsformalismen verwendet werden.

2.3 Prolog

Zur logikorientierten Wissensrepräsentation wird eine eigene Prolog-Version verwendet; die Syntax ist an Lisp orientiert. Die Hauptkonstrukte von Prolog sind Horn-Klauseln. Eine Horn-Klausel besteht aus einer atomaren Formel, der Konklusion, und beliebig vielen weiteren Formeln, den Prämissen. Die Horn-Klauseln werden nach einer festgelegten Strategie (Tiefensuche mit Zurücksetzen) abgearbeitet, um Hypothesen zu beweisen. Zur Modularisierung können Horn-Klauseln in Klauselmengen zusammengefaßt werden.

BABYLON-Prolog ist in das Gesamtsystem integriert. Hypothesen können in anderen Formalismen als Bedingungen oder zur Datenabfrage verwendet werden. Umgekehrt können in BABYLON-Prolog Konstrukte aus anderen Formalismen wie Lisp-Ausdrücke oder Attribut- und Behaviorreferenzen als Prämissen benutzt werden. Insbesondere gibt es Metaprädikate über die Konstrukte aus anderen Formalismen, mit denen Metaschlußfolgerungen gezogen werden können.

2.4 Constraints

Neben- und Randbedingungen können mit Constraints bzw. Constraint-Netzen repräsentiert werden. Ein Constraint legt für eine Variablenmenge eine Relation auf diesen Variablen fest. Constraint-Netze werden gebildet, wenn in unterschiedlichen Constraints gemeinsame Variablen benutzt werden. Als Auswertungsstrategie sind lokale Propagierung und ein Verfahren, das diese Strategie mit Backtracking kombiniert, verfügbar.

Der Constraint-Interpreter in BABYLON basiert auf CONSAT, einem bereichsunabhängigen Constraint-System. Constraints können in Vorbedingungen von Regeln benutzt werden; in Prolog können Ergebnisse einer Constraint-Propagierung als Variable verwendet werden. Andererseits können Ausdrücke aus anderen Formalismen zur Definition und Erfüllung von Constraints benutzt werden; insbesondere die Benutzung von Objektreferenzen als Variablen.

2.5 Lisp

Lisp kann auch zur Wissensrepräsentation verwendet werden. In einer Wissensbasis kann zwischen allen BABYLON-Ausdrücken Lisp stehen; viele BABYLON-Ausdrücke erlauben oder fordern auch Lisp an bestimmten syntaktischen Positionen.

2.6 Instruktionen

Instruktionen legen den globalen Kontrollfluß in einem Expertensystem fest. Es sind Lisp-Ausdrücke, die typischerweise Regelpakete nach einer bestimmten Strategie ablaufen lassen, Prolog-Anfragen stellen, Behaviors anstoßen oder direkt in Lisp programmierte Aktionen (z. B. Ein-/Ausgabe) veranlassen.

3. Beispiel

An dieser Stelle wird ein kleines Expertensystem vorgestellt, um die Notation, Interaktion und Integration einiger BABYLON-Formalismen exemplarisch darzustellen. Das Expertensystem simuliert eine Welt in der Kraftfahrzeuge fahren. Diese sind so zu steuern, daß sie weder aufeinander auffahren noch an Kreuzungen kollidieren.

Mit Frames werden Fahrzeuge, Straßen und die Welt beschrieben:

```
(DEFFRAME Fahrzeug
   (SUPERS Objekt Fahrzeug-interface-mixin)
   (SLOTS (Geschwindigkeit 20 :POSSIBLE-VALUES :NUMBER)
          (Fahrer         T  :POSSIBLE-VALUES :BOOLEAN)
          (Strasse        -  :POSSIBLE-VALUES :INSTANCE-OF
Strasse)
          (Welt           -  :POSSIBLE-VALUES :INSTANCE-OF
```

Prolog wird benutzt, um für gesteuerte Fahrzeuge Gefahren zu erkennen:

```
((gefaehrdet? _Welt _KFZ1 _KFZ2 _Gefahr)
<-
(Fahrzeug _KFZ1)
(Fahrzeug _KFZ2)
(/== _KFZ1 _KFZ2)
(LISP (eq _Welt (<- _KFZ1 :GET 'Welt)))
(LISP (eq _Welt (<- _KFZ2 :GET 'Welt)))
(in-Gefahr _KFZ1 _KFZ2 _Gefahr))
```

Die ersten beiden Prämissen sind Frame-Tests, die nur Instanzen von Fahrzeug zulassen; die dritte Prämisse ist erfolgreich, wenn die KFZs verschieden sind; Prämisse vier und fünf besagen, daß die Fahrzeuge in der gleichen Welt fahren müssen; die letzte Prämisse ist ein Unterziel.

Die Regeln schließlich reagieren auf diese Gefährdungen und steuern die Geschwindigkeit der entsprechenden Fahrzeuge:

```
(auffahren
  (AND (setze _Welt _Fahrzeug)
       (gefaehrdet? _Welt _Fahrzeug _KFZ2 auffahren)
  ($EXECUTE (<- _Fahrzeug :setze-Geschwindigkeit
                          (<- _KFZ2 :GET 'Geschwindigkeit)))))
```

4. BABYLON-Konfigurationen

Der Wissensbasisinterpreter setzt sich aus einer Kombination von Interpretern und einer Benutzeroberfläche zusammen. Eine Konfiguration braucht nicht immer alle Basisinterpreter zu umfassen. Neben dem Metainterpreter, der in jeder Konfiguration unabdingbar ist, kann eine Konfiguration aus einer Kombination von Interpretern für Lisp, Objekte, Regeln, Prolog und Constraints bestehen; auch selbstentwickelte Interpreter sind möglich. Die vier letztgenannten Interpreter und die Benutzeroberfläche gibt es in drei Ausprägungen, die unterschiedlichen Komfort bieten.

4.1 Systemvoraussetzungen

Babylon läuft auf verschiedenen Rechnern, Betriebssystemen und unter verschiedenen Common Lisp-Dialekten:

- Apple (Macintosh SE, II und IIx; Mac OS; Allegro Common Lisp)
- DEC (VAX; micro-VMS; VAX-Common Lisp)
- IBM (AT und PS2; MS-DOS; Golden Common Lisp)
- PCS (CADMUS 9000; MUNIX; LE Lisp)
- Siemens (MX-2 und 58xx; Siemens BS; Xerox Common Lisp)
- SUN (SUN 3; UNIX; Lucid- und Allegro-Common Lisp)
- Symbolics (36xx, XL400 und MacIvory; Genera; Symb.-Common Lisp)
- TI (Explorer I/II und microExplorer; eigenes; TI-Common Lisp)

An Hauptspeicher sollten 4 - 8 MByte zur Verfügung stehen; An Festplattenkapazität sind 2 - 10 MByte erforderlich.

4.2 Dokumentation

Eine ausführliche Dokumentation von BABYLON ist als Buch erschienen [1]. Nach einer kurzen Einführung wird im ersten Teil BABYLON aus der Anwendersicht vorgestellt, der zweite Teil wendet sich an den Systemprogrammierer, der u.a. lernt, wie BABYLON auf spezielle Bedürfnisse einer Anwendung hin angepaßt werden kann.

5. Ausblick

Der in der GMD (Gesellschaft für Mathematik und Datenverarbeitung mbH) entstandene Forschungsprototyp von BABYLON wird zusammen mit VW-GEDAS (VW-Gesellschaft für technische Datenverarbeitungssysteme mbH) zu einem marktreifen Produkt weiterentwickelt.

Bei der Reimplementation von BABYLON sollen insbesondere die Benutzeroberfläche, die Funktionalität sowie die Portierungsmöglichkeiten am Stand der Technik orientiert wesentlich verbessert werden. Hierbei wird auf Standards wie UNIX, Common Lisp, OSF/Motif und X-Windows zurückgegriffen.

Erweiterungen sind zum Beispiel grafische und alphanumerische Browser, die der Exploration von Wissensbasen dienen. Des weiteren sind Datenbankanschluß und ein ATMS (assumption-based truth maintenance system) für das neue BABYLON geplant; das ATMS sichert die Konsistenz von Fakten.

Eine erste Prototypversion mit OSF/Motif-Benutzerschnittstelle wurde auf der Systems 89 vorgestellt. Das Produkt wird im Frühjahr 1991 verfügbar sein. Für Pilotanwender können Testversionen im Einzelfall zur Verfügung gestellt werden

Literatur

1. Christaller, T.; di Primio, F.; Voß, A.: Die KI-Werkbank BABYLON – eine offene und portable Entwicklungsumgebung für Expertensysteme. Bonn: Addison Wesley, 1989.

PKERMIT Version 5.4

Erhard Hilbig
Universität-Gesamthochschule Paderborn
Hochschulrechenzentrum

PKERMIT ist ein Kommunikationsprogramm, das ursprünglich aus dem bekannten KERMIT entwickelt wurde, mittlerweile aber kaum noch etwas mit dem Originalprogramm gemeinsam hat. Bei der Programmierung wurde sehr sorgfältig auf Kompaktheit und Schnelligkeit des Codes geachtet. So ist z.B. keine Installierung des Programmes notwendig, weil das Programm die vorhandene Hardware (Grafikkarte, Maustreiber) selbst erkennt. Parameter, die der Benutzer verändert, können in PKERMIT selbst permanent gesichert werden. Das Programm benötigt lediglich 30 kB Plattenplatz und besteht im wesentlichen aus einer ausführbaren Datei.

PKERMIT dient zur Kommunikation zwischen einem IBM PC-kompatiblen Microcomputer und Großcomputer oder zwei Microcomputern. Folgende Möglichkeiten bietet das Programm im einzelnen:

1. Die Bedienung von PKERMIT geschieht hauptsächlich mit den Funktionstasten und Alt-Kombinationen (z.B. Alt-D = Directory, Alt-H = Help,...). Die Kommandos werden dann in einem "Popup-Menü" spezifiziert und mit Return ausgeführt oder ESC abgebrochen.

2. Über PKERMIT hat man Zugriff auf einige wichtige Betriebssystemfunktionen, wie DIR, CD, DEL, auch kann temporär ins Betriebssystem gesprungen werden.

3. Portparameter wie COM1/COM2, Baudraten (50 bis 115200 Baud), Parität (keine, gerade, ungerade, mark), Halb-/Vollduplex, Übertragungsprotokolle (kein, Hardware, XON/XOFF) können über PKERMITgesetzt werden.

4. Bis zu 10 verschiedene Parametereinstellungen und Bildschirminhalte können gespeichert werden, die dann einfach mit Alt-0 bis Alt-9 aktiviert werden. Auf diese Weise kann man schnell zwischen verschiedenen Sitzungen hin- und herschalten.

5. Die aktuellen Parametereinstellungen können gesichert werden, so daß bei einem erneuten Aufruf des Programms diese Parameter gleich gesetzt sind. Zusätzlich ist es möglich diese Einstellungen, User-IDs oder Passwörter, die in "PKERMIT.INI" gespeichert werden, mit einem Passwort zu schützen.

6. Der Microcomputer kann als normales Terminal direkt über die seriellen Ports COM1 oder COM2 an einem Großrechner benutzt werden. Außerdem kann auch das Betriebssystem zur Ein- und Ausgabe genutzt werden. Das ist aber

nur dann interessant, wenn ein eigenes residentes Programm die übergebenen Zeichen weiterverarbeitet, denn der originale Betriebssysteminterrupt Int 14h ist für diesen Zweck zu unflexibel.

7. Es können Dateien mittels Kermit Protokoll auf andere Rechner übertragen werden und umgekehrt.
8. Dateien können ohne Benutzung eines Fehlerprotokolls übertragen werden, so daß auch Terminalsitzungen auf einer Datei protokolliert werden können.
9. Tektronix 4010/4014 Emulation und VT102 Terminalemulation sind möglich. Im GIN Modus der Tektronix Emulation wird eine Microsoft kompatible Maus unterstützt. Die Grafik ist z.Z. auf CGA-, Herkules-, EGA- und VGA-Karte möglich.
10. Plotdateien für Plotter, die HP-GL verstehen, können im Tektronix Modus erzeugt werden.
11. Die letzten 10 Bildschirmseiten werden im Rechnerspeicher aufbewahrt, so daß man sich jederzeit Listen, die nicht auf den Bildschirm passen, zurückholen kann. In vorhergehenden Zeilen eingetippte Kommandos können am Bildschirm verändert und erneut mit der CR-Taste abgeschickt werden.
12. Die Funktionstasten Shift-, Control- und Alt-F1 bis F10 können mit Makros belegt werden. Es ist auch möglich, eine gewisse Zeit ein Makro zu unterbrechen, auf eine bestimmte Antwort vom Großcomputer zu warten und alle Sondertasten wie Richtungstasten, Alt-Kombinationen und Funktionstasten in einem Makro einzugeben. Damit können sich Makros auch gegenseitig aufrufen.
13. Ist der Computer über ein Modem mit dem Telefonnetz verbunden, so können die Telefonnummern über PKERMIT angewählt werden. Auch wählt der Computer automatisch eine neue Nummer an, wenn die letzte besetzt ist.

Voraussetzung zur Benutzung des Programms ist ein IBM PC-kompatibler Rechner, DOS -Version größer als 2.0 und Hauptspeicher mindestens 256 kB.

Das Programm ist bei mir gegen Einsendung einer Diskette erhältlich, alle gängigen IBM Formate sind möglich. Als Dokumentation wird ein ASCII Text als Kurzeinführung und eine Datei mitgeliefert, die auf einem HP Laserjet+ kompatiblen Laserdrucker ausgegeben werden kann (etwa 20 Seiten). Für Verbesserungsvorschläge bin ich jederzeit dankbar.

Kontakt: Erhard Hilbig, Hochschulrechenzentrum, Warburger Str. 100, 4790 Paderborn, Tel.: 05251/60-2433

Hochschul - Softwaremarkt

Chemie

Das Programm "IDEAL"

Ulrich Liesenfeld

Universität Bochum
Institut für Analytische Chemie

1. Warum wurde das Programm geschrieben?

IDEAL steht für "Interactive Dynamic Environment for the Analysis of Lineshapes". Es handelt sich um ein Programm, das einige Funktionen eines Kernresonanzspektrometers und des angeschlossenen Rechners nachbildet. Der Beginn der Entwicklung des Programms erfolgte in einer Diplomarbeit, weil die Software unseres Spektrometers nicht alle Eigenschaften hatte, die wir wünschten.

2. Welche Programmiersprache wurde benutzt?

Um nach der Entwicklung in der Verwendung des Programms nicht eingeschränkt zu sein, wurde eine Programmiersprache gewählt, die auf nahezu allen Rechnern verfügbar ist. Diese Bedingung wird von dem genutzten FORTRAN 77 gut erfüllt.

3. Wo wird das Programm genutzt?

Seit den Anfängen des Programms ist es in zwei Vertiefungspraktika und einer Doktorarbeit weiterentwickelt worden. Daneben dient es in einem Fortgeschrittenenpraktikum zu Demonstrationszwecken und in der Routineanalytik zur Auswertung von Spektrenserien.

4. Auf welchen Rechnern ist es implementiert?

Die Entwicklung des Programms erfolgt auf einem UNIX-Rechner. Von Zeit zu Zeit werden neuere Versionen auf andere Rechner (Cyber, Atari-ST, VAX) portiert. Einzige Voraussetzung für ein sinnvolles Arbeiten mit dem Programm ist ein Grafikbildschirm. Normalerweise erfolgt die Ausgabe der Grafik auf einem Tektronix 4010 kompatiblen Bildschirm. Mit Hilfe eines Interfaces zur NAG-Grafikbibliothek kann die Ausgabe aber auch auf vielen anderen Terminals und Plottern erfolgen.

5. Wie arbeitet man mit dem Programm

Gestartet wird das Programm mit seinem Namen ohne Parameter. Einige Grundeinstellungen (benutztes Grafikdevice, Kommandoprompt) werden beim Start aus der Datei "IDEAL.INI" gelesen oder am Bildschirm angefragt. Danach meldet sich das Programm mit dem Kommandoprompt ("ideal>") und ist zur Eingabe von Kommandos bereit.

Eine alphabetisch geordnete Übersicht über die verfügbaren Kommandos erhält man nach Eingabe zweier Ausrufezeichen. Nähere Informationen über die Aktionen eines Kommandos und seiner Parameter erhält man, indem man das Kommando in Großbuchstaben eingibt. Dann wird die in der Online-Manual "IDEAL.MAN" vorhandene Information über das Kommando ausgegeben.

Normalerweise wird man mit dem Einlesen eines Spektrums beginnen. Unformatierte komplexe Daten können mit dem Befehl 'read' gelesen werden. Ein Programm zur Übernahme der Daten von einem Bruker AM400 Spektrometer existiert ebenfalls. Klartextdaten, die auch mit einem Editor erstellt sein können, werden mit dem Befehl 'readf' eingelesen. Gegebenenfalls können die Daten auch im Programm eingelesen werden.

Die maximale Anzahl der Daten kann mit einem Parameter bei der Kompilation des Hauptprogramms eingestellt werden. Im Normalfall ist das Programm auf 65536 (=64K) komplexe Datenpunkte vorbereitet. Das Programm besitzt zwei Datenspeicher, die für den Benutzer sichtbar sind. Diese werden im Online-Manual als 'cx' und 'cy' bezeichnet. Normalerweise finden alle Operationen im Speicher 'cx' statt, der damit der Haupt-Arbeitsspeicher ist.

Der Befehl 'copy' speichert eine Kopie von 'cx' auf 'cy'. Ein Austausch der Inhalte der Speicher geschieht durch den Befehl 'swap'. Sämtliche Ausgaben, sei es als Grafik, als Listing oder auf den Massenspeicher, beziehen sich auf 'cx'.

Die einfachste Möglichkeit der Bedienung ist es, nur den Namen des Kommandos gefolgt von einem Carriage-Return einzugeben. Falls das Kommando noch Parameter benötigt, so werden diese dann vom Programm erfragt. Bei der Frage nach Zahlenwerten oder ja/nein Entscheidungen wird dabei in eckigen Klammern ein Wert vorgeschlagen. Dieser Wert wird angenommen, wenn der Nutzer außer einem weiteren Carriage-Return nichts eingibt. Die Eingabe des Nutzers wird nach der Eingabe sofort auf ihre Gültigkeit überprüft. Falls die Eingabe unzulässig ist, wird sofort nochmal nachgefragt.

4. Ein Beispiel

```
ideal>read
Spektrum(1) oder Fid(2) [ 1 ]  ->2
Name: decan
```

Kennt man die Parameter des Kommandos schon vorher, so können alle Eingaben auch in einer Zeile erfolgen.

Beispiel: `ideal>read 2 decan`

In diesem Fall würde bei der Eingabe von 'read 3 decan' die Frage ob ein Spektrum oder ein Fid eingelesen werden soll, nochmals gestellt werden, während der Name des Fid akzeptiert wird.

Oft sollen mehrere Arbeitsschritte mit identischen oder nur geringfügigen Variationen der Parameter auf viele Spektren (oder FID) angewandt werden. In diesem Fall bietet sich die Erstellung eines neuen "externen" Kommandos an, in dem "interne" (d.h. im Programm einkompilierte) Kommandos zusammengefaßt sind. Diese Kommandos werden in eine Datei geschrieben, deren Name auf ".BAT" enden muß.

Ein auf den Prompt ("ideal>") eingegebenes Kommando wird zuerst in der Tabelle der internen Kommandos gesucht. Wird es dort nicht gefunden und der erste Buchstabe ist ein Großbuchstabe, so wird im Handbuch nach einem Eintrag mit diesem Namen gesucht. Ist es noch nicht gefunden, so wird an den Namen des Kommandos die Endung ".BAT" angehängt und im aktuellen Directory nach einer Datei dieses Namens gesucht. Wenn auch diese nicht gefunden wird, so wird das Kommando an das Betriebssystem weitergereicht. Dadurch ist es möglich, IDEAL als eine Erweiterung der Kommandoshell des Betriebssystems zu benutzen.

Die Kommandos eines Makros werden zeilenweise so abgearbeitet, als seien sie von Hand eingegeben worden. Das Kommando 'inter' in einem Makro bewirkt, daß das alle Parameter des Kommandos auf der nachfolgenden Zeile interaktiv eingegeben werden können. Dieses ermöglicht die Variation von Spektrennamen, sowie eine flexible Handhabung der Plot-Optionen während der Abarbeitung eines Makros.

Beliebt ist auch der Eintrag einer Tilde anstelle eines numerischen Parameters. Da diese Eingabe mit Sicherheit falsch ist, wird der Parameter dann interaktiv an der Tastatur angefragt.

Es kann nach einem längeren Arbeitsgang vorkommen, daß man nicht mehr genau weiß, was man im Einzelnen gemacht hat. Für diesen Fall werden alle Eingaben (auch die Kommandos aus einem Makro) in der Datei "IDEAL.LOG" protokolliert. Diese Datei kann nach dem Verlassen des Programms eingesehen werden.

4. Wo gibt es weitere Informationen ?

Die einzelnen Kommandos des Programms können hier nicht erklärt werden. Dazu möchte ich Sie auf das Online-Manual verweisen.

Grafikorientiertes Programm zur pH-Wert-Berechnung komplexer, Säure und Base enthaltender wäßriger Systeme sowie zur Simulation von Titrationen

Thomas Eckert, Martin Schmidt und Rainer Struckmann

Fachhochschule Münster, Abt. Steinfurt
Fachbereich Chemieingenieurwesen

1. Einleitung

Die beiden vorgestellten Programme wurden im Rahmen von Diplomarbeiten an der Fachhochschule Münster/Abteilung Steinfurt, Fachbereich Chemieingenieurwesen, im Labor Fluorchemie entwickelt und sind mittlerweile bei BCU Software, 4437 Schöppingen, Postfach 1166 erhältlich.

Bei den Programmen handelt es sich um Mac pHantastic und MacChemSTAR. Diese Programme werden vor allem in chemischen Laboratorien, Lehrveranstaltungen und für didaktische Zwecke eingesetzt.

2. Mac pHantastic

Mac pHantastic ist ein universelles Programm zur Berechnung von pH-Werten. Es ist möglich von wäßrigen, Säuren, Basen und/oder Ampholyte enthaltenden Lösungen die pH-Werte zu berechnen. Hierbei wird auf die bisher üblichen Näherungen verzichtet und auf mathematisch exakte Weise –Aktivitäten bleiben unberücksichtigt – das Ergebnis ermittelt.

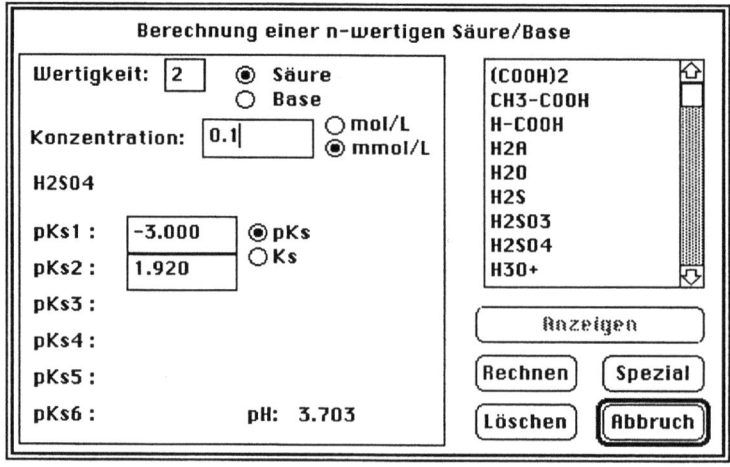

Abb.1: Berechnung des pH-Wertes von Schwefelsäure

Im folgenden werden die möglichen Berechnungen dieses Programms dargestellt:

- Berechnung des pH-Wertes aus der Angabe der Konzentration in der Lösung und der zugehörigen Säure-/Basekonstanten (Abb. 1).
- Berechnung des pH-Wertes aus der Konzentration in der Lösung und der Auswahl einer Säure, Base oder eines Ampholyten aus einer Datei, in der die Säure-/Basekonstanten abgelegt sind.
- Die einfache Bestimmung des pH-Wertes von Gemischen aus zwei Komponenten (Säure-Säure, Säure-Base, Säure-Ampholyt, Base-Base, Base-Ampholyt).
- Die Bestimmung des pH-Wertes eines beliebigen Gemisches aus bis zu 10 frei wählbaren Komponenten (Säure, Base, Ampholyt). Der pH-Wert wird auch in diesem Fall unter Verzicht auf Näherungen bestimmt (Abb. 2).

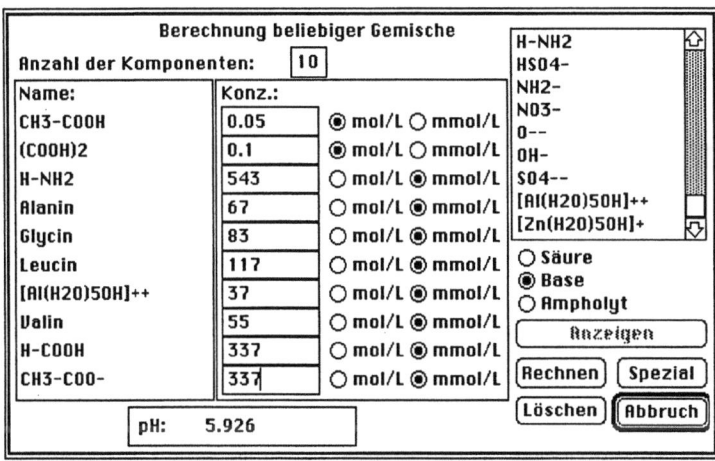

Abb. 2: *Berechnung des pH-Wertes von einem Gemisch aus 10 Komponenten.*

Zusätzlich kann *Mac pHantastic* Titrationskurven grafisch darstellen:
- Titration von starker Säure mit starker Base.
- Titration von starker Base mit starker Säure.
- Titration von einer beliebigen in der Datei abgelegten Säure mit einer starken Base.
- Titration von einer beliebigen, in der Datei abgelegten Base mit einer starken Säure.

Die Titrationskurven werden auf dem Bildschirm ausgegeben, wobei der pH-Wert gegen den Titrationsgrad (Tau) aufgetragen wird (Abb. 3). Zu den oben angeführten Punkten dienen die folgenden Funktionen als Ergänzung:

- *Mac pHantastic* stellt eine umfangreiche, vom Benutzer erweiterbare und veränderbare Datei zur Verfügung. In dieser werden die Säure-/Basekonstanten eines Stoffes unter frei wählbaren Namen abgelegt. Sie stehen in den Berechnungen zur Verfügung, so daß hier auf Nachschlagewerke verzichtet werden kann.

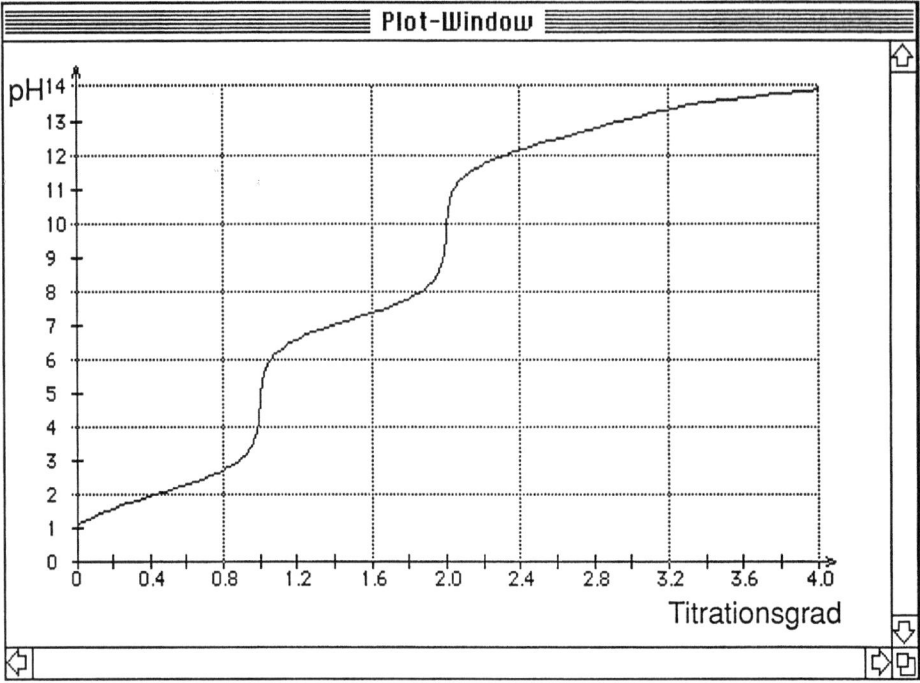

Abb. 3: *Titration Phosphorsäure mit Natronlauge*
(Titration von H3PO4 (c= 0,7500 mol(L) mit NaOH)

- Die Säure-/Basekonstanten (als pKs-, Ks- bzw. pKb-, Kb-Werte) können ineinander umgerechnet werden.
- Aus Angabe von Masse und der Summenformel eines Stoffes in einem zu definierenden Volumen wird die Konzentration berechnet. Zusätzlich wird hier die aus der Summenformel berechnete Molmasse ausgegeben (Abb. 4).

Das Programm *Mac pHantastic* ist einstellbar auf eine deutsche, französische oder englische Benutzeroberfläche.

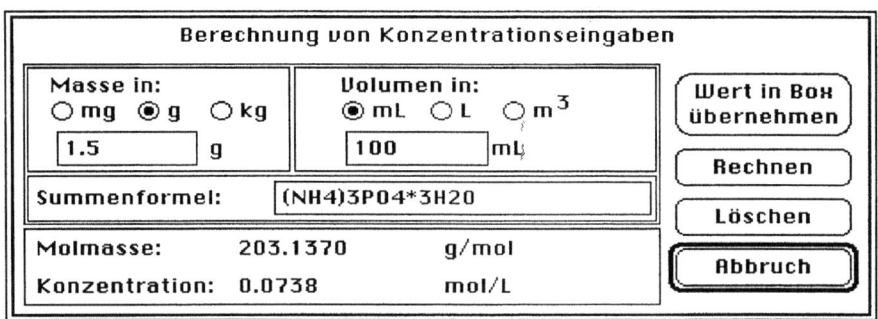

Abb. 4: *Berechnung von Konzentrationen aus Masse, Volumen und Summenformel.*

3. MacChemSTAR

Das Programm *MacChemSTAR* ist für den Einsatz in chemischen Laboratorien entwickelt worden. Es soll dem Benutzer die tägliche Rechenroutine abnehmen. Hierzu zählen im allgemeinen die Berechnungen, die unter dem Sammelbegriff stöchiometrische Berechnungen zusammengefaßt werden können.

Die Lösung komplexer stöchiometrischer Rechnungen erfordert wegen der hohen Genauigkeit den Einsatz von technischen Hilfsmitteln (meistens Taschenrechner). Für den Großteil dieser Berechnungen wird zusätzlich noch ein analytischer Faktor benötigt, der aus den verschiedenen Tabellenwerken herausgesucht werden muß.

MacChemSTAR soll nicht nur den Taschenrechner, sondern auch das Tabellenbuch ersetzen. Das Suchen von Faktoren für entsprechende Verbindungen übernimmt das Programm für den Benutzer.

Für jede der verschiedenen Berechnungen steht dem Benutzer eine eigene

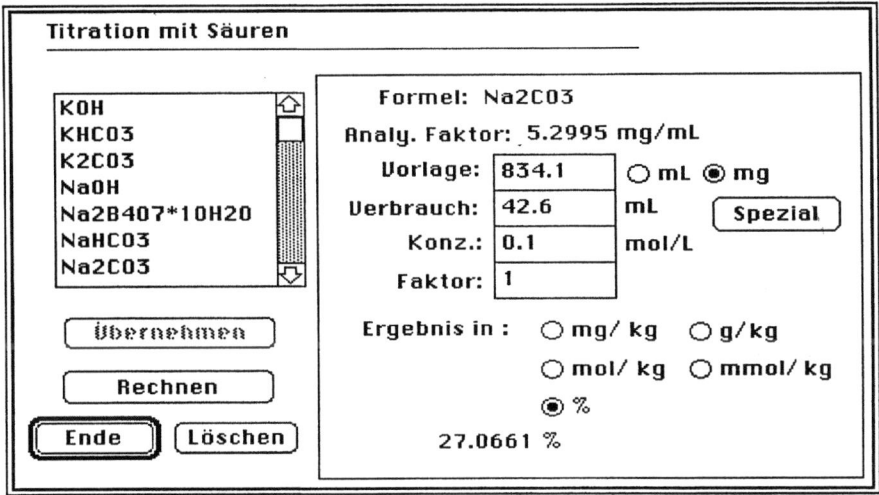

Abb. 5: Dialogbox „Titrationsberechnung"

Dialogbox zur Verfügung. Die Eingabe der analytischen Faktoren erfolgt nicht mehr über die Tastatur. Die Daten können auf einfache Weise aus einer speziellen File-Select-Box entnommen werden. Für diesen Zweck verfügt *MacChemSTAR* über 14 verschiedene Dateien. In diesen Dateien sind jeweils zwischen 20 und 30 analytische Faktoren gespeichert. Diese Faktoren kann der Benutzer auf einfache Weise verändern.

MacChemSTAR bietet für den Benutzer verschiedene Berechnungsmöglichkeiten:

- Mit Hilfe von *MacChemSTAR* können Titrationsberechnungen (s. Abb. 5) einfach und genau durchgeführt werden. Der Benutzer kann zwischen zehn verschiedenen Titriermitteln wählen. Das Laden der Datei mit den entsprechenden analytischen Faktoren übernimmt das Programm. Somit ist sichergestellt, daß für das entsprechende Titriermittel immer die richtigen Faktoren zur Verfügung stehen.

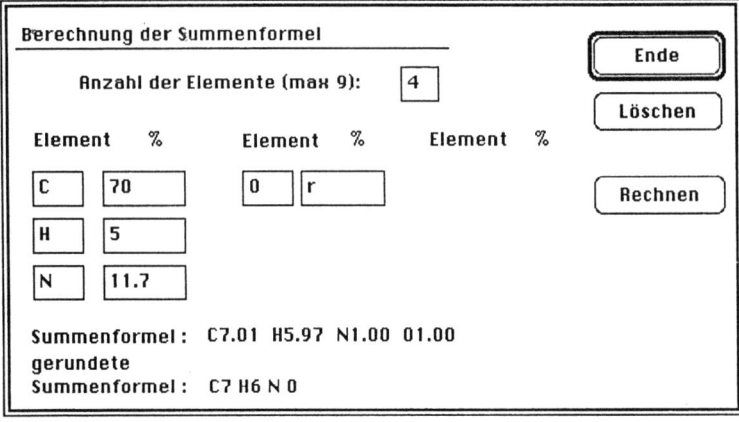

Abb. 6:   Dialogbox „Summenformel"

- Das Berechnen von Löslichkeitsprodukten kann *MacChemSTAR* ebenso durchführen, wie die Berechnungen von Konzentrationen aus dem Löslichkeitsprodukt einer Verbindung.
- Für die klassischen gravimetrischen Bestimmungen existiert ein weiterer Menüpunkt. Die hierzu nötigen Faktoren können aus einer entsprechenden Datei ausgewählt werden. Nach Eingabe der Substanzauswaage wird das Ergebnis schnell und genau berechnet.
- Aus den Ergebnissen einer Elementaranalyse errechnet *MacChemSTAR* die Summenformel (s. Abb. 6). Das Programm arbeitet mit einem Periodensystem, das die Elemente mit den Ordnungszahlen 1 (Wasserstoff) bis 103 (Lawrencium)

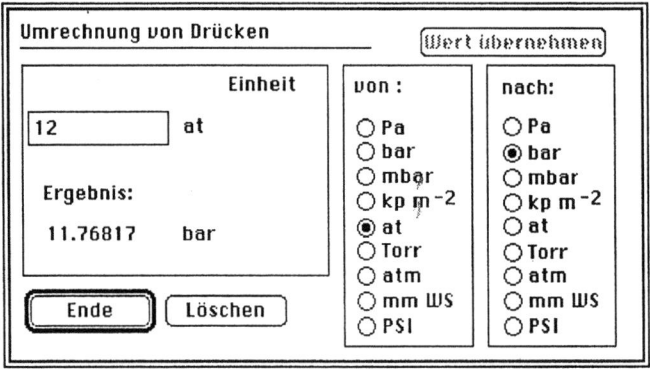

Abb. 7:   Dialogbox „Umrechnung von Drücken"

enthält. Zusätzlich ist das Symbol D für Deuterium enthalten. Die von *MacChemSTAR* verwendeten relativen Atommassen beruhen auf der IUPAC-Atomgewichtstabelle von 1977.

- Bei der Berechnung der Molmasse aus einer kryoskopischen oder ebullioskopischen Bestimmung unterstützt *MacChemSTAR* den Benutzer. Die Konstante für das gewählte Lösungsmittel kann wieder aus einer speziellen File-Select-Box ausgewählt werden.

- Der Umgang mit physikalischen Größen gehört heute zu den täglichen Arbeiten eines Naturwissenschaftlers und Technikers. Oft müssen diese Größen in andere umgerechnet werden (z.B. Kalorie in Joule). Hierfür stellt *MacChemSTAR* das Menü „Umrechnung" zur Verfügung. Es beinhaltet verschiedene Umrechnungen (s. Abb. 7 und 8) für die gebräuchlichsten Einheiten. Einige dieser Umrechnungen (Masse, Volumen, Konzentrationen) können auch aus anderen Dialogen heraus aufgerufen werden.

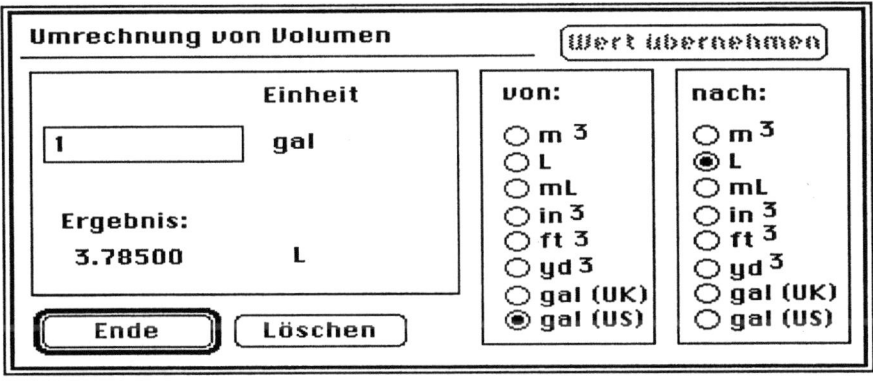

Abb. 8: Dialogbox „Umrechnung von Volumina"

- Bei den Einheiten sind nicht nur SI-Einheiten, sondern auch weniger gebräuchliche Einheiten berücksichtigt worden. Einheiten für Druck (Abb. 7), Volumen, Dichte und Länge lassen sich ebenso umrechnen wie Einheiten für Temperatur, Fläche, Energie und Masse.

- Außerdem erlaubt *MacChemSTAR* das Umrechnen von Gasvolumen auf Normalbedingungen.

Simulation von Schwingungsspektren

Peter Fischer, Daniel Bougeard und Bernhard Schrader
Universität Gesamthochschule Essen
Institut für Physikalische und Theoretische Chemie

Die Simulation der Schwingungsspektren ist sowohl in der Lehre als auch in der Forschung sehr nützlich. Einerseits kann man solche Begriffe wie Normalkoordinate, charakteristische Frequenz, Kopplung oder Isotopenverschiebung mit Beispielen illustrieren; andererseits lassen sich Informationen über Bindungsverhältnisse, Struktur und Strukturänderung (Konformation, Phasenübergänge) und Kräfte gewinnen. Weiterhin liefern solche Simulationen Hilfen bei der Zuordnung der Spektren.

Das Programmpaket SPSIM (SPektrenSIMulation) berechnet nacheinander beide Koordinaten des Spektrums. In einer ersten Stufe werden die Frequenzen und Schwingungsformen (Normalkoordinaten) berechnet. Anschließend besteht die Möglichkeit, die Intensitäten zu bestimmen. Die Struktur des Pakets ist in der Abb. 1 dargestellt.

Die Berechnung der Frequenzen und Normalkoordinaten basiert auf dem klassischen Modell der GF-Matrix-Methode [1] in einer umgewandelten Version nach Shimanouchi [2]. Die Lösung erfolgt über ein lineares Gleichungssystem und liefert die gesuchten Werte in der harmonischen Näherung. Als Daten werden benötigt: die Struktur und ein Kraftfeld. Die Struktur kann aus experimentellen Untersuchungen (Mikrowellen, Elektronenstreuung oder Röntgenuntersuchung) stammen oder theoretisch bestimmt werden (MM2, NDO-Verfahren oder ab-initio). Strukturdaten in inneren Koordinaten (Bindungslängen und Winkel) werden im Modul CTR zu den in den übrigen Modulen benutzten kartesischen Koordinaten im System der Trägheitsachsen umgewandelt. Die eigentliche Normalkoordinatenanalyse wird in den Modulen AXS und NCF durchgeführt. In AXS finden alle Berechnungen statt, die unabhängig von den numerischen Werten der Kraftkonstanten sind. Dadurch kann man bei Änderung dieser Werte die Berechnung sofort im Modul NCA beginnen. NCA liefert außerdem die Jacobi-Matrix ($\delta v_i/\delta t_j$: Abhängigkeit zwischen Frequenz i und Kraftkonstantenänderung j), die Verteilung der potentiellen Energie für jede Schwingung und die Schwingungsform im System der kartesischen Koordinaten.

Die Schwingungsform kann auf zwei verschiedene Weisen grafisch dargestellt werden. Das Modul VPL liefert eine statische Darstellung, in der die Auslenkungen (mit ihren Richtungen und Amplituden) durch Pfeile gezeigt werden (s. Abb. 2). VMV gibt eine Animation des Moleküls entsprechend der betrachteten Normalkoordinate. Für die Moleküldarstellung siehe Abb. 3.

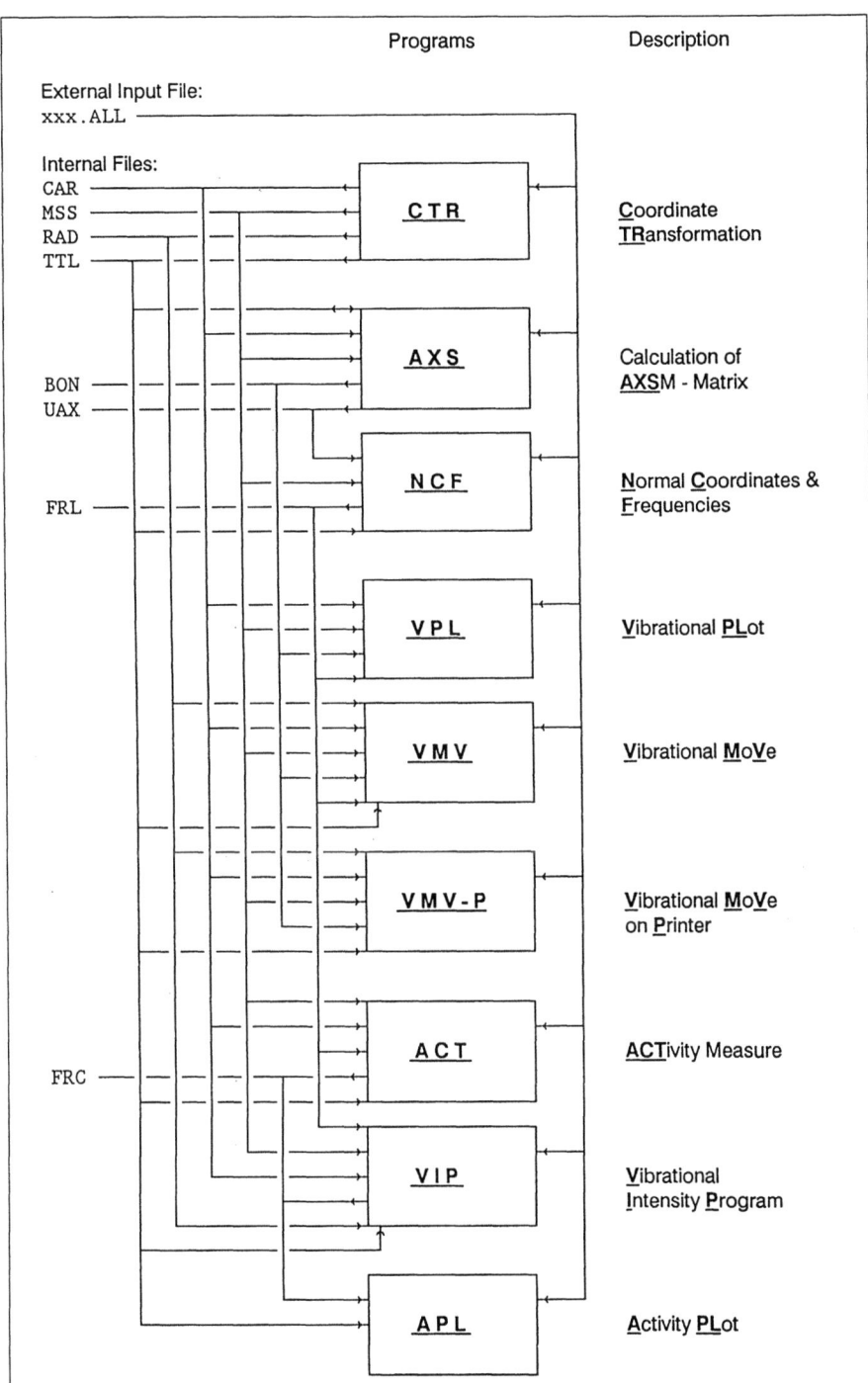

Abb. 1:   Struktur des Programmpaketes SPSIM

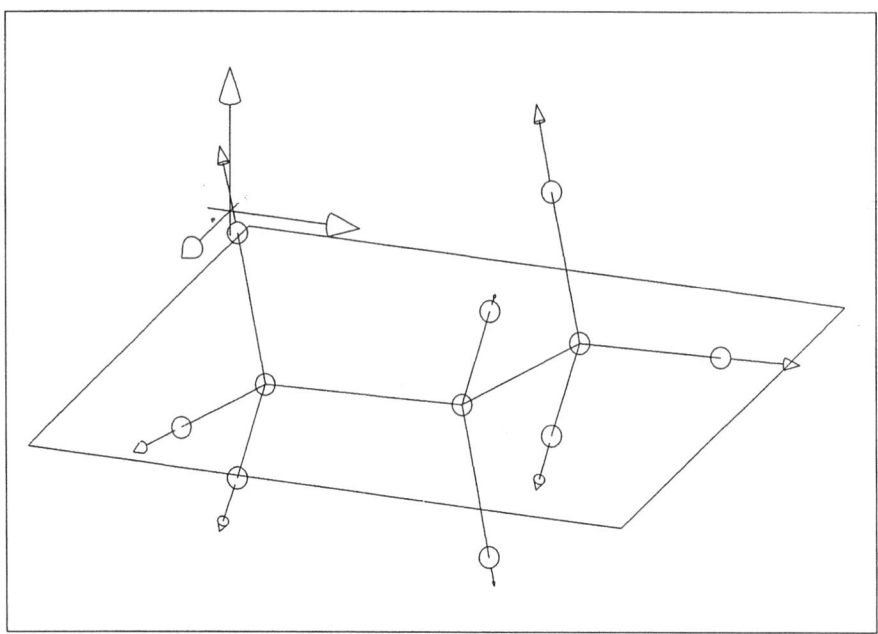

Abb. 2: Darstellung der Schwingung bei 2883 cm^{-1} des Propans durch VPL

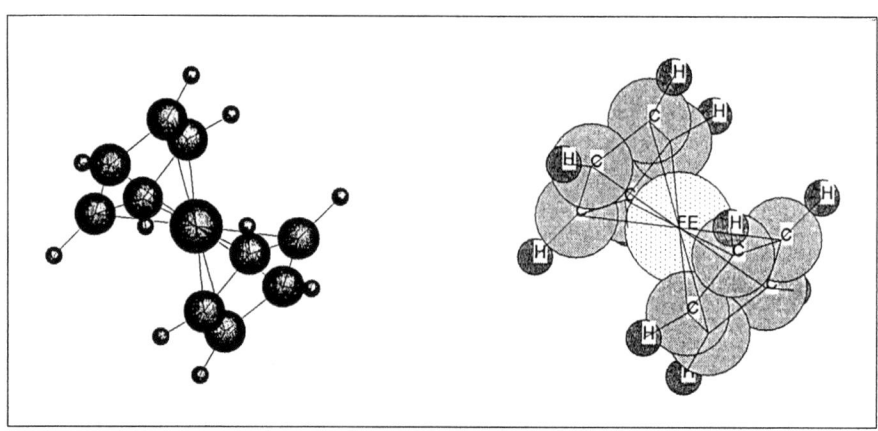

Abb. 3: Darstellung von Ferrocen durch VMV & VMV-P

Die Berechnung der Intensitäten ist die zweite Stufe einer solchen Analyse. Da die Intensitäten proportional sind zum Quadrat der Änderung des Dipolmomentes µ (IR) oder der Polarisierbarkeit α (Raman) mit der Normalkoordinate, müssen µ und α bestimmt werden. Dies ist möglich entweder mit Hilfe der Quantenmechanik [3, 4] oder für größere Systeme mit parametrischen Methoden [5]. Die erste Alternative ist im Modul VIP realisiert, wo eine "finite field perturbation" in die MNDO Methode eingebaut ist. In ACT wird nur die "Activity Measure" [5] berechnet, die mit Hilfe von Atom-Ladungen (IR) und einer Analogie zwischen Polarisierbarkeit und Trägheitsmoment (Raman) die mögliche Aktivität einer Bande abschätzt. Die

Ergebnisse beider Module ACT und VIP können zum Zweck des Vergleichs mit experimentellen Spektren grafisch durch APL ausgegeben werden (s. Abb. 4). Die Eingaben für alle Module werden in einem einzigen File zusammengefaßt. Die Dimensionierung ist flexibel und kann im File SPSIM.DIM leicht geändert werden. Die Module müssen dann aber neu compiliert werden.

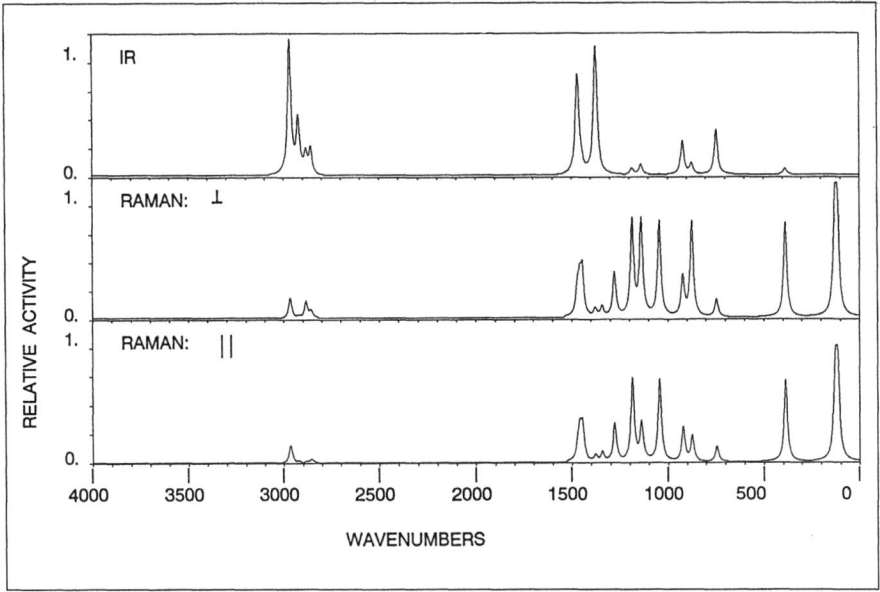

Abb. 4: *Die berechneten IR & Raman Spektren von Propan*

Unter den Beschränkungen des "giant molecule"-Modells [6] ist das Programmpaket auch geeignet, um Probleme mit Translationssymmetrie zu behandeln (Polymere oder Kristalle).

1. Verfügbarkeit und allgemeine Hinweise

SPSIM ist lauffähig unter den Betriebssystemen PC-DOS 3.3 und 4.0 mit mindestens 640 KByte Hauptspeicher. Es benötigt die grafische Oberfläche GEM/3-Desktop von Digital Research. Das Programmpaket kann sich auf diesem Wege an alle Grafikkarten (mit verschiedenen Auflösungen) und Bildschirme (Monochrom und Farbe) anpassen, die vom GEM/3-Desktop bedient werden können, z.B. CGA, EGA, VGA, Hercules Grafikkarte, Olivetti Grafikkarte, Olivetti EGC Farbkarte u.a.m. Auch für die Druckausgabe (incl. Hardcopy) lassen sich verschiedene Epson, HP, IBM und Toshiba Drucker installieren. In dieser DOS-Version können Moleküle mit maximal 23 Atomen berechnet werden. SPSIM ist ebenfalls lauffähig unter GEMDOS auf ATARI ST Rechnern mit mindestens 1MByte Hauptspeicher. In dieser Atari Version ist die Hardcopy-Funktion auf 9-Nadeldrucker beschränkt. Es können jedoch Moleküle mit bis zu 50 Atomen berechnet werden.

Das Programm VIP ist unter PC-DOS nicht verfügbar. Alle SPSIM Programme sind in der Lage die Benutzereingaben aus einer Datei zu lesen. Sie suchen dazu in der Datei, die mit der Ein-/Ausgabeeinheit (Unit) Nummer 5 verbunden ist, eine Zeile mit der eigenen Programmkennung. Die Kennung besteht aus dem Programmnamen mit vorangestelltem '*', z.B. '*CTR' oder '*NCF'. Das Programm VMV benötigt keine eigenen Benutzereingaben. Einige Informationen werden aus den Daten für AXS gewonnen. Dazu werden diese Daten einfach doppelt gekennzeichnet.

2. Eingaben zum Programm VMV

Das Programm VMV zeigt Normalschwingungen auf dem Monitor. Das Programm ist interaktiv über eine Vielzahl von Kommandos zu steuern. Der Aufruf eines Kommandos erfolgt über ein Zeichen (Klein- und Großschreibung sind gleichwertig) und wird sofort ausgewertet. Werden als Reaktion auf ein Kommando Zahlenwerte verlangt, so sind diese mit "RETURN" oder "ENTER" abzuschließen. Offensichtlich unsinnige oder nicht zugelassene Werte werden (hoffentlich) nicht beachtet oder auf erlaubte Werte zurückgeführt.

2.1 Die Kommandos des Programms VMV

a) *Amplitudenfaktor*
Um bei manchen Schwingungen – meistens den Valenzschwingungen – die Bewegungsformen besser erkennen zu können, ist es möglich die max. Auslenkung der Atome zu erhöhen. Dieses ist bis zu einem Faktor 10 möglich.

b) *Bindungen vor/hinter*
Das Bindungsgerüst kann auf die Atomscheiben oder -kugeln gezeichnet werden oder dahinter. Mit dieser Option wird die jeweils andere Darstellung gewählt.

c) *Atomsymbole*
Die chemischen Symbole werden an den Atomkoordinaten entweder dargestellt oder nicht. Es wird die jeweils andere Möglichkeit gewählt.

d) *Durchdringungen ja/nein*
Wurde mit der Option M eine hinreichend feine Darstellung gewählt und die Option O 2-5 angegeben, so ist es mit der Option D möglich den Eindruck von sich durchdringenden Kugeln (Kalottenmodell) zu erhalten. In der Regel ist es dann auch nötig die Radien der Atome zu vergrößern. Mit der Option wird die jeweils andere Darstellung gewählt.

e) *Ende*
Das Programm wird ohne weitere Nachfrage beendet.

f) *Faktor Molekülgröße*
Die Moleküle werden grundsätzlich formatfüllend und komplett auf dem Bildschirm dargestellt. Der eingegebene Faktor wird zur Multiplikation der gerade aktuellen Größe benutzt.

g) *Gültige Optionen*
Ein Teil der ausgewählten Optionen wird angezeigt.

h) *Hilfstext*
Eine stichpunktartige Auflistung der zugelassenen Optionen wird angezeigt.

i) *Zyklen pro Schwingung*
Für jede Schwingung ist eine Zyklenzahl von 100 voreingestellt. Danach zeigt das Programm automatisch die nächste Schwingung. Diese Zyklenzahl ist zwischen 0 (ergibt aber keinen Sinn) und 999 frei wählbar.

k) *Koordinatenkreuz des Moleküls*
Das zum Molekül gehörende Koordinatenkreuz wird ein- oder ausgeblendet.

m) *Modus Atomdarstellung*
Die Kugeldarstellung der Atome wird durch bis zu 16 verschieden große Scheiben erzeugt. Mit der Option kann die Anzahl der Scheiben herabgesetzt werden. Dabei werden die dunkleren Muster unterdrückt. Das ist wichtig wenn die Moleküle auf einem Drucker (nur mit dem Programm VMV-P) ausgegeben werden sollen und die Darstellung insgesamt zu dunkel erscheint.

n) *Nummer Schwingung*
Es kann zu einer beliebigen Schwingung gesprungen werden. Als Bezugszahl dient die erste Zahl rechts oben. Die zweite Zahl stellt die Nummer der Schwingung in einer Schwingungsrasse dar. Differenzen treten nur bei Berechnungen mit mehreren Symmetrieblöcken auf. Wird eine Berechnung der Schwingungen getrennt nach den verschiedenen Schwingungsrassen durchgeführt, sind diese Zahlen nicht gleich.

o) *Option Atomdarstellung*
O=0 Darstellung nur des Bindungsgerüstes.
O=1 Jedes Atom wird durch eine Scheibe dargestellt. Verschiedene Atome werden durch verschiedene Muster gekennzeichnet.
O=2 Lichtquelle von vorn. (bei Atomdarstellung mit 1-16 Scheiben)
O=3 Lichtquelle rechts oben; Sinusförmige Scheibenveränderung.
O=4 Lichtquelle rechts oben.
O=5 Zur Darstellung werden nicht gefüllte Kreise herangezogen.

p) *Drucker*
Diese Option ist nur für das Programm VMV-P gültig. Sie erzeugt eine Abbildung des Moleküls auf dem angeschlossenen Drucker.

r) *Radius Atome*
Mit der Option kann die voreingestellte Größe der Atomdarstellung verändert werden. Eine negative Eingabe führt auf die voreingestellten Werte zurück.

Sollen die Verhältnisse der Größen der verschiedenen Atomsorten zueinander verändert werden, so müssen die entsprechenden Werte in der Datei der Unit 23 (vierte Spalte; Angaben in pm) vor dem Programmstart geändert werden.

s) *Start*

Das Programm beginnt mit der Schwingungsdarstellung. Wird diese Darstellung nicht durch eine beliebige Taste gestoppt, werden die Schwingungen der Reihe nach jeweils für die Dauer der gewählten Zyklenzahl angezeigt.

t) *Pause in Millisekunden*

Um eine hinreichend flüssige Bewegung zu erzeugen, werden mit dem Programm VMV-INIT Rechner und Bildschirm getestet. Aus diesen Daten wird eine optimale Pause zwischen den einzelnen Bildern berechnet und voreingestellt. Wünscht man eine Art Zeitlupe, so kann mit dieser Option die Pausenzeit beliebig verlängert werden. Eine negative Eingabe reaktiviert die Voreinstellung.

x,y,z) *Drehung um ... - Achse*

Das Molekül kann beliebig um die Achsen X, Y und Z gedreht werden. Das dafür gültige Koordinatensystem ist links oben auf dem Bildschirm dargestellt.

+,-) *Wiederholungen*

Mit diesen Optionen kann eine Drehung um den zuletzt eingegebenen Wert in positiver oder negativer Richtung wiederholt werden.

Literatur

1. E.B. Wilson, J.C. Decius, P.C. Cross; Molecular Vibrations, Dover Publication Inc., New York (1980) oder McGRAW-HILL Book Company, New York Toronto London (1955).
2. T. Shimanouchi; Programs for the Normal Coordinate Treatment of Polyatomic Molecules, University of Tokyo, Tokyo (1968).
3. M. Spiekermann, D. Bougeard, H.-J. Oelichmann, B. Schrader; Theoret. Chim. Acta 54 301 (1980).
4. P. Fischer, A. Grunenberg, D. Bougeard, B. Schrader; J. Mol. Struct. 146 51 (1986).
5. B. Schrader, M. Spiekermann, L. Hecht, D. Bougeard; J. Mol. Struct. 113 49 (1984).

Anwendung elektronischer Konferenzsysteme: QOM und seine Einsatzmöglichkeiten

Jörg Hahn
ISOFT Kommunikationstechnologien GmbH, Berlin

1. Einleitung

Telekonferenzsysteme stellen Funktionen bereit, die über die Funktionalität herkömmlicher Dokumentenaustauschdienste hinausgehen. Der wesentlichste Aspekt besteht dabei in der Strukturierung aller Kommunikationsvorgänge. Nachrichten können kommentiert und wiederholt gelesen werden. Auf diese Weise werden Diskussionen zwischen einer großen Anzahl von Personen ermöglicht.

Ein wichtiger Gesichtspunkt bei der Nutzung von QOM (Quick Office Mail) ist darin zu sehen, daß wie aus Mailboxsystemen bekannt, "asynchrone Kommunikation" unterstützt wird. Diskussionen können so unabhängig von Ort und Zeit geführt werden. QOM erweist sich bei diesem Zugang als kostengünstiges, effizientes Anwendungssystem zur schnelleren Entscheidungsfindung und komfortabler Konversation zwischen Mitgliedern großer Interessengruppen. Besonders geeignete Anwendungen für QOM sind entsprechend im Rahmen von Forschungsgruppen, Firmenmitarbeitern, allgemeinen Interessengruppen, Informationssystemen und Revisions-/Korrektursystemen zu suchen. Das hier vorgestellte Konferenzsystem QOM ist seit mehreren Jahren in unterschiedlichen Umgebungen im Einsatz. QOM kann an alle UNIX-kompatiblen Betriebssysteme angepaßt werden. Der Einsatz von QOM auf den bereits installierten Systemen läßt sich schnell charakterisieren: Es handelt sich in der Regel um strukturierte Informationsabfrage bzw. -bereitstellung. Interne Diskussionen laufen dabei neben allgemeinen Themen und Informationsangeboten auf den Rücklauf und die Erfassung von Bemerkungen bzw. Anregungen und Korrekturanmerkungen zu diesen Punkten hinaus.

Die Funktionalität des QOM-Systems kann erst durch den Zugriff auf QOM über Netzwerke vollständig ausgeschöpft werden. Aus diesem Grunde erscheint QOM für Anlagen der mittleren Datentechnik prädestiniert zu sein. Unabhängig von dieser Zielgruppe bildet QOM in jedem Unternehmen, das ein Medium für interne Kommunikation sucht, eine gute Grundlage.

2. Das Konferenzsystem QOM

Computerkonferenzen haben eine neue Dimension in der computergestützten Kommunikationstechnologie geschaffen. Effektive Kommunikation zwischen unterschiedlichen Gruppen sind keine Utopie mehr. Das Konferenzsystem QOM ist so komfortabel, daß es jedem Mitarbeiter und Sachbearbeiter die problemlose Bedienung dieser Technologie ermöglicht auch wenn dieser Benutzer keine speziellen Computerkenntnisse und -erfahrungen hat.

2.1 Konferenzsysteme und ihre Funktionalität

Konferenzsysteme unterstützen Gruppenkommunikation im weitesten Sinne. Es besteht die Möglichkeit, Texte einer Vielzahl von Teilnehmern, einem eingeschränkten Anwenderkreis oder einzelnen Personen zugänglich zu machen. Die Kommunikationspartner können dabei mit anderen Rechnersystemen als dem Wirtsrechner des QOM-Systems arbeiten. QOM ist in der Lage, Nachrichten an bestimmte Rechner unabhängig von der geographischen Entfernung mit Hilfe von Datenkommunikationsdiensten zu übermitteln. Die Art der Rechner und Netzwerke, die über QOM erreicht bzw. angesprochen werden können ergibt sich aus der Anzahl der in QOM integrierten "Gateways".

Mitglieder einer Gruppe senden Nachrichten an das Konferenzsystem bzw. stellen Nachrichten in Konferenzen bereit. Diese Nachrichten werden somit für alle anderen Teilnehmer einer Konferenz verfügbar. Andere Konferenzmitglieder kommentieren diese Mitteilung dann, oder schreiben neue und/oder ergänzende Texte, die ihrerseits wieder allen Konferenzteilnehmern bereitgestellt werden.

Diese Art von Kommunikation ist typischerweise eine "n:n" Relation, im Gegensatz zu einer 1:1 Kommunikation oder einer "1:n" Kommunikation wie sie bislang vorherrschten, z.B. Electronic Mail und Telefon.

2.2 Die angebotene Funktionalität

Konferenzsysteme speichern alle Nachrichten in einer (normalerweise zentralen) Datenbasis. Sie können entsprechend gelesen, wiederholt gelesen und kommentiert werden, wann immer dies zu einem späteren Zeitpunkt nötig erscheint. Auf diese Weise erreicht man die Fähigkeit "asynchrone" Kommunikation durchzuführen. Es ist im Gegensatz zu synchroner Kommunikation, z.B. Telefon, Diskussion, Videokonferenzen, nicht länger notwendig, daß alle Gesprächspartner zur gleichen Zeit an einem bestimmten Ort anwesend sind. Unterschiedliche Arbeitszeiten, geographische Entfernungen, verschiedene Zeitzonen – all das fällt bei der Anwendung elektronischer Konferenzsysteme nicht mehr so stark ins Gewicht.

Die Erfahrung mit solchen Systemen zeigt, daß die Qualität der Beiträge in Konferenzsystemen weitaus höher einzuschätzen ist als in direkten "Mund-zu-Mund" Diskussionen. Die Teilnehmer haben Zeit, ihre Antworten zu überdenken und entsprechend präzise zu formulieren.

Darüber hinaus erweist sich der Zeitgewinn, der durch die Einsparung der jetzt überflüssigen Terminkoordinationen und die Umgehung von Anwesenheitspflichten erreicht wird, als signifikant für die Leistungsfähigkeit einzelner Abteilungen und ganzer Betriebe.

2.3 Die Datenbasis

QOM speichert alle Objekte, d.h. Benutzer, Konferenzen, Nachrichten und Verteilungslisten, in einer Datenbasis. Die Datenbasis wird im zugrundeliegenden UNIX-Dateisystem als ein Teilbaum des gesamten Dateiverzeichnisses gespeichert und mit geeigneten Zugriffsrechten ausgestattet. Der Systemverwalter kann mit einem QOM-Werkzeug neue Datenbasen erzeugen und existierende Datenbestände kopieren. Verschiedene Anwendungen können also problemlos auf unterschiedliche Datenbestände zugreifen. Alle Objekte können benannt werden, ohne Einschränkungen, die durch das Betriebssystem für Namensgebungen existieren, berücksichtigen zu müssen.

Nachrichten werden anhand einer eindeutigen Nummer referenziert. Die Kennung des neuesten Eintrags gibt die Anzahl von Einträgen in der QOM-Datenbasis an. Nachrichtenkennungen werden nicht wieder freigegeben, d.h. nach dem Löschen eines Objekts wird die entsprechende Nummer nicht für andere Objekte eingesetzt.

Nachrichten können oft in einer intuitiven Art und Weise referenziert werden, z.B. "die letzten 5 Nachrichten, die von einer bestimmten Person geschrieben wurden" oder "alle Einträge einer Konferenz".

2.4 QOM Entwurfskriterien

QOM wird seit 1984 von mehreren hundert Benutzern kontinuierlich angewendet. Diese Anwender kommen aus dem universitären Bereich, sowie aus der freien Wirtschaft. Die Installationen unterscheiden sich wesentlich in der Größe der jeweiligen Benutzergruppe, im Profil der Anwender (speziell Computererfahrung) und den geforderten Sicherheitskategorien.

Die Generalität ist ein entscheidendes Kriterium für den Entwurf von QOM. Es wurde ein Anwendungssystem entwickelt, das hinreichend mächtig ist, um verschiedene Arten computergestützter, personenorientierter Kommunikation zu handhaben. QOM stellt dazu flexible, praktikable Mechanismen bereit.

Nachrichten können in mehreren Konferenzen und persönlichen Briefkästen gehalten werden; in Wirklichkeit, d.h. im Speicher, sind sie jedoch nur einmal abgelegt. Die Kapazität des Speichermediums wird also sinnvoll genutzt.

Die Möglichkeit der Telekonferenz sollte auch Anwendern zugänglich gemacht werden, die relativ wenig oder gar keine Erfahrung mit Computern haben. QOM-Benutzer müssen entsprechend keinerlei Wissen über das zugrundeliegende Betriebssystem haben.

Obwohl QOM etwa 100 verschiedene Kommandos anbietet, reicht es normalerweise aus, einen Kommandoschatz von ca. zehn Kommandos zu nutzen. Erleichtert wird die Kommandoeingabe außerdem durch den "Prompting-Mechanismus" des Systems. Anhand einfacher Heuristiken macht QOM Kommandovorgaben, die der Benutzer nur zu bestätigen braucht. Dies gilt – wie alle Aussagen zur Systemnutzung – unabhängig davon, ob der Nutzer lokal arbeitet oder sich über ein Netzwerk eingewählt hat.

Neben dem Informationsaspekt hat QOM die Fähigkeit, Nachrichten mit anderen Konferenzsystemen oder "Electronic Mail Systemen" auszutauschen. Änderungen des Netzwerkzugangs bedürfen keiner Änderung im QOM-Kern. Das RFC-822-Gateway (RFC 822 ist der DDN Internet Standard für das Format von Textmitteilungen) für eingehende und zu versendende Nachrichten erlaubt z.B. einfachen Zugang zu Netzwerken wie ARPANET, BITNET/EARN oder UUCP-net/Eunet.

QOM ist in der Programmiersprache "C" geschrieben. Es kann auf alle Betriebssysteme, die kompatibel zu IEEE-P1003.1 bzw. zu X/OPEN sind, portiert werden. QOM ist also nicht nur für Großrechner und Minicomputer verfügbar, sondern bereits für Geräte der PC/AT-Klasse.

2.5 Sicherheitsaspekte

QOM kann in Netzwerke eingebunden werden, so daß es auch Benutzern zur Verfügung steht, die keinen eigenen Bereich auf dem QOM-Wirtsrechners haben. Diese Möglichkeit bedarf andererseits des Schutzes vor unerwünschten Zugriffen. QOM gestattet z.B. den Zugriff auf das Betriebssystem. Ein expliziter Zugriffsschutz schränkt diese Freizügigkeit ein. Bei zweckmäßiger Handhabung gestattet QOM nur solchen Benutzern den Zugang zum Betriebssystem, die sich aus der Betriebssystem-Shell des Wirtsrechners angemeldet haben; Netzwerkbenutzer dürfen nur bestimmte Dateien lesen. Dieser Zugriffsschutz wird durch drei Benutzerkategorien erreicht:

- *"normal"* gestattet freien Zugriff auf das Betriebssystem. Nachrichten können z.B. in Dateien gespeichert werden, Shell-Kommandos können ausgeführt werden, Dateiinhalte können in Nachrichten übernommen werden.
- *"restriktiv"* wird bevorzugt für Netzwerkbenutzer gewählt. Derartige Benutzer erhalten keinen Zugriff auf das Betriebssystem.
- *"admin"* bezeichnet QOM-Teilnehmer, die nahezu alle Attribute anderer Benutzer (Name, Kennwörter und Benutzerkategorie) modifizieren dürfen. Darüber hinaus können Adminstratoren Objekte unabhängig davon manipulieren, ob sie die Eigentümer dieser Objekte sind oder nicht. Eine solche Instanz wird in allen Systemen benötigt, die eine große Benutzergruppe verwalten. Dem Administrator unterliegt es z.B. auch, Nachrichten physikalisch aus dem Speicher des Systems zu entfernen.

QOM kann mit speziellen Optionen gestartet werden, um die Möglichkeiten der Teilnehmer einzuschränken. So gibt es Optionen, die es den Teilnehmern unmöglich machen, automatisch registriert zu werden. Der QOM-Administrator entscheidet in solchen Fällen über die Zulassung des Registrierungswunsches. Andere Optionen gestatten es, z.B. Neuanmeldungen von QOM-Teilnehmern völlig unmöglich zu machen oder das Erzeugen von Konferenzen zu verbieten.

3. Das QOM-Modell

Hier soll nur insoweit auf das Modell des QOM-Systems eingegangen werden, wie es für die Benutzung von QOM sinnvoll und zweckmäßig erscheint.

3.1 Benutzer

Die Benutzer sind die einzig aktiven Einheiten im QOM-System. Sie lesen ihre Nachrichten, kommentieren und schreiben neue Mitteilungen. Benutzer werden anhand ihres QOM-Benutzernamens identifiziert. Dieser QOM-Name wird bei der ersten Anmeldung eines Teilnehmers definiert.

Registrierte Benutzer können Mitglieder von Konferenzen werden, um Nachrichten zu einem bestimmten Themenkreis zu lesen, bzw. neue Nachrichten zu schreiben. QOM teilt jedem Benutzer mit, wieviele ungelesene Nachrichten in den Konferenzen noch vorliegen. Der Eigentümer einer Konferenz übernimmt eine Moderatorfunktion, d.h er/sie kontrolliert die Einhaltung der Verhaltensbestimmungen.

3.2 Konferenzen

Konferenzen sind das Werkzeug, mit dem QOM die Strukturierung des unvermeidlich großen Nachrichtenbestandes ermöglicht. Jeder Benutzer, der eine Konferenz zu einem bestimmten Thema einrichtet, wird Eigentümer dieser Konferenz. Einträge in einer Konferenz beziehen sich immer auf den in der Präsentation dargestellten Themenkreis. Diese Einträge können beliebig in die aktuelle Arbeit mit einbezogen werden. Die Liste aller Konferenzen einer QOM-Datenbasis kann somit als Inhaltsverzeichnis der Datenbasis betrachtet werden.

Jeder Benutzer kann Mitglied einer Konferenz werden, d.h. er nimmt an den dort geführten Diskussionen teil. Dieser Vorgang kann nur durch definierte Zugriffsrechte eingeschränkt werden. Jedem Mitglied steht innerhalb einer Konferenz ein Inhaltsverzeichnis der Themen aller enthaltenen Nachrichten zur näheren Selektion zur Verfügung.

Die Zugriffsrechte herkömmlicher QOM-Benutzer auf eine Konferenz werden durch zwei Definitionen festgelegt. Diese Festlegungen sind das Attribut der Konferenz und der Typ der Konferenz.

Das Attribut einer Konferenz kann auf den Wert "offen" oder "gesperrt" gesetzt werden. Mit Hilfe dieser Festlegung kontrolliert QOM, welcher Benutzer Mitglied der Konferenz werden kann. Ist eine Konferenz als "offen" vereinbart, so kann jeder beliebige Benutzer der Konferenz beitreten. Ist der Status der Konferenz "gesperrt", so werden neue Mitglieder vom Eigentümer oder anderen Moderatoren aufgenommen. Mit dem Attributwert wird auch die Möglichkeit eingeschränkt, Nachrichten an eine Konferenz zu senden. So können nur die Mitglieder einer gesperrten Konferenz Nachrichten an diese Konferenz senden, während jeder QOM-Benutzer Nachrichten in einer offenen Konferenz bereitstellen kann. Gesperrte Konferenzen werden typischerweise für Diskussionen innerhalb geschlossener Benutzergruppen verwendet.

Der Typ einer Konferenz bezeichnet die Art, in der die Konferenz für Kommunikationszwecke genutzt werden soll:

- *"Forum"* ist der am häufigsten verwendete Konferenztyp: Alle Teilnehmer können die gespeicherten Nachrichten lesen und neue hinzufügen. Als Anwendung für diesen Typ bieten sich Themen von allgemeinem Interesse an.

- *"Bekanntmachungen"* ist eine ausschließlich für Lesezugriffe bereitstehende Konferenz, d.h. nur die Verwalter können Nachrichten schreiben. Eine häufige Anwendung für Konferenzen dieses Typs sind Bekanntmachungen, die von beliebigen QOM-Benutzern abrufbar sein sollen.

- *"Registratur"* ist ein Konferenztyp, der jedem Teilnehmer erlaubt, Nachrichten zu schreiben, die nur der Eigentümer und die Moderatoren lesen können. Dieser Konferenztyp wird häufig für das Sammeln von Fehlermeldungen und Anregungen gewählt.

3.3 Texte

In QOM unterscheidet man persönliche Nachrichten, sogenannte Briefe, und Konferenzbeiträge, die einer dynamischen Mitgliedergruppe zugänglich sind. Eine Nachricht kann mit mehreren Attributen versehen sein. Diese Attribute bestimmen autorisierte Empfänger, zusätzliche Empfänger, ein Verfallsdatum, etc.

Nachrichten, die im QOM-System bereitgestellt werden, können nur dann von einem QOM-Benutzer gelesen werden, wenn dieser mindestens eine der folgenden Voraussetzungen erfüllt. Der QOM-Benutzer ist

- der Autor (der Absender) der Nachricht.
- ein direkt genannter Empfänger dieser Nachricht.
- ein Mitglied der Konferenz, an die die Nachricht gesendet wurde, und er hat die entsprechende Zugriffsrechte auf diese Konferenz.

4. Die QOM-Benutzerschnittstelle

QOM ist als Softwaresystem für alle Anwendungsbereiche entworfen worden. Es kann sowohl in herkömmlichen Sekretariaten, also Abteilungen, die wenig Beziehung zur EDV haben, als auch in professionellen Informationsverarbeitungsabteilungen weltweit eingesetzt werden. Dieser Anspruch hat den Entwurf der Benutzerschnittstelle wesentlich geprägt. Die Auswirkungen sind in der Unterstützung einer Vielzahl von Sprachen und der Integration verschiedener Kommunikationsgateways zu sehen. Die folgenden Abschnitte sollen einen ersten Einblick in die Handhabung des Systems geben.

4.1 Sprachunabhängigkeit

Die Mensch-Maschine-Schnittstelle von QOM ist nahezu unabhängig von der Landessprache. Jeder Benutzer kann sich die Sprache, in der er arbeiten möchte, individuell auswählen. Der Dialog zwischen QOM und dem Benutzer wird dann in der vereinbarten Sprache abgewickelt. Sämtliche Ein- und Ausgaben des QOM-Systems erfolgen in dieser Sprache. Die Dialogsprache kann aus der Menge der implementierten Sprachen gewählt werden.

4.2 Die Kommandosprache

Ein wesentliches Merkmal der Mensch-Maschine-Schnittstelle von QOM ist die Kommandosprache. Sie beinhaltet ausschließlich natürlichsprachliche Konstrukte und ist dadurch leichter zu erlernen als kryptische Befehlssequenzen. Andererseits bleibt die Benutzung des Systems durch kurze und prägnante Kommandos effizient.

QOM-Kommandos bestehen aus dem Kommandonamen, d.h. einer Reihe von Schlüsselwörtern, und falls nötig einer ergänzenden Spezifikation durch Parameterwerte. Ein Abkürzungsmechanismus erlaubt dem Benutzer, alle Eingaben verkürzt zu spezifizieren. Als Besonderheit gilt dieser Abkürzungsmechanismus auch für Parameterwerte, die aus der QOM-Datenbasis gewonnen werden. Sollte eine gewählte Kommandokurzform nicht eindeutig sein, so reagiert QOM mit der Ausgabe einer Anzeige aller möglichen Expansionen dieser Eingabe.

Kommandos, die in ihrer Syntax nicht vollständig bekannt sind, werden in einem ständigen "Frage-Antwortspiel" zwischen QOM und dem Benutzer so weit spezifiziert, bis sie syntaktisch korrekt sind.

4.3 Der Prompting Mechanismus

Jedes System gibt ein sogenanntes Kommandoprompt aus, wenn es vom Benutzer Eingaben erwartet. In Betriebssystemen wird diese Situation durch ein Symbol im Kommandoeingabebereich signalisiert. Dieser Zugang gilt auch für QOM. Um die Arbeit mit QOM komfortabler zu gestalten, wird dem Benutzer ein Kommando als Prompt angeboten. Bestätigt man diese Vorgabe mit der <Return>-Taste so wird das vorgegebene Kommando ausgeführt.

Ein solcher Mechanismus wird durch Heuristiken effizient gestaltet, die das Kommandoprompt der jeweiligen Situation anpassen. QOM sollte möglichst die Kommandoausführung "erraten", die sich aus der Logik der bisherigen Sitzung ableiten läßt. Auf diese Weise wird langwieriges Eintippen von Kommandozeilen durch schnelle Bestätigungen von Vorgaben ersetzt. Natürlich kann man jederzeit andere als die vorgeschlagenen Kommandos ausführen. Nach Beendigung des entsprechend zwischengeschobenen Kommandoablaufes kehrt QOM zu dem bereits ausgegebenen Kommando-Prompt zurück.

4.4 Die Hilfsfunktionalität

QOM gestattet jederzeit die Eingabe eines Hilfe-Kommandos, um Informationen zu einem oder zu allen Kommandos zu erfragen. Daraufhin wird eine Kurzinformation aus dem Online-Handbuch angezeigt. Bei mehrdeutigen oder fehlerhaft gewählten Abkürzungen, die nicht bereits am ersten Wort der Kommandoeingabe erkannt werden, gibt QOM eine Liste aller möglicherweise intendierten Kommandos aus. Im Falle von Abkürzungen handelt es sich dabei um die Menge aller möglichen Expansionen der Eingabe.

4.5 Texterstellung im QOM-System

Unter Texterstellung im Sinne der QOM-Anwendung ist keine dedizierte Textbe- und verarbeitung zu verstehen. Es handelt sich vielmehr um die Möglichkeit, Nachrichtentexte mit dem erforderlichen Komfort erstellen zu können. Zu diesem Zweck greift QOM auf die vom Betriebssystem oder der Entwicklungsumgebung bereitgestellten Texteditoren zurück. Jeder QOM-Benutzer kann einen Editor spezifizieren, der dann zur Textbearbeitung herangezogen wird. Die Dialogstruktur für die Textbearbeitung hängt dabei offensichtlich von der Wahl des Editors ab.

Hochschul - Softwaremarkt

Physik

Erzeugung fraktaler Bilder von Kurven und Pflanzen nach Lindenmayer bzw. durch Simulation einer diffusionsbestimmten Aggregation

Eberhard Tränkle

Freie Universität Berlin
Fachbereich Physik

1. Einleitung

Der Fachbereich Physik der Freien Universität Berlin hat einen Pool von VAX Workstations aus CIP-Mitteln erhalten. Er besteht aus 6 VAX Stations 2000 mit monochromem Bildschirm und einer VAX Station II/GPX mit farbigem Bildschirm.

Der Pool wird u.a. in der Lehrveranstaltung "Numerisches Rechnen in der Physik" genutzt. Über das Konzept dieser Lehrveranstaltung, die Übungsaufgaben und Demonstrationsbeispiele wurde auf dem 2. CIP Status Seminar berichtet[1]. Neu aufgenommen in diese Lehrveranstaltung wurde im Sommersemester 89 ein Kapitel über die Erzeugung fraktaler Bilder.

Mandelbrots fraktale Geometrie liefert eine Beschreibung und ein mathematisches Modell für viele von scheinbar sehr komplexen Formen in der Natur [2, 3]. Formen wie Küstenlinien, Gebirge und Wolken können nicht leicht im Rahmen der traditionellen Euklidischen Geometrie beschrieben werden. Analysiert man diese Strukturen bei unterschiedlichen Größenmaßstäben, so stößt man immer wieder auf dieselben Grundelemente. Diese geometrische Regelmäßigkeit wird Selbstähnlichkeit oder auch Skaleninvarianz genannt.

Während Euklidische Formen normalerweise durch einfache algebraische Formeln wie die Kreisgleichung $x^{**}2 + y^{**}2 = r^{**}2$ beschrieben werden, werden fraktale Formen meist durch einen rekursiven Algorithmus beschrieben und lassen sich einfach nur auf dem Computer berechnen. Die Iterationsstufen des rekursiven Algorithmus entsprechen den unterschiedlichen Größenmaßstäben. Diese Algorithmen enthalten gewissermaßen per Konstrukton das Prinzip der Selbstähnlichkeit.

Die Mathematiker haben Anfang dieses Jahrhunderts schon solche fraktale geometrische Kurven untersucht. Am bekanntesten ist die Koch'sche Schneeflokke von 1904. Da sich die Mathematiker damals jedoch keine Anwendungen in den Naturwissenschaften vorstellen konnten, wurden sie als "mathematische Monster" in einen Zoo verbannt und nicht weiter analysiert. Bekannt wurden diese "mathematischen Monster" erst 1968, als A. Lindenmayer ähnliche Algorithmen zur Beschreibung von Pflanzenformen einführte. Sie erzeugen eine bestimmte Klasse fraktaler Formen, die L-Systeme genannt werden.

1986 hat P. Prusinkiewicz einen neuen Algorithmus eingeführt, in dem die fraktalen Bilder durch rekursive Ersetzung von Textketten und einer einfachen LOGOartigen grafischen Interpretation dieser Textketten erzeugt werden [4, 5]. Dieser Algorithmus ist so flexibel, daß damit sowohl die "mathematischen Monster" als auch die L-Systeme behandelt werden können. FRACTAL ist ein Programm dieses Algorithmus in FORTRAN77 und der UIS Grafiksoftware der VAX Stations.

Neben den rekursiven Algorithmen gibt es eine völlig andersartige Methode zur Erzeugung fraktaler Bilder. Es ist ein Monte Carlo Verfahren zur Simulation des Wachstums von Kristallen bzw. Pflanzen in einem zwei- bzw. dreidimensionalen Lebensraum. Teilchen diffundieren im Raum bis sie an eine bereits vorhandene Struktur stoßen und daran haften bleiben. Diese Methode wird auch diffusionslimitierte Aggregation genannt. FRACTAL2D ist ein FORTRAN77 Programm für die VAX Stations, einer speziellen Variante dieser Methode. Die Selbstähnlichkeit der Verzweigungsstruktur der Kristalle bzw. Pflanzen ist in diesem Falle nicht durch die Methode garantiert. Sie entsteht durch das Zusammenspiel von Diffusion und Aggregation. Da die Diffusion ein Zufallsprozess ist, sind die Bilder im Detail durch den Zufall bestimmt.

2. Beschreibung von FRACTAL

Der Algorithmus von Prusinkiewicz erzeugt lange CHARACTER-Ketten. Die einzelnen Zeichen sind Buchstaben des Alphabets oder Sonderzeichen wie +, -, etc. Die grafische Bedeutung ist durch eine LOGO-artige Schildkröte festgelegt, die die Zeichen sequentiell als Basisanweisungen "fahre vorwärts (F)", "wende nach links (+)", "wende nach rechts (-)" etc. interpretiert. Der wichtigste Teil der Methode ist der Algorithmus zur Erzeugung der Textkette. Eine erste Kette, die nur aus einigen wenigen Zeichen besteht, muß vorgegeben werden. Sie wird Axiom genannt. Dann wird jedes Zeichen des Axioms ersetzt durch eine CHARACTER-Kette aus einem Font von wenigen einfachen Ersetzungsregeln. Diese Ersetzungsvorschrift wird mehrmals wiederholt. Im Falle der Koch'schen Schneeflokke ist das Axiom F – grafisch ein gerader Strich – und die Ersetzungsvorschrift F=F-F++F-F. Die ersten Iterationsschritte ergeben:

F

F-F++F-F

F-F++F-F-F-F++F-F++F-F++F-F-F-F++F-F

Dieser Algorithmus fällt aus dem Rahmen der üblichen Algorithmen der numerischen Physik. Die Programmrealisierung in FORTRAN77 ist nicht unmittelbar einsichtig, sondern erfordert eine geschickte Nutzung der Möglichkeiten, die die CHARACTER Verarbeitung in FORTRAN77 bietet. So muß zunächst die minimale Länge von Axiom und Ersetzungsregeln bestimmt werden, damit bei der

Ersetzung keine unnötig langen Textketten entstehen. Die maximale Länge einer skalaren Textvariablen ist auf den VAX Stations 65536. Diese Länge reicht für manche Bilder nicht aus. Deshalb verwenden wir ein einfach dimensioniertes Textfeld von 10 Elementen. Um einen Absturz des Programms bei Überschreiten der maximalen Textfeldlänge 655360 zu vermeiden, schätzen wir die zu erwartende Textfeldlänge der nächsten Iterationsstufe aus der vorhergehenden Vergrößerung der Textkette ab und brechen die Iteration gegebenenfalls automatisch ab.

Bei der Ersetzung ändert sich die Skala, die Größe des Bildes. Für manche Bilder ist diese Längenänderung für alle Iterationsstufen gleich, so daß man einen festen Reduktionsfaktor der Länge verwenden könnte. Für andere Bilder ist die Skalenänderung jedoch verschieden. Deshalb ist es erforderlich, die Textkette zweimal grafisch zu interpretieren. Zunächst bestimmen wir – ohne zu zeichnen – die Grenzen des Bildes und berechnen den Maßstab so, daß das ganze Fenster genutzt wird. Dann interpretieren wir die Textkette ein zweites Mal und zeichnen die Kurve.

Nach jeder Iteration bleibt das Bild auf dem Bildschirm stehen, bis wir durch Drücken von RETURN das Bild löschen. Die Ersetzung der Textkette und die Neubestimmung des Maßstabs der nächsten Iterationsstufe kann schon während der Betrachtung des Bilds laufen. Falls diese Berechnungen beim Löschen des Bilds abgeschlossen sind, wird sofort das Bild der nächsten Iterationsstufe gezeichnet. Im anderen Fall tritt eine kleine Pause ein.

Am Bildschirm können wir verfolgen, wie aus einer sehr einfachen Anfangsform durch Differenzierung eine komplexe "Monsterkurve" bzw. Pflanze entsteht. Abb. 1 und 2 zeigen die Bilder der ersten vier Iterationsstufen für einen Nadelbaumzweig bzw. einen Busch. Am Bildschirm können wir den Busch der nächsten Iteration und den Nadelbaumzweig von zwei weiteren Iterationsstufen darstellen.

Für neun Bilder sind Axiom und Ersetzungsregeln auf einer Datei verfügbar. Sie werden beim Start des Programms gelesen und auf den Bildschirm geschrieben. Der Benutzer wählt dann einen dieser Fälle. Darüber hinaus kann er durch Erweiterung der Datei versuchen, andere Kurven bzw. Pflanzen zu kreieren.

3. Beschreibung von FRACTAL2D

Bei der Programmierung der diffusionslimitierten Aggregation ist zu bedenken: Die Monte Carlo Simulation von Problemen mit Diffusion ist tendenziell rechenzeitaufwendig. Der Lebensraum darf nicht zu klein gewählt werden, da sonst keine repräsentativen Strukturen entstehen können. Die wachsende Struktur kann nicht nur gezeichnet und vergessen werden, sondern muß wegen der Anlagerung der Teilchen an vorhandene Strukturen erinnert werden.

Als Lebensraum wählen wir ein zweidimensionales Gitter mit 200 Punkten in der horizontalen und 50 Punkten in der vertikalen Richtung. Die Gitterplätze sind

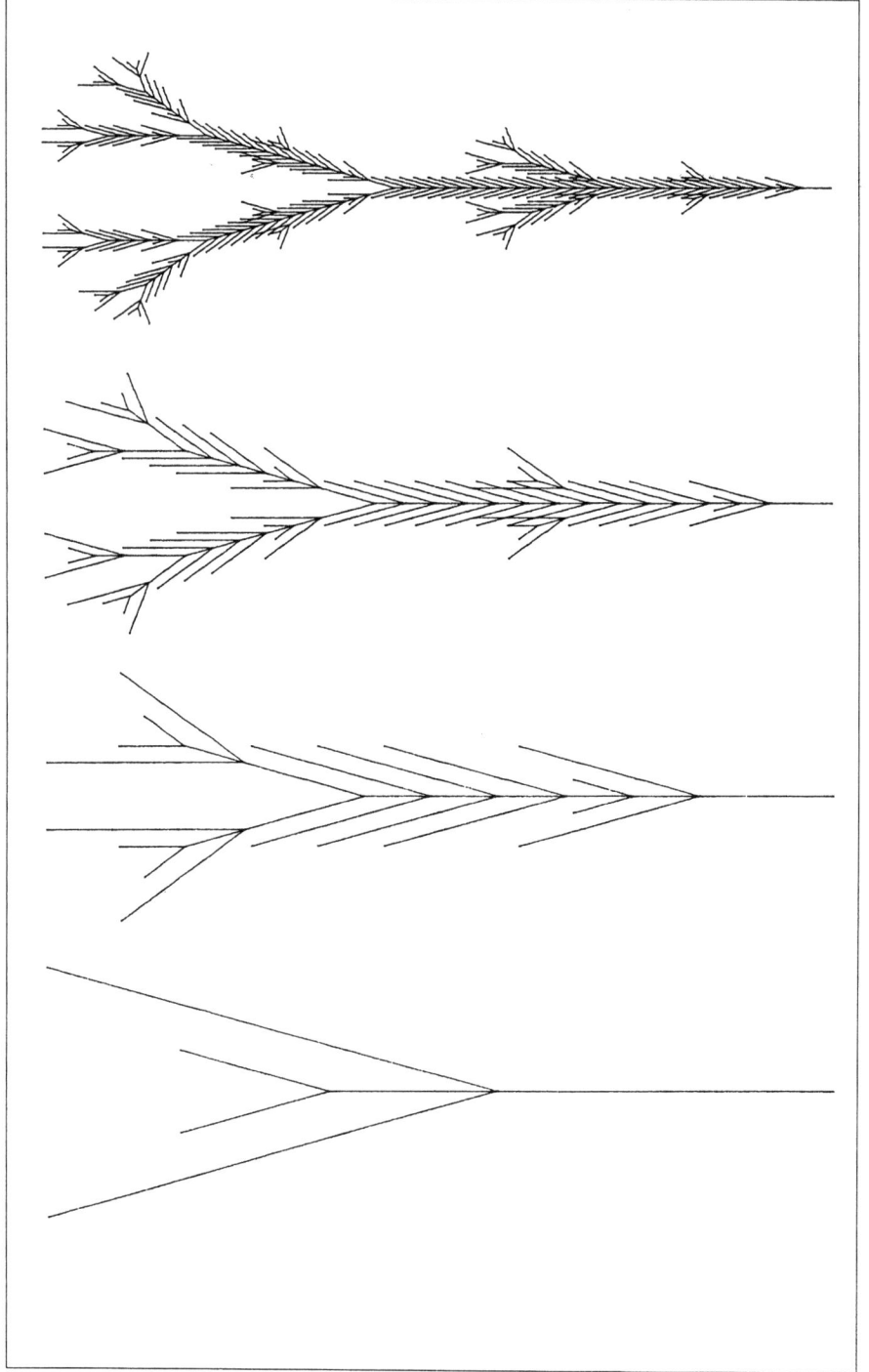

Abb. 1: Vier Iterationsstufen eines Nadelbaumzweigs mit FRACTAL

Tränkle: Erzeugung fraktaler Bilder von Kurven und Pflanzen   579

Abb. 2: Vier Iterationsstufen eines Busches mit FRACTAL

frei (0) oder wachstumsaktiv (1). Der Lebensraum ist geschlossen. Anfangs ist nur der Boden wachstumsaktiv. Nach dem Start des Wachstums setzen wir ein Teilchen am oberen Rand des Lebensraums ein, wobei wir die horizontale Position zufällig gleichverteilt wählen. Zur Simulation der Diffusion des Teilchens würfeln wir zufällig gleichverteilt einen der benachbarten Gitterplätze aus. Um eine übersimplifizierte Struktur der Pflanzen zu vermeiden, wählen wir als Nachbarn nicht nur die vier nächsten horizontalen und vertikalen Gitterpunkte, sondern nehmen die nächsten vier diagonalen Gitterpunkte mit hinzu. Wir wiederholen diesen Diffusionsschritt solange, bis das Teilchen in die Nachbarschaft eines oder mehrerer wachstumsaktiven Gitterplätze gelangt. Das Teilchen wird angelagert. Wir zeichnen eine Verbindungslinie und setzen die Gittervariable gleich 1. Dann fügen wir ein neues Teilchen am oberen Rand des Lebensraums ein. Das Hinzufügen neuer Teilchen wird solange wiederholt, bis eine der Pflanzen den oberen Rand des Lebensraums erreicht.

Um den Pflanzen ein etwas realistischeres Erscheinungsbild zu geben, haben wir drei Modifikationen an diesem Grundalgorithmus vorgenommen. Einmal kann die Pflanze im Bereich der unteren drei Gitterplätze nur senkrecht nach oben wachsen. Zweitens reduzieren wir die Strichstärke schrittweise nach einer bestimmten festen Anzahl von Teilchen. Drittens lassen sich am Schluß an den freien Enden der Pflanzenstruktur Blätter anfügen (Abb. 3).

Am Bildschirm können wir verfolgen wie die Pflanzen wachsen. Anfangs geschieht dies langsam, später schneller. Insbesondere ist zu sehen, daß die schnell wachsenden und sich verzweigenden Pflanzen das Wachstum der langsamer wachsenden behindern (Abb. 3 und 4).

Der Algorithmus läßt sich ohne große Schwierigkeit zur Beschreibung des Wachstums von Pflanzen in den dreidimensionalen Lebensraum erweitern. Die Bilder sind wirklichkeitsnäher. Vor allem können sich – im Gegensatz zum zweidimensionalen Raum – Äste auch überschneiden.

Die Selbstähnlichkeit der Verzweigungsstruktur der Pflanzen ist nicht so klar wie bei den Bildern, die mit FRACTAL erzeugt werden. Dies mag daran liegen, daß wir einen rechteckigen, relativ kleinen Lebensraum haben, in dem sich das Zusammenspiel von Diffusion und Aggregation nicht frei genug entfalten kann. Bei fraktalen Strukturen in der Natur erwarten wir jedoch auch keine strenge Selbstähnlichkeit, da bei der Entstehung dieser Strukturen stochastische Prozesse sicher eine Rolle spielen. Der Einfluß solcher stochastischer Prozesse läßt sich im Rahmen dieser Simulation demonstrieren. Die Wahl des Orts beim Einsetzen der Teilchen und die Wahl der Richtung im Diffusionsschritt sind als Zufallsentscheidung modelliert, die mit Hilfe des Zufallszahlengenerators getroffen wird. Für eine unterschiedliche Wahl der Saat des Zufallszahlengenerators erhält man unterschiedliche Folgen von Zufallszahlen und damit im Detail unterschiedliche Bilder (Abb. 3 und 4).

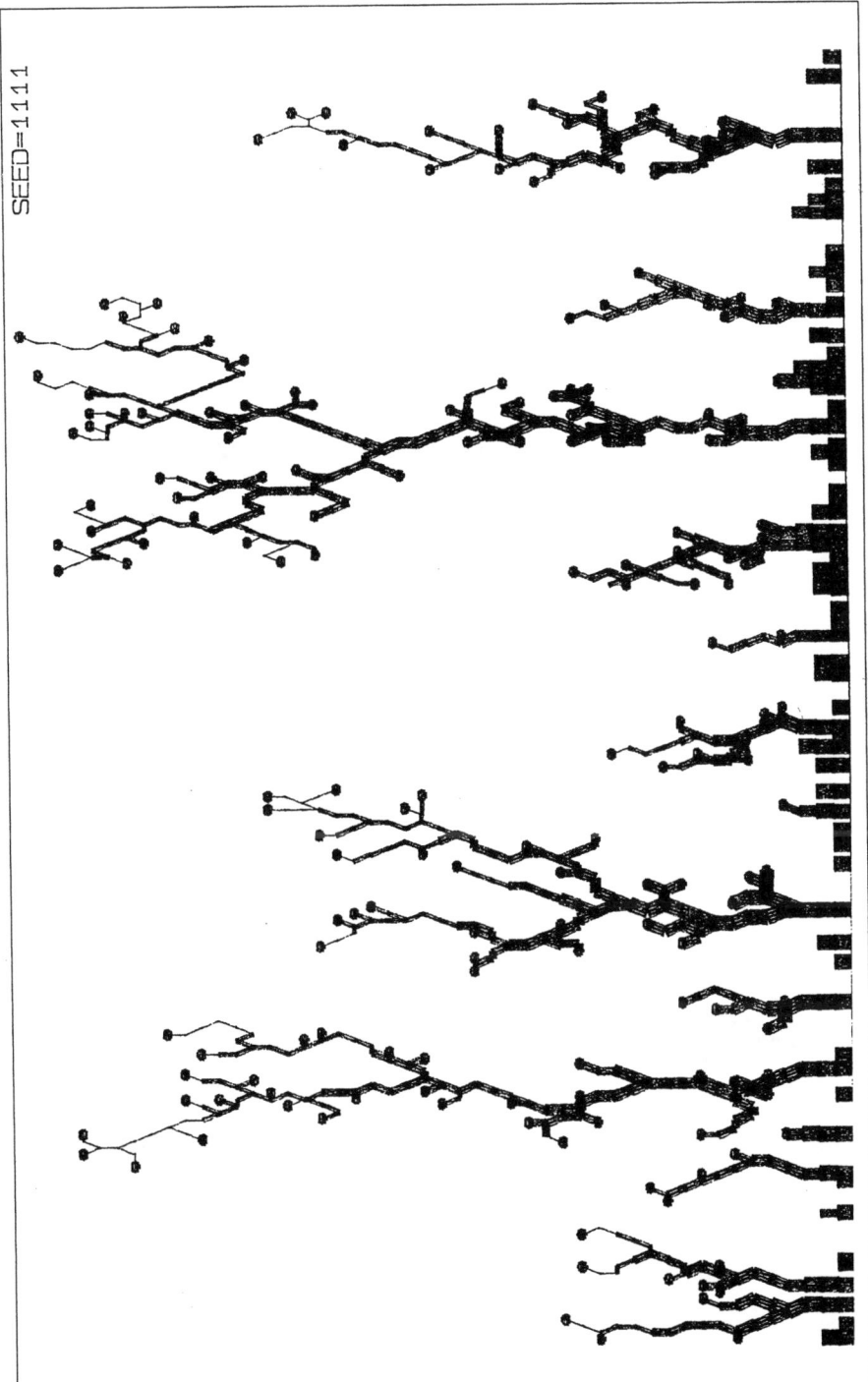

Abb. 3: *Wachstum von Pflanzen mit FRACTAL2D Saat des Zufallszahlengenerators = 1111)*

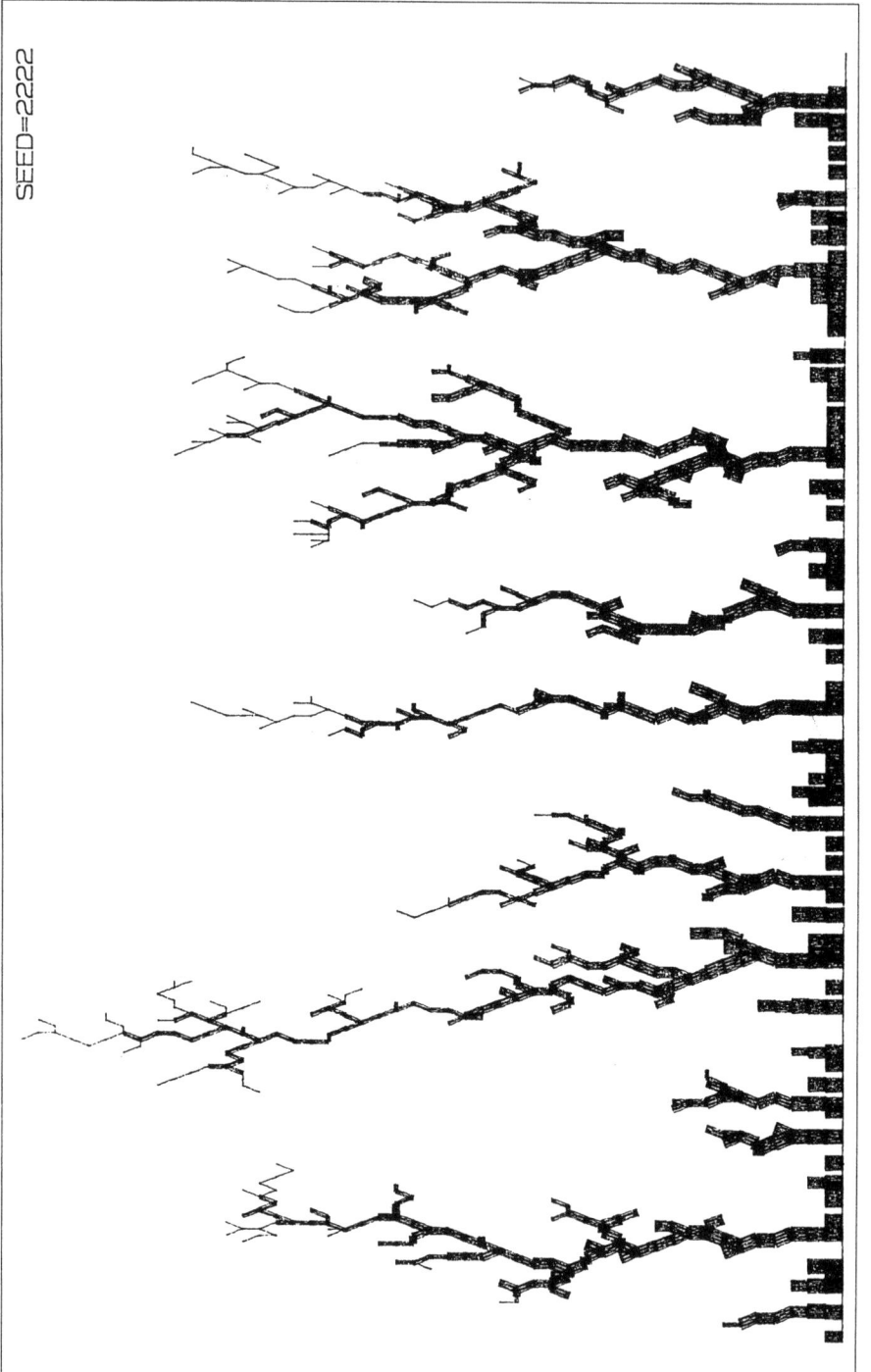

Abb. 4: Wachstum von Pflanzen mit FRACTAL2D (Saat des Zufallszahlengenerators = 2222)

4. Akzeptanz

Die erste Version des Programms FRACTAL wurde vom Dozenten als Musterbeispiel für Textverarbeitung in FORTRAN77 geschrieben. Es war auf die Koch'-sche Schneeflocke zugeschnitten. Als Übungsaufgabe sollten die Studenten den Algorithmus modifizieren, um Sierpinsky's gasket zu behandeln. Die Akzeptanz war mittelmäßig, was wohl auf die Ungewohntheit des Algorithmus zurückzuführen ist. Die Simulation der diffusionsbestimmten Aggregation wurde ohne Muster als Aufgabe gestellt. Hier war die Akzeptanz sehr gut. Auch ergab sich eine anregende Diskussion über die Frage, ob die Verzweigungen der Pflanzen wirklich eine fraktale Struktur sind.

Literatur:

1. Tränkle, E.: Simulation physikalischer Prozesse. Mikrocomputer-Forum für Bildung und Wissenschaft 1, Mikrocomputerpools in der Lehre, Hrsg. K. Dette, Springer Berlin, Heidelberg, New York, S. 164, 1989.
2. Mandelbrot, B.B.: The Fractal Geometry of Nature, W.H. Freeman and Co., New York, 1982.
3. Jürgens, H., Peitgen, H.-O. und Saupe, D.: Fraktale - eine neue Sprache für komplexe Strukturen, Spektrum der Wissenschaft, September 1989.
4. Prusinkiewicz, P.: Graphical applications of L-systems, Proc. of Graphics Interface 1986-Vision Interface, p. 247, 1986.
5. Saupe, D.: A unified approach to fractal curves and plants, The Science of Fractal Images, Edts. Peitgen H.-O., Saupe D., Springer Berlin, Heidelberg, New York, p. 273, 1988.
6. Stanley, H.E. and Ostrowksi, N.: Fractal and Nonfractal Patterns in Physics. Martinus Nijhoff Publishers, Dordrecht, Netherlands, 1986.

Indirekte Ausgleichsrechung

Hans Frey, Ulrich Radzieowski und Friedrich Rieß

Ludwig-Maximilians-Universität München
Sektion Physik

1. Einleitung und Problemstellung

Ein gängiges Problem in der Physik – und nicht nur in der Physik – ist die Anpassung einer parametrisierten Modellfunktion an einen Satz von Meßwertpaaren mit dem Ziel, diejenigen Parameterwerte zu finden, für welche die Modellfunktion die beste Beschreibung des Zusammenhangs der Meßwerte liefert.

Es gibt verschiedene Arten, die Qualität dieser Anpassung mathematisch zu beschreiben, abhängig von der Statistik, der die Datenpunkte unterliegen. Unter der Voraussetzung, daß die Abweichungen (=Fehler) der einzelnen Meßwerte von den wahren Größen eine Gaussverteilung besitzen, besteht die Aufgabe darin, die Summe der gewichteten Fehlerquadrate als Funktion der Parameter zu minimieren.

Das Ausgleichsproblem heißt linear, wenn die Modellfunktion linear von den Parametern abhängt; in diesem Fall ist es exakt lösbar. Häufig ist die Parameterabhängigkeit aber nichtlinear, dann sind iterative Näherungsverfahren notwendig, deren Konvergenz nicht unbedingt gesichert ist und von der Wahl der Startparameter abhängt. Probleme dieser Art sind, wie schon erwähnt, Standard in der Physik, und vermutlich gibt es in jedem physikalischen Institut mehr oder weniger aufwendige Programme zu ihrer Behandlung.

Abweichend von der bisherigen Beschreibung kann es jedoch weitere Komplikationen geben. Im einfachsten Fall ist der Meßwert y nur abhängig vom Vorgabewert x. Es gibt aber Fälle, in denen der Meßwert nicht nur von einem Vorgabewert abhängt, sondern auch von umgebenden Werten (solche Abhängigkeiten ergeben sich z.B. bei der Bildung von Differenzenquotienten oder Summen). In diesem Falle ist die Beschreibung des Fehlers von y durch eine einzige Größe nicht mehr adäquat, statt dessen ist die explizite Abhängigkeit in Form einer Matrix, der Kovarianzmatrix, zu beschreiben. In anderen Fällen ist auch die "unabhängige" Größe x mit einer Ungenauigkeit behaftet und die Fortpflanzung dieser Ungenauigkeit auf den Meßwert y mit zu berücksichtigen.

Darüberhinaus gibt es noch eine starke weitere Einschränkung des bisher beschriebenen Verfahrens: Die explizite Darstellung der Modellfunktion als

$$Y = F(A, X)$$

führt zur Asymmetrie zwischen unabhängiger und abhängiger Variablen, die es z.B. unmöglich macht, geschlossene, also mehrdeutige Funktionen als Modellfunktion zu wählen. Dieses wird erst möglich, wenn durch eine weitere Verallgemeinerung implizite Funktionen eingeführt werden:

$$F(A,X,Y) = 0$$

Da bei dieser Darstellung formal kein Unterschied zwischen den Meßgrößen x und y besteht, können Fehler von x in natürlicher Weise berücksichtigt werden.

Im folgenden wird ein Programm beschrieben, welches nach dieser Methode arbeitet. In Kapitel 2 wird der mathematische Formalismus in groben Zügen vorgestellt, Kapitel 3 erläutert die Rahmenbedingungen, unter denen das Programm entwickelt wurde, sowie dessen Beschränkungen und beschreibt die bisher beim Einsatz gemachten Erfahrungen.

2. Implizite Ausgleichsrechnung

Der Rechnung zugrunde liegen die 2n (fehlerbehafteten) Meßwerte X und Y. Gesucht sind die Parameter A, die über die Funktionen F mit den idealen (fehlerfreien) Werten X' und Y' verknüpft sind:

$$F(A,X',Y') = 0$$

Durch Reihenentwicklung von F(A,X,Y) nach X und Y ergibt sich in linearer Näherung ein Ausdruck für F(A,X',Y'), der den Abstand D der Kurve F = 0 zu den Meßwerten enthält. Die Zielfunktion entspricht dem Quadrat von D, gewichtet mit der Kovarianzmatrix. Die Zielfunktion soll nun unter der Nebenbedingung F(A,X',Y') = 0 durch Variation der Parameter minimiert werden.

Wir betrachten nun eine in den Parametern lineare Ausgleichsfunktion. Die Minimierungsaufgabe kann hier exakt gelöst werden. Die Parameter A werden eindeutig bestimmt.

Im Gegensatz dazu kann das Minimierungsproblem für nichtlineare Ausgleichsfunktionen nur durch iterierte Näherung gelöst werden. Der in dieser Arbeit verwendete Algorithmus wurde von Donald W. Marquart aus dem Linearisierungsverfahren und dem Gradientenverfahren entwickelt. Beide Verfahren versuchen, die Zielfunktion schrittweise zu minimieren, indem die Parameter bei jedem Schritt korrigiert werden. Beim Gradientenverfahren gibt der Gradient der Zielfunktion bezüglich der Parameter die Richtung der Korrektur an. Beim Linearisierungsverfahren wird die Lage des Minimums mit Hilfe der lokalen Hesse-Matrix abgeschätzt.

In der Nähe der Minimumsparameter weist das Linearisierungsverfahren sehr gute Konvergenzeigenschaften auf, in großer Entfernung vom Minimum ist das Gradientenverfahren zu bevorzugen. Im Marquartalgorithmus wird eine Mischung aus beiden eingesetzt. Ein variabler Gewichtsfaktor bevorzugt jeweils das günstigere Verfahren.

3. Rahmenbedingungen

Das hier vorgestellte Programm zur indirekten Ausgleichsrechnung linearer und nichtlinearer Modelle wurde im Rahmen eines Fortgeschrittenen-Praktikums an den CIP-Rechnern der Sektion Physik der LMU München (CADMUS 9600 der Firma PCS unter dem Betriebssystem UNIX) entwickelt. Das Programm soll Studenten die Möglichkeit geben, die in den Praktika gewonnenen Meßdaten rechnerunterstützt auszuwerten, und ist vollständig in der Programmiersprache C geschrieben. Zur indirekten Ausgleichsrechnung linearer und nichtlinearer Modelle wird der im Kapitel 2 beschriebene Algorithmus verwendet. Folgende Möglichkeiten waren gefordert:

- Einlesen der Daten am Terminal oder von einer Datei
- Eingabe der Ausgleichsfunktion am Terminal oder Lesen von einer Datei
- Implizite Ausgleichsfunktionen
- Lineare und nichtlineare Ausgleichsrechnung
- Benutzerfreundlichkeit
- Hilfe-Funktion
- Grafische Ausgabe der Daten

Die Punkte wurden im Rahmen unserer Möglichkeiten folgendermaßen realisiert: Es gibt einen Mini-Editor zur Eingabe und Korrektur der Daten. Im Sinne höchstmöglicher Portabilität wurden keine bildschirm- oder rechnerspezifischen Steuerbefehle für die Ein- oder Ausgabe verwendet. Die Programmoberfläche ist sehr einfach gehalten.

Ein Funktionsinterpreter ermöglicht das Einlesen der Ausgleichsfunktion am Terminal (als character string). Alle Standard-C-Funktionen und ihre Verkettungen werden erkannt und bearbeitet. Bestimmte einfache Formatauflagen müssen eingehalten werden.

Die Möglichkeit, implizite Funktionen zu bearbeiten, erweitert das Spektrum der Ausgleichsfunktionen erheblich. Zum Beispiel können Ellipsen oder Kreise bearbeitet werden. Ein weiterer erheblicher Vorteil ist der, daß sich manche Funktionen in impliziter Form einfacher darstellen lassen (Beispiele: Wurzelfunktion, gebrochene Funktionen).

Lineare Probleme werden exakt gelöst und nichtlineare mit dem Marquartalgorithmus iterativ genähert. Besonders wichtig für die Konvergenz des Algorithmus ist es, mit guten Schätzungen der Parameterwerte zu starten. Die Robustheit der Konvergenz gegen schlechte Startwerte nimmt mit dem Grad der Kopplung zwischen den Parametern stark ab.

Fehlerhafte Eingaben werden erkannt und angezeigt, eine help-Routine stellt dem Benutzer Informationen und Hinweise über das Programm und seine Bedienung zur Verfügung. An jeder Stelle des Programms können help-Informationen durch Eingeben von '?' erhalten werden.

Die angestrebte Allgemeinheit des Programms hat einen großen Speicherbedarf und eine erhöhte Rechenzeit zur Folge. Es ist daher nur sinnvoll, Datenmengen bis zu etwa 50 Meßpunkten zu bearbeiten. Der Speicherplatz für die Matrizen- und Vektorenvariablen wird dynamisch verwaltet, d.h. ein nicht mehr benötigter Speicherbereich wird dem System sofort zurückgegeben.

4. Erfahrungen mit der Anwendung

Der CIP-Pool der Sektion Physik der LMU München bietet mit dem hier vorgestellten Programm insbesondere Physikstudenten in den Anfängerpraktika die Möglichkeit zum Einstieg in die computerunterstützte Datenauswertung. Das Programm wird hier auf einem vernetzten UNIX-System betrieben. In den Anleitungsheften zum Anfängerpraktikum wird auf dieses Angebot hingewiesen. Die Benutzer sind in der Regel im Umgang mit Computern unerfahren. Oft stellt der Wunsch, Meßreihen mit Hilfe eines CIP-Rechners auszuwerten, den ersten Kontakt mit einem Mehrplatzbetriebssystem dar.

Die effektive Bedienung des Programms erfordert jedoch Grundkenntnisse im Umgang mit einem Betriebssytem. Die Möglichkeit, Daten und Ausgleichsfunktion zu editieren und von einer File einzulesen, bedeutet einen erheblichen Gewinn an Zeit und Nutzen. Besondere Schwierigkeiten haben Anfänger damit, daß bei Eingabe über die Tastatur (innerhalb des laufenden Programms) Steuertasten nicht verwendet werden können, die beim Editieren über eine File selbstverständlich sind.

Für die Benutzung des Programms sind außerdem Kenntnisse auf dem Gebiet der Datenanalyse erforderlich. Das Programm führt in deren Grundlagen ein, ersetzt jedoch nicht die Beschäftigung mit der zugrundeliegenden Theorie der Ausgleichsrechnung. Dies wird von Studenten als Erstbenutzern oft nicht richtig erkannt.

Literatur

1. Brandt, Siegmund: Datenanalyse mit statistischen Methoden und Computerprogrammen, 2. Aufl. Mannheim; BI 1981
2. Bevington, Philip. R: Data Reduction and Error Analysis for the Physical Sciences, Mc Graw-Hill
3. Marquart, Donald W.: An Algorithm For Least - Squares Estimation Of Nonlinear Parameters, J. Soc.Indust.Appl.Math. Vol.11 No.2 6/1963 pp 431 - 441

Vorführung des Programmes INTERQUANTA

Siegmund Brandt und Hans-Dieter Dahmen

Universität Siegen
Fachbereich Physik

Das Programm INTERQUANTA ist inhaltlich an anderer Stelle in diesem Band beschrieben [1]. Hier werden eine Reihe von technischen Einzelheiten wiedergegeben.

1. Computer-Hardware

Das Programm wird kommerziell von einem Verlag als Diskette vertrieben, die einem Buch beiliegt [2]. Diese Version ist für IBM XT/AT und PS/2 mit Coprozessor bestimmt und läuft unter dem Betriebssystem DOS Version 3.3 oder aufwärts. Wir haben aber auch ausgeprüfte Versionen, die auf IBM 6150 RTPC, auf VAX und Atari-Rechnern lauffähig sind und die wir Universitäten auf Anfrage zur Verfügung stellen.

2. Grafik-Geräte

Die PC-Version kann mit folgenden Grafik-Bildschirmgeräten betrieben werden: 8514/A, VGA, CGA, EGA, Hercules. Außerdem können Kopien auf Papier angefertigt werden mit einem HPGL-Plotter oder mit jedem Postscript-Drucker. Für die Ausgabe auf Postscript-Drucker werden zunächst Metafiles angelegt. Die VAX-Version bietet Bildschirmausgabe unter Tektronix-Grafik und unter UIS-Grafik. Grafische Ausgabe auf Papier erfolgt über einen LN03-Drucker. Die Version auf dem IBM 6150 RTPC erlaubt Bildschrim-Grafik unter GSL und unter XWINDOWS. Grafische Ausgabe auf Papier ist über HPGL-Plotter oder 3812-Drucker möglich.

3. Dialog

Die typische Arbeitsweise mit INTERQUANTA ist die interaktive Arbeit am Bildschirm. Wichtiges Hilfsmittel bei dieser Arbeit ist die "Deskriptor-Bibliothek", die aus einzelnen Deskriptor-Dateien besteht. In jeder Deskriptor-Datei sind wiederum eine Reihe von Deskriptor-Datensätzen enthalten, im folgenden kurz Deskriptoren genannt. Jeder Deskriptor beschreibt vollständig das Problem einer physikalischen Aufgabe aus dem Bereich der Quantenmechanik einschließlich aller Vorschriften für die grafische Darstellung des Ergebnisses. Der Benutzer wählt zunächst eine Deskriptor-Datei und anschließend einen Deskriptor aus dieser Datei. Er kann die durch diesen Deskriptor definierte Aufgabe entweder direkt vom Rechner ausführen lassen und das als Grafik dargestellte Ergebnis studieren. Er kann auch einen oder viele Parameter im Deskriptor verändern und anschliessend die Aufgabe dem Computer vorlegen. Das typische Arbeiten besteht in einer schrittweisen Veränderung, der Analyse des Ergebnisse, einer weiteren Veränderung, etc. Zu jedem Zeitpunkt kann der Benutzer den veränderten Datensatz auf die Datei schreiben und so eine Vergrößerung der Sammlung an Deskriptoren bewirken.

4. Automatische Demonstrationen

Statt interaktiv zu arbeiten, kann der Benutzer auch einen vorbereiteten Dialog zwischen einer Datei (die die Aktion des Benutzers simuliert) und dem Rechner verfolgen. Dabei werden zusätzlich erklärende Texte auf dem Bildschirm ausgegegeben. Mit dem Programm werden acht automatische Demonstrationen zur Verfügung gestellt.

5. Einsatz von INTERQUANTA in Vorlesungen

In Vorlesungen zur Quantenmechanik können Teile der automatischen Vorführungen zu bestimmten Gebieten der Quantenmechanik zwanglos eingestreut werden.

6. Einsatz von INTERQUANTA in Übungskursen

Wir haben gute Erfahrungen mit einsemestrigen Übungskursen von je einem Nachmittag pro Woche. Für jeden Nachmittag werden dem Begleitbuch [2] eine bestimmte Anzahl vorbereiteter Aufgaben entnommen. Zu diesen Aufgaben gehören gewöhnlich vorbereitete Deskriptoren auf einer Datei, in denen nur noch wenige Parameter von den Studenten gesetzt werden müssen. Vor Beginn der Arbeit mit den Aufgaben kann zunächst eine automatische Demonstration eingeschaltet werden. Einzelheiten zum Ablauf von Kursen und zu den dabei gewonnenen Erfahrungen sind an anderer Stelle in diesem Tagungsband [1] mitgeteilt.

Literatur

1. S. Brandt, H.D. Dahmen: INTERQUANTA – Ein Computerkurs zur Quantenmechanik, Beitrag in diesem Band, S. 87 ff
2. S. Brandt, H.D. Dahmen: Quantum Mechanics on the Personal Computer, Springer Verlag Berlin, Heidelberg, New York, London, Paris, Tokyo, Hong Kong 1989

Hochschul - Softwaremarkt

Medizin

Studienmodell Physiologie (MILES/SMP) und Datenbank Baugeometrie des Mittelalters (MILES/DBM) – Interdisziplinäre Anwendungen eines Multimedia-Systems

Wolfgang Wiemer, Stefan Dylka, Jürgen Heuser,
Dieter Kaack und Manfred Schmidtmann
Universität - GHS Essen,
Institut für Physiologie

1. Das Studienmodell Physiologie (MILES/SMP)

Das Studienmodell Physiologie (MILES/SMP) ist die medizinische (Ausgangs-) Version des in unserem Institut entwickelten fachübergreifenden multimedialen Informations- und Lehrsystems MILES (zum Systemkonzept vgl. Wiemer: Möglichkeiten und Probleme des Einsatzes multimedialer PC-Informationssysteme am Beispiel des Faches Physiologie, S. 514 ff. in diesem Band). Es ist ein multimediales Datenbanksystem auf PC-Grundlage mit einer nutzerfreundlichen Autorensoftware für die individuelle Erfassung von Daten und Programmen aller Art und deren Bereitstellung für Lehre und Studium in Gestalt von Lehrprogrammen und freiem Datenzugriff. Es wird erstmals ab Wintersemester 1989/90 im Rahmen des CIP im Unterricht für Medizinstudenten am Universitätsklinikum Essen eingesetzt.

1.1 Systemkonfiguration:

- Hardware: Personal Computer (PS/2, Model 8580 oder kompatibel, mit Bildschirm-Adapter 8514, unter PC-DOS) mit zusätzlichem Videomonitor, Eingabegeräten (CCD-Kamera-Scanner Eikonix 850, AD-Wandler NAT AT-MIO-16L) und externen Speichern für Audio/Video-Materialien (Videobandspieler Sony VP 7040, Videoplattenspieler Philips VP 406) sowie für digitale Daten (WORM IBM 3363). Die Rechner sollen im weiteren Ausbau des Feldversuchs durch ein Token-Ring-Netzwerk verbunden werden.

- Software: Basis ist ein Dokumenten-Retrieval-System mit Textanalysefähigkeit, das als Hauptspeicher für die Textsegmente der Dokumente sowie für die Steuerdaten der Nicht-Textsegmente auf den angeschlossenen audiovisuellen und digitalen Speichern dient. Dadurch wird eine multimediale Datenbank für alle Arten von Materialien verfügbar: Text, Videobilder und -filme, Meßwertregistrierungen, digitale Bilder, Computerprogramme eigener und fremder Produktion (sofern mit dem Systembetrieb kompatibel). Spezielle Module steuern die Eingabe und Ausgabe, die Editierung der Dokumente und Inhaltsverzeichnisse, die Organisation der Dateien und (Teil-)Datenbanken, die Erstellung von Bildschirmseiten als allgemeine Grundlage für Materialverknüpfung und Dialogstrukturierung, die Verwaltung der Autoren- und Nutzerarbeitsplätze und die Datenkommunikation (noch in Entwicklung).

1.2 Erstellung von Lehrmaterialien

Grundlage sind ein Menü- sowie ein Datenbankeditor. Ersterer gestattet die Zusammenstellung aller Arten von Daten, einschließlich Programmen, zu Lehreinheiten mit Menüstrukturen unterschiedlicher Komplexität. Diese können sowohl aus Komponenten einheitlicher (z.b. durch Text verbundene Filmsequenzen) als auch unterschiedlicher Trägerformate bestehen (z.b. Meßwertregistrierungen, die durch Text, Abbildungen, Filmsequenzen erläutert und schließlich mit Hilfe eines on-line-Datenauswertungsprogrammes analysiert werden). Auch CUU-Programme fremder Herkunft können so einbezogen werden. Außerdem kann der Autor freien Zugang zu definierten Teilbeständen der Datenbank sowie Eingaben durch den Nutzer vorsehen. Die erstellten Lehreinheiten können entweder wiederum zum freien Zugriff in die Datenbank eingegeben oder als geschlossene Lehrprogramme in Menüform angeboten werden.

1.3 Autorendatei

Der Hochschullehrer/Autor kann das System außerdem zum Aufbau eigener Datenbanken heranziehen; diese können nicht nur für persönliche, nicht allgemein zugängliche Lehrmaterialien, sondern auch für wissenschaftliche Daten verwendet werden, z.B. Labormeßdaten, Bild- und Textbestände aus der Literatur.

1.4 Studentischer Zugriff zu den Materialien:

- Dem Nutzer werden zwei Grundformen des Datenzugriffs geboten: Erstens kann er aus der Datenbank Materialien durch freie Eingabe von Stichwörtern (die er auch Verzeichnissen entnehmen kann) abrufen. Die zweite Möglichkeit ist die Auswahl aus vorgegebenen Menüs. Beide Wege können auch kombiniert werden, so daß strukturierte Lehrprogramme zusammen mit Datenbeständen angeboten werden können, aus denen der Student zusätzliche Informationen oder Arbeitsmaterialien abrufen kann.

- Der Nutzer verfügt auch über eine persönliche Datei, in die er mit einem Standardbefehl beliebige Materialien aus dem Hauptsystem übertragen kann. Er hat dadurch die Möglichkeit, eigene Sammlungen von Daten und Programmen für weiteres eigenständiges Arbeiten aufzubauen.

2. Die Bild/Text-Datenbank Baugeometrie des Mittelalters (MILES/DBM)

Die Bild/Text-Datenbank Baugeometrie des Mittelalters (MILES/DBM) ist eine interdisziplinäre Anwendung des obigen multimedialen Datenbanksystems für ein (von der Deutschen Forschungsgemeinschaft und der Alfried Krupp von Bohlen und Halbach-Stiftung unterstütztes) kunstwissenschaftliches Forschungsprojekt zur Analyse der Proportionsverhältnisse mittelalterlicher Kirchen; dabei wird – erstmals in der Kunstwissenschaft an einer deutschen Universität – die Technik der digitalen Speicherung und Verarbeitung von Bildern eingesetzt. Diese Systemversion wird voraussichtlich Mitte 1990 lauffähig sein.

2.1 Systemkonfiguration:

Die Hardware besteht bei dieser Anwendung aus einem Personal Computer (PS/2, Model 8580 mit Bildschirm-Adapter 8514, unter PC-DOS), einem CCD-Kamera-Scanner (Eikonix 850), einem digitalen Zusatzspeicher (WORM IBM 3363) sowie einem Grafikdrucker. Die Grundsoftware ist hinsichtlich ihrer Eingabe-, Autoren- und Nutzer-Funktionen die gleiche wie beim oben beschriebenen STUDIENMODELL PHYSIOLOGIE. Dazu kommt eine spezielle Datenverarbeitungs-Software für die Transformation der digital gespeicherten Bilder in numerische Koordinaten, für die Verwaltung und rechnerische Verarbeitung dieser Daten sowie für ihre Rücktransformation in komplementäre Grafik.

2.2 Bildanalyse im Rahmen der Datenbank:

Die zu analysierenden Pläne mittelalterlicher Bauten (sowohl originale Vermessungspläne als auch Abbildungen aus Publikationen) werden, eventuell ergänzt durch fotografische Aufnahmen dieser Baudenkmäler, digitalisiert und in der Datenbank gespeichert. Die Bilder können durch zusätzlichen Text (Stichwörter, Erläuterungen, Auszüge aus der Originalliteratur) klassifiziert und kommentiert werden; dieser Textteil der Datei bildet die Grundlage für den freien Zugriff auf diese Daten durch Stichworteingaben im Nutzer-System-Dialog. Die wesentlichen Stufen des Analyseverfahrens sind die Transformierung definierter Punkte der gespeicherten Pläne in numerische Koordinaten, die Errechnung der Maße der betreffenden Bauglieder aus diesen Koordinaten, die Analyse der Maße auf das Vorkommen von Proportionen aus der mittelalterlichen Baugeometrie, schließlich die Ausgabe der Ergebnisse in Tabellen wie auch in grafischer Form durch Projektion der gefundenen Konstruktionsbeziehungen auf den Ausgangsplan. Diese Ergebnisse können wiederum in die Datenbank übernommen werden.

2.3 Mögliche Anwendungen in Lehre und Studium:

Da die System-Software auch das Autorensystem zur Dialogstrukturierung sowie zur Zusammenstellung der Daten- und Programmkomponenten zu Lehreinheiten enthält, kann diese Anwendung des multimedialen Datenbanksystems grundsätzlich nicht nur für wissenschaftliche Zwecke, sondern auch für die Erstellung von Lehr- und Studienmaterialien in der Kunstwissenschaft eingesetzt werden.

Sie ist außerdem ein exemplarisches Beispiel für die Möglichkeit zur Vernetzung von Forschung und Lehre durch multimediale PC-Systeme sowie für deren interdisziplinäre Übertragbarkeit.

MEDITEST: Kommentierte Multiple-Choice-Fragen zur Prüfungsvorbereitung für Mediziner

Harald Langer

Universität Erlangen-Nürnberg
Institut für Medizinische Statistik und Dokumentation

1. Einleitung

Von den vier Examina, die der Medizinstudent während des Studiums ablegen muß, sind drei Prüfungen in Form von Multiple-Choice-Fragen organisiert. Für jedes der insgesamt 4 Examina (das 3. Staatsexamen ist praktisch/mündlich) existiert ein detaillierter Gegenstandskatalog, der vom Institut für medizinische und pharmazeutische Prüfungsfragen (IMPP) herausgegeben wird und nach dem sich die Examina richten. Dies hat dazu geführt, daß sich neben der Standardliteratur eine Sparte spezieller Prüfungsliteratur entwickelt hat, die sich exakt am Gegenstandskatalog orientiert und die Lehrinhalte in Form eines Repetitoriums darstellt. Daneben werden die Orginalprüfungsfragen des IMPP seit 1977 gesammelt, thematisch geordnet und mit Kommentaren versehen, um sie als kommentierte Fragensammlungen herauszugeben.

Kaum ein Medizinstudent, der sich auf eines der schriftlichen Examina vorbereitet, verzichtet auf spezielle Prüfungsliteratur, da das Prüfungswissen dort prägnant dargestellt wird, und es wichtig ist, sich in der Beantwortung der Multiple-Choice-Fragen zu üben.

Mit MEDITEST wurde der Versuch unternommen, die beiden Komponenten der effektiven Prüfungsvorbereitung, kommentierte Fragensammlung und Repetitorium, zu einem interaktiven Programm zu vereinen.

2. Technische Charakteristika

MEDITEST wurde in Turbo-Pascal 5.5 programmiert und ist auf allen IBM-kompatiblen Computern lauffähig, die über mindestens 360 KByte Arbeitsspeicher und MS-DOS 2.11 oder höher verfügen. MEDITEST arbeitet mit allen üblichen Grafikstandards, da sich das Programm automatisch auf die eingebaute Grafikkarte einstellt. Eine Festplatte ist nicht unbedingt notwendig, jedoch dringend zu empfehlen.

3. Programmaufbau

Folgende Vorgaben wurden gemacht:

- das Programm muß zur effektiven Prüfungsvorbereitung geeignet sein
- es muß benutzerfreundlich sein
- es muß flexibel sein, d.h. das Programm darf nicht auf ein bestimmtes Fach fixiert sein

3.1 Effektivität

Nach dem Beispiel einschlägiger Prüfungsliteratur vereinigt MEDITEST eine kommentierte Fragensammlung und ein Repetitorium in einem interaktiven Programm.

3.2 Benutzerfreundlichkeit

Es wird davon ausgegangen, daß der Benutzer im Umgang mit DOS vertraut ist. MEDITEST verwendet bei Interaktionen mit dem Benutzer die Menütechnik, d.h. der Benutzer kann aus der Vorgabe bestimmter Optionen auswählen. Falsche Eingaben werden entweder ignoriert oder es erscheint eine Fehlermeldung.

3.3 Flexibilität

Um die Forderung nach Flexibilität zu erfüllen, sind die Fragen, die Kommentare und die Lerntexte nicht im Programmcode integriert, sondern als ASCII-Dateien auf Diskette oder Festplatte gespeichert. Für jedes Prüfungsfach existiert eine Fragendatei, eine Kommentardatei und mehrere Lerntextdateien. Diese Dateien können vom Benutzer mit einem beliebigen Texteditor bearbeitet werden, z.B. können neu hinzugekommene Fragen ergänzt werden, Kommentare oder Lerntexte den individuellen Bedürfnissen angepaßt werden.

Von der Software gibt es keine Beschränkung, wieviele Fragen ein Kapitel enthalten darf, bei sehr großen Fragendateien sind lediglich Verzögerungen beim Einlesen zu erwarten. Darüber hinaus ist MEDITEST nicht auf ein bestimmtes Prüfungsfach fixiert. Es können bis zu 20 Prüfungsfächer verwaltet werden, deren Namen lediglich in eine Konfigurationsdatei eingetragen werden müssen, um von MEDITEST erkannt zu werden.

4. Programmablauf

4.1 Auswahl des Faches

Nach dem Start liest das Programm die Konfigurationsdatei und bringt die darin verzeichneten Fächer zur Auswahl auf den Bildschirm. (z.B. 'Biomathematik'). Ist nur ein Fach verzeichnet, wartet das Programm auf einen Tastendruck. Anschließend erfolgt die Initialisierung der Textdateien.

4.2 Auswahl des Kapitels

Die Gliederung des Lernstoffs in Kapitel richtet sich nach dem für das Fach maßgeblichen Gegenstandkatalog. Die Kapitel sind in der Fragendatei verzeichnet und werden nun zur Auswahl auf den Bildschirm gebracht. Anschließend wird das gewählte Kapitel (z.B. 'Wahrscheinlichkeitsrechnung') in den Arbeitsspeicher eingelesen und die Zahl der zu diesem Kapitel verzeichneten Fragen ermittelt.

4.3 Auswahl der zu beantwortenden Fragen

Aus der ermittelten Gesamtzahl kann der Benutzer bestimmen, wieviele Fragen gestellt werden sollen. Die Fragen werden nach dem Zufallsprinzip aus dem Kapitel ausgewählt.

4.4 Beantwortung der Fragen

Wird eine Frage falsch beantwortet, erscheint eine entsprechende Meldung. Eine Frage bleibt solange auf dem Bildschirm, bis die richtige Antwort eingetippt wird.

4.5 Kommentar

Auf Tastendruck erscheint ein Kommentar zu der Frage, die gerade bearbeitet wird. Der Kommentar enthält die richtige Lösung und eine kurze Erläuterung, weshalb diese Lösung zutrifft und die anderen Lösungsvorschläge verworfen werden müssen.

4.6 Lerntext

Zur Vertiefung steht zu jedem Kapitel ein kurzer Lerntext zur Verfügung. Durch Tastendruck wird die Bearbeitung der Fragen unterbrochen und die Lerntextdatei eingelesen. Zu jedem Kapitel existiert eine eigene Lerntextdatei (z.B. 'Biomath1.txt'). Die Bearbeitung der Fragen wird an der Stelle fortgesetzt, an der sie unterbrochen wurde. Der Lerntext kann beliebig oft geladen werden.

4.7 Erfolgskontrolle

MEDITEST berechnet am Ende der Bearbeitung die Prozentzahl der richtig beantworteten Fragen. Darüber hinaus besteht die Möglichkeit, das Ergebnis einer Sitzung in einer Datei auf Diskette/Festplatte abzuspeichern. Nach dem Laden einer solchen Ergebnisdatei stehen zwei Möglichkeiten zur Verfügung:

1. alle falsch beantworteten Fragen noch einmal bearbeiten
2. alle Fragen eines Kapitels, die noch nicht bearbeitet wurden, sollen gestellt werden

4.8 Programmende

Das Programm kann an jedem beliebigen Punkt des Programmablaufs beendet werden.

>
> Statistische Testverfahren
>
> #1 von 34
>
> Frage 1:
> Ein Medikament gegen Kopfschmerzen soll auf seine Wirksamkeit geprüft werden. Von 36 Probanden mit leichten Kopfschmerzen erhalten 18 durch Zufallszuteilung das Präparat, 18 ein Placebo. Von der Gruppe mit Präparat geben 14 eine Besserung an, von der Kontrollgruppe 8 Probanden. Welcher Test ist zur statistischen Prüfung am besten geeignet?
>
> (A) der Vorzeichentest
> (B) der t-Test
> (C) Wilcoxon-Test für unverbundene Stichproben
> (D) Wilcoxon-Test für verbundene Stichproben
> (E) der exakte Fischer-Test
>
> Antwort:
>
> <F1>Kommentar <F5>Sichern <F6>Laden <F10>Lerntext <Esc>Beenden

Abb.1: *Beispielbildschirm bei der Fragenbeantwortung*

5. Diskussion

Die Multiple-Choice-Form der schriftlichen medizinischen Examina ist umstritten. Kritiker halten diese Prüfungsform für ungeeignet, da wichtige Voraussetzungen für ärztliches Handeln, z.B. die Fähigkeit, bereits in der Anamnese eine Vertrauensbasis zum Patienten aufzubauen, nicht geprüft werden können. Lediglich Faktenwissen kann abgefragt werden. Vorteile der Multiple-Choice-Prüfung sind die organisatorisch leichte Durchführbarkeit – auch bei großen Studentenzahlen – und die Objektivität der Prüfung.

Da die Multiple-Choice-Prüfung aber Realität ist, ist der Student gezwungen, sich auf die ungewohnte Prüfungsform so optimal wie möglich einzustellen, d.h. er muß sich in der Beantwortung von Multiple-Choice-Fragen üben. Ein Computerprogramm, das dem Studenten Multiple-Choice-Fragen stellt, und darüber hinaus auf Tastendruck einen Kommentar zur Frage, bzw. einen Lerntext mit den relevanten Fakten bringt, kann deshalb eine sinnvolle Ergänzung bei der Vorbereitung auf die schriftlichen medizinischen Examina sein.

Im Gegensatz zu einer kommentierten Fragensammlung in Buchform sind die gewünschten Informationen sofort abrufbereit, lästiges Blättern und Suchen entfällt. Unklarheiten bei der Beantwortung der Fragen können anhand der Kommentare und des Lerntexts, die auf Tastendruck zur Verfügung stehen, sofort geklärt werden.

Beim Arbeiten mit Fragensammlungen tritt nach kurzer Zeit der unerwünschte Effekt ein, daß man die Antworten durch die feste Reihenfolge der Fragen kennt und sich nicht mehr auf die Inhalt der Fragen konzentriert. Dies wird durch die zufällige Auswahl der Fragen durch MEDITEST vermieden, so daß ein besserer Lerneffekt erzielt wird. Durch die Möglichkeit, das Ergebnis der Bearbeitung in einer Datei zu sichern, um falsch beantwortete Fragen eines Kapitels zu wiederholen, bzw. dort fortzufahren, wo die Bearbeitung abgebrochen wurde, kann – zusammen mit der Angabe der erreichten Prozentzahl – der Lernerfolg gut kontrolliert werden.

Ein besonderer Vorteil von MEDITEST ist seine flexible Struktur. Da die Fragen, die Kommentare und die Lerntexte im ASCII-Format geschrieben sind, können sie mit jedem beliebigen Texteditor bearbeitet werden und den individuellen Bedürfnissen angepaßt werden. Auch das Aktualisieren neu hinzugekommener Fragen ist kein Problem, so daß MEDITEST immer auf den neuesten Stand gebracht werden kann.

Da die Texte im ASCII-Format gespeichert sind, ist es leider nicht möglich, Bildmaterial in das Programm einzulesen. In jedem Examen gibt es einen kleinen Prozentsatz an Fragen, die sich auf Bildmaterial beziehen.

Problematisch ist auch die Tatsache, daß die Effektivität eines solchen Programms in starken Maße von der Qualität der Kommentare und Lerntexte abhängt und das Eintippen entsprechender Texte eine zeitraubende Aufgabe ist. Von den Kommentaren ist zu fordern, daß prägnant erklärt wird, weshalb eine Lösung richtig ist und warum die anderen Lösungen verworfen werden müssen.

Die Lerntexte können naturgemäß nur eine schwerpunktmäßige Darstellung des Stoffes geben. Die Schwerpunkte richten sich nach den häufig abgefragten Sachverhalten. Sie sollten so gestaltet sein, daß sich die Inhalte leicht rekapitulieren lassen und auf Redundanz weitgehend verzichten. Das Erstellen solch kompakter Texte und Kommentare erfordert jedoch sehr gute Kenntnisse des entsprechenden Faches und sollte deshalb von einem Experten erfolgen.

Die Kritik, daß Kurzlehrbücher dem Studierenden keinen guten Überblick verschaffen können, da sie nicht alle Aspekte eines klinischen Fachs berücksichtigen können, trifft auch auf ein computergestütztes Repetitorium zu, jedoch muß hier entgegengehalten werden, daß das Ziel eines solchen Programms nicht sein kann, den Stoff eines Faches umfassend zu vermitteln. Vielmehr sollte mit MEDITEST der Versuch unternommen werden, mit Hilfe eines Personalcomputers die Prüfungsvorbereitung so effektiv wie möglich zu gestalten. Deshalb steht das Computerprogramm nicht in Konkurrenz zum bewährten Lehrbuch, sondern ist als Ergänzung zum Lehrbuch zu sehen und hat hier sicher seine Berechtigung.

Hochschul - Softwaremarkt

Mathematik und Mechanik

Strukturanalyse von Fachwerken mit der Methode der Finiten Elemente

Eckart Schnack, Ingo Becker, Norbert Lindenberg und Eberhard Schreck
Universität Karlsruhe
Institut für Mechanik

1. Einleitung

Der Kurs "Methode der Finiten Elemente" entstammt einem Pilotprojekt an der Universität Karlsruhe, in dem untersucht werden sollte, wie sich mit Hilfe eines Autorensystems (The Best Course of Action) und eines Hypertextsystems (HyperCard) die Lehre an einer Universität mit computerunterstützten Kursen verbessern läßt. Der unten beschriebene Kurs ist von einem qualifizierten Studenten in 6 Wochen erstellt worden und überdeckt etwa einen Bereich von ca. 8 Vorlesungsstunden ab.

2. Inhalt, Aufbau und Einsatzbereich des Kurses

2.1 Inhalt

Der Kurs umfaßt einen in sich abgeschlossenen Abschnitt aus der Vorlesung "Rechnerunterstützte Mechanik", die an der Universität Karlsruhe für Maschinenbaustudenten nach dem Vordiplom angeboten wird. Diese Vorlesung beschäftigt sich mit den modernen numerischen Methoden zur Berechnung der Festigkeit komplizierter Bauteile, wie der Finite-Element Methode (FEM) und der Randelementmethode (REM).

Inhalt des Kurses ist die Finite-Element Methode angewandt auf die Strukturanalyse von Fachwerken. Es soll sowohl der theoretische Hintergrund als auch die algorithmische Umsetzung vermittelt werden. Abschließend wird der praktische Einsatz von Finite-Element-Software demonstriert. Nach einem kurzen Überblick über das Fachgebiet und die benutzten Methoden führt der Kurs anhand bekannter Beziehungen bei einer Feder den Begriff einer Steifigkeitsmatrix ein. Schritt für Schritt werden anschließend die Superposition zweier Federn zuerst in lokalen dann in globalen Koordinaten unter Berücksichtigung der Randbedingungen behandelt. Nach einer einfachen Übertragung der Begriffe auf Stäbe lassen sich hiermit Fachwerke berechnen. Zusätzlich ist ein Vorkurs über Matrizennumerik implementiert, in dem das Gauß- und Cholesky-Verfahren zur Auflösung von linearen Gleichungssystemen erläutert werden. Außerdem können Erläuterungen über grundlegende Begriffe der Matrizenalgebra und der Mechanik nach dem Prinzip eines Lexikons aufgerufen werden.

2.2 Aufbau

Der Kurs besteht aus einem kursartigen, d. h. ablauforientierten Hauptteil und einem kleineren lexikonartigen Teil, in dem notwendige Vorkenntnisse wiederholt werden können. Der kursartige Teil gliedert sich in Kapitel und Unterkapitel, die in einer beliebigen Reihenfolge durchgearbeitet werden können. Allerdings sind die Inhalte der Kapitel so aufeinander abgestimmt, daß die gegebene Reihenfolge für die Vorlesung, bzw. für das erste Durcharbeiten im Selbststudium sinnvollerweise eingehalten werden sollte. In den einzelnen Unterkapiteln wird der Lernprozeß in kleinste Schritte unterteilt, die nacheinander in strenger Folge absolviert werden müssen. Diese Beschränkung ist auf das verwendete Autorensystem zurückzuführen.

Der lexikonartige Teil dient vorwiegend zur Auffrischung alter Kenntnisse, die zum Verständnis des Kurses benötigt werden. Die entsprechenden Erklärungen hieraus können an den Stellen des Kurses aufgerufen werden, an denen die Begriffe erläutert werden müssen. Dieses Lexikon wurde mit dem Hypertextsystem HyperCard implementiert. Für jeden Begriff existiert darin eine Karte, das ist hier etwa eine Bildschirmseite, mit erläuterndem Text und Verbindungen zu anderen Karten. Mit den Verbindungen der Karten untereinander kann der Benutzer von einer Karte zur anderen gelangen, was bedeutet, daß die neue Karte auf dem Bildschirm dargestellt wird. Auf diese Weise entsteht eine Netzstruktur, die dem des fachlichen Zusammenhanges der Stichworte des Lexikons entspricht. So kann das ganze Umfeld eines Fachwortes studiert werden, ohne daß das ganze Lexikon gelesen werden müßte. Die Anzahl der Karten, die gelesen werden müssen, läßt sich somit individuell auf das Wissen des Studenten abstellen.

Ein weiterer wichtiger Bestandteil sind Simulationen, wie zum Beispiel die Strukturanalyse von zweidimensionalen Fachwerken und ein Netzgenerator für zweidimensionale finite Elemente. Zu letzterem existiert nur ein fest vorgegebener Simulationsablauf ohne Eingriffsmöglichkeit seitens der Studenten. Hier sollte lediglich eine spätere Einsatzart zur Motivation vorgeführt werden. Im Gegensatz hierzu gibt es im Kurs die Strukturanalyse eines Fachwerks, bei dem es volle Eingriffsmöglichkeit gibt, d.h. Struktur und Materialeigenschaft des Fachwerks können auf einfache Weise geändert werden. Hierdurch entsteht ein Learning-by-Doing-Effekt. Derartige Programme lassen sich nur schwer mit einem Autorensystem verwirklichen, weswegen der ausführbare Code von externen Fortran- und Pascalprogrammen in den ablauffähigen Kurs eingebunden wurde. Die Eingabe der Simulationsparameter erfolgt in der Kursumgebung, ebenso wie die ausschließlich grafische Ausgabe, die auf das Kursfenster erfolgt. Der Benutzer kommt also mit dem eigentlichen Rechenprogramm nicht in Berührung.

2.3 Einsatzbereiche

Der Kurs läßt sich auf zwei Arten einsetzen: Einmal in der Vorlesung zur Unterstützung des Dozenten durch die Darstellung von Formeln und Texten zusammen mit Abbildungen in strukturierter Form anstelle von Tafelanschrieb oder Folien. Zusätzlich können Simulationen zur Demonstration und Motivation vorgeführt werden. Hier ist die Anwendung besonders lohnend, weil viele Gleichungen und Formeln verarbeitet werden müssen. Wichtige Zwischen- und Endergebnisse können nämlich in einem speziellen Bereich auf dem Bildschirm erhalten bleiben. Wird die Notation mit Zeichnungen und Skizzen erläutert, kann man den Kurs so einrichten, daß entweder bei Bedarf die Zeichnung wieder eingeblendet wird oder ständig am Bildschirm sichtbar bleibt. Zum anderen erhält der/die Student/in für Nachbereitung oder Selbststudium die Originalunterlagen aus der Vorlesung, angereichert um Übungen, die notwendige Vorkenntnisse aus anderen Vorlesungen wiederholen oder das Verständnis des neuen Stoffs überprüfen. Ebenso wichtig ist der oben erwähnte Punkt des Learning-by-Doing in einer Art simuliertem elektronischen Labor, in dem der Student frei experimentieren kann.

3. Technische Voraussetzungen

Für diesen Kurs ist ein Apple Macintosh mit mindestens 1 MB Hauptspeicher, besser 2 MB bei Einsatz des MultiFinders erforderlich. Der Computer sollte entweder mit zwei Diskettenlaufwerken mit je 800 KB oder mit einem Laufwerk und einem Festplattenlaufwerk ausgerüstet und außerdem mit einem Arithmetik-Coprozessor 68881 oder 68882 ausgestattet sein. Der Monitor muß mindestens eine Auflösung von 480*640 Bildpunkten besitzen und auf Schwarzweiß ohne Graustufen eingestellt sein. Auf der Softwareseite ist HyperCard erforderlich, denn die lexikonartigen Teile sind in HyperCard angelegt worden. Der Kurs selbst ist als Applikation abgespeichert und damit ohne weitere Softwareumgebung ablauffähig.

4. Benutzung des Kurses

Die Steuerung des Kurses erfolgt vorwiegend mit den üblichen Macintosh-Stilelementen Menüs und Knöpfe. Mit einem rechteckigen Knopf ("Weiter"-Knopf) kann der Kurs auf einem direkten Pfad durchlaufen werden. Der Benutzer kann mit der Maus auf diesen Knopf klicken oder durch Tastendruck weitergehen. Mit Knöpfen mit gerundeten Ecken kann der direkte Kursablauf verlassen werden. Es können Zusatzinformationen eingeblendet werden und das Lexikon kann an entsprechender Stelle aufgeschlagen werden. Die Aufschrift der Knöpfe beschreibt die nachfolgende Aktion.

Ein Dreieck mit blinkendem Strich bedeutet, daß der Kurs auf eine Texteingabe wartet. Diese Eingabe muß mit der Return-Taste abgeschlossen werden. Weitere Funktionen können über die Menüleiste erreicht werden. Mit diesen ist der Kurs zu beenden oder neu zu starten, und die Übungen können ein- oder ausgeschaltet werden. Des weiteren können die Lexika über benachbarte Fachgebiete und ein Hilfstext durchgelesen werden. Die Bedienung der HyperCardlexika ist im folgenden erläutert. Wie bereits beschrieben, bestehen zwischen HyperCard-Karten Beziehungen, die durch die Zusammenhänge zwischen den Stichworten des Lexikons gegeben sind. Stichworte, zu denen ebenfalls Karten mit Erläuterungen existieren, haben eine besondere Kennzeichnung (z.B. *). Klickt man auf eines dieser Worte, wobei der Mauszeiger die Form eines Zeigefingers annimmt, wird diese entsprechende Karte dargestellt.

5. Beispielhafte Ausschnitte

In diesem Abschnitt werden einige Ausschnitte des Kurses mit den entsprechenden Bildschirminhalten genauer vorgestellt, anhand derer beispielhaft Vorteile des Computereinsatzes in der Lehre erläutert werden sollen.

In Abb. 1 sieht man das Inhaltsverzeichnis des Kurses. Als Elemente der Benutzersteuerung sieht man am rechten unteren Bildschirmrand den "Weiter"-Knopf und am oberen Rand die Menüleiste. Der Pfeil kennzeichnet den Abschnitt, in den man durch Anklicken des "Weiter"-Knopfes gelangt. Der Pfeil kann über die Cursor-Tasten vor einen anderen Abschnitt bewegt werden. Alternativ kann ein Unterkapitel durch Anklicken der entsprechenden Nummer ausgewählt werden. Man kann hier ebenfalls die Gliederung des Kursbildschirmes erkennen.

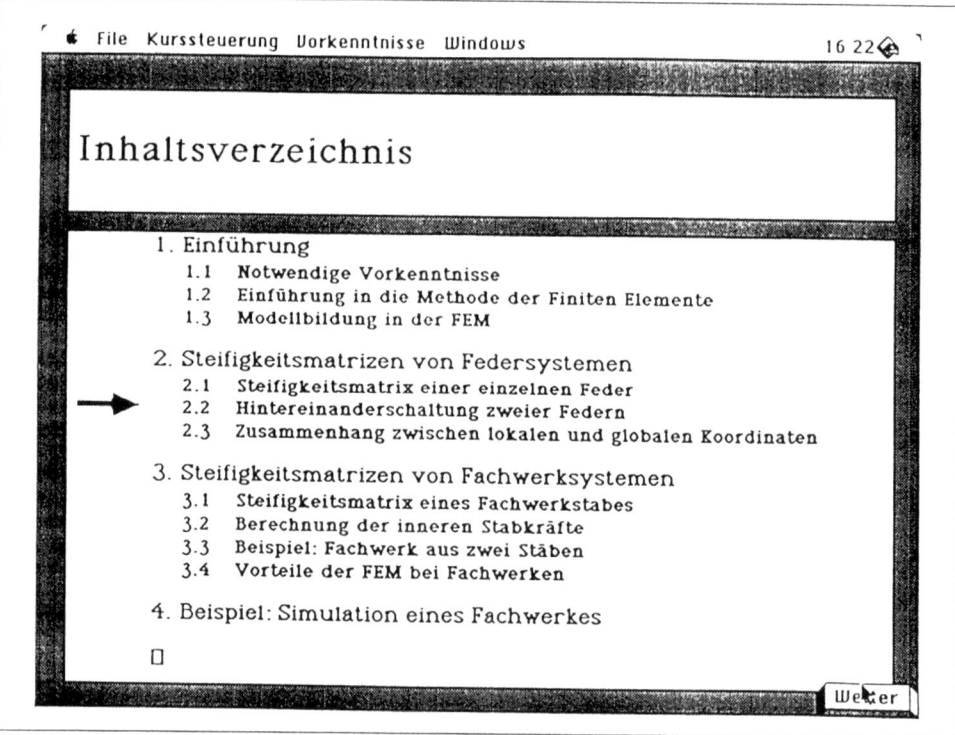

Abb. 1: Inhaltsverzeichnis

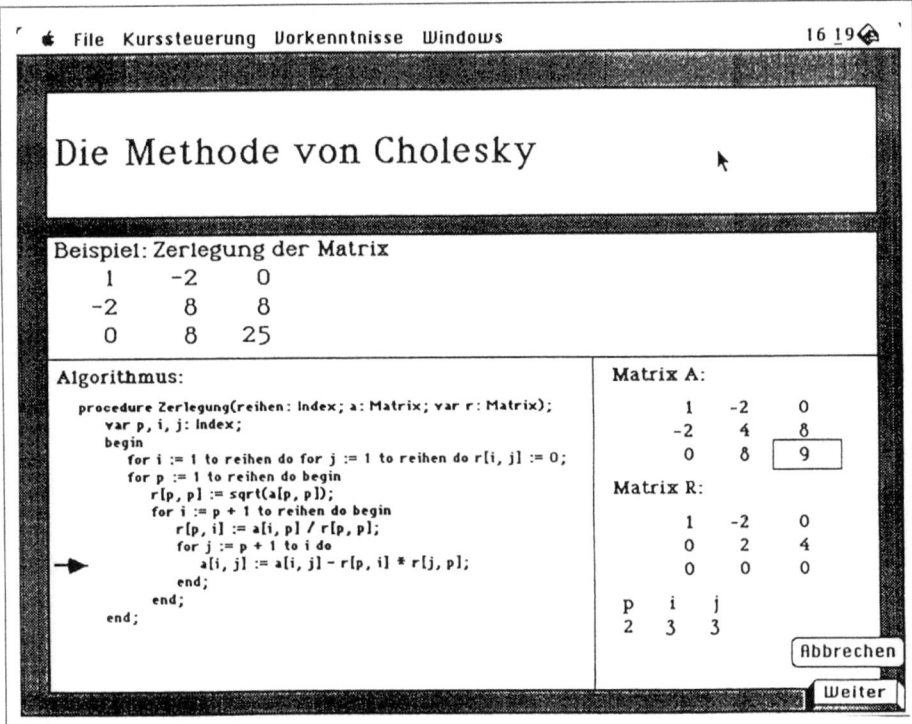

Abb. 2: *Die Methode von Cholesky*

Dieser besteht aus zwei Fenstern. Im kleineren oberen man sieht den Titel des Unterkapitels, in dem man sich gerade befindet. Der untere Teil ist die eigentliche Darstellungsfläche für den Kursinhalt.

Der in Abb. 2 gezeigte Abschnitt des Kurses ist Element eines Vorkurses Matrizennumerik, er kann aber auch von einer entsprechenden Stelle im Kurs angesprungen werden. In ihm wird das Verfahren von Cholesky zur Zerlegung einer quadratischen Matrix in eine Dreiecksmatrix erläutert. Dazu wird der Algorithmus, dargestellt anhand des Pascalprogramms links unten, schrittweise durchlaufen und die Änderungen in den Daten auf dem Bildschirm aufgelistet (rechts unten). Oben ist die zu zerlegende Matrix abgebildet, und der Pfeil im Algorithmusfeld zeigt auf den Schritt der gerade bearbeitet wird. Der rechteckige Kasten im Datenfeld kennzeichnet das Matrixelement, das im momentanen Schritt bearbeitet wird. Rechts unten sieht man wieder zwei Knöpfe, den schon beschriebenen "Weiter"-Knopf und einen zweiten mit gerundeten Ecken. Wird dieser betätigt, verläßt man den sequentiellen Pfad und man bricht die Bearbeitung der momentanen Matrix ab. Die Eingangsmatrix kann frei wählbar eingegeben werden und man kann untersuchen, bei welchem Eingabeparameter und an welcher Stelle das Verfahren scheitert. Die Lernenden haben also die Möglichkeit, in einer Art numerischen Labor zu experimentieren. Hier werden die Möglichkeiten des Computereinsatzes in der Lehre deutlich. Durch eigenständiges Experimentieren wird das Verständnis derartiger Verfahren besser als mit den konventionellen Methoden gefördert.

Die folgenden Abbildungen stellen zwei Kursabschnitte dar, in denen der Benutzer Text eingeben kann. Im schwarzen Feld ist in weißer Schrift die Eingabe zu sehen. In Abb. 3 handelt es sich um eine Übungsaufgabe, in der eine Beziehung umgeformt und in Pascalnotation eingegeben werden soll. Es ist also eine Übungsaufgabe mit freier Antwort. Mit Hilfe des Knopfes mit abgerundeten Ekken kann eine Erläuterung zur Übungsaufgabe angefordert werden. Die Eingabe des Studenten, die mit der Return-Taste abgeschlossen wird, wird anschließend im Kurs analysiert, indem sie mit vorgegebenen Textmustern verglichen wird. Für jedes dieser Muster existiert eine auf diese Eingabeklasse abgestimmte Ausgabe

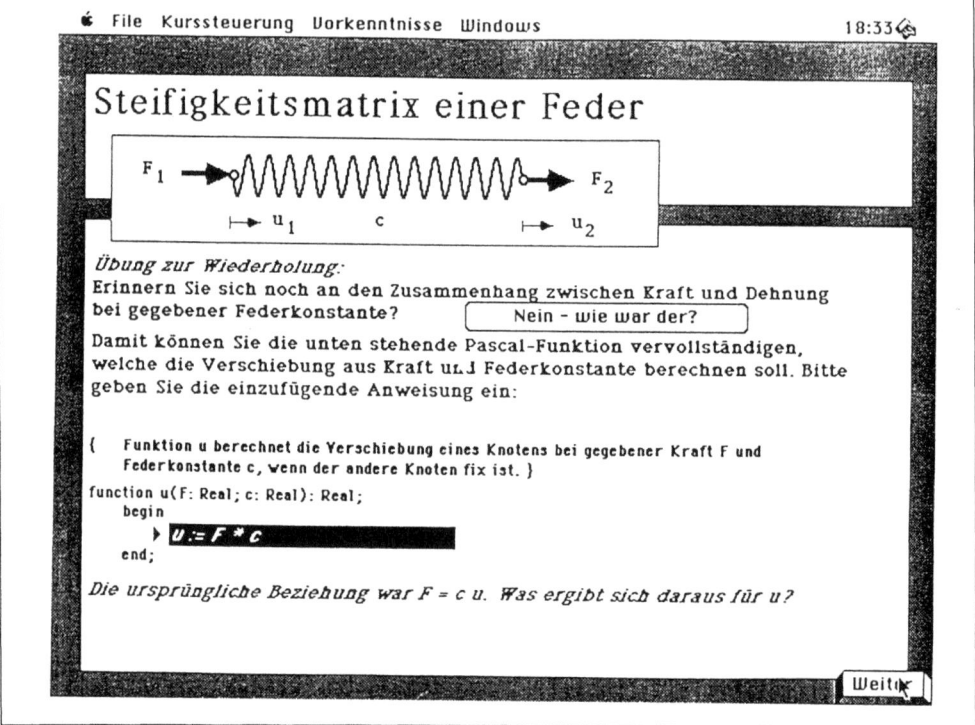

Abb.3: Steifigkeitsmatrix einer Feder

des Kurses hierauf. Auf diese Weise wird die Antwort des Studenten ausgewertet und bei falscher unterstützende Information gegeben. Dieses Verfahren der Auswertung ist allerdings auf Antworten mit sehr wenigen Zeilen beschränkt. Für größere und kompliziertere Aufgaben sind Methoden aus dem Bereich der künstlichen Intelligenz erforderlich. Die Übungen in diesem Kurs sind allerdings nicht so angelegt, daß sie in jedem Fall richtig beantwortet werden müssen, um den Kurs weiter durcharbeiten zu können. Der Student kann den "Weiter"- Knopf betätigen, um zum nächsten Abschnitt zu kommen.

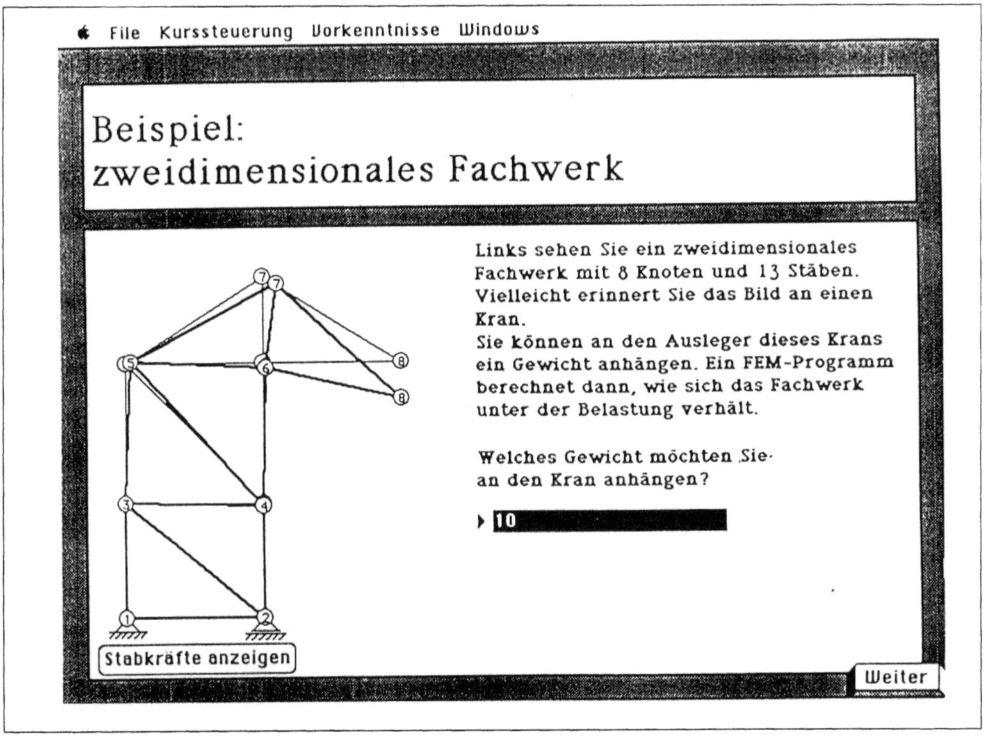

Abb. 4: Zweidimensionales Fachwerk

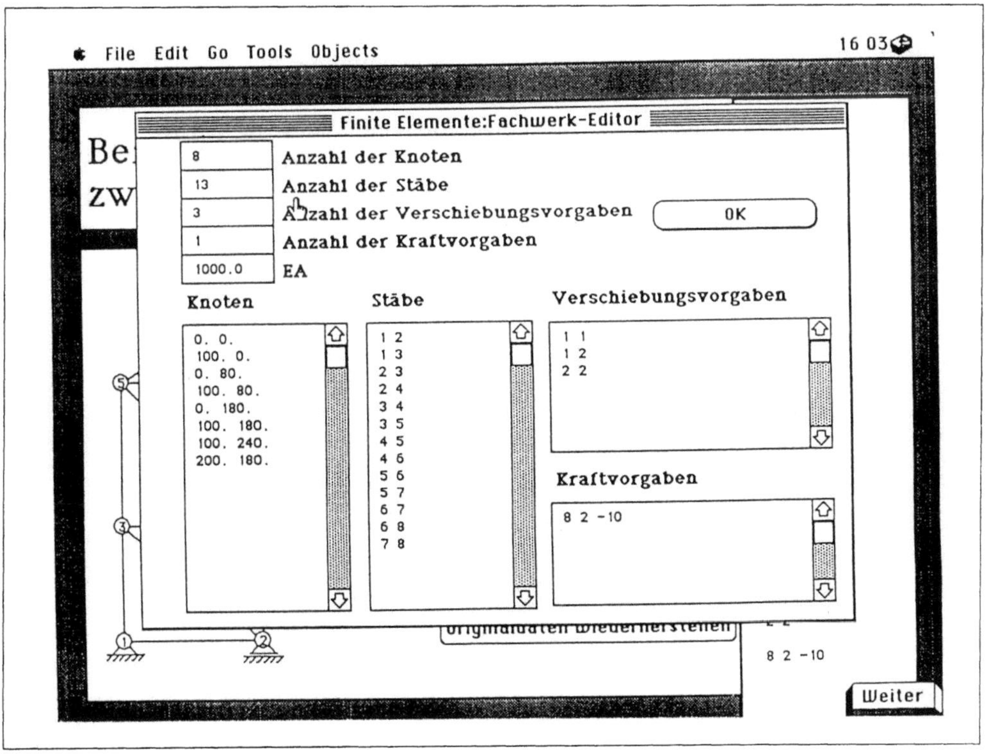

Abb. 5: Fachwerkeditor

In Abb. 4 wird die Strukturanalyse eines vorgegebenen Fachwerks durchgeführt, wobei die vom Studenten eingegebene Zahl als Belastung des Fachwerks interpretiert wird. Als Ergebnis dieser Rechnung wird das verschobene Fachwerk dargestellt. Die quantitativen Ergebnisse (Stabkräfte) werden angezeigt, wenn man auf den entsprechenden Knopf links unten klickt. Allgemein gesprochen ist hier eine benutzergesteuerte Simulation zu sehen, die am Ende des Kurses steht und verdeutlicht, welche Probleme mit dem im Kurs Gelernten bearbeitet werden können.

In Abb. 5 sieht man den sogenannten Fachwerkeditor, mit dem man die Form und Belastung des Fachwerks bestimmen kann, für das anschließend mit dem Finiten-Element-Programm eine Strukturanalyse durchgeführt wird. Der Fachwerkeditor ist Teil der Simulationsoberfläche für Fachwerke, mit der auf einfache Weise die Struktur des zu berechnenden Fachwerks geändert werden kann. Die Lernenden können so auf einfache Weise den Zusammenhang zwischen Struktur und Festigkeit des Fachwerks untersuchen.

Der Editor selbst ist mit HyperCard realisiert worden, da mit HyperCard auf einfache Weise der Editor mit den Eingabefenstern zu realisieren war. Im oberen Teil erkennt man Felder zur Eingabe von Knoten- und Stabzahl des Fachwerks, sowie der Anzahl der Randbedingungen Kraft- und Verschiebungsvorgaben und der Stabfestigkeit. Im unteren Teil sind vier größere Bereiche, in denen die einzelnen Größen anzugeben sind. Im Feld "Knoten" werden die x- und y-Koordinaten der Knoten des Fachwerks angegeben, wobei die Anzahl mit der oben übereinstimmen muß. Im Bereich "Stäbe" werden diese jeweils durch Anfangs- und Endknotennummer definiert. Bei den Verschiebevorgaben sind die Knoten aufzulisten, die festgehalten werden, wobei die Knotennummer und die Festhalterichtung (1 = x-Richtung, 2 = y-Richtung) zu schreiben sind. Zur Kraftvorgabe werden die Nummern der belasteten Knoten, Richtung und Betrag der Kraft angegeben. Die Eingabe wird hier durch Anklicken des OK-Buttons beendet. Die Daten werden anschließend mittels einer Datei zum Kurs übertragen, wo sie als Eingabeparameter einer Strukturanalyse verwendet werden.

VESAM – Ein menügeführtes System zur Erfassung, Verwaltung und statistischen Auswertung landwirtschaftlicher Feldversuche

Elvira Hofmann, Nikolaus Meier, Markus Mühlbauer und Manfred Precht

Technische Universität München
Institut für Mathematik und Statistik

1. Einleitung

VESAM ist ein sehr benutzerfreundliches PC-Programmsystem zur Erfassung landwirtschaftlicher Feldversuche und ihrer statistischen Auswertung. Zu seinen herausragendsten Merkmalen gehören unter anderem:

- eine vollständige Menüführung
- automatische Verwaltung aller eingetragenen Versuche
- ein leistungsfähiger "Full-Screen"-Tabelleneditor
- Ausgabemöglichkeit auf Bildschirm, Drucker und Datei
- Verrechnung der Rohdaten der einzelnen Merkmale zu neuen "Rohdaten" (vier Grundrechenarten, diverse Funktionen & Transformationen sowie Spaltenoperationen)
- einfache Handhabung der Statistik-Routinen

Neben den faktoriellen Versuchen und den klassischen Versuchsanlagen wie Blockanlage, Spaltanlage, Splitblockanlage für zwei und drei Faktoren und lateinischem Quadrat können noch spezielle dreifaktorielle Splitblockanlagen ausgewertet werden. Für die Mittelwertsvergleiche steht der multiple t-Test (LSD-Test), der Duncan-, der Student-Newman-Keuls- und der Tukey-Test zur Verfügung.

VESAM läuft auf jedem IBM PC/XT/AT/PS2 und Kompatiblen unter PC/MS-DOS 3.0 oder höher. Erforderlich ist ein Hauptspeicher von mindestens 512KB und ca. 1,5 MB freier Speicherplatz auf der Festplatte. EMS wird unterstützt, ist aber keine Voraussetzung. Ein Betrieb ohne Festplatte, etwa in der mobilen Datenerfassung, ist möglich, allerdings ist dann der Speicherplatz für Versuchsdaten eingeschränkt.

2. Arbeiten mit VESAM

Nach dem Aufruf von VESAM erscheint folgendes Hauptmenü. Aus diesem Hauptmenü werden alle VESAM-Funktionen aufgerufen.

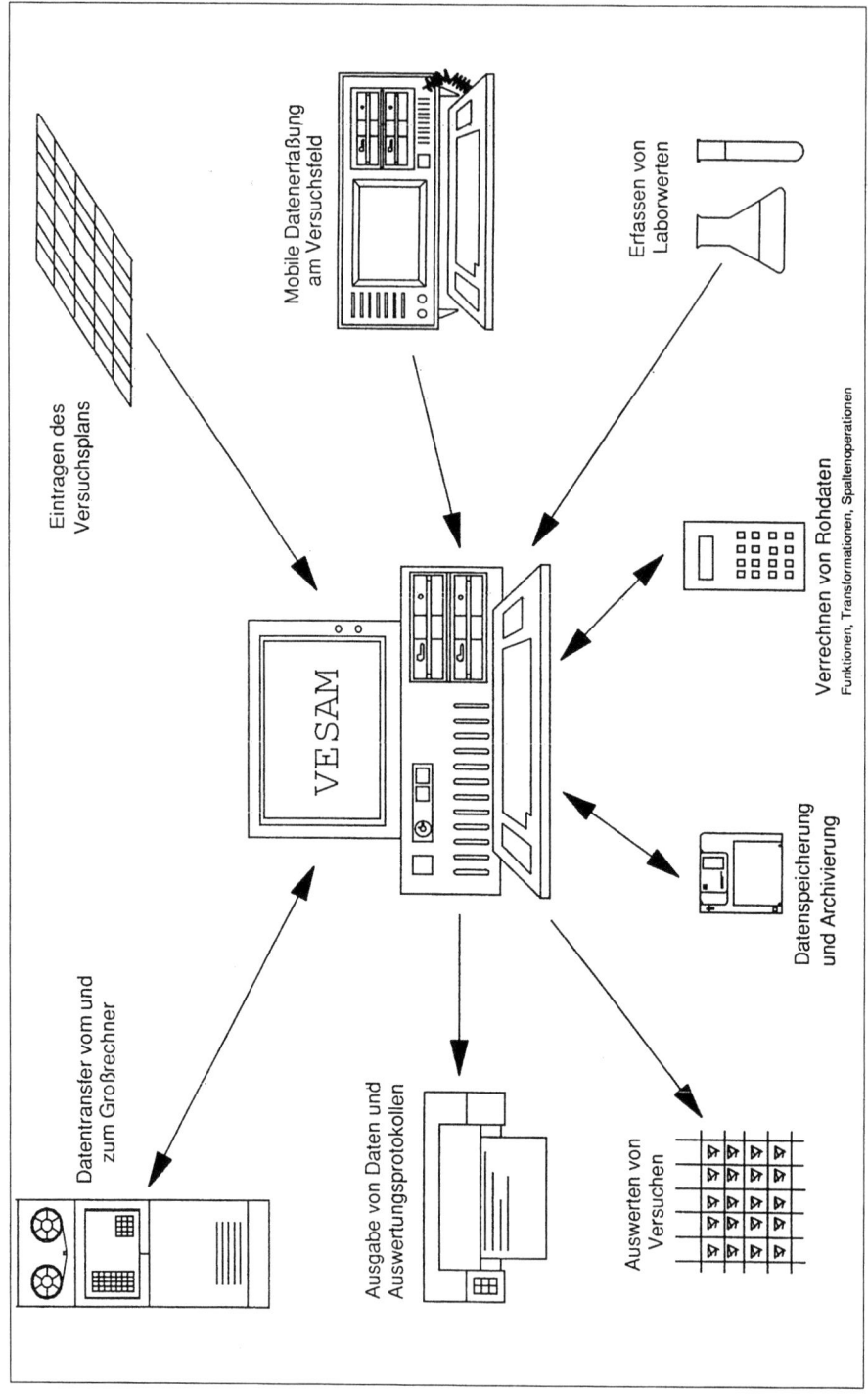

Abb. 1: Überblick über die Anwendungsmöglichkeiten von VESAM

```
                    ┌─────────────────────┐
                    │  VESAM - Hauptmenü  │
                    └─────────────────────┘

        1 : Versuchs- und Dateiverzeichnisse

        2 : Eintragen & Ändern von Versuchen

        3 : Übernehmen von Versuchsteilen

        4 : Löschen von Versuchsteilen

        5 : Ausgeben von Versuchen

        6 : Auswerten von Versuchen

        H : Hilfstexte ausgeben

        D : Auswählen des Druckers
            (ausgewählt ist HP-LaserJet II (DIN-A4))

        X : VESAM beenden

        Ihre Wahl : ▊
```

Abb. 2: VESAM-Hauptmenü

2.1 Eintragen und Ändern von Versuchen

Nach dem Anwählen z.B. des Punktes 2 "Eintragen und Ändern von Versuchen" muß das Versuchsjahr und die Versuchsnummer des Versuches angeben werden, der bearbeitet werden soll. Dabei wird von VESAM der zuletzt bearbeitete Versuch vorgegeben. VESAM sucht den so angegebenen Versuch im Versuchsverzeichnis und lädt den Versuch von dem dort eingetragenen Datenträger. (s. Abb. 3).

```
  2                        Eintragen von Versuchen

        Geben Sie bitte Jahr und Nummer des Versuchs ein, für den
        Sie eintragen wollen, und drücken Sie dann die CR-Taste.

        Jahr: 1987   Nummer: .10

        Ich kann den Versuch in meinem Versuchskatalog nicht finden!

        Geben Sie bitte das Verzeichnis, unter dem der Versuch abgelegt
        ist, bzw. unter dem ich den Versuch ablegen soll, ein und legen
        Sie gegebenenfalls die Diskette ein.

        a:\test............................................................

        Ich kann den Versuch auf dem Laufwerk A nicht finden!

        Soll ich den Versuch neu anlegen (J/N): ▊


        Hinweis: Wenn Sie einen anderen Versuch auswählen
                 möchten, dann drücken Sie die ESC-Taste.
```

Abb. 3: Auswählen eines Versuchs zum Eintragen

```
2                      Eintragen von Versuchen
       Jahr: 1987    Nummer:  10     Kurztitel: Int.W-Gerstensortenvers.

       Sie können für diesen Versuch folgendes eintragen:

       0 : den Kurztitel

       1 : die Beschreibung des Versuchs

       2 : die Parzellenzuordnung

       3 : die Beschreibung der Merkmale

       4 : die Rohdaten

       Ihre Wahl : ▓

       Durch Drücken der ESC-Taste gelangen Sie wieder
       ins Hauptmenue zurück!
```

Abb. 4: *Menü zum Eintragen von Versuchen*

Nach dem Auswählen des Versuches erscheint das eigentliche Untermenü. (s. Abb. 4). Je nachdem, was zu dem Versuch bereits eingetragen ist, enthält das Menü mehr oder weniger Punkte. Die Rohdaten können erst dann eingetragen werden, wenn sowohl die Parzellenzuordnung als auch die Merkmalsbeschreibung eingetragen ist. Analog dazu kann die Parzellenzuordnung bzw. die Merkmalsbeschreibung erst dann eingetragen werden, wenn die Versuchsbeschreibung eingetragen ist.

Jede mit VESAM zu bearbeitende Datenvariable ist in die Merkmalsliste mit aufzunehmen (Menüpunkt 3). VESAM kennt vier verschiedene Arten von Datenvariablen, die Zähl- und Meßgrößen, die Bonituren und die abgeleiteten Größen. Während die Werte für die Zähl-, Meßgrößen und Bonituren vom Anwender einzutragen sind, werden die abgeleiteten Größen von VESAM berechnet. Dazu stehen die vier Grundrechenarten, diverse Funktionen und statistische Transformationen sowie etliche Spaltenoperationen zur Verfügung.

Zu den so eingetragenen Merkmalen können durch Wahl des Menüpunkts 4 dann die entsprechenden Rohdaten eingetragen werden. Die Rohdaten können dann sowohl in Faktorstufen- als auch in Parzellenreihenfolge eingetragen werden oder aus einer Textdatei übernommen werden. Die Merkmale, zu denen die Rohdaten eingetragen werden, sind aus einer Liste auszuwählen (s. Abb. 5).

```
2-4                    Eintragen von Rohdaten
       Jahr: 1987    Nummer:  10     Kurztitel: Int.W-Gerstensortenvers.
           Folgende Merkmale stehen zur Auswahl:

       1: Kornertrag MD    2: K.Ertr.Ge>2.25   3: TrS. %        4: Körner/30gr

           Geben Sie die Merkmalnummern ein:
           .1  .3  2.  ..

           Durch Drücken der ESC-Taste gelangen Sie wieder
           ins Menue 2 zurück!
```

Abb. 5: *Menü Auswählen von Merkmalen*

Für abgeleitete Größen können keine Rohdaten eingegeben werden, da diese selbständig von VESAM verwaltet und gegebenenfalls neu berechnet werden. Bei Meßgrößen, Zählgrößen und Bonituren wird eine automatische Bereichsprüfung durchgeführt.

2.2 Ausgeben von Versuchen

Über diesen Menüpunkt können die zu einem Versuch eingetragenen Daten ausgegeben werden. Der Versuch wird wie bei "Eintragen und Ändern" ausgewählt.

Ausgegeben werden können die Versuchsanlage mit allen Faktor- und Stufennamen, die Parzellenzuordnung (bei Versuchen in Anlagenform) in Parzellen- und Faktorstufenreihenfolge, die Merkmalsbeschreibung und die Rohdaten. Die Rohdaten können in Parzellen-, in Variantenreihenfolge oder der Größe nach geordnet ausgegeben werden. Dabei kann zusätzlich ein Bereich angegeben werden, z.B. nur Parzellen von 5 bis 40, bzw. nur die Blöcke 1 bis 3 oder nur die Rohdaten mit Werten zwischen 5.8 bis 8.3. Außerdem kann eine Tabelle ausgegeben werden, bei der die Faktorstufen gegen die Blöcke aufgetragen sind. In diesem Fall werden auch die Blockmittelwerte ausgegeben. Je nach Listenart können bis zu acht Merkmale aus einer Liste der Merkmale, zu denen bereits Rohdaten vorhanden sind, ausgewählt werden.

2.3 Auswerten von Versuchen

Ein Versuch kann natürlich nur ausgewertet werden, wenn bereits Rohdaten eingetragen sind. Der Versuch selbst wird wie bei "Eintragen und Ändern" ausgewählt (s. Abb. 6).

```
6                      Auswerten von Versuchen

         Jahr: 1987    Nummer:    10    Kurztitel: Int.W-Gerstensortenvers.

         Sie haben folgende Möglichkeiten zur Auswertung

         1 : Ausgabe der Rohdaten

         2 : Ein-, Zwei- und Dreiwegtafeln

         3 : Varianzanalyse

         4 : Mittelwertsvergleiche

         5 : Mittelwertsvergleiche (für Faktorkombinationen)

         Ihre Wahl :  ▓

         Durch Drücken der ESC-Taste gelangen Sie wieder
         ins Hauptmenue zurück!
```

Abb. 6: *Menü Auswerten von Versuchen*

Das Menü "Auswerten von Versuchen" bietet die oben angegebenen fünf Optionen an. Neben "Ausgeben von Rohdaten" können durch Auswahl von Punkt 2 Mehrwegtafeln erzeugt werden. Dazu können aus der Merkmalsliste bis zu acht Merkmale gewählt werden. Die Anordnung der Faktoren wird von VESAM so gewählt, daß eine möglichst kompakte und übersichtliche Liste entsteht. Daher ist es egal, in welcher Reihenfolge die Faktoren gewählt werden.

Die Varianzanalyse (Menüpunkt 3) kann jeweils nur für ein Merkmal, das aus der Merkmalsliste ausgewählt wird, durchgeführt werden. Wurden, aus welchen Gründen auch immer, die Werte für ganze Faktorstufen nicht erhoben, dann werden diese Faktorstufen von VESAM automatisch vor der Analyse entfernt. Außerdem kann in der Regel ein fehlender Wert je Versuch geschätzt werden. Die entfernten Faktorstufen und die geschätzten Werte werden mit der Varianzanalysetafel ausgegeben. Ermittelt werden die Freiheitsgrade, SQ-, MQ- und F-Werte sowie die 95% und 99% Grenzdifferenzen (LSD-Test).

Die Mittelwertvergleiche (Menüpunkte 4 und 5) können jeweils nur für ein Merkmal, das aus der Merkmalsliste ausgewählt wird, durchgeführt werden. Je nach Bedarf kann der LSD-, der Duncan-, der Student-Newman-Keuls- oder der Tukey-Test durchgeführt werden. Fehlende Werte werden analog zur Varianzanalyse behandelt. Die entfernten Faktorstufen und die geschätzten Werte werden mit den Tabellen der Mittelwertvergleiche ausgegeben.

Bei Versuchen mit zwei oder mehr Faktoren können auch die Mittelwerte für eine Kombination aus je zwei Faktoren verglichen werden. Haben beide Faktoren zehn oder weniger Stufen, dann wird zusätzlich ein Interaktionsdiagramm ausgegeben.

```
                        Varianzanalysetafel
                                                                    ESC
        Jahr: 1987      Nummer:    10    Kurztitel: Int.W-Gerstensortenvers.

  Varianzanalyse
   • für die Meßgröße Kornertrag MD [KE MD]
                                                             LSD-Test
  Ursache              FG       SQ         MQ       F-Test   GD 5%   GD 1%

  Block                 1      9.730
  F1:N-Düng Pfl-Sch     1    138.346      138.346   162.488   *   2.299  11.519
  Fehler 1              1      0.851        0.851
  F2:Sorten/Stämme     25     70.794        2.832     5.184***    1.050   1.399
  WW   F2-F1           25     29.391        1.176     2.152   *   1.485   1.979
  Fehler 2             50     27.313        0.546

  Gesamt              103    276.425        2.684

      *   : signifikant bei  5   % Irrtumswahrscheinlichkeit
     **   : signifikant bei  1   % Irrtumswahrscheinlichkeit
    ***   : signifikant bei  0.1 % Irrtumswahrscheinlichkeit
```

Abb. 7: Varianzanalysetafel

3. ON-Line-Hilfe

Über den Menüpunkt "Hilfstexte Ausgeben" kann der Anwender des Systems Hilfe über die Möglichkeiten und die Arbeitsweise von VESAM sowie eventuell auftretende Fehler abrufen.

```
        H
                    Ich kann Ihnen folgemde Hilfstexte anbieten

                    1 : Meine Familie und ich

                    2 : Ich und Meine Anlagetypen

                    3 : Wie Sie Daten eingeben

                    5 : Wie ich Daten ausgebe

                    6 : Ich und die Fehler

                    Ihre Wahl : ▓

                    Durch Drücken der ESC-Taste gelangen Sie wieder
                    ins Hauptmenue zurück!
```

Abb. 8: Menü Hilfetexte

Demo-Programme zur Technischen Mechanik und Getriebelehre

Wolfgang Seemann

Universität Karlsruhe
Institut für Technische Mechanik

1. Allgemeines

Im folgenden werden vier Demonstrations- und Ausbildungsprogramme zur Technischen Mechanik und Getriebelehre vorgestellt. Der Ablauf der Programme wird über die Funktionstasten gesteuert, mit deren Hilfe bestimmte Menüpunkte ausgewählt werden können. Alle Programme sind auf IBM-PC oder kompatiblen Rechnern mit Herkules-Grafikkarte lauffähig und für den Einsatz in der Studentenausbildung ebenso geeignet, wie für einfache Einsätze in der Praxis. Dem Anwender wird ermöglicht, in der Konstruktionsphase Standardprobleme der Schwingungstechnik zu lösen, Modellrechnungen durchzuführen und durch Simulationen eine optimale Abstimmung und damit eine lange Lebensdauer von Bauteilen zu erreichen. Infolge der Steuerung über die Funktionstasten wird eine einfache Handhabung und eine kurze Einarbeitungszeit erreicht. Ausgaben sind auf Bildschirm, Drucker und Plotter möglich. Die folgenden Programme werden vorgestellt:

- GTR zur Vorführung der wichtigsten graphischen Verfahren der Getriebelehre für ein beliebiges Koppelviereck in beliebiger Systemstellung.
- TRAMA (TRAnsfer-MAtrizen) dient zur Konstruktion von aus einzelnen Segmenten zusammengesetzten Rotoren und der Berechnung der zugehörigen kritischen Drehzahlen bei beliebiger fester oder elastischer Lagerung.
- VIPTIB (VIbration Problems of TImoshenko Beams) berechnet nach der Balkentheorie von Timoshenko die Eigenkreisfrequenzen beliebig gelagerter, offener oder geschlossener Rahmentragwerke, die aus Einzelstäben zusammengesetzt sind. Die Eigenschwingungsformen können ebenso dargestellt werden wie die Verläufe der Belastungsgrößen der einzelnen Balken.
- DYNASTY erlaubt die statische und dynamische Analyse von Fachwerken, die an den Knotenpunkten belastet werden.

Alle Programme werden im Rahmen von Vorlesungen in höheren Semestern eingesetzt.

2. Das Programm GTR

Das Programm GTR hat seinen Ursprung in der Vorlesung "Getriebelehre" an der Universität Karlsruhe und wurde speziell für diese Lehrveranstaltung konzipiert. Ein beliebiges Koppelviereck kann vorgegeben werden (siehe Abb. 1). Die Bewegung des Koppelvierecks sowie eines mit der Koppelstange BC fest verbundenen Punktes E und die Bahnkurve dieses Punktes werden dargestellt. Die Lage von E wird durch den Winkel Psi und den Abstand r vom Punkt B beschrieben. In jeder beliebigen Systemstellung kann die Bewegung angehalten und für diese Stellung in die verschiedenen zur Auswahl stehenden Menüpunkte verzweigt werden. Die Struktur von GTR ist in Abb. 2 dargestellt.

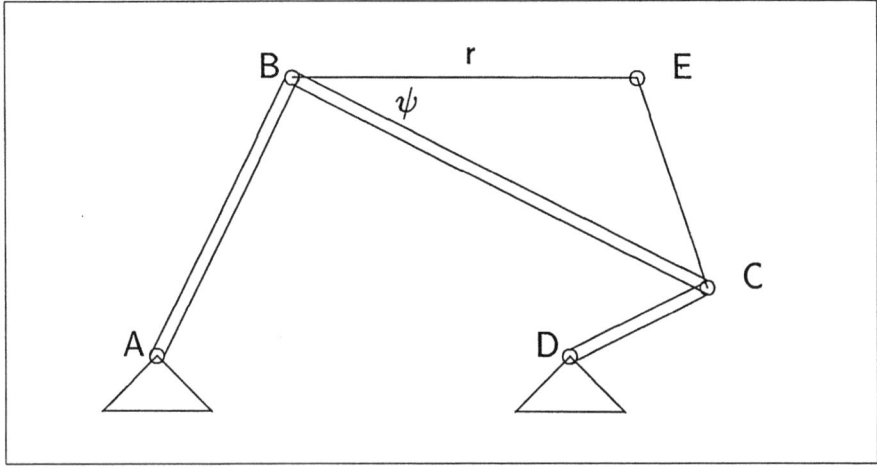

Abb. 1: *Das Koppelviereck*

In den einzelnen Menüpunkten werden die Grundlagen der Getriebelehre, hier speziell die wichtigsten grafischen Konstruktionen vorgeführt. Vom Hauptmenü aus kann in das Polmenü, das Geschwindigkeitsmenü und in das Beschleunigungsmenü verzweigt werden.

2.1 Das Polmenü

Im Polmenü können zum einen die Konstruktion der Polwechselgrößen, Polwechselgeschwindigkeit und Polwechselbeschleunigung gewählt werden. Um die Darstellung übersichtlich zu halten, wird die Konstruktion der Polwechselbeschleunigung schrittweise durchgeführt, wobei nach jedem Schritt eine beliebige Taste gedrückt werden muß. Zum anderen ist es möglich, den Krümmungsmittelpunkt der Bahnkurve von E über die Zerlegung der Polwechselgeschwindigkeit (d.h. über den Hartmann-Kreis) zu ermitteln. Als letzter Punkt im Polmenü kann die Darstellung der Abrollbewegung von der Gangpolbahn auf der Rastpolbahn gewählt werden.

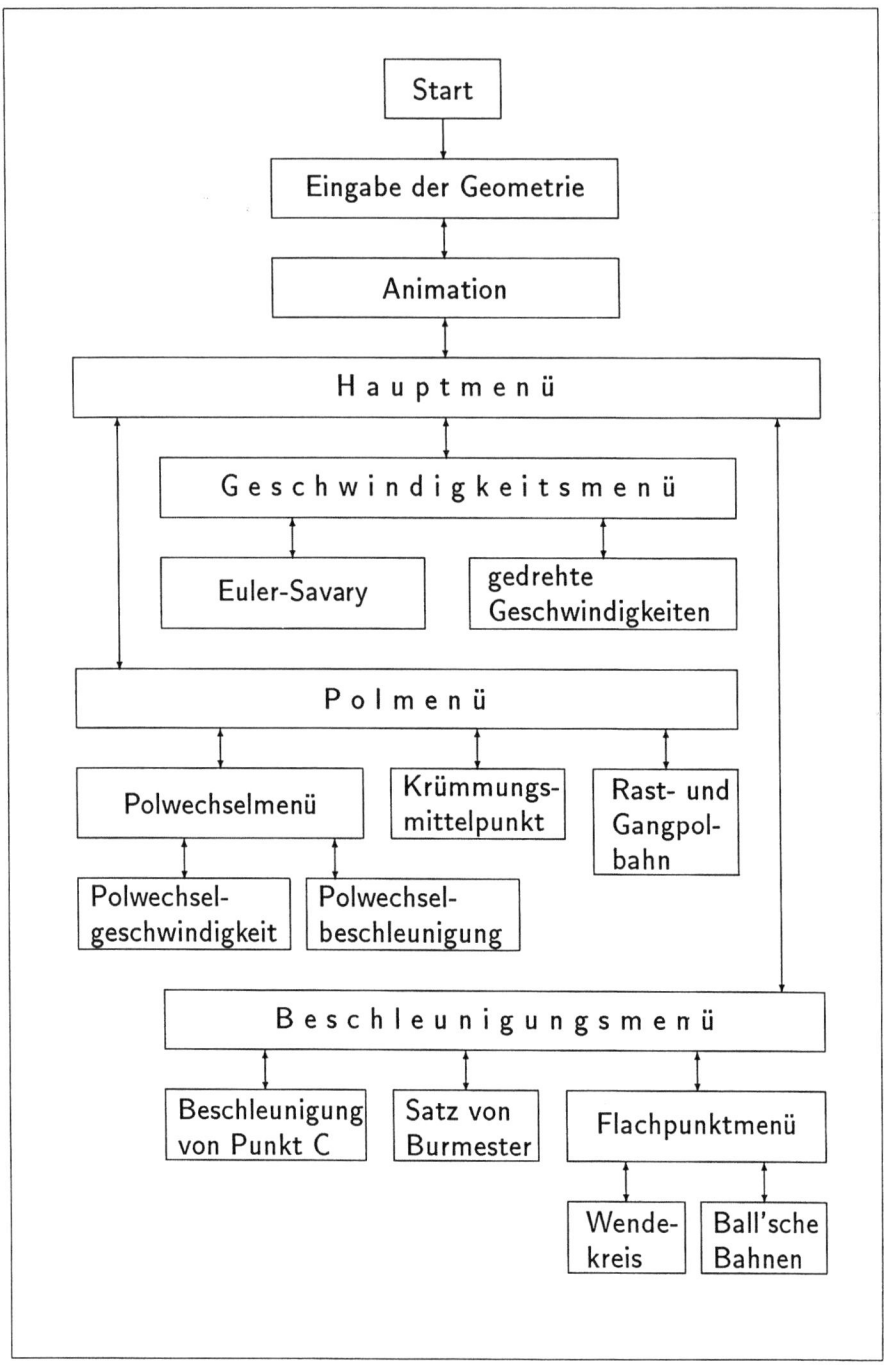

Abb. 2: Die Struktur des Programmes GTR

2.2 Das Geschwindigkeitsmenü

Das Geschwindigkeitsmenü dient zur Ermittlung der Geschwindigkeit von Punkt C bei gegebener Geschwindigkeit des Punktes B. Dabei kann entweder das Verfahren von Euler oder das Verfahren der gedrehten Geschwindigkeiten benutzt werden.

2.3 Das Beschleunigungsmenü

Im Beschleunigungsmenü kann im ersten Menüpunkt die Konstruktion der Beschleunigung des Punktes C bestimmt werden. Der besseren Übersichtlichkeit wegen sind dabei die einzelnen Konstruktionsschritte durch Tastendruck getrennt. Im zweiten Menüpunkt wird die Beschleunigung von E über den Satz von Burmester, d.h. über ähnliche Dreiecke gezeigt. Zuletzt können der Wendekreis konstruiert oder die Geradführungseigenschaften der Ball'schen Punkte gezeigt werden.

3. Das Programm TRAMA

Das Programm TRAMA wird im Rahmen der Studentenausbildung in der Vorlesung "Rotor- und Kreiseldynamik" eingesetzt. Mit dem Programm können die biegekritischen Drehzahlen und die Eigenschwingungsformen rotierender Wellen mit homogen verteilten Segmenten und konzentrierten festen oder elastischen Lagern berechnet werden. Das Programm unterteilt sich in einen CAD-Teil, in dem die Geometrie, die Lagerung, oder die Werkstoffkenngrößen des Rotors oder Teilen davon verändert werden können und in einen Berechnungsteil, in dem die Eigenkreisfrequenzen und die Eigenschwingungsformen mit den dazugehörigen Verläufen der Belastungsgrößen bestimmt werden. Die Struktur von TRAMA ist in Abb. 3 dargestellt.

3.1 Der CAD-Teil

Im CAD-Teil können zuvor erstellte Rotoren verändert oder neue erstellt werden. Soll ein schon vorhandenes Modell bearbeitet werden, so ist die Anzeige aller auf Platte oder Diskette vorhandener Modelle über einen speziellen Menüpunkt möglich. Im Rotor-Editor selbst können einzelne Wellenelemente eingefügt, verändert oder gelöscht werden. Änderungen sind möglich bezüglich Länge, Durchmesser, Biegesteife und Zusatzmassen der einzelnen Wellenstücke. Bei der Lagerung stehen starre Lager, elastische Lager und feste Einspannungen zur Auswahl. Sie können zwischen den einzelnen Rotorelementen angebracht werden, wobei auch statisch unbestimmte Lagerungen möglich sind. Eine Speicherung der Rotordaten auf Platte oder Diskette ist ebenso möglich, wie die Ausgabe des Rotormodells auf Drucker oder Plotter.

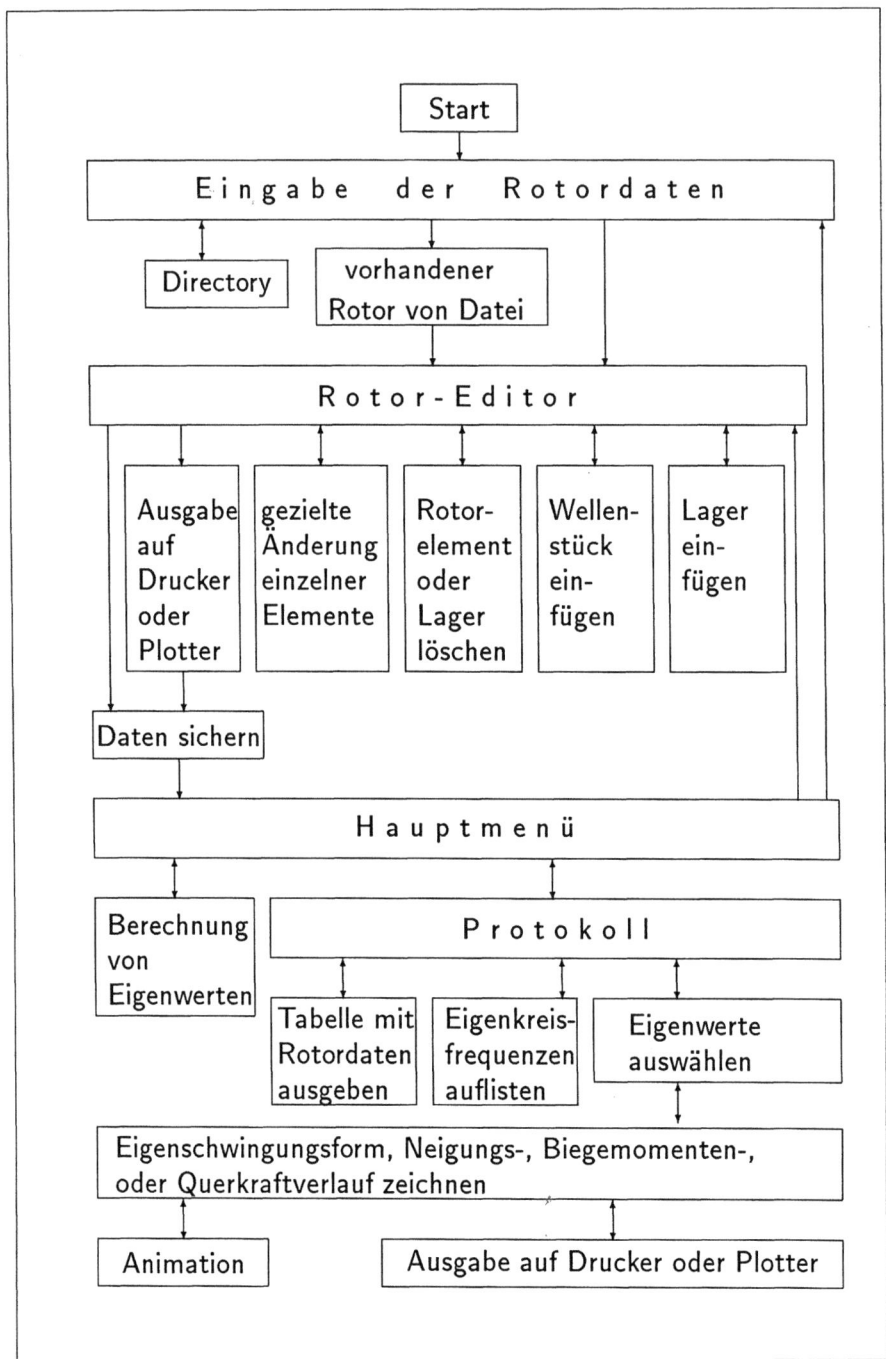

Abb. 3: Die Struktur des Programmes TRAMA

3.2 Der Berechnungsteil

Vom Berechnungsteil kann über die Menüpunkte "Rotor ändern" und "neuer Rotor" zurück in den CAD-Teil gesprungen werden. Im Menüpunkt "Eigenwerte" können Intervallgrenzen angegeben werden, innerhalb derer die Eigenwerte gesucht werden. Das Programm arbeitet nach dem Restgrößenverfahren, d.h. die Eigenwerte liegen genau an den Nullstellen der Restgröße. Die Schrittweite für das Restgrößenverfahren ist ebenfalls anzugeben. Der Menüpunkt "Protokoll" bietet wiederum eine Auswahl verschiedener Punkte. Es kann eine Tabelle mit den Rotordaten ausgegeben oder die gefundenen Eigenwerte aufgelistet werden. Der Menüpunkt "Eigenschwingungsformen" erlaubt die grafische Ausgabe von Eigenschwingungsform, Neigung, Biegemoment, und Querkraft auf dem Bildschirm, einem Drucker oder einem Plotter.

4. Das Programm VIPTIB

Mit dem Programm VIPTIB können geschlossene oder offene aus Balken zusammengesetzte Rahmentragwerke analysiert werden. Auch dieses Programm unterteilt sich in einen Eingabe- und einen Berechnungsteil. Die Struktur des Programmes VIPTIB ist in Abb. 4 dargestellt.

4.1 Der Eingabeteil

Im Eingabeteil können zuerst vorhandene Tragwerke von Platte oder Diskette geladen, oder ein neues Tragwerk interaktiv erstellt werden. Die Lage der einzelnen Balken und deren Länge ist durch Eingabe der Koordinaten der Balkenenden vorzugeben. Offene und geschlossene Tragwerke, die sich aus einzelnen Balken zusammensetzen, sind möglich.

Um die Eingabe der Materialdaten und der Querschnittsflächen der Balken möglichst effizient zu gestalten, werden zuerst die Materialdaten eingegeben, welche am häufigsten auftreten. Später müssen dann nur noch die Werte der Balken eingegeben werden, die von den oben genannten abweichen. Neue Materialdaten und Querschnittsflächen können in einer Materialdatei mit einem Namen gespeichert und an anderer Stelle durch Angabe der Materialnummer abgerufen werden. Bei der Lagerung sind elastische Lager mit horizontaler und vertikaler Komponente und mit einer Drehsteifigkeit möglich. Zusätzlich können die Lager mit Zusatzmassen mit Drehträgheit beaufschlagt werden. Bei der Eingabe der festen Lager sind die möglichen Lagertypen an der Seite durch Symbole angedeutet. Das entsprechende Lager wird an der spezifizierten Stelle einfach durch Angabe der Symbolnummer eingefügt. Sämtliche oben angeführten Eingabeelemente können durch Auswahl des Menüpunktes "Modell-Variation" im Hauptmenü während des Programmablaufes verändert werden.

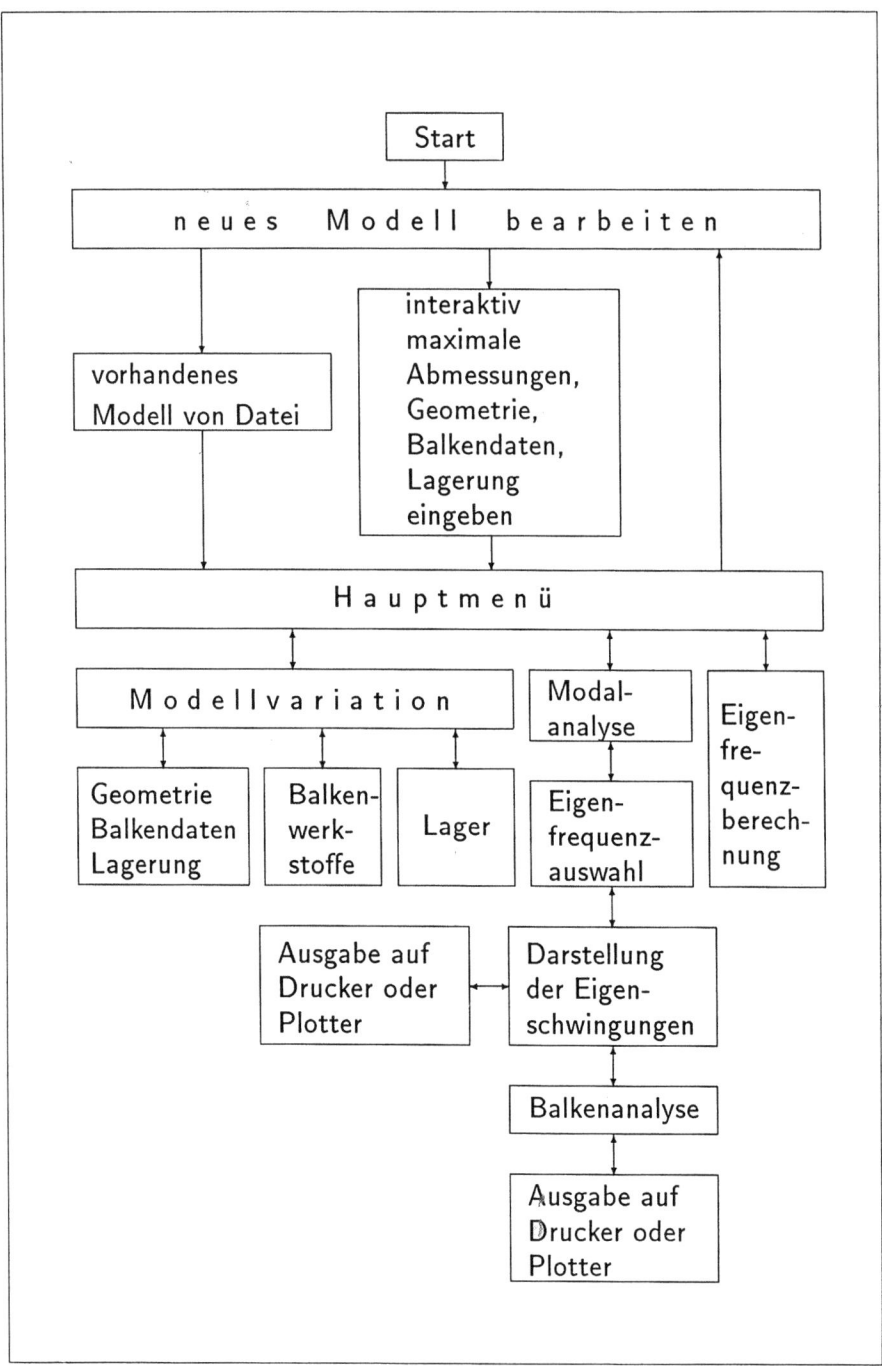

Abb. 4: Die Struktur des Programmes VIPTIB

4.2 Der Berechnungsteil

Im Berechnungsteil können zum einen innerhalb vorzugebender Frequenzintervalle Eigenwerte gesucht werden. Die Berechnung erfolgt wieder über ein Restgrößenverfahren wie es in 3.2 beschrieben ist. Die Balken werden nach der Timoshenkotheorie berechnet, d.h. es werden sowohl Verformungen infolge von Biegung und Längskraft, als auch Verformungen infolge der Querkraft berücksichtigt. Zum anderen kann für die gefundenen Eigenwerte eine Modalanalyse durchgeführt werden. Dazu muß zuerst die Eigenfrequenz ausgewählt werden, für welche die Modalanalyse durchgeführt werden soll. Die zur ausgewählten Eigenfrequenz gehörende Eigenschwingungsform wird als Bewegung auf dem Bildschirm dargestellt. Eine Ausgabe auf Drucker oder Plotter ist möglich. Die Verläufe der Belastungsgrößen wie Moment, Querkraft, Normalkraft und die zugehörigen Verformungsgrößen können für jeden einzelnen Balken auf dem Bildschirm oder auf Drucker oder Plotter ausgegeben werden.

5. Das Programm DYNASTY

Mit dem Programm DYNASTY kann für ein beliebiges zweidimensionales Fachwerk eine statische und eine dynamische Analyse durchgeführt werden. Das Programm ist wie die vorhergehenden Programme in einen Eingabe- und einen Berechnungsteil unterteilt. Die Struktur von DYNASTY ist in Abb. 5 dargestellt.

5.1 Der Eingabeteil

Im Eingabeteil kann ein auf Platte oder Diskette gespeichertes Fachwerk eingelesen oder ein neues interaktiv erstellt werden. Dabei werden zuerst die Stäbe durch Angabe der Knotenkoordinaten eingegeben. Danach müssen die Querschnittsflächen und die E-Module der Stäbe angegeben werden, wobei der zuerst eingegebene Wert standardmäßig jedem Stab zugeordnet wird und später nur noch die Werte der davon abweichenden Stäbe einzugeben sind. Im nächsten Schritt ist die Lagerung anzugeben. Es können einwertige oder zweiwertige Lager gewählt werden. Statisch unbestimmte Lagerungen sind möglich. Zum Schluß können an den Knotenpunkten Kräfte in horizontaler und vertikaler Richtung angebracht werden. Vom Berechnungsteil aus kann über den Menüpunkt "Fachwerkvariation" zurück in den Eingabeteil gesprungen und einzelne Teile des Fachwerks wie Geometrie, Lagerung und Materialdaten verändert werden.

5.2 Der Berechnungsteil

Der Berechnungsteil behandelt sowohl die Statik als auch die Dynamik des Fachwerks. Im Statikteil wird die Verformung des Fachwerks infolge der an den Knoten angreifenden Kräfte berechnet und auf dem Bildschirm, Drucker, oder Plotter

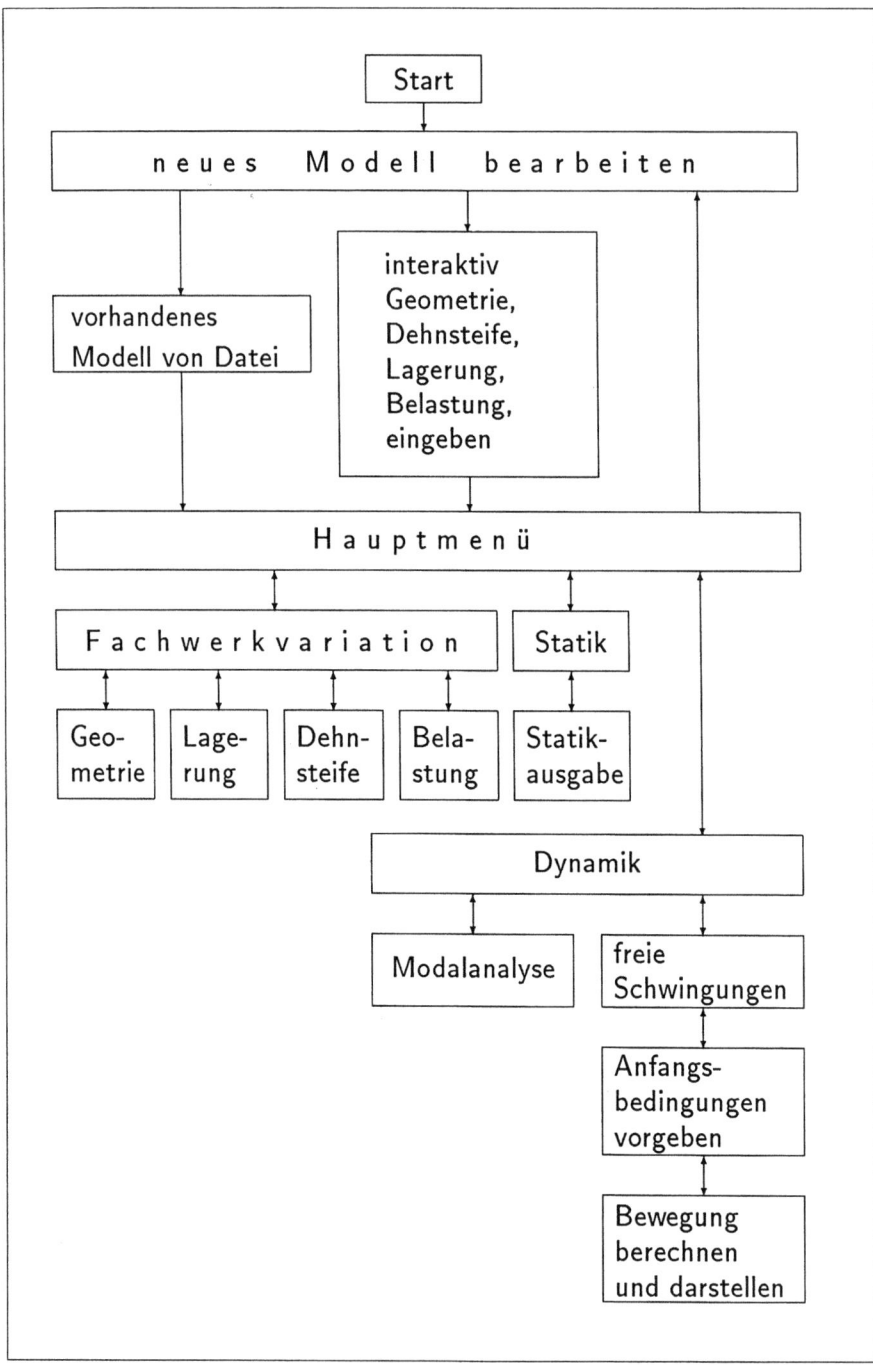

Abb. 5: Die Struktur des Programmes DYNASTY

normiert dargestellt. Im Menüpunkt "Dynamik" muß zuerst die Dichte der Stäbe angegeben werden. Es werden die Eigenfrequenzen und die Eigenschwingungsformen des Fachwerks berechnet. Die Eigenschwingungsformen können auf dem Bildschirm oder auf Drucker oder Plotter ausgegeben werden. Weiter können freie Schwingungen des Fachwerks bei frei vorgebbaren Anfangsbedingungen durch numerische Integration über der Zeit berechnet und dargestellt werden. Die Größe und Anzahl der Zeitschritte ist vorzugeben.

Statistik-Praktikum mit dem IBM PC

Lothar Afflerbach

Technische Hochschule Darmstadt
Fachbereich Mathematik

Das Statistik-Praktikum entstand in den Jahren 1986-1987. Da die Erprobung des Praktikums bereits während seiner Entwicklung stattfand, wurden die Lernprogramme von dem Interesse und der Leistungsbereitschaft der Studenten geprägt. Zur ausführlichen Darstellung der Entstehung des Statistik-Praktikums sei hier auf die Vortragsbeschreibung *Statistik-Lehrprogramme für IBM PCs* verwiesen.

Das Statistik-Praktikum [2] ist ein Programmpaket mit Lernprogrammen zur Statistik-Ausbildung für Mathematiker, Informatiker, Wirtschaftswissenschaftler, Naturwissenschaftler und Ingenieure. Die Lernprogramme sind aber auch für Studenten aus verschiedenen geisteswissenschaftlichen Fachbereichen geeignet. Mit 13 Einheiten zur Beschreibenden Statistik, Wahrscheinlichkeitstheorie und Schließenden Statistik stellt das Statistik-Praktikum eine komplette Lehrveranstaltung dar, die als Ergänzung zu einer Statistik-Grundvorlesung gedacht ist. Die Einheiten sind so konzipiert, daß sie vorlesungsbegleitend bearbeitet werden können. In jeder Einheit wird jeweils ein recht klar abgegrenzter Themenbereich behandelt:

1. Daten einer Population
2. Darstellung von Meßreihen
3. Empirischer Korrelationskoeffizient
4. Regression
5. Bertrand'sches Paradoxon
6. Verteilungen von Zufallsvariablen
7. Grenzwertsätze
8. Chi-Quadrat-, t-Verteilungen, grafische Methode
9. Konfidenzintervalle
10. Tests bei Normalverteilungsannahmen
11. Chi-Quadrat-Anpassungstest
12. Unabhängigkeitstests
13. Verteilungsunabhängige Tests

Durch die strenge thematische Gliederung ist es möglich, ggf. auch nur einzelne Einheiten des Statistik-Praktikums herauszugreifen. Damit läßt sich das Statistik-Praktikum in vielfältiger Weise für die Statistik-Ausbildung in nahezu allen natur- und geisteswissenschaftlichen Fachbereichen an Universitäten und Fachhochschulen einsetzen. Für jede Einheit ist eine Bearbeitungszeit von ca. 1 bis $1\,^{1}/_{2}$ Stunden anzusetzen (zweistündige Lehrveranstaltung). In zahlreichen Aufgaben (von un-

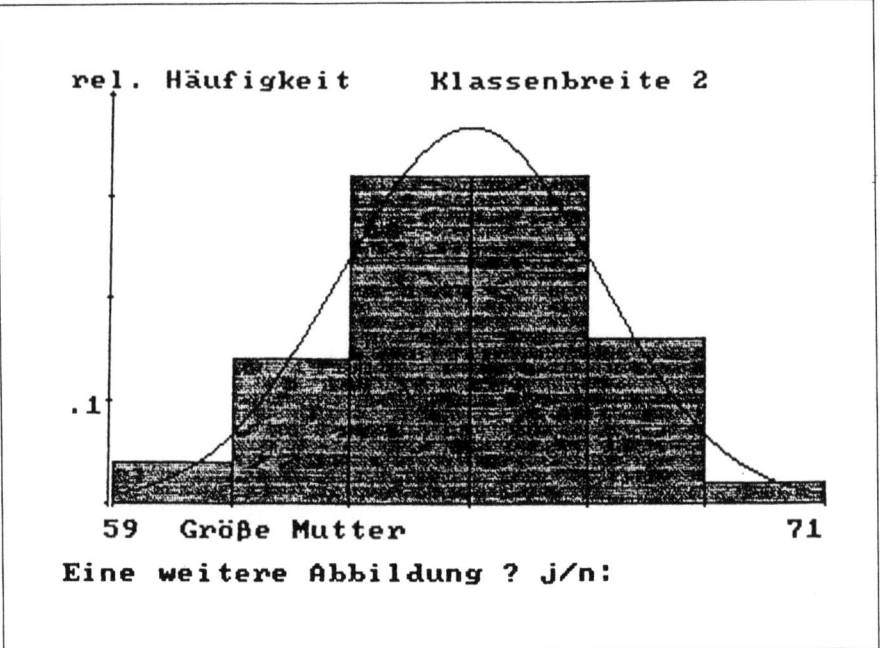

Abb. 1: StatPrak-Abbildung: Histogramm und Dichte einer Normalverteilung

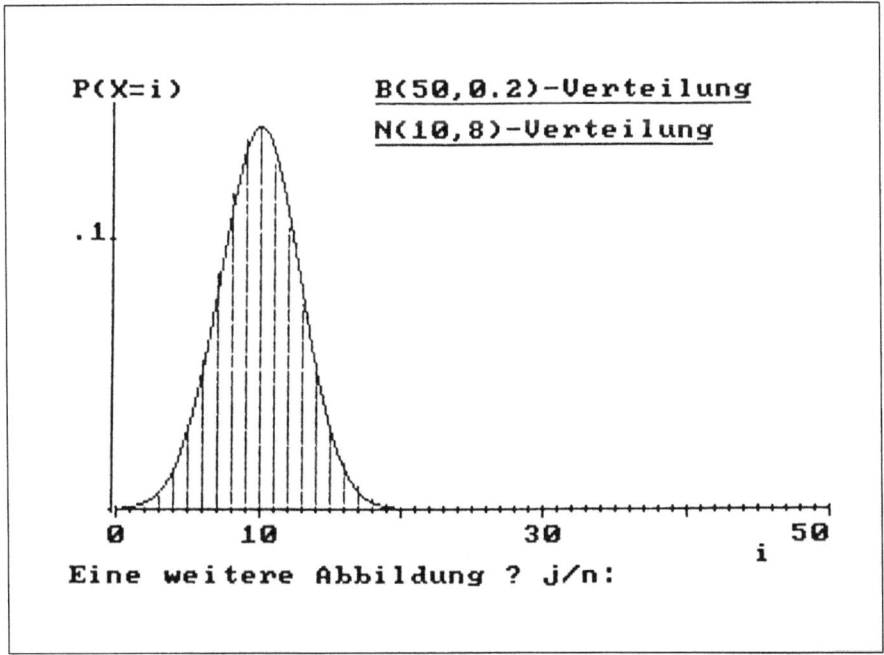

Abb. 2: StatPrak-Abbildung: Grenzwertsatz von Moivre/Laplace

terschiedlichem Schwierigkeitsgrad) wird anhand medizinischer, physiologischer und sozialwissenschaftlicher Daten die sachgemäße Anwendung statistischer Verfahren geübt. Die Lösungen der Aufgaben werden meistens in Bemerkungen (am Bildschirm) angegeben und diskutiert.

Eine wichtige Rolle spielen die Illustrationen der behandelten statistischen Untersuchungen durch rechnererzeugte Grafiken. Einerseits werden Simulationen (z.B. zu Konfidenzintervallen) grafisch dargestellt, andererseits kann durch einfache Eingabe von Parameterwerten eine Vielzahl von Computer-Grafiken (etwa Histogramme mit verschiedenen Klasseneinteilungen) erstellt werden. Insbesondere werden auch folgende Verteilungen von Zufallsvariablen jeweils durch die entsprechenden Stabdiagramme bzw. Dichten dargestellt: Binomialverteilungen, Poisson-Verteilungen, Geometrische Verteilungen, Hypergeometrische Verteilungen, Multinomialverteilungen, Normalverteilungen, Exponentialverteilungen, Weibull-Verteilungen, Cauchy-Verteilungen, t-Verteilungen, Chi-Quadrat-Verteilungen sowie spezielle Verteilungen von Testgrößen beim Chi-Quadrat-Anpassungstest, Vorzeichentest, Zwei-Stichproben-Test von Wilcoxon-Mann-Whitney und Run-Test von Wald-Wolfowitz. Zusammenhänge zwischen den einzelnen Verteilungen aufgrund von Grenzwertsätzen werden durch gemeinsame Darstellung der Verteilungen illustriert. Dadurch kann die Güte der Näherungen für verschiedene Parameterwerte genau betrachtet werden. Dabei kann auch die schnelle Konvergenz der Verteilungen der standardisierten Summenvariablen (z.B. bei Rechteckverteilungen) gegen die Standard-Normalverteilung (Zentraler Grenzwertsatz) sehr gut deutlich gemacht werden. Am Ende dieser Beschreibung sind einige Bildschirmkopien wiedergegeben. Diese wenigen Abbildungen können natürlich nur andeuten, welche Computer-Grafiken mit den Lernprogrammen des Statistik-Praktikums erstellt werden können.

Mindestens ebenso wichtig wie die Computer-Grafiken sind die 131 aufeinander abgestimmten Aufgaben mit den in Bemerkungen diskutierten Lösungen. Die Mischung von einfachen Aufgaben, die spielerisch gelöst werden können, und tiefergehenden Fragestellungen ist sicherlich ein Grund für die relativ große Attraktivität des Statistik-Praktikums bei den Studenten. Ferner ist das gemeinsame Arbeiten von mehreren Studenten an einem PC recht vorteilhaft.

Die Lernprogramme sind selbsterklärend, d.h. es wird stets am Bildschirm ausführlich angegeben, was getan werden muß, um in der jeweiligen Einheit fortzufahren (z.B. einfache Eingabe von Werten oder *Leertaste drücken zur Fortsetzung*). Das Arbeiten mit den Lernprogrammen erfordert keine Programmiersprachenkenntnisse. Alle Programme weisen eine einheitliche Formulierung und Gestaltung auf. Mit den Lernprogrammen übernimmt der Computer zu einem großen Teil die Betreuung der Praktikumsteilnehmer. Bei schwierigen Aufgaben gestatten die Programme auch ein Fortschreiten ohne auf einer Lösung der entsprechenden Aufgabe zu bestehen. Einfache Aufgaben müssen (als Mindestanforderung) gelöst werden, damit in den Programmen weitergegangen werden kann. Bei falschen Eingaben und beim Abbrechen einer Einheit ertönt ein Warnton. Es kann jederzeit in den Programmen mit R schrittweise zurückgegangen werden.

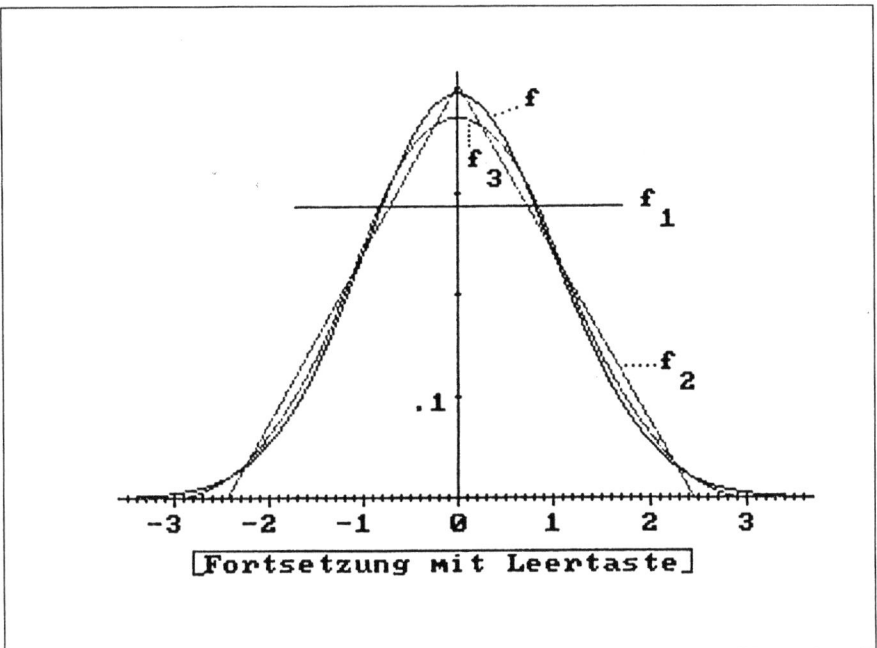

Abb. 3: StatPrak-Abbildung: Zentraler Grenzwertsatz

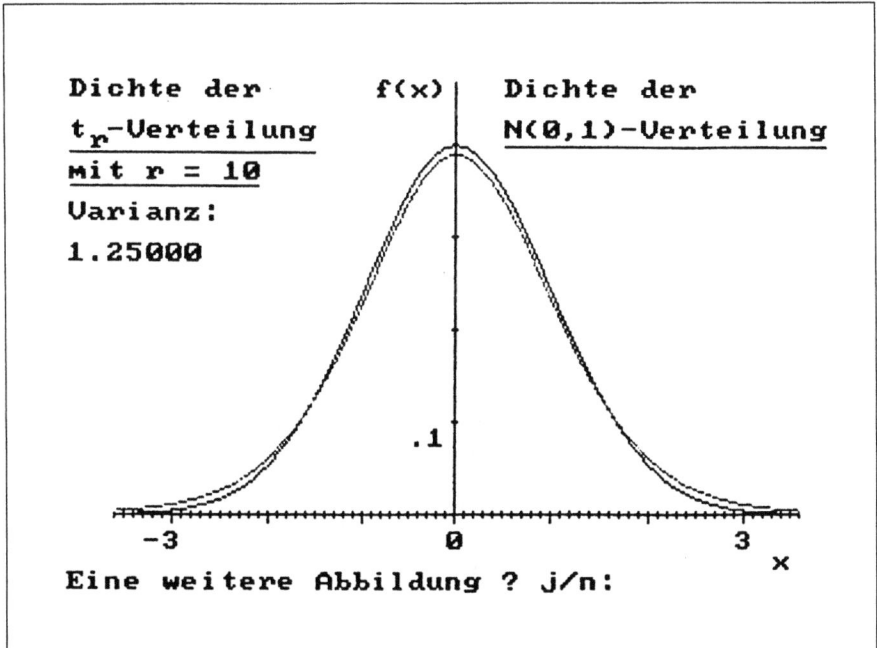

Abb. 4: StatPrak-Abbildung: t_{10}-Verteilung und Standard-Normalverteilung

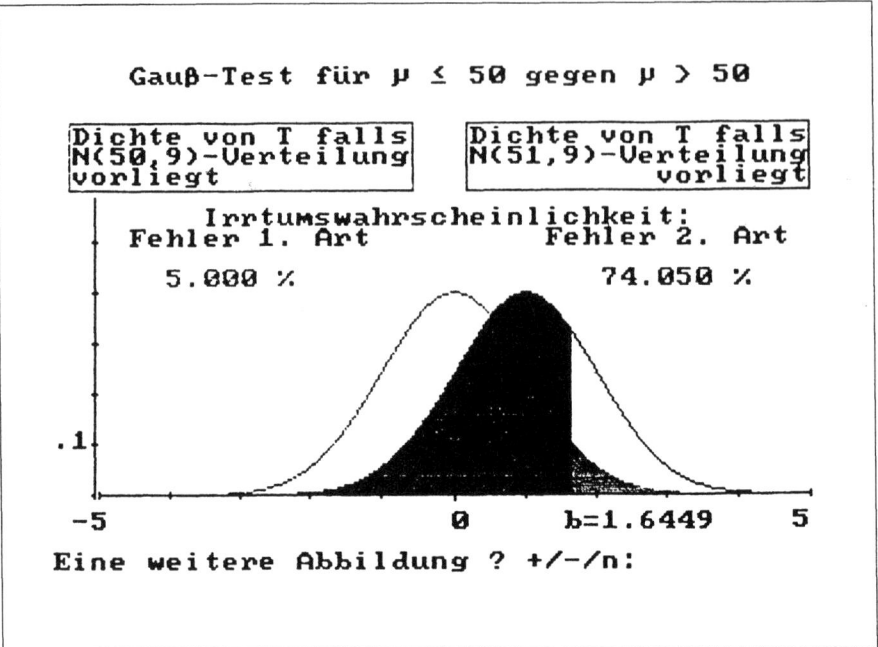

Abb. 5: StatPrak-Abbildung: Fehler 1. Art, Fehler 2. Art beim Gauß-Test

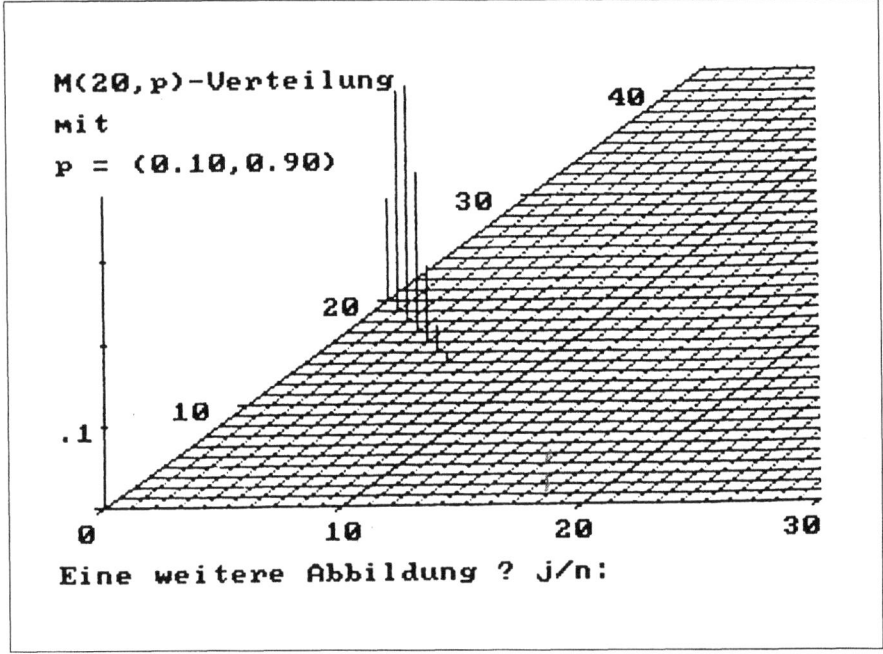

Abb. 6: StatPrak-Abbildung: Multinomialverteilung

Dadurch können Aufgabenstellungen, Computer-Grafiken und frühere Ergebnisse nochmals angesehen werden. Für die Betreuung des Praktikums ist nur noch ein sehr geringer Arbeitsaufwand nötig, da viele Bemerkungen zu den Lösungen der Aufgaben bereits in den Programmen enthalten sind. Ferner ist zu dem Praktikum ein Studienbuch [1] erschienen, in dem zu Beginn jeder Einheit die für die jeweiligen statistischen Untersuchungen benötigten Verfahren, Formeln, Sätze und Bezeichnungen kurz dargestellt sind. Neben den Aufgaben und entsprechenden Lösungsvorschlägen enthält das Buch auch viele Abbildungen von rechnererzeugten Grafiken.

Das Statistik-Praktikum ist für den IBM PC (XT, AT und Kompatible) mit Farbgrafikkarten (CGA, EGA, VGA) sowie IBM PS/2 mit Farb- oder Monochrom-Bildschirm entwickelt. Ferner gibt es für Herkules-Grafikkarten eine Anpassung, bei der die verschiedenen Farben weitgehend anderweitig dargestellt werden (bei Pool-Lizenzen). Ab DOS 2.0 Betriebssystem und einer Mindest-RAM-Größe von 256 KB läuft das Statistik-Praktikum durch Eingabe von STATPRAK mit einem Menüsystem, bei dem die 13 Einheiten durch Eingabe der entsprechenden Zahlen gestartet werden. Durch die Betätigung der Escape-Taste kann eine Einheit abgebrochen und zum Menüsystem zurückgesprungen werden.

Zunächst war das Statistik-Praktikum nur für die Mathematik-Studenten an der Technischen Hochschule Darmstadt gedacht; doch es kamen auch Informatik-Studenten und Studenten anderer Fachrichtungen hinzu. Bei der Präsentation des Statistik-Praktikums am IBM Hochschulkongreß '87 fand das Statistik-Praktikum erfreulicherweise bei vielen Hochschullehrern ein recht großes Interesse. Dadurch, daß Campus-/Pool-Lizenzen (s. [2]) für eine relativ geringe Schutzgebühr erhältlich sind, wurde der Einsatz des Statistik-Praktikums für viele andere Hochschulen ermöglicht. Inzwischen ist das Statistik-Praktikum auch bereits an verschiedenen Fachbereichen von Universitäten und Fachhochschulen in Deutschland und Österreich erfolgreich eingesetzt worden.

In erster Linie dient das Statistik-Praktikum als Ergänzung von Statistik-Grundvorlesungen (vorlesungsbegleitend). Das Statistik-Praktikum hat sich aber auch als Blockveranstaltung (etwa unmittelbar vor einem Anwendungspraktikum oder vor einer weiterführenden Vorlesung) zur Auffrischung von statistischen Grundkenntnissen bewährt. Bei Seminaren des Zentrums für Grafische Datenverarbeitung Darmstadt (ZGDV) wurden die Programme des Statistik-Praktikums auch recht erfolgreich eingesetzt. (Siehe auch den Beitrag *Statistik-Lehrprogramme für IBM PCs* auf Seite 114 ff.)

Literatur/Software

1. Afflerbach, L.: *Statistik-Praktikum mit dem PC*. Teubner Studienbuch, B.G. Teubner Stuttgart 1987.
2. Afflerbach, L.: *Programmdisketten zum Statistik-Praktikum mit dem PC*. Teubner-Software; Programmpaket zur Individualnutzung auf nur einem PC vom Teubner-Verlag über den Buchhandel. - Pool-Lizenzen für 2 und mehr PCs von: Dr. Lothar Afflerbach, Auf den Weiherhöfen 23, 5928 Bad Laasphe 2.

Hochschul - Softwaremarkt

Bauingenieurwesen

TECHNET – Technische Modelle in Netzen

Rudolf Damrath, Peter Jan Pahl, Joachim Häusler, Claus Kaldewey, Lutz Karras, Andreas Laabs, Hans Marcelis, Frank Molkenthin, Stephan Sprang und Thiam Tjong Oey

Technische Universität Berlin
Institut für Allgemeine Bauingenieurmethoden

1. Technische Modelle in Netzen

1.1 Konzept

Bauprojekte werden zur Bearbeitung auf Computern in Modellen abgebildet. Für verschiedene Phasen eines Projekts werden verschiedene Modelle eingesetzt, beispielsweise Tragwerksmodelle für Berechnungen und Ablaufmodelle für Bauplanungen. Diese Modelle werden am Rechner erstellt, im Rechner archiviert und im Kommunikationsnetz zwischen den am Bau Beteiligten übertragen.

TECHNET ist ein Normungskonzept für technische Modelle in Netzen. Das Konzept beruht auf einem allgemeinen Modellschema. Dieses Schema beschreibt die zulässigen Strukturen und Informationselemente der Modelle. Für den Prozeß des Modellierens wird ein allgemeiner Funktionssatz definiert, der sich in hierarchisch angeordnete Dienste gliedert. Pilotversionen dieser Dienste sind implementiert und werden für verschiedene Berechnungsmodelle im Hochbau erprobt.

Das TECHNET-Modellschema legt die TECHNET-Datentypen, ihren Datenraum und einen Funktionssatz für die Datentypen fest. Zulässig sind numerische, literale, geometrische, grafische und assoziative Datentypen.

Ein Modelltyp ist eine spezifische Prägung des Modellschemas. Er wird mit einer Modelltypbezeichnung angesprochen und besteht aus einer Menge von Objekttypen. Jeder Objekttyp wird mit einer Objekttypbezeichnung angesprochen und besteht aus einer Menge von Attributtypen. Jeder Attributtyp enthält Angaben über den Datentyp, den Wertebereich, den Vorgabewert, die Häufigkeit und die Bezeichnung.

Ein Modell ist eine Ausprägung des Modelltyps. Es wird mit einer Modellbezeichnung angesprochen und besteht aus einer Menge von Objekten. Jedes Objekt ist eine Ausprägung eines Objekttyps. Es wird mit einer Objektbezeichnung angesprochen und besteht aus einer Menge von Attributen. Jedes Attribut ist eine Ausprägung eines Attributtyps.

Modelle sind selbstbeschreibende Informationsmengen. Die Modelldaten müssen daher vollständig von den Prozeduren getrennt werden. Zu diesem Zweck sind TECHNET-Akten als generalisierte Informationsräume eingeführt. Operationen auf Daten in Akten werden unabhängig davon programmiert, ob sich diese Daten zur Zeit im Arbeitsspeicher oder im Dateiensystem befinden.

Die Basisdienste bilden die unterste Ebene in der Diensthierarchie. Sie setzen auf den Funktionen des Betriebssystems UNIX und des DFN-Filetransfers auf.

Der Pufferdienst bildet die Schnittstelle zum Arbeitsspeicher. Er behandelt den für alle Modelle gemeinsam verfügbaren Arbeitsspeicher als eine Folge von Puffern gleicher Länge. Die Puffer werden über Puffernummern angesprochen und vom Pufferdienst verwaltet.

Der Dateidienst bildet die Schnittstelle zum Dateisystem. Er behandelt den Inhalt einer Datei als Folge von Sätzen gleicher Länge. Die Sätze werden über Satznummern angesprochen und vom Dateidienst verwaltet.

Der Transferdienst bildet die Schnittstelle zum Netz. Er konvertiert Daten zwischen verschiedenen Informationsträgern. Zur Übertragung von Daten im Netz trägt er die konvertierten Daten in eine Binärdatei ein, die mit dem DFN-Filetransfer zwischen zwei Arbeitsplatzrechnern transportiert wird.

Der Aktendienst bildet die Schnittstelle zu den generalisierten Informationsräumen. Der Inhalt einer Akte wird als Folge von Seiten gleicher Länge behandelt. Die Seiten werden über Seitennummern angesprochen. Seiten sind Informationseinheiten, die entweder als Satz in einer Datei oder als Puffer im Arbeitsspeicher gespeichert sind. Für die Akten ist eine besondere Sicherungstechnik und Notiztechnik vorgesehen. Der Aktendienst umfaßt Funktionen zur Verwaltung und Bearbeitung von Akten. Er greift dabei auf die Basisdienste zu.

Der Mediendienst bildet die Schnittstelle zu den Medien, auf denen Informationen dargestellt sind. Er enthält Funktionen, die zur Gestaltung von Nutzeroberflächen benötigt werden. Ein Medium ist eine Arbeitsfläche, die mit einem Wertgeber gekoppelt ist. Ein typisches Medium ist ein grafischer Bildschirm. Typische Wertgeber sind Maus und Tastatur. Ein Medium besteht aus einem oder mehreren Fenstern. In jedem Fenster können Elemente unterschiedlichen Typs dargestellt werden. Als Elementtypen sind Punkt, Pixmap, Text, Linie, Polylinie, Bogen, Rechteck, Polygon und Kreis vorgesehen. Elemente können zu Segmenten zusammengefaßt werden. Die Eingabe über ein Medium ist eine Folge von Ereignissen, die in der Reihenfolge ihres Auftretens in einer Warteschlange registriert werden. Der Mediendienst umfaßt Funktionen zur Verwaltung von Medien, zur Bearbeitung von Fenstern, zur Darstellung von Elementen und Segmenten sowie zur Bearbeitung von Ereignissen. Diese Funktionen sind unter Einsatz des Systems X-Window implementiert.

Der Dialogdienst bildet die Schnittstelle zum Mediendienst. Er stellt dem Anwender eine Reihe von Arbeitstechniken zur Verfügung, die die Implementierung des Dialogs zwischen dem Anwender und dem Arbeitsplatzrechner unterstützen. Dabei wird davon ausgegangen, daß der Grundzyklus eines Dialogs sich aus der Aufforderung zur Anwenderaktion, der Aktion des Anwenders, dem Erkennen der Anwendereingabe und der Reaktion des Computers zusammensetzt. Die Datenübergabe zwischen dem Anwendungsprogramm und dem Dialogdienst erfolgt über einen Kommunikationsbereich, der im Dialogdienst liegt.

Für die grafische Gestaltung von Benutzeroberflächen sind Techniken eingeführt worden, die den modernen Desktop-Publishing-Systemen entsprechen. Diese

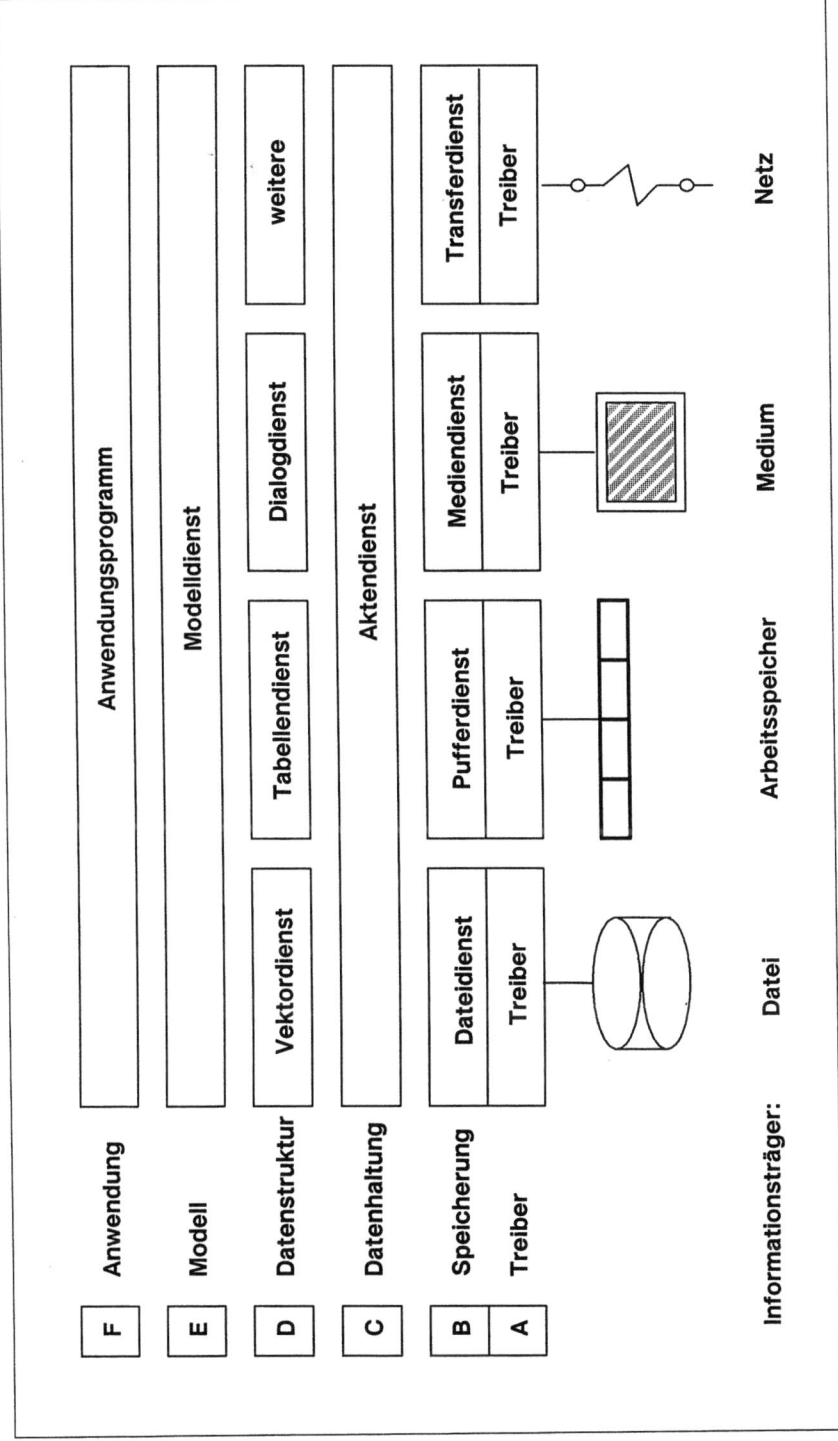

Abb. 1: Die TECHNET-Struktur

Techniken umfassen das Bearbeiten des Desktops, der Anwenderfenster, der Pop-Up-Menüs, der Fixed Menüs und der Masken.

Der Modelldienst bildet die Schnittstelle zu den Modellen. Er stellt auf der obersten Ebene der Diensthierarchie die Funktionen für das Erstellen, Bearbeiten und Darstellen sowie den Transport von Modellen zur Verfügung. Die Funktionen sind entsprechend der Informationsstruktur gegliedert. Es sind Funktionen für Modelle, Objekttypen, Attributtypen, Objekte und Attribute vorgesehen. Eine Funktion wird stets auf die Informationseinheit der eigenen Ebene und alle von ihr abhängigen Informationseinheiten auf den darunter liegenden Ebenen ausgeführt.

1.2 TECHNET-Anwendungen

Mit den TECHNET-Diensten steht dem Entwickler von Anwendungsprogrammen eine Softwaretechnologie zur Verfügung, die eine dezentrale Bearbeitung von Projekten in einem Netz von Arbeitsplatzrechnern ermöglicht und eine mit modernen Desktop-Publishing-Systemen vergleichbare Gestaltung von Nutzeroberflächen erlaubt. Die mit diesen Diensten implementierten TECHNET-Anwendungen sind im Bereich des Hochbaus angesiedelt und decken einen wesentlichen Teil des Arbeitsgebietes eines Statikers ab. Im Rahmen dieser Anwendungen sind folgende Programme entwickelt worden:

- N_QUER   Berechnung von allgemeinen Querschnitten
- N_STB   Berechnung von Stahlbetonquerschnitten
- N_DULA   Berechnung von Durchlaufträgern
- N_FUND   Berechnung von Fundamenten
- N_PLATTE   Berechnung von Einfeldplatten
- N_KERN   Berechnung von Hochhauskernen

Die verschiedenen TECHNET-Anwendungen sind in den folgenden Abschnitten beschrieben.

2. Berechnung von allgemeinen Querschnitten

2.1 Leistungsumfang

Das Programmsystem N_QUER dient der Berechnung der statischen Eigenschaften beliebig geformter Querschnitte mit inhomogenen nichtlinearen Materialeigenschaften unter exzentrischer Belastung. Die Berechnung umfaßt die Bestimmung der geometrischen Querschnittswerte und des Spannungs- und Dehnungsverlaufs bei vorgegebener Belastung sowie die Ermittlung der Traglast.

Der Anwender steuert das Programmsystem im Dialog am Bildschirm über Menüs. Die erforderlichen Daten werden über eingeblendete Masken eingegeben. Die Ergebnisse der Berechnung werden selektiv nach Anforderung durch den

Anwender in tabellarischer und grafischer Form ausgegeben. Das Programmsystem besteht aus einem Nutzermodell und einem Prozessormodell. Es ist in der Programmiersprache C unter Einsatz der TECHNET-Dienste implementiert.

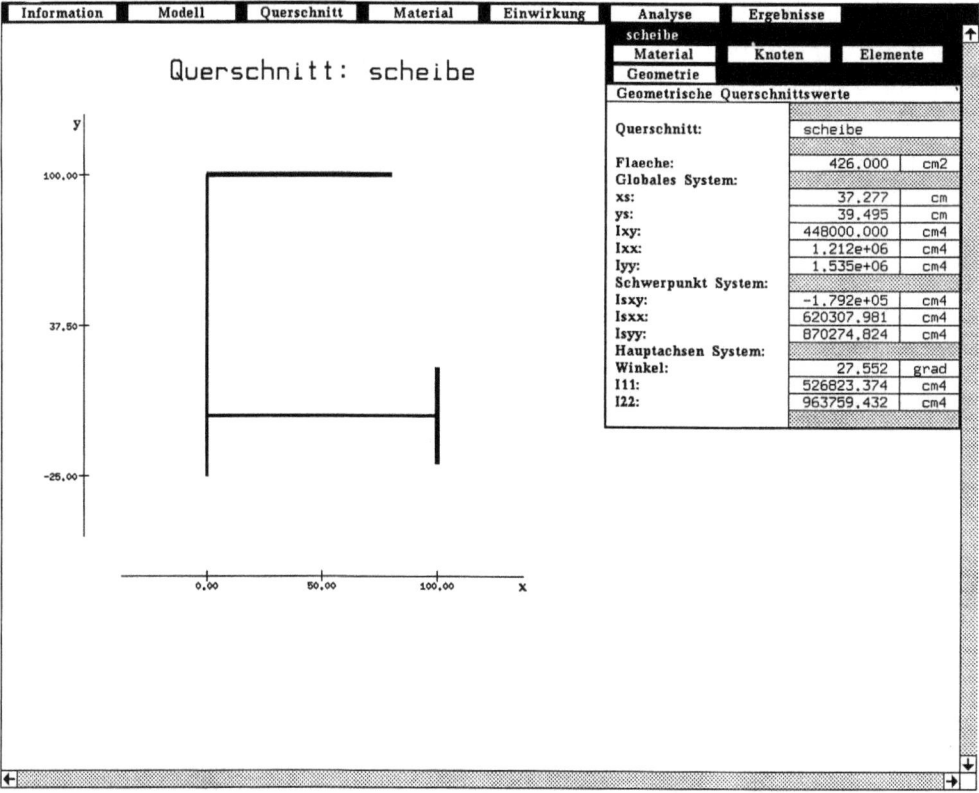

Abb. 2: Beispielbildschirm zur Berechnung von allgemeinen Querschnitten (N_QUER)

2.2 Nutzermodell

Ein allgemeiner Querschnitt setzt sich aus einer beliebigen Anzahl von vollwandigen, dünnwandigen oder stabförmigen Profilen zusammen. Die vollwandigen Profile werden über geschlossene Polygonzüge, die dünnwandigen Profile über ihre Endpunkte und ihre Profildicke und die stabförmigen Profile über ihre Lage und Fläche spezifiziert. Jedem Profil wird ein Material zugeordnet. Bei der Materialdefinition wird unterschieden zwischen einem rein elastischen Material, einem elastoplastischen Material und einer Materialdefinition über eine allgemeine Spannungs-Dehnungs-Beziehung. Die häufig verwendeten Querschnittsformen Rechteck, Kreis, Kreisring, Plattenbalken und Scheibenprofil können durch Angabe ihrer Abmessungen und Materialien definiert werden. Die Beanspruchung eines gesamten Querschnittes wird durch Angaben über den Dehnungsverlauf oder die Schnittkräfte beschrieben.

Bei der Querschnittsberechnung wird davon ausgegangen, daß die Hypothese vom Ebenbleiben der Querschnitte im verformten Zustand gültig ist. Das Materialgesetz wird über eine allgemeine Spannungs-Dehnungs-Beziehung definiert. Das Prozessormodell besteht aus Komponenten, die aufeinander aufbauen und folgende Berechnungen durchführen:

- Für einen gegebenen Querschnitt werden die Querschnittswerte (Fläche, Schwerpunkt, Hauptachsen, Trägheitsmomente) berechnet.
- Für einen gegebenen Dehnungszustand in einem Querschnitt werden die daraus resultierenden Spannungen und Schnittkräfte berechnet.
- Für einen gegebenen Querschnitt werden bei vorgegebener Belastung die auftretenden Spannungen und Dehnungen bestimmt.
- Für einen gegebenen Querschnitt wird bei vorgegebener Lastverteilung die rechnerische Traglast ermittelt.

Die Ausgabe der Daten zur Beschreibung der allgemeinen Querschnitte und der Berechnungsergebnisse erfolgt in den drei Formen: Tabelle, Maske und grafische Darstellung. Die Tabellen beinhalten alle Daten in übersichtlicher Form. Tabellen können während des Programmlaufs auf dem Bildschirm, in einer Datei oder direkt auf einem Drucker ausgegeben werden. Eine Seitenformatierung für statische Berichte mit Titelseite, Seitenkopf und Seitennummer ist möglich. In den Masken werden die eingegebenen Beschreibungsdaten direkt angezeigt; die Berechnungsergebnisse werden in Masken für Geometriewerte und Masken für Spannungs-Dehnungszustände ausgegeben. Die grafische Ausgabe umfaßt die geometrische Darstellung des Querschnitts und die Darstellung des Dehnungsverlaufs. Dabei werden gerissene und nicht gerissene Querschnittsbereiche unterschiedlich gekennzeichnet.

Mit Hilfe von Hardcopies ist die Ausgabe des gesamten Bildschirminhalts oder von Teilen des Bildschirms (Masken, Tabellen, und Grafiken) auf einem grafikfähigen Drucker möglich.

3. Berechnung von Fundamenten

3.1 Leistungsumfang

Einzel- und Streifenfundamente werden im konstruktiven Ingenieurbau verwendet, um die Lasten aus Stützen und Wänden in den Baugrund einzuleiten. Beim Bauen mit Fertigteilstützen werden die Fundamente in der Regel mit Köchern versehen, in die die vorgefertigten Stützen auf der Baustelle eingefügt werden.

Die Anwendung N_FUND umfaßt die Nachrechnung von Fundamenten nach den DIN-Normen 1054, 1045 und dem Heft 240 des DAfStb. Dabei sind unterschiedliche Nachweise für Einzelfundamente, Streifenfundamente und Köcherfundamente erforderlich.

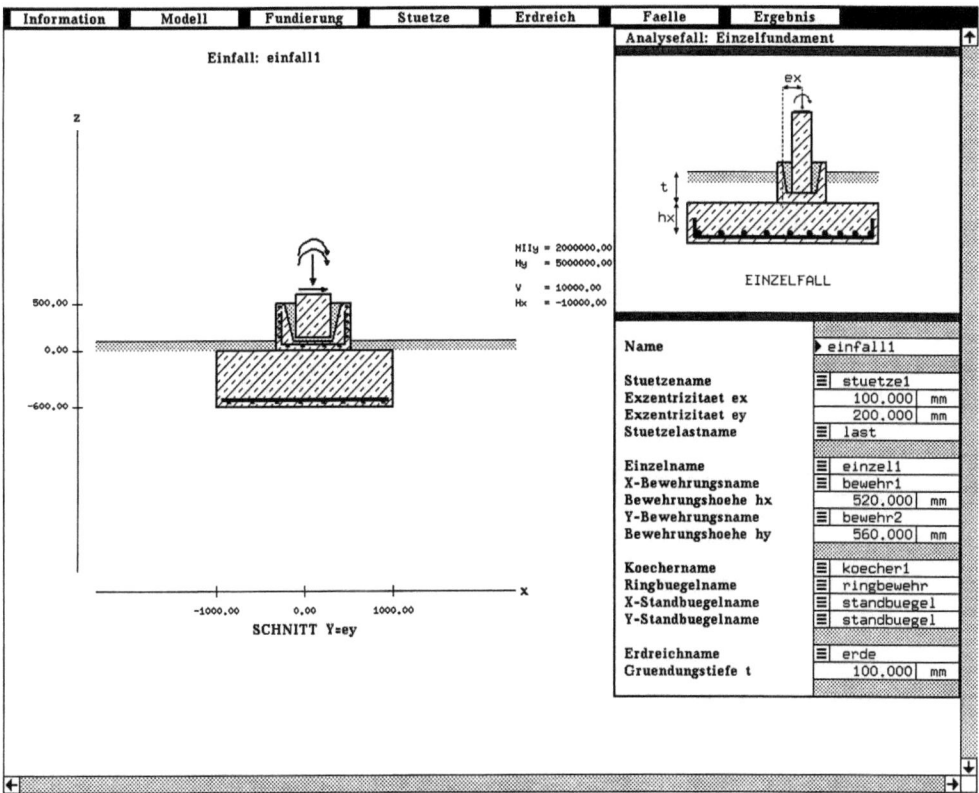

Abb. 3: Beispielbildschirm zur Berechnung von Fundamenten (N_FUND)

Der Anwender steuert die Bearbeitung der Aufgabe am Bildschirm über Menüs. Die erforderlichen Daten werden über eingeblendete Masken eingegeben. Die Eingabedaten und die Ergebnisse der Berechnung werden selektiv nach Aufforderung durch den Anwender tabellarisch oder grafisch ausgegeben. Das Programmsystem besteht aus einem Nutzermodell und einem Prozessormodell. Es ist in der Programmiersprache C unter Einsatz der TECHNET-Dienste implementiert.

3.2 Nutzermodell

In Abhängigkeit der zu lösenden Aufgabe spezifiziert der Anwender Analysefälle, die aus einzelnen Komponenten wie z.B. Geometrie des Fundamentes, Bewehrung, Stützenlast und Erdreichkenndaten aufgebaut sind. Die Komponenten werden unabhängig vom Analysefall eingegeben. Auf diese Weise können mit den gleichen Komponenten mehrere Analysefälle zusammengesetzt werden. Nach Art der Gründungen wird zwischen den Analysefällen für Einzelfundamente, Streifenfundamente und Köcherfundamente unterschieden. Die Daten eines Analysefalles werden auf Vollständigkeit und Konsistenz der einzelnen Komponenten und deren Zusammenhang geprüft.

3.3 Prozessormodell

Bei der statischen Berechnung wird von folgenden Annahmen ausgegangen:

- Der Nachweis der Bodenpressung und der Standsicherheit erfolgt nach den Angaben und Verfahren der DIN 1054.
- Die Berechnung der Schnittgrößen erfolgt nach den Angaben und Verfahren der DIN 1045 und dem Heft 240 des DAfStb.
- Bei Köcherfundamenten wird zwischen rauher und glatter Schalungsfläche unterschieden. Bei rauher Schalung wird ein vollständiges Zusammenwirken von Köcher und Stütze angenommen.

Das Prozessormodell besteht aus Komponenten, die aufeinander aufbauen und folgende Berechnungen durchführen:

- Nachweis der Bodenpressung und Ermittlung der Spannungsnullinie bei klaffender Fuge.
- Nachweis des unbewehrten Streifenfundamentes und des Einzelfundamentes bei Teilflächenbelastung
- Durchstanznachweis unter Berücksichtigung der Biegebewehrung
- Bestimmung der maßgebenden Schnittgrößen
- Nachrechnung der Bewehrung
- Bemessung der Fundamente

Für die Berechnung werden die empirischen Formeln und analytischen Ansätze der DIN 1054, der DIN 1045 und des Heftes 240 des DAfStb eingesetzt. Zur Ermittlung der Bodenpressung wird der Prozessor der Anwendung N_QUER eingesetzt, zur Bemessung der einzelnen Fundamentquerschnitte der Prozessor der Anwendung N_STB.

3.4 Präsentation

Die Eingabe der Daten zur Beschreibung der Flachgründung erfolgt über Masken. Dabei werden die einzelnen Komponenten der Analysefälle jeweils über eigene Masken eingegeben. In den Masken werden die Kenndaten direkt angezeigt, nach der Eingabe wird die Komponente bzw. der Analysefall grafisch dargestellt. Die Kenndaten können tabellarisch ausgegeben werden. Die Ergebnisse der drei Typen von Analysefällen können nach Aufforderung sowohl tabellarisch als auch grafisch gezeigt werden.

Die Tabellen können für statische Berichte seitenformatiert mit Titelseite, Seitenkopf und Seitennummern auf dem Bildschirm, auf einem Drucker oder in eine Datei ausgegeben werden. Mit Hilfe einer Hardcopyfunktion ist die Ausgabe des Bildschirminhaltes vollständig oder teilweise auf einem grafikfähigen Drucker möglich.

4. Berechnung von Einfeldplatten

4.1 Leistungsumfang

Das Programmsystem N_PLATTE dient der statischen Berechnung von rechteckigen einfeldrigen Deckenplatten im Hochbau. Die Decken können als Massivdecke, Rippendecke oder Kasettendecke ausgebildet sein. Verschiedene Lagerungen und Lasten sind vorgesehen. Die Berechnung umfaßt die Bestimmung der Verschiebungen, Schnittkräfte und Lagerkräfte der Decken. In der Praxis werden Deckenplatten häufig unter Verwendung umfangreicher Tabellen von Hand berechnet. Mit dem Programmsystem N_PLATTE steht dem Ingenieur ein Instrument zur Verfügung, das eine ingenieurgerechte Arbeitsweise an einem Arbeitsplatzrechner ermöglicht.

Der Anwender steuert das Programmsystem im Dialog am Bildschirm über Menüs. Die erforderlichen Daten werden über eingeblendete Masken eingegeben. Die Ergebnisse der Berechnung werden selektiv nach Anforderung durch den Anwender in tabellarischer und grafischer Form ausgegeben. Das Programmsystem besteht aus einem Nutzermodell und einem Prozessormodell. Es ist in der Programmiersprache C unter Einsatz der TECHNET-Dienste implementiert.

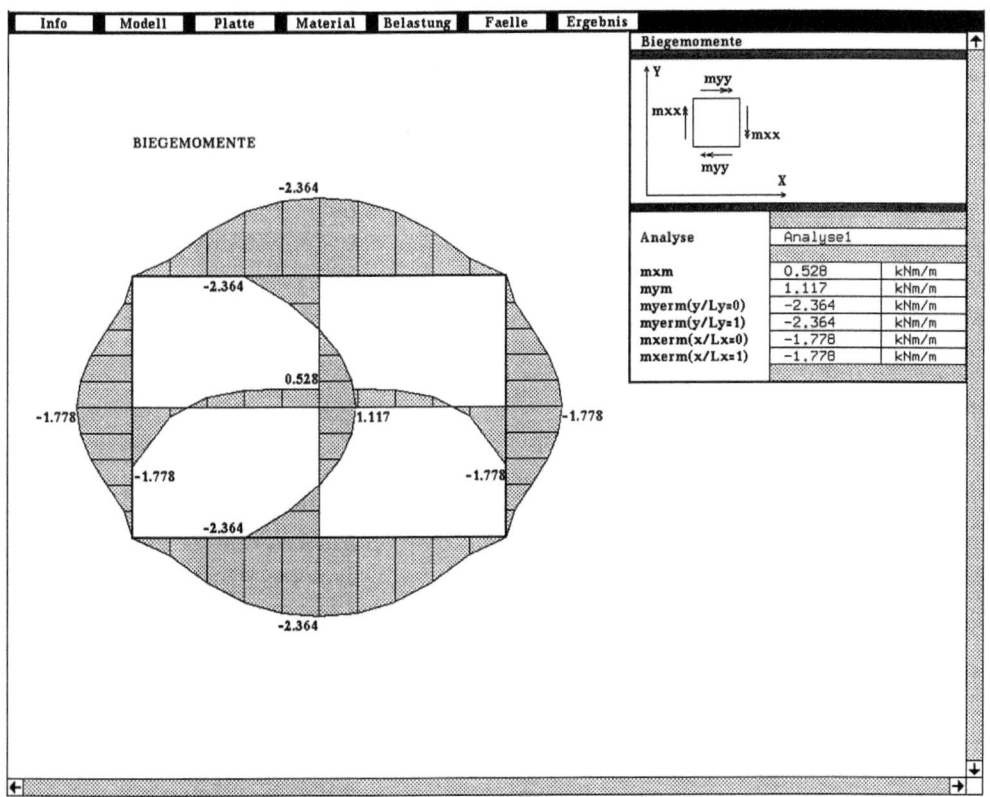

Abb. 4: *Beispielbildschirm zur Berechnung von Einfeldplatten (N_PLATTE)*

4.2 Nutzermodell

Die Geometrie der rechteckigen Platten wird durch die Plattenabmessungen, den Plattentyp und die Abmessungen des Plattenquerschnitts beschrieben. Die Materialkennwerte werden nach den Angaben in der DIN 1045 für die verschiedenen Betonklassen festgelegt. Die Platte kann drillsteif oder drillweich ausgebildet sein. An den Ecken und Rändern ist die Platte frei, gestützt oder eingespannt. Zusätzlich kann das Abheben von Plattenrändern berücksichtigt werden. Die Lagerung einer Platte wird in einem Lagerfall zusammengefaßt. Für Fundamentplatten ist eine elastische Bettung vorgesehen, die einem Bettungsfall zugeordnet wird. Die Platte wird durch Punkt-, Linien- und Flächenlasten beansprucht. Die Linien- und Flächenlasten können linear über die Plattenlängen variieren. Die Lasten werden zu Lastfällen zusammengefaßt. Die Angaben für ein Material, einen Bettungsfall und einen Lastfall bilden einen Analysefall, für den die Plattenberechnung durchgeführt wird. Die Ergebnisse für verschiedene Analysefälle können superponiert werden.

4.3 Prozessormodell

Bei der Plattenberechnung wird davon ausgegangen, daß die Voraussetzungen für die Kirchhoff'sche Plattentheorie bei linearem Materialverhalten erfüllt sind. Die rechteckige Platte wird in 10*10 gleich große finite Plattenelemente unterteilt. Die Lastangaben sind auf diese Unterteilung zu beziehen. An jedem Knoten werden die vertikale Verschiebung, die Biegewinkel und die Verdrillung als Freiheitsgrade eingeführt. Die Plattenberechnung wird nach der Methode der finiten Elemente durchgeführt. Für einen Analysefall werden folgende Größen berechnet:

- Verschiebungen
- Biegemomente und Drillmomente
- Eckkräfte
- Reaktionskräfte

Die Verschiebungen sind die Ergebnisse der Finite Elemente Analyse. Die Biegemomente werden mit finiten Differenzen über drei Stützstellen aus den Verschiebungen bestimmt. Die Drillmomente lassen sich direkt aus der Verdrillung ermitteln. Die aus dem Drillmoment an einer Ecke resultierende Eckkraft wird gesondert ausgewiesen. Die Lagerkräfte an den Rand- und Eckknoten werden aus den Gleichgewichtsbedingungen berechnet. Bei abhebenden Plattenrändern wird eine iterative Berechnung so durchgeführt, daß auf den Plattenrändern keine Zugkräfte als Lagerkräfte auftreten.

4.4 Präsentation

Die Ergebnisse der Berechnung werden tabellarisch und grafisch ausgegeben. Die tabellarische Ausgabe erfolgt in Masken. Die grafische Ausgabe entspricht den üblichen Abbildungen in den Standardwerken für Plattenberechnungen. Der Verlauf der Verschiebungen und Momente kann in einem beliebigen Schnitt parallel zu den Plattenrändern gezeichnet werden. Die extremalen Größen sind beschriftet. Die Lagerkräfte auf den Plattenrändern werden als Punktkräfte an den Zehntelpunkten des Randes angegeben.

5. Berechnung von Stahlbetonquerschnitten

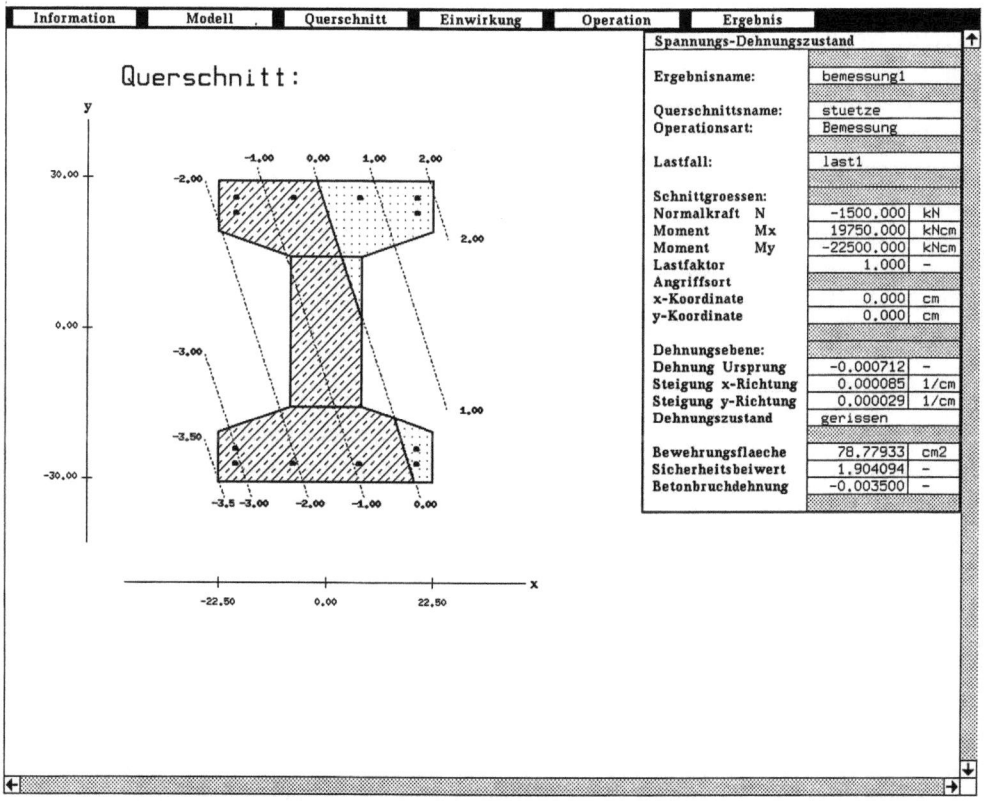

Abb. 5: *Beispielbildschirm zur Berechnung von Stahlbetonquerschnitten (N_STB)*

5.1 Leistungsumfang

Das Programmsystem N_STB dient der Berechnung von Querschnitten für Balken und Stützen aus Stahlbeton. Die Querschnitte können beliebig geformt sein. Die Berechnung umfaßt die Bestimmung der geometrischen Querschnittswerte, die Prüfung des Querschnittes bei vorgegebener Belastung, die Ermittlung der

Bruchlast und die Bemessung für biaxiale Biegung mit Normalkraft. Dabei werden die in der Stahlbetonnorm DIN 1045 festgelegten Regeln berücksichtigt.

Der Anwender steuert das Programmsystem im Dialog am Bildschirm über Menüs. Die erforderlichen Daten werden über eingeblendete Masken eingegeben. Die Ergebnisse der Berechnung werden selektiv nach Anforderung durch den Anwender in tabellarischer und grafischer Form ausgegeben. Das Programmsystem besteht aus einem Nutzermodell und einem Prozessormodell. Es ist in der Programmiersprache C unter Einsatz der TECHNET-Dienste implementiert.

5.2 Nutzermodell

Ein Stahlbetonquerschnitt setzt sich aus einer beliebigen Anzahl von vollwandigen, dünnwandigen oder stabförmigen Profilen zusammen. Die vollwandigen Profile werden über geschlossene Polygonzüge, die dünnwandigen Profile über ihre Endpunkte und ihre Profildicke und die stabförmigen Profile über ihre Lage und Fläche spezifiziert. Die Betonfläche des Querschnitts wird durch vollwandige Profile und die Bewehrung über dünnwandige oder stabförmige Profile beschrieben. Jedem Profil wird eine Beton- oder Stahlfestigkeitsklasse nach DIN 1045 zugeordnet. Die häufig verwendeten Querschnittsformen Rechteck, Kreis, Kreisring und Plattenbalken können durch Angabe ihrer Abmessungen und Materialien definiert werden. Die Beanspruchung eines gesamten Querschnittes wird durch Angaben über den Dehnungsverlauf oder die Schnittkräfte beschrieben.

5.3 Prozessormodell

Bei der Querschnittsberechnung wird davon ausgegangen, daß die Hypothese vom Ebenbleiben der Querschnitte im verformten Zustand gültig ist. Die in der DIN 1045 vorgeschriebenen nichtlinearen Materialkennlinien für Beton und Stahl werden berücksichtigt. Das Prozessormodell besteht aus Komponenten, die aufeinander aufbauen und folgende Berechnung durchführen:

- Für einen gegebenen Querschnitt werden die Querschnittswerte (Fläche, Schwerpunkt, Hauptachsen, Trägheitsmomente) berechnet.
- Für einen gegebenen Dehnungszustand in einem Querschnitt werden die daraus resultierenden Spannungen und Schnittkräfte berechnet.
- Für einen gegebenen Querschnitt und seiner Bewehrung werden bei vorgegebener Belastung die auftretenden Spannungen und Dehnungen bestimmt.
- Für eine gegebene Belastung wird eine Bemessung des Querschnittes bezüglich der Bewehrung nach den Regeln der DIN 1045 durchgeführt.
- Für einen gegebenen Querschnitt und seiner Bewehrung werden bei vorgegebene Lastverteilung die rechnerische Bruchlast ermittelt.

Bei der Bemessung und der Bruchlastbestimmung werden zusätzlich der Sicherheitsfaktor sowie die Spannungen und Dehnungen im Querschnitt bestimmt.

5.4 Präsentation

Die Ausgabe der Daten zur Beschreibung der Stahlbetonquerschnitte und der Berechnungsergebnisse erfolgt in den drei Formen: Tabelle, Maske und grafische Darstellung. Die Tabellen beinhalten alle Daten in übersichtlicher Form. Tabellen können während des Programmlaufs auf dem Bildschirm, in einer Datei oder direkt auf einem Drucker ausgegeben werden. Eine Seitenformatierung für statische Berichte mit Titelseite, Seitenkopf und Seitennummer ist möglich. In den Masken werden die eingegebenen Beschreibungsdaten direkt angezeigt; die Berechnungsergebnisse werden in Masken für Geometriewerte und Masken für Spannungs-Dehnungszustände einschließlich den stahlbetonspezifischen Größen wie beispielsweise Sicherheitsfaktor und Bewehrungsfläche ausgegeben. Die grafische Ausgabe umfaßt die geometrische Darstellung der Stahlbetonquerschnitts und für die Ergebnisse die Darstellung des Dehnungsverlaufs. Dabei werden gerissene und nicht gerissene Querschnittsbereiche unterschiedlich gekennzeichnet.

Mit Hilfe von Hardcopies ist die Ausgabe des gesamten Bildschirminhalts oder von Teilen des Bildschirmes (Masken, Tabellen und Grafiken) auf einem grafikfähigen Drucker möglich.

6. Berechnung von Durchlaufträgern

6.1 Leistungsumfang

Die Anwendung N_DULA dient der Berechnung von Durchlaufträgern mit freier, elastischer oder starrer Lagerung unter Linien- und Punktlasten. Die Berechnung umfaßt die Ermittlung der Verschiebungen, Schnittkräfte und Auflagerkräfte für Eigenlasten und Verkehrslasten.

Der Anwender steuert die Anwendung im Dialog am Bildschirm über Menüs. Die erforderlichen Daten werden über eingeblendete Masken eingegeben. Die Berechnungsergebnisse werden selektiv nach Anforderung durch den Anwender in tabellarischer und grafischer Form ausgegeben. Das Programmsystem besteht aus einem Nutzermodell und einem Prozessormodell. Es ist in der Programmiersprache C unter Einsatz der TECHNET-Dienste implementiert.

6.2 Nutzermodell

Der Durchlaufträger wird in Felder und Knoten eingeteilt. Jedem Feld wird ein Querschnitt zugeordnet. Die Trägheitsmomente und Elastizitätsmodule der Feldquerschnitte können direkt in der Anwendung N_DULA spezifiziert werden. Alternativ hierzu können Querschnitte der Anwendungen N_QUER oder N_STB verwendet werden; die Bestimmung der Feldsteifigkeit aus ihren geometrischen und physikalischen Kennwerten erfolgt automatisch. Für den Durchlaufträger können Lagerungsfälle definiert werden. Dabei wird jedem Knoten jeweils eine Randbedingung für die Verschiebung und die Verdrehung zugeordnet. Die

Randbedingungen werden knotenunabhängig spezifiziert. Als Randbedingung können Verschiebungen oder Verdrehungen durch Angabe der entsprechenden Werte sowie Federn durch Angabe der Federsteifigkeiten definiert werden.

Der Durchlaufträger kann feldweise mit Einzelkräften, Einzelmomenten, Gleichlasten und Trapezlasten an beliebigen Stellen belastet werden. Die Lasten werden zunächst systemunabhängig definiert. Die Angabe der Lastangriffsorte erfolgt entweder in einem normierten oder in einem lokalen Koordinatensystem. Die Zuordnung der Lasten auf Felder erfolgt in Laststellungen, bei denen zwischen ständigen Lasten (Eigenlasten) und Verkehrslasten unterschieden wird.

Die Berechnung des Durchlaufträgers erfolgt für mehrere Analysefälle. Jeder Analysefall ist durch einen Lagerungsfall und einen Lastfall definiert. Der Lastfall setzt sich aus einer beliebigen Anzahl mit Lastfaktoren gewichteter Laststellungen zusammen. Die Ergebnisse verschiedener Analysefälle können überlagert werden.

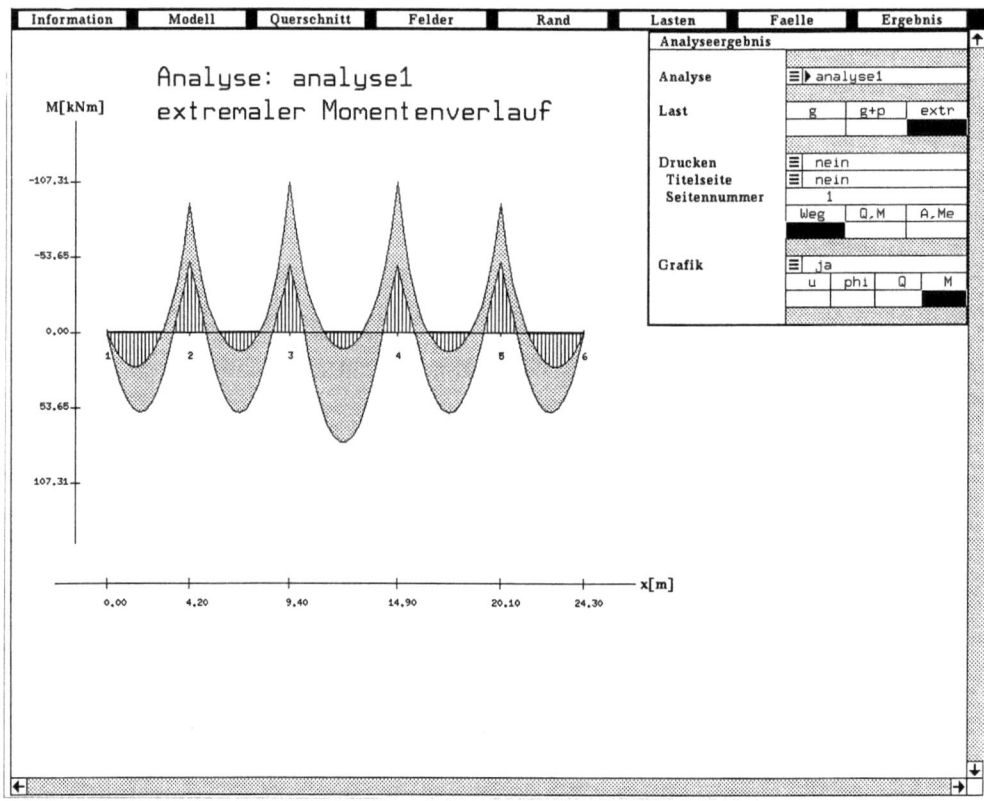

Abb. 6: *Beispielbildschirm zur Berechnung von Durchlaufträgern (N_DULA)*

6.3 Prozessormodell

Die Berechnung des Durchlaufträgers erfolgt nach der Balkentheorie unter Voraussetzung der vollen Gültigkeit des Hook'schen Gesetzes. Für Eigenlast und Vollast werden die Verschiebungen, Verdrehungen, und Auflagergrößen durch Lösen eines Gleichungssystem direkt bestimmt. Die Berechnung der Biegemomente und Querkräfte erfolgt in einem Nachlaufprozeß. Die Bestimmung der Extremalwerte erfolgt in zwei Schritten:

- Die minimalen und maximalen Ergebnisgrößen werden mit den Eigenlastwerten initialisiert.
- Für die einzelnen Verkehrslasten werden die Weg-, Auflager- und Schnittgrößen ermittelt und entsprechend ihrer Vorzeichen zu den Extremalwerten addiert.

6.4 Präsentation

Die Ausgabe der Daten zur Beschreibung des Durchlaufträgers erfolgt in Masken und Tabellen. Zusätzlich werden Geometrie (Felder und Querschnitte), Lagerungen und Belastungen grafisch dargestellt. Die Ausgabe der Ergebnisse wird über Masken gesteuert. Die Verläufe der Weg- und Schnittgrößen werden sowohl grafisch als auch tabellarisch für Eigenlast, Verkehrslast und Extremfall angezeigt. Die Auflagergrößen werden in Tabellen ausgegeben. Alle Tabellen können während des Programmlaufs auf dem Bildschirm, in eine Datei oder direkt auf einem Drucker ausgegeben werden. Eine Seitenformatierung für statische Berichte mit Titelseite, Seitenkopf und Seitennummer ist möglich. Der Bildschirminhalt oder Teile dessen können mit Hilfe von Hardcopies auf einem grafikfähigen Drucker ausgegeben werden. Dadurch können die grafischen Darstellungen des Durchlaufträgers und der Ergebnisse dokumentiert werden.

7. Berechnung von Hochauskernen

7.1 Leistungsumfang

Das Programmsystem N_KERN dient der statischen Berechnung von Scheibensystemen und Kernen für Hochhäuser aus Stahlbeton. Scheiben und Kerne sind vertikale Bauteile eines Hochhauses, die über horizontale Deckenscheiben in den einzelnen Stockwerken verbunden sind. Sie enthalten häufig rechteckige Öffnungen für Fenster und Türen. In Höhe der Fundamente sind sie starr oder elastisch gelagert. Über die Decken werden sie durch horizontale und vertikale Lasten beansprucht. Die Berechnung umfaßt die Bestimmung der Verschiebungen, der Spannungen und der Schnittkräfte in den Scheiben und Kernen.

Der Anwender steuert das Programmsystem im Dialog am Bildschirm über Menüs. Die erforderlichen Daten werden über eingeblendete Masken eingegeben. Die Ergebnisse der Berechnung werden selektiv nach Anforderung durch den Anwender in tabellarischer und grafischer Form ausgegeben. Das Programmsystem besteht aus einem Nutzermodell und einem Prozessormodell. Es ist in der Programmiersprache C unter Einsatz der TECHNET-Dienste implementiert.

7.2 Nutzermodell

Die Geometrie und Topologie von Kernquerschnitten wird im Grundriß über Punkte und Strecken festgelegt. Die Unterteilung von Kernen über die Höhe wird durch Ebenen und Abschnitte beschrieben. Die physikalischen Größen umfassen die Angaben für Materialkennwerte, Lager, Federn, Kräfte und das Tragverhalten von Wänden. Die geometrischen und physikalischen Größen werden einander zugeordnet und zu Fällen zusammmengefaßt. Hierfür sind Konstruktionsfälle, Bettungsfälle, Lagerfälle und Lastfälle vorgesehen. Ein Konstruktionsfall, ein Bettungsfall, ein Lagerfall und ein Lastfall werden zu einem Analysefall zusammengefaßt, für den die statische Berechnung durchgeführt wird.

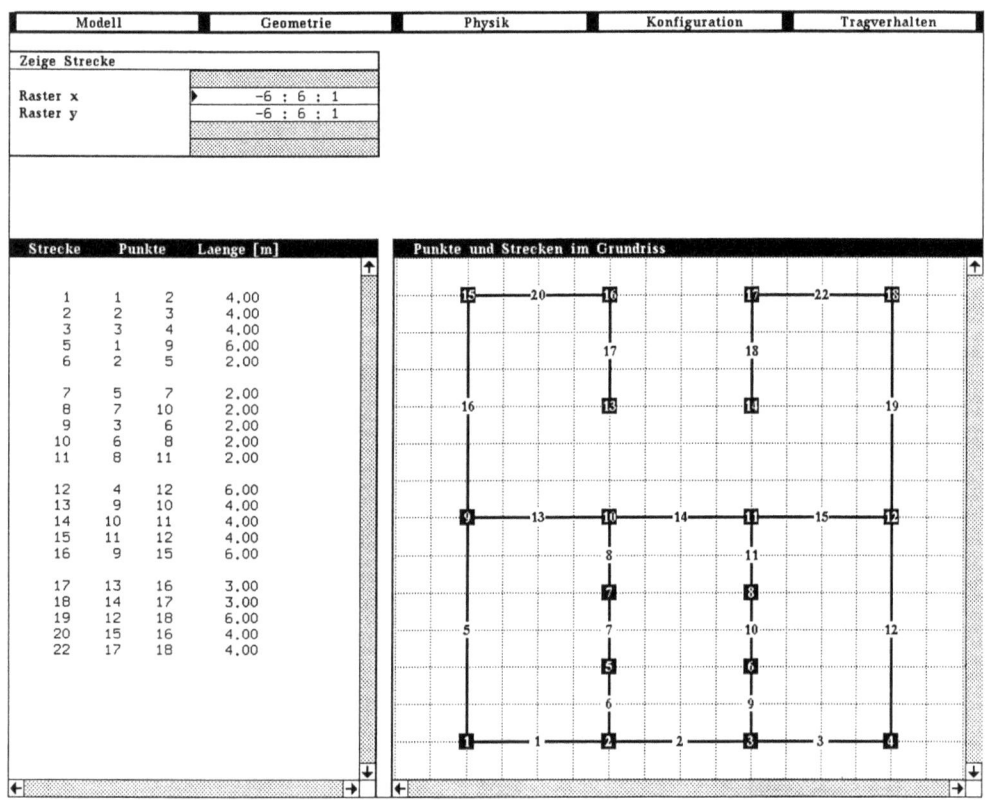

Abb. 7: *Beispielbildschirm zur Berechnung von Hochhauskernen (N_KERN)*

7.3 Prozessormodell

Bei der statischen Berechnung von Hochhauskernen wird von folgenden Annahmen ausgegangen:

- Die Decken sind in ihrer Ebene starr und normal zu ihrer Ebene biegeschlaff.
- Die Kernquerschnitte verschieben sich in horizontaler Richtung als Starrkörper und können sich in vertikaler Richtung verwölben.
- Für das Materialverhalten werden lineare Materialgesetze vorgesehen.

Die statische Berechnung wird nach der Methode der finiten Elemente mit großflächigen rechteckigen Scheibenelementen durchgeführt. Die verwendeten Elemente sind geeignet, das balkenähnliche Tragverhalten der Kerne, einschließlich der Querschnittsverwölbungen, ausreichend genau zu erfassen. Für die Stürze über Türen und Fenstern werden rechteckige Scheibenelemente verwendet, die aus der Balkentheorie unter Berücksichtigung von Schubverformungen abgeleitet sind. Für jeden definierten Analysefall werden folgende Größen berechnet:

- Verschiebungen
- Spannungen in Höhe der Elementmittelpunkte
- Schnittkräfte in Höhe der Elementmittelpunkte

Das Tragverhalten von Kernen kann mit den berechneten Ergebnissen ingenieurgerecht beurteilt werden.

7.4 Präsentation

Die Eingabedaten des Nutzermodells und die Ergebnisse der Berechnung werden gleichzeitig tabellarisch und grafisch ausgegeben. Zu diesem Zweck sind ein Tabellenfenster und ein Bildfenster auf dem Bildschirm vorgesehen. Die grafische Darstellung im Bild enthält über Nummern Verweise auf die Daten in der Tabelle. Auf diese Weise kann der Ingenieur die Darstellungen sowohl qualitativ als auch quantitativ schnell beurteilen. Für die grafische Darstellung des dreidimensionalen Kernes einschließlich seines Tragverhaltens legt der Anwender eine Projektionsrichtung und einen Bildkasten fest. Alle Größen innerhalb des Bildkastens werden mit der angegebenen Projektionsrichtung im Bildfenster gezeichnet. Dabei wird das Bild mit einem Rasternetz hinterlegt.

Die Tabelle und das Bild können einen so großen Raum benötigen, daß eine vollständige Darstellung in dem Tabellen- und Bildfenster nicht möglich ist. Daher sind die Fenster mit Rollstäben versehen. Der Anwender kann damit die Tabelle und das Bild in horizontaler und vertikaler Richtung rollen.

Entwurfsberechnungen im konstruktiven Wasserbau – Die Programmkette UFER

Wolfgang Alm und Klaus-Peter Holz

Universität Hannover
Institut für Strömungsmechanik

1. Einleitung

Bei der Programmkette UFER handelt es sich um ein Softwarepaket zum Entwurf und zur Berechnung von Bauwerken für Ufereinfassungen im Fluß-, Kanal- und Küstenbereich, unter Berücksichtigung der Strömungsvorgänge. Die Entwurfsberechnung ist in folgende fünf selbständige Modulen unterteilt worden.

- GRID   Gitternetzgenerator
- FRIMOD   Berechnung stationärer, reibungsbehafteter Strömungen
              (vertikal integriert) in Fließgewässern
- PROST   Berechnung von Pfahlrostbauwerken
- SPUND   Spundwandberechnungen
- CALCOMP   Transportable Vektorgrafik

Das Konzept der Programmkette UFER sieht zwei unabhängige Optimierungen der Entwurfsberechnungen vor, die nacheinander durchgeführt werden. Die erste Optimierung bezieht sich auf die Linienführung des zu erstellenden Bauwerkes. Bei dieser Optimierung sind unter anderem folgende Randbedingungen vom planenden Ingenieur zu berücksichtigen:

- Einhaltung der zulässigen Wellenhöhen und Strömungsgeschwindigkeit im Umschlags- und Ankerbereich
- Sicheres Ein- und Auslaufen der Schiffe
- Vermeidung von Versandung und Verschlickung des Bauwerkes
- Vermeidung von Erosion an Bauwerken

Nach Abschluß der ersten Optimierung, die sich mit dem Bereich der Strömung befaßt und der Festlegung der Linienführung, ist die zweite Optimierung für den statisch-konstruktiven Bereich der Entwurfsberechnung zuständig. Es wird eine optimale Ausnutzung des Systems und des Materials, unter Einhaltung der zulässigen Spannungen und Sicherheitsfaktoren, für die einzelnen Ufereinfassungen durchgeführt. Im folgenden werden die einzelnen Modulen genau vorgestellt, wobei die Moduln GRID und FRIMOD die erste Optimierung ausführen, und die Moduln PROST und SPUND für den konstruktiven Bereich angewendet werden. Das Modul CALCOMP – ein Grafikpaket – unterstützt dabei alle vier genannten Moduln.

2. Modul GRID – Gitternetzgenerator

Das Programm dient der Erzeugung von Berechnungsgittern für Finite-Element-Anwendungen mit Dreieckselementen aus einer Datenbasis. Die Datenbasis enthält beliebig viele ungeordnete Angaben über die Lage von Punkten in einer Ebene sowie einen zugeordneten dritten Parameter. Dieser kann entweder eine Höhenkote sein (Digitalisiertes Geländemodell) oder ein Geometrieparameter (Bauwerkparameter).

Der Gittergenerator verlangt zwei Datenbestände. Es sind diese die Daten über die Gebietsberandung, sortiert als Polygonzug (Randdaten) und die ungeordnete Menge der Innenpunkte (Gebietsdaten). Der Programmablauf gliedert sich in folgende Schritte:

1. Alle Randdaten werden vermascht.
2. Die im ersten Schritt erzeugten Dreiecke werden bezüglich minimaler Kantenlängen (Formkriterien) optimiert.
3. Aus den Gebietsdaten werden alle Punkte ausgesucht, die innerhalb jeweils eines Dreiecks liegen. Es werden die Abstände ermittelt für alle Gebietsdaten innerhalb eines Elementes, die sich aufgrund des den Koordinaten zugeordneten dritten Parameters ergeben, der sich auf die durch das Dreieck aufgespannte Elementfläche ergibt. Aufgrund einer extern zu spezifizierenden Schranke werden nun nur die Gebietspunkte innerhalb eines Elementes für die weitere Vermaschung zugelassen, deren Abstände größer als die vorgegebene Schranke sind. Von der Gesamtzahl der zugelassenen Gebietspunkte kann nun eine Teilmenge ausgewählt werden, mit der ein neues Gitternetz erzeugt wird.
4. Das im dritten Schritt erzeugte Gitternetz wird bezüglich minimaler Kantenlängen (Formkriterium) optimiert.

Die Schritte 3 und 4 werden iterativ wiederholt bis alle Gebietspunkte erfaßt sind, deren Abstände größer als die vorgegebene Schranke sind. Die Schranke hat damit die Wirkung eines Filters.

3. Modul FRIMOD - Strömungsberechnung

Auf das von Modul GRID erzeugte Berechnungsgitter setzt das Modul FRIMOD auf. Mit FRIMOD lassen sich zweidimensionale Strömungsvorgänge berechnen, wie sie z. B. in Flüssen und Meeresgebieten auftreten. Das hierbei zur Berechnung der Strömungen verwendete Verfahren beruht auf der Bewegungs- und Kontinuitätsgleichung, die nach der Finite-Element-Methode (FEM) gelöst wird. Bei der Anwendung des Verfahrens wurden folgende Annahmen zugrunde gelegt:

– vertikal integrierte Geschwindigkeitsverteilung über die Tiefe
– Vernachlässigung der Corioliskraft wegen Beschränkung der Berechnungen auf kleinskalige Gebiete

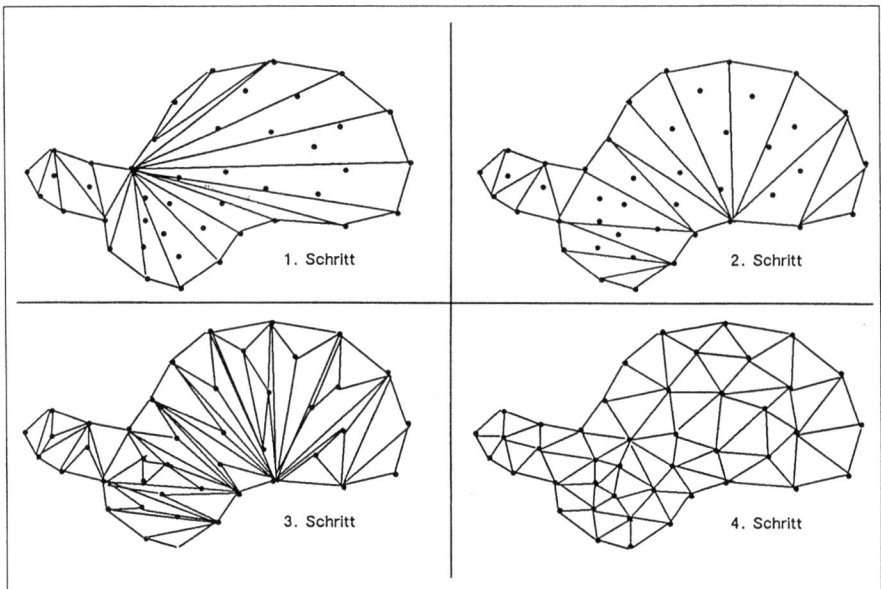

Abb. 1: *Vorgehensweise des Gitternetzgenerators*

- hydrostatische Druckverteilung über die Tiefe
- Fortfall der zeitabhängigen Erscheinungen, da nur stationäre Untersuchungen erfolgen
- horizontaler Austausch der Wassermassen wird ausgeschlossen
- keine konvektive Beschleunigung

Das Modell beruht auf dem Gleichgewicht zwischen der Bodenreibung und dem Druckgradienten, das sich durch die vereinfachten Bewegungsgleichungen nach Navier und Stokes wie folgt beschreiben läßt:

$$r \cdot u + g \cdot \frac{\partial h}{\partial x} = 0 \tag{1}$$

$$r \cdot v + g \cdot \frac{\partial h}{\partial y} = 0 \tag{2}$$

wobei

- u und v der tiefengemittelten Geschwindigkeitsverteilung in den x- und y-Komponenten,
- g der Erdbeschleunigung und
- h der Wasserspiegelhöhe über dem Wasserniveau

entspricht.

Die Bodenreibung r ist definiert durch:

$$r = \frac{\mathcal{T}_{bx}}{\rho \cdot h \cdot u} = \frac{\mathcal{T}_{by}}{\rho \cdot h \cdot v} \tag{3}$$

Hierbei bedeuten:

- $\mathcal{T}_{bx}$ und $\mathcal{T}_{by}$ die Komponenten des Bodenreibungsdruckes
- ρ die Massendichte des Fluids.

Aus den zahlreichen Ansätzen zur Berücksichtigung der Energieverluste ist hierbei die Formulierung nach dem Chezy-Gesetz benutzt worden.

$$r = \frac{g}{c^2} \frac{\sqrt{u^2 + v^2}}{h} \tag{4}$$

mit c = Chezy-Faktor, hier gewählt: c = 60
Als weiteres muß die Kontinuitätsgleichung erfüllt sein:

$$\frac{\partial}{\partial x}(h \cdot u) + \frac{\partial}{\partial y}(h \cdot v) = 0 \tag{5}$$

Durch Einführung einer Stromfunktion ψ

$$\frac{\partial \psi}{\partial y} = h \cdot u \quad \text{und} \quad \frac{\partial \psi}{\partial x} = -h \cdot v \tag{6}$$

die die Kontinuitätsgleichung (5) erfüllt, können die beiden Bewegungsgleichungen (1) und (2) kombiniert und wie folgt zusammengefaßt werden:

$$\frac{\partial}{\partial x}\left(\frac{r}{h} \cdot \frac{\partial \psi}{\partial x}\right) + \frac{\partial}{\partial x}\left(\frac{r}{h} \cdot \frac{\partial \psi}{\partial y}\right) = 0 \tag{7}$$

Dies ist schließlich die Ausgangsgleichung des Rechenmodells.

Zur Lösung der Gleichung (7) werden Randbedingungen entlang des Randes des Strömungsgebietes benötigt.

– Randbedingungen für Normalengeschwindigkeit:

$$\psi = f_1(s) \tag{8}$$

s=Laufordinate entlag des Randes.

Wenn $f_1(s)$=konstant ist,wird hierurch ein geschlossener Rand beschrieben.

Durch Integration der Durchflüsse über die undurchlässigen Ränder läßt sich die Stromfunktion ermitteln.

– Randbedingung für Tangentialgeschwindigkeit am offenen Rand:

$$\frac{\partial \psi}{\partial n} = f_2(s) \tag{9}$$

n=Laufordinate normal zum Rand.

Wenn $f_2(s)$== ist, stehen die Stromlinien senkrecht zum Rand.

Die Ergebnisse des Moduls FRIMOD sind in Tabellenform abgespeichert. Das Nachlaufprogramm VEK bereitet die Ergebnisse grafisch so auf, daß an den einzelnen Punkten die Strömungsgeschwindigkeit und -richtung, abhängig von ihrer Größe, als Vektorpfeile dargestellt werden.

4. Modul PROST - Pfahlrostberechnung

Das Programm dient der Berechnung räumlicher Pfahlroste mit starrer Kopfplatte unter räumlichen Einzellasten. Die Pfähle werden biegungsfrei linear-elastisch für axiale Belastung berechnet. Sie sind gelenkig an die Kopfplatte und an den Bodenkörper angeschlossen. Die Pfahlflußpunkte können nicht einsinken. Elastische Bettung der Pfähle infolge Mantelreibung kann berücksichtigt werden.

5. Modul SPUND - Spundwandberechnung

Mit dem Programm SPUND können die Schnittgrößen von unverankerten, einfach und mehrfach verankerten Spundwänden berechnet werden. Nach einer Beschreibung der Geländeoberfläche, der Bodenschichten und nach Vorgabe von Verkehrs- und Gebäudeauflasten wird die Wand berechnet.

Die Eingabe der Ein- und Ausgabedateien (max. 5 Ausgabedateien je Rechnung) ist menügesteuert. Die erste Ausgabedatei enthält die Eingabedaten in aufbereiteter Form. In der zweiten Ausgabedatei sind die Erddruckwerte aufgelistet und die dritte Ausgabedatei enthält die Daten der Schnittgrößen und der Biegelinie. Weiterhin werden nach Bedarf zwei Plotdateien angelegt, in denen die Erddruckfigur und die Schnittgrößen dargestellt sind. Diese Dateien können aus dem Programm heraus auf dem Bildschirm geplottet werden.

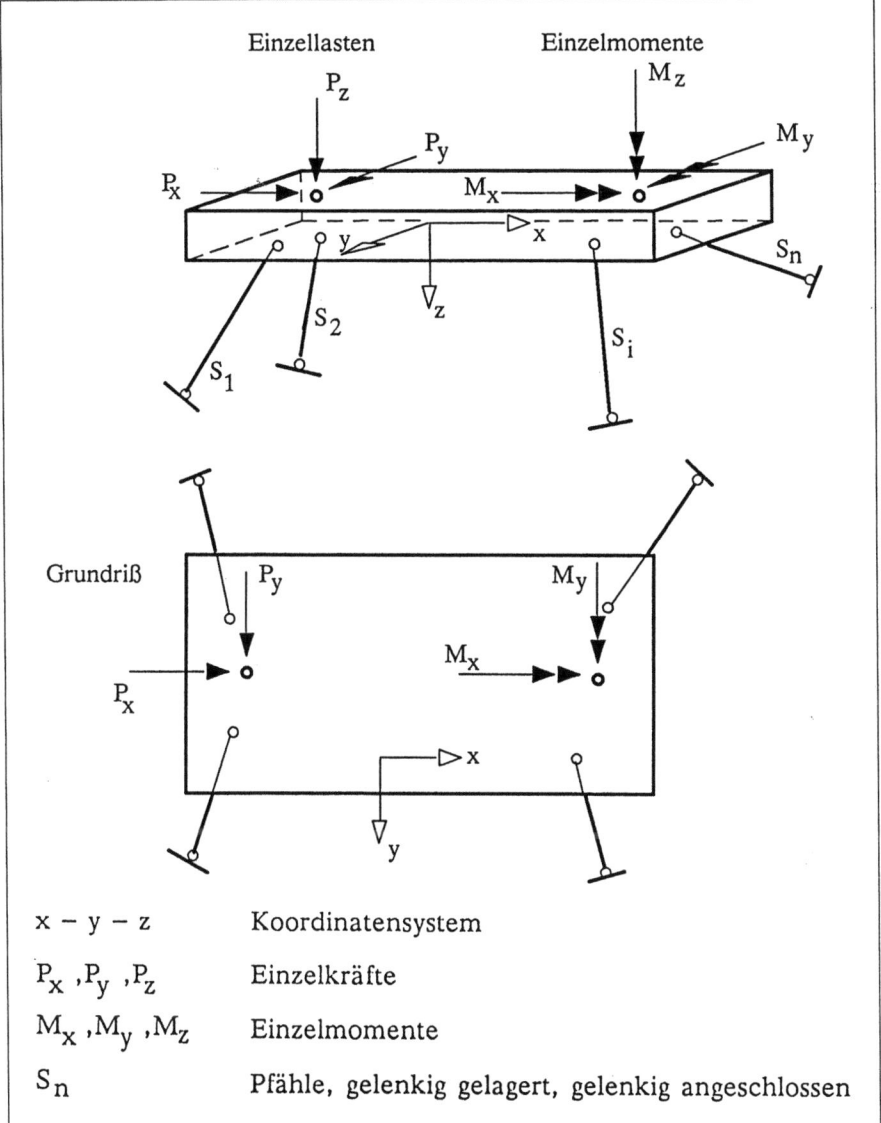

Abb. 2: *Koordinatensystem für die Pfahlrostberechnung*

Das statische System ist ein Kragarm, ein Einfeldträger oder ein Durchlaufträger auf starren Stützen. Es wird durch Erd- oder Wasserdruck belastet. Für die statische Berechnung wird das Übertragungsverfahren herangezogen.

Die Berechnung erfolgt mit dem aktiven Erddruckansatz. Grundsätzlich können Erddruckordinaten auch unabhängig vorgegeben werden.

Die Randbedingungen werden durch Kennzahlen definiert. Der Wandfuß ist frei verschieblich oder am Ende horizontal gehalten oder voll eingespannt (Blum). Der theoretische Fußpunkt wird vom Anwender zunächst vorgegeben. Dieser Nullpunkt wird, wenn er nicht fest vorgegeben ist, vom Programm so lange variiert bis das Moment oder die Querkraft etwa Null werden.

6. Modul CALCOMP - Transportable Vektorgrafik

Im technisch-wissenschaftlichen Bereich verwendet man weitgehend FORTRAN als Programmiersprache und die CALCOMP-Plot-Software (PLOT2) zum Zeichnen. Es werden jedoch durchaus nicht nur Calcomp Plotter zum Zeichnen verwendet. Hierdurch treten immer wieder Probleme hinsichtlich der Programmkompatibilität auf. Das vorgelegte Programm-Paket soll hier Abhilfe schaffen. Statt von der Plot-Software direkt den Plotter anzusprechen, verwendet man einen Datenfile, der so kodiert ist, als ob es sich um ein Tektronix-Sichtgerät oder einen Plotter handelt. Dies hat mehrere Vorteile:

1. Der Code ist relativ günstig gepackt. Er benötigt also nicht viel Speicherplatz und geringe Übertragungsraten.
2. Der Code fügt sich in das 7-bit ASCII-Muster ein. Er eignet sich daher gut für die Datenübertragung.
3. Für die häufig verwendeten Sichtgeräte von Tektronix 4110, 4112 und 4114 sowie einige Tektronix-Plotter und verschiedene weitere Geräte sind keine weiteren Code-Umsetzungen erforderlich.
4. Es gibt keine Bildgrößen-Beschränkungen. 8 Farben sind vorgesehen.
5. Der Code wird auch von der PLOT10-Software von Tektronix verwendet.
6. Die Programme zum Ausplotten auf den verschiedenen Geräten sind sehr einheitlich gebaut.
7. Das System ist auf einfache Weise erweiterungsfähig, ohne daß bisherige Teile verändert werden müssen. Insbesondere bietet sich bei Multiprogramming-Rechnern eine gespoolte Plotausgabe an.
8. Normalerweise ist beim Programmlauf noch keine Festlegung über den zu verwendenden Plotter erforderlich. Steht jedoch ein Plotter mit leistungsfähigen Sonderfunktionen zur Verfügung, so lassen sich diese Funktionen im "alphanumerischen Mode" ansprechen.

7. Zusammenfassung

Wie die Vorstellung der einzelnen Moduln gezeigt hat, umfaßt die Programmkette UFER alle entscheidenden Punkte für eine Entwurfsberechnung von Ufereinfassungen. Die Unterstützung der 4 Moduln durch die transportable Vektorgrafik mit den genannten Vorteilen dieser Grafik macht den Einsatz des Softwarepaketes sowohl in Local Area Networks (LAN) als auch in Wide Area Networks (WAN), wie dem Datex-P-Netz der Deutschen Bundespost, möglich. Damit ist eine dezentrale Bearbeitung der einzelnen Aufgabenstellungen und Optimierungen in der Entwurfsphase durch verschiedene dezentrale Bearbeitungsstellen möglich, wie es heute bei vielen Projekten der Fall ist. Ausgehend von den Entwicklungen des Softwarepaketes auf Mikro-Rechnern bis zum Arbeiten auf UNIX-Rechnern, gibt es für folgende Rechnerfamilien eine Version:

- Duet (Micro,integrierte Grafik)
- IBM-AT02 (Micro, EGA-Grafik)
- CADMUS-CISC (Arbeitsplatzrechner)

Zur Zeit wird die Programmkette auf X-Window (X 11.R3) portiert. Nach Abschluß dieser Portierungsarbeiten wäre damit ein hardwareunabhängiges Softwareprodukt vorhanden.

FEINSET – Finite-Elemente-Programm mit interaktiver Benutzungsoberfläche, automatischer Fehlerabschätzung und adaptiver Netzverbesserung

Heinrich Werner und Stefan Holzer

Technische Universität München
Institut für Bauingenieurwesen I

Mit FEINSET wird eine neue Generation der bewährten Programmkette SET (Structural Engineering and Tunneling) vorgestellt. FEINSET zeichnet sich durch die folgenden neuen Eigenschaften aus:

1. Workstationlösung für UNIX-Rechner
2. menügesteuerte Methodenauswahl, Datenverwaltung und Ergebnispräsentation am Arbeitsplatz
3. grafisch-interaktive Systemgenerierung mit CAD-konformen Hilfsmitteln und Datenstrukturen
4. adaptives FE-Programm für Platten-, Scheiben- und Potentialprobleme mit Fehlerabschätzung und automatischer Netzverbesserung nach der h-p-Methode (HIPSET)
5. farbige Ergebnisdarstellungen auf verformten, räumlichen Strukturen (COLSET)
6. Schnittstellen zu den CAD-Programmen ALLPLOT/ALLFEM
7. Grundgrafik GKS mit DXF-Schnittstelle
8. Indexsequentielle Struktur und Verwaltung der Datenbasis

In FEINSET finden die am Fachgebiet Elektronisches Rechnen im konstruktiven Ingenieurbau der TU München (unter Leitung von Prof. Dr.-Ing. Heinrich Werner) entwickelten Methoden des CAD, der Fehlerabschätzung und der adaptiven Netzanpassung ihre praktische Anwendung. FEINSET enthält weiterhin:

– die Berechnungsprogramme
  – NONSET für lineare und nichtlineare statische Berechnungen an ebenen und räumlichen Rahmen und Finite-Element-Strukturen
  – SISET für ebene und räumliche Grundwasser-, Sicker- und Wärmeströmungen
  – TOPSET für Stahlbeton- und Stahlrahmenberechnungen nach der Theorie II. Ordnung,

- die Bemessungsprogramme
  - PRESCO für Spannbeton-, Stahlbeton- und Stahlquerschnitte
  - FLASET für Platten, Scheiben und Schalen in Stahlbeton
- und die grafischen Darstellungsprogramme
  - PLOTSET für Verformungen und Schnittgrößen an Rahmen und Finite-Element-Strukturen
  - CUTSET für Schnittkräfte und Stahlbedarf entlang von Schnitten.

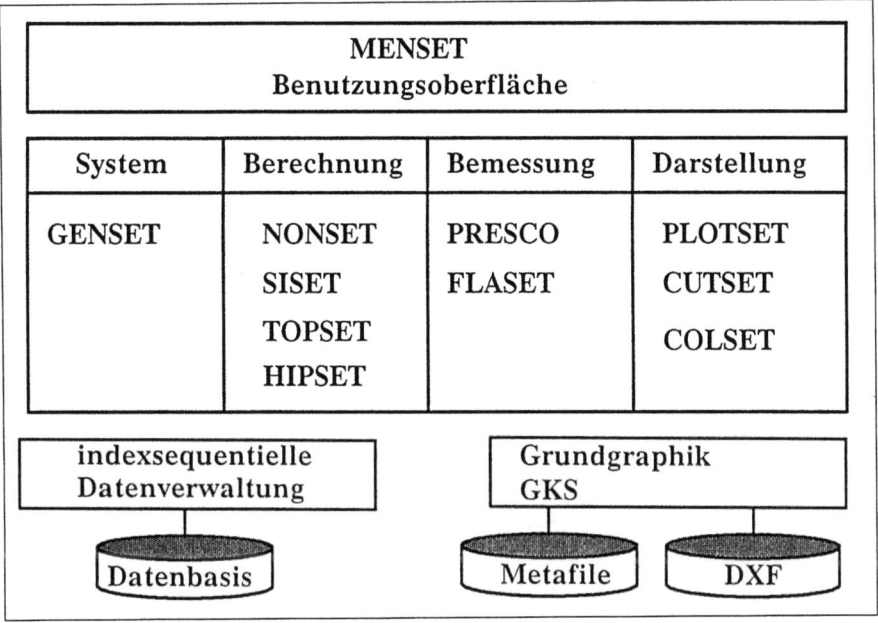

Abb. 1: Aufbau der Programmkette FEINSET

1. Anwendungsbeispiele zu HIPSET

HIPSET ermöglicht im derzeitigen Ausbauzustand die Berechnung ebener Finite-Element-Modelle zu Potential-, Scheiben- und Plattenproblemen. Aus den verbleibenden Schnittkraftsprüngen an den Elementgrenzen wird am Ende jedes Berechnungsdurchganges eine Fehlergröße und -verteilung berechnet (Energieabschätzung). Entsprechend dieser Fehlerschätzung wird im nächsten Schritt in denjenigen Elementen, die noch größere Fehlerquellen darstellen, der Polynomgrad des Ansatzes erhöht und gegebenenfalls das Netz durch Aufteilung dieser Elemente verfeinert. So entsteht in mehreren Berechnungsdurchgängen aus einem einfachen Startnetz ein verläßliches und günstiges Finite-Element-Modell.

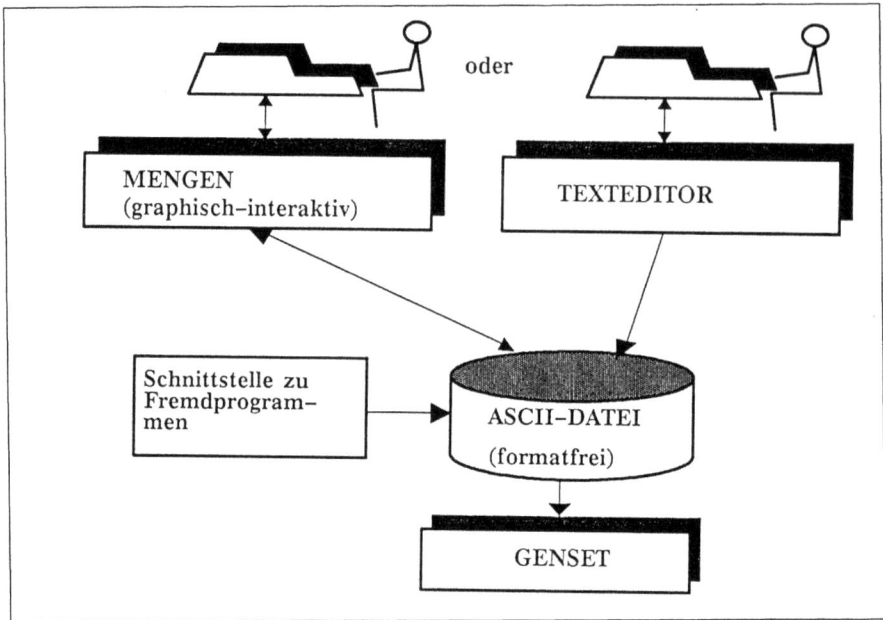

Abb. 2: Erzeugung der Eingabedaten (Beispiel Systemgenerierung GENSET)

Beispiel 1: Zugband mit kreisförmigen Löchern

Eine streifenförmige Scheibe mit fünf symmetrisch angeordneten Löchern von kreisrunder Form (Abb. 3) wird einer konstanten Zugbeanspruchung an den beiden Schmalseiten unterworfen. Aus Symmetriegründen reicht es, ein Viertel des Systems zu modellieren und die entsprechenden Symmetrie-Randbedingungen einzuführen.

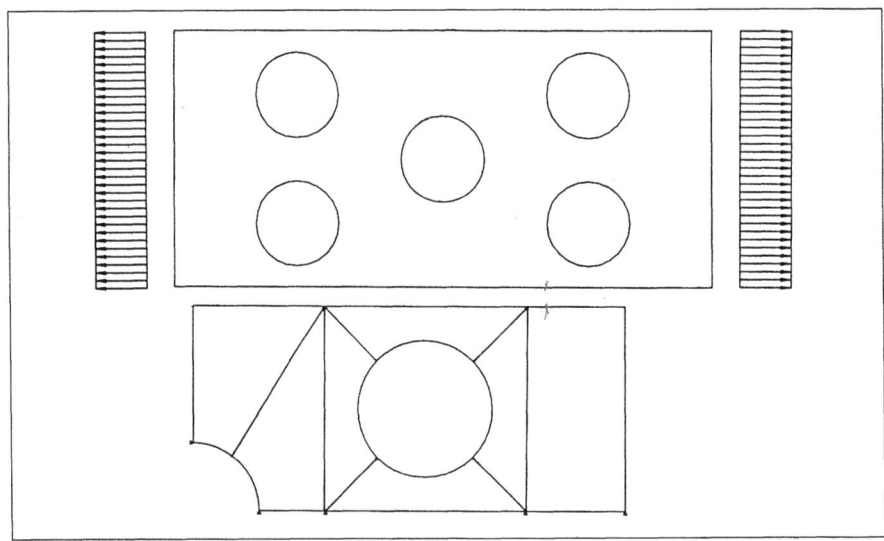

Abb. 3: Gelochter Streifen: System und FE-Modell

In HIPSET kann die Modellierung des Problems mit sehr wenigen Elementen – hier wurden z.B. 7 gewählt – erfolgen, denn die Qualität des Verschiebungsansatzes kann unabhängig von der Netzeinteilung und Elementanzahl über den Polynomgrad der Ansatzfunktionen gesteigert werden. Zur Erfassung der Geometrie, die hier auch kreisförmig gekrümmte Ränder enthält, ist keine feinere Einteilung in Elemente erforderlich. Die Ränder werden durch Elemente mit genau kreisförmigem Kantenverlauf abgebildet und nicht durch Parabelansätze angenähert. Vergleichsrechnungen an einfach nachprüfbaren Beispielen mit klassischer Lösung haben die hohe Zuverlässigkeit dieser Elemente erwiesen.

Ergebnisse für die Vergleichsspannungen zeigt die Höhenliniendarstellung in Abb. 4, die mit dem Programm PLOTSET erzegt wurde. Alternativ ist eine farbgrafische Darstellung mit dem Programm COLSET möglich.

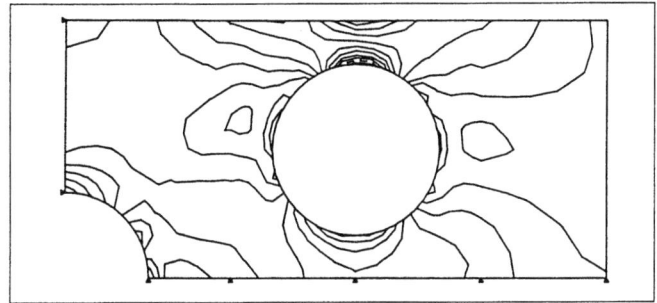

Abb. 4: *Gelochter Streifen: Höhenlinien der von-Mises-Vergleichsspannungen; Ergebnisse nach 6 Berechnungsdurchgängen*

Beispiel 2: Wandscheibe mit Türöffnung

Eine Wandscheibe mit stückweise fester Lagerung an der Unterkante und einem Türdurchbruch soll unter Eigengewichtslast untersucht werden (Abb. 5). Hier handelt es sich um ein besonders schwieriges Problem, da sowohl an den Auflagerenden als auch an den Ecken der Öffnung ausgeprägte Spannungsspitzen zu erwarten sind.

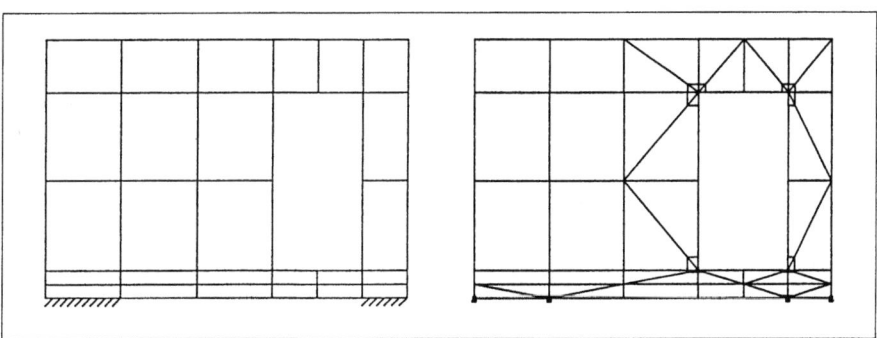

Abb. 5: *Wandscheibe mit Tür: Startnetz und Netz nach 5 Schritten*

Das Programm HIPSET verfeinert nach Maßgabe der geschätzten Fehlerverteilung im System das vorgegebene Elementnetz an den kritischen Punkten und erhöht gleichzeitig den Polynomgrad der Ansatzfunktionen. Nach fünf Berechnungsdurchgängen ist eine verläßliche Lösung erreicht. Abb. 6 zeigt die Verformungen in diesem Schritt.

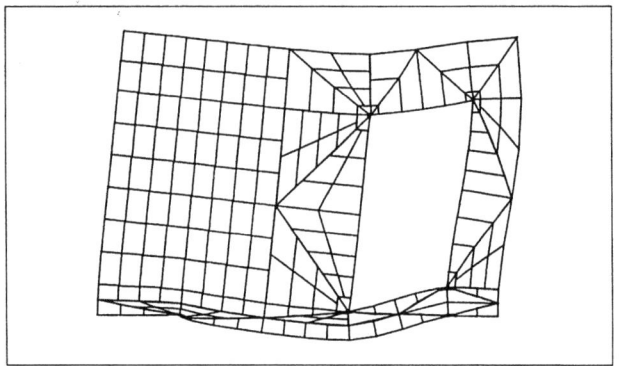

Abb. 6: *Wandscheibe mit Tür: Verformungen. Das hier dargestellte Netz ist ein zur Ergebnisdarstellung über das in Abb. 5 gezeigte Berechnungsnetz gelegtes reines Auswertungsnetz.*

Beispiel 3: Kragplatte mit einspringender Ecke

Ähnlich wie im Beispiel 2 ist dieses Problem durch eine ausgeprägte Spannungsspitze an der einspringenden Ecke gekennzeichnet. Die Schnittkräfte nehmen hier theoretisch unendliche Werte an. Wenn die Ecksingularität nicht die Ergebnisse der gesamten Berechnung verfälschen soll, ist daher im Bereich der Ecke ein sehr feines Elementnetz erforderlich. Dieses wird von HIPSET – wiederum parallel zu einer Erhöhung der Ansatzgrade – automatisch erzeugt. Um nochmals die Möglichkeiten der exakten Geometrieerfassung mit HIPSET zu demonstrieren, wurde als Außenrand ein Viertelkreis gewählt (Abb. 7). Im letzten Berechnungsschritt wird der Gesamtfehler der Ergebnisse in der Energienorm auf 5.3% geschätzt.

Beispiel 4: Zahnrad

Ein Anwendungsbeispiel aus dem Maschinenbau zeigt Bild 8: Bei Zahnradberechnungen wird die Brauchbarkeit der Ergebnisse von der Genauigkeit der Modellierung der Geometrie beeinflußt; die Berandungskurven der Zähne sind Trochoiden und Evolventen.

Diese Kurven können mit entsprechenden Elementen von HIPSET exakt abgebildet werden. Eine hohe Qualität des Verschiebungsansatzes wird durch eine adaptive Festlegung der erforderlichen Polynomgrade in fünf Berechnungsdurchgängen gewährleistet. Damit ist eine gegenüber herkömmlichen FE-Berechnungen stark verminderte Elementanzahl ausreichend. Eingabe- und Berechnungsaufwand verringern sich gegenüber konventionellen FE-Modellen erheblich.

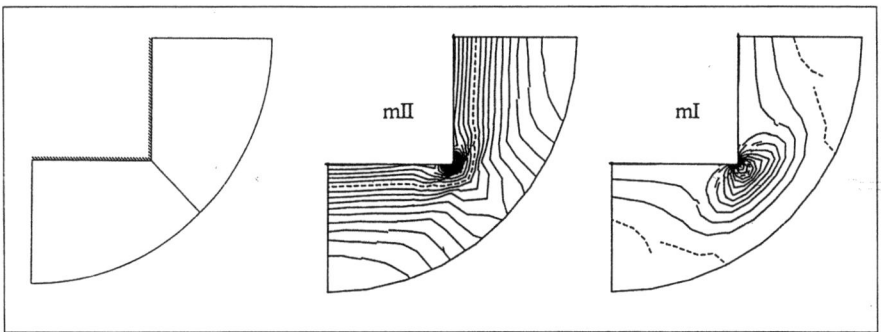

Abb. 7: Kragplatte: Startnetz und Höhenlinien der Hauptmomente mI und mII

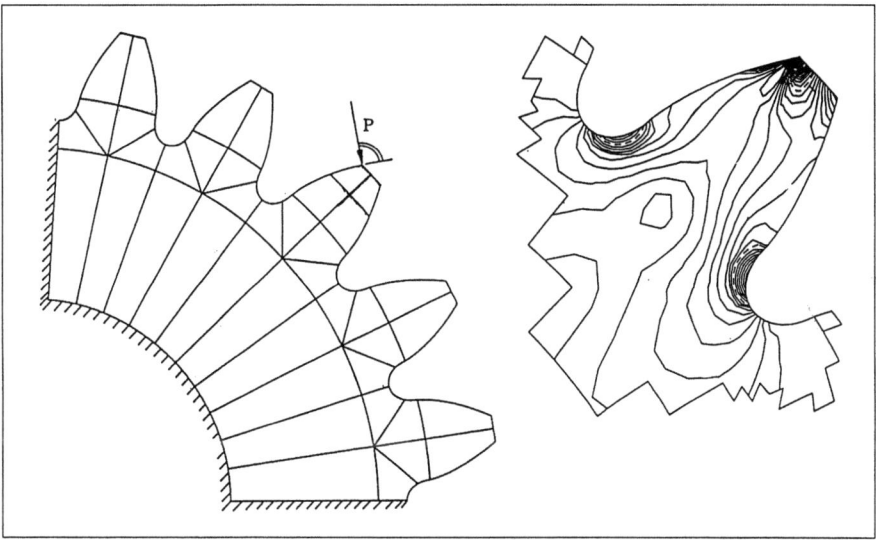

Abb. 8: Zahnrad: Elementnetz und Ausschnitt mit Darstellung der Höhenlinien der von-Mises-Vergleichsspannungen

Eine Schnittstelle zwischen den Programmen FEAP (Finite Element Analysis Program) und INGA (INteraktive Graphische Analyse)

Manfred Münch

Universität Stuttgart
Institut für Statik und Dynamik der Luft- und Raumfahrtkonstruktionen

1. Einleitung

Die Methode der finiten Elemente hat sich in den letzten Jahrzehnten bei der Lösung nichtlinearer partieller Differentialgleichungen besonders im Bereich der (linearen) Strukturprobleme als Standardberechnungsverfahren bewährt. Viele Berechnungsprogramme wurden für den kommerziellen Einsatz entwickelt. Hinzu kommen auch grafische Pre- und Post-Processing-Systeme, die die Dateneingabe für das Berechnungsprogramm und die nach der Berechnung erforderliche Ergebnisauswertung unterstützen. Bei umfangreichen Problemen wird so eine sinnvolle Berechnung überhaupt erst ermöglicht.

Die meisten Finite-Element-Systeme sind sehr komplex; Der Quellcode ist für den Benutzer, der eigene Programmentwicklungen für sein spezielles Anwendungsgebiet einbringen möchte, meist nicht zugänglich. Hierzu ist ein modular aufgebautes Programmsystem erforderlich, das den Austausch einzelner oder die Neuentwicklung weiterer Funktionseinheiten ermöglicht, ohne daß in die gesamte Struktur des Programms eingegriffen werden muß. Das Programmsystem FEAP (Finite Element Analysis Program) ist ein solches modular aufgebautes Berechnungsprogramm, das wegen seinem für den Benutzer verfüg- und überschaubaren Quellcode besonders in den Bereichen Forschung und Lehre Anwendung findet.

Zwar verfügt auch FEAP über Funktionen, die die Dateneingabe teilweise automatisieren und die grafische Auswertung der Ergebnisse unterstützen, um den Quellcode jedoch handhabbar zu halten, sind diese Funktionen gemessen am heutigen Stand der Pre- und Post-Processor-Systeme eher schwach ausgebildet. Für den weiterhin nutzbringenden Einsatz von FEAP scheint es daher unumgänglich, das Programm bei den Vor- und Nachlaufaufgaben der Finite-Element-Rechnung von außen her über eine definierte Schnittstelle durch ein leistungsstarkes interaktives Grafik-System zu unterstützen. Ohne den Umfang von FEAP bedeutend zu verändern, werden dem Anwender so eine gezielte Palette von Werkzeugen zur Erstellung der Dateneingabe und zur Auswertung der Berechnungsergebnisse zur Verfügung gestellt.

2. Kurzbeschreibung FEAP

Feap (Finite Element Analysis Program) ist ein von Robert L. Taylor in Berkley entwickeltes, modular aufgebautes Programm zur Lösung nichtlinearer partieller Differentialgleichungen mit der Methode der finiten Elemente.

FEAP wurde für Computer mittlerer Leistungsstärke mit virtueller Speichertechnik entwickelt, ist jedoch auch auf Personal Computern installiert. Ursprünglich wurde es in FORTRAN IV implementiert (vergleiche hierzu [1]); mittlerweile ist es jedoch in Standard FORTRAN 77 verfügbar. Durch den modularen Aufbau und die Transparenz des Quellcodes ist es für jeden Benutzer möglich, eigene Programmentwicklungen für spezielle Anwendungsgebiete einzubringen. Dadurch ist neben dem Einsatz in der Praxis besonders die Anwendung in Forschung und Lehre begünstigt. Im wesentlichen setzt sich das Programmsystem FEAP aus folgenden Modulen zusammen:

- Problemdefinition
- Elementbibliothek
- Lösungsalgorithmen
- grafische Ausgabe

Die Problemdefinition kann entweder interaktiv bei der Anwendungssitzung oder über eine zuvor erstellte Eingabedatei erfolgen. Dabei steht eine Reihe von Befehlen zur Verfügung, über die der Benutzer die Eingabefolge steuern kann, und die es unter Umständen ermöglichen, Eingabewerte wie Knotenpunktskoordination und Elementtopologie halbautomatisch zu generieren.

In der Elementbibliothek sind je nach Ausbaustufe des Programms Elemente verfügbar, die zur Modellierung von linearen und nichtlinearen Problemen der Strukturmechanik und der Lösung der Laplace-Gleichung (z.B. Wärmeleitung, Sickerströmung) verwendet werden können. Elemente zur Behandlung folgender Probleme sind momentan verfügbar:

- lineare Elastizität: Ebener Spannungs- und Verzerrungszustand, axisymmetrischer dreidimensionaler Spannungszustand,
- linear-elastische Plattenbiegung,
- linear-elastische Stäbe (zwei- und dreidimensonal),
- ebener Verzerrungszustand und dreidimensionaler, axisymmetrischer Spannungszustand mit nichtlinearem Materialverhalten:
  - lineare Viskoselastizität (mit Schädigung),
  - elastoplastisches Materialverhalten,
- ebener Verzerrungszustand und dreidimensionaler, axisymmetrischer Spannungszustand mit großen Deformationen:
  - hyperelastisch,
  - viskoelastisch,
  - elasto-plastisch

- nichtlineare, zweidimensionale Stäbe (große Verschiebungen und Rotationen mit elastischem oder viskoplastischem Material),
- lineare Wärmeleitung (eben oder axisymmetrisch).

Weitere (benutzereigene) Elemente sind durch Einfügen eines einzigen FORTRAN 77- Moduls realisierbar. Die Lösungsalgorithmen sind durch eine Macro-Sprache nach individuellen Lösungsstrategien der Benutzer ansprechbar. Macro-Befehle zur Behandlung von Problemen aus der (statischen und dynamischen) Strukturberechnung und aus der Strömungsmechanik sind implementiert. Weitere Lösungsalgorithmen können als Module jederzeit vom Anwender eingefügt und durch Erweiterung der Macro-Befehle zugänglich gemacht werden. Die grafische Ausgabe ermöglicht es, einfache Darstellungen der Ergebniswerte auszuplotten.

Eine ausführliche Beschreibung des Programmsystems FEAP ist [1] zu entnehmen; dort sind unter anderem die einzelnen Kommandos zur Steuerung der Module erläutert.

3. Kurzbeschreibung INGA

Das interaktive Programmsystem INGA (INteraktive Graphische Analyse) ist ein unter Leitung von I. Grieger an der Universität Stuttgart entwickeltes Softwarepaket zur Unterstützung der Berechnung mit finiten Elementen. Es ist in seinem Hauptteil in FORTRAN 77 geschrieben. Als grafische Grundsoftware wird das grafische Kernsystem (GKS) verwendet; daher ist INGA auf allen Rechnern und Bildschirmen, die GKS bedient lauffähig, wenn GKS-Leistungsstufe 2b (Eingabe: Anforderungseingabe, Ausgabe: mit arbeitsplatzunabhängigem Segmentspeicher) implementiert ist. Die Behandlung dreidimensionaler Probleme ist Standard, wobei die Darstellung als zweidimensionales Standbild erfolgt. Das Programmsystem INGA ist modular aufgebebaut und wird kontinuierlich weiterentwickelt.

Kernstück des Programms ist die Datenstruktur, die auf einer großen Datei mit wahlfreiem Zugriff aufsetzt. Über diese Datei findet der Datenaustausch mit den Finite-Element-Berechnungsprogrammen statt. Zum einen können Netze und Ergebnisdaten der FE-Programme über diese Datei in INGA eingespeist werden, und zum anderen können mit INGA erzeugte oder manipulierte Daten auf dieser Datei zur weiteren Verarbeitung bereitgestellt werden. Zur Übertragung stehen bestimmte Datentypen wie z.B. „Knotenpunktskoordinaten", „Knotenpunktsspannungen" usw. zur Verfügung. Jeder Datentyp besteht aus einem Datenkopf zur Information über Art und Umfang der Daten und den formatierten Datensätzen selbst. Über den GKS-Bildfile können aufbereitete Grafikdarstellungen mit anderen Grafiksystemen ausgetauscht werden.

Bei der Programmsitzung am Grafikschirm erfolgt die Benutzerführung über eine hierarchische Menüsteuerung, die über eine alphanumerische Tastatur oder über den Lokalisierer ansprechbar ist. Zusätzlich sind einige Funktionen über Kommandos jederzeit ansprechbar.

Während einer Programmsitzung können verschiedenste Elemente zur Darstellung ausgewählt werden. Diese Auswahl erfolgt durch explizite Angabe oder durch Picken mit dem Lokalisierer. Darstellbar sind sowohl geometrische und topologische Größen als auch verschiedenste Ergebniswerte. Neben der Änderung einzelner topologischer oder geometrischer Daten ist es möglich, ganze Netze oder Teile davon zu generieren; hierzu stehen Bezier-Kurven, -Flächen und -Körper bis zum dritten Grad zur Verfügung. Muß eine Programmsitzung vorzeitig unterbrochen werden, so kann diese nach einem Warmstart direkt fortgesetzt werden. Für die Nachvollziehbarkeit bzw. für die Reproduzierbarkeit der grafischen Interaktionen sorgt die Protokolldatei, in der sämtliche Aktionen und Ereignisse sowie alle Programmeldungen im Verlauf einer Sitzung dokumentiert werden.

Eine ausführliche Beschreibung des Programmsystems INGA ist [2] zu entnehmen; dort werden unter anderem die einzelnen Steuer-Menüs, die -Kommandos, die Protokolldatei und die Datenstruktur näher vorgestellt.

4. Schnittstellenbeschreibung

Zur Unterstützung des Finite-Element-Berechnungsprogramms FEAP im Bereich der Dateneingabe einerseits und im Bereich der Ergebnisauswertung andererseits bietet sich eine Anbindung an das interaktive Grafiksystem INGA an. Da die Datenstruktur von INGA bereits Grundlage für vergleichbare Schnittstellen zu anderen Finite-Element-Programmen wie ASKA, NASTRAN, PERMAS usw. ist, hat der Benutzer über die INGA-Dokumentation sehr guten Zugang zu dieser Datenstruktur. Sie wird deshalb auch zur Datenübertragung zwischen FEAP und INGA dienen. Nach Funktionalität und Realisierungsreihenfolge sind drei Stufen der Übertragungsfunktionen zu unterscheiden:

1. Übergabe der in FEAP erstellten Eingabedaten an INGA zur Sichtkontrolle am Grafikschirm
2. Übergabe der mit FEAP berechneten Ergebnisdaten an INGA zur grafischen Auswertung
3. Übergabe der mit INGA erzeugten oder veränderten Netzdaten an FEAP

Die einzelnen Stufen sollen im folgenden kurz vorgestellt werden.

4.1 Übergabe der Eingabedaten von FEAP an INGA

Zur Darstellung des Finite-Element-Netzes in INGA werden im wesentlichen folgende Informationen benötigt:

- allgemeine Netzinformationen,
- die kartesischen Koordinatenwerte der Knotenpunkte,
- die topologische Zuordnung der Knotenpunkte zu den Elementen,
- die Zuweisung der entsprechenden Elementtypen.

Die Zuweisung der Elementtypen soll als feste Programmierung in INGA erfolgen, d.h. nur in INGA zuvor definierte Elementtypen sind darstellbar. Demgegenüber werden die Werte zur Identifikation des Problems, die Koordinatenwerte der Knotenpunkte und die topologischen Zuordnungswerte aus dem eindimensionalen Speicherfeld von FEAP herausgelesen und im Format der INGA-Datenstruktur auf die Übertragungsdatei geschrieben. Diese Funktionen können vom FEAP-Anwender durch neu einzubauende Kommandos entweder nach der Dateneingabe oder im Verlauf derselben angesprochen werden. Beide Alternativen werden im folgenden kurz erläutert.

4.1.1 Übergabe nach abgeschlossener Dateneingabe in FEAP
Die komplette Übergabe aller Daten nach Abschluß der Eingabe in FEAP ist zunächst als Standardanwendung zu betrachten. Dabei erfolgt zuerst die Eingabe der Problemdefinition in die FEAP-Datenstruktur. Nach Abschluß der Dateneingabe wird über ein Kommando die Ausgabe von FEAP an die Übertragungsdatei angesprochen. In einer anschließenden INGA-Programmsitzung kann dann das erzeugte Netz am Grafikschirm dargestellt werden.

4.1.2 Interaktive Grafikkontrolle
Langfristig ist eine interaktive Grafikkontrolle bei der Dateneingabe in FEAP durchaus wünschenswert. Bei gleichzeitigen Programmsitzungen mit FEAP und INGA kann dann beispielsweise ein Teilnetz in FEAP generiert werden und noch im Verlauf der Dateneingabe in FEAP durch diverse Eingabekommandos an INGA zur Darstellung übergeben werden.

4.2 Übergabe der Ergebnisdaten von FEAP an INGA

Zur grafischen Auswertung der durch die FEAP-Berechnung erlangten Ergebnisse, sind neben den Netzdaten auch die auszuwertenden Ergebniswerte an INGA zu übergeben. Im wesentlichen sind dies folgende Datentypen:

- die Verschiebungen an den Knotenpunkten,
- die Spannungen an den Knotenpunkten,
- die Spannungen in den Elementen.

Die zu übertragenden Werte sollen genau wie die Netzdaten aus dem eindimensionalen Speicherfeld von FEAP herausgelesen und im Format der INGA-Datenstruktur auf die Übertragungsdatei geschrieben werden. Die Funktionen der Übertragung einzelner Größen wie z.B. der Elementspannungen sollen dabei separat als Macro-Kommando im Modul „Lösungsalgorithmen" ansprechbar sein. Auf diese Art kann der FEAP-Anwender gezielt Ergebnisgrößen auf die Übertragungsdatei schreiben.

4.3 Übergabe mit INGA erzeugter Netze an FEAP

Um nicht nur eine Kontrolle der Eingabedaten für FEAP zu ermöglichen, sondern um die Dateneingabe in FEAP mit den Generierungswerkzeugen von INGA zu unterstützen, ist es erforderlich, eine mit INGA erzeugte Übertragungsdatei für das Programmsystem FEAP zugänglich zu machen. Dabei werden von FEAP folgende Daten benötigt:

- allgemeine Netzinformationen,
- die Koordinatenwerte an den Knotenpunkten,
- die topologische Zuordnung der Knotenpunkte zu den Elementen,
- die Freiheitsgrade der Knotenpunkte.

Die zu übernehmenden Werte sollen dabei formatiert aus der Übertragungsdatei gelesen und in das eindimensionale Speicherfeld von FEAP übertragen werden; entsprechende Steuerparameter des eindimensionalen Speicherfeldes müssen dabei aktualisiert werden. Für den FEAP-Anwender soll diese Übertragungsfunktion insgesamt über ein Dateneingabekommando ansprechbar sein.

Literatur

1. Kröplin, B. (Hrsg.): FEAP - Ein Finite Elemente Analysis Programm – Benutzerhandbuch, Ausgabe Januar 1988 (vormals Universität Dortmund)
2. Grieger, Ingolf: INGA - INteraktive Graphische Analyse – Benutzerhandbuch, Ausgabe Oktober 1988 (Universität Stuttgart)
3. Zienkewicz, Olgried C.: Methode der finiten Elemente, Carl Hanser Verlag München, zweite Auflage 1984

SOLA-CAD

Bernd Kröplin

Universität Stuttgart
Institut für Statik und Dynamik der Luft- und Raumfahrtkonstruktionen

Hinter dem vorliegenden Softwareprodukt SOLA-CAD verbirgt sich der Entwurf und die Implementierung eines volumenorientierten CAD-Systemkerns. Dieses Kernsystem ist vor allem dazu geeignet, im Bereich des Fertigbaus eingesetzt zu werden. Es wurde auf einer Apollo DN 3010 unter UNIX 4.2 BSD in der Implementationssprache C entwickelt. Als Grafikpaket stand GKS Level 2b zur Verfügung. Eine Portierbarkeit auf andere Rechneranlagen ist bei Vorhandensein von UNIX, C-Compiler und GKS gewährleistet.

Was bietet dieses System?

Hierzu einige Erläuterungen anhand von zentralen Begriffen:

Volumenorientiertes Konstruieren ist ein Konstruktionsverfahren das dem Benutzer stets die vollständige Beschreibung des zu konstruierenden Körpers permanent zur Verfügung stellt. Dadurch sind die Änderungen im 3D-Bereich sofort ersichtlich. Ebenfalls möglich sind jedwede Manipulationen an dreidimensonalen Objekten. Die Flächenerkennung erfolgt auf grafischen Grundelementen vollautomatisch im dreidimensionalen Bereich.

Die grafischen Segmente von GKS werden mittels eines AVL-Baumes verwaltet, dieses bedingt einen schnellen Zugriff auf vorhandene Datenstrukturen. Ebenfalls bestehen Bemaßungs- und Parametrisierungsmöglichkeiten. Parametrisierte Körper können in/aus selbsterzeugten Bauteilklassen abgespeichert und geladen werden. Die Benutzerführung ist menügesteuert, das heißt der Benutzer konstruiert durch Anwahl von Funktionen in hierarchisch angeordneten Menüs. Oft gebrauchte Funktionen sind in einem frei belegbaren Funktionstastenbereich ständig anwählbar.

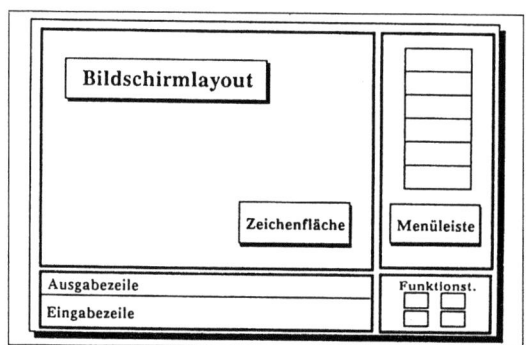

Abb. 1: Bildschirmlayout von SOLA-CAD

BEWEHRUNGSHELFER – Ein Expertensystem für die Bewehrungskonstruktion

Bernd Kröplin

Universität Stuttgart
Institut für Statik und Dynamik der Luft- und Raumfahrtkonstruktionen

1. Problemstellung

Die Akzeptanz von CAD im Bauwesen ist im Vergleich zu anderen Industriezweigen vergleichsweise gering. Wesentliche Gründe dafür sind:

- Ein Datentransfer zwischen etablierten Programmsystemen (etwa Statikprogrammen) und CAD ist meist nicht möglich.
- Ein CAD-System unterstützt den eigentlichen Konstruktionsprozeß nur unvollkommen; konstruktionsspezifische Daten, DIN- und Konstruktionsregeln sowie die Bedeutung der graphischen Elemente sind dem CAD-System unbekannt.

2. Konzeption des BEWEHRUNGSHELFERs

Der BEWEHRUNGSHELFER versucht eine Verbindung zwischen Statik- und Bemessungsprogrammen, wissensbasierter Konstruktion und CAD zu schaffen und so CAD für den Konstrukteur im Bauwesen wirtschaftlich anwendbar zu machen. Das Programm wurde zunächst für Stahlbeton-Durchlaufträger mit Standardquerschnitten realisiert; Erweiterungen für Fundamente, Stützen und Platten (Decken) befinden sich z. Zt. in der Entwicklung bzw. Konzeption.

3. Arbeitsweise des BEWEHRUNGSHELFERs

Der BEWEHRUNGSHELFER unterstützt den Ingenieur bei der Konstruktion der Bewehrung eines Durchlaufträgers im Stahlbetonbau. Er erarbeitet auf der Grundlage der Statik des Durchlaufträgers unter Beachtung von DIN- und Konstruktionsregeln einen Bewehrungsvorschlag. Dieser kann automatisch oder im Dialog mit dem Konstrukteur erzeugt werden. Der BEWEHRUNGSHELFER kommuniziert mit einem CAD-System und kann somit die Darstellungen des Bauteils, der erzeugten Bewehrung und des abgedeckten Stahlquerschnitts in Zug- und Schubkraftdeckungslinien übernehmen.

Nach Abschluß des Bewehrungsvorschlages kann die Konstruktion mit den Möglichkeiten des CAD-Systems und den erweiterten BEWEHRUNGSHELFER-

Funktionen weiter bearbeitet und optimiert werden. Die automatisch mitgeführte Stahlliste, sowie die erzeugten Bilder können zum Plan zusammengebaut und auf einen Plotter ausgegeben werden.

Zur Erstellung eines Bewehrungsvorschlages wird „Expertenwissen" benötigt. Dies kann Regeln, Tabellen und Formeln der DIN-Normen, firmenspezifisches Konstruktionswissen aber auch spezielle Arbeitsweisen des Konstrukteurs umfassen. Für die Verarbeitung des Expertenwissens sind herkömmliche Programmiersprachen weniger geeignet, da sie mathematisch eindeutige Tatsachen und eine sequentielle Vorgehensweise unterstützen. Deshalb arbeitet das Programmsystem mit dem Regelinterpreter DECIDE, der die auf externen Dateien abgelegten Regeln verarbeiten kann. Diese Regeln können in deutscher Sprache in wenn-dann-sonst-Bedingungen oder in Tabellenform formuliert und problemlos dem jeweils aktuellen Stand des Wissens oder der DIN-Norm angepaßt werden. Immer dann, wenn Expertenwissen für die Konstruktion benötigt wird, ruft der BEWEHRUNGS-HELFER den Regelinterpreter DECIDE auf und läßt sich die vorhandenen Informationen über einen Parameter (z.B. Verankerungslänge) unter Berücksichtigung aller eingetragenen Regeln zurückgeben.

Fazit: Der BEWEHRUNGSHELFER schafft eine Verbindung zwischen Statik-Programmen, wissensbasierter Konstruktion und CAD.

Herstellernachweis

Das Programm BEWEHRUNGSHELFER ist eine Gemeinschaftsentwicklung von:
- Universität Dortmund, Anwendung Numerischer Methoden im Bauwesen
- Ingenieurbüro Krebs und Kiefer, Darmstadt
- BAUSOFT GmbH, Harries + Kinkel und Partner, Darmstadt

Ansprechpartner

- Herr Mersch, Universität Dortmund, Abteilung Bauwesen, ANM, Postfach 500500, 4600 Dortmund 50, Tel. 0231-755-4884
- Herr Kreiner, Universität Stuttgart, ISD, Pfaffenwaldring 27, 7000 Stuttgart 80, Tel. 0711-685-3612

Hochschul - Softwaremarkt

Wirtschaftswissenschaften

Entscheidungswerkzeuge zur Unterstützung der Spieler des Unternehmensspiels TOPIC (EUSTOPIC)

Bernd Schiemenz

Universität Marburg
Fachbereich Wirtschaftswissenschaften
Abteilung Allgemeine Betriebswirtschaftslehre und Unternehmensforschung

1. Lehrziele von EUSTOPIC

Das Management von Wirtschaft und Verwaltung sieht sich heute zunehmend komplexeren Systemen gegenüber. Die Zahl der bei den Entscheidungen zu berücksichtigenden Elemente und deren Beziehungen wächst ständig, was zu exponentiell wachsendem Informationsbedarf führt.

Zukünftige, zum Teil aktive, Manager müssen lernen, dieser wachsenden Komplexität Herr zu werden. Neben der Verwendung leistungsfähiger Denkansätze aus dem Bereich der Systemwissenschaften ist dazu die Verwendung von Verfahren der Systemforschung sowie der Informationstechnik erforderlich.

Als gutes Mittel, zu lernen, in komplexen Situationen zu denken und zu handeln, haben sich Planspiele erwiesen. In ihnen lernen die Spieler das Unternehmungsgeschehen modellhaft kennen. Im Rahmen von EUSTOPIC lernen die Spieler gleichzeitig, im Rahmen ihrer Entscheidungsprozesse fortschrittliche Entscheidungswerkzeuge anzuwenden. Darüber hinaus sollen sie in die Lage versetzt werden, diese Entscheidungswerkzeuge weiterzuentwickeln und ihren spezifischen Bedürfnissen anzupassen.

2. Das Unternehmensspiel TOPIC als Grundlage von EUSTOPIC

EUSTOPIC baut auf dem Unternehmensspiel TOPIC auf. Dies ist eines zahlreicher Unternehmensspiele und war ursprünglich, als TOPIC1, auf Großrechnern implementiert. Mittlerweile liegt auch eine Version für (bereits einfache) Personal Computer vor: [1].

TOPIC ist ein Unternehmensspiel mit dem Schwerpunkt Absatz, berücksichtigt aber auch Beschaffung, Produktion und Finanzierung. Vier (in Sonderfällen auch drei) Unternehmungen konkurrieren in ihm hinsichtlich Produktion und Absatz des gleichen Erzeugnisses, eines technischen, in Haushaltungen verwendeten Gebrauchsgutes mit einem Wert von etwa 300,— DM.

Die Unternehmungen stellen das Erzeugnis auf eigenen Fertigungsanlagen her, deren Kapazität sie mittels zusätzlicher Investitionen bzw. durch unterlassene

Reinvestitionen beeinflussen können. Sie müssen die benötigten Werkstoffe auf Lager haben und deshalb rechtzeitig beschaffen. Die Herstellkosten sind von Betriebsgröße und jeweiligem Beschäftigungsgrad abhängig. Durch Verfahrensforschung können sie verringert werden. Neben der sich so ergebenden Eigenproduktion der Fertigerzeugnisse ist auch deren Zukauf (beim Spielleiter) möglich.

Die Erzeugnisse können auf zwei verschiedenen Absatzwegen vertrieben werden: Im Eigenvertrieb beliefert die Unternehmung fünf voneinander unabhängige Märkte. Einer von diesen ist der "Hausmarkt", auf dem die Unternehmung eine besonders starke Stellung besitzt. Ein weiterer Markt ist ein, von den Unternehmungen gleichermaßen umkämpfter, besonders großer Markt.

Direkt beeinflußt werden kann der Absatz durch die Unternehmungen mittels Preis-, Vertriebs-, Werbe- und Produktgestaltungspolitik, wobei die Unternehmungen allerdings nur die monetären Äquivalente, also Preise sowie Aufwendungen für Vertrieb, Werbung und Produktforschung, festlegen können. Diese Maßnahmen bestimmen neben dem Verhalten der Konkurrenten und der allgemeinen Wirtschaftslage den Auftragseingang im genannten Eigenvertrieb. Aufträge im Fremdvertrieb kommen durch Verhandlung mit der Spielleitung zustande.

Entstehende Gewinne können ausgeschüttet oder zur Selbstfinanzierung verwendet werden. Eine Fremdfinanzierung ist in Form langfristiger und mittelfristiger Kredite möglich, deren Umfang von Ertragslage und Vermögensstruktur abhängt. Soweit liquide Mittel vorübergehend oder dauernd nicht benötigt werden, können festverzinsliche Wertpapiere erworben werden, die jederzeit wieder veräußerbar sind. Konkret sind von jeder Spielgruppe in jeder Spielperiode folgende Entscheidungen zu fällen:

– Fertigungsmenge
– Personalaufwendungen
– Stoffkäufe
– Anlageninvestitionen
– Verfahrensforschung
– Aufnahme langfristiger Kredite
– Aufnahme mittelfristiger Kredite
– Tilgung mittelfristiger Kredite
– Ankauf Wertpapiere
– Verkauf Wertpapiere
– Gewinnausschüttung
– Werbungsaufwendungen (jeweils für die Märkte 1 - 5)
– Vertriebsaufwendungen (jeweils für die Märkte 1 - 5)
– Preise (jeweils für die Märkte 1 - 5)
– Produktforschung
– Sonstige Aufwendungen.

Aus diesen absatzbezogenen, finanzbezogenen und produktionsbezogenen Entscheidungen werden durch das Reaktionsmodell des Unternehmensspiels die entsprechenden Konsequenzen berechnet. Denn im Reaktionsmodell sind entsprechende Moduln zur Abbildung des Marktes, der Produktionswirtschaft und der Finanzwirtschaft enthalten. Die Berechnungsergebnisse werden den Unternehmungen zurückgegeben, die nun aufgrund manueller Planung die Entscheidung für die nächste Periode fällen. Diese manuelle Berechnung ist für die erste Periode sinnvoll, damit die Spieler gezwungen werden, die Zusammenhänge gründlich kennenzulernen. In späteren Perioden des Spielverlaufs wirkt sie jedoch ermüdend und verhindert darüber hinaus, daß die Konsequenzen verschiedener Entscheidungsalternativen berücksichtigt werden. Hier setzt EUSTOPIC an und stellt darüber hinaus zahlreiche Möglichkeiten bereit, die die moderne Informations- und Kommunikationstechnik heute bietet. Die einzelnen, dazu entwickelten Moduln wurden auf dem Hochschul-Softwaremarkt (neben einer kurzen Demonstration von TOPIC) vorgeführt und werden im Folgenden kurz erläutert.

3. Die Bestandteile von EUSTOPIC

3.1 Das Hilfesystem von EUSTOPIC

Den Spielern von EUSTOPIC steht umfangreiche Hilfe verschiedener Art und auf unterschiedlichen Ebenen zur Verfügung. Am umfassendsten ist ein speicherresidentes Hilfesystem, das aus jeder Spielsituation heraus aufgerufen werden kann und das Informationen zur eigenen Nutzung sowie zur Nutzung der anderen Moduln enthält.

Nach Drücken der Tasten ALT-F1 erscheint von jeder Planungssituation aus (außer wenn gerade Grafiken gezeigt werden) ein Hilfefenster, in dem Schlüsselwörter hell unterlegt sind. Diese führen zu weiteren Fenstern mit Schlüsselwörtern oder zu diese erläuternden Texten, die ihrerseits wiederum Schlüsselwörter enthalten können, die zu entsprechenden Erläuterungen führen. Die einzelnen Fensterinhalte sind also nicht hierarchisch sondern beliebig miteinander vernetzt.

Weitere Hilfen sind in den anderen Moduln implementiert. Dort können nicht nur erläuternde Texte zu den Menü-Optionen angefordert werden. Man kann auch durch Drücken der Tasten SHIFT-F1 zahlreiche Begriffe, auf denen der Cursor gerade steht, erläutern lassen. Die Verwendung eines Tabellenkalkulationssystems für die Moduln Planung und Prognose bringt es darüber hinaus mit sich, daß man die Modellbeziehungen als Verknüpfung zwischen den Elementen auf einfache Weise in der Meldezeile ablesen kann.

3.2 EUSTOPIC - Planung

EUSTOPIC-Planung umfaßt eine umfangreiche Kalkulationstabelle (mit ca. 40 Untertabellen), die mittels des entsprechenden Moduls von OPEN ACCESS II erstellt wurde. Die Tabelle besteht im wesentlichen aus drei Teilen, nämlich für

a) ENDE
b) GEHEZU
c) GRAPHIKEN
  ca) KURZFRISTIG
    caa) FINANZEN
    cab) ZURÜCK
  cb) MITTELFRISTIG
    cba) ABSATZ
    cbb) BILANZ
      cbba) AKTIVA
      cbbb) PASSIVA
      cbbc) UMLAUFVERMÖGEN
      cbbd) ZURÜCK
    cbc) KOSTEN
      cbca) KOSTENANTEILE
      cbcb) ZURÜCK
    cbd) ZURÜCK
  cc) LANGFRISTIG
    cca) ABSATZ
  ccb) ZURÜCK
  cd) ZURÜCK
d) HILFEN
e) KONTROLLE
  ea) SOLL_IST_VERGLEICH
    eaa) ENDE
  eab) ISTWERTE_ÜBERNEHMEN
  eb) SOLLWERTE_SPEICHERN
  ec) ZURÜCK

f) PLANUNG
  fa) PLANABSTIMMUNG
    faa) ABSTIMMUNG_ENDE
    fab) MITTELFRISTIG
    fac) LANGFRISTIG
    fad) ZURÜCK
  fb) PRÜFEN
    fba) KURZFRISTIG
    fbb) MITTELFRISTIG
    fbc) LANGFRISTIG
    fbd) ZURÜCK
  fc) ROLLEN
    fca) LANGFRISTIG
    fcb) MITTELFRISTIG
    fcc) ZURÜCK
  fd) ÜBERTRAGEN
    fda) KURZMITTEL
      fdaa) KEINE_FORT SCHREIBUNG
      fdab) VERÄNDERTE_ FORTSCHREI-
            BUNG
    fdb) MITTELKURZ
    fdc) MITTELLANG
      fdca) KEINE_FORTSCHREIBUNG
      fdcb) VERÄNDERTE_FORT-
            SCHREIBUNG
    fdd) LANGMITTEL
      fdda) GLEICHVERTEILUNG
        fddaa) ÜBERNAHME
        fddab) NEUEINGABE
      fddb) GEWICHTUNG
        fddba) ÜBERNAHME
        fddbb) NEUEINGABE
    fde) ZURÜCK

g) RECHNEN
  ga) ALLES
  gb) KURZFRISTIG
  gc) MITTELFRISTIG
  gd) LANGFRISTIG
  ge) ZURÜCK

h) TRANSFER
  ha) ABLEGEN
  hb) DATEN_LESEN
  hc) ENTSCHEIDUNGSAUSGABE
  hd) ZURÜCK

Abb.1: Menüstruktur von EUSTOPIC-Planung

kurzfristige Planung über ein Quartal, für mittelfristige Planung über vier Quartale und für langfristige Planung über vier Jahre. Zwischen diesen Teilen ist ein Datentransfer in beide Richtungen möglich, verbunden mit Aggregation und Disaggregation. Um dem Aspekt Rechnung zu tragen, daß die Plandaten der Folgeperiode in der folgenden Periode zu Daten der laufenden Periode werden, ist ein Rollen der Periodendaten möglich. Die wesentlichen Funktionen des Moduls gehen aus der als Abb. 1 beigefügten Menüstruktur hervor.

3.3 EUSTOPIC - Information

EUSTOPIC-Information ist mittels des Programmierers von OPEN ACCESS erstellt und baut auf dessen Datenbankteil auf.

Die Menüoptionen der Arbeitsoberfläche

a) ABFRAGE_MENÜ
   aa) AKTUELLEN_DATENSATZ_ABFRAGEN
   ab) AKTUELLEN_DATENBEREICH_ABFRAGEN
   ac) HILFE

b) SUCHE_MENÜ
   ba) UNTERNEHMEN
   bb) MARKT
   bc) NAME
   bd) GRUPPE
   be) INDEX
   bf) MARKIERUNG
   bg) SPRINGE_ZU_DATENSATZNR
   bh) SUCHE_WIEDERHOLEN
   bi) HILFE

c) SORTIERE_MENÜ
   ca) PERIODE
   cb) MARKT
   cc) UNTERNEHMEN
   cd) INDEX
   ce) NAME
   cf) GRUPPE
   cg) MARKIERUNG
   ch) HILFE

d) MARKIERUNGS_MENÜ
   da) DATENSATZ_MARKIERUNG_ÄNDERN
   db) JA_MARKIERTE_DATENSÄTZE_ANZEIGEN
   dc) JA_MARKIERTE_DATENSÄTZE_AUF_NEIN
   dd) HILFE

e) PREISBERECHNUNG_BEREICH

f) KONTOINFORMATION

g) PAßWORT_LÖSCHEN

h) HILFE

i) ARBEITSOBERFLÄCHE_VERLASSEN

Abb. 2: Die Menüstruktur von EUSTOPIC-Information

Mittels EUSTOPIC-Information werden den Spielern die Daten der vergangenen Spielperioden zugänglich gemacht. Sie können sich Einzeldaten, Datengruppen oder Standardberichte gegen (kalkulatorische) Kostenberechnung auf Bildschirm und ihre Unternehmensdiskette ausgeben lassen. Die auf Diskette ausgegebenen Datensätze können mittels der Moduln von OPEN ACCESS II abgefragt oder zu Tabellen, Grafiken usw. weiterverarbeitet werden.

Zur Auswahl können sich die Spieler alle abgespeicherten Datensätze, Datensätze hinsichtlich eines komfortabel eingrenzbaren Bereiches oder auch von ihnen selbst zuvor markierte Datensätze in eine Arbeitsoberfläche holen. In dieser werden die Inhalte der Datensätze, außer dem eigentlich interessierenden Wert (der den Spielern nur gegen Kostenverrechnung aufgedeckt wird), dargestellt. In der Arbeitsoberfläche kann gezielt nach Daten gesucht werden. Sie können sortiert oder markiert werden und anderes. Die einzelnen Operationen sind über ein Menü aufrufbar. Dieses ist in Abb. 2 dargestellt. Zur Beschleunigung des Verfahrens ist aber auch ein Aufruf der Optionen mittels Funktionstasten möglich.

3.4 EUSTOPIC - Prognose

EUSTOPIC-Prognose ist ebenso wie EUSTOPIC-Planung mit Hilfe des Kalkulationsteils von OPEN ACCESS erstellt. Der Modul gibt Hilfestellung bei der Absatzprognose. Er folgt dem Decision-Calculus-Ansatz, d. h. er ermöglicht es dem Spieler, subjektive (Schätz-) und objektive Daten mittels eines Spreadsheets solange durchzurechnen, bis der Spieler das Gefühl hat, daß die Prognose so stimmen könnte. Die Leistungsfähigkeit dieses Moduls ist allerdings deshalb begrenzt, weil die Spielergebnisse genauso von den Entscheidungen der drei Konkurrenzunternehmungen abhängen wie von den eigenen Entscheidungen. Zur Prognose müssen deshalb die Entscheidungen der Konkurrenzunternehmungen geschätzt werden, was den Prognoseaufwand wesentlich erhöht. Das ist jedoch kein Man-

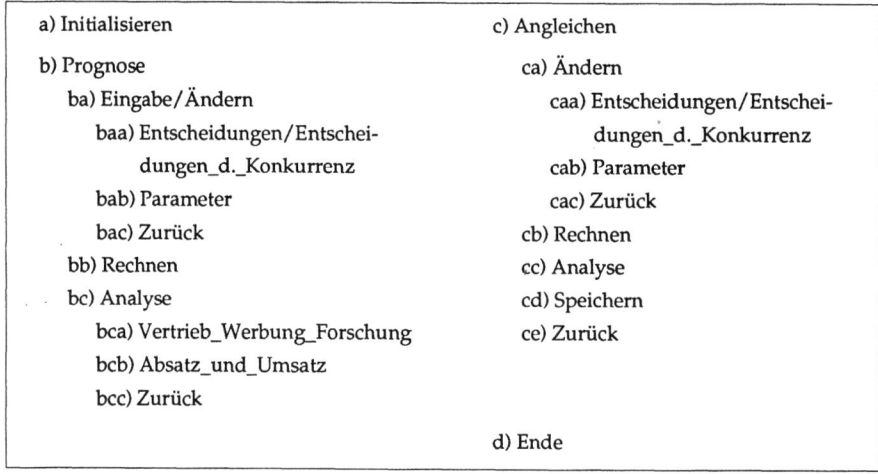

Abb. 3: Menüstruktur von EUSTOPIC-Prognose

gel des Prognoseverfahrens, sondern resultiert aus der zugrundeliegenden oligopolistischen Marktstruktur, die Prognosen stets sehr erschwert.

Zur Verbesserung der Prognosegüte ist der Modul lernfähig konzipiert. Das Prognosemodell wird aufgrund eines Vergleichs von Istwerten und vergangenen Prognosewerten regelmäßig angepaßt. Die Menüstruktur von EUSTOPIC-Prognose findet man in Abb. 3.

3.5 EUSTOPIC - Optimierung

EUSTOPIC-Optimierung ist in BASIC geschrieben. Es soll den Spielern des Unternehmensspiels ermöglichen, einige ihrer Entscheidungen, insbesondere die des Absatzbereichs, zu optimieren. Darüber hinaus bietet EUSTOPIC-Optimierung die Möglichkeit, die Auswirkungen alternativer Entscheidungen im Sinne von "Was wäre wenn..-Analysen" abzuschätzen.

```
a) E: Schätz- und Startwerte für              d) A: Anzeigen der Ergebnisse
      alle Unternehmen eingeben                   da) P: Ergebnisse d. Produktforschung
                                                  db) V: Ergebnissed.Verfahrensforschung
                                                  dc) M: Ergebnisse d. Marktoptimierung
                                                  dd) X: Zum Hauptmenü

b) P: Parameter für die Optimierung
      ba) F: Festlegen der zu optimierenden    e) W: Was wäre, wenn..
            Variablen
      bb) B: Änderung der Optimierungs-
            bereiche                           f) U: Übernahme der optimierten Entschei-
      bc) N: Änderung weiterer Parameter            dungen
      bd) X: Zum Hauptmenü

c) S: Starten der Optimierung                  g) X: Beenden des Optimierungsteils
      ca) M: Marktoptimierung
      cb) P: Analyse der Produktforschung
      cc) V: Analyse der Verfahrensforschung
      cd) K: Heuristik für Kredite + Wertpapiere
      ce) A: M,P und K hintereinander aufrufen
      cf) X: Zum Hauptmenü
```

Abb. 4: Menüstruktur von EUSTOPIC-Optimierung

Ähnlich wie im Modul Prognose müssen auch hier in beiden Fällen die Entscheidungen der konkurrierenden Unternehmungen geschätzt und zusammen mit Schätzwerten einiger Parameter eingegeben werden. Optimierung und "Was wäre wenn..-Analyse" erfolgt dann mittels eines Reaktionsmodells, daß als "Black Box" in EUSTOPIC-Optimierung enthalten ist. Es handelt sich um das gleiche Modell, das der Spielleiter zur Errechnung der Wirkungen der Entscheidungen der Unternehmungen verwendet. Durch Änderung der Parametereinstellungen läßt sich jedoch dem Aspekt, daß ein "Optimierungsmodell" nie identisch ist mit der Realität (die hier durch das Reaktionsmodell des Spielleiters symbolisiert ist), beliebig Rechnung tragen. Auch für diesen Modul möge die in Abb. 4 dargestellte Menüstruktur einen kurzen Eindruck der vorhandenen Möglichkeiten geben.

4. Die verwendeten Endbenutzerwerkzeuge OPEN ACCESS und QHELP

Wie bereits erwähnt, ist das Hilfesystem unter Verwendung von QHELP und sind die Moduln Planung, Information und Prognose unter Verwendung von OPEN ACCESS erstellt. Beide Endbenutzerwerkzeuge stehen den Spielern zur Verfügung. Diese sind deshalb, im Prinzip und soweit Zeit verbleibt, in der Lage, sowohl das Hilfesystem durch eigene Anmerkungen zu komplettieren als auch die vielfältigen Möglichkeiten des integrierten Endbenutzerwerkzeugs OPEN ACCESS zur Vervollkommnung ihrer Entscheidungswerkzeuge zu nutzen. Auch können sie ergänzend dessen Desk-Manager (mit simuliertem Taschenrechner und Notizblock) verwenden. Da OPEN ACCESS und QHELP zwar Grundlage, aber nicht Bestandteil von EUSTOPIC sind und an anderer Stelle dokumentiert sind z.B. [1] und [2], kann hier auf deren nähere Erläuterung verzichtet werden.

5. Der Einsatz von EUSTOPIC

EUSTOPIC wird seit dem Sommersemester 1989 bis auf weiteres jedes Semester am Fachbereich Wirtschaftswissenschaften der Philipps-Universität Marburg im Rahmen von Blockveranstaltungen eingesetzt. Sie laufen von montags bis freitags, jeweils von 8.00 - 18.00 Uhr und finden in dem CIP-Pool des Fachbereichs statt. Jede Unternehmung mit jeweils 5 - 6 Teilnehmern kann auf 2 und mehr PCs für ihre Entscheidungsfällung zurückgreifen. Darüber hinaus stehen 2 "Informationsrechner" zur Verfügung, auf denen EUSTOPIC-INFORMAT implementiert ist. Der Spielleiter verfügt außerdem über einen Spielleiterrechner zur Errechnung der Spielergebnisse. Auch einige andere Universitäten planen den Einsatz von EUSTOPIC. Weitere Informationen kann man dem Beitrag "Ein Entscheidungslabor auf der Basis von EUSTOPIC" des Verfassers im vorliegenden Band entnehmen.

Literatur

1. Alkier, L., Einführung in MS-DOS und Open Access II, 2. Aufl., München 1989.
2. Vankekerix, M.: QHELP, Public Domain Programm
3. IBM PC Unternehmensspiel - Unternehmens-Planspiel, IBM Form SR 12-8418-0).

"BWL Info" – Das betriebswirtschaftliche HyperText MultiMedia Informationssystem auf Apple Macintosh

Eric Schoop und Reinhold Gatzka

Universität Würzburg
Lehrstuhl für Betriebswirtschaftslehre und Wirtschaftsinformatik

1. Umgebungsbedingungen und Zielsetzung

Wir leben im Informationszeitalter. Entscheidend für den Wissenserwerb wird in künftigen Jahren weniger die Methodik des Lernens alleine sein, als vielmehr, aus der Flut auf uns einstürzender Informationen nach bestimmten Kriterien zu selektieren. Da schon heute ein beachtlicher Teil des archivierten Wissens auf elektronischen Medien vorliegt, kommt gerade der Unterstützung des Lehr- und Lernbereichs durch spezielle Software entscheidende Bedeutung zu.

Das HyperText MultiMedia Informationssystem "BWL Info" des Lehrstuhls für Betriebswirtschaftslehre und Wirtschaftsinformatik der Universität Würzburg, Prof. Dr. R. Thomé, soll als *interaktives Lehr-, Lern- und Informationssystem* die universitäre Ausbildung in den Fächern Betriebswirtschaftslehre, Wirtschaftsinformatik und Logistik bereichern. Es ist als Langzeitprojekt in Kooperation mit der Firma Apple Computer Deutschland GmbH konzipiert. Das fertige Informationssystem soll als CD Rom (compact disk read only memory) Universitäten und betrieblichen Schulungszentren zur Ergänzung klassischer Unterrichtsmethoden durch Selbstlern-Arbeitsplätze angeboten werden.

2. HyperText und MultiMedia

HyperText-Konzepte, wie sie u.a. durch das Softwarewerkzeug HyperCard der Firma Apple realisiert wurden, eignen sich in idealer Weise dazu, den Benutzer als Lernenden aktiv in die Arbeitsumgebung einzubinden, ohne ihn gleichzeitig im Stile der heute bekannten Autorensysteme eng an Vorgaben angelehnt zu führen. Der Begriff HyperText wurde vor über 23 Jahren von Ted Nelson geprägt und bedeutet "nonsequential writing" [3], S. 238. Informationsknoten (Einzelfragmente) werden durch sogenannte HyperLinks assoziativ miteinander verknüpft. In Hypertexten entscheidet daher der Benutzer per Mausklick selbst, auf welchem Weg und in welchem Detaillierungsgrad er sich durch das dargebotene Stoffgebiet (von Information zu Information entlang der unsichtbaren Links) manövriert. Aus diesem Grunde und wegen des Vorteils der Verarbeitung unformatierter Informationen, also Texte beliebiger Länge, in denen nach Worten oder

Wortteilen gesucht werden kann, wurde HyperCard als Basissoftware für die Programmentwicklung ausgewählt. Für eine ausführliche Darstellung des HyperText-Konzeptes sei beispielhaft verwiesen auf [2].

Der Begriff MultiMedia steht für die Speicherung und Darstellung von Informationen in Form formatierter Daten, als Text, Grafik, Stand- oder Bewegtbild (Bildplattenspieler, Videorecorder), Sprache, Geräusche, Simulation oder Animation. Die richtige, themenangepaßte Wissensrepräsentation durch alternative Medien hilft, den Lernenden zu motivieren und unterstützt gleichzeitig, wie amerikanische Studien ergeben haben, in erheblichem Maße, wie gut das Erlernte auch künftig in Erinnerung bleibt. Detailliertere Beschreibungen von Multimedia-Produkten und -Anwendungen können [1] entnommen werden.

3. Programmbeschreibung

"BWL Info" präsentiert sich dem Benutzer in dieser Kombination aus HyperText und MultiMedia. Es setzt sich aus einem Informationsteil zum Wissenserwerb (Instruktion) und einem Werkzeugteil für die Unterstützung administrativer Tätigkeiten (Administration) zusammen. Ein Wechsel zwischen beiden Bereichen und auch das Übertragen von Informationen ist jederzeit möglich.

Der Informationsteil beinhaltet auf oberster Ebene Kurzfassungen aller Themengebiete der modernen Betriebswirtschaftslehre (d.h. inclusive Wirtschaftsinformatik und Logistik). Diese Abstracts sind als untereinander begrifflich ver-

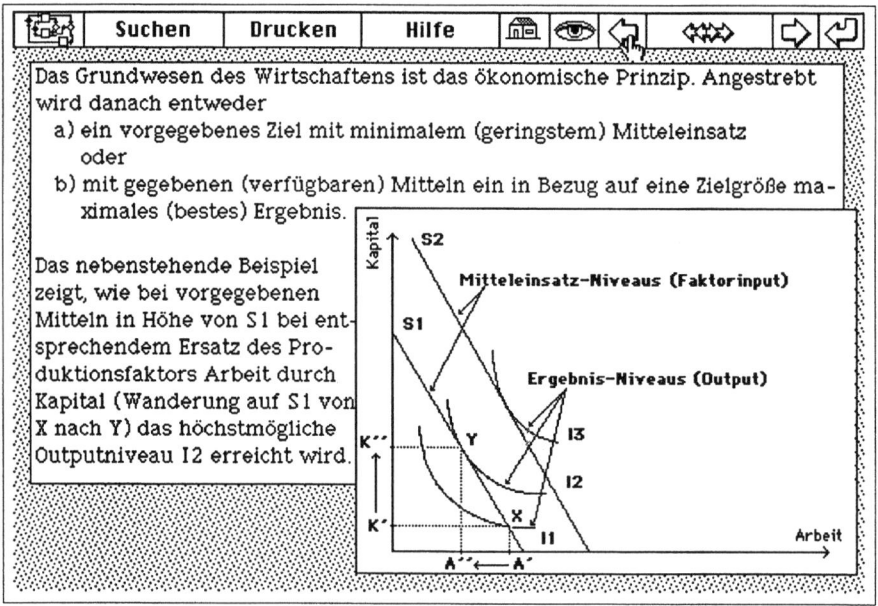

Abb. 1: *Beispielbildschirm von "BWL Info"*

netztes HyperText-System (durch "*" gekennzeichnet) konzipiert, verweisen auf aktuelle Sekundärliteratur und erlauben ein schnelles, assoziativen Gedankengängen folgendes Information Browsing (ähnlich, wie man es vom Durcharbeiten von Lexika kennt, wo Begriffe auf Unterbegriffe verweisen, die beim Nachschlagen wiederum neue Referenzen nennen). In der Vertiefung der Themenerklärungen ergänzen grafische Darstellungen, Stand- und Bewegtbilder, Sprache und akustische Effekte die lexikalischen Kurzerläuterungen und geben im Rahmen kurzer Simulationen und Beispielsrechnungen dem Anwender die Möglichkeit, aktive Informationsgewinnung zu betreiben (vgl. Abb. 1).

Der administrative Bereich von "BWL Info" beinhaltet gegenwärtig die Integration eines Standard-Textverarbeitungsprogrammes (z.B. MS Word oder MacWrite), eine Adreßverwaltung mit eingebauten Sortier- und Suchfunktionen, ein vollständiges Programm zur Lehrstuhlverwaltung (SIS = Studenten-Informations-System, vgl. Konzeption und Beschreibung einer älteren Version in [4]) und letztlich ein interaktives Autorensystem. Hier werden beliebige Texte erfaßt oder aus Textverarbeitungsprogrammen einkopiert, nachfolgend deskribiert und assoziativ in schon vorhandene Informationsnetze eingebunden. Weitere Programme wie Grafik, Tabellenkalkulation oder Electronic Mail können jederzeit auf einfachste Weise integriert werden.

Der derzeitige Softwarestand von "BWL Info" wurde unter Nutzung der Programme HyperCard, Course Builder, Sound Edit und HyperScan auf Apple Macintosh Arbeitsplatzrechnern erstellt und wird künftig um MacroMind Director Applikationen zur Animationsdarstellung von Material- oder Informationsflüssen ergänzt werden. Das System erlaubt über die Menüleiste eine alternative Informationssuche nach:

- Kapitelüberschrift
- Autor
- beliebig verknüpfbaren Schlagworten (bool'sche Algebra) und
- im Rahmen einer Volltextsuche nach frei einzugebenden Stichworten.

Da man sich aufgrund der freien Verfolgung assoziativer Verknüpfungen beliebiger Informationsfragmente leicht im HyperText verirren kann ("lost in HyperText"), wurden auch hierfür alternative Hilfsinstrumente bereitgestellt:

- Eine allgemeine Bedienungshilfe, aufgebaut als Lernprogramm, auf Wunsch mit Test und Erfolgskontrolle
- Standortausweis mit der Möglichkeit hierarchisch auf- und absteigender Navigation (vgl. Abb. 2)
- jederzeitige Ausgabe des bisherigen Bewegungsprotokolls, wobei zu beliebigen schon gestreiften Themenpunkten zurückgesprungen werden kann
- die Home-Taste zur Rückkehr auf die Ausgangskarte
- das "Auge", um jederzeit alle anklickbaren Positionen aufgezeigt zu bekommen, und letztlich
- die immer verfügbare Standard-HyperCard-Menüleiste.

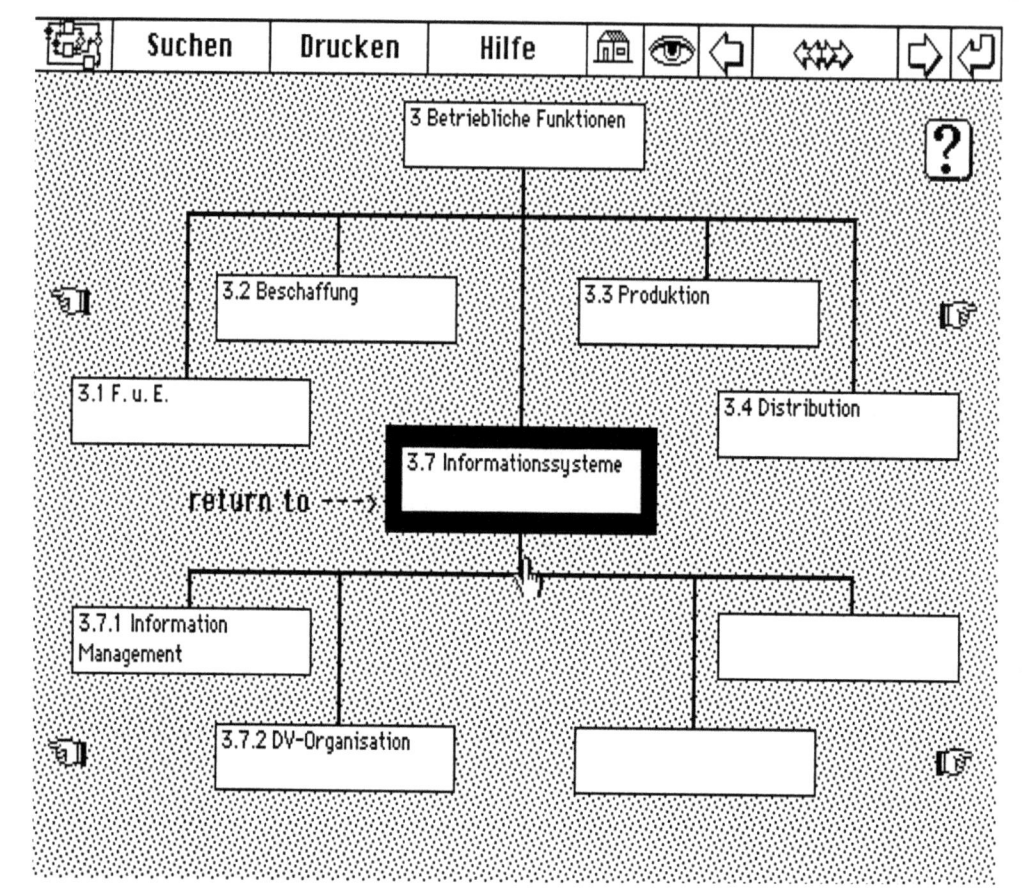

Abb. 2: Grafisch unterstützte Navigationshilfe

4. Zusammenfassung und Ausblick

"BWL Info" ist als offenes, modulares HyperText-Informationssystem über die Betriebswirtschaftslehre konzipiert und erlaubt die Einbindung von Beiträgen beliebig vieler Autoren. Um die obenstehend aufgezeigten Grundfunktionen und den allgemeinen Orientierungsrahmen aufrechtzuerhalten, wurden feste Normierungen als "Lehrstuhl Stack Guide Lines" ausgegeben. Diese müssen bei allen Beiträgen strikt eingehalten werden.

Ein erster Prototyp des Informationssystems konnte anläßlich des 11. internationalen Forums der EAIR (European Association for Institutional Research) im Rahmen der begleitenden Softwareausstellung vom 28.-30.08.89 in Trier vorgeführt werden. In den nächsten Monaten wird das schon existierende Grundgerüst an Beschreibungen betriebswirtschaftlicher Zusammenhänge durch detaillierte Ausarbeitungen mit Beispielen und Visualisierungen im Rahmen studentischer Seminar- und Diplomarbeiten ergänzt werden. "BWL Info" ist damit eine elektronisch gestützte, ständig in Aktualisierung befindliche, multimediale Informationsdatenbank, deren Nutzung durch Studenten der Betriebswirtschaftslehre an Selbstlern-Arbeitsplätzen eine völlig neuartige Ergänzung der bisherigen Wissensakquisition mittels Lehrbüchern darstellt.

Literatur

1. Apple Computer GmbH: Apple und Multimedia, Broschüre, 1988
2. Conklin, E.J.: Hypertext: An Introduction and Survey, IEEE Computer 20, Sept. 1987, S. 17-41
3. Fiderio, J.: A Grand Vision, S. 237-244 in BYTE, Oktober 1988
4. Schoop, E./Freudensprung, K.: Systementwicklung. Mit SIS stets auf dem neuesten Stand. Das Studenteninformationssystem an der Universität Würzburg, WiSt, Heft 4, April 1989, Seiten 197-198.

Rechnerunterstützte interaktive Lernprogramme für die Betriebswirtschaftslehre an der Universität Würzburg

Alexandra Seitz

Universität Würzburg
Fachbereich Wirtschaftsinformatik

1. Einleitung

Aus lernpsychologischen Untersuchungen ist bekannt, daß man 25% von dem, was man hört, behalten kann, 45% von dem, was man hört und sieht, und 70% von dem, was man tut.

Das menschliche Gehirn arbeitet nicht abstrakt sequentiell, sondern überwiegend visuell, assoziativ und sprunghaft im Sinne spontaner Reaktion auf aktuelle Umgebungseinflüsse. Daher sollten gerade im Bereich der akademischen Lehre, die als Ausbildungsziel die Förderung von Charaktereigenschaften wie Persönlichkeit, Individualität, Kreativität und selbständiges Denken für sich in Anspruch nimmt, entsprechende Instrumentarien zur Unterstützung eingesetzt werden.

Die herkömmlichen Unterrichtsmedien wie Tafel und Kreide, Folienstifte und Overhead-Projektion sowie das Arbeiten in Bibliotheken mit Zettel- und Karteikästen müssen teilweise ersetzt werden. Adäquat wäre der Einsatz von interaktiven Lernsystemen im Bereich Aus- und Weiterbildung. Hierbei kann sich der Schüler gleichermaßen lesend als auch selbst handelnd weiterbilden. Die Vorteile des Lernens mit interaktiven Systemen sind:

- der Lernstoff kann zu einer beliebigen Zeit durchgearbeitet werden,
- der Schüler kann sein Arbeitstempo selbst bestimmen; er steht in einer Eins-zu Eins-Beziehung zu dem Lernsystem, d.h. Probleme der Über- bzw. Unterforderung, Hemmschwellen oder die Angst, sich zu blamieren, können nicht auftreten,
- obwohl Schüler beim Lernen mit interaktiven Systemen weniger Zeit als bei herkömmlichen Methoden benötigen, um sich den Stoff zu erarbeiten, liegt der Behaltensgrad wesentlich höher als bei bisherigen Trainingsmethoden und
- aktuelle praktische Beispiele können jederzeit inkrementell in eine Applikation eingebunden werden.

Die Werkzeuge, mit denen die auf dem 3. CIP-Status-Kongreß vorgestellten Lernprogramme entwickelt wurden, sind Clipper und Turbo Pascal 3.0 auf dem IBM PS/2. Die Entwicklung der Lernsysteme erfolgte im Rahmen von Seminararbeiten am Lehrstuhl für Betriebswirtschaftslehre und Wirtschaftsinformatik von Prof. Dr. R. Thomé.

Ihre Zielsetzung ist es, jeweils ein abgegrenztes Teilgebiet der BWL verständlich und umfassend abzubilden, so daß sich ein Benutzer anhand von praktischen Beispielen und mit Textinformationen in das gewünschte Wissensgebiet einarbeiten kann. Die vorgeführten Lernprogramme decken jeweils eines der folgenden BWL-Themengebiete ab:

- Ermittlung der optimalen Bestell-Losgröße nach dem Andler-Verfahren
- Brutto-Netto-Bedarfsabgleich nach der klassischen Methode
- Brutto-Netto-Bedarfsabgleich mittels der Engpaßorientierten Disposition (EOD)
- Fertigungsauftragseinplanung mittels der Bestandsgeregelten Durchflußsteuerung (BGD)
- Bestellabwicklung mittels Fortschrittszahlen (FZ)
- Bestellabwicklung mittels KANBAN

Alle Lernprogramme sind den Betriebswirtschafts-Studenten in den CIP-Pools der wirtschaftswissenschaftlichen Fakultät zugänglich und werden bereits rege in Anspruch genommen. Es folgen die Kurzbeschreibungen zu den einzelnen Programmen:

2. Ermittlung der optimalen Bestell-Losgröße nach dem Andler-Verfahren

Das Programm "ANDLER" ist ein Informations- und Rechenprogramm zur Problematik der Bestimmung der optimalen Losgröße mit Hilfe des klassischen Losgrößenmodells. Es enthält neben einem Informationsteil, der einen methodischen, in einzelne Kapitel untergliederten, Überblick zur Entstehung des Losgrößenmodells bietet, einen Rechenteil, in dem folgende Varianten des Modells vom Anwender selbst durchgerechnet werden können:

- Klassisches Losgrößenmodell,
- Modell mit Fehlmengen bei vorgemerkter Nachfrage und
- Modell mit Fehlmengen bei Nachfrageausfall.

Der Grundgedanke aller Bestellmengenverfahren ist die Minimierung der mit der Bestellung und Lagerhaltung verbundenen Kosten. Diese lassen sich in vier Hauptgruppen unterteilen:

- Bestellkosten
- Lagerungskosten
- Fehlmengenkosten
- Kosten des Bestellverfahrens.

Das klassische Losgrößenmodell bildet das Fundament, auf dem alle anderen weiterführenden Modelle aufbauen. Es geht davon aus, daß die Parameter, die die oben genannten Kosten bestimmen, im Zeitverlauf konstant bleiben. Erweiterungen dieses Grundmodells, die sich von diesem durch die Aufhebung beschränkender Parameter unterscheiden, nähern sich entsprechend der Realität.

3. Brutto-Netto-Bedarfsabgleich nach der klassischen Methode

Das Programm stellt dem Benutzer das Klassische Verfahren zur Nettobedarfsermittlung vor. Um einen individuellen Ablauf zu gewährleisten, ist in der Regel nach jedem Schritt eine Betätigung der <Leertaste> durch den Benutzer erforderlich, jedoch kann in weiten Teilen des Programms zwischen automatisiertem und manuellem Ablauf gewählt werden. Die notwendigen Erklärungen durch Text werden in verschiedenen Fenstern eingeblendet und laufende Aktivitäten sind durch Pfeile oder blinkende Darstellungen gekennzeichnet.

Zu Beginn der Animation wird durch Text- und Schaubilddarstellungen auf den Nutzen des Bedarfsabgleichs und dessen Voraussetzungen eingegangen sowie die Speicherung des Produktaufbaus und Produktionsablaufs in Form von Stücklisten verdeutlicht. Nach diesen "Grundlagen" wird durch einen visuellen Ablauf die Zusammenfassung mehrerer Aufträge eines Planungszeitraums zu Bruttobedarfen gezeigt. Diese Bedarfe werden an Lagerbestand und vorgegebene Losgröße angepaßt und werden somit zu Nettobedarfen. Dieser Vorgang der Brutto-Netto-Rechnung wird auf allen Stufen der Fertigungsstückliste durchgeführt.

Mit Abschluß der Nettobedarfsrechnung wird auf den Übergang zur Zeitwirtschaft, insbesondere der Kapazitätsplanung, anhand eines Beispiels eingegangen.

4. Brutto-Netto-Bedarfsabgleich mittels der Engpaßorientierten Dissposition (EOD)

Das EOD-DEMO Lernprogramm verdeutlicht Ziele, Vorgehensweise und Vorteile der engpaßorientierten Disposition in der Fertigung. Die wichtigsten Elemente der Methode werden an einem einfachen Beispiel visualisiert und durch zusätzliche Erläuterungen transparent gemacht. Die engpaßorientierte Disposition als Teil eines PPS-Systems ist ein Verfahren zur Bedarfsauflösung mit Brutto-Nettoabgleich und zur sinnvollen Ermittlung von Fertigungsaufträgen in der Produktion.

Nach dem Starten erscheint die Eröffnungsmaske auf dem Bildschirm. Durch Drücken einer beliebigen Taste gelangt der Benutzer zum Hauptmenü. Mit den Pfeiltasten und <Return> oder den Anfangsbuchstaben der Menüpunkte (z.B. "B" für "Beispiel zeigen") werden die einzelnen Programmteile aufgerufen.

Während des Ablaufs eines Teils kann mit Hilfe des Auswahlmenüs am rechten oberen Rand frei vorwärts und rückwärts "geblättert" werden. Durch Auswahl von "Menü" gelangt man immer in das Hauptmenü zurück. Mit "Programm beenden" im Hauptmenü wird das Lernprogramm verlassen und in die Lernsystem-Begrüßungsmaske zurückgekehrt.

Durch Drücken der Funktionstaste <F1> wird bei allen Eingabemöglichkeiten eine kontextsensitive Hilfefunktion zur Verfügung gestellt. Im Programmteil "Aufgabe lösen" erfolgt bei falschen Antworten durch die Hilfefunktion eine Unterstützung für den Bediener. Zur besseren Orientierung innerhalb des Programms wird am linken oberen Rand neben dem Programmnamen 'EOD-DEMO' der Name des aktuell bearbeiteten Programmteils angezeigt.

Es empfiehlt sich, beim erstmaligen Durchlauf durch das Lernprogramm mit dem Teil "Einführung geben" zu beginnen und dann den Teil "Beispiel zeigen" durchzuarbeiten. Danach können alle Teile frei gewählt werden.

5. Fertigungsauftragseinplanung mittels der bestandsgeregelten Durchflußsteuerung (BGD)

Bestandsgeregelte Durchflußsteuerung (BGD) ist ein Verfahren zur Fertigungs-Feinsteuerung eines Produktionsbetriebs.

Das Prinzip BGD übernimmt die Steuerung der Arbeitsgänge sowie der Halbfabrikate im Produktionsprozeß. Der Wirkungsmechanismus von BGD tritt vor allem dann in Kraft, wenn es bei der Produktion zu Störungen kommt. Da Auftragseinplanungen (BGD vorgelagert) nicht ständig, sondern in festgelegten Abständen vorgenommen werden, ist es nicht möglich, auf Störungen sofort zu reagieren.

Würde ein Einplanungsverfahren versuchen, diese Aufgabe zu übernehmen, so käme es zwangsläufig zu einem Systemzusammenbruch, da alle Berechnungen nach jeder neuen Information, die durch den Produktionsprozeß bereitgestellt wird, erneut durchgeführt werden müßten. Dies würde dazu führen, daß das System ständig rechnet, ohne jemals konkrete Ergebnisse liefern zu können. Deshalb überträgt man die Aufgabe der Fertigungs-Feinsteuerung an einen eigenen Regelkreis, die BGD.

Beim vorliegenden Programm handelt es sich um eine Präsentation von BGD. Diese wird anhand eines Beispiels mit vorgegebenen Werten durchgerechnet, da dies kein System ist, das BGD durchführt, sondern vielmehr die Vorgänge, die durch BGD geregelt werden, möglichst einprägsam verdeutlicht.

Die Animation ist weitgehend selbsterklärend. Am oberen Teil des Bildschirms wird jeweils die Bezeichnung des aktivierten Kapitels und am unteren Bildschirmrand alle Auswahlmöglichkeiten, die dem Benutzer zur Navigation zur Verfügung stehen, angezeigt. Ein Hauptmenüpunkt wird mittels <Leertaste>, den Cursortasten oder dem Anfangsbuchstaben des Kapitels selektiert und mit <Return> aktiviert. Die Bedienung in den verschiedenen Kapiteln beschränkt sich auf die Betätigung der <Return>-Taste, um die Animation fortzuführen und der <Esc>-Taste, um zum Hauptmenü zurückzukehren.

6. Bestellabwicklung mittels Fortschrittszahlen (FZ)

Das FZ-System ist ein sich durch den ganzen Betrieb, von der Materialwirtschaft bis zur Montage- und Versandsteuerung, durchziehendes System von Kennzahlen, das jeweils kumulierte Endwerte darstellt.

Der Grundgedanke ist das Dokumentieren aller Bedarfe und Mengenleistungen über einen Zeitraum hinweg als Summen und nicht, wie bei Werkstattaufträgen, in Stück/Zeiteinheit. Der Begriff Fortschrittszahl läßt sich somit als Mengen-Zeit-Beziehung definieren. Wird die FZ auf Plangrößen bezogen, so ist sie eine Soll-FZ, realisierte Werte bezeichnet man dann als Ist-FZ.

Koordiniert werden die einzelnen Betriebsabläufe, indem man die Soll- mit der Ist-FZ für bestimmte Zeitpunkte vergleicht. Für die Fertigungsplanung bedeutet dies, daß die Soll-FZ die aufaddierte, geplante Produktionsmenge für ein Teil darstellt und die tatsächlich hergestellte Menge dementsprechend die Ist-FZ. Der Anstoß zur Produktionslenkung wird beim FZ-System von der nachgelagerten Stufe im Leistungserstellungsprozeß gegeben (Hol-Prinzip).

Die Verwendung von Fortschrittszahlen ist nicht nur im Produktionsbereich, sondern auch an der Schnittstelle zum Lieferanten geeignet (zwischenbetriebliche Bestell- und Liefer-FZ).

Beim Simulationsprogramm wird eine Reihenfertigung mit drei Maschinen betrachtet. Die Endprodukte der einen Maschine sind die Ausgangsprodukte der nächsten. Als Parameter werden die Produktionskapazitäten, Transportkapazitäten, Input-Output-Verhältnisse, Lagerbestände und die Planfortschrittszahlen für 6 Perioden eingegeben. Nach der Durchführung des Simulationslaufs mit den eingegebenen Parametern erfolgt eine abschließende Auswertung der Ergebnisse.

6. Bestellabwicklung mittels Kanban

Das Ziel von Kanbansystemen ist die Reduktion von Materialbeständen und gleichzeitig die Gewährleistung einer hohen Termintreue. Hierzu wird als grundlegendes Prinzip der Materialflußsteuerung das Hol-Prinzip angewandt. Das benötigte Material am Arbeitsplatz muß bei der vorgelagerten Stufe abgeholt bzw. der Auftrag zur Abholung an das Transportsystem weitergeleitet werden.

Um das Hol-Prinzip mit möglichst einfachen Mitteln zu realisieren, wird als Informationsträger die Kanbankarte verwendet. Auf der Kanbankarte müssen mindestens die Informationen über Menge und Art der Bestellung beim vorgelagerten Arbeitsplatz enthalten sein, wobei die Mengenangaben für die Bestellung, die sich auf der Kanbankarte befinden, immer konstant sind. Die Karte pendelt zwischen der Materialquelle und der das Material verbrauchenden Stelle hin und her. Die Kanbankarte zirkuliert also nur innerhalb eines Regelkreises, z.B. zwischen zwei Stufen einer Fertigung.

Die Fertigungssteuerung erfolgt somit durch die kreisenden Karten innerhalb eines Regelkreises, wobei die Anzahl der Kanbankarten, die in einem Regelkreis zirkulieren, direkten Einfluß auf die Materialbestände und Fertigungszyklen nimmt.

Obwohl das Kanbansystem eigentlich zur innerbetrieblichen Materialflußsteuerung entwickelt wurde, wird es mittlerweile auch im zwischenbetrieblichen

Bereich zwischen Zulieferer und Bestellfirmen eingesetzt. Beim Simulationsprogramm wird eine Serienfertigung mit drei Maschinen betrachtet.

Als Parameter werden die Kapazitäten pro Zeittakt für alle drei Maschinen, die Kanbankarten für alle drei Maschinen, der Bedarf an Maschine 1, das Fertigungsverhältnis von Maschine 3 zu Maschine 2 und von Maschine 2 zu Maschine 1 sowie die Anzahl der Kanbankarten für Maschine 2 an Maschine 1 und für Maschine 3 an Maschine 2 eingegeben.

Hochschul - Softwaremarkt

Rechts- und Geisteswissenschaften

Expertensystemerstellung im juristisch/geisteswissenschaftlichen Bereich – Mit der Shell '1st Card' auch ohne Programmiersprachenkenntnisse

Gerhard Oppenhorst

Universität Bonn
Forschungsstelle für juristische Informatik und Automation

Auch in den Geisteswissenschaften arbeitet man "logisch". Das ist ein Anspruch, den viele Geisteswissenschaftler an wissenschaftliche Arbeitsmethoden stellen. Die "logischen" Zusammenhänge zu erkennen und sinnvolle Schlüsse aus ihnen zu ziehen, ist eine anspruchsvolle Aufgabe. Selten wird jedoch das Ziel erreicht, diese logischen Zusammenhänge auch klar darstellen zu können. Zum einen kann dies an mangelndem eigenen Durchblick liegen. Zum anderen kann es an der Fähigkeit mangeln, eigene Erkenntnisse so klar weiterzuvermitteln, daß die ihnen innewohnenden "logischen" Zusammenhänge offen zutage treten.

In beiden Problemgruppen kann die Methodik der "Künstlichen Intelligenz" helfen: Einerseits zwingt sie den Wissenschaftler oder Studenten bei der Konstruktion von Expertensystemen, sein Wissen "logisch" zu strukturieren, andererseits werden Lücken, Widersprüche oder andere Inkonsistenzen eines Gedankengebäudes durch den Gebrauch der KI-Methodik leichter offengelegt: Sobald das selbsterstellte Expertensystem zu nicht plausiblen Ergebnissen kommt, liegt dies – unter Voraussetzung korrekter Eingabe der Fakten – an einer nicht korrekten Regel(wissens)basis. Mit Hilfe der Erklärungskomponente kann man nun die einzelnen Schlußfolgerungen, die das System mit Hilfe der zuvor selbst eingegebenen Regeln vollzogen hat, nachvollziehen und die fehlerhafte Regel finden. Durch einen solchen Prozeß wird nicht nur falsches Wissen gefunden, sondern auch das Fehlen von Wissen (Regeln) im Expertensystem und damit in der Vorstellung des Wissenschaftlers/Studenten offengelegt. Der Wissenschaftler/Student steht also im Dialog mit seinem eigenen Gedankengebäude, dessen sich das Expertensystem bedient. Die dadurch entstehende Distanz hat in gewissem Umfang eine ähnliche Wirkung wie eine Diskussion mit einem fachkundigen Kollegen. Die Sensibilität für Inkonsistenz eigener Vorstellungen über Zusammenhänge wird durch eine unabhängige Instanz, die über "genau" das Wissen verfügt, das der Wissenschaftler/Student dargestellt hat, enorm gesteigert.

Bisherige Versuche, formale Logik zur Darstellung juristischer Zusammenhänge zu nutzen und das so dargestellte Wissen automatisch anzuwenden, basierten in der Regel auf einer Zweiteilung der Arbeit oder zumindest einer engen Zusammenarbeit von Juristen und Informatikern: Juristen stellten für spezielle, eng begrenzte juristische Teilbereiche Regeln auf, die dann von Informatikern mit Hilfe von speziellen Programmiersprachen (Prolog, Lisp) bzw. schwer handhabbaren Shells in Programme umgesetzt wurden. Systeme, die auf diese Weise implementiert wurden, haben den Forschungsbereich bislang nicht verlassen. Einerseits sind sie nur mit umfangreichen Programmierkenntnissen zu konstruieren, andererseits sind sie noch nicht so leistungsfähig, daß sie im juristischen Alltag von großem Nutzen sein könnten. Aufgrund dieser Situation ist es bisher nur wenigen Juristen möglich gewesen, diese Technik selbst anzuwenden.

1. Anforderungen

1st Card ist eine Expertensystemshell, die unter der Vorgabe entstanden ist, ein System zu entwickeln, mit dem der "Nur-Jurist" arbeiten kann, das also

a) eine Logik verwendet, die "ohne spezielle Logik-Kenntnisse" fast intuitiv benutzt werden kann,
b) eine Programmierung ermöglicht, die "keine Programmiersprachenkenntnisse" voraussetzt,
c) eine "intuitiv zu bedienende" Benutzeroberfläche hat, also schnell und leicht erlernbar ist.

Darüberhinaus sollten Anwendungen der so entstandenen Expertensysteme

d) auch von "Nicht-Juristen" als Beratungssysteme benutzt werden können und
e) auf einem preiswerten Rechner lauffähig sein, um auch Studenten die Nutzung zu ermöglichen.

2. Der Expertensystemteil

2.1 Der logische Hintergrund

1st Card verwendet Aussagenlogik. Aussagenlogik ist wohl die mit Abstand eingängigste formale Logik. Mit den Junktoren "und" und "oder" werden Aussagen verknüpft. Aussagen sind in diesem Zusammenhang vereinfacht als Aussagen in einem bestimmten sprachlichen, grammatikalisch elementaren Sinn zu verstehen. Sie bestehen mindestens aus einem Subjekt und einem Prädikat. Hinzutreten können Objekte oder adverbiale Bestimmungen. Als Beispiele seien hier zwei Aussagen angeführt, die im Zusammenhang der Prüfung des § 211 StGB aufgestellt werden könnten:

– "Herr Müller tötete einen Menschen."
– "Herr Müller tötete grausam."

Aussagen haben als grammatikalisch elementare Sätze einen Wahrheitswert ("wahr" oder "falsch"). Dort, wo die eindeutige Zuordnung eines Wahrheitswertes nicht möglich erscheint, liegt dies in der Regel an einer unscharfen Definition der Elemente des Satzes. Damit ist auch bereits eines der Hauptprobleme der Nutzung formaler Logik für natürlich-sprachlich beschriebene Zusammenhänge genannt. Wie im weiteren ausgeführt werden wird, läßt sich ein Großteil dieser Probleme jedoch stark reduzieren.

Verknüpft man nun Aussagen mit "und" und "oder", so entstehen aussagenlogische Ausdrücke, die wiederum einen Wahrheitswert haben. Soweit die Wahrheitswerte der einzelnen Aussagen bekannt sind, läßt sich der Wahrheitswert des aussagenlogischen Ausdrucks formal, also unabhängig von Inhalten, und damit automatisierbar feststellen. Zur Veranschaulichung zeigt die folgende Tabelle, welchen Wahrheitswert die aussagenlogischen Ausdrücke "A und B" und "A oder B" in Abhängigkeit der Wahrheitswerte der Aussagen A und B haben:

A	B	A und B	A oder B
w	w	w	w
f	f	f	f
w	f	f	w
f	w	f	w

Tab. 1: *Wahrheitstabelle (w = wahr, f = falsch)*

Aussagenlogische Ausdrücke können ebenfalls wieder mit Junktoren zu einem neuen aussagenlogischen Ausdruck verbunden werden. So können beliebig komplexe Ausdrücke entstehen, deren Wahrheitswerte automatisierbar festgestellt werden können, soweit die Wahrheitswerte aller einzelnen Aussagen bekannt sind.

2.2 Programmierung ohne Programmiersprachenkenntnisse

Jegliche Programmierung eines Computers erfolgt mit Hilfe von formalen Sprachen, die durch spezielle Programme in "Computerverständlichen Code" umgewandelt werden können. Erst durch die Verwendung höherer Programmiersprachen wird es möglich, in Programmen auf die Regelung des technischen Ablaufs im Rechner zu verzichten. Diese Aufgaben werden vom 'Interpreter' oder 'Compiler' übernommen. Voraussetzung für die Nutzung einer Programmiersprache sind natürlich die Kenntnis der Syntax und der Semantik der Programmiersprache sowie grundlegende Handhabungskenntnisse.

Hiervon wird der 1st Card-"Programmierer" juristischer Expertensysteme völlig befreit: Kein einziges Befehlswort muß erlernt bzw. reproduziert werden, da 1st Card auf die Verwendung solcher Elemente verzichtet. Damit entfällt auch das Erfordernis einer Syntax. Lediglich unter Zuhilfenahme einer "Maus" kann der programmiersprachenunkundige Jurist Aussagen logisch verknüpfen. Dabei werden die Aussagen natürlich-sprachlich über die Tastatur mit dem integrierten Text-Editor eingegeben. Hierbei müssen keinerlei Formalien eingehalten werden. Weder in der Wortwahl, der Länge, der Anzahl oder der grammatikalischen

Struktur noch in der Anordnung der Sätze auf dem Bildschirm bestehen Restriktionen, so daß der juristische Experte sein gewohntes sprachliches Umfeld nicht verlassen muß. Lediglich eine Voraussetzung hat er zu erfüllen: Er muß sich in eine Gutachten-Situation versetzen, die entsprechenden gutachtentechnischen Obersätze für die Prüfung der einzelnen Teilbereiche (aussagenlogische Ausdrücke) formulieren und schließlich die einzelnen Tatbestandsmerkmale (die Aussagen) in Fragen kleiden. Mit Hilfe der Maus werden die Tatbestandsmerkmale mit "Knöpfen" versehen und so für das System als Aussagen gekennzeichnet. Mehrere Merkmale können mit einem einzigen Mausklick durch Junktoren verbunden werden.

Sofern zu erwarten ist, daß ein Merkmal während der späteren Konsultation des Expertensystems nicht ohne weiteres mit einem Wahrheitswert versehen werden kann, kann das Merkmal wiederum als aussagenlogischer Ausdruck dargestellt werden. Dabei werden die Definitionsbestandteile, die wiederum nur als normaler Text eingegeben werden, als einzelne Aussagen interpretiert, deren Verknüpfung einen aussagenlogischen Ausdruck ergibt. Der Wahrheitswert dieses Ausdrucks entspricht dann dem des Merkmals. Eine Verfeinerung, durch die einzelne Definitionsbestandteile selbst wieder als aussagenlogische Ausdrücke dargestellt werden können, ist beliebig oft möglich.

Ist es aufgrund von Meinungsstreitigkeiten nicht möglich, einem Merkmal einen (objektiven) Wahrheitswert zuzuweisen, besteht die Möglichkeit, die relevanten (Rechts-)Meinungen darzustellen und für jede Meinung einzeln dem jeweiligen Merkmal einen Wahrheitswert zuzuweisen. Auch dies geschieht wiederum nur durch einfache Texteingabe und Kennzeichnung der Meinungen mittels der Maus.

Erfordert eine Entscheidung bezüglich eines Merkmals oder einer Meinung das Studium weiterer Literatur, bietet 1st Card die Möglichkeit, Dokumentationen durch externe Standardprogramme aufzurufen. Solche Dokumentationen können z.B. in Form von Urteilen oder Aufsätzen als Textdateien angelegt (oder aus Datenbanken übernommen) werden. Die Nutzung von Datenbanken, wie z.B. BGH-DAT, ermöglicht darüber hinaus eine vom Experten programmierte Recherche in den jeweiligen Datenbeständen, wodurch ein gewisses Maß an Aktualität gesichert ist. Dort, wo also die Formalisierung nicht mehr möglich oder sinnvoll erscheint, kann mit klassischen Methoden weitergearbeitet werden. Die Schlußfolgerung aus den damit gewonnenen Ergebnissen übernimmt anschließend wiederum 1st Card.

2.3 Funktionalität bei Erstellung und Anwendung

Die teilweise sehr große Stofffülle wird auf "Karten" verwaltet. Sinnvollerweise repräsentiert eine Karte entweder eine Aussage oder einen kurzen aussagenlogischen Ausdruck. Der Text auf jeder Karte ist jedoch lediglich die natürlichsprachliche Darstellung des Problems. Die Teile des Textes, auf deren Wahrheitsgehalt es ankommt, werden mit der Maus markiert und vom System mit einem Knopf versehen. Der Knopf stellt die Verbindung zu der Karte dar, die die vom

Knopf markierte Aussage der aktuellen Karte verfeinert und als aussagenlogischen Ausdruck repräsentiert. Für den späteren Anwender wird sich dies vor allem in einer weiteren Aufspaltung eines Tatbestandsmerkmals in seine Definitionsbestandteile und der abschließenden Frage nach dem Vorliegen dieser Merkmale darstellen.

Auf diese Weise entsteht zunächst ein Entscheidungsbaum, dessen Knoten die Karten sind. Als Ergebnis seines Knopfdruckes erhält der Anwender eine neue Karte, die entweder ein (Zwischen-)Ergebnis oder eine weitere zu bearbeitende Frage enthält. Dadurch entsteht eine Folge von Karten, die sich wie ein roter Faden entlang der Äste des Baumes zieht. Sie dokumentiert den bisherigen Entscheidungsgang. In dieser Folge von Karten kann frei "geblättert" werden. Dabei werden die betätigten Knöpfe einer Karte schattiert dargestellt, so daß die jeweils getroffene Entscheidung, die den weiteren Prüfungsfortgang mitbestimmt, ersichtlich ist.

Der juristischen Gutachtentechnik kommt 1st Card insofern entgegen, als bei Definition einer Verknüpfung mit "und" bzw. "oder" für jede Aussage (bzw. jedes Tatbestandsmerkmal) ein Ziel formuliert werden muß. Diese Formulierung entspricht dem Obersatz im juristischen Gutachten. Je nachdem, ob dieses Ziel (Schlußsatz einer Teiluntersuchung) erreicht wird oder nicht, werden die verknüpften Teilaussagen mit den Wahrheitswerten "wahr" oder "falsch" belegt. Enthält eine Karte einen aussagenlogischen Ausdruck, so ermittelt das System ständig im Hintergrund, ob der Wahrheitswert des aussagenlogischen Ausdrucks feststeht. Ist das der Fall, so wird mit der nächsten Einheit der Prüfung fortgefahren. Welche dies ist, bestimmt der Ersteller des Systems dadurch, daß er für jede Karte, die eine "und"- bzw. "oder"-Verknüpfung enthält, zwei Karten bestimmt: Eine für den Fall, daß das Ergebnis "wahr" ist, eine andere für den Fall, daß es "falsch" ist.

Bei vielen Prüfungen werden jedoch Fragen relevant, die bereits an einer anderen Stelle behandelt wurden. Hier kann der Entwickler einfach auf diese Prüfungspunkte verweisen. Eine solch modulare Vorgehensweise läßt ein Netz von Karten entstehen, das abstrakt alle möglichen Prüfungsabläufe gestattet.

Da bei einer späteren Anwendung einzelne Punkte bereits in anderem Zusammenhang geprüft worden sein können, prüft das System, bevor es dem Anwender eine Karte zeigt, ob es nicht selbst eine Lösung finden kann und verzweigt dann ggf. direkt zur nächsten Karte weiter. Dadurch wird neben einer Effektivitätssteigerung u.a. auch verhindert, daß einer Aussage, die bereits einen Wahrheitswert hat, im Laufe der Konsultation ein anderer Wahrheitswert zugeordnet wird. Ein Großteil möglicher Gründe für sich widersprechende Aussagen wird somit ausgeschlossen.

1st Card findet also – eine vollständige und korrekte Repräsentation des Rechtsgebietes vorausgesetzt – Rechtsfolgen für eine Handlung nach Beantwortung der notwendigen Sachfragen sozusagen automatisch.

Über die logische Struktur des Systems, die Verzweigungen der Karten, die Programmaufrufe und Hilfe-Karten gibt eine Referenz, die gedruckt oder als

Textfile gespeichert werden kann, Auskunft. Der Zustand des Systems kann jederzeit abgespeichert und wiederhergestellt werden, was das Durchspielen von Alternativentscheidungen ermöglicht. Jeder Karte wird bei der Erstellung ein Name zugewiesen, über den sie später per Maus aus einer Auswahl abgerufen werden kann. Jeder Karte kann eine "Hilfe-Karte" zugeordnet werden, die später per Mausklick oder Betätigen der "Hilfe-Taste" des Rechners abgerufen werden kann An diese Hilfe-Karte können über Knöpfe weitere Hilfe-Karten angehängt werden, so daß eine umfangreiche Hilfestellung, die sich dem Informationsbedarf des späteren Anwenders anpassen kann, erstellt werden kann. Zur Veranschaulichung können Grafiken eingefügt werden. Sie können sowohl in Mal- oder Zeichenprogrammen erstellt und dann übernommen, als auch direkt aus anderen Programmen "ausgeschnitten" werden.

Mehrere Anwendungen können zu einer großen Anwendung verbunden werden. Dadurch ist es möglich, Module eines späteren Expertensystems übersichtlich in kleinen Sinnabschnitten zu entwickeln.

2.4 Intuitive Benutzeroberfläche

1st Card ist insbesondere für die einfache anschauliche Darstellung und Verarbeitung von Wissen aus dem geisteswissenschaftlichen und dort vor allem im rechtswissenschaftlichen Bereich geeignet: Der Ersteller von Expertensystemen ist bei der sprachlichen Darstellung seines Wissens an keinerlei Formalien gebunden. Er bedient sich ganzer Sätze und seines gewohnten Vokabulars. Dafür hat er beliebig viele Karten (Bildschirmseiten) zur Verfügung, die ihrerseits wieder helfen (zwingen), das Wissen in kleine Sinnabschnitte aufzuteilen. Zu jeder Karte kann eine beliebig umfangreiche Hilfe angeboten werden, die Erklärungen, Tips oder weitere Informationsquellen anbieten kann. Strukturelle Zusammenhänge (und/oder/nicht) oder Verknüpfungen mit anderen Wissensbereichen werden durch einfachen "Mausklick" auf die entsprechenden Symbole konstruiert.

Anwender und Entwickler müssen sich nicht mit Befehlstasten, Antworttasten, Antworttexten o.ä. auseinandersetzen. Der Entwickler kennzeichnet die Teile des Textes einer Karte, die für die Wissensanwendung entscheidungsrelevant sind, lediglich grafisch (per Maus). Der Anwender wiederum entscheidet sich bei der Wissensanwendung lediglich mit der Maus für einen oder mehrere Bereiche des Textes, die für ihn relevant sind. Dabei wird der Umstand ausgenutzt, daß Text und Plazierung des Textes auf dem Bildschirm vom Anwender gleichgesetzt werden. Die Reaktion auf eine Frage durch Mausklick auf Textteile ist also intuitiv und stellt sich wegen der Mausunterstützung zudem – nach gewisser Gewöhnungsphase – als rein motorische Reaktion des Körpers dar, während derer der Blickkontakt zum Bildschirm, und damit zu den Inhalten, erhalten bleibt. Die Mitteilung einer Entscheidung an das System ist also intellektuell nicht reflektiert, wie es etwa bei der Betätigung einer der vielen Tasten auf der Tastatur der Fall sein müßte (Entschluß für eine Alternative, Erinnern bzw. Ablesen, welche Taste gedrückt werden muß, Suchen der Taste auf der Tastatur, Drücken der Taste und schließlich der Blick zurück auf den Bildschirm).

Alle Möglichkeiten von 1st Card (mit Ausnahme der Texteingabe) sind mit der Maus zu nutzen. Eine Kommandosprache gibt es nicht. Alle Text-, Grafik- und Logik-Funktionen können unmittelbar über die Maus angesprochen werden. Alle übrigen Funktionen sind über "Pull-Down-Menüs" mit der Maus erreichbar, werden dem Anwender also als Auswahl angeboten.

3. Der Hypertextteil

Zu einem Expertensystem im geisteswissenschaftlichen Bereich gehört notwendigerweise ein leistungsstarkes Tool zur Informationsverwaltung, das ohne große Eingaben und Dateiauswahl auf alle Texte zugreifen kann. Zum einen ist hier die intellektuelle Verknüpfung wichtiger Texte miteinander zu verstehen, zum anderen der Zugriff über ein Retrievalsystem, um neu entstandene und nicht vorhergesehene Bedürfnisse befriedigen zu können. Dabei sollte es sich um ein Volltextretrieval handeln, um den Zugriff möglichst flexibel zu gestalten. Gleichzeitig sollten die Texteingaben zur Suche nach Begriffen möglichst gering gehalten werden. Hierzu bietet 1st Card vier Funktionen an:

3.1 Hilfe zu Karten

Zu jeder Wissenseinheit (Bildschirmkarte) existiert eine die gesamte Thematik der Karte umfassende Hilfe in Form einer weiteren Bildschirmkarte, die wie alle anderen Karten frei mit Text und Grafik gestaltet werden kann. Mit Betätigung der HELP-Taste bzw. mit Mausklick auf ein '?' in der Funktionsleiste wird die Karte angesprungen, auf die der Hilfeeintrag der aktuellen Karte zeigt (s.u.). Mit dieser Funktion können insbesondere umfassendere Erklärungen über einen gesamten Prüfungspunkt, Methodik oder Hintergründe angeboten werden.

3.2 Hilfe zu Knöpfen über Text(teilen)

Auf jeder Karte können Buchstaben, Worte, Satzteile, Sätze oder beliebige Textbestandteile mit einem Knopf umrahmt werden. Auch Grafiken können als Knöpfe definiert werden. Durch einfaches Anklicken eines Knöpfe wird zu der Bildschirmkarte gesprungen, auf die dieser Knopf zeigt (s.u.). Auf diese Weise können Erklärungen, die an u.U. mehreren Stellen des Systems erforderlich sind, an beliebige und beliebig viele Knöpfe unterschiedlicher Karten angebunden werden.

3.3 Hilfe zu beliebigen Worten

Jedes Wort einer Karte, unabhängig davon, ob es bereits in einem Button liegt oder nicht, kann einfach mit der zweiten Maustaste angeklickt werden, um wahlweise alle Karten, auf denen dieses Wort ebenfalls steht, anzeigen zu lassen oder ein Verzeichnis dieser Karten anzubieten. Das System springt dann zu der ausgewählten Karte und invertiert dort die Anzeige der entsprechenden Worte, bzw. kehrt für den Fall, daß keine Karte gewählt wurde, wieder zurück zu der Karte, von der aus die Suche begonnen wurde. Darüberhinaus kann diese Funktion auch dann eingesetzt werden, wenn etwa bei der Erstellung eines Systems bei der Verknüpfung von Karten nach einer Karte gesucht wird, die z.B. in einem größeren System nicht sofort gefunden werden kann: In diesen Fällen kann die Karte ermittelt werden, indem nach Worten, die im Namen (oder wahlweise auch im Text) der Karte enthalten sind, gesucht wird. Das System übernimmt bei erfolgreicher Suche und Nachfrage die Verzweigung dann ggf. automatisch.

3.4 Einbindung von Retrieval-, Text- oder beliebiger anderer Programme

Durch die Möglichkeit, von jeder Karte aus in 1st Card Text- Retrieval- oder sonstige Programme durch einfachen Mausklick auf einen Knopf aufrufen zu können und diesen Programmen bereits vordefinierte Aufträge übergeben zu können (Text anzeigen, Datenbank nach Informationen zu einem bestimmten Begriff o.ä. durchsuchen), besteht die Möglichkeit, auch klassische Methoden der Entscheidungsfindung zur Verfügung zu stellen, wenn die intern verfügbaren Informationen nicht ausreichen. So ist zum Beispiel auch die automatische Anwahl einer Online-Datenbank über Terminalprogramm, ein automatisches Login mit anschließender Übergabe einer Suchanfrage und deren Start möglich. Nach der Beendigung des gestarteten Programms bzw. dem Verlassen von Online-Datenbank und Terminalprogramm, findet sich der Anwender sofort an der Stelle wieder, an der er das Programm gestartet hat. Auf diese Weise können z.B. Jurisabfragen nach den jeweils aktuellsten Entscheidungen zu einem Problem, das das Expertensystem behandelt, eingebunden werden, die vom Entwickler formuliert werden. Der spätere Anwender muß an diesen Stellen lediglich z.B. einen Knopf 'JURIS-Recherche' anklicken und die vorformulierte JURIS-Recherche läuft automatisch ab.

Diese vier Optionen sind auch gemischt einsetzbar, also in beliebiger Reihenfolge unbegrenzt hintereinander kombinierbar.

4. Einsatz in der Juristenausbildung

Die Erfahrungen mit 1st Card an der Forschungsstelle für juristische Informatik und Automation der Universität Bonn in zwei Seminaren über den Einsatz von Expertensystemtechnik in der Fallbearbeitung haben zu zwei wesentlichen Erkenntnissen geführt:

- Der Lernerfolg beim Einsatz des Programms stellt sich weniger bei der Nutzung von fertigen Expertensystemen als bei deren Erstellung ein. Alle Studenten bekundeten übereinstimmend, daß sie noch nie so effektiv Struktur und

Inhalt eines Rechtsgebietes erlernt hätten, wie bei ihrer Arbeit zur Erstellung eines Expertensystems. Selbst die Tatsache, daß z.T. keine Erfahrung mit dem Umgang mit Computern bestand, war kein wesentliches Problem.

- Die konsequente Nutzung der grafischen Benutzeroberfläche senkt die Hemmschwelle der Studenten, sich an komplexere Probleme heranzuwagen, da viele Zusammenhänge durch eine anschauliche Darstellung am Bildschirm leichter erfaßt und umgesetzt werden können. Das damit verbundene Sinken der Komplexität in den Teilbereichen des Gesamtsystems führt zum einen zu einer großen Bereitschaft, sich der Computertechnik zu bedienen. Zum andern wächst auch die Auseinandersetzung mit Fragen der Methodik, also einem Bereich, der bislang in der Ausbildung meist zuwenig Beachtung fand.

5. Hardware-Voraussetzungen

1st Card läuft auf allen ATARI ST Computern. Diese sehr leistungsstarken und preiswerten Computer mit der Apple-Macintosh-ähnlichen grafischen Benutzeroberfläche sind besonders in Schüler- und Studentenkreisen stark verbreitet. Damit bieten sie gute Voraussetzungen für die Fortsetzung der Arbeit am persönlichen Rechner zu Hause. Darüberhinaus lassen sie sich sehr preiswert über NIDI-Netze untereinander verbinden. Es gibt sowohl ATARI-ST-Netzwerke, die MS-DOS-Rechner einbinden können, als auch solche, die über eine Brücke oder Gateway in ein externes Netzwerk mit Ring- oder Bus- Topologie nach OSI eingebunden werden können. Das Betriebssystem des ATARI ST "TOS" verfügt über die gleiche Disketten- und Festplattenorganisation wie MS-DOS, so daß ein Datenaustausch auch über Diskette (3 1/2" und 5 1/4") problemlos möglich ist.

DIALTUE
Das Tübinger Dialogverfahren

Manfred Gerblinger
Universität Tübingen
Juristische Fakultät

1. Überblick

DIALTUE ist ein Werkzeug zur Ablage und Abfrage von Wissen. Die Shell ermöglicht es, Wissen zu strukturieren und in Form von Fragen und Informationen abzulegen und wieder abrufbar zu halten. Das Programm ist für jeden geeignet, der einen IBM Personal Computer oder einen kompatiblen PC mit dem Betriebssystem MS-DOS verwendet (nähere Informationen siehe unten). Die Bedienung des Werkzeugs ist denkbar einfach, so daß sich der Benutzer auf seine fachliche Problemstellung konzentrieren kann. Es werden keine Programmierkenntnisse vorausgesetzt, sondern lediglich Grundkenntnisse in der Bedienung eines Personalcomputers.

Die Entwicklung von DIALTUE basiert auf folgenden Grundüberlegungen: Menschliches Wissen wird durchweg in hierarchisch aufgebauten Baumstrukturen angeordnet. Die Strukturen können immer nur ausschnittsweise im menschlichen Arbeitsgedächtnis verarbeitet werden. Dabei stehen durchweg die Inhaltsfragen im Vordergrund. Formal komplizierte Strukturen können im menschlichen Kopf nur schwer bewältigt werden. Der Computer, der auf formale Operationen beschränkt ist, kann hier Unterstützung bieten.

DIALTUE ermöglicht wahlweise einen hierarchischen Aufbau von Informationen oder die Anlage eines Fragen-Prüfungsschemas mit den möglichen Antworten "Ja", "Nein" oder "Info" (= Ich weiß es nicht; bitte detailliertere Informationen zur Problemstellung) zur Abarbeitung beliebiger Probleme. Die Fragen und Informationen können dabei beliebig miteinander verknüpft werden.

Das Werkzeug wurde ursprünglich zur Lösung juristischer Subsumtionsaufgaben geschaffen. Es ermöglicht eine Simulation des Arbeitsverhaltens eines Juristen, der zum Beispiel einen Fall unter das Gesetz subsumiert. Da die hierarchische Struktur des Wissens vollautomatisch verwaltet wird, braucht sich der Experte, der sein Wissen eingibt, nicht mehr um die formale Struktur seiner Arbeit zu kümmern – er kann sicher sein, daß der Computer hier nichts "übersieht".

Nachdem DIALTUE anfänglich für den Einsatz zu Lehr- und Lernzwecken konzipiert war (Strukturierung von juristischen Normen) hat sich schnell gezeigt, daß das Werkzeug universell verwendbar ist. So nutzen manche Autoren das Werkzeug zur Erstellung von Vortragsmanuskripten. Jeder Experte kann hiermit sein Wissen hierarchisch strukturieren; DIALTUE kann etwa als Informationssystem genutzt werden. Zwar macht das Werkzeug alleine noch keinen guten Autor, aber es erleichtert dessen Aufgabe der hierarchischen und vollständigen Strukturierung seines Wissens.

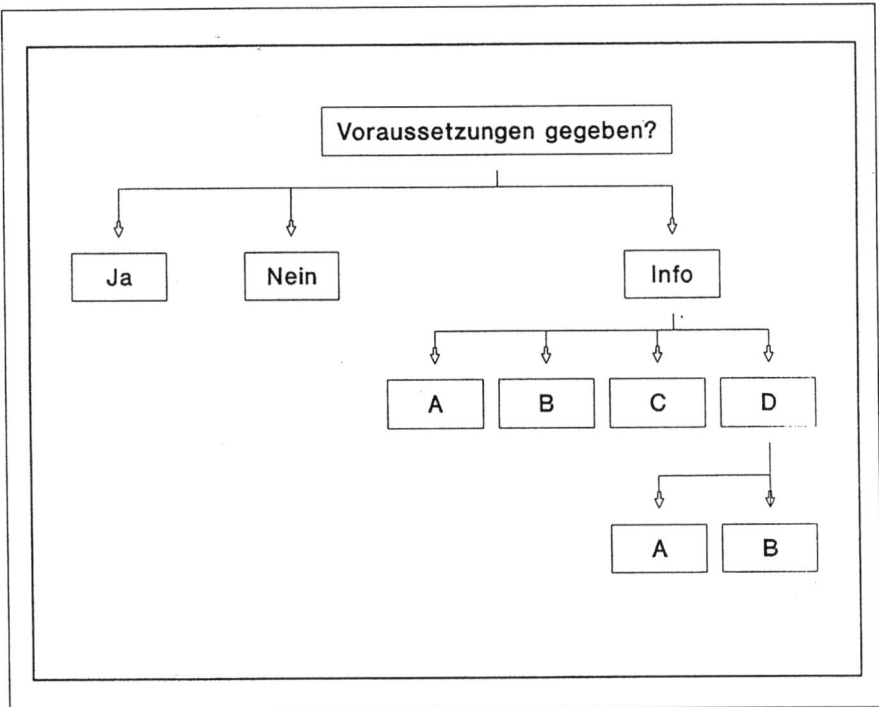

Abb. 1: *Lineare Bindungen*

2. Aufbau und Funktionen des Systems

Der Shell-Kern besteht im wesentlichen aus zwei Komponenten, dem Autoren- und dem Benutzer-Teil.

2.1 Der Autorenteil

Der Autor legt sein Wissen mit Hilfe des Werkzeugs ab. DIALTUE verlangt vom Autor, sein Wissen in Einheiten zu zerlegen. Jede Wissenseinheit stellt dabei einen Knoten dar. Der Autor muß bei der Ablage seines Wissens unterscheiden, ob er es in Fragen oder Informationen niederlegen möchte.

Im Frage-Modus sind auf eine formulierte Frage die Antworten "Ja", "Nein" oder "Info" (z.B. nähere Informationen zu der formulierten Frage) möglich. Formuliert der Autor eine Frage, dann wird er aufgefordert, zumindest die Textknoten auf die mögliche Antwort "Ja" bzw. "Nein" zu formulieren. Formuliert der

Autor einen (optionalen) "Info"-Teil, dann schaltet das System vom Frage-Modus in den Informations-Modus um und ermöglicht, in der Hierarchie eine Ebene tiefer, die Formulierung von einer bis zu vier weiteren (optionalen) Informationseinheiten (Knoten A, B, C und D).

Hiermit können beliebig tiefe Frage- und Informationsstrukturen aufgebaut werden, wobei Fragen und Informationen variabel miteinander verknüpft werden können. Jede Frage und jede Information ist sonach wiederum mit jeder anderen Frage oder Information verknüpfbar (vgl. Abb. 2). Die hierarchische Struktur von aneinander gebundenen Text-Knoten (Fragen bzw. Informationen) verwaltet das Werkzeug DIALTUE automatisch von oben nach unten und auf jeder Ebene von links nach rechts.

Wissen ist in aller Regel jedoch nicht lediglich linear strukturiert. Deshalb läßt DIALTUE die Anlegung von Bindungen zu beliebigen bereits bestehenden Knoten zu. Dies bietet dem Autor auch die Möglichkeit, nach der Präsentation von Informationen zu einer Frage wiederum die Frage anzubinden (vgl. Querbindung in Abb. 2).

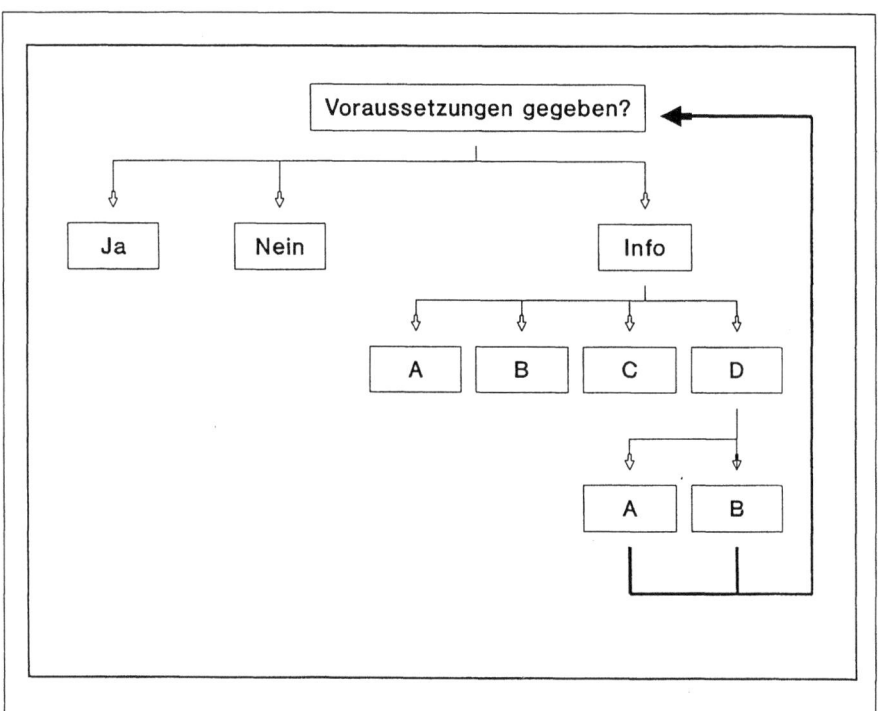

Abb. 2: Lineare Bindungen und Querbindungen

Mit dieser Technik eröffnet DIALTUE dem Autor logische UND- bzw. ODER-Bindungen zwischen den einzelnen Knoten anzulegen. Lineare Bindungen entsprechen dabei einer logischen UND-Bindung, die vom Autor angelegte Querbindung entspricht einer logischen ODER-Bindung zwischen den Knoten.

Ab einer gewissen Komplexität ist es dem Autor unmöglich, eine Struktur im Kopf nachzuvollziehen. Das Werkzeug DIALTUE ermöglicht die Anlage umfangreicher Strukturen, wobei aus der Sicht des Autors die Eingabe des Wissens relativ einfach ist (siehe Abb. 3).

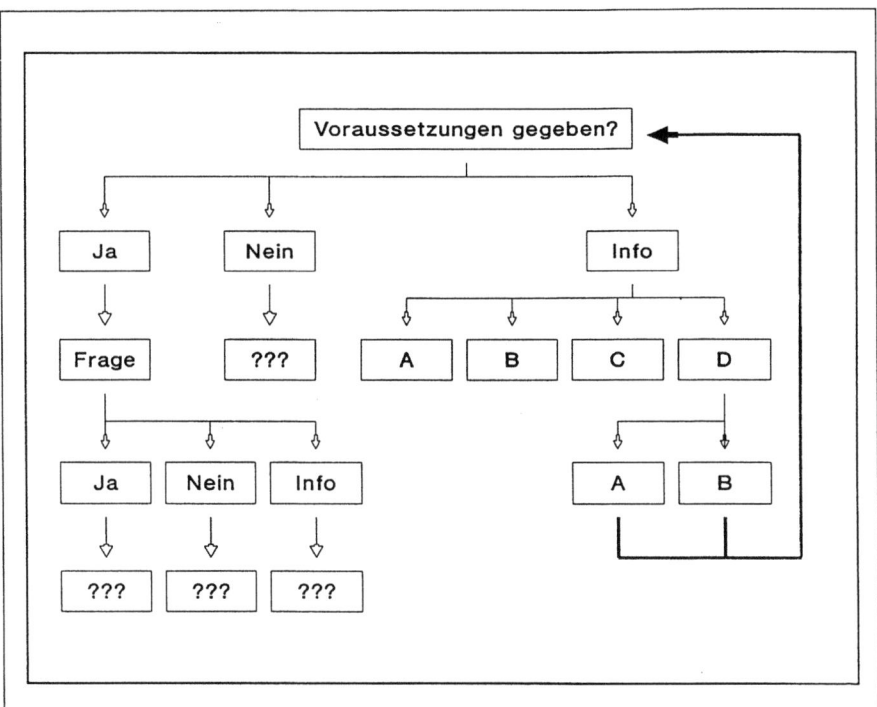

Abb. 3: Verwaltung umfangreicher Strukturen

2.2 Der Benutzerteil

Der Benutzer des vom Autor hierarchisch strukturierten Wissens kann sich sonach etwa in ein ihm fremdes Wissensgebiet einarbeiten. Am Lehrstuhl Prof. Dr. Fritjof Haft (Universität Tübingen, Juristische Fakultät) wurden auf diese Weise verschiedene komplexe Fachgebiete aufbereitet. So wurden etwa im Strafrecht § 142 StGB und im Steuerrecht die Voraussetzungen für die Anerkennung eines Ehegattenarbeitsverhältnisses mittels DIALTUE strukturiert. Die mit DIALTUE erstellten Dialoge werden in Tübingen den Studenten im Computerzentrum der Juristischen Fakultät (CIP-Pool) als Lernprogramme zur Verfügung gestellt.

Einen weitaus größeren pädagogischen Erfolg bringt DIALTUE in der Lehre indessen, wenn die Studenten selbst mit Hilfe des Werkzeugs das Wissen zu einem Rechtsgebiet, zu einer Norm etc. als "Autoren" erarbeiten. Sie werden gezwungen, das gewählte Rechtsgebiet selbst zu strukturieren und zu durchdenken. Die Arbeitsweise mit dem Werkzeug wird in entsprechenden Arbeitsgemeinschaften vermittelt.

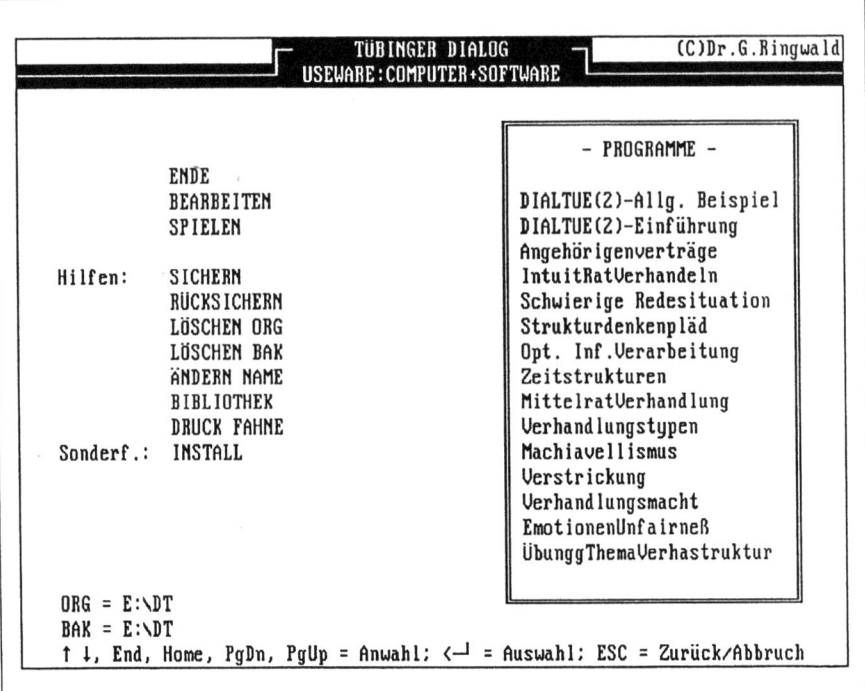

Abb. 4:   Auswahl-Menü

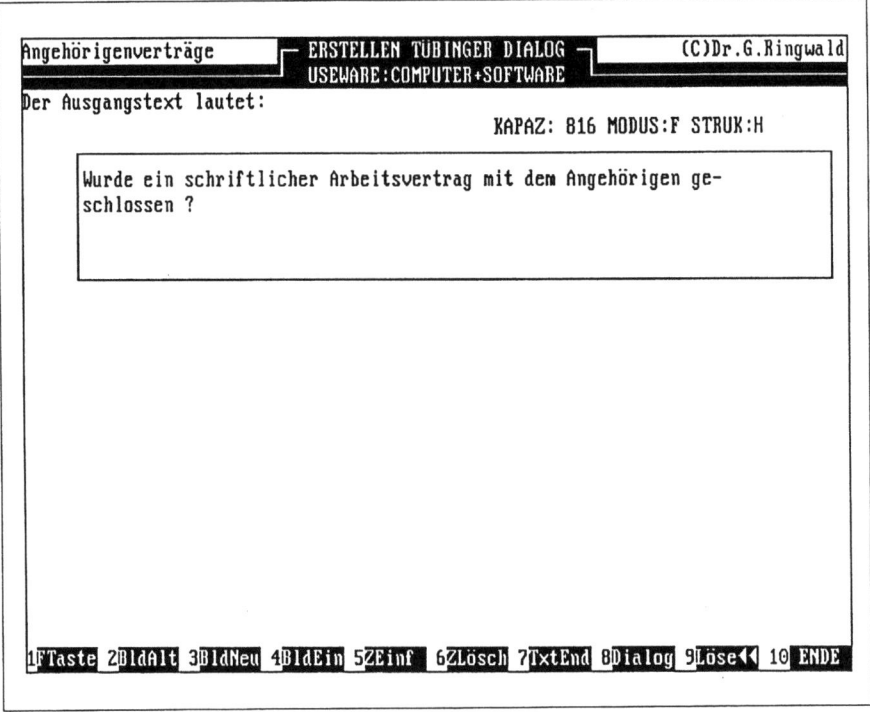

Abb. 5:   Strukturierung durch den Autor

3. Arbeitsweise der Software

Die Bedienung des Werkzeugs erfolgt vollständig über Funktionstasten, deren Bedeutung jeweils im unteren Teil des Bildschirms dargestellt wird.Die Bezeichnung bzw. Auswahl der zu bearbeitenden Wissensbasis erfolgt über ein auf der rechten Bildschirmhälfte erscheinendes Window. Im Beispiel soll das Wissen zum steuerrechtlichen Problem der Anerkennung von Ehegattenarbeitsverträgen, "Angehörigenverträge" (vgl. Abb. 5), bearbeitet werden.

3.1 Der Autoren-Modus

Im Autoren-Modus muß der Autor jeweils vor der Eingabe des entsprechenden Ausgangsknotens entscheiden, ob er gerade eine Frage oder Information formulieren möchte. Die entsprechenden Statusinformationen erscheinen im oberen Teil des Bildschirms. Bestimmt beispielsweise der Autor, daß der Ausgangsknoten mit einer Frage beginnen soll, dann stellt DIALTUE anschließend ein Textwindow zur Eingabe der Frage zur Verfügung. Im Beispiel lautet die Ausgangsfrage: "Wurde ein schriftlicher Arbeitsvertrag mit dem Angehörigen geschlossen?".

Nach der Eingabe der Frage öffnet der Autor das Eingabe-Window für die Antwort "Ja" mit der Funktionstaste "BildNeu" (= F3).

Wurde die Ausgangsfrage mit "Ja" beantwortet, so soll im dargestellten Beispiel wiederum eine Frage "Enthält der Vertrag Bestimmungen über das Grundgehalt?" gestellt werden. Und so weiter (vgl. Abb. 6).

3.2 Der Benutzer-Modus

Im Benutzer-Modus (vgl. Abb. 7, 8) arbeitet der Bediener die strukturierte Wissensbasis zur Lösung seines Problemes ab. Er hat dabei die Möglichkeit im Dialog die bislang abgearbeitete Struktur Schritt für Schritt wieder zurückzuverfolgen, um etwa einen anderen Lösungszweig auszuwählen und weiterzuverfolgen. Die Funktion Benutzer-Modus steht auch dem Autor bei der Erstellung der Wissensbasis zur Verfügung, um eine bereits erstellte Hierarchie "durchzuspielen" oder um Querbindungen anzulegen.

4. Nachteile

Der Benutzer muß eine erstellte Wissensstruktur, den Dialog, immer vollständig durcharbeiten. Eine Portierung von Fakten aus tiefer liegenden Ebenen in die darüberliegende, wie dies bei regelbasierten Systemen üblich ist, ist in DIALTUE nicht möglich. Solche Überlegungen treten allerdings in den Hintergrund, da es bei DIALTUE vornehmlich um die Wissensablage geht. Aus der Vernetzung der Wissens- und Informationseinheiten lassen sich Regeln (z.B. PROLOG-Regeln) gewinnen, die mit entsprechenden Systemen weiterverarbeitet werden können.

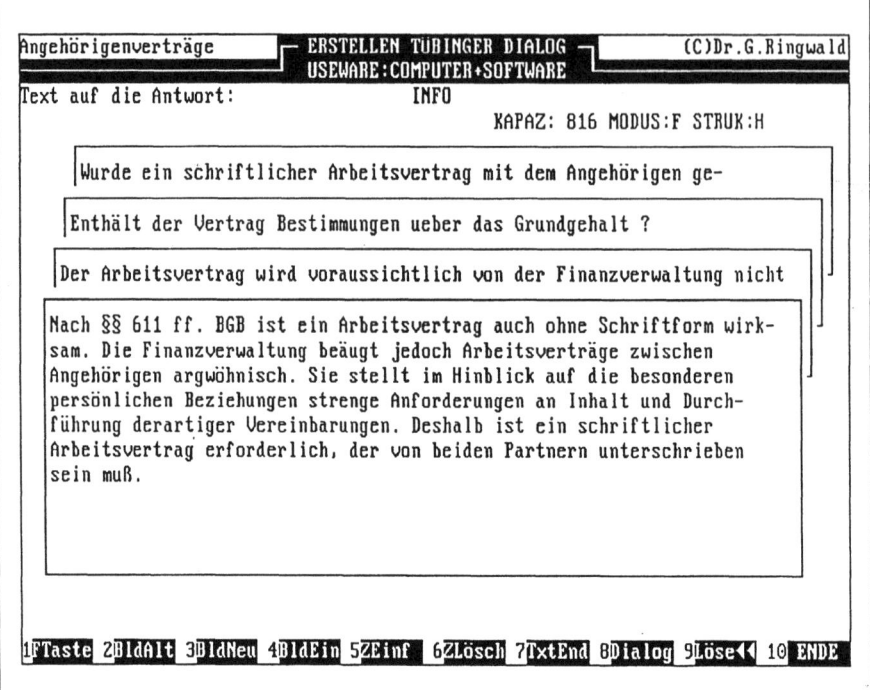

Abb. 6: Strukturierung durch den Autor

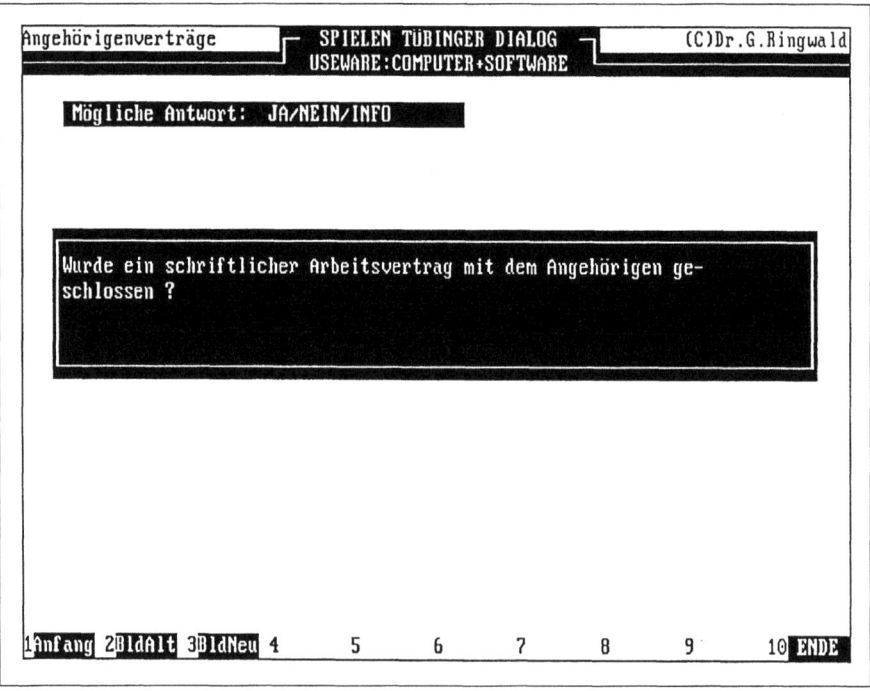

Abb. 7: Nutzung der Wissensbasis

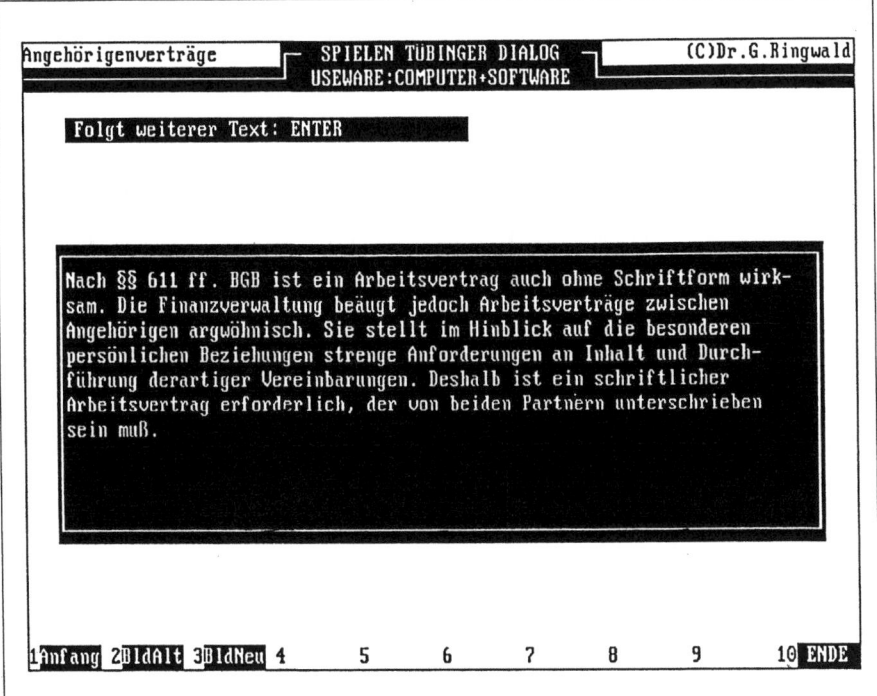

Abb. 8: Nutzung der Wissensbasis

5. Ausblick

An der Weiterentwicklung und Verbesserung des Werkzeugs DIALTUE zur Version 3 wird gearbeitet. Eine wichtige Weiterentwicklung dürfte dabei die Bedienung der Software unter einer graphischen Benutzeroberfläche sein. In der neuen Version wird ein größerer Ausschnitte der hierarchischen Struktur auf dem Bildschirm dargestellt werden, um dem Bediener des Werkzeugs einen umfassenden Überblick über den Standort eines Strukturpunktes zu ermöglichen. Darüberhinaus wird ein Quereinstieg in einen vorhandenen "Wissensbaum" erleichtert; der Benutzer eines Informationssystems könnte wesentlich schneller zum gewünschten Problem und dessen Lösung vordringen.

Dem erfahrenen DIALTUE-Experten wird zusätzlich eine hierarchische Strukturierung über Begriffe (zusammenhängende Textteile) entsprechend Hypertext/-card-Prinzipen zur Unterstützung seiner Arbeit zur Verfügung gestellt werden; damit wird eine schnellere Wissensablage ermöglicht. Hiermit entfällt optional die Beschränkung des Werkzeugs auf Frage- und Informationsknoten. Das System wird umfangreiche Möglichkeiten des Exports und Imports von Daten enthalten. Die Knoten sollen etwa die Definition von Datenbankrecherchen unterstützen und die gewonnen Daten in eine Standard-Textverarbeitung überführen.

6. Informationen zum System

Betriebssystem:	MS-DOS 3.0 ff.
Arbeitsspeicher:	mindestens 256 KB
Festplatte:	nicht erforderlich
Historie:	1982 (UNIVAC 1100/80), Version 1 (Manfred Gerblinger)
	1985 (PC), Version 2 (Dr. Gerhard Ringwald)
Version:	1990, Version 2.11
Vertrieb:	USEWARE Datenverarbeitungssysteme GmbH, Goethestraße 3, 7049 Steinenbronn/Stuttgart, Telefon (07157) 7 28 95

TS – Der Tübinger Subsumtionstrainer

Manfred Gerblinger
Universität Tübingen
Juristische Fakultät

1. Überblick

Im Rahmen eines Forschungsprojektes zwischen der Universität Tübingen und der IBM Deutschland zur Entwicklung eines natürlich-sprachlichen juristischen Expertensystems wurde 1985 an der Juristischen Fakultät der Universität Tübingen als erster in Deutschland ein Computerzentrum für Jurastudenten eingerichtet. In diesem Rahmen wurden verschiedene Lehrprogramme entwickelt. Soweit die herkömmlichen Autorensysteme zur Wissensvermittlung eingesetzt werden, erscheint dies unbefriedigend.

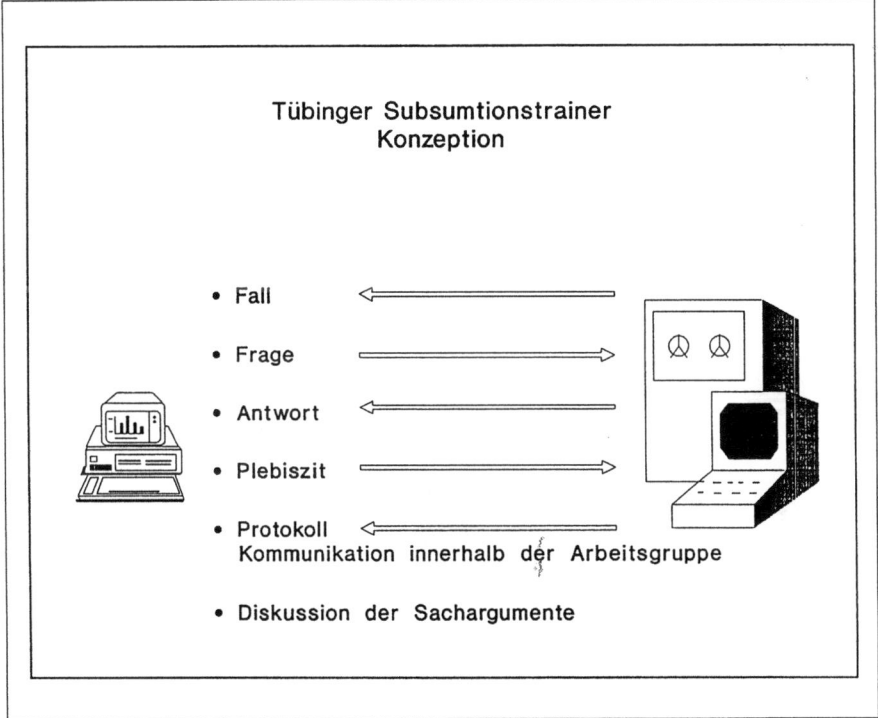

Abb. 1: Konzeption

Die installierten Lernsysteme (Umfang insgesamt circa 70 Stunden) entsprechend weitestgehend dem Prinzip der programmierten Lehrbücher nach dem Schema: Darbietung kurzer Informationseinheiten, Lücken-, Multiple-Choice- oder freie Fragen, Vergleich mit vorformulierten Lösungen, Programmverzweigungen entsprechend der Benutzerantwort.

Nicht zu vernachlässigen sind die vorhandenen Nachteile entsprechender Lernprogramme: Eingeschränkte Rückkopplungsmöglichkeiten, der Lernende kann die richtige Antwort im vorhinein nachschauen, kein Feedback an den Autor. Besonders nachteilig wirken sich die eingeschränkten Rückkopplungsmöglichkeiten des Lernenden aus. Das mangelnde Eingehen der vorprogrammierten Computerreaktionen auf die Bedürfnisse des Lernenden, wobei etwa Reaktionen auf eine richtige Antwort schwanken zwischen einem "Richtig" bis zu einem enthusiastischen "Super!", haben gezeigt, daß diesen Anforderungen nach wie vor nur die Intuition des menschlichen Lehrers gerecht werden kann. Einer der Haupteinwände gegen computerunterstützten Unterricht (CUU) besteht deshalb darin, er entpersonalisiere und dehumanisiere den Lernvorgang.

Der TS wurde 1989 an der Juristischen Fakultät der Universität Tübingen entwickelt, um diesen berechtigten Kritikpunkten gegen CUU entgegenzutreten. Ziel der Software ist es, die kreativen Fähigkeiten des Lernenden zu wecken, Methodenfähigkeiten zu vermitteln und deutlich zu machen, daß die Bearbeitung von Rechtsproblemen kommunikativ erfolgen muß.

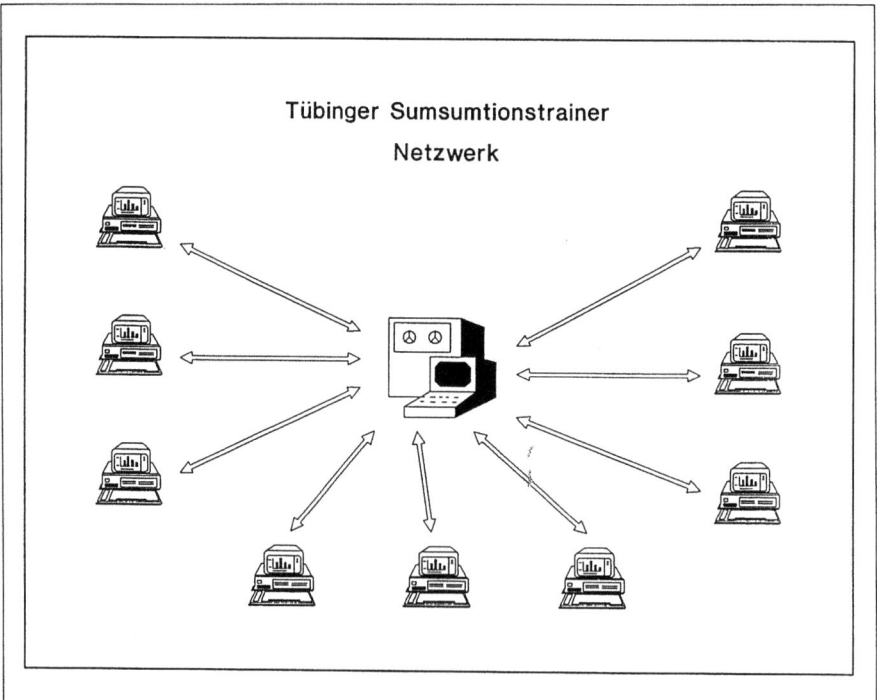

Abb. 2: *Lehre im Computer-Netzwerk*

Der Computer eröffnet vollkommen neue Möglichkeiten des Lernens. Jedes Rechtsproblem wird in einer Reihe von methodengerecht erfolgenden Schritten bearbeitet (Zur Lerntechnik vgl. [1]). Diese Schritte sind in der Software formal vorgegeben.

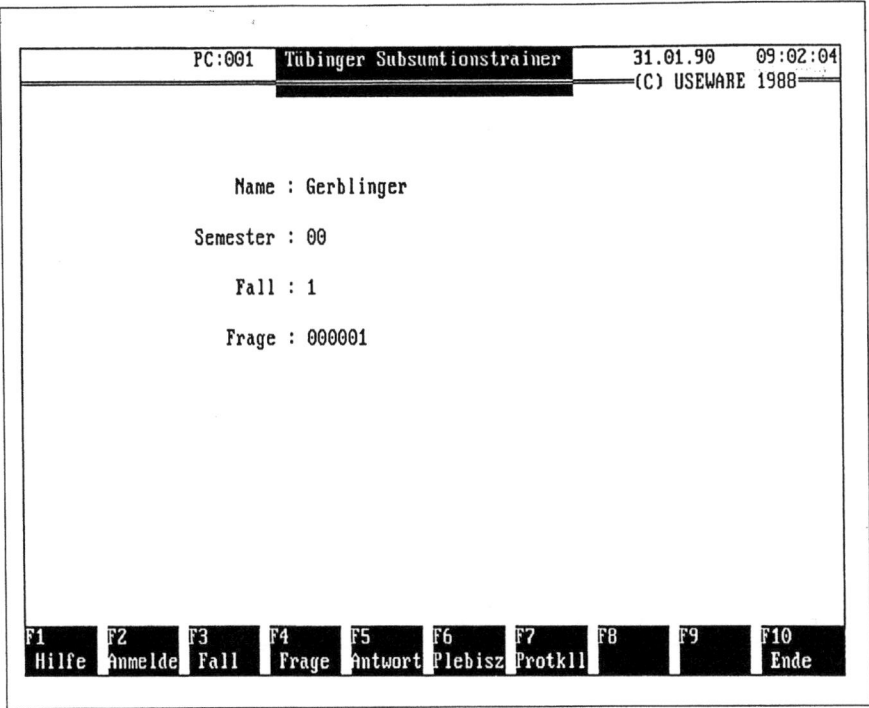

Abb. 3: *Anmeldung im Netzwerk*

2. Das Konzept

Die Übungsteilnehmer sind über ein Computernetzwerk verbunden; jedem Teilnehmer steht ein Arbeitsplatzrechner (Workstation) zur Verfügung (Abb. 2).

Fall: Der Lehrende stellt einen zu bearbeitenden Fall zur Disposition.

Frage: Die Lernenden erfassen die ihnen zum Fall gestellten Fragen.

Antwort: Die Teilnehmer bearbeiten ihren Lösungsvorschlag. In einem Antwort-Fenster formulieren sie ihre Vorschlag (Abb. 6).

Plebiszit: Anschließend werden auf dem Zentralrechner (Server) alle Lösungsvorschläge gesammmelt und auf die Bildschirme der Teilnehmer übertragen. Die Teilnehmer entscheiden mehrheitlich, welcher Einzelschritt bzw. Lösungsvorschlag am besten gelungen ist. Der eigene Lösungsvorschlag darf dabei nicht ausgewählt werden. Das Verfahren ist so konstruiert, daß die Teilnehmer zwar gleichzeitig am gleichen Fall und an den gleichen Fragen arbeiten können, aber nicht müssen. Die entsprechenden Voten können auch zeitversetzt gesammelt und ausgewertet werden.

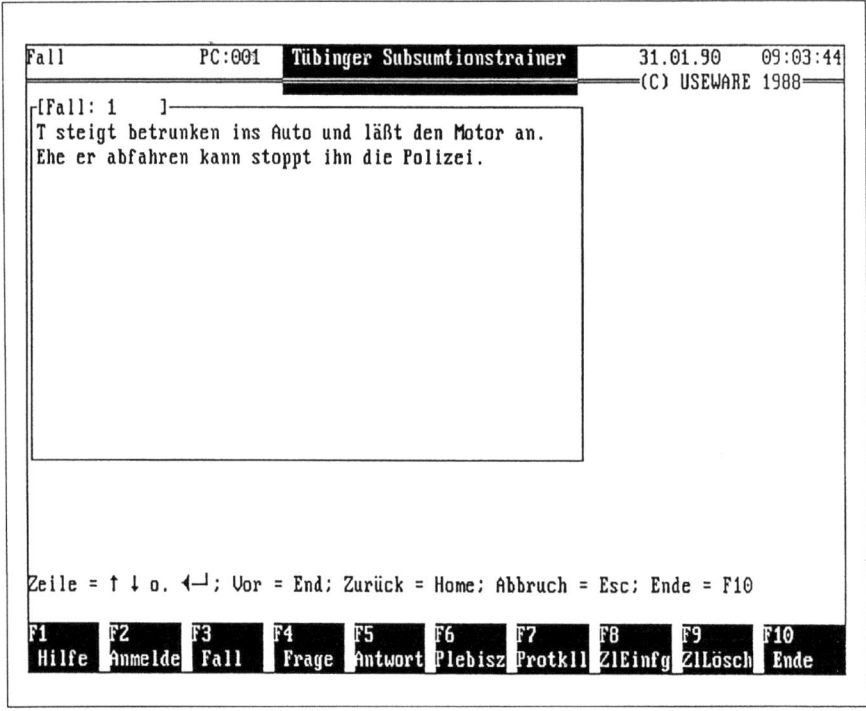

Abb. 4: Fall-Präsentation

Protokoll: Am Ende steht eine kollektiv erarbeitete Lösung des jeweiligen Rechtsproblems. Die Teilnehmer erhalten einen Gesamtüberblick über die Lösung des ihnen gestellten Falles (in der Regel die Musterlösung).

Diskussion: Experimente haben gezeigt, daß auf diese Art ein streng methodenbewußtes und zugleich kreatives kommunikatives juristisches Lernen befördert werden kann. Im Gegensatz zur Arbeitsweise in den üblicherweise stattfindenden universitären und privaten Arbeitsgruppen wird bei der hier praktizierten Methode des gemeinsamen Erarbeitens einer Fallösung mit TS ein meist negativ ins Gewicht fallender Aspekt vermieden.

In herkömmlichen Arbeitsgruppen werden Fallösungen zumeist mündlich erarbeitet; mit TS müssen die Teilnehmer ihre Überlegungen schriftlich fixieren. Dies erhöht die Aufmerksamkeit bei der Lösung der gestellten Aufgabe erwiesenermaßen. Auch setzen sich, anders als bei der mündlichen Diskussion bzw. Lösung einer gestellten Aufgabe, nicht die Persönlichkeiten durch, vielmehr die Argumente.

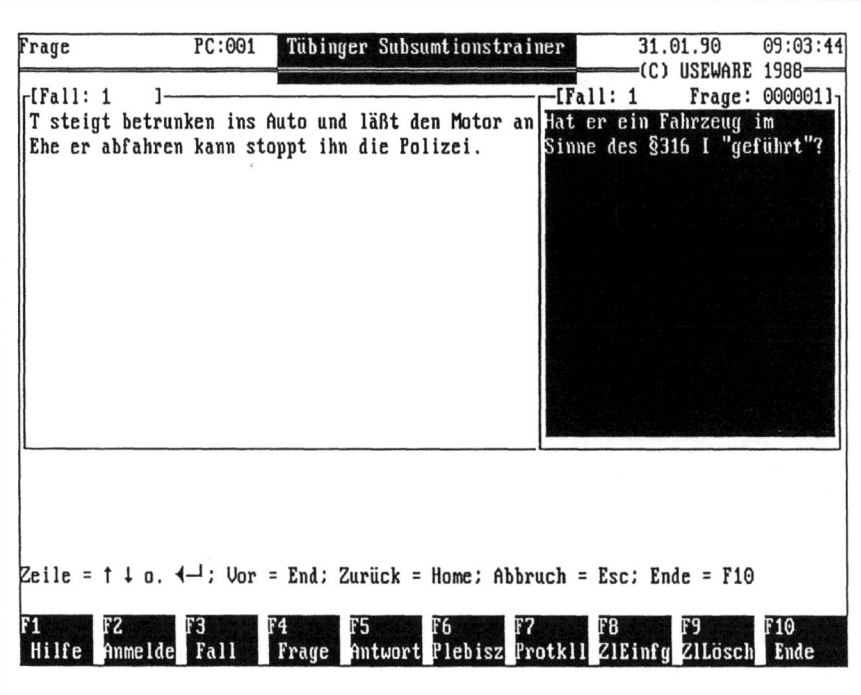

Abb. 5: Präsentation der Frage

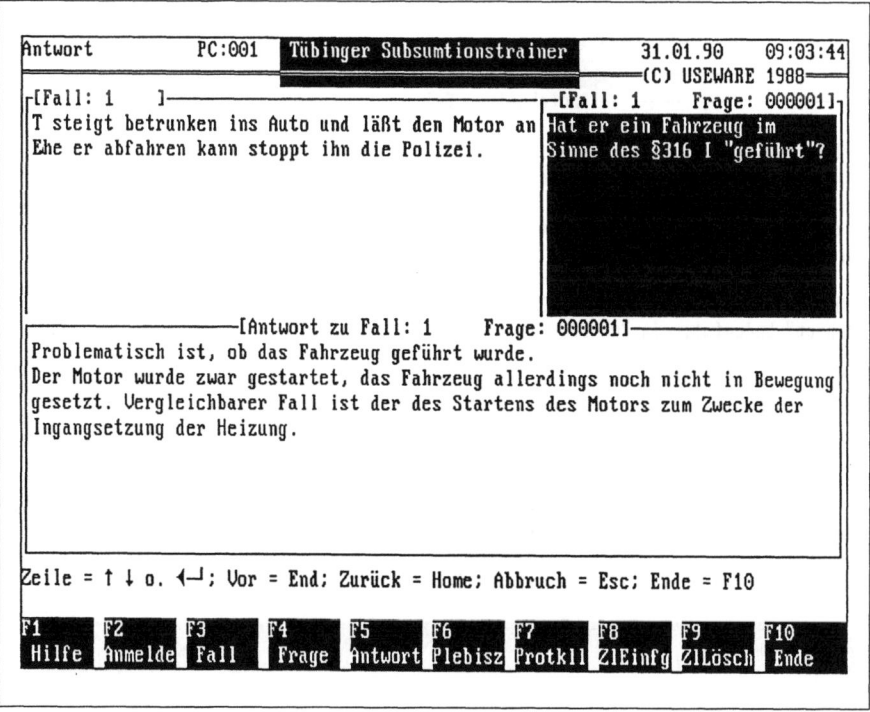

Abb. 6: Antwort

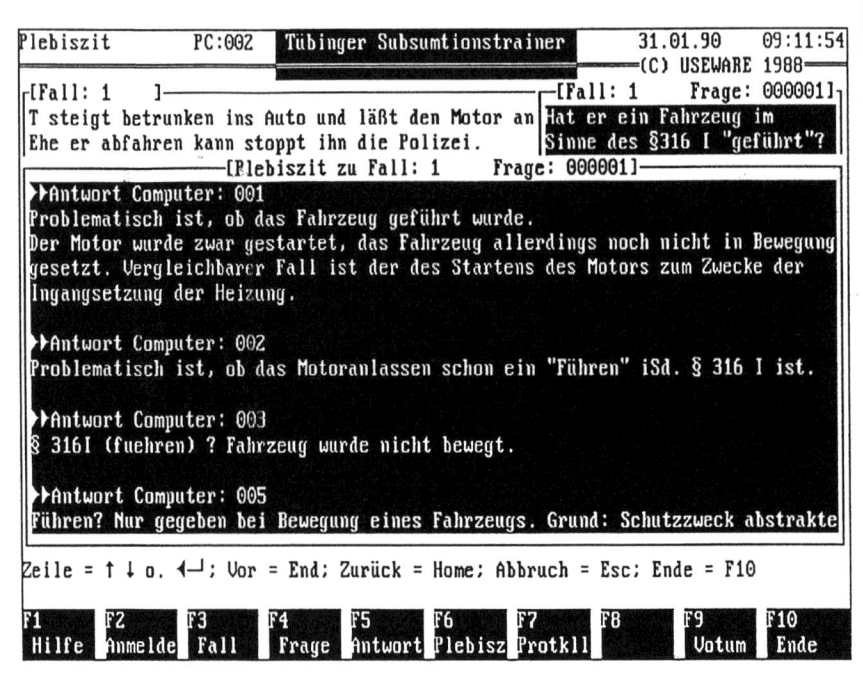

Abb. 7: Window aller Arten für Plebiszit

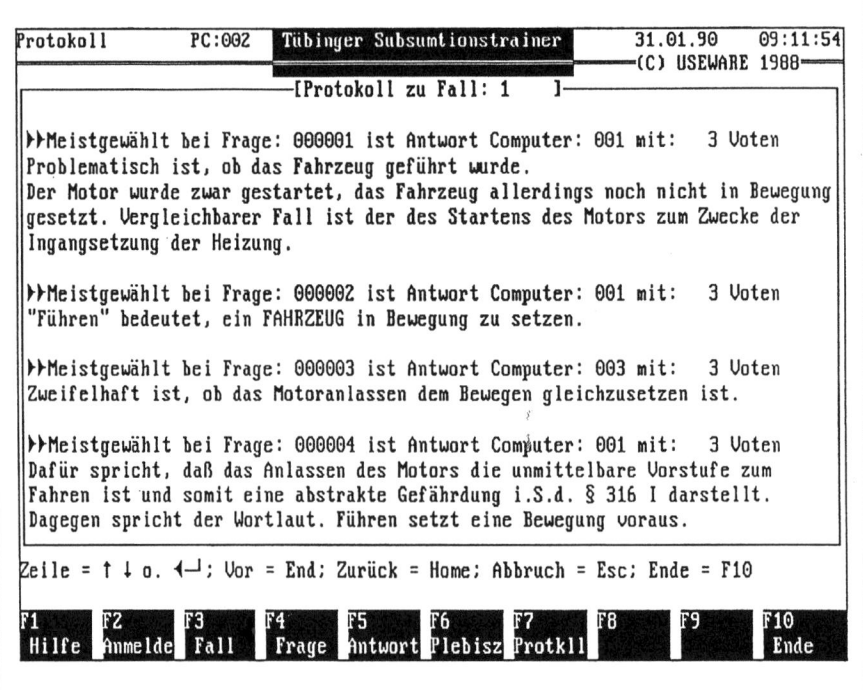

Abb. 8: Protokollierung des Plebiszits

3. Arbeitsweise der Software

Die Bedienung von TS ist denkbar einfach (Funktionstastensteuerung, Online-Hilfe in jedem Arbeitsstadium, Windows). Es werden keine Programmierkenntnisse vorausgesetzt, sondern lediglich Grundkenntnisse in der Bedienung eines Personalcomputers. Das Softwarepaket TS besteht aus drei Programmen:
    Mit dem Programm TS-System richtet der Supervisor die Systemumgebung (Dateiverwaltung und Netzwerk) ein.
    Das Programm TS-Master ist die Version des Lehrenden; mit diesem Programm können Fälle und Fragen erfaßt und bearbeitet werden.
    Das Programm TS ist die Version des Lernenden; dieser kann Fälle und Fragen nicht erfassen und bearbeiten. Alle Daten werden auf dem Zentralrechner (Server) gesammelt und gespeichert; sie können auf jeden beliebigen Arbeitsplatzrechner (Workstation) übertragen werden. Bis zu hundert Workstations können gleichzeitig an einem Fall arbeiten.
    An der Juristischen Fakultät der Universität Tübingen läuft TS auf 16 Workstations (IBM PS/2 Modell 30 u.a.), vernetzt mit einem Server (IBM PS/2 Modell 80) und unter der Netzwerksoftware Novell Advanced Netware Version 2.11.

4. Ausblick

TS ist in seiner Grundversion bewußt offengehalten. Entwickelt wurde lediglich der nucleus. Dieser wird für diverse Anwender durch individuelle Komponenten ergänzt.

5. Informationen zum System:

Betriebssystem:	MS-DOS 3.2 ff.
Arbeitsspeicher:	mindestens 256 KB (Workstations)
Festplatte:	mindestens 2 MB (Server)
Idee:	Prof. Dr. Fritjof Haft
Historie:	Erstinstallation: 15.01.1989 (Dr. Gerhard Ringwald)
Version:	1990, Version 1.10
Vertrieb:	USEWARE Datenverarbeitungssysteme GmbH, Goethestraße 3, 7049 Steinenbronn/Stuttgart, Telefon (07157) 7 28 95

Literatur

1. Haft, Fritjof: Einführung in das juristische Lernen, 4. Auflage 1988

Vorstellung des Elektronischen Kommentars (ELEKOM)

Dieter Meurer und Thomas Platena
Philipps-Universität Marburg
Forschungsstelle für Rechtsinformatik

ELEKOM ist eine Zusammenfassung unterschiedlicher Dokumentations- und Subsumtionssysteme unter einer Benutzeroberfläche. Die Einzelprogramme, die von Studenten im Rahmen mehrerer Proseminare zur Rechtsinformatik erstellt wurden, dokumentieren verschiedene Tatbestände des besonderen Teils sowie ausgewählte Problembereiche aus dem allgemeinen Teil des Strafgesetzbuches. Erstmals auf dem CIP-Kongreß vorgestellt ist auch ein Programm zur Anfechtungsklage im Verwaltungsprozeß. Der Aufruf der Programme erfolgt über ein sich selbst erklärendes Menü durch Eingabe einer Kennzahl. Die Programme sind in BASIC, PASCAL oder PROLOG geschrieben und in kompilierter Form in das System eingebunden.

Den Autoren wurden bezüglich der Systematik und dem Lösungsweg keine konkreten Vorgaben gemacht. Dies hatte zur Folge, daß sehr unterschiedliche Lösungsansätze entstanden. Die Professionalität stand dabei nicht im Vordergrund. Es sollten mit den Programmen Wege für die Rechtsinformatik aufgezeigt werden. Eine dabei entwickelte Maxime ist die Benutzerfreundlichkeit. Diese bezieht sich zum einen auf die Programmführung (Programm muß sich nach Möglichkeit aus sich selbst erklären) als auch auf die inhaltliche Komponente, d.h. auf die juristische Vollständigkeit der Information und deren Aufbereitung.

Als momentanes Ergebnis kann die menügesteuerte Benutzerführung gelten. Entsprechend der juristischen Subsumtionsmethode wird dem Benutzer das jeweilige Prüfungsmerkmal angezeigt und kann dann unter Zuhilfenahme weiterer Informationen zu diesem Merkmal vom Benutzer bei einer ja/nein-Abfrage entschieden werden. Nach Beendigung der Subsumtion wird das Ergebnis angezeigt.

Eine andere Lösung zeigt das Programm zur Anfechtungsklage auf. Hierbei werden zwar auch die einzelnen Merkmale entsprechend der Subsumtionsmethode aufbereitet, jedoch erhält der Benutzer kein Subsumtionsergebnis am Ende, sondern er entscheidet jeden Prüfungspunkt einzeln (er kann auch unentschieden bleiben), kann sich dort Informationen zu dem Prüfungspunkt geben lassen, und kann sich am Ende seiner Subsumtion ein Gutachten mit seinen Ergebnissen abspeichern und unter Einbeziehung eines Textverarbeitungsprogramms unmittelbar ausdrucken oder auch weiterbearbeiten.

Ein anderes Programm (zu § 123 StGB) enthält als Lernhilfe ein Unterprogramm, das dem Benutzer einzelne zu definierende Tatbestandsmerkmale vorgibt und, nach Eingabe eines Definitionsversuches durch den Benutzer, zum Vergleich die korrekte Definition zeigt.

In dem Programm zu den Rechtfertigungsgründen kann über ein menügesteuertes Abfragesystem zusätzlich der zu beurteilende Lebenssachverhalt eingegeben werden, ohne daß der Benutzer zuvor entscheiden muß, unter welche rechtfertigende Norm der Sachverhalt subsumiert werden soll. Es folgt eine schematisierte Prüfung aller anerkannten Rechtfertigungsgründe mit anschließender Ausgabe des Ergebnisses.

Die Programme zu den Irrtumsfragen und zur Teilnahmeproblematik bei §§ 211,212 StGB stellen u.a. im Rahmen einer Subsumtionshilfe Zusammenfassungen rechtswissenschaftlicher Theorien und ihrer Hauptargumente zur Verfügung. Sie fragen die Entscheidung einzelner Streitfragen durch den Benutzer ab und steuern in Abhängigkeit von dieser Entscheidung den weiteren Subsumtionsprozeß.

Neben den von Studenten erstellten Programmen, wurde auch ein im Rahmen eines Forschungsprojekts zur künstlichen Intelligenz erstelltes Programm (LEX 2) integriert. LEX 2 ist ein während eines Gastaufenthaltes im Wissenschaftlichen Zentrum der IBM Deutschland GmbH erstellter Prototyp eines Programms für die Begutachtung von Strafrechtsfällen. Das in Turbo-Prolog geschriebene und damit auf dem PC verfügbare Programm knüpft an die für den Großrechner entwickelten IBM-Prototypen LEX 0 und LEX 1 an und ist wie diese Programme zunächst nur für den objektiven Tatbestand der § 142 StGB implementiert.

Fachwortschatztraining am PC: Entwicklungsaspekte, Einsatzmöglichkeiten und Erprobungsergebnisse

Helmuth Küffner

Fernuniversität Hagen
Zentrum für Fernstudienentwicklung

Einführung

Nachdem die Verfügbarkeit von Personalcomputern in den Hochschulen, am Arbeitsplatz und zu Hause stark zugenommen hat, bietet es sich an, ihn auch für Lehr-, Übungs- und Schulungszwecke einzusetzen. Für Studenten der Fernuniversität – und sicherlich auch für andere Studierende – sind effiziente, interaktive Übungsprogramme aus mehreren Gründen von Bedeutung, z.B.:

1. willkommene Abwechslung bei dem sonst überwiegend gedruckten Studien- bzw. Lehrmaterial
2. sofortige Rückmeldung der eigenen Leistung
3. Möglichkeit der eigenen aktiven Betätigung als Gegensatz zum sonst eher rezeptiven Verhalten.

An der Fernuniversität wurde ein eigenes Übungsprogramm zum Abfragen von Fachvokabular entwickelt und erprobt, da unsere Recherche hinsichtlich der auf dem Markt verfügbaren Vokabel- und Fremdsprachen-Trainingsprogramme keine brauchbare Alternative nachweisen konnte, die wir hätten übernehmen können. Meist fehlten gleich mehrere der folgenden Punkte aus unserem Pflichtenheft:

– Synonyme bei den Antworten
– Phonetische Lautschrift
– flexible Handhabung
– fachsprachlicher Kontext
– Erläuterung typischer Anwenderfehler
– Betriebssicherheit, also keine Programm"abstürze"
– Erweiterungsmöglichkeit des vorhandenen Vokabelumfangs

Dieser Beitrag beschreibt das Konzept und die Zielsetzung sowie die Realisierung des Programmes (Version 2.4), führt die einzelnen Leistungen auf, gibt eine Anleitung zur Nutzung der verschiedenen Funktionen und stellt die Ergebnisse einer empirischen Erprobung dar. Er basiert auf dem Vortrag anläßlich des 3. CIP-Status-Kongresses und der dort gleichzeitig erfolgten Präsentation der Lehrsoftware.

Die Entwicklung und Programmierung des Gesamtsystems einschließlich der praktischen Erprobung mit Studenten geschah im Team von Experten aus verschiedenen Fachdisziplinen: Anglisten, Informatiker, Lernpsychologen und Pädagogen. Als Institutionen waren beteiligt: Zentrum für Fernstudienentwicklung, Fernuniversität Hagen und Fa. CRE Röhling Elektronik, Aachen.

1. Entwicklungsaspekte

1.1 Konzept und Zielsetzung des Trainers

Beim Übersetzen eines Fachtextes in eine Fremdsprache kommt es darauf an, in der Zielsprache genau den Fachbegriff zu finden, der den Sachverhalt im jeweiligen Kontext so präzise beschreibt, daß Mißverständnisse weitgehend ausgeschlossen sind. Während das Verstehen (von schriftlichen Texten oder von mündlichen Vorträgen) der z.B. englischen Fachbegriffe meist wenig Schwierigkeiten bereitet, da sie in der Fachliteratur immer wieder vorkommen, gerät man bei der "Produktion" eines eigenen fremdsprachlichen Textes meist ins Stocken, versucht sich in umständlichen Umschreibungen, wird dabei ungenau, obwohl man die richtige Redewendung quasi "auf der Zunge" hat. Ersteres wird bekanntlich als *passiver* Wortschatz bezeichnet, letzteres als *aktiver* Wortschatz. Genau hier setzen die Ziele des Fachwortschatztrainers ein:

- Auffrischen der früher bereits einmal gelernten Fachwörter eines Fachgebietes (Memorisierung),
- Erweiterung des vorhandenen Fachwortschatzes,
- Korrektur von typischen Fehlern,
- Wiederholtes Abfragen "quer durch das Gemüsebeet" mit laufender Leistungsrückmeldung.

Die Studierenden sollen ermuntert werden, ihre Übersetzungsvorschläge mit Hilfe der Tastatur frei einzutippen. Eine Vorgabe von falschen und richtigen Antworten wie bei den Multiple-Choice Testverfahren scheidet daher aus, da dort nur das Wiedererkennen geprüft wird. Das Computerprogramm soll ferner dem Studierenden helfen, aktive Englisch-Fachwortschatzkenntnisse ausgewählter Fachgebiete zu überprüfen, zu erweitern und zu festigen. Es soll z.B. helfen, sich auf Gespräche mit ausländischen Fachkollegen, auf die aktive Teilnahme an einem internationalen Seminar oder Fachkongreß, auf das Erstellen von fremdsprachlichen Texten oder z.B. auf eine Englisch-Fachklausur vorzubereiten.

1.2 Adressaten

Die Adressaten des Fachwortschatztrainers sind in erster Linie Studierende der verschiedenen Fachdisziplinen, die ständig das (zumeist englischsprachige) Fachvokabular auffrischen wollen, mit dem sie während des Studiums zu tun haben. Darüber hinaus eignet sich diese Trainingssoftware auch für die Erweiterung des Fachwortschatzes *nach* dem Studium, also im Beruf und in der täglichen Praxis. Weiterhin werden sich Anwender unter den Dozenten und Lehrern im Sprachunterricht finden, die wegen der individuellen Eingabemöglichkeit von eigenem Fachwortschatz spezielle Übungsmöglichkeiten für ihre Schüler und Studenten anbieten können.

Schließlich wird – schon wegen der Möglichkeit der Antwortanalyse – auch ein Einsatz im Deutschunterricht und bei der Überprüfung von Fachbegriffen der deutschen Sprache stattfinden, da sich dieses Werkzeug zur Erstellung von Abfrageprogrammen letztlich für viele Wissensfragen eignet, bei denen die Antwort aus einem oder zwei speziellen Fachbegriffen (oder Zahlen bzw. Zeichenketten wie z.B. Abkürzungen) besteht.

1.3 Realisierung

1.3.1 Programmstruktur und Leistungsmerkmale

Die Software besteht aus zwei Hauptkomponenten:

a) einem *Präsentationsprogramm* zur Auswahl der Fachbegriffe für die Studenten (Steuerungs- und Auswahlalgorithmus) sowie zur Bewertung und Kommentierung der Antworten der Studenten (Lösungshilfen, Fehlererklärungen, Hinweise usw.).

b) einem bzw. mehreren *Datenbeständen* mit vorbereiteten Fachwortschatz-Dateien.

Die *Leistungsmerkmale* zeigen, daß das System mehr als konventionelles Vokabellernen bietet:

1. es präsentiert die Vokabeln in einem sachbezogenen Kontext und in einer ständig neuen Reihenfolge (aufgrund einer Auswahl durch Zufallsgenerator);

2. es akzeptiert mehrere richtige Lösungen (z.B. Synonyme) und verschiedene Schreibweisen (z.B. amerikanisch/englisch);

3. es zeigt zu jedem Fachwort die richtige Aussprache anhand der phonetischen Lautschrift;

4. es unterstützt den Lernvorgang, indem es Hilfstexte anbietet, die den Lerner auf die richtige Lösung bringen kann (sog. Eselsbrücken);

5. es kann bei völlig falschen oder verwirrenden Antworten, etwa bei Homophonen, Analysen typischer oder häufiger Fehler liefern (d.h. es wird z.B. erklärt, warum das gewählte Wort in einem bestimmten Zusammenhang nicht anwendbar ist);

6. es präsentiert Vokabeln, die nicht gewußt wurden, nach einiger Zeit erneut und ggf. so lange, bis sie beherrscht werden;

7. das Vokabeltraining ist jederzeit abbrechbar (der aktuelle Stand wird laufend gespeichert);

8. es erlaubt zusätzlich auch die Eingabe "eigener" Fachbegriffe, so daß der Aufbau eines auf die eigenen Bedürfnisse zugeschnittenen Fachwortschatzes möglich ist;
9. es ermöglicht die Anpassung einiger Ablaufparameter an individuelle Wünsche der Lerner (z.B. bezüglich der Vokabelgruppengröße, Anzahl der möglichen Fehlversuche).

Bei der *Gestaltung* des Programms wurden fremdsprachendidaktische, lernpsychologische und wahrnehmungspsychologische Gesichtspunkte berücksichtigt. So etwa werden nicht richtig übersetzte Fachwörter erneut präsentiert, bevor sie aus dem Kurzzeitgedächtnis verschwinden; regelmäßige Rückmeldungen über den Leistungsstand sollen helfen, die eigene Leistung zu kontrollieren; beim Bildschirmaufbau wurde auf übersichtliche Gestaltung, gute Lesbarkeit und überschaubare Informationsmenge geachtet usw.

1.3.2 Technische Voraussetzungen

Hardware Anforderungen und Betriebssystem: Die Software läuft auf Personalcomputern des sog. *Industriestandards*, der teilweise auch von anderen Rechnertypen simuliert oder emuliert werden kann:

- IBM- oder kompatibler PC/XT/AT/PS2
- möglichst Farbbildschirm mit CGA/EGA/VGA Grafikadapter (aber auch auf vielen Monochrom-Konfigurationen lauffähig, wie z.B. mit der Herkules-Karte)
- 512 KB Hauptspeicher

Betriebssystem: MS- oder PC-DOS ab Version 2.11. Der Fachwortschatztrainer wird den Studierenden der Fernuniversität auf einer einzigen 5 1/4"-Diskette (360 KB formatiert) geliefert und ist auch ohne Installation auf der Festplatte auf allen o.g. PC-Konfigurationen lauffähig. Zum Trainer gehört ein Begleitheft mit weiteren Hinweisen und Installationshilfen.

1.3.3 Rechtschreibtoleranz

Beim Modul "Rechtschreibtoleranz" werden von unseren Vokabelautoren im allgemeinen für die Schreibweise der Richtig- und Falschantworten die folgenden *Grundsätze* beachtet:

Es ist möglich, (Falsch-) Schreibweisen als zulässig zu codieren, wobei die praktische Umsetzbarkeit manchmal von der Wortlänge abhängig ist. Alle zulässigen Schreibweisen müssen eigens in der Fachwortschatzdatei codiert werden. Allgemeiner Grundsatz ist dabei, daß die "falsche" Schreibweise aber trotzdem zu einer in etwa richtigen Aussprache führen sollte. Außerdem muß ausgeschlossen werden, daß das eingetippte Wort einer anderen Wortbedeutung nahekommt (z.B. luck-lock-log-look-lack-lag ....).

Je nach Adressaten und Lehrziel des fachsprachlichen Unterrichts kann dabei ein "strengerer" oder "toleranterer" Maßstab an die Schreibweise gelegt werden.

Nr.	Grundsatz	Beispiel
1.	Bei zusammengesetzten Worten (compounds) können Bindesstriche stehen (oder fehlen).	low cost low-cost
2.	Der erste Buchstabe eines Substantivs kann in Großschreibung erfolgen.	program Program
3.	Als erstes und letztes Zeichen kann ein Leerzeichen (Blank) stehen.	trainer _trainer
4.	Sowohl amerikanische als auch englische Schreibweise wird akzeptiert.	theater theatre
5.	Wird im Beispielsatz die Pluralform des zu übersetzenden Fachbegriffs verlangt, reicht auch als Antwort das Singular (und umgekehrt in bestimmten Fällen).	windows window
6.	Konsonanten können (manchmal) verdoppelt werden oder fehlende Verdoppelungen akzeptiert werden.	current curent
7.	Verwechslungen bei -s-, -z- und -ss- können zugelassen werden.	resistance resistanze
8.	Ein -e- am Ende des Wortes kann akzeptiert werden	menu menue
9.	Das Infinitiv-*to* kann bei Verben entfallen	to enrol enrol

Abb. 1: Rechtschreibtoleranz

So etwa wird man in der Übersetzerschulung andere Maßstäbe an die Orthographie legen als bei der Aktivierung von Fachvokabular für die Vorbereitung auf ein Telefongespräch (z.B. im Rahmen einer Verkaufsschulung).

1.3.4 Antwortprotokollierung

Um die jeweiligen Fachwortschatzdateien optimieren und weiterentwickeln zu können, wurde ein Modul in das Programm implementiert, das – auf Wunsch – die von den Studenten gegebenen Antworteingaben auf Dateien speichert.

Diese Dateien können anschließend mit beliebigen Textverarbeitungsprogrammen oder Editoren bearbeitet bzw. ausgewertet werden, da es sich hierbei um ASCII-Dateien handelt (z.B. mit Sortierroutinen oder Analyseprogrammen zur Ermittlung von Worthäufigkeiten).

Aus den – sequentiell aufgeführten – Antworten lassen sich Häufigkeiten bestimmter Fehler sowie Schwierigkeiten der Testkandidaten und Ablauf der Trainingssitzungen entnehmen.

Sinnvollerweise wird das Modul "Antwortprotokollierung" nur bei einem begrenzten Personenkreis und für einen begrenzten Zeitraum aktiviert. Die Datenschutzgesichtspunkte der Betroffenen sind dabei zu beachten (vorheriges Einverständnis).

1.3.5 Ergänzende Software

Bei der hier beschriebenen Lernsoftware handelt es sich um ein Programmsystem, das sich im wesentlichen an den einzelnen Lerner zum Einüben eines vorgegebenen oder individuell zusammengestellten Wortschatzes richtet, oder auch an Dozenten und Sprachtrainer, die für ihre Studenten oder für Einzelschulung gezielt Fachvokabular vorbereiten möchten.

Für Anwender, die den Trainer in großem Umfang zur produktionsmäßigen Nutzung einsetzen möchten, etwa zur Bereitstellung verschiedener Wortschatzdateien mit Überschneidungen in Teilbereichen, empfiehlt sich die Erstellung einer *Stammdatei* mit Funktionen des Suchens und Sortierens nach bestimmten Begriffen, der komfortablen Erfassung, Änderung und Erweiterung der Vokabelinformation usw. Ein entsprechendes *Verwaltungsprogramm* mit der Möglichkeit vielfältiger Listenausdrucke und zur gezielten, nach Fächern ausgewählten Generierung von einzelnen Vokabeldateien ist gesondert lieferbar.

2. Einsatzmöglichkeiten

Beim Einsatz des Fachwortschatztrainers wird vorausgesetzt, daß zumindest *eine* Vokabeldatei zur Verfügung steht, und zwar entweder als "Konfektions"-datei bereits fertig von der Fernuniversität bereitgestellt oder speziell für eine bestimmte Anwendergruppe entwickelt. Zusätzlich lassen sich die Vokabeldateien auch noch von jedem Benutzer individuell erweitern, damit dem Anspruch auf flexiblen Einsatz kaum Grenzen gesetzt sind. Im folgenden wird die "Bedienung" des Trainers anhand von Demo-Vokabeldateien beschrieben.

2.1 Handhabung des Programms

Das vorliegende Programmsystem "Fachwortschatztrainer" ist menügeführt und bedarf im Grunde kaum zusätzlicher Erklärungen. Um jedoch eine Vorstellung von der Arbeitsweise des Programms zu erhalten, empfehlen wir, bei der Durchführung eines Testlaufs diesem "Wegweiser" zu folgen, um die wichtigsten Merkmale des Trainers zu "erfahren". Als Testbeispiel soll die Demo-Fachwortschatzdatei "Englisch für Elektrotechniker" dienen:

Programmaufruf: Das Programm kann direkt vom Diskettenlaufwerk eines PC/XT/AT/PS/2-Personalcomputers mit DOS-Betriebssystem gestartet werden:

A:> *trainer demotech*

Nach dem Laden des Programms erhalten Sie das Eingangsbild (Abb. 1). Mit einer beliebigen Taste wechseln Sie zum Hauptmenü (Abb. 2).

Abb. 2: Eingangsbild

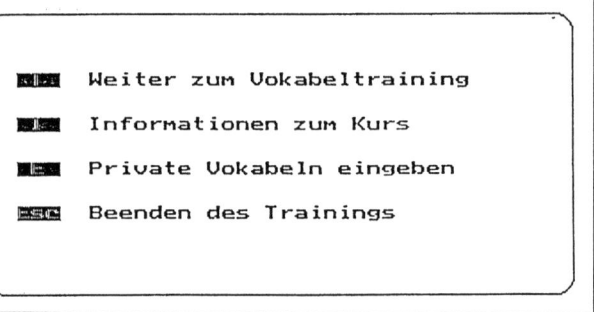

Abb. 3: Hauptmenü

Bitte geben Sie jetzt 'T' ein, damit Sie vom Trainer mit dem Demo-Fachwortschatz abgefragt werden können. Geben Sie anschließend 'J' ein, damit die Zwischenergebnisse etwaiger Testkandidaten vor Ihnen gelöscht werden und bestätigen Sie mit <Return>.

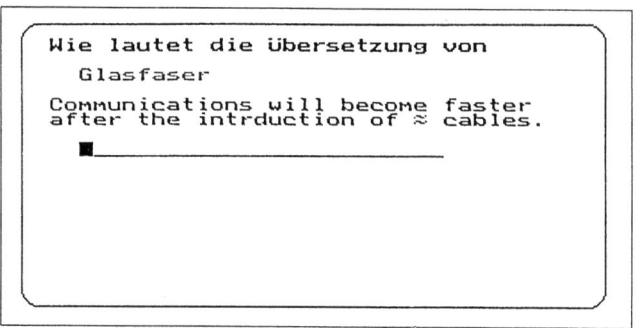

Abb. 4: Vokabelabfrage

Nun können Sie die Größe der ersten Vokabelgruppe verändern, mit der Sie das Training beginnen wollen. Wir raten dazu, es bei der Voreinstellung von 8 Vokabeln pro Gruppe zu belassen und diesen Bildschirm gleich mit <Return> abzuschließen. Anschließend wählt das Programm nach Zufall den ersten Fachbegriff aus der Demo-Fachwortschatzdatei aus und zeigt sie Ihnen (in roter Schrift) zusammen mit einem Beispielsatz an (Abb. 4).

Schreiben Sie nun Ihre Übersetzung auf die leere Zeile, an deren Anfang der Cursor steht, und schicken die Eingabe mit <Return> ab (Abb. 5).

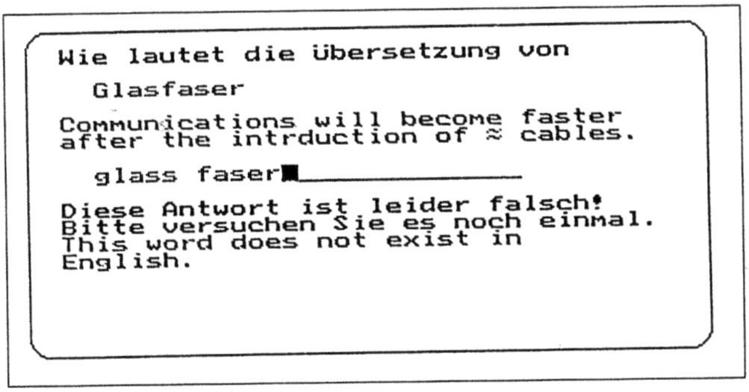

```
Wie lautet die Übersetzung von
  Glasfaser
Communications will become faster
after the intrduction of ≈ cables.
  glass faser█
Diese Antwort ist leider falsch!
Bitte versuchen Sie es noch einmal.
This word does not exist in
English.
```

Abb. 5: Vokabeleingabe

Nach mehreren Fehlversuchen erhalten Sie automatisch die Richtigantwort(en). Mit der F1-Taste können Sie jederzeit eine Hilfe (Eselsbrücke o.ä.) oder Hinweise auf die Richtig-Antwort anfordern. Falls Sie überhaupt nicht auf die richtige Übersetzung kommen, können Sie mit dem Fragezeichen "?" die Lösung(en) direkt abrufen.

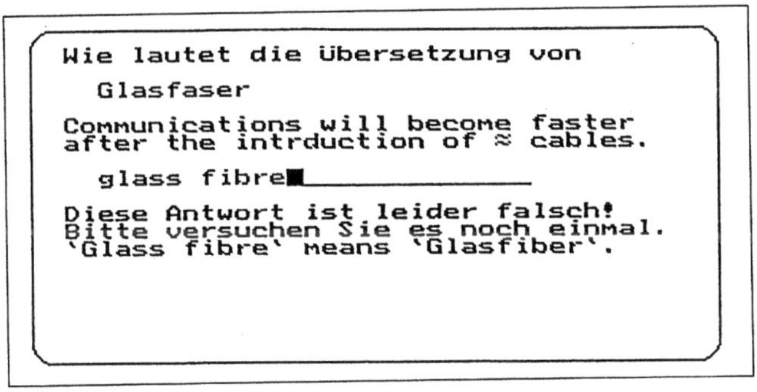

```
Wie lautet die Übersetzung von
  Glasfaser
Communications will become faster
after the intrduction of ≈ cables.
  glass fibre█
Diese Antwort ist leider falsch!
Bitte versuchen Sie es noch einmal.
'Glass fibre' means 'Glasfiber'.
```

Abb. 6: Erläuterung typischer Fehler

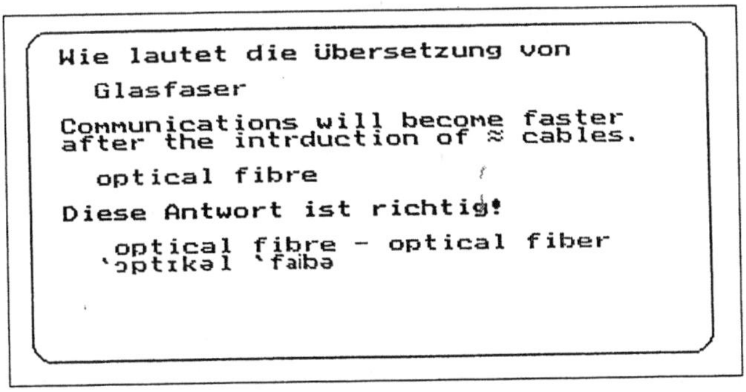

```
Wie lautet die Übersetzung von
  Glasfaser
Communications will become faster
after the intrduction of ≈ cables.
  optical fibre
Diese Antwort ist richtig!
  optical fibre - optical fiber
  'ɔptikəl 'faibə
```

Abb. 7: Präsentation von Lösung(en) und Lautschrift

Rechtschreibtoleranz: Bei der Schreibweise der englischen Begriffe werden kleinere Rechtschreibfehler verziehen; deshalb werden die korrekte Schreibweise und etwaige Synonyme in jedem Falle auf dem Bildschirm angezeigt. Im vorliegenden Demo haben wir die im Abschnitt 1.3.3 zusammengestellten Abweichungen von der richtigen Schreibweise erlaubt; natürlich kann je nach Lehrziel und Adressat auch anders verfahren werden.

```
Sie haben von den 6 Vokabeln dieser
Gruppe 6 erfolgreich bearbeitet.

Damit haben Sie den Kurs
erfolgreich beendet.

Herzlichen Glückwunsch!
```

Abb. 8: *Erfolgreicher Abschluß des Vokabeltrainers*

Damit sind wir am Ende dieser kurzgefaßten Bedienungsanleitung angelangt. Da die Fachbegriffe nach Zufall ausgewählt werden und das Programm nach Ihren individuellen Angaben abläuft, kann hier die weitere Abfolge Ihres Testlaufs nicht vorhergesehen werden. Nicht gewußte Begriffe werden nach einiger Zeit erneut präsentiert, und falls Sie den Testlauf unterbrechen möchten, können Sie dies jederzeit und beliebig oft tun, da der jeweilige Stand am Ende gespeichert wird.

2.2 Verfügbare Fachwortschatzdateien

An der Fernuniversität sind derzeit fünf verschiedene Fachwortschatztrainer mit je 200-300 Fachbegriffen verfügbar:

a) Englisch für Wirtschaftswissenschaftler
b) Englisch für Mathematiker, Informatiker und Elektrotechniker
c) Englische Fachbegriffe "Fernstudium/Fernunterricht"
d) Englische Fachbegriffe "Bildungsvokabular"
e) Englische Fachbegriffe im Einzelhandel (Business English, entwickelt im Auftrag der KARSTADT AG)

Versionen für weitere Fachgebiete sind in Vorbereitung. Als sehr aufwendig hat sich das Entwerfen, Erproben, Überarbeiten und Erfassen der einzelnen Datensätze in die Stammdatei erwiesen, da die Fachwortdaten stets im Team von Anglisten, Fachspezialisten, Didaktikern und "native speakers" entwickelt werden.

Und noch eine Bemerkung: Angesichts der großen Zahl von Vokabeln in einschlägigen Fachwörterbüchern wird manchmal befürchtet, mit 200 - 300 Begriffen pro Sachgebiet nur einen Bruchteil des relevanten Fachwortschatzes zu erfassen.

Zunächst muß aber dabei berücksichtigt werden, daß der Lerner bei jedem zu übersetzenden Fachbegriff mit einem Mehrfachen von fremdsprachlichem Fachwortschatz konfrontiert wird, der teils ständig sichtbar (Beispielsatz, Lösungen), teils nur auf Anforderung (Hilfstext) bzw. bei Falschantworten (Erläuterungskommentar) sichtbar ist. So sind beispielsweise bei einem Trainingsvokabular von 250 Fachbegriffen weitere 500 verschiedene englische Begriffe ständig sichtbar, und ca. 750 weitere Wörter je nach Antwortverhalten des Lernenden.

2.3 Eingeben "eigener" Vokabeln

Um zusätzliche Fachbegriffe einzuspeichern, hat der Lerner die Möglichkeit, im Hauptmenü eine entsprechende Option zu wählen, mit der mehrere Bildschirmmasken zur Eingabe weiterer Fachbegriffe aufgerufen werden können. Dabei legt das Programm dann eine separate Wortschatzdatei an, deren Inhalt während des Vokabellernens mit dem der vorhandenen Datei gemischt wird, so daß die eigenen und die fertig gelieferten in zufälliger Reihenfolge präsentiert werden. Die Anzahl der auf diese Weise zusätzlich nutzbaren Fachbegriffe ist nur durch den verfügbaren Speicherplatz auf Diskette oder Festplatte begrenzt.

2.4 Weitere Einsatzmöglichkeiten

Da das Programmsystem fachgebiets- und sprachunabhängig angelegt ist, kann über das Verwaltungssystem beliebiger Fach- oder allgemeinsprachlicher Wortschatz gespeichert werden. Außer der Deutsch-Englisch-Übersetzungsrichtung kann auch Deutsch-Französisch, Deutsch-Spanisch usw. trainiert werden, da die gängigen Zeichensätze für die einzelnen Fremdsprachen definiert sind. Demos für italienischen, französischen und spanischen Fachwortschatz wurden dafür bereits entwickelt.

Viele Fachbegriffe der deutschen Sprache sind Fremdworte bis zu dem Zeitpunkt, an dem die Bedeutung klar ist. Da auch diese Begriffe leicht in Vergessenheit geraten, kann der Trainer helfen sie – z.B. zum anstehenden Examen – wieder in Erinnerung zu rufen. Somit eignet sich der Fachwortschatztrainer auch als allgemeiner Wissenstrainer, für das Abfragen von Abkürzungen usw. Beispiele für solche Fragen sind:

- Wer gilt als Begründer der experimentellen Psychologie?
- Was bedeutet die Abkürzung LAN?
- Wie bezeichnet man das Maß für die zentrale Tendenz bei Variablen auf Rangskalenniveau?

3. Ergebnisse der Erprobung im Feldversuch

Für die Erprobungsversion 1988 wurde das Programm mit einem *Fachwortschatz* ausgestattet, der auf den *Brückenkurs Englisch für Mathematiker und Ingenieure* abgestimmt ist. Die dafür ausgewählten 170 Vokabeln sind grundlegende Begriffe aus den Bereichen Mathematik, Geometrie, Physik, Informatik, Mechanik, Chemie und Elektrotechnik.

3.1 Untersuchungsplanung

Das *Erprobungsmaterial* "Fachwortschatztrainer" bestand aus zwei 5 $^1/_4$- Zoll Disketten, einem Begleittext mit Hinweisen zur Installation und Handhabung des Trainers, einem mehrseitigen Fragebogen und einer Vokabelliste.

Ziel der Erprobung war es, Hinweise zur Verbesserung bzw. zur Bewährung zu vier Teilaspekten zu erhalten:

1. Richtigkeit der Antwortanalyse (gespeicherte Alternativen, Verständlichkeit der Kommentare, Schreibweise usw.)
2. Ablauf des Steuerungsprogramms (Antwortzeiten, Lesbarkeit, Gewöhnungs- und Bedienungsaspekte)
3. Probleme mit der Hardware (Diskettenlaufwerke, Grafikkarten, Bildschirme, DOS-Version, etwaige speicherresidente Programme usw.)
4. Akzeptanz des Fachwortschatztrainers durch die Studenten

Die *Erprobungsteilnehmer* wurden gewonnen, indem Anfang Juni 1988 bei ca. 350 Belegern des betreffenden Brückenkurses aus dem Bundesland Nordrhein-Westfalen angefragt wurde, inwieweit Interesse an einem Test besteht und ob ein geeigneter PC zugänglich war. Von den 70 Interessenten an der Erprobung erhielten 55 den Fachwortschatztrainer mit Begleittext und Fragebogen.

Als *Erhebungsmethode* wurde die schriftliche Befragung gewählt. Der *Fragebogen* enthielt ca. 40 überwiegend offene Fragen zu den folgenden Fragekomplexen:

- Fragen zum fremdsprachlichen und beruflichen Hintergrund
- Fragen zum schriftlichen Begleittext
- Fragen zur Arbeitsweise und didaktischer Ablauf des Trainers
- Fragen zur Nutzung des Programms

Bis Ende August 1988 trafen 45 Fragebögen ein, von denen drei aus verschiedenen Gründen nicht verwertbar waren. Die Anzahl der ausgewerteten Fragebögen reduzierte sich somit auf N=42. Aufgrund dieser hohen *Rücklaufquote* (über 80 %) kann von hoher Repräsentativität der im folgenden dargestellten Ergebnisse für die Erprobungsgruppe ausgegangen werden.

3.2 Ergebnisse des Feldversuchs 1988

Bei der Darstellung der Ergebnisse wird wieder auf die zuvor genannten vier Fragenkomplexe zurückgegriffen:

3.2.1 Fragen zum fremdsprachlichen und beruflichen Hintergrund

Im ersten Fragenkomplex (persönlicher Hintergrund) wurde versucht, Informationen über fremdsprachliche Vorkenntnisse zu erhalten. Die Befragungsteilnehmer schätzten ihre fachsprachlichen Fremdsprachenkenntnisse meist als befriedigend ein. Bei nur sehr wenigen konnte daher von sehr guten fachsprachlichen Kenntnissen ausgegangen werden.

Etwa die Hälfte der Befragten hatten beruflich zwischen 4 bis 15 Stunden in der Woche am PC zu tun. Nur wenige jedoch hatten bereits Erfahrungen mit Lernprogrammen gesammelt. Drei Viertel der Befragten stuften ihre Erfahrungen mit PCs als sehr gut oder einigermaßen gut ein; offenbar haben wir es hier nicht mit reinen Anfängern zu tun. Die Verteilung auf *Studienfächer* an der Fernuniversität Hagen ergibt folgendes Bild: Informatik (21); Wirtschaftswiss. (7); Elektrotechnik (4); Mathematik (2); Sonstige (2); keine Angabe (4).

3.2.2 Fragen zum schriftlichen Begleittext

Mit dem zum Fachwortschatztrainer gehörenden Begleittext (Installationsbeschreibung etc.) war der überwiegende Teil der Studenten sehr zufrieden. Dabei wurden die einzelnen Abschnitte des Begleittextes gleichmäßig als "gut" beurteilt. Nur in einzelnen Fällen wurde um gezielte Verbesserungen in der Erklärung gebeten.

3.2.3 Fragen zur Arbeitsweise und zum didaktischen Ablauf

Hier gab es vorwiegend positive Reaktionen. Der bildliche Aufbau und die farbliche Gestaltung wurden einhellig als gut bewertet. Allerdings wurde die farbliche Gestaltung nicht unbedingt als nötig empfunden. Überrascht hat uns der starke Wunsch nach *Beibehaltung der Lautschrift* und ihr Erscheinen an Stellen, wo sie ursprünglich nicht vorgesehen war (35 von 42 Befragten).

Über die Hälfte der Befragungsteilnehmer fand die *Anzahl der Lösungsversuche* (max. 3) genau richtig, ca. 25% sprachen sich für eine individuelle Regelbarkeit aus; eine kleine Gruppe wollte die Lösungen direkt abrufbereit haben.

Im Fragebogen wurde auch nach denkbaren *Erweiterungen* in einer zukünftigen Fachwortschatztrainer-Version gefragt. Dabei sprachen sich 41 von 42 Studenten für die Möglichkeit aus, *eigene Vokabeln speichern* zu können[1]. Entgegen unserer Erwartung wurde dem zukünftigen Einsatz einer *Audiocard* (mündliche Ausgabe von Wörtern oder Sätzen) weniger Interesse entgegengebracht (ja=21, nein=13, evtl.=8).

Die *Vokabelmenge* und die *Vokabelauswahl* fand die Zustimmung der Befragten. Weniger zufrieden war man mit der Heterogenität der im Fachwortschatztrainer behandelten Fachgebiete (Mathematik, Elektrotechnik, Informatik, Physik), die aufgrund des dazugehörigen Brückenkurses vorgegeben war (ähnliche Kritiken sind uns auch seit jeher zum Brückenkurs selbst bekannt). Eine strengere Trennung der Fachgebiete und Wahlmöglichkeit durch die Studenten ist auch aus fachdidaktischer Sicht sinnvoll.

Als Schwerpunkte für in Zukunft wünschenswerte Fachenglisch-Wortschatztrainer wurden an erster Stelle EDV-Fachbegriffe und Informatik genannt, dann Wirtschaftswissenschaften, Mathematik, Elektrotechnik, Ingenieurwissenschaften und Physik. Daß erziehungs-, sozial- und geisteswissenschaftliche Fachgebiete und Kurse kaum genannt wurden, darf bei der Zusammensetzung der Erprobungsgruppe dieses Trainers nicht überraschen.

3.2.4 Fragen zur Nutzungsweise des Programms
Hier interessierte uns die tatsächliche Nutzung und Arbeit der Studenten mit dem neuen Medium.

Die meisten der Befragten gaben an, pro Sitzung ca. 30 Minuten ununterbrochen gearbeitet zu haben, einzelne allerdings auch 120 und 180 Minuten. Die Zahl der Sitzungen betrug meist zwischen 5 und 10. Als *Gesamtbearbeitungszeit* für das Vokabellernen und "sich-abfragen-lassen" wurden 1-80 Stunden angegeben, meist 6-10 Stunden. Diese Angaben dürften verläßlich sein, da der Fachwortschatztrainer am Ende einer Sitzung eine Rückmeldung über die Einschaltzeit gibt.

Etwas mehr als die Hälfte der Teilnehmer schaffte mindestens einen "Durchgang" durch das Programm (alle 170 Vokabeln gewußt), 20 % absolvierten sogar drei oder mehr Durchgänge.

3.2.5 Zusätzliche Kommentare der Studenten
Einhellig wurden gegenüber anderen Vokabellernmethoden individuelle *Vorteile* aus subjektiver Sichtweise der Studenten gesehen (etwa 5-20 Nennungen pro Teilnehmer als freie Kommentare):

- größere Motivation,
- abwechslungsreicher,
- Fehlererläuterungen,
- intensiveres Lernen, einprägsamer als andere Medien,
- Zufallsauswahl,
- häufige Wiederholung nicht gewußter Vokabeln,
- spielerisches Lernen,
- Unbestechlichkeit des Programms,
- gute Hilfen (Eselsbrücken),
- durch viele Texte Lernen im Kontext.

Folgende *Nachteile* wurden von einzelnen Befragten gesehen:

- generelles Problem der Augenbelastung durch Bildschirmarbeit,
- gewisse Ortsabhängigkeit des Mediums,
- die Zufallsauswahl der Vokabeln durch das Programm hat manchmal auch gestört.

3.3 Fazit

Die Befragten haben sich relativ intensiv mit dem Fachwortschatztrainer beschäftigt. Der weitaus größte Teil war sehr zufrieden und überaus dankbar für dieses neue Medium zur Unterstützung im Fernstudium.

Als technische Mängel des Prototyps (Version 1.3) wurden angeführt: etwas zu hohe Hardwareanforderung, zu lange Wartezeit beim Ladevorgang und etwas umständliche Installationsroutinen. Als wünschenswerte inhaltliche Verbesserungen wurden genannt: Speichermöglichkeit für selbst einzugebenden Wortschatz, individuelle Steuerung der Zahl der Eingabeversuche.

Die didaktischen Aspekte (Präsentationsmodus, Steuerung der Hilfen usw.) wurden überaus positiv beurteilt, so daß, insgesamt gesehen, der Prototyp als "gelungen" bezeichnet werden darf und die Arbeitsgruppe sich angespornt fühlen darf, die genannten Verbesserungsvorschläge und weitere Funktionen zu realisieren.

3.4 Nachbefragung 1989

Nach einem Jahr wurde eine Nachbefragung bei den Erprobungsteilnehmern durchgeführt, um in Erfahrung zu bringen, ob die gute Akzeptanz bei den Studenten von Dauer ist und der Übungseffekt auch länger anhält.

Die Ergebnisse zeigen, daß der überwiegende Teil der Befragten den Trainer weiterhin regelmäßig bzw. des öfteren benutzt hat; nur wenige haben ihn überhaupt nicht mehr benutzt. Nach den Angaben der Befragten hat sich auf diese Weise zumeist zwischen 60 und 80% der 170 Fachbegriffe als aktiver Wortschatz festgesetzt.

4. Vorgesehene Weiterentwicklungen

Der Fachwortschatztrainer wird laufend weiterentwickelt. Für die nächste Version (2.5) sind vor allem zwei Erweiterungen vorgesehen:

4.1 Druckfunktionen

- Ausgabe der nicht gewußten Begriffe mit den zugehörigen Beispielsätzen und Übersetzungen bzw. Lösungen
- wie oben, aber Liste der gewußten Begriffe
- Druck einzelner Fachbegriffe mit wichtigen Feldern

4.2 Zeitbegrenzung durch den Lerner

- Aufnahme eines Zeitparameters in die Konfigurationsdatei, mit dem der Lernende zuvor bestimmen kann, wie lange die Trainingsphase dauern soll. Nach Ablauf der Zeit werden Zwischenergebnisse ausgegeben

– Aufnahme eines weiteren Zeitparameters, mit der die max. Bearbeitungsdauer eines Fachbegriffs eingestellt werden kann. Nach Ablauf dieser Zeit wird die Lösung präsentiert und der nächste Begriff gezeigt.

Längerfristig sollen noch weitere Funktionen implementiert werden. Dazu zählen:

4.3 Akustische Sprachausgabe der Richtigantwort(en)

Auf Wunsch kann der/die Student/in nach der Bildschirmpräsentation der Lösungen auf Tastendruck auch – anstelle oder zusätzlich zur Lautschrift – die Tonausgabe der Antworten am Lautsprecher des PCs anfordern. Voraussetzung für diese Funktionserweiterung ist die Ausstattung der PCs mit einer Sprachspeicherkarte, der sog. Audiocard. Derzeit können auf einer derartigen PC-Erweiterungskarte 5-15 Minuten Ton aufgezeichnet werden, was in der Regel für diesen Zweck als ausreichend angesehen werden kann.

4.4 Wörterbuchfunktionen

Tauchen in den fremdsprachlichen Texten Wörter mit unbekannter Bedeutung auf, sollen diese Begriffe rasch "nachgeschlagen" werden können, etwa durch Öffnen eines Fensters und Eingabe des gewünschten Begriffs.

Nähere Auskünfte zu dieser Lernsoftware, auch über Bezugsmöglichkeiten, beim Verfasser.

Literatur

1. Becker, L; Husberg, V.; Küffner, H.; Tomaschewski, R.: Begleittext zum PC-Programm: Vokabeltrainer Englisch für Mathematiker und Ingenieure (Erprobungsfassung). Juni 1988.
2. Becker, L.; Husberg, V.; Küffner, R.J.: The Vocabulary-Trainer of the FernUniversität Hagen, Februar 1989.
3. Husberg, V.: Hinweise für Vokabelautoren. Beschreibung der Eingabe von eigenen Vokabeln. September 1988.
4. Küffner, H.: PC als technisches Medium im Fernstudium. In: Gesellschaft der Freunde der Fern Universität (Hrsg.): Jahrbuch 1986 (S. 65-82). Hagen 1986.
5. Küffner, H.: CALL - Computer Assisted Language Learning und Vokabellernen: Überblick verfügbarer PC-Software und Hinweise zur Weiterentwicklung. Dezember 1987.
6. Küffner, H.: Erfahrungen mit der Auswahl von Autorensystemen/Autorensprachen. Januar 1988.
7. Tomaschewski, R.; Husberg, V.: Zur Flexibilisierung der Freiantwortanalyse beim Vokabeltrainer. Juni 1988

Anmerkung

1. Diese Funktion des Fachwortschatztrainers war den Studenten damals noch nicht zugänglich.

Produkt-Forum

Angebote der DV-Industrie für Forschung und Lehre

KAISER-EXAM – System zur Erstellung und Auswertung von Prüfungen mit integrierter Item-Datenbank und Noten-Berechnung/-Verwaltung

Werner Manglitz

Kaiser Datentechnik GmbH, Nürnberg

Dieses neue, als Komplett-Lösung in Deutschland bisher einmalige System spart den Lehrern Zeit beim Erstellen und Auswerten von Klausuren und Prüfungen. KAISER-EXAM ist ein komplettes Software-Paket zur Erstellung, Auswertung und Notenverwaltung von Klausuren und Prüfungen. KAISER-EXAM arbeitet im Auswertungsbereich mit einem optischen Markierungsleser KAISER omr. KAISER-EXAM besteht aus 3 Modulen (s. Abb. 1):

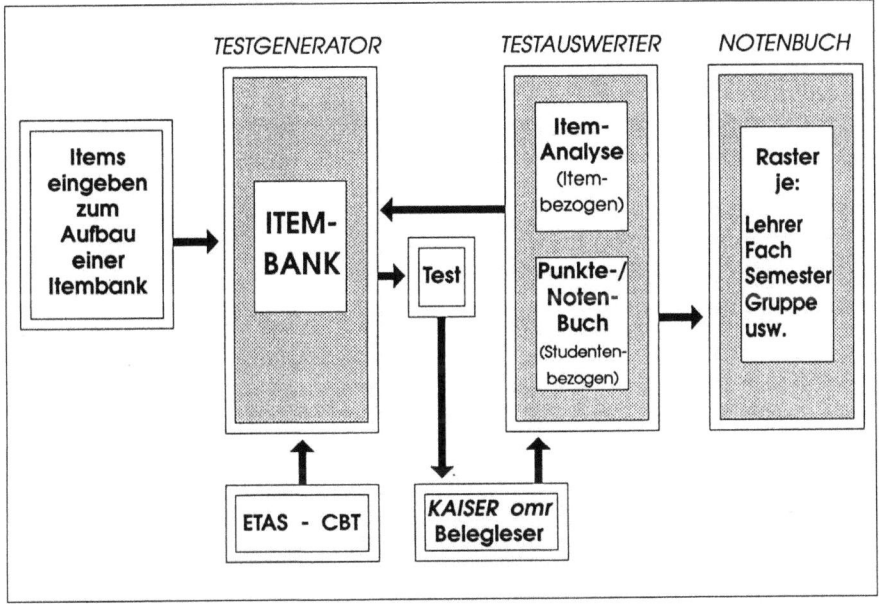

Abb. 1: *Aufbau von KAISER-EXAM*

Mit dem *Testgenerator* kann der Anwender für jedes Prüfungsfach eine Fragen- und Antwort-Datenbank (Itembank) erstellen. Aus dieser Datenbank können nach individuell zu definierenden Kriterien Prüfungsaufgaben ausgewählt und zu einer Prüfung bzw. Klausur zusammengestellt werden. Nach erfolgter Prüfungsauswertung werden je Aufgabe/Item die Analysedaten der aktuellen Prüfung und die kumulierten Werte je Item in der Itembank gespeichert.

Der *Testauswerter* läßt eine Prüfungsauswertung nach Semester, Gruppen und Studenten zu. Der Notenschlüssel kann frei gewählt werden. Jede Frage und jede Prüfung/Klausur kann dabei mit einem eigenen Gewichtungsfaktor versehen werden. Der Testauswerter liefert sowohl die Itemanalyse-Daten an die Itembank im "Testgenerator", als auch die Punkteergebnisse zur weiteren Verarbeitung an das "Notenbuch". Mit den Testauswerter lassen sich verschiedene Statistiken und Analysen per Knopfdruck erstellen, z.B.:

- Häufigkeit der Antworten je Aufgabe
- Trennschärfe
- Schwierigkeitsgrad
- Non-Distraktoren
- Reliabilitäts-Koeffizient(KR20)
- Punkte-/Notenverteilung und Durchschittsnoten
- Prozentrangplatz
- Punkteverteilung als Grafik

Das *Notenbuch* ermöglicht dem Lehrer das Anlegen von Rastern je Semester, je Fach oder je Gruppe mit dem jeweiligen Leistungs-/Noten-Stand. Die Ergebnisse werden vom "Testauswerter" automatisch in des "Notenbuch" übertragen. Hier können die ?unkte mit einem individuellen Notenspiegel in Noten umgerechnet werden. Die Ergebnisse können in verschiedenster Form sortiert und ausgedruckt werden, z.B. nach:

- Namen (alphabetisch)
- Matrikelnummer
- Punktwerten (beste Arbeit zuerst)
- Reihenfoge der Abgabe

Das KAISER-EXAM-Softwarepaket ist auf jedem IBM-kompatiblen PC lauffähig. Alle Programme sind menuegesteuert und mit Hilfsmasken hinterlegt. Somit ist keine PC-Erfahrung erforderlich. Festgestellte Vorteile des Systems:

- Sofortige Ergebnisse (Punkte und Noten)
- Weniger Zeitdruck am Ende eines Semesters
- Mehr Zeit für die Studenten und den Lehrinhalt

Durch die Kooperation zwischen der KAISER DATENTECHNIK GmbH und der Firma "ETAS-Softwareentwicklung A.Kurzbach" kann der Anwender mit einem aufeinander abgestimmten System computergestützt trainieren und prüfen (CBTE).
Dabei kann die gleiche Fragen-Datenbank genutzt werden. Weitere Informationen über dieses Verfahren können angefordert werden bei: KAISER DATENTECHNIK GmbH, Obermaierstr. 10, 8500 Nürnberg 10, Tel. 0911/36013-0

Das PCS Engagement für Forschung und Lehre

Wilhelm F. Jambor
PCS Computer Systeme GmbH, München

Nach wie vor erachtet die Firma PCS die enge Kooperation und den regen Austausch von Informationen zwischen Rechnerherstellern und Anwendern in Forschung und Lehre als eine der wichtigsten Voraussetzungen für die Erzeugung technologisch hochwertiger Produkte. PCS bedankt sich aus diesem Grund besonders für die gebotene Präsentationsmöglichkeit im Rahmen dieses vorzüglich organisierten Anwenderkongresses.

PCS Computer Systeme versteht sich aus einer Tradition heraus als Partner für Forschung und Lehre und ist seit Jahren in diesem Markt erfolgreich präsent. Schon immer war der Kontakt der Firma zur Welt der Hochschulen und Forschungseinrichtungen sehr eng. Dies war bedingt durch die Firmengeschichte.

Einer der Gründer der Firma, Professor Färber von der TU in München, war von Anfang an ein Garant dafür, daß Impulse aus der Hochschulwelt bei PCS als Bedarf akzeptiert wurden und in entsprechender Form in die Produktpolitik Eingang fanden. Auch nach der Eingliederung der Firma PCS in den Mannesmann Konzern hat sich daran nichts geändert.

So war vor vergleichsweise wenigen Jahren das Potential des damals noch relativ unbekannten Betriebssystems UNIX lediglich von einigen wenigen vorausschauenden Wissenschaftlern an den Hochschulen und in den Forschungseinrichtungen erkannt worden. Heute ist es unbestritten, daß das Betriebssystem UNIX sich als ein Weltstandard etabliert hat.

Nicht zuletzt unseren engen Bindungen zur Hochschullandschaft verdanken wir es, daß wir uns heute stolz als der erste europäische Hersteller einer UNIX-Maschine bezeichnen und für uns in Anspruch nehmen, einen der wichtigsten Trends der letzten Jahre früher als andere richtig eingeschätzt zu haben.

Nachdem die Firma PCS den ersten dedizierten UNIX-Rechner in Europa gebaut hatte, und UNIX im eigenen Hause portiert, avancierte sie sehr schnell zum kompetenten Ansprechpartner für die rasch wachsende Zahl von UNIX-Anwendern, viele davon im Hochschulbereich. Folgerichtig war und ist der Bereich Forschung und Lehre einer der Schlüsselbereiche der Firma PCS.

Wir sind uns bewußt, daß die Firma PCS die jetzige Größe und Marktposition nicht zuletzt durch ihr Engagement in diesen Bereich erringen konnte. Von den Anfängen der Firma bis jetzt existieren mannigfaltige geschäftliche und partnerschaftliche Verbindungen in die Hochschulen hinein und auch mit der schrittweisen Ausrichtung der PCS auf Lösungen für den industriellen Kundenkreis büßt der Bereich Forschung und Lehre nichts von seiner Bedeutung ein, im Gegenteil:

Seit Anfang 1988 hat PCS die intensiven Arbeitskontakte mit dem Bereich Forschung und Lehre durch die Einrichtung eines eigenen Marketingbereiches institutionalisiert und mit der Bereitstellung von Mitteln in nicht unerheblicher Größe das PCS-Hochschulprogramm ins Leben gerufen. Denn eine dauerhafte Verbindung zwischen Wissenschaft und Praxis kann nicht durch eine sporadische Diskussion von mehr oder weniger zufällig ausgewählten Themen zustandekommen. Eine solche Verbindung setzt vielmehr ein hohes Maß an Kontinuität, gegenseitiges Vertrauen, Ausgewogenheit der beiderseitigen Interessen und die Bereitschaft zu einem offenen Dialog voraus. Unser Motto gilt: PCS – Partner für Forschung und Lehre.

1. Das PCS Hochschulprogramm

Was beinhaltet nun das PCS-Hochschulprogramm im Einzelnen?

- Aktive Informationspolitik, d.h. Informationen für den Bereich F&L und aus dem Bereich F&L, speziell ausgerichtet auf die Bedürfnisse der Hochschulen, die mit der Hauszeitschrift "UniCADMUS" übermittelt werden.
- Kooperationen bei Studienarbeiten, Diplomarbeiten und Dissertationen durch Bereitstellung von Arbeitsplätzen, Rechner-Resourcen und durch fachliche Unterstützung.
- Bereitstellung von Arbeitsplätzen für Praktikanten, Werkstudenten und Absolventen des 2. Industriesemesters.
- Unterstützung bei Messen, Ausstellungen, Tagungen und F&L-Veranstaltungen.
- Organisation von Anwendertreffen für CADMUS-Benutzer.
- Überlassung von Materialien für Vorlesungen und Praktika.
- Präsentationen und Fachtage an Hochschulen.
- Unterstützung bei der Beschaffung und Portierung von Software, die noch nicht auf CADMUS-Rechnern verfügbar ist.
- Aktive Unterstützung bei der Vermarktung von Software aus dem F&L-Bereich.
- Public-Domain-Softwarepool.
- Vermittlung von interuniversitären Kontakten.
- Vergabe von Forschungs- und Realisierungsaufträgen.
- Support-Mailbox.
- Partner-Produkte zu F&L-Sonderkonditionen.
- Zusammenarbeit bei Forschungsprojekten.
- Durchführung von Kooperationen zur Förderung von Forschung und Lehre und nicht zuletzt
- spezielle, auf die Bedürfnisse der Hochschulen ausgerichtete CADMUS-Modelle, komplett ausgestattet mit Hardware und Software, zu F&L-Sonderkonditionen, die jedem Vergleich standhalten.

2. Die PCS Produkte

Unser Ziel ist es, optimal konfigurierte Arbeitsplätze in Forschung und Lehre bereitzustellen. Dabei hilft uns die langjährige Erfahrung im Markt und unser steter kooperativer Austausch mit den Anwendern.

Durch die von Anfang an engen Kontakte und die daraus entstandenen gemeinsamen Entwicklungen ist zum einen eine Identifikation mit der Forschung und Lehre entstanden und zum anderen eine produktpolitische Ausrichtung, die sich nicht unwesentlich an den Bedürfnissen des Hochschulmarktes orientiert.

Darum sind die Lösungen der PCS für das Computer-Investitions-Programm (CIP) in der Lehre und neuerdings auch für das Pendant in der Forschung, das Wissenschaftlerarbeitsplatz-Programm (WAP) nicht aus aktuellem Anlaß entstandene Konzepte, sondern das Resultat einer vorausschauenden und konsequenten, an den Bedürfnissen des Marktes orientierten Produktpolitik.

Dazu zählen u. a. die Einführung von Rechnern mit RISC-Technologie, die Integration von PCs und MS-DOS, die Bereitstellung von X-Terminals oder die Synthese von UNIX und Echtzeit. Damit hat PCS in der Praxis bewiesen, daß die Bedürfnisse und Anforderungen der Lehre in nahezu allen vorkommenden Bereichen der rechnergestützten Ausbildung abgedeckt sind. Die nahtlose Einbindung in vorhandene, heterogene Umgebungen, die Integrationen von in den Hochschulen bereits vorhandenen Ressourcen und eine zielgerichtete Ausprägung der CADMUS-Familie in unterschiedlichen Leistungsbereichen bringen die Voraussetzungen für einen langfristigen Einsatz mit hohem Investitionsschutz für den Anwender. Besonders berücksichtigt sind hierbei die Anforderungen aus dem nunmehr auf Dauer eingerichteten CIP-Programm und der ausstehenden Förderungsmöglichkeiten für Institusrechner, Server und Wissenschaftler-Arbeitsplätze.

3. Das PCS Konzept

Unser Ziel, Rechner-Arbeitsplätze für Forschung und Lehre bei einem besonders günstigen Preis-Leistungsverhältnis zu realisieren verwirklichen wir wie folgt:

Grundmodelle mit in Leistung und Ausstattung unterschiedlichen und den jeweiligen Anforderungen weitgehend angepaßten Merkmalen werden ergänzt durch das tief gestaffelte, ergänzende Produktspektrum, das es uns ermöglicht, auch außergewöhnliche Konfigurationen zu realisieren.

Gewisse Anforderungen unterschreiten wir dabei ganz bewußt nicht; so bieten wir keine rein PC-basierenden Lösungen und, mit Ausnahme der speziell gelagerten X-Stations, keine Diskless Node Konzepte an. Stattdessen bieten wir generell die Möglichkeit, jede einmal gewählte Konfiguration in Leistung und Ausstattung den wachsenden Bedürfnissen anzupassen. Dies ermöglichen wir, wie erst in diesem Jahr mit unserer Aufrüstaktion '89 bewiesen werden konnte, zu besonders günstigen Konditionen. Speicher- und Prozessoraufrüstungen können leicht bewerkstelligt werden und auch der Wechsel von der CISC zur RISC- Technologie muß nicht gleich mit einer neuen Maschine erkauft werden. Der modulare Aufbau unserer Rechner, das Mehrprozessorkonzept und unser Bekenntnis zu technischem Fortschritt helfen so, Ihre Investitionen zu sichern.

4. Die komplette Lösung

Ein weiteres Anliegen ist es, unsere Systeme als komplette Lösungen anzubieten. Daher werden alle Grundmodelle der Workstations mit einem umfangreichen F&L Software Paket ausgeliefert. Im Rahmen des WAP Programms trifft dies auf sämtliche Modellvarianten zu. Hier zählt zum Lieferumfang eines jeden Clusters zusätzlich noch ein WAP Software Package und ein Public Domain Software Pakkage zusammen mit einem Satz Hard- und Software Dokumentation. Diese Basispakete können aus einer reichhaltigen Palette von verschiedensten Applikationen leicht um individuell benötigte Komponenten ergänzt werden.

Komplett ist auch die Betreuung unserer Kunden nach dem Kauf: Die Firma PCS verfügt über eine eigene Seminarabteilung, die zu allen Applikationen und zur Basis- und Systemsoftware Schulungen durchführt, über einen zentralen Software-Service, eine Support-Mailbox, einen flächendeckenden Kundendienst und über eine eigene F&L Vertriebs- und Marketingmannschaft, die für alle Belange der Hochschulkunden zuständig ist, für Fragen jederzeit zur Verfügung steht und Anregungen dankbar entgegennimmt. Komplett und speziell den Anforderungen des Hochschulmarktes angepaßt sind auch unsere Wartungs- und Gewährleistungsbedingungen. Neben den üblichen Wartungsverträgen für Hard- und Software ist es zu günstigen Konditionen möglich, die Gewährleistung für Hard- und Software (im Kaufpreis eingerechnet) auf 36 oder 60 Monate auszudehnen.

5. Die CADMUS Rechnerfamilie

Mit den CADMUS 9604-Modellen ermöglicht PCS erstmals den Einstieg in die Klasse der professionellen UNIX-Komplettsysteme zu einem bemerkenswert niedrigen Preis. Das Rezept ist so einfach wie plausibel: Für die häufigsten Einsatzbereiche ist je ein Modell definiert, das die spezifischen Anforderungen erfüllt. Der Vorteil dieser speziellen, anwendungsorientierten Konfiguration: Die CADMUS 9604-Modelle sind außergewöhnlich preiswert:

- das Mehrplatzsystem CADMUS 9604-MP mit 8 seriellen Schnittstellen
- die schwarz/weiß-Workstation 9604-MWS mit dem hochauflösenden Graphik-Monitor
- die Farbworkstation CADMUS 9604-CWS und -CWM mit 16 oder 256 gleichzeitig darstellbaren Farben.

PCS: Das PCS Engagement für Forschung und Lehre

Die CADMUS 9604-Rechnermodelle haben ein Plattenlaufwerk mit 170 oder 380MB Kapazität, ein 60 oder 150MB Streamer-Kassettenlaufwerk, können optional mit einem Floppy-Laufwerk in 5 1/4" oder 3 1/2" Format ausgerüstet werden und sind voll in die CADMUS 9000 Rechnerfamilie integriert:

- sie sind 100 % binärkompatibel mit den Modellen der CADMUS 9600- CADMUS 9700- und CADMUS 9900-Familie;

- sie sind im lokalen, hochtransparenten Netz MUNIX/Net mit anderen CADMUS-Systemen verbunden und können über TCP/IP, NFS oder DECnet auch mit anderen Rechnersystemen im heterogenen Netzverbund kommunizieren.

Neben den fest konfigurierten CADMUS 9604 Modellen, die zwar veränderbar aber nicht im eigentlichen Sinne ausbaubar sind, bietet PCS die frei konfigurierbare Rechnerlinie CADMUS 9700, um einen exakt auf die Bedürfnisse des Wissenschaftlers angepaßten Arbeitsplatz "maßzuschneidern". Drei freie Steckplätze ermöglichen wahlweise den Anschluß von einem zusätzlichen Graphikarbeitsplatz auch mit Graphiktablett, den Ausbau der Plattenkapazität, den Anschluß eines WAN-Kontrollers, den Einbau eines größeren Arbeitsspeichers, oder sonstiger Optionen. Unbestritten erreichen die 9700 Modelle dabei auch Server Qualitäten.

Sind noch größere Ansprüche an Leistung und Flexibiltät der Ausstattung zu stellen, so kommen die CADMUS Modelle 9900 zum Einsatz. Hauptsächlich als Server mit den verschiedensten Einsatzschwerpunkten konfiguriert, lassen sich damit nahezu alle denkbaren Anforderungen bewältigen. Alle Modelle sind natürlich auch in der RISC-Technologie lieferbar.

PCS bietet bereits seit 1988 neben der auf Motorola basierenden Rechnerlinie eine RISC Rechnerserie an, die zur Zeit noch auf der R2000 RISC CPU von MIPS aufbaut. Die CADMUS 9000/RC Rechnerserie ist binärkompatibel zu den Rechnermodellen von MIPS Computer Systems und Source-Code-kompatibel zur klassischen CADMUS 9000 Rechnerfamilie auf Basis MC68020. Als Betriebssystem dient UNIX V.3, das als Weltstandard die Kompatibilität zur restlichen UNIX-Welt und die Portierbarkeit von Standard UNIX-Software gewährleistet.

Der Schlüssel für die außergewöhnliche Leistungsfähigkeit (12 - 14 MIPS Rechenleistung und 4 MFlops Gleitkommaleistung) der CADMUS 9000/RC Familie liegt in der Kombination von RISC-Hardware und optimierender Compiler-Technologie. Das Compiler-System ist mit einer universellen Schnittstelle für alle Hochsprachen (C, PASCAL, FORTRAN) im Industriestandard ausgerüstet. Weitere Hilfsmittel sind in Form eines symbolischen Source-Level-Debuggers, Linkloaders, Library-Managers und anderen Utilities verfügbar.

Die Modelle der CADMUS 9000/RC Familie sind besonders geeignet für Datenbank-Applikationen, für Simulationen, Finite-Elemente-Berechnungen, zur Sprach- und Bildverarbeitung oder für Anwendungen im Bereich Künstliche Intelligenz. Entsprechend dem Einsatzfeld sind die CADMUS 9000/RC Modelle in den unterschiedlichsten Konfigurationen, vom mächtigen Mehrplatz-Abteilungsrechner System bis zur Hochleistungs-Graphik-Workstation lieferbar.

Fragen zu unserem Produktspektrum, Informationen zu Preisen und Konditionen, insbesondere zu dem neu eingeführten WAP-Programm beantworten Ihnen gerne unsere Mitarbeiter in Vertrieb und Marketing. Für erste Kontakte wenden Sie sich bitte an unsere Marketingabteilung Forschung und Lehre in 8000 München 83, Thomas-Dehler-Straße 18, Telefon 089/67 80 08-38/39

SPIRIT als Partner in der Ausbildung

Dieter J. Heimlich
SOFT-TECH Software Technologie GmbH, Neustadt

1. CAD in der Lehre

CAD-Systeme für den Einsatz im Bauwesen erfordern spezielle Leistungsprofile. Sie müssen sich nicht nur an den typisch bautechnischen Erfordernissen und rechtlichen Rahmenbedingungen orientieren, sondern auch an den Denk- und Handlungsweisen der am Planungs- und Bauprozeß beteiligten Personen. Eben diese spezifischen Anforderungen an die Informationsverarbeitungs- und Kommunikationsprozesse beim Gestalten, Planen und Bauen gilt es zu erforschen.

2. SPIRIT als Lehr- und Lernwerkzeug

SPIRIT heißt unser Beitrag zur Integration von CAD in der Ausbildung von Architekten und Bauingenieuren. Wir wollen Ihnen dabei behilflich sein, CAD in den in der Lehre vertretenen Fachgebieten des Bauwesens einzuführen und erfolgreich einzusetzen. Für die Integration von CAD in diese Fachgebiete ist *SPIRIT* durch die verfügbaren Module hervorragend geeignet und unterstützt den Bearbeiter von Beginn des Entwurfs bis zur fotorealistischen Darstellung.

SPIRIT wird vielfältig in der Erst- und Weiterbildung eingesetzt. Beispielsweise in folgenden Universitäten, Fachhochschulen, Berufs- und Gewerbeschulen sowie bei einigen freien Bildungsträgern:

- **CAAD Akademie Kassel**, EDV/CAD Aus- und Weiterbildungsinstitut für Architekten, Bauingenieure und Planer
- **Fachhochschule Augsburg**, FB Architektur und Bauingenieurwesen
- **Fachhochschule Dortmund**, FB Architektur
- **Fachhochschule Kaiserslautern**, FB Architektur/Fb Bauingenieurwesen
- **Fachhochschule Karlsruhe**, FB Architektur
- **Fachhochschule des Saarlandes**, FB Architektur/Fb Bauingenieurwesen
- **Universität Gesamthochschule Kassel**, FB Bauingenieurwesen
- **Gewerbeschule F. Weinbrenner Freiburg**
- **Handwerkskammer Konstanz**
- **IHK Mittlerer Oberrhein**
- **Technische Hochschule Leipzig**, Sektion Mathematik und Informatik
- **Technische Universität Braunschweig**, FB Architektur
- **Technische Universität München**, Fakultät für Architektur

- **Technische Universität Wien**, Fakultät für Raumplanung und Architektur
- **Universität Kaiserslautern**, Fachbereich Architektur, Raum und Umweltplanung, Bauingenieurwesen
- **Universität Karlsruhe**, Fakultät für Architektur
- **Wirtschaftsförderungsinstitut**, Salzburg, Vorarlberg, Wien

2. Voraussetzungen und Leistungsspektrum

Die *SPIRIT*-Software läuft auf PC unter dem Betriebssystem MS-DOS und erreichte als bauspezifisches CAD-Programmsystem innerhalb von drei Jahren mit ca. 2500 Installationen im deutschsprachigen Raum die marktführende Position.

Als Hardwarevorraussetzung benötigen Anwender einen AT- oder PS/2-Rechner bzw. einen Kompatiblen mit 640 kByte-Arbeitsspeicher und mathematischem Coprozessor sowie eine Festplatte mit einer Kapazität von mindestens 30 MByte. Die Palette der verwendbaren Grafikcontroller reicht von Hercules- über CGA-, EGA-und VGA-Karten bis zu allen gängigen hochauflösenden Boards mit und ohne Displaylist. Das *SPIRIT*-Handling ist aus ergonomischen Gründen für die Maus konzipiert, wahlweise kann jedoch auch die Tastatur oder ein Digitizer eingesetzt werden.

SPIRIT ist genau auf die Ansprüche des Bauwesens abgestimmt und doch so flexibel erweiterbar, daß es für fast alle flankierenden CAD-Anwendungen eingesetzt werden kann. Alle Daten und Informationen – geometrischer oder alphanumerischer Natur – sollen nicht nur im CAD-System verwaltet und kontrolliert, sondern für weitere Arbeiten (z.B. LV/AVA, Kalkulationen) bestmöglich zur Verfügung gestellt werden. Austauschformate im Bauwesen müssen mehr als nur Geometrie übertragen. Deshalb sind die nicht struktuerhaltenden Formate wie ASCII, DXF und HPGL nur bedingt sinnvoll einsetzbar, um 2D Geometrie zu übertragen. Zwar wird STEP-2DBS struktuerhaltend sein und in der Endausbaustufe auch 3D-Informationen übermitteln können, jedoch werden die entstehenden Dateigrößen und die Rechnerleistung einen interaktiven Datenfluß am Arbeitsplatz nicht gewährleisten können. Deshalb hat SOFT-TECH eine binäre schnelle Daten-Transfer-Assoziation (DTA) entwickelt, mit der ein Datenfluß von und zum CAD gewährleistet ist.

Ein wesentlicher Aspekt der DTA-Struktur besteht darin, daß die Elemente untereinander verkettet – assoziiert – sind. Somit können auch Berechnungen durchgeführt werden, die mit vielen Abhängigkeiten hantieren müssen – z.B. Wärmebedarfsberechnungen.

DTA heißt aber auch, daß die Daten direkt von und nach dBASE und dBASE-Applikationen fließen. Dazu stellt *SPIRIT* während der grafischen Verarbeitung bekannte Strukturen wie dBASE-Browse und Suchfunktionen bereit und eröffnet hiermit dem Anwender vielfältige Möglichkeiten. Informationen aus Fremdprogrammen, wie Material- und Raumbeschreibungen, Geländepunkte und Grundstücke, Symbole und Elementbeschreibungen können eingelesen und jederzeit wieder abgerufen werden.

3. SPIRIT-Kern und branchenspezifische Schale

Das *SPIRIT*- Grundpaket besteht aus einem 2D und einem 3D-Teil, der auf einem Hybridmodell (Flächen und Körper) basiert. Um diesen Kern herum wurde die Modulgruppe ARCHITEKT von der Firma Soft-Tech GmbH vollständig neu programmiert und an die deutschen Verhältnisse angepaßt. Diese Schale setzt sich aus den Teilen ArchWand, ArchKons und ArchEdit zusammen.

- **ArchWand** unterstützt die Konstruktion von Wandsystemen mit allen dazugehörigen Bauteilen wie Fenster, Türen, Decken und Nischen.
- **ArchKons** enthält die Funktionsgruppen Treppen, Dächer und Fertigteile.
- **ArchEdit** generiert beliebige Schnitte und Schnittkuben.

Die Informationseingabe erfolgt zonenorientiert; die systematische Informationsablage geschieht automatisch in verschiedenen Folien. Die Verwaltung der Folien und Höhen wird vom Folien-/Zonenmanager weitgehend automatisch gewährleistet. Neben diesen zum Grundpaket gehörenden Standard-Modulen stehen weitere ST-Module zur Verfügung:

- **DachAus**, Dachausmittlung mit 30x10x10 Flächen
- **NutzPlan**, Flächenmanagement mit bidirektionaler Kopplung
- **MattStab**, Verlegung von Lagermatten und Rundstäben mit Stahlliste
- **HolzBalk**, Verlegung von Holzbalkendecken mit lq2/8-Kontrolle und Holzliste
- **AMAP**, Generieren von realsimulierten Pflanzen und Einlesen in *SPIRIT*
- **Symbolog**, Symbolverarbeitung mit dBASE-Kopplung
- **MachFont**, Schriftsatzgenerator
- **VariForm**, Modul für parametrisierbare 2D/3D-Makros

Ergänzt werden *SPIRIT* und die ST-Module durch folgende Programme:

- **FOTOMASS**, Fotogrammetrische Einbildauswertung
- **VELOCITY**, High-End Renderer mit Texturen und 17 Lichtquellen
- **SKYLINE**, Renderer mit Realschatten, Spotlicht, frei definierbaren Texturen, Direktdefinition aus *SPIRIT*-Zeichnungen
- **COLLAGE**, Kommunikationssoftware für Pixel-verarbeitende Programme
- **PICED**, Verarbeitung von Echtfarben-Bildern
- **ThermAss**, Wärmeschutznachweis und Wärmebedarfsberechnung mit Direktanschluß an *SPIRIT*
- **PIPELINE**, Stücklistengenerator mit dBASE-Anschluß und Direktimport von *SPIRIT*
- **GEOPLAN**, Digitales Geländemodell, Vermessungsroutinen, Stadtplanungsmodul und Symbolkataloge der Planzeichenverordnung

Auf einige dieser Module bzw. Programme, die auch in der Lehre eingesetzt werden, wird im Folgenden näher eingegangen.

5. VELOCITY

VELOCITY ist ein hochauflösendes 3D-Solid Rendering Programm, das direkt aus *SPIRIT*-Drahtmodell-Zeichnungen fotorealistische Bilder mit 16,7 Millionen Farben erzeugt. Diese aufwendige Darstellungsmethode setzt dort mit der Visualisierung ein, wo einfache Shade-Programme aufhören.

Der Anwender definiert in VELOCITY die einzelnen Oberflächen, die Farben und Folien zugeordnet sind. Diese zu beschreibenden Oberflächen gehen von einfachen, farbigen Strukturen bis zu einer Vielfalt an realistischen Materialdarstellungen wie Plastik, transparente Gläser, Metalle, Legierungen. Zusätzlich können Material- und Gewebestrukturen definiert werden wie beispielsweise Holz, Stein, Mamor, Granit. Lichtquellen rund um das zu rendernde Objekt können in drei Intensitätsstufen geschaltet werden. Die Erstellung der Bilder erfolgt dann direkt aus dem Drahtmodell, ohne den verdeckten Linienrechner vorzuschalten. Die Zeit des Rechenprozesses variiert mit der Anzahl und Komplexität der Flächen in der Zeichnung zwischen wenigen Minuten bis zu mehreren Stunden. Das Ergebnisbild kann einmal als Bildschirmdarstellung mit 256 Farben oder als Dia-Format mit 16.7 Mio Farben gerechnet werden. Die Auflösung richtet sich nach dem Bildschirm, beim Dia ist sie fest mit 2000x2000 Punkten.

Um die riesigen Datenmengen einigermaßen schnell bewegen zu können, ist zusätzlicher Arbeitsspeicher – EMS-Memory – (mindestens 2 MB) notwendig. Erst ein hochauflösender Bildschirm mit entsprechender Grafikkarte sorgt für das realistische Finish der 3D-Zeichnungen.

Abb.1: 3D-Objekte, in SPIRIT generiert, werden mit dem Renderer Velocity in 16.7 Millionen Farben sichtbar

6. SKYLINE, COLLAGE und AMAP

Umweltverträglichkeitsprüfungen sind heute in aller Munde. SKYLINE, COLLAGE und AMAP stehen ganz im Zeichen dieser Entwicklung.

SKYLINE ist ein Renderer, der auf der grafischen Library von Numerical Design basiert. Er arbeitet sowohl unter MS-DOS als auch unter UNIX. Dieses Rendering-System bietet dem Anwender neben Standard-Render-Funktionen eine Vielfalt von professionellen Merkmalen, unter anderem die Darstellung von Realschatten, Spotlicht-Definitionen, eine große Zahl von generierbaren Oberflächenstrukturen der verschiedensten Materialien. Die notwendigen Definitionen werden direkt in *SPIRIT* vorgenommen oder von *SPIRIT*-Zeichnungselementen abgeleitet, somit sind keine Vorbestimmungen außerhalb des CAD-Systems erforderlich.

COLLAGE eröffnet die Möglichkeit, gerechnete Darstellungen mittels verschiedener Bildverarbeitungsprogramme mit Videosequenzen zu mischen. Damit sind bislang kaum vorstellbare Simulationsmöglichkeiten mit Hilfe eines CAD-Programms realisierbar.

AMAP (Atelier de modélisation de l'architecture des plantes), vom französischen Forschungsinstitut CIRAD (Centre de coopération internationale en recherche agronomique pour le développement) in Montpellier entwickelt, ermöglicht die Simulation von Pflanzenwachstum aufgrund naturwissenschaftlicher Kenntnisse. Das an *SPIRIT* angepaßte Modul bietet vielfältige Einsatzmöglichkeiten in Architektur und Stadt- und Landschaftsplanung. Pflanzen werden dreidimensional dargestellt und das zukünftige Aussehen mit realistischen Bildern simuliert.

7. FOTOMASS

Die Fotogrammetrie-Software FOTOMASS ermöglicht die schnelle und unkomplizierte Auswertung fotografierter Objekte hinsichtlich Lage- und Maßstabsinformation. Als Vorlage dienen die mit einer einfachen Kamera aufgenommenen Bilder. Es handelt sich bei dieser Software um ein Einbild-Auswerteverfahren. Die Datenübernahme erfolgt im CAD direkt in jeder beliebigen Projektion. Diese Vereinfachung der Auswertung kann nur deshalb funktionieren, da bei diesem Verfahren ausschließlich Ebenenmodelle ausgewertet werden.

Gerade heute und in der Zukunft stellen sich Architekten und Ingenieuren verstärkt Aufgaben der Sanierung und Restaurierung bestehender Gebäude. Die Erhaltung von kulturhistorischen Gebäuden und Baudenkmälern sind oft nur durch Umnutzungen erreichbar, und es bedarf der genauen Bestandserfassung und somit dem Erstellen neuer, exakter Bestandspläne. Zur Unterstützung dieser Aufgaben ist FOTOMASS das ideale Werkzeug.

7. SPIRIT Erfahrungen

Im Rahmen des CIP-Gesprächkreises 5: Ingeneurwissenschaften, Architektur und Design, wurde von Herrn Dr.-Ing. Reinhard Rinke sehr anschaulich über didaktische Konzepte, Erfahrungen und studentische Arbeitsergebnisse beim Arbeiten mit *SPIRIT* und FOTOMASS in Pilotlehrveranstaltungen an der Universität Karlsruhe und Gesamthochschule Kassel berichtet.

Abb. 2: *Fotogrammetrische Auswertung mit dem Einbildverfahren FOTOMASS*

Zur Förderung eines breiten Erfahrungsaustausches veranstaltete SOFT-TECH am Rande dieses 3. CIP-Status-Kongresses mit Softwaremarkt die erste *SPIRIT*-Hochschul-Nutzergruppensitzung. Unter dem Thema – *SPIRIT* in Forschung und Lehre – diskutierten Vertreter verschiedener Hochschulen über ihre Erfahrungen hinsichtlich des CAD-Einsatztes in der Ausbildung von Architekten, Bauingenieuren und Designern.

8. SPIRIT - Perspektiven für Lehre und Forschung

Fundiertes Wissen führt zu sicheren Entscheidungen. In der Konzeptionsphase ist es besonders wichtig, die oft weitreichenden Festlegungen für die Zukunft solide vorzubereiten. Die sicherste Basis dafür sind umfassende und detaillierte Kenntnisse, die ein präzises Abschätzen der Entscheidungsfolgen zulassen.

Das CAD-Programm *SPIRIT*-AEC mit seinen ST-Modulen und den Programmen im *SPIRIT*-Umfeld hift Ihnen, sich das notwendige Wissen, das Sie in der jeweiligen Planungsphase benötigen, gezielt zu beschaffen. Wir engagieren uns auch in Zukunft im Aus- und Weiterbildungsbereich, damit Sie sich über den aktuellen Entwicklungsstand der neuen Technologien informieren, deren Einsatz in Forschung und Lehre erproben und so leichter entscheiden können, ob die neuen *SPIRIT*-Lehr- und Lernwerkzeuge für den Einsatz in Ihren Fachgebieten geeignet sind. Die Unterstützung von Forschungsprojekten wie

- **EDV/CAD-Eisatz in der Architektur**, Uni Karlsruhe
- **Modellversuch CAD-Ausbildung im Bauwesen**, TH Darmstadt
- **Rechnerunterstützte Informationsverarbeitung im Hochbau**, FH Dortmund
- **Bauspezifische CAD-Schnittstellen**, GH Kassel

Pilotlehrveranstaltungen, Seminar- und Diplomarbeiten sind uns ein Anliegen. In diesem Sinne ruft SOFT-TECH alle Interessierten auf, im Rahmen der Hochschul-Nutzergruppe noch intensiver mitzuwirken, um gemeinsam tragfähige Lehr- und Schulungskonzepte zu entwickeln.

Wie bisher wird SOFT-TECH auch künftig die Erforschung und bauspezifische Nutzbarmachung des weiten Feldes der neuen Technologien in Forschung und Lehre fördern und sich der Weiterentwicklung der vielfältigen CAD-Anwendungsbereiche im Bauwesen widmen.

MIX
Papier aus verantwortungsvollen Quellen
Paper from responsible sources
FSC® C105338

If you have any concerns about our products,
you can contact us on
ProductSafety@springernature.com

In case Publisher is established outside the EU,
the EU authorized representative is:
**Springer Nature Customer Service Center GmbH
Europaplatz 3, 69115 Heidelberg, Germany**

Printed by Libri Plureos GmbH
in Hamburg, Germany